JN445900

전기 및 자기변수의 심벌, 이름 및 단위

심벌	이름	영문 이름	단위
q, e	전자 전하(량)	electronic charge	coulomb(C)
F	힘	force	newton(N)
f	단위 면적 힘	force per unit area	newton/meter^2(N/m^2)
v, c_0	속도(광속도)	velocity(of light)	meter/second(m/s)
r, R	거리	distance	meter(m)
Ω	입체각	solid angle	steradian(sr)
ϵ_0, ϵ	유전율	permittivity	farad/meter(F/m)
Q, q	전하(량)	charge	coulomb(C)
V_e, v	전위(전압)	potential(voltage)	volt(V)
E	전장세기	electric field intensity	volt/meter(V/m)
D	전속밀도	electric flux density	coulomb/meter^2(C/m^2)
Ψ	전속	electric flux	coulomb(C)
C	전기용량	capacitance	farad(F)
ρ_v	체적전하밀도	volume charge density	coulomb/meter^3(C/m^3)
ρ_s	면전하밀도	surface charge density	coulomb/meter^2(C/m^2)
ρ_ℓ	선전하밀도	line charge density	coulomb/meter(C/m)
v	체적	volume	meter^3(m^3)
s, a, S	면적	surface, area	meter^2(m^2)
ℓ	선(길이)	line(length)	meter(m)
p	전기쌍극자모멘트	electric dipole moment	coulomb-meter(C·m)
P	분극도	polarization	coulomb/meter^2(C/m^2)
n	단위체적당 전자수	concentration	no./meter^3(#/m^3)
n	굴절률	index of refraction	
χ_e, χ_m	전기감수율, 자화율	electric susceptibility magnetic susceptibility	
W	일	work	joule(J)
$\mathcal{E}_e$, $\mathcal{E}_m$	에너지	energy	joule(J)
w_e, w_m	에너지밀도	energy density	joule/meter^3(J/m^3)
τ	모멘트(회전력), 토크	moment, torque	newton-meter(N·m)
I, i	전류	current	ampere(A)
J	전류밀도	current density	ampere/meter^2(A/m^2)
μ_e, μ_h	이동도(전자,정공)	mobility	meter^2/volt-second(m^2/V·s)

Engineering Electromagnetics

전자기학

정동호 지음

홍릉과학출판사

머리말

200년 전, 인류는 천둥을 신의 진노로 생각했지만, 사실은 구름의 양전하와 음전하의 균형이 깨지면서 전하들이 극적으로 이동하여 평형을 되찾는 과정이다.

과학과 기술의 발전 역사를 되돌아 볼 때, 21세기를 결정짓는 가장 획기적인 과학의 발전은 바로 전자기학의 완성이라고 할 수 있을 것이다. 우리 주변의 물질은 전자기력으로 결합되어 이루어진 것이며, 그 기본적인 성질을 이해하기 위해 전자기학의 지식은 필수적이다.

전자기학은 전기·자기현상 및 전기와 자기의 상호작용 등 전자기현상 전반에 대해 연구하는 학문이다. 이 학문이 기초가 되어 발전기, 전동기 등의 각종 전기기기의 개발이 이루어졌고, 또한 관련 계측기의 개발로 이 분야의 정밀계측과 제어가 가능하게 되었다.

또한, 전자기학은 가장 근원적인 자연현상을 다루는 학문 중의 하나로 오랜 시간 동안 많은 연구와 이론적 고찰을 통해 발전해왔다. 오늘날에도 안테나공학, 마이크로파공학, 반도체 회로설계, 전자파 환경공학, 위성통신공학, 이동통신공학 등에 전자기학의 이해가 필수적으로 요구되고 있다.

최근에는 디지털 기술과 반도체 기술 등의 발전으로 전기·전자장치의 경량화, 소형화, 고속화 그리고 광대역화가 가능하게 되었다. 앞으로 기술의 발달로 전자기학에 대한 이해가 더욱 필요해진다.

이 책의 특징은 다음과 같다.

① 전자기학의 개념을 이해하고 설명하기 위해 이 책에서는 전자기학의 필요성과 전체적인 개념의 상관관계를 중요시 한다. 그리고 각 분야별로 물리적 개념을 설명하고, 물리적 현상과 수식과의 상관관계를 이해시킨다. 주어진 물리적인 상황에서 어떤 일이 일어날지를 알아내는 자기 나름대로의 방식이 있다면, 우리는 그 방정식을 물리적으로 이해하고 있다고 얘기할 수 있다.

② 전자기학적 지식이 필요한 학생들을 위해 쓰여진 중급 수준의 전자기학 교재이다. 특히, 수학에 대한 부담을 덜어주고 실제 응용 예를 많이 들어줌으로써 전자기학이 우리의 일상생활과 바로 연결되어 있다는 것을 강조하고 있다. 따라서 일반 물리학의 지식을 요구하고 있기 때문에 과학이나 공학을 전공하는 학생들에게 도움이 되리라 생각한다.

③ 교육은 라틴어의 educare에 유래된 채우는 것이 아니라 소질을 끌어내는 것이므로 전자기학 공부를 하면서 서로에게 전자기학을 제안하고, 비평하고, 생각하고, 토론하는 방법을 제안한다.

이 책은 기초 학문인 물리와 수학에 자신이 없는 학생들도 어려움 없이 전자기학을 배울 수 있도록 중간 계산과정 생략 없이 모두 기술하였다. 처음부터 전자기학 관련 서적에 나오는 공식을 모두 외울 수는 없고 그렇다고 수식을 무시하고 개념을 이해하기도 어렵다. 그래서 유도과정을 하나하나 이해하면 원리와 응용문제를 쉽게 풀 수 있을 것이다. 그리고 중요 개념은 여러 번 다른 각도에서 다시 설명을 하여 복습 및 이해를 돕고 있다. 또한, 기초 지식이 다소 부족하다고 생각되어지는 학생은 2장과 3장을 복습하고, 이해한 후 공부하면 도움이 될 것으로 생각한다.

각 장별 내용은 다음과 같은 구성을 하고 있다.

- **제1장 전자기학 개요** : 전자기학 정의 및 역사, 전하 및 보편 전자기학 상수, 힘의 장, 단위, 신호의 주파수, 오로라, 전자기학 응용 및 요소 기술 등
- **제2장 전자기해석 수학** : 전자기학을 이해하기 위해서 필요한 벡터(내적과 외적)와 스칼라, 좌표계(직각, 원통, 구), 전자기학연산자(기울기, 발산, 회전, 라플라시안) 그리고 위상자 등
- **제3장 전자기용 재료** : 에너지 대역에 따른 전도도, 결정의 종류, 결정에서 결합, 도체(초전도체), 유전체(유전체 전기분극, 분극 종류, 특수 현상), 자성체(반자성체, 상자성체, 강자성체), 반도체(p-형, n-형) 등
- **제4장 정전장** : 쿨롱의 법칙, 공간분포 전하의 전장, 전위, 전기력선의 방정식, 전속과 전속밀도, 가우스법칙, 포아송방정식, 라플라스방정식, 전기 쌍극자, 전기 이중층, 전기 영상법, 정전기장 응용 등
- **제5장 유전체와 전기용량** : 전장의 세기와 전속밀도, 전기커패시터 마이크, 정전장의 경계조건, 전기용량, 전기용량의 연결, 유전강도, 정전장의 전기에너지, 커패시터의 전기에너지 및 전기력, 유전체에 작용하는 힘 등
- **제6장 도체와 전류** : 전도전류, 전류밀도와 비례상수, 전류 연속방정식, 이완시간, 전기저항과 전기용량의 곱, 옴의 법칙과 저항값 구하기, 저항연결, 기전력, 키르히호프 전압법칙, 정전기 상태도체, 패러데이 우리와 정전기 보호, 도체의 경계조건, 줄의 법칙, 도체계 등
- **제7장 정자장** : 자석의 정자장, 비오-사바르의 법칙, 암페어 주회전법칙, 자장의 가우스법칙, 자기벡터 전위, 자장과 자기력, 비틀림 모멘트, 전류고리의 축 회전력, 자기 쌍극자의 자장세기, 자기 이중층, 정자장 응용 등
- **제8장 자성체와 유도용량** : 자장의 세기와 자속밀도, 자기차폐, 정자장의 경계조건, 기전력 발생, 자기인덕턴스, 상호인덕턴스, 인덕터의 연결, 자기에너지, 자기회로 등

- **제9장 시변전자장 및 전자기시스템** : 암페어-맥스웰법칙, 패러데이법칙, 변압기, 맴돌이전류, 시변전자장 응용 등
- **제10장 맥스웰방정식과 전파** : 맥스웰방정식, 전하보존법칙, 맥스웰방정식과 전기회로, 전자기 경계조건, 파동방정식, 포인팅벡터와 전력, 파동과 전파, 전장을 이용한 전자파의 설명, 마이크로 오븐 등
- **제11장 평면전자파** : 위상속도, 손실 매질에서 평면파, 자유공간에서 평면파, 복소유전율 및 손실 탄젠트, 수직 입사 평면파, 경계면에서 평면파의 경사 입사 등
- **제12장 전파의 편파와 안테나** : 선형편파, 원형편파, 타원편파, 원형편파의 방향성, 편파의 응용, 안테나에서 전자파의 방사 원천장, 헤르츠 전기 쌍극자안테나, 교류전력선 등

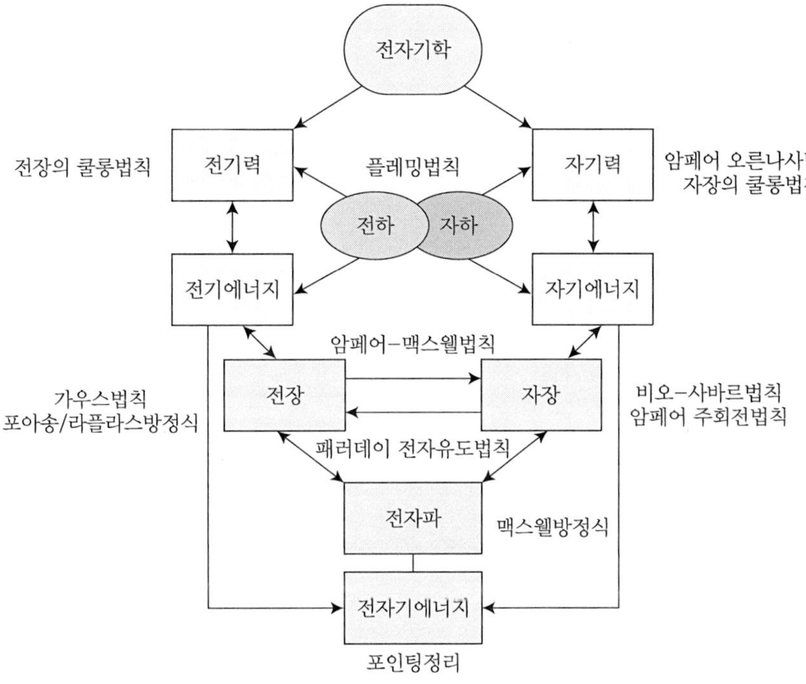

〈전자기학 체계도〉

전자기학에 관심은 있지만 원리 이해가 어렵다고 느끼는 과학도와 공학도들을 위해 책을 만들겠다고 결심을 한 후 지난 여러 해 동안 현장에서 경험한 지식과 대학에서 강의해 온 강의노트를 토대로 이 책을 집필하게 되었습니다. 전자기학에 관심 있는 많은 사람들이 이 분야에 조금 더 가까워질 수 있도록 쉽고 자세하게 설명하고자 노력했지만 부족한 부분이 많을 것입니다. 이 책을 읽는 독자들이 책의 오류를 넓은 아량으로 이해해 주시고, dhjeong@dyu.ac.kr로 조언해 주시길 기대합니다. 앞으로도 계속 수정 보완하는데 최선의 노력을 기울일 것입니다.

끝으로 원고 교정을 해준 지셈(CHISEM) 연구실의 김재현 군에게 고마움을 표하고, 이 책을 출판해 주신 홍릉과학출판사 사장님께 감사드리며, 편집에 수고해 주신 여러 분께 감사드립니다.

2017년 2월
소백산 아래 지셈연구실에서 저자

차 례

Chapter 1 전자기학 개요 ······ 1

1.1 전자기학 정의 및 역사 ······ 3
1.2 전하 ······ 11
1.3 보편 전자기학 상수 ······ 12
1.4 힘의 장 ······ 13
1.5 단위 ······ 19
1.6 신호의 주파수 ······ 24
1.7 오로라 ······ 26
1.8 전자기학 응용 및 요소 기술 ······ 27

Chapter 2 전자기해석 수학 ······ 31

2.1 벡터해석 ······ 33
2.2 직교좌표계 ······ 42
2.3 전자기연산자 ······ 55
2.3.1 적분연산 ······ 56
2.3.2 스칼라계의 기울기 ······ 59
2.3.3 벡터계의 발산 ······ 64
2.3.4 벡터계의 회전 ······ 70
2.3.5 라플라시안 연산자 ······ 77
2.3.6 기타 연산 ······ 77
2.3.7 벡터장의 회전성 ······ 78
2.3.8 헬름홀츠정리 ······ 79
2.4 위상자법 ······ 79

Chapter 3 전자기용 재료 ······ 87

3.1 전자기용 재료의 개요 ······ 89
3.2 에너지 대역에 따른 전도도 ······ 91
3.3 결정의 종류 ······ 92

3.4 결정에서 결합 ······ 93
3.4.1 공유결합 ······ 93
3.4.2 이온결합 ······ 94
3.4.3 금속결합 ······ 94
3.4.4 반데르발스결합 ······ 95
3.5 도체 ······ 95
3.5.1 제벡효과 ······ 96
3.5.2 펠티어효과 ······ 97
3.5.3 톰슨효과 ······ 98
3.5.4 초전도체 ······ 99
3.6 유전체 ······ 100
3.6.1 유전체 전기분극 ······ 101
3.6.2 분극 종류 ······ 102
3.6.3 강유전체 ······ 103
3.6.4 유전체의 특수 현상 ······ 105
3.7 자성체 ······ 106
3.7.1 반자성 재료 ······ 106
3.7.2 상자성 재료 ······ 107
3.7.3 강자성 재료 ······ 108
3.7.4 반강자성체 ······ 108
3.7.5 페리자성체 ······ 108
3.7.6 자성체 특성 및 자기학 단위 ······ 109
3.7.7 자석의 히스테리시스 ······ 110
3.8 반도체 ······ 112
3.8.1 p-형 반도체 ······ 113
3.8.2 n-형 반도체 ······ 113

Chapter 4 정전장 ······ 117

4.1 정전장의 개요 ······ 119
4.2 쿨롱의 법칙 ······ 119
4.3 공간분포전하의 전장 ······ 126
4.4 전위와 전위에너지 ······ 135
4.5 전기력선의 방정식 ······ 146
4.6 전속과 전속밀도 ······ 149
4.7 가우스법칙 ······ 151
4.8 전장 가우스법칙 물리적 의미 ······ 159
4.9 포아송방정식과 라플라스방정식 ······ 162

4.10 전기 쌍극자의 전장 ········· 169
4.11 전기 이중층의 전위 ········· 173
4.12 전기 영상법 ········· 174
4.13 정전기장 응용 ········· 183

Chapter 5 유전체와 전기용량 ········· 191

5.1 유전체와 전기용량의 개요 ········· 193
5.2 전장의 세기와 전속밀도 ········· 194
5.3 전기 커패시터 마이크 ········· 204
5.4 정전장의 경계조건 ········· 204
5.5 전기용량 ········· 208
5.6 전기용량의 연결 ········· 214
5.7 유전강도 ········· 216
5.8 정전장의 전기에너지 ········· 217
5.9 커패시터의 전기에너지 및 전기력 ········· 221
5.10 유전체에서 작용하는 힘 ········· 224

Chapter 6 도체와 전류 ········· 231

6.1 도체와 전류의 소개 ········· 233
6.2 전도전류 ········· 234
6.3 전류밀도와 비례상수 ········· 235
6.4 전류 연속방정식 ········· 237
6.5 이완시간 ········· 238
6.6 전기저항과 전기용량의 곱 ········· 239
6.7 옴의 법칙과 저항값 구하기 ········· 241
6.8 저항연결 ········· 246
6.9 기전력 ········· 246
6.10 키르히호프 전압법칙 ········· 249
6.11 정전기 상태의 도체 ········· 250
6.12 패러데이 우리와 정전기 보호 ········· 257
6.13 도체의 경계조건 ········· 258
6.14 줄의 법칙 ········· 261
6.15 도체계 ········· 263
6.15.1 용량계수와 유도계수 ········· 263
6.15.2 전위계수 ········· 267

Chapter 7 정자장 ······ 275

7.1 정자장의 개요 ······ 277
7.2 자석의 정자장 ······ 278
7.3 비오-사바르의 법칙 ······ 281
7.4 암페어 주회전법칙 ······ 283
7.5 자장의 가우스법칙 ······ 291
7.6 자기벡터 전위 ······ 292
7.7 자장과 자기력 ······ 304
7.8 비틀림 모멘트 ······ 314
7.9 전류고리의 축 회전력 ······ 316
7.10 자기 쌍극자의 자장세기 ······ 319
7.11 자기 이중층 ······ 321
7.12 정자장 응용 ······ 322

Chapter 8 자성체와 유도용량 ······ 331

8.1 자성체와 유도용량의 개요 ······ 333
8.2 자장의 세기와 자속밀도 ······ 334
8.3 자기차폐 ······ 339
8.4 정자장의 경계조건 ······ 340
8.5 기전력 발생 ······ 342
8.6 자기인덕턴스 ······ 345
8.7 상호인덕턴스 ······ 350
8.8 인덕터의 연결 ······ 355
8.9 자기에너지 ······ 357
8.10 자기회로 ······ 360

Chapter 9 시변전자장 및 전자기시스템 ······ 371

9.1 시변전자장 및 전자기시스템의 개요 ······ 373
9.2 암페어-맥스웰법칙 ······ 373
9.3 패러데이법칙 ······ 378
9.4 변압기 ······ 390
9.5 맴돌이전류 ······ 393
9.6 시변전자장 응용 ······ 396

Chapter 10 맥스웰방정식과 전파 ······ 407

10.1 맥스웰방정식 ······ 409
10.2 전하보존법칙 ······ 412
10.3 맥스웰방정식과 전기회로 ······ 412
10.4 전자기 경계조건 ······ 414
10.5 파동방정식 ······ 420
10.6 포인팅정리와 전력 ······ 424
10.7 파동과 전파 ······ 434
10.8 전장을 이용한 전자파의 설명 ······ 437
10.9 마이크로 오븐 ······ 440

Chapter 11 평면전자파 ······ 443

11.1 평면파 소개 ······ 445
11.2 위상속도 ······ 446
11.3 손실 매질에서 평면파 ······ 447
11.4 자유공간에서 평면파 ······ 453
11.5 복소 유전율 및 손실 탄젠트 ······ 458
11.6 수직 입사 평면파의 반사와 투과 ······ 464
11.7 경계면에서 평면파의 경사 입사 ······ 473
11.8 평면파 요약 ······ 481

Chapter 12 전파의 편파와 안테나 ······ 487

12.1 전파편파와 안테나의 개요 ······ 489
12.2 선형편파 ······ 491
12.3 원형편파 ······ 493
12.4 타원편파 ······ 495
12.5 타원 및 원형편파의 방향성 ······ 497
12.6 편파의 요약 ······ 499
12.7 편파의 응용 ······ 500
12.8 안테나에서 전자파의 방사 원천장 ······ 502
12.9 헤르츠 전기 쌍극자안테나 ······ 504
12.10 교류전력선 ······ 514

참고문헌 ······ 517

부 록 ········ 518

부록 1. 물리상수 ········ 518
부록 2. 그리스 문자 ········ 519
부록 3. 곡선좌표계 ········ 520
부록 4. 수학공식 ········ 526
부록 5. 삼각함수 및 쌍곡선함수 연산 ········ 530
부록 6. 재료상수 ········ 534
부록 7. 원소주기율표 ········ 536

찾아보기 ········ 537

Chapter 01

전자기학 개요

Contents

3 전자기학 정의 및 역사
11 전하
12 보편 전자기학 상수
13 힘의 장
19 단위
24 신호의 주파수
26 오로라
27 전자기학 응용 및 요소 기술

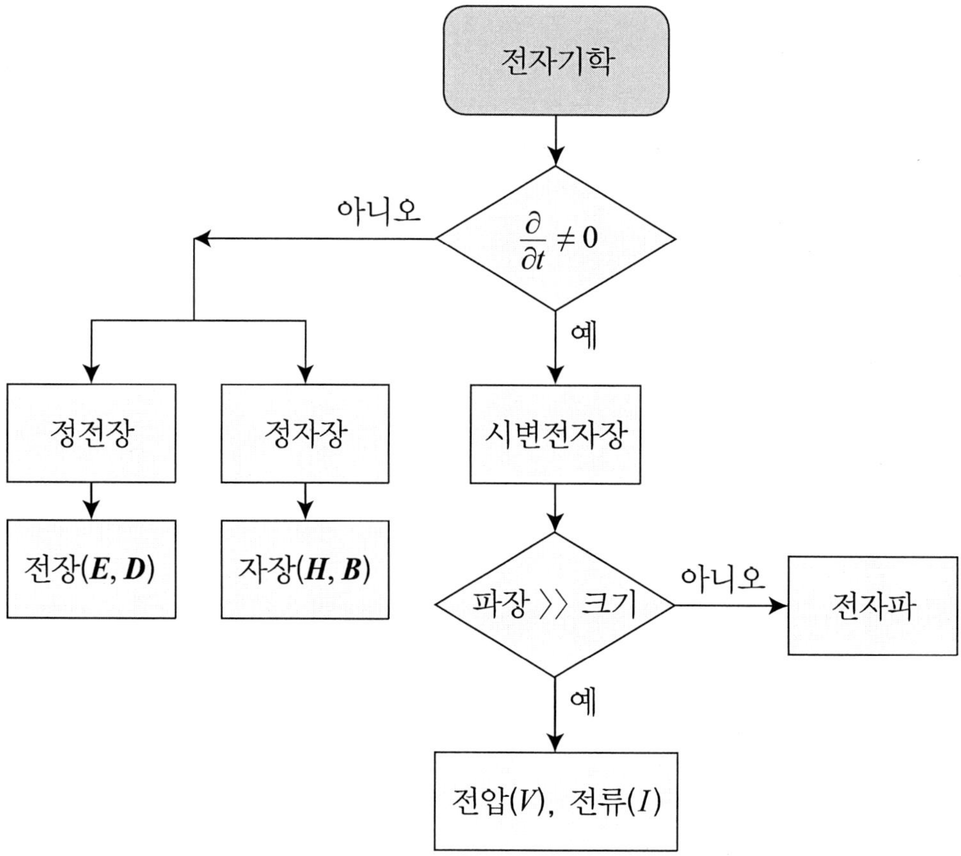

전자기학
$\frac{\partial}{\partial t} \neq 0$
아니오
예
정전장
정자장
시변전자장
전장($\boldsymbol{E}$, $\boldsymbol{D}$)
자장($\boldsymbol{H}$, $\boldsymbol{B}$)
파장 〉〉 크기
아니오
전자파
예
전압(V), 전류(I)

1.1 전자기학 정의 및 역사

전자기학이란 전기적 현상과 자기적 현상을 다루는 학문으로 고대 그리스에서 마찰 전기 및 중국에서 지남석 등에 관한 기록으로부터 그 유래를 찾을 수 있으며 이들의 현상이 체계적으로 연구하기 시작한 것은 17세기부터이다. 정전기에 관한 최초의 지식은 그리스의 자연철학자 탈레스(Miletus Thales, 625～547 BC)가 호박을 마찰하면 종잇조각이나 깃털 등을 끌어당길 수 있다는 현상을 알아내었다. 그러나 학술적으로 처음 전기를 연구한 사람은 영국의 물리학자인 길버트(William Gilbert, 1540～1603)이며, 1600년에 그의 저서에서 처음으로 호박을 뜻하는 그리스어 "electron"으로부터 "electricity"라는 용어를 사용하였다.

(전자기학) = (전기장) + (자기장) + (학문)
Electromagnetics = Electro + Magnet + ics

Electromagnetics

The study of electric and magnetic fields and their inter-dependence, including electrostatics(charges at rest), magnetostatics(charges in steady state motion) and electrodynamics(charges in time-varying).

The study of the mutual interactions between electric charges which may be stationary, move with constant velocity or be in accelerated motion.

1785년 쿨롱(Charles Coulomb, 1736～1806)에 의해 전하 사이 전기력을 측정하였고, 1819년 외르스테드(Hans Christian Oersted, 1777～1851)에 의한 전류의 자기작용을 발견, 1820년 암페어(Andre Marie Ampere, 1775～1836)가 전류가 흐르는 도선 사이 힘을 발견했다. 1831년 패러데이(Michael Faraday, 1791～1867)에 의해 시변자장이 전장을 발생시킨다는 것을 발견하고 전기와 자기 상호 간의 밀접한 학문적 체계를 확립하였다. 그 후 1865년 맥스웰(James Clerk Maxwell, 1831～1879)이 패러데이의 전자기장의 개념을 수학적으로 정립하여 전자기파의 존재를 예언하였고, 1888년 헤르츠(Heinrich Hertz, 1857～1894)가 이를 실험적으로 입증했다. 다음은 전자기학 관련 과학자들의 주요 업적을 정리한다.

■ **길버트(William Gilbert, 1544～1603)**

영국의 의사, 물리학자. 전기와 자기의 현상을 명확하게 구별했고, 또 전기를 electrics라는 새로운 단어를 만들어냈다. 개업의로 일하면서 자석의 표본이나 실험기구를 연구하여 수십 년에 걸쳐서 자석과 전기에 관한 여러 가지 실험을 실시했다. 지구의 자기현상을 설명하고 1600년 ≪자석에 대하여≫라는 책에서 자석에 관한 지식을 정리하여 자기에 대한 이론적 체계를 세웠기 때문에 자기학의 아버지라고 불린다. 그를 기념하기 위해 기자력 및 자기포텐셜의 CGS 단위로서 Gb를 사용하며 1cm당 1Oe(에르스텟)의 자기장을 일으키는 기자력을 재는 단위이지만 널리 쓰이지 않는다.

■ 스넬(Willebrord van Roijen Snell, 1580~1626)

네덜란드의 물리학자. 1613년 자신의 아버지 뒤를 이어 레이덴대학 교수로 역학을 가르쳤고, 1621년 매질 경계면에서 빛의 반사와 굴절에 관한 법칙을 실험적인 방법으로 수립하고, 빛이 휘는 정도는 굴절물질의 성질과 관계가 있다는 스넬법칙을 확립했다. 그러나 이 법칙은 46세의 젊은 나이로 사망한 후 1703년에 호이겐스에 의해 발표되었다. 스넬법칙은 굴절률, 광속, 그리고 입사 평면상 각도와의 관계에서 $\frac{\sin\theta_1}{\sin\theta_2}=\frac{n_2}{n_1}=\frac{v_1}{v_2}$ 이다.

■ 프랭클린(Benjamin Franklin, 1706~1790)

미국의 과학자, 정치인, 사업가, 사회개혁가. 연을 띄워서 번개를 연구하여 번개가 전기적 성질을 가진 것을 알았고, 1750년 번개 피해를 예방하기 위해 피뢰침도 발명하였다. 지진의 원인을 규명하였고, 독립선언서를 기초하였다.

■ 캐번디시(Henry Cavendish, 1731~1810)

영국의 물리학자 겸 화학자, 청년이 된 이후 날카로운 목소리 때문에 여성혐오증을 보였다. 수소발견이라는 업적 외에 업적의 3/4 이상 연구를 발표하지 않고, 사후 1세기가 지난 후 맥스웰이 유고를 정리하다가 많은 선구적 결과들을 발견하였다. 전위와 물질의 유전체 개념, 평판 커패시터의 전기용량 공식, 병렬회로 전류분배법칙, 쿨롱의 법칙 그리고 옴의 법칙도 발견했다.

■ 쿨롱(Charles Augustin de Coulomb, 1736~1806)

프랑스의 물리학자. 공병단의 기술 장교로 근무하다가 제대 후 파리대학 총장에 취임하였다. 비틀림 현상을 기초로 하여 1784년 정밀한 비틀림저울을 제작하고, 1785년 이것을 이용하여 전하 간과 자극 간에 작용하는 인력·척력에 관한 정전기에서 "쿨롱의 법칙"을 발견하였다. 전기량의 단위는 그를 기념하기 위해 쿨롱(C)으로 붙여졌다.

■ 볼타(Alessandro Volta, 1745~1827)

이탈리아의 물리학자. 파비아(Pavia)대학 물리학 교수 시절 갈바니의 동물 전기에 관한 연구결과를 안 후 1794년 두 금속만으로도 전기를 일으킨다는 것을 알아냈다. 그는 1800년에 두 금속판과 전해질 용액으로 이루어지는 볼타전지를 발명하여 처음으로 연속전류를 얻을 수 있었다. 그의 공헌을 기념하여 기전력의 단위를 볼트(V)라고 한다.

■ 라플라스(Pierre-Simon Laplace, 1749~1827)

프랑스의 수학자. 역학에 관한 자신의 이론을 달랑베르에게 보낸 계기로 파리의 육군사관학교 교수가 되었다. 천체역학의 명저를 남겼으며 그의 이론은 열역학, 전자기학의 기초이론 수립에 기여하였다. 라플라스 변환, 라플라스방정식 등에 그의 이름이 남아 있다. 수학자 포아송은 그를 프랑스의 뉴턴이라고 불렀다.

■ 푸리에(Jean Baptiste Joseph Fourier, 1768~1830)

프랑스의 수학자. 1807년 열전도의 수학적인 이론인 "열의 해석적 이론"을 발표하였고, 1822년 완성한 이 이론에는 "푸리에의 정리"가 포함되어 있으며, "푸리에 급수"의 전개에 따라서 정현파 입력인 회로에서 위상자 방법에 국한할 필요가 없어졌다.

■ 비오(Jean-Baptiste Biot, 1774~1862)

프랑스의 과학자. 보베대학(Ecole Centrale at Beauvais)과 콜레주 드 프랑스에서 교수로 재직했으며 수학, 물리, 전기자기학, 그리고 광학 등 다방면에 많은 연구결과를 발표했다. 그의 조교 사바르트와 같이 전자기현상을 연구하여, 1820년 전류에 의한 자기장 계산 공식에 대한 "비오-사바르의 법칙"을 발표했다.

■ 암페어(Andre Marie Ampere, 1775~1836)

프랑스의 물리학자. 기초이론을 독학으로 공부한 수학의 신동이었고, 고등학교 교사생활을 하였으며, 1824년 콜레주 드 프랑스의 교수가 되었다. 1820년 외르스테드가 자화된 바늘이 주변에 흐르는 전류에 의해 움직이는 현상을 전해들은 뒤 1주일 안에 이를 설명하는 수학적 해석을 하였다. 전류에 의한 자기장을 구하는 암페어법칙과 전류 사이에 작용하는 힘에 관한 법칙을 발표하였고, 전자기현상과 전기역학의 연구에 공헌한 업적을 기리기 위해 전류의 단위 암페어(A)를 사용한다.

■ 가우스(Carl Friedrich Gauss, 1777~1855)

독일의 수학자. 대수학 · 해석학 · 기하학 등 다방면에 걸쳐서 뛰어난 업적을 남겨, 19세기 최대의 수학자라 부른다. 1832년 증명 없이 그린의 정리를 발표하였고 같은 해에 쿨롱의 법칙을 보다 일반적인 형태로 정리하였다. 자기장 측정법을 고안하였고 1835년에는 가우스법칙을 포함한 정전기력에 관한 법칙을 발표하였다. 그의 업적을 기려 자기장의 단위를 가우스로 부른다.

■ 외르스테드(Hans Christian Oersted, 1777~1851)

덴마크의 과학자. 전기화학에서 전류의 물리적 연구로 방향을 바꾸어 1820년 가늘고 긴 도선에 전류를 통하면 도선을 중심으로 동심원 모양으로 자장이 발생하여 나침반의 바늘이 움직이며 이것의 반대과정도 성립함을 실험적으로 보였다. 그의 공로로 자기장의 세기의 단위인 에르스텟(Oe)은 그의 이름을 딴 것이다.

■ 포아송(Sim on Denis Poisson, 1781~1840)

프랑스의 수학자, 물리학자. 부모의 권유로 의학을 공부하다가 수학으로 전공을 바꾸었고, 물리학과 전자기학에 수학을 응용하였다. 에콜 폴리테크니크에서 라플라스와 라그랑주에게 배웠고, 1802년 푸리에의 후임으로 모교 교수가 되었다. 정석분 · 미분방정식론을 연구하여, 1813년 포텐셜 개념을 도입하였는데, 이와 관련하여 "포아송방정식"으로 유명하다.

■ 옴(Georg Simon Ohm, 1789~1854)

독일의 물리학자. 평범한 학교 교사였으며 수리물리학을 독학하며 실험 장치를 갖추어놓고 전자기 실험 연구에 들어갔다. 볼타전지를 이용하여 많은 연구를 하였고 1826년 실험에 전념한 후 "옴의 법칙"을 풀이한 논문을 발표하였지만 한동안 세상에서 인정을 받지 못했다. 그 후 업적을 크게 인정받아 1849년 뮌헨대학 물리학 교수가 되었다. 전기저항의 단위 "옴"은 그를 기리기 위해 정해졌다.

■ 사바르(Felix Savart, 1791~1841)

프랑스의 과학자. 의사에서 물리학으로 관심을 돌려 1819년 음향학에 관한 논문이 비오에게 인정받아 연구를 함께 하게 되었다. 조교시절(당시 29세) 비오를 도와 "비오-사바르의 법칙"을 발표하였고, "사바르의 편광판" 제작과 같이 음향학에도 업적을 남겼다. 앙페르의 뒤를 이어 콜레주 드 프랑스 교수가 되었다.

■ 패러데이(Michael Faraday, 1791~1867)

영국의 화학자, 물리학자. 어릴 때부터 제본업에서 일하며 독서와 강연을 통해 과학의 흥미를 가지고, 화학 실험을 시도하여 1825년 벤젠을 발견하였다. 19세기 전기장과 자기장 분야에서 가장 위대한 실험가였다. 외르스테드가 발견한 전류의 자기작용을 이용하여 1821년 전자기회전을 만들었고, 자기의 작용에 의해 전류를 발생하는 연구에서, 최초의 전동기와 변압기를 발명하였으며 1831년에는 자석에 의해 전자기유도를 발견하였다. 그를 기념하여 전기용량 단위를 패럿(Farad: F)으로 정하였다.

■ 그린(George Green, 1793~1841)

영국의 과학자. 독학으로 수학을 공부했으며, 1828년 "전기학 및 자기학(磁氣學)의 이론에 수학해석을 응용하는 시도"에서 포아송의 이론을 발전시켜 포텐셜함수의 해를 구하는 일반적인 방법을 수립하였다. 그린의 정리(적분정리)를 유도하였고 그린함수를 도입하였으나, 관심을 끌지 못하고 우연히 가우스에게 발견되고 1846년 켈빈에 의해 세상에 알려졌다.

■ 헨리(Joseph Henry, 1797~1878)

미국의 과학자. 프랭클린 이후로 원천적인 과학 실험을 수행하고, 전자석의 성능 개선을 위한 여러 가지 실험을 하였다. 1832년 프린스턴대학의 교수, 1846년에는 스미소니언연구소의 초대 소장이 되었다. 1830년 철심에 코일을 중복하여 감아 큰 자기장을 얻는 방법을 고안하였고, 패러데이보다 1년 앞서 1830년에 전자기유도 현상을 발견하였으나 이를 발표하지 않았다. 1832년 전류의 자체유도, 즉 인덕터를 발견하였다. 전자기식 전동기 · 전신기 등을 고안하였고, 전류계 제작 등 전자기학의 발전에 공헌하여 인덕턴스의 단위를 그의 이름을 딴 헨리(H)라 한다.

쿨롱

비오

암페어

가우스

헨리

■ 렌츠(Heinrich Friedrich Emil Lenz, 1804~1865)

에스토니아 과학자. 러시아의 상트페테르부르크대학 교수를 지냈다. 패러데이가 발표한 전자기유도 현상을 실험하여 1834년 전자기유도가 일어나는 방향은 자기장의 변화를 억제하는 방향이라는 "렌츠의 법칙"을 처음으로 발견하였고 이는 에너지보존법칙의 다른 표현이다.

■ 웨버(Wilhelm Weber 1804~1891)

독일의 물리학자. 가우스의 추천으로 괴팅엔대학에서 27세에 물리학 교수가 되었고, 1843년부터 1849년까지 라이프치히에서 물리학 교수로 일했다. 민감한 자력계와 자기장을 이용한 측정기 개발에 많을 업적을 남겼다. 가우스와 자기학을 연구하여 1864년에 전하의 절대 단위 체계를 포함하는 논문을 발표했다. 자속의 단위인 웨버(Wb)는 그의 이름을 딴 것이다.

■ 스토크스(George Gabriel Stokes, 1819~1903)

영국의 물리학자, 수학자. 캠브리지대학의 교수였으며, 수학에서 미분·적분방정식론에 공헌하였고 특히 벡터해석의 스토크스정리가 전자기학에서 잘 알려져 있다. 형광 현상과 자외선 등을 연구하였고 유체역학·광학·음향 분야에서 이론적으로 큰 업적을 남겼다. 실험을 통해 "스토크스의 법칙"을 발견하였고, "스토크스의 공식"을 만들었다.

■ 헬름홀츠(Hermann von Helmholtz, 1821~1894)

독일의 과학자. 의사, 생리학 교수에서 1869년 물리학 분야로 옮겨, 1871년 베를린대학 물리학 교수가 되어 전기역학·유체역학·광학·수학·기상학·인식론 등에 공헌하였다. 실험으로 얻은 연구 결과를 19세기 과학의 많은 부분의 기초를 이루고 있던 철학적 가정들을 이용하여 분석할 수 있게 했다. 음향학에서의 헬름홀츠방정식은 전자기학에서도 사용하고, 빛의 분산이론, 지각에 관한 삼원색설 등도 유명하다.

■ 키르히호프(Gustav Robert Kirchhoff, 1824~1887)

독일의 물리학자. 1845년(21세) 전기회로망 계산을 위해 정상전류에 대한 옴의 법칙을 3차원으로 확대하여 "키르히호프의 법칙"을 확립하였다. 전신선에서 전기진동의 전파속도가 광속과 같다는 것과, 회로 중의 기전력이 정전위와 같은 것을 발견하는 등 정전기학과 전기역학의 통일에 노력했다. 전자파, 전기진동을 관찰하고, 파동방정식을 수리물리로 다루어 호이겐스의 원리를 정식화했다.

■ 맥스웰(James Clerk Maxwell, 1831~1879)

영국의 물리학자. 1871년에 캠브리지대학의 교수가 되었다. 패러데이의 이론을 고찰하여 유체역학적 모델을 사용하여 수학적 이론으로 1873년에 전자기장을 설명하는 맥스웰방정식을 수립하고, 전자파 존재와 전자파의 전파속도가 광속도와 같고, 전자파가 횡파라는 사실을 밝혀 빛의 전자기파설의 기초를 세웠다. 맥스웰방정식은 고전적 전자기현상을 설명하는 방정식으로 상대성이론 등 이론물리학 발전의 기초가 되었다. 맥스웰볼츠만의 분포법칙은 기체의 분자운동에서 빛나는 업적이다.

■ 에디슨(Thomas Alva Edison, 1847~1931)

미국의 발명가. 집안이 가난하여 12세부터 철도의 신문팔이 일을 하면서 화물차 안에서 실험을 하였다. 1,100종 이상의 발명 특허를 갖고 있으며 특히 전등의 발명이 중요하다. 전화, 타자기, 발전기 및 활동사진과 같은 기술을 개선했고, 동시에 3,000여 명 이상의 조수를 고용하여 연구를 하였다. 전구 실험 중에 발견한 "에디슨효과"는 20세기 들어와 열전자 현상으로 진공관에 응용하였다.

■ 헤비사이드(Oliver Heaviside, 1850~1925)

영국의 물리학자, 전기공학자. 휘트스톤 브리지의 발명가인 휘트스톤의 조카이며 독학으로 수학, 물리학, 전기공학을 공부했다. 전신회사에서 다중통신을 연구하고 청력장애 이후 1874년 사직하고 전기의 이론적 연구에 몰두하였다. 1885년 벡터기호를 이용하여 맥스웰방정식을 오늘날과 같은 네 개의 식으로 쉽게 재구성하였다. 1902년경 대기의 상층에 전자기파를 반사하는 전리층이 존재한다는 것을 예언하였다.

■ 포인팅(John Henry Poynting, 1852~1914)

영국의 물리학자. 맥스웰의 제자로서 1880년부터 버밍엄대학의 교수로 재직하였다. 1884년(32세) 출판한 논문에서 전자파의 에너지 흐름을 나타내는 "포인팅의 정리"를 발표했다. 포인팅 벡터는 전장과 자장의 외적으로 정의하는 물리량이며, 방향은 진행하는 전자기파의 방향과 일치한다. 여러 해 실험 후 1891년 지구의 평균 밀도, 1893년 중력의 효과를 측정하는 중력상수를 결정했다.

■ 로렌츠(Hendrik Antoon Lorentz, 1853~1928)

네덜란드의 이론물리학자. 1878년 레이덴대학 물리학 교수로 재직하였다. 물질을 하전입자의 집합이라는 전자론에 기초하여 광학·전자기 분야의 다양한 현상을 설명했다. 운동 중인 물체의 질량, 길이 및 시간과의 상호관계를 설명하기 위한 로렌츠 변환을 도출하여 아인슈타인의 특수상대성이론과 수학적으로 같은 모양을 하고 있다. 하전입자가 전장이나 자장 안에서 받는 힘을 유도하는 힘을 로렌츠 힘이라고 한다. 원자 내의 대전입자의 공진에 의해 발생하는 빛의 근원을 설명하는 이론인 "방사에 대한 자장의 영향의 연구"로 제자 제이만과 함께 1902년 노벨 물리학상을 받았다.

■ 톰슨(Joseph John Thomson, 1856~1940)

영국의 물리학자이며, 전자와 동위원소를 발견하였고 질량 분석계를 발명하였다. 1903년 음극선이 전자의 흐름임을 발견하고, 전자의 전하값을 질량으로 나눈 값을 측정하였다. 그는 기체에 의한 전기 전도에 관한 실험적 연구, 전자를 발견한 것으로 1906년 노벨 물리학상을 수상하였다. 제자로는 러더퍼드, 보른, 오펜하이머 등이 있고, 아들도 전자의 파동성질을 증명하여 1937년 노벨상을 수상했다.

■ 테슬러(Nikola Tesla, 1856~1943)

미국의 전기공학자. 크로아티아에서 1884년 미국으로 건너가 에디슨의 조수로 수년간 발전기와 전동기를 연구하였으며, 뉴욕에서 테슬라연구소를 설립하고, 1888년 최초의 교류유도전동기, 1891년 테슬라 변압기 등을 만들었다. 전동기, 발진기, 변압기, 무선통신, 라디오, 형광등 등 700여 특허를 얻었다. 테슬라 코일의 업적을 인정하여 자기력선속밀도의 단위를 테슬라(T)로 명명하였다.

■ 헤르츠(Heinrich Rudolf Hertz, 1857~1894)

독일의 물리학자. 키르히호프와 헬름홀츠의 지도를 받았고, 1889년 본대학 교수가 되었으나 37세로 요절하였다. 1888년 전파를 포착하는 헤르츠의 공명자를 만들어 전자파를 실험적으로 존재함을 확인하였고, 포물면거울로 평행파를 만들어 실험하고 전자파가 빛이나 열복사와 같은 성질을 보인다는 것을 입증하여 맥스웰이론의 정확성을 확인하였다. 그의 업적을 기려 주파수 단위를 헤르츠(Hz)로 명명하였다.

■ 스타인메츠(Charles Proteus Steinmetz, 1865~1923)

독일 출생 미국 수학자, 전기공학자. 불구로 태어났지만 천재성으로 1902년 이후 유니온대학 전기공학과 교수가 되었다. 1891년 자화와 히스테리시스 손실과의 관계를 밝히는 "히스테리시스법칙"의 발견, 1893년 복소수로 교류회로를 간단히 계산하는 기호법의 창안, 그리고 1909년 과도 현상의 연구 등의 전기공학의 주요 업적을 남겼다.

■ **마르코니(Guglielmo Marconi, 1874~1937)**

이탈리아의 발명가, 기업가. 1897년 런던 마르코니 무선전신회사를 창립하고, 도버해협에서 영국~프랑스 간의 통신을 실현했다. 무선으로 대서양 횡단 송수신은 1901년 역사적인 성공을 거두었다. 1901년 단일안테나에 의한 동조식 및 다중전신동조 방식, 1902년 자기검파기, 1905년 수평지향성 안테나 등을 발명하였다. 1909년 브라운과 공동으로 노벨물리학상을 수상하였다.

■ **아인슈타인(Albert Einstein, 1879~1955)**

독일계 미국인 물리학자. 특수 상대성이론과 일반 상대성이론을 제안한 유대인 이론 물리학자이다. 상대성이론을 통해 맥스웰방정식을 보편화시켰다. 1921년 이론 물리학에 대한 기여 및 광전효과 발견의 공로로 노벨물리학상을 받았다. 광전효과의 발견은 양자(量子)의 존재를 암시했다.

렌츠

웨버

포인팅

테슬러

헤르츠

전하 사이에 접촉 없이 힘이 작용하는 전하의 전기 기운이 공간을 가득 찬 것으로 볼 수 있다. 즉, 전하 혹은 전류는 장(field)을 만들고 이러한 장은 빛의 속도로 퍼져나가며 다른 전하나 전류를 만나면 상호작용(interaction) 한다는 설명이다. 그래서 전(기)장(전계), 자(기)장(자계), 그리고 중력장(중력계)에서 장(場) 혹은 계(界, field)는 기운이 가득 찬 영역, 공간을 의미한다. 그림 1.1은 전자기학의 전체 흐름도를 나타낸다. 정지전하는 정전기학에 의해 정전기장을 발생하고 등속으로 움직이는 전하는 전류를 흐르게 하여 정자기장을 형성한다. 시변으로 진동하는 경우 전장이 자장을 발생하고 자장이 전장을 형성하여 원천에서 방사하여 결합한 전자기파를 발생한다.

정(靜, static)은 수학적으로 $\frac{\partial}{\partial t}=0$를 나타낸다.

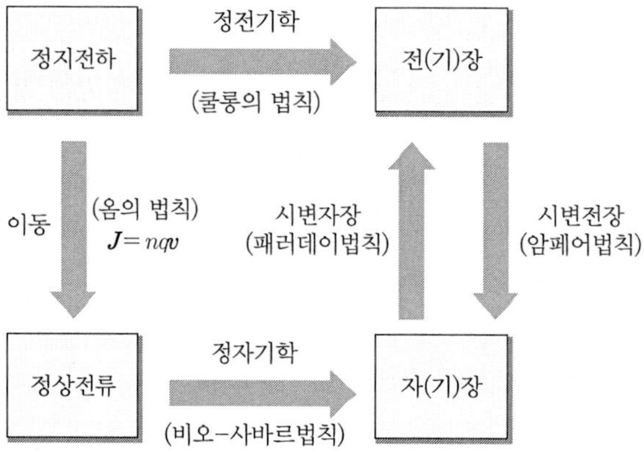

그림 1.1 전자기학 전체 흐름도

전하가 가속되면 원천에서 전자파가 떨어져 나와 빛의 속도로 에너지를 전송하는 전자파 방사(radiation)가 일어나고 장을 독립된 실체로 생각한다. 전파의 원천에서 충분히 멀리 떨어져 있을 때 시변전장과 자장은 그림 1.2와 같이 서로 직교하고 전파방향에 서로 수직이며 원천에서 구면인 파면이 평면과 같이 보이는 평면파가 된다.

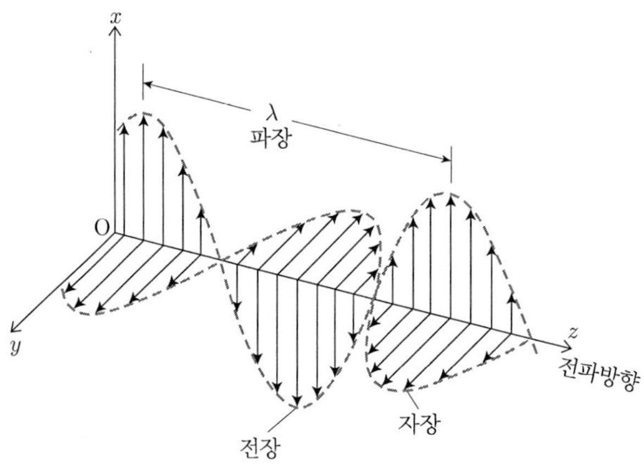

그림 1.2 시변전자장에서 평면파

그림 1.3은 에너지보존법칙과 전하보존법칙에 의해 자연과학계, 전자기계, 기술계, 그리고 응용계로 분류하여 정리한 그림이다.

과학적인 주제를 전개하는 접근 방법에는 실험이나 현상을 법칙과 이론으로 접근하는 귀납(inductive)법과, 가정과 가정한 관계인 공리를 예측, 실험적 입증으로 접근하는 연역(deductive)법이 있다. 여기서 전자기학 모델의 연역적인 접근 방법은 먼저 전자기학의 기본량을 정리하고, 크기와 방향을 설명하는 벡터를 이용한 대수, 장의 세기의 변화를 나타내는 미분연산, 연속적인 전하에 의한 전체 효과의 합은 적분연산으로 설명하는 수학적인 도구인 벡터 미적분을 이용하여 마지막으로 기본적인 가정을 나타내고 가능하면 실험적으로 입증하는 것이다.

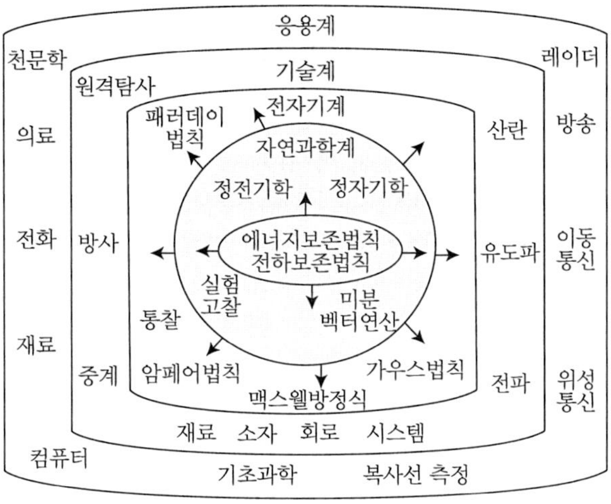

그림 1.3 기초과학에서 응용까지 개략도

1.2 전하

전하는 모든 전기 현상의 근원이 되는 실체이다. 자연에 존재하는 모든 물질은 원자들의 모임이고 원자는 중심에 양전하를 띤 원자핵과 원자핵 주위에 음전하를 띤 전자가 분포되어 있다. 그런데 원자를 구성하는 원자핵의 양전하의 크기와 전자들의 음전하의 크기는 같아서 원자는 전기적으로 중성을 나타내고 원자핵의 구조나 전자의 수에 따라 서로 다른 원자가 된다.

(1) 시험전하

일반 전하와 다르게 시험전하(test charge) q_0는 공간의 전하분포를 바꾸지 않는다. 일반 전하 q를 한 점에 놓으면 주위의 다른 전하에 힘이 작용하여 전하분포가 바뀌게 된다. 그러나 시험전하는 이런 영향을 주지 않는 특별한 성질을 가진다.

(2) 전하의 특성

① 전하는 항상 물체에 존재하는 비독립적인 존재이며 음전하와 양전하가 있다.

② 양전하는 전자가 부족한 상태이고(양성자 수가 전자 수보다 많음), 반대로 전자의 양이 과잉된 상태(전자 수가 양성자 수보다 많음)에서는 음전하가 된다.

③ 같은 종류의 전하 사이에는 반발력(척력)이 작용하며 다른 종류의 전하 사이에는 인력이 작용한다. 대전(물체가 전하를 띄게 되는 현상)된 물체와 대전되지 않은 물체 사이에는 항상 인력이 작용한다.

④ 자연계에 존재하는 가장 작은 전자 한 개의 전하량인 기본전하량은 $-e = -1.6 \times 10^{-19}$[C]이고, 질량은 9.11×10^{-31}[kg]이다. 양성자 한 개가 가지는

전하량은 $+e=+1.6\times10^{-19}$[C]이고, 질량은 1.67×10^{-27}[kg]이다. 중성자 한 개가 가지는 전하량은 0이고, 질량은 양성자와 같다.

⑤ 자연계에 존재하는 전하량은 불연속 집합체로 양자화되어 있고, 기본전하량 e의 정수배($Q=ne$, n는 양 혹은 음의 정수)로 나타난다. 헬륨의 핵전하는 $+2e$이고 $0.3e$와 같은 것은 없다. 거시적인 차원에서 전하는 연속적이라고 가정한다.

⑥ 전하는 소멸되거나 발생되지 않으며(합이 일정하게 보존) 언제나 처음의 양이 그대로 보존된다는 국지적으로 전하보존법칙이 작용한다. 음전하가 생기면 같은 양전하가 생긴다.

$$e(\text{전자})=q=1.6\times10^{-19}[\text{C}],\quad 1[\text{C}]=1/(1.6\times10^{-19})=6.2\times10^{18}[\text{전자}]$$

전기(電氣, electricity)는 전자에 의해 생기는 전하와 전기에너지이다. 전하는 전장을 형성한다. 전기에너지는 높은 곳에서 낮은 곳으로 흐르는데, 이 두 에너지들을 전위(전기적 위치에너지)로 나타낸다.

상대론적 질량 공식

전자가 운동하고 있을 때 전자의 정지질량을 m_0, 전자의 속도를 v[m/s], 빛의 속도를 $c_0(=3\times10^8[\text{m/s}])$라 하면 전자의 질량 $m=m_0/\sqrt{1-v^2/c_0^2}$ 이다. 운동하는 물체의 질량은 정지질량보다 시간이 팽창하는 비율로 커진다.

전자의 운동속도

한 개의 전자가 V[V]의 전위차에서 속도 v[m/s]로 이동한다면, 이때 전자가 이동하여 한 일은 전자의 운동에너지와 같으므로 $W=eV=(mv^2)/2$[J]이고, 속도는 $v=5.93\times10^5\sqrt{V}$ [m/s]이다.

1.3 보편 전자기학 상수

(1) 전자파속도

진공 혹은 자유공간(중력 · 전자장이 존재하지 않는 0K의 공간)에서 빛의 속도 $c_0=1/\sqrt{\epsilon_0\mu_0}\simeq3\times10^8$[m/s]이다. 매질 내에서 전자파의 속도 v는 진공에서의 빛의 속도를 그 매질의 굴절률로 나눈 값 $v=c_0/n$이다. 여기서 n은 매질의 굴절률로 진공에서의 빛의 속도와 매질 내에서 빛의 속도의 비이다. 표 1.1과 같이 모든 매질의 굴절률은 1.0 이상이므로 모든 재료 내에서 빛의 속도는 진공에서의 속도보다 감소한다.

표 1.1 재료별 평균 굴절률

재료	평균 굴절률
공기	1.00
물(얼음)	1.33(1.31)
Al_2O_3	1.73
SiO_2	1.54
$BaTiO_3$	2.40
Si	3.49
GaAs	3.63
폴리스틸렌	1.59

(2) 자유공간 유전율

자유공간 유전율(permittivity)은 전장이 매질에 영향을 주고 매질에 영향을 받는지를 설명하는 물리량이다. 그리고 전장이 유도하는 물질의 척도와 관계있고, 커패시터에서 증가한 유전율은 전기용량을 증가시켜 같은 전하를 저장하는데 전장(혹은 전압)의 세기를 낮춘다. MKS 단위로 $\epsilon_0 \simeq 8.85 \times 10^{-12} = \frac{1}{36\pi} \times 10^{-9} [\mathrm{F/m}]$이고, CGS 단위로 $\epsilon_0 = 1$이므로 무차원수이다.

(3) 자유공간 투과율

자유공간 투과율(permeability)은 자력선이 통하기 쉬운 척도이거나 인가자장에 선형적으로 반응하는 물질의 자화 정도를 나타낸다. MKS 단위로 $\mu_0 = 4\pi \times 10^{-7} [\mathrm{H/m}]$, CGS 단위로 $\mu_0 = 1$이다.

1.4 힘의 장

원천이 공간에 놓이면, 공간의 변형이 일어나고, 이 변형된 공간을 '장(field) 혹은 마당" 이라고 한다. 이 변형된 공간에 원천과 성질이 같은 또 하나의 물체를 놓으면 장의 영향을 받아 힘이 작용된다. 그래서 이런 공간을 장 혹은 힘의 장(力場, force field, 힘마당)이라 하고, 장은 시공간에서 변하는 양이다. 정적인 장(static field)은 공간에서만 변하는 장이고, 시변장(time varying field)은 시공간에서 변하는 장이며, 스칼라장은 시공간에서 크기가 변하는 장이고, 벡터장은 시공간에서 크기와 방향이 변하는 장이다.

● 원거리작용(action at a distance)

매질이 필요하지 않고 매질 없이 에너지 전환을 설명하는 모델이다. 전장, 자장, 중력, 빛, 파 등을 설명한다. 서로 접촉하지 않고도 장력(場力)이라는 힘이 작용한다.

그림 1.4(a)와 같이 벡터장을 가시화하기 위해 장의 선(flux line 혹은 streamline)을 사용하여 힘의 방향을 나타내고 한 점에서 장의 방향은 그 점에서 장선의 접선과 같다. 자기력이 미치는 공간인 자장 내에 자기력선으로 나타낸다. 그림 1.4(b)와 같이 흐름(束, flux)은 주어진 표면을 관통하는 벡터장과 관련된 양이고, 흐름밀도(flux density)는 단위면적당 관통하는 다발수이다. 그림 1.4(c)와 같이 흐름밀도는 장의 크기에 비례하고 장이 셀수록 단위면적당 선의 수가 많아진다.

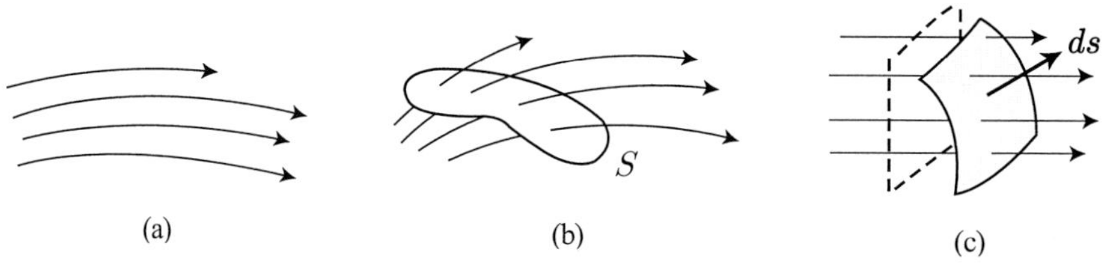

그림 1.4 벡터장 (a) 장의 선 (b) 흐름 (c) 흐름밀도

표 1.2는 기본적인 전자기장의 물리량이고, 그림 1.5는 전장과 자장의 기본적인 물리량을 설명하는 그림이다.

표 1.2 기본적인 전자장의 물리량

종류	장의 양	부호	단위
전장	전장의 세기	$\boldsymbol{E}$	V/m
	전속밀도 변위벡터	$\boldsymbol{D}$	C/m^2
자장	자장의 세기	$\boldsymbol{H}$	A/m
	자속밀도	$\boldsymbol{B}$	T

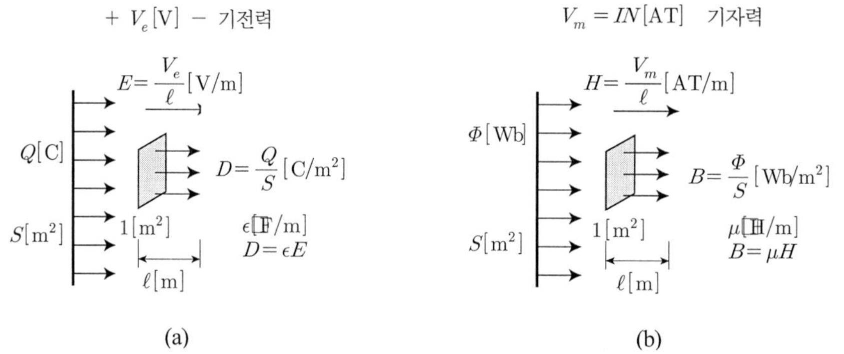

그림 1.5 기본적인 전자장의 물리량의 설명 (a) 전장 (b) 자장

(1) 전장

전(기)장(electric field)이란 그림 1.6과 같이 전하가 있는 공간에서 전장(전계)이 발생하고 다른 전하를 전장 안에 놓으면 전기력이 작용하는 공간이다. 즉, 전하가 있고 전기력이 작용하는 공간을 전장이라 한다.

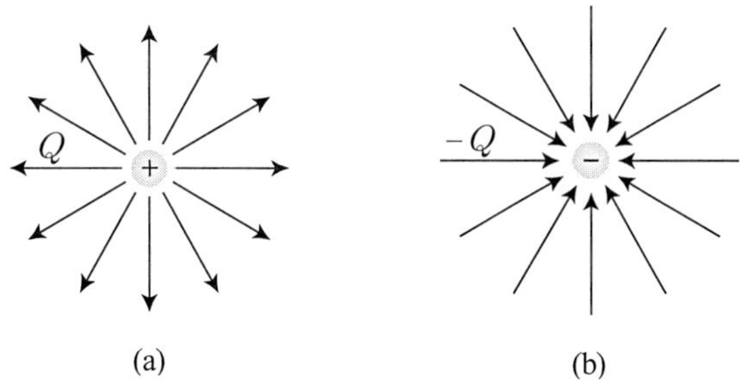

그림 1.6 전하의 전장 (a) 양전하 (b) 음전하

> 전(기)장 → 전기력선 → 전기력 → 전기적인 힘의 흐름은 전속밀도($\boldsymbol{D}$)

(2) 자장

자(기)장(magnetic field)이란 운동하는 전하 혹은 자석이 있는 공간에 자장(자계)이 발생하고 운동하는 다른 전하 혹은 자석을 자장에 놓으면 자기력이 작용하는 공간이다. 즉, 운동하는 전하 혹은 자석에 의해 자기력이 작용하는 공간을 자장이라 한다. 그림 1.7은 여러 종류의 자장을 나타낸다. 자장의 방향은 나침반의 바늘이 정렬되는 방향으로 알 수 있다.

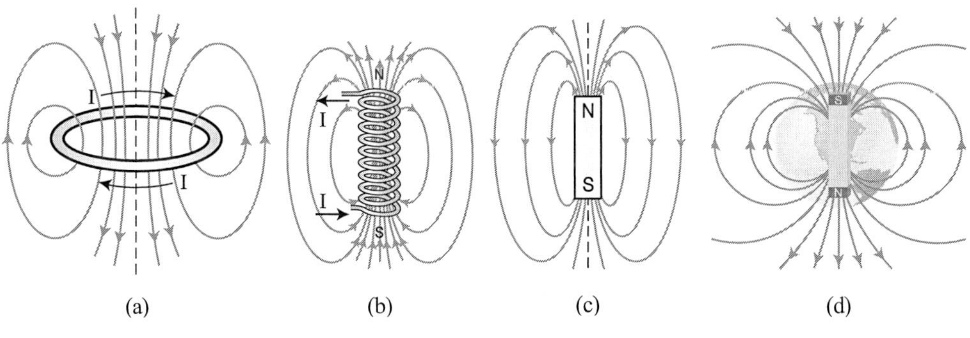

그림 1.7 자장의 종류 (a) 전류고리 (b) 솔레노이드 (c) 자석 (d) 지구자장

> 자(기)장 → 자기력선 → 자기력 → 자기적인 힘의 흐름은 자속밀도($\boldsymbol{B}$)

지구 자장

지구는 북쪽이 S극, 남쪽이 N극을 나타내는 거대한 자석이므로 나침반의 N극은 항상 북쪽을 가리킨다. 지구자장이 생기는 원인은 전하의 운동에서 자장이 형성하는 것과 같이 지구 내부에서 전기를 띄는 유체가 있기 때문인 것으로 추측한다.

곳에 따라 나침반의 바늘과 진북(眞北)과 차이 각도인 편각(偏角)은 다양하고 지구자장은 매우 불규칙하고 복잡하다. 그리고 지구자장은 시간이 지남에 따라 점차 변하고 자장 변화의 양상은 일정하지 않으며 주기성도 없다. 자장의 세기는 지역과 고도에 따라 차이가 있지만 우리나라에서는 약 0.5[G]다.

지구자장은 금속의 유체로 구성한 외핵에서 일어나는 전류로 형성하고, 지구자장의 영년변화(永年變化)가 불규칙한 것은 외핵 내에서 일어나는 소용돌이 현상에 관계된 것으로 해석한다. 지구자장의 영년변화로부터 추정한 외핵의 이동속도는 0.03[cm/s] 또는 10[km/1년] 정도이다. 유체운동은 전류를 변화하고, 전류를 발생하거나 유지하며, 외핵의 용융된 금속물질의 흐름으로 전류가 발생한다는 학설이 "다이너모이론(dynamo theory)"이다.

*지자기도(地磁氣圖)는 편각을 표시한 그림이고 지구자장의 변화를 영년변화라고 한다.

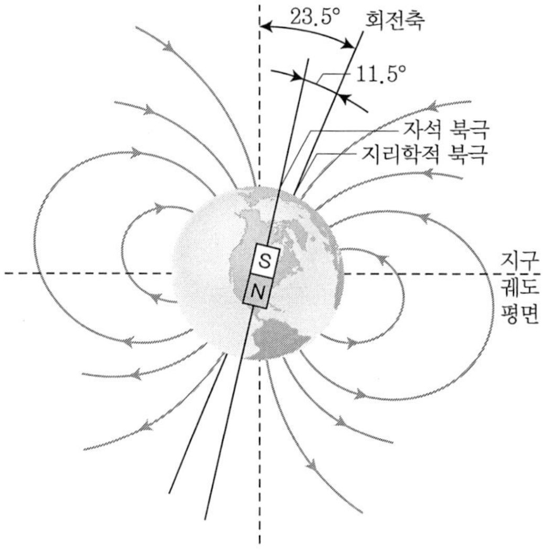

(3) 중력장

질량을 가진 물체가 만드는 공간에는 중력장이 발생하고, 질량을 가진 다른 물체를 중력장에 두면 중력이 작용한다. 즉, 질량이 있고 중력이 작용하는 공간을 중력장이라 한다. 그림 1.8과 같이 지구질량에 의한 중력장에서 질량을 가진 물체는 지구로부터 힘을 받는다. 그러나 같은 질량의 물체를 달과 지구에서 측정했을 때 중력장의 차이로 무게가 지구보다 달에서 1/6배 가볍다.

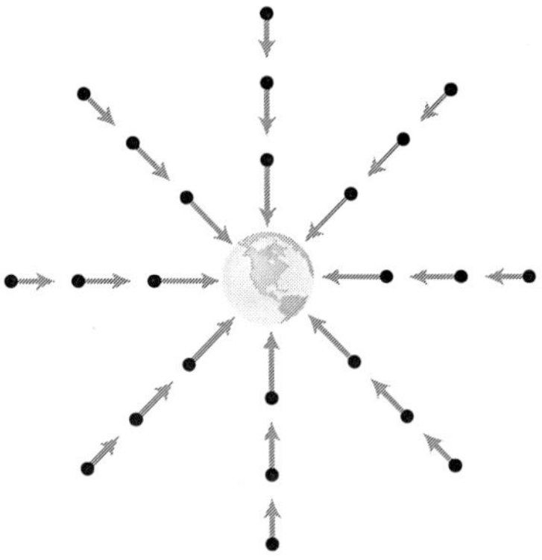

그림 1.8 지구의 중력장

(4) 전자기력의 통합

전기·자기가 별개의 현상으로부터 하나의 전자기현상으로 통합하는 과정은 다음과 같다.

① 1820년 외르스테드(Hans Christian Oersted, 1777~1851)가 전류에 의해 자장이 생성된다는 것(전류에 의한 나침반의 영향)을 우연히 발견하였다.

② 1831년 패러데이(Michael Faraday, 1791~1867)가 자장이 변화하면 전류가 생성된다는 것을 실험적으로 확인(철심 토로이드에 두 개의 코일을 나누어 감고 각각 검류계와 전지를 접속하면 전지회로의 단락과 개방으로 검류계가 움직이며 두 상태는 반대로 움직임)하였다.

③ 1860년 맥스웰(James Clerk Maxwell, 1831~1879)이 전장이 변하면 자장이 형성될 것이라고 예언했다. 이것은 전력의 개발과 무선통신의 발달을 가져왔다.

④ 1905년 아인슈타인(Albert Einstein, 1879~1955)의 특수 상대성이론에 의해서 전기적 현상과 자기적 현상은 같은 현상이라는 것을 증명하였다.

외르스테드

패러데이

맥스웰

아인슈타인

그러므로 정지전하는 전장을 발생하고 전하가 움직이면 전류를 발생하며, 전류에 의해 자장이 발생한다. 그리고 시변자장이 전장을 발생하고(패러데이법칙), 시변전장은 자장이 발생(암페어법칙)한다는 것을 알게 되었다. 그림 1.9는 전기자기 에너지계의 구성을 설명하고 있다.

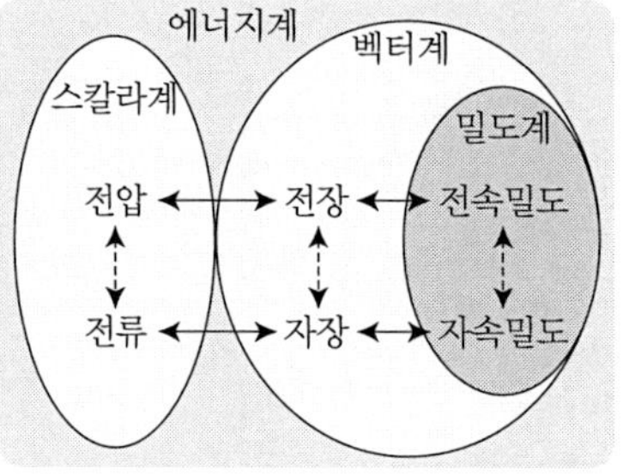

그림 1.9 에너지계의 구성

(5) 힘의 종류

힘에는 전기력, 자기력, 중력, 약력(물질의 붕괴와 관련된 힘), 그리고 강력(핵의 구조를 설명하는 힘)으로 분류한다.

① **강력** : 원자핵을 안정한 상태로 유지하는 힘으로써 양성자들과 중성자들 사이에 작용(양성자들 사이 전자기력의 100배)하며, 전자에는 영향을 주지 않는다. 강력은 4개의 힘 중에서 가장 강한 힘이고, 양성자 수가 100개 이상인 원자핵은 불안정하다. 무한대 거리까지 힘이 미치는 전자기력, 중력과 달리 강력은 핵과 같이 매우 짧은 범위에 작용한다.

② **약력** : 원자핵에서 방사성 붕괴의 일종인 β-붕괴(원자핵 속 중성자 하나가 양성자 하나와 전자 하나로 변하면서 전자 한 개를 방출함) 때 관계하는 힘이며, 강력의 10^{-13} 세기이다.

③ **전자기력** : 전하나 자기를 가진 입자들 사이에 작용하는 힘이며, 원자, 분자와 같은 미시적인 규모로 작용하고, 강력의 10^{-2} 크기이다.

④ **중력** : 두 질량체 사이에 작용하는 힘이며, 태양계와 같이 거시적으로 작용하는 네 개의 힘 중에 가장 약한 힘이며, 핵력인 강력의 10^{-41} 크기이다.

질량 m_1과 질량 m_2 사이에 작용하는 중력은

$$f_g = G\frac{m_1 m_2}{r^2} = m_1 G\frac{m_2}{r^2} = m_1 g \ [\mathrm{N}] \tag{1-1}$$

이며, 여기서 $G\frac{m_2}{r^2} = g$는 m_2에 의한 중력장이다. 지구의 질량이 $6 \times 10^{24}[kg]$이고 지구반지름이 $6.4 \times 10^6[\mathrm{m}]$이며, 중력상수는 $G = 6.67 \times 10^{-11}[\mathrm{N} \cdot \mathrm{m}^2/kg^2]$이므로 지표면 가까이에서 중력가속도 $g = 9.8[\mathrm{m/s}^2]$이다. 그리고 질량 $m[kg]$인 물체가 높이 $h[\mathrm{m}]$에서 위치에너지는 $mgh[\mathrm{J}]$이다. 중력은 전기력에 비해 매우 약한 힘이며, 뉴턴의 중력법칙은 $10^{-10}[\mathrm{m}]$ 이하에서 양자물리학으로 해석한다.

현대물리학에서는 표 1.3과 같이 힘을 입자의 교환으로 인한 상호작용으로 기술한다. 우주가 탄생할 당시 매우 짧은 시간 동안 모든 힘이 하나의 상호작용으로 기술된다는 것이 대통일장이론(grand unified theory)이다.

표 1.3 기본적인 힘

힘	매개입자	상대적 세기	힘의 거리	작용
중력	중력자	1	무한대	질량
전자기력	광자	10^{36}	무한대	하전입자
약력	W 입자, Z 입자	10^{25}	10^{-18}m	쿼크, 랩톤
강력	gluon	10^{38}	10^{-15}m	쿼크-쿼크

그림 1.10과 같이 중력과 전기력의 차이점은 중력은 질량이 항상 양이므로 중력가속도 방향은 아래로 향하고 전기력은 전하의 종류에 따라 가속도 방향이 달라진 중력이 무시한 공간에서 균일한 전장에 의한 전하의 운동방정식은 $q\boldsymbol{E}=m\boldsymbol{a}$이므로 가속도 크기는 $a=qE/m$이다.

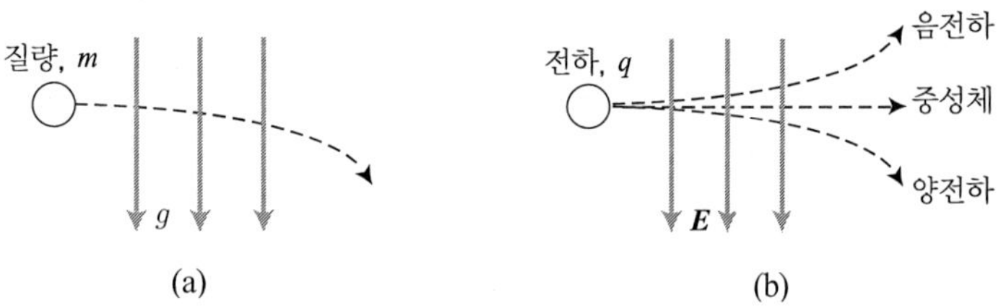

그림 1.10 중력장과 전장에서 운동 (a) 균일한 중력장에서 질량의 운동 (b) 균일한 전장에서 전하의 운동

1.5 단위

(1) 단위의 종류

국제 단위계(International System of Units)인 SI(불어 lc Systeme International des Unites)의 시초는 1790년경 프랑스에서 만든 "십진미터법"이며, 1874년 과학 분야에서 사용하기 위해 도입한 CGS(Centimeter-Gram-Second)계는 하부 단위계이다. 1889년에는 실용적인 측정이 MKS(meter-kilogram-second)계에 바탕을 두었고, 1946년에는 암페어를 포함한 MKSA계를 승인되었다. 국제 단위계 SI는 기본 단위, 보조 단위, 그리고 유도 단위로 나눈다. SI 단위의 기본 단위는 표 1.4의 MKSA를 포함하여 온도를 위한 켈빈(K), 화학적 물질의 양을 위한 몰(mole : mol), 빛의 세기를 위한 칸델라(candela : cd)를 합하여 일곱 가지가 있다.

역학적인 양에서 MKS 단위를 CGS 단위로 환산

$$1\text{m}=10^2\text{cm},\ 1k\text{g}=10^3\text{g},\ 1\text{N}=10^5[\text{dynes}],\ 1\text{J}=10^7[\text{ergs}]$$

표 1.4 전자기학 관련 기본 단위

물리량	차원	SI 단위(MKS)		CGS 단위	
		명칭	기호	명칭	기호
길이(공간)	L	미터	m	센티미터	cm
질량	M	킬로그램	㎏	그램	g
시간	T	초	s	초	s
전류(에너지)	A	암페어	A	–	–

보조 단위에는 표 1.5와 같이 무차원인 라디안(radian : rad)과 스테라디안(steradian : sr)이 있다. 1 라디안(radian)은 그림 1.11(a)와 같은 부채꼴에서 어떤 원의 반지름과 같은 길이의 호를 자르는 두 반지름 사이의 평면각이다. 1 스테라디안(steradian)은 그림 1.11(b)와 같은 원뿔에 어떤 구의 표면에서 그 구의 반지름의 제곱과 같은 넓이의 표면을 자르고 그 꼭짓점이 구의 중심에 있는 입체각이다.

표 1.5 보조 단위

물리량	차원	SI 단위(MKS)	
		명칭	기호
평면각	L/L=1	라디안	rad
입체각	$L^2/L^2=1$	스테라디안	sr

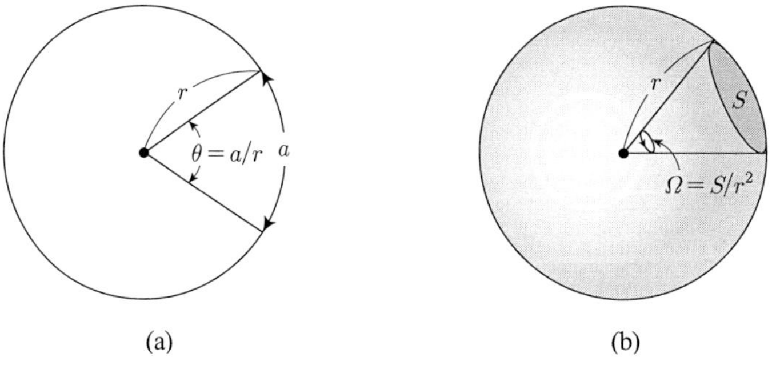

그림 1.11 보조 단위 (a) 평면각 (b) 입체각

입체각(solid angle)의 의미

점 광원을 비추면 빛의 세기는 거리에 따라 제곱분에 1로 감소한다. 그러나 광원으로부터 나온 빛이 일정거리에서 차지하는 면적은 거리의 제곱에 비례하여 넓어진다. 이때 빛의 흡수가 없다면 변하지 않는 양은 빛의 총 에너지양과 광원에서 나오는 빛이 만드는 원뿔의 각도이다. 이 원뿔에서 거리에 따라 퍼지는 정도인 단위면적당 빛의 에너지는 거리의 제곱에 반비례하지만, 이 빛이 통과하는 표면의 넓이는 거리의 제곱에 비례하여 커진다.

따라서 빛, 전장, 전파와 같이 직진성을 갖는 양의 3차원적인 "방사"는 이 원뿔 내부의 각도로 나타내면 편리하고, 이 원뿔의 각도를 입체각으로 정의한다. 입체각은 거리에 따라 변하지 않는 양으로 차원이 없는 양이며 입체각 = (어느 거리에서의 면적)/(거리의 제곱)이므로 반지름이 r인 구의 표면적은 $4\pi r^2$이고 구의 입체각은 $4\pi r^2/r^2 = 4\pi[\mathrm{sr}]$이 된다.

그림과 같이 임의의 폐곡면 s에서 ds의 법선벡터와 구의 중심축과의 기울어진 각이 θ이고, 임의의 폐곡면 s에서 ds를 지나가는 선속 = $ds\cos\theta$를 지나가는 선속 = 미소 면적 ds'을 지나가는 선속인 입체각은 다음과 같다.

$$\Omega = \frac{ds\cos\theta}{r^2} = \frac{ds'}{r'^2}\ [\mathrm{sr}]$$

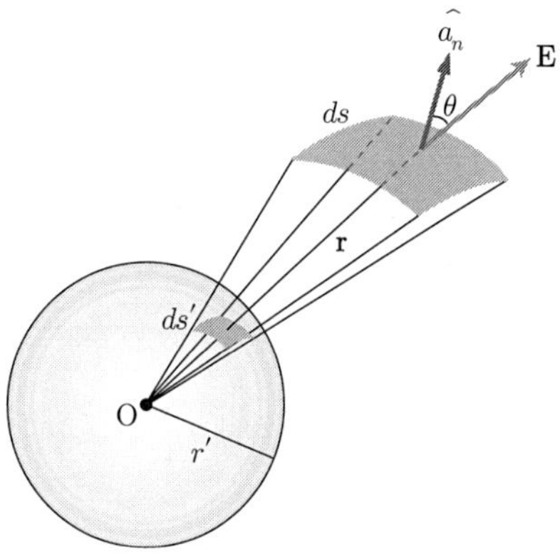

- 평면각, 실수 θ = 원주 길이/반지름 길이 $= a/r$, $1[\mathrm{rad}] = r/r = 180/\pi[^o] \simeq 57.2958[^o]$
- 완전한 원의 평면각은 $2\pi r/r[\mathrm{rad}] = 2\pi[\mathrm{rad}] = 360[^o]$이다.

- 입체각, $\Omega =$ (구의 중심을 정점으로 한 곡면 표면적)/(구의 반경의 제곱)$= S/r^2$
- $1[\mathrm{sr}] = r^2/r^2$: 구 표면에서 구의 반경을 한 변으로 하는 정사각형 면적과 같은 곡면 표면적을 갖는 3차원 공간적인 각이다.
- 완전한 구의 입체각은 $4\pi r^2/r^2 = 4\pi[\mathrm{sr}]$이다.

반지름이 r인 구 중심에 x만큼 떨어진 지점에서 원뿔형의 입체각을 구해보자. $\sin\theta = a/r$, $d\ell = rd\theta$ 관계를 이용하면 미소 구 면적은 $ds = 2\pi a\, d\ell = 2\pi(r\sin\theta)(rd\theta)$이다. 평면각이 θ인 구의 면적 S와 입체각 Ω은 다음과 같다.

$$S = \int_0^\theta ds = \int_0^\theta 2\pi r^2 \sin\theta\, d\theta = 2\pi r^2[1-\cos\theta] = 2\pi r^2\left(1 - \frac{x}{\sqrt{a^2+x^2}}\right)\ [\mathrm{m}^2]$$

$$\Omega \equiv \frac{S}{r^2} = \frac{2\pi r^2(1-\cos\theta)}{r^2} = 2\pi(1-\cos\theta) = 2\pi\left(1 - \frac{x}{\sqrt{x^2+a^2}}\right)\ [\mathrm{sr}]$$

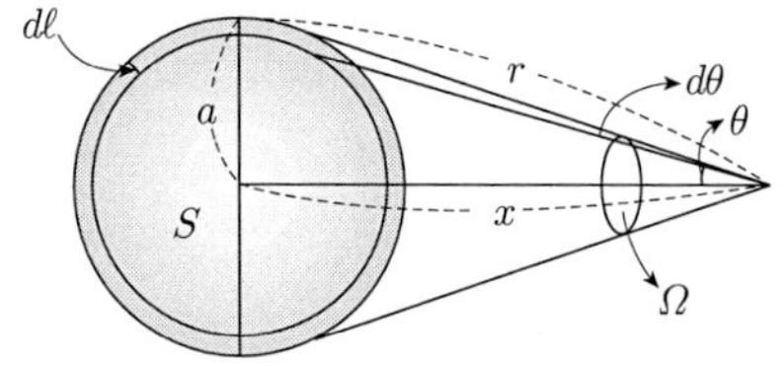

반지름 r인 구의 표면적이 S인 원뿔형의 입체각

원뿔형의 평면각 θ에 따른 입체각과 의미

원뿔형의 수선과 평면각 θ [°]	입체각, Ω[sr]	의미
0	0	먼 거리에서 바라봄
90	2π	근접해서 바라봄, 무한 평면
180	4π	앞뒤로 바라봄, 구

표 1.6은 전자기학에서 많이 사용하는 SI 유도 단위를 나타낸다. 보통 CGS 단위계는 실제 사용 시 불편하지만 학술적으로 사용한다.

표 1.6 SI 유도 단위 예

물리량	차원	SI 단위(MKS)	CGS 단위
속도	$L \cdot T^{-1}$	m/s	cm/s
가속도	$L \cdot T^{-2}$	m/s^2	cm/s^2
힘	$M \cdot L \cdot T^{-2}$	$kg \cdot m/s^2$= 뉴턴(N)	$g \cdot cm/s^2$ = dyne
일	$M \cdot L^2 \cdot T^{-2}$	N · m = 주울(J)	dyne · cm = erg
에너지	$M \cdot L^2 \cdot T^{-2}$	주울(J)	erg
전력	$M \cdot L^2 \cdot T^{-3}$	J/s = 와트(W)	erg/s
주파수	T^{-1}	헤르츠(Hz)	헤르츠(Hz)
전하량	$T \cdot A$	쿨롱(C)	–
전압(전위)	$M \cdot L^2 \cdot T^{-3} \cdot A^{-1}$	볼트(V)=W/A	–
정전용량	$M^{-1} \cdot L^{-2} \cdot T^4 \cdot A^2$	패럿(F)=C/V	–
저항	$M \cdot L^2 \cdot T^{-3} \cdot A^{-2}$	옴(Ω)=V/A	–
자속	$M \cdot L^2 \cdot T^{-2} \cdot A^{-1}$	웨버(Wb)=V · s	–
자속밀도	$M \cdot T^{-2} \cdot A^{-1}$	테슬라(T)=Wb/m^2	–
유도용량	$M \cdot L^2 \cdot T^{-2} \cdot A^{-2}$	헨리(H)=Wb/A	–
파수	L^{-1}	–	–

표 1.6 SI 유도 단위 예(계속)

물리량	차원	SI 단위(MKS)	CGS 단위
밀도(비중)	$M \cdot L^{-3}$	–	–
전류밀도	$A \cdot L^{-2}$	–	–
자장	$A \cdot L^{-1}$	–	–
전장	$M \cdot L \cdot T^{-3} \cdot A^{-1}$	V/m	–
전하밀도	$T \cdot A \cdot L^{-3}$	C/m^3	–

그림 1.12와 같이 체적 $V[m^3]$, 표면적 $S[m^2]$, 혹은 길이 $\ell[m]$에 전하가 $Q[C]$인 경우 체적전하밀도(volume charge density)는 $Q/V = \rho_v[C/m^3]$, 표면전하밀도(surface charge density)는 $Q/S = \rho_s[C/m^2]$, 선전하밀도(line charge density)는 $Q/\ell = \rho_\ell[C/m]$이다.

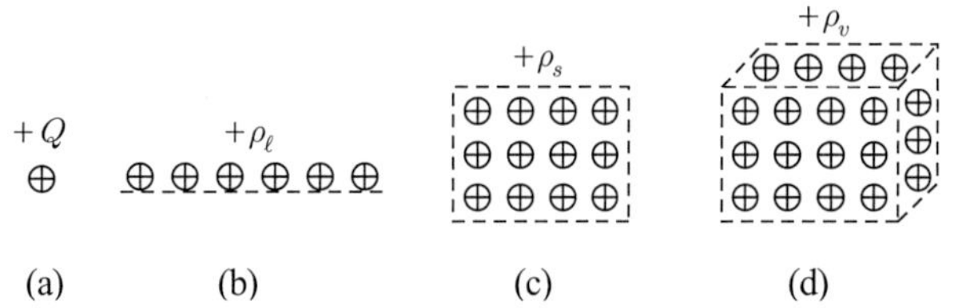

그림 1.12 전하분포 (a) 점전하 (b) 선전하밀도 (c) 면전하밀도 (d) 체적전하밀도

그림 1.13과 같이 단면적 $S[m^2]$에 (선)전류가 $I[A]$가 흐르면 (체적)전류밀도는 $I/S = J$ $[A/m^2]$이고, 표면 폭이 $w[m]$에 전류 $I[A]$가 흐르면 표면전류밀도는 $I/w = J_s[A/m]$이다.

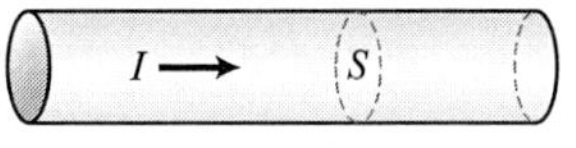

그림 1.13 전류밀도

예제 1.1 $1pA$가 흐르는 도체에서 초당 움직이는 전자의 수를 구하여라.

풀이 $1[A] = 1[C/s]$, 한 개의 전자/$1.6 \times 10^{-19}[C] = 6 \times 10^{18}$개 전자/$1[C]$,

$1pA = 10^{-12}[A] = 10^{-12}[C/s]$이므로

6×10^{18}개 전자/$1[C] \times 10^{-12}[C/s] = 6 \times 10^6$개 전자/s ■

(2) 단위 접두사

최근 언론을 통해 컴퓨터 메모리 단위인 TB(Tera byte), 전송속도인 Tbps(bits per second), 반도체에서 nm 크기, $x-$선 파장인 pm 길이, 원자운동 측정에 사용하는 fs 시간, 극초단 레이저 출력 TW급 등 단위의 접두사를 많이 사용한다. 표 1.7은 큰 것을 표

시하는 Y(요타)와 같은 단위 접두사들에서 작은 것을 표현하는 y(욕토)와 같은 단위 접두사들을 소개하고 있다.

표 1.7 단위 접두사

인수	이름	기호	인수	이름	기호
10^{24}	yotta	Y	10^{-24}	yocto	y
10^{21}	zetta	Z	10^{-21}	zepto	z
10^{18}	exa	E	10^{-18}	atto	a
10^{15}	peta	P	10^{-15}	femto	f
10^{12}	tera	T	10^{-12}	pico	p
10^{9}	giga	G	10^{-9}	nano	n
10^{6}	mega	M	10^{-6}	micro	μ
10^{3}	kilo	k	10^{-3}	milli	m
10^{2}	hecto	h	10^{-2}	centi	c
10	deka	da	10^{-1}	deci	d

1.6 신호의 주파수

(1) 파동변수

그림 1.14와 같이 주파수(frequency)란 전파가 공간을 진행할 때 생기는 파동이 1초 동안 진동하는 횟수이며, 단위는 전자파의 존재를 실험적으로 증명한 헤르츠(Heinrich Hertz, 독일)의 이름을 따서 Hertz(Hz)를 사용한다. 예로 1초 동안에 1천 번 진동했다면 주파수는 1[kHz]가 되고, 1백만 번 진동했다면 1[MHz], 10억 번 진동하면 1[GHz]가 된다.

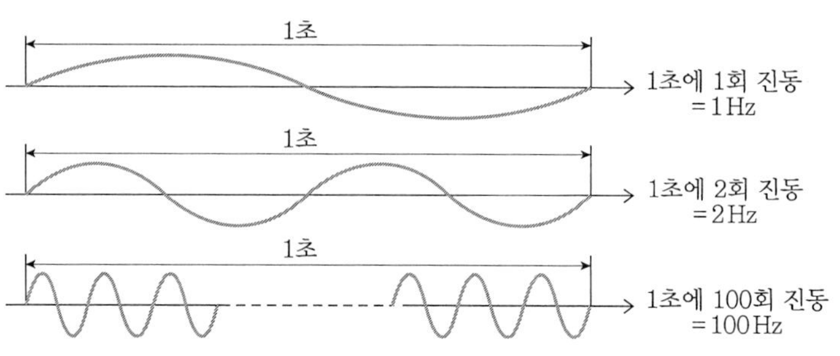

그림 1.14 파동의 주기

콘서트홀에 고음 악기보다 저음의 긴 파장을 가진 악기 소리가 멀리까지 잘 들리고, 아랫배에 힘을 주고 낮은 저음으로 불러야 목소리가 멀리 전달된다. 고음은 파장이 짧기 때문에 먼지나 반사면을 만나면 바로 난반사가 일어나 멀리 퍼지지 못하고, 저음은 파장이 길어서 방해물을 뚫고 멀리까지 가기 때문이다.

소리가 높고 낮다는 것은 음파의 주파수(진동수)가 많고 적다라는 뜻이고, 소리가 크다는 말은 음파의 주파수와는 상관없이 음파의 진폭과 관계하는 양이다.

주파수가 낮은 것은 멀리 잘 가고 장애물이 있으면 회절, 굴절 등이 잘 되는 성질이 있고, 주파수가 높은 것은 직진성이 좋고 반사가 잘 되는 성질이 있다. 그래서 섬이나 외딴 곳에서 이동통신은 상대적으로 낮은 주파수를 사용하여 서비스한다. 그림 1.15는 파동의 파장과 진폭을 나타낸다.

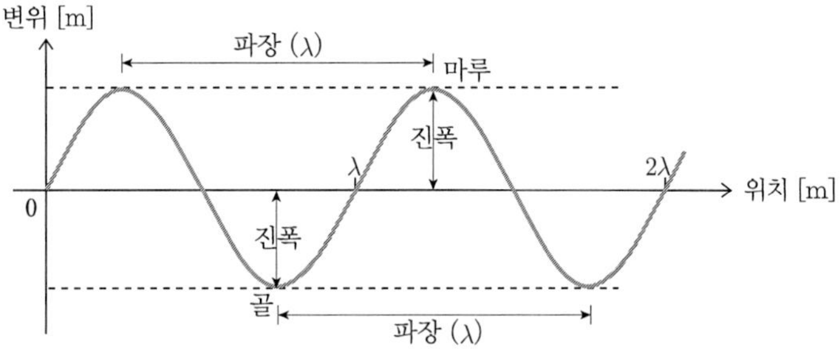

그림 1.15 파동의 파장과 진폭

파동변수

- 주기(period) : 한 번 진동(마루에서 마루 혹은 골에서 골까지)하는데 걸리는 시간, $T[초]$
- 주파수(frequency) : 1초 동안에 진동하는 횟수, $f[\mathrm{Hz}]$
- 주기와 주파수 관계 : $f = 1/T$
- 진폭(amplitude) : 주기신호의 최곳값, 마루의 높이 혹은 골의 깊이
  (비교) 양 진폭(peak to peak : P–P)
- 파장(wavelength) : 한 순환(진동) 동안 전파(傳播)되는 공간적 거리 $\lambda_0[\mathrm{m}]$, $\lambda_0 = c_0/f$
- 비자성체 매질에서 전파속도, $v_p = 1/\sqrt{\epsilon_0\epsilon_r\mu_0}\,[\mathrm{m/s}]$이고 $v_p = f \cdot \lambda$이다.

(2) 주파수 대역

통신에서 높은 주파수를 사용하면 변환하는 정보의 양은 많아지고, 안테나의 크기는 작아지며, 회로 측면에서 전력소모가 증가한다. 그림 1.16은 전자기파의 스펙트럼을 나타내고, 표 1.8은 주파수 대역별 명칭, 특징, 그리고 응용분야를 정리하였다.

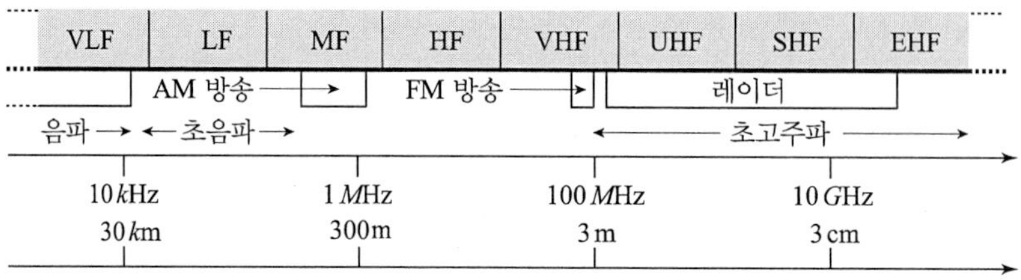

그림 1.16 전자기파 스펙트럼

표 1.8 전파의 주파수 대역별 이름과 응용분야

대역이름		주파수	파장	특징	응용
한국이름	영어이름				
밀리파	EHF(extremely high frequency)	30GHz~300GHz	1cm~1mm	강한 직진성, 물방울 영향 강함, 근거리통신	우주관측용 전파망원경, 자동차 충돌방지레이더, 사무실 무선LAN, 위성 간 통신
마이크로파	SHF(super high frequency)	3GHz~30GHz	10cm~1cm	직진성, 높은 정보량, 고정지점 간 통신 (수km~수십km)	이동통신, 위성통신, 비행장이나 항구 레이더
극초단파	UHF(ultra high frequency)	300MHz~3GHz	1m~10cm	직진성 회절성질	육상이동통신, 전자레인지, UHF TV
초단파	VHF(very high frequency)	30MHz~300MHz	10m~1m	직진성, 전리층 반사 약함, 회절성질	VHF TV, FM, 항공기관제, 근거리 이동통신
단파	HF(high frequency)	3MHz~30MHz	100m~10m	전리층 F층 (약 200~400km) 반사, 장거리통신	국제선 항공기통신, 팩시밀리, 아마추어무선, 국제방송
중파	MF(medium frequency)	300kHz~3MHz	1km~100m	전리층 E층(약 100km) 반사, 원거리송신	해상무선, 항공무선, 라디오방송
장파	LF(low frequency)	30kHz~300kHz	10km~1km	매우 먼 곳까지 전파	항공기나 선박 항로안내(비콘, 데카), 표준전파(40kHz)
초장파	VLF(very low frequency)	3kHz~30kHz	~10km	지표면을 따라 전파, 수중에도 30m 도달	무선항행, 해상이동

1.7 오로라

우리에게 빛과 열을 제공하는 태양은 높은 에너지를 가진 양성자와 전자들의 입자를 무수히 많이 방출한다. 그런데 이 입자들은 전기를 띠고 있어서 지구의 자장 영역에 들어오면 곧바로 지구로 직진해 들어오지 못하고 둘레를 맴돈다. 이 결과 지구 둘레에는 전기를 띤 입자들로 이루어진 거대한 띠 모양인 반알렌대(Van Allen belt)를 생긴다. 여기에 붙잡힌 입자들은 지구자장에 의해 남북극 사이를 나선운동하면서 왕복한다. 그래서 태양에서 활발한 폭발활동이 있을 때에 일부는 극지방의 대기층으로 들어와 공기원자 및 분자와 충

돌하여 그림 1.17과 같이 오로라 현상이 발생한다. 이것은 주로 위도 60~75°, 지상 1백~1천[km] 높이에서 발견된다.

지구의 자장은 지구와 지구 주변 공간에 퍼져 있고, 자기권의 영역은 지구자장과 대전입자로 구성한 태양풍의 상호작용으로 형성한다. 태양 방향의 약 6만[km] 상공에서 태양풍의 압력은 지구자장과 균형을 이루고, 지구자장은 태양풍에 대한 장애물로 작용한다. 양이온과 전자의 수가 거의 같은 전리기체, 플라스마 구성입자는 충격파면에 의해 지구 주변에서 편향된다. 그리하여 그림 1.18과 같이 자기권은 지구로부터 태양의 반대방향으로 수백만[km] 가량 뻗어 나가는 긴 자기권꼬리를 형성한다. 자기권꼬리는 수 시간 동안 수십억[MJ]에 달하는 엄청난 양의 에너지를 저장할 수 있는 능력을 갖추고 있다.

지구에 매우 가까이 수렴되어 있는 자력선(磁力線)이 높은 에너지를 가진 입자들을 지구 주변으로 포획한다. 포획한 입자들은 북반구와 남반구 사이에서 선회운동을 하며, 지구 주변에 두 개의 도넛 모양의 영역으로 나타나는 밴앨런 복사대에서 느린 속도로 이동한다. 자기권과 밴앨런 복사대와 같은 지구자장의 외곽부는 생명체에 해로운 충격을 주는 태양풍의 이온화된 기체입자들과 높은 에너지를 가진 우주선의 직접적인 영향으로부터 지구를 보호해준다.

그림 1.17 북극지방 오로라 사진

그림 1.18 태양풍과 지구자장

1.8 전자기학 응용 및 요소 기술

그림 1.19와 같이 우리는 일상생활에서 알게 모르게 전자장 환경 속에서 살아가고 있다. 최근 전자기학의 활발한 응용분야에는 통신 기술(이동통신, 위성통신, 광통신, 상업용 통신), 레이더공학, 안테나공학, 광공학, 밀리미터파공학, 원격탐사, 플라즈마공학, 핵 연구 등을 망라하고 최첨단 기술 중에 국가의 국방과 안보, 우주개발 등에 사용한다. 초고속 집적회로(Integrated Circuit : IC)를 포함한 각종 초고주파 부품, 전기기계(변압기, 발전기, 전기 계전기 등), 전자파를 인체에 쪼여 심층피부조직을 가열 또는 생리학적인 자극 치료, 자기공명영상(Magnetic Resonance Imaging : MRI)과 같이 물질에 따라 다른 전자파의 반사원리를 이용한 인체 내부의 촬영, 가공을 위해 금속을 녹이거나 표면처리 및 용접의 유

도가열 등에 응용한다.

전자기학은 맥스웰방정식의 원리를 공부하고 이를 이용한 소자와 시스템의 설계와 분석에 대한 응용을 포함한다. 맥스웰방정식은 전기와 자기에 대한 가장 완벽하게 설명하는 방법 중의 하나이며, 전자기장의 관계가 여기에서 전개한다.

따라서 전자기학의 요소 기술은 그림 1.20과 같이 재료, 소자, 회로 그리고 시스템 기술을 포함한다. 한 예로 무선통신 기술은 프론트엔드 모듈(Front End Module : FEM)과 같은 고주파 부품, 매질이나 공중에 혹은 동축선과 같은 전송선에 파를 전파하고 안테나를 통해 보내거나 받으며, 전자부품 사이 잡음과 간섭 등의 기술을 포함한다.

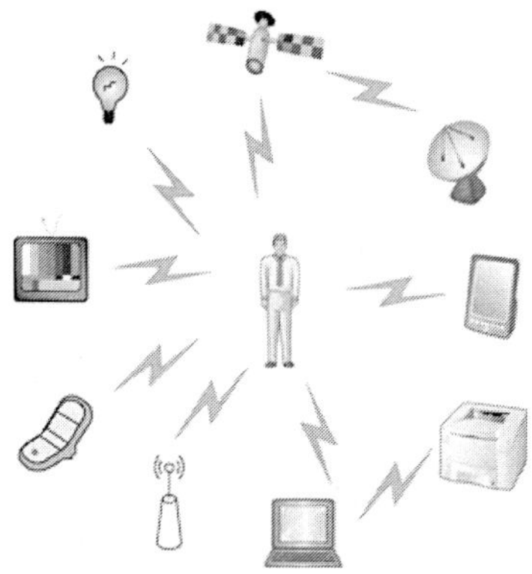

그림 1.19 일상 속의 전자장 환경

재료 기술	도체, 유전체, 세라믹, 자성체, 반도체 반도체(Si, GaAs, InP, InGaAs, SiGe, GaN, GaN on SiC, GaN on Si, GaN on Si 등) 기술 : 결정성장(MOCVD, MBE, LPE, ALE) 특성 분석(SIMS, XPS, AES, TEM, SEM, C−V plot, Hall, PL) 구조 연구(MQW, SL)
↓	
소자 기술	전자발견(1897, J. J. Thomson) Vacuum tube(1904 : Fleming) Bipolar(1947, Bell연구소 : Brattain, Bardeen, Shockley) →1956 노벨 물리학상 공동수상, 존 바딘은 1972 초전도성 이론, 2번 수상 FET(1951, Shockley) HEMT, HBT, HFET, delta−doped FET, I/I FET, MESFET, MEMS, NEMS MOS(n−, p−, C−, BiC−, etc);(1960, Kahng(강대원) & Atalla, Bell Lab) Optical device (laser, LED, detector, switch, fiber 등) R, L, C, 전송선로, 도파관 기술: 소자설계, 공정(LTCC, MEMS, MMIC 등), 제작, 실장, 검사
↓	
회로 기술	생각(1958, Kilby, TI, 2000년 노벨상) MMIC(Monolithic Microwave Integrated Circuit) RFIC(Radio Frequency Integrated Circuit) MMMIC(Monolithic Millimeter−wave Integrated Circuit) MIMIC(Microwave and Millimeter−wave Monolithic Integrated Circuits) 증폭기, 발진기, PLL, 혼합기, 체배기, 여파기, 듀플렉서, 결합기/분배기, 아이솔레이터, 안테나 등
↓	
시스템 기술	무선통신시스템, 방송시스템, 레이더시스템 등

그림 1.20 전자기학 요소 기술

| 연 | 습 | 문 | 제 |

1.1 흥미로운 전자기학 공부를 위해 인터넷을 활용하여 전자기학의 발전사의 위대한 과학자들의 발자취를 살펴보고 정리하여라.

1.2 온도와 같은 스칼라장, 중력과 전자장의 벡터장 차이점을 설명하여라.

1.3 자유공간에서 다음 신호의 파장을 구하여라.

(a) 900[MHz] 전자파 (b) 1,800[MHz] 전자파

(c) 2.45[GHz] 전자파 (d) 5.25[GHz] 전자파

1.4 통신에서 높은 주파수를 이용하는 이유를 설명하여라.

1.5 비유전율(ϵ_r)이 4.8인 FR-4의 기판을 사용한 PCB에서 파의 전파속도와 파장이 얼마로 감소하는지 계산하여라. 그리고 2[GHz] 신호에서 파장을 구하여라.

1.6 실리콘($\epsilon_r = 11.8$)의 기판을 사용한 MIC에서 1[GHz] 신호의 유효파장을 구하여라.

1.7 과학적 사실을 모델링하는 연역법과 귀납법의 차이점을 설명하여라.

1.8 공기가 없는 우주에서 소리가 전달되지 않지만 전자기파는 전달되는 이유를 적어라.

1.8 아날로그 TV 채널은 6[MHz], 디지털 TV 채널은 10[MHz] 대역폭이 필요하다. 60[GHz]의 1% 대역폭은 몇 개 채널을 사용하는지 계산해 보아라.

1.9 Cognitive Radio 기술과 UWB(Ultra Wideband) 기술의 장점과 단점을 정리하여라.

1.10 프론트엔드 모듈(Front End Module)에 대해 설명하여라.

1.11 ISM(Industrial Scientific and Medical communication)의 대역 주파수를 적어라.

1.12 무선통신에 사용하는 주파수 범위를 적고 대기 감쇠창을 기록하여라.

1.13 전자기학을 공부하면 장차 어떤 응용분야에 활용하는지 기술하여라.

1.14 Stephen Gray, J. T. Desaguliers, John Michell, Joseph Priestley, John Robison의 전자기학의 업적을 조사하여라.

Chapter 02

전자기해석 수학

Contents

33 벡터해석

42 직교좌표계

55 전자기연산자

79 위상자법

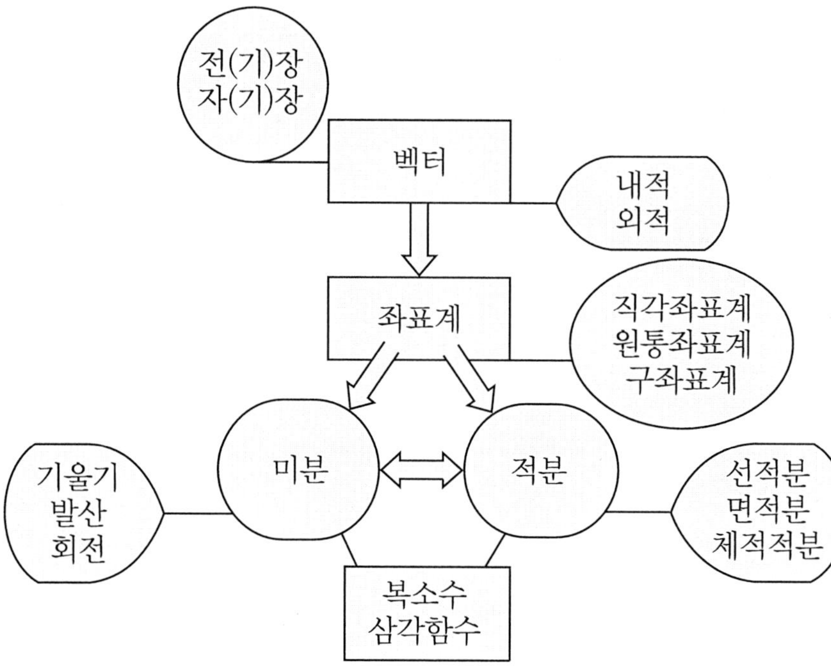
전(기)장
자(기)장
벡터
내적
외적
좌표계
직각좌표계
원통좌표계
구좌표계
기울기
발산
회전
미분
적분
선적분
면적분
체적적분
복소수
삼각함수

2.1 벡터해석

스칼라(scalar)는 실수 하나로 표시하거나 또는 크기만을 표현하는 물리량이며 시간, 질량, 밀도, 온도, 거리, 체적, 전하량, 전압, 전류, 그리고 에너지 등이 있다.

벡터(vector)는 다수의 실수로 표시하거나 크기와 방향을 갖는 물리량이며 변위, 힘, 속도, 가속도, 전장, 자장, 그리고 전류밀도 등이 있다. 영문자로 벡터를 표시할 때 $\boldsymbol{A}$, $\underline{A}$, $\overline{A}$, 그리고 $\overrightarrow{A}$ 등으로 표시하며, 두 벡터의 방향과 크기가 같으면 같은 벡터라고 한다.

그림 2-1과 같이 벡터를 나타낼 때는 화살표 끝을 가진 선분으로 표현하고, 선분 길이는 벡터의 크기를 나타내며 화살 방향은 벡터의 방향을 나타낸다. n-차원 유클리드공간 R^n에서 벡터 $\boldsymbol{A}$는 $\boldsymbol{A}=(a_1, a_2, \cdots a_n)$으로 나타내고 이 책에서 xyz-공간 R^3을 사용한다.

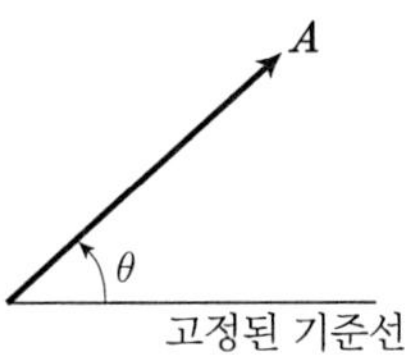

그림 2.1 수평축과 이루는 각도가 θ인 벡터 $\boldsymbol{A}$

- 벡터와 스칼라 : 한 점에서 물리량
- 벡터장, 스칼라장 : 공간적으로 여러 점에 분포하는 물리량

(1) 크기와 단위벡터

벡터의 크기(norm) 또는 길이(length)는 A, $|\boldsymbol{A}|$, $\|\boldsymbol{A}\|$로 표시하고, n-차원 벡터인 경우 $|\boldsymbol{A}|=\sqrt{\boldsymbol{A}\cdot\boldsymbol{A}}=\sqrt{\sum_{k=1}^{n} A_k^2}$ 로 정의한다.

① 음이 아닌 크기 : $|\boldsymbol{A}|\geq 0$, 등호는 $\boldsymbol{A}=0$이다.
② 삼각 부등식 : $|\boldsymbol{A}+\boldsymbol{B}| \leq |\boldsymbol{A}|+|\boldsymbol{B}|$
③ 스칼라 크기의 곱 : $|a\boldsymbol{A}|=|a|\,|\boldsymbol{A}|$

단위벡터(unit vector)는 좌표값이 증가하는 방향이며 크기가 1인 방향벡터이다. 직각좌표계에서 임의의 $\boldsymbol{A}$ 벡터의 단위벡터는 그림 2.2와 같이

$$\widehat{a_A}=\frac{\boldsymbol{A}}{|\boldsymbol{A}|}=\frac{\boldsymbol{A}}{\sqrt{\boldsymbol{A}\cdot\boldsymbol{A}}}=\frac{\boldsymbol{A}}{\sqrt{A_x^2+A_y^2+A_z^2}} \tag{2-1}$$

이고, 크기는 1이며 방향은 그 벡터와 같은 방향이다. 한 예로 $(1/\sqrt{2}, 1/\sqrt{2})$는 실수 평면에서 단위벡터이고, $(1,0,0)$은 3차원 공간에서 단위벡터이다.

n-차원 공간에서 한 좌표만 1이고 다른 좌표는 모두 0인 벡터를 특히 기본단위벡터(elementary unit vector)라고 한다. 3차원 직교좌표계에서 x-방향, y-방향, 그리고 z-방향 기본단위벡터는 각각 $\hat{a_x} = (1,0,0)$, $\hat{a_y} = (0,1,0)$ 그리고 $\hat{a_z} = (0,0,1)$이므로 임의의 벡터는 기본단위벡터의 조합으로 표현할 수 있고, $\boldsymbol{A} = A_x\hat{a_x} + A_y\hat{a_y} + A_z\hat{a_z}$으로 나타낸다. 벡터를 크기와 단위벡터로 표시하면 $\boldsymbol{A} = |\boldsymbol{A}|\,\hat{a_A}$ 으로 나타낸다.

기저벡터(basis vector) : 직교좌표계에서 좌표축 방향의 단위벡터

- 전장의 세기, $\boldsymbol{E} = \dfrac{Q}{4\pi\epsilon_o r^2}\hat{a_r} = 9\times10^9\dfrac{Q}{r^2}\hat{a_r}$ [V/m]
- 자장의 세기, $\boldsymbol{H} = \dfrac{m}{4\pi\mu_o r^2}\hat{a_r} = 6.33\times10^4\dfrac{m}{r^2}\hat{a_r}$ [A/m]

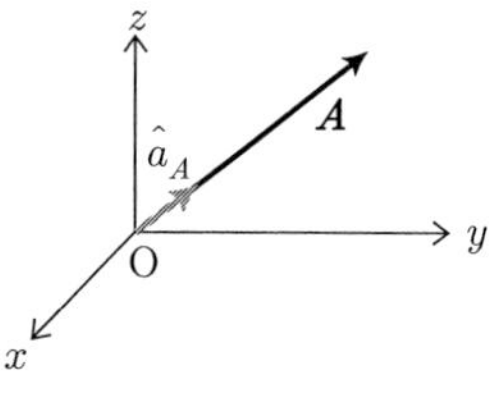

그림 2.2 단위벡터

영벡터(zero vector)

n-차원 유클리드공간 R^n에서 $\mathbf{0}_n = (0, 0, \cdots 0)$, xyz-공간 R^3에서 $\mathbf{0}_3 = (0, 0, 0)$

벡터의 합과 스칼라의 곱에 대한 연산성질은 다음과 같다.

① 교환법칙 : $\boldsymbol{A} + \boldsymbol{B} = \boldsymbol{B} + \boldsymbol{A}$

(예) $0 + \boldsymbol{A} = \boldsymbol{A} + 0 = \boldsymbol{A}$, $\boldsymbol{A} + (-\boldsymbol{A}) = (-\boldsymbol{A}) + \boldsymbol{A} = 0$, $1\boldsymbol{A} = \boldsymbol{A}$

② 결합법칙 : $\boldsymbol{A} + (\boldsymbol{B} + \boldsymbol{C}) = (\boldsymbol{A} + \boldsymbol{B}) + \boldsymbol{C}$, $(ab)\boldsymbol{A} = a(b\boldsymbol{A})$

③ 분배법칙 : $a(\boldsymbol{A} + \boldsymbol{B}) = a\boldsymbol{A} + a\boldsymbol{B}$, $(a+b)\boldsymbol{A} = a\boldsymbol{A} + b\boldsymbol{A}$

두 벡터의 합과 차는 평행사변형법이나 수미연결 규칙(head-to-tail rule)으로 구하고 그림 2.3에 도시하였다. 두 벡터의 합과 차는 각 벡터의 좌표축 방향의 성분끼리 크기를 합하거나 차를 구한다. 그림 2.4는 벡터의 스칼라 곱을 도식적으로 나타내고 벡터에 양의 스칼라를 곱하면 벡터의 크기만 변하고 방향은 유지된다. 스칼라로 나눈 벡터는 스칼라의 역수를 벡터에 곱한 것과 같다.

$$\boldsymbol{A} \pm \boldsymbol{B} = (A_x \widehat{a_x} + A_y \widehat{a_y} + A_z \widehat{a_z}) \pm (B_x \widehat{a_x} + B_y \widehat{a_y} + B_z \widehat{a_z})$$
$$= (A_x \pm B_x)\widehat{a_x} + (A_y \pm B_y)\widehat{a_y} + (A_z \pm B_z)\widehat{a_z}$$
$$\boldsymbol{B} - \boldsymbol{A} = \boldsymbol{B} + (-\boldsymbol{A}) = \widehat{a_B}B + (-\widehat{a_A})A, \ |\boldsymbol{B} - \boldsymbol{A}| = |\boldsymbol{A} - \boldsymbol{B}|$$

벡터 $\boldsymbol{A}$와 $\boldsymbol{B}$의 사잇각이 θ일 때 두 벡터의 합과 차의 크기 $C = \sqrt{A^2 + B^2 \pm 2AB\cos\theta}$

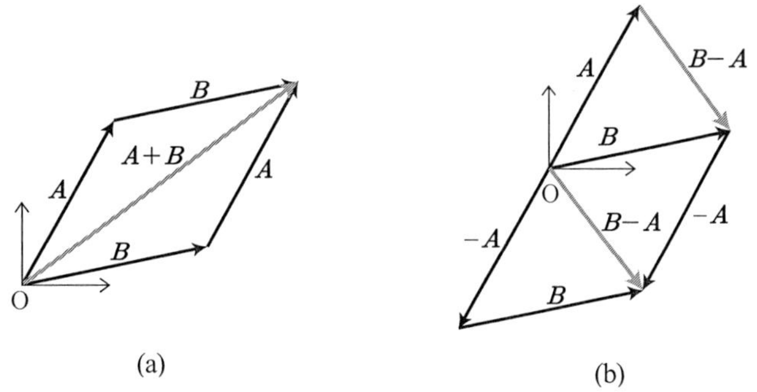

그림 2.3 벡터의 도식적인 방법 (a) 두 벡터 합 (b) 두 벡터 차

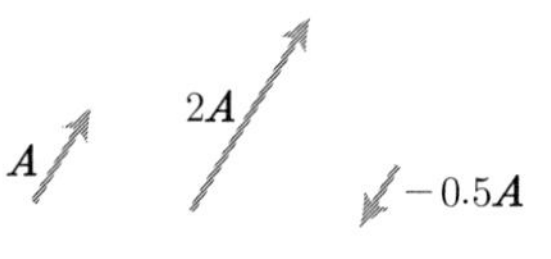

그림 2.4 벡터의 스칼라 곱

3차원 공간에서 벡터장/스칼라장

장(field)은 일반적으로 공간과 시간의 함수인 물리량이다. 벡터함수인 $E(x,y,z,t)$, $B(x,y,z,t)$는 전하를 (x,y,z) 위치에 놓으면 시간 t에 받을 힘을 나타내는 전장과 자장이다. 여기서, 이 전하는 "장"을 발생하는 전하들의 위치나 운동은 변화하지 않는다고 가정한다.

- 벡터장 : 자석 주위의 자장처럼 각 점(위치벡터)에 벡터가 대응 즉, $f: R^3 \to R^3$ (예) $\boldsymbol{H}(\boldsymbol{r})$
- 스칼라장 : 공간의 온도분포처럼 각 점(위치벡터)에 스칼라가 대응 즉, $g: R^3 \to R$ (예) $T(\boldsymbol{r})$

원점에서 점 $\mathrm{P}(x_1, y_1, z_1)$까지 거리로서 정의하는 위치벡터는 그림 2.5와 같이

$$\mathrm{OP} = \boldsymbol{r} = x_1\widehat{a_x} + y_1\widehat{a_y} + z_1\widehat{a_z} = r\widehat{a_r} \tag{2-2}$$

이고, 흔히 두 개의 알파벳으로 나타낸다. 점 $\mathrm{P_1}(x_1, y_1, z_1)$에서 점 $\mathrm{P_2}(x_2, y_2, z_2)$까지의 변위를 나타내는 거리벡터는 그림 2.6과 같이 나타낸다.

$$\boldsymbol{r}_{12} = \mathrm{OP_2} - \mathrm{OP_1} = \boldsymbol{r}_2 - \boldsymbol{r}_1 = (x_2 - x_1)\widehat{a_x} + (y_2 - y_1)\widehat{a_y} + (z_2 - z_1)\widehat{a_z} \tag{2-3}$$

- 균일 벡터장 $\boldsymbol{E}(x,y,z)=3\widehat{a_x}+2\widehat{a_y}+5\widehat{a_z}$
- 비균일 벡터장 $\boldsymbol{E}(x,y,z)=3xy\widehat{a_x}+2y\widehat{a_y}+5xy^2z\widehat{a_z}$

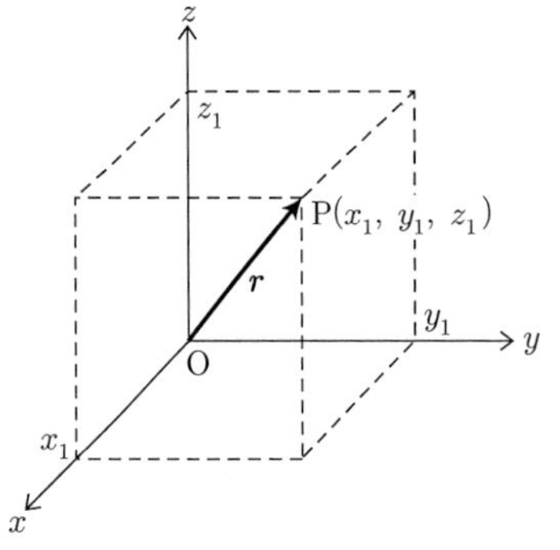

그림 2.5 원점에서 점 P까지 위치벡터 $\boldsymbol{r}$

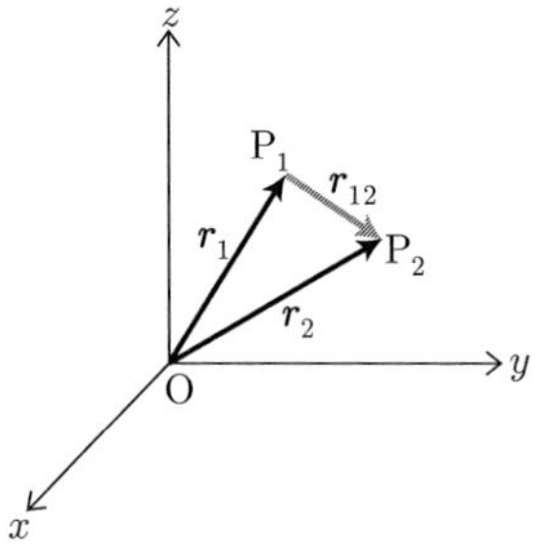

그림 2.6 t_1에서 t_2 사이 물체가 이동한 변위 $\boldsymbol{r}_{12}=\boldsymbol{r}(t_2)-\boldsymbol{r}(t_1)$

예제 2.1 원점에서 점 P까지 위치벡터가 $\boldsymbol{r_P}=\widehat{a_x}+2\widehat{a_y}+3\widehat{a_z}$이고, 원점에서 점 Q까지 위치벡터가 $\boldsymbol{r_Q}=2\widehat{a_x}-\widehat{a_y}+3\widehat{a_z}$이다. 위치벡터 $\boldsymbol{r_{PQ}}$와 단위벡터 $\widehat{a_r}$을 구하여라.

풀이 $\boldsymbol{r_{PQ}}=\boldsymbol{r_Q}-\boldsymbol{r_P}=(2-1)\widehat{a_x}-(1+2)\widehat{a_y}+(3-3)\widehat{a_z}=\widehat{a_x}-3\widehat{a_y}$

$$\widehat{a_r}=\frac{\boldsymbol{r_{PQ}}}{|\boldsymbol{r_{PQ}}|}=\frac{\widehat{a_x}-3\widehat{a_y}}{\sqrt{1+9}}=\frac{1}{\sqrt{10}}\widehat{a_x}-\frac{3}{\sqrt{10}}\widehat{a_y}$$ ■

(2) 방향각과 방향코사인

그림 2.7과 같이 3차원 실수공간에서 영이 아닌 벡터 $A=A_x\widehat{a_x}+A_y\widehat{a_y}+A_z\widehat{a_z}$에서 각 축의 양의 방향과 이루는 각은

$$\theta_i=\cos^{-1}\frac{A_i}{|\boldsymbol{A}|}\qquad(i=x,y,z)\tag{2-4}$$

이고, 세 각 θ_x, θ_y, θ_z를 벡터 A의 방향각(direction angle)이라 한다.

세 각의 코사인 함숫값 $\cos\theta_x$, $\cos\theta_y$, $\cos\theta_z$를 벡터 A의 방향코사인(direction cosine, 방향 여현)이라 한다. 정리에 의해 각각 코사인 함숫값의 제곱의 합은 1이다.

$$\cos\theta_x^2+\cos\theta_y^2+\cos\theta_z^2=\frac{A_x^2+A_y^2+A_z^2}{\left(\sqrt{A_x^2+A_y^2+A_z^2}\right)^2}=1\tag{2-5}$$

벡터 $\boldsymbol{A}$의 단위벡터를 방향코사인으로 나타내면 무차원인

$$\hat{a}_A = \frac{\boldsymbol{A}}{A} = \frac{A_x}{A}\hat{a}_x + \frac{A_y}{A}\hat{a}_y + \frac{A_z}{A}\hat{a}_z = \cos\theta_x\hat{a}_x + \cos\theta_y\hat{a}_y + \cos\theta_z\hat{a}_z \tag{2-6}$$

이고, 그래서 벡터 $\boldsymbol{A}$는 다음과 같다.

$$\boldsymbol{A} = \boldsymbol{r_A} = A\hat{a}_A = A\cos\theta_x\hat{a}_x + A\cos\theta_y\hat{a}_y + A\cos\theta_z\hat{a}_z \tag{2-7}$$

그림 2.8과 같이 절대좌표계 원점 O에서 점 B까지 위치벡터 $\boldsymbol{r_B}$와 크기는 각각

$$\boldsymbol{B} = \boldsymbol{r_B} = B_x\hat{a}_x + B_y\hat{a}_y + B_z\hat{a}_z, \quad |\boldsymbol{B}| = \sqrt{B_x^2 + B_y^2 + B_z^2} \tag{2-8}$$

이다. 점 A에서 점 B의 변위는 $\boldsymbol{r_{AB}} = \boldsymbol{r_B} - \boldsymbol{r_A} = (B_x - A_x)\hat{a}_x + (B_y - A_y)\hat{a}_y + (B_z - A_z)\hat{a}_z$ 이고 변위 크기는 $|\boldsymbol{r_{AB}}| = d = \sqrt{(B_x - A_x)^2 + (B_y - A_y)^2 + (B_z - A_z)^2}$ 이며, 단위벡터는 다음과 같다.

$$\begin{aligned}\hat{a}_{AB} &= \frac{\boldsymbol{r_{AB}}}{|\boldsymbol{r_{AB}}|} = \frac{(B_x - A_x)\hat{a}_x + (B_y - A_y)\hat{a}_y + (B_z - A_z)\hat{a}_z}{d} \\ &= \cos\theta_x\hat{a}_x + \cos\theta_y\hat{a}_y + \cos\theta_z\hat{a}_z\end{aligned} \tag{2-9}$$

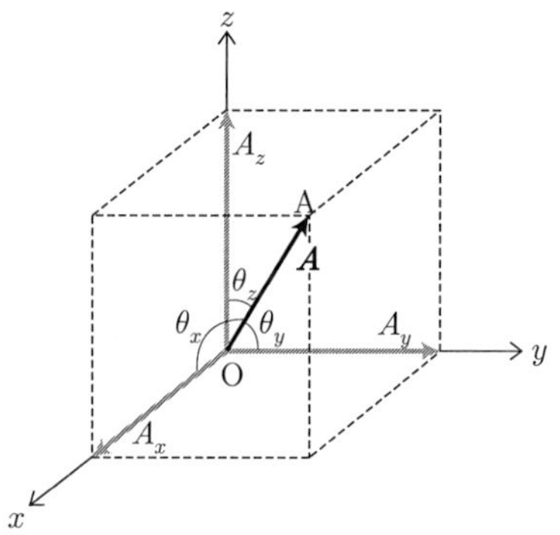

그림 2.7 벡터 $\boldsymbol{A}$

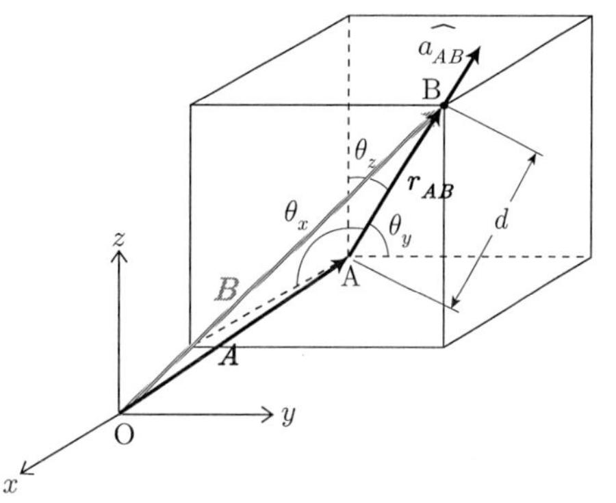

그림 2.8 점 A에서 점 B의 변위 $\boldsymbol{r_{AB}} = \boldsymbol{r_B} - \boldsymbol{r_A}$

> 거리는 스칼라이고, 위치는 벡터이다. 변위는 위치변화량이며 $\boldsymbol{r_{AB}} = -\boldsymbol{r_{BA}}$ 이다.
> $$\boldsymbol{r_{AB}} + \boldsymbol{r_{BC}} = \boldsymbol{r_{AC}}$$

> 코사인파(여현파)는 사인파(정현파)를 90° 위상 편이한 것이다.

예제 2.2 점 P(2, −4, 1)에서 점 Q(0, −2, 2)으로 향하는 벡터 $\boldsymbol{A}$와 방향코사인을 구하여라.

풀이 벡터 $\boldsymbol{A} = \boldsymbol{Q} - \boldsymbol{P} = -2\hat{a}_x + 2\hat{a}_y + \hat{a}_z$, 벡터 $\boldsymbol{A}$의 단위벡터,

$\hat{a}_A = (-2\hat{a}_x + 2\hat{a}_y + \hat{a}_z)/3$, 방향코사인, $\cos\theta_x = -\frac{2}{3}$, $\cos\theta_y = \frac{2}{3}$, $\cos\theta_z = \frac{1}{3}$ ■

(3) 내적

내적(內積)은 dot product, inner product, 그리고 scalar product 등으로 불리며, 두 벡터에 대한 곱이 스칼라가 되므로 스칼라 곱이라 한다. 두 벡터의 유사성, 즉 수학에서 방향이 같은 0° 성분 간의 곱으로 나타낸다. 같은 기저벡터 내적은 1이고 다른 기저벡터 내적은 "0"이다(예: $\hat{a}_x \cdot \hat{a}_y = 0$, $\hat{a}_x \cdot \hat{a}_x = 1$).

기하학적으로 $|\boldsymbol{A}|$와 그림 2.9와 같이 $\boldsymbol{A}$ 위에 $\boldsymbol{B}$의 투영 $|\boldsymbol{B}|\cos\theta_{AB}$와의 곱 또는 $|\boldsymbol{B}|$와 $\boldsymbol{B}$ 위에 $\boldsymbol{A}$의 투영 $|\boldsymbol{A}|\cos\theta_{AB}$와의 곱을 뜻한다.

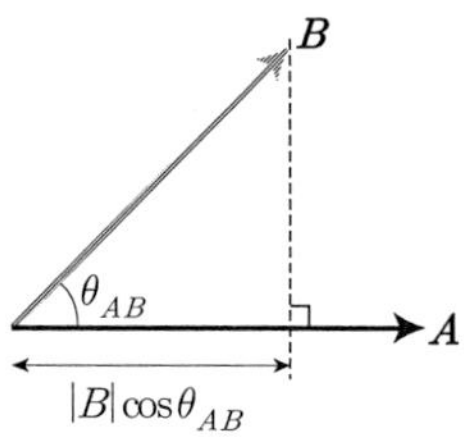

그림 2.9 내적의 의미

> 내적과 외적이란 용어를 처음 사용한 사람은 독일 수학자 헤르만 권터 그라스만(Hermann Gunther Grassmann)이다. 옥스포드 사전에는 "두 벡터 가운데 하나가 다른 벡터 안에 속하는 요소를 갖지 않으면 내적이 영(0)이 되므로 inner라는 단어를 사용했다"고 설명하고 있다.

직각좌표계에서 내적은 다음과 같다.

■ $\boldsymbol{A} \cdot \boldsymbol{B} = |\boldsymbol{A}||\boldsymbol{B}|\cos\theta_{AB}$, $\cos\theta_{AB} = \frac{\boldsymbol{A} \cdot \boldsymbol{B}}{|\boldsymbol{A}||\boldsymbol{B}|} = \frac{A_xB_x + A_yB_y + A_zB_z}{|\boldsymbol{A}||\boldsymbol{B}|}$

즉, $\theta_{AB} = \cos^{-1}\left(\frac{\boldsymbol{A} \cdot \boldsymbol{B}}{|\boldsymbol{A}||\boldsymbol{B}|}\right)$이고 $0 \le \theta_{AB} \le \pi$를 만족하는 θ_{AB}는 두 벡터 $\boldsymbol{A}$와 $\boldsymbol{B}$ 사이의 각 중 작은 각으로 정의한다. 참고로 슈바르츠(Schwarz)의 부등식에 의해 $-1 \le \frac{\boldsymbol{A} \cdot \boldsymbol{B}}{|\boldsymbol{A}||\boldsymbol{B}|} \le 1$이고 그래서 내적의 부호는 그림 2.10과 같다. 두 벡터의 각이 작을수록 유사성이 크다. 통신에서는 두 신호의 유사성을 나타내는 상관계수로 사용한다.

■ $\boldsymbol{A} \cdot \boldsymbol{B} = (A_x\hat{a}_x + A_y\hat{a}_y + A_z\hat{a}_z) \cdot (B_x\hat{a}_x + B_y\hat{a}_y + B_z\hat{a}_z) = A_xB_x + A_yB_y + A_zB_z$

■ $\boldsymbol{A} \cdot \boldsymbol{A} = A_xA_x + A_yA_y + A_zA_z = |\boldsymbol{A}|^2$: 벡터 크기의 제곱이다.

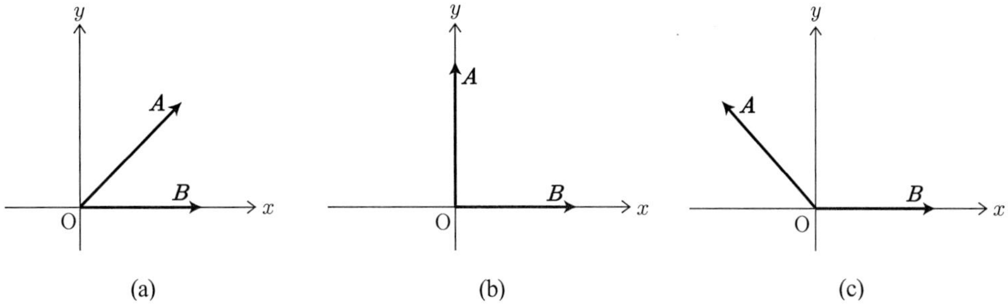

그림 2.10 내적의 부호 (a) 양 (b) 영(0) (c) 음

내적연산의 성질은 다음과 같다.

① 교환법칙(대칭성) : $\boldsymbol{A} \cdot \boldsymbol{B} = \boldsymbol{B} \cdot \boldsymbol{A}$

② 결합법칙 : $m(\boldsymbol{A} \cdot \boldsymbol{B}) = (m\boldsymbol{A}) \cdot \boldsymbol{B} = \boldsymbol{A} \cdot (m\boldsymbol{B})$, $\boldsymbol{A} \cdot (\boldsymbol{B} \cdot \boldsymbol{C})$는 의미가 없다.

③ 분배법칙(양선형성) : $\boldsymbol{A} \cdot (\boldsymbol{B} + \boldsymbol{C}) = (\boldsymbol{B} + \boldsymbol{C}) \cdot \boldsymbol{A} = \boldsymbol{A} \cdot \boldsymbol{B} + \boldsymbol{A} \cdot \boldsymbol{C}$

④ 양의 정직성(positive definiteness) : $\boldsymbol{A} \cdot \boldsymbol{A} \geq 0$, 등호는 $\boldsymbol{A} = 0$이다.

⑤ 슈바르츠의 부등식(Schwarz inequality) : $|\boldsymbol{A} \cdot \boldsymbol{B}| \leqq |\boldsymbol{A}||\boldsymbol{B}|$

⑥ 삼각 부등식 : $|\boldsymbol{A} + \boldsymbol{B}| \leqq |\boldsymbol{A}| + |\boldsymbol{B}|$,
평행사변형 등식 : $|\boldsymbol{A} + \boldsymbol{B}|^2 + |\boldsymbol{A} - \boldsymbol{B}|^2 = 2(|\boldsymbol{A}|^2 + |\boldsymbol{B}|^2)$

벡터 $\boldsymbol{A}$의 $\boldsymbol{k}$–방향 스칼라성분은 $\boldsymbol{A} \cdot \widehat{a_k} = A_k$

$\widehat{a_i} \cdot \widehat{a_j} = \delta_{ij} \quad (i, j = x, y, z$ 혹은 ρ, ϕ, z 혹은 $r, \theta, \phi)$

$\boldsymbol{A} \cdot \boldsymbol{B} = 0$은 $\boldsymbol{A} = 0$ 혹은 $\boldsymbol{B} = 0$ 혹은 $\boldsymbol{A} \perp \boldsymbol{B}$ 이다.

예제 2.3 힘 $\boldsymbol{F} = 2\widehat{a_x} + 4\widehat{a_y} + 3\widehat{a_z}$ [N]으로 물체를 점 P(2,3,4)[m]에서 점 Q(3,5,1)[m]로 이동할 때 힘이 행한 일을 구하여라.

풀이 위치벡터 : $\boldsymbol{r_P} = 2\widehat{a_x} + 3\widehat{a_y} + 4\widehat{a_z}$, $\boldsymbol{r_Q} = 3\widehat{a_x} + 5\widehat{a_y} + \widehat{a_z}$,

변위벡터 : $\Delta r = \boldsymbol{r_Q} - \boldsymbol{r_P} = \widehat{a_x} + 2\widehat{a_y} - 3\widehat{a_z}$,

일 : $W = \boldsymbol{F} \cdot \Delta r = (2\widehat{a_x} + 4\widehat{a_y} + 3\widehat{a_z}) \cdot (\widehat{a_x} + 2\widehat{a_y} - 3\widehat{a_z}) = 2 + 8 - 9 = 1$[J] ■

예제 2.4 $\boldsymbol{E} = \widehat{a_y} + 2\widehat{a_z}$와 $\boldsymbol{H} = 2\widehat{a_x} - 3\widehat{a_y} + \widehat{a_z}$에서 벡터 $\boldsymbol{H}$ 방향으로 $\boldsymbol{E}$ 성분의 벡터를 구하여라.

풀이 벡터 $\boldsymbol{H}$의 단위벡터 $\widehat{a_H} = \dfrac{2\widehat{a_x} - 3\widehat{a_y} + \widehat{a_z}}{\sqrt{4+9+1}} = \dfrac{1}{\sqrt{14}}(2\widehat{a_x} - 3\widehat{a_y} + \widehat{a_z})$

벡터 $\boldsymbol{H}$ 방향으로 $\boldsymbol{E}$의 스칼라성분 :

$$\boldsymbol{E} \cdot \hat{a}_H = \left(\hat{a}_y + 2\hat{a}_z\right) \cdot \frac{1}{\sqrt{14}}\left(2\hat{a}_x - 3\hat{a}_y + \hat{a}_z\right) = -\frac{1}{\sqrt{14}}$$

벡터 $\boldsymbol{H}$ 방향으로 $\boldsymbol{E}$ 성분의 벡터 :

$$(\boldsymbol{E} \cdot \hat{a}_H)\hat{a}_H = -\frac{1}{\sqrt{14}}\frac{1}{\sqrt{14}}\left(2\hat{a}_x - 3\hat{a}_y + \hat{a}_z\right) = -\frac{1}{14}\left(2\hat{a}_x - 3\hat{a}_y + \hat{a}_z\right)$$ ■

(4) 외적

외적(外積)은 cross product, outer product, 그리고 vector product 등으로 불리고, 크기는 두 벡터가 만든 평행사변형의 넓이이고 방향은 이것의 수직인 벡터가 되므로 벡터곱이라 한다. 두 벡터의 이질성, 즉 수학에서 방향이 다른 90° 성분 간의 곱으로 나타낸다.

두 벡터의 외적의 크기는 두 벡터가 만드는 평행사변형의 넓이와 같고, 방향은 그림 2.11과 같이 오른방향법칙을 따른다. 이것은 회전력에 관한 것으로 물리에서 회전체의 각운동량, 토크, 그리고 로렌츠 힘 등에 사용한다. 그림 2.11(b)와 같이 오른나사법칙은 직각좌표계에서 x-축에서 y-축 방향으로 돌릴 때 나사가 진행하는 방향이 z-축이다.

직각좌표계에서 외적은 그림 2.12와 같이

$$\boldsymbol{A} \times \boldsymbol{B} = \hat{a}_n\, |\boldsymbol{A}| \cdot |\boldsymbol{B}| \sin\theta_{AB} \tag{2-10}$$

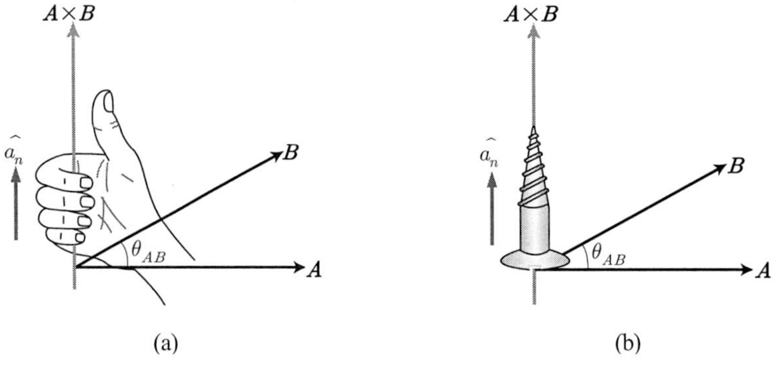

그림 2.11 오른방향법칙 (a) 오른손 (b) 오른나사

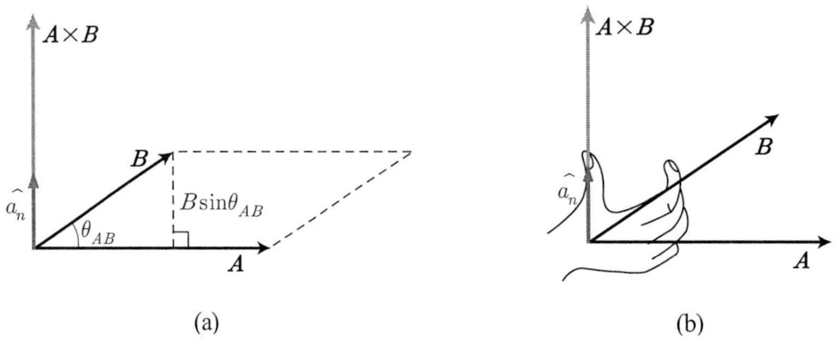

그림 2.12 외적 (a) 크기와 방향 (b) 방향 결정

이고, 여기서 θ_{AB}는 두 벡터 $\boldsymbol{A}$와 $\boldsymbol{B}$의 사잇각 중 작은 각인 즉 $0 \le \theta_{AB} \le \pi$이며, $\widehat{a_n}$는 두 벡터 $\boldsymbol{A}$와 $\boldsymbol{B}$에 각각 수직이고(두 벡터 $\boldsymbol{A}$와 $\boldsymbol{B}$로 이룬 평면에 수직이고) 그림 2.12(b)와 같이 오른손법칙에 의해 결정되는 방향의 단위벡터이다. 그리고 벡터 $\boldsymbol{A}$와 $\boldsymbol{B}$가 영벡터가 아닐 때 $|\boldsymbol{A}\times\boldsymbol{B}|$는 두 벡터 $\boldsymbol{A}$와 $\boldsymbol{B}$에 의해 결정되는 평행사변형의 면적과 같다.

같은 기저벡터 외적은 "0"이고, 다른 기저벡터와의 외적은 그림 2.13과 같이 또 다른 기저벡터가 된다(예: $\widehat{a_x}\times\widehat{a_x}=0$, $\widehat{a_x}\times\widehat{a_y}=\widehat{a_z}$).

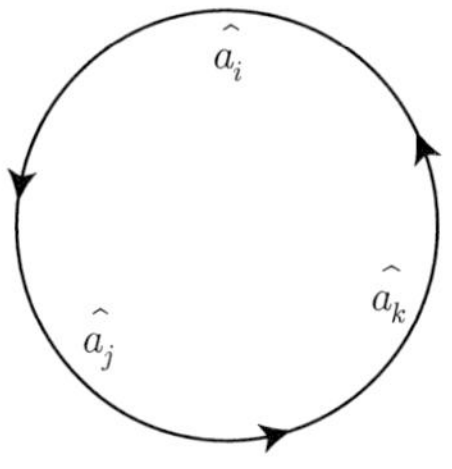

그림 2.13 벡터 외적의 방향($i, j, k = x, y, z$ 혹은 ρ, ϕ, z 혹은 r, θ, ϕ)

직각좌표계에서 두 벡터의 외적은

$$\begin{aligned}\boldsymbol{A}\times\boldsymbol{B} &= (A_x\widehat{a_x}+A_y\widehat{a_y}+A_z\widehat{a_z})\times(B_x\widehat{a_x}+B_y\widehat{a_y}+B_z\widehat{a_z}) \\ &= (A_yB_z-A_zB_y)\widehat{a_x}+(A_zB_x-A_xB_z)\widehat{a_y}+(A_xB_y-A_yB_x)\widehat{a_z}\end{aligned} \tag{2-11}$$

이고, 두 벡터의 행렬식(determinants)으로 구하는 방법은 다음과 같다.

$$\boldsymbol{A}\times\boldsymbol{B} = \begin{vmatrix}\widehat{a_x} & \widehat{a_y} & \widehat{a_z} \\ A_x & A_y & A_z \\ B_x & B_y & B_z\end{vmatrix} \tag{2-12}$$

외적의 주요 연산 성질은 다음과 같다.

① 교환법칙: $\boldsymbol{A}\times\boldsymbol{B}=-\boldsymbol{B}\times\boldsymbol{A}$($\neq \boldsymbol{B}\times\boldsymbol{A}$ 성립하지 않음), $\boldsymbol{A}\times\boldsymbol{A}=0$

② 결합법칙: $m(\boldsymbol{A}\times\boldsymbol{B})=(m\boldsymbol{A})\times\boldsymbol{B}=\boldsymbol{A}\times(m\boldsymbol{B})$, $(\boldsymbol{A}\times\boldsymbol{B})\times\boldsymbol{C}\neq\boldsymbol{A}\times(\boldsymbol{B}\times\boldsymbol{C})$ (만족하지 않음)

③ 분배법칙: $\boldsymbol{A}\times(\boldsymbol{B}+\boldsymbol{C})=\boldsymbol{A}\times\boldsymbol{B}+\boldsymbol{A}\times\boldsymbol{C}$

④ $\boldsymbol{A}\times\boldsymbol{B}=0$일 필요충분조건은 두 벡터 $\boldsymbol{A}$와 $\boldsymbol{B}$가 서로 평행인 것이다.

$\boldsymbol{A}\times\boldsymbol{B}=0$은 $\boldsymbol{A}=0$ 혹은 $\boldsymbol{B}=0$ 혹은 $\boldsymbol{A}//\boldsymbol{B}$이다.

벡터의 나눗셈 연산은 없다.

외적의 예는 모멘트(토크, 비틀림 모멘트, 회전력) $\boldsymbol{\tau}=\boldsymbol{r}\times\boldsymbol{F}$, 자장 내의 도체길이 ℓ에 흐르는 전류에 의한 힘 $\boldsymbol{F}=I\boldsymbol{\ell}\times\boldsymbol{B}$ 등이다.

법선벡터(法線, normal vector)

폐곡면에 수직이고 크기가 1인 벡터 $\hat{a}_n$이다. 두 벡터를 회전시켰을 때 발생하는 다른 벡터의 진행 방향이 폐곡면에 수직으로 표기하는 벡터이다.

- 세 점이 주어지면 법선벡터를 구한다.
- 법선벡터 방향은 오른손을 정점 순으로 감쌀 때 엄지손가락 방향이다.

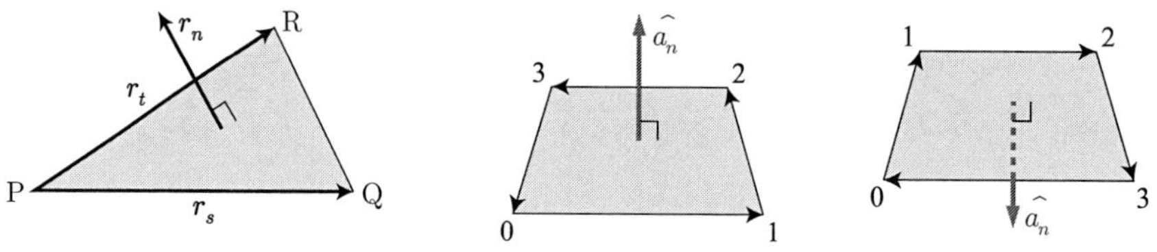

(a) $\boldsymbol{r}_s \times \boldsymbol{r}_t = \boldsymbol{r}_n = r_n \hat{a}_n$ (b) 법선벡터 위 방향 (c) 법선벡터 아래 방향

예제 2.5 $\boldsymbol{E} = \hat{a}_y + 2\hat{a}_z$와 $\boldsymbol{H} = 2\hat{a}_x - 3\hat{a}_y + \hat{a}_z$에 직교하는 단위벡터를 구하여라.

풀이 $\boldsymbol{E} \times \boldsymbol{H} = (\hat{a}_y + 2\hat{a}_z) \times (2\hat{a}_x - 3\hat{a}_y + \hat{a}_z) = 7\hat{a}_x + 4\hat{a}_y - 2\hat{a}_z$,

혹은 $\boldsymbol{E} \times \boldsymbol{H} = \begin{pmatrix} \hat{a}_x & \hat{a}_y & \hat{a}_z \\ 0 & 1 & 2 \\ 2 & -3 & 1 \end{pmatrix} \equiv 7\hat{a}_x + 4\hat{a}_y - 2\hat{a}_z$

단위벡터는 $\hat{a}_n = \dfrac{\boldsymbol{E} \times \boldsymbol{H}}{|\boldsymbol{E} \times \boldsymbol{H}|} = \dfrac{7\hat{a}_x + 4\hat{a}_y - 2\hat{a}_z}{\sqrt{49 + 16 + 4}} = \dfrac{1}{\sqrt{69}}(7\hat{a}_x + 4\hat{a}_y - 2\hat{a}_z)$이고,

$-\hat{a}_n$도 벡터 $\boldsymbol{E}$와 $\boldsymbol{H}$에 수직이다. ■

2.2 직교좌표계

전자기학법칙은 특정 좌표에 무관하지만 특정한 문제를 쉽게 풀기 위해 적당한 좌표계를 선택한다. 좌표를 처음으로 고안한 사람은 데카르트(Rene Descartes, 1596~1650)이다. 좌표계는 직선·평면·공간에서 점의 위치를 나타내기 위한 수 또는 수의 쌍으로 나타내는 수학적인 체계이며, 정확한 위치 표기를 위해 필요한 수의 개수, 즉 설정될 축의 개수를 차원(dimension)이라 한다. 3차원 좌표에서 하나의 좌표가 상수이면 면, 두 개의 좌표가 상수이면 선, 세 개의 좌표가 상수이면 점이 된다.

어느 지점을 좌표로 나타내는 곡선좌표계(curvilinear coordinate system)에서 그 좌표계의 축이 서로 수직으로 교차되도록 설정한 계가 직교 곡선좌표계(orthogonal curvilinear coordinate system)이며 줄여서 직교좌표계라 한다. 또한, 정확한 위치를 표시하는데 어떤 성분으로 나타내는가에 따라 많은 직교좌표계가 있으며, 문제에 따라 쉽게 표현하거나 이해하는 가장 적합한 좌표계가 있다. 그래서 그림 2.14와 같이 필요에 따라 좌표계를 변환

하여 사용한다.

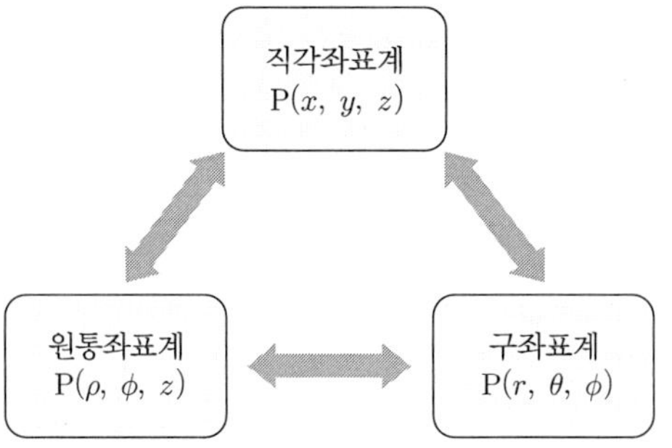

그림 2.14 직교좌표계 변환

전자기학에 많이 사용하는 직각좌표계(rectangular 혹은 cartesian coordinate system), 원통좌표계(cylindrical coordinate system) 그리고 구좌표계(spherical coordinate system)를 소개한다. 특히 원통좌표계와 구좌표계는 극좌표계라고 부른다. 그림 2.15(a), 그림 2.15(b), 그리고 그림 2.15(c)는 각각 3차원 직각좌표계, 원통좌표계, 그리고 구좌표계를 나타낸다.

표 2.1은 3차원 직각좌표계, 원통좌표계, 그리고 구좌표계의 좌표, 스칼라인자, 단위벡터, 각 좌표계의 범위 및 정의 등을 요약하였다.

- 직각좌표계의 기저벡터 $\hat{a}_x$, $\hat{a}_y$, $\hat{a}_z$는 위치에 서로 독립이다.
- 원통좌표계에서 기저벡터 $\hat{a}_\rho$, $\hat{a}_\phi$는 ϕ에 의존한다.
- 구좌표계에서 기저벡터 $\hat{a}_r$, $\hat{a}_\theta$, $\hat{a}_\phi$는 θ와 ϕ의 값에 의존한다.

표 2.1 3차원 직각좌표, 원통좌표, 구좌표의 비교

곡선좌표계		직각좌표계	원통좌표계	구좌표계
좌표	u_1 u_2 u_3	x y z	ρ ϕ z	r θ ϕ
스칼라 인자	h_1 h_2 h_3	1 1 1	1 ρ 1	1 r $r\sin\theta$
기저 벡터	$\hat{a}_{u_1}$ $\hat{a}_{u_2}$ $\hat{a}_{u_3}$	$\hat{a}_x$ $\hat{a}_y$ $\hat{a}_z$	$\hat{a}_\rho$ $\hat{a}_\phi$ $\hat{a}_z$	$\hat{a}_r$ $\hat{a}_\theta$ $\hat{a}_\phi$
범위		$-\infty < x < \infty$ $-\infty < y < \infty$ $-\infty < z < \infty$	$0 \le \rho < \infty$ $0 \le \phi < 2\pi$ $-\infty < z < \infty$	$0 \le r < \infty$ $0 \le \theta \le \pi$ $0 \le \phi < 2\pi$

표 2.1 3차원 직각좌표, 원통좌표, 구좌표의 비교(계속)

곡선좌표계	직각좌표계	원통좌표계	구좌표계
정의	x y z	ρ : z–축에서 반경 ϕ : 방위각 z : 높이	r : 원점에서 반경 θ : z–축에서 각도 ϕ : 방위각으로 x–축에서 각도
평면	x =상수 : 평면 y =상수 : 평면 z =상수 : 평면	ρ =상수 : 원통 ϕ =상수 : 평면 z =상수 : 평면	r =상수 : 원통 θ =상수 : 콘 ϕ =상수 : 평면

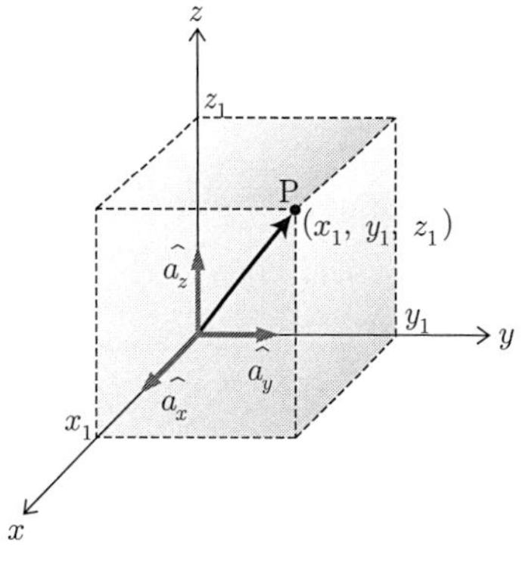

(a)

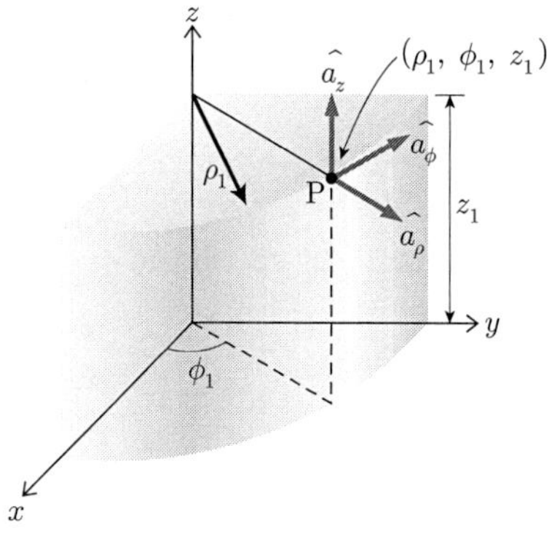

(b)

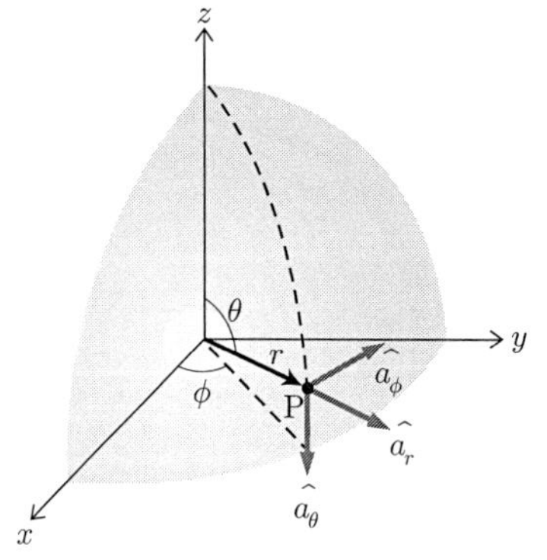

(c)

그림 2.15 좌표계 종류 (a) 직각좌표계 (b) 원통좌표계 (c) 구좌표계

그림 2.16은 직각좌표계에서 서로 직교하는 3-평면 $x = x_1$, $y = y_1$ 그리고 $z = z_1$의 교차점 $\mathrm{P}(x_1, y_1, z_1)$과 단위벡터를 나타낸다. 그리고 그림 2.17은 원통좌표계에서 반지름 $\rho = \rho_1$인 원통, 방위각(azimuthal angle) $\phi = \phi_1$인 z-축을 포함한 반평면, z-축의 거리가 $z = z_1$ 평면과 단위벡터를 나타낸다.

그림 2.18은 구좌표계에서 반지름 $r = r_1$인 구, 극각(polar angle) $\theta = \theta_1$인 원뿔, 방위각 $\phi = \phi_1$인 z-축을 포함한 반평면과 단위벡터를 나타낸다.

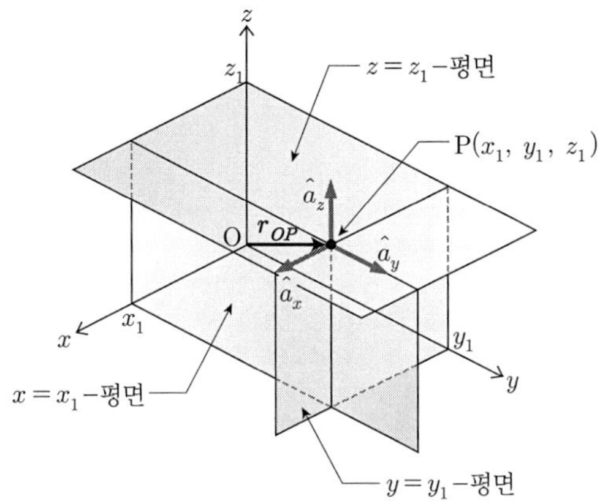

그림 2.16 직각좌표계에서 x_1-면, y_1-면, z_1-면의 3-면이 교차하는 점 $P(x_1, y_1, z_1)$

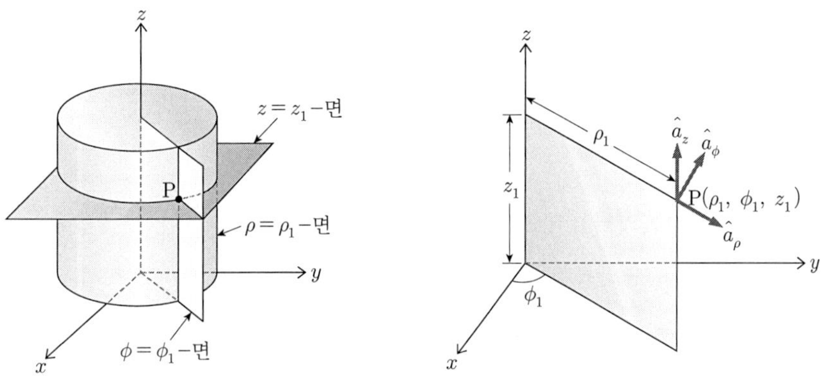

(a) (b)

그림 2.17 원통좌표계 (a) ρ_1-면, ϕ_1-면, z_1-면의 3-면이 교차하는 점 $P(\rho_1, \phi_1, z_1)$ (b) 단위벡터

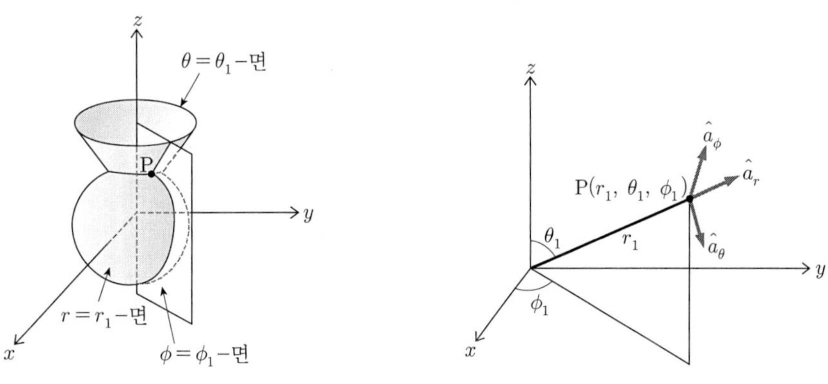

(a) (b)

그림 2.18 구좌표계 (a) r_1-면, θ_1-면, ϕ_1-면의 3-면이 교차하는 점 $P(r_1, \theta_1, \phi_1)$ (b) 단위벡터

예제 2.6 그림과 같이 벡터 $\boldsymbol{A}= A_y\hat{a}_y + A_z\hat{a}_z$를 $\bar{y}-\bar{z}$ 좌표계로 변환하는 행렬을 구하여라.

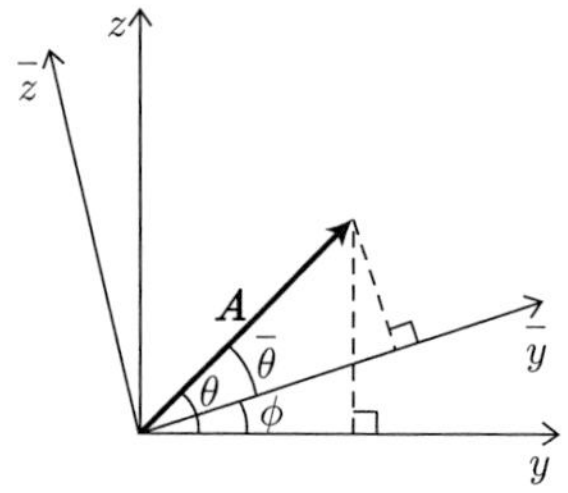

풀이 $A_y = A\cos\theta,\ A_z = A\sin\theta$

$$A_{\bar{y}} = A\cos\bar{\theta} = A\cos(\theta-\phi) = A(\cos\theta\cos\phi + \sin\theta\sin\phi)$$
$$= A_y\cos\phi + A_z\sin\phi$$

$$A_{\bar{z}} = A\sin\bar{\theta} = A\sin(\theta-\phi) = A(\sin\theta\cos\phi - \cos\theta\sin\phi)$$
$$= -A_y\sin\phi + A_z\cos\phi$$

$$\begin{pmatrix} A_{\bar{y}} \\ A_{\bar{z}} \end{pmatrix} = \begin{pmatrix} \cos\phi & \sin\phi \\ -\sin\phi & \cos\phi \end{pmatrix} \begin{pmatrix} A_y \\ A_z \end{pmatrix}$$ ■

(1) 원통좌표계와 직각좌표계의 성분 상관관계

직각좌표계에서 원통좌표계로 변환하는 관계식은

$$\rho = \sqrt{x^2+y^2},\quad \phi = \tan^{-1}(y/x),\quad z = z \tag{2-13}$$

이다. 직각좌표 점 A(3, 4, 5)을 원통좌표계로 바꾸면 A(5, 0.927, 5)이 된다.

원통좌표계에서 직각좌표계로 변환하는 관계식은

$$x = \rho\cos\phi,\quad y = \rho\sin\phi,\quad z = z \tag{2-14}$$

이며, z의 변환은 필요 없다. 그림 2.19는 원통좌표계와 직각좌표계 상관관계를 나타내고 표 2.2는 원통좌표계의 단위벡터와 직각좌표계의 단위벡터의 내적을 정리하였다.

> $\mathrm{P}(1,3,5) \rightarrow$ 원통좌표 $\rho = \sqrt{x^2+y^2} = \sqrt{10} \approx 3.2$,
> $\phi = \tan^{-1}(y/x) = \tan^{-1}(3/1) \approx 72^o,\ z = z = 5 \rightarrow \mathrm{P}(3.2, 72^o, 5)$

표 2.2 원통좌표계 단위벡터와 직각좌표계 단위벡터 내적

·	$\hat{a}_\rho$	$\hat{a}_\phi$	$\hat{a}_z$
$\hat{a}_x$	$\cos\phi$	$-\sin\phi$	0
$\hat{a}_y$	$\sin\phi$	$\cos\phi$	0
$\hat{a}_z$	0	0	1

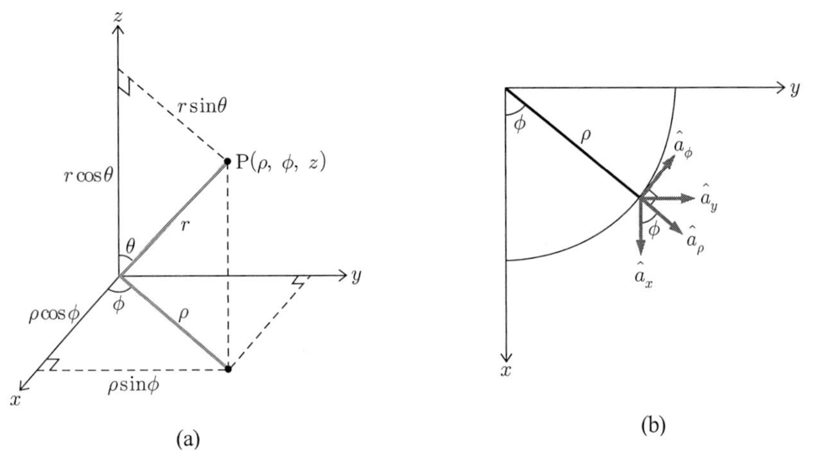

그림 2.19 원통좌표와 직각좌표 상관관계 (a) 성분분해 (b) 단위벡터

직각좌표계의 단위벡터를 이용하여 원통좌표계 단위벡터 $\hat{a_\rho}$와 $\hat{a_\phi}$를 표시하면

$$\hat{a_\rho} = \hat{a_x}\cos\phi + \hat{a_y}\sin\phi,\ \ \hat{a_\phi} = -\hat{a_x}\sin\phi + \hat{a_y}\cos\phi \tag{2-15}$$

이고, 원통좌표계의 단위벡터를 이용하여 직각좌표계 단위벡터 $\hat{a_x}$, $\hat{a_y}$를 표시하면 다음과 같다.

$$\hat{a_x} = \hat{a_\rho}\cos\phi - \hat{a_\phi}\sin\phi,\ \ \ \hat{a_y} = \hat{a_\rho}\sin\phi + \hat{a_\phi}\cos\phi \tag{2-16}$$

따라서 직각좌표계 성분을 이용하여 원통좌표계의 성분을 구하는 행렬의 식은

$$\begin{bmatrix} A_\rho \\ A_\phi \\ A_z \end{bmatrix} = \begin{bmatrix} \cos\phi & \sin\phi & 0 \\ -\sin\phi & \cos\phi & 0 \\ 0 & 0 & 1 \end{bmatrix} \begin{bmatrix} A_x \\ A_y \\ A_z \end{bmatrix} \tag{2-17}$$

이고, 원통좌표계 성분을 이용하여 직각좌표계의 성분을 구하는 행렬식은 다음과 같다.

$$\begin{aligned} \begin{bmatrix} A_x \\ A_y \\ A_z \end{bmatrix} &= \begin{bmatrix} \cos\phi & \sin\phi & 0 \\ -\sin\phi & \cos\phi & 0 \\ 0 & 0 & 1 \end{bmatrix}^{-1} \begin{bmatrix} A_\rho \\ A_\phi \\ A_z \end{bmatrix} = \begin{bmatrix} \cos\phi & -\sin\phi & 0 \\ \sin\phi & \cos\phi & 0 \\ 0 & 0 & 1 \end{bmatrix} \begin{bmatrix} A_\rho \\ A_\phi \\ A_z \end{bmatrix} \\ &= \begin{bmatrix} \dfrac{x}{\sqrt{x^2+y^2}} & \dfrac{-y}{\sqrt{x^2+y^2}} & 0 \\ \dfrac{y}{\sqrt{x^2+y^2}} & \dfrac{x}{\sqrt{x^2+y^2}} & 0 \\ 0 & 0 & 1 \end{bmatrix} \begin{bmatrix} A_\rho \\ A_\phi \\ A_z \end{bmatrix} \end{aligned} \tag{2-18}$$

$$\boldsymbol{A} = A_x\hat{a_x} + A_y\hat{a_y} + A_z\hat{a_z} = A_\rho\hat{a_\rho} + A_\phi\hat{a_\phi} + A_z\hat{a_z}$$

$$A_\rho = \boldsymbol{A}\cdot\hat{a_\rho} = A_x\hat{a_x}\cdot\hat{a_\rho} + A_y\hat{a_y}\cdot\hat{a_\rho} + A_z\hat{a_z}\cdot\hat{a_\rho} = A_x\cos\phi + A_y\sin\phi$$

$$A_\phi = \boldsymbol{A}\cdot\hat{a_\phi} = A_x\hat{a_x}\cdot\hat{a_\phi} + A_y\hat{a_y}\cdot\hat{a_\phi} + A_z\hat{a_z}\cdot\hat{a_\phi} = -A_x\sin\phi + A_y\cos\phi$$

$$A_x = \boldsymbol{A}\cdot\hat{a}_x = (A_\rho\hat{a}_\rho + A_\phi\hat{a}_\phi + A_z\hat{a}_z)\cdot\hat{a}_x = A_\rho\hat{a}_\rho\cdot\hat{a}_x + A_\phi\hat{a}_\phi\cdot\hat{a}_x$$
$$= A_\rho\cos\phi - A_\phi\sin\phi$$
$$A_y = \boldsymbol{A}\cdot\hat{a}_y = (A_\rho\hat{a}_\rho + A_\phi\hat{a}_\phi + A_z\hat{a}_z)\cdot\hat{a}_y = A_\rho\hat{a}_\rho\cdot\hat{a}_y + A_\phi\hat{a}_\phi\cdot\hat{a}_y$$
$$= A_\rho\sin\phi + A_\phi\cos\phi$$

예제 2.7 벡터 $\boldsymbol{R} = \hat{a}_\rho(2\cos\phi) - \hat{a}_\phi r + \hat{a}_z 2$의 직각좌표로 표시하여라.

풀이
$$\begin{bmatrix} A_x \\ A_y \\ A_z \end{bmatrix} = \begin{bmatrix} \cos\phi & -\sin\phi & 0 \\ \sin\phi & \cos\phi & 0 \\ 0 & 0 & 1 \end{bmatrix}\begin{bmatrix} 2\cos\phi \\ -r \\ 2 \end{bmatrix},$$
$$\boldsymbol{A} = \hat{a}_x(2\cos^2\phi + r\sin\phi) + \hat{a}_y(2\sin\phi\cos\phi - r\cos\phi) + \hat{a}_z 2$$
$r = \sqrt{x^2+y^2}$, $\cos\phi = x/\sqrt{x^2+y^2}$, $\sin\phi = y/\sqrt{x^2+y^2}$ 이므로
$$\boldsymbol{A} = \hat{a}_x\left(\frac{2x^2}{x^2+y^2} + y\right) + \hat{a}_y\left(\frac{2xy}{x^2+y^2} - x\right) + \hat{a}_z 2 \ ■$$

(2) 구좌표계와 직각좌표계 성분의 상관관계

직각좌표계를 구좌표계로 변환하는 관계식은

$$r = \sqrt{x^2+y^2+z^2}, \quad \theta = \tan^{-1}\left(\sqrt{x^2+y^2}/z\right), \quad \phi = \tan^{-1}(y/x) \qquad (2\text{-}19)$$

이고, 구좌표계를 직각좌표계로 변환하는 관계식은

$$x = r\sin\theta\cos\phi, \quad y = r\sin\theta\sin\phi, \quad z = r\cos\theta \qquad (2\text{-}20)$$

이며, 그림 2.20은 구좌표계와 직각좌표계 상관관계를 나타내고 표 2.3은 구좌표계의 단위벡터와 직각좌표계의 단위벡터의 내적을 정리하였다.

P(1,3,5) → 구좌표 $r = \sqrt{x^2+y^2+z^2} = \sqrt{35} \approx 5.9$,
$\theta = \tan^{-1}\left(\sqrt{x^2+y^2}/z\right) = \tan^{-1}\left(\sqrt{10}/5\right) \approx 32^o$,
$\phi = \tan^{-1}(y/x) = \tan^{-1}(3/1) \approx 72^o \rightarrow$ P$(5.9, 32^o, 72^o)$

표 2.3 구좌표계 단위벡터와 직각좌표계 단위벡터 내적

·	$\hat{a}_r$	$\hat{a}_\theta$	$\hat{a}_\phi$
$\hat{a}_x$	$\sin\theta\cos\phi$	$\cos\theta\cos\phi$	$-\sin\phi$
$\hat{a}_y$	$\sin\theta\sin\phi$	$\cos\theta\sin\phi$	$\cos\phi$
$\hat{a}_z$	$\cos\theta$	$-\sin\theta$	0

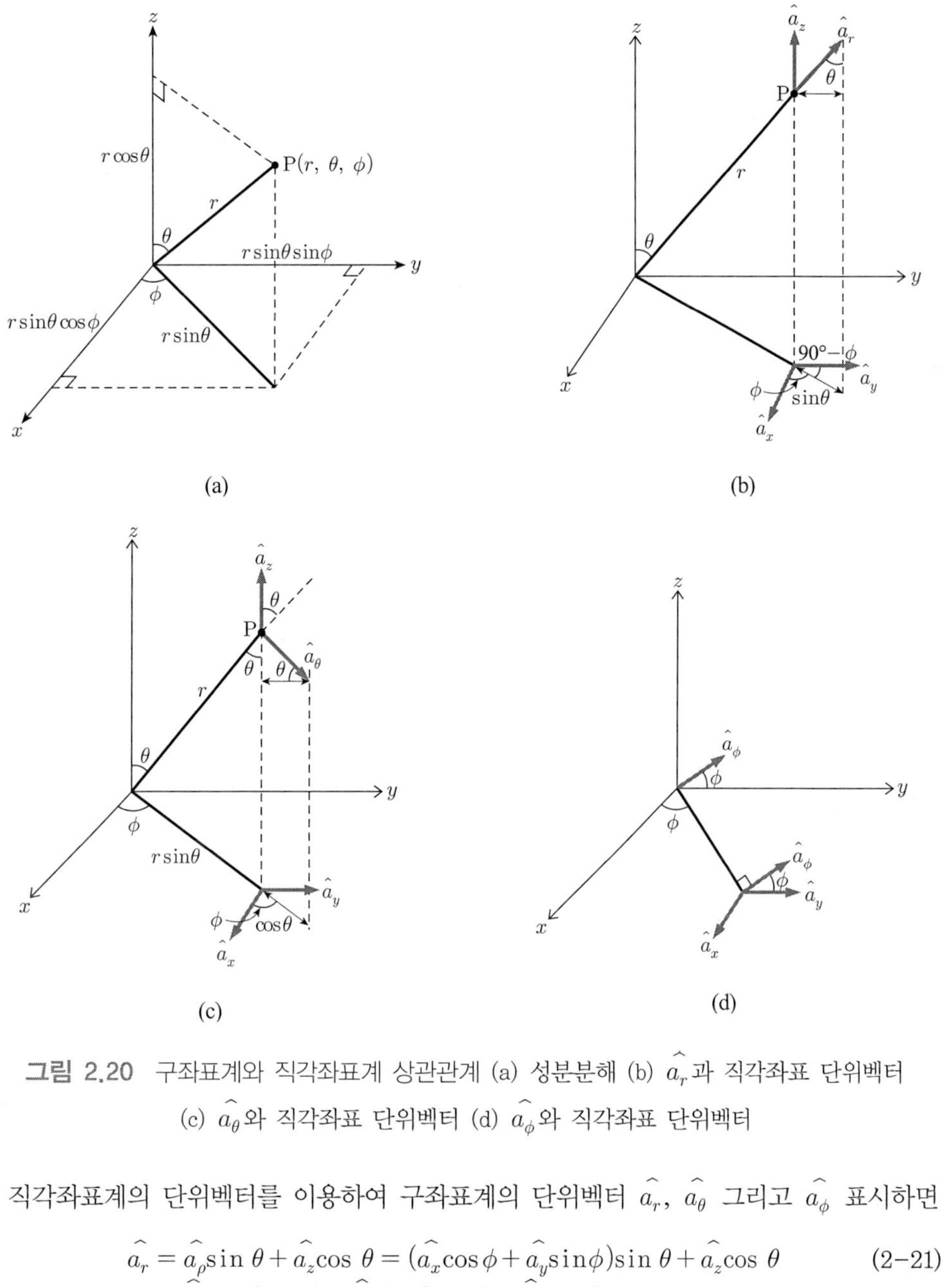

그림 2.20 구좌표계와 직각좌표계 상관관계 (a) 성분분해 (b) $\hat{a}_r$과 직각좌표 단위벡터 (c) $\hat{a}_\theta$와 직각좌표 단위벡터 (d) $\hat{a}_\phi$와 직각좌표 단위벡터

직각좌표계의 단위벡터를 이용하여 구좌표계의 단위벡터 $\hat{a}_r$, $\hat{a}_\theta$ 그리고 $\hat{a}_\phi$ 표시하면

$$\begin{aligned}\hat{a}_r &= \hat{a}_\rho \sin\theta + \hat{a}_z \cos\theta = (\hat{a}_x \cos\phi + \hat{a}_y \sin\phi)\sin\theta + \hat{a}_z \cos\theta \\ &= \hat{a}_x \sin\theta\cos\phi + \hat{a}_y \sin\theta\sin\phi + \hat{a}_z \cos\theta\end{aligned} \qquad (2\text{-}21)$$

$$\begin{aligned}\hat{a}_\theta &= \hat{a}_\rho \cos\theta - \hat{a}_z \cos(90^o - \theta) = (\hat{a}_x \cos\phi + \hat{a}_y \sin\phi)\cos\theta - \hat{a}_z \sin\theta \\ &= \hat{a}_x \cos\theta\cos\phi + \hat{a}_y \cos\theta\sin\phi - \hat{a}_z \sin\theta\end{aligned} \qquad (2\text{-}22)$$

$$\hat{a}_\phi = -\hat{a}_x \sin\phi + \hat{a}_y \cos\phi \qquad (2\text{-}23)$$

이고, 구좌표계의 단위벡터를 이용하여 직각좌표계의 단위벡터 $\hat{a}_x$, $\hat{a}_y$ 그리고 $\hat{a}_z$를 표시

하면 다음과 같다.

$$\hat{a}_x = \hat{a}_r \sin\theta\cos\phi + \hat{a}_\theta \cos\theta\cos\phi - \hat{a}_\phi \sin\phi \tag{2-24}$$

$$\hat{a}_y = \hat{a}_r \sin\theta\sin\phi + \hat{a}_\theta \cos\theta\sin\phi + \hat{a}_\phi \cos\phi \tag{2-25}$$

$$\hat{a}_z = \hat{a}_r \cos\theta - \hat{a}_\theta \sin\theta \tag{2-26}$$

따라서 직각좌표계 성분을 이용하여 구좌표계 성분을 구하는 행렬의 식은

$$\begin{bmatrix} A_r \\ A_\theta \\ A_\phi \end{bmatrix} = \begin{bmatrix} \sin\theta\cos\phi & \sin\theta\sin\phi & \cos\theta \\ \cos\theta\cos\phi & \cos\theta\sin\phi & -\sin\theta \\ -\sin\phi & \cos\phi & 0 \end{bmatrix} \begin{bmatrix} A_x \\ A_y \\ A_z \end{bmatrix} \tag{2-27}$$

이고, 구좌표계 성분을 이용하여 직각좌표계 성분을 구하는 행렬의 식은 다음과 같다.

$$\begin{aligned} \begin{bmatrix} A_x \\ A_y \\ A_z \end{bmatrix} &= \begin{bmatrix} \sin\theta\cos\phi & \sin\theta\sin\phi & \cos\theta \\ \cos\theta\cos\phi & \cos\theta\sin\phi & -\sin\theta \\ -\sin\phi & \cos\phi & 0 \end{bmatrix}^{-1} \begin{bmatrix} A_r \\ A_\theta \\ A_\phi \end{bmatrix} \\ &= \begin{bmatrix} \sin\theta\cos\phi & \cos\theta\cos\phi & -\sin\phi \\ \sin\theta\sin\phi & \cos\theta\sin\phi & \cos\phi \\ \cos\theta & -\sin\theta & 0 \end{bmatrix} \begin{bmatrix} A_r \\ A_\theta \\ A_\phi \end{bmatrix} \end{aligned} \tag{2-28}$$

$$\sin\theta = \frac{\rho}{r} = \frac{\sqrt{x^2+y^2}}{\sqrt{x^2+y^2+z^2}},\ \cos\theta = \frac{z}{r} = \frac{z}{\sqrt{x^2+y^2+z^2}},\ \sin\phi = \frac{y}{\rho} = \frac{y}{\sqrt{x^2+y^2}},$$

$$\cos\phi = \frac{x}{\rho} = \frac{x}{\sqrt{x^2+y^2}}$$

일반적인 직교좌표계 성분 A_i를 다른 직교좌표계 A_i'로 변환 시 아래와 같이 변환 행렬로 좌표성분을 구한다.

$$\begin{bmatrix} A_1' \\ A_2' \\ A_3' \end{bmatrix} = \begin{bmatrix} c_{11} & c_{12} & c_{13} \\ c_{21} & c_{22} & c_{23} \\ c_{31} & c_{32} & c_{33} \end{bmatrix} \begin{bmatrix} A_1 \\ A_2 \\ A_3 \end{bmatrix} \tag{2-29}$$

$|\boldsymbol{D}(x,y,z)| = |\boldsymbol{D}(\rho,\phi,z)| = |\boldsymbol{D}(r,\theta,\phi)|$으로 좌표계와 상관없이 벡터의 크기는 같다.

예제 2.8 직각좌표계로 나타낸 어떤 벡터 $\boldsymbol{A} = A_x\hat{a}_x + A_y\hat{a}_y + A_z\hat{a}_z$를 구좌표계로 변환하여라.

풀이 구좌표계로 나타낸 벡터 $\boldsymbol{A} = A_r\hat{a}_r + A_\theta\hat{a}_\theta + A_\phi\hat{a}_\phi$의 A_r, A_θ, A_ϕ 성분을 구하면

$A_r = \boldsymbol{A} \cdot \hat{a}_r = A_x\hat{a}_x \cdot \hat{a}_r + A_y\hat{a}_y \cdot \hat{a}_r + A_z\hat{a}_z \cdot \hat{a}_r$

$$= A_x \sin\theta \cos\phi + A_y \sin\theta \sin\phi + A_z \cos\theta$$

$$A_\theta = \boldsymbol{A} \cdot \widehat{a_\theta} = A_x \widehat{a_x} \cdot \widehat{a_\theta} + A_y \widehat{a_y} \cdot \widehat{a_\theta} + A_z \widehat{a_z} \cdot \widehat{a_\theta}$$

$$= A_x \cos\theta \cos\phi + A_y \cos\theta \sin\phi - A_z \sin\theta$$

$$A_\phi = \boldsymbol{A} \cdot \widehat{a_\phi} = A_x \widehat{a_x} \cdot \widehat{a_\phi} + A_y \widehat{a_y} \cdot \widehat{a_\phi} + A_z \widehat{a_z} \cdot \widehat{a_\phi} = -A_x \sin\phi + A_y \cos\phi$$

이다. ■

(3) 미소 변화량

일반 직교좌표계에서 미소 길이는

$$d\ell_1 = h_1 du_1, d\ell_2 = h_2 du_2, d\ell_3 = h_3 du_3 \tag{2-30}$$

이고, 직교 곡선좌표계의 증분 길이는

$$d\ell = \sqrt{(d\ell_1)^2 + (d\ell_2)^2 + (d\ell_3)^2} = \sqrt{(h_1 du_1)^2 + (h_2 du_2)^2 + (h_3 du_3)^2} \tag{2-31}$$

이다. 그리고 직교 곡선좌표계의 미소 면적은

$$\begin{aligned} ds_1 &= d\ell_2 d\ell_3 = h_2 h_3 du_2 du_3 \\ ds_2 &= d\ell_3 d\ell_1 = h_3 h_1 du_3 du_1 \\ ds_3 &= d\ell_1 d\ell_2 = h_1 h_2 du_1 du_2 \end{aligned} \tag{2-32}$$

이며, 직교 곡선좌표계의 미소 체적은 다음과 같다.

$$dv = d\ell_1 d\ell_2 d\ell_3 = h_1 h_2 h_3 du_1 du_2 du_3 \tag{2-33}$$

벡터의 적분을 위해 미소 길이벡터, 미소 면적벡터, 그리고 미소 체적소가 필요하고 직각좌표계로 각각 설명하면 다음과 같다. 미소 길이벡터는 그림 2.21과 같이 점 $P(x, y, z)$에서 인접한 점 $Q(x+dx, y+dy, z+dz)$까지 거리벡터이다.

$$\boldsymbol{d\ell} = \widehat{a_x} dx + \widehat{a_y} dy + \widehat{a_z} dz \tag{2-34}$$

미소 길이 dx, dy, dz는 독립이 아니고 점 P와 Q의 경로에 의존한다.

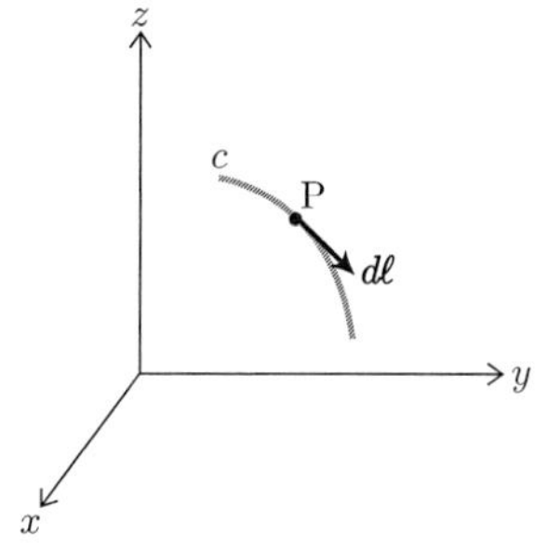

그림 2.21 미소 길이벡터

직각좌표에서 거리벡터 $\boldsymbol{R} = \hat{a}_x x + \hat{a}_y y + \hat{a}_z z$를 양변 미분하면
$\boldsymbol{d\ell} = d(\boldsymbol{R}) = d(\hat{a}_x x + \hat{a}_y y + \hat{a}_z z) = \hat{a}_x dx + \hat{a}_y dy + \hat{a}_z dz$이다.

원통좌표에서 거리벡터 $\boldsymbol{R} = \rho\hat{a}_\rho + z\hat{a}_z$를 양변 미분하면

$$\boldsymbol{d\ell} = d(\boldsymbol{R}) = d(\rho\hat{a}_\rho + z\hat{a}_z) = d\rho\hat{a}_\rho + \rho\, d\hat{a}_\rho + dz\hat{a}_z$$

이고, $d\hat{a}_\rho = \hat{a}_\rho(\phi + d\phi) - \hat{a}_\rho(\phi) = d\phi\,\hat{a}_\phi$의 관계를 이용하면 미소 길이는

$$\boldsymbol{d\ell} = d\rho\hat{a}_\rho + \rho\, d\phi\,\hat{a}_\phi + dz\hat{a}_z$$

이다. $\hat{a}_\rho = \hat{a}_x\cos\phi + \hat{a}_y\sin\phi$이므로 $\hat{a}_\phi = \dfrac{d\hat{a}_\rho}{d\phi} = -\hat{a}_x\sin\phi + \hat{a}_y\cos\phi$

구좌표에서 거리벡터 $\boldsymbol{R} = r\hat{a}_r$를 양변 미분하면
$\boldsymbol{d\ell} = d(\boldsymbol{R}) = d(r\hat{a}_r) = dr\hat{a}_r + r\,d\hat{a}_r = dr\hat{a}_r + r\left(\dfrac{d\hat{a}_r}{d\theta}d\theta + \dfrac{d\hat{a}_r}{d\phi}d\phi\right)$ 이고
$d\hat{a}_r = \hat{a}_r(\theta + d\theta, \phi) - \hat{a}_r(\theta, \phi) = d\theta\,\hat{a}_\theta$과 $d\hat{a}_r = \hat{a}_r(\theta, \phi + d\phi) - \hat{a}_r(\theta, \phi) = \sin\theta\, d\phi\,\hat{a}_\phi$의
관계를 이용하면 미소 길이는 $\boldsymbol{d\ell} = dr\hat{a}_r + r\,d\theta\,\hat{a}_\theta + r\sin\theta\, d\phi\,\hat{a}_\phi$이다.

좌표의 한 점에서 미소 면적벡터는 다른 두 좌표 방향의 미소 길이벡터 외적으로 정의되는 일정한 표면과 같다. 단, 미소 면적벡터가 증가하는 좌표 방향을 향하도록 좌표축 방향의 미소 길이벡터 순서를 선택한다. 즉, $x =$일정 미소 면적벡터가

$$\boldsymbol{ds_x} = \hat{a}_y dy \times \hat{a}_z dz = \hat{a}_x dydz \tag{2-35}$$

이고, $y =$일정 미소 면적벡터가

$$\boldsymbol{ds_y} = \hat{a}_z dz \times \hat{a}_x dx = \hat{a}_y dzdx \tag{2-36}$$

이며, $z =$일정 미소 면적벡터는

$$\boldsymbol{ds_z} = \hat{a}_x dx \times \hat{a}_y dy = \hat{a}_z dxdy \tag{2-37}$$

이므로 전체 미소 면적벡터는 다음과 같다.

$$\boldsymbol{ds} = \hat{a}_x dy\,dz + \hat{a}_y dz\,dx + \hat{a}_z dx\,dy \tag{2-38}$$

한 영역 안의 한 점에서 미소 체적소는 3-좌표축 방향의 미소 길이변화의 스칼라삼중적으로 정의한다. 이때 미소 체적소가 양이 되도록 좌표축 방향의 미소 길이벡터 순서를 선택한다.

$$dv = \hat{a}_x dx \cdot \left(\hat{a}_y dy \times \hat{a}_z dz\right) = dxdydz \tag{2-39}$$

표 2.4는 3차원 직각좌표계, 원통좌표계, 그리고 구좌표계의 미소 길이, 면적소, 그리고 체적소성분을 나타낸다.

표 2.4 3차원 일반 직교좌표에서 미소 길이, 미소 면적, 미소 체적

곡선좌표			직각좌표	원통좌표	구좌표
미소 길이 $(d\ell)$	$d\ell_1$ $d\ell_2$ $d\ell_3$	h_1du_1 h_2du_2 h_3du_3	$y,z-$일정 : dx $x,z-$일정 : dy $x,y-$일정 : dz	$\phi,z-$일정 : $d\rho$ $r,z-$일정 : $\rho d\phi$ $r,\phi-$일정 : dz	$\theta,\phi-$일정 : dr $r,\phi-$일정 : $rd\theta$ $r,\theta-$일정 : $r\sin\theta\, d\phi$
미소 면적 (ds)	ds_1 ds_2 ds_3	$h_2h_3du_2du_3$ $h_3h_1du_3du_1$ $h_1h_2du_1du_2$	$x-$일정 : $dydz$ $y-$일정 : $dzdx$ $z-$일정 : $dxdy$	$r-$일정 : $\rho d\phi dz$ $\phi-$일정 : $d\rho dz$ $z-$일정 : $\rho d\rho d\phi$	$r-$일정 : $r^2\sin\theta\, d\theta\, d\phi$ $\theta-$일정 : $r\sin\theta\, drd\phi$ $\phi-$일정 : $rdrd\theta$
미소 체적 (dv)	dv	$h_1h_2h_3du_1du_2du_3$	$dx\,dy\,dz$	$\rho\, d\rho\, d\phi\, dz$	$r^2\sin\theta\, dr\, d\theta\, d\phi$

그림 2.22는 직각좌표계에서, 그림 2.23은 원통좌표계에서, 그리고 그림 2.24는 구좌표계에서 각 좌표 방향으로 단위 길이를 나타내고, 각 좌표 방향의 단위 길이를 이용하면 단위 면적을 표시한다.

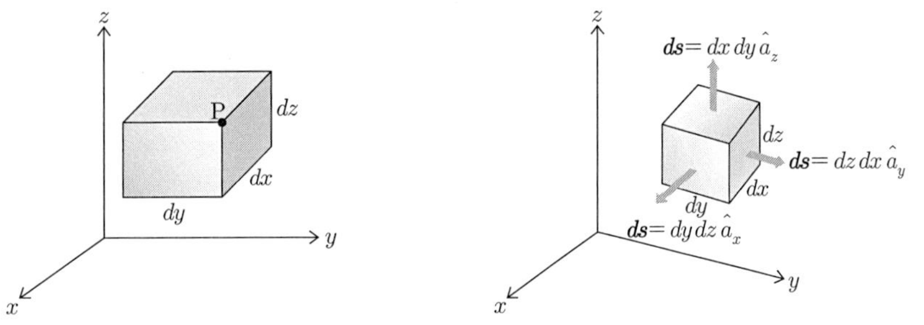

(a) (b)

그림 2.22 직각좌표계 (a) 단위 길이 (b) 단위 면적

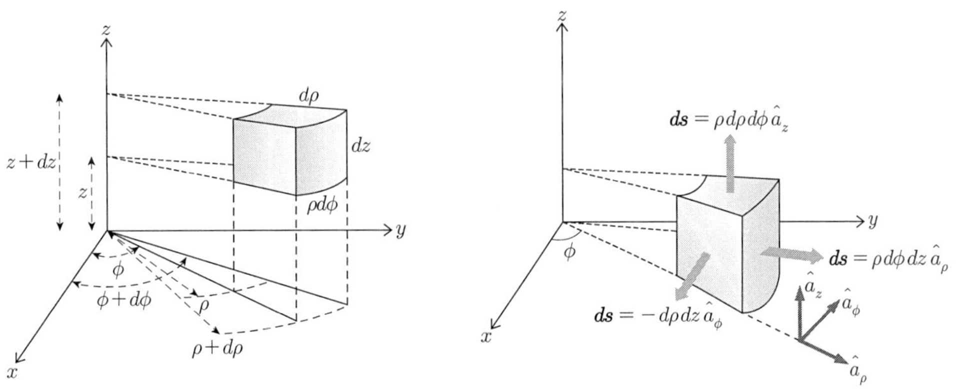

(a) (b)

그림 2.23 원통좌표계 (a) 단위 길이 (b) 단위 면적

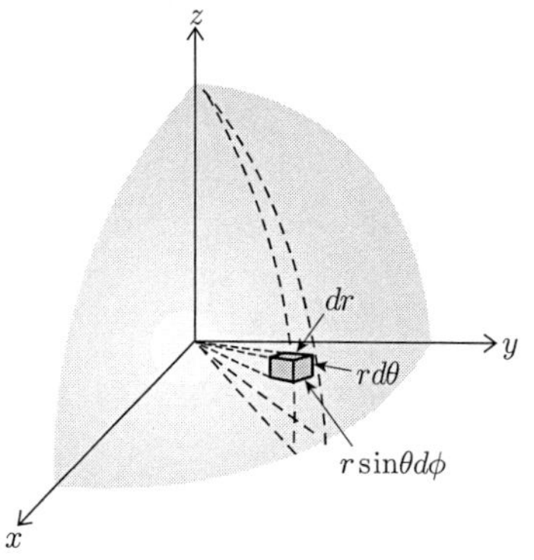

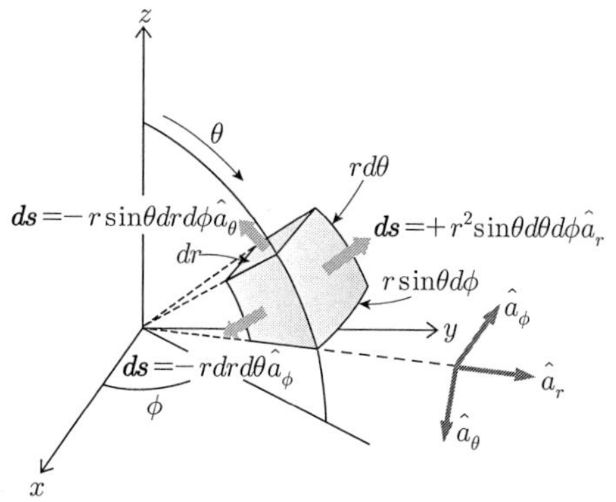

그림 2.24 구좌표계 (a) 단위 길이 (b) 단위 면적

예제 2.9 원통좌표계의 미소 길이를 이용하여 면적소와 체적소를 구하여라.

풀이 미소 길이벡터는 점 $P(\rho,\phi,z)$에서 인접한 점 $Q(\rho+d\rho, \phi+d\phi, z+dz)$까지 거리벡터는 $\boldsymbol{d\ell} = \hat{a}_\rho d\rho + \hat{a}_\phi \rho d\phi + \hat{a}_z dz$이며, 미소 길이 $d\rho$, $d\phi$, dz는 독립이 아니고 점 P와 Q의 경로에 의존한다.
$\rho =$일정, $\phi =$일정 그리고 $z =$일정한 미소 면적벡터가
$\boldsymbol{ds}_\rho = \hat{a}_\phi \rho d\phi \times \hat{a}_z dz = \hat{a}_\rho \rho d\phi dz$, $\boldsymbol{ds}_\phi = \hat{a}_z dz \times \hat{a}_\rho d\rho = \hat{a}_\phi dz d\rho$,
$\boldsymbol{ds}_z = \hat{a}_\rho d\rho \times \hat{a}_\phi \rho d\phi = \hat{a}_z \rho d\rho d\phi$이고, 전체 미소 면적벡터는
$\boldsymbol{ds} = \hat{a}_\rho \rho d\phi dz + \hat{a}_\phi dz d\rho + \hat{a}_z \rho d\rho d\phi$이다.
세 개 좌표축 방향의 미소 길이 변화의 스칼라삼중적으로 정의하는 미소 체적소는 다음과 같다. $dv = \hat{a}_\rho d\rho \cdot \left(\hat{a}_\phi \rho d\phi \times \hat{a}_z dz\right) = \rho d\rho d\phi dz$ ■

예제 2.10 반경이 2m, 높이가 3m인 원통의 중심축이 z-방향으로 밑면이 xy-평면에 놓여 있을 때 옆면적과 체적을 구하여라.

풀이 미소 면적이 $ds = \rho d\rho d\phi$이므로 $S = \int ds = 2\int_0^{2\pi} d\phi \int_0^3 dz = 12\pi[\mathrm{m}^2]$,
미소 체적이 $dv = \rho d\rho d\phi dz$이므로
$V = \int dv = \int_0^2 \rho d\rho \int_0^{2\pi} d\phi \int_0^3 dz = 12\pi[\mathrm{m}^2]$ ■

예제 2.11 반경이 3m인 구 표면적 중 $\theta_1 < \theta < \theta_2$ 영역의 면적을 구하여라.

풀이 미소 면적, $ds = r^2 \sin\theta\, d\theta\, d\phi$이므로

$$S = \int ds = 3^2 \int_0^{2\pi} d\phi \int_{\theta_1}^{\theta_2} \sin\theta d\theta = 9(2\pi)(\cos\theta_1 - \cos\theta_2)$$
$$= 18\pi(\cos\theta_1 - \cos\theta_2)[\mathrm{m}^2]$$ ■

$$\oint_s \boldsymbol{E} \cdot \boldsymbol{ds} = \int_s \frac{Q}{4\pi\epsilon_0 r^2}\widehat{a_r} \cdot \widehat{a_r}(r^2 \sin\theta \, d\theta \, d\phi) = \frac{Q}{4\pi\epsilon_0}\int_0^{2\pi} d\phi \int_0^{\pi}(\sin\theta \, d\theta)$$
$$= \frac{Q}{4\pi\epsilon_0}(2\pi)(2) = \frac{Q}{\epsilon_0}$$

반지름 r_0인 원주 길이: $\ell = \int d\ell = \int_0^{2\pi} r_0 d\phi = r_0 \int_0^{2\pi} d\phi = 2\pi r_0$

반경이 r_0인 구 표면적: $S = \int ds = \int r_0^2 \sin\theta \, d\theta \, d\phi = r_0^2 \int_0^{2\pi} d\phi \int_0^{\pi} \sin\theta d\theta = 4\pi r_0^2$

반경이 r_0인 구 체적: $v = \int dv = \int r^2 \sin\theta \, dr \, d\theta \, d\phi = \int_0^{r_0} r^2 \int_0^{2\pi} d\phi \int_0^{\pi} \sin\theta d\theta$
$$= \frac{4}{3}\pi r_0^3$$

● 점 P_1과 점 P_2 사이 거리 $d = |\boldsymbol{r_2} - \boldsymbol{r_1}| = |\boldsymbol{r_1} - \boldsymbol{r_2}|$

① 점 $P_1 : (x_1, y_1, z_1)$, 점 $P_2 : (x_2, y_2, z_2)$

$$d = \sqrt{(x_2 - x_1)^2 + (y_2 - y_1)^2 + (z_2 - z_1)^2}$$

② 점 $P_1 : (\rho_1, \phi_1, z_1)$, 점 $P_2 : (\rho_2, \phi_2, z_2)$

$$d = \sqrt{\rho_2^2 + \rho_1^2 - 2\rho_1\rho_2\cos(\phi_2 - \phi_1) + (z_2 - z_1)^2}$$

③ 점 $P_1 : (r_1, \theta_1, \phi_1)$, 점 $P_2 : (r_2, \theta_2, \phi_2)$

$$d = \sqrt{r_2^2 + r_1^2 - 2r_1 r_2 \cos\theta_2 \cos\theta_1 - 2r_1 r_2 \sin\theta_2 \sin\theta_1 \cos(\phi_2 - \phi_1)}$$

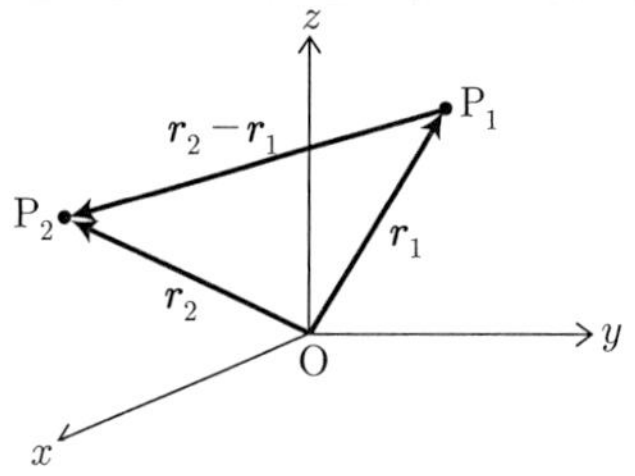

2.3 전자기연산자

전자기학의 물리적인 양은 시간(t)과 위치($x, y, z ; \rho, \phi, z ; r, \theta, \phi$)에 의존하는 함수이다. 미분은 한 점에서 현상을 모델화하여 물리 현상의 인과관계를 설명하고, 적분은 어떤 구조에서 요구하는 총량을 계산한다.

시간에 관계없이 공간에서의 전체적인 물리량을 구하는 일반적인 적분연산에는 선적분, 면적분, 체적적분 등이 있으면 연산결과가 스칼라 혹은 벡터가 된다.

3차원 공간이나 매질 안의 한 점에서 공간변화율은 편미분을 이용한다. 편미분연산을 위한 연산자에는 기울기(▽), 발산(▽ ·), 회전(▽×), 라플라시안(∇^2) 등이 있다. 한 점에서 벡터장 값보다 한 점 주위에서 벡터장의 변화율이 모두 중요하다. 즉, 비행기를 조정할 때 동체의 한 점에서 속도보다 한 점에서 공기의 흐름이 완만한지 소용돌이가 있는지 아는 것이 더 중요하기 때문이다.

2.3.1 적분연산

(1) 선적분

그림 2.25와 같이 a에서 b까지 벡터 $\boldsymbol{F}$의 접선방향으로 적분한 값(선적분)은

$$\int_a^b \boldsymbol{F} \cdot d\boldsymbol{\ell} = \lim_{n \to \infty} \sum_{i=1} F_i \cos\theta_i \Delta \ell_i \qquad (2\text{-}40)$$

이고, 여기서 θ_i는 각점에서 벡터 $\boldsymbol{F}$와 미소 경로 방향 사이 각도이며, 미소 길이는 $d\boldsymbol{\ell} = \widehat{a_x}dx + \widehat{a_y}dy + \widehat{a_z}dz$이다. 즉, 물리적인 힘인 벡터 $\boldsymbol{F}$가 구간 $a-b$ 구간에서 한 일과 같다. 닫힌 회로 c를 따라 $\boldsymbol{F}$의 접선 성분을 적분한 값(순환)은

$$\oint_c \boldsymbol{F} \cdot d\boldsymbol{\ell} \qquad (2\text{-}41)$$

이고, 만약 $\boldsymbol{F}$가 힘이면 닫힌 회로 c 주위를 돌면서 한 일이다.

① $\boldsymbol{F}$가 일정하면 $\int_a^b \boldsymbol{F} \cdot d\boldsymbol{\ell} = F\int_a^b d\ell = F\ell_{ab}$, 여기서 ℓ_{ab}는 a에서 b까지 경로의 길이이다.

② $\boldsymbol{F}$가 경로에 수직이면 $\int_a^b \boldsymbol{F} \cdot d\boldsymbol{\ell} = 0$이다. 벡터 $\boldsymbol{F}$와 경로 방향 사이 각도가 예각이면 양수이고 둔각이면 음수이다.

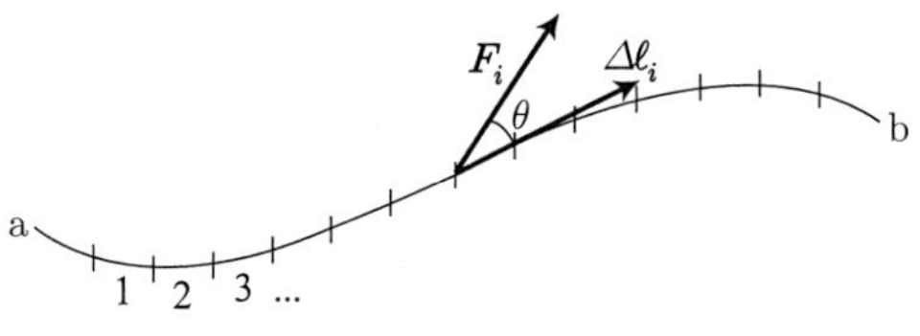

그림 2.25 선적분 경로

● 직각좌표계에서 스칼라 V의 선적분

$$\int_c V\, d\boldsymbol{\ell} = \widehat{a_x}\int_c V(x,\, y,\, z)\, d\boldsymbol{x} + \widehat{a_y}\int_c V(x,\, y,\, z)\, d\boldsymbol{y} + \widehat{a_z}\int_c V(x,\, y,\, z)\, d\boldsymbol{z}$$

$\int_a^b \boldsymbol{E} \cdot d\boldsymbol{\ell}$은 전장이 $a-b$ 구간에서 한 일(전압)이고, $\oint_c \boldsymbol{H} \cdot d\boldsymbol{\ell}$은 자장이 닫힌 회로 주위를 돌면서 한 일(전류)이다.

예제 2.12 벡터장 $\boldsymbol{F} = y\widehat{a_x} - (x+y)\widehat{a_y}$과 그림과 같은 경로를 따라 $\oint_c \boldsymbol{F} \cdot d\boldsymbol{\ell}$를 구하여라.

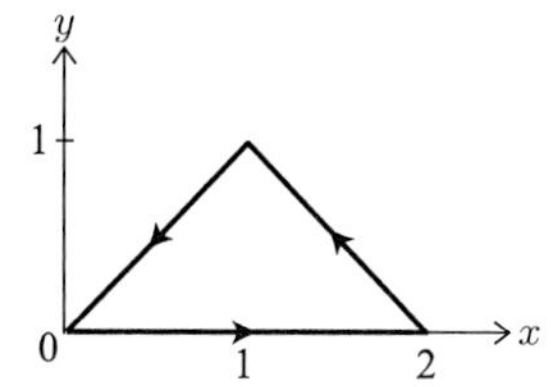

풀이 적분은 (0, 0)에서 (2, 0)인 경로-1, (2, 0)에서 (1, 1)인 경로-2, 그리고 (1, 1)에서 (0,0)인 경로-3로 나누어 적분한다.

① 경로-1에서 $y=0$이므로 $\boldsymbol{F}=-x\widehat{a_y}$, 미소 거리벡터 $\boldsymbol{d\ell}=dx\widehat{a_x}$이므로

$$\boldsymbol{F}\cdot\boldsymbol{d\ell}=0$$

② 경로-2에서 $y=-x+2$이므로

$$\boldsymbol{F}=(-x+2)\widehat{a_x}-(-y+2+y)\widehat{a_y}=(-x+2)\widehat{a_x}-2\widehat{a_y}$$

미소 거리벡터는 항상 양수이고 $\boldsymbol{d\ell}=dx\widehat{a_x}+dy\widehat{a_y}$이므로 $\boldsymbol{F}\cdot\boldsymbol{d\ell}=(-x+2)dx-2dy$이다.

$$\oint_c \boldsymbol{F}\cdot\boldsymbol{d\ell}=\int_2^1(-x+2)dx-\int_0^1 2dy=-2.5$$

③ 경로-3에서 $y=x$이므로 $\boldsymbol{F}=x\widehat{a_x}-(y+y)\widehat{a_y}=x\widehat{a_x}-2y\widehat{a_y}$, 미소 거리벡터는 $\boldsymbol{d\ell}=dx\widehat{a_x}+dy\widehat{a_y}$이므로 $\boldsymbol{F}\cdot\boldsymbol{d\ell}=xdx-2ydy$이다.

$$\oint_c \boldsymbol{F}\cdot\boldsymbol{d\ell}=\int_1^0 xdx-\int_1^0 2ydy=0.5$$

④ 그래서

$$\oint_c \boldsymbol{F}\cdot\boldsymbol{d\ell}=\left(\int_{경로-1}+\int_{경로-2}+\int_{경로-3}\right)\boldsymbol{F}\cdot\boldsymbol{d\ell}=0-2.5+0.5=-2$$ ■

(2) 면적분

면 s에 대한 $\boldsymbol{F}$의 법선성분을 적분한 값($\boldsymbol{F}$의 흐름)은

$$\int_s \boldsymbol{F}\cdot\boldsymbol{ds} \tag{2-42}$$

이다. 여기서 $\boldsymbol{ds}(=\widehat{a_n}ds)$은 미소 면벡터이고, 크기는 면 넓이 ds이며 방향은 면의 법선방향이다. 즉 면이 xy-평면에 있다면 $\boldsymbol{ds}=\widehat{a_z}\,dx\,dy$이고, 닫힌 곡면 s를 따라 $\boldsymbol{F}$의 법선성분을 적분값($\boldsymbol{F}$의 총 유출 흐름)은 다음과 같다.

$$\oint_s \boldsymbol{F}\cdot\boldsymbol{ds} \tag{2-43}$$

그림 2.26(a)와 같이 체적 v의 닫힌 표면에서 면의 법선방향은 항상 바깥 방향을 향하고 (b)와 (c)는 같은 열린 표면과 원반모양 표면에서 경계선을 도는 방향의 오른손법칙에 의해 법선방향을 결정한다.

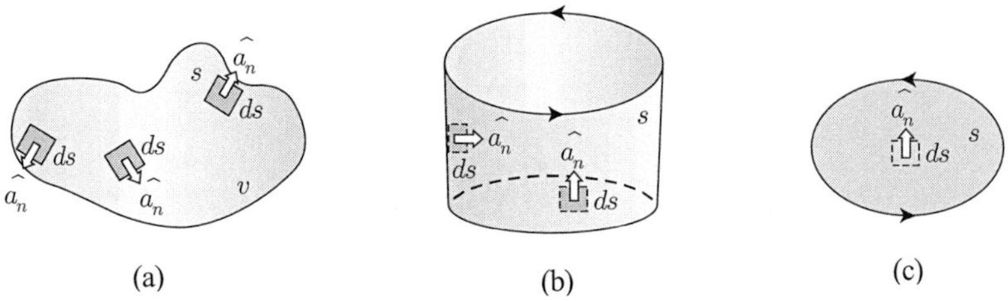

그림 2.26 면의 법선벡터 방향 (a) 닫힌 표면 (b) 열린 표면 (c) 원반 표면

예제 2.13 벡터장 $\boldsymbol{F} = xy\hat{a_x} - x\hat{a_y}$과 평면 $x=0$과 1, $y=0$과 1, $z=0$과 2에 의해 형성한 직사각형 통에서 $\int_s \boldsymbol{F} \cdot \boldsymbol{ds}$를 구하여라.

풀이 $x=0, x=1, y=0, y=1, z=0, z=2$ 평면에 대해 각각 나누어 적분한다. 그런데 벡터장은 z-방향성분이 없으므로 z-평면과 평행하므로 $\boldsymbol{F} \cdot \boldsymbol{ds} = 0$이다.

① $x=0$ 평면 : $x=0$에서 벡터장 $\boldsymbol{F}(x=0)=0$

② $x=1$ 평면 : $x=1$에서 벡터장 $\boldsymbol{F}(x=1) = y\hat{a_x} - \hat{a_y}$, 미소 면적

$$\boldsymbol{ds} = dydz\hat{a_x},\ \boldsymbol{F} \cdot \boldsymbol{ds} = ydydz,\ \int_0^2 \int_0^1 ydydz = \int_0^2 \frac{1}{2} dz = 1$$

③ $y=0$ 평면 : $y=0$에서 벡터장 $\boldsymbol{F}(y=0) = -x\hat{a_y}$, 미소 면적

$$\boldsymbol{ds} = -dxdz\hat{a_y},\ \boldsymbol{F} \cdot \boldsymbol{ds} = xdxdz,\ \int_0^2 \int_0^1 xdxdz = \int_0^2 \frac{1}{2} dz = 1$$

④ $y=1$ 평면 : $y=1$에서 벡터장 $\boldsymbol{F}(y=1) = x\hat{a_x} - x\hat{a_y}$, 미소 면적

$$\boldsymbol{ds} = dxdz\hat{a_y},\ \boldsymbol{F} \cdot \boldsymbol{ds} = -xdxdz,\ \int_0^2 \int_0^1 -xdxdz = \int_0^2 -\frac{1}{2} dz = -1$$

⑤ 따라서 $\int_s \boldsymbol{F} \cdot \boldsymbol{ds} = 0+1+1-1=1$ ■

(3) 체적적분

부피 v에 대한 스칼라함수 V의 적분값은

$$\int_v V dv \tag{2-44}$$

이고 벡터함수 $\boldsymbol{F}$의 적분값은

$$\int_v \boldsymbol{F} dv = \int_v (F_x\hat{a_x} + F_y\hat{a_y} + F_z\hat{a_z})\,dv = \hat{a_x}\int_v F_x dv + \hat{a_y}\int_v F_y dv + \hat{a_z}\int_v F_z dv \tag{2-45}$$

이며, 여기서 dv는 미소 부피이다.

적분결과가 스칼라인 스칼라적분의 실례

전장의 선적분 $\oint_c \boldsymbol{E} \cdot d\boldsymbol{\ell}$, 포인팅벡터의 면적분 $\int_s (\boldsymbol{E} \times \boldsymbol{H}) \cdot d\boldsymbol{s}$, 전기에너지밀도의 체적적분 $\frac{1}{2}\int_v (\boldsymbol{D} \cdot \boldsymbol{E})\, dv$ 등이 있다.

적분결과가 벡터인 벡터적분의 실례

선전류, I[A]에 의한 미소 자속세기의 선적분 $\frac{I}{4\pi}\oint_c \frac{d\boldsymbol{\ell} \times \hat{a}_r}{r^2}$

표면전류밀도, J_ℓ[A/m]에 의한 미소 자속세기의 면적분 $\frac{1}{4\pi}\oint_s \frac{\boldsymbol{J}_\ell \times \hat{a}_r ds}{r^2}$

체적전류밀도, J_s[A/m^2]에 의한 미소 자속세기의 체적적분 $\frac{1}{4\pi}\oint_v \frac{\boldsymbol{J}_s \times \hat{a}_r dv}{r^2}$

2.3.2 스칼라계의 기울기

스칼라계의 기울기(gradient)인 ∇은 벡터인 미분연산자이며 del, grad, nabla라고 읽는다. 그림 2.27과 같이 무한공간에 분포되어 있는 스칼라량 전위 $V(x, y, z)$에서 공간의 한 점 $P_1(x, y, z)$에서 전위가 $V_1(x, y, z)$이고, $P_2(x+dx, y+dy, z+dz)$에서의 전위는 $V_2(x+dx,\ y+dy,\ z+dz)$이다. 미소 길이벡터 $d\boldsymbol{\ell}$은

$$d\boldsymbol{\ell} = \hat{a}_x dx + \hat{a}_y dy + \hat{a}_z dz \tag{2-46}$$

이고, 미소 길이 dx, dy, dz는 미소 길이벡터의 성분이다.

미소 전위 $dV = V_2 - V_1$는

$$\begin{aligned} dV &= \frac{\partial V}{\partial x}dx + \frac{\partial V}{\partial y}dy + \frac{\partial V}{\partial z}dz \\ &= \left(\frac{\partial V}{\partial x}\hat{a}_x + \frac{\partial V}{\partial y}\hat{a}_y + \frac{\partial V}{\partial z}\hat{a}_z\right) \cdot \left(dx\hat{a}_x + dy\hat{a}_y + dz\hat{a}_z\right) \\ &= \left(\frac{\partial V}{\partial x}\hat{a}_x + \frac{\partial V}{\partial y}\hat{a}_y + \frac{\partial V}{\partial z}\hat{a}_z\right) \cdot d\boldsymbol{\ell} \end{aligned} \tag{2-47}$$

이고, 괄호 안의 벡터는 벡터적으로 위치변화 $d\boldsymbol{\ell}$에 따른 전위변화 dV로 정의한다. 이 벡터를 전위 V의 기울기라고 부르고, ∇V라고 쓴다.

$$\nabla V = \frac{\partial V}{\partial x}\hat{a}_x + \frac{\partial V}{\partial y}\hat{a}_y + \frac{\partial V}{\partial z}\hat{a}_z \tag{2-48}$$

그래서 미소 전위는

$$dV = \nabla V \cdot d\boldsymbol{\ell} = |\nabla V|\, d\ell \cos\theta \tag{2-49}$$

이고, 방향도함수는

$$\frac{dV}{d\ell} = \nabla V \cdot \hat{a_\ell} \tag{2-50}$$

이다. 여기서 $\hat{a_\ell}$은 등전위면에서 수직이고 전위가 증가하는 방향을 나타내는 단위벡터이고, $\left.\frac{dV}{d\ell}\right|_{max} = \frac{dV}{dn}$이며, $\frac{dV}{dn}$는 법선 도함수이다. 즉, V의 최대 공간 증가율의 크기와 방향을 나타낸다.

벡터기울기의 기하학적 의미

공간상의 한 표면식 $f(x,y,z) =$ 일정에서 위치벡터 $r(t) = x(t)\hat{a_x} + y(t)\hat{a_y} + z(t)\hat{a_z}$, 곡면상의 점 P에 정의되는 접선벡터 $dr(t)/dt = r(t)' = x(t)'\hat{a_x} + y(t)'\hat{a_y} + z(t)'\hat{a_z}$이면

$$\frac{\partial f}{\partial t} = 0 = \frac{\partial f}{\partial x} \cdot \frac{\partial x}{\partial t} + \frac{\partial f}{\partial y} \cdot \frac{\partial y}{\partial t} + \frac{\partial f}{\partial z} \cdot \frac{\partial z}{\partial t}$$

$$= \left(\hat{a_x}\frac{\partial f}{\partial x} + \hat{a_y}\frac{\partial f}{\partial y} + \hat{a_z}\frac{\partial f}{\partial z}\right) \cdot \left(\hat{a_x}\frac{\partial x}{\partial t} + \hat{a_y}\frac{\partial y}{\partial t} + \hat{a_z}\frac{\partial z}{\partial t}\right)$$

$$= \nabla f \cdot \frac{dr(t)}{dt} \rightarrow \nabla f \text{와 } \frac{dr(t)}{dt}\text{는 직교함.}$$

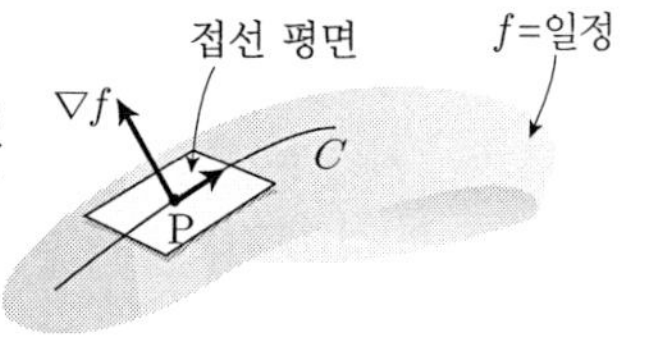

방향도함수

- 임의의 한 방향으로 f의 변화율을 방향도함수(directional derivative)라 한다.
- $\hat{a_k}$가 k–방향 단위벡터라면 $\hat{a_k} \cdot \nabla f$는 k–방향으로 f의 방향도함수라 한다.

① ∇V의 방향은 $V(x,y,z) =$ 일정인 평면에 수직한 방향이.
$V(x,y,z) =$ 일정의 값이 증대하는 방향이다.

② $V(x,y,z) =$ 일정, 표면의 한 점에서 단위 법선벡터
$\hat{a_n} = \pm \nabla V / |\nabla V|$이다.

③ 등전위면의 접선방향($\hat{a_t}$)은 "0" 기울기 방향이다.

④ 전장은 전위의 가장 빠른 방향의 감소율 $\boldsymbol{E} = -\nabla V$이다.

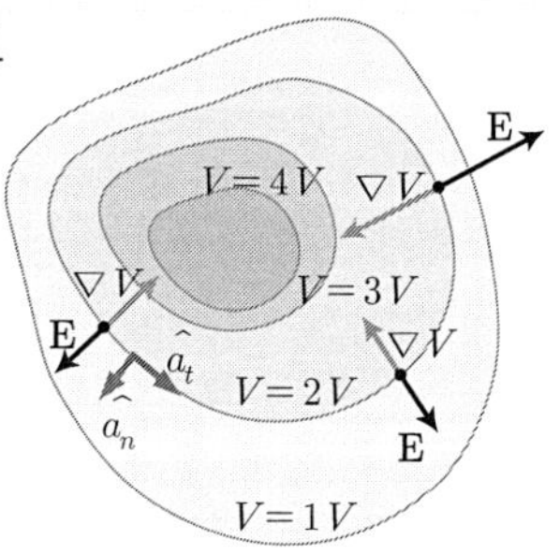

전위와 온도같이 공간의 스칼라함수의 기울기는 일정한 표면에 대하여 수직이고, 주어진 함수가 위치에 따라 가장 빠르게 변하는 방향을 가리키며, 크기는 단위거리당 주어진 함수의 최대변화율을 나타낸다.

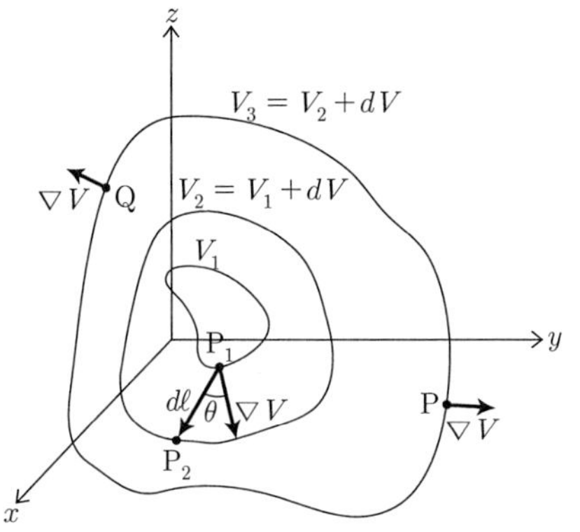

그림 2.27 V의 기울기

스칼라의 기울기 연산자

- 위치와 시간의 함수인 스칼라장에서 연산자 자체는 물리적 의미가 없다.

$\dfrac{dV}{dx} = \nabla V \cdot \hat{a_x}$: x-방향으로 V의 공간 증가율은 x-방향으로 ∇V의 투영한 것과 같다.

- 연산결과는 벡터량, 크기는 단위거리당 물리량의 최대 공간변화율, 방향은 최대 증가 방향을 가리키고 무회전성의 성질을 가진다.

기울기의 일반적인 수학적 정의는

$$\nabla V \equiv \hat{a_{u_n}} \frac{dV}{du_n} \quad (n = 1, 2, 3) \tag{2-51}$$

이고, 여기서 u_n은 직교좌표계에서 좌표축을 나타낸다. 일반 직교좌표계의 기울기는

$$\nabla f = \frac{1}{h_1}\frac{\partial f}{\partial u_1}\hat{a_{u_1}} + \frac{1}{h_2}\frac{\partial f}{\partial u_2}\hat{a_{u_2}} + \frac{1}{h_3}\frac{\partial f}{\partial u_3}\hat{a_{u_3}} \tag{2-52}$$

이다. 각 좌표계에서 기울기는 표 2.5와 같이 정의한다.

표 2.5 각 좌표계의 기울기

좌표계	기울기
직각좌표	$\nabla f = \hat{a_x}\frac{\partial f}{\partial x} + \hat{a_y}\frac{\partial f}{\partial y} + \hat{a_z}\frac{\partial f}{\partial z}$
원통좌표	$\nabla f = \hat{a_\rho}\frac{\partial f}{\partial \rho} + \hat{a_\phi}\frac{1}{\rho}\frac{\partial f}{\partial \phi} + \hat{a_z}\frac{\partial f}{\partial z}$
구좌표	$\nabla f = \hat{a_r}\frac{\partial f}{\partial r} + \hat{a_\theta}\frac{1}{r}\frac{\partial f}{\partial \theta} + \hat{a_\phi}\frac{1}{r\sin\theta}\frac{\partial f}{\partial \phi}$

$$\nabla(U+V) = \nabla U + \nabla V,\ \nabla(UV) = U\nabla V + V\nabla U,\ \nabla V^n = nV^{n-1}\nabla V$$

$\nabla'\left(\frac{1}{R}\right)$과 $\nabla\left(\frac{1}{R}\right)$의 차이는 부호가 반대이다.

두 점 사이 변위벡터 $\boldsymbol{R} = \boldsymbol{r} - \boldsymbol{r}'$이고 두 점 사이 거리 $R = |\boldsymbol{R}|$이면 원천점 (x', y', z')에 대해 미분은 $\nabla'\left(\frac{1}{R}\right)$이고, 장점 (x, y, z)에 대해 미분은 $\nabla\left(\frac{1}{R}\right)$이다.

$R = \sqrt{(x-x')^2 + (y-y')^2 + (z-z')^2}$ 이므로

$$\nabla'\left(\frac{1}{R}\right) = \hat{a}_x \frac{\left[(x-x')^2 + (y-y')^2 + (z-z')^2\right]^{-1/2}}{\partial x'} + \hat{a}_y \frac{\left[(x-x')^2 + (y-y')^2 + (z-z')^2\right]^{-1/2}}{\partial y'} + \hat{a}_z \frac{\left[(x-x')^2 + (y-y')^2 + (z-z')^2\right]^{-1/2}}{\partial z'}$$

x-성분은

$$\frac{\left[(x-x')^2 + (y-y')^2 + (z-z')^2\right]^{-1/2}}{\partial x'} = \left[(x-x')^2 + (y-y')^2 + (z-z')^2\right]^{-3/2}(x-x')$$

이고, y, z-성분도 유사하게 구하면

$$\nabla'\left(\frac{1}{R}\right) = \frac{\hat{a}_x(x-x') + \hat{a}_y(y-y') + \hat{a}_z(z-z')}{\left[(x-x')^2 + (y-y')^2 + (z-z')^2\right]^{-3/2}} = \frac{\boldsymbol{R}}{R^3} = \hat{a}_R \frac{1}{R^2}$$

유사한 방법으로

$$\nabla\left(\frac{1}{R}\right) = -\frac{\hat{a}_x(x-x') + \hat{a}_y(y-y') + \hat{a}_z(z-z')}{\left[(x-x')^2 + (y-y')^2 + (z-z')^2\right]^{-3/2}} = -\frac{\boldsymbol{R}}{R^3} = -\hat{a}_R \frac{1}{R^2}$$

예제 2.14 점 P $(\sqrt{2}, \sqrt{2}, 0)$에서 스칼라장 $f(x, y, z) = x^2 + y^2 = 4$의 기울기를 계산하여라.

풀이 $\nabla f = (\frac{\partial}{\partial x}\hat{a}_x + \frac{\partial}{\partial y}\hat{a}_y + \frac{\partial}{\partial z}\hat{a}_z) \cdot (x^2 + y^2) = 2x\hat{a}_x + 2y\hat{a}_y$

점$(\sqrt{2}, \sqrt{2}, 0)$에서 기울기는 $\nabla f|_{(\sqrt{2}, \sqrt{2}, 0)} = 2\sqrt{2}\,\hat{a}_x + 2\sqrt{2}\,\hat{a}_y$이다. ■

예제 2.15 방향이 $\hat{a}_x + \hat{a}_y - \hat{a}_z$로 함수 $f = x^2 + yz$의 방향성 도함수를 구하고, 점$(1, -2, 1)$에서의 방향성 도함수 값을 구하여라.

풀이 방향성 도함수 $df/d\ell$을 구하기 위해 f의 기울기를 계산하면

$$\nabla f = (\frac{\partial}{\partial x}\hat{a}_x + \frac{\partial}{\partial y}\hat{a}_y + \frac{\partial}{\partial z}\hat{a}_z)(x^2 + yz) = 2x\hat{a}_x + z\hat{a}_y + y\hat{a}_z$$

이고, 주어진 방향의 벡터 $\boldsymbol{\ell} = \hat{a}_x + \hat{a}_y - \hat{a}_z$이며, 단위벡터는

$$\hat{\boldsymbol{a}}_\ell = \frac{\boldsymbol{\ell}}{|\boldsymbol{\ell}|} = \frac{\hat{a}_x + \hat{a}_y - \hat{a}_z}{\sqrt{1^2 + 1^2 + 1^2}} = \frac{\hat{a}_x + \hat{a}_y - \hat{a}_z}{\sqrt{3}}$$

이고, 방향성 도함수는

$$\frac{df}{d\ell} = \nabla f \cdot \hat{a}_\ell = (2x\hat{a}_x + z\hat{a}_y + y\hat{a}_z) \cdot \frac{1}{\sqrt{3}}(\hat{a}_x + \hat{a}_y - \hat{a}_z) = \frac{1}{\sqrt{3}}(2x + z - y)$$

이다. 점$(1,-2,1)$에서 방향성 도함수의 값은 다음과 같다.

$$\left.\frac{df}{d\ell}\right|_{(1,-2,1)} = \frac{1}{\sqrt{3}}(2+1+2) = \frac{5}{\sqrt{3}}$$ ■

정적분정리

미소 변화량(도함수)의 정적분은 모함수의 전체 변화량과 같다.

$$\int_a^b df = \int_a^b \frac{df}{dx}\,dx = \int_a^b f'\,dx = f(b) - f(a)$$

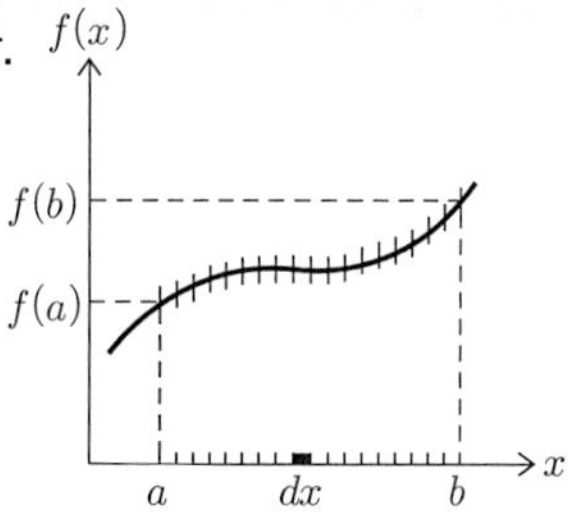

- 벡터장 $\boldsymbol{F}$가 경로에 상관없다. → $\boldsymbol{F}$가 기울기장, 보존장, 위치에너지함수이다.
- 보존장에서 움직이는 입자는 입자의 전체 에너지를 보존한다.
- 경로를 따라 $\boldsymbol{F} = \nabla V$의 선적분이 가능하려면 부드러운 경로와 연속적 함수여야 한다.

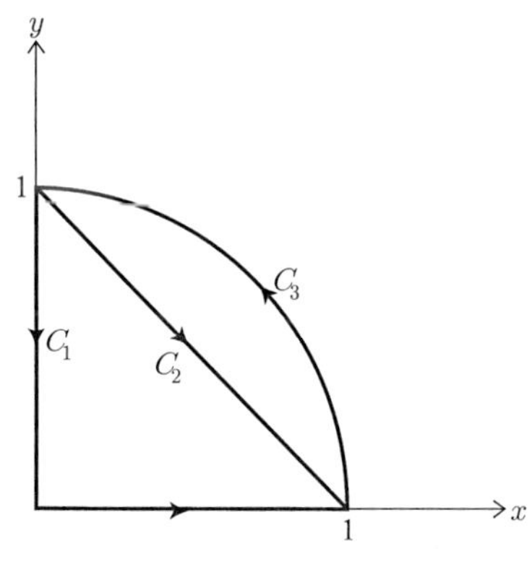

경로 C_1는 적분 불가능, 경로 C_2, C_3은 적분 가능함.

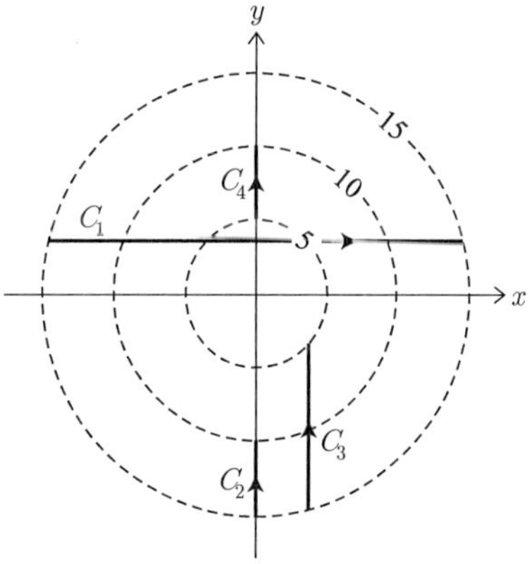

적분값 대소관계 $\Delta V_{C4} > \Delta V_{C2} > \Delta V_{C1} > \Delta V_{C3}$

∇V은 부드러운 구간 $a \sim b$ 경로에서 연속일 때 선적분을 하면 구간 양 끝에서 모함수 값의 차(전체 변화량)와 같다.

$$\int_a^b (\nabla V) \cdot d\boldsymbol{\ell} \simeq \sum_i (\nabla V)_i \cdot \Delta \boldsymbol{\ell}_i = V(b) - V(a) \tag{2.53}$$

여기서 적분값은 a에서 b까지 경로에 관계가 없고, 양 종점에만 의존하며 $\oint_c (\nabla V) \cdot d\boldsymbol{\ell} = 0$이다.

2.3.3 벡터계의 발산

전자기장과 전파의 흐름이 유체의 흐름과 같이 생각하면 모든 벡터장의 발생원을 발산과 회전의 조합으로 모형화한다. 유체의 흐름에서 유속과 같이 전자기장과 같은 벡터장은 선속으로 표현하고 선으로 나타낸다.

어느 임의의 체적을 둘러싸고 있는 닫힌 곡면 내에 벡터장의 발생 원천을 포함하고 있으면 그 표면으로 선속이 유출되어 양의 발산이 되고, 수신 원천이 그 표면 내부에 존재하면 선속이 유입되어 음의 발산이 된다.

흐름(flux)

흐름은 임의의 닫힌 곡면에 대하여 밖으로 나가는 총 유량을 뜻한다. 즉, 흐름=(수직방향 성분의 평균값)×(표면적)이다. 그림과 같이 전장 $\boldsymbol{E}$가 있는 공간의 작은 평면을 $\boldsymbol{ds}$라고 하면 전기 흐름(electric flux)은 $N = \boldsymbol{E} \cdot \boldsymbol{ds} = E\,ds\cos\theta$이고, 여기서 $\boldsymbol{ds}$ 는 면적을 나타내는 벡터이며, θ는 전장의 방향과 면벡터 간의 사잇각이다.

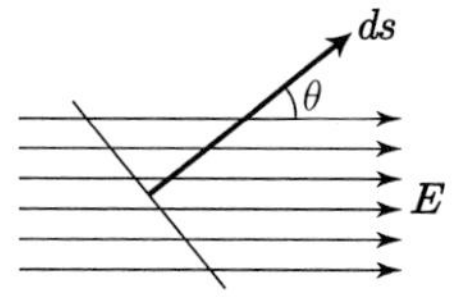

전장과 단면의 법선성분이 다른 경우(내적 $\boldsymbol{E} \cdot \boldsymbol{ds} = E\,ds\,\cos\theta$)

전장의 방향과 면이 서로 수직이면 면벡터 $\boldsymbol{ds}$는 전장과 평행하므로 전기 흐름은 $N = \boldsymbol{E} \cdot \boldsymbol{ds} = E\,ds\cos 90° = 0$이 된다. 한 작은 표면적을 지나는 흐름은 그곳에서의 전장에 비례하며 면적을 지나는 전장 흐름선의 수에 비례한다.

평면 대신에 곡면이고 $\boldsymbol{ds}$가 곡면 상의 작은 면적을 나타낼 때 전기 흐름은 다음과 같다.

$$N = \lim_{ds \to 0} \sum_i \boldsymbol{E}_i \cdot \boldsymbol{ds}_i = \int_s \boldsymbol{E} \cdot \boldsymbol{ds}$$

Flux는 라틴어 fluere(흐른다의 의미)에서 유래한 말

그림 2.28과 같은 방사형 장의 선속은 각 점에서 벡터장의 방향을 나타내는 방향선이나 곡선이고, 한 점에서 장의 크기는 그 점 주위에서 밀도로 표시한다. 벡터장의 강도는 벡터

에 수직한 단일 평면을 통과하는 선속의 수로 정하고 발생점과 수신점으로부터 멀어질수록 장의 강도가 감소하고 근접한 영역이 장의 강도가 크다.

그림 2.29의 장은 닫힌 곡면을 이루는 체적 안과 밖으로 유입, 유출되는 양이 같기 때문에 발산은 영(0)이 된다.

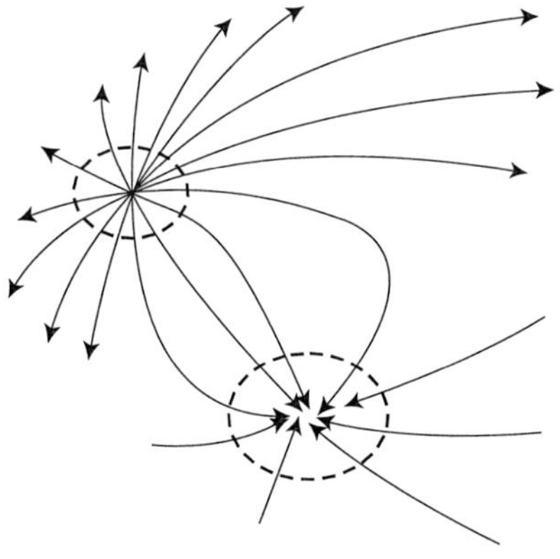

그림 2.28 발산 흐름방향

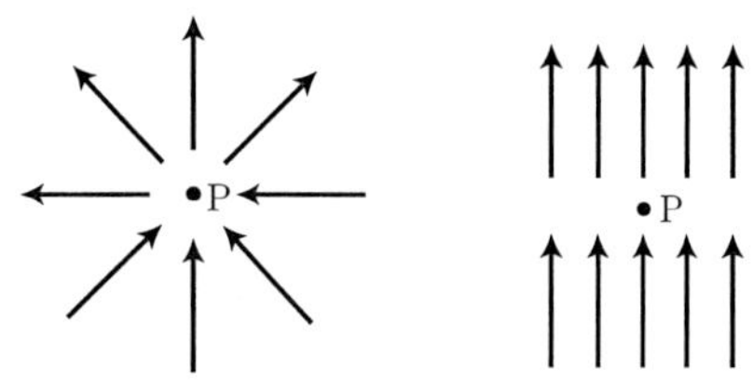

그림 2.29 점 P에서 벡터 발산이 없다.

발산(divergence)은 $\nabla \cdot$ 혹은 div로 나타내며, 그림 2.30과 같이 임의의 점 P에서 벡터 $\boldsymbol{A}$의 발산은 미소 체적의 크기가 영으로 임의의 점 근처로 줄어들 때 단위체적당 밖으로 유출되는 선속이다. 수학적인 정의는

$$\nabla \cdot \boldsymbol{A} \equiv \lim_{\Delta v \to 0} \frac{1}{\Delta v} \oint_s \boldsymbol{A} \cdot \boldsymbol{ds} = \boldsymbol{A}\text{의 발산} \qquad (2\text{–}54)$$

이고, 미소 면적 $\boldsymbol{ds} = \widehat{a_n} ds$는 크기가 ds이고 방향은 닫힌 표면에서 수직으로 바깥쪽을 향하는 단위벡터 $\widehat{a_n}$의 방향이다. 미소 체적 Δv을 둘러싸고 있는 임의의 닫힌 곡면 s를 통해 그 체적 내부로 유입 혹은 유출되는 전체의 선속 $\boldsymbol{A}$의 총량을 계산하기 위해서 유속적분식 $\oint_s \boldsymbol{A} \cdot \boldsymbol{ds}$을 사용한다. 여기서 내적 $\boldsymbol{A} \cdot \boldsymbol{ds}$는 폐곡면상의 미소 면적에 수직인 선속성분만을 적분한다는 것을 의미한다.

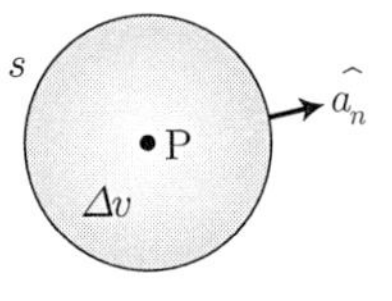

그림 2.30 미소 체적 Δv을 둘러싸고 있는 임의의 닫힌 곡면 s에서 법선벡터 $\widehat{a_n}$

> $\nabla \cdot \boldsymbol{A}$은 임의의 체적을 둘러싸고 있는 닫힌 표면적을 통해 외부로 유출되는 총 선속

그림 2.31과 같은 직각좌표계에서 $\nabla \cdot \boldsymbol{A}$의 계산식을 유도해보자. 벡터장 $\boldsymbol{A} = \hat{a}_x A_x + \hat{a}_y A_y + \hat{a}_z A_z$에서 한 점 $\mathrm{P}(x_0, y_0, z_0)$ 중심으로 한 미소 체적을 위해 각 방향의 미소 길이가 $\triangle x, \triangle y, \triangle z$이다. 미소 체적은 여섯 개의 면으로 이루어져 여섯 개의 면적 적분으로 나눈다.

$$\oint_s \boldsymbol{A} \cdot \boldsymbol{ds} = \int_{\text{앞면}} \boldsymbol{A} \cdot \boldsymbol{ds} + \int_{\text{뒷면}} \boldsymbol{A} \cdot \boldsymbol{ds} + \int_{\text{우측면}} \boldsymbol{A} \cdot \boldsymbol{ds} + \int_{\text{좌측면}} \boldsymbol{A} \cdot \boldsymbol{ds} + \int_{\text{윗면}} \boldsymbol{A} \cdot \boldsymbol{ds} + \int_{\text{아랫면}} \boldsymbol{A} \cdot \boldsymbol{ds} \tag{2-55}$$

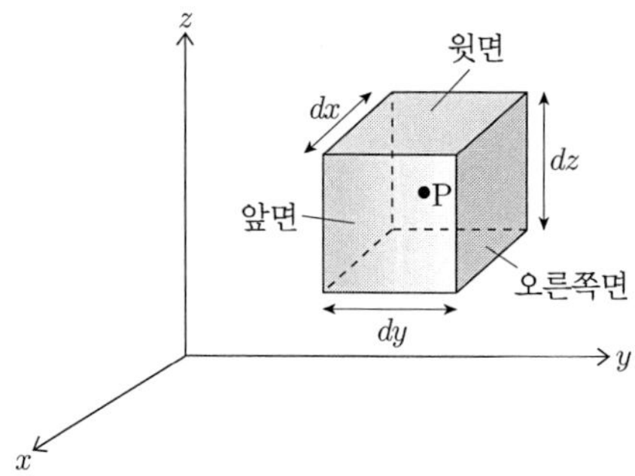

그림 2.31 임의의 점 P에서 $\nabla \cdot A$의 계산

앞면의 경우는 $x = x_0 + (\triangle x)/2$, $\boldsymbol{ds} = dy\,dz\,\hat{a}_x$, 그리고 $\boldsymbol{A} \cdot \boldsymbol{ds} = A_x\,dy\,dz$이므로 대입하면

$$\int_{\text{앞면}} \boldsymbol{A} \cdot \boldsymbol{ds} = \int_{y_0 - \triangle y/2}^{y_0 + \triangle y/2} \int_{z_0 - \triangle z/2}^{z_0 + \triangle z/2} A_x\left(x_0 + \frac{\triangle x}{2}, y, z\right) dy\,dz \tag{2-56}$$

이고, 미소 길이 $\triangle x, \triangle y, \triangle z$가 매우 작다고 가정하면 점 $\mathrm{P}(x_0, y_0, z_0)$에서 $A_x(x_0 + \frac{\triangle x}{2}, y, z)$를 테일러 급수를 이용하여 정리하면 다음과 같다.

$$\int_{\text{앞면}} \boldsymbol{A} \cdot \boldsymbol{ds} \simeq \triangle y \triangle z A_x(x_0, y_0, z_0) + \frac{\triangle x}{2} \triangle y \triangle z \frac{\partial A_x}{\partial x}\bigg|_P \tag{2-57}$$

여기서 $|_P$ 표기는 점 $\mathrm{P}(x_0, y_0, z_0)$에서 도함수를 계산하는 것을 의미하고, 고차항은 $(\triangle x/2)^2$, $(\triangle x/2)^3$ 등과 같은 인자들로 이루어진다.

유사한 방법으로, 뒷면의 경우 $x = x_0 - (\triangle x)/2$, $\boldsymbol{ds} = -dy\,dz\,\hat{a}_x$, 그리고 $\boldsymbol{A} \cdot \boldsymbol{ds} = -A_x\,dy\,dz$이므로 대입하여 정리하면 다음과 같다.

$$\int_{\text{뒷면}} \boldsymbol{A} \cdot \boldsymbol{ds} \simeq -\triangle y \triangle z A_x(x_0, y_0, z_0) + \frac{\triangle x}{2} \triangle y \triangle z \frac{\partial A_x}{\partial x}\bigg|_P \tag{2-58}$$

점 $\mathrm{P}(x_0, y_0, z_0)$에서 테일러 급수

$$A_x\left(x_0+\frac{\Delta x}{2},y,z\right)=A_x(x_0,y_0,z_0)+\frac{\Delta x}{2}\frac{\partial A_x}{\partial x}\bigg|_P+(y-y_0)\frac{\partial A_x}{\partial y}\bigg|_P+(z-z_0)\frac{\partial A_x}{\partial z}\bigg|_P+\text{고차항}$$

$$A_x\left(x_0-\frac{\Delta x}{2},y,z\right)=A_x(x_0,y_0,z_0)-\frac{\Delta x}{2}\frac{\partial A_x}{\partial x}\bigg|_P+(y-y_0)\frac{\partial A_x}{\partial y}\bigg|_P+(z-z_0)\frac{\partial A_x}{\partial z}\bigg|_P+\text{고차항}$$

앞면과 뒷면의 적분결과를 합하면 다음과 같다.

$$\int_{\text{앞면}}\boldsymbol{A}\cdot\boldsymbol{ds}+\int_{\text{뒷면}}\boldsymbol{A}\cdot\boldsymbol{ds}=\Delta x\Delta y\Delta z\frac{\partial A_x}{\partial x}\bigg|_P \tag{2-59}$$

같은 과정을 통해 우측면과 좌측면을 적분하여 합하면

$$\int_{\text{오른쪽면}}\boldsymbol{A}\cdot\boldsymbol{ds}+\int_{\text{왼쪽면}}\boldsymbol{A}\cdot\boldsymbol{ds}=\Delta x\Delta y\Delta z\frac{\partial A_y}{\partial y}\bigg|_P \tag{2-60}$$

이고, 윗면과 아랫면을 적분하여 합하면 다음과 같다.

$$\int_{\text{윗면}}\boldsymbol{A}\cdot\boldsymbol{ds}+\int_{\text{아랫면}}\boldsymbol{A}\cdot\boldsymbol{ds}=\Delta x\Delta y\Delta z\frac{\partial A_z}{\partial z}\bigg|_P \tag{2-61}$$

모든 변을 합하여 적분하고, $\Delta x\Delta y\Delta z=\Delta v$라고 하면

$$\oint_s\boldsymbol{A}\cdot\boldsymbol{ds}=\left(\frac{\partial A_x}{\partial x}+\frac{\partial A_y}{\partial y}+\frac{\partial A_z}{\partial z}\right)\bigg|_P\Delta v \tag{2-62}$$

이고, $\Delta v\to 0$인 극한을 보내면 발산정리식이 된다.

$$\nabla\cdot\boldsymbol{A}=\frac{\partial A_x}{\partial x}+\frac{\partial A_y}{\partial y}+\frac{\partial A_z}{\partial z}=\boldsymbol{A}\text{의 발산} \tag{2-63}$$

이때 $|_P$ 표기가 없어진 것은 미소 체적이 영(0)으로 접근하면 체적은 점 P가 되기 때문이다.

내적으로 나타내면

$$\nabla\cdot\boldsymbol{A}=\left(\hat{a_x}\frac{\partial}{\partial x}+\hat{a_y}\frac{\partial}{\partial y}+\hat{a_z}\frac{\partial}{\partial z}\right)\left(A_x\hat{a_x}+A_y\hat{a_y}+A_z\hat{a_z}\right) \tag{2-64}$$

이고, 일반 직교좌표계에서 발산 수식은 다음과 같고, 표 2.6은 각 좌표계의 발산을 나타낸다.

$$\nabla\cdot\boldsymbol{A}=\frac{1}{h_1h_2h_3}\left(\frac{\partial}{\partial u_1}(A_1h_2h_3)+\frac{\partial}{\partial u_2}(A_2h_3h_1)+\frac{\partial}{\partial u_3}(A_3h_1h_2)\right) \tag{2-65}$$

임의의 점 P에서 어떤 벡터장 $\boldsymbol{A}$ 발산의 부호가 $\nabla\cdot\boldsymbol{A}>0$이면 흐름이 바깥으로 생기는 발생점(원천)이고, $\nabla\cdot\boldsymbol{A}<0$이면 흐름이 안쪽으로 생기는 수신점(싱크)이다.

표 2.6 각 좌표계의 발산

직각좌표	$\nabla \cdot \boldsymbol{A} = \frac{\partial A_x}{\partial x} + \frac{\partial A_y}{\partial y} + \frac{\partial A_z}{\partial z}$
원통좌표	$\nabla \cdot \boldsymbol{A} = \frac{1}{\rho}\frac{\partial}{\partial \rho}(\rho A_\rho) + \frac{1}{\rho}\frac{\partial A_\phi}{\partial \phi} + \frac{\partial A_z}{\partial z}$
구좌표	$\nabla \cdot \boldsymbol{A} = \frac{1}{r^2}\frac{\partial}{\partial r}(r^2 A_r) + \frac{1}{r\sin\theta}\frac{\partial}{\partial \theta}(\sin\theta A_\theta) + \frac{1}{r\sin\theta}\frac{\partial A_\phi}{\partial \phi}$

$\nabla \cdot \boldsymbol{A} = 0$이 되면, 발생원이나 수신원이 없다는 의미이고 이러한 벡터장 $\boldsymbol{A}$를 솔레노이드(solenoidal)장이라고 부르며 선속은 시불변장에서 전류밀도($\nabla \cdot \boldsymbol{J} = 0$)와 같이 닫힌 곡선을 형성한다.

그림 2.32는 임의의 벡터분포에 따른 점 P에서 벡터의 발산이 양인 경우를 나타내었다.

> $\nabla \cdot \boldsymbol{A}$은 벡터 $\boldsymbol{A}$가 각 점에서 얼마나 퍼져나가는가를 나타내는 지표이고, 값이 양수이면 바깥으로 퍼져나가는 것이고, 음수이면 바깥에서 모여오는 것이다.

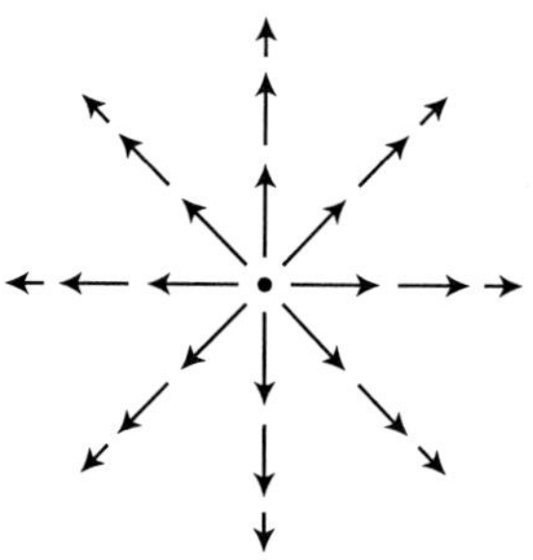

그림 2.32 발산이 있는 벡터장

그림 2.33과 같이 x-방향의 흐름 A_x가 작은 상자를 지나갈 때 지나치기 전보다 유량이 증가되었다면 그 상자 안에 유량을 증가시키는 작용이 있다고 하며 그 유량의 증분은 $\partial A_x / \partial x$이다. 같은 방법으로 y-방향, z-방향에 대한 성분을 구한 후 전부 합하면 상자에서 나오는 발산이 된다. 물론 상자 안에서 바깥으로 방출하는 직선성분이 있어야 한다.

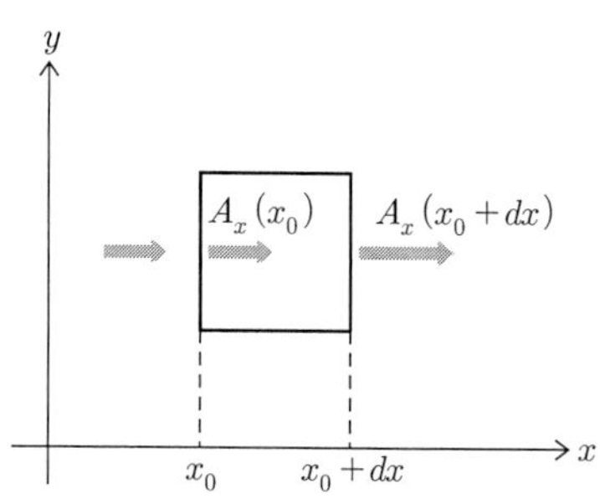

그림 2.33 발산의 의미

■ 발산정리

벡터장의 발산은 단위체적당 유출되는 선속으로 정의하고, 벡터장의 발산식을 이용하여 체적적분을 하면 다음과 같다.

$$\int_v (\nabla \cdot \boldsymbol{A})\, dv = \int \lim_{\triangle v \to 0} \frac{\oint_s \boldsymbol{A} \cdot \boldsymbol{ds}}{\triangle v} dv \qquad (2\text{-}66)$$

그림 2.34와 같이 체적 v는 닫힌 곡면 s에 둘러싸여 있으며 체적 v를 n개의 미소 체적으로 나누고 n를 무한히 많게 하면 무한 체적소로 적분하고, 합하는 오른손 방향적분으로 표현한다.

$$\int_v (\nabla \cdot \boldsymbol{A})\, dv = \sum_k \lim_{\triangle v_k \to 0} \frac{\oint_{s_k} \boldsymbol{A} \cdot \boldsymbol{ds}}{\triangle v_k} \triangle v_k \qquad (2\text{-}67)$$

여기서 $\triangle v_k$은 k-번째 체적소로서 닫힌 표면 s_k로 에워싸여 있다. 인접한 체적소의 인접면의 적분값은 같고 방향이 반대이므로 값이 상쇄되어 체적 v를 감싸는 닫힌 표면성분만 남는다.

$$\int_v (\nabla \cdot \boldsymbol{A})\, dv = \sum_k \lim_{\triangle \tau_k \to 0} \oint_{s_k} \boldsymbol{A} \cdot \boldsymbol{ds} = \oint_s \boldsymbol{A} \cdot \boldsymbol{ds} = \oint_s \boldsymbol{A} \cdot \widehat{a_n}\, ds \qquad (2\text{-}68)$$

임의의 체적을 둘러싸고 있는 한 닫힌 곡면에 대한 벡터장의 법선성분을 면적분하는 것과 그 벡터성분의 발산을 그 표면에 의해 둘러싸인 체적으로 체적적분하는 것은 서로 같다는 것이 발산정리(divergence theorem) 또는 가우스정리(Gauss-Ostrogradsky theorem)라 한다. 임의의 체적에 대해 3중 적분한 것이 그 체적을 둘러싸고 있는 닫힌 곡면에 대해 2중 적분한 것으로 변환한다는 것이다.

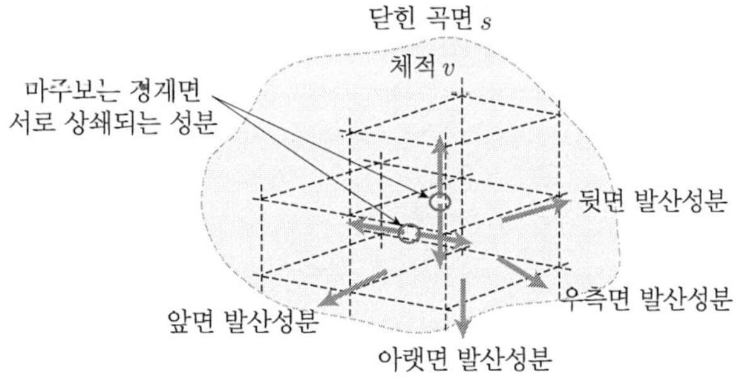

그림 2.34 6면체에서 발산정리 의미

● 발산정리

- 체적적분과 면적분관계이다(폐곡면이 있으면 체적이 존재한다).
- 임의의 체적 V에서 발산되는 총량＝체적 V의 닫힌 곡면 s를 통해 빠져나가는 총 선속
  (예) 부피 속에 든 수도꼭지에서 나오는 총 유량＝수도꼭지 끝 표면을 통해 나오는 총 유량

예제 2.16 구좌표로 표시한 벡터 $\boldsymbol{A}=\frac{1}{r^2}\hat{a_r}$에서 (a) 발산, $\nabla\cdot\boldsymbol{A}$, (b) 발산의 적분, $\int_v(\nabla\cdot\boldsymbol{A})\,dv$, (c) (a), (b)의 결과를 비교하고 설명하여라.

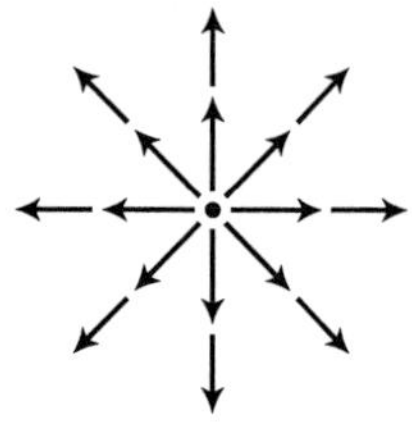

풀이 (a) $\nabla\cdot\boldsymbol{A}=\frac{1}{r^2}\frac{\partial}{\partial r}(r^2A_r)=\frac{1}{r^2}\frac{\partial}{\partial r}(1)=0$

(b) 발산정리를 이용하면 $\int_v(\nabla\cdot\boldsymbol{A})dv=\oint_s\boldsymbol{A}\cdot\boldsymbol{ds}$이다.

$$\oint_s\boldsymbol{A}\cdot\boldsymbol{ds}=\int\left(\frac{1}{R^2}\hat{a_r}\right)\cdot\left(R^2\sin\theta\,d\theta\,d\phi\,\hat{a_r}\right)=\int_0^{\pi}\sin\theta\,d\theta\int_0^{2\pi}d\phi=4\pi$$

(c) $r\neq0$인 곳에서 $\nabla\cdot\boldsymbol{A}=0$이고, $r=0$인 곳에서 적분값은 반지름에 무관하게 4π이다. 그래서 3차원 델타함수를 사용하여 표시하면

$\nabla\cdot\left(\frac{1}{r^2}\hat{a_r}\right)=4\pi\delta^3(\boldsymbol{r})$이다. ■

델타함수

$$\delta(r)=\begin{cases}0, & r\neq0\\ \infty, & r=0\end{cases},\quad \int_{-\infty}^{\infty}\delta(r)dr=1,\quad \int_{-\infty}^{\infty}f(r)\,\delta(r)dr=f(0)$$

예제 2.17 벡터 $\boldsymbol{B}=xy\hat{a_x}+yz\hat{a_z}$이고, $x=0,\ x=1,\ y=0,\ y=1,\ z=0,\ z=2$ 평면에 제한한 육면체 체적의 표면 s에 대해 $\oint_s\boldsymbol{B}\cdot\boldsymbol{ds}$를 발산정리로 구하여라.

풀이 $\nabla\cdot\boldsymbol{B}=y+y=2y$

$$\int_v(\nabla\cdot\boldsymbol{B})dv=\int_0^2\int_0^1\int_0^1 2y\,dx\,dy\,dz=\int_0^2\int_0^1 2y\,dy\,dz=\int_0^2 dz=2$$ ■

2.3.4 벡터계의 회전

벡터 $\boldsymbol{A}$의 회전(curl)이란 한 점을 에워싼 닫힌 경로를 따라 밀고 당기는 정도를 나타낸다. 한 점에서 벡터 $\boldsymbol{A}$가 회전을 가진다는 것은 한 점 주위로 폐곡선 c를 따라 $\boldsymbol{A}$의 접선 성분을 적분하는 선적분인 $\oint_c\boldsymbol{A}\cdot\boldsymbol{d\ell}$ 의 값이 "0"이 아니라는 것이다.

만일 벡터 $\boldsymbol{A}$가 힘이라면, 선적분은 물리적인 일을 표현한다. 한 점에 대한 경로가 세 개의 직교 평면으로 나타내므로 회전의 결과는 벡터이다. 벡터계의 회전은 $\nabla\times$로 표시하고 rot, curl로 읽는다. 그래서 $\hat{a_i}$ 방향의 $\nabla\times\boldsymbol{A}$의 성분(vortex)은

$$(\nabla\times\boldsymbol{A})_i=\lim_{\Delta s_i\to0}\frac{1}{\Delta s_i}\left[\oint_{c_i}\boldsymbol{A}\cdot\boldsymbol{d\ell}\right] \tag{2-69}$$

이고, 여기서 Δs_i은 적분 경로 c_i에 의해 둘러싸인 미소 면적이고, 오른손법칙에 의한 단

위 법선벡터는 $\hat{a_i}$이다. 적분 경로 c_i의 방향을 크기 $|\nabla\times\boldsymbol{A}|$이 최대가 되는 경로가 c일 때 $\nabla\times\boldsymbol{A}$은

$$\nabla\times\boldsymbol{A}\equiv\hat{a_n}\left[\lim_{\Delta s\to0}\frac{1}{\Delta s}\left(\oint_c\boldsymbol{A}\cdot d\boldsymbol{\ell}\right)\right]_{\text{최대}} \quad (2\text{-}70)$$

이고, 여기서 $\hat{a_n}$은 그림 2.35와 같이 오른손법칙에 의해 방향이 정해지고 c에 의해 둘러싸인 미소 면적에 수직이다.

임의의 물리량인 벡터 $\boldsymbol{A}$가 미소 면적으로 감싸는 닫힌 경로 c를 따라 회전하는 성분은 이 닫힌 경로에 따라 벡터 $\boldsymbol{A}$를 선적분한 총량을 미소 면적으로 나눈 것이며, 방향은 최대 회전을 만드는 면의 법선방향이다.

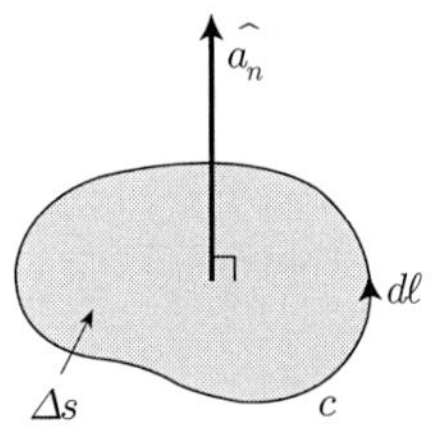

그림 2.35 닫힌 경로의 미소 길이 $d\boldsymbol{\ell}$과 미소 면적 Δs와 단위수직벡터 $\hat{a_n}$의 관계

그림 2.36과 같이 점 $\mathrm{P}(x_0, y_0, z_0)$ 주위 yz-평면에서 폐곡선 c에 따른 선적분은

$$\oint_c\boldsymbol{A}\cdot d\boldsymbol{\ell}=\int_{\text{오른편}}\boldsymbol{A}\cdot d\boldsymbol{\ell}+\int_{\text{위}}\boldsymbol{A}\cdot d\boldsymbol{\ell}+\int_{\text{왼편}}\boldsymbol{A}\cdot d\boldsymbol{\ell}+\int_{\text{아래}}\boldsymbol{A}\cdot d\boldsymbol{\ell} \quad (2\text{-}71)$$

이고, 오른편과 왼편 궤적 $d\boldsymbol{\ell}=\pm dz\,\hat{a_z}$, 위와 아래 궤적 $d\boldsymbol{\ell}=\mp dy\,\hat{a_y}$를 따라 움직이므로 대입하면

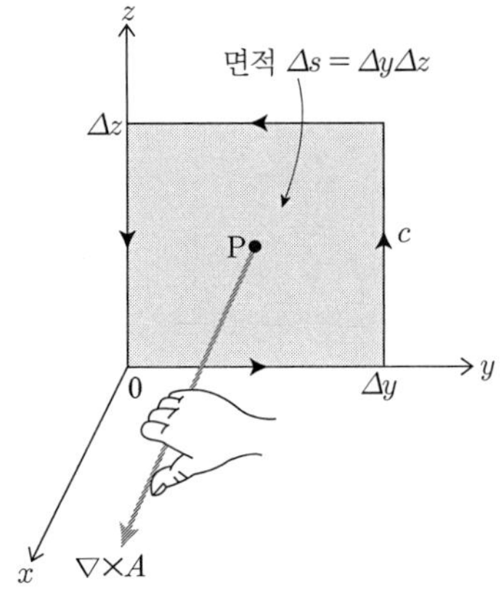

그림 2.36 회전의 의미

$$\oint_c \boldsymbol{A}\cdot d\boldsymbol{\ell}=\int_{z_0-\frac{\Delta z}{2}}^{z_0+\frac{\Delta z}{2}} A_z\left(x_0, y_0+\frac{\Delta y}{2}, z\right)dz-\int_{y_0+\frac{\Delta y}{2}}^{y_0-\frac{\Delta y}{2}} A_y\left(x_0, y, z_0+\frac{\Delta z}{2}\right)dy \quad (2\text{-}72)$$

$$-\int_{z_0+\frac{\Delta z}{2}}^{z_0-\frac{\Delta z}{2}} A_z\left(x_0, y_0-\frac{\Delta y}{2}, z\right)dz+\int_{y_0-\frac{\Delta y}{2}}^{y_0+\frac{\Delta y}{2}} A_y\left(x_0, y, z_0-\frac{\Delta z}{2}\right)dy$$

이며 적분 경로는 오른손법칙에 의해 반시계방향이다.

Δy, Δz는 작으므로 점 $\mathrm{P}(x_0, y_0, z_0)$에서 테일러 급수로 전개하면

$$A_z\left(x_0, y_0+\frac{\Delta y}{2}, z\right)\simeq A_z(x_0, y_0, z_0)+\frac{\Delta y}{2}\frac{\partial A_z}{\partial y}\bigg|_P+(z-z_0)\frac{\partial A_z}{\partial z}\bigg|_P \quad (2\text{-}73)$$

$$A_z\left(x_0, y_0-\frac{\Delta y}{2}, z\right)\simeq A_z(x_0, y_0, z_0)-\frac{\Delta y}{2}\frac{\partial A_z}{\partial y}\bigg|_P+(z-z_0)\frac{\partial A_z}{\partial z}\bigg|_P \quad (2\text{-}74)$$

$$A_y\left(x_0, y, z_0+\frac{\Delta z}{2}\right)\simeq A_y(x_0, y_0, z_0)+\frac{\Delta z}{2}\frac{\partial A_y}{\partial z}\bigg|_P+(y-y_0)\frac{\partial A_y}{\partial y}\bigg|_P \quad (2\text{-}75)$$

$$A_y\left(x_0, y, z_0-\frac{\Delta z}{2}\right)\simeq A_y(x_0, y_0, z_0)-\frac{\Delta z}{2}\frac{\partial A_y}{\partial z}\bigg|_P+(y-y_0)\frac{\partial A_y}{\partial y}\bigg|_P \quad (2\text{-}76)$$

이고, 각 적분 경로 적분값은 다음과 같다.

$$\int_{\text{오른편}} \boldsymbol{A}\cdot d\boldsymbol{\ell}\simeq \Delta z A_z(x_0, y_0, z_0)+\frac{\Delta y}{2}\Delta z\frac{\partial A_z}{\partial y}\bigg|_P \quad (2\text{-}77)$$

$$\int_{\text{왼편}} \boldsymbol{A}\cdot d\boldsymbol{\ell}\simeq -\Delta z A_z(x_0, y_0, z_0)+\frac{\Delta y}{2}\Delta z\frac{\partial A_z}{\partial y}\bigg|_P \quad (2\text{-}78)$$

$$\int_{\text{위}} \boldsymbol{A}\cdot d\boldsymbol{\ell}\simeq -\Delta y A_y(x_0, y_0, z_0)-\frac{\Delta z}{2}\Delta y\frac{\partial A_y}{\partial z}\bigg|_P \quad (2\text{-}79)$$

$$\int_{\text{아래}} \boldsymbol{A}\cdot d\boldsymbol{\ell}\simeq \Delta y A_y(x_0, y_0, z_0)-\frac{\Delta z}{2}\Delta y\frac{\partial A_y}{\partial z}\bigg|_P \quad (2\text{-}80)$$

오른편과 왼편 적분 경로 적분값과 위와 아래 적분 경로 적분값은

$$\int_{\text{오른편}} \boldsymbol{A}\cdot d\boldsymbol{\ell}+\int_{\text{왼편}} \boldsymbol{A}\cdot d\boldsymbol{\ell}\simeq \Delta y\Delta z\frac{\partial A_z}{\partial y}\bigg|_P \quad (2\text{-}81)$$

$$\int_{\text{위}} \boldsymbol{A}\cdot d\boldsymbol{\ell}+\int_{\text{아래}} \boldsymbol{A}\cdot d\boldsymbol{\ell}\simeq -\Delta y\Delta z\frac{\partial A_y}{\partial z}\bigg|_P \quad (2\text{-}82)$$

이고 전 경로의 적분값은 $\Delta s_x=\Delta y\Delta z\to 0$에서 다음과 같다.

$$\oint_c \boldsymbol{A}\cdot d\boldsymbol{\ell}\simeq\left(\frac{\partial A_z}{\partial y}\bigg|_P-\frac{\partial A_y}{\partial z}\bigg|_P\right)\Delta y\Delta z \quad (2\text{-}83)$$

그래서 x-방향의 회전은

$$(\nabla\times\boldsymbol{A})_x = \lim_{\Delta s_x\to 0}\frac{1}{\Delta s_x}\left[\oint_{c_x}\boldsymbol{A}\cdot d\boldsymbol{\ell}\right]=\frac{\partial A_z}{\partial y}-\frac{\partial A_y}{\partial z} \qquad (2\text{-}84)$$

이며 미소 면적이 점 P로 수렴됨으로 $|_P$ 기호는 없앤다.

$y=y_0$와 $z=z_0$에 놓인 궤적을 이용한 y-방향의 회전과 z-방향의 회전을 같은 과정을 통해 구하면 다음과 같다.

$$\nabla\times\boldsymbol{A}=\hat{a_x}\left[\frac{\partial A_z}{\partial y}-\frac{\partial A_y}{\partial z}\right]+\hat{a_y}\left[\frac{\partial A_x}{\partial z}-\frac{\partial A_z}{\partial x}\right]+\hat{a_z}\left[\frac{\partial A_y}{\partial x}-\frac{\partial A_x}{\partial y}\right] \qquad (2\text{-}85)$$

이고, 여기서 회전 $\boldsymbol{A}$의 z-성분은 $\nabla\times\boldsymbol{A}|_z=\frac{\partial A_y}{\partial x}-\frac{\partial A_x}{\partial y}$이다. $\nabla\times\boldsymbol{A}$은 벡터 $\boldsymbol{A}$가 각 점에서 소용돌이치는 정도를 나타내는 지표이다. $\nabla\times\boldsymbol{A}\equiv 0$인 장은 닫힌 곡선을 따라 $\boldsymbol{A}$의 접선성분의 선적분이 "0"이고, 벡터장 $\boldsymbol{A}$는 보존적(conservative) 또는 비회전적(irrotational)이며, 이외 벡터장은 회전특성을 가진다.

곡선 직교좌표계에서 회전을 행렬식 형태로 표현하면 다음과 같고, 표 2.7은 각 좌표계의 회전을 나타낸다.

$$\nabla\times\boldsymbol{A}=\frac{1}{h_1h_2h_3}\begin{vmatrix} h_1\hat{a_{u_1}} & h_2\hat{a_{u_2}} & h_3\hat{a_{u_3}} \\ \frac{\partial}{\partial u_1} & \frac{\partial}{\partial u_2} & \frac{\partial}{\partial u_3} \\ h_1A_1 & h_2A_2 & h_3A_3 \end{vmatrix} \qquad (2\text{-}86)$$

표 2.7 각 좌표계의 회전

직각좌표	$\nabla\times\boldsymbol{A}=\begin{vmatrix} \hat{a_x} & \hat{a_y} & \hat{a_z} \\ \frac{\partial}{\partial x} & \frac{\partial}{\partial y} & \frac{\partial}{\partial z} \\ A_x & A_y & A_z \end{vmatrix}$
원통좌표	$\nabla\times\boldsymbol{A}=\frac{1}{\rho}\begin{vmatrix} \hat{a_\rho} & \rho\hat{a_\phi} & \hat{a_z} \\ \frac{\partial}{\partial \rho} & \frac{\partial}{\partial \phi} & \frac{\partial}{\partial z} \\ A_\rho & \rho A_\phi & A_z \end{vmatrix}$
구좌표	$\nabla\times\boldsymbol{A}=\frac{1}{r^2\sin\theta}\begin{vmatrix} \hat{a_r} & r\hat{a_\theta} & r\sin\theta\hat{a_\phi} \\ \frac{\partial}{\partial r} & \frac{\partial}{\partial \theta} & \frac{\partial}{\partial \phi} \\ A_r & rA_\theta & r\sin\theta A_\phi \end{vmatrix}$

회전을 이해하기 위해 수중 속에 있는 수차의 개념을 설명해보자. z-축을 중심축으로 하는 수차가 xy-평면 위에서 y-축 방향으로만 흐름이 있다고 한다. 이때 수차가 회전하기 위해 수차 왼쪽 영역과 오른쪽 영역의 흐름이 반대거나 유속의 차가 있으면 된다. 유속을 나타내는 함수 A_y, 수차의 직경 dx, 유속의 차 $A_y(x_0+dx)-A_y(x_0)$는 수차를 좌회전하게 하는 힘이다.

그림 2.37과 같이 회전력은 $[A_y(x_0+dx)-A_y(x_0)]/dx$이고 수차의 직경을 무한소로 하면 회전력은 다음과 같다.

$$\lim_{dx\to 0}\frac{A_y(x_0+dx)-A_y(x_0)}{dx}=\frac{\partial A_y}{\partial x} \tag{2-87}$$

같은 방법으로 그림 2.38과 같이 유속이 x-방향인 경우 회전력은 $[A_x(y_0+dy)-A_x(y_0)]/dy$이고 수차의 직경을 무한소로 하면 회전력은

$$\lim_{dy\to 0}\frac{A_x(y_0+dy)-A_x(y_0)}{dy}=\frac{\partial A_x}{\partial y} \tag{2-88}$$

가 된다. 이것은 우회전하는 힘을 나타내므로 좌회전을 기준으로 하면 부호를 음으로 해야 한다. $\nabla\times\boldsymbol{A}|_z=\frac{\partial A_y}{\partial x}-\frac{\partial A_x}{\partial y}$는 z-축을 회전축으로 반경이 무한소인 수차가 좌회전하는 현상을 설명한다. 같은 방법으로 x-축과 y-축을 중심축으로 생각하면 회전에 대한 설명이 완성된다. 물론 상자 안에서 빙글빙글 도는 성분이 있어야 한다.

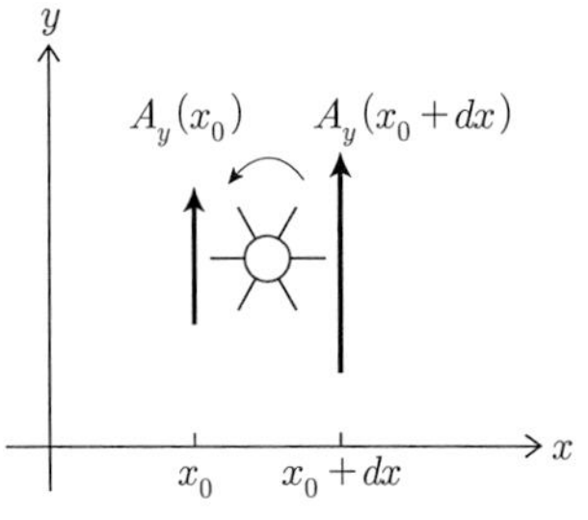

그림 2.37 유속 y-성분에 의한 회전

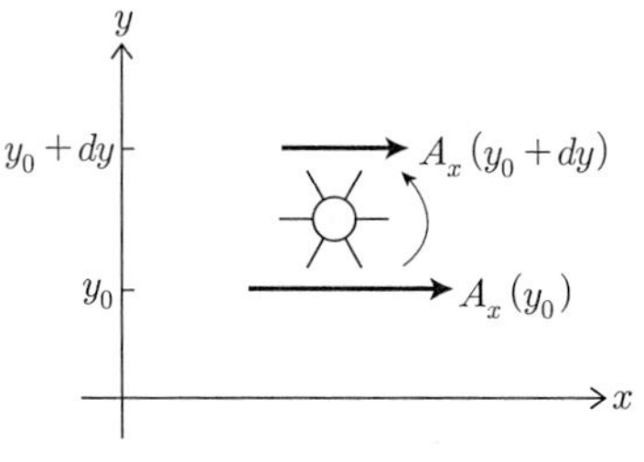

그림 2.38 유속 x-성분에 의한 회전

그림 2.39는 회전성질이 있는 벡터장을 도식적으로 나타내었고 그림 2.40은 회전벡터의 방향을 표시하고 있다.

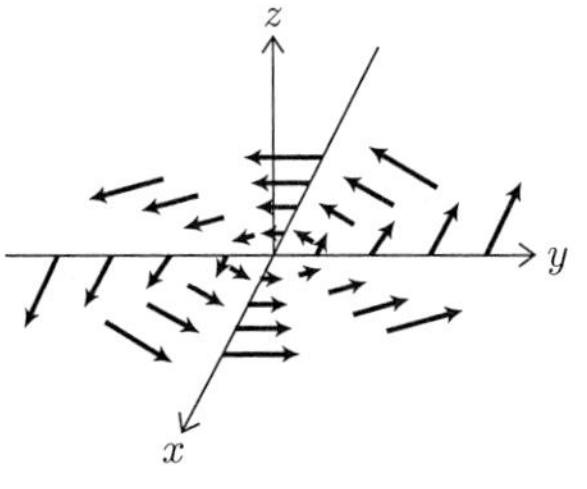

그림 2.39 회전벡터장

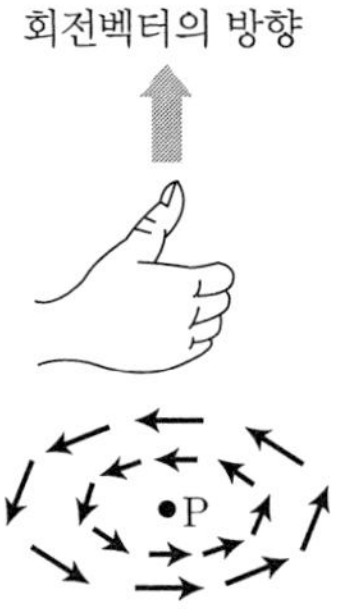

그림 2.40 회전벡터의 방향

■ **스토크스의 정리**

그림 2.41과 같이 열린 면이 있는 임의의 체적을 둘러싸고 있는 표면 s를 n개의 미소 면적으로 나누었다. 닫힌 경로 c_i에 의해 이루어지는 미소 면적 $\boldsymbol{ds_i}$에 대한 회전의 정의 식에서 양변에 $\boldsymbol{ds_i}$ 내적을 취하면 다음 식과 같다.

$$(\nabla\times\boldsymbol{A})_i\cdot\boldsymbol{ds_i}=\oint_{c_i}\boldsymbol{A}\cdot\boldsymbol{d\ell} \tag{2-89}$$

왼쪽 식에서 모든 미소 면적을 통해 나가는 선속을 모두 합하면

$$\lim_{\triangle \boldsymbol{s_i}\to 0}\sum_{i=1}^{n}(\nabla\times\boldsymbol{A})_i\cdot\boldsymbol{ds_i}=\int_s(\nabla\times\boldsymbol{A})\cdot\boldsymbol{ds} \tag{2-90}$$

이고, 오른쪽 식에서 모든 미소 면적의 둘레를 따라 선적분하면 두 인접한 경로의 적분은 서로 방향이 반대이므로 내부의 총 선적분의 합은 "0"이 된다. 그래서 전체 면적 s의 열린 면인 경로 c에 대한 적분만이 남는다.

$$\lim_{\triangle \boldsymbol{s_i}\to 0}\sum_{i=1}^{n}\left(\oint_{c_i}\boldsymbol{A}\cdot\boldsymbol{d\ell}\right)=\oint_c\boldsymbol{A}\cdot\boldsymbol{d\ell} \tag{2-91}$$

이 두 사실을 더하면 스토크스(Stokes)정리식이 된다.

$$\int_s(\nabla\times\boldsymbol{A})\cdot\boldsymbol{ds}=\oint_c\boldsymbol{A}\cdot\boldsymbol{d\ell} \tag{2-92}$$

이것은 열린 면이 있는 체적을 둘러싸고 있는 표면에 대한 벡터장의 회전성분에 대한 면적분은 그 표면의 가장자리 경로를 따른 벡터의 닫힌 경로 선적분과 같다는 것이다.

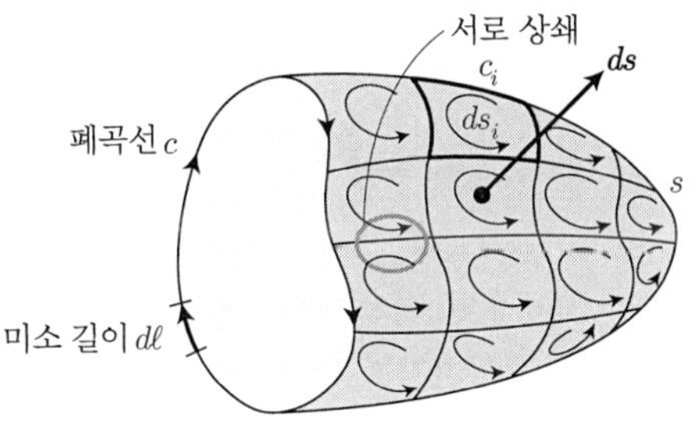

그림 2.41 열린 면이 있는 체적을 둘러싼 표면을 미소 면적으로 나누어진 모양

그림 2.42와 같이 열린 면이 없는 구조에서 열린 표면을 경계하는 외부 경로가 존재하지 않아 임의의 닫힌 표면 s에 대해 다음과 같다.

$$\oint_s(\nabla\times\boldsymbol{A})\cdot\boldsymbol{ds}=0 \tag{2-93}$$

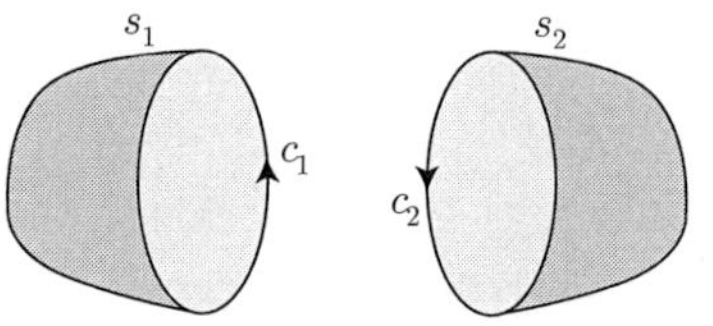

그림 2.42 닫힌 곡면 구조($s = s_1 + s_2$)

스토크스의 정리

- 면적분과 선적분 관계이다(폐곡선이 있으면 면적이 존재한다).

$$\int_s (\nabla \times \boldsymbol{A}) \cdot \boldsymbol{ds} = \int_s (\nabla \times \boldsymbol{A}) \cdot \widehat{a_n} ds = \oint_c \boldsymbol{A} \cdot \boldsymbol{dl}$$

- 면적 s를 수직으로 관통하는 $\nabla \times \boldsymbol{A}$의 법선성분의 면적분(면 s에서 소용돌이)= 벡터 $\boldsymbol{A}$에 대한 면적 s를 감싸는 닫힌 곡선 c상의 선적분(면 s의 테두리를 따라 흐름을 적분한 값)
- $\int_s (\nabla \times \boldsymbol{A}) \cdot \boldsymbol{ds}$의 값은 테두리 c에 의존한다.
- 닫힌 곡면 s에서 $\oint_s (\nabla \times \boldsymbol{A}) \cdot \boldsymbol{ds} = 0$이다.

예제 2.18 벡터장 $\boldsymbol{E} = y\widehat{a_x} + z\widehat{a_y} + x\widehat{a_z}$에서 $\oint_c \boldsymbol{E} \cdot \boldsymbol{d\ell}$를 구하기 위해 스토크스정리로 구하여라.

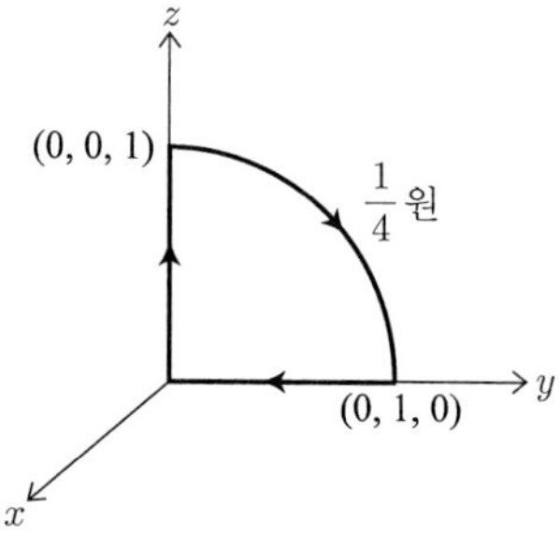

풀이 삼각형 면적에 대해 $\int_s (\nabla \times \boldsymbol{E}) \cdot \boldsymbol{ds}$를 구하기 위해 $\nabla \times \boldsymbol{E} = -\widehat{a_x} - \widehat{a_y} - \widehat{a_z}$, $\boldsymbol{ds} = -dydz\widehat{a_x}$,

$\oint_c \boldsymbol{E} \cdot \boldsymbol{d\ell} = \frac{\pi}{4}$ ■

예제 2.19 벡터장 $\boldsymbol{F} = y\widehat{a_x} - (x+y)\widehat{a_y}$에서 $\oint_c \boldsymbol{F} \cdot \boldsymbol{d\ell}$를 구하기 위해 스토크스정리로 구하여라.

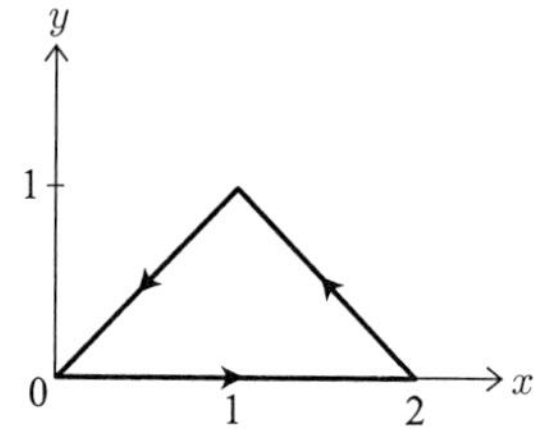

풀이 삼각형 면적에 대해 $\int_s (\nabla \times \boldsymbol{F}) \cdot \boldsymbol{ds}$를 구하기 위해

$\nabla \times \boldsymbol{F} = \widehat{a_x}(0-0) + \widehat{a_y}(0-0) + \widehat{a_z}(-1-1) = -2\widehat{a_z}$,

$\boldsymbol{ds} = dxdy\widehat{a_z}$ $\oint_c \boldsymbol{F} \cdot \boldsymbol{d\ell} = (-2)\left(2 \cdot 1 \cdot \frac{1}{2}\right) = -2$ ■

예제 2.20 벡터장 $\boldsymbol{E} = xy\widehat{a_x} - x^2\widehat{a_y}$에서 $\oint_c \boldsymbol{E} \cdot \boldsymbol{d\ell}$를 구하기 위해 스토크스정리로 구하여라.

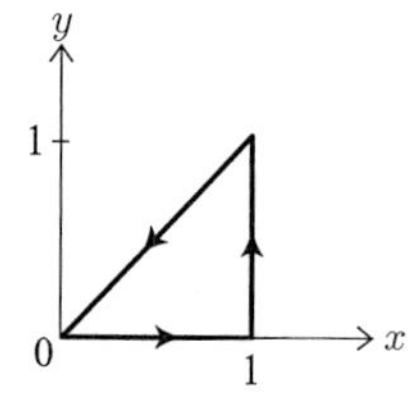

풀이 삼각형 면적에 대해 $\int_s (\nabla \times \boldsymbol{E}) \cdot \boldsymbol{ds}$를 구하기 위해

$\nabla \times \boldsymbol{E} = \widehat{a_x}(0-0) + \widehat{a_y}(0-0) + \widehat{a_z}(-2x-x) = -3x\widehat{a_z}$,

$ds = dxdy\hat{a_z}$ 구간은 $0 \leq x \leq 1$, $0 \leq y \leq x$이므로

$$\int_0^1 \int_0^x -3xdydx = \int_0^1 -3xy\Big|_0^x dx = \int_0^1 -3x^2 dx = -x^3\Big|_0^1 = -1$$ ■

2.3.5 라플라시안 연산자

라플라시안 연산자는 $\nabla^2 = \nabla \cdot \nabla$이며, Laplacian, div grad라고 부르고, 벡터 또는 스칼라에 연산하는 2차 미분연산자이다. 스칼라장에서 곡선 직교좌표계의 라플라시안은

$$\nabla^2 f = \frac{1}{h_1h_2h_3}\left[\frac{\partial}{\partial u_1}\left(\frac{h_2h_3}{h_1}\frac{\partial f}{\partial u_1}\right) + \frac{\partial}{\partial u_2}\left(\frac{h_3h_1}{h_2}\frac{\partial f}{\partial u_2}\right) + \frac{\partial}{\partial u_3}\left(\frac{h_1h_2}{h_3}\frac{\partial f}{\partial u_3}\right)\right] \quad (2\text{-}94)$$

이고, 3차원 직각좌표계로 표현하면 다음과 같고, 표 2.8은 각 좌표별 라플라시안을 나타낸다.

$$\nabla^2 f = \frac{\partial^2 f}{\partial x^2} + \frac{\partial^2 f}{\partial y^2} + \frac{\partial^2 f}{\partial z^2} = \nabla \cdot \nabla f \quad (2\text{-}95)$$

표 2.8 각 좌표별 라플라시안

직각좌표	$\nabla^2 f = \frac{\partial^2 f}{\partial x^2} + \frac{\partial^2 f}{\partial y^2} + \frac{\partial^2 f}{\partial z^2}$
원통좌표	$\nabla^2 f = \frac{1}{\rho}\frac{\partial}{\partial \rho}\left(\rho\frac{\partial f}{\partial \rho}\right) + \frac{1}{\rho^2}\frac{\partial^2 f}{\partial \phi^2} + \frac{\partial^2 f}{\partial z^2}$
구좌표	$\nabla^2 f = \frac{1}{r^2}\frac{\partial}{\partial r}\left(r^2\frac{\partial f}{\partial r}\right) + \frac{1}{r^2\sin\theta}\frac{\partial}{\partial \theta}\left(\sin\theta\frac{\partial f}{\partial \theta}\right) + \frac{1}{r^2\sin^2\theta}\frac{\partial^2 f}{\partial \phi^2}$

벡터장 $\boldsymbol{A}$에서 직각좌표계의 라플라시안은

$$\nabla^2 \boldsymbol{A} = \nabla^2(A_x\hat{a_x} + A_y\hat{a_y} + A_z\hat{a_z}) = \hat{a_x}\nabla^2 A_x + \hat{a_y}\nabla^2 A_y + \hat{a_z}\nabla^2 A_z \quad (2\text{-}96)$$

이고, 일반 곡선 직교좌표계의 라플라시안은 다음과 같다.

$$\nabla^2 \boldsymbol{A} = \nabla(\nabla \cdot \boldsymbol{A}) - \nabla \times \nabla \times \boldsymbol{A} \quad (2\text{-}97)$$

직각좌표에서 $\boldsymbol{A} = \hat{a_x}A_x + \hat{a_y}A_y + \hat{a_z}A_z$이면

$$\nabla^2 \boldsymbol{A} = \hat{a_x}(\nabla^2 A_x) + \hat{a_y}(\nabla^2 A_y) + \hat{a_z}(\nabla^2 A_z)$$

2.3.6 기타 연산

세 벡터 $\boldsymbol{A}, \boldsymbol{B}, \boldsymbol{C}$의 스칼라삼중적(scalar triple product)은

$$\boldsymbol{A} \cdot (\boldsymbol{B} \times \boldsymbol{C}) = \boldsymbol{C} \cdot (\boldsymbol{A} \times \boldsymbol{B}) = \boldsymbol{B} \cdot (\boldsymbol{C} \times \boldsymbol{A}) = (\boldsymbol{B} \times \boldsymbol{C}) \cdot \boldsymbol{A} = -\boldsymbol{A} \cdot (\boldsymbol{C} \times \boldsymbol{B}) \quad (2\text{-}98)$$

$$\boldsymbol{A} \cdot (\boldsymbol{B} \times \boldsymbol{C}) = \begin{vmatrix} A_x & A_y & A_z \\ B_x & B_y & B_z \\ C_x & C_y & C_z \end{vmatrix} \tag{2-99}$$

이고, 스칼라삼중적의 절댓값은 그림 2.43과 같이 세 벡터 $\boldsymbol{A}, \boldsymbol{B}, \boldsymbol{C}$로 결정하는 평행육면체의 체적과 같다.

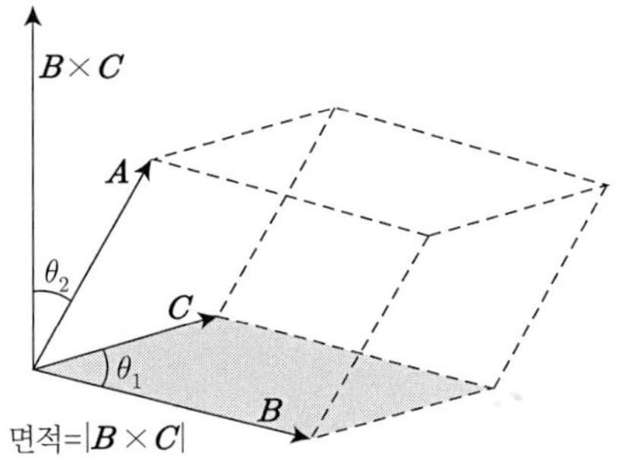

그림 2.43 삼중적

벡터삼중적(vector triple product)은

$$\boldsymbol{A} \times (\boldsymbol{B} \times \boldsymbol{C}) = \boldsymbol{B}(\boldsymbol{A} \cdot \boldsymbol{C}) - \boldsymbol{C}(\boldsymbol{A} \cdot \boldsymbol{B}) \tag{2-100}$$

이며, BACK-CAB 규칙을 가진다. 그래서 전자기학에서 흔히 사용하는 전장의 회전의 회전은 다음과 같다.

$$\nabla \times \nabla \times \boldsymbol{E} = \nabla(\nabla \cdot \boldsymbol{E}) - \nabla^2 \boldsymbol{E} \tag{2-101}$$

벡터함수의 부분적분은 벡터항등식 $\nabla \cdot (f\boldsymbol{A}) = (\nabla f) \cdot \boldsymbol{A} + f(\nabla \cdot \boldsymbol{A})$을 이용하여 양변을 적분하고, 왼쪽 항에 대해 발산정리를 적용한다.

$$\int_v \nabla \cdot (f\boldsymbol{A})\, dv = \int_v (\nabla f) \cdot \boldsymbol{A}\, dv + \int_v f(\nabla \cdot \boldsymbol{A})\, dv = \oint_s f\boldsymbol{A} \cdot d\boldsymbol{s} \tag{2-102}$$

따라서 벡터함수의 부분적분은 다음과 같다.

$$\int_v f(\nabla \cdot \boldsymbol{A})\, dv = \oint_s f\boldsymbol{A} \cdot d\boldsymbol{s} - \int_v (\nabla f) \cdot \boldsymbol{A}\, dv \tag{2-103}$$

참고로 스칼라함수의 부분적분은 다음과 같다.

$$\int_a^b f(x) \cdot g'(x) dx = f(x) \cdot g(x) \Big|_a^b - \int_a^b f'(x) \cdot g(x) \tag{2-104}$$

2.3.7 벡터장의 회전성

벡터장이 무회전성(irrotational, curl-free, conservative)이면 그 벡터계는 스칼라계의 기울기로 표현 가능하다.

$$\nabla \times \boldsymbol{F} = \nabla \times (\nabla V) \equiv 0 \tag{2-105}$$

한 예로 전장은 $\boldsymbol{E} = -\nabla V$이고 V는 스칼라 전위이다. 따라서 무회전성 벡터장의 발산

$$\nabla \cdot \boldsymbol{E} = -\nabla^2 V \tag{2-106}$$

을 스칼라 전위로 구한다.

벡터장이 회전성(solenoidal)이면 그 벡터계는 다른 벡터장의 회전으로 표현 가능하다.

$$\nabla \cdot \boldsymbol{F} = \nabla \cdot (\nabla \times \boldsymbol{A}) \equiv 0 \tag{2-107}$$

한 예로 자속밀도는 $\boldsymbol{B} = \nabla \times \boldsymbol{A}$이고, $\boldsymbol{A}$는 벡터 전위이다. 따라서 회전성 벡터장의 회전

$$\nabla \times \boldsymbol{F} = \nabla \times \nabla \times \boldsymbol{A} = \nabla(\nabla \cdot \boldsymbol{A}) - \nabla^2 \boldsymbol{A} \tag{2-108}$$

을 벡터 전위로 구한다.

> 전위(電位, electric potential) : 전기적인 위치에너지

2.3.8 헬름홀츠정리

헬름홀츠정리(Helmholtz's theorem)는 임의의 벡터장, $\boldsymbol{F}(\boldsymbol{r})$에서 발산, 회전, 그리고 적절한 경계조건을 알면 벡터장을 무회전(irrotational)성분과 회전(solenoidal)성분으로 결정한다는 것이다.

$$\boldsymbol{F} = \boldsymbol{F}_i + \boldsymbol{F}_s = -\nabla V + \nabla \times \boldsymbol{A} \tag{2-109}$$

즉, 먼 곳에서 $\boldsymbol{F}(\boldsymbol{r})$이 $1/r$보다 빨리 작아지면 $\boldsymbol{F}(\boldsymbol{r})$은 {발산에 대한 적분의 기울기}+{회전에 대한 적분의 회전}으로 나타낸다.

$$\begin{aligned}\boldsymbol{F}(\boldsymbol{r}) &= -\nabla\left(\frac{1}{4\pi}\int_v \frac{\nabla' \cdot \boldsymbol{F}(\boldsymbol{r}')}{|\boldsymbol{r}' - \boldsymbol{r}|}d\tau'\right) + \nabla \times \left(\frac{1}{4\pi}\int_v \frac{\nabla' \times \boldsymbol{F}(\boldsymbol{r}')}{|\boldsymbol{r}' - \boldsymbol{r}|}d\tau'\right) \\ &= -\nabla V + \nabla \times \boldsymbol{A}\end{aligned} \tag{2-110}$$

> 무한 영역에서 벡터장의 발산과 회전이 무한점에서 사라진다고 가정한다.

2.4 위상자법

조화진동계(time-harmonic field) 혹은 시정현계(sinusoidal field) 선형시스템인 경우 입력주파수와 출력주파수는 같고, 진동의 폭이나 위상과 관련된 정상상태 응답을 구하기 쉽다. 위상자(phasor)법의 특징은 다음과 같다.

① 교류회로의 경우 합성된 전압을 계산하기 쉽고, 삼각함수의 미적분이 포함된 계산을 쉽게 해주는 수학도구이다.

② 복소수의 개념을 보다 쉽게 도식화한 방법이다. 그러나 복소수로 나타난 모든 물리량이 위상자가 아니다(예: 임피던스).

③ 복소수로 표현한 파의 복소 진폭을 말하는데 이는 2차원 벡터 공간에서 벡터로 볼 수 있고 파의 합성을 이 벡터 공간에서 벡터의 합성과 같이 취급한다.

④ 임의의 함수는 시정현 성분의 푸리어급수로 전개한다.

위상자 여부를 판단하는 기준은 두 개의 시간 영역 성질인 첫째, 시정현 시간함수이며 둘째, 평균값은 "0"인 조건으로 판단한다. 표 2.9는 분야별로 위상자가 구분되어 있다.

표 2.9 분야별 위상자 구분

구분 \ 분야	회로해석	전자기학
위상자	전압, 전류	$\boldsymbol{E}$, $\boldsymbol{D}$, $\boldsymbol{H}$, $\boldsymbol{B}$, $\boldsymbol{J}$, ρ_v
비 위상자	유효전력, 무효전력, 전달함수, 임피던스, 저항, 인덕턴스, 커패시턴스	P, $\mathbb{P}$, ϵ, μ, η

시스템(system)

입력, 출력, 구성요소, 구성요소 간 상호작용으로 만들어진다.

Phasor = Phase + vector

$$\boldsymbol{E}(r,t) = \Re e\{\boldsymbol{E}(\boldsymbol{r})e^{j\omega t}\}$$

↑ 공간의존 ↑ 위상자

(1) 스칼라 위상자

위상자는 정현파 순시값 신호에서 공간함수만을 따로 분리한 복소지수함수이다. 즉 전압 위상자 $\boldsymbol{V_s} = V_0 e^{j\phi} = V_0 \angle \phi\,[\mathrm{V}]$이고, 전류 위상자 $\boldsymbol{I_s} = I_0 e^{j\phi} = I_0 \angle \phi\,[\mathrm{A}]$로 나타내며, 진폭과 위상정보를 포함하고 시간에 무관하다. 만약 시간에 따라 변하는 정현파와 정현파의 미분 및 적분연산을 위상자로 바꾸면 다음과 같다.

① $v(t) = V_0 \cos(\omega t + \phi) = \Re e[(V_0 e^{j\phi})e^{j\omega t}] = \Re e[\boldsymbol{V_s} e^{j\omega t}]$

② $i(t) = I_0 \cos\omega t = \Re e[(I_0 e^{j0})e^{j\omega t}] = \Re e[\boldsymbol{I_s} e^{j\omega t}]$

③ $\dfrac{di(t)}{dt} = \Re e[j\omega \boldsymbol{I_s} e^{jwt}]$ ④ $\displaystyle\int i(t)dt = \Re e[\frac{1}{j\omega}\boldsymbol{I_s} e^{jwt}]$

흔히 소문자 변수(예 : $i(t)$)는 시간차원의 순간함수이고, 대문자 변수(예 : $\boldsymbol{I}$)는 시간에 독립인 주파수차원의 위상자를 나타낸다. 주파수차원에서도 키르히호프의 법칙이 성립한다.

예제 2.21 RL 직렬회로에서 전압원이 $v(t) = V_0 \cos(\omega t + \phi)$일 경우 전류 $i(t)$를 구하여라.

풀이 키르히호프의 전압법칙을 이용하면

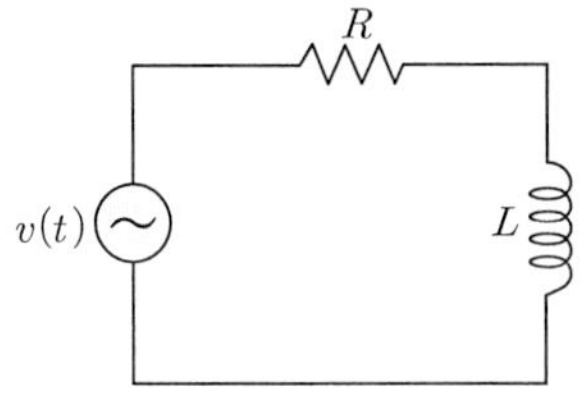

$L\dfrac{di(t)}{dt} + Ri(t) = v(t) = V_0 \cos(\omega t + \phi)$이고 위상자로 정리하면 $[R + j\omega L]\boldsymbol{I_s} = V_0 e^{j\phi}$이다. 따라서 전류는 다음과 같다.

$$\boldsymbol{I_s} = V_0 \frac{e^{j\phi}}{R + j\omega L} = \frac{V_0 e^{j\phi}}{\sqrt{R^2 + (\omega L)^2}}, \quad \psi = \phi - \tan^{-1}\frac{\omega L}{R}$$

$$i(t) = \frac{V_0}{\sqrt{R^2 + (\omega L)^2}} \cos(\omega t + \psi)$$ ■

■ **조화진동함수를 위상자 형태로 변환하는 방법**

① 주어진 시간함수를 위상각을 가진 코사인함수로 표현한다.

② 코사인함수를 오일러항등식을 사용하여, 복소지수함수를 실수 부분($\Re e$)으로 표현한다.

③ 표현식에서 $\Re e$와 $e^{j\omega t}$를 제거한다.

■ **위상자 형태를 조화진동함수로 변환하는 방법**

① 위상자 준식에 $\Re e$와 $e^{j\omega t}$를 삽입한다.

② 오일러 항등식을 사용하여, 코사인 그리고 사인함수를 복소지수함수로 표현한다.

③ $\Re e$ 부호를 연산한다.

(2) 벡터 위상자

공간좌표에 따라 변하고, 시간에 대한 정현함수는

$$\boldsymbol{E}(t) = \boldsymbol{E}(x, y, z; t) = \Re c\left[\boldsymbol{E}(x, y, z)e^{jwt}\right] \tag{2-111}$$

이다. 그리고 스칼라장을 주파수차원으로 변환하면 위치의 함수가 된다. 그리고 벡터장을 주파수차원으로 변환하는 규칙은 기본적으로 같다. 각각의 성분을 고려한다.

$$\boldsymbol{E}(t) = E_x(t)\hat{a_x} + E_y(t)\hat{a_y} + E_z(t)\hat{a_z} \tag{2-112}$$

$\boldsymbol{E}(t)$와 각 방향성분도 시간 조화함수이고, 단위벡터는 시간의 함수가 아니므로 변환에 영향을 받지 않는다. $\boldsymbol{E}(t)$를 주파수차원으로 변환을 하면

$$\boldsymbol{E}(t) \leftrightarrow \boldsymbol{E} = \boldsymbol{E}(x,y,z) = \boldsymbol{E_x}\hat{a_x} + \boldsymbol{E_y}\hat{a_y} + \boldsymbol{E_z}\hat{a_z} \tag{2-113}$$

이고, $\boldsymbol{E}(x, y, z)$는 $\boldsymbol{E}(t)$의 위상자(주파수차원)이다. 여기서 $\boldsymbol{E_x}$, $\boldsymbol{E_y}$, $\boldsymbol{E_z}$는 각각 x, y, z 성분의 위상자이고 다음과 같다.

$$E_x(t) \leftrightarrow \boldsymbol{E_x}, \quad E_y(t) \leftrightarrow \boldsymbol{E_y}, \quad E_z(t) \leftrightarrow \boldsymbol{E_z} \tag{2-114}$$

● 평면파 전장벡터 위상자

$$\boldsymbol{E}(\boldsymbol{r},t) = \widehat{a_n}\, E_0 \cos(wt - \boldsymbol{\beta} \cdot \boldsymbol{r}) = \Re e\left[\boldsymbol{a_n} E_0 e^{j(wt - \boldsymbol{\beta} \cdot \boldsymbol{r})}\right] = \Re e\left[\boldsymbol{a_n} E_0 e^{-j\boldsymbol{\beta} \cdot \boldsymbol{r}} e^{jwt}\right]$$
$$= \Re e\left[\boldsymbol{E}(\boldsymbol{r}) e^{jwt}\right]$$

평면파의 벡터 위상자 $\boldsymbol{E}(\boldsymbol{r}) = \boldsymbol{a_n} E_0 e^{-j\boldsymbol{\beta} \cdot \boldsymbol{r}}$이며, 시간독립 복소벡터이다.

예제 2.22 정현벡터가 $\boldsymbol{E}(t,z) = 5\cos(\omega t - \beta z + 30°)\widehat{a_x} - 4\sin(wt - \beta z)\widehat{a_y}$일 때 위상자 $\boldsymbol{E}$를 구하여라.

풀이 코사인으로 바꾸면 $\boldsymbol{E}(t,z) = 5\cos(\omega t - \beta z + 30°)\widehat{a_x} + 4\cos(wt - \beta z + 90°)\widehat{a_y}$이

고, 지수 형태로 만들어 $\Re e$와 e^{jwt}를 삭제하면 위상자는

$\boldsymbol{E} = 5e^{-j\beta z} e^{j30°}\widehat{a_x} + 4e^{-j\beta z} e^{j90°}\widehat{a_y} = (4.3 + j2.5)e^{-j\beta z}\widehat{a_x} + j4e^{-j\beta z}\widehat{a_y}$이다. ■

예제 2.23 $\nabla \times \boldsymbol{E} = -\dfrac{\partial \boldsymbol{B}}{\partial t}$을 위상자로 나타내어라.

풀이 $\cos(wt)$를 시간응답이라고 가정하면 $\boldsymbol{E}(t) = \Re e[\boldsymbol{E}\, e^{jwt}]$, $\boldsymbol{B}(t) = \Re e[\boldsymbol{B}\, e^{jwt}]$ 이므로 대입하면 $\nabla \times \Re e[\boldsymbol{E}\, e^{jwt}] = -\dfrac{\partial}{\partial t}\Re e[\boldsymbol{B}\, e^{jwt}] \rightarrow \Re e$ 연산자와 미분연산자는 교환이 가능하므로

$$\Re e\left[(\nabla \times \boldsymbol{E})\, e^{jwt} + \frac{\partial}{\partial t}(\boldsymbol{B}\, e^{jwt})\right] = \Re e\left[(\nabla \times \boldsymbol{E} + jw\boldsymbol{B})\, e^{jwt}\right] = 0$$

→ 위상자는 $\nabla \times \boldsymbol{E} + jw\boldsymbol{B} = 0$ ■

(3) 두 시공간 벡터함수 곱의 평균

시간 및 공간의 벡터함수 $\boldsymbol{A}(t,\boldsymbol{r})$, $\boldsymbol{B}(t,\boldsymbol{r})$의 위상자를 각각 $\boldsymbol{A}$, $\boldsymbol{B}$이라 하면 $\boldsymbol{A}(t,\boldsymbol{r}) = \Re e\left[\boldsymbol{A}\, e^{jwt}\right]$, $\boldsymbol{B}(t,\boldsymbol{r}) = \Re e\left[\boldsymbol{B}\, e^{jwt}\right]$이다. $\boldsymbol{A}e^{jwt} = \boldsymbol{A}'$, $\boldsymbol{B}e^{jwt} = \boldsymbol{B}'$라고 하면

$$\boldsymbol{A}(t,\boldsymbol{r}) \cdot \boldsymbol{B}(t,\boldsymbol{r}) = \Re e(\boldsymbol{A}') \cdot \Re e(\boldsymbol{B}') = \frac{\boldsymbol{A}' + \boldsymbol{A}'^*}{2} \cdot \frac{\boldsymbol{B}' + \boldsymbol{B}'^*}{2} \tag{2-115}$$
$$= \frac{1}{4}\left[\boldsymbol{A}' \cdot \boldsymbol{B}' + \boldsymbol{A}'^* \cdot \boldsymbol{B}'^* + \boldsymbol{A}'^* \cdot \boldsymbol{B}' + \boldsymbol{A}' \cdot \boldsymbol{B}'^*\right]$$

이다. 여기서 *는 공액복소수를 표시하고, $\boldsymbol{A}' \cdot \boldsymbol{B}'^*$와 $\boldsymbol{A}'^* \cdot \boldsymbol{B}'$, $\boldsymbol{A}' \cdot \boldsymbol{B}'$와 $\boldsymbol{A}'^* \cdot \boldsymbol{B}'^*$는 서로 공액복소량이므로 정리하면

$$\boldsymbol{A}(t,\boldsymbol{r}) \cdot \boldsymbol{B}(t,\boldsymbol{r}) = \frac{1}{2}\Re e\left[\boldsymbol{A}' \cdot \boldsymbol{B}'^* + \boldsymbol{A}' \cdot \boldsymbol{B}'\right] \tag{2-116}$$

이다. 여기서 $\boldsymbol{A}' \cdot \boldsymbol{B}'^* = \boldsymbol{A}e^{jwt} \cdot \boldsymbol{B}^* e^{-jwt} = \boldsymbol{A} \cdot \boldsymbol{B}^*$로 시간에 무관하고, $\boldsymbol{A}' \cdot \boldsymbol{B}' = \boldsymbol{A} \cdot \boldsymbol{B}\, e^{2jwt}$는 실수부의 시간적 평균값은 "0"이 되므로 결국 $\boldsymbol{A}(t,\boldsymbol{r}) \cdot \boldsymbol{B}(t,\boldsymbol{r})$의 시간평균값은 다음과 같다.

$$\boldsymbol{A}(t,\boldsymbol{r}) \cdot \boldsymbol{B}(t,\boldsymbol{r})|_{av} = \frac{1}{2}\Re e[\boldsymbol{A} \cdot \boldsymbol{B}^*] = \frac{1}{2}\Re e[\boldsymbol{A}^* \cdot \boldsymbol{B}] \tag{2-117}$$

두 벡터 곱의 시간평균값

시공간 전장이 $\boldsymbol{E}(t,\boldsymbol{r}) = \Re e[\boldsymbol{E}e^{jwt}]$, 시공간 자장이 $\boldsymbol{H}(t,\boldsymbol{r}) = \Re e[\boldsymbol{H}e^{jwt}]$ 라고 가정하면 평균값은 다음과 같다. 여기서 $\boldsymbol{E}$와 $\boldsymbol{H}$는 위상자이다.

$$\boldsymbol{E}(t,\boldsymbol{r}) \cdot \boldsymbol{E}(t,\boldsymbol{r})|_{av} = \frac{1}{2}(\boldsymbol{E} \cdot \boldsymbol{E}^*) = \frac{1}{2}|\boldsymbol{E}|^2$$

$$\boldsymbol{E}(t,\boldsymbol{r}) \times \boldsymbol{H}(t,\boldsymbol{r})|_{av} = \frac{1}{2}\Re e[\boldsymbol{E} \times \boldsymbol{H}^*]$$

| 연 | 습 | 문 | 제 |

2.1 점 P(1,−5,0)에서 점 Q(0,0,3)까지 위치벡터와 단위벡터를 구하여라.

2.2 두 벡터 $\boldsymbol{A} = \hat{a_x} - 2\hat{a_y} + r\hat{a_z}$와 $\boldsymbol{B} = 4\hat{a_x} - 2\hat{a_y} - \hat{a_z}$가 서로 직교한다면 그때 r값을 구하여라.

2.3 $(\boldsymbol{A} \cdot \boldsymbol{B}) \times \boldsymbol{C}$, $(\boldsymbol{A} \cdot \boldsymbol{B})\boldsymbol{C}$, $\boldsymbol{A} \times \boldsymbol{B} \times \boldsymbol{C}$, $\boldsymbol{B}/\boldsymbol{A}$ 중에서 이치에 맞지 않는 것과 그 이유를 설명하여라.

2.4 벡터 $\boldsymbol{A} = \hat{a_x} - 2\hat{a_y} + 5\hat{a_z}$, $\boldsymbol{B} = 4\hat{a_x} + 3\hat{a_y} - \hat{a_z}$, $\boldsymbol{C} = 3\hat{a_x} + 2\hat{a_y} + 2\hat{a_z}$일 때 $\boldsymbol{A} \times \boldsymbol{B}$와 $(\boldsymbol{A} + \boldsymbol{B}) \times \boldsymbol{C}$, $(\boldsymbol{A} \cdot \boldsymbol{B}) \times \boldsymbol{C}$를 구하여라.

2.5 두 벡터 $\boldsymbol{A} = \hat{a_x} + 2\hat{a_y} - 3\hat{a_z}$와 $\boldsymbol{B} = 4\hat{a_x} - 2\hat{a_y} - 5\hat{a_z}$의 사잇각을 내적과 외적연산으로 각각 구하여라.

2.6 점 A(4, 30°, 1)에서 점 B(2,3,1)로 향하는 단위벡터를 구하여라.

2.7 Schwarz의 부등식인 $|\boldsymbol{A} \cdot \boldsymbol{B}| \leq |\boldsymbol{A}||\boldsymbol{B}|$임을 보여라.

2.8 두 벡터의 합 $\boldsymbol{C} = \boldsymbol{A} + \boldsymbol{B}$를 이용하여 여현정리,

$C = \sqrt{\boldsymbol{C} \cdot \boldsymbol{C}} = \sqrt{A^2 + B^2 - 2AB\cos\theta}$ 를 증명하여라.

2.9 벡터삼중적의 BACK-CAB 규칙을 이용하여 $\boldsymbol{A} \times (\boldsymbol{B} \times \boldsymbol{C}) + \boldsymbol{B} \times (\boldsymbol{C} \times \boldsymbol{A}) + \boldsymbol{C} \times (\boldsymbol{A} \times \boldsymbol{B}) = 0$됨을 나타내어라.

2.10 점 P(5, 60°, 3)의 위치벡터 $\boldsymbol{OP}$를 구하고, 두 점 (3, 180°, 0)와 (3, 270°, 5) 사이 거리를 구하여라.

2.11 점 P(5, −2, −3)를 구좌표와 원통좌표로 바꾸어라.

2.12 점 P(1, 1, −1)에서 벡터 $\boldsymbol{A} = z\hat{a_x} + (x+y)\hat{a_z}$를 구좌표로 나타내어라.

2.13 벡터 $\boldsymbol{B} = \frac{1}{r}\hat{a_r} + r\cos\theta\,\hat{a_\theta} + 5\hat{a_\phi}$를 직각좌표와 원통좌표로 표현하고 (−1,2,0)과 (2,π/2,−2)에서 $\boldsymbol{B}$를 구하여라.

2.14 벡터장 $\boldsymbol{D} = r\hat{a_r}$이고 $z=0$과 $z=2$ 사이와 $r=1$과 $r=2$ 사이인 두 동축원통면 영역에서 면적분으로 $\int_s \boldsymbol{D} \cdot d\boldsymbol{s}$를 구하여라. 그리고 발산정리를 이용한 체적적분으로 구하여라.

2.15 힘 $\boldsymbol{F} = \hat{a_x} - 2\hat{a_y} + r\hat{a_z}$[N]이 질점에 작용하여 점 A(2,1,0)[m]에서 B(3,1,2)[m]로 이동했다면 이때 한 일을 구하여라.

2.16 $-2 \leqq x \leqq 2,\ -3 \leqq y \leqq 3,\ -1 \leqq z \leqq 2$ 영역에서 체적을 구하여라.

2.17 구좌표 면적소와 체적소를 이용하여 반지름 r인 구의 표면적은 $4\pi r^2$이고, 체적은 $\frac{4}{3}\pi r^3$임을 증명하여라.

2.18 반경이 4cm에서 5cm, 높이가 0에서 5cm, 각이 90°에서 135°로 둘러싸인 원통의 체적을 구하여라.

2.19 위치벡터 $\boldsymbol{r} = x\hat{a}_x + y\hat{a}_y + z\hat{a}_z$의 크기 r의 기울기 $\nabla r = \boldsymbol{r}/r = \hat{a}_r$, $\nabla(1/r) = -\boldsymbol{r}/r^3 = (-1/r^2)\hat{a}_r$ 임을 유도하여라.

2.20 원통좌표계에서 위치벡터 $\boldsymbol{r} = \rho\hat{a}_\rho + z\hat{a}_z$의 크기 r의 기울기가 $\nabla r = \hat{a}_r$ 임을 유도하여라.

2.21 $f(r, \phi, \theta) = \frac{3}{r}\cos(5\theta)$의 기울기를 구좌표계에서 계산하여라.

2.22 벡터장 $\boldsymbol{F} = xy\hat{a}_y$를 구좌표 성분과 변수로 나타내어라.

2.23 다음 스칼라함수의 기울기를 구하여라.

(a) $U = x^2 + 2ye^{-2z}$ (b) $V = \rho z^2 \sin\phi$ (c) $W = 3r\cos\theta\sin\phi$

2.24 다음 벡터함수의 발산을 구하여라.

(a) $\boldsymbol{A} = xy^2z\hat{a}_x + 2yz\hat{a}_y + xy^2\hat{a}_z$ (b) $\boldsymbol{B} = \rho\sin\phi\hat{a}_\rho + z^2\cos\phi\hat{a}_\phi + 3\rho^2 z\hat{a}_z$

(c) $\boldsymbol{P} = \frac{1}{r}\cos\theta\hat{a}_r + r\cos\theta\sin\phi\hat{a}_\theta + \sin\theta\hat{a}_\phi$

2.25 벡터 $\boldsymbol{A} = \hat{a}_x(3x^2y + 3yz) + \hat{a}_y(5xy^2 - xz) + \hat{a}_z(\alpha xyz + 4xy^2)$가 무발산계가 되기 위한 조건을 구하여라.

2.26 다음 벡터함수의 회전을 구하여라.

(a) $\boldsymbol{A} = xy^2z\hat{a}_x + 2yz\hat{a}_y + xy^2\hat{a}_z$ (b) $\boldsymbol{B} = \rho\sin\phi\hat{a}_\rho + z^2\cos\phi\hat{a}_\phi + 3\rho^2 z\hat{a}_z$

(c) $\boldsymbol{P} = \frac{1}{r}\cos\theta\hat{a}_r + r\cos\theta\sin\phi\hat{a}_\theta + \sin\theta\hat{a}_\phi$

2.27 다음 스칼라함수의 라플라시안을 구하여라.

(a) $U = x^2 + 2ye^{-2z}$ (b) $V = \rho z^2 \sin\phi$ (c) $W = 3r\cos\theta\sin\phi$

2.28 그림의 경로에 따라 벡터장 $\boldsymbol{E} = \rho\hat{a}_\rho - 5\sin\phi\hat{a}_\phi$에서 $\oint_c \boldsymbol{E}\cdot d\boldsymbol{\ell}$를 스토크스정리를 이용하여 구하여라.

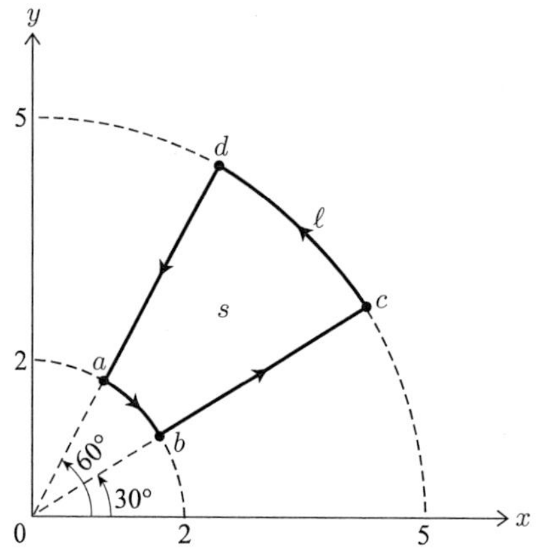

2.29 점 $(1,-1,1)$에서 방향 $3\hat{a}_x - 2\hat{a}_z$으로 $f(x,y,z) = x^2yz$의 방향 도함수를 구하여라.

2.30 $1 < \rho < 3$, $5^o < \phi < 10^o$, $1 < z < 3$로 형성한 체적을 구하여라.

2.31 반경이 1cm와 3cm인 두 구의 사이 영역에 전자운의 전하체적밀도가 $\rho_v = (-10^{-8}\cos\phi)/r^3$ [C/m^3]이다. 이 영역에서 총 전하량을 구하여라.

2.32 원통좌표계에서 $\mathrm{P}(r_1,\phi_1,z_1)$까지 위치벡터가 $\boldsymbol{R}_1 = \hat{a}_\rho\rho_1 + \hat{a}_z z_1$이다. $\mathrm{Q}(r_2,\phi_2,z_2)$와 $\mathrm{P}(r_1,\phi_1,z_1)$ 사이 거리가 $|R_{12}| = \sqrt{\rho_1^2 + \rho_2^2 - 2\rho_1\rho_2\cos(\phi_1 - \phi_2) + (z_2 - z_1)^2}$임을 유도하여라.

2.33 다음을 위상자로 나타내어라.

(a) $v(t) = 3\sin wt - 2\cos wt$ (b) $i(t) = 3\sin\left(wt + \frac{\pi}{4}\right) - 4\cos\left(wt + \frac{\pi}{3}\right)$

2.34 위상자를 w를 포함한 $v(t)$로 나타내어라.

(a) $\boldsymbol{v}_1 = 3 + j7$ (b) $\boldsymbol{v}_2 = 5e^{j\frac{\pi}{2}} + 2e^{j0.5}$ (c) $\boldsymbol{v}_3 = j\sin 5x$

2.35 순간함수가 $v(t)$이고 위상자가 $\boldsymbol{V}$일 때 다음을 위상자로 나타내어라.

(a) $V_0\sin(wt + \beta x + \phi_0)$ (b) $\frac{d}{dt}[V_0\sin(wt + \beta x + \phi_0)]$

(c) $\int V_0\sin(wr + \beta x + \phi_0)dt$

Chapter 03

전자기용 재료

Contents

89 전자기용 재료의 개요

91 에너지 대역에 따른 전도도

92 결정의 종류

93 결정에서 결합

95 도체

100 유전체

106 자성체

112 반도체

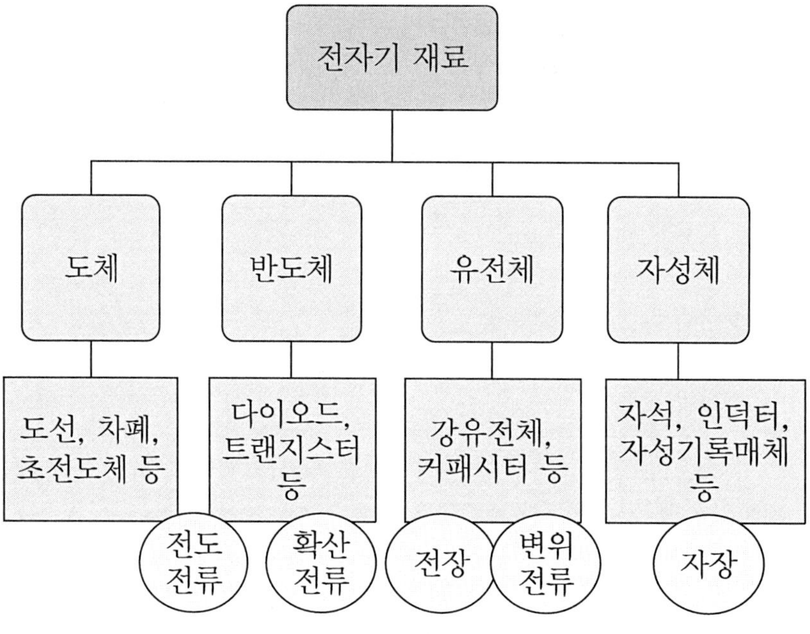
전자기 재료
도체
반도체
유전체
자성체
도선, 차폐, 초전도체 등
다이오드, 트랜지스터 등
강유전체, 커패시터 등
자석, 인덕터, 자성기록매체 등
전도 전류
확산 전류
전장
변위 전류
자장

3.1 전자기용 재료의 개요

우주에 존재하는 근본물질 혹은 화학적으로 더 이상 분해할 수 없는 물질인 원소(element)는 한 종류의 원자(atom)로 구성된 물질이고, 원자가 원소의 가장 작은 단위체(원소의 특성을 잃지 않는 범위에서 도달하는 최소의 입자)이다. 즉, 원자는 물질의 단위체이고, 원소는 한 종류의 원자로 이루어진 물질 그 자체이다. 자연상태에서 수소, 질소, 금, 은, 알루미늄 등 92종이 발견되었고 인공적으로 만든 원소도 20여 종이 있으며, 금속과 비금속으로 분류한다. 다른 종류의 원자가 모여서 만들어지는 물질은 화합물이라고 하고, 그 기본 단위체는 분자라고 한다.

원자는 그림 3.1과 같이 그 중심에 원자핵이 있고 그 주위를 전자가 돌고 원자핵은 양성자와 중성자로 구성한다. 양성자는 양(+)의 전하, 전자는 음(-)의 전하를 띠지만 중성자는 전하를 띠지 않는다. 원자핵의 양성자 수와 전자 수는 같으므로 원자는 전하를 띠지 않고, 전기적인 인력이 작용하여 전자가 핵 주위의 궤도를 따라 움직인다.

원자마다 양성자와 전자 수가 다르다. 수소는 양성자 한 개와 전자 한 개만 갖고 유일하게 중성자를 갖지 않는 가장 간단한 원소이고, 자연에서 발견되는 가장 무거운 원자인 우라늄은 양성자 92개, 전자 92개, 중성자 146개를 가진다.

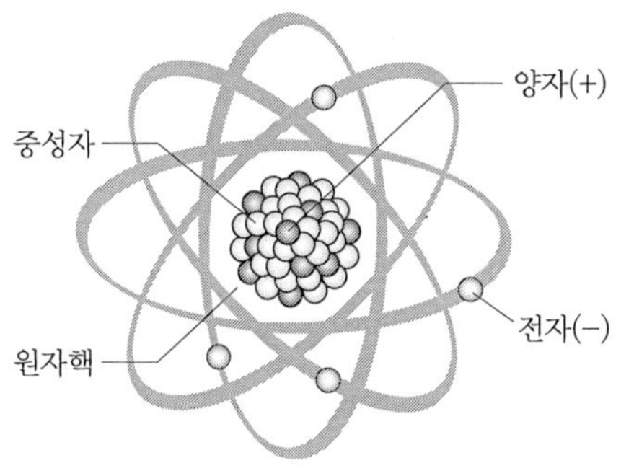

그림 3.1 원자의 구조

전자기 재료의 특성은 전도도 σ, 유전율 ϵ, 그리고 투자율 μ와 같은 재료변수에 의존하고 전자기력에 의한 재료의 상호작용으로 서로 연관되어 있다. 재료가 감지하는 전장, 자장 혹은 전자장에 의한 미시의 세계에서 상호작용은 재료의 거시의 특성 변수에 영향을 준다. 표 3.1은 전자기 재료를 재료변수에 따라 크게 나눈 것이다.

표 3.1 전자기 재료 분류

구분	재료
도체	완전도체 $(\sigma=\infty)$, 양도체(저저항도체, 고저항도체), 초전도체
반도체	진성반도체, p−형 반도체, n−형 반도체
유전체	완전유전체 $(\sigma=0)$, 손실 유전체(저손실 유전체, 고손실 유전체)
자성체	반자성체 $(\mu_r \le 1)$, 상자성체 $(\mu_r \ge 1)$ 강자성체 $(\mu_r \gg 1)$: 손실도체, 무손실 비도체

예제 3.1 1 보다 큰 굴절률 n을 가진 재료에서 재료변수로 굴절률을 나타내어라.

풀이 전자파의 속도는 $v = c_0/n = 1/\sqrt{\epsilon\mu}$ 이고 여기서 자유공간에서 전자파속도 $c_0 = 1/\sqrt{\epsilon_0\mu_0} = 3\times 10^8[\mathrm{m/s}]$이다. 그래서 일반적인 굴절률은 $n = \sqrt{(\epsilon\mu)/(\epsilon_0\mu_0)}$ 이고 대부분 재료는 $\mu \approx \mu_0$이므로 굴절률은 $n = \sqrt{\epsilon/\epsilon_0} = \sqrt{\epsilon_r}$ 이다. ■

재료는 구성관계 변수(constitutive parameter)인 재료변수(유전율 ϵ, 투자율 μ, 그리고 전도도 σ 등)에 따라 특성이 나타나고 구성관계에 따라 용어가 다르다.

① 균질(homogeneous, monolithic)과 비균질(inhomogeneous, heterogeneous, composite) 물질은 매질 내 **위치**의 함수인지 아닌지에 따라 구분한다. 전리층은 비균질 매질이다.

② 등방성(等方性, isotropic)인 경우와 이방성(異方性, anisotropic) 물질은 전자장을 인가한 **방향**의 함수인지 아닌지에 따라 구분한다. 등방성이면 모든 방향에서 물리상수가 같고, 이방성인 경우 텐서(tensor)로 나타난다.

이방성 유전체는 $\begin{pmatrix} D_x \\ D_y \\ D_z \end{pmatrix} = \begin{pmatrix} \epsilon_{11} & \epsilon_{12} & \epsilon_{13} \\ \epsilon_{21} & \epsilon_{22} & \epsilon_{23} \\ \epsilon_{31} & \epsilon_{32} & \epsilon_{33} \end{pmatrix} \begin{pmatrix} E_x \\ E_y \\ E_z \end{pmatrix}$이고, 양축(biaxial) 매질은 $\begin{pmatrix} D_x \\ D_y \\ D_z \end{pmatrix} = \begin{pmatrix} \epsilon_1 & 0 & 0 \\ 0 & \epsilon_2 & 0 \\ 0 & 0 & \epsilon_3 \end{pmatrix} \begin{pmatrix} E_x \\ E_y \\ E_z \end{pmatrix}$이며, 단축(uniaxial) 매질은 $\begin{pmatrix} D_x \\ D_y \\ D_z \end{pmatrix} = \begin{pmatrix} \epsilon & 0 & 0 \\ 0 & \epsilon & 0 \\ 0 & 0 & \epsilon_3 \end{pmatrix} \begin{pmatrix} E_x \\ E_y \\ E_z \end{pmatrix}$이고, 등방성 매질은 $\begin{pmatrix} D_x \\ D_y \\ D_z \end{pmatrix} = \begin{pmatrix} \epsilon & 0 & 0 \\ 0 & \epsilon & 0 \\ 0 & 0 & \epsilon \end{pmatrix} \begin{pmatrix} E_x \\ E_y \\ E_z \end{pmatrix}$이다.

③ 선형(linear)과 비선형(nonlinear)물질은 인가장의 **크기**의 함수인지 아닌지에 따라 구분한다. 선형인 매질에서 구성방정식(constitutive equation)은 $\boldsymbol{D} = \epsilon\boldsymbol{E}$, $\boldsymbol{B} = \mu\boldsymbol{H}$, $\boldsymbol{J} = \sigma\boldsymbol{E}$이고 공간적으로 상수이면 선형이다.

④ 분산(dispersive)과 비분산(nondispersive)물질은 **주파수**의 함수인지 아닌지에 따라 구분한다. 자유공간(ϵ_0, μ_0, $\sigma = 0$)은 비분산매체이다. 분산물질은 $\epsilon(f)$, $\mu(f)$이다. 재료변수는 복소수이고, 재료는 벌크(bulk)특성과 표면특성으로 구분하여 언급한다.

⑤ 비자성체물질은 $\mu = \mu_0$인 물질, 무원천물질(source-free, $\rho = J = 0$)이다.

⑥ 시불변(time-invariant)물질은 매질의 상수가 **시간**에 독립이다.

⑦ 단순(simple) 매질은 선형, 등방성, 그리고 균질한 매질이다.

⑧ 무원천(source free) 매질은 전하와 전류 원천이 없다.

⑨ 손실 매질은 유전상수가 복소수인 재료이다.

3.2 에너지 대역에 따른 전도도

보어(Bohr) 원자 모델에서 고립된 원자는 핵 주위에 전자의 궤적이 불연속 에너지 준위를 가진다. 에너지 준위는 핵 속의 양성자와 양성자 간의 상호 작용력으로 결정되는 특별한 궤적으로 전자의 위치에너지이다. 그림 3.2(a)와 같은 실리콘 원자의 기저상태에서 전자구조는 $1s^2 2s^2 2p^6 3s^2 3p^2$이며 전자가 존재하는 에너지 준위는 그림 3.2(b)와 같다.

고체와 같이 원자들을 차곡히 채우면 원자 간의 상호 작용력으로 불연속 원자에너지 준위가 변하여 에너지 대역(band)을 형성하지만 에너지 준위 전체 수는 일정하다. 그리고 완전히 채워진 밴드에 있는 전자는 움직일 수 없고 인접 높은 에너지밴드로 점프하여 움직일 수밖에 없다. 절대온도 0K에서 전자는 페르미 준위라는 기준에너지 준위 아래 에너지 준위에 머물지만 온도 T[K](고온)에서 전자가 $k_B T$(k_B는 볼츠만상수) 열에너지를 받으면 페르미 준위보다 높은 에너지 준위의 밴드로 이동할 수 있다.

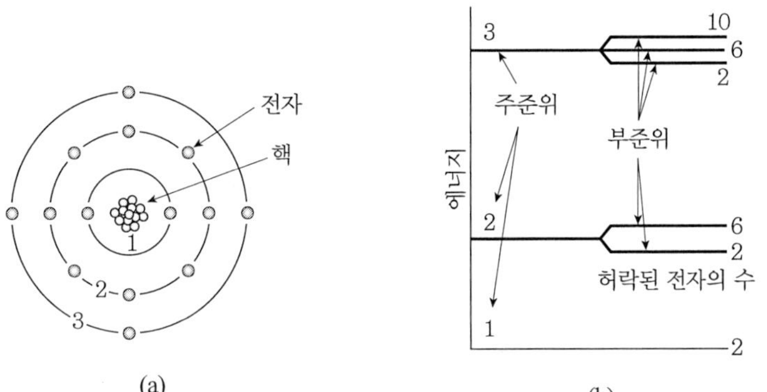

그림 3.2 실리콘 원자 (a) 원자 모델 (b) 에너지 준위

가전대(valence band)는 원자의 최외각 궤도에 해당하고 전자로 가득 찬 대역이며 가전대의 전자들은 움직일 수가 없다. 전도대(conduction band)는 가전대와는 달리 전자가 자유로이 이동할 수 있는 대역이며, 전도대에 있는 전자를 자유전자라 한다.

- 가전대 대역 : 전자가 들어 있는 가장 외곽에너지 준위
- 전도대 대역 : 가전대역 바로 위의 에너지 준위

금지대(forbidden band)는 전자가 들어갈 자리도 없고 전자가 머물 수도 없는 곳이다. 그림 3.3과 같이 금지대의 폭(에너지밴드갭)은 물질의 성질을 결정하는데 중요한 역할을 한다.

절연체(insulator)는 전도대와 가전대 사이 금지대의 에너지밴드갭이($3\text{eV} < E_g < 6\text{eV}$) 커서 상온에서 전도대에 전자가 존재하지 않는다. 전도대에 전자가 전혀 없다면, 결정 내를 움직일 수 있는 전자가 없어서 전류는 전혀 흐르지 않는다.

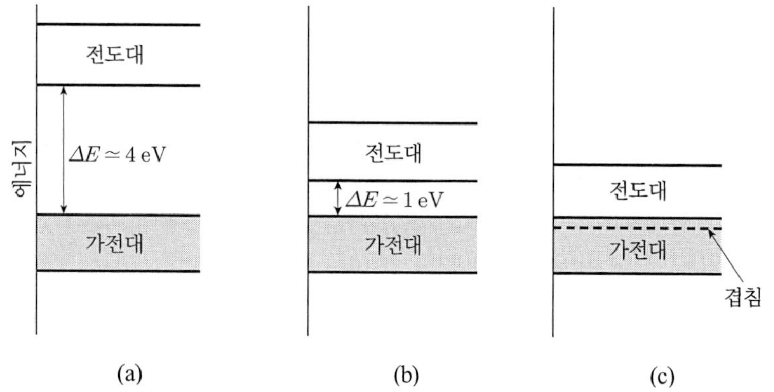

그림 3.3 물질별 금지대의 폭 (a) 절연체 (b) 반도체 (c) 도체

반도체(semiconductor)는 금지대의 에너지밴드갭($0.1\text{eV} < E_g < 1\text{eV}$)이 충분히 작기 때문에 열에너지로 전도대에 전자를 발생시킬 수 있다. 상온에서의 열에너지는 약 0.026eV 정도이므로 아주 극소수의 전자들만이 전도대로 올라간다. 가전자대의 전자가 금지대를 넘어서 전도대로 옮겨가면 가전자대에는 전자가 있던 자리가 빈자리로 남게 되는데, 이 자리를 정공(正孔, hole)이라고 한다. 이 정공은 전류를 흐르게 하는 매개체(carrier)가 된다.

도체(conductor)는 금지대의 에너지밴드갭이 0.01eV 이하이거나 가전자대가 전도대와 겹쳐지는 물질이다. 도체는 상온에서 거의 모든 전자들이 전도대로 올라가 자유전자가 된다. 전기전도도를 에너지밴드갭의 개념으로 설명할 수 있으며, 그림 3.4는 상온에서 여러 재료의 전기전도도를 나타낸다.

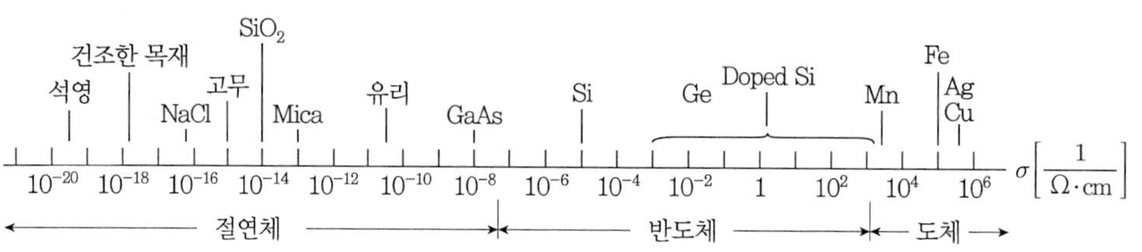

그림 3.4 상온에서 재료별 전기전도도

3.3 결정의 종류

원자들이 안정된 상태를 유지하기 위해 원자상태로 떨어져 있는 것보다 원자들이 결합하여 분자를 이루는 분자결합을 한다. 즉 불확정성 원리, $\Delta x \Delta p \simeq \hbar$에 의해 원자결합으로 차지하는 공간이 넓어져 Δx가 증가하고, 그래서 전자의 운동량 Δp는 작아져 운동에너지가 더 줄어들므로 분자가 원자 하나보다 안정된다.

많은 수의 원자를 결합하여 액체와 고체를 만들고 고체는 매우 규칙적인 배열을 한 분자와 원자를 갖는 결정체를 만들어 총 에너지는 낮아진다. 고체에서 원자 배열에 따라 그림 3.5와 같이 단결정(single crystal), 다결정(poly crystal) 그리고 비정질(amorphous)로 나눈다. 다이아몬드와 같이 수백만 개의 원자들이 규칙적인 배열을 하는 단결정체, 영역별로 결정성을 나타내는 다결정체, 최인접 원자 사이에서만 결합이 반복하지만 원거리 질서가 없는 비정질고체가 있다. 특히, 반도체 재료인 실리콘에서 단결정, 다결정, 비정질 순으로 전기적 특성이 나빠지고, 단결정 실리콘은 고집적 반도체 제품의 원료로 많이 사용한다.

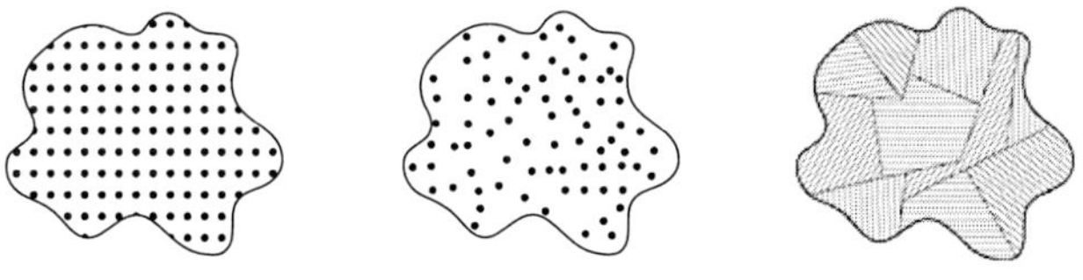

(a) (b) (c)

그림 3.5 결정의 종류 (a) 단결정 (b) 비결정 (c) 다결정

3.4 결정에서 결합

고체에서 인접원자의 전자는 상호작용으로 결합력을 가지고 원자상호 간 결합력의 종류는 다음과 같다. GaAs 와 같은 결정은 이온결합과 공유결합으로 한 가지 이상 결합을 한다.

도체는 일반적으로 금속결합을 하며 절연체는 일반적으로 이온결합을 하고, 반도체는 일반적으로 공유결합으로 결정을 형성한다. 금속결합은 금속의 양이온과 자유전자 사이의 정전기적인 인력에 의한 결합이고, 두 원자 사이의 이온결합은 하나의 원자가 전자를 완전히 내 놓고 다른 원자 하나는 전자를 완전히 차지한다. 그러나 두 원자 사이의 공유결합은 두 원자가 전자를 반반씩 소유한다. 그래서 전자를 원자로부터 분리하는데 필요한 에너지는 공유결합이 이온결합에 비해 작다. 따라서 이러한 결합의 차이로 전도도와 같은 물질의 특성이 큰 영향을 받는다.

3.4.1 공유결합

공유결합(covalent bond)은 그림 3.6과 같이 두 개 이상의 원자가 최외각 전자를 공유하여 서로 결합한 것이며 탄소-수소 공유결합 분자인 메탄(CH_4), 에탄(C_2H_6), 에틸렌(C_2H_4), 네 개의 외곽전자를 가진 Ⅳ족의 원소반도체인 탄소, 실리콘, 게르마늄 등과 H_2가 있다. 그림 3.7은 메탄과 에탄의 공유결합을 나타낸다. 공유결합을 하는 물질의 결합에너지는 다른 물질에 비해 크며, 단단하고 높은 용융점(다이아몬드는 4,000K)을 가지고, 열과 전기전도가 나쁘다.

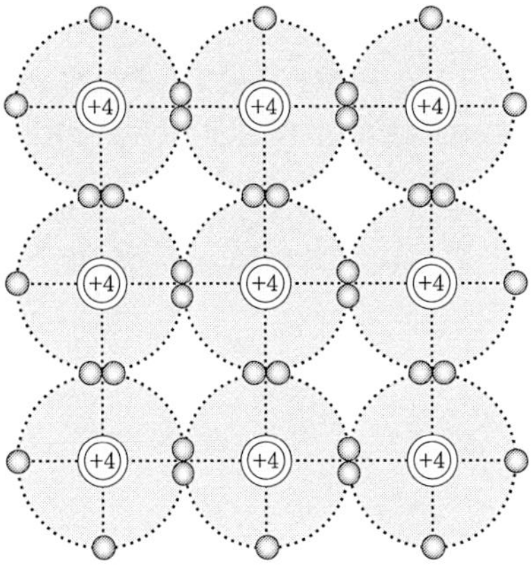

그림 3.6 공유결합

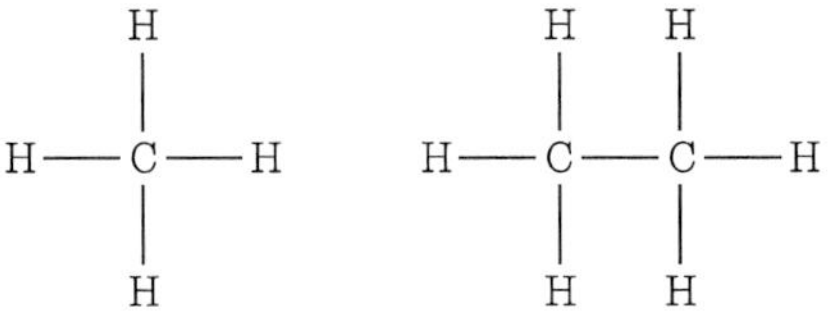

그림 3.7 메탄과 에탄의 공유결합

3.4.2 이온결합

이온결합(ionic bond)은 두 종류 이상의 불안정한 원자가 전자를 주고받아서 각각 양이온과 음이온이 됨으로 정전기력에 의해 결합한 것이다. 이온결합의 물질은 열과 전기전도가 나쁘고 용융점이 높다. 그림 3.8과 같이 NaCl에서 Na은 전자 하나를 Cl에 주어 양이온 Na^+와 음이온 Cl^-이 되고 각 원자의 최외각 전자가 가득 찬 불활성 기체와 같은 구조(Ne과 Ar)가 되어 전류에 참여할 전자가 없기 때문에 좋은 절연체가 된다. 이온결합을 하는 물질은 NaCl 이외에 KCl, ZnS, LiF 등이 있다.

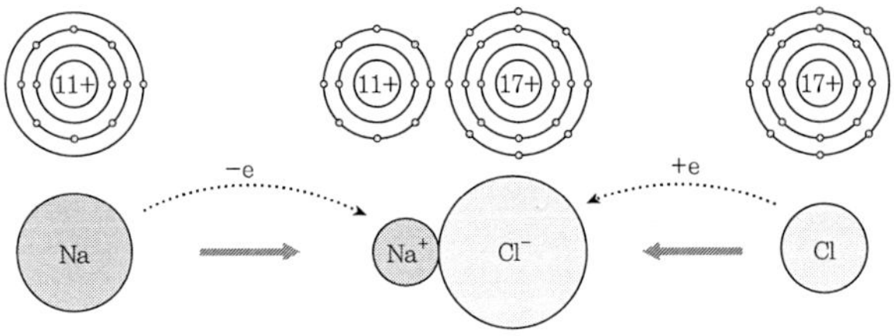

그림 3.8 [Ne]$3s^1$인 Na(Z=11)과 [Ne]$3s^2 3p^5$인 Cl(Z=17)의 이온결합

3.4.3 금속결합

금속원자는 그림 3.9와 같이 최외각 전자가 세 개 이하로 채워진 결정이며 알칼리 금속인 Na과 같이 최외각 전자와 원자의 결합력이 약해 쉽게 결정에서 떨어져 나와 자유전자가 된다. 그래서 금속결합(metalic bond)은 금속원자의 양이온들과 자유전자의 상호작용으로 결합한다. 금속에서 자유전자는 한 원자에 구속되지 않고 자유로이 움직이는 전자로써 화학반응을 크게 하고 금속에서 자유전자 때문에 열과 전기를 잘 전달하고 빛을 반사한다. 금속결합은 금속에 따라 결합력이 다양하여 용융점(수은은 234K, 텅스텐은 3,643K)은 넓은 범위를 가지고 구리, 은 등이 금속결합을 한다.

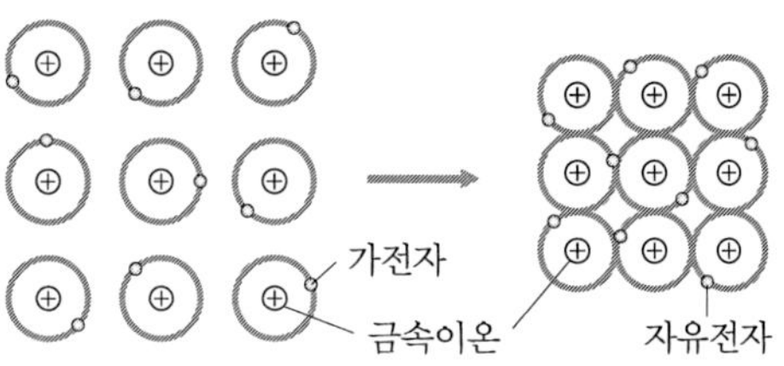

그림 3.9 금속결합

3.4.4 반데르발스결합

반데르발스결합(van der Waals bond)은 그림 3.10과 같이 원자들이 영구 쌍극자는 없지만 짧은 시간에 유도되는 작은 쌍극자 요동들 때문에 분자들을 고체로 결합한다. 이 결합은 작은 쌍극자 극성분자 사이, 비극성분자 사이, 극성분자와 비극성분자 사이에 전기적 인력, 즉 전기 쌍극자에 의해 분자가 결합하는 것이다. 물질의 결합력 사이에서 가장 약하고, 거리의 7제곱에 반비례($\propto 1/r^7$)한다. He, Ne, Ar, CH_4와 같은 불활성 기체와 공유결합한 분자처럼 최외각이 전자로 채워진 물질 등이 반데르발스결합을 한다.

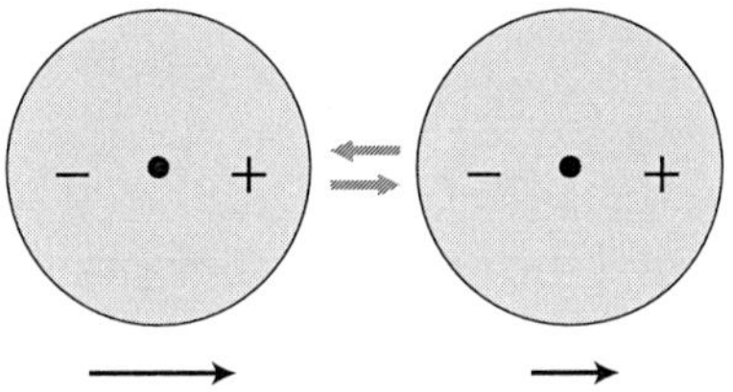

그림 3.10 반데르발스결합

3.5 도체

도체 내에서 전하의 움직임이 없는 상태를 정전 평형 상태라 한다. 고립된 도체 안에 전장이 있으면 전하가 이동하고, 이동으로 인해 전장이 감소함으로써 도체 내부의 전장은 "0"이 된다. 대전된 과잉전하는 상호 반발에 의해 표면에 존재하고 도체 외부의 전장은 도체 표면에 수직이고 불규칙한 형태의 도체에서 전하는 곡률 반경이 작은 곳에 몰린다.

도체는 전기력이 있는 경우 전하들이 자유롭게 움직이는 구리, 알루미늄, 은과 같은 금속이고, 전하를 주면 물질의 표면에 골고루 퍼진다. 저온의 초전도체는 완전도체로 직류 전기저항이 없다.

완전도체는 전장이 들어갈 수 없어 저항성 가열이 없고, 에너지보존에 의해 파의 에너지는 반사한다. 반면 완전도체가 아니면 완전히 반사할 수 없고, 들어온 파는 발진전류를 여기시켜 저항성 열과 반사파를 방사하는 에너지로 소모한다.

주파수가 높으면 표피깊이가 작아 재료는 양도체 조건이 되어 반사가 우세하고, 낮은 주파수에서는 표피깊이가 커서 흡수가 우세하다. 도체성 물질에는 금속, 이온 액체(물), 플라즈마 등이 있다.

태양빛이 피부 입사 → 피부에서 광파가 발진전류를 여기 → 저항성 열 소모 → 따뜻한 느낌

그림 3.11과 같이 도체에 자장을 인가하면 이완시간 이후에 이상적인 도체인 경우 전장이 $\boldsymbol{E}=\rho\boldsymbol{J}=0$이므로 패러데이법칙에 의해 $\nabla\times\boldsymbol{E}=-\dfrac{\partial\boldsymbol{B}}{\partial t}$에서 도체 내부에 $\boldsymbol{B}=$ 상수이다.

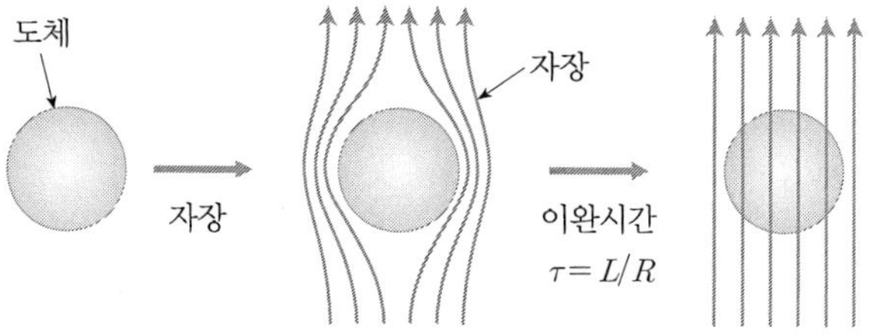

그림 3.11 렌츠효과에 의한 도체의 초기상태와 최종상태

3.5.1 제벡효과

1826년 독일 물리학자 제벡(Thomas Johann Seebeck, 1770~1831)은 Cu와 Bi 또는 Bi와 Sb의 양쪽 끝을 연결하고 접합부의 한쪽을 가열한 결과 회로의 가운데에 놓은 자침의 방향이 바뀌는 특이한 현상을 발견하였다.

제벡은 이 결과를 에르스텟(Oersted) 및 비오와 사바르의 연구결과를 바탕으로 온도차에 의해 도체가 자기적으로 분극을 일으킨 결과라고 해석하였다. 이 현상은 온도 차에 의해 전압 즉, 열기전력(thermoelectromotive force)이 발생하여 닫힌 회로 내에서 전류가 흐르므로 열전발전의 원리이며, 제벡효과로 불린다. 제벡효과 계열 재료에는 비스무스(Bi), 니켈(Ni), 코발트(Co), 파라듐(Pd), 백금(Pt), 구리(Cu), 망간(Mn), 수은(Hg), 납(Pb), 주석(Sn), 금(Au), 은(Ag), 아연(Zn), 카드륨(Cd), 철(Fe), 안티몬(Sb), 텔루륨(Te) 등이 있다. 그림 3.12는 고온접합부(B) 비스무스에서 저온접합부(A) 안티몬 방향으로 전류가 흘러 온도계 등에 활용한다.

그림 3.13(a)와 같이 금속막대의 양단간에 온도 차($\triangle T=T_1-T_2$)가 발생하면 n-형 반도체의 경우, 고온단에 있는 전자들은 저온단에 있는 전자들보다 더 높은 운동에너지를 가지게 되어 고온단의 전자들이 평균적으로 페르미 준위보다 더 높은 에너지상태로 되기 때문에 고온단에 있는 전자들은 에너지를 낮추기 위해 저온단으로 확산된다. 전자들이 저온단으로 이동함에 따라 저온단은 (-)로 대전되고 고온부는 (+)로 대전되어 금속막대의 양단간에 전위차가 발생하며, 이를 제벡전압이라 한다. 제벡전압은 전자들을 막대의 고온단으로 되돌려 보내려는 방향으로 작용하며, 제벡전위가 저온단으로 전자의 이동을 일으키는 열적 구동력과 정확히 균형을 이룰 때 평형 상태가 된다.

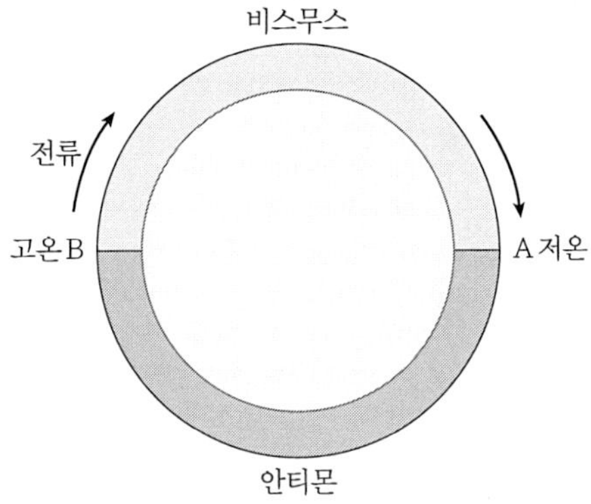

그림 3.12 안티몬-비스무스 제벡효과($T_B > T_A$)

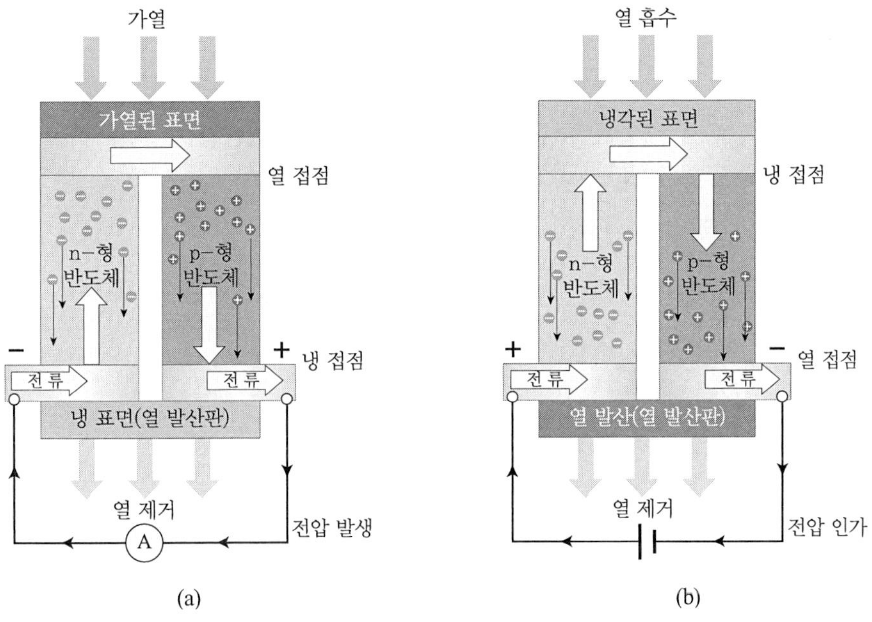

그림 3.13 반도체 열전대 (a) 제벡효과 (b) 펠티어효과

같은 방법으로 p-형 반도체의 경우, 고온단에 있는 정공들은 저온단에 있는 정공들보다 더 높은 운동에너지를 가지게 되어 고온단에 있는 정공들은 에너지를 낮추기 위해 저온단으로 확산된다. 정공들이 저온단으로 이동함에 따라 저온단은 (+)로 대전되고 고온부는 (-)로 대전되어 금속 막대의 양단간에 전위차가 발생한다.

3.5.2 펠티어효과

1834년 프랑스 물리학자 펠티어(Jean Peltier, 1785~1845)는 같은 형상을 서로 다른 금속으로 이루어진 회로에 직류전류를 흘리면 한 접합부에서는 흡열이 일어나고 다른 접합부에서는 발열이 일어나며, 전류의 방향을 반대로 하면 흡열과 발열이 반대로 일어나는 현상을 발견하였다. 이전까지는 전선에 전류를 흘리면 줄의 법칙에 의해서 발열만이 일어나는 것으로 생각하였으나, 전혀 기대하지 못했던 현상이 발견되었는데 이 현상은 일종의 열펌핑 현상으로써 전자냉각의 원리이며, 펠티어효과라 한다. 그림 3.13(b)는 반도체를 이용한 펠티어효과를 나타내고 원리를 제벡효과와 반대이다. 전류를 흘리면 전류의 방향에 따라, 열의 발생 또는 흡수 현상이 발생하여 김치냉장고, 온도계에 응용한다.

- 제벡효과(온도측정 센서) : 가열 → 반송자(carrier : 전자, 정공)의 이동 → 전압 발생
- 펠티어효과(냉각 시스템) : 전압인가 → 반송자의 이동 → 열 흡수

3.5.3 톰슨효과

1851년 영국의 톰슨(William Thomson, 후에 Lord Kelvin, 1824~1907)은 제벡효과와 펠티어효과의 가역성을 열역학적으로 이론화하던 중 그림 3.14와 같이 온도 기울기가 있는 도체에 전류를 흘리면 열역학 제2법칙에 의해 도체 내부에서 열이 흡수되거나 또는 열이 발생되는 효과가 있을 수 있음을 예측하였는데 이 현상을 톰슨효과라 하며, 그 이후에 실험적으로 증명이 되어 제벡효과, 펠티어효과와 톰슨효과를 통틀어 열전 현상이라 한다.

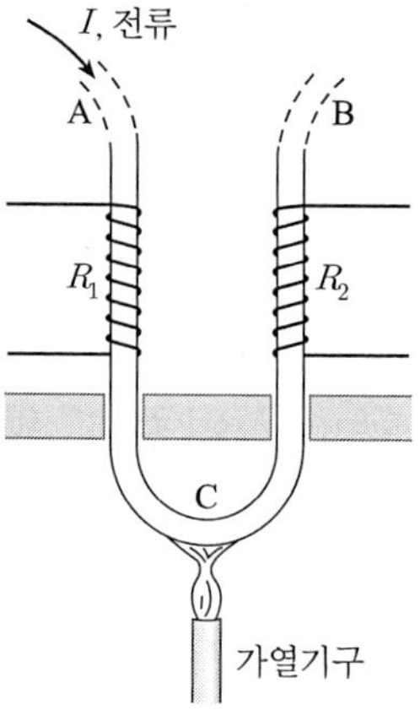

그림 3.14 톰슨효과

열역학 제2법칙

모든 열을 일로 바꾸는 기관은 존재하지 않고, 고립계에서 총 엔트로피(무질서도)의 변화는 항상 증가하거나 일정하다. 에너지 전달에는 방향이 있고 자연계에서 일어나는 모든 과정들은 가역과정이 아니며, 기관에 유입되는 열은 그 일부만 일 또는 역학적 에너지로 바뀌고 나머지는 열로 방출한다.

3.5.4 초전도체

그림 3.15와 같이 초전도체는 낮은 온도인 임계온도 T_c에서 저항률이 사라져 전류가 흐르는데 저항이 없어 임계온도 이하에서 에너지 손실이 없이 많은 전류를 운반한다.

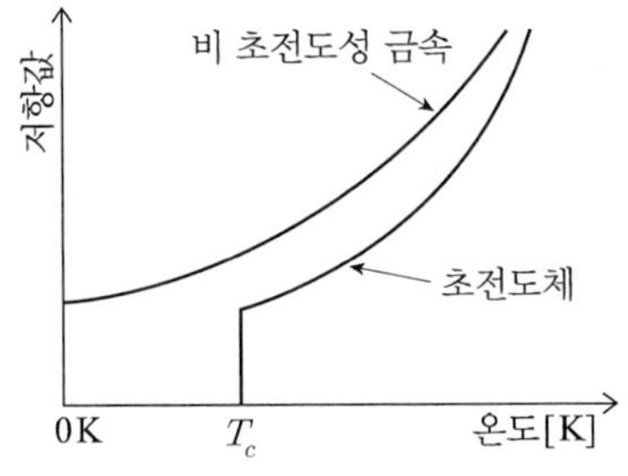

그림 3.15 온도변화에 따른 저항값

초전도체는 전기적인 특성과 자기적 특성을 가지고, 자장 속의 초전도체는 임계온도 T_c 이하에서 자장을 밀어내는 "마이스너(Meissner)효과"를 나타낸다. 이것으로 음의 감수율을 가지고 인가자장에 반대방향으로 분극이 일어나 그림 3.16(a)와 같이 초전도물질과 자석이 서로 밀어낸다. 그래서 그림 3.16(b)와 같이 자장을 제거하기 위해 초전도체에 맴돌이전류(eddy current)가 흐르고, $\boldsymbol{I} \times \boldsymbol{B}$의 반발력이 만들어진다. 그래서 초전도체는 완전한 반자성체의 특징을 가진다.

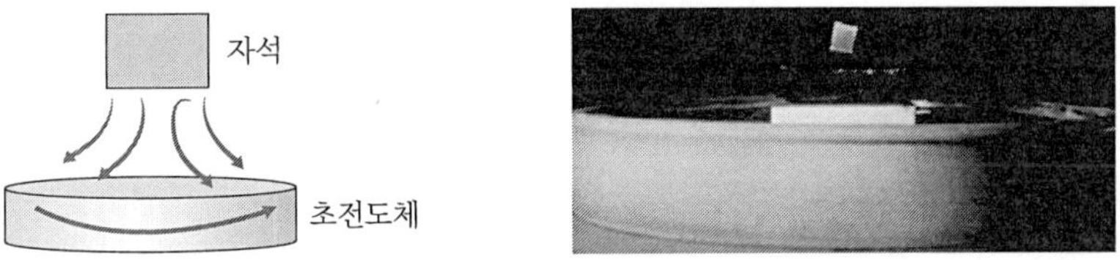

(a) (b)

그림 3.16 초전도체 (a) 마이스너효과 (b) 초전도체 위에서 공중으로 뜬 자석

저온에서 초전도가 나타나는 물질에는 순수 금속(Al, In, Sn, Pb, Nb), 합금(NbN, Nb_3Ge), 세라믹($YBa_2Cu_3O_7$) 등이 있다. 저온을 만드는 방법에는 저온 액체(4.2K 액화 헬륨, 20K 액화수소, 27K 액화네온, 77K 액화질소)와 가스 팽창을 이용한 극저온시스템(cryogenic system)을 사용한다.

렌츠의 법칙에 의해 전기저항이 "0"인 물질에 자장을 걸어주면 맴돌이전류가 유도되고 물질 표면에 흐르는 맴돌이전류는 걸어준 자장과 크기는 같지만 반대방향의 유도자장을 만들어, 결국 물질 내부에는 본래 갖고 있던 자장 외에 걸어준 자장이 침투하지 못하게 된다. 초전도체 역시 전기저항이 "0"이므로 이 현상을 만족한다. 그림 3.17과 같이 초전도체는 임계온도 이하에서 외부자장에 상관없이 내부자장이 사라진다.

초전도체 응용은 자기부상열차, MRI(Magnetic Resonance Imaging) 등에 사용한다.

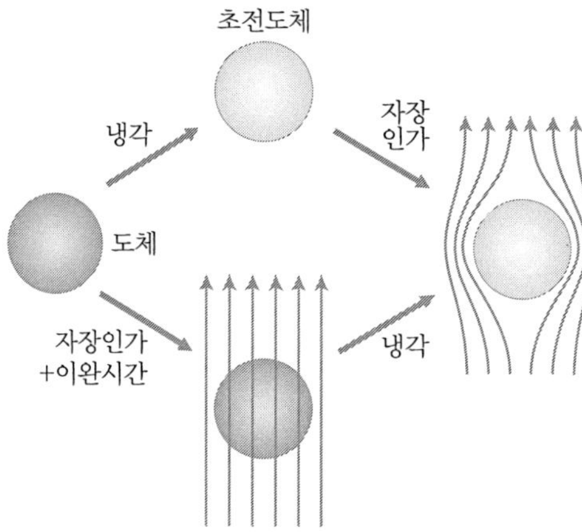

그림 3.17 임계온도 이하에서 초전도체 내부자장

임계온도 이하인 초전도체를 자석 가까이 놓으면 초전도체에 맴돌이전류가 유도되고 맴돌이전류에 의한 자장으로 초전도체는 자석의 반대 자극을 만들고 그래서 초전도체 위에 놓인 작은 자석은 공중에 뜬다. 임계온도 이상이 되면 시료의 초전도성질을 잃게 되고 자석을 초전도체 위에서 띄울 수 없다.

초전도체는 온도, 주위자장, 전류의 특정범위(임계온도, 임계자장, 임계전류라고 함)에서 초전도성을 나타낸다. 제1종 초전도체는 수은 등의 금속원소 대부분처럼 임계자장(하부 임계자장) 이상의 자장에 대해 즉시 초전도성을 상실한다. 제2종 초전도체는 금속원소 중 나이오븀(niobium, Nb)과 바나듐(vanadium, V)과 같이 특정 자장 이상의 자장(하부 임계자장)에 대해 자장의 일부를 초전도체 내에 침투시키면서 초전도성을 유지하여 하부임계자장보다 훨씬 높은 자장(상부임계자장)에 대하여 초전도성을 상실한다. 따라서 대전류 및 고자장 응용의 초전도체에 제2종 초전도체를 사용한다.

3.6 유전체

유전체는 전장이 인가되어도 전류를 흘리는 자유전자를 가지지 않는 물질이며, 거시적인 전하의 이동은 없지만 전하의 미시적인 변위(원자와 분자 크기)로 전기 쌍극자가 유기된다. 유전체가 유도전기 쌍극자가 생길 때 분극되었다고 하고 모든 물질은 어느 정도 분극화될 수 있지만 절연 물체에서 분극의 효과는 중요하다. 분극률(polarizability)은 물질에 전장을 인가하면 분극되는 정도의 척도로 극성물질과 비극성물질에서 모두 일어난다.

그림 3.18(a)처럼 산소(O_2), 수소(H_2)와 같은 무극성분자는 양의 전하와 음의 전하의 중심이 일치하여 쌍극자모멘트가 없지만 외부 전장을 인가하면 양성자는 전장의 방향으로 전자는 반대방향으로 정렬하여 전하의 새로운 중심이 생겨 유도전기 쌍극자가 생긴다.

그림 3.18(b)처럼 물(H_2O), 이산화탄소(CO_2)와 같은 극성분자는 양의 전하와 음의 전

하의 중심이 일치하지 않고 영구 쌍극자모멘트를 가진다. 외부 전장이 없으면 분자의 영구 쌍극자모멘트가 임의 방향으로 배열되어 유전체의 단위체적당 평균 전기 쌍극자모멘트가 "0"이지만 외부 전장을 인가하면 분자는 전장의 방향으로 정렬한다.

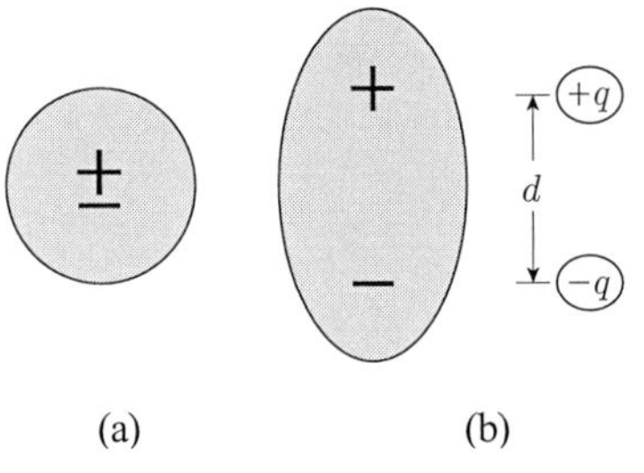

그림 3.18 분자 종류 (a) 무극성분자 (b) 극성분자와 등가 전기 쌍극자

부도체, 유전체, 절연체, insulator, dielectric

3.6.1 유전체 전기분극

전장을 인가하면 물질 내 전하를 띤 반송자(전자와 정공)와 전하를 띤 이온 종류들이 반응한다. 도체와 반도체인 경우 전자는 양의 전극으로 정공은 음의 전극으로 이동하여 전류가 발생하고 전하의 축적이 없다. 그러나 절연체는 자유 반송자가 적고 이온성을 나타내는 물질이므로 저온에서는 움직임이 적고 전류가 인지할 수 없을 정도이므로 전하가 축적된다.

유전체 분극은 전장을 인가된 유전체 안에서 양의 전하를 띄는 종류는 음의 전극으로 이동/회전/정렬을 하고, 음의 전하를 띄는 종류는 양의 전극으로 이동/회전/정렬을 하여 쌍극자가 발생하는 것이다. 그래서 단위체적당 총 쌍극자모멘트인 분극도 $\boldsymbol{P}\,[\mathrm{C/m^2}]$를 발생시킨다. 그림 3.19는 이동에 의한 유전체 분극을 나타낸다.

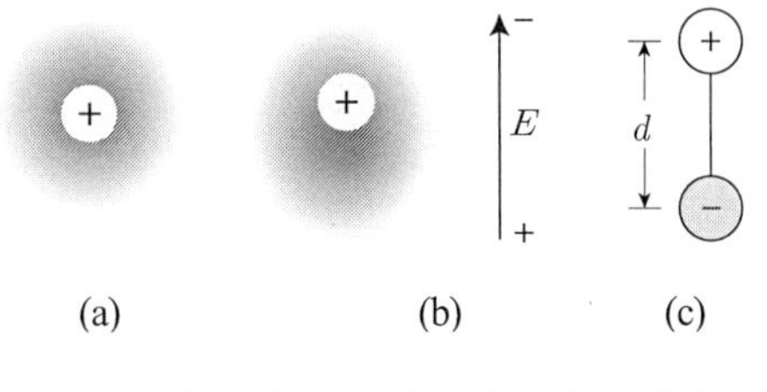

그림 3.19 양전하인 중심과 음전하인 전자운 (a) 평형 상태 (b) 전장인가상태 (c) (b)의 양전하와 음전하 중심으로 한 전자 쌍극자 모델

유전체에서 전자분극, 이온분극 그리고 분자분극 등은 외부 전장에 따라 다른 속도로 반응한다. 느린 속도로 반응하는 분극 종류는 빠른 속도의 큰 주파수를 갖는 교류전장에 따라가지 못해 유전손실이 발생한다. 유전손실이 직류전장보다 교류전장에서 큰 이유는 쌍극자를 가진 유전체에서 회전에 따라 내부마찰을 발생하기 때문이다.

분극 전환속도(switching speed)는 분자분극, 이온분극, 그리고 전자분극 순으로 크고, 전자분극은 모든 유전물질에서 나타나지만 재료에 따라 어떤 분극 종류는 나타나지 않는다. 그림 3.20과 같이 분극이 일어나는 주파수 영역을 살펴보면 전자분극은 자외선 영역이며, 이온분극은 적외선 영역이고, H_2O, $BaTiO_3$, 왁스 등과 같은 영구적인 쌍극자를 가지는 분자분극은 초고주파 영역에 해당한다.

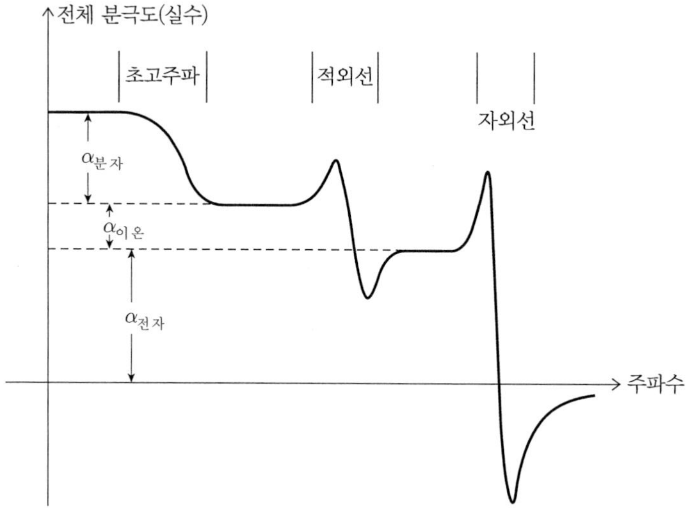

그림 3.20 주파수에 따른 분극(α는 쌍극자 분극률)

3.6.2 분극 종류

(1) 전자분극

전장이 없는 원자인 경우 양의 전하인 핵은 같은 양의 음전하와 구 모양 전자운으로 에워싸여 있어 원자 바깥은 전장이 없다. 모든 원자에서 결합 종류와 무관하게 그림 3.21과 같이 전장을 인가하면 전자운은 전장의 반대방향으로 변위되어 모든 유전체에서 전자궤도의 일그러짐에 의한 전자분극(electronic polarization)이 발생하여 유도 쌍극자가 발생하지만 외부 전장을 제거하면 전자분극은 사라진다. 전자분극을 하는 재료에는 폴리스틸렌(polystyrene), 폴리에틸렌(polyethylene), 폴리플로에틸렌(polyfluoethylene) 등이 있다.

(2) 이온분극

전장이 없으면 이온물질은 임의의 방향으로 배치되어 체적당 총 쌍극자모멘트는 "0"이다. 그러나 이온물질에 전장을 가하면 양이온과 음이온이 반대방향으로 이동하는 전하분리가 일어나 쌍극자가 전장에 따라 정렬하는 이온분극(ionic polarization)이 발생한다. 이때 대부분 이온물질은 유도 쌍극자가 발생하지만 강유전체인 경우 영구 쌍극자가 될 수 있다. 그림 3.22와 같이 모든 이온성 고체(NaCl, CsCl, MgO 등)에서 이온 간 거리의 변화로 발생한다.

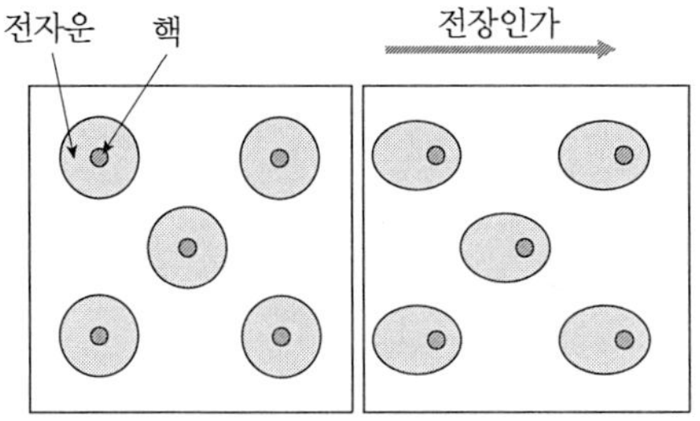

(a) (b)

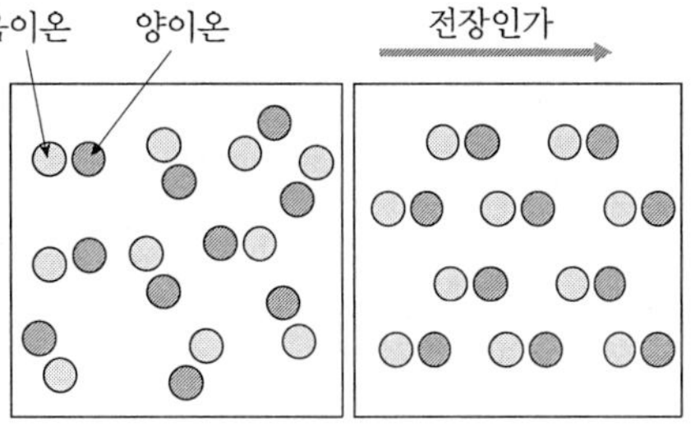

(a) (b)

그림 3.21 전자분극 (a) 평형 상태 (b) 전장인가

그림 3.22 이온분극 (a) 평형 상태 (b) 전장인가

(3) 분자분극

전장이 없으면 극성분자는 영구 쌍극자가 구성되지만 임의의 방향으로 배치되어 체적당 총 쌍극자모멘트는 "0"이다. 그러나 그림 3.23과 같이 극성분자에 전장을 가하면 양전하와 음전하가 반대방향으로 움직여 쌍극자가 전장에 따라 정렬되는 것을 분자분극(molecular polarization)이라 한다. 분자분극은 모든 절연분자(기름, 폴리머, 물 등)에서 분자의 전기 쌍극자 변화로 발생하고 분자분극은 배향분극(orientational polarization)이라고도 한다. 극성분자인 물(H_2O)은 산소가 음극(-)성이며, 양쪽에 존재하는 수소가 양극(+)성을 가진다. 분자분극은 일부 이온결합 세라믹이나 극성 고분자에서 일반적으로 발생하며, 일렉트렛(electret) 물질은 강한 전장을 가한 경우 영구 쌍극자로 분극을 유지한다.

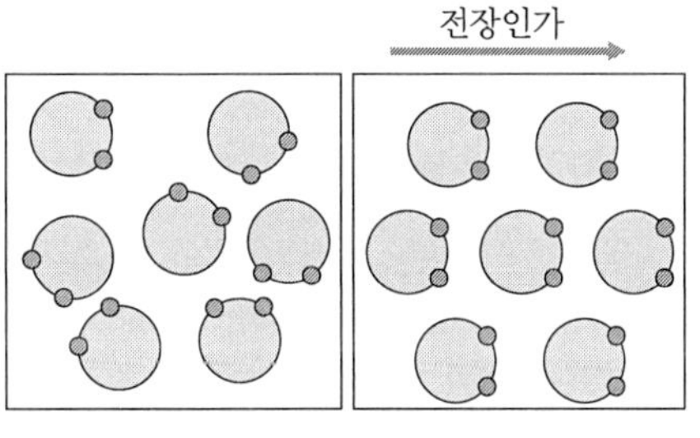

(a) (b)

그림 3.23 분자분극 (a) 평형 상태 (b) 전장인가

> 전체 분극도는 각 분극도를 합한 $P_n = P_{전자} + P_{이온} + P_{분자}$ 이다.

3.6.3 강유전체

유전체 결정은 외부 응력에 의해 전기분극이 발생하는 압전성(piezoelectricity)을 가지거나 대칭성이 낮은 결정은 전장이나 응력이 가해지지 않은 상태에서 처음부터 분극이 되어 있는데 이를 "자발분극"이라 한다. 결정의 온도를 변화시키면 자발분극의 변화에 해당되는 전하가 표면에 나타나는데 이를 초전성(pyroelectricity)이라 한다.

강유전체는 퀴리온도 아래에서 전기 쌍극자끼리 상호작용으로 특정한 방향의 자발분극이 일어나며 구역(domain)을 형성한다. 그러나 퀴리온도 이상에서는 열적 요동에 의해 자발분극을 잃게 되는 현상이 나타난다.

- piezo : pressure, 압전 (piezo + electricity)
- pyro : heat, 초전(pyro + electricity)

압전성은 물질의 전기적 성질과 기계적 성질의 결합에 의해 나타나는 현상이다. 물질에 압력을 가해 변형을 일으키면 전장이 형성되어 전극을 통해 전압이 발생한다. 반대로 압전성 물질에 전장을 가하면 물질의 변형이 유발하는 전기변형이 가능하다.

초전성은 자발분극의 크기가 온도에 따라 변화하는 성질이다. 물질에 온도의 변화를 주면, 자발분극의 크기가 변하기 때문에 공간전하의 변화가 생겨 전극 사이에 전류가 흐르게 된다. 이런 전류를 초전류(pyroelectric current)라 하고 이 성질을 이용하면 적외선 감지 소자를 응용할 수 있다. 즉, 적외선을 단속적으로 쬐어 물질의 온도를 주기적으로 변화시키면, 이 주기에 해당하는 초전류가 발생함으로써 전기적 신호를 만든다.

강유전체는 그림 3.24와 같이 압전성과 초전성을 가진다. 강유전체는 전압을 가함으로써 물질 내의 자발분극의 방향을 자유롭게 변화시키고, 전압을 가하지 않아도 그 분극 방향을 지속시킬 수 있는 유전체이다. 강유전체에 전장을 가하면 재료의 특성상 분극 현상이 나타나며 외부 전장을 제거하여도 강유전체에는 분극이 남는다. 잔류분극은 가해진 전장의 방향에 따라 그 방향이 달라지는데 이 잔류분극 현상을 이용하여 이진정보를 기억하고 읽어낸다.

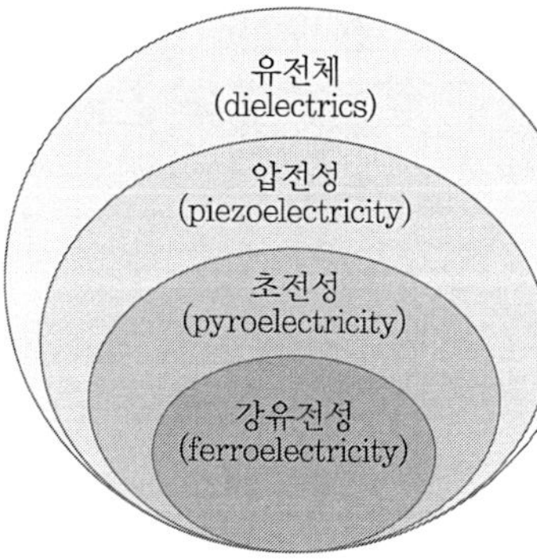

그림 3.24 압전성, 초전성, 강유전성의 관계

상유전체는 그림 3.25(a)처럼 전장이 "0"일 때, 전기분극은 "0"이고 전장-전기분극 특성곡선은 거의 직선이다. 강유전체는 그림 3.25(b)처럼 전장이 "0"일 때 전기분극은 "0"이 아니고, 전장-전기분극 특성곡선은 비선형이다.

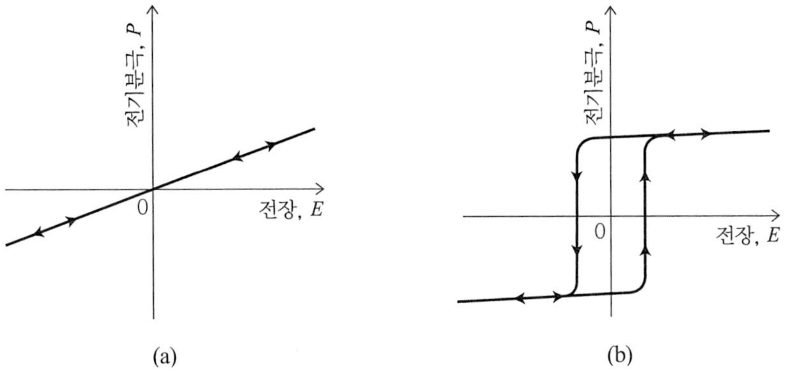

그림 3.25 전장–전기분극 특성곡선 (a) 상유전체 (b) 강유전체

3.6.4 유전체의 특수 현상

유전체는 분극 $\boldsymbol{P}$가 전계 $\boldsymbol{E}$에 비례하는 것이지만 다음과 같은 특수한 특성이 있다.

(1) 압전기효과

유전체에 압력을 가하거나 인장력을 가하면 유전체에 분극이 발생하는 것을 압전기(壓電氣, piezoelectricity)효과라 한다. 결정에 기계적인 응력을 가하면 전기가 나타나는 것을 압전기 직접효과, 전장을 가하면 기계적인 응력이 생기는 것을 압전기역효과라 한다. 전기석, 수정, 티탄산바륨, 로셀염 등으로 마이크로폰, 압력계, 초음파장치, 라이터의 점화장치, 전자시계의 진동자, 가습기의 분무장치, 고주파 음향 발생기, 혹은 압력센서 등에 응용한다. 수정 마이크는 음성신호에 의해 진동막을 움직이고 수정에 압전효과를 발생하여 수정 양면에 전압이 발생한다.

(2) 접촉전기 현상(볼타효과)

도체-노체, 유전체-유전체 등의 두 종류의 물질을 서로 접촉하거나 마찰하면 한 쪽 물질의 전자가 다른 쪽으로 이동하여 전위차가 발생하는 현상이다. 이때 나타나는 전기를 접촉전기라 하고 접촉 전위차의 크기는 두 물질의 종류에 따라 정해지며 접촉 면적에는 관계가 없다.

(3) 초전기효과

초전기(焦電氣, pyroelectricity) 효과는 유전체의 결정에 가열하면 표면에 분극전하가 나타나고 반대로 냉각시키면 가열했을 때의 역방향의 분극전하가 나타나는 현상이다. 전기석, 수정, 로셀염 또는 티탄산바륨 등과 같은 결정이 초전기효과가 나타난다.

3.7 자성체

원자와 분자는 전기 쌍극자모멘트뿐만 아니라 자기 쌍극자모멘트를 가질 수 있다. 전기 쌍극자는 구속된 전하를 가지고 자기 쌍극자는 핵 주위를 도는 전자의 흐름이나 전자스핀에서 유래된 구속된 전류를 가진다.

그림 3.26과 같이 자기모멘트의 발생은 원자에서 전자의 궤도운동에 의한 자기궤도모멘트와 전자스핀의 방향이 위(up) 혹은 아래(down)의 자기스핀모멘트가 있다. 그래서 각 전자는 자기궤도모멘트와 자기스핀모멘트의 합으로 물질의 자기적 특성을 결정한다.

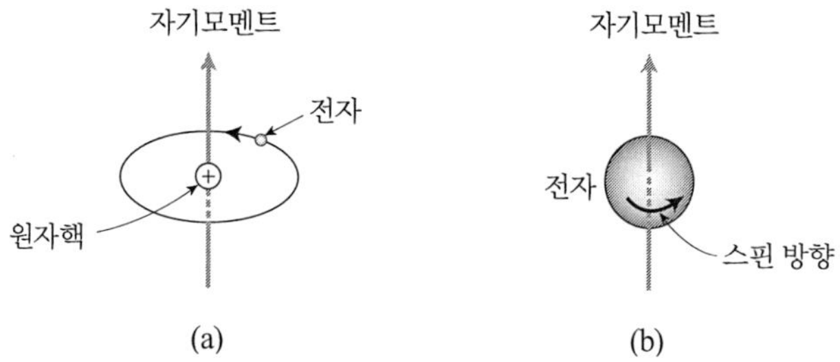

그림 3.26 전자궤도운동 (a) 자기궤도모멘트 (b) 자기스핀모멘트

대부분 물질은 자장이 없는 상태에서 그림 3.27(a)와 같이 미소자기 쌍극자들은 임의 방향으로 향하기 때문에 거시적인 자화는 없다. 그러나 자장을 인가하면 그림 3.27(b)와 같이 자기 쌍극자는 자장의 방향으로 정렬한다. 그리고 유도자기 쌍극자로 인해 자화된 물질의 내부와 외부의 자장이 수정되고 보통은 자장을 제거하면 자성을 잃지만 자성이 남아있는 영구자석도 있다.

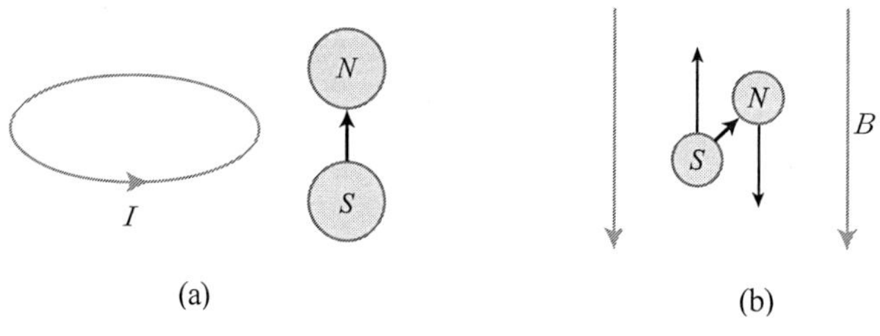

그림 3.27 자기 쌍극자 (a) 자기 쌍극자 종류 (b) 자장 속에서 자기 쌍극자가 받는 힘

3.7.1 반자성 재료

반자성(diamagnetism)은 미소 자장에서 원자 내의 전자가 궤도를 따라 운동하는 궤도전자의 자장과 전자스핀의 자장이 만들어지고 전체 자장이 상쇄되며, 영구자기모멘트 $m_0 = 0$인 물질이다. 그림 3.28과 같이 외부자장이 없으면 비자화, 비영구적이고, 자장을 인가하면 궤도전자의 원심력이 증가하여 전자의 속도가 감소하고 자기모멘트는 감소하여

내부자장이 감소한다. 즉, 자장에 의해 반대방향으로 매우 약한 자기모멘트가 유도되어 자속밀도가 줄어지는 물질이다(외부자장으로 내부자장을 만듦). 반자성은 비투자율 μ_r이 1보다 작고($-10^{-5} \sim -10^{-9}$ 범위의 작은 음의 자기감수율 χ_m) 모든 물체에 작용하지만 너무 작아 영향이 적어서 다른 자장특성이 없는 경우에 관측된다. 생체는 탄소와 수소 등으로 구성됨으로써 강력한 자장에 노출되면 척력에 의해 공중에 뜰 수 있다. 천연물질($\mu_r \simeq 1$)에서 반자성효과가 매우 작고, 초전도체와 인조 재료에서는 반자성효과가 크다. 반자성 재료는 자석의 극과 척력이 작용한다.

반자성체는 비스무트, 수소, 헬륨, 궤도전자가 완전히 찬 원자인 불활성 기체, 일부 이온결합 ($NaCl$, H_2O, Al_2O_3)물질, 그리고 귀금속(Au, Cu, Ag, Hg, Zn), 실리콘, 게르마늄, 흑연, 황 등이다.

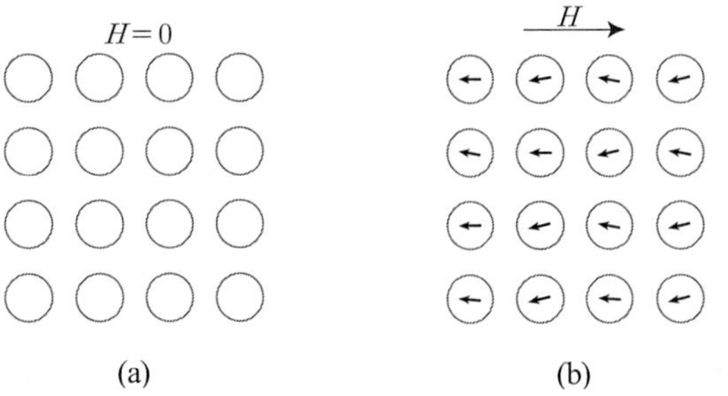

그림 3.28 반자성체 자기모멘트 (a) 자장=0 (b) 자장인가

3.7.2 상자성 재료

상자성체(paramagnetism)는 전자의 궤도운동과 스핀운동의 상호작용으로 자기모멘트가 상쇄되지 않아서 생기고 주로 스핀전자의 자기 쌍극자모멘트에 기인한다. 그림 3.29처럼 외부자장이 없는 경우 무작위 방향이 되는 자화물질이지만 외부자장에 의해 자장방향이 정렬하여 자속밀도가 약하게 증가한다. 그래서 10^{-6}~10^{-3} 범위의 작은 양(+)의 자기감수율을 가지기 때문에 비투자율이 1보다 큰 $1.00001 \sim 1.01$이다. 천연물질($\mu_r \simeq 1$)에서 상자성 효과가 매우 작고, 상자성 재료는 자석의 어느 극과 매우 약한 인력이 작용한다. 상자성체는 칼륨(K), 마그네슘(Mg), 백금(Pt), 알루미늄(Al), 텅스텐(W), 산소, Cr_2Cl_3, $MnSO_4$ 등이다.

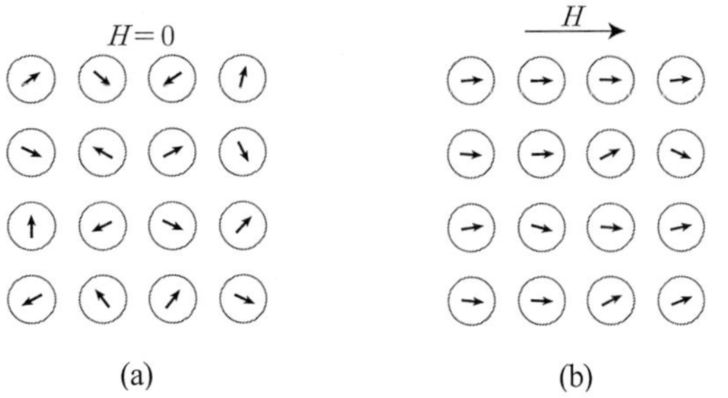

그림 3.29 상자성체 자기모멘트 (a) 자장=0 (b) 자장인가

3.7.3 강자성 재료

강자성체(ferromagnetism)는 그림 3.30과 같이 상자성 특성의 일부 물질이 특이하게 정렬하여 영구적이고 매우 강한 자기 쌍극자모멘트를 가지는 재료이다. 비유전율은 $\mu_r \gg 1$으로 매우 크고 비선형이며, 내력에 의존하고, 자기감수율은 $\chi_m \gg 0$이다. 정렬된 쌍극자모멘트로 구성된 많은 원자 영역으로 수 μm에서 1mm 크기의 **자기구역**(magnetized domain)이 형성되고 히스테리시스 특성을 나타낸다. 강자성 재료는 자석의 어느 극과 매우 강한 인력이 작용한다. 강자성체는 철(Fe, $\mu_r = 4000$), 코발트(Co, $\mu_r = 600$), 니켈(Ni, $\mu_r = 250$) 등의 금속이고 비투자율은 수백에서 수십만 범위의 값을 가진다.

3.7.4 반강자성체

반강자성체(anti-ferromagnetism)는 각 원자의 자기모멘트는 강하지만 인접 원자와 반대 방향으로 정렬되어 자기모멘트 결합이 강자성체처럼 되지 않는 경우이다. 자장을 인가하더라고 자화가 무시되어 활용되지 않는다. 그림 3.31과 같은 MnO 물질처럼 O^{2-}는 모멘트가 없고, Mn^{2+}는 자기모멘트를 가지지만 스핀모멘트의 정렬이 반대방향이라 전체 자기모멘트는 "0"이다.

반강자성체에는 MnO, MnS, MnTe, MnF_2, FeF_2, $FeCl_2$, FeO, $CoCl_2$, $NiCl_2$, NiO 그리고 Cr 등이다.

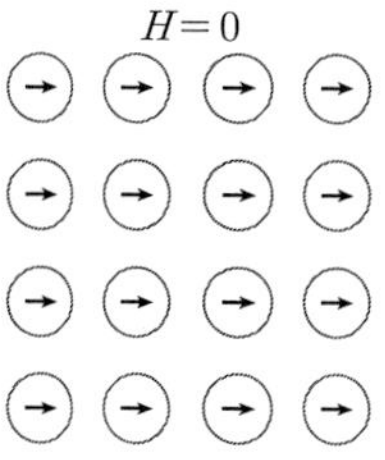

그림 3.30 강자성체 자기모멘트

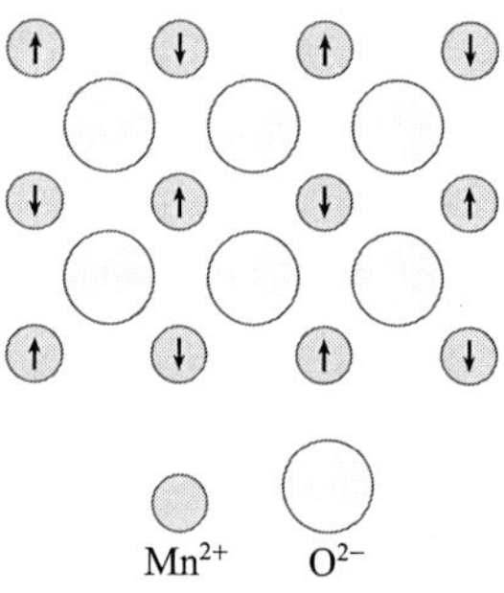

그림 3.31 반강자성체 자기모멘트

3.7.5 페리자성체

페리자성체(ferrimagnetism)는 그림 3.32처럼 강자성체와 같은 자기모멘트가 있고 반강자성체와 같은 자기모멘트 크기가 작아 도메인 내에 전체 자기모멘트가 있다. 인가자장이 없으면 도메인이 임의의 방향을 가리키므로 자화가 없고 자장을 인가하면 도메인이 정렬되어 자기효과가 나타나지만 강자성체보다 약하다. 강자성체와 달리 이 물질은 대체로 화학적으로 안정하며 전기저항이 높고 맴돌이전류에 의한 전력손실이 적기 때문에 전자기파 응용 장비에 사용한다. 페리자성체는 페라이트(ferrite)라고 하는 인공 자성 재료이고, 대표적으로 철, 니켈, 코발트의 금속산화물인 Fe_3O_4, $NiFe_2O_4$, 그리고 $ZnFe_2O_4$, 니켈-아연 페라이트, 니켈 페라이트 등이 있다. 페라이트는 철 화합물을 포함한 세라믹 재료이고, 강자성체보다 전기전도도가 낮아 와전류와 저항성 손실이 적은 자기 재료이므로 고주파에서 변압기 코어로 사용한다.

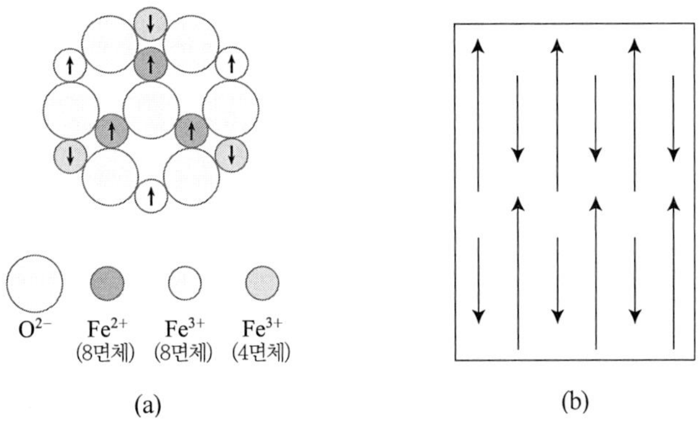

그림 3.32 페리자성체 (a) Fe_3O_4 물질의 자기모멘트 (b) 자기모멘트 세기

3.7.6 자성체 특성 및 자기학 단위

강자성체와 페리자성체가 자성을 잃는 온도인 큐리(Curie) 온도$\left[T_c(\text{Fe}) \simeq 820^o\text{C}\right]$ 이상에서 상자성체상태가 된다. 표 3.2는 자성체 특성, 표 3.3은 자기학 단위를 나타낸다. 그림 3.33과 같이 주어진 자장의 세기에 대해 자성체의 자속밀도는 비자성체의 자속밀도보다 상당히 크다.

진공의 $B-H$ 곡선은 그림 3.34와 같이 $B=\mu_0 H$이고 비자성체(구리, 종이, 고무, 공기 등)의 $B-H$ 곡선은 진공의 곡선과 거의 같고, 결코 포화되지 않는다.

표 3.2 자성체 특성

	유도자기모멘트	비투자율(μ_r)	자기감수율(χ_m)부호
반자성체	작고, 자상의 반대	≤ 1	음수 -2.74×10^{-6}(Au)
상자성체	작고, 자장방향	≥ 1	양수 66.1×10^{-6}(Mn)
강자성체	크고, 자장방향	$\gg 1$	양수 $\sim 100,000$(Fe)

표 3.3 자기학 단위

물리량	심벌	CGS 계	SI 계	변환비
자속밀도	B	gauss(G)	tesla(T), Wb/m^2	10^{-4}
자속	Φ	maxwell(Mx), $\text{G}\cdot\text{cm}^2$	weber(Wb) $\text{V}\cdot\text{s}$	10^{-8}
자장세기	H	oersted(Oe)	A/m	$10^3/4\pi$

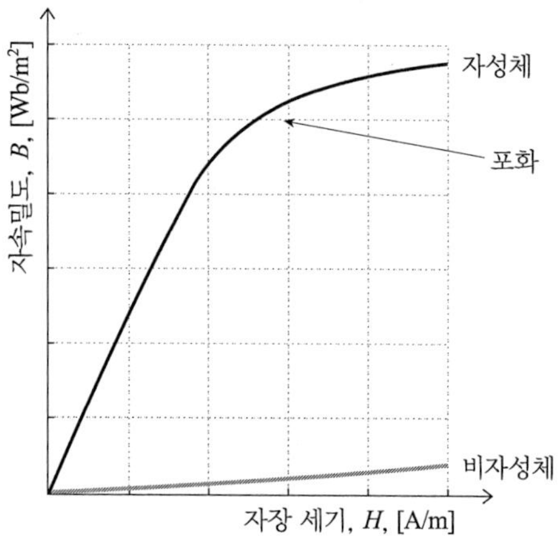

그림 3.33 자성체와 비자성체의 $B-H$ 곡선의 비교

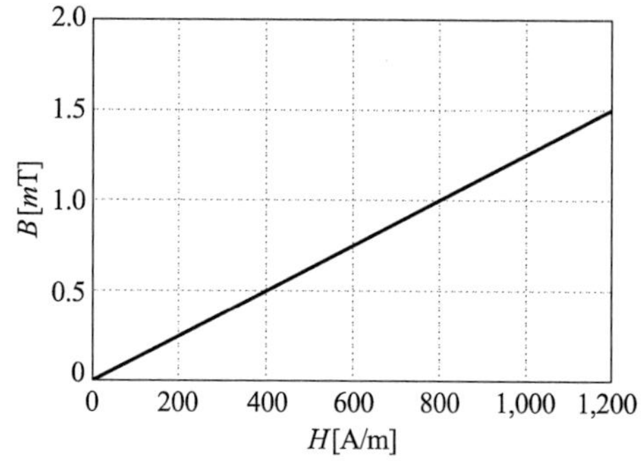

그림 3.34 비자성체와 진공의 $B-H$ 곡선

3.7.7 자석의 히스테리시스

그림 3.35와 같이 "0"인 상태에서 자장을 증가시킬 때 원점에서 S로 점선을 따라 초기 자화곡선이 그려진다. 원점은 시편의 초기상태로, 자기구역들이 무질서하게 배열되어 있어 자화되지 않은 상태이다. 자기구역 내의 쌍극자는 자화가 쉬운 방향에서 외부장의 방향으로 회전함에 따라 자기유도 B가 더욱 증가하여 포화 유도자속밀도 B_s에 도달한다. 포화 유도자속밀도를 얻기 위한 최소 자장을 포화자장 H_s라 한다. S에서 외부자기장을 "0"으로 줄이면 $S-R$곡선을 따라 이동하여 잔류자속밀도(residual magnetic flux density) B_r이 남는다.

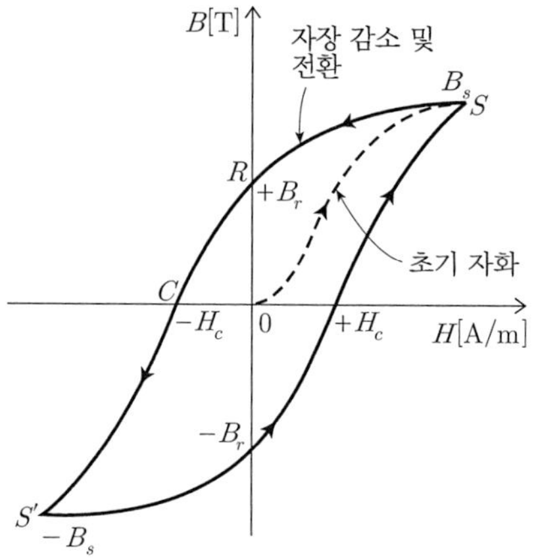

그림 3.35 강자성체의 자기이력곡선

인가하는 자장의 방향을 반대로 하여 세기가 증가하면 위치 C에서 보자력(coercive force) $-H_c$에서 자화는 "0"이 되며, 계속하여 자장의 세기가 증가하면 고리의 자취는

$C-S'$으로 움직인다. 다시 자장의 세기를 "0"으로 줄이면 $-B_r$이 된다. 인가되는 자장의 방향을 다시 양으로 하고, 세기를 증가시키면 고리의 자취는 보자력 $+H_c$를 경유하여 위치 S를 거치면서 한 주기의 $B-H$ 고리가 그려진다. 이 고리를 히스테리시스 고리(hysteresis loop)가 그려진다. 이처럼 자성체가 인가되는 외부자장에 대하여 자화가 비가역적으로 이루어진다.

자기 재료는 자기이력곡선의 모양으로부터 좁은 자장 영역의 연질(soft) 자성 재료와 넓은 자장 영역의 경질(hard) 자성 재료로 구분한다. 자기적으로 굳은 정도가 다르므로 일반적으로 영구자석은 경질 자성 재료이며, 전기발전기, 모터, 변압기 등에 사용하는 규소강판, 순철, 퍼머로이(Permalloy) 등은 연질자성 재료라 한다.

곡선의 면적은 자석의 극이 바뀔 때 구역벽의 이동으로 생기는 에너지 손실을 나타낸다. 또 외부 인가장에 의한 물질 내 발생하는 국부적인 전기전류로 에너지 손실이 발생한다.

그림 3.36(a)와 같은 연질자석은 상대적으로 약한 외부자장으로 강한 유도자속이 발생하며, 높은 포화자속(B_s), 높은 투과율, 낮은 보자력(H_c)이 나타난다. 히스테리시스 면적이 적어 분극주기당 열 형태의 에너지 손실이 적고, 교류자장에서 빠르며, 저손실 스위치에 많이 응용되고, 변압기 코어에 사용한다.

그림 3.36(b)와 같은 경질자석은 높은 포화 유도자속, 잔류자속, 그리고 보자력특성을 갖기 때문에 경질자석은 분극시키기 어렵고 자기이력손실이 크다.

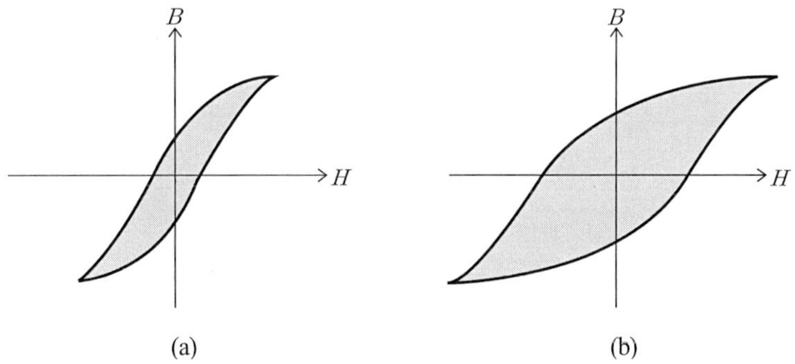

그림 3.36 자석 종류 (a) 연질자석 (b) 경질자석

자기차폐를 위해 자장 속에 연질자성체를 두면 자속이 모인다. 연질자성체는 자석에 의해 만든 자장을 증가시키기 위해 전자 극편에도 사용한다.

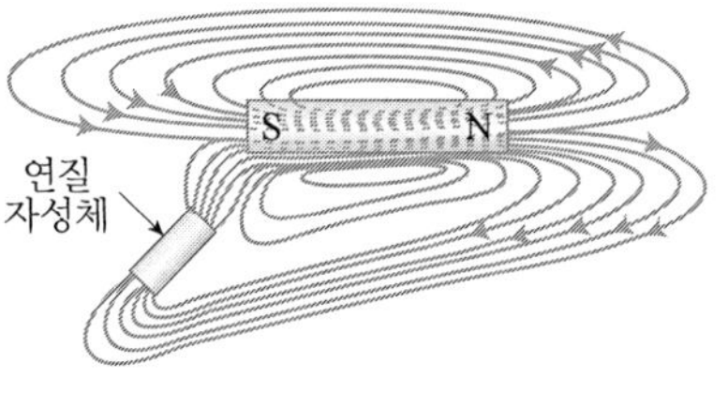

3.8 반도체

반도체(semiconductor)는 상온에서 도체와 부도체의 중간 전기전도도를 가지는 물질이다. 게르마늄(Ge), 실리콘(Si), GaAs, AlAs과 같이 도체와 절연체 사이의 전기적인 특성을 지닌다.

진성(intrinsic)반도체는 현재의 기술로 불순물의 농도를 최대로 줄인 도핑을 하지 않은 반도체이다. 전도도가 낮고, 전자의 반송자 농도와 정공의 반송자의 농도수가 같다. 그림 3.37과 같이 공유결합에 의해서 강하게 원자에 연결되어 있는 전자들은 자연적으로 발생하는 운동에너지에 의해 그 결합이 깨지고 최외각 전자는 자유전자가 되어 전도전류에 기여한다. 순수한 물질로 자연적으로 발생한 자유전자 농도인 진성 반송자 농도는 실리콘에서 $1.5 \times 10^{10}[1/\mathrm{cm}^3]$, 게르마늄에서 $2.5 \times 10^{13}[1/\mathrm{cm}^3]$, 그리고 GaAs에서 $1.7 \times 10^{6}[1/\mathrm{cm}^3]$이다.

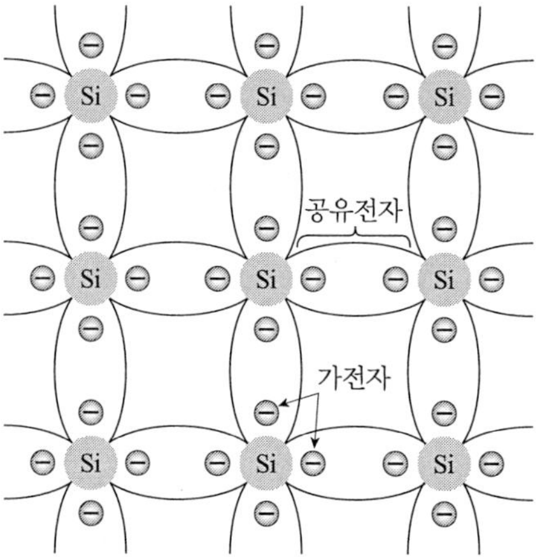

그림 3.37 실리콘의 공유결합

외인성(extrinsic)반도체는 가전자(valence electron)가 한 개 많거나 적은 불순물원자를 진성반도체에 첨가하는 도핑처리를 한 반도체이다. 실리콘의 농도는 $10^{23}[1/\mathrm{cm}^3]$, 불순물 도핑은 $10^{15} \sim 10^{19}[1/\mathrm{cm}^3]$이고, 작은 양의 불순물은 반도체의 전도도를 크게 변화시킨다.

그림 3.38과 같이 도체는 온도가 증가하면 도체 내 반송자의 증가보다 자유전자들의 진동이 커져 흐름의 방해로 저항이 증가한다($\rho \propto T$). 그리고 초전도체는 임계온도 T_c 이상에서 도체와 유사하게 저항률이 증가하고, 임계온도 T_c 이하에서 저항률 $\rho = 0$이다. 그러나 반도체는 온도가 증가하면 공유결합을 한 최외각 전자가 에너지를 흡수하여 자유전자가 되고 저항률이 감소하여 저항이 감소한다($T \to 0$, $\rho \to \infty$).

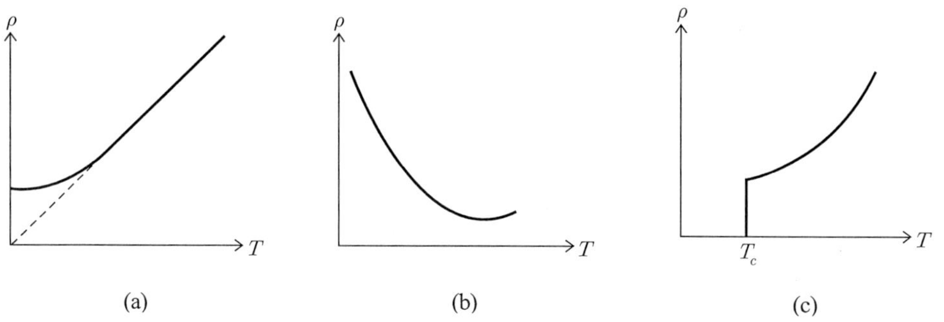

그림 3.38 온도에 따른 저항률 (a) 도체 (b) 반도체 (c) 초전도체

3.8.1 p-형 반도체

그림 3.39와 같이 진성반도체에 최외각 전자가 세 개인 알루미늄(Al), 인듐(In), 갈륨(Ga) 등을 조금 넣어주면 공유결합 할 전자가 한 개 부족하여 빈자리가 생긴다. 이 빈 자리를 정공이라고 하고, 전기를 옮겨주는 반송자가 된다. 주입된 불순물은 전자를 받아들인다는 의미로서 억셉터(acceptor)라 한다. p-형 반도체의 다수 반송자는 정공이고, 소수 반송자는 전자이며 p-형 반도체의 밴드 모형은 그림 3.40과 같다.

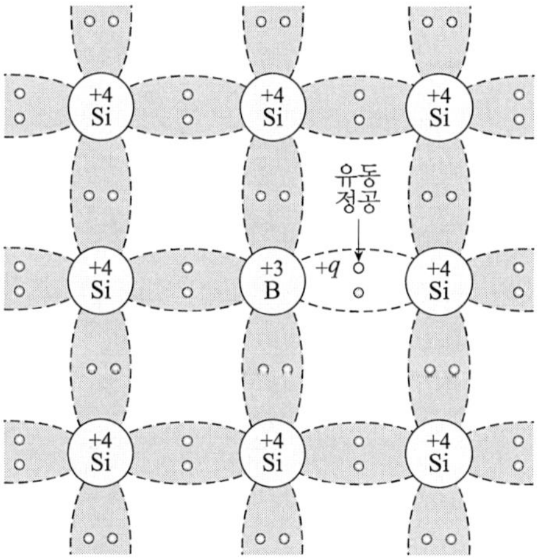

그림 3.39 B-도핑 Si-반도체 결합

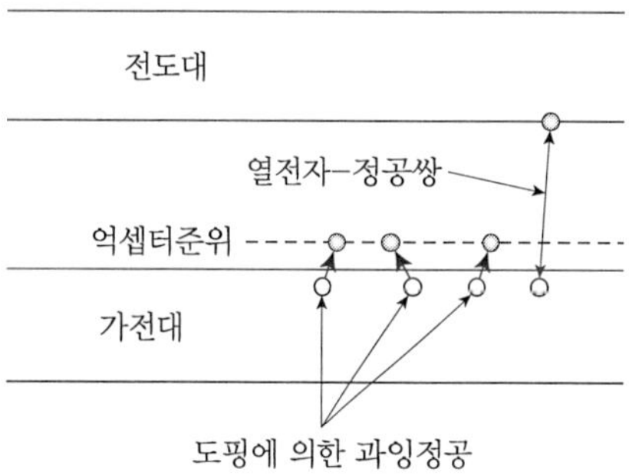

그림 3.40 p-형 반도체 밴드 모형

3.8.2 n-형 반도체

그림 3.41과 같이 진성반도체에 최외각 전자가 다섯 개인 인(P), 비소(As), 안티몬(Sb) 등을 조금 넣어주면 공유결합을 하고 한 개의 전자가 남는다. 이 전자를 자유전자라고 하고, 전기를 옮겨주는 반송자가 된다. 주입된 불순물은 전자를 준다는 의미로서 도너(donor)라 한다. 5가 물질의 초과된 가전자가 자유전자로 되는데 필요한 에너지를 이온화에너지

라 하고 상온에서 대부분 이온화한다. n-형 반도체의 다수 반송자는 전자이고, 소수 반송자는 정공이며 n-형 반도체의 밴드 모형은 그림 3.42와 같다.

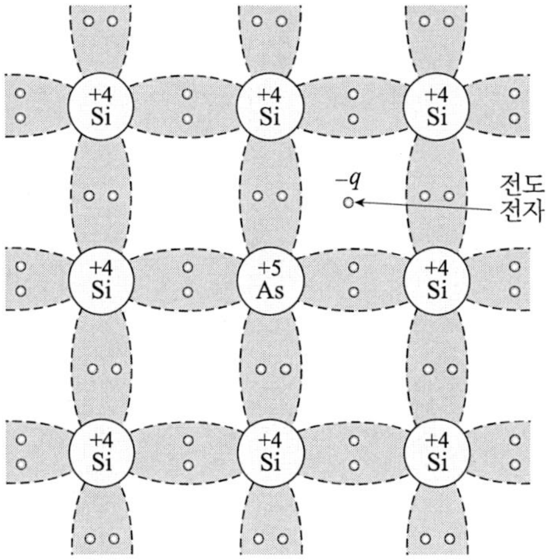

그림 3.41 As-도핑 Si-반도체결합

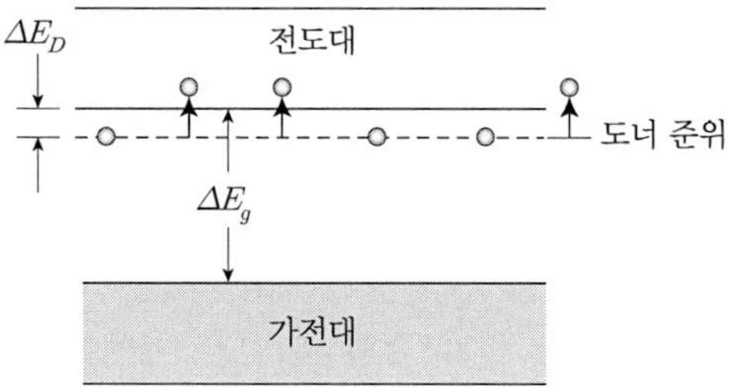

그림 3.42 n-형 반도체 밴드 모형

이동도는 물질 속에서 반송자가 물질을 지나갈 수 있는 척도이다. 전자이동도인 경우 실리콘은 1,500[$cm^2/V \cdot s$], 게르마늄은 3,900[$cm^2/V \cdot s$], GaAs는 8,500[$cm^2/V \cdot s$]이다.

- p : 정공의 밀도[$1/cm^3$]
- n : 전자의 밀도[$1/cm^3$]
- μ_n, μ_p : 전자와 정공의 이동도
- 전자의 전도도 : $\sigma_n = nq\mu_n$
- 정공의 전도도 : $\sigma_p = pq\mu_p$
- 전체 전도도 : $\sigma = \sigma_n + \sigma_p = nq\mu_n + pq\mu_p$
- 전류밀도 : $\boldsymbol{J} = \sigma\boldsymbol{E} = (nq\mu_n + pq\mu_p)\boldsymbol{E}$ [A/m^2]

| 연 | 습 | 문 | 제 |

3.1 전자기용 재료를 크게 분류하고 용도를 설명하여라.

3.2 음의 굴절률의 의미와 응용분야를 기술하여라.

3.3 계면분극(interfacial polarization)을 설명하여라.

3.4 주파수에 따라 분극 종류가 바뀌는 원리를 설명하여라.

3.5 FRAM(ferroelectrics random access memory)에 대해 설명하여라.

3.6 집적회로에서 전기용량을 증가시키기 위한 방법을 기술하여라.

3.7 다음 물음에 답하여라(2010년 기술지도사 2차 시험-전기전자재료).

(1) 압전체, 초전체, 강유전체에서 분극과 쌍극자 거동을 이용하여 각 소재의 차이점을 설명하여라.

(2) 유전체에서 주파수 증가에 따른 분극변화를 간단히 기술하고, 관련되는 네 가지 분극기구를 나열하여라.

3.8 자석은 전원이 없이 자장을 만드는 소자이다. 영구자기의 원인을 설명하여라.

3.9 열전 현상을 이용하여 만든 제품의 원리를 간단히 설명하여라.

3.10 초전도체의 응용분야를 열거하고 간단히 설명하여라.

3.11 물질에 자성이 생기는 근원에 대해 설명하여라.

3.12 자성체의 히스테리시스 현상과 그 응용분야에 대해 설명하여라.

3.13 p-형과 n-형 실리콘반도체를 만드는 방법을 설명하여라.

3.14 태양전지를 만드는 재료를 설명하여라.

3.15 전자질량이 m, 이완시간이 τ, 전자의 전하량 q, 체적전하밀도 n인 재료에서 전류밀도와 전장의 세기관계($\boldsymbol{J} = \rho_v v_d = \sigma \boldsymbol{E}$)를 이용하여 전도도가 $\sigma = \dfrac{nq^2\tau}{m}$ 임을 유도하여라.

3.16 실리콘 웨이퍼에 두께가 5×10^{-3}mm, 폭이 0.025mm인 알루미늄 선을 증착하였다. 전류밀도는 10^4A/cm^{2}일 때 단위길이당 저항값과 단위체적당 열 발생률을 구하여라(단, 단위체적당 열 발생률은 $EJ = J^2/\sigma\,[\mathrm{W/m^3}]$이다).

3.17 상온에서 진성 실리콘의 저항률을 구하여라(단, 상온에서 전자이동도는 1,500 [cm^2/V · s], 정공이동도는 480[cm^2/V · s], 진성 농도는 $n_i = 10^{10}\,[1/\mathrm{cm^3}]$이다).

3.18 다음에 대하여 설명하여라(2009년 기술지도사 2차 시험-전기전자재료).

(1) 광전효과 (2) 열전효과 (3) 압전효과

Chapter 04

정전장

Contents

119 정전장의 개요
119 쿨롱의 법칙
126 공간분포전하의 전장
135 전위와 전위에너지
146 전기력선의 방정식
149 전속과 전속밀도
151 가우스법칙
159 전장 가우스법칙 물리적 의미
162 포아송방정식과 라플라스방정식
169 전기 쌍극자의 전장
173 전기 이중층의 전위
174 전기 영상법
183 정전기장 응용

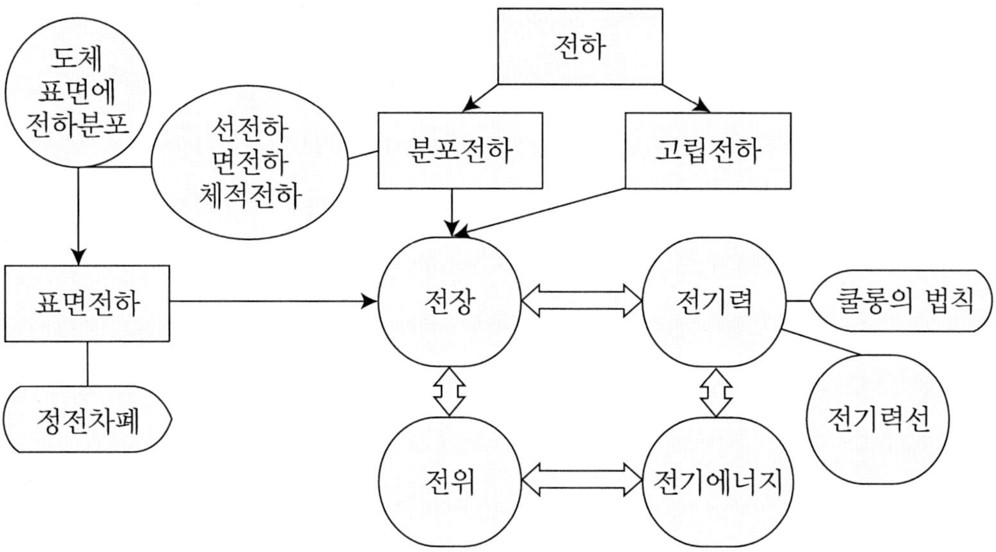
전하
도체
표면에
전하분포
선전하
면전하
체적전하
분포전하
고립전하
표면전하
전장
전기력
쿨롱의 법칙
정전차폐
전기력선
전위
전기에너지

4.1 정전장의 개요

모든 물질들은 원자라는 아주 작은 입자로 이뤄졌고 원자는 전자와 양성자라는 더 작은 입자들로 이루어졌다. 물질의 전기적 성질은 이 입자들의 수에 따라 결정된다. 보통 상태에서는 전자와 양성자의 숫자가 같아 중성을 띠게 된다.

정전기(靜電氣)는 일반적으로 서로 다른 물질이 마찰이나 힘을 받으면 전자의 이동으로 그 물체가 양전하(전자가 부족한 상태)나 음전하(전자가 많은 상태)를 띠게 된다.

정전기 현상의 발견에 대한 기록은 고대 그리스의 철학자 탈레스(Thales)가 양피에 호박(송진이 굳어서 된 보석)을 닦을 때 일어나는 현상을 기록한 것이 처음이었고, 영어로 전기(electricity)라는 말은 그리스어로 호박(electron)에서 유래되었다.

정전기는 전하들이 흐르지 못하고 한 곳에 모여 있다가 도체와 접촉하거나 전하들이 많이 모여 공기들이 전도성을 띠면 번개처럼 코로나방전이 일어나는 것이다. 그래서 전하들이 도체인 전선으로 흐르는 전기와 비교하여 정전기는 전하의 공간적 이동이 적어(미소전류) 자장효과가 전장효과에 비해 무시해도 될 정도로 아주 적은 전기라고 할 수 있으며, 이 정전장에 의한 모든 현상을 정전 현상이라고 한다.

정전장은 분사 페이트칠, 정전복사법 등에 사용하고, 정전하의 응용과 정전하가 나타나는 위험성의 이해가 필요하다. 정전기는 고분자물질을 많이 취급하는 일상생활에서 자주 발생하고 번개와 같은 자연 현상에서도 볼 수 있다.

정전기학(electrostatics)은 조용하게 정지된 움직이지 못하는(at rest) 전하(정전하), 즉 시간에 따라 전하의 위치가 변하지 않아 전하밀도, 전장, 전속밀도가 일정하며 전류밀도가 없어 자장이 없는 상태를 공부하는 분야이다.

4.2 쿨롱의 법칙

1785년 쿨롱은 실험을 통해 전기력은 거리 제곱에 반비례하고, 거리보다 크기가 작은 두 물체에 대전된 전하량에 비례하며, 전하의 종류에 따라 인력(전하량의 부호가 반대일 때) 혹은 척력(전하량의 부호가 같을 때)이 작용한다는 전하의 특성을 발견하였다. 그래서 정전장의 기본법칙인 쿨롱의 법칙은 그림 4.1과 같이 공기 중에 변위 $\boldsymbol{r}_1$과 $\boldsymbol{r}_2$에 위치한 점전하의 전하량 Q_1[C], Q_2[C]일 때 Q_1에 의해 Q_2에 작용하는 힘 $\boldsymbol{F}_{21}$[N]을 설명하는 원거리 작용(action at a distance) 법칙이고 등식은 다음과 같다.

$$\boldsymbol{F}_{21} = \frac{Q_1 Q_2}{4\pi\epsilon_0 |\boldsymbol{r}_2 - \boldsymbol{r}_1|^2}\widehat{a_{21}} \quad [\mathrm{N}] \tag{4-1}$$

여기서 $\widehat{a_{21}}$은 Q_1에서 Q_2로 향하는 단위벡터이고, 자유공간 유전율 $\epsilon_0 = 8.85 \times 10^{-12}$

$=10^{-9}/36\pi\,[\mathrm{F/m}]$이며 $4\pi\epsilon_0 = 10^{-9}/9\,[\mathrm{F/m}]$이고 단위가 양이면 반발력을 음이면 인력을 나타낸다.

Q_1에서 Q_2로 향하는 단위벡터는 $\widehat{a_{21}} = (\boldsymbol{r_2} - \boldsymbol{r_1})/|\boldsymbol{r_2} - \boldsymbol{r_1}|$이므로 쿨롱의 법칙 등식은 다음과 같다.

$$\boldsymbol{F}_{21} = \frac{Q_1 Q_2}{4\pi\epsilon_0 |\boldsymbol{r_2} - \boldsymbol{r_1}|^2} \frac{\boldsymbol{r_2} - \boldsymbol{r_1}}{|\boldsymbol{r_2} - \boldsymbol{r_1}|} = \frac{Q_1 Q_2 (\boldsymbol{r_2} - \boldsymbol{r_1})}{4\pi\epsilon_0 |\boldsymbol{r_2} - \boldsymbol{r_1}|^3} \quad [\mathrm{N}] \tag{4-2}$$

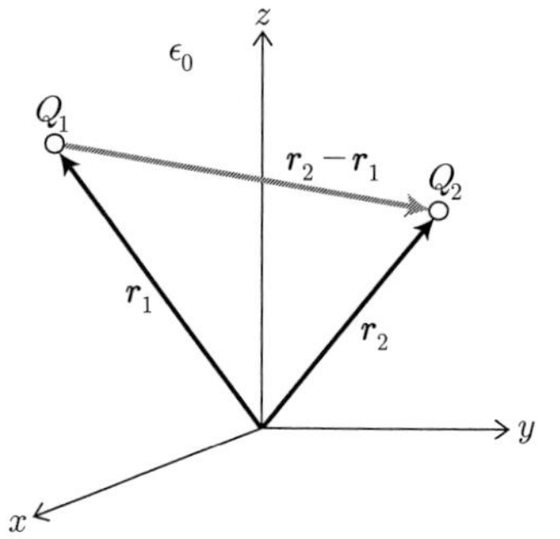

그림 4.1 자유공간에 두 개의 점전하에 작용하는 전기력

$$\boldsymbol{F}_{12} = -\boldsymbol{F}_{21}$$

$\boldsymbol{F}_{21}$: Q_1에 의해서 Q_2에 작용하는 힘, $\boldsymbol{F}_{12}$: Q_2에 의해서 Q_1에 작용하는 힘

● esu(electrostatic unit, **정전(靜電) 단위**), Gaussian unit

$F_e = \dfrac{Q_1 Q_2}{r^2}$, 전하의 단위가 MKS에서는 Coulomb이지만 esu에서는 statcoulomb이고, 정의는 1cm 떨어진 두 단위전하 사이의 힘이 1dyne이 되는 전하이다.

표 4.1은 두 전하의 극성에 따른 단위벡터와 힘의 방향을 요약하였다. 단위벡터 방향은 변위에 관련되고 두 전하에서 멀어지는 방향이고, 힘의 방향은 같은 부호 전하는 멀어지는 방향, 다른 부호 전하는 가까워지는 방향이다.

그림 4.2와 같이 변위 $\boldsymbol{r}$ 위치의 점전하 Q 근처에 N개의 점전하($Q_1, Q_2, \cdots, Q_N$)가 개별적으로 분포하는 경우 각 전하에 의해 점전하 Q에 작용하는 힘의 합은 중첩의 원리를 이용하면 다음과 같다.

$$\boldsymbol{F} = \frac{Q}{4\pi\varepsilon_0} \sum_{i=1}^{N} \left[Q_i \frac{\boldsymbol{r} - \boldsymbol{r_i}}{|\boldsymbol{r} - \boldsymbol{r_i}|^3} \right] \; [\mathrm{N}] \tag{4-3}$$

표 4.1 두 전하의 극성에 따른 단위벡터와 힘의 방향

전하종류	구조	단위벡터 방향	힘의 방향
양전하-양전하		바깥 방향	척력
음전하-음전하		바깥 방향	척력
양전하-음전하	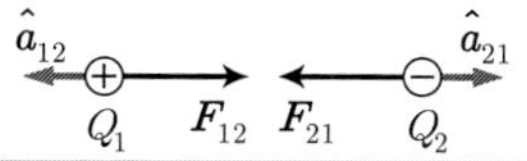	바깥 방향	인력
음전하-양전하	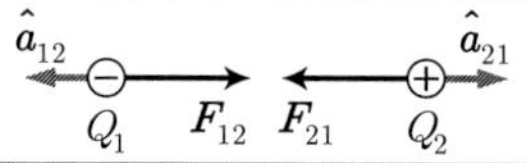	바깥 방향	인력

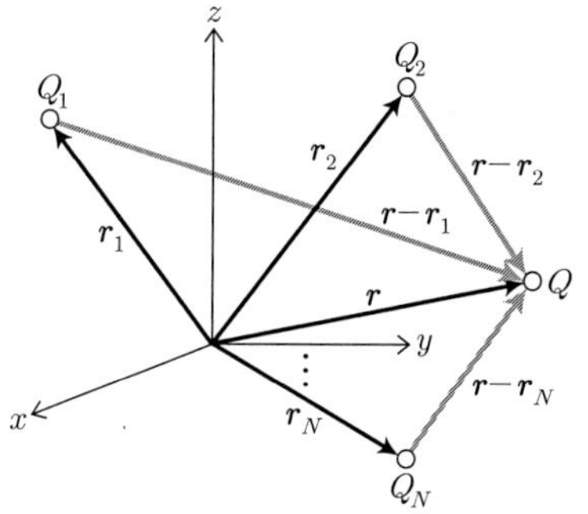

그림 4.2 변위 $\boldsymbol{r}$ 위치의 점전하 Q 근처에 N개의 점전하

예제 4.1 수소원자에서 양성자와 전자의 거리가 5.3×10^{-11}[m]이다. 이들 사이의 전기력과 중력을 비교하여라(단, 전자의 질량과 전하는 9.11×10^{-31}[kg], -1.6×10^{-19}[C]이고 양성자의 질량과 전하는 1.67×10^{-27}[kg], $+1.6\times10^{-19}$[C]이다).

풀이 전기력 크기, $|\boldsymbol{F}_e|=\dfrac{1}{4\pi\epsilon_0}\dfrac{Q_1\cdot Q_2}{r^2}=9\times10^9\dfrac{(1.6)^2\times10^{-38}}{(5.3)^2\times10^{-22}}=8.2\times10^{-8}$[N]

중력, $|\boldsymbol{F}_g|=G\dfrac{m_1\cdot m_2}{r^2}=6.67\times10^{-11}\dfrac{(9.11\times10^{-31})(1.67\times10^{-27})}{(5.3)^2\times10^{-22}}$

$=3.6\times10^{-47}$[N]이므로 전기력과 중력비 $\dfrac{|\boldsymbol{F}_e|}{|\boldsymbol{F}_g|}=2.27\times10^{39}$이다.

그래서 수소원자에서 양성자와 전자 사이에 작용하는 전기력이 중력보다 매우 큰 힘임을 알 수 있다. ■

쿨롱의 법칙에 의해 두 전하 사이의 전기력은 두 전하의 곱에 비례하고 각 전하는 전기력장인 전장을 만들고 주위의 전하에 전기력을 작용한다. 그래서 전장의 방향은 양의 시험

전하에 작용하는 힘의 방향과 같고 시험전하가 느끼는 단위 전하당 전기력으로 정의한다. 식 (4-1)에서 Q_2를 시험전하 q_0로 대치하고 MKS 단위로 전장을 구하기 위해 작용 힘을 수식으로 표현하면 다음과 같다.

$$\boldsymbol{F}_{21}=\frac{Q_1 q_0}{4\pi\epsilon_0|\boldsymbol{r}_2-\boldsymbol{r}_1|^2}\widehat{a_{21}}=q_0\left(\frac{Q_1\widehat{a_{21}}}{4\pi\epsilon_0|\boldsymbol{r}_2-\boldsymbol{r}_1|^2}\right)=q_0\boldsymbol{E}_1 \text{ [N]} \tag{4-4}$$

여기서 $\boldsymbol{E}_1$는 전하 Q_1에 의한 전장이며, $\boldsymbol{E}_1=\dfrac{\boldsymbol{F}_{21}}{q_0}=\dfrac{Q_1\widehat{a_{21}}}{4\pi\epsilon_0|\boldsymbol{r}_2-\boldsymbol{r}_1|^2}$ [N/C]이다.

그림 4.3과 같이 원점이 아닌 곳에 점전하 Q가 존재하는 경우 원천은 프라임벡터 $\boldsymbol{r}'=\widehat{a_x}x'+\widehat{a_y}y'+\widehat{a_z}z'$에 있고 관측점 P의 위치벡터 $\boldsymbol{r}=\widehat{a_x}x+\widehat{a_y}y+\widehat{a_z}z$에서 전장은

$$\boldsymbol{E}_p=\frac{\boldsymbol{F}}{q_0}=\frac{Q(\boldsymbol{r}-\boldsymbol{r}')}{4\pi\epsilon_0|\boldsymbol{r}-\boldsymbol{r}'|^3} \text{ [N/C] 혹은 [V/m]} \tag{4-5}$$

이며, 여기서 $\boldsymbol{r}-\boldsymbol{r}'=\widehat{a_x}(x-x')+\widehat{a_y}(y-y')+\widehat{a_z}(z-z')$,
$|\boldsymbol{r}-\boldsymbol{r}'|=\sqrt{(x-x')^2+(y-y')^2+(z-z')^2}$ 이고, $\widehat{a_r}=(\boldsymbol{r}-\boldsymbol{r}')/|\boldsymbol{r}-\boldsymbol{r}'|$은 단위벡터이다.
$\boldsymbol{r}'=0$로 하면 전장의 세기는 점전하가 원점에 있는 경우이다.

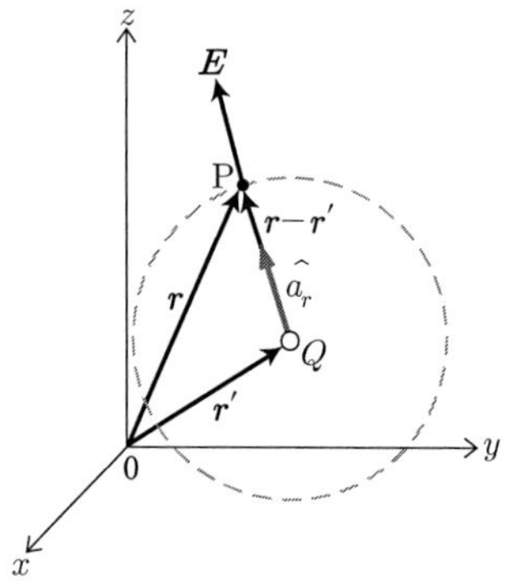

그림 4.3 점전하가 원점이 아닌 곳에 존재

원점에 점전하 Q가 있고, 위치벡터 $\boldsymbol{r}=\widehat{a_x}x+\widehat{a_y}y+\widehat{a_z}z=r\widehat{a_r}$ 에서의 전장은

① 구좌표 표현: $\boldsymbol{E}=\dfrac{\boldsymbol{F}}{q_0}=\dfrac{Q}{4\pi\epsilon_0 r^2}\widehat{a_r}=\dfrac{Q\,r}{4\pi\epsilon_0 r^3}=E_r(r,\theta,\phi)\widehat{a_r}$ [N/C 혹은 V/m]

② 직각좌표 표현:

$$\boldsymbol{E}=\frac{Q}{4\pi\epsilon_0(x^2+y^2+z^2)}\left(\frac{x}{\sqrt{x^2+y^2+z^2}}\widehat{a_x}+\frac{y}{\sqrt{x^2+y^2+z^2}}\widehat{a_y}+\frac{z}{\sqrt{x^2+y^2+z^2}}\widehat{a_z}\right)$$
$$=E_x(x,y,z)\widehat{a_x}+E_y(x,y,z)\widehat{a_y}+E_z(x,y,z)\widehat{a_z} \text{ 이다.}$$

그림 4.4와 같이 원점에 있는 양전하의 전장은 바깥으로 방사하고 원점에 있는 음전하의 전장은 안쪽으로 방사하며, 원점에 있는 점전하의 전장은 구 대칭이고 크기는 $1/r^2$에 따라 변한다.

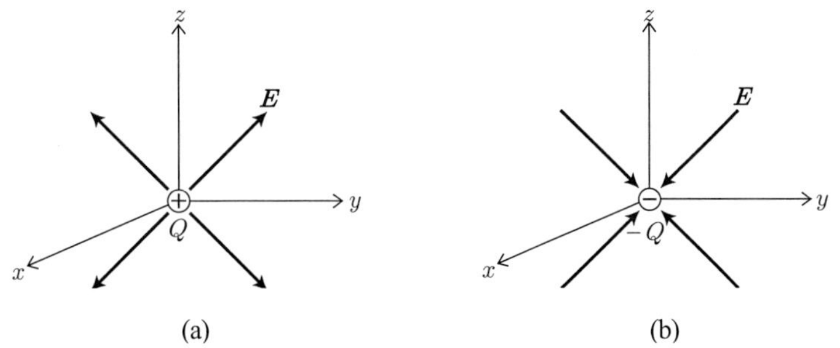

그림 4.4 원점에 존재하는 점전하에 따른 전장의 방향 (a) 양전하 (b) 음전하

시험전하 q_0에 작용하는 힘이 $\boldsymbol{F}$이면 시험전하에 느끼는 전장은 $\boldsymbol{E} = \lim_{q_0 \to 0} \dfrac{\boldsymbol{F}}{q_0}$이다. 따라서 전장은 $1[\mathrm{C}]$인 시험전하가 받는 힘과 같고, 단위는 $\dfrac{\mathrm{N}}{\mathrm{C}} = \dfrac{\mathrm{J/m}}{\mathrm{C}} = \dfrac{\mathrm{J/C}}{\mathrm{m}} = \dfrac{\mathrm{V}}{\mathrm{m}}$이다.

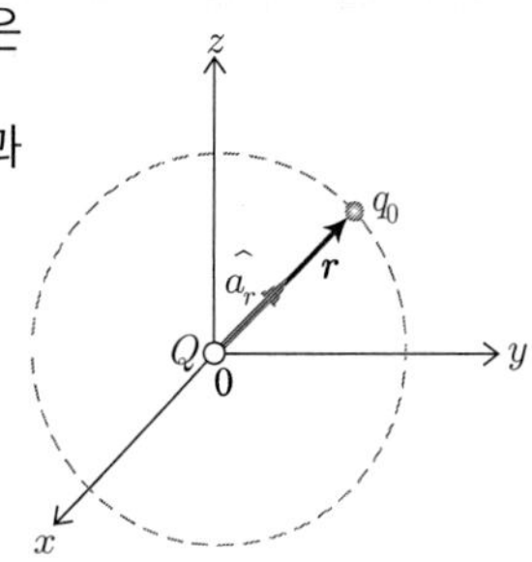

그림 4.5는 공간에 한 개의 전자($1.6 \times 10^{-19}[\mathrm{C}]$)가 존재하고 $n\mathrm{m}$ 거리에서 전장의 세기를 나타낸다.

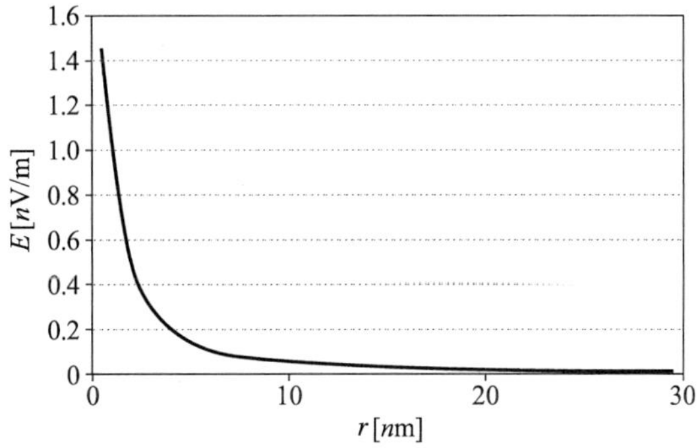

그림 4.5 한 개의 전자 근처에서 전장의 세기

예제 4.2 점 P(3,2,1)에 위치하는 전하 $Q_1 = 2\times10^{-4}$[C]과 점 Q(2,0,3)에 위치하는 전하 $Q_2 = -3\times10^{-4}$[C] 사이에 작용하는 힘을 구하여라.

풀이 $\boldsymbol{r}_p = 3\hat{a}_x + 2\hat{a}_y + \hat{a}_z$, $\boldsymbol{r}_q = 2\hat{a}_x + 3\hat{a}_z$, $\boldsymbol{r}_{pq} = \boldsymbol{r}_q - \boldsymbol{r}_p = -\hat{a}_x - 2\hat{a}_y + 2\hat{a}_z$,

$$|\boldsymbol{r}_{pq}| = \sqrt{1+4+4} = 3,\quad \hat{a}_{pq} = \frac{\boldsymbol{r}_{pq}}{|\boldsymbol{r}_{pq}|} = \frac{-\hat{a}_x - 2\hat{a}_y + 2\hat{a}_z}{3},$$

$$\boldsymbol{F}_{pq} = \frac{2\times10^{-4}(-3\times10^{-4})}{4\pi(1/36\pi)10^{-9}\times9}\frac{-\hat{a}_x - 2\hat{a}_y + 2\hat{a}_z}{3} = -60\frac{-\hat{a}_x - 2\hat{a}_y + 2\hat{a}_z}{3}$$

$$= 20\hat{a}_x + 40\hat{a}_y - 40\hat{a}_z\ [\mathrm{N}],\quad \boldsymbol{F}_{qp} = -\boldsymbol{F}_{pq}$$ ■

예제 4.3 한 변의 길이가 1[m]인 정육각형의 각 꼭짓점에 3[μC] 전하가 고정되어 있을 때 중심에서 전장의 세기를 구하여라.

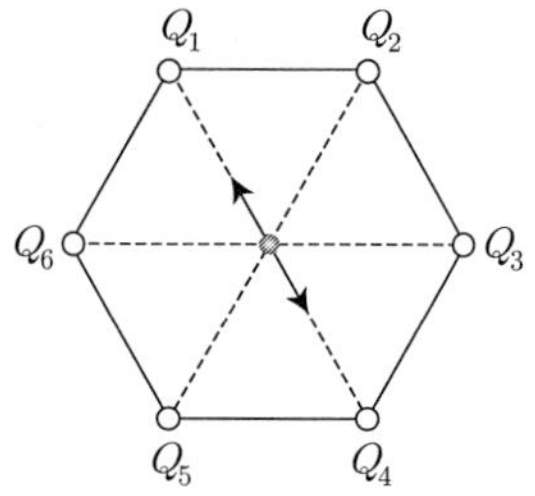

풀이 전장의 세기는 1[C]의 전하를 정육각형 중심에 놓았을 때 1[C]의 전하가 받는 힘을 구하면 된다. 마주보는 전하와 1[C]의 전하에 작용하는 힘은 방향이 반대이고 크기가 같으므로 중심에서 전장의 세기는 "0"이다.

$|\boldsymbol{F}_{Q1}| = |\boldsymbol{F}_{Q4}|$, $|\boldsymbol{F}_{Q2}| = |\boldsymbol{F}_{Q5}|$, $|\boldsymbol{F}_{Q3}| = |\boldsymbol{F}_{Q6}|$ ■

점전하가 개별적으로 분포하는 경우 힘은 선형이고 전장의 세기도 선형이므로 중첩의 원리를 이용하면 한 점에서 전장은 각 전하가 만들어내는 전장의 합이므로 다음과 같다.

$$\boldsymbol{E}(\boldsymbol{r}) = \frac{\boldsymbol{F}(\boldsymbol{r})}{q_0} = \frac{1}{4\pi\epsilon_0}\sum_i\left[Q_i\frac{\boldsymbol{r}-\boldsymbol{r}_i'}{|\boldsymbol{r}-\boldsymbol{r}_i'|^3}\right] \tag{4-6}$$

그림 4.6과 같이 서로 다른 두 개의 점전하가 다른 위치에 존재할 때 시험전하 q_0 위치에서 전장은 점전하 Q_1에 의한 전장 $\boldsymbol{E}_1$과 점전하 Q_2에 의한 전장 $\boldsymbol{E}_2$의 합인 $\boldsymbol{E}(\boldsymbol{r}) = \boldsymbol{E}_1 + \boldsymbol{E}_2$이다. 역시 여러 점전하가 서로 다른 위치에 존재할 때 어떤 한 점전하에 작용하는 힘은 중첩의 원리로 구한다.

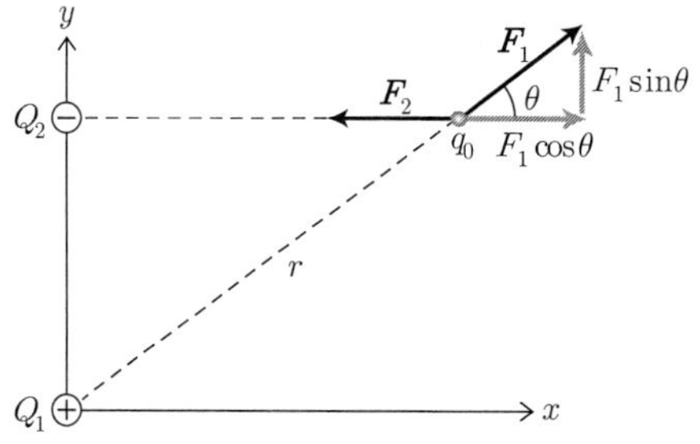

그림 4.6 여러 전하에 의한 전기력의 중첩원리

서로 다른 두 개의 점전하가 시험전하 q_0에 작용하는 힘은 점전하 Q_1에 의한 힘 $\boldsymbol{F}_1 = q_0\boldsymbol{E}_1$과 점전하 Q_2에 의한 힘 $\boldsymbol{F}_2 = q_0\boldsymbol{E}_2$의 합인 $\boldsymbol{F} = \boldsymbol{F}_1 + \boldsymbol{F}_2$으로 중첩하여 구한다. 따라서 전장은 시험전하를 1[C]으로 하여 각 전하에 의해 시험전하가 받는 힘과 같다.

표 4.2는 다양한 두 개의 점전하 구성에서 나타나는 전장의 크기를 요약한 것이다.

표 4.2 다양한 두 개의 점전하 구성에서 전장의 크기

문제	구성	전장의 크기
같은 부호 전하의 중점에서 전장	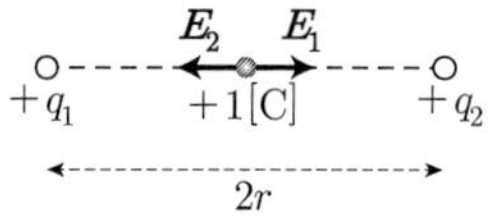	$E = E_1 - E_2 = 9 \times 10^9 \dfrac{(q_1 - q_2)}{r^2}$ [V/m]
다른 부호 전하의 중점에서 전장	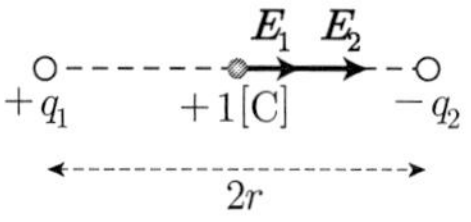	$E = E_1 + E_2 = 9 \times 10^9 \dfrac{(q_1 + q_2)}{r^2}$ [V/m]
같은 부호 전하의 정삼각형 위치에서 전장	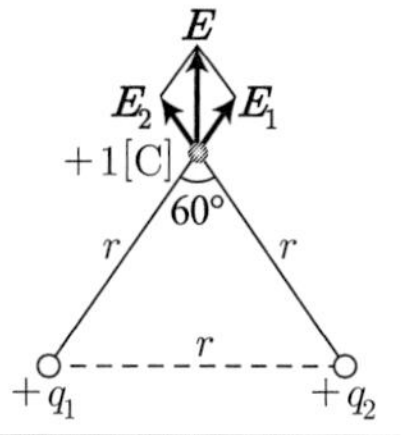	$E = \sqrt{E_1^2 + E_2^2 + 2E_1E_2\cos 120^o}$ $= \sqrt{E_1^2 + E_2^2 - 2E_1E_2\cos 60^o}$ $= \sqrt{E_1^2 + E_2^2 - E_1E_2}$ [V/m]
다른 부호 전하의 정삼각형 위치에서 전장	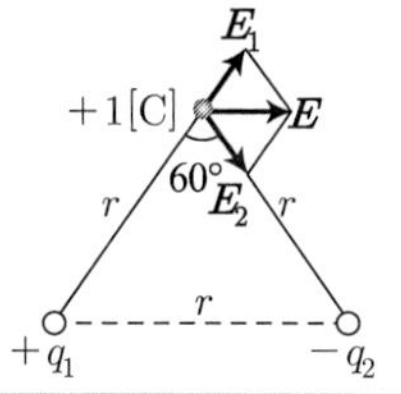	$E = \sqrt{E_1^2 + E_2^2 + 2E_1E_2\cos 60^o}$ $= \sqrt{E_1^2 + E_2^2 + E_1E_2}$ [V/m]
같은 부호 전하의 직각삼각형 위치에서 전장	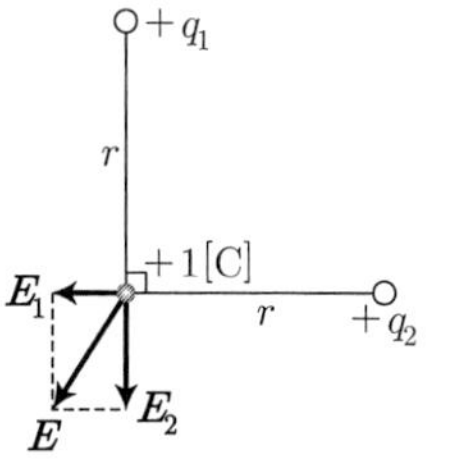	$E = \sqrt{E_1^2 + E_2^2 + 2E_1E_2\cos 90^o}$ $= \sqrt{E_1^2 + E_2^2}$ [V/m]
같은 부호 전하에서 전장이 "0"되는 지점(내부에 존재)	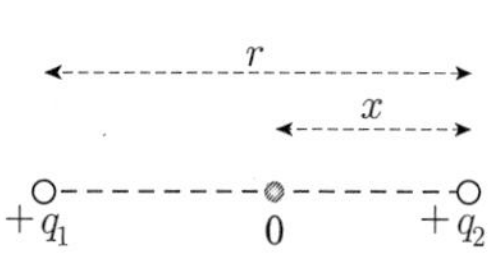	$\dfrac{q_1}{(r-x)^2} = \dfrac{q_2}{x^2}$
다른 부호 전하에서 전장이 "0"되는 지점(전하의 절댓값이 작은 쪽에 존재)	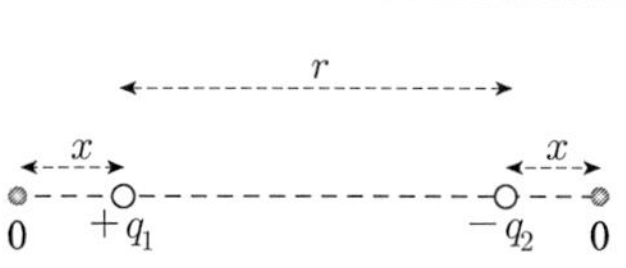	① $q_1 > q_2$인 경우 $\dfrac{q_1}{(r+x)^2} = \dfrac{q_2}{x^2}$ ② $q_1 < q_2$인 경우 $\dfrac{q_1}{x^2} = \dfrac{q_2}{(r+x)^2}$

예제 4.4 그림과 같이 두 전하가 x-축 상에 존재할 때 축 상의 한 점 P에서 전장을 구하여라.

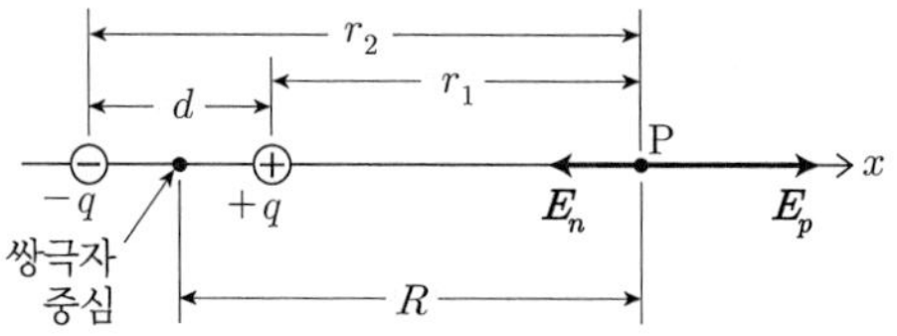

풀이 점 P에서 음의 전하에 의한 전장의 방향은 $-x$ 방향이고, 양의 전하에 의한 전장의 방향은 x 방향이므로 중첩의 원리를 이용한 전장은

$$\boldsymbol{E} = \boldsymbol{E}_p + \boldsymbol{E}_n = \frac{q}{4\pi\epsilon_0 r_1^2}\hat{a}_x - \frac{q}{4\pi\epsilon_0 r_2^2}\hat{a}_x = \hat{a}_x\frac{q}{4\pi\epsilon_0}\left[\frac{1}{(R-d/2)^2} - \frac{1}{(R+d/2)^2}\right]$$
$$= \hat{a}_x\frac{q}{4\pi\epsilon_0 R^2}\left[(1-d/2R)^{-2} - (1+d/2R)^{-2}\right]$$

이다. $d \ll R$ 조건에서 이항정리를 사용하면 전장은 다음과 같다.

$$\boldsymbol{E} = \hat{a}_x\frac{q}{4\pi\epsilon_0 R^2}\left(\frac{2d}{R}\right) = \hat{a}_x\frac{qd}{2\pi\epsilon_0 R^3} \quad [\mathrm{V/m}]$$ ■

예제 4.5 그림과 같이 원점에 $+Q$[C] 전하가 있고, 1m 떨어진 지점에 $-2Q$[C] 전하가 위치한다면 전장이 "0"이 되는 x-축 상의 위치를 구하여라.

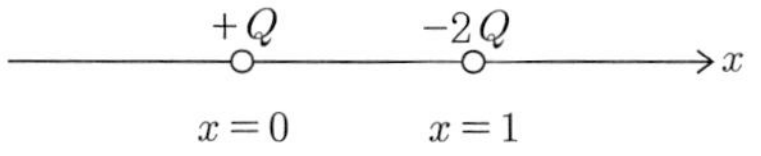

풀이 어림짐작으로 전장이 "0"되는 위치는 원점에서 왼쪽이고 원점에서 x만큼 떨어졌다고 가정하면

$$E_n = E_1 + E_2 = \frac{kQ}{x^2} + \frac{2kQ}{(x+1)^2} = 0 \;\rightarrow\; x^2 - 2x - 1 = 0$$

이고 $x = 2.41m$ 혹은 $x = -0.414m$이다. $x = -0.414m$은 두 전하 사이에서 각 전하가 작용하는 힘의 세기는 같고 방향이 반대인 지점이다. ■

4.3 공간분포전하의 전장

점전하는 체적이 매우 작은 수학적인 근사화한 것으로 전자와 같은 작은 하전된 입자가 한 점(체적이 "0")에 위치한 유한한 전하 혹은 두 하전된 물체가 먼 거리에 떨어져 있을 때이다.

전자기학 응용에서 하전된 입자들의 모임은 체적, 표면 그리고 선전하밀도로 모형화한다. 분포된 전하에 의한 전장을 구하기 위해 미소전하소의 모임들을 점전하로 간주한다.

전하가 공간에 분포하면 미소전하밀도는 $dq = \rho_v(x',y',z')\,dv' = \rho_v(x',y',z')dx'dy'dz'$ 이며, 표면분포를 하면 미소전하밀도는 $dq = \rho_s(x',y')ds' = \rho_s(x',y')dx'dy'$ 이고, 선 분포를 하면 미소전하밀도는 $dq = \rho_\ell(x')d\ell' = \rho_\ell(x')dx'$ 이다. 그림 4.7은 여러 종류의 전하를 나타내고, 미소 체적, 미소 면적, 미소 길이 내의 전하거리가 점 P까지 거리보다 매우 작다고 한다. 그리고 관심 영역에서 균일하게 분포된 전하는 거리에 상관없으므로 전체 전하량은 전하밀도에 전체 체적, 면적 그리고 길이를 곱하여 쉽게 구한다.

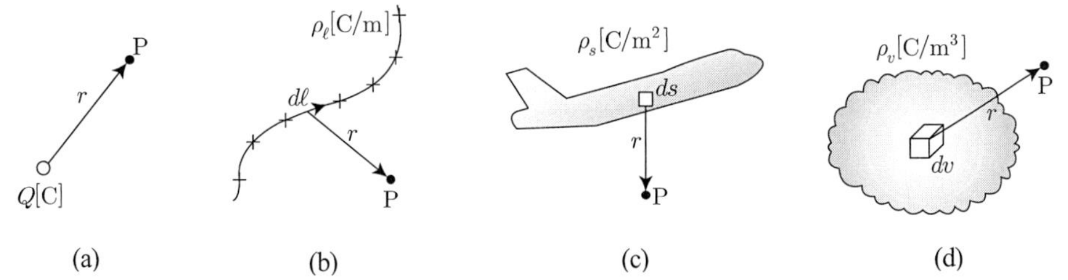

그림 4.7 전하의 종류 (a) 점전하[C] (b) 선전하[C/m] (c) 면전하[C/m^2] (d) 체적전하[C/m^3]

전하밀도의 종류

(a) 매질의 밀도와 같이 3차원 응용을 위한 체적전하밀도: $\rho_v(\boldsymbol{r}') = \lim_{dv'\to 0}\frac{\Delta q}{\Delta v'} = \frac{dq}{dv'}$ [C/m^3]이며, 플라즈마, 도핑된 반도체에 사용한다. 체적 v 내에서 전체 전하량 $Q[\mathrm{C}] = \sum_i \Delta q_i \Rightarrow = \int_v \rho_v(\boldsymbol{r}')dv'$ 균일한 전하분포인 경우 $\rho_v = Q/v_0[\mathrm{C/m^3}]$ 여기서 $v_0[\mathrm{m^3}]$는 전체 체적이다.

(b) 두께가 '0' 인 분포, 두께가 면적에 비해 적을 때 2차원 응용을 위한 표면전하밀도 : $\rho_s(\boldsymbol{r}') = \lim_{\Delta s'\to 0}\frac{\Delta q}{\Delta s'} = \frac{dq}{ds'}$ [C/m^2] 면적 s 내에서 전체 전하량 $Q[\mathrm{C}] = \sum_i \Delta q_i = \int_s \rho_s(\boldsymbol{r}')ds' \Rightarrow$ 균일한 전하분포인 경우 $\rho_s = Q/s_0[\mathrm{C/m^2}]$ 여기서 $s_0[\mathrm{m^2}]$는 전체 면적이다.

(c) 단면적이 길이에 비해 작을 때 1차원 응용을 위한 선전하밀도: $\rho_\ell(\boldsymbol{r}') = \lim_{\Delta \ell'\to 0}\frac{\Delta q}{\Delta \ell'} = \frac{dq}{d\ell'}$ [C/m] 길이 ℓ 내에서 전체 전하량 $Q[\mathrm{C}] = \sum_i \Delta q_i = \int_\ell \rho_\ell(\boldsymbol{r}')d\ell' \Rightarrow$ 균일한 전하분포인 경우 $\rho_\ell = Q/\ell_0[\mathrm{C/m}]$ 여기서 $\ell_0[\mathrm{m}]$는 전체 길이이다.

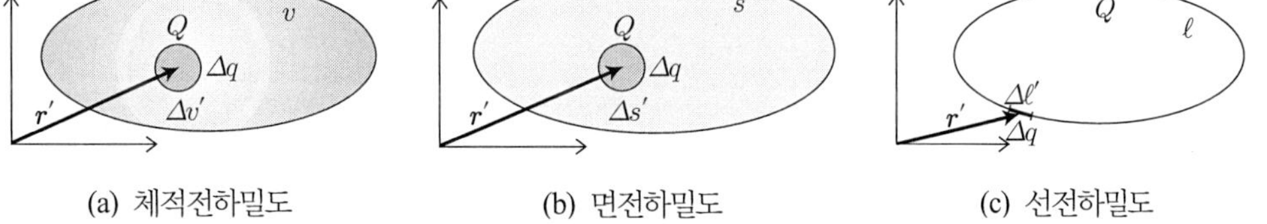

(a) 체적전하밀도 (b) 면전하밀도 (c) 선전하밀도

쿨롱법칙과 뉴튼 만유인력법칙

역자승법칙이라는 유사성과 중력에서는 인력만 존재하지만, 전기력에서는 인력과 척력이 존재한다는 차이점이 있다. 전자나 양성자와 같은 입자 사이의 전기력은 중력에 비하여 매우 크다. 그러나 전기력은 두 종류의 전하 간에 상쇄될 기회가 많기 때문에, 우주적으로 규모가 커지면 중력이 우세하다.

그림 4.8(a)와 같이 전하가 연속적인 공간분포를 가지는 경우 전장은

$$\boldsymbol{E}(\boldsymbol{r}) = \int_{v'} d\boldsymbol{E}(\boldsymbol{r}') = \int_{v'} \frac{\rho_v(\boldsymbol{r}')dv'}{4\pi\epsilon r_0^2}\widehat{a_{r0}} = \frac{1}{4\pi\epsilon}\int_{v'} \rho_v(\boldsymbol{r}')\frac{\boldsymbol{r}-\boldsymbol{r}'}{|\boldsymbol{r}-\boldsymbol{r}'|^3}dv' \tag{4-7}$$

이고, 여기서 $r_0 = |\boldsymbol{r}-\boldsymbol{r}'|$, $\widehat{a_{r0}} = (\boldsymbol{r}-\boldsymbol{r}')/|\boldsymbol{r}-\boldsymbol{r}'|$이다.

직각좌표계에서 원천은 $\boldsymbol{r}' = x'\widehat{a_x} + y'\widehat{a_y} + z'\widehat{a_z}$에 있고, 관측점은 $\boldsymbol{r} = x\widehat{a_x} + y\widehat{a_y} + z\widehat{a_z}$, 미소 체적은 $dv' = dx'dy'dz'$이므로 전장은

$$\boldsymbol{E}(x,y,z) = \frac{1}{4\pi\epsilon}\int_{v'} \rho_v(\boldsymbol{r}')\frac{(x-x')\widehat{a_x} + (y-y')\widehat{a_y} + (z-z')\widehat{a_z}}{\left[(x-x')^2 + (y-y')^2 + (z-z')^2\right]^{3/2}}dx'dy'dz' \tag{4-8}$$

이다. 여기서 적분 변수 x', y', z'는 전하가 있는 체적에 대해서만 적분한다. 비록 전하분포가 간단하다고 해도 전장의 식은 매우 복잡하므로, 쿨롱의 법칙은 실제로 전장을 구하기에 비실용적이다.

그림 4.8(b)와 같이 전하가 표면분포로 된 경우 전장은

$$\boldsymbol{E}(\boldsymbol{r}) = \int_{s'} d\boldsymbol{E}(\boldsymbol{r}') = \int_{s'} \frac{\rho_s(\boldsymbol{r}')ds'}{4\pi\epsilon r_0^2}\widehat{a_{r0}} = \frac{1}{4\pi\epsilon}\int_{s'} \rho_s(\boldsymbol{r}')\frac{\boldsymbol{r}-\boldsymbol{r}'}{|\boldsymbol{r}-\boldsymbol{r}'|^3}ds' \tag{4-9}$$

이고, 그림 4.8(c)와 같이 선전하분포를 가지는 경우 전장은 다음과 같다.

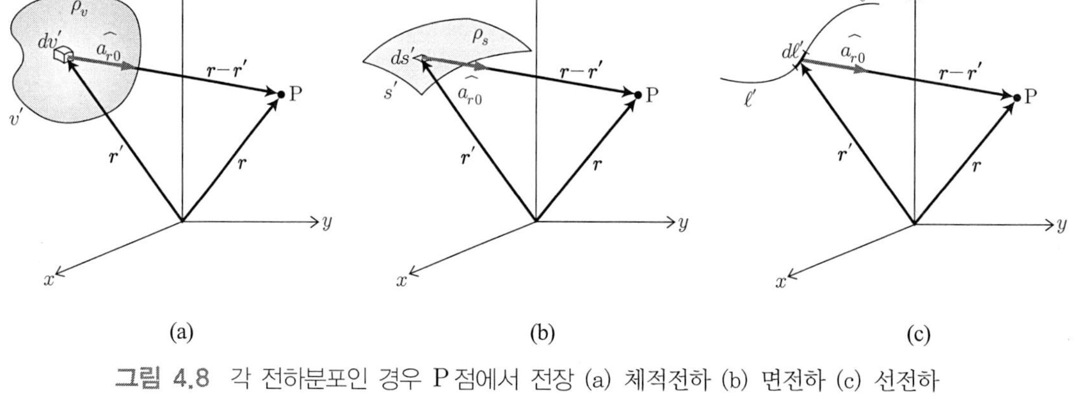

그림 4.8 각 전하분포인 경우 P점에서 전장 (a) 체적전하 (b) 면전하 (c) 선전하

$$\boldsymbol{E}(\boldsymbol{r}) = \int_{\ell'} d\boldsymbol{E}(\boldsymbol{r}') = \int_{\ell'} \frac{\rho_\ell(\boldsymbol{r}')d\ell'}{4\pi\epsilon r^2}\widehat{a_{r0}} = \frac{1}{4\pi\epsilon}\int_{\ell'} \rho_\ell(\boldsymbol{r}')\frac{\boldsymbol{r}-\boldsymbol{r}'}{|\boldsymbol{r}-\boldsymbol{r}'|^3}d\ell' \qquad (4\text{-}10)$$

● 연속적인 전하분포에서 전장 구하기

① 각 전하원소에 의한 전장은 쿨롱의 법칙을 이용한다.

$$\left(d\boldsymbol{E}_i = \frac{dq_i}{4\pi\epsilon_0 r_i^2}\widehat{a_r}\right)$$

② 모든 전하원소로 기인하는 전장은 중첩의 원리로 계산한다.

$$\left(\boldsymbol{E} = \sum_i d\boldsymbol{E}_i = \frac{1}{4\pi\epsilon_0}\sum_i \frac{dq_i}{r_i^2}\widehat{a_r}\right)$$

③ 가능하면 대칭성을 이용한다.

$$\left(\boldsymbol{E} = \int d\boldsymbol{E} = \frac{\widehat{a_r}}{4\pi\epsilon_0}\int\frac{dq}{r^2}\right)$$

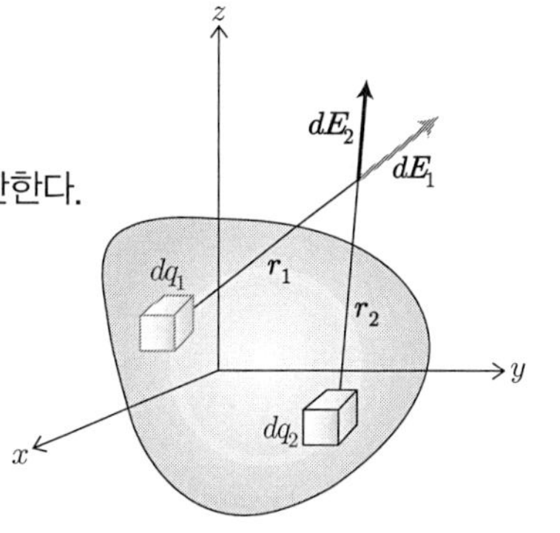

(1) 선전하에 의한 전장

그림 4.9(a)와 같은 무한 선전하에서 공간 한 점의 전장을 구하여라.

① 그림 4.9(b)와 같이 전장은 단지 회전 반경에 따라 변한다. $\rho - z$축의 점 P를 선택하고, $-z$ 거리의 미소전하 dQ를 선택하면 미소전하에 의한 전장은 $d\boldsymbol{E} = dE_\rho\widehat{a_\rho} + dE_z\widehat{a_z}$ 이다.

② 그림 4.9(c)과 같이 거리 $+z$의 다른 미소전하 dQ를 고려하면 전장의 z-성분은 상쇄되어 $d\boldsymbol{E} = 2\,dE_\rho\widehat{a_\rho}$ 이다.

③ $\boldsymbol{E} = \dfrac{Q}{4\pi\epsilon_0 R^2}\widehat{a_R}$로부터 미소 전장은 $d\boldsymbol{E} = \dfrac{dQ}{4\pi\epsilon_0 R^2}\widehat{a_R}$이고, 전체 전장은

$$\boldsymbol{E} = \int \frac{dQ}{4\pi\epsilon_0 R^2}\widehat{a_R}$$ 이다.

그림 4.9(d)에서 $dQ = \rho_L dz$, $\boldsymbol{R} = \rho\widehat{a_\rho} - z\widehat{a_z}$, $\widehat{a_R} = \dfrac{\boldsymbol{R}}{R} = \dfrac{\rho\widehat{a_\rho} - z\widehat{a_z}}{\sqrt{\rho^2+z^2}}$ 이므로

$$\boldsymbol{E} = \int_{-\infty}^{\infty}\frac{dQ}{4\pi\epsilon_0 R^2}\widehat{a_R} = \int_{-\infty}^{\infty}\frac{\rho_L dz}{4\pi\epsilon_0(\rho^2+z^2)^{3/2}}(\rho\widehat{a_\rho} - z\widehat{a_z}) = E_\rho\widehat{a_\rho} + E_z\widehat{a_z}$$ 이다.

④ E_z는 대칭성으로 상쇄되고, 변수를 $z = \rho\tan\theta$로 치환하면 $dz = \rho\sec^2\theta\, d\theta$이므로 전장은 다음과 같다.

$$\begin{aligned} E_\rho &= \frac{\rho_L}{4\pi\epsilon_0}\int_{-\infty}^{\infty}\frac{\rho dz}{(z^2+\rho^2)^{3/2}} = \frac{\rho_L}{4\pi\epsilon_0}\int_{-90^o}^{90^o}\frac{\rho^2\sec^2\theta d\theta}{\rho^3(\tan^2\theta+1)^{3/2}} \\ &= \frac{\rho_L}{4\pi\epsilon_0\rho}\int_{-90^o}^{90^o}\frac{\sec^2\theta d\theta}{\sec^3\theta} = \frac{\rho_L}{4\pi\epsilon_0\rho}\int_{-90^o}^{90^o}\cos\theta d\theta = \frac{\rho_L}{2\pi\epsilon_0\rho}[\mathrm{V/m}] \end{aligned} \qquad (4\text{-}11)$$

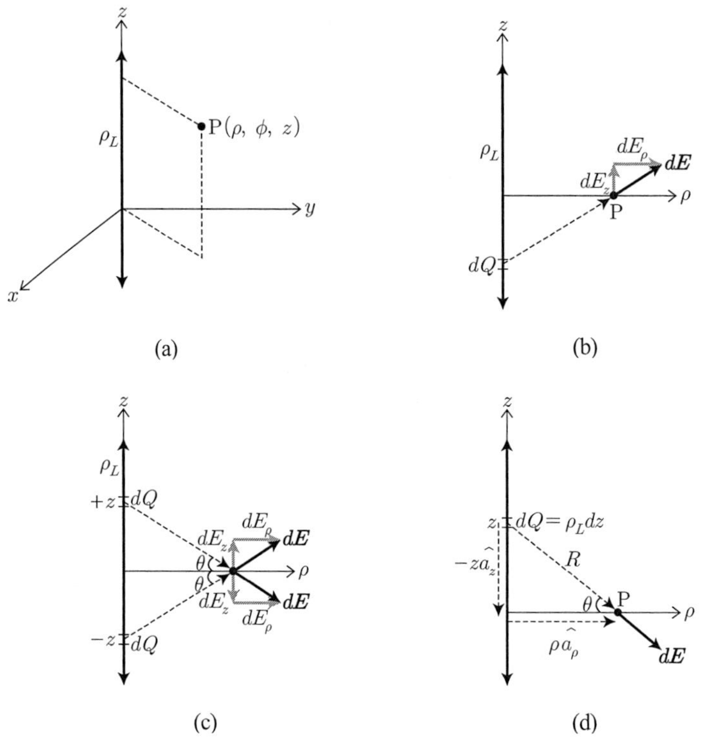

그림 4.9 무한 선전하에 의한 전장 구하기 (a) 무한 선전하 (b) 미소전하에 의한 전장 (c) 전장성분의 상쇄 (d) 거리

그림 4.10과 같이 전체 전하량이 Q[C]이고 균일한 양의 선전하밀도 $\rho_\ell[\mathrm{C/m^2}]$이며 길이가 $\ell[\mathrm{m}]$인 비도체막대가 x-축으로 놓여 있다. 한 막대 끝에서 거리가 x_0이고 막대 축에 위치한 점 P에서 전장을 계산해보자.

① 단위길이당 전하는 $\rho_\ell = Q/\ell$이고, 임의의 dx' 미소 길이 조각의 점전하는 $dq = \rho_\ell dx'$이다. 점 P에서 전장의 방향은 $-x$ 방향이고 dq에 의한 미소 전장과 전체 길이에서 전장은

$$\boldsymbol{dE} = \frac{dq}{4\pi\epsilon_0 r^2}\hat{a_r} = \frac{\rho_\ell dx'}{4\pi\epsilon_0 x'^2}(-\hat{a_x}) = -\hat{a_x}\frac{Q\,dx'}{4\pi\epsilon_0 \ell x'^2} \tag{4-12}$$

$$\boldsymbol{E} = \int \boldsymbol{dE} = \frac{-\hat{a_x}Q}{4\pi\epsilon_0\ell}\int_{x_0}^{x_0+\ell}\frac{dx'}{x'^2} = \frac{-\hat{a_x}Q}{4\pi\epsilon_0\ell}\left(\frac{1}{x_0} - \frac{1}{x_0+\ell}\right) = -\hat{a_x}\frac{Q}{4\pi\epsilon_0 x_0(x_0+\ell)}$$

이다. 여기서 $x_0 \gg \ell$인 원거리장조건(짧은 막대조건)에서 $\boldsymbol{E} = -\hat{a_x}\dfrac{Q}{4\pi\epsilon_0 x_0^2}$이므로 계산결과가 점전하와 같고 $\ell \gg x_0$인 긴 막대조건에서 $E \simeq \dfrac{\rho_\ell}{4\pi\epsilon_0 x_0}$이므로 선전하밀도와 같다.

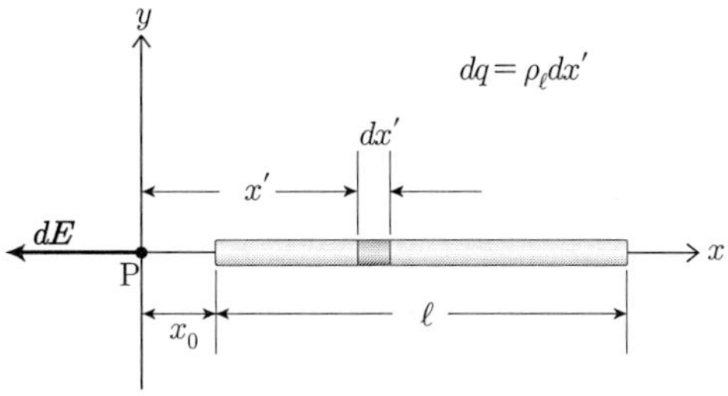

그림 4.10 비도체 선전하막대에 의한 수평축에서 전장

그림 4.11과 같이 전체 전하량이 $Q[\mathrm{m}]$이고 균일한 양의 선전하밀도 $\rho_\ell[\mathrm{C/m}]$이며 길이가 $\ell[\mathrm{m}]$인 비도체막대가 x-축으로 놓여 있다. 막대 중심에서 거리가 $h[\mathrm{m}]$ 떨어진 점 P에서 전장을 계산해보자.

① 그림 4.11(a)와 같이 선전하밀도 $\rho_\ell = Q/\ell$이고 dx' 미소 길이의 전하량은 $dq = \rho_\ell dx'$이며, dq에 의한 미소 전장 크기는 다음과 같다.

$$dE = \frac{dq}{4\pi\epsilon_0 r'^2} = \frac{\rho_\ell\, dx'}{4\pi\epsilon_0 (x'^2 + h^2)} \tag{4-13}$$

② 그림 4.11(b)와 같이 대칭성을 이용하면 $E_x = 0$이며 미소 전장의 y-성분은 다음과 같다.

$$dE_y = dE\cos\theta = \frac{\rho_\ell dx'}{4\pi\epsilon_0 (x'^2 + h^2)} \frac{h}{\sqrt{x'^2 + h^2}} = \frac{\rho_\ell h\, dx'}{4\pi\epsilon_0 (x'^2 + h^2)^{3/2}} \tag{4-14}$$

③ 전체 길이에 대해 적분한 전장의 y성분은

$$E_y = \int dE_y = \frac{\rho_\ell h}{4\pi\epsilon_0} \int_{-\ell/2}^{\ell/2} \frac{dx'}{(x'^2 + h^2)^{3/2}} \tag{4-15}$$

이고 변수를 $x' = h\tan\theta'$로 치환하면 $dx' = h\sec^2\theta' d\theta'$이므로 적분 항은

$$\int_{-\ell/2}^{\ell/2} \frac{dx'}{(x'^2 + h^2)^{3/2}} = \int_{-\theta}^{\theta} \frac{h\sec^2\theta' d\theta'}{h^3(\tan^2\theta' + 1)^{3/2}} = \frac{1}{h^2}\int_{-\theta}^{\theta} \frac{\sec^2\theta' d\theta'}{\sec^3\theta'}$$
$$= \frac{1}{h^2}\int_{-\theta}^{\theta} \cos\theta' d\theta' = \frac{2\sin\theta}{h^2}$$

이고 전장은 다음과 같다.

$$E_y = \frac{2\rho_\ell \sin\theta}{4\pi\epsilon_0 h} = \frac{\rho_\ell}{2\pi\epsilon_0 h} \frac{\ell/2}{\sqrt{h^2 + (\ell/2)^2}} \tag{4-16}$$

④ $h \gg \ell$인 원거리장 조건(점전하 조건)에서 $E_y \simeq \dfrac{\rho_\ell \ell}{4\pi\epsilon_0 h^2} = \dfrac{Q}{4\pi\epsilon_0 h^2}$이고, $h \ll \ell$인 무한길이 조건(원통대칭 조건)에서는 $E_y \simeq \dfrac{\rho_\ell}{2\pi\epsilon_0 h}$이다.

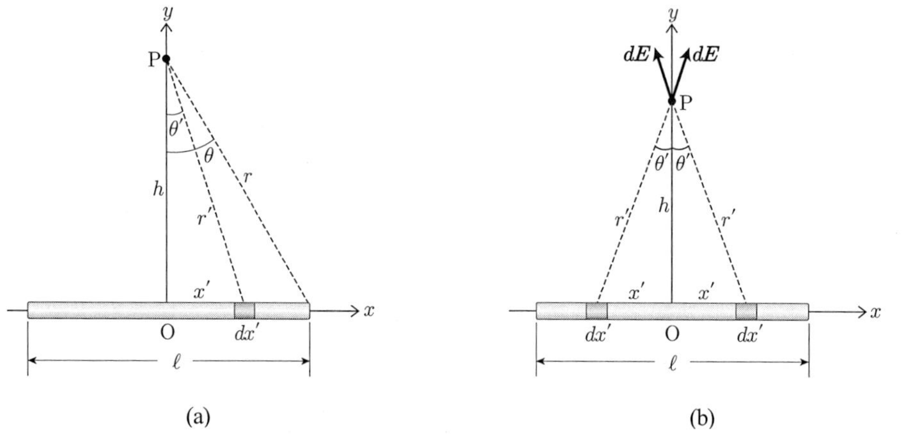

그림 4.11 비도체 선전하막대에 의한 수직축에서 전장 (a) 구조 (b) 대칭

(2) 원고리전하에 의한 전장

그림 4.12와 같이 전체 전하량이 Q[C]이고 균일한 양의 선전하밀도 ρ_ℓ[C/m]이며 반경이 R[m]인 비도체고리가 xy-평면에 놓여 있다. 고리 중심에서 z-방향으로 거리가 h[m] 떨어진 점 P에서 전장을 계산해보자.

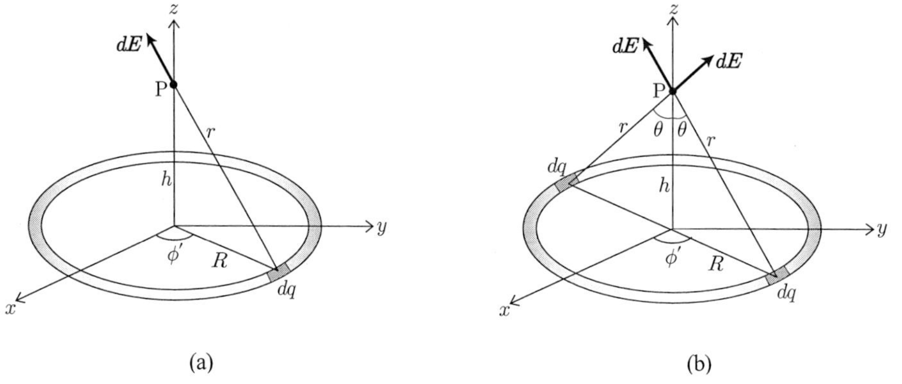

그림 4.12 반경 R인 원고리전하에 의한 전장 (a) 구조 (b) 대칭

① 고리 $d\ell$의 전하소 dq에 의한 거리 r에서 미소 전장은 쿨롱의 법칙에 의해 $dE = \dfrac{dq}{4\pi\epsilon_0 r^2} = \dfrac{dq}{4\pi\epsilon_0 (R^2 + h^2)}$이고, 고리의 대칭성으로 ρ-성분은 상쇄되어 z-성분은 다음과 같다.

$$dE_z = dE\cos\theta = dE\frac{h}{r} = dE\frac{h}{\sqrt{R^2 + h^2}} \tag{4-17}$$

② 선전하밀도 $\rho_\ell = Q/(2\pi R)$이고 $d\ell'$ 미소 길이의 전하량은 $dq = \rho_\ell d\ell' = \rho_\ell R d\phi'$이며, dq에 의한 미소 전장 크기는 다음과 같다.

$$dE_z = \frac{h\, dq}{4\pi\epsilon_0 (R^2 + h^2)^{3/2}} = \frac{h\, \rho_\ell R d\phi'}{4\pi\epsilon_0 (R^2 + h^2)^{3/2}} \tag{4-18}$$

③ h와 R은 상수이므로 전체 전장은 다음과 같다.

$$E_z = \oint dE_z = \frac{\rho_\ell h R}{4\pi\epsilon_0 (R^2 + h^2)^{3/2}} \oint d\phi' = \frac{2\pi\rho_\ell h R}{4\pi\epsilon_0 (R^2 + h^2)^{3/2}} = \frac{Qh}{4\pi\epsilon_0 (R^2 + h^2)^{3/2}} \tag{4-19}$$

고리의 축인 z-방향으로 떨어진 거리 h에 대한 E_z의 그림은 그림 4.13에 나타냈고, E_z의 최고점은 $h = R/\sqrt{2}$ 지점이다.

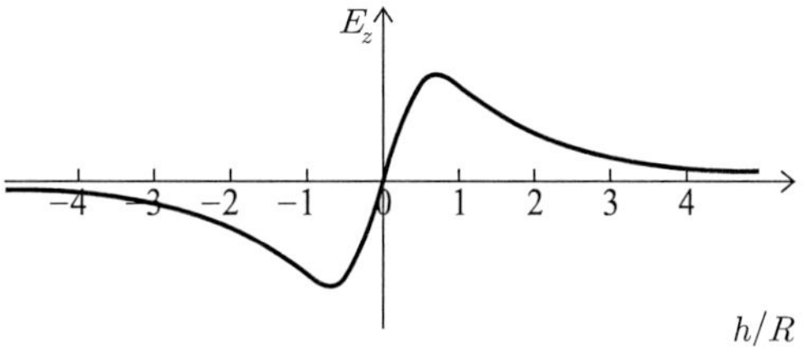

그림 4.13 z-방향으로 떨어진 거리 h에 대한 E_z의 그림

④ 극단점에서 (a) $h = 0$이면, $E_z = 0$이고, (b) $h \gg R$이면 $(R^2 + h^2)^{3/2} \to h^3$이므로 점전하 q에 의한 전장, $E_z = \dfrac{Q}{4\pi\epsilon_0 h^2}$이 된다. 고리의 원점에서 전장이 사라지고, h에 대해 전장의 성분은 원점대칭을 보인다. (c) $h \ll R$ $E_z = \dfrac{hQ}{4\pi\epsilon_0 R^3}$

(3) 면전하밀도에서 전장

그림 4.14와 같이 전체 전하량이 $Q[\mathrm{C}]$이고 균일한 양의 면전하밀도 $\rho_s[\mathrm{C/m^2}]$이며 반경이 $R[\mathrm{m}]$인 비도체 원판이 xy-평면에 놓여 있다. 원판 중심에서 z-방향으로 거리가 $h[\mathrm{m}]$ 떨어진 점 P에서 전장을 계산해보자.

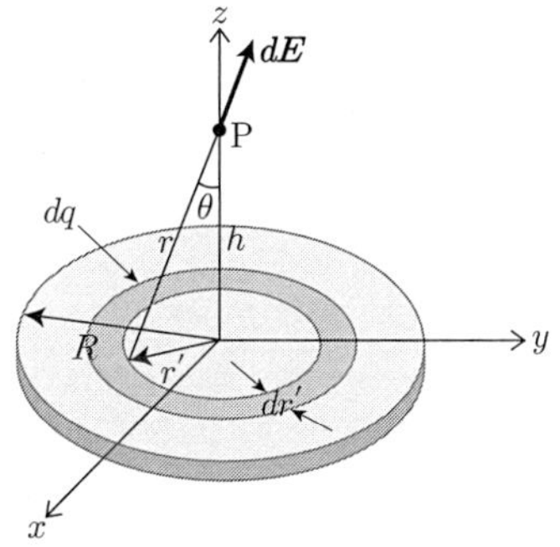

그림 4.14 전체 전하량이 $Q[\mathrm{C}]$인 반경이 $R[\mathrm{m}]$인 비도체 원판

① 원판을 반경이 r'이고 두께가 dr'인 동심원 고리들의 집합으로 생각한다. 고리의 면전하 밀도는 $\rho_s = Q/(\pi R^2)$이고, 미소 고리의 전하량은 $dq = \rho_s(2\pi r'\,dr') = \dfrac{2Q\,r'\,dr'}{R^2}$이다.

② 대칭성을 이용하면 점 P에서 전장은 z-성분만 있고(x와 y-성분은 상쇄됨) 미소 전장 크기는

$$dE_z = dE\cos\theta = \frac{h\,dq}{4\pi\epsilon_0(r'^2+h^2)^{3/2}} = \frac{h(2\pi\rho_s r'\,dr')}{4\pi\epsilon_0(r'^2+h^2)^{3/2}} \qquad (4\text{–}20)$$
$$= \frac{Q\,hr'\,dr'}{2\pi R^2\epsilon_0(r'^2+h^2)^{3/2}}$$

③ $r'=0$에서 $r'=R$까지 전체 원반에 대해 적분한 전장은

$$E_z = \int_0^R dE_z = \frac{Q\,h}{2\pi R^2\epsilon_0}\int_0^R \frac{r'\,dr'}{(r'^2+h^2)^{3/2}} \qquad (4\text{–}21)$$

이고, 적분을 위해 $u = r'^2+h^2$이라 하면 $du = 2r'\,dr'$이므로 적분 항은 $\displaystyle\int_{h^2}^{R^2+h^2}\frac{1}{2}u^{-3/2}du = -u^{-1/2}\Big|_{h^2}^{R^2+h^2} = \frac{1}{h} - \frac{1}{\sqrt{R^2+h^2}}$이고 전장은 다음과 같다.

$$E_z = \frac{Q\,h}{2\pi R^2\epsilon_0}\left(\frac{1}{h} - \frac{1}{\sqrt{R^2+h^2}}\right) = \frac{Q}{2\pi R^2\epsilon_0}\left(1 - \frac{h}{\sqrt{R^2+h^2}}\right) \quad (h>0) \qquad (4\text{–}22)$$

$$E_z = \frac{-Q}{2\pi R^2\epsilon_0}\left(1 - \frac{h}{\sqrt{R^2+h^2}}\right) \quad (h<0) \qquad (4\text{–}23)$$

④ $0 < h \ll R$이면 두 번째 항이 "0"이므로 $E_z = \dfrac{Q}{2\epsilon_0\pi R^2} = \dfrac{\rho_s}{2\epsilon_0}$이고 이것은 전하의 무한 평면인 경우가 되어 평면에 떨어진 거리 h에 무관하다. $h \gg R > 0$ 조건에서 이항근사식을 사용하면

$$E_z = \frac{Q}{2\pi R^2\epsilon_0}\left(1 - \frac{1}{\sqrt{1+\left(\frac{R}{h}\right)^2}}\right) = \frac{Q}{2\pi R^2\epsilon_0}\left(1 - \left[1 - \frac{1}{2}\left(\frac{R}{h}\right)^2\right]\right) = \frac{Q}{4\pi\epsilon_0 h^2}$$

이므로 원거리에서는 원판이 점전하와 같이 작용한다.

- 무한 선전하에 의한 전장($r=\rho$만큼 떨어진 지점) : $\boldsymbol{E} = \hat{a}_\rho \dfrac{\rho_\ell}{2\pi\epsilon_0\rho}$[V/m]
- 반경 R인 원고리전하에 의한 전장(중심에서 $z=h$ 지점) : $\boldsymbol{E} = \dfrac{\hat{a}_z\rho_\ell h R}{2\epsilon_0(R^2+h^2)^{3/2}}$[V/m]
- 표면전하에 의한 전장 : $\boldsymbol{E} = \hat{a}_z \dfrac{\rho_s}{2\epsilon_0}$[V/m]

4.4 전위와 전위에너지

(1) 전위와 일과 전위에너지의 관계

스칼라인 전위, 일(에너지)을 정의하면 이것으로부터 벡터인 전장을 구할 수 있다. 그림 4.15와 같이 전위(전압)는 양전하와 음전하를 분리시키는데 필요한 단위 전하당 전기에너지(일)로 정의할 수 있다. 그런데 전장 내에서 양전하를 전장의 반대방향으로 옮기려면 외부에서 음의 일을 해야 한다. 단위 양전하를 전장 내의 기준점으로부터 어느 점까지 옮기는데 필요한 일의 양, 즉 단위 양전하가 갖는 전기적 위치에너지를 전위라고 정의한다.

$$V_e = \frac{dW}{dq} \text{ [V, J/C]} \tag{4-24}$$

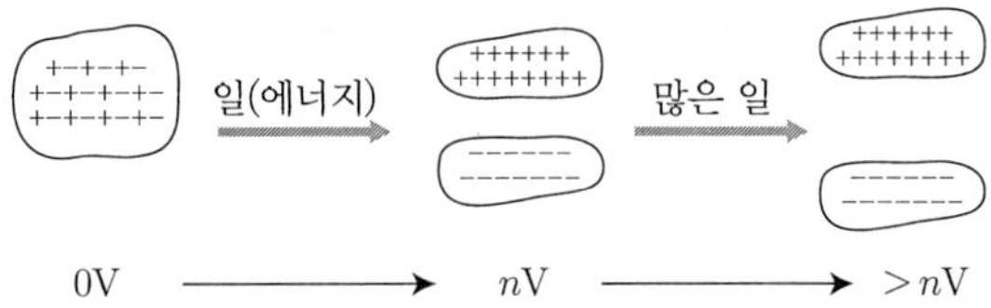

그림 4.15 전위 정의

그림 4.16에서 중력장 내 물체의 운동은 중력에 의한 위치에너지로 설명하고 전장에 놓인 양전하는 전기력에 의한 위치에너지로 설명할 수 있어 중력장에서 위치에너지와 전장의 전위에 의한 에너지가 같은 개념이다. 중력장에서 질량 m[kg]인 물체를 높이 h[m]만큼 올리려면 mgh[J] 음의 일을 해야 한다. 중력장에서 물체의 위치에너지가 높이에 따라 변하는 것처럼 전장에서도 양전하가 갖는 위치에너지도 위치에 따라 변한다.

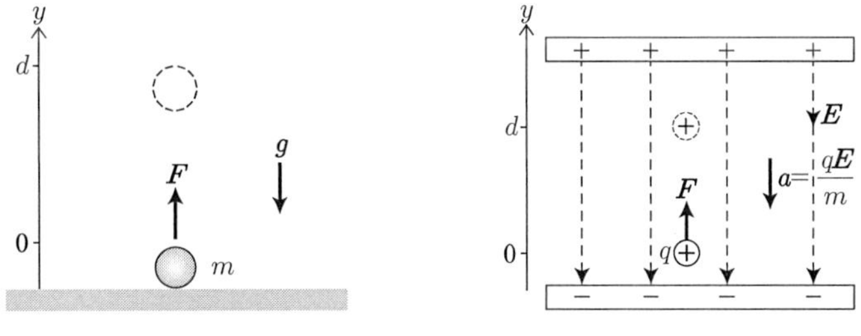

그림 4.16 일과 에너지 (a) 중력의 경우, $W=\int_0^d (-mg)dy = -mgd,\ \Delta\mathcal{E}_u = mgd$

(b) 전기력인 경우, $W=\int_0^d (-qE)dy = -qEd,\ \Delta\mathcal{E}_e = qEd$

두 점 사이의 전위차 V_d[V]는 단위 전하당 한 일의 양이므로 전하 q[C]을 다른 한 점으로 옮기는데 필요한 음의 일량이 W[J]라 하면 전위차 V_d는 다음과 같다.

$$V_d = \frac{W}{q} \text{ [V, J/C]} \tag{4-25}$$

즉, 1[C]의 양전하를 옮기는데 1[J]의 일이 필요할 때, 두 점 사이의 전위를 1볼트(V)라 한다.

기전력, 전위차, 전압 그리고 전위

전위(electric potential, 전기적인 위치에너지)는 전하를 흐르게 하는 전기력에 의한 위치에너지로 임의의 지점에서 절대전압의 값이다. 기전력(electromotive force)은 전압을 연속적으로 만들어 주는 힘이며, 개방상태에서 전기적 에너지원의 양 끝에 존재하는 전위차(potential difference)이고 닫힌 회로에서 자유전자가 계속 이동할 수 있도록 필요한 에너지를 공급하는 원동력이다. 전압(voltage)은 회로 내에 전류가 흐르기 위해서 필요한 전기적인 압력으로 두 지점 간의 전위차이며 절대전위로 나타낸다. 단위는 모두 볼트(V)이다.

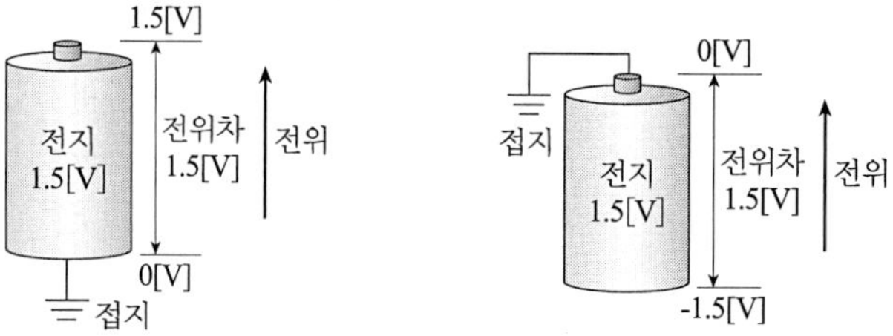

(a) $1.5\text{V} - 0\text{V} = 1.5\text{V}$ (b) $0\text{V} - (-1.5\text{V}) = 1.5\text{V}$

단위전하 q[C]를 점 a에서 점 b로 이동시키는 일

$$V_b - V_a = W_{ab}/q = -\frac{1}{q}\int_a^b \boldsymbol{F} \cdot d\boldsymbol{\ell} \text{[V]} = \frac{1}{q} F d\ell \cos\theta$$

양전하 Q[C]을 전장 E(V/m) 안에서 ① 전장의 방향으로 거리 d[m]만큼 이동하는 일 $Fd = QEd$[J] ② 전장의 반대방향으로 거리 d[m]만큼 움직이는 일 $W = -Fd = -QEd$[J] ③ 이때 거리 d 사이의 전위차가 V_d라면 $V_d = W/Q$[V]이므로 전장의 세기는 $E = V_d/d$ [V/m, N/C]이다.

정전장에서 움직이는 전하의 일의 척도는 스칼라 전위로 나타낸다. 그림 4.17과 같이 전하에 힘 F_e가 작용하여 점 a에서 점 b로 이동한다면 이 힘이 한 일 W_{ab}는 전위에너지의 감소($\mathcal{E}_a > \mathcal{E}_b \rightarrow W_{ab} > 0$)와 같다. 일한 만큼 위치에너지, $\mathcal{E}_e$가 줄어들고 이를 수식으로 나타내면 다음과 같다.

$$-W_{ab} = \mathcal{E}_b - \mathcal{E}_a = -\int_{기준}^b \boldsymbol{F}_e \cdot d\boldsymbol{\ell} + \int_{기준}^a \boldsymbol{F}_e \cdot d\boldsymbol{\ell} = -\int_a^b \boldsymbol{F}_e \cdot d\boldsymbol{\ell} \text{ [J]} \tag{4-26}$$

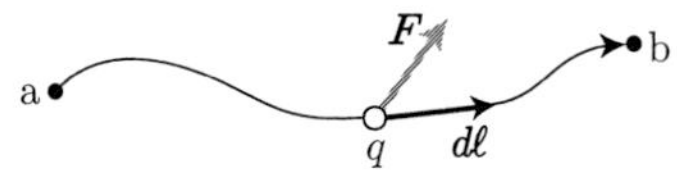

그림 4.17 전위에너지

에너지는 일을 할 수 있는 능력

$$\mathcal{E} = -W = -\int \boldsymbol{F} \cdot d\boldsymbol{\ell} = \text{나중 에너지} - \text{처음 에너지}$$

- 일의 부호가 양($W > 0$)이면 일을 **하는 것**(위치에너지 감소, $-\pi/2 \leq \theta \leq \pi/2$)이고, 음($W < 0$)이면 일을 **받는 것**(위치에너지 증가, $\pi/2 \leq \theta \leq 3\pi/2$)이다. 힘 방향의 수직으로 움직이면 일 $W = 0$이다.
- 일을 하는 주체는 에너지가 줄어들고 객체는 에너지가 커진다.
- 전장이 하는 일 : 전장 속에서 어떤 전하를 점 a에서 점 b로 옮길 때 전기력은 보존장이므로 한 일은 경로에 무관하다. $W_{ab} = q\int_a^b \boldsymbol{E} \cdot d\boldsymbol{\ell}$
- 전위에너지(전기 위치에너지) = −(전기력이 한 일)

  : $\mathcal{E}_e(r) = -q\int_{\text{기준}}^{r} \boldsymbol{E} \cdot d\boldsymbol{\ell}$

  절대 전위 $V(r) = -\int_{\text{기준}}^{r} \boldsymbol{E} \cdot d\boldsymbol{\ell} = \mathcal{E}_e/q$

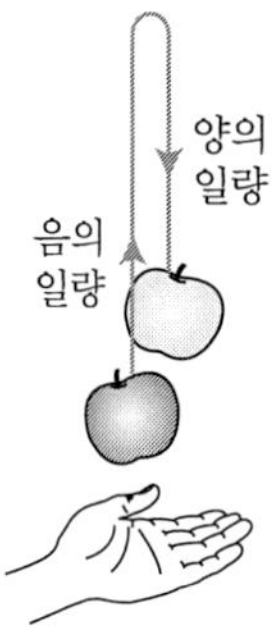

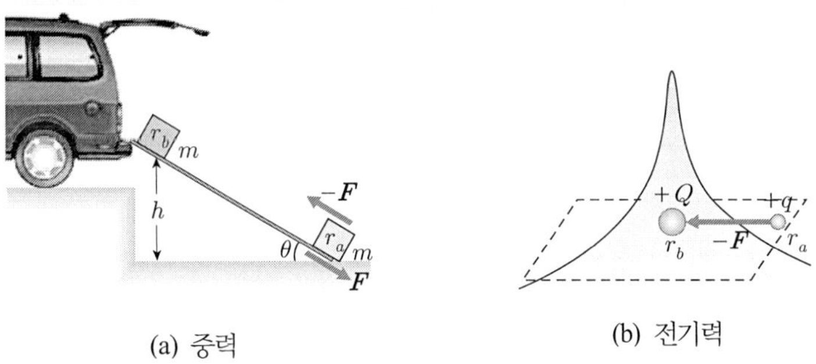

(a) 중력 (b) 전기력

(a) $-W = \mathcal{E}_b - \mathcal{E}_a = \int_{r_a}^{r_b} (-\boldsymbol{F}) \cdot d\boldsymbol{r}$: 물체를 a에서 b로 이동하는데 필요한 일을 함.

(b) $-W = \int_{r_a}^{r_b} (-q\boldsymbol{E}) \cdot d\boldsymbol{r} = q\nabla V$: 전위에너지가 증가함.

크기가 같고 극성이 반대인 전하들이 두 금속 평행판에 대전되면 두 평행판 사이에 균일한 전장이 만들어진다. 전장 속에서 시험전하 q_0가 한 지점에서 다른 지점으로 이동하면 작용하는 힘은 $\boldsymbol{F}=q_o\boldsymbol{E}$ 이고 전장에서 단위 시험전하의 전위에너지 차(potential energy difference)는

$$\mathcal{E}_{ab}=\mathcal{E}_b-\mathcal{E}_a=-\int_a^b \boldsymbol{F}\cdot d\boldsymbol{\ell}=-\int_a^b q_0\boldsymbol{E}\cdot d\boldsymbol{\ell}\ [\mathrm{J}] \tag{4-27}$$

이다. 두 점 a에서 b까지 시험전하가 움직이는데 단위 전하당 한 일은 두 지점 사이 전위차

$$V_{ab}\equiv\frac{\mathcal{E}_b-\mathcal{E}_a}{q_0}=-\int_a^b \boldsymbol{E}\cdot d\boldsymbol{\ell}=V_b-V_a\ [\mathrm{V}] \tag{4-28}$$

이고, 전위차는 시험전하에 의존하지 않고 전장에 의존한다.

> $$V_{ab}=-\int_a^b \boldsymbol{E}\cdot d\boldsymbol{\ell}=-\int_a^{p_0}\boldsymbol{E}\cdot d\boldsymbol{\ell}-\int_{p_0}^b \boldsymbol{E}\cdot d\boldsymbol{\ell}=-\int_{p_0}^b \boldsymbol{E}\cdot d\boldsymbol{\ell}-\left(-\int_{p_0}^a \boldsymbol{E}\cdot d\boldsymbol{\ell}\right)$$
> $$=V_b-V_a$$
> 기준점 p_0은 전위가 "0"인 접지지점이다. 보통 기준점은 무한대지점으로 하며 그래서 공간의 한 점 p에서 전위는 $V_p=-\int_{p_0}^p \boldsymbol{E}\cdot d\boldsymbol{\ell}=-\int_\infty^p \boldsymbol{E}\cdot d\boldsymbol{\ell}$이다.

예제 4.6 다음 조건에서 물음에 답하여라.

(a) 전장이 $x\widehat{a_x}+y\widehat{a_y}[\mathrm{V/m}]$일 때 원점에서 점 $\mathrm{P}(3,4,0)[\mathrm{m}]$까지 직선 경로를 따라 $1[\mathrm{C}]$의 전하를 이동시키는데 필요한 일과 경로 OAP에 따른 일을 구하여라.

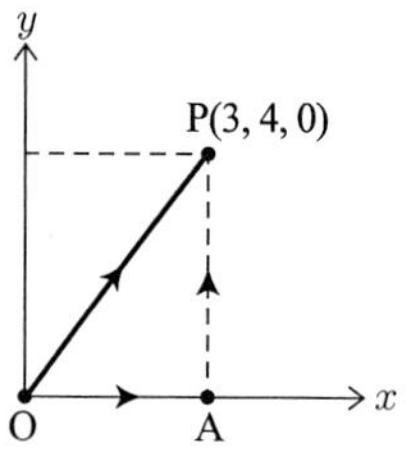

(b) 선전하 $10^{-9}/18[\mathrm{C/m}]$에서 $1[\mathrm{m}]\le\rho\le 2[\mathrm{m}]$ 만큼 전하 $1[\mathrm{C}]$을 이동시키는데 일을 구하여라.

풀이 (a) 직선 경로의 식은 $y=\dfrac{4}{3}x,\ dy=\dfrac{4}{3}dx$ 이다.

$$W_{0P}=-\int_0^3\left(x\widehat{a_x}+y\widehat{a_y}\right)\cdot\left(dx\widehat{a_x}+dy\widehat{a_y}\right)=-\int_0^3(xdx+ydy)$$
$$=-\int_0^3\frac{25}{9}xdx=-12.5[\mathrm{J}]$$

$$W_{0AP} = -\left(\int_0^3 x dx + \int_0^4 y dy\right) = -\left(\frac{9}{2} + \frac{16}{2}\right) = -12.5[\mathrm{J}]$$

(b) $$W = Q\int_a^b \frac{\rho_\ell}{2\pi\epsilon_o \rho}\hat{a_\rho} \cdot d\rho \hat{a_\rho} = \frac{Q\rho_\ell}{2\pi\epsilon_o}\int_a^b \frac{1}{\rho}d\rho = \frac{Q\rho_\ell}{2\pi\epsilon_0}\ln\rho\bigg|_a^b$$

$$= \frac{Q\rho_\ell}{2\pi\epsilon_o}\ln\frac{b}{a} = \ln 2 = 0.69[\mathrm{J}]$$ ■

(2) 전장과 전위경도

그림 4.18(a)와 같이 경로에 따른 전위의 미소 증분은 $dV = -\boldsymbol{E} \cdot \boldsymbol{d\ell} = -\boldsymbol{E} \cdot d\ell\,\hat{a_\ell} = -E\,d\ell\cos\theta$이고 여기서 θ는 전장과 경로 사이의 각도이다. 경로에 따라 위치에 대한 전위의 미분은 $dV/d\ell = -E\cos\theta$이고 최댓값은 $\theta = \pi$일 때

$$\left.\frac{dV}{d\ell}\right|_{\max} = E \qquad (4\text{-}29)$$

이고, 그림 4.18(b)와 같이 전장의 크기는 전위의 최대 공간변화율과 같다. 그래서 전장의 방향은 높은 전위에서 낮은 전위를 향하는 전위의 최대 감소 방향이다. 그래서 전장은

$$\boldsymbol{E} = \frac{dV}{d\ell}(-\hat{a_\ell}) = -\frac{dV}{d\ell}\hat{a_\ell} = -\nabla V \qquad (4\text{-}30)$$

이고, ∇(델)은 기울기 연산자이다. 음수는 전장의 방향이 전위가 감소하는 방향임을 의미한다.

전장은 보존장이므로 $\oint \boldsymbol{E} \cdot \boldsymbol{d\ell} = 0$이고 스토크스정리로 $\oint \nabla\times\boldsymbol{E} \cdot \boldsymbol{ds} = 0$이므로 전장은 비회전성을 가진다.

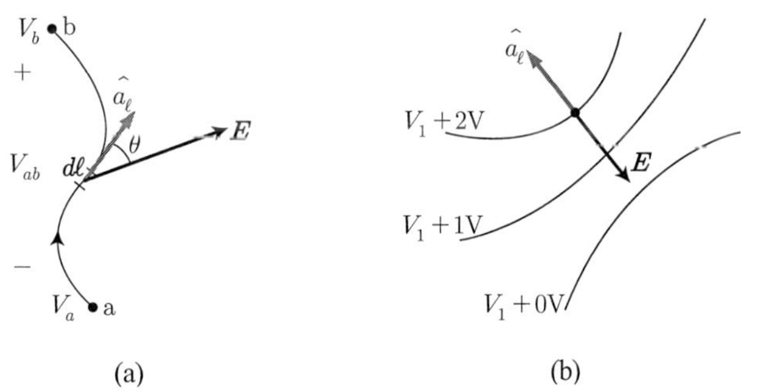

그림 4.18 전위경도 (a) 전위의 미소 증분 (b) 전위의 최대 공간변화

공간상에 에너지가 달라 전장이 존재하는 공간에서 임의로 전하를 움직이려면 외부에서 힘이 필요하다. 일반적으로 쿨롱의 법칙에 의해 구한 전기력 $\boldsymbol{F_e}$와 가우스법칙에 의해 구한 전장 $\boldsymbol{E}$를 사용하여 정전위에너지 $\mathcal{E}_e$는 $\boldsymbol{F_e} = -\nabla\mathcal{E}_e$의 관계가 있고, 전위 V는 $\boldsymbol{E} = -\nabla V$의 관계가 있다. 그림 4.19는 정전장에서 전위, 전기력 그리고 전위에너지와의 관계를 나타낸다.

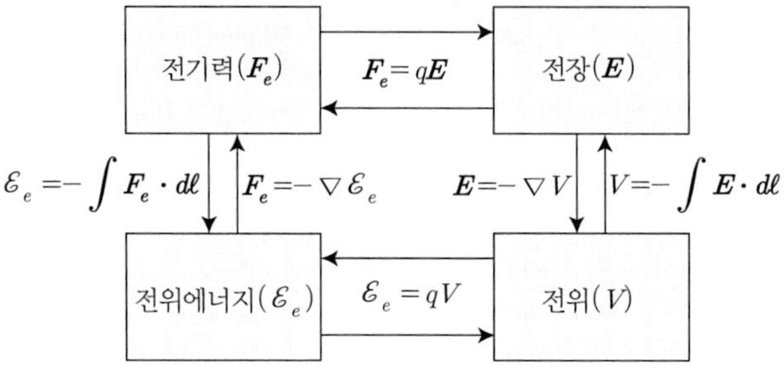

그림 4.19 정전장과 전위에너지 관계도

$V_{ab} = -\int_a^b E \cdot d\ell = V_b - V_a$, a점은 시작점 b점은 최종점이다. V_{ab}가 양이면 전하를 옮기는 데 위치에너지가 증가하고 **외부에서 일**을 받는다. V_{ab}가 음이면 전하를 옮길 때 위치에너지가 감소하고 **전장에 의해 일**을 한다.

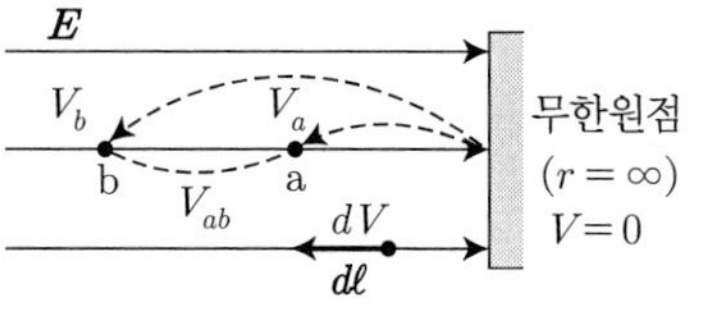

그림 4.20과 같이 전장 $E = -\nabla V$는 높은 전위에서 낮은 전위방향으로 향하고, 정공이 받는 힘(qE)의 방향과 같다. 전위경도 ∇V는 전장의 방향과 반대방향으로 증가하며, 전자가 받는 힘($-qE$)의 방향이다. 위치에너지는 양전하가 전장에 거슬러 움직일 때 증가하고 전위는 양전하에 가까워지면 증가하지만 음전하는 반대이다.

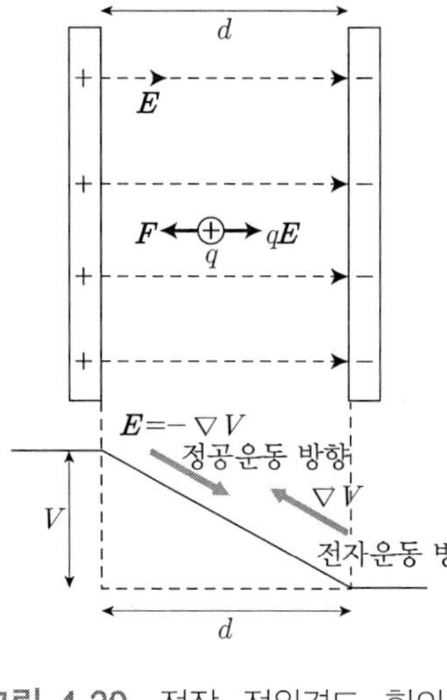

그림 4.20 전장, 전위경도, 힘의 방향

예제 4.7 $10[\mathrm{V/m}]$인 전장 중에 $10[\mathrm{V}]$ 지점에서 $1[\mathrm{C}]$의 전하를 전장의 방향으로 10cm 이동할 때 그 지점에서 전위를 구하고 전하와 전자가 받는 힘의 크기를 구하여라.

풀이 균일 전장으로 거리 d만큼 떨어진 지점 사이 전위차
$V_{12} = -Ed = -10\mathrm{V/m} \times 0.1\mathrm{m} = -1\mathrm{V}$, $V_2 = V_1 + V_{12} = 10 - 1 = 9\mathrm{V}$.
전장과 같은 방향으로 이동하는 전하는 전위가 낮아지고 힘의 크기는 $F = qE[\mathrm{N}]$을 받는다. 전자는 전장과 반대방향으로 이동하여 전위가 높아지고 받는 힘의 크기는 $F = eE[\mathrm{N}]$이다. ■

(3) 점전하에 의한 전위

그림 4.21(a)와 같이 원점에 $Q[\mathrm{C}]$의 전하가 있고 단위전하를 a에서 b로 이동할 때 한 일의 양은

$$V_{ab} = -\int_{r_a}^{r_b} \frac{Q}{4\pi\epsilon_0 r^2}\hat{a_r} \cdot dr\hat{a_r} = \frac{Q}{4\pi\epsilon_0}\left(\frac{1}{r_b} - \frac{1}{r_a}\right) = V_b - V_a\ [\mathrm{V}] \tag{4-31}$$

이다. 그리고 $r_a = \infty\,(V_a = 0\mathrm{V})$이고, $r_b \to r$이면 전위는 $V(r) = Q/(4\pi\epsilon_0 r)$이다. 그림 4.21(b)와 같이 원점의 점전하 Q에 의해 거리 r만큼 떨어진 곳의 전위는

$$V(r) = -\int_{\infty}^{r} \boldsymbol{E} \cdot d\boldsymbol{\ell} = -\int_{\infty}^{r} \frac{Q\hat{a_r}}{4\pi\epsilon_0 R^2} \cdot (\hat{a_r}dR) = \frac{Q}{4\pi\epsilon_0}\int_{r}^{\infty}\frac{dR}{R^2} = \frac{Q}{4\pi\epsilon_0 r}\ [\mathrm{V}] \tag{4-32}$$

이고, 전위는 구대칭 특성을 나타낸다.

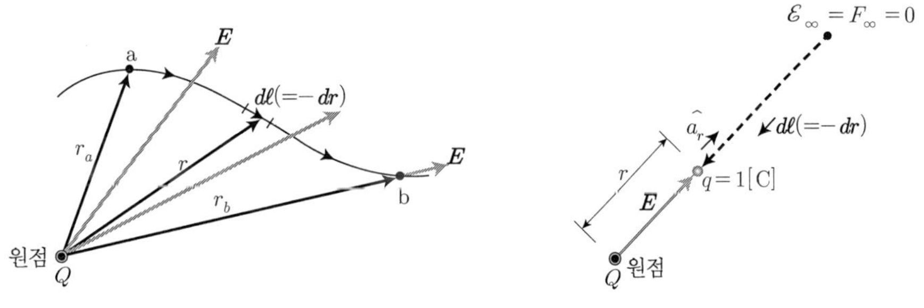

그림 4.21 원점에 점전하 Q에 의한 전위 (a) 단위 점전하 a에서 b로 이동 (b) 단위 점전하 ∞에서 r까지 이동

> 점전하 Q에서 r만큼 떨어진 곳의 점전하 q의 전위에너지는
>
> $$\mathcal{E}_e = -W = -\int_{\infty}^{r} \boldsymbol{F} \cdot d\boldsymbol{\ell} = -\int_{\infty}^{r}\frac{1}{4\pi\epsilon_0}\frac{Qq}{r^2}\hat{a_r} \cdot (\hat{a_r}dr) = -\int_{\infty}^{r}\frac{1}{4\pi\epsilon_0}\frac{Qq}{r^2}dr$$
> $$= \frac{1}{4\pi\epsilon_0}\frac{Qq}{r}[\mathrm{J}]$$
>
> 이다.

그림 4.22(a)와 같이 점전하 Q가 원점에 있지 않는 경우 위치벡터를 사용한 전위는 $V(\boldsymbol{r}) = Q/(4\pi\epsilon_0|\boldsymbol{r}-\boldsymbol{r}'|)$ [V] 이고, 그림 4.22(b)와 같이 점전하가 공간에 여러 개 존재하면 전위는 다음과 같고 구대칭이 아니다.

$$V(\boldsymbol{r}) = \sum_{i=1}^{n} \frac{Q_i}{4\pi\epsilon_0|\boldsymbol{r}-\boldsymbol{r}_i'|} \ [\text{V}] \tag{4-33}$$

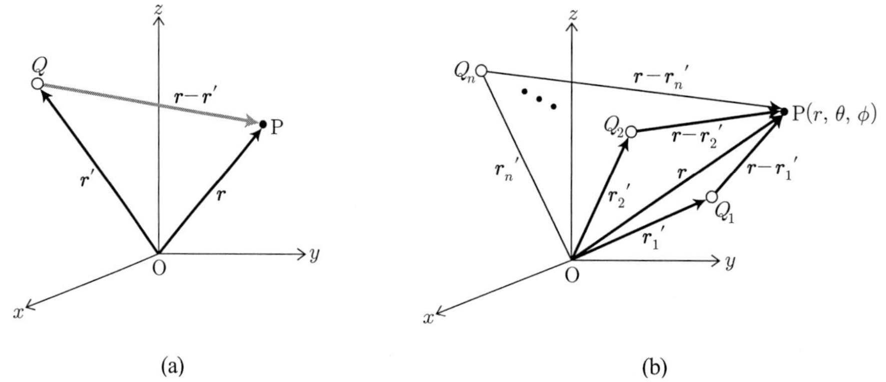

그림 4.22 점 P에서 전위 (a) 단일 점전하 (b) n개의 점전하

모든 곳의 전하분포를 아는 경우 전위는 적분형인

$$V(\boldsymbol{r}) = \int_{v'} dV(\boldsymbol{r}') = \frac{1}{4\pi\epsilon_0}\int_{v'} \frac{\rho_v(\boldsymbol{r}')dv'}{|\boldsymbol{r}-\boldsymbol{r}'|} \ (\text{체적전하밀도}) \tag{4-34}$$

$$V(\boldsymbol{r}) = \int_{s'} dV(\boldsymbol{r}') = \frac{1}{4\pi\epsilon_0}\int_{s'} \frac{\rho_s(\boldsymbol{r}')ds'}{|\boldsymbol{r}-\boldsymbol{r}'|} \ (\text{표면전하밀도}) \tag{4-35}$$

$$V(\boldsymbol{r}) = \int_{\ell'} dV(\boldsymbol{r}') = \frac{1}{4\pi\epsilon_0}\int_{\ell'} \frac{\rho_\ell(\boldsymbol{r}')d\ell}{|\boldsymbol{r}-\boldsymbol{r}'|} \ (\text{선전하밀도}) \tag{4-36}$$

으로 구할 수 있다. 그러나 일부 영역의 전하분포와 경계에서 전위를 알고 있다면 전하분포와 전위의 관계식을 구하는데 미분형이 더 편리하다.

예제 4.8 공기 중에서 원점에 $1n\text{C}$의 점전하가 있다. $r = 2\text{m}$인 점의 전위가 5V일 때 $r = 1\text{m}$인 점의 전위차를 구하여라.

풀이 $V_{12} = \dfrac{Q}{4\pi\epsilon_0}\left(\dfrac{1}{2}-1\right) = -9\times 10^9 \times 1 \times 10^{-9} \times \dfrac{1}{2} = -4.5[\text{V}]$,

$V_1 = V_2 - V_{12} = 5 + 4.5 = 9.5[\text{V}]$ ■

(4) 균일 선전하의 전위

그림 4.23(a)와 같이 z-축 방향으로 길이가 $2a$[m]이고 중심이 원점에 있는 균일 선전하에 의한 xy-평면에서 전위를 구해보자. 미소 길이 $d\ell' = dz'$, 변위 $\boldsymbol{r} = r\hat{a_r}$, $\boldsymbol{r}' = z'\hat{a_z}$, $\boldsymbol{r} - \boldsymbol{r}' = r\hat{a_r} - z'\hat{a_z}$, 거리 $|\boldsymbol{r} - \boldsymbol{r}'| = \sqrt{r^2 + z'^2}$, 우함수 dV를 이용하면 전위는

$$
\begin{aligned}
V(\boldsymbol{r}) &= \frac{1}{4\pi\epsilon_0}\int_{\ell'}\frac{\rho_\ell(\boldsymbol{r}')d\ell'}{|\boldsymbol{r} - \boldsymbol{r}'|} = \frac{\rho_\ell}{4\pi\epsilon_0}\int_{-a}^{a}\frac{dz'}{\sqrt{z'^2 + r^2}} = 2\frac{\rho_\ell}{4\pi\epsilon_0}\int_0^a\frac{dz'}{\sqrt{z'^2 + r^2}} \quad (4\text{-}37) \\
&= \frac{\rho_\ell}{2\pi\epsilon_0}\ln\left[z' + \sqrt{z'^2 + r^2}\right]\Big|_0^a = \frac{\rho_\ell}{2\pi\epsilon_0}\left\{\ln\left[a + \sqrt{a^2 + r^2}\right] - \ln r\right\} \\
&= \frac{\rho_\ell}{2\pi\epsilon_0}\ln\left[\frac{a + \sqrt{a^2 + r^2}}{r}\right] \text{ [V]}
\end{aligned}
$$

이고, $\int\frac{dx}{\sqrt{x^2 + a^2}} = \ln\left[x + \sqrt{x^2 + a^2}\right]$이다.

그림 4.23(b)와 같이 반경이 a[m]이고, 균일한 선전하밀도, ρ_ℓ[C/m]인 원형 고리의 중심에서 z-축 상 점 $\mathrm{P}(0,0,h)$의 전위는 다음과 같다. 여기서 미소 길이 $d\ell' = ad\phi'$, 거리 $|\boldsymbol{r} - \boldsymbol{r}'| = \sqrt{a^2 + h^2}$이다.

$$
V(\boldsymbol{r}) = \frac{1}{4\pi\epsilon_0}\int_{\ell'}\frac{\rho_\ell(\boldsymbol{r}')d\ell'}{|\boldsymbol{r} - \boldsymbol{r}'|} = \frac{1}{4\pi\epsilon_0}\int_0^{2\pi}\frac{a\rho_\ell d\phi'}{\sqrt{a^2 + h^2}} = \frac{a\rho_\ell}{2\epsilon_0\sqrt{a^2 + h^2}} \text{ [V]} \quad (4\text{-}38)
$$

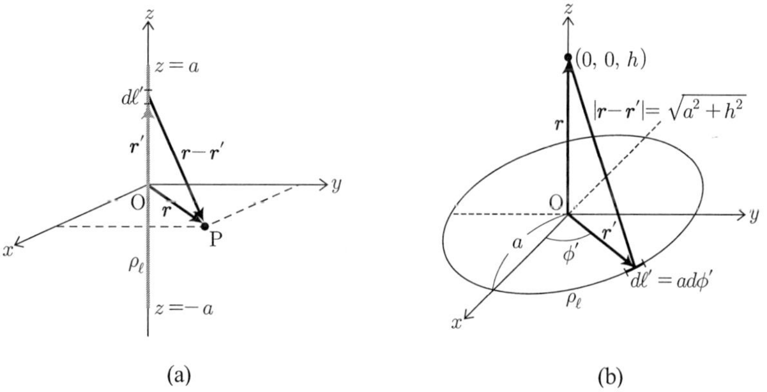

그림 4.23 균일 선전하 (a) 직선전하 (b) 원형 고리전하

예제 4.9 전장이 $x\hat{a_x} + y\hat{a_y}$[V/m]일 때 원점에서 점 $\mathrm{P}(3,4,0)$[m] 사이 전위차를 구하여라.

풀이 직선 경로의 식은 $y = \frac{4}{3}x$, $dy = \frac{4}{3}dx$이다.

① 경로 $\overline{OP}$에 의한 전위차 :

$$V_{0P} = -\int_0^3 \left(x\hat{a_x} + y\hat{a_y}\right) \cdot \left(dx\hat{a_x} + dy\hat{a_y}\right)$$
$$= -\int_0^3 (xdx + ydy) - \int_0^3 \frac{25}{9} xdx = -12.5[\text{V}]$$

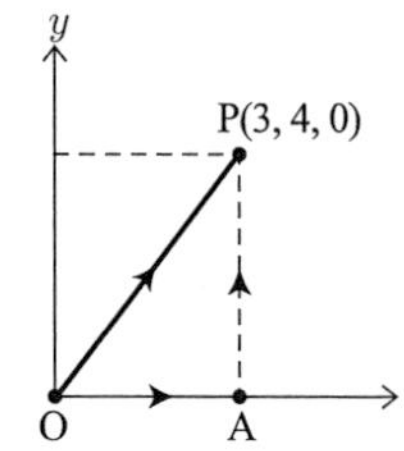

② $O \to A \to P$ 경로에 의한 전위차 :

$$V_{0AP} = -\left(\int_0^3 xdx + \int_0^4 ydy\right) = -\left(\frac{9}{2} + \frac{16}{2}\right)$$

$= -12.5[\text{V}]$, 경로에 상관없이 전위차가 같으면 전압과 전장은 보존장이다. ■

예제 4.10 전장이 $\boldsymbol{E} = y\hat{a_x} + x\hat{a_y} + 5\hat{a_z}$일 때 점 $\text{A}(1,0,5)$와 점 $\text{B}(0.8,0.6,5)$ 사이 전위차를 구하여라.

풀이 ① $\overline{AB}$ 직선 경로의 식은 $y = -3(x-1)$, $x = 1 - \frac{y}{3}$이다.

$$V_{AB} = -\int_A^B \boldsymbol{E} \cdot d\boldsymbol{\ell} = -\int_A^B (ydx + xdy + 5dz)$$
$$= -\int_1^{0.8} [-3(x-1)]dx - \int_0^{0.6} \left[1 - \frac{y}{3}\right] dy$$
$$= \left(\frac{3}{2}x^2 - 3x\right)\Big|_1^{0.8} - \left(y - \frac{1}{6}y^2\right)\Big|_0^{0.6}$$
$$= 0.06 - 0.54 = -0.48[\text{V}]$$

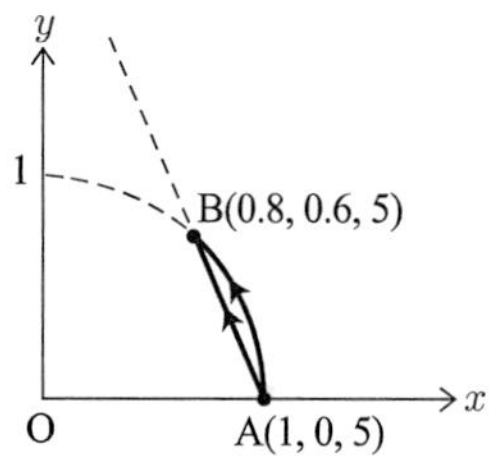

② $y = -3(x-1)$, $dy = -3dx$, $dx = -\frac{1}{3}dy$를 이용한 적분

$$V_{AB} = -\int_A^B (ydx + xdy + 5dz)$$
$$= -\int_1^{0.8} [-3(x-1) + x(-3)]dx = \int_1^{0.8} (6x-3)dx = -0.48[\text{V}]$$

③ 경로에 상관없이 전위차가 같은 보존장이므로 원궤적, $x^2 + y^2 = 1$을 따라 움직이면 $y = \sqrt{1-x^2}$, $x = \sqrt{1-y^2}$이다.

$$V_{AB} = -\int_A^B \boldsymbol{E} \cdot d\boldsymbol{\ell} = -\int_A^B \left(y\hat{a_x} + x\hat{a_x} + 5\hat{a_z}\right) \cdot \left(dx\hat{a_x} + dy\hat{a_x} + dz\hat{a_z}\right)$$
$$= -\int_A^B (ydx + xdy + 5dz)$$
$$= -\int_1^{0.8} \sqrt{1-x^2}\,dx - \int_0^{0.6} \sqrt{1-y^2}\,dy = -0.48[\text{V}]$$

(참고) $\int \sqrt{1-x^2}\,dx = \frac{1}{2}\left(x\sqrt{1-x^2} + \sin^{-1}x\right)$ ■

(5) 균일하게 대전된 원판에서 전위

그림 4.24와 같이 균일한 표면전하 $\rho_s[\mathrm{C/m^2}]$로 대전된 반경 $b[\mathrm{m}]$인 원판에서 전위를 이용하여 전장을 구해보자. 미소 면적 $ds' = r'dr'd\phi'$, 거리 $R=\sqrt{z^2+r'^2}$에서 전위는

$$V=\frac{1}{4\pi\epsilon_0}\int_{s'}\frac{\rho_s}{R}ds=\frac{\rho_s}{4\pi\epsilon_s}\int_0^{2\pi}\int_0^b\frac{r'dr'd\phi'}{\sqrt{z^2+r'^2}}=\frac{\rho_s}{2\epsilon_0}\left[\sqrt{z^2+b^2}-|z|\right][\mathrm{V}] \quad (4-39)$$

이고, 전위의 기울기를 이용한 전장은 다음과 같다.

$$\boldsymbol{E}=-\nabla V=-\hat{a}_z\frac{\partial V}{\partial z}$$

$$\boldsymbol{E}=\hat{a}_z\frac{\rho_s}{2\epsilon_0}\left[1-z\left(z^2+b^2\right)^{-1/2}\right]\ (z>0) \quad (4-40)$$

$$\boldsymbol{E}=-\hat{a}_z\frac{\rho_s}{2\epsilon_0}\left[1+z\left(z^2+b^2\right)^{-1/2}\right]\ (z<0)$$

먼 측정점($z\gg b$)인 경우 이항정리에 의해 $z\left(z^2+b^2\right)^{-1/2}=\left(1+b^2/z^2\right)^{-1/2}\simeq 1-b^2/2z^2$ 이므로 전장은 다음과 같다.

$$\boldsymbol{E}=\hat{a}_z\frac{\pi b^2\rho_s}{4\pi\epsilon_0 z^2}\quad (z>0),\ \boldsymbol{E}=-\hat{a}_z\frac{\pi b^2\rho_s}{4\pi\epsilon_0 z^2}\ (z<0) \quad (4-41)$$

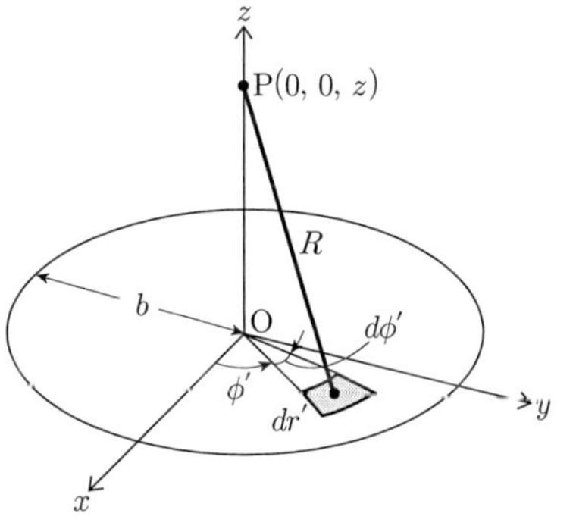

그림 4.24 균일하게 대전된 반경 b인 원판

$$\boldsymbol{E}=-\nabla V=-\hat{a}_x\frac{\partial V}{\partial x}-\hat{a}_y\frac{\partial V}{\partial y}-\hat{a}_z\frac{\partial V}{\partial z}$$

전장의 세기는 전위변화의 최댓값이고, 전장의 방향은 등전위면에 수직으로 움직일 때 전위 최대변화율이다.

4.5 전기력선의 방정식

전하가 힘을 받아서 움직이는 방향을 시각적인 선으로 나타낸 것이 전기력선(전장의 모양을 나타내기 위한 선)이고 이것을 패러데이가 처음 고안해 내었다. 패러데이는 유전체로 채워진 동심구에서 내부도체구에 Q[C]의 전하를 인가하면 실제 전하의 이동 없이 외부도체구에 유전체의 종류와 무관하게 $-Q$[C]의 전하가 유도된다는 것을 알았다.

전장이 주어지면 이를 이용하여 전기력선 방정식을 유도하는 과정이다. 전장이 $\boldsymbol{E}$인 지점에서 시험전하 q가 받는 전기력은 $\boldsymbol{F_e} = q\boldsymbol{E}$이므로 전장과 전기력선의 방향은 같다. 그림 4.25와 같이 한 점에서 전장, $\boldsymbol{E}$의 장선의 접선방향이 전기력선의 방향이므로 $\boldsymbol{d\ell} \propto \boldsymbol{E}$이다.

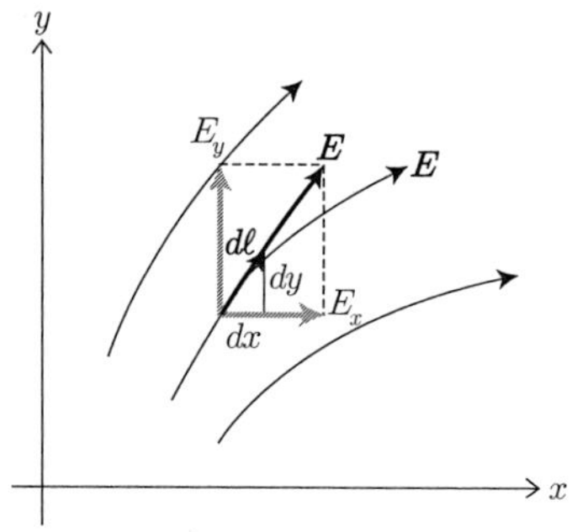

그림 4.25 xy-평면에서 전기력선 방정식

따라서 임의 점의 전장 $\boldsymbol{E} = E_x\hat{a}_x + E_y\hat{a}_y + E_z\hat{a}_z$과 전기력선의 미소 길이 $\boldsymbol{d\ell} = dx\hat{a}_x + dy\hat{a}_y + dz\hat{a}_z$이 서로 평행하므로 전기력선의 각 방향성분의 비율은 전장의 각 방향성분의 비율과 같다. 즉, $dx : dy : dz = E_x : E_y : E_z$이므로 전기력선 방정식은

$$\frac{dx}{E_x} = \frac{dy}{E_y} = \frac{dz}{E_z} \tag{4-42}$$

이고 $E_z = 0$인 경우 전기력선 방정식은 다음과 같다.

① E_x, E_y가 같은 부호이면 $y = kx$

(보기) $\boldsymbol{E} = 2x\hat{a}_x + 2y\hat{a}_y$이면 전기력선의 자취는 $y = cx$이다.

② E_x, E_y가 다른 부호이면 $y = k/x$

(보기) $\boldsymbol{E} = 2x\hat{a}_x - 2y\hat{a}_y$이면 전기력선의 자취는 $xy = c$이다.

③ 한 점 (x, y)가 주어지면 등식에 대입한다.

원통좌표에서 전기력선 방정식 $\dfrac{d\rho}{E_\rho} = \dfrac{\rho d\phi}{E_\phi} = \dfrac{dz}{E_z}$

구좌표에서 전기력선 방정식 $\dfrac{dr}{E_r} = \dfrac{rd\theta}{E_\theta} = \dfrac{r\sin\theta d\phi}{E_\phi}$

$$d\boldsymbol{\ell} = \hat{a}_x dx + \hat{a}_y dy + \hat{a}_z dz,\ d\boldsymbol{\ell} = \hat{a}_\rho d\rho + \hat{a}_\phi \rho d\phi + \hat{a}_z dz,\ d\boldsymbol{\ell} = \hat{a}_r dr + \hat{a}_\theta r d\theta + \hat{a}_\phi r\sin\theta d\phi$$

예제 4.11 $\boldsymbol{E} = x\hat{a}_x - y\hat{a}_y$ [V/m]일 때 점 (2,1)에서 전기력선 방정식을 구하여라.

풀이 $\frac{dx}{E_x} = \frac{d_y}{E_y}$이므로 $\frac{dx}{x} = \frac{dy}{-y}$이다. 양변을 적분하면 $\ln x = -\ln y + k$이므로 $\ln x + \ln y = k$이다. $\ln xy = \ln b$라 하면 $xy = b$이므로 $xy|_{x=2,\ y=1} = b = 2 \rightarrow xy = 2$ ■

예제 4.12 z-축 상에 선전하밀도 $\rho_\ell = 2\pi\epsilon_0$[C/m]인 무한 직선전하가 있는 경우 전장과 전기력선의 자취식을 구하여라.

풀이 전장은 $\boldsymbol{E}(\rho) = \frac{\rho_\ell}{2\pi\epsilon_0\rho}\hat{a}_\rho = \frac{1}{\rho}\hat{a}_\rho$이고 직각좌표계로 바꾸면, $\rho = \sqrt{x^2+y^2}$,

$\hat{a}_\rho \cdot \hat{a}_x = \cos\phi = x/\sqrt{x^2+y^2}$, $\hat{a}_\rho \cdot \hat{a}_y = \sin\phi = y/\sqrt{x^2+y^2}$ 에서

$E_x = \boldsymbol{E}(\rho)\cdot\hat{a}_x = \frac{1}{\rho}\hat{a}_\rho \cdot \hat{a}_x = \frac{x}{x^2+y^2}$, $E_y = \boldsymbol{E}(\rho)\cdot\hat{a}_y = \frac{1}{\rho}\hat{a}_\rho\cdot\hat{a}_y = \frac{y}{x^2+y^2}$

이므로 $\boldsymbol{E}(x,y) = \hat{a}_x\frac{x}{x^2+y^2} + \hat{a}_y\frac{y}{x^2+y^2}$,

전기력선의 방정식 $\frac{dy}{dx} = \frac{E_y}{E_x} = \frac{\frac{y}{x^2+y^2}}{\frac{x}{x^2+y^2}} = \frac{y}{x}$에서 $\frac{dy}{y} = \frac{dx}{x}$이므로 양변을 적분하여 정리하면 $\ln y = \ln x + \ln c$에서, $y = c\,x$이다. ■

전기력선의 성질

- 정전하에서 시작해서 음전하에서 끝나고 전기력선의 수는 전하의 크기에 비례한다.
- 전기력선은 자신만으로 폐곡선을 이루지 않는 불연속이시만 전하가 없는 곳에시 전기력선은 연속이다.
- 전하가 없는 곳에서는 전기력선의 발생, 소멸도 없다.
- 임의 점에서 전장의 방향은 전기력선의 접선방향과 같다.
- 전기력선(전장의 방향)은 전위가 높은 점에서 낮은 점으로 향한다.
- 두 개의 전기력선은 서로 반발하며 교차하지 않는다.
- 전기력선(전장)은 등전위면과 수직으로 교차한다.
- 임의 점에서의 전장의 세기는 전기력선의 밀도와 같다.
- 전기력선에 수직한 표면을 통해 단위면적당 선의 수는 전장의 크기에 비례하며 Q[C]에서 발생하는 전기력선의 총수는 Q/ϵ_o개이다.
- 전기력선은 도체 표면에 수직으로 출입하며 내부를 통과할 수 없다.
- 도체 내부에 전하는 "0"이고, 도체 내부 전위와 표면 전위는 같다(등전위).

만약 속이 빈(공동, 空洞, cavity) 도체에서 두 점 A와 B는 전위가 같으므로 공동의 모든

곳에서 전장은 "0"이다. $V_B - V_A = -\int_A^B \boldsymbol{E} \cdot d\boldsymbol{\ell} = 0 \Rightarrow E = 0$

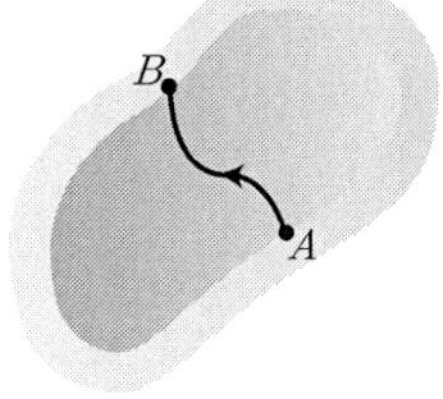

그림 4.26(f)와 같이 음전하 $-q$와 양전하 $+2q$가 가까운 거리에 놓이면 양전하에서 나온 전기력선의 반이 음전하에 들어간다. 다른 그림 4.26은 같은 전하량을 가진 양전하와 음전하의 다양한 전기력선을 나타낸다.

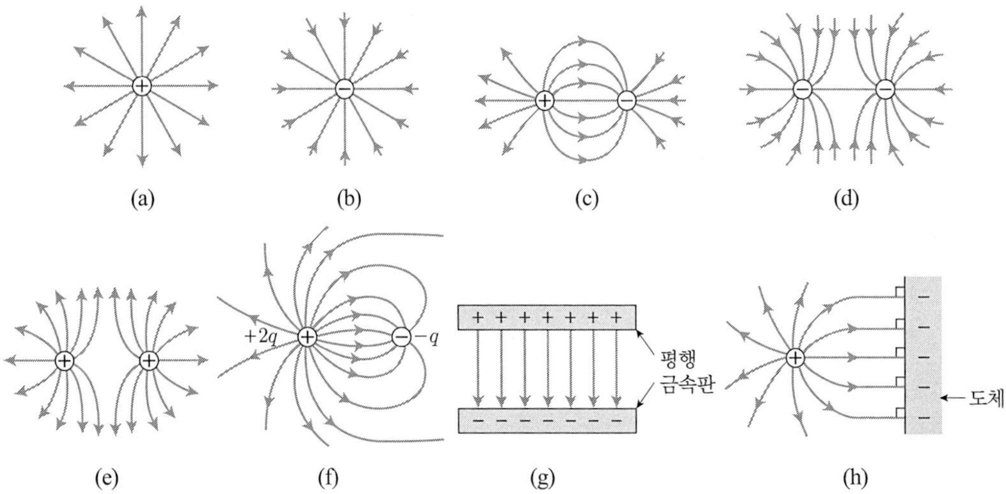

그림 4.26 전기력선 (a) (b) (c) (d) (e) (g) (h) 같은 전하량 (f) 양전하가 음전하의 2배

그림 4.27과 같이 무한 평행판의 전하에 의해 발생하는 균일전장, $\boldsymbol{E} = -E_y\hat{a_y}$이고 양극판의 전위차는 V[V]이면, 전위에너지가 $qV(=qE_y d)$이므로 전극 사이에 일정한 등전위선이 나타낸다.

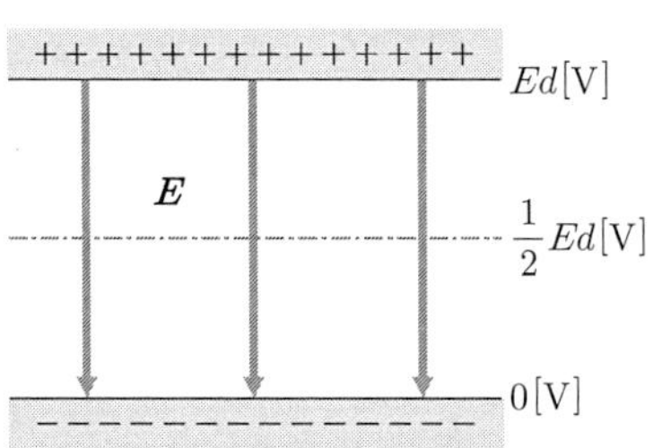

그림 4.27 전압이 인가된 평행판 사이 등전위면

그림 4.28과 같이 고도 h가 같은 위치를 연결한 선이 등고선이며 이곳은 위치에너지 mgh가 같은 지점이다. 질량이 m인 물체는 높은 위치에너지에서 낮은 위치에너지로 이동하고 힘($\boldsymbol{F_g} = m\boldsymbol{g}$)은 높은 위치에너지에서 낮은 위치에너지로 향한다.

등전위면이란 그림 4.29처럼 지도에서 높이가 같은 지점을 연결한 등고선과 같이 전장에서 전위가 같은 점을 연결한 선(면)이다. 등전위선(면)의 성질은 다음과 같다.

① 등전위선(면)의 모든 점은 전위가 같으므로 전위차는 "0"이다.

② 전기력선과 등전위선(면)은 서로 수직이다. 등전위선(면)을 따라 전하가 이동할 때 전하에 작용하는 전기력의 방향과 이동방향이 수직이므로 일의 양은 "0"이다.

③ 등전위선(면)이 빽빽한 곳은 전장의 세기가 세고 성긴 곳은 약하다.

따라서 전장의 등전위선과 중력장의 등고선의 성질은 유사성을 가진다.

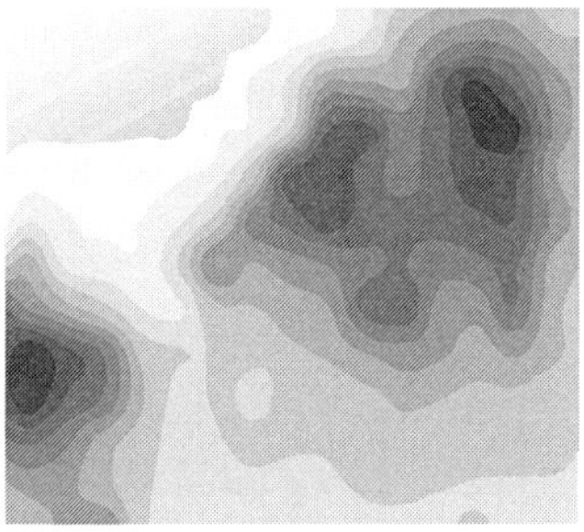

그림 4.28 등고선

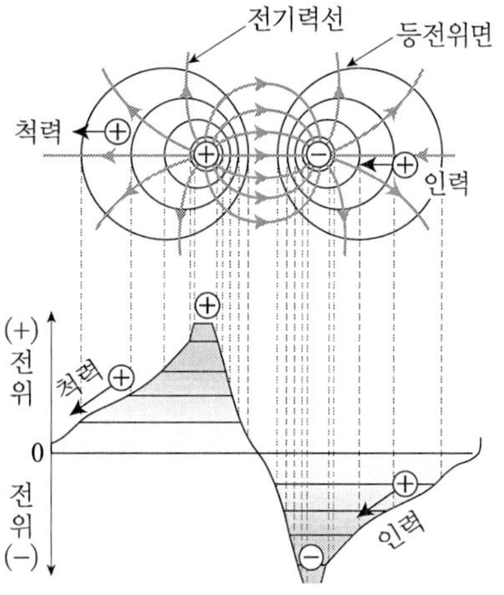

그림 4.29 등전위면과 전기력선

예제 4.13 전위 자취가 $V - x^2 + y^2$일 때 전기력선의 방정식을 구하여라.

풀이 전장은 $\boldsymbol{E} = -\nabla V = -2x\hat{a_x} - 2y\hat{a_y}$이고 전기력선의 방정식은 $\dfrac{dx}{-2x} = \dfrac{dy}{-2y}$ 이므로 양변을 적분하여 정리하면 $\ln y = \ln x + \ln c$에서, $y = c\,x$이다. ■

4.6 전속과 전속밀도

전속(전기선속)과 전기력선은 개념상 선속이며, Q[C]에서 나오는 전속선은 매질에 상관없이 일정한 Q개이고, 전기력선 수는 매질에 따라 다르며 진공에서는 Q/ϵ_0개다.

단위면적당 전기선속의 수를 전기선속밀도(전속밀도)라고 하며 기호는 D, 단위는 $\mathrm{C/m^2}$를 사용한다. Q[C]의 전하를 중심으로 한 반지름 r[m]의 구면을 지나는 전기선속은 Q개이므로 구면상의 전기선속밀도는 $D = Q/4\pi r^2 = \epsilon E\,[\mathrm{F/m \times V/m = C/m^2}]$가 된다. 단 $E\,[\mathrm{V/m}]$는 전기장의 크기, ϵ는 매질의 유전율이다.

- 전기력선 수 : 균일한 전장 내에서 수직인 단면 S를 관통하는 전기력선 수 N은 전장의 세기 $\boldsymbol{E}$와 단면적 $\boldsymbol{S}$에 비례한다. $N = \boldsymbol{E} \cdot \boldsymbol{S}\,[\mathrm{N \cdot m^2/C}]$. $1\,[\mathrm{C}]$의 전하에서 $1/\epsilon_0$개, 즉 1.1×10^{11}개의 전기력선이 있다.
- 전장의 세기 E는 단위 면적에 통과하는 전기력선 수 N으로 정의한다. $\boldsymbol{E} = \widehat{a_r}\,N/S\,[\mathrm{N/C}]$
- 전속 : 전장의 상태를 나타내는 가상선으로 매질에 상관없이 $1\,[\mathrm{C}]$의 전하에서 한 개의 전속선이 나온다고 가정한다. 전속 $\Psi = Q\,[\mathrm{C}]$은 스칼라이다.
- 전속밀도 : 단위 면적을 수직으로 지나는 전속 수로 벡터이다. $\boldsymbol{D} = \widehat{a_r}\,\Psi/\text{면적}\,[\mathrm{C/m^2}]$
- 전하량(전하의 개수)이 같으면 전속밀도 $\boldsymbol{D}$가 같고, 전압(혹은 힘)이 같으면 전장 $\boldsymbol{E}$가 같다. 실제로 $\boldsymbol{D}$를 측정할 수 없지만 $\boldsymbol{E}$을 구하기 위해 사용한다.

● 일반적인 곡면에서 균일하지 않은 전장의 전기선속(electric flux)

$$\Psi = \int_s \boldsymbol{D} \cdot \boldsymbol{ds} = \int_s \epsilon_0 \boldsymbol{E} \cdot \boldsymbol{ds} \quad [\text{전속선의 수}]\ ,\ 1\,[\text{flux line/C}]$$

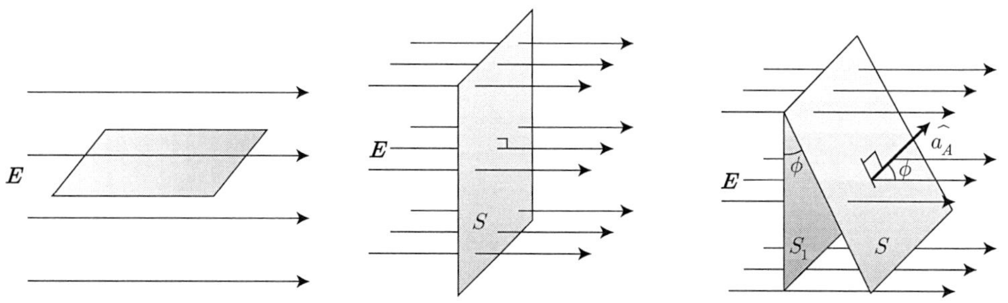

(a) 전속선 = 0　(b) 전속선 = $\epsilon_0 ES$　(c) 전속선 = $\epsilon_0 ES\cos\phi$

예제 4.14 $10^5\,[\mathrm{V/m}]$인 균일한 전장 안에 반지름이 10cm인 원반이 있다. 전장방향과 원반이 (a) 수직일 경우 (b) 평행한 경우 (c) 원반의 면벡터가 전장과 60°일 경우 전속을 구하여라.

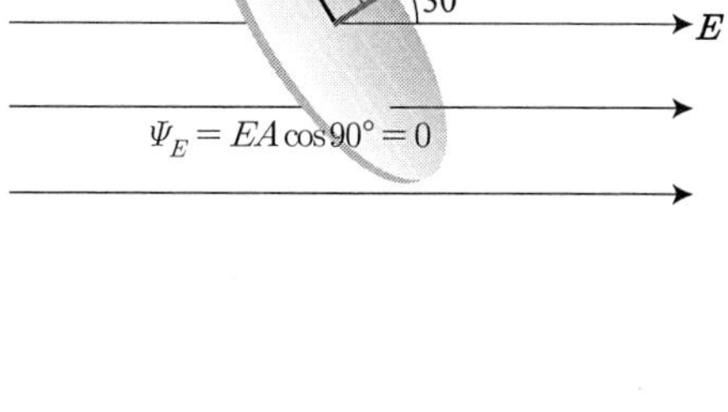

풀이 원반 면적, $A = \pi(0.1)^2 = 0.0314[\mathrm{m}^2]$

(a) $\phi = 0^o$ 이므로 $\Psi = \epsilon_0 EA\cos 0 = 10^5\epsilon_0(0.0314)(1) = 3.14\epsilon_0 \times 10^3[\mathrm{C}]$

(b) $\phi = 90^o$ 이므로 $\Psi = \epsilon_0 EA\cos 90^0 = 10^5\epsilon_0(0.0314)(0) = 0$

(c) $\phi = 60^o$ 이므로

$\Psi = \epsilon_0 EA\cos 60^o = 10^5\epsilon_0(0.0314)(0.5) = 1.57\epsilon_0 \times 10^3[\mathrm{C}]$ ■

4.7 가우스법칙

가우스(Gauss) 법칙은 임의의 닫힌 곡면(가우스표면)을 출입하는 총 전기력선 수는 그 닫힌 곡면 내에 있는 총 전하량에 비례하고 닫힌 곡면 내의 유전율에 반비례한다, 혹은 닫힌 표면으로 유출되는 총 전속은 닫힌 표면 내에 있는 총 전하와 같다 이다. 가우스법칙을 이용하면 주어진 전하분포에 의해 전장을 쉽게 구하며, 역으로 전장으로부터 전하분포를 알아낼 수도 있다.

그림 4.30과 같이 전체 닫힌 곡면을 관통하는 전기력선 수는 각각의 미소 면적을 관통하는 전기력선을 모두 합한 것과 같다.

$$N = \sum_{i=1}^{n} \boldsymbol{E}_i \cdot \boldsymbol{s}_i \tag{4-43}$$

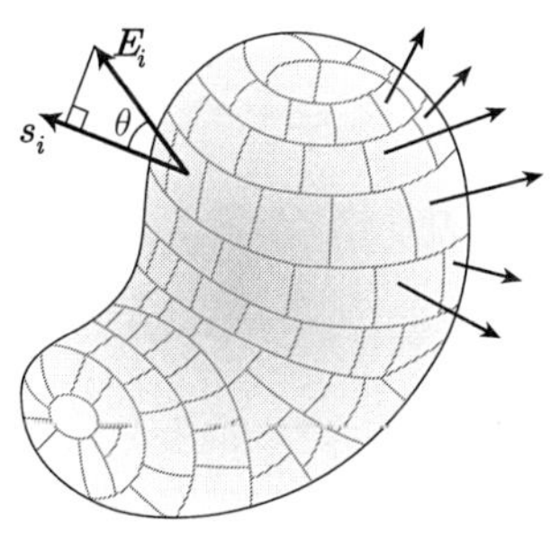

그림 4.30 전체 닫힌 곡면을 관통하는 전기력선 수 계산 방법

즉, 진공 중의 전장 내에서 임의의 닫힌 곡면을 통하여 나가는 전기력선의 총 수 N은 닫힌 곡면 내에 존재하는 전하의 $1/\epsilon_0$배와 같다.

$$N = \oint_s \boldsymbol{E} \cdot \widehat{a_n} ds = \int E_n ds = \frac{1}{\epsilon_0}\sum_{i=1}^{n} Q_i = \frac{1}{\epsilon_0}\int_v \rho_v \, dv \tag{4-44}$$

가우스법칙을 수식으로 표현하면 다음과 같이 공간 영역에 대해 적용되는 적분형과 한 점에서만 타당한 미분형으로 표현한다.

$$\Psi = \oint_s \boldsymbol{D} \cdot \widehat{a_n} ds = \int D_n ds = \sum_{i=1}^{n} Q_i = \int_v \rho_v \, dv \ \text{(적분형)} \tag{4-45}$$

$$\nabla \cdot \boldsymbol{D} = \epsilon \nabla \cdot \boldsymbol{E} = \rho_v \text{ (미분형)} \tag{4-46}$$

가우스법칙을 증명하면 다음과 같다. 그림 4.31과 같이 점전하 Q[C]을 둘러싸고 있는 반지름 r'[m]인 구면 s'에서 구면 상의 전장은 $\boldsymbol{E} = \hat{a_r} Q/(4\pi\epsilon_0 r'^2)$이고, 구면에 대한 전기력선은

$$N = \oint \boldsymbol{E} \cdot \boldsymbol{ds} = \oint E\, ds = \frac{Q}{4\pi\epsilon_0 r'^2} \oint ds = \frac{Q}{4\pi\epsilon_0 r'^2}(4\pi r'^2) = \frac{Q}{\epsilon_0} \tag{4-47}$$

이다. 그림 4.31과 같이 임의의 닫힌 곡면 s에서 전기력선은 입체각, $\Omega = (\cos\theta\, ds)/r^2 = ds'/r'^2$을 이용하면 다음과 같다.

$$N = \oint_s \boldsymbol{E} \cdot \boldsymbol{ds} = \oint_s E\cos\theta\, ds = \frac{Q}{4\pi\epsilon_0} \oint_s \frac{\cos\theta}{r^2} ds = \frac{Q}{4\pi\epsilon_0} \oint_{s'} \frac{1}{r'^2} ds' \tag{4-48}$$
$$= \frac{Q}{4\pi\epsilon_0} \frac{4\pi r'^2}{r'^2} = \frac{Q}{\epsilon_0}$$

따라서 점전하 Q[C]를 둘러싸고 있는 반지름 r'[m]인 구면 s'에 관통하는 전기력선과 점전하 Q[C]를 둘러싸고 있는 임의의 닫힌 곡면 s를 통과하는 전기력선은 같다.

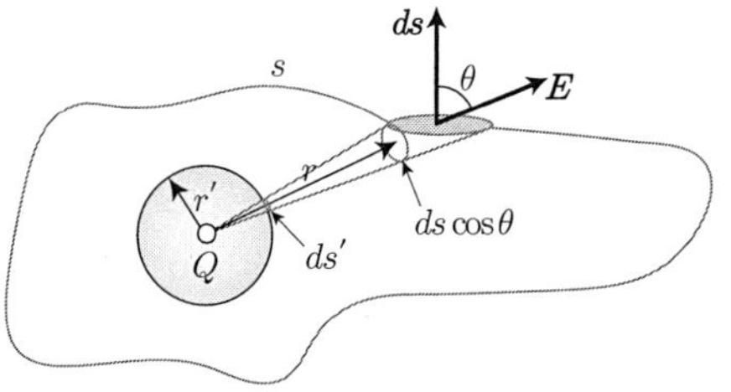

그림 4.31 임의의 닫힌 곡면에서 전기력선

원점을 둘러싸는 닫힌 표면에서 전장의 수직성분에 대한 면적분은

$$\oint_s \boldsymbol{E} \cdot \hat{a_n} ds = \frac{q}{4\pi\epsilon_0} \oint_s \frac{\boldsymbol{r} \cdot \hat{a_n}}{r^3} ds$$

이고, $(\boldsymbol{r}/r) \cdot \hat{a_n} ds$로 주어진 양은 ds를 $\boldsymbol{r}$에 수직한 평면에 투영한 값이다. 이 투영된 넓이를 r^2으로 나누면 ds에 대응하는 입체각은

$$d\Omega = \frac{\boldsymbol{r} \cdot \hat{a_n}}{r^3} ds$$

이며, ds에 대응하는 입체각은 원점이 중심이고 반지름이 r'인 구 표면의 면적소 ds'에 대응하는 입체각과 같다.

$$\oint_s \frac{\boldsymbol{r} \cdot \hat{a_n}}{r^3} ds = \oint_{s'} \frac{\boldsymbol{r}' \cdot \hat{a_n}}{r'^3} ds' = 4\pi$$

예제 4.15 진공 중에 있는 하나의 닫힌 곡면 내에 $5[\mu C]$, $12[\mu C]$, $-4[\mu C]$의 세 개의 전하가 있다. 이 닫힌 곡면에서 바깥으로 나가는 전속과 전기력선의 수를 구하여라.

풀이 전속, $\Psi = \sum Q_i = (5+12-4)\times 10^{-6} = 13[\mu C]$,

전기력선 수 $N = \dfrac{1}{\epsilon_0}\sum Q_i = \dfrac{(5+12-4)\times 10^{-6}}{8.855\times 10^{-12}} = 1.35\times 10^7[개]$ ■

그림 4.32는 닫힌 곡면을 통과하는 다양한 전기력선 형태를 나타낸다. 그림 4.32(c)는 들어오는 전기력선 수와 나가는 전기력선 수가 같으므로 전기선속 $\Psi = 0$이다. 그래서 닫힌 곡면 내에 전하량이 존재하지 않는다.

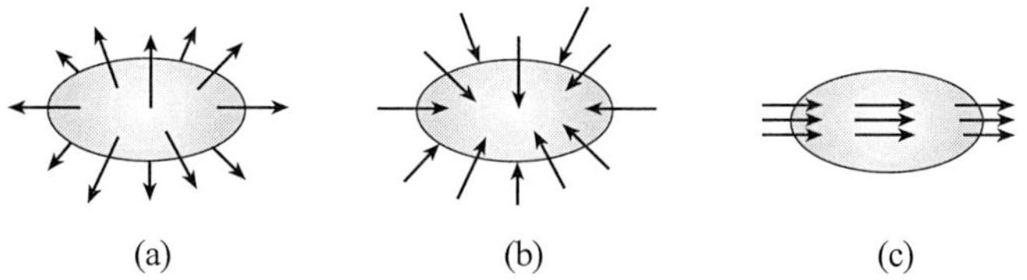

그림 4.32 닫힌 곡면을 통과하는 전기력선 (a) 상자 속에 양전하 존재 (b) 상자 속에 음전하 존재 (c) 상자 속에 전하 없음

가우스법칙은 쿨롱의 법칙의 다른 수학적 표현이며 연속적이거나 대칭성이 있는 전하분포를 하는 경우 전장을 쉽게 계산할 수 있다. 즉, 균일한 구전하, 무한 선전하, 무한 면전하, 두 무한 면전하 등에 적용한다. 자유공간에서 가우스법칙을 적용하는 과정은 다음과 같다.

① 전하분포의 대칭성을 확인한다. 원통대칭은 회전대칭과 축대칭이며 수직축 주위로 똑같고 ϕ-각에 대해 의존하지 않는다. 구대칭은 θ와 ϕ 각에 의존하지 않고 단지 r에 의존한다.

② 전장의 크기가 일정한 표면(가우스표면)과 전장의 방향을 결정한다.

③ 가우스표면에 갇힌 전하 Q_i를 구한다.

④ $\int_s \boldsymbol{E}\cdot d\boldsymbol{s} = \dfrac{Q_i}{\epsilon_0}$를 이용하여 전장을 구한다.

가우스표면(Gaussian surface) 안에 전하가 있을 경우에만 전속이 존재하고, 가우스표면을 지정하는 방법은 다음과 같다.

① 전장방향과 미소 면적벡터 $d\boldsymbol{s}$가 평행이 되기 위해 가우스표면은 선속에 수직이 되게 한다.

② 전장의 크기를 일정하게 하기 위해 전하에서 가우스표면의 점까지 거리가 일정하게 한다.

(1) 균일하게 분포된 구전하

그림 4.33과 같이 공기 중에 반지름이 $R[\mathrm{m}]$인 구에 전하 $Q[\mathrm{C}]$이 내부에 균일하게 분포되었을 때 전장을 구해보자.

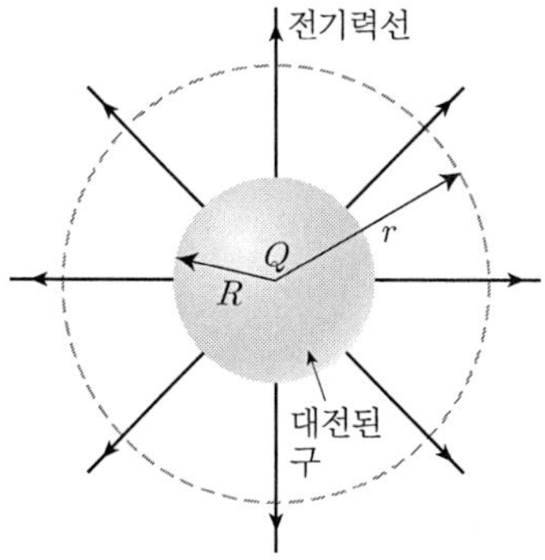

그림 4.33 반지름 R인 구에 전하 Q가 균일하게 분포된 구조

① $r > R$인 영역에서 구면은 모든 전하분포를 포함한다. 전장은 방사적이고 표면에 수직하여 가우스법칙으로 나타내면

$$\oint_s \boldsymbol{E} \cdot d\boldsymbol{s} = E_r(4\pi r^2) = \frac{Q}{\epsilon_0} \tag{4-49}$$

이다. 전장의 세기는

$$\boldsymbol{E} = \frac{Q}{4\pi\epsilon_0 r^2}\hat{a_r} \tag{4-50}$$

이므로 구 대칭 전하분포로 구 바깥에서 전장은 점전하와 같다. 전하가 양이면 전속은 바깥을 향하고 음이면 안으로 향한다.

② $0 < r < R$인 영역에서 가우스표면 안의 전하는 $Q' = \dfrac{4\pi r^3/3}{4\pi R^3/3}Q = \dfrac{r^3 Q}{R^3}$ 이므로 가우스법칙은

$$\oint_s \boldsymbol{E} \cdot d\boldsymbol{s} = E_r(4\pi r^2) = \frac{r^3 Q}{\epsilon_0 R^3} \tag{4-51}$$

이고 전장의 세기는 다음과 같다.

$$\boldsymbol{E} = \frac{rQ}{4\pi\epsilon_0 R^3}\hat{a_r} \tag{4-52}$$

그래서 전장은 그림 4.34와 같이 균일 전하구 바깥은 $1/r^2$로 감소하고 구 내부에서는 r에 따라 선형적으로 증가한다.

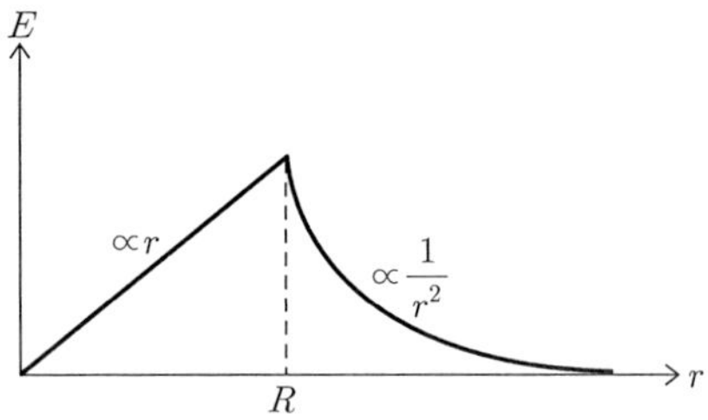

그림 4.34 반지름 R인 구에 전하 Q가 균일하게 분포된 구조의 전장의 세기

예제 4.16 $a < r < b$에만 $\rho_v[\mathrm{C/m^3}]$로 균일한 전하밀도를 가진 구각에서 (a) $0 \le r \le a$ (b) $a < r \le b$ (c) $r > b$에서 전장을 구하여라.

풀이 (a) $0 \le r \le a$에 만든 가우스표면 안의 총 전하 $Q = 0$이므로 $\boldsymbol{E} = 0$

(b) $a < r \le b$에 만든 가우스표면 안의 총 전하

$$Q = \rho_v\left(\frac{4}{3}\pi r^3 - \frac{4}{3}\pi a^3\right) = \rho_v \frac{4}{3}\pi(r^3 - a^3)$$

$$\text{전장 } \boldsymbol{E} = \hat{a_r}\frac{\rho_v \frac{4}{3}\pi(r^3 - a^3)}{4\pi r^2} = \hat{a_r}\frac{\rho_v}{3}\left(r - \frac{a^3}{r^2}\right)[\mathrm{V/m}]$$

(c) $r > b$에 만든 가우스표면 안의 총 전하

$$Q = \rho_v\left(\frac{4}{3}\pi b^3 - \frac{4}{3}\pi a^3\right) = \rho_v \frac{4}{3}\pi(b^3 - a^3)$$

$$\text{전장 } \boldsymbol{E} = \hat{a_r}\frac{\rho_v \frac{4}{3}\pi(b^3 - a^3)}{4\pi r^2} = \hat{a_r}\frac{\rho_v}{3}\frac{(b^3 - a^3)}{r^2}\ [\mathrm{V/m}]$$ ■

(2) 무한 길이 직선전하

그림 4.35와 같이 공기에서 무한 길이 직선의 균일 선전하밀도가 $\rho_\ell[\mathrm{C/m}]$인 경우 가우스법칙으로 전장의 세기를 구해보자. 직선 주위의 가우스표면은 반지름이 $r[\mathrm{m}]$이고 길이가 $L[\mathrm{m}]$인 원통을 잡고 계산하면 다음과 같다.

$$\oint_s \boldsymbol{E} \cdot \boldsymbol{ds} = E_r(2\pi r L) = \frac{\rho_\ell L}{\epsilon_0}, \quad \boldsymbol{E} = \hat{a_r}\frac{\rho_\ell}{2\pi\epsilon_0 r}[\mathrm{V/m}] \tag{4-53}$$

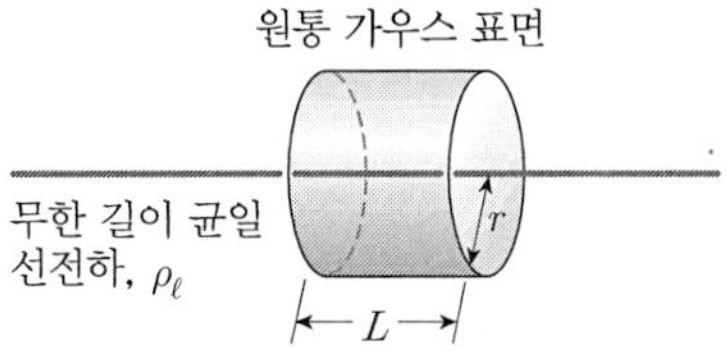

그림 4.35 무한 길이 균일 선전하밀도

(3) 무한 표면전하

그림 4.36과 같이 표면전하밀도가 $\rho_s\,[\mathrm{C/m^2}]$인 무한전하 평판이 xy-평면에 위치하면 전장은 xy-평면에 대칭이다. 가우스표면을 전하평면에 평행한 면을 가지고 면적이 $A\,[\mathrm{m^2}]$인 원통을 선택하면 전장은 원통 측면에 평행한 방향이다. 그래서 윗면, 아랫면, 그리고 측면의 전속은

$$\Psi_{top} = \int_{s_t} \epsilon_0 \boldsymbol{E} \cdot \boldsymbol{ds} = \epsilon_0 \int_{s_t} \hat{a_z} E \cdot \hat{a_z} ds = \epsilon_0 EA \ [\mathrm{C}] \tag{4-54}$$

$$\Psi_{bottom} = \int_{s_b} \epsilon_0 \boldsymbol{E} \cdot \boldsymbol{ds} = \epsilon_0 \int_{s_b} -\hat{a_z} E \cdot -\hat{a_z} ds = \epsilon_0 EA \ [\mathrm{C}] \tag{4-55}$$

$$\Psi_{side} = \int_{s_s} \epsilon_0 \boldsymbol{E} \cdot \boldsymbol{ds} = 0$$

이므로 전체 전속은

$$\Psi_{net} = \int_{s} \epsilon_0 \boldsymbol{E} \cdot \boldsymbol{ds} = 2\epsilon_0 EA = \rho_s A \ [\mathrm{C}] \tag{4-56}$$

이다. 따라서 무한전하 평판 위쪽 위치에서 전장은

$$\boldsymbol{E} = \hat{a_z} \frac{\rho_s}{2\epsilon_0} \ [\mathrm{V/m}] \tag{4-57}$$

이므로 무한 평면전하에서 전장은 거리에 무관하다. 무한이란 조건은 전장을 구하고자 하는 거리에 비해 평면의 각 방향으로 10배 이상 길이가 되면 근사화한다.

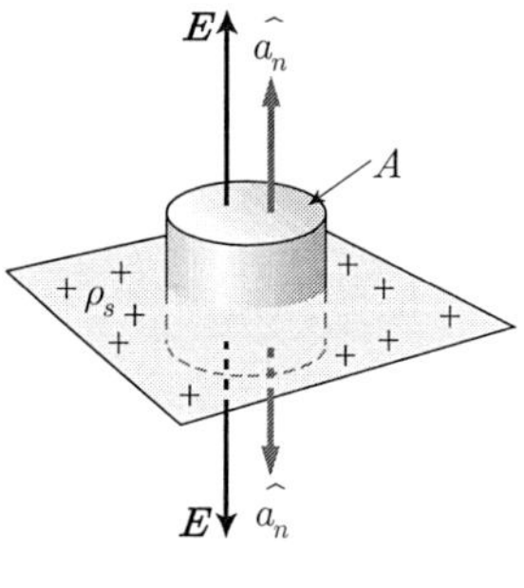

그림 4.36 표면전하밀도가 ρ_s인 무한전하 평판에서 전장

예제 4.17 z-축 상에 무한 길이 선전하가 $5\,[n\mathrm{C/m}]$이 있을 때 z-축에서 2m 떨어진 곳에서 전장과 전속밀도를 구하여라.

풀이 전장은 $\boldsymbol{E}(\rho) = \dfrac{\rho_\ell}{2\pi\epsilon_0\rho}\hat{a_\rho} = \dfrac{5\times10^{-9}}{2\pi(8.854\times10^{-12})\rho}\hat{a_\rho} = \dfrac{89.87}{\rho}\hat{a_\rho}[\mathrm{V/m}]$,

전속밀도는 $\boldsymbol{D}(\rho) = \dfrac{\rho_\ell}{2\pi\rho}\hat{a_\rho} = \dfrac{5\times10^{-9}}{2\pi\rho}\hat{a_\rho} = \dfrac{0.796\times10^{-9}}{\rho}\hat{a_\rho}[\mathrm{C/m^2}]$이므로,

$\boldsymbol{E}(\rho=2) = 44.94\hat{a_\rho}[\mathrm{V/m}]$, $\boldsymbol{D}(\rho=2) = 0.398\hat{a_\rho}[n\mathrm{C/m^2}]$이다. ■

(4) 평행판 커패시터 전하

그림 4.37과 같이 전하밀도가 ρ_s[C/m^2]이고 거리 d[m] 만큼 떨어진 두 균일전하 평면이 $z = d/2$, $z = -d/2$에 있는 평행판 커패시터에서 전장을 구하면 다음과 같다.

① 위 균일전하 평면에 의한 전장

$$\boldsymbol{E}_1 = \hat{a}_z \frac{\rho_s}{2\epsilon_0} \quad (z > d/2),\ \boldsymbol{E}_1 = -\hat{a}_z \frac{\rho_s}{2\epsilon_0} \quad (z < d/2) \tag{4-58}$$

② 아래 균일전하 평면에 의한 전장

$$\boldsymbol{E}_2 = \hat{a}_z \frac{\rho_s}{2\epsilon_0} \quad (z < -d/2),\ \boldsymbol{E}_2 = -\hat{a}_z \frac{\rho_s}{2\epsilon_0} \quad (z > -d/2) \tag{4-59}$$

③ $z < -d/2$와 $z > d/2$에서 전장 : $\boldsymbol{E}_{ti} = \boldsymbol{E}_1 + \boldsymbol{E}_2 = -\rho_s/2\epsilon_0 + \rho_s/2\epsilon_0 = 0$

④ $-d/2 < z < d/2$에서 전장 : $\boldsymbol{E}_{to} = \boldsymbol{E}_1 + \boldsymbol{E}_2 = -\hat{a}_z\rho_s/2\epsilon_0 - \hat{a}_z\rho_s/2\epsilon_0 = -\hat{a}_z\rho_s/\epsilon_0$

그래서 평행판 커패시터 내부에서 전장의 크기는 ρ_s/ϵ_0으로 거리의 함수가 아니고, 평행판 커패시터 외부에서 전장의 크기는 "0"이다. 간편하게 전장을 구하는 방법은 1[C]의 전하가 평행판 커패시터 내부와 외부에서 각 평면의 전하에 의해 받은 힘의 방향과 크기를 합하면 된다.

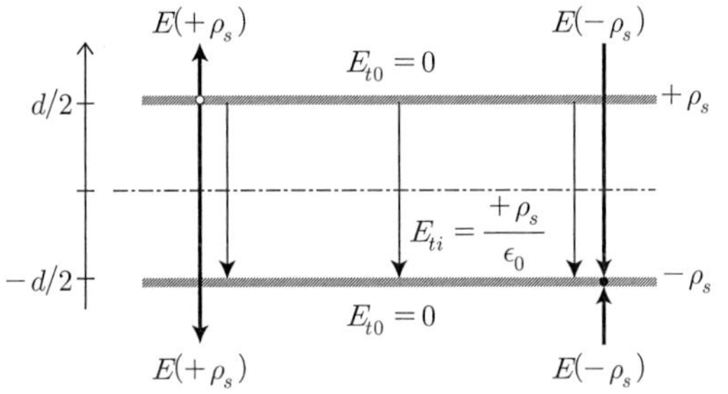

그림 4.37 평행판 커패시터에서 전장

여러 종류의 전하분포에 따른 전장의 세기를 요약하면 표 4.3과 같다. 점전하에 의한 전장의 세기는 거리의 제곱에 반비례하고, 무한 선전하는 거리에 반비례하며, 무한 면전하는 거리에 무관하다.

표 4.3 여러 종류 전하분포에 따른 전장의 세기

점전하	무한 선전하	무한 면전하
$\boldsymbol{E} = \frac{Q}{4\pi\epsilon_0}\left(\frac{1}{r^2}\right)$	$\boldsymbol{E} = \frac{\rho_\ell}{2\pi\epsilon_0}\left(\frac{1}{r}\right)$	$\boldsymbol{E} = \frac{\rho_s}{2\epsilon_0}$

예제 4.18 $4\pi\epsilon_0[\mathrm{C}]$으로 대전된 구 껍질($a < r < b$)에서 내부($r < a$)의 전장과 외부($r > b$)의 전장을 구하여라.

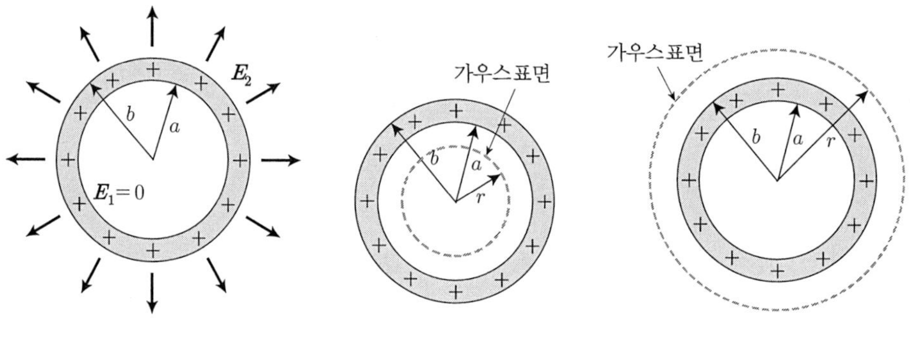

(a) 구조 (b) 내부 가우스표면 (c) 외부 가우스표면

풀이 ① $r < a$인 내부에 가우스표면을 그리면 $Q_{inside} = 0$이므로 $E_1 = 0$이다.

② $r > b$인 외부에 가우스표면을 그리면 $Q_{inside} = 4\pi\epsilon_0[\mathrm{C}]$이므로 점전하에 의한 전장과 같다. 즉 $E_2 = \dfrac{q}{4\pi\epsilon_0 r^2} = \dfrac{4\pi\epsilon_0}{4\pi\epsilon_0 r^2} = \dfrac{1}{r^2}[\mathrm{V/m}]$이다. ■

(5) 동축선 전하

그림 4.38과 같이 내부도체 반경이 $a[\mathrm{m}]$, 외부도체 반경이 $b[\mathrm{m}]$인 동축선 내부도체의 표면에 표면전하밀도가 $\rho_s[\mathrm{C/m^2}]$인 경우 전속밀도를 구해보자. 대칭성을 고려하면 전장은 $\hat{a}_\rho$-방향과 ρ만의 함수이다. 길이가 ℓ인 내부도체의 닫힌 면 안의 총 전하량은
$Q_i = \displaystyle\int_{z=0}^{\ell}\int_{\phi=0}^{2\pi}\rho_s\, a\, d\phi\, dz = 2\pi a\ell\rho_s[\mathrm{C}]$이다.

① $a < \rho < b$: $\displaystyle\oint_s \boldsymbol{D}\cdot\hat{a}_n ds = Q$에서 $D_n 2\pi\rho\ell = 2\pi a\ell\rho_s$이므로 $D_n = \dfrac{a\rho_s}{\rho}$이고, $\boldsymbol{D}(\rho) = \dfrac{a\rho_s}{\rho}\hat{a}_\rho$이다. 선전하밀도와 면전하밀도는 $\rho_\ell = 2\pi a\rho_s$이므로 $\boldsymbol{D}(\rho) = \dfrac{\rho_\ell}{2\pi\rho}\hat{a}_\rho$이다. 전속은 내부도체(표면전하밀도 ρ_{si})에서 외부도체(표면전하밀도 ρ_{so})로 들어감으로 $Q_0 = 2\pi b\ell\rho_{s0} = -2\pi a\ell\rho_{si}$이고 외부 원통의 표면전하밀도는 $\rho_{s0} = -\dfrac{a}{b}\rho_{si}$이다.

② $\rho > b$인 외부도체 밖에서 닫힌 면 내의 총 전하 $Q_t = Q_i + Q_0 = 0$이므로 $\boldsymbol{D} = 0$이다.

③ $\rho < a$인 도체 내부에는 $Q = 0$이므로 $\boldsymbol{D} = 0$이다.

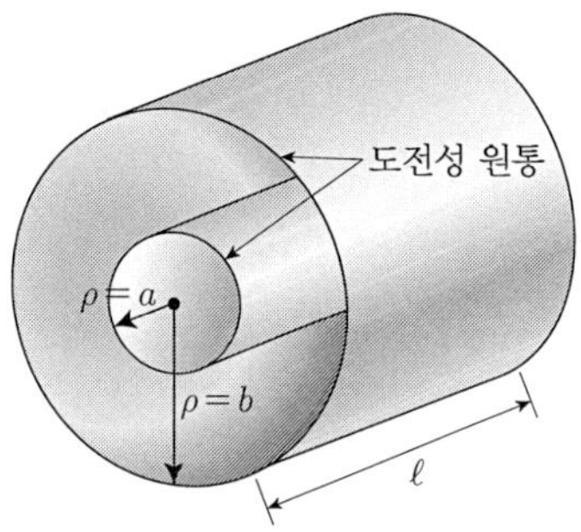

그림 4.38 내부 반경이 a, 외부 반경이 b인 동축선

예제 4.19 내부도체 반경이 1mm, 외부 반경이 3mm, 길이가 10cm인 동축선에서 내부도체 총 전하량은 $10n$C이고 도체 사이 비유전율이 2인 유전체로 채워져 있다. 유전체에서 전장을 구하여라.

풀이 표면전하밀도는 $\rho_{si} = \dfrac{Q_i}{2\pi a\ell} = \dfrac{10\times10^{-9}}{2\pi(10^{-3})(0.1)} = 15.9[\mu\text{C/m}^2]$,

전속밀도는 $D(\rho) = \dfrac{a\rho_{si}}{\rho} = \dfrac{10^{-3}(15.9\times10^{-6})}{\rho} = \dfrac{15.9}{\rho}[n\text{C/m}^2]$,

전속밀도벡터는 $\boldsymbol{D}(\rho) = \hat{a}_\rho\dfrac{15.9}{\rho}[n\text{C/m}^2]$이다.

전장은 $E(\rho) = \dfrac{D(\rho)}{\epsilon_r\epsilon_0} = \dfrac{15.9\times10^{-9}}{2(8.854\times10^{-12})\rho} = \dfrac{898}{\rho}[\text{V/m}]$,

전장벡터는 $\boldsymbol{E}(\rho) = \hat{a}_\rho\dfrac{898}{\rho}[\text{V/m}]$이다. ■

4.8 전장 가우스법칙 물리적 의미

임의의 가우스 닫힌 곡면에 대해 전장을 면적분하면 전장의 선속이 되고 이것은 가우스 닫힌 곡면에 포함된 총 전하와 같다는 것이다.

$$\text{전속} = \oint_s \boldsymbol{D}\cdot d\boldsymbol{s} = Q\ [\text{C}] \quad (\text{적분형}) \tag{4-60}$$

$$\nabla\cdot\boldsymbol{D} = \rho_v\ [\text{C/m}^3] \quad (\text{미분형}) \tag{4-61}$$

전하가 존재하는 공간에서 $\nabla\cdot\boldsymbol{D} > 0$인 경우 전속밀도가 발생(그림 4.39에서 영역 1)하고, $\nabla\cdot\boldsymbol{D} < 0$인 경우 소멸(그림 4.39에서 영역 3)을 의미한다. 전하가 존재하지 않을 경우($\nabla\cdot\boldsymbol{D} = 0$)는 전속밀도 발생이나 소멸이 없어 전속밀도가 존재하지 않는다. 그러나 전속밀도가 존재한다면 연속(그림 4.39의 영역 2에서 들어온 전속밀도 양= 나가는 전속밀도 양)이라 한다.

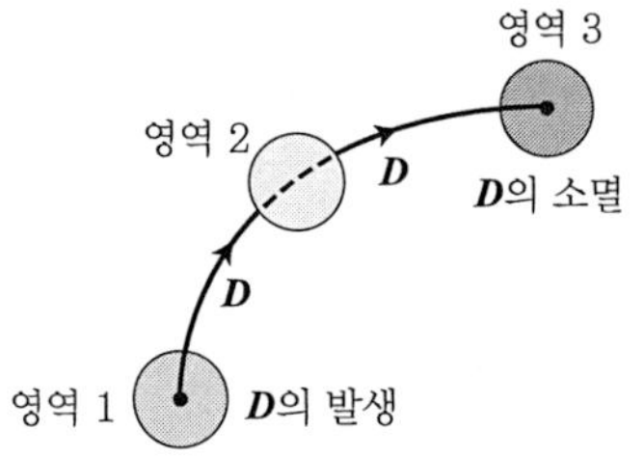

그림 4.39 전속밀도의 발생과 소멸

체적전하밀도 $\rho_v[\mathrm{C/m^3}]$인 균일한 고체구의 반경이 $a[\mathrm{m}]$일 때 구의 내부($r < a$)와 외부($r > a$)에서 가우스법칙을 이용하여 전속밀도의 발산 $\nabla \cdot \boldsymbol{D}$를 구하면 다음과 같다.

① 구의 내부($r < a$)에서 가우스법칙에 의해 $D_r 4\pi r^2 = \rho_v \frac{4}{3}\pi r^3$, $D_r = \rho_v \frac{r}{3}$,

$$\nabla \cdot \boldsymbol{D} = \frac{1}{r^2}\frac{\partial}{\partial r}\left[r^2\left(\rho_v \frac{r}{3}\right)\right] = \frac{1}{r^2}\frac{\partial}{\partial r}\left(\frac{r^3 \rho_v}{3}\right) = \rho_v \text{이다.}$$

② 구의 외부($r > a$)에서 가우스법칙에 의해 $D_r 4\pi r^2 = \rho_v \frac{4}{3}\pi a^3$, $D_r = \rho_v \frac{a^3}{3r^2}$,

$$\nabla \cdot \boldsymbol{D} = \frac{1}{r^2}\frac{\partial}{\partial r}\left[r^2\left(\rho_v \frac{a^3}{3r^2}\right)\right] = \frac{1}{r^2}\frac{\partial}{\partial r}\left(\frac{a^3 \rho_v}{3}\right) = 0 \text{이다.}$$

전속밀도의 발산 $\nabla \cdot \boldsymbol{D} = 0$은 전속밀도 $\boldsymbol{D}$가 "0"이라는 것을 의미하는 것이 아니다. 전속밀도의 발산은 한 점(무한소 크기)에서 전속밀도의 공간적인 도함수이다. 전하 영역에서는 체적전하밀도 ρ_v이고 전하밀도 바깥에는 "0"이다.

$$\oint_s \boldsymbol{E} \cdot d\boldsymbol{s} = Q/\epsilon_0 \ (\text{적분형}), \ \nabla \cdot \boldsymbol{E} = \rho_v/\epsilon_0 \ (\text{미분형})$$

전장은 주위물질에 따라 변하지만 전속(밀도)은 변하지 않는다.

정전장은 비회전장이며 보존장

정전장은 솔레노이드(solenoidal)하지 않다. 즉, 회전이 없다(curl-free, irrotational).
$\Rightarrow \nabla \cdot \boldsymbol{E} = \rho_v/\epsilon_0$, 그리고 보존장이다. $\Rightarrow \nabla \times \boldsymbol{E} = 0$

$\nabla \cdot \boldsymbol{B} = 0$: 벡터 $\boldsymbol{B}$가 연속적인 성질을 나타낸다.

예제 4.20 비유전율이 2인 유전체 속에 점전하 $8\pi \times 10^{-10}[\mathrm{C}]$이 존재한다. 전하에서 $10\mathrm{m}$ 떨어진 곳의 전위를 가우스법칙을 이용하여 구하여라.

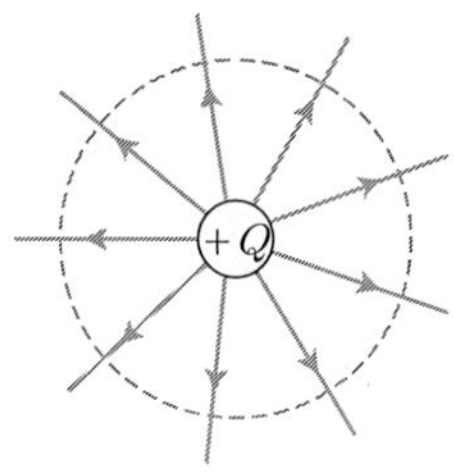

풀이 점전하에서 r[m] 떨어진 구면을 가우스표면을 선택한다. $\oint_s \boldsymbol{D} \cdot \widehat{a_n} ds = Q$ 에서 전장은 $\boldsymbol{E} = \dfrac{Q}{4\pi\varepsilon_r\varepsilon_0 r^2}\widehat{a_r}$ 이다.

전위는 $V_1 = -\int_\infty^r \boldsymbol{E} \cdot d\ell = \dfrac{-Q}{4\pi\epsilon_r\epsilon_0}\int_\infty^r \dfrac{1}{r_1^2}dr_1 = \dfrac{Q}{4\pi\epsilon_r\epsilon_0 r}$ 이므로 대입하면 $V_1 = 1.1$ [V]이다. 여기서 $\epsilon_0 = 8.85 \times 10^{-12} = 10^{-9}/36\pi$ [F/m]이다. ■

대칭성이 없으면 전속밀도 $\boldsymbol{D}$가 일정한 면적이 없어 적분하기 어렵다. 그래서 전속밀도 $\boldsymbol{D}$가 일정한 작은 닫힌 곡면을 선택하여 테일러 전개를 이용하면 다음과 같다.

$$\oint_s \boldsymbol{D} \cdot \boldsymbol{ds} = Q_i \rightarrow \Delta v \text{ 내의 전하량} = \rho_v \Delta v = (\nabla \cdot \boldsymbol{D})\Delta v\,[\mathrm{C}] \tag{4-62}$$

그림 4.40은 전하밀도, 전속밀도 그리고 스칼라 전위의 관계를 설명하고 있다.

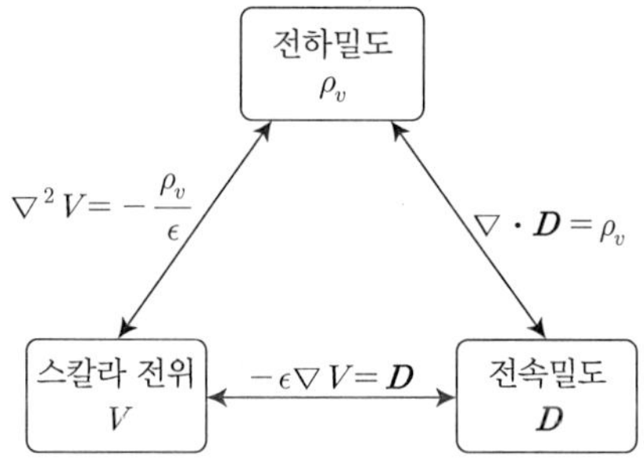

그림 4.40 전하밀도, 전속밀도, 스칼라 전위의 관계

예제 4.21 전속밀도 $\boldsymbol{D}(x,y,z) = \widehat{a_x}e^{-2x}\sin y - \widehat{a_y}2e^{-2x}\cos y + \widehat{a_z}5z\,[\mathrm{C/m^2}]$일 때 (0,0,0)에서 미소 체적 $\Delta v[\mathrm{m^3}]$ 내 전하량과 체적전하밀도를 구하여라.

풀이 $Q = \Delta v \text{ 내의 전하량} = \rho_v \Delta v = (\nabla \cdot \boldsymbol{D})\Delta v = \left(\dfrac{\partial D_x}{\partial x} + \dfrac{\partial D_y}{\partial y} + \dfrac{\partial D_z}{\partial z}\right)\Delta v$

$= (-2e^{-2x}\sin y + 2e^{-2x}\sin y + 5)\Delta v = 5\Delta v\,[\mathrm{C}]$,

체적전하밀도$= \dfrac{Q}{\Delta v} = 5\,[\mathrm{C/m^3}]$ ■

4.9 포아송방정식과 라플라스방정식

주어진 전하분포에서 전장과 정전위를 구하기 위해

① 자유공간에서 모든 전하의 위치를 알고 있으면 전장을 구한 후 적분을 통해 정전위를 구하거나 정전위를 구한 후 기울기연산자, $-\nabla V(\boldsymbol{r})$를 이용하여 전장을 구한다.

② 가우스법칙은 대칭적인 전하의 분포를 하고, 자유공간이 아닌 다른 물질에서 전장을 구한 후 적분을 통해 정전위를 구한다.

그러나 그림 4.41과 같이 두 도체에 전위가 인가된 전하분포에서 전장과 정전위를 위의 두 방법으로 구할 수 없다.

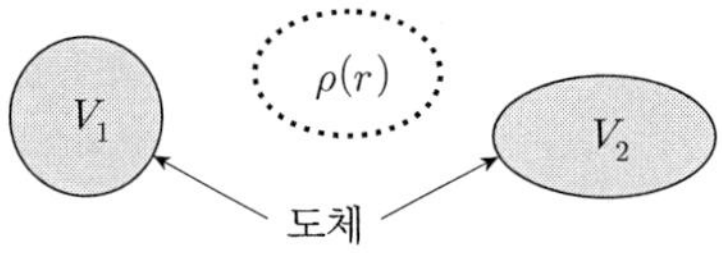

그림 4.41 전위가 인가된 도체와 전하분포

가우스법칙의 미분형 식인 $\nabla \cdot \boldsymbol{D} = \nabla \cdot \epsilon \boldsymbol{E} = \dfrac{\rho_v}{\epsilon}$에 $\boldsymbol{E} = -\nabla V$를 대입하고, 해석하고자 하는 매질 또는 영역이 균질하면

$$\nabla^2 V = -\frac{\rho_v}{\epsilon} \tag{4-63}$$

인 포아송방정식(Poisson's equation)이 된다. 여기서 ∇^2는 라플라시안(Laplacian)연산자 혹은 델(del)제곱이라 하고, $\nabla \cdot \nabla$이므로 기울기의 발산, 즉 2차 미분연산자이다. 그래서 정전위 V의 미분방정식인 포아송방정식과 경계(boundary)조건이 적용되는 경계치문제이다. 그래서 주어진 구조에서 정전위를 해석적 방법 혹은 수치해석적 방법으로 푼 후 기울기 연산자, $-\nabla V(\boldsymbol{r})$을 이용하여 전장을 구한다. 포아송방정식은 자유공간 혹은 유전체(자성체)와 정전위를 인가한 도체로 구성한다.

그러나 포아송방정식에서 $\rho_v = 0$경우 라플라스(Laplace)방정식

$$\nabla^2 V = 0 \tag{4-64}$$

이고, 이것은 포아송방정식의 동차 미분방정식이다. 라플라스방정식은 자유공간에 전하는 없고 정전위가 인가된 도체에서 해를 구하는 것이다. 직각좌표계인 경우 라플라스방정식은 다음과 같다.

$$\nabla^2 V = \frac{\partial^2 V}{\partial x^2} + \frac{\partial^2 V}{\partial y^2} + \frac{\partial^2 V}{\partial z^2} = 0 \tag{4-65}$$

1차원 직각좌표계에서 전위 V의 일반해 : $V(x) = c_1 x + c_0$ [V]

예제 4.22 전위함수가 $V=5x^2-2y^2$[V]인 자유공간 안에서 전하밀도를 구하여라.

풀이 $\nabla^2 V = -\dfrac{\rho_v}{\epsilon}$에서 $\nabla^2 V = \dfrac{\partial^2 V}{\partial x^2} + \dfrac{\partial^2 V}{\partial y^2} = 10 - 4 = 6 = -\dfrac{\rho_v}{\epsilon_0}$,

$\rho_v = -6\epsilon_0 = -53.1 \times 10^{-12}[\mathrm{C/m^3}]$ ■

포아송 및 라플라스방정식을 풀기 위해 주어진 경계면들로 둘러싸인 공간에서 경계면의 정전위를 알면 공간의 정전위를 유일하게 결정된다는 유일성(唯一性)의 정리(uniqueness theorem)가 성립한다. 즉 미분방정식과 경계조건이 주어지면 해는 유일하게 존재한다는 것이다.

포아송 및 라플라스방정식을 풀기 위한 과정은 그림 4.42와 같고, 일반적인 과정은 다음과 같다.

① 1차원 변수인 경우 바로 적분하여 해를 구한다.

② 2차원 이상인 경우 변수분리법을 사용하고 유일해를 위한 경계조건을 적용한다.

③ 정전위 V로부터 정전장은 $\boldsymbol{E}=-\nabla V$, 전속밀도 $\boldsymbol{D}=\epsilon\boldsymbol{E}$, 표면전하밀도 $\rho_s = D$, 자유전하 $Q=\int_s \rho_s ds$ 순으로 구한다.

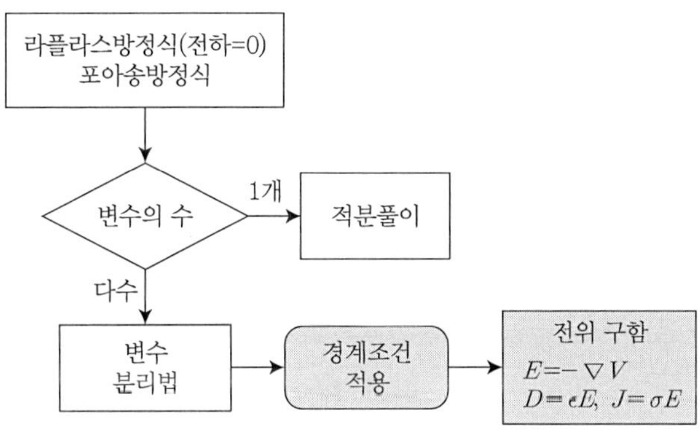

그림 4.42 포아송 및 라플라스방정식 풀이과정

변수분리법(separation of variables)

직각좌표계의 전위가 $V(x,y,z)=X(x)Y(y)Z(z)$이라 하면 라플라스방정식은

$$\nabla^2 V = \frac{\partial^2 V}{\partial x^2} + \frac{\partial^2 V}{\partial y^2} + \frac{\partial^2 V}{\partial z^2} = Y(y)Z(z)\frac{d^2 X(x)}{dx^2} + X(x)Z(z)\frac{d^2 Y(y)}{dy^2} + X(x)Y(y)\frac{d^2 Z(z)}{dz^2} = 0$$

이고, 양변에 $X(x)Y(y)Z(z)$으로 나누면 다음과 같다.

$$\frac{1}{X(x)}\frac{d^2X(x)}{dx^2}+\frac{1}{Y(y)}\frac{d^2Y(y)}{dy^2}+\frac{1}{Z(z)}\frac{d^2Z(z)}{dz^2}=0,\ \frac{d}{dx}\left[\frac{1}{X(x)}\frac{d^2X(x)}{dx^2}\right]=0$$

이라고 가정하면 $\frac{1}{Y(y)}\frac{d^2Y(y)}{dy^2}+\frac{1}{Z(z)}\frac{d^2Z(z)}{dz^2}=-\frac{1}{X(x)}\frac{d^2X(x)}{dx^2}=k_x^2$이고,

$\frac{1}{X(x)}\frac{d^2X(x)}{dx^2}=-k_x^2$으로 둘 수 있고 $\frac{d^2X(x)}{dx^2}+k_x^2X(x)=0$이다.

$\frac{1}{Y(y)}\frac{d^2Y(y)}{dy^2}=k_x^2-\frac{1}{Z(z)}\frac{d^2Z(z)}{dz^2}=-k_y^2$이라고 하면 $\frac{d^2Y(y)}{dy^2}+k_y^2Y(y)=0$,

$\frac{d^2Z(z)}{dz^2}-(k_x^2+k_y^2)Z(z)=\frac{d^2Z(z)}{dz^2}+k_z^2Z(z)=0$이고 $k_x^2+k_y^2+k_z^2=0$이다.

미분방정식 세 개, $\frac{d^2X(x)}{dx^2}+k_x^2X(x)=0$, $\frac{d^2Y(y)}{dy^2}+k_y^2Y(y)=0$,

$\frac{d^2Z(z)}{dz^2}+k_z^2Z(z)=0$와 상수 k_x, k_y, k_z로 연결된 연립방정식이 된다.

① $k_x^2=0$(즉 $k_x=0$)이면 $X(x)=A_0x+B_0$

② $k_x^2>0$(즉 $k_x=k$)이면 $X(x)=A_1\sin kx+B_1\cos kx=C_1e^{jkx}+D_1e^{-jkx}$

③ $k_x^2<0$(즉 $k_x=jk$)이면 $X(x)=A_2\sinh kx+B_2\cosh kx=C_2e^{kx}+D_2e^{-kx}$

A, B, C, D와 k_x, k_y, k_z는 경계조건을 이용하여 구한다.

라플라스방정식을 푸는 방법은 라플라스방정식과 같은 경계조건을 만족하는 영상전하를 찾아 푸는 방법과 라플라스방정식을 직접 푸는 방법이 있는데 이 두 방법을 찾기 어려우면 수치해석으로 해를 구한다.

(1) 무한한 평행판 커패시터 구조 라플라스방정식 풀이

그림 4.43(a)와 같이 x, y-방향으로 무한한 평행판 커패시터에서 $\partial V/\partial x=0$, $\partial V/\partial y=0$이고, 경계조건 $V(z=d)=V_0$, $V(z=0)=0$이다.

① 라플라스방정식은

$$\nabla^2V(z)=\frac{\partial^2V(z)}{\partial z^2}=0 \qquad (4\text{–}66)$$

이고, 양변을 한 번 적분하면 $\frac{\partial V(z)}{\partial z}=A$에서 $V(z)=Az+B$ (A, B는 상수)이다.

② 경계조건으로 $A=V_0/d$, $B=0$이므로 $V(z)=\frac{V_0}{d}z$ [V]이다.

③ 전장을 구하면 $\boldsymbol{E}=-\nabla V(z)=-\hat{a}_z\frac{\partial V(z)}{\partial z}=-\hat{a}_z\frac{V_0}{d}$ [V/m]이다.

표면전하밀도, $\rho_s = \boldsymbol{D} \cdot \hat{a_n} = \epsilon \boldsymbol{E} \cdot (-\hat{a_z}) = \epsilon\left(-\hat{a_z}\frac{V_0}{d}\right) \cdot (-\hat{a_z}) = \frac{\epsilon V_0}{d}$ [C/m^2]

면적이 A인 양의 극판에서 전체 전하, $\int_s \rho_s \, ds = \frac{\epsilon V_0 A}{d}$ [C]

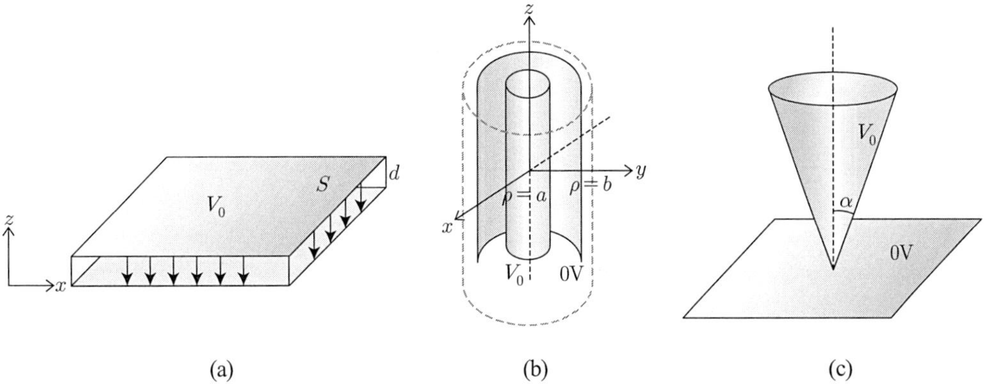

그림 4.43 커패시터 구조 (a) 평행판 (b) 동축선로 (c) $\theta = \alpha$인 무한 θ-면

(2) 동축선로 구조 라플라스방정식 풀이

그림 4.43(b)와 같이 z-방향으로 무한한 원통에서 ϕ-방향 대칭을 가지므로 $\partial^2 V/\partial\phi^2 = 0$, $\partial V/\partial z = 0$이고 경계조건은 $V(b) = 0$, $V(a) = V_0$이다.

① 라플라스방정식은

$$\nabla^2 V = \frac{1}{\rho}\frac{\partial}{\partial\rho}\left(\rho\frac{\partial V}{\partial\rho}\right) + \frac{1}{\rho^2}\frac{\partial^2 V}{\partial\phi^2} + \frac{\partial^2 V}{\partial z^2} = \frac{1}{\rho}\frac{\partial}{\partial\rho}\left(\rho\frac{\partial V}{\partial\rho}\right) = 0 \qquad (4\text{-}67)$$

이고, $\frac{\partial}{\partial\rho}\left(\rho\frac{\partial V}{\partial\rho}\right) = 0$에서 $\rho\frac{\partial V}{\partial\rho} - A$라 하면 $V(\rho) = A\ln\rho + B$ (A, B는 상수)이다.

② 경계조건을 적용하면 $A = \frac{V_0}{\ln(a/b)}$, $B = \frac{V_0 \ln b}{\ln(a/b)}$이므로 $V(\rho) = \frac{V_0 \ln(b/\rho)}{\ln(b/a)}$ [V]이다.

③ 전장은 $\boldsymbol{E} = -\nabla V(\rho) = -\hat{a_\rho}\frac{\partial V(\rho)}{\partial\rho}$이므로 $\boldsymbol{E}(\rho) = \frac{V_0}{\rho}\frac{1}{\ln(b/a)}\hat{a_\rho}$ [V/m]이다.

$\rho = a$에서 표면전하밀도, $\rho_s(a) = \boldsymbol{D}(a) \cdot \hat{a_n} = \epsilon\boldsymbol{E}(a) \cdot \hat{a_\rho} = \frac{\epsilon V_0}{a\ln(b/a)}$ [C/m^2]

단위길이당 전체 전하, $\int_s \rho_s(a) ds = \frac{\epsilon V_0}{a\ln(b/a)}(2\pi a \cdot 1) = \frac{2\pi\epsilon V_0}{\ln(b/a)}$ [C/m]

(3) 무한 θ-면 구조 라플라스방정식 풀이

그림 4.43(c)와 같이 도체판이 r-방향으로 무한하고 ϕ-방향 대칭이므로 $\partial V/\partial r = 0$, $\partial^2 V/\partial \phi^2 = 0$이고 경계조건은 $V(\alpha) = V_0$, $V(\pi/2) = 0$이다.

① 라플라스방정식은

$$\nabla^2 V = \frac{1}{r^2}\frac{\partial}{\partial r}\left(r^2 \frac{\partial V}{\partial r}\right) + \frac{1}{r^2 \sin\theta}\frac{\partial}{\partial\theta}\left(\sin\theta \frac{\partial V}{\partial\theta}\right) + \frac{1}{r^2\sin^2\theta}\frac{\partial^2 V}{\partial\phi^2} \quad (4\text{-}68)$$
$$= \frac{1}{r^2\sin\theta}\frac{\partial}{\partial\theta}\left(\sin\theta\frac{\partial V}{\partial\theta}\right) = 0$$

이고 $\frac{\partial}{\partial\theta}\left(\sin\theta\frac{\partial V}{\partial\theta}\right) = 0$에서 $\sin\theta\frac{\partial V}{\partial\theta} = A$라 하면 $V = \int\frac{A d\theta}{\sin\theta} + B$ (A, B는 상수)이다.

② 적분 항은

$$\int\frac{A d\theta}{\sin\theta} = \int\frac{A d\theta}{2\sin\frac{\theta}{2}\cos\frac{\theta}{2}} = \int\frac{A d\theta}{\left[\frac{2\sin(\theta/2)}{\cos(\theta/2)}\right]\cos^2\frac{\theta}{2}} = A\int\frac{\frac{1}{2}\sec^2(\theta/2)}{\tan(\theta/2)}d\theta$$
$$= A\ln\left(\tan\frac{\theta}{2}\right)$$

이므로 $V = A\ln[\tan(\theta/2)] + B$이고, 경계조건에 의해 $A = V_0/\left[\ln\left(\tan\frac{\alpha}{2}\right)\right]$, $B = 0$이므로 $V(\theta) = V_0\ln\left(\tan\frac{\theta}{2}\right)/\left[\ln\left(\tan\frac{\alpha}{2}\right)\right]$ [V]이다.

③ 전장은 $\boldsymbol{E} = -\nabla V = -\hat{a}_\theta\frac{1}{r}\frac{\partial V}{\partial\theta}$이므로 $\boldsymbol{E} = \dfrac{-V_0\hat{a}_\theta}{r\sin\theta\ln\left(\tan\frac{\alpha}{2}\right)}$ [V/m]이다.

(4) 평행판 커패시터 구조 포아송방정식 풀이

그림 4.44와 같이 평행판 커패시터 구조에서 포아송방정식을 이용하여 전장을 구해보자.

① 포아송방정식 $\nabla^2 V = -\frac{\rho_v}{\epsilon}$에서 $\frac{d^2V(z)}{dz^2} = -\frac{\rho_0}{\epsilon}$이고 적분하면 $\frac{dV}{dz} = -\frac{\rho_0}{\epsilon}z + A$이며 다시 적분하면 $V = -\frac{\rho_0}{2\epsilon}z^2 + Az + B$이다.

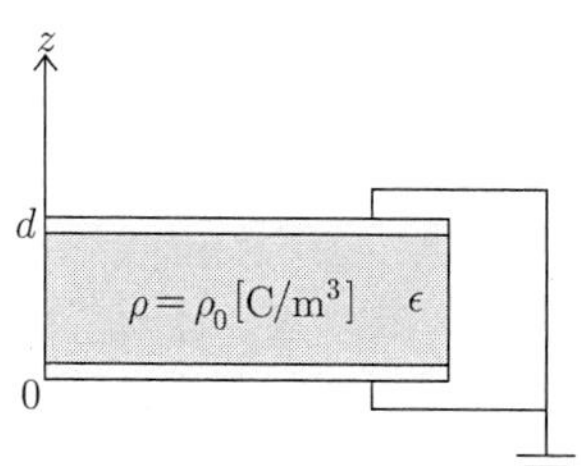

그림 4.44 평행판 커패시터 구조

② 경계조건은 $V(0)=0,\ V(d)=0$ 이므로, $A=\frac{\rho_0}{2\epsilon}d,\ B=0$ 이고 평행판 사이 전위는 $V(z)=\frac{\rho_0}{2\epsilon}z(d-z)$ [V] 이다.

③ 평행판 사이 전장은 $\boldsymbol{E}=-\nabla V=-\hat{a}_z\frac{dV}{dz}=\hat{a}_z\frac{\rho_0}{2\epsilon}(2z-d)$ [V/m] 이다.

그림 4.45(a)와 같이 xy-평면에서 라플라시안은

$$\nabla^2 V=\frac{\partial^2 V}{\partial x^2}+\frac{\partial^2 V}{\partial y^2}=\frac{V_1+V_2+V_3+V_4-4V_0}{h^2}=4\frac{V_a-V_0}{h^2} \tag{4-69}$$

이고, V_0는 (x,y) 지점에서 전위이며, 주변 전위의 평균은 $V_a=\frac{1}{4}(V_1+V_2+V_3+V_4)$ 이다. 물리적 의미는 다음과 같다.

① $\nabla^2 V>0$은 $V_a>V_0$이므로 원천의 부호는 음($\rho<0$)이다.
② $\nabla^2 V=0$은 $V_a=V_0$이므로 원천이 없다($\rho=0$).
③ $\nabla^2 V<0$은 $V_a<V_0$이므로 원천의 부호는 양($\rho>0$)이다.

그래서 전위는 원천이 있는 지점에서 그림 4.45(b)와 같이 극대점 혹은 극소점을 가진다.

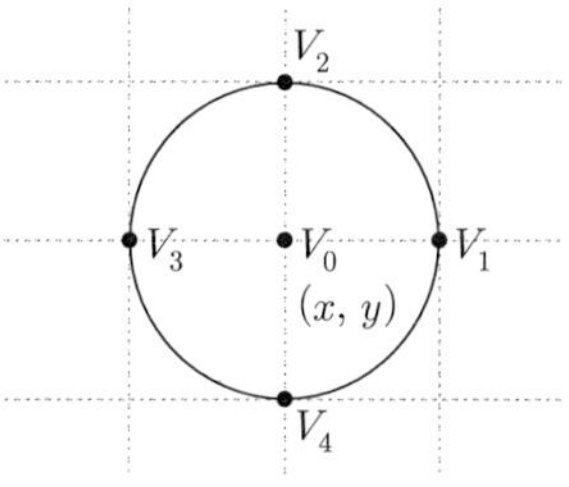

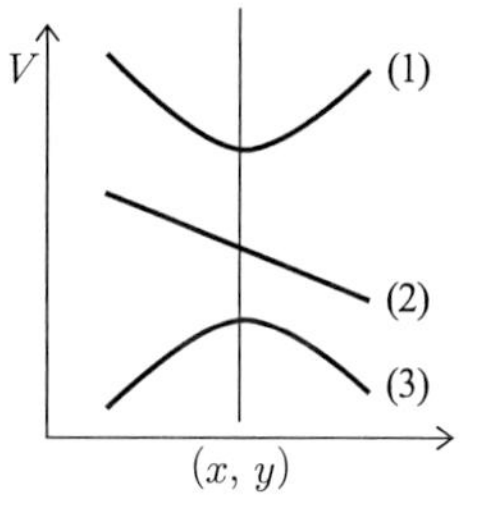

(b)

그림 4.45 전위 구하기 (a) (x,y) 지점 인근 전위 (b) (x,y) 지점 인근 세 종류의 전위

유한차분법(Finite Difference Method : FDM)

편미분방정식을 차분방정식으로 근사시켜 수치해석을 하는 방법이고, 특징은 편미분방정식에서 1차 연립방정식으로 직접 변환하고 선형 혹은 비선형문제에 쉽게 적용한다. 격자 간격이 h라 하면

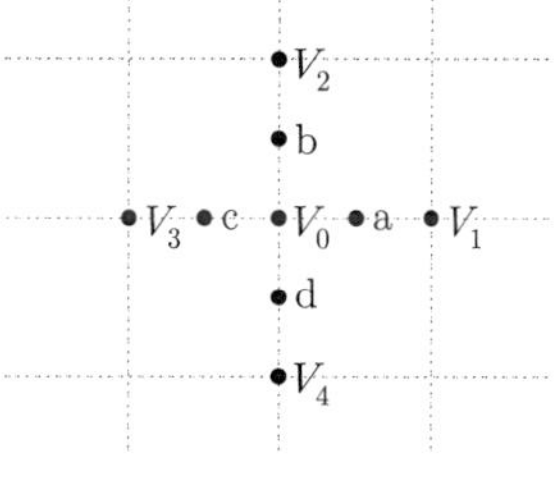

$$\left.\frac{\partial V}{\partial x}\right|_a=\frac{V_1-V_0}{h},\quad \left.\frac{\partial V}{\partial x}\right|_c=\frac{V_0-V_3}{h},$$

$$\frac{\partial^2 V}{\partial x^2}=\frac{\left.\frac{\partial V}{\partial x}\right|_a-\left.\frac{\partial V}{\partial x}\right|_c}{h}=\frac{V_1-V_0-V_0+V_3}{h^2},$$

$$\frac{\partial^2 V}{\partial y^2} = \frac{\left.\frac{\partial V}{\partial y}\right|_b - \left.\frac{\partial V}{\partial y}\right|_d}{h} = \frac{V_2 - V_0 - V_0 + V_4}{h^2}$$

$\frac{\partial^2 V}{\partial x^2} + \frac{\partial^2 V}{\partial y^2} = \frac{V_1 + V_2 + V_3 + V_4 - 4V_0}{h^2} = 0$, 따라서 특정점에서 전위는 인접점에서 전위의 평균인 $V_0 = \frac{1}{4}(V_1 + V_2 + V_3 + V_4)$이다. $4V_0 - V_1 - V_2 - V_3 - V_4 = 0$, 격자의 각 점마다 전압을 미지수로 나타내어 미지수에 대한 행렬을 만들어 연립방정식을 풀어 미지의 전압을 구한다.

격자 (i, j)의 미지전압을 $V_{i,j}$라 하면 $4V_{i,j} - V_{i-1,j} - V_{i+1,j} - V_{i,j-1} - V_{i,j+1} = 0$

원하는 영역에 라플라스방정식과 경계조건으로 여러 점의 모르는 전위를 구하는 순서는 다음과 같다.

① 전위가 고정적으로 아는 고정점과 전위를 모르는 자유점으로 된 노드를 가진 직사각형 그물로 나눈다.

② 차분방정식을 만든다.

③ 반복법으로 자유점을 원하는 정확도까지 전위를 구한다.

예제 4.23 다이오드의 전하분포가 아래 그림과 같이 $x \le -x_p$에서 $\rho_v = 0$, $-x_p \le x \le 0$에서 $\rho_v = -qN_A$, $0 \le x \le x_n$에서 $\rho_v = qN_D$, 그리고 $x \ge x_n$에서 $\rho_v = 0$이다. 공핍층에서 전장과 전위차를 구하여라.

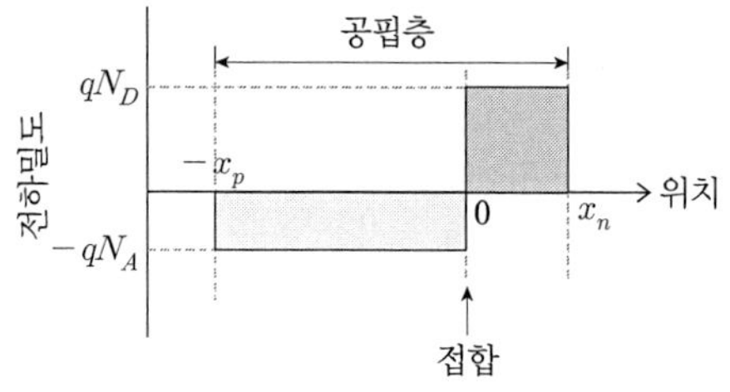

풀이 $\nabla^2 V = -\frac{\rho_v}{\epsilon}$ 로부터

(a) $-x_p \le x \le 0$: $\frac{d\boldsymbol{E}(x)}{dx} = -\frac{qN_A}{\epsilon}$, $\boldsymbol{E}(x) = -\hat{a}_x \frac{qN_A}{\epsilon}(x + x_p)$,

$$E|_{x=0} = -\frac{qN_A}{\epsilon} x_p = E_0$$

$0 \le x \le x_n$: $\frac{d\boldsymbol{E}(x)}{dx} = \frac{qN_D}{\epsilon}$, $\boldsymbol{E}(x) = \hat{a}_x \frac{qN_D}{\epsilon}(x - x_n)$,

$$E|_{x=0} = -\frac{qN_D}{\epsilon} x_n = E_0$$

$N_A x_p = N_D x_n$, 공핍층 폭 $W = x_n + x_p$이다.

(b) $E(x) = -\dfrac{dV(x)}{dx}$ 에서 전위차

$$V_0 = -\int_{-x_p}^{x_n} E(x)dx = \frac{1}{2}E_0 W = \frac{q}{2\varepsilon}N_D x_n W = \frac{q}{2\varepsilon}\frac{N_A N_D}{N_A + N_D}W^2 \text{ 이다.}$$

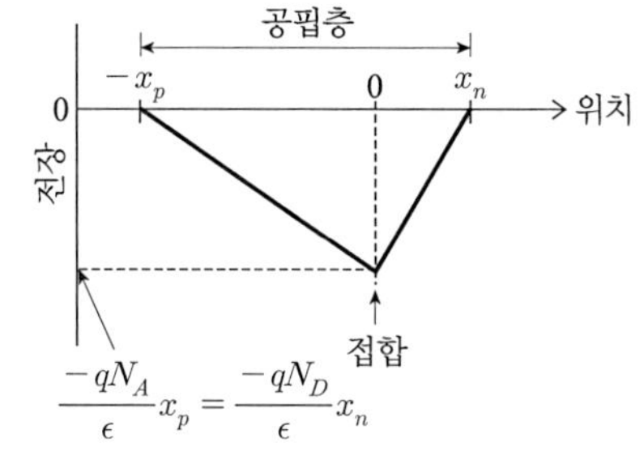

■

4.10 전기 쌍극자의 전장

전기 쌍극자는 같은 크기와 다른 부호의 두 개 점전하가 관측점 P까지 거리보다 매우 짧은 거리 d만큼 떨어져 있다($d \ll r$). 그림 4.46과 같이 전기 쌍극자가 z-축에 위치하고 점 P에서 전장은 각 전하의 전장을 합하면 되지만 계산과정이 어려워 전위를 이용한다.

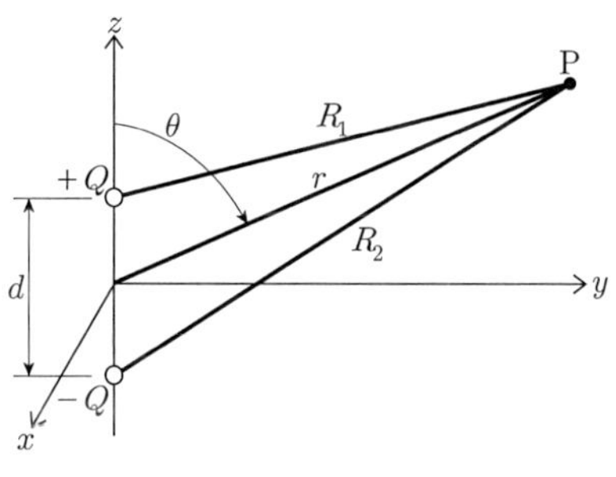

그림 4.46 전기 쌍극자

원통대칭인 전하쌍의 전위는

$$V(\boldsymbol{r}) = V(\rho, \theta) = \frac{Q}{4\pi\epsilon_0}\left(\frac{1}{R_1} - \frac{1}{R_2}\right)$$

이고, 여기서 R_1과 R_2는 점 P에서 양전하와 음전하 사이 거리이다.

$$R_1 = \sqrt{r^2 + (d/2)^2 - rd\cos\theta}, \quad R_2 = \sqrt{r^2 + (d/2)^2 + rd\cos\theta} \qquad (4\text{-}70)$$

코사인법칙 $a^2 = b^2 + c^2 - 2bc\cos\theta_a$, θ_a는 변 a의 마주보는 각

원거리 장($r \gg d$)과 평행선 조건은

$$R_1 \simeq r - \frac{d}{2}\cos\theta, \quad R_2 \simeq r + \frac{d}{2}\cos\theta \tag{4-71}$$

이고, 이항전개는

$$\begin{aligned}
\frac{1}{R_1} &\simeq \left(r - \frac{d}{2}\cos\theta\right)^{-1} \simeq \left(\frac{1}{r} + \frac{d}{2r^2}\cos\theta\right) \\
\frac{1}{R_2} &\simeq \left(r + \frac{d}{2}\cos\theta\right)^{-1} \simeq \left(\frac{1}{r} - \frac{d}{2r^2}\cos\theta\right) \\
\frac{1}{R_1} - \frac{1}{R_2} &\simeq \frac{d}{r^2}\cos\theta
\end{aligned} \tag{4-72}$$

이므로 이것을 전위식에 대입하면 다음과 같다.

$$V(r,\theta) \simeq \frac{Qd\cos\theta}{4\pi\epsilon_0 r^2} \quad [\mathrm{V}] \qquad r \gg d \tag{4-73}$$

> $a \gg b$인 경우 $\frac{1}{a \mp b} = (a \mp b)^{-1} = a^{-1}\left(1 \mp \frac{b}{a}\right)^{-1} = \left(\frac{1}{a} \pm \frac{b}{a^2}\right)$
>
> $x \ll 1$인 경우 $(1+x)^n \simeq 1 + nx$

크기가 같은 음전하에서 양전하로 향하는 거리벡터가 $\boldsymbol{d}$인 쌍극자의 세기와 방향을 나타내는 전기 쌍극자모멘트(dipole moment)는

$$\boldsymbol{p} = Q\boldsymbol{d} = \hat{a}_z Qd \quad [\mathrm{C \cdot m}] \tag{4-74}$$

이고, $Qd\cos\theta = \boldsymbol{p} \cdot \hat{a}_r$ 이므로 전위는 다음과 같다.

$$V \simeq \frac{\boldsymbol{p} \cdot \hat{a}_r}{4\pi\epsilon_0 r^2} \quad [\mathrm{V}] \qquad r \gg d \tag{4-75}$$

전장은

$$\begin{aligned}
\boldsymbol{E} &= -\nabla V = -\hat{a}_r\frac{\partial V}{\partial r} - \hat{a}_\theta\frac{1}{r}\frac{\partial V}{\partial \theta} - \hat{a}_\phi\frac{1}{r\sin\theta}\frac{\partial V}{\partial \phi} \\
&= \frac{-Qd}{4\pi\epsilon_0}\left[\cos\theta\,\hat{a}_r\frac{\partial}{\partial r}\left(\frac{1}{r^2}\right) + \hat{a}_\theta\frac{1}{r^3}\frac{\partial}{\partial \theta}(\cos\theta)\right] \\
&= \frac{-Qd}{4\pi\epsilon_0}\left[\hat{a}_r\cos\theta\left(-\frac{2}{r^3}\right) + \hat{a}_\theta\frac{1}{r^3}(-\sin\theta)\right] \\
&= \frac{Qd}{4\pi\epsilon_0 r^3}\left(\hat{a}_r 2\cos\theta + \hat{a}_\theta\sin\theta\right) \ [\mathrm{V/m}] \qquad r \gg d
\end{aligned} \tag{4-76}$$

이고 r^{-3}으로 감쇠한다. 단일전하인 경우 전장은 r^{-2}으로 감쇠하는데 전기 쌍극자가 국부적으로 더 집중되어 있기 때문이다. 그리고 $d \simeq 0$가 되면 원거리장에 의한 전장이 사라

진다. 그림 4.47과 같이 쌍극자는 H_2O, HCl, CO와 같은 분극분자에서 볼 수 있고, 외부 전장을 인가한 무분극분자인 경우 전기 쌍극자모멘트가 유도된다. 그림 4.48은 전기 쌍극자의 전장 흐름선인 전기력선을 나타낸다.

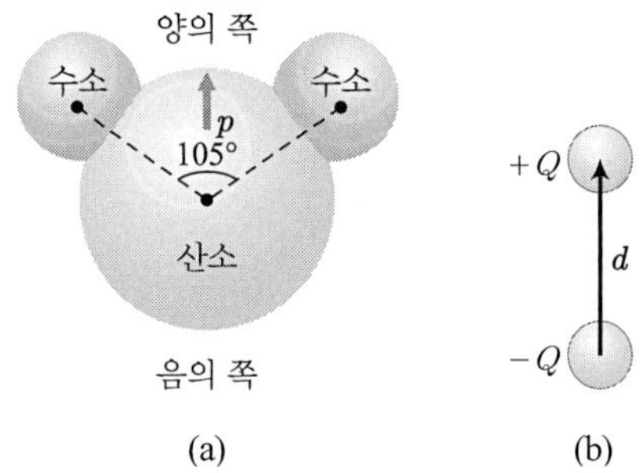

그림 4.47 전기 쌍극자 (a) 물분자 전기 쌍극자 (b) 쌍극자 방향

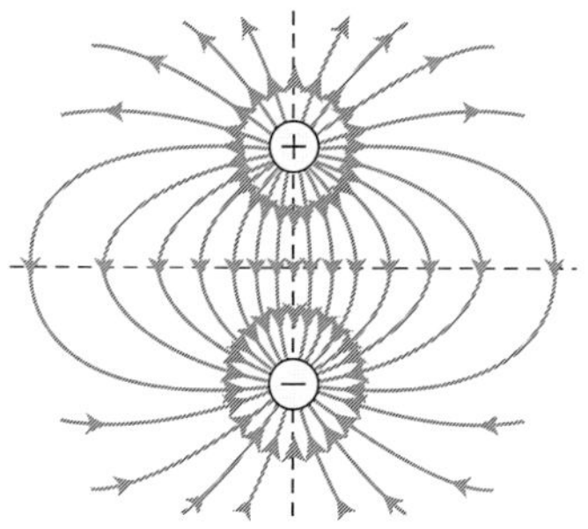

그림 4.48 전기 쌍극자의 전기력선

예제 4.24 전기 쌍극자모멘트가 $40\pi\epsilon_0[\mathrm{C\cdot m}]$일 때 $r=1\mathrm{m}$, $\theta=90^o$일 때 전장을 구하여라.

풀이

$$\boldsymbol{E} \simeq \frac{p}{4\pi\epsilon_0 r^3}(\hat{a_r}2\cos\theta + \hat{a_\theta}\sin\theta) = \frac{40\pi\epsilon_0}{4\pi\epsilon_0}(\hat{a_r}2\cos 90^o + \hat{a_\theta}\sin 90^o)$$
$$= 10\hat{a_\theta}[\mathrm{V/m}]$$ ■

(1) 전장 내 쌍극자에 작용하는 힘

그림 4.49와 같이 균일한 전장 $\boldsymbol{E}=E_x\hat{a_x}$ 속에 전기 쌍극자를 놓으면 전기 쌍극자모멘트의 단위벡터는 $\hat{a_p}=\hat{a_x}\cos\theta+\hat{a_y}\sin\theta$이므로 전기 쌍극자모멘트는

$$\boldsymbol{p}=Qd(\hat{a_x}\cos\theta+\hat{a_y}\sin\theta) \tag{4-77}$$

이고, 쌍극자에 작용하는 전체 힘은 $\boldsymbol{F_t}=\boldsymbol{F_p}+\boldsymbol{F_n}=0$이지만 회전력은 작용한다. 쌍극자의 중심에서 회전력은

$$\begin{aligned}\boldsymbol{\tau} &= \boldsymbol{r_p}\times\boldsymbol{F_p}+\boldsymbol{r_n}\times\boldsymbol{F_n} = \frac{d}{2}(\hat{a_x}\cos\theta+\hat{a_y}\sin\theta)\times F_x\hat{a_x} - \frac{d}{2}(\hat{a_x}\cos\theta+\hat{a_y}\sin\theta)\times(-F_x)\hat{a_x} \\ &= \frac{d}{2}\sin\theta\, F_p(-\hat{a_z}) + \frac{d}{2}\sin\theta\, F_n(-\hat{a_z}) = -Fd\sin\theta\,\hat{a_z} \\ &= -(QE)d\sin\theta\,\hat{a_z} = -pE\sin\theta\,\hat{a_z}\end{aligned} \tag{4-78}$$

이고, 일반적인 쌍극자회전력은 $\boldsymbol{\tau}=\boldsymbol{p}\times\boldsymbol{E}$이며, 쌍극자모멘트 $\boldsymbol{p}$는 전장방향으로 정렬되기 위해 시계방향으로 회전되어야 한다.

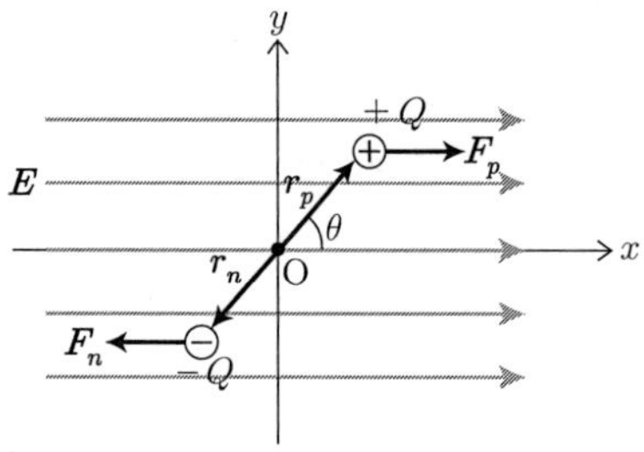

그림 4.49 균일 전장 내 전기 쌍극자에 작용하는 회전력

(2) 전기 쌍극자의 위치에너지

그림 4.50과 같이 전기 쌍극자가 전장에 의해 각도 $d\theta$만큼 회전하는 경우 일은

$$dW = \tau d\theta = pE\sin\theta\, d\theta \tag{4-79}$$

이다. 쌍극자가 θ_i에서 θ_f로 회전하는데 전장에 의한 전체 일의 양(전위에너지 차)은

$$\begin{aligned} W = \triangle \mathcal{E}_U = \mathcal{E}_{U_f} - \mathcal{E}_{U_i} &= \int_{\theta_i}^{\theta_f} \tau d\theta = \int_{\theta_i}^{\theta_f} pE\sin\theta\, d\theta \\ &= -pE(\cos\theta_f - \cos\theta_i) \end{aligned} \tag{4-80}$$

이고, 초기 기준각 $\theta_i = \frac{\pi}{2}$에서 전위에너지, $\mathcal{E}_{U_i} = 0$이므로 쌍극자의 전위에너지는

$$\mathcal{E}_U = -pE\cos\theta = -\boldsymbol{p}\cdot\boldsymbol{E} \tag{4-81}$$

이다. 전위에너지가 최소일 때 시스템은 안정하므로 쌍극자 $\boldsymbol{p}$는 전장 $\boldsymbol{E}$에 같은 방향으로 평행하게 정렬되어 전위에너지는 최소 $\mathcal{E}_{U_{\min}} = -pE$가 된다. 반면에 쌍극자 $\boldsymbol{p}$는 전장 $\boldsymbol{E}$에 반대방향으로 평행하게 정렬되면 전위에너지는 최대 $\mathcal{E}_{U_{\max}} = pE$가 되어 시스템이 불안정해진다.

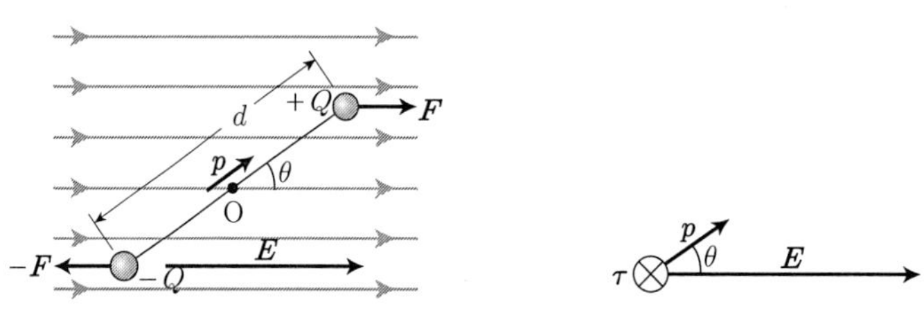

그림 4.50 균일 전장 내 전기 쌍극자 (a) 힘과 일 (b) 전위에너지

예제 4.25 쌍극자모멘트가 $0.032\times10^{-19}[\mathrm{C}\cdot nm]$이고, 균일전장이 $3\times10^{3}[\mathrm{N/C}]$일 때 이들이 20°의 각도로 교차한다. 쌍극자의 회전력 크기와 위치에너지 크기를 구하여라.

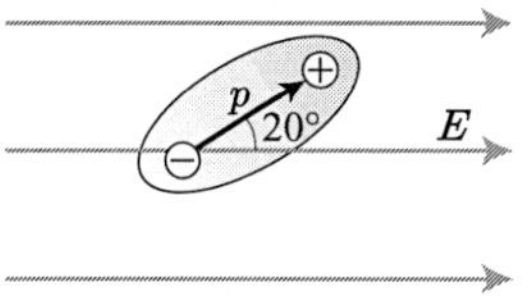

풀이 $\tau=|\boldsymbol{p}\times\boldsymbol{E}|=pE\sin\theta=(0.032\times10^{-19}\mathrm{C})(10^{-9}\mathrm{m})(3\times10^{3}\mathrm{N/C})(\sin20^{o})$

$=3.28\times10^{-27}[\mathrm{N}\cdot\mathrm{m}]$

$\mathcal{E}_U=-\boldsymbol{p}\cdot\boldsymbol{E}=-pE\cos\theta$

$=(0.032\times10^{-19}\mathrm{C})(10^{-9}\mathrm{m})(3\times10^{3}\mathrm{N/C})(\cos20^{o})=-9.02\times10^{-27}[\mathrm{J}]$ ■

4.11 전기 이중층의 전위

전기 이중층(electric double layer)은 물체의 얇은 층의 한쪽 면에 양(+) 전하, 다른 면에 음(-) 전하가 연속적으로 있거나, 면전하밀도가 같은 상태로 분포되어 있는 전기 쌍극자로 이루어진 이중층이다. 서로 다른 물질의 경계에서는 항상 전하의 재배열이 일어나고 전기 이중층이 잘 나타난다. 고체와 전해질 수용액의 계면에서는 용액 중의 양·음이온 어느 한 쪽의 선택적 흡착 등이 전기 이중층의 발생 원인이 된다. 이것을 헬름홀츠(Helmholtz)층이라고 하며, 전기 이중층 커패시터 등에 응용한다.

그림 4.51과 같이 전기 이중층의 두께를 $\delta[\mathrm{m}]$, 표면전하밀도를 $\pm\rho_s[\mathrm{C/m^2}]$라 하면 미소 면적 ds의 전하량 $Q=\rho_s ds\ [\mathrm{C}]$이다. 그래서 전기 쌍극자모멘트 $p=Q\delta=\rho_s ds\,\delta[\mathrm{C}\cdot\mathrm{m}]$이므로 점 A의 미소 전위 dV_A는

$$dV_A\simeq\frac{\rho_s ds\ \delta\cos\theta}{4\pi\epsilon r^2}=\frac{\rho_s\delta}{4\pi\epsilon}\frac{ds\cos\theta}{r^2}=\frac{\rho_s\delta}{4\pi\epsilon}d\Omega\quad[\mathrm{V}]\qquad \mathrm{r}\gg\delta \tag{4-82}$$

이고, $L_e=\rho_s\delta[\mathrm{C/m}]$는 전기 이중층 세기, $d\Omega=ds\cos\theta/r^2$는 점 A에서 ds를 바라본 입체각이다. 점 A에서 양전하의 전기 이중층을 보는 입체각이 Ω_A라 하면 점 A에서 전위, V_A는

$$V_A=\frac{\rho_s\delta}{4\pi\epsilon}\Omega_A=\frac{L_e}{4\pi\epsilon}\Omega_A\quad[\mathrm{V}]\qquad \mathrm{r}\gg\delta \tag{4-83}$$

이고, 같은 방법으로 점 B에서 음전하의 전기 이중층을 보는 입체각이 Ω_B라 하면 점 B에서 전위, V_B는 다음과 같다.

$$V_B=-\frac{\rho_s\delta}{4\pi\epsilon}\Omega_B=-\frac{L_e}{4\pi\epsilon}\Omega_B[\mathrm{V}]\quad \mathrm{r}\gg\delta \tag{4-84}$$

점 A와 점 B의 전위차는

$$V_{AB} = V_A - V_B = \frac{L_e}{4\pi\epsilon}\Omega_A - \left(\frac{-L_e}{4\pi\epsilon}\Omega_B\right) = \frac{L_e}{4\pi\epsilon}(\Omega_A + \Omega_B) \quad (4-85)$$
$$= \frac{L_e}{4\pi\epsilon}\Omega\,[\mathrm{V}] \quad r \gg \delta$$

이고, 만약 전기 이중층이 무한 평면이면 각각의 입체각이 2π[sr]이고, 전체 입체각 $\Omega = 4\pi$ (두 점을 무한히 전기 이중층에 접근시킬 경우)이므로 전위차는 $V_{AB} = L_e/\epsilon$ [V]이다.

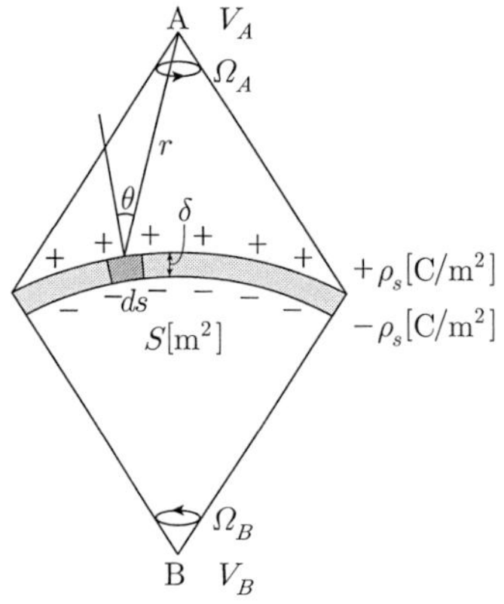

그림 4.51 전기 이중층

반지름 r인 구 중심으로부터 x만큼 떨어진 지점에서 원뿔형의 입체각, $\Omega = 2\pi(1-\cos\theta) = 2\pi\left(1 - \frac{x}{\sqrt{a^2+x^2}}\right)$ [sr]을 이용하여 전위를 구하면 다음과 같다.

$$V_A = \frac{L\Omega}{4\pi\epsilon_0} = \frac{L}{4\pi\epsilon_0}\times 2\pi(1-\cos\theta) = \frac{L}{4\pi\epsilon_0}\times 2\pi\left(1-\frac{x}{\sqrt{a^2+x^2}}\right) \quad (4-86)$$
$$= \frac{L}{2\epsilon_o}\times\left(1-\frac{x}{\sqrt{a^2+x^2}}\right)[\mathrm{V}]$$

4.12 전기 영상법

접지된 무한 평면도체 앞에 점전하 Q[C]가 놓여있을 때 평면도체에 표면전하가 유도된다. 그러나 평면도체에 유도되는 표면전하를 안다고 해도 평면도체 앞에 전위를 구하는 것은 어렵다. 그래서 거울과 같은 대칭면(무한 평면도체) 앞에 전하를 놓았을 때 가상의 영상전하로 나타내는 전기 영상법(method of images)을 이용하면 편리하다.

전기 영상법은 1848년 켈빈(Lord Kelvin, 1824-1907)에 의해 고안된 방법으로 무한 평면 뒤쪽에 영상전하라는 가상전하를 배치하여 실제전하와 영상전하와의 관계를 통해 무한 평면에서의 유도전하분포를 해석하는 방법이다. 그래서 무한 도체가 있는 경우 무한 도체를 영상전하로 대체하면 경계조건이 같게 되고 포아송방정식 혹은 라플라스방정식을 이용하여 전위를 구한다.

영상매체가 도체인 경우에는 영상매체의 표면에서 전계의 접선성분이 "0"으로 되어야 하거나 또는 영상매체의 전위가 등전위이어야 한다. 전기 영상법은 무한 평면, 구, 그리고 무한 원통 등에서 효율적으로 이용한다.

바로 풀기 어려운 경계조건을 가진 정전장 문제에서 포아송 또는 라플라스방정식의 일반해를 직접 구하는 대신에 경계면을 적절한 영상전하로 대치하면 경계조건은 변하지 않고 특정 문제의 풀이를 단순화한다.

(1) 무한 평면도체와 점전하

그림 4.52(a)처럼 접지평면인 무한 평면도체 위로 거리 h에 놓인 점전하 $+Q$[C]에서 xy-평면전압은 $V(x,y,0)=0$이고, 대칭성으로 전압 $V(x,y,z)=V(-x,y,z)$, $V(x,y,z)=V(x,-y,z)$이다. $z>0$ 영역에서 전장세기를 구하기 위해 그림 4.52(b)와 같이 무한 평면도체를 제거하고 대칭적 위치에 점전하 $-Q$[C]인 영상전하를 둔다.

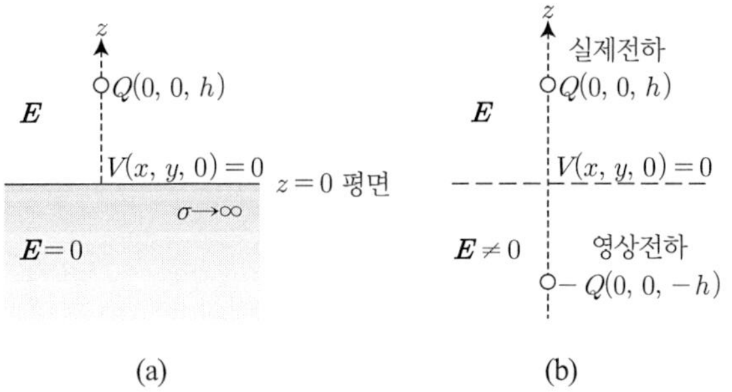

그림 4.52 무한 평면도체와 점전하의 전기 영상법 (a) 구조 (b) 영상전하

그림 4.53과 같이 xy-무한 평면도체에서 $(0, 0, h)$ 위치에 점전하 Q를 놓으면, 반대편 $(0,0,-h)$에 생기는 영상전하를 Q'라 하자. 임의의 (x,y,z) 좌표의 점 P에서의 전위 V_P를 이용하면 그 영상전하 Q'의 값을 구할 수 있다. 전하 Q와 Q'에 의한 전위 V_P는

$$\begin{aligned} V_P(x,y,z) &= \frac{1}{4\pi\epsilon_0}\sum_i \frac{Q_i}{r_i} = \frac{Q}{4\pi\epsilon_0\sqrt{x^2+y^2+(z-h)^2}} + \frac{Q'}{4\pi\epsilon_0\sqrt{x^2+y^2+(z+h)^2}} \\ &= \frac{Q}{4\pi\epsilon_0\sqrt{x^2+y^2+(z-h)^2}} + \frac{Q'}{4\pi\epsilon_0\sqrt{x^2+y^2+(z+h)^2}}[\mathrm{V}] \qquad (4\text{–}87) \end{aligned}$$

$z=0$에 있는 무한 평면도체는 접지되어 있으므로 전위값은 $V_P(x,y,0)=0$이므로 정리하면

$$V_P(x,y,0) = \frac{1}{4\pi\epsilon_0}\left(\frac{Q+Q'}{\sqrt{x^2+y^2+h^2}}\right) = 0 \qquad (4\text{–}88)$$

이고, 여기서 h, x, y, 그리고 $4\pi\epsilon_0$의 값은 주어진 상숫값이므로, $Q+Q'=0$이다. 그래서 $Q'=-Q$이므로 영상전하는 점전하와 크기는 같고 방향이 반대이다.

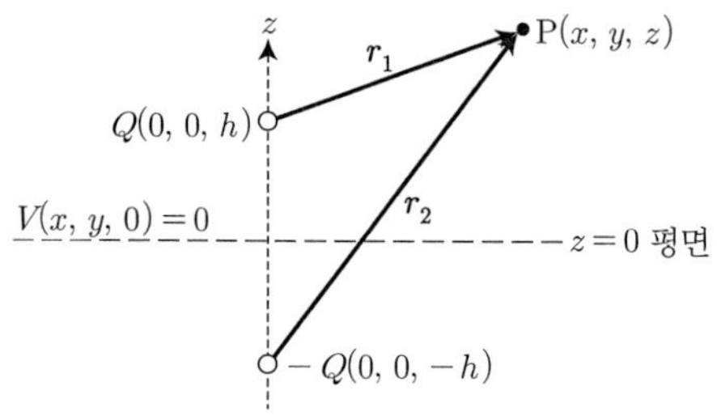

그림 4.53 P 점에서 전장의 세기

무한 평면도체와 점전하 Q 사이에 작용하는 쿨롱의 힘은 실제전하와 영상전하 사이 쿨롱의 힘과 같으므로

$$F = \frac{Q \cdot (-Q)}{4\pi\epsilon_0 (2h)^2} = \frac{Q \cdot (-Q)}{16\pi\epsilon_0 h^2} = -\frac{Q^2}{16\pi\epsilon_0 h^2} [\mathrm{N}] \tag{4-89}$$

이고, 이 힘은 음수이므로 인력이며 마치 두 전하 Q와 $-Q$가 거리 $2h$에 있는 것 같다. 적분을 이용하여 무한대에서 평면 위로 거리 h까지 가져오는데 필요한 일은 다음과 같다.

$$W = -\frac{Q^2}{16\pi\epsilon_0 h} [\mathrm{J}] \tag{4-90}$$

두 전하에 의한 전장세기를 $z \geq 0$인 영역에서 구할 경우 전장세기는 같고, 도체평판 위에서 전장의 접선성분과 전위차가 "0"이 된다. 그래서 $z > 0$에서 전장은

$$\begin{aligned} \boldsymbol{E}(x,y,z) &= \frac{Q}{4\pi\epsilon_0 [x^2+y^2+(z-h)^2]} \hat{a_{r_1}} + \frac{-Q}{4\pi\epsilon_0 [x^2+y^2+(z+h)^2]} \hat{a_{r_2}} \\ &= \frac{Q[x\hat{a_x} + y\hat{a_y} + (z-h)\hat{a_z}]}{4\pi\epsilon_0 [x^2+y^2+(z-h)^2]^{3/2}} + \frac{-Q[x\hat{a_x} + y\hat{a_y} + (z+h)\hat{a_z}]}{4\pi\epsilon_0 [x^2+y^2+(z+h)^2]^{3/2}} \left[\frac{\mathrm{V}}{\mathrm{m}}\right] \end{aligned} \tag{4-91}$$

이고, $z < 0$에서 전장은 $\boldsymbol{E}(x,y,z) = 0$이다. 또한, 무한 평면도체 표면에 유도되는 표면전하밀도를 구하기 위해 xy-도체 표면에서 $E_x = E_y = 0$이고, z-방향성분을 구하면

$$E_z(x,y,0) = \frac{-2hQ}{4\pi\epsilon_0 (x^2+y^2+h^2)^{3/2}} = \frac{-hQ}{2\pi\epsilon_0 (x^2+y^2+h^2)^{3/2}} [\mathrm{V/m}] \tag{4-92}$$

이다. 이 전장의 값은 점전하에 의한 전장의 2배가 된다. 그리고 도체 표면전하는 가우스법칙에 의해 표면전하밀도는 $\rho_s = \boldsymbol{D} \cdot \hat{a_z} = \epsilon_0 E_z [\mathrm{C/m^2}]$이고 $\hat{a_z}$는 도체 표면의 법선성분이다.

$$\rho_s = \epsilon_0 E_z = \epsilon_0 \cdot \left[\frac{-hQ}{2\pi\epsilon_0 (x^2+y^2+h^2)^{3/2}}\right] = \frac{-hQ}{2\pi (x^2+y^2+h^2)^{3/2}} [\mathrm{C/m^2}] \tag{4-93}$$

유도 표면전하분포를 입체적으로 무한 평면도체에 나타내면 그림 4.54와 같다.

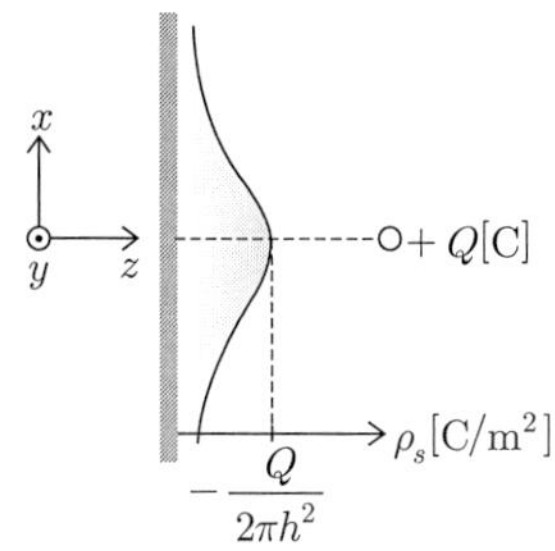

그림 4.54 무한 평면도체에 유도되는 표면전하분포

평면도체에 유도되는 총 전하는

$$Q_i = \int_s \rho_s ds = \int_{-\infty}^{\infty}\int_{-\infty}^{\infty} \frac{-Qh\,dxdy}{2\pi(x^2+y^2+h^2)^{3/2}} \ [\mathrm{C}] \tag{4-94}$$

이고, 변수변환 $r^2 = x^2 + y^2$과 $dxdy = rdrd\phi = d\phi\left[\frac{1}{2}d(r^2)\right]$으로부터

$$Q_i = -\frac{Qh}{2\pi}\int_0^{2\pi}\int_0^{\infty}\frac{rdrd\phi}{(r^2+h^2)^{3/2}} = -\frac{Qh}{2\pi}2\pi\int_0^{\infty}(r^2+h^2)^{-3/2}\frac{1}{2}d(r^2)$$

$$= \frac{Qh}{(r^2+h^2)^{1/2}}\bigg|_0^{\infty} = -Q[\mathrm{C}] \tag{4-95}$$

이므로 평면도체에 유도된 총 전하는 $-Q$[C]이고 점전하 Q[C]의 전속이 도체 표면에 종단됨을 알 수 있다. 그래서 도체를 제거한 경우 점전하 Q[C]의 전속이 영상전하에 모두 종단됨을 알 수 있다.

(2) 접지된 도체구와 점전하

그림 4.55(a)와 같이 접지된 구 도체 중심에서 거리 d[m]만큼 떨어진 곳에 점전하 Q[C]이 있다고 한다. 이때 영상전하 위치와 영상전하 크기를 구해보자. 영상전하 Q_i는 음이고 $\overline{\mathrm{OP}}$선 위와 구 내부에 있고, $-Q$와 같지 않다. 그림 4.55(b), (c)와 같이 $\triangle\mathrm{OP_iA}$와 $\triangle\mathrm{OAP}$에서 ① $\angle\mathrm{OP_iA}$와 $\angle\mathrm{OAP}$는 직각이고 ② $\angle\mathrm{AOP_i}$와 $\angle\mathrm{AOP}$는 같은 각을 공유하고 ③ $\angle\mathrm{OAP_i}$와 $\angle\mathrm{APO}$는 서로 엇각으로 같은 각을 공유한다. 그래서 $\triangle\mathrm{OP_iA}$와 $\triangle\mathrm{OAP}$는 서로 닮은꼴이고 비례식은

$$\frac{a}{d} = \frac{d_i}{a} = \frac{r_i}{r} \tag{4-96}$$

이므로 영상전하는 원점에서 $d_i = a^2/d$만큼 떨어진 거리에 있다.

이제 영상전하 Q_i의 값을 알기 위해, 접지된 구 도체 상에 임의의 점 A에서의 전위 V_A를 이용하면 그 영상전하 Q_i의 값을 구할 수 있다. 점전하 Q[C]에서는 r[m]만큼 떨어져 있고, 영상전하 Q_i에서는 r_i만큼 떨어져 있으므로 전하 Q와 Q_i에 의한 전위 V_A를

구한다. 구 도체는 그림 4.55(a)와 같이 접지되어 있어 전위 $V_A = 0$이다.

$$V_A = \frac{Q}{4\pi\epsilon_0 r} + \frac{Q_i}{4\pi\epsilon_0 r_i} = \frac{1}{4\pi\epsilon_0}\left(\frac{Q}{r} + \frac{Q_i}{r_i}\right) = 0 \qquad (4\text{-}97)$$

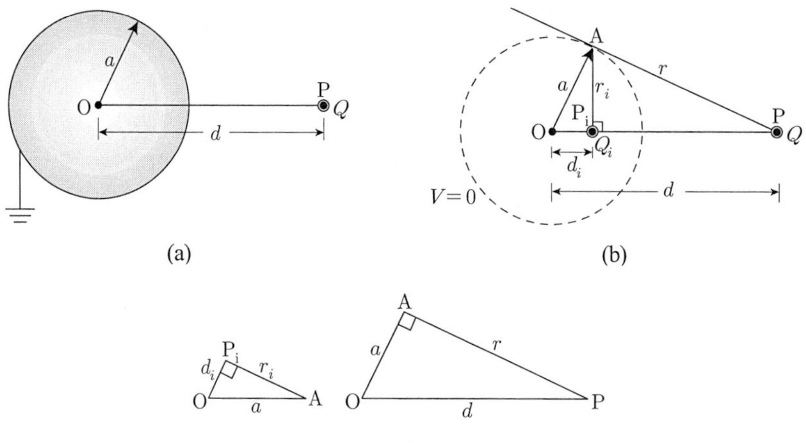

그림 4.55 접지된 도체구와 점전하 구조 (a) 구조 (b) 영상전하 (c) 닮은 삼각형

여기서 $4\pi\epsilon_0$는 상숫값이므로, $Q/r + Q_i/r_i = 0$이고 $r_i/r = a/d$를 이용하면

$$Q_i = -\frac{r_i}{r}Q = -\frac{a}{d}Q \qquad (4\text{-}98)$$

이므로 접지된 구 도체의 영상전하는 $Q_i = -aQ/d$이다. 그래서 그림 4.56과 같이 실제 전하에 의한 영상전하는 구 중심 O와 실제 점전하가 있는 P를 연결한 직선 위에 있고, 구 중심에서 $d_i = a^2/d$만큼 떨어진 거리에 전하량은 $Q_i = -aQ/d$가 있는 문제로 바꿀 수 있다.

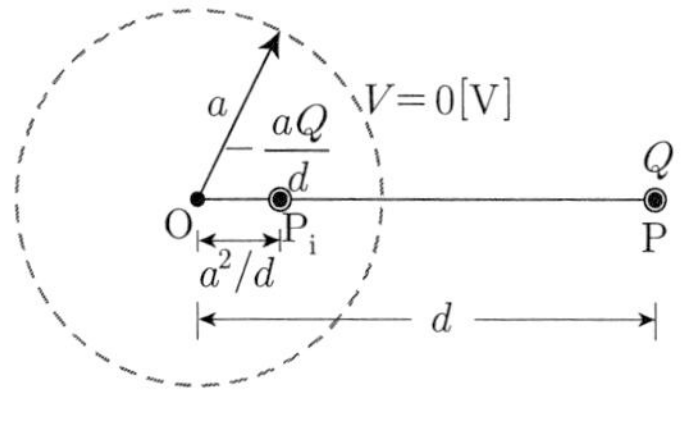

그림 4.56 접지된 도체구와 점전하 구조에서 전하들의 위치

접지 도체구와 점전하 사이에 작용하는 힘은 점전하 Q와 영상전하 Q_i 사이에 작용하는 쿨롱의 힘을 구하면 다음과 같고, 음의 값을 가진다.

$$F = \frac{Q \cdot Q_i'}{4\pi\epsilon_0 (d-y)^2} = \frac{Q \cdot \left(-\frac{a}{d}Q\right)}{4\pi\epsilon_0\left(d - \frac{a^2}{d}\right)^2} = \frac{Q \cdot \left(-\frac{a}{d}Q\right)}{4\pi\epsilon_0\left(\frac{d^2 - a^2}{d}\right)^2} = \frac{-a\,d\,Q^2}{4\pi\epsilon_0 (d^2 - a^2)^2}\,[\mathrm{N}] \qquad (4\text{-}99)$$

(3) 비접지 도체구와 점전하

반경 a[m]의 도체구가 접지되어 있을 때 영상전하는 구 중심에서 a^2/d[m]만큼 떨어진 거리에 $Q_i = -aQ/d$[C]의 전하량이 유도되었으나, 비접지 도체구와 점전하인 경우 비접지 도체 내부의 전하 합은 "0"이 되어야 하고 정전하에 의해서 도체의 구면은 등전위면이 되어야 하므로 이 정전하는 도체 표면에 균등하게 분포되어야 한다. 실제 전하에 의한 영상전하는 원점에서 a^2/d[m]만큼 떨어진 거리에 전하량은 $Q_i = -aQ/d$[m]이고 동시에 구면상은 등전위면이 되게 하기 위해 구의 중심에 또 다른 영상전하 $Q_i' = aQ/d$[C]이 있어야 한다. 그래서 그림 4.57과 같이 구 중심 O와 실제 점전하가 있는 P를 연결한 직선 위에 두 영상전하와 실제 점전하로 바꾸어 놓고 전장을 구할 수 있다.

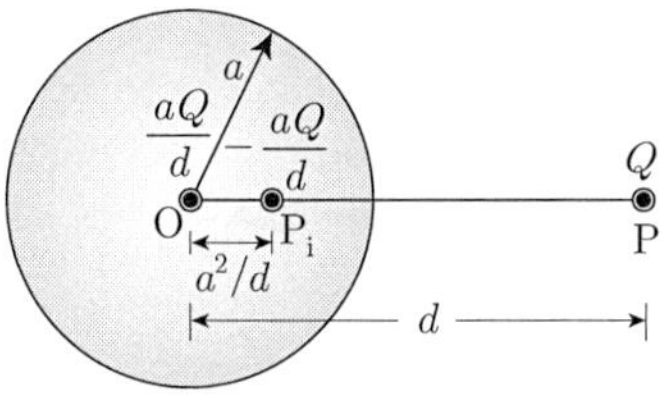

그림 4.57 비접지 도체구와 점전하 구조

비접지 도체구와 점전하 사이에 작용하는 힘은 점전하 Q[C]와 두 영상전하 사이에 작용하는 힘의 합으로 구하면 다음과 같다.

$$F = \frac{Q\left(\frac{a}{d}Q\right)}{4\pi\epsilon_0 d^2} + \frac{Q\left(-\frac{a}{d}Q\right)}{4\pi\epsilon_0\left(d - \frac{a^2}{d}\right)^2} = \frac{adQ^2}{4\pi\epsilon_0}\left[\frac{1}{d^4} - \frac{1}{(d^2-a^2)^2}\right] \text{[N]} \qquad (4\text{–}100)$$

(4) 원통 평행도체와 직선전하

그림 4.58(a)와 같이 반지름이 a[m]인 원통 도체의 중심에서 거리가 d[m]만큼 떨어진 곳에 선전하밀도 ρ_ℓ[C/m]인 도선이 평행하게 놓여 있다. 이때 원통 표면이 등전위면이 되기 위해 영상전하는 원통 내부 평행선전하가 있어야 한다. 그리고 대칭을 위해 영상선전하는 그림 4.58(b)와 같이 $\overline{\text{OP}}$를 따라 놓여야 한다.

시험적으로 $\rho_i = -\rho_\ell$이라고 가정한다. 선전하밀도 ρ_ℓ에서 거리 r인 전위는

$$V = -\int_{r_0}^{r} E_r\, dr = -\frac{\rho_\ell}{2\pi\epsilon_0}\int_{r_0}^{r}\frac{1}{r} = \frac{\rho_\ell}{2\pi\epsilon_0}\ln\frac{r_0}{r} \text{ [V]} \qquad (4\text{–}101)$$

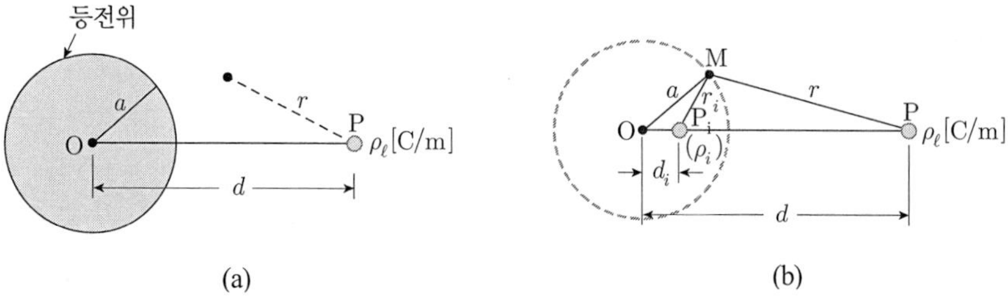

그림 4.58 원통 평행도체과 직선전하 (a) 구조 (b) 영상 선전하

이고 r_0는 무한대는 아닌 기준점이다. 원통 표면에서 전위는

$$V_M = \frac{\rho_\ell}{2\pi\epsilon_0}\ln\frac{r_0}{r} - \frac{\rho_\ell}{2\pi\epsilon_0}\ln\frac{r_0}{r_i} = \frac{\rho_\ell}{2\pi\epsilon_0}\ln\frac{r_i}{r}\ [\mathrm{V}] \tag{4-102}$$

이고, 등전위면은 $r_i/r=$ 상수이다. $\triangle \mathrm{OMP_i}$와 $\triangle \mathrm{OPM}$이 닮은꼴이 되기 위해 점 $\mathrm{P_i}$가 위치해야 한다. 그래서 $\angle \mathrm{OMP_i} = \angle \mathrm{OPM}$이고, $\frac{\overline{\mathrm{P_iM}}}{\overline{\mathrm{PM}}} = \frac{\overline{\mathrm{OP_i}}}{\overline{\mathrm{OM}}} = \frac{\overline{\mathrm{OM}}}{\overline{\mathrm{OP}}}$ 비례식에서

$$\frac{r_i}{r} = \frac{d_i}{a} = \frac{a}{d} = \text{상수} \tag{4-103}$$

이므로 영상 선전하는 원통 중심에서 $d_i = a^2/d\,[\mathrm{m}]$만큼 떨어져 있다.

예제 4.26 그림은 원통 평행도체와 직선전하를 이용한 반지름이 $a[\mathrm{m}]$, 동축거리가 $d[\mathrm{m}]$인 두 평행 무한 도선의 단면이다. 등가 선전하에서 전압차와 거리 d를 구하여라.

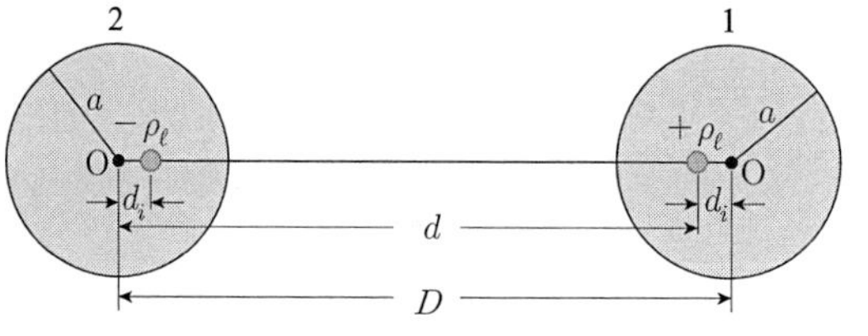

풀이 (a) 선전하 $\rho_\ell[\mathrm{C/m}]$인 도체-1에 의해 생긴 영상전하는 $-\rho_\ell[\mathrm{C/m}]$이다. 같은 방법으로 선전하 $-\rho_\ell$인 도체-2에 의해 생긴 영상전하는 ρ_ℓ이다. 각 도체 전위는 $V_2 = \frac{\rho_\ell}{2\pi\epsilon_0}\ln\frac{a}{d}$, $V_1 = \frac{-\rho_\ell}{2\pi\epsilon_0}\ln\frac{a}{d}$이고, $a<d$이므로 V_2는 음이고 V_1은 양이다. 전위차

$V_{12} = V_1 - V_2 = \frac{-\rho_\ell}{2\pi\epsilon_0}\ln\frac{a}{d} - \frac{\rho_\ell}{2\pi\epsilon_0}\ln\frac{a}{d} = \frac{\rho_\ell}{\pi\epsilon_0}\ln\frac{d}{a}[\mathrm{V}]$이다.

(b) 도체의 중심과 선전하 거리 $d = D - d_i = D - a^2/d$에서 d를 구하면 $d = \left(D \pm \sqrt{D^2 - 4a^2}\right)/2$인데, D는 a보다 매우 크므로 $d = \left(D + \sqrt{D^2 - 4a^2}\right)/2$이다. ■

예제 4.27 그림 (a)처럼 같은 반경의 두 원통 평행도체 등전위방정식과 반경을 구하고 등전위선과 전기력선을 그려보아라.

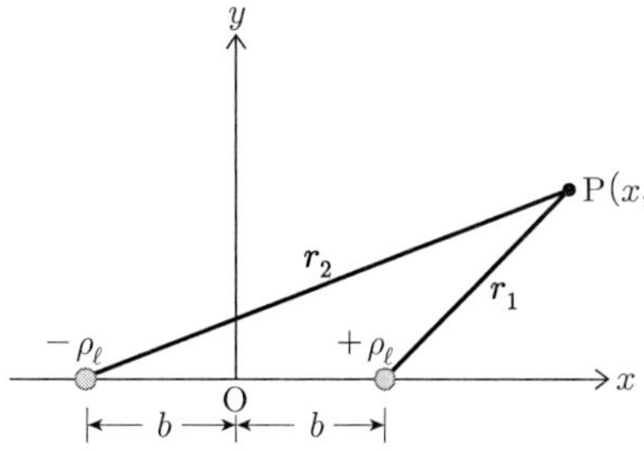

(a) 구조

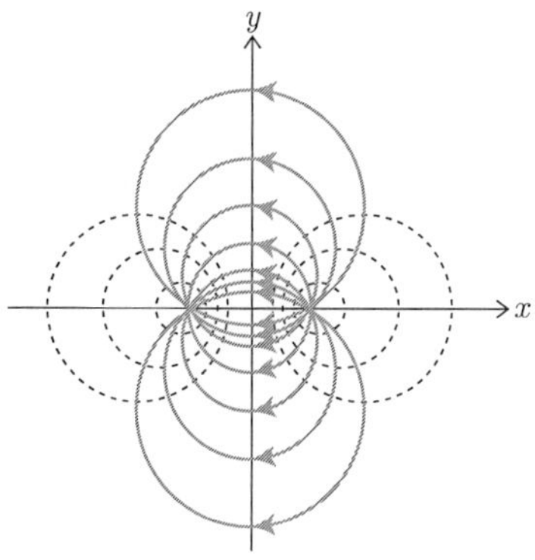

(b) 등전위선과 전기력선

풀이 점 P에서 전위 $V_P = \dfrac{\rho_\ell}{2\pi\epsilon_0}\ln\dfrac{r_2}{r_1}$[V]이므로 xy-평면에서 등전위선은 $\dfrac{r_2}{r_1} = k$(상수)이다.

$\dfrac{r_2}{r_1} = \dfrac{\sqrt{(x+b)^2+y^2}}{\sqrt{(x-b)^2+y^2}} = k$에서 $\left(x - \dfrac{k^2+1}{k^2-1}b\right) + y^2 = \left(\dfrac{2k}{k^2-1}b\right)^2$이고, 반경은 $\left|\dfrac{2kb}{k^2-1}\right|$이다. xy-평면에 등전위선을 그리면 그림 (b)의 점선으로 된 원과 같고 실선은 전기력선이다. ■

(5) 직교 도체평면과 점전하

무한 평면도체 앞에 존재하는 점전하의 영상전하는 같은 거리에 반대 부호의 전하이다. 그림 4.59(a)와 같이 직각 무한 평면도체와 점전하의 영상전하를 나타내면 그림 4.59(b)와 같고 각 영상전하와 작용하는 힘은 다음과 같다.

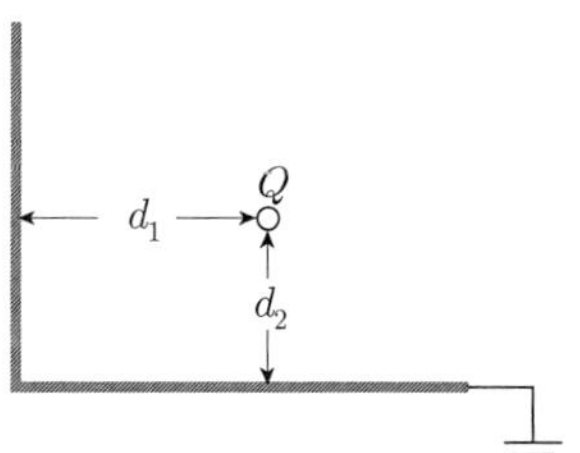

(a)

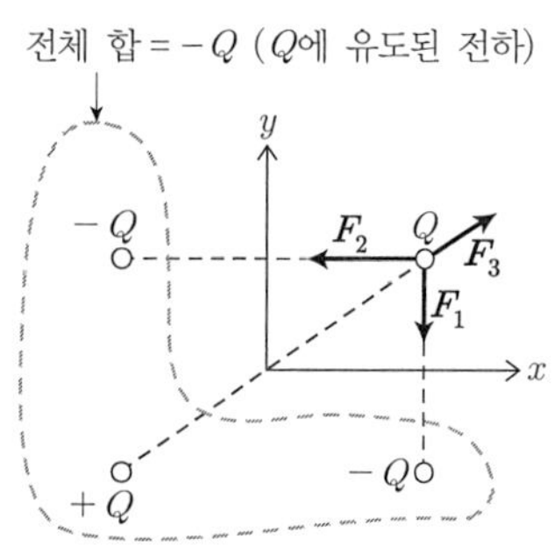

(b)

그림 4.59 점전하와 접지된 직각 무한 도체 (a) 구조 (b) 영상전하와 Q에 작용하는 힘

$$F_1 = -\hat{a}_y \frac{Q^2}{4\pi\epsilon_0 (2d_2)^2}[\text{N}], \quad F_2 = -\hat{a}_x \frac{Q^2}{4\pi\epsilon_0 (2d_1)^2}[\text{N}] \tag{4-104}$$

$$F_3 = \frac{Q^2\left(2d_1\hat{a}_x + 2d_2\hat{a}_y\right)}{4\pi\epsilon_0\left[(2d_1)^2 + (2d_2)^2\right]^{3/2}}[\text{N}]$$

예제 4.28 그림과 같이 접지된 무한 도체판과 선전하밀도가 $\rho_\ell[\text{C/m}]$인 무한 길이 선전하가 도체판에서 $h[\text{m}]$만큼 떨어진 경우 도체에서 표면전하밀도를 구하여라.

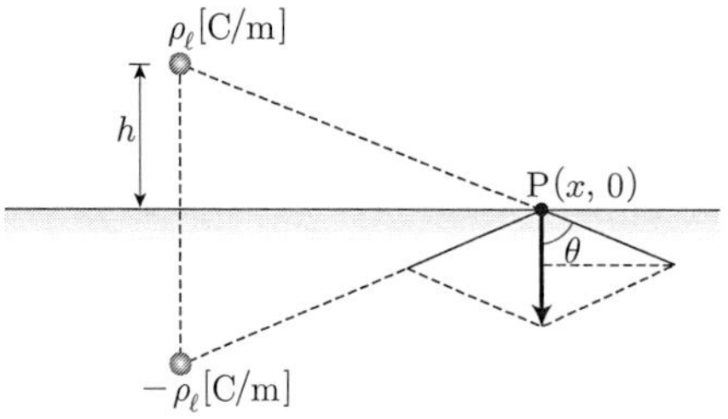

풀이 $r = \sqrt{x^2 + h^2}$ 이고, 선전하에 의한 전장 $\boldsymbol{E} = \dfrac{\rho_\ell \hat{a}_r}{2\pi\epsilon_0 r}$ 이므로 $+\rho_\ell$에 의한 전장의 크기는

$$E_1 = |\boldsymbol{E}| \cdot \cos\theta = \frac{\rho_\ell}{2\pi\epsilon_0 (x^2 + h^2)^{1/2}} \frac{h}{(x^2 + h^2)^{1/2}} = \frac{\rho_\ell h}{2\pi\epsilon_0 (x^2 + h^2)}$$

이다. $+\rho_\ell$과 $-\rho_\ell$에 의한 전장의 크기는

$$E_2 = 2E_1 = \frac{\rho_\ell h}{\pi\epsilon_0 (x^2 + h^2)}[\text{V/m}]$$

이고, 따라서 표면전하밀도는

$$\rho_s = -\epsilon_o E_n = -\epsilon_o E_2 = \frac{-\rho_\ell h}{\pi (x^2 + h^2)}[\text{C/m}^2]$$

이다. ■

그림 4.60과 그림 4.61에서 무한히 큰 완전도체 평면 위에 전하가 분포하는 경우 원래 존재하는 전하분포와 그 영상전하분포 그리고 도체 표면 대신에 등전위면으로 대치시켜 전위, 정전장, 전속밀도 그리고 면전하밀도를 구한다. 따라서 전기 영상법을 사용하기 위해 다음 조건이 만족되어야 한다.

① 영상전하는 도체가 있던 영역(등전위면) 내에서만 존재하여 포아송방정식을 만족시킨다.
② 영상전하는 도체 표면이 등전위면이 되도록 위치시켜 경계조건을 만족시킨다.

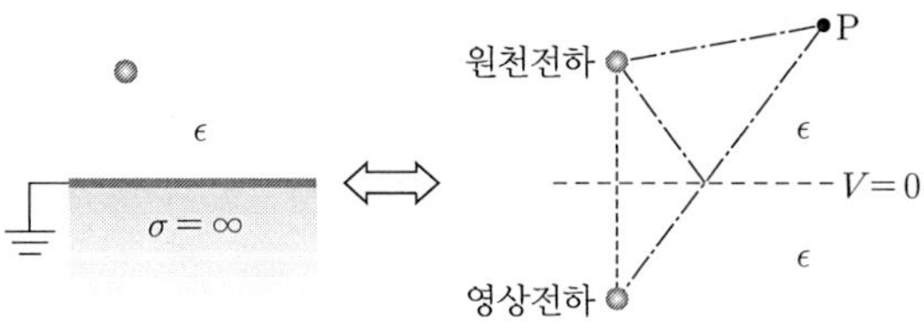

그림 4.60 무한 완전 평면도체 위에 전하분포와 그 등전위면과 영상전하분포

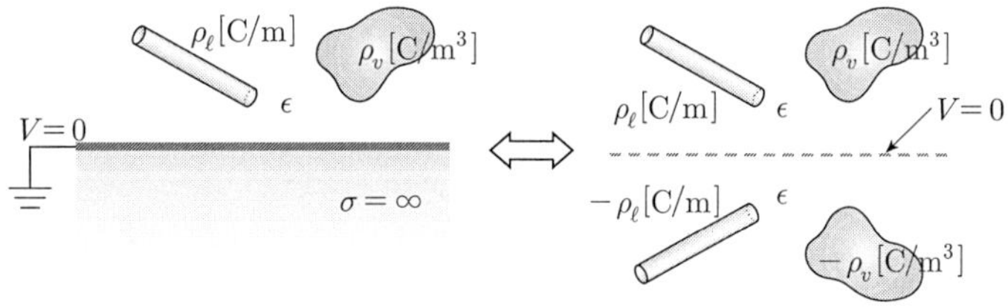

그림 4.61 접지 평면 위의 전하분포와 등가영상전하분포

4.13 정전기장 응용

(1) 복사기

정전기 원리를 이용한 건식복사법(정전복사법, xerography)은 1937년 미국의 제록스(Xerox)사가 개발한 것으로 칼슨(Chester Floyd Carlson, 1906~1968)이 발명했다. 빛을 감지하는 물질(셀레늄)을 칠한 금속막대(알루미늄)인 현상기(photoreceptor)의 표면에 직류 고압으로 코로나(Corona) 방전을 시키면 양의 정전기를 띤다. 빛을 반사하는 백지 부분은 빛을 받아 현상기에서 음전하가 발생하고 양전하가 없어져 검은 문자 부분만 양전하로 대전상태가 된다.

그래서 음의 진기를 띤 검은 기루인 토너(toner)는 검은 문자 부분에 전사된다. 양전하루 충전된 종이를 현상기 위에 겹쳐 코로나방전을 시키면 정전기력에 의해 양전하가 음전하를 당겨 토너는 종이 위에 흡수되어 원본문서의 이미지가 종이에 전달된다. 그리고 종이로 이동된 전하는 급격히 소멸되고 열이나 압력으로 토너입자를 종이에 접착시킨다. 현대 복사기는 초기의 것과 다르지만 광전도 현상을 이용한다는 점에서는 같다.

(2) 잉크젯 프린트

그림 4.62와 같이 정전기의 원리에 의한 잉크젯 프린트는 움직이는 노즐로부터 분사되는 잉크방울(지름이 $10\mu m$)이 컴퓨터로 제어되는 대전 전극과 한 쌍의 편향판을 통과하여 원하는 종이 위에 날아가게 된다. 대전전압을 인가하지 않으면 잉크방울이 편향판을 통과하여 잉크통으로 다시 돌아오고 종이는 흰 상태로 남는다.

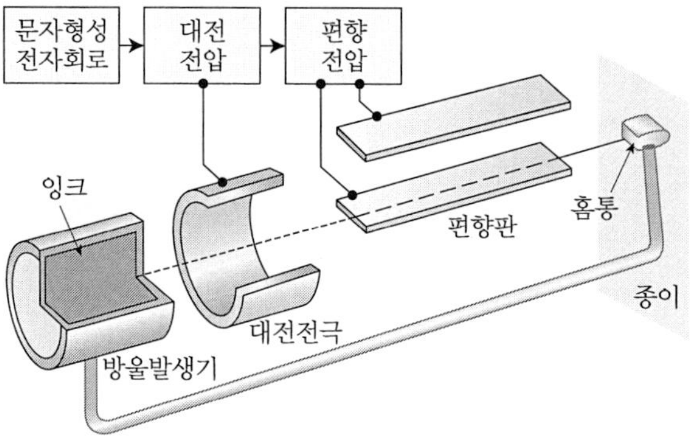

그림 4.62 잉크젯 프린트의 구성도

(3) 레이저 프린트

그림 4.63과 같이 대전기의 고전압(약 7,000V 정도) 코로나방전에 의해 OPC(Organic Photoconducting Cartridge)와 같은 광수용기 드럼에 양의 전하를 유기하고, 모양에 따라 양의 전하를 레이저로 지운다. 토너는 양의 전하를 띤 부분에 탄소분말을 공급하여 종이에 음의 전하를 유기하고 탄소분말은 대전된 종이에 접착된 후 양으로 대전된 종이는 방전시킨다. 정착기구(fuser)는 토너를 용지 상에 정착시키기 위한 기구이고 토너 호퍼(hopper)는 토너 가루를 담고 있는 공간이다.

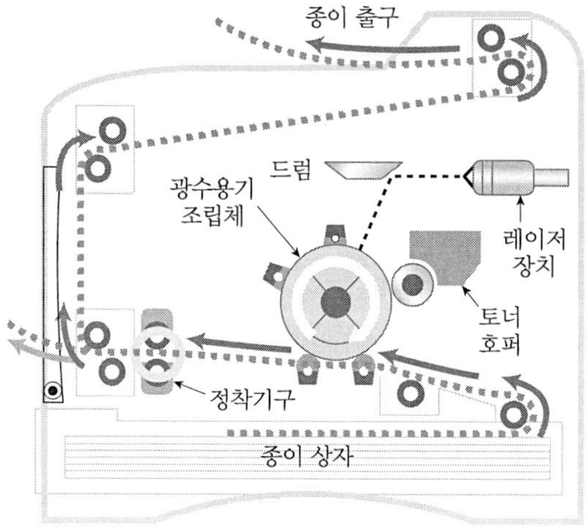

그림 4.63 레이저 프린트 구성도

(4) 음극선 오실로스코프의 원리

그림 4.64와 같은 음극선관(Cathode-Ray Tube : CRT)은 오실로스코프, 브라운관 그리고 모니터 등에 사용하고, 전자빔의 산란을 줄이기 위해 10^{-7}[atm] 정도의 고진공을 유지하며 가열된 음극에 의해 음극 표면에서 전자가 방출한다. 중앙에 작은 구멍이 있는 가속 양

극은 음극에 대해 $1 \sim 20k$V 양의 높은 전위 V_1에 의해 일정한 수평속도를 가진 빔이 만들어진다. 그리고 제어그리드, 집속양극은 가는 빔을 만들기 위한 소자이고 이를 포함하여 전자총이라 한다. 그리고 수평편향판과 수직편향판을 통과하여 원하는 지점에 밝은 반점이 형광 화면에 나타난다.

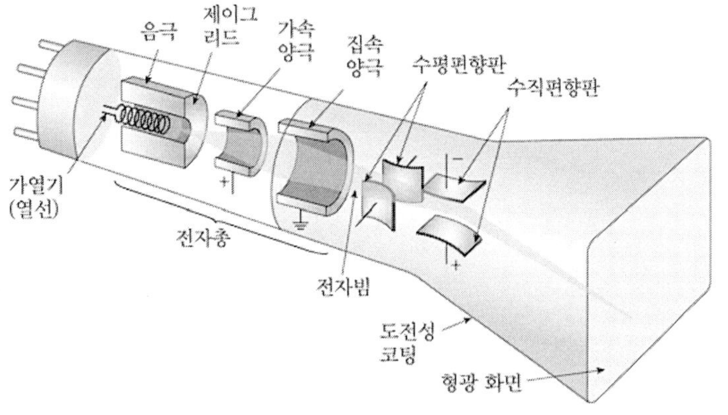

그림 4.64 음극선관의 구조

그림 4.65와 같이 음극선관 오실로스코프의 원리를 살펴보자. 음극에서 나온 전자의 속도를 무시하면 전자총에 방사되는 전자의 속도는

$$v_x = \sqrt{\frac{2eV_1}{m}} \text{ [m/s]} \tag{4-105}$$

이고, m은 전자의 질량이다. 수평편향판의 전장이 없고 수직평향판에 전위차 V_2가 인가되면 y-방향으로 가속도는

$$a_y = \frac{eE}{m} = \frac{eV_2}{md} \text{ [m/s}^2\text{]} \tag{4-106}$$

이고 d는 수직편향판 사이의 거리이다. 수평방향의 속도는 일정한 v_x이다. 수직평향판 사이에서 일정한 x-방향 속도와 일정한 y-방향 가속을 가지고 포물선 자취로 움직인다.

편향판거리가 L[m]을 지나가는 시간이 t[s]라 하면 $t = L/v_x$이고, 이 시간 동안 y-방향 속도는 $v_y = a_y t$이다. 이를 정리하면

$$v_y = \frac{eV_2}{md}\frac{L}{v_x} \text{ [m/s]} \tag{4-107}$$

이고, 편향판에서 나온 전자의 속도 $\boldsymbol{v}$는 x-축과 각 θ를 이룬다.

$$\tan\theta = \frac{v_y}{v_x} \tag{4-108}$$

편향판길이, L은 화면과 편향판 사이 거리 D[m]보다 작기 때문에 $\tan\theta \simeq \mathrm{y}/D$로 근사화하면 $\mathrm{y}/D = v_y/v_x$이므로 식 (4-108)에서 v_y를 제거하면 수직편향거리는

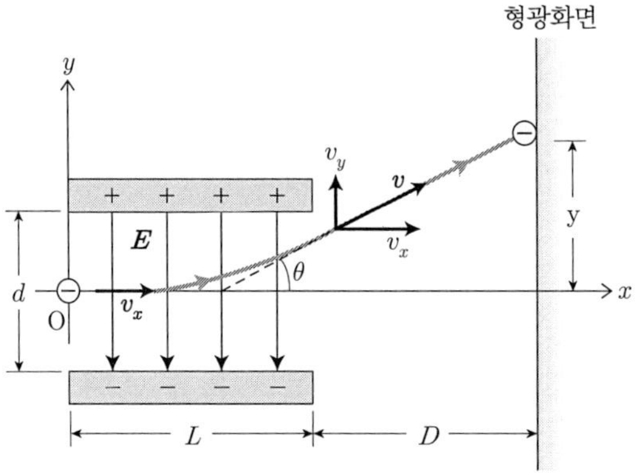

그림 4.65 음극선관에서 전자빔의 정전기 편향

$$y=\frac{DeV_2L}{mdv_x^2}\ [\mathrm{m}] \tag{4-109}$$

이고, 식 (4-105)에 주어진 v_x을 대입하면 다음과 같다.

$$y=\frac{LD}{2d}\frac{V_2}{V_1}\ [\mathrm{m}] \tag{4-110}$$

위 식에서 편향거리 y는 가속전압 V_1에 반비례하고 편향전압 V_2에 비례한다.

반면에 수평편향판은 수직편향판과 같은 원리에 의해 수평방향으로 빔을 편향시키고 수평편향판의 전압은 균일한 비율로 왼쪽에서 오른쪽으로 빔을 이동한다.

전장 속의 가속도

질량이 m이고 전하량이 q인 입자가 가속될 경우에 전기적 위치에너지는 모두 입자의 운동에너지로 변하고 속력이 "0"에서 v_f로 변화되었다면 시험전하 $+q$은 높은 전위에서 낮은 전위로 이동하고 쿨롱의 전기력($\boldsymbol{F}_e=q\boldsymbol{E}$)도 높은 전위에서 낮은 전위로 이동하며 전기력선과 등전위선은 직교한다. 뉴턴 제2법칙에 의한 가속도는 $\boldsymbol{a}=\frac{\boldsymbol{F}_e}{m}=\frac{q\boldsymbol{E}}{m}=-\frac{qE_y}{m}\hat{a_y}$이고 양의 전극에서 출발한 전하($v_0=0$)가 음의 전극에 도달한 속도는 $v_f=\sqrt{2|a_y|d}=\sqrt{\frac{2qE_yd}{m}}$이며 전하의 운동에너지는 $\mathcal{E}_K=\frac{1}{2}mv_f^2=qE_yd$이다.

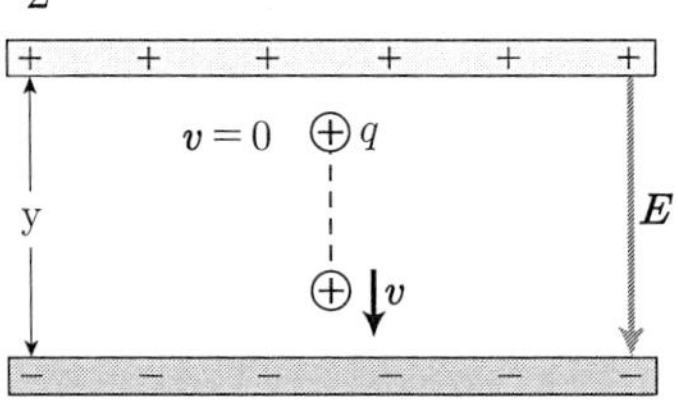

시작속도 v_0, 최종속도 v_f, 운동거리 s, 가속도 a의 관계 $v_f^2-v_0^2=2as$

| 연 | 습 | 문 | 제 |

4.1 xy-평면에서 원점에 $q_1 = 6\times10^{-6}$[C], $(0, 2\text{cm})$에 $q_2 = -6\times10^{-6}$[C], (2cm, 2cm)에 $q_3 = 3\times10^{-6}$[C]이 놓여 있을 때 q_3에 작용하는 힘의 크기가 3[N]이고 힘의 방향은 양의 x-축과 151° 각의 방향임을 나타내어라.

4.2 두 개의 작은 도체구가 같은 양의 전하를 가지고 2cm 떨어져 있다. 이들 도체 사이에 8[μN]의 반발력이 작용할 때 각 도체의 대전된 전하량을 구하여라.

4.3 점전하 $Q_1 = 5[nC]$이 $(2,0,4)$[m]에 점전하 $Q_2 = -2[nC]$가 $(-3,0,5)$[m]에 위치하고 있다. $(1,-3,7)$[m]에서 전장을 구하여라.

4.4 세 개의 2nC의 점전하가 A$(1,1,0)$, B$(-1,-1,0)$, C$(-1,1,0)$에 위치하고 있다. 원점과 점 P$(1,1,1)$에서 전장을 각각 구하여라.

4.5 +5C인 전하 두 개가 3m의 거리를 유지하고 있을 때 작용하는 전기력을 구하여라.

4.6 반경이 1cm이고 전하가 2μC으로 대전된 고체 도체구에 동심 도체구의 외피(내경은 3cm, 외경은 4cm)로 둘러싸여 있고 외피 전하는 −1μC으로 대전되어 있다. 평형 상태인 정전장에서 모든 영역의 전장과 전하 분포를 구하여라.

4.7 그림과 같이 전장이 5[V/m]인 균일한 전장에서 점 B의 전위가 10[V]라 하면 점 B에서 0.1[m] 떨어진 점 A의 전위를 구하여라.

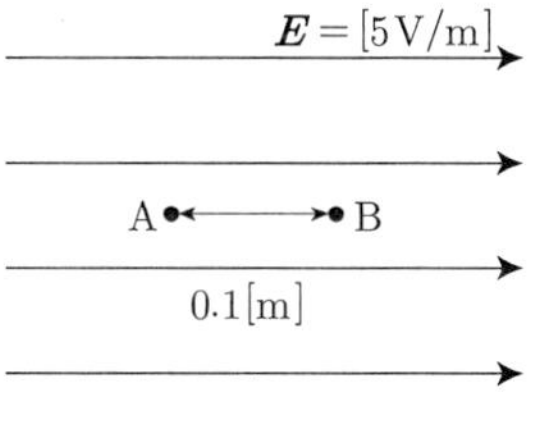

4.8 진공 중에 있는 임의의 닫힌 곡면 안에 50[nC], 120[nC], −40[nC], −60[nC]의 네 개의 전하가 있다. 이 닫힌 곡면을 관통하는 전속과 전기력선의 수를 구하여라.

4.9 반지름이 R[m]인 구 전체에 전하 Q[C]이 골고루 분포해 있다. 다음을 구하여라.

(a) 구 내부의 전하 밀도

(b) 구 중심으로부터의 거리 r 위치에서 전장

(c) 구 중심으로부터의 거리 r 위치에서 전위

(d) 구 내부에서의 전위의 기울기

(e) 구 내부에서의 전장의 발산

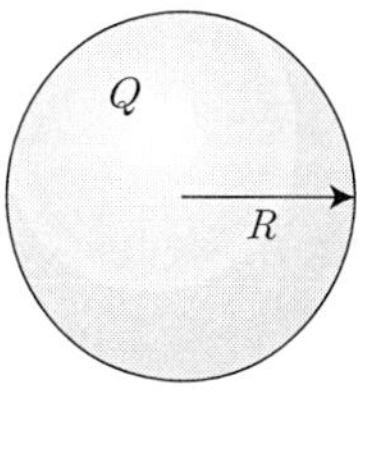

4.10 $0 \leqq x \leqq 1, 0 \leqq y \leqq 2, 0 \leqq z \leqq 2$ 영역에서 전속밀도가 $\boldsymbol{D} = 2xy\hat{a_x} + x^2\hat{a_y}[\mathrm{C/m^2}]$ 일 때 이 영역 내 전하량을 구하여라.

4.12 그림과 같이 대전된 비도체 평판에서 전하밀도가 $\sigma[\mathrm{C/m^2}]$일 때 표면에서 전장이 $\dfrac{\sigma}{2\epsilon_0}[\mathrm{V/m}]$임을 보여라.

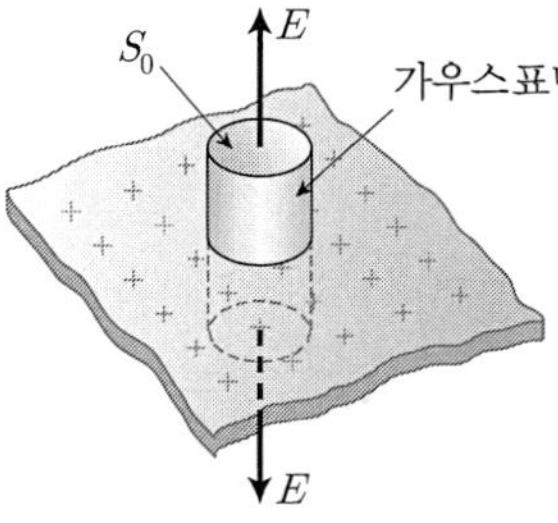

4.13 중심에 전하가 $Q[\mathrm{C}]$이고 접지되지 않은 도체 구 껍질(내피 반경 a, 외피 반경 b)이 위치하면

(a) 가우스표면이 $0 \le r \le a$에서 전장은 $\hat{a_r}\dfrac{Q}{4\pi\epsilon_0 r^2}$이고, 전위는 $\dfrac{Q}{4\pi\epsilon_0}\left(\dfrac{1}{b} + \dfrac{1}{r} - \dfrac{1}{a}\right)$

(b) 가우스표면이 $a < r \le b$에서 전장은 "0"이고, 전위는 $\dfrac{Q}{4\pi\epsilon_0 b}$

(c) 가우스표면이 $r > b$에서 전장은 $\hat{a_r}\dfrac{Q}{4\pi\epsilon_0 r^2}$이고, 전위는 $\dfrac{Q}{4\pi\epsilon_0 r}$임을 보여라.

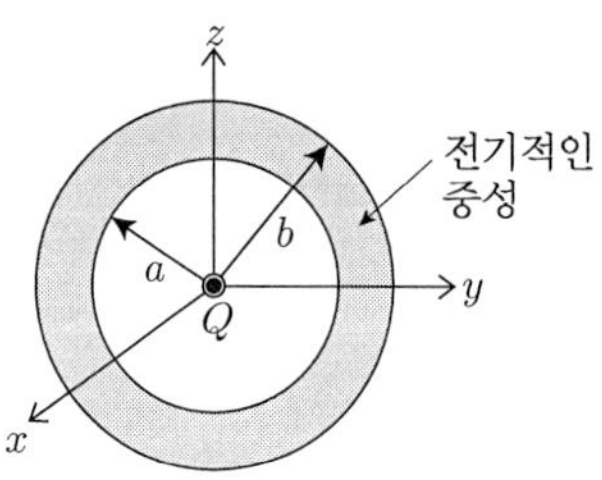

4.14 체적전하밀도가 $\rho_v = 10xyz[\mathrm{C/m^3}]$이라면 $0 \le x, y, z \le 3$인 영역에서 총 전하량을 구하여라.

4.15 체적전하밀도가 다음과 같을 때 반경이 2cm이고 높이 z가 2cm ~ 5cm인 원통 내부의 총 전하량을 구하여라.

4.16 전장이 $\boldsymbol{E} = y\hat{a_x} + x\hat{a_y} + 5\hat{a_z}$인 곳에 3[C]의 전하를 점 A(1,0,5)와 점 B(0.8, 0.6, 5)까지 (a) $x^2 + y^2 = 1$, $z = 5$인 원호 경로 (b) 직선 경로를 따라 움직이는 데 필요한 일을 구하여라.

4.17 전속밀도, $\boldsymbol{D} = 3x^2yz\hat{a_x} + xy\hat{a_y}$이고, $0 < x < 2$, $0 < y < 3$, $0 < z < 4$의 직육면체 내에서 전하량을 구하여라.

4.18 다음의 전위가 라플라스방정식을 만족함을 확인하여라.

(a) $V(x,y) = e^{-y}\sin x$ (b) $V(\rho) = \dfrac{\ln(b/\rho)}{\ln(b/a)}$ (c) $V(r) = \dfrac{1}{r}$

4.19 동축도체 사이에 그림과 같이 전압 5V가 인가되어 있다. 반경에 대해 대칭성이 있다고 가정하면

(1) 라플라스방정식은 $\nabla^2 V = \dfrac{1}{r}\dfrac{d}{dr}\left(r\dfrac{dV}{dr}\right) = 0$, 경계조건은 $V(r=a) = 5\text{V}$, $V(r=b) = 0$

(2) 정전위 $V(r) = \dfrac{5}{\ln(a/b)}\ln\left(\dfrac{\text{r}}{\text{b}}\right)$

(3) 전장 $\boldsymbol{E} = -\nabla V = \hat{a_r}\dfrac{5}{r\ln(b/a)}$

(4) 내부 원통도체 표면전하밀도는 $\rho_{sa} = \epsilon_0\hat{a_r} \cdot \boldsymbol{E}(r=a) = \dfrac{5\epsilon_0}{a\ln(b/a)}$, 외부 원통도체의 표면전하밀도는 $\rho_{sb} = \epsilon_0(-\hat{a_r}) \cdot \boldsymbol{E}(r=b) = \dfrac{-5\epsilon_0}{b\ln(b/a)}$ 임을 나타내어라.

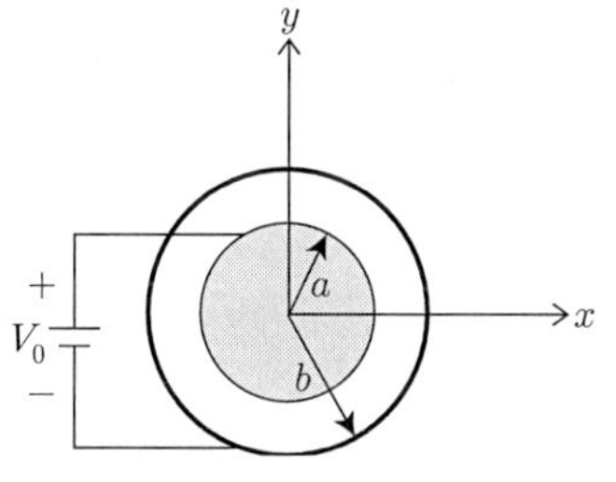

4.20 전위 자취가 $V = x^2 + y^2$일 때 체적전하밀도를 구하여라.

4.21 유전상수가 ϵ인 영역에서 정전 전위분포가

$V(x,y,z) = V_0\sin\left(\dfrac{\pi x}{L}\right)\sin\left(\dfrac{\pi y}{L}\right)\sin\left(\dfrac{\pi z}{L}\right)$[V]일 때 체적전하밀도를 구하여라.

4.22 자유공간에서 전위 $V = 5(x+3)(y+2)(z+1)$이고 점 $\text{P}(1,2,-3)$에서 (a) 전위 (b) 전장 (c) 전속밀도 (d) 체적전하밀도를 구하여라.

4.23 전위가 $V(x,y,z) = 3xy^2 - z$일 때 점 $\text{P}(3,-1,5)$에서 (a) 전압 (b) 전장 (c) 진공에서 전속밀도 (d) 체적전하밀도를 구하여라.

4.24 한 개의 전기 쌍극자에 의한 전기력선의 방정식은 $r = c\sin^2\theta$임을 나타내어라(단, c는 상수이다).

4.25 전기 쌍극자모멘트가 $400\pi\epsilon_0$[C/m]일 때 $r=10$[m], $\theta=0^{\circ}$에서 전장을 구하여라.

4.26 자유공간상의 xy-평면에 무한 평판 완전도체가 위치하고, $(x, 0, 1)$[m]에 선전하밀도 ρ_L[C/m]을 가지는 무한선이 위치한다(2008년 변리사 2차 문제).

(1) 평판도체의 표면전하밀도를 구하여라.

(2) 평판도체의 표면전하밀도가 불균일함에도 불구하고 평판도체의 표면이 등전위가 되는 이유를 설명하고 참고 수식을 이용하여 증명하여라.

<참고 수식> $\int \frac{dx}{x^2+a^2}=\frac{1}{a}\tan^{-1}\frac{x}{a}$,

$$\int \frac{dx}{x(ax^2+bx+c)}=\frac{1}{2c}\ln\left(\frac{x^2}{ax^2+bx+c}\right)-\frac{b}{2c}\frac{2}{\sqrt{4ac-b^2}}\tan^{-1}\left(\frac{2ax+b}{\sqrt{4ac-b^2}}\right)$$

4.27 공기 중에 놓인 무한히 넓은 도체평면에서 가까운 수직 거리 d[m]인 위치에 점전하 q[C]이 있는 경우 다음 사항을 구하여라. (2009년 변리사 2차 시험)

(a) 도체평면 상의 면전하밀도의 분포

(b) 최대 면전하밀도

(c) 점전하와 평면도체 사이에 작용하는 힘

(d) 점전하 q[C]을 무한히 멀리까지 이동시키는 데 드는 일

4.28 무한 평면도체과 점전하에서 전기력선의 모양을 그려보아라.

4.29 전압 V_0[V]에 인가된 평행판 커패시터의 도체 간격을 5배로 하면 전장의 세기, 전속밀도, 전하, 표면전하밀도, 전기에너지가 1/5배 감소함을 설명하여라.

Chapter 05

유전체와 전기용량

Contents

193 유전체와 전기용량의 개요

194 전장의 세기와 전속밀도

204 전기커패시터 마이크

204 정전장의 경계조건

208 전기용량

214 전기용량의 연결

216 유전강도

217 정전장의 전기에너지

221 커패시터의 전기에너지 및 전기력

224 유전체에서 작용하는 힘

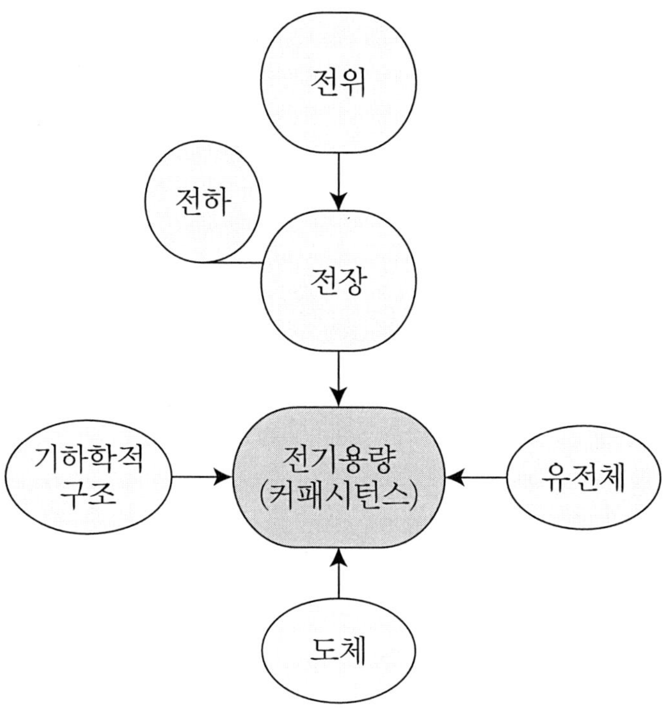
전위
전하
전장
기하학적
구조
전기용량
(커패시턴스)
유전체
도체

5.1 유전체와 전기용량의 개요

극성분자 혹은 무극성분자로 이루어진 유전체는 전장을 인가하면 그림 5.1과 같이 전자가 한쪽으로 움직이면서 양의 극성과 음의 극성으로 전기적 극성이 생겨 전기 쌍극자가 만들어진다. 그래서 외부 전장에 의한 분극 현상으로 분자들이 전장의 방향으로 정렬되고 내부 구속전하는 인접전하끼리 극성을 서로 상쇄시키며, 표면의 구속전하는 유전체 내부 전장을 만들어 외부 인가전장을 감소시킨다. 그래서 유전율이 크면 분극에 의해 내부전장이 강해진다.

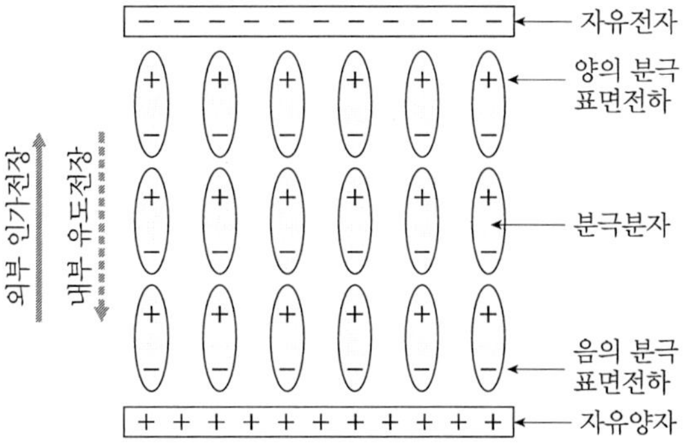

그림 5.1 전장이 인가된 유전체

커패시터는 그림 5.2와 같이 두 전극 사이 일정한 간격으로 분리되어 있고, 전극 사이에 전지를 인가하면 한쪽 전극은 양의 전하가 다른 쪽 전극은 음의 전하가 모인다. 전지는 전하 축적으로 생긴 전압, $V_1 = Q_1/C_1$이 전지전압, V_a와 같을 때까지 한 전극에서 다른 전극으로 전하를 이동시킨다.

전하의 양 Q_1[C]은 전기용량 C_1[F]과 인가전압 V_a[V]에 비례한다. 즉 $Q_1 = C_1 V_a$이다. 전기용량 C_1은 커패시터의 면적 A_1과 간격 d, 전극 사이에 채워진 유전체의 유전율 ϵ에 관계된다.

$$C_1 = \frac{\epsilon_r \epsilon_0 A_1}{d} = \frac{\epsilon A_1}{d} \quad [\mathrm{F}] \tag{5-1}$$

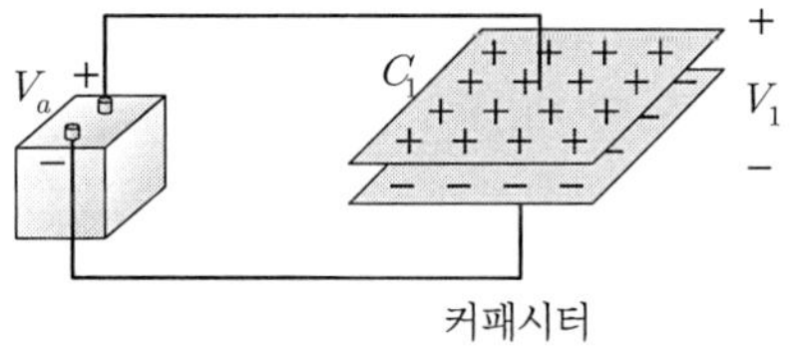

그림 5.2 전지를 인가한 커패시터

좋은 유전체는 외부 전장에 잘 반응하여 큰 분극을 형성한다. 그림 5.3과 같이 평행판 커패시터 사이에 유전체를 채우면 고정 전기 쌍극자가 유도되어 공기(혹은 진공) 커패시터 보다 전하를 많이 모을 수 있다.

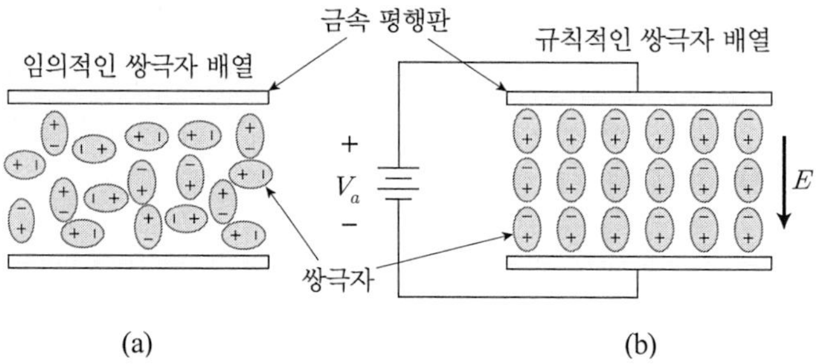

그림 5.3 쌍극자의 정렬 (a) 전장=0 (b) 전장인가

유전상수가 ϵ_r인 유전체에서 유효전장은 인가전장 E와 분극전장 E_p의 차인

$$E_{eff} = E - E_p = \frac{Q_1/A_1}{\epsilon_r \epsilon_0} \tag{5-2}$$

이고, 유전체가 공기인 경우 전기용량은 $C_0 = \epsilon_0 A_1/d$이며, 유전체로 채워진 전기용량은 $C_1 = \epsilon_0 \epsilon_r A_1/d$이다.

전기가 통하지 않는다는 뜻에서 **부도체**, 두 도체 사이에 전류가 흐르지 못하게 한다는 뜻으로 **절연체**, 전장에서 갖는 성질을 위해 **유전체**, 자장에서 갖는 성질을 위해 **자성체**라고 부른다.

재료의 유전적 특성을 정확히 이해하여 전자소자에서 전기용량 성분을 파악하고 소자설계 및 측정에 이용한다. 유전율이 높은 세라믹은 저장소자인 DRAM(Dynamic Random Access Memory)과 소형 디지털기기에 많이 사용하는 적층세라믹 커패시터(Multi-Layer Ceramic Capacitor : MLCC) 등에 이용된다.

5.2 전장의 세기와 전속밀도

그림 5.4와 같이 비극성분자에서 전장을 가하면 정렬된 쌍극자가 생성되어 양의 전하와 음의 전하가 크기는 같고 거리가 $d[\mathrm{m}]$만큼 떨어진 전기 쌍극자로 나타낼 수 있다. 전하가 $Q[\mathrm{C}]$이고 거리벡터가 $\boldsymbol{d}$인 각 쌍극자에 의한 전기 쌍극자모멘트는

$$\boldsymbol{p} = Q\boldsymbol{d}\ [\mathrm{C \cdot m}] \tag{5-3}$$

이고, $10^{-30}[\mathrm{C \cdot m}]$의 크기를 가진다. 미소 체적 Δv 내에 유도된 쌍극자에 의한 쌍극자 모멘트는

$$p_t = \sum_{i=1}^{n\triangle v} Q_k d_i = \sum_{i=1}^{n\triangle v} p_i \ [\mathrm{C \cdot m}] \tag{5-4}$$

이고 여기서 n은 단위체적당 쌍극자의 수이다. 거시적인 단위체적당 유도된 쌍극자효과인 분극도(polarization)는 다음과 같다.

$$P = \lim_{\triangle v \to 0} \frac{1}{\triangle v} \sum_{i=1}^{n\triangle v} Q_i d_i = \lim_{\triangle v \to 0} \frac{1}{\triangle v} \sum_{i=1}^{n\triangle v} p_i \ [\mathrm{C/m^2}] \tag{5-5}$$

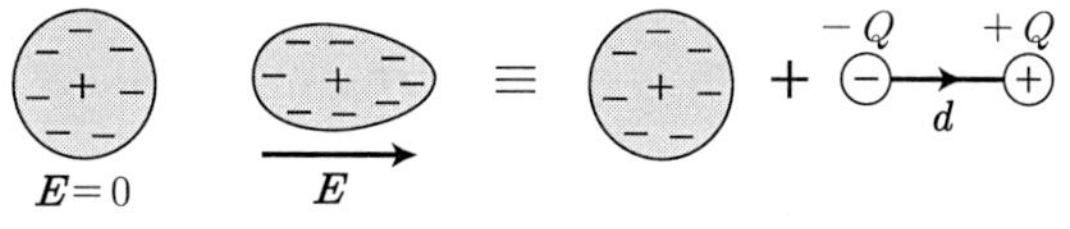

(a) (b)

그림 5.4 비극성분자(원자)의 분극작용 (a) 전장=0 (b) 전장인가

분극도, 분극의 세기(intensity of polarization), 분극벡터(polarization vector)
단위체적당 전기 쌍극자모멘트 또는 단위면적당 분극전하량,

$$P = \frac{Qd}{v} = \frac{Qd}{Sd} = \frac{Q}{S} [\mathrm{C/m^2}]$$

그림 5.5와 같이 거리 R[m]만큼 떨어진 체적소 dv'의 분극벡터 $\boldsymbol{P}$에 의한 쌍극자모멘트는 $d\boldsymbol{p} = \boldsymbol{P} dv'$이므로 미소 정전위는

$$dV = \frac{d\boldsymbol{p} \cdot \widehat{a_R}}{4\pi\epsilon_0 R^2} = \frac{\boldsymbol{P} \cdot \widehat{a_R}}{4\pi\epsilon_0 R^2} dv' \quad [\mathrm{V}] \tag{5-6}$$

이고, 체적 v'의 유전체에 의한 한 점에서 정전위는

$$V = \frac{1}{4\pi\epsilon_0} \int_v \frac{\boldsymbol{P} \cdot \widehat{a_R}}{R^2} dv' = \frac{1}{4\pi\epsilon_0} \int_v \boldsymbol{P} \cdot \nabla' \left(\frac{1}{R}\right) dv' \tag{5-7}$$

이며, 여기서 $\nabla'\left(\frac{1}{R}\right) = \frac{1}{R^2}\widehat{a_R}$이다.

$$V \simeq \frac{Qd\cos\theta}{4\pi\epsilon_0 r^2} = \frac{\boldsymbol{p} \cdot \widehat{a_r}}{4\pi\epsilon_0 r^2} [\mathrm{V}] \quad r \gg d$$

관측점은 $\boldsymbol{r}=(x,y,z)$, 원천점은 $\boldsymbol{r}'=(x',y',z')$이면
$\boldsymbol{R}=\boldsymbol{r}-\boldsymbol{r}'=|\boldsymbol{r}-\boldsymbol{r}'|\widehat{a_R}=R\widehat{a_R},\ R^2=(x-x')^2+(y-y')^2+(z-z')^2$,
$\dfrac{d}{dx'}\left(\dfrac{1}{x-x'}\right)=\dfrac{1}{(x-x')^2}$에서

$$\begin{aligned}\nabla'\left(\frac{1}{R}\right)&=\left(\widehat{a_x}\frac{\partial}{\partial x'}+\widehat{a_y}\frac{\partial}{\partial y'}+\widehat{a_z}\frac{\partial}{\partial z'}\right)\left(\frac{1}{R}\right)\\&=\left(\widehat{a_x}\frac{\partial}{\partial x'}+\widehat{a_y}\frac{\partial}{\partial y'}+\widehat{a_z}\frac{\partial}{\partial z'}\right)\left[(x-x')^2+(y-y')^2+(z-z')^2\right]^{-1/2}\\&=R^{-3}\boldsymbol{R}=\frac{1}{R^2}\frac{\boldsymbol{R}}{R}=\frac{1}{R^2}\widehat{a_R}\end{aligned}$$

이다.

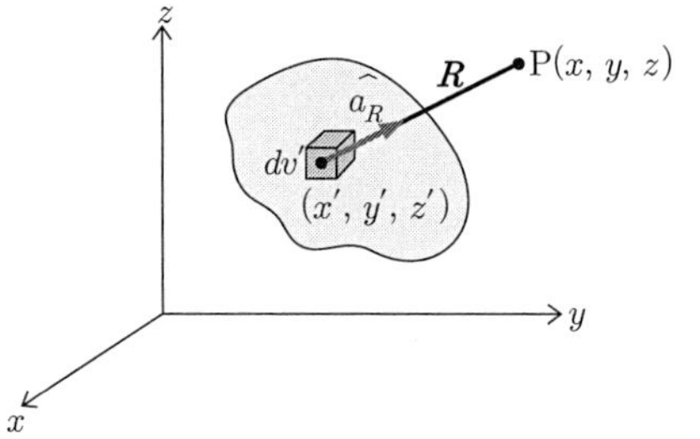

그림 5.5 유전체에서 단위체적당 쌍극자모멘트

항등식 $\nabla'\cdot(f\boldsymbol{A})=f\nabla'\cdot\boldsymbol{A}+\boldsymbol{A}\cdot\nabla' f$에서 $\boldsymbol{A}\cdot\nabla' f=\nabla'\cdot(f\boldsymbol{A})-f\nabla'\cdot\boldsymbol{A}$이므로 $f=1/R$, $\boldsymbol{A}=\boldsymbol{P}$이면

$$\boldsymbol{P}\cdot\nabla'\left(\frac{1}{R}\right)=\frac{\boldsymbol{P}\cdot\widehat{a_R}}{R^2}=\nabla'\cdot\left(\frac{\boldsymbol{P}}{R}\right)-\frac{\nabla'\cdot\boldsymbol{P}}{R} \tag{5-8}$$

이다. 그래서 정전위는

$$V=\frac{1}{4\pi\epsilon_0}\int_v\nabla'\cdot\left(\frac{\boldsymbol{P}}{R}\right)dv'-\frac{1}{4\pi\epsilon_0}\int_v\frac{\nabla'\cdot\boldsymbol{P}}{R}dv' \tag{5-9}$$

이고, 발산정리를 이용하여 오른쪽 첫 번째 항을 닫힌 표면 적분으로 바꾸면

$$V=\frac{1}{4\pi\epsilon_0}\oint_s\frac{\boldsymbol{P}\cdot\widehat{a_n}'}{R}ds'+\frac{1}{4\pi\epsilon_0}\int_v\frac{(-\nabla'\cdot\boldsymbol{P})}{R}dv' \tag{5-10}$$

이며, 여기서 $\widehat{a_n}'$은 유전체 미소 표면 ds'에서 바깥으로 향하는 단위 법선벡터이다. 그림 5.6과 같이 유전체에서 전위는 표면분극 전하밀도, $\rho_{ps}=\dfrac{\Delta Q}{\Delta s}=\boldsymbol{P}\cdot\widehat{a_n}\,[\mathrm{C/m^2}]$와 체적

분극 전하밀도, $\rho_{pv} = -\nabla \cdot \boldsymbol{P}[\mathrm{C/m^3}]$의 두 원천에 의해 발생하고 그래서 한 점에서 분극된 유전체에서 전위는 다음과 같다.

$$V = \frac{1}{4\pi\epsilon_0}\oint_s \frac{\rho_{ps}}{R}ds' + \frac{1}{4\pi\epsilon_0}\int_v \frac{\rho_{pv}}{R}dv' \tag{5-11}$$

여기서 분극의 발산($\nabla \cdot \boldsymbol{P} = -\rho_{pv}$)은 분극벡터 $\boldsymbol{P}$를 위치에 대한 미분연산하는 것이므로, 유전매질에서 $\boldsymbol{P}$가 상수이면 분극 체적전하밀도 $\rho_{pv} = 0$가 되고, 음수인 것은 외부 전장과 유전체 내부전장방향이 반대이기 때문이다.

■ **별해**

단위체적당 쌍극자 수가 n일 때 총 구속된 양의 전하는

$$\triangle Q_b = nQ(\boldsymbol{d} \cdot \widehat{a_n})\triangle s \tag{5-12}$$

이고 $\widehat{a_n}$은 표면의 방향이다. $nQ\boldsymbol{d}$는 체적 쌍극자밀도 혹은 단위체적당 쌍극자모멘트이고 분극벡터 $\boldsymbol{P}$이므로 대입하면

$$\triangle Q_b = nQ(\boldsymbol{d} \cdot \widehat{a_n})\triangle s = \boldsymbol{P} \cdot \widehat{a_n}\triangle s \tag{5-13}$$

이고 표면전하밀도는 $\rho_{ps} = \triangle Q / \triangle s = \boldsymbol{P} \cdot \widehat{a_n}[\mathrm{C/m^2}]$이므로 전기 쌍극자밀도와 밀접한 관계가 있다.

표면 s에 의해 닫힌 체적 v에서 분극에 의한 체적 v의 바깥으로 흘러나가는 전체 전하 유속은 닫힌 표면 s에서 분극 표면전하 ρ_{ps}의 적분으로 구할 수 있다. 체적 v 안에 남아 있는 총 전하는 적분한 값의 음수이다.

$$Q^- = -\oint_s \boldsymbol{P} \cdot \widehat{a_n}ds = \int_v (-\nabla \cdot \boldsymbol{P})dv' = \int_v \rho_{pv}dv' \tag{5-14}$$

분극은 외부 전장에 의해 만들어지고 유전체에 전하의 유입이 없으면 전기적으로 중성이다.

$$\text{총전하량} = \int_s \rho_{ps}ds' + \int_v \rho_{pv}dv' = 0$$

유전체의 표면분극 전하밀도 $\rho_{ps} = \boldsymbol{P} \cdot \widehat{a_n}[\mathrm{C/m^2}]$,

체적분극 전하밀도 $\rho_{pv} = -\nabla \cdot \boldsymbol{P}[\mathrm{C/m^3}]$

분극된 유전체는 진공에서 등가 구속 체적전하와 구속 표면전하 분포로 대치할 수 있다.

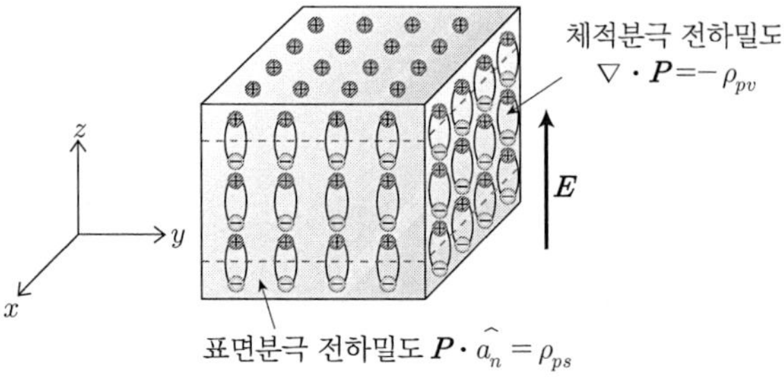

그림 5.6 표면분극 전하밀도와 체적분극 전하밀도

유전체에 전장을 가하면 유전체를 구성하고 있는 원자나 분자 중의 양전하와 음전하의 미소 변위가 서로 반대방향으로 일어나 유전체가 전기 쌍극자모멘트를 가지는 전기분극 현상이 나타난다.

유전체의 전체 분극은 전자분극, 이온분극, 그리고 분자분극의 조합으로 나타낸다. 평균 쌍극자모멘트가 $\boldsymbol{p}[\mathrm{C} \cdot \mathrm{m}]$, 단위체적당 쌍극자 수가 $n[1/\mathrm{m}^3]$인 유전체의 분극벡터 $\boldsymbol{P}$는

$$\boldsymbol{P} = n\boldsymbol{p} = n\alpha_t \boldsymbol{E_d}\,[\mathrm{C/m^2}] \tag{5-15}$$

이고, 여기서 $\alpha_t = \alpha_e + \alpha_i + \alpha_o [\mathrm{F} \cdot \mathrm{m}^2]$는 전자분극, 이온분극, 그리고 분자분극의 쌍극자 분극률을 각각 합친 전체 쌍극자 분극률이고, $\boldsymbol{E_d}$는 유전체 내부와 외부 전체 전장의 영향으로 각 쌍극자에 작용하는 미시적 전장이다. 거시적으로 매질의 유전체 성질이 선형(linear)이고 등방성(isotropic)일 때 분극벡터 $\boldsymbol{P}$는 전계강도에 비례하고 비례상수는 전계 $\boldsymbol{E}$와 무관하다.

$$\boldsymbol{P} = \epsilon_0 \chi_e \boldsymbol{E}\,[\mathrm{C/m^2}] \tag{5-16}$$

여기서 χ_e는 전기감수율(electric susceptibility)이라 부르고 차원은 없는 양이다.

그림 5.7과 같이 유전체에 전장을 인가하면 단위체적당 쌍극자모멘트가 발생하고, 쌍극자모멘트는 2차 유도전장이 유기된다.

$$\boldsymbol{E} = \boldsymbol{E}_{\text{인가}} + \boldsymbol{E}_{\text{유도}} \tag{5-17}$$

자유공간에서 자유전하만 고려한 가우스법칙 미분형은

$$\epsilon_0 \nabla \cdot \boldsymbol{E} = \rho_v \tag{5-18}$$

이고, 유전체에서 등가 체적구속전하밀도 ρ_{pv}를 포함한 가우스법칙 미분형은 다음과 같다.

$$\epsilon_0 \nabla \cdot \boldsymbol{E} = \rho_v + \rho_{pv} = \rho_v - \nabla \cdot \boldsymbol{P} \tag{5-19}$$
$$\nabla \cdot (\epsilon_0 \boldsymbol{E} + \boldsymbol{P}) = \rho_v$$

유전체 외부의 전하에 의한 전속밀도(electric flux density)벡터 $\boldsymbol{D}$는 유전체의 분극을 만드는 성분과 유전체를 통과하는 진공성분으로

$$\boldsymbol{D} = \epsilon_0 \boldsymbol{E} + \boldsymbol{P} \ \ [\mathrm{C/m^2}] \tag{5-20}$$

이고, 식(5-16)을 대입하면 다음과 같다

$$\boldsymbol{D} = \epsilon_0 (1 + \chi_e) \boldsymbol{E} = \epsilon_0 \epsilon_r \boldsymbol{E} = \epsilon \boldsymbol{E} \ \ [\mathrm{C/m^2}] \tag{5-21}$$

$$\boldsymbol{E} = \frac{\boldsymbol{D}}{\epsilon} \ [\mathrm{V/m}], \quad \epsilon = \frac{\boldsymbol{D}}{\boldsymbol{E}} = \epsilon_0 + \frac{\boldsymbol{P}}{\boldsymbol{E}} \ \ [\mathrm{F/m}] \tag{5-22}$$

$$\epsilon_r = 1 + \chi_e = 1 + \frac{\boldsymbol{P}}{\epsilon_0 \boldsymbol{E}} = \frac{\epsilon}{\epsilon_0} = \frac{\text{매질의 유전율}}{\text{진공의 유전율}} = \mathrm{n}^2 \tag{5-23}$$

여기서, ϵ_r은 매질의 비유전율(relative permittivity) 혹은 유전상수(dielectric constant)라 하고 1 이상인 단위가 없는 값을 가진다. $\epsilon = \epsilon_0 \epsilon_r$은 매질의 절대 유전율이라 하고 단위는 $\mathrm{F/m}$이며, n은 굴절률(index of refraction)이다. 공기의 유전상수는 1.00059이고 흔히 자유공간의 비유전율로 한다. 비유전율은 분극률과 쌍극자모멘트분포와 같은 미시적인 개념을 거시적인 전자기학 개념으로 바꾸어 쉽게 이해시킨다. 유전율 ϵ이 선형, 균질, 그리고 등방성인 매질은 단순(simple) 매질이라고 한다.

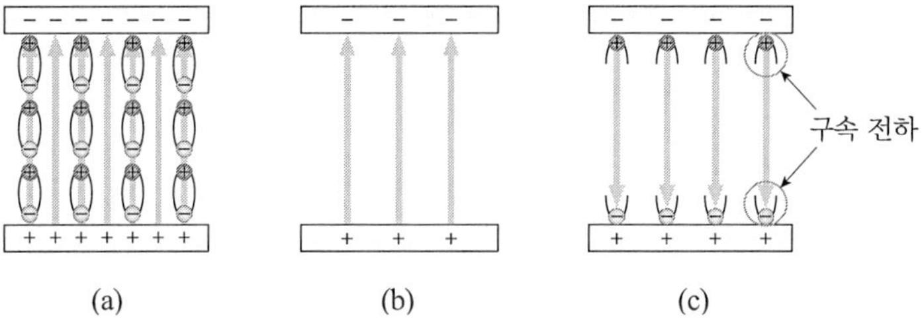

그림 5.7 유전체로 채워진 커패시터 (a) 인가전장 (b) 내부전장 (c) 분극전장
전장비 = $\boldsymbol{D} : \epsilon_0 \boldsymbol{E} : \boldsymbol{P} = 7 : 3 : 4 = 2.33(\epsilon_r) : 1 : 1.33(\chi_e)$

> 도체표면 전하밀도(자유전하밀도), $\rho_s [\mathrm{C/m^2}]$ = 전속밀도, D
> 표면분극 전하밀도 $\rho_{ps} [\mathrm{C/m^2}]$ = 분극벡터, P
> $$E = \frac{\rho_s - \rho_{ps}}{\epsilon_0} \rightarrow \epsilon_0 E = \rho_s - \rho_{ps} \rightarrow P = \rho_s - \epsilon_0 E = \epsilon_0 (\epsilon_r - 1) E = \epsilon_0 \chi_e E$$

> 전장$[\mathrm{V/m}]$은 기준이 점이고, 전속밀도 $\boldsymbol{D}[\mathrm{C/m^2}]$와 분극도 $\boldsymbol{P}[\mathrm{C/m^2}]$ 기준이 면이다.

한 예로 가우스법칙은

$$\oint_s \boldsymbol{D} \cdot d\boldsymbol{s} = Q[\mathrm{C}] \tag{5-24}$$

이고, 단순매질이면 $\oint_s \boldsymbol{E} \cdot d\boldsymbol{s} = \frac{Q}{\epsilon}$이다. 임의의 닫힌 곡면에서 총 전속은 닫힌 표면 안에

포함되어 있는 총 전하량과 같다. 그래서 유전율이 주어진 매질에서 분극벡터는 다음 식으로 구한다.

$$\boldsymbol{P} = \boldsymbol{D} - \epsilon_0 \boldsymbol{E} = (1 - 1/\epsilon_r)\boldsymbol{D} = (\epsilon - \epsilon_0)\boldsymbol{E} = \epsilon_0(\epsilon_r - 1)\boldsymbol{E} \ [\mathrm{C/m^2}] \qquad (5\text{-}25)$$

일정한 전압을 인가하고 전극 사이에 공기로 채워진 평행판 커패시터에서 발생하는 현상을 살펴보자.

① 유전체를 채우면 분극에 의해 상쇄되는 전기력선 전하와 공기로 관통하는 전기력선 전하가 모인다. 유전체가 있으면 금속판에 저장되는 전하가 많아진다.

② 유전체 평행판 커패시터에서 전하를 충전 후 인가전압을 개방하고 금속판에 전하를 유지된 상태에서 유전체를 제거하면 전기용량이 줄어 전압(전장)은 증가한다 $(V_d = Q/C)$.

③ 공기 평행판 커패시터에서 전하를 충전 후 유전체를 삽입하면 분극이 발생하고 전장을 상쇄하여 전장이 작아져 전압이 낮아진다.

④ 전극 간격 $\Delta d[\mathrm{m}]$만큼 줄이면 전장은 일정함으로 전압이 $\Delta V = E \cdot \Delta d$만큼 감소하여 전지전압과 같아질 때까지 충전된다(그림 5.8).

⑤ 전극 면적을 넓히면 전기용량이 ΔC만큼 증가하고 전하의 양이 일정함으로 전압 $\Delta V = Q/C$가 감소하여 전지전압과 같아질 때까지 충전된다.

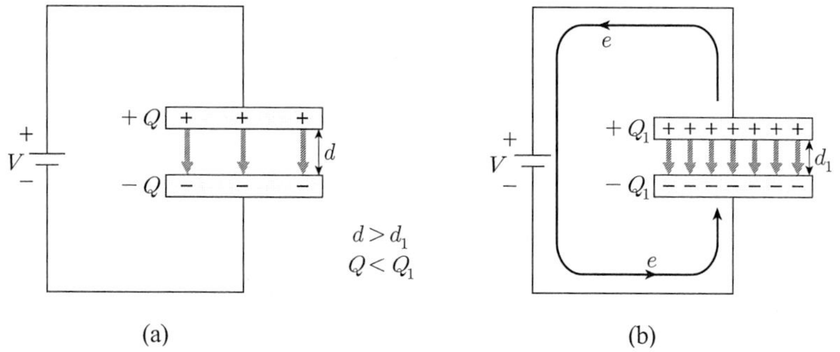

그림 5.8 두 극판의 거리를 가깝게 한 경우 충전 현상 (a) 금속판 사이 전압인가 (b) 전지의 전압과 같아질 때까지 전하들이 추가로 이동

예제 5.1 정육면체 모양의 유전체가 중심이 원점에 있고 한 변의 길이가 $a[\mathrm{m}]$일 때 분극벡터는 $\boldsymbol{P} = k_0(x\hat{a}_x + y\hat{a}_y + z\hat{a}_z)[\mathrm{C/m^2}]$이다. 다음을 구하여라.

(a) 표면분극 전하밀도와 체적분극 전하밀도 (b) 표면분극 전하량과 체적분극 전하량

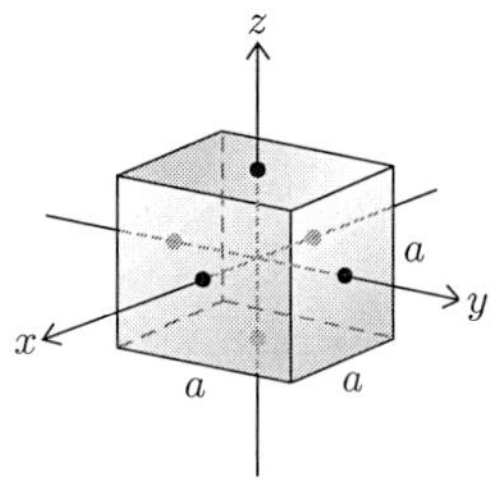

풀이 (a) x-방향 표면분극 전하밀도

$$\rho_{ps} = \boldsymbol{P} \cdot \hat{a_x}\Big|_{x=a/2} = k_0\left(x\hat{a_x} + y\hat{a_y} + z\hat{a_z}\right) \cdot \hat{a_x}\Big|_{x=a/2} = k_0 x\Big|_{x=a/2}$$
$$= \frac{k_0 a}{2}[\mathrm{C/m^2}]$$

체적분극 전하밀도

$$\rho_{pv} = -\nabla \cdot \boldsymbol{P} = -k_0\left(\hat{a_x}\frac{\partial}{\partial x} + \hat{a_y}\frac{\partial}{\partial y} + \hat{a_z}\frac{\partial}{\partial z}\right) \cdot \left(x\hat{a_x} + y\hat{a_y} + z\hat{a_z}\right)$$
$$= -3k_0[\mathrm{C/m^3}]$$

(b) 여섯 개 면의 표면전하량 $Q_{ps} = \oint_s \rho_{ps} ds = 6\int_{-\frac{a}{2}}^{\frac{a}{2}}\int_{-\frac{a}{2}}^{\frac{a}{2}} \frac{k_0 a}{2} dydz$

$$= 3k_0 a^3[\mathrm{C}]$$

체적전하량 $Q_{pv} = \oint_v \rho_{pv} dv = \int_{-\frac{a}{2}}^{\frac{a}{2}}\int_{-\frac{a}{2}}^{\frac{a}{2}}\int_{-\frac{a}{2}}^{\frac{a}{2}} (-3k_0) dxdydz$

$$= -3k_0 a^3[\mathrm{C}]$$

따라서 구속전하의 합 $Q_{ps} + Q_{pv} = 0$이다. ■

예제 5.2 내경이 a[m], 외경이 b[m]인 원통형 유전체 튜브가 z-방향으로 위치한다. 분극 벡터는 $\boldsymbol{P} = k_0\left(\hat{a_x}3x + \hat{a_y}4y\right)[\mathrm{C/m^2}]$일 때 다음을 구하여라.

(a) 표면분극 전하밀도와 표면분극 전하량 (b) 체적분극 전하밀도와 체적분극 전하량

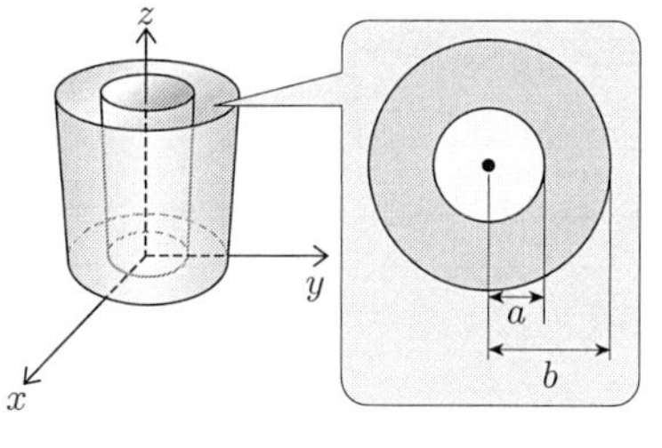

풀이 (a) 표면분극 전하밀도는 안쪽 면과 바깥쪽 면을 분리해서 계산한다. 원통높이는 h[m]이다.

① 바깥쪽 면은 반경 $\rho = b$, 단위 수직벡터 $\hat{a}_n = \hat{a}_\rho$ 이다. 표면전하밀도,

$$\rho_{pso} = \boldsymbol{P} \cdot \hat{a}_\rho = k_0 (\hat{a}_x 3b\cos\phi + \hat{a}_y 4b\sin\phi) \cdot \hat{a}_\rho = k_0 b(3\cos^2\phi + 4\sin^2\phi)$$
$$= k_0 b(3 + \sin^2\phi)[\text{C/m}^2]$$

표면전하량,

$$Q_{pso} = \oint_s \rho_{pso} ds = \int_0^{2\pi} \rho_{pso} h\, b\, d\phi = hb^2 k_0 \int_0^{2\pi} (3 + \sin^2\phi) d\phi$$
$$= hb^2 k_0 \int_0^{2\pi} \left(3 + \frac{1}{2} - \frac{\sin 2\phi}{2}\right) d\phi = hb^2 k_0 \left[\frac{7}{2}\phi - \frac{\sin 2\phi}{4}\right]_0^{2\pi}$$
$$= 7\pi k_0 b^2 h[\text{C}]$$

② 안쪽 면은 반경 $\rho = a$, 단위 수직벡터 $\hat{a}_n = -\hat{a}_\rho$ 이다.

$$\rho_{psi} = \boldsymbol{P} \cdot (-\hat{a}_\rho) = -k_0 (\hat{a}_x 3a\cos\phi + \hat{a}_y 4a\sin\phi) \cdot \hat{a}_\rho$$
$$= -k_0 a(3\cos^2\phi + 4\sin^2\phi) = -k_0 a(3 + \sin^2\phi)[\text{C/m}^2]$$

표면전하량,

$$Q_{psi} = \oint_s \rho_{psi}\, ds = \int_0^{2\pi} \rho_{psi} h\, a\, d\phi = -ha^2 k_0 \int_0^{2\pi} (3 + \sin^2\phi) d\phi$$
$$= -ha^2 k_0 \int_0^{2\pi} \left(3 + \frac{1}{2} - \frac{\sin 2\phi}{2}\right) d\phi = -ha^2 k_0 \left[\frac{7}{2}\phi - \frac{\sin 2\phi}{4}\right]_0^{2\pi}$$
$$= -7\pi k_0 a^2 h[\text{C}]$$

(b) 체적분극 전하밀도

$$\rho_{pv} = -\nabla \cdot \boldsymbol{P} = -k_0 \left(\hat{a}_x \frac{\partial}{\partial x} + \hat{a}_y \frac{\partial}{\partial y} + \hat{a}_z \frac{\partial}{\partial z}\right) \cdot \left(3x\hat{a}_x + 4y\hat{a}_y\right)$$
$$= -7k_0 [\text{C/m}^3]$$

체적전하량 $Q_{pv} = \oint_v \rho_{pv} dv = -7\pi k_0 h(b^2 - a^2)[\text{C}]$ 따라서 구속전하의 합 $Q_{psi} + Q_{pso} + Q_{pv} = 0$ 이다. ■

예제 5.3 반지름이 a[m]인 유전체 구의 분극벡터는 $\boldsymbol{P} = k_0 \hat{a}_x$ 이다. 다음을 구하여라.

(a) 표면분극 전하밀도와 체적분극 전하밀도 (b) 표면분극 전하량과 체적분극 전하량

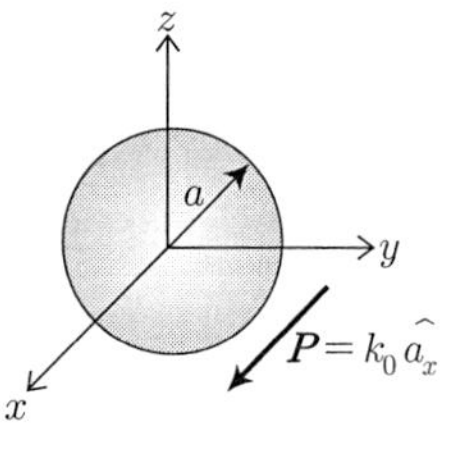

풀이 (a) 표면분극 전하밀도

$$\rho_{ps} = \boldsymbol{P} \cdot \hat{a}_r = k_0 (\hat{a}_x \cdot \hat{a}_r) = k_0 \sin\theta\cos\phi[\text{C/m}^2]$$

체적분극 전하밀도 $\rho_{pv} = -\nabla \cdot \boldsymbol{P} = -\left(\hat{a}_x \frac{\partial}{\partial x} + \hat{a}_y \frac{\partial}{\partial y} + \hat{a}_z \frac{\partial}{\partial z}\right) \cdot \left(k_0 \hat{a}_x\right) = 0$

(b) 구면의 표면전하량

$$Q_{ps} = \oint_s \rho_{ps} ds = \int_0^{\pi} \int_0^{2\pi} k_0 a^2 \sin^2\theta \cos\phi\, d\phi\, d\theta$$

$$= k_0 a^2 \int_0^{2\pi} \cos\phi d\phi \int_0^{\pi} \sin^2\theta d\theta = 0$$

체적전하량 $Q_{pv} = \oint_v \rho_{pv} dv = 0[\mathrm{C}]$, 따라서 구속전하의 합 $Q_{ps} + Q_{pv} = 0$ 이다. ■

그림 5.9와 같이 내경이 r_i, 외경이 r_o인 유전체(유전상수 ϵ_r) 구 껍질의 중심에 양의 점전하 Q가 있을 때 각 영역에서 분극도는 다음과 같다.

① $r > r_o$: $\boldsymbol{E}_1 = \hat{a}_r \dfrac{Q}{4\pi\epsilon_0 r^2}$, $V_1 = \dfrac{Q}{4\pi\epsilon_0 r}$, $\boldsymbol{D}_1 = \epsilon_0 \boldsymbol{E}_1 = \hat{a}_r \dfrac{Q}{4\pi r^2}$, $\boldsymbol{P}_1 = \boldsymbol{D}_1 - \epsilon_0 \boldsymbol{E}_1 = 0$

유전체의 바깥쪽 껍질에 유도된 표면분극 전하밀도,

$$\rho_{ps} = \boldsymbol{P} \cdot \hat{a}_r \Big|_{r = r_0} = \boldsymbol{P}_1 \Big|_{r = r_0} = \left(1 - \frac{1}{\epsilon_r}\right) \frac{Q}{4\pi r_o^2} [\mathrm{C/m^2}] (\text{양의 전하}) \tag{5-26}$$

② $r_o > r > r_i$: $\boldsymbol{E}_2 = \hat{a}_r \dfrac{Q}{4\pi\epsilon_0\epsilon_r r^2}$, $\boldsymbol{D}_2 = \epsilon_0\epsilon_r \boldsymbol{E}_2 = \hat{a}_r \dfrac{Q}{4\pi r^2}$

$$\boldsymbol{P}_2 = \boldsymbol{D}_2 - \epsilon_0 \boldsymbol{E}_2 = \left(1 - \frac{1}{\epsilon_r}\right) \boldsymbol{D}_2 = \left(1 - \frac{1}{\epsilon_r}\right) \frac{Q\hat{a}_r}{4\pi r^2} \tag{5-27}$$

총 분극 체적전하밀도, $\rho_{pv} = -\nabla \cdot \boldsymbol{P} = -\dfrac{1}{r^2}\dfrac{\partial}{\partial r}\left(r^2 P_2\right) = 0$이므로 유전체 껍질 내부에는 체적전하가 없다.

③ $r_i > r$: $\boldsymbol{E}_3 = \hat{a}_r \dfrac{Q}{4\pi\epsilon_0 r^2}$, $\boldsymbol{D}_3 = \epsilon_0 \boldsymbol{E}_3 = \hat{a}_r \dfrac{Q}{4\pi r^2}$, $\boldsymbol{P}_3 = \boldsymbol{D}_3 - \epsilon_0 \boldsymbol{E}_3 = 0$

유전체의 안쪽 껍질에 유도된 표면분극 전하밀도

$$\rho_{ps} = \boldsymbol{P} \cdot (-\hat{a}_r) \Big|_{r = r_i} = -\boldsymbol{P}_2 \Big|_{r = r_i} = -\left(1 - \frac{1}{\epsilon_r}\right) \frac{Q}{4\pi r_i^2} [\mathrm{C/m^2}] \ (\text{음의전하}) \tag{5-28}$$

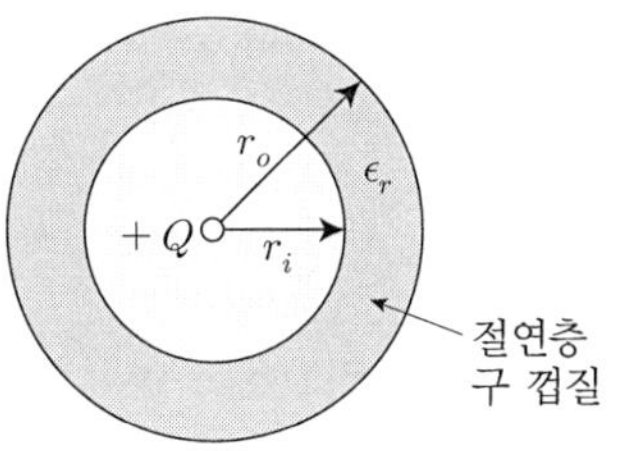

그림 5.9 유전체 구 껍질

예제 5.4 자유공간에서 균일전장, $\boldsymbol{E} = \hat{a}_x E_0$를 루사이트(lucite), 투명 아크릴 합성수지(비유전율 $= 3.2$)에 수직으로 인가하였다. 등방성인 루사이트 내부에서 $\boldsymbol{E}_i$, $\boldsymbol{D}_i$, $\boldsymbol{P}_i$를 구하여라.

풀이 전속밀도의 연속성으로 $\boldsymbol{D_i} = \widehat{a_x} D_i = \widehat{a_x} D_0 = \widehat{a_x} \epsilon_0 E_0$, 등방성으로

$$\boldsymbol{D_i} = \begin{pmatrix} D_x \\ D_y \\ D_z \end{pmatrix} = \begin{pmatrix} \epsilon_o \epsilon_r & 0 & 0 \\ 0 & \epsilon_o \epsilon_r & 0 \\ 0 & 0 & \epsilon_o \epsilon_r \end{pmatrix} \begin{pmatrix} E_{ix} \\ E_{iy} \\ E_{iz} \end{pmatrix},$$

$$\boldsymbol{E_i} = \begin{pmatrix} E_x \\ E_y \\ E_z \end{pmatrix} = \begin{pmatrix} 1/\epsilon_o \epsilon_r & 0 & 0 \\ 0 & 1/\epsilon_o \epsilon_r & 0 \\ 0 & 0 & 1/\epsilon_o \epsilon_r \end{pmatrix} \begin{pmatrix} \epsilon_0 E_0 \\ 0 \\ 0 \end{pmatrix} = \widehat{a_x} \frac{E_0}{\epsilon_r} \text{ 이고,}$$

$$\boldsymbol{P_i} = \boldsymbol{D_i} - \epsilon_0 \boldsymbol{E_i} = \widehat{a_x}(1 - 1/\epsilon_r)\epsilon_0 E_0 = \widehat{a_x} 0.7 \epsilon_0 E_0 \text{ 이다.}$$ ■

5.3 전기 커패시터 마이크

그림 5.10과 같이 전기 커패시터 마이크(Electret Capacitor Microphone : ECM)는 음성을 전기신호로 변환시키는 마이크의 일종으로 휴대용 단말기를 비롯하여, 유무선 통신기기와 전자제품 그리고 방송용으로 사용한다. 하이파이(hi-fi)인 전기마이크(electret microphone)는 영구 쌍극자를 나타내는 일렉트렛(electret)을 가지고 전장을 만들기 때문에 외부전원이 요구되지 않는다.

일렉트렛이라는 반영구적인 전하를 가지는 유전체와 진동판(diaphragm) 사이에는 정전장이 형성하고 이러한 유전체와 진동판 사이에 형성된 정전장의 전기용량은 진동판이 접근한 거리에 따라 변한다. 음성신호에 따라 진동판이 유전체에 가까워지면 전기용량은 증가하고, 진동판이 유전체에 멀어지면 전기용량은 감소한다. 이렇게 전기용량의 변화를 일으킨 만큼 전압의 변화가 일어나고, 이 전압을 증폭기로 증폭하여 마이크 신호로 이용한다.

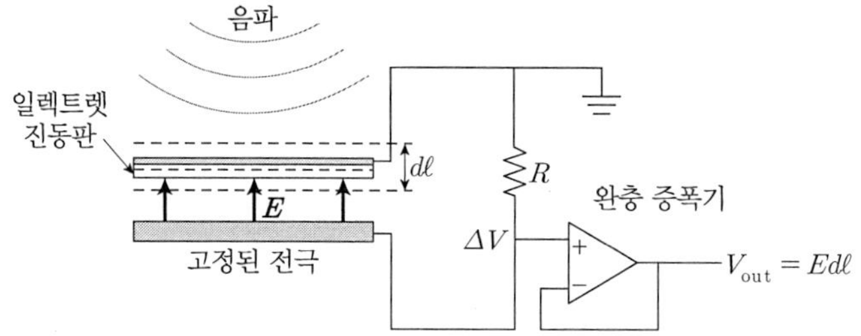

그림 5.10 전기 커패시터 마이크 회로의 구성도

5.4 정전장의 경계조건

그림 5.11과 같이 표면전하가 존재할 수 있는 한 경계면에 의해 반 무한 매질-1의 유전율은 ϵ_1 이고, 또 다른 반 무한 매질-2의 유전율은 ϵ_2 이며 모두 무손실 매질이다. 단위 법선벡터 $\widehat{a_n}$

은 매질-1에서 매질-2의 방향으로 경계면에 있고, 정전장에서 보존장이면 $\oint_c \boldsymbol{E}\cdot d\boldsymbol{\ell}=0$ (즉 $\nabla\times\boldsymbol{E}=0$)이므로, 폭 Δw, 각 매질의 반씩 차지하는 높이 Δh인 무한소 닫힌 곡선, $abcd$에서

$$\left(\int_a^b+\int_b^c+\int_c^d+\int_d^a\right)\boldsymbol{E}\cdot d\boldsymbol{\ell} \tag{5-29}$$
$$=E_{1n}\frac{\Delta h}{2}+E_{2n}\frac{\Delta h}{2}-E_{2t}\Delta w-E_{1n}\frac{\Delta h}{2}-E_{2n}\frac{\Delta h}{2}+E_{1t}\Delta w$$
$$=E_{1t}\Delta w-E_{2t}\Delta w=0$$

이고, 전장의 접선성분 경계조건은

$$E_{1t}=E_{2t},\quad \frac{D_{1t}}{\epsilon_1}=\frac{D_{2t}}{\epsilon_2},\quad \frac{D_{1t}}{D_{2t}}=\frac{\epsilon_1}{\epsilon_2} \tag{5-30}$$

이다. 그래서 전장세기의 접선성분은 연속이지만 전속밀도의 접선성분은 불연속이다.

벡터는 해석을 쉽게 하기 위해 서로 직교하는 성분으로 나누어 해석한다. 전장 $\boldsymbol{E}$을 서로 직교하는 접선성분 $\boldsymbol{E}_t$와 법선성분 $\boldsymbol{E}_n$으로 나눈다. $\boldsymbol{E}=\boldsymbol{E}_n+\boldsymbol{E}_t$

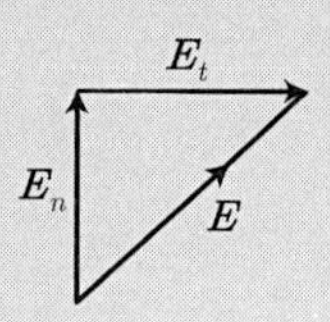

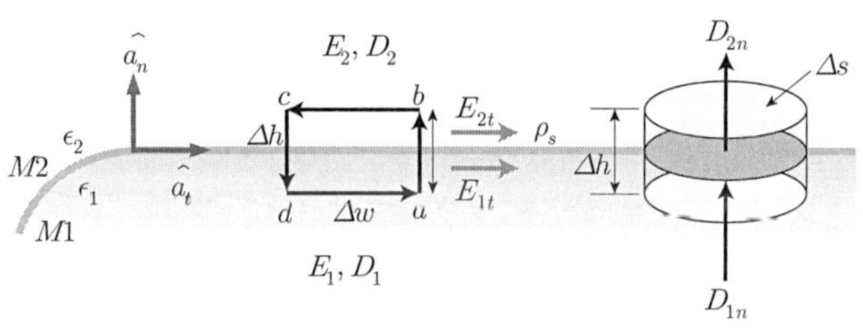

그림 5.11 두 유전체의 경계조건

그림 5.11과 같이 단면적 Δs, 각 매질의 반씩 차지하는 높이가 Δh인 무한소의 원통에 가우스법칙인 $\oint_s \boldsymbol{D}\cdot d\boldsymbol{s}=Q$(즉 $\nabla\cdot\boldsymbol{D}=\rho_v$)을 적용하면

$$\left(\int_{아래}+\int_{위}+\int_{측면}\right)\boldsymbol{D}\cdot d\boldsymbol{a}=-D_{1n}\Delta s+D_{2n}\Delta s=\rho_s\Delta s \tag{5-31}$$

이므로, 전속밀도의 법선성분 경계조건은

$$D_{2n}-D_{1n}=\rho_s\quad[\mathrm{C/m^2}] \tag{5-32}$$

이며, 전속밀도의 법선성분은 불연속이고, ρ_s는 자유전자에 의한 표면전하이므로 완전유전체에서는 $\rho_s = 0$이다. 유전체의 분극에 의한 속박된 전하밀도는 비유전율에 포함된 전속밀도에 고려되었기 때문이다.

$$D_{1n} = D_{2n}, \quad \frac{E_{1n}}{E_{2n}} = \frac{\epsilon_2}{\epsilon_1} \tag{5-33}$$

그림 5.12의 유전체 경계에서 전속밀도벡터의 접선과 법선성분으로 나타내면

$$\frac{D_{1t}}{D_{2t}} = \frac{D_1 \sin\theta_1}{D_2 \sin\theta_2} = \frac{\epsilon_1}{\epsilon_2}, \quad \epsilon_2 D_1 \sin\theta_1 = \epsilon_1 D_2 \sin\theta_2 \tag{5-34}$$
$$D_{1n} = D_{2n}, \ D_1 \cos\theta_1 = D_2 \cos\theta_2$$

이고, 접선 경계조건을 법선 경계조건으로 나누면

$$\frac{\tan\theta_1}{\tan\theta_2} = \frac{\epsilon_1}{\epsilon_2} \tag{5-35}$$

이므로, $\epsilon_1 > \epsilon_2$이면 $\theta_1 > \theta_2$이므로 큰 유전율을 가진 유전체로 입사할 때 굴절각은 증가한다. 전장과 전속밀도벡터의 방향은 같고 유전율이 커지면 전속밀도는 커지고 전장의 크기는 작아진다.

매질-2에서 전속밀도와 전장은 경계조건과 $D_2 = \sqrt{D_2^2(\cos^2\theta_2 + \sin^2\theta_2)}$ 와 $E_2 = \sqrt{E_2^2(\cos^2\theta_2 + \sin^2\theta_2)}$ 를 이용하면

$$D_2 = D_1 \sqrt{\cos^2\theta_1 + \left(\frac{\epsilon_2}{\epsilon_1}\right)^2 \sin^2\theta_1} \tag{5-36}$$

$$E_2 = E_1 \sqrt{\sin^2\theta_1 + \left(\frac{\epsilon_1}{\epsilon_2}\right)^2 \cos^2\theta_1} \tag{5-37}$$

이고, 비유전율이 큰 영역이 전속밀도는 크고, 전장은 작다.

$\epsilon_1 > \epsilon_2$이면 $\theta_1 > \theta_2$, $D_1 > D_2$, $E_1 < E_2$이다.

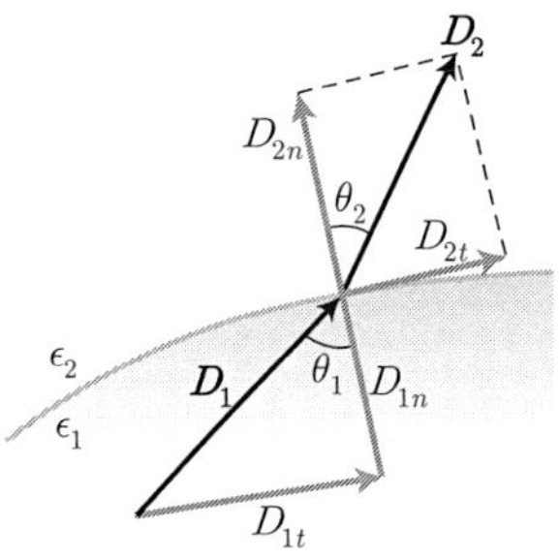

그림 5.12 유전체 경계에서 전속밀도벡터의 성분

두 유전체의 경계조건을 이용하여 그림 5.13과 같이 평행전장 안에 유전체 구를 놓을 경우 전장의 분포를 나타낸다.

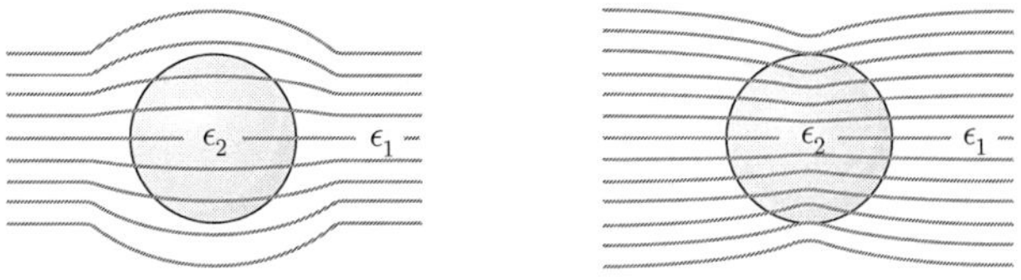

그림 5.13 평행전장 속에 유전체 구를 놓을 경우 전장의 분포
(a) $\epsilon_1 > \epsilon_2$인 경우 (b) $\epsilon_1 < \epsilon_2$인 경우

예제 5.5 ϵ_1, ϵ_2인 두 무손실 유전체 경계에는 전하가 없고 그림과 같이 xy-평면에 놓여 있다. (a) 매질-1에서 전장은 $\boldsymbol{E_1} = \hat{a}_x E_{1x} + \hat{a}_y E_{1y} + \hat{a}_z E_{1z}[\mathrm{V/m}]$이면 매질-2에서 전장과 각 θ_1, θ_2의 관계식 (b) $\epsilon_1 = \epsilon_0$, $\epsilon_2 = 2\epsilon_0$, $\boldsymbol{E_1} = 2\hat{a}_x - 4\hat{a}_z[\mathrm{V/m}]$일 때 $\boldsymbol{E_2}$, $\boldsymbol{D_1}$, $\boldsymbol{D_2}$를 구하여라.

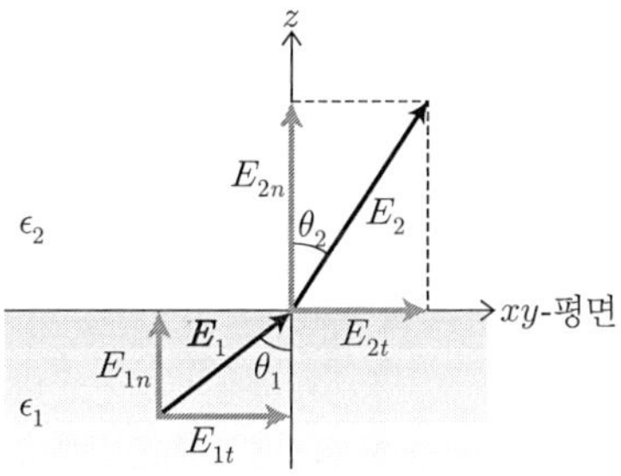

풀이 (a) 전장의 접선성분은 x와 y-성분이고, 법선성분은 z-성분이다.

① 전장의 접선성분은 연속($E_{1t} = E_{2t}$)이므로 $E_{2x} = E_{1x}$, $E_{2y} = E_{1y}$

② 전속밀도의 법선성분은 연속($D_{1n} = D_{2n}$, $E_{2n} = E_{1n}\epsilon_1/\epsilon_2$)이므로 $E_{2z} = E_{1z}\epsilon_1/\epsilon_2$, 따라서 $\boldsymbol{E_2} = \hat{a}_x E_{1x} + \hat{a}_y E_{1y} + \hat{a}_z(\epsilon_1/\epsilon_2)E_{1z}$이다.

③ $E_{1t} = \sqrt{E_{1x}^2 + E_{1y}^2}$, $E_{2t} = \sqrt{E_{2x}^2 + E_{2y}^2}$,

$$\tan\theta_1 = \frac{E_{1t}}{E_{1n}} = \frac{\sqrt{E_{1x}^2 + E_{1y}^2}}{E_{1z}},$$

$$\tan\theta_2 = \frac{E_{2t}}{E_{2n}} = \frac{\sqrt{E_{2x}^2 + E_{2y}^2}}{E_{2z}} = \frac{\sqrt{E_{1x}^2 + E_{1y}^2}}{\epsilon_1 E_{1z}/\epsilon_2}$$ 이므로 두 개 각의 관계식은 $\dfrac{\tan\theta_1}{\tan\theta_2} = \dfrac{\epsilon_1}{\epsilon_2}$이다.

(b) $\boldsymbol{E_1} = 2\hat{a}_x - 4\hat{a}_z[\mathrm{V/m}] \rightarrow \boldsymbol{E_{t1}} = 2\hat{a}_x$, $\boldsymbol{E_{n1}} = -4\hat{a}_z$,

$$\boldsymbol{D}_1 = \epsilon_0(2\hat{a}_x - 4\hat{a}_z)[\mathrm{C/m^2}] \rightarrow \boldsymbol{D}_{t1} = 2\epsilon_0\hat{a}_x,\ \boldsymbol{D}_{n1} = -4\epsilon_0\hat{a}_z$$

① $\boldsymbol{E}_{t1} = \boldsymbol{E}_{t2} = 2\hat{a}_x,\ \dfrac{\boldsymbol{D}_{t1}}{\epsilon_0} = \dfrac{\boldsymbol{D}_{t2}}{2\epsilon_0} = 2\hat{a}_x,\ \boldsymbol{D}_{t2} = 4\epsilon_0\hat{a}_x$

② $\boldsymbol{D}_{n1} = \boldsymbol{D}_{n2} = -4\epsilon_0\hat{a}_z,\ \epsilon_0\boldsymbol{E}_{n1} = 2\epsilon_0\boldsymbol{E}_{n2} = -4\epsilon_0\hat{a}_z,\ \boldsymbol{E}_{n2} = -2\hat{a}_z$

③ $\boldsymbol{D}_1 = 2\epsilon_0(\hat{a}_x - 2\hat{a}_z)[\mathrm{C/m^2}],\ \boldsymbol{E}_2 = 2(\hat{a}_x - \hat{a}_z)[\mathrm{V/m}],$

$\boldsymbol{D}_2 = 4\epsilon_0(\hat{a}_x - \hat{a}_z)[\mathrm{C/m^2}]$ ■

5.5 전기용량

전기용량(electric capacity), 정전용량(capacitance), 혹은 정전기용량은 인가전압에 따른 전하를 저장하는 능력으로 커패시터(콘덴서, 축전기)의 용량에 사용한다. 1837년 패러데이가 커패시터의 극판 사이에 유전체를 삽입하면 전기용량이 증가하고 전기용량은 유전체의 종류에 따라 변하는 것을 발견하였다.

커패시터는 ① 미세한 집적회로에서 혹은 큰 개별부품으로 전기회로의 기본소자 ② 카메라 플래시와 같이 저장된 에너지를 갑자기 방출하는 에너지 저장소자 ③ 이온이나 전자와 같은 하전입자선을 조절하는 전극 등에 사용한다.

도체의 형상이나 주위의 유전체에 의해 정해지는 상수로써, 도체계에서는 용량계수로 사용하고 MKS 단위는 **패럿**(F)이다. 분리된 각 도체는 등전위이며 전하를 줄 때, 전위를 1 단위만큼 올리기 위해 소요되는 전하의 양, 즉 절연된 도체에 전하 Q[C]을 줄 때, 전위가 V_{12}[V]가 되는 전기용량은 Q/V_{12} [F]이다.

그림 5.14와 같이 임의의 두 도체 구조에서 전위차가 V_{12}[V]이고, 도체 한 표면에서 전하의 크기가 Q[C]이면 두 도체 사이에 전하를 축적하는 척도인 전기용량은

$$C_{12} = \frac{Q}{V_{12}} = \frac{\oint_s \epsilon \boldsymbol{E}\cdot d\boldsymbol{s}}{-\int_1^2 \boldsymbol{E}\cdot d\boldsymbol{\ell}}\ [\mathrm{F}] \qquad (5\text{–}38)$$

이고, 양의 값이다. 전위차는 도체-1에서 도체-2 경로와 관계없이 전장을 선적분한 값이고, 양의 전하량은 가우스법칙에 의해 도체의 닫힌 곡면을 지나는 전속과 같다. 고립된 도체-1의 전기용량은 무한거리에 있거나 접지된 도체-2에 대한 전기용량이다.

전기용량의 단위는 farad[F]이며 1[C/V]와 같다. 1[V]의 전위로 1[C]의 전하가 축적될 때 전기용량은 1[F]이 되고 1[F]은 너무 크기 때문에 μF, pF 등의 단위를 사용한다.

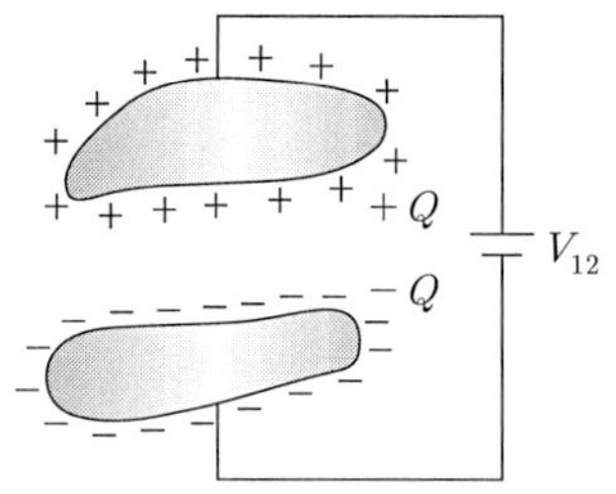

그림 5.14 일반 전기용량 구조

커패시턴스는 회로전압의 변화를 방해하는 회로의 특성

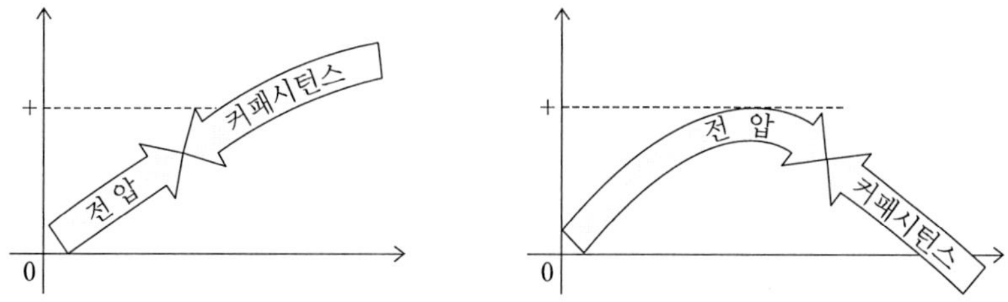

(a) 전압이 증가하면 커패시턴스는 내리려고 한다.

(b) 전압이 감소하면 커패시턴스는 올리려고 한다.

커패시터는 두 도체 사이를 자유공간 혹은 유전체로 채워진 전자소자이다. 표 5.1과 같이 진공 대신에 유전체로 채워진 경우 전장의 세기와 전위는 감소하고, 전기용량은 증가한다.

표 5.1 공기와 비유전율 ϵ_r인 유전체 속에서 정전장 변수 관계식

	공기 중에서	유전체(ϵ_r) 속에서	관계식
전기력의 세기	F_0	F	$F_0 = \epsilon_r F$
전장의세기	E_0	E	$E_0 = \epsilon_r E$
전위	V_0	V	$V_0 = \epsilon_r V$
전기용량	C_0	C	$C = \epsilon_r C_0$

예제 5.6 비유전율이 3인 유전체로 채운 평행 도체판 커패시터에서 평행판 도체 사이 전장이 $100[\mathrm{V/m}]$이다. 다음을 구하여라.

(a) 전속밀도 크기 (b) 분극벡터 크기 (c) 도체판 표면의 자유전자 전하밀도

(d) 분극된 전하의 표면전하밀도

풀이 (a) 전속밀도 크기 $D = \epsilon_0 \epsilon_r E = \dfrac{10^{-9}}{36\pi} \cdot 3 \cdot 100 = 2.65[n\mathrm{C/m^2}]$

(b) 분극벡터 크기

$$P=\chi_e\epsilon_0 E=(\epsilon_r-1)\epsilon_0 E=2\cdot\frac{10^{-9}}{36\pi}\cdot 100=1.77[nC/m^2]$$

(c) 도체판 표면의 자유전자 전하밀도 $\rho_s=\boldsymbol{D}\cdot\hat{a_n}=D_n=2.65[nC/m^2]$

(d) 분극된 전하의 표면전하밀도 $\rho_{ps}=\boldsymbol{P}\cdot\hat{a_n}=P_n=1.77[nC/m^2]$ ■

두 도체 구조인 커패시터의 전기용량을 구하는 방법은

① 가정된 전위차로 각 도체 전하를 구하는 방법(라플라스방정식)

② 가정된 도체의 전하를 통해 도체 사이 전위를 구하는 방법(대칭성을 이용한 가우스 법칙)등이 있다.

다양한 구조에서 전기용량을 구하는 순서는 다음과 같다.

① 좌표계를 선택하여 도체에 $+Q$와 $-Q$를 가정한다. Q의 대칭성을 이용하여 가우스 법칙으로 전장의 방향을 정하고 위치에 따른 전장을 구한다.

② $-Q$에서 $+Q$ 경로에 따른 전위차 $V_{21}=-\int_1^2 \boldsymbol{E}\cdot d\boldsymbol{\ell}$를 계산한다.

③ $C=\frac{Q}{|V_{21}|}$를 이용하여 전기용량을 구한다.

(1) 동심구 전기용량

그림 5.15와 같이 내구의 반경이 $a[\mathrm{m}]$이고 외구의 반경이 $b[\mathrm{m}]$인 동심 도체 구에서 전기용량을 구해보자.

① 구 대칭성을 가지므로 전장의 방향은 구 반경 방향이다. 그리고 내구에 전하 $Q[\mathrm{C}]$가 대전되고 반경 $r(a<r<b)$에서 전장은 가우스법칙에 의해 $\boldsymbol{E}=\hat{a_r}\frac{Q}{4\pi\epsilon r^2}$ $[\mathrm{V/m}]$이다.

② 도체 사이 전위차는 $V_0=-\int_b^a \boldsymbol{E}\cdot d\boldsymbol{\ell}=-\int_b^a \frac{Q}{4\pi\epsilon r^2}dr=\frac{Q}{4\pi\epsilon}\left(\frac{b-a}{ab}\right)$ $[\mathrm{V}]$이다.

③ $C=\frac{Q}{V_0}=4\pi\epsilon\left(\frac{ab}{b-a}\right)$ $[\mathrm{F}]$

반경 b가 무한히 큰 경우($b\to\infty$) 고립된 단일 도체 구가 되어 전기용량은 $C=4\pi\epsilon a$ $[\mathrm{F}]$이다.

접지(Ground)

- 지구는 자연계에서 가장 큰 물체이므로 전기용량도 가장 크다. 따라서 대지에 전기기기를 접지로 사용하여 기기나 인체를 보호한다. 정기용량이 아주 크면 전위차($V=Q/C$)는 무시(등전위)할 수 있으므로 대지는 실제 기준 전위로 한다.
- 지구를 반경 $r=6,367[km]$인 고립된 도체라 생각하고, 전리층 효과를 무시하면 지구의 전기용량은 $C=4\pi\epsilon r=4\times 3.14\times 8.854\times 10^{-12}\times 6367\times 10^3=708[\mu\mathrm{F}]$이다.

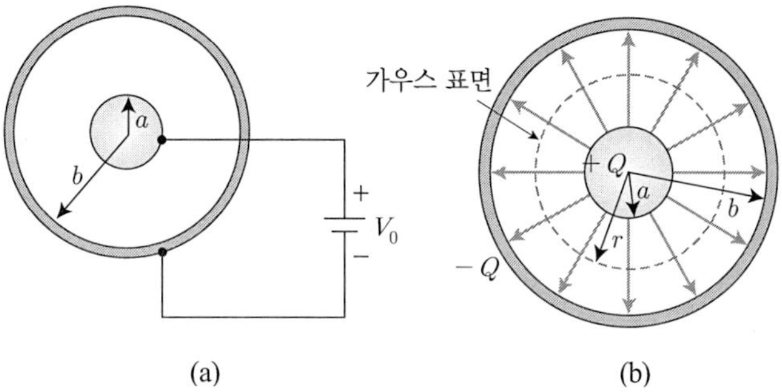

그림 5.15 동심 도체구 (a) 구조 (b) 가우스표면과 전장

예제 5.7 내구 반경이 $a[\mathrm{m}]$, 내부도체에 $+Q[\mathrm{C}]$, $a < r < r_1$에는 ϵ_1인 유전물질로 도포되어 있다. 유전체로 뒤덮인 구의 전기용량을 구하여라.

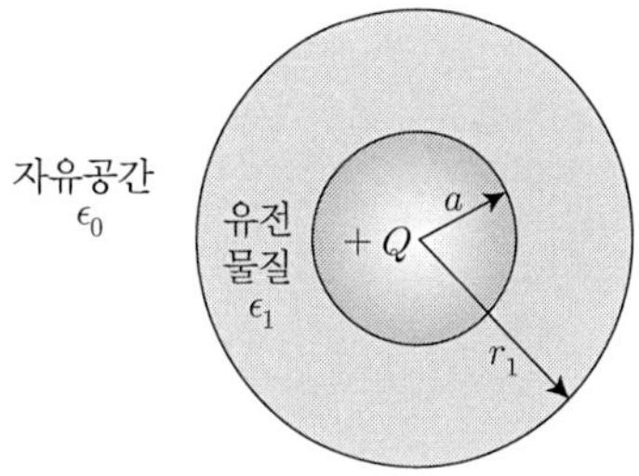

풀이 가우스법칙에 의해

① $a < r < r_1$에서 $\boldsymbol{E} = \dfrac{Q}{4\pi\epsilon_1 r^2}\hat{a_r}$

② $r > r_1$에서 $\boldsymbol{E} = \dfrac{Q}{4\pi\epsilon_0 r^2}\hat{a_r}$

전위차는 $V_a = -\displaystyle\int_\infty^a E\,dr = -\int_{r_1}^a \frac{Q}{4\pi\epsilon_1 r^2}\,dr - \int_\infty^{r_1}\frac{Q}{4\pi\epsilon_0 r^2}\,dr$

$$= \frac{Q}{4\pi}\left[\frac{1}{\epsilon_1}\left(\frac{1}{a} - \frac{1}{r_1}\right) + \frac{1}{\epsilon_0 r_1}\right]\ [\mathrm{V}]$$

전기용량은

$$C = \frac{Q}{V_a} = \frac{Q}{\dfrac{Q}{4\pi}\left[\dfrac{1}{\epsilon_1}\left(\dfrac{1}{a} - \dfrac{1}{r_1}\right) + \dfrac{1}{\epsilon_0 r_1}\right]} = \frac{4\pi}{\dfrac{1}{\epsilon_1}\left(\dfrac{1}{a} - \dfrac{1}{r_1}\right) + \dfrac{1}{\epsilon_0 r_1}}[\mathrm{F}]$$ 이다. ■

예제 5.8 지구를 고립된 도체라고 가정하면 $1[\mathrm{C}]$의 전하가 대전되었을 때 지구 표면의 전위를 계산하여라(단, 지구의 반경은 $6{,}367km$ 이다).

풀이 ① 지구의 전기용량(708μF)을 이용하는 방법: 공간에 고립된 도체의 전기용량 C, 그 도체의 전위 V, 도체상의 전하 Q라고 하면
$V = Q/C = 1/(708 \times 10^{-6}) \simeq 1{,}412\mathrm{V}$ 이다.

② 전장에서 전위를 구하는 방법:
$V = Q/(4\pi\epsilon_0 R) = 8.988 \times 10^9/(6{,}367 \times 10^3) \simeq 1{,}412\mathrm{V}$ 이다. ■

(2) 동축선로

중심도체의 반경이 a[m]이고 외부도체(차폐 도체망)의 내부 직경은 b[m]인 동축선로의 모양과 전장의 모양은 그림 5.16에 표시되어 있다.

가우스법칙 $\int \boldsymbol{E} \cdot \boldsymbol{ds} = \frac{Q}{\epsilon}$을 이용하면 $E_\rho 2\pi\rho\ell = \frac{\rho_\ell \ell}{\epsilon}$이므로 전장은

$$\boldsymbol{E} = \hat{a}_\rho \frac{\rho_\ell}{2\pi\epsilon\rho} \ [\mathrm{V/m}] \tag{5-39}$$

이고 여기서 ρ_ℓ은 선전하밀도이다. 전장을 이용하여 전기용량을 구하면 다음과 같다.

$$C = \frac{Q}{V_0} = \frac{\rho_\ell \ell}{-\int_b^a E_\rho \, d\rho} = \frac{\rho_\ell \ell}{\frac{\rho_\ell}{2\pi\epsilon}\ln\left(\frac{b}{a}\right)} = \frac{2\pi\epsilon\ell}{\ln\left(\frac{b}{a}\right)} \ [\mathrm{F}] \tag{5-40}$$

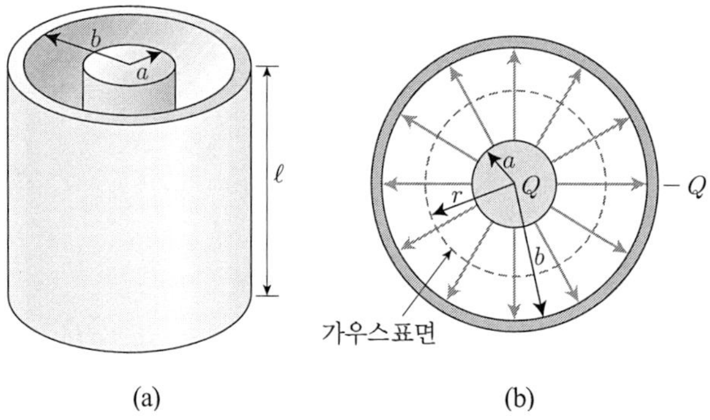

그림 5.16 동축선로 (a) 구조 (b) 전장

$$E(\rho)\, 2\pi\rho\ell = \frac{(2\pi a\ell)\rho_s}{\epsilon_0} \ \rightarrow \ \boldsymbol{E}(\rho) = \hat{a}_\rho \frac{a\rho_s}{\epsilon_0 \rho} [\mathrm{V/m}]$$

(3) 평행판 도체 커패시터

그림 5.17과 같이 면적이 무한이 크고 도체판 간격이 d[m]인 평행판 커패시터에서 전장의 가장자리 효과를 무시할 때 전기용량을 구하는 방법은 다음과 같다.

① 가우스법칙에 의한 전기용량 구하는 방법

표면전하가 ρ_s[C/m^2]인 평행판 도체 사이 전장은 균일하므로 자속밀도는 $\boldsymbol{D} = -\rho_s \hat{a}_z$이므로 전장은 $\boldsymbol{E} = \frac{-\rho_s}{\epsilon}\hat{a}_z$이다. 도체 사이 전위차는 $V_0 = -\int_{\text{아래}}^{\text{위}} \boldsymbol{E} \cdot \boldsymbol{d\ell} = -\int_0^d -\frac{\rho_s}{\epsilon} dz = \frac{\rho_s}{\epsilon} d$이다. 따라서 전기용량은 다음과 같다.

$$C = \frac{Q}{V_0} = \frac{\rho_s S}{V_0} = \frac{\epsilon S}{d} \ [\mathrm{F}] \tag{5-41}$$

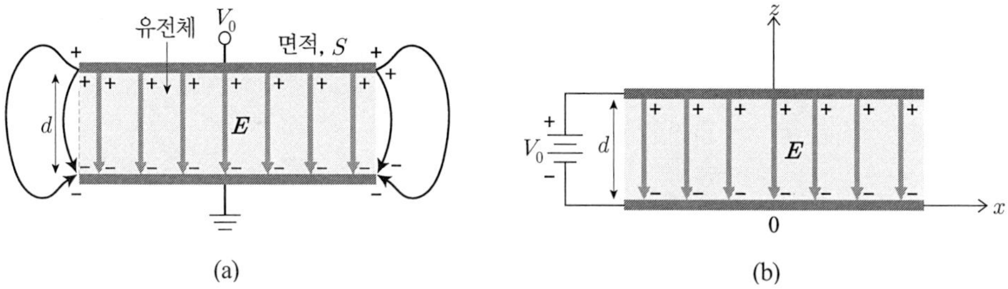

그림 5.17 평행판 커패시터 (a) 단면 구조와 전장 (b) 가장자리 효과 무시

② **라플라스방정식을 이용한 전기용량 구하는 방법**

1) 도체판 사이 전위차는 라플라스방정식 $\nabla^2 V = \dfrac{d^2 V}{dz^2} = 0$과 경계조건 $V(z=0)=0$, $V(z=d)=V_0$을 이용한다. 방정식의 양변을 한번 적분하면 $\dfrac{dV}{dz} = c_1$이고, 다시 적분하면 $V(z) = c_1 z + c_2$이다. 계수를 구하기 위해 경계조건을 대입하여 풀면 $V(z) = \dfrac{V_0}{d} z\,[\mathrm{V}]$이다.
2) 도체판의 면전하밀도는 전장을 구한 후 얻는다. 전장은 $\boldsymbol{E} = -\nabla V = -\hat{a}_z V_0/d$이고 도체와 유전체 경계면에서 법선방향 전장성분이 $E_n = \pm\dfrac{V_0}{d}$이며, 위 도체판의 표면 전하밀도는 $\rho_{s2} = \hat{a}_n \cdot \epsilon \boldsymbol{E} = -\hat{a}_z \cdot -\hat{a}_z \epsilon \dfrac{V_0}{d} = \dfrac{\epsilon V_0}{d}$이다. 위 도체의 총 전하는 $Q = \rho_{s2} S = \dfrac{\epsilon V_0 S}{d}\,[\mathrm{C}]$이다.
3) 그래서 전기용량은 $C = \dfrac{Q}{V_0} = \dfrac{\epsilon S}{d}\,[\mathrm{F}]$이다.

(4) 두 가닥 평행도선

그림 5.18은 반지름이 $a\,[\mathrm{m}]$인 두 개의 무한 직선도선이 $D\,[\mathrm{m}]$의 간격으로 평행하게 놓여 있는 두 가닥 선로의 모양과 전장을 나타내었다.

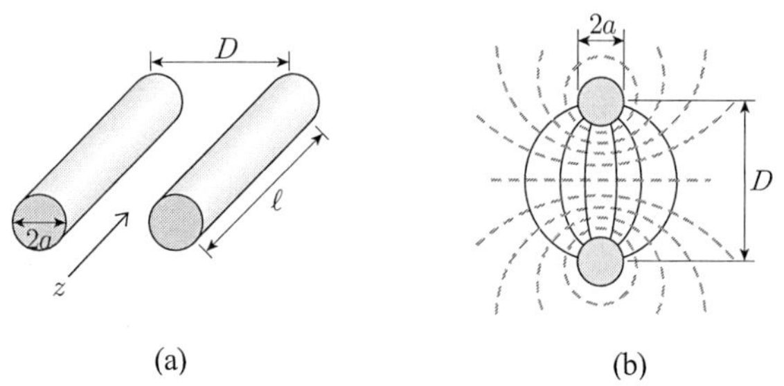

그림 5.18 두 가닥 무한 선로 (a) 구조 (b) 전자장

그림 5.19처럼 단위길이당 전하밀도가 도선-1에 $+\rho_\ell$ [C/m], 도선-2에 $-\rho_\ell$ [C/m]이고 도선-1의 중심에서 x만큼 떨어진 P점에서 전장을 구해보자. 이때 $a \ll D$이라고 가정한다.

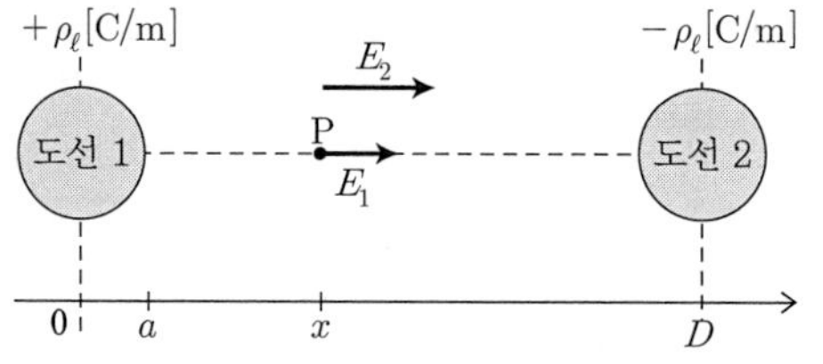

그림 5.19 전장을 구하기 위한 조건

도선-1과 도선-2의 전장을 가우스법칙을 이용하여 구한 후 합하면

$$\boldsymbol{E} = \boldsymbol{E}_1 + \boldsymbol{E}_2 = \frac{\rho_\ell}{2\pi\epsilon x}\widehat{a_x} + \frac{\rho_\ell}{2\pi\epsilon(D-x)}\widehat{a_x} \ [\mathrm{V/m}] \tag{5-42}$$

이고, 두 도선 사이 전위차는

$$V = -\int_{D-a}^{a} \boldsymbol{E}\cdot\widehat{a_x}\,dx = \frac{\rho_\ell}{2\pi\epsilon}\int_{a}^{D-a}\left(\frac{1}{x} + \frac{1}{D-x}\right)dx = \frac{\rho_\ell}{\pi\epsilon}\ln\left(\frac{D-a}{a}\right) \ [\mathrm{V}] \tag{5-43}$$

이다. 그러므로 길이가 ℓ인 도선의 전기용량은

$$C = \frac{\rho_\ell \ell}{V} = \frac{\pi\epsilon\ell}{\ln\left(\dfrac{D-a}{a}\right)} \ [\mathrm{F}] \tag{5-44}$$

이고, $a \ll D$인 경우 단위길이당 전기용량은 다음과 같다.

$$C' \approx \frac{\rho_\ell}{V} = \frac{\pi\epsilon}{\ln(D/a)} \ [\mathrm{F/m}] \tag{5-45}$$

5.6 전기용량의 연결

전기용량을 직렬연결 시 모든 전기용량은 같은 전하량 Q[C]을 가지므로

$$V = \frac{Q}{C_{st}} = \frac{Q}{C_1} + \frac{Q}{C_2} + \frac{Q}{C_3} + \cdots + \frac{Q}{C_n} \tag{5-46}$$

이고, 병렬연결 시 모든 전기용량의 노드전압 V는 같으므로

$$Q = C_{pt}V = C_1V + C_2V + C_3V + \cdots + C_nV \tag{5-47}$$

이다. 따라서 직렬연결 시 합성 전기용량 C_{st}와 병렬연결 시 합성 전기용량 C_{pt}는 다음과 같다.

$$\frac{V}{Q} = \frac{1}{C_{st}} = \frac{1}{C_1} + \frac{1}{C_2} + \frac{1}{C_3} + \cdots + \frac{1}{C_n} = \sum_{i=1}^{n} \frac{1}{C_n} \tag{5-48}$$
$$\frac{Q}{V} = C_{pt} = C_1 + C_2 + C_3 + \cdots + C_n = \sum_{i=1}^{n} C_i$$

평행판 커패시터의 전기용량은 평행판 면적에 비례하고, 전극 간격에 반비례한다. 그래서 직렬연결된 커패시터의 종류, 면적, 그리고 유전율 등이 같은 경우 그림 5.20(a)와 같이 등가 합성 커패시터의 전극 간격은 각 커패시터의 전극 간격의 합으로 증가하여 직렬 등가 합성 전기용량은 각 직렬 전기용량보다 작아진다. 그래서 저항의 병렬 합성저항을 구하는 방법과 같다.

병렬연결된 커패시터의 종류, 전극 간격, 그리고 유전율 등이 같은 경우 그림 5.20(b)와 같이 등가 합성커패시터의 면적은 각 커패시터의 면적의 합으로 증가하여 병렬 등가 합성 전기용량은 각 병렬 전기용량보다 커진다. 그래서 저항의 직렬 합성저항을 구하는 방법과 같다.

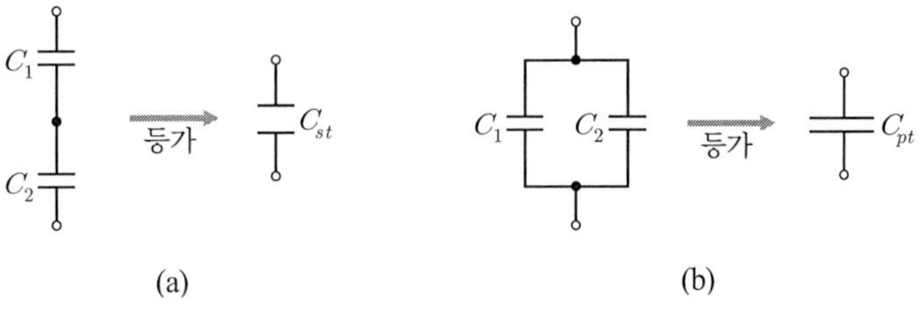

그림 5.20 전기용량의 연결 (a) 직렬연결 (b) 병렬연결

예제 5.9 그림과 같이 면적이 $S[\mathrm{m}^2]$인 평행판 사이에 다층 유전율 ϵ_1, ϵ_2인 물질이 두께 $d_1[\mathrm{m}]$, $d_2[\mathrm{m}]$로 적층되었다. 가장자리 효과를 무시하고 전체 전기용량을 구하여라.

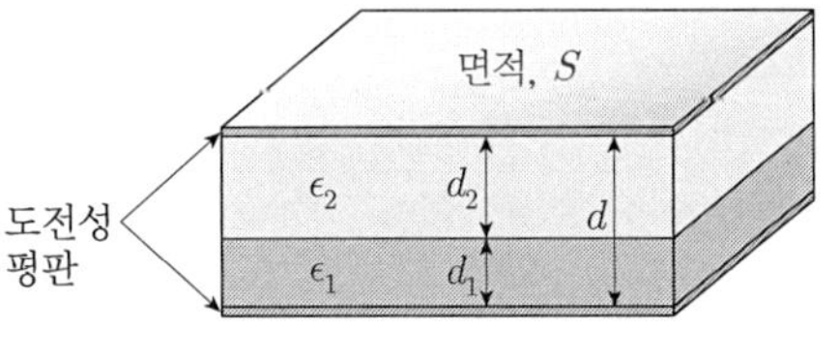

풀이 가장자리 효과를 무시하면 전장은 평행한 계면에서 수직이다. 평행판 사이 전위차를 V_a라고 가정하면 $E_1 d_1 + E_2 d_2 = V_a$이다.

① 유전체 계면에 자유전하가 없다면 $D_{n1} = D_{n2}$이므로 $D_{n1} = \epsilon_1 E_1$, $D_{n2} = \epsilon_2 E_2$이다. 그래서 $E_2 = \dfrac{\epsilon_1}{\epsilon_2} E_1$이고 $E_1 d_1 + \dfrac{\epsilon_1}{\epsilon_2} E_1 d_2 = V_a$이므로 $E_1 = \dfrac{V_a}{d_1 + d_2(\epsilon_1/\epsilon_2)}$이다.

② 유전체와 아래 도체면 계면에 자유전하가 없다면 $D_{n1} - D_{metal1} = 0$이다.

③ 아래 도체 면전하밀도 $\rho_{s1} = D_{n1} = (\epsilon_1 E_1 - 0) = V_a/(d_1/\epsilon_1 + d_2/\epsilon_2)$이다.

④ 전기용량 $C = \dfrac{Q}{V_a} = \dfrac{\rho_s S}{V_a} = \dfrac{1}{\dfrac{d_1}{\epsilon_1 S} + \dfrac{d_2}{\epsilon_2 S}} = \dfrac{1}{\dfrac{1}{C_1} + \dfrac{1}{C_2}} = \dfrac{C_1 C_2}{C_1 + C_2}[\mathrm{F}]$ 이다.

여기서 $C_1 = \dfrac{\epsilon_1 A}{d_1}, C_2 = \dfrac{\epsilon_2 A}{d_2}$ 이다. ■

예제 5.10 그림과 같이 무한히 넓고 간격이 $d[\mathrm{m}]$ 인 다층 유전체 평행판 커패시터의 전기용량을 구하여라.

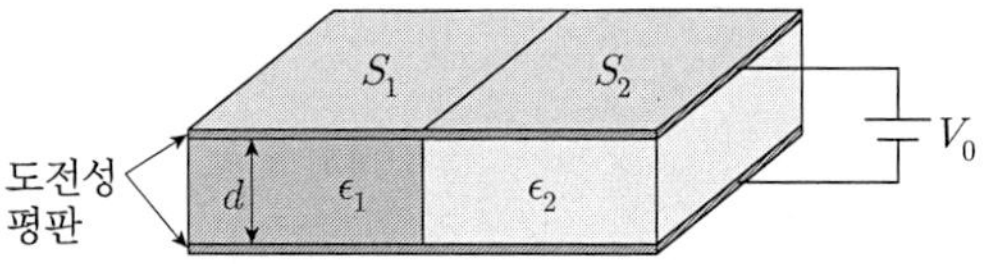

풀이 ① 도체판 사이의 전위차가 V_0 라면

$$E_1 = E_2 = \frac{V_0}{d},\ D_1 = \epsilon_1 E_1 = \rho_{s1},\ D_2 = \epsilon_2 E_2 = \rho_{s2}$$

② 각 영역의 전하량 $Q_1 = D_1 S_1,\ Q_2 = D_2 S_2$

③ 두 식을 정리하면

$$C = \frac{Q}{V_0} = \frac{\epsilon_1 E_1 S_1 + \epsilon_2 E_2 S_2}{E_1 d} = \frac{\epsilon_1 S_1}{d} + \frac{\epsilon_2 S_2}{d} = C_1 + C_2[\mathrm{F}]$$ ■

5.7 유전강도

커패시터에 큰 전압을 인가하면 유전체에 매우 강한 전장으로 유전체를 손상시키거나 파괴되는 임계전장을 유전강도(dielectric strength) 혹은 유전파괴(dielectric breakdown)라 한다. 유전파괴는 열-결함-전도에 의한 열적인 유전파괴, 가속된 전자들이 2차 전자를 만드는 애벌런치(avalanche)에 의한 유전파괴, 가는 구멍 속에서 아트 방전에 의한 유전파괴, 그리고 이온 혹은 환경적 요인에 의해 오랜 시간에 걸쳐 전도 경로에 의한 전해 유전파괴 등이 있다. 유전파괴강도를 증가시키기 위해 유전체를 높은 순도와 낮은 결함밀도를 가진 좋은 재료, 낮은 습도 그리고 적절한 온도 환경이 필요하다.

기체와 액체인 유전체는 유전강도 이후 다시 복구되지만 고체 유전체는 영원히 손상을 입는다. 커패시터는 단자전압이 유전강도 이하에서 동작하는 정격 최대전압이 있으며, 보통 이 값보다 1/10 작은 동작전압을 사용한다. 대기압에서 공기(비유전율=1)의 유전체 강도는 $3 \times 10^6 [\mathrm{V/m}]$ 이고, 다른 재료의 유전강도는 표 5.2에 나타낸다.

표 5.2 재료별 유전강도

재료	유전강도 (10^6[V/m])
Al_2O_3(0.6μm)	1.5
SiO_2(0.005cm)	6.0
$BaTiO_3$(0.02cm 단결정)	0.04
마이카(0.002cm)	10.1
파이렉스 유리(0.003cm)	5.8
에폭시	160-200

5.8 정전장의 전기에너지

정전에너지(electrostatic energy)는 단위전하를 전장 내의 무한 원점에서 어느 한 점, P까지 천천히 움직이는데 필요한 일(에너지)이며, 운동에너지와 방사효과가 무시된다고 가정한다. 그때 전장 내에서 단위전하가 갖는 전위에너지는

$$\mathcal{E}_e = -Q\int_{\infty}^{r_P} \boldsymbol{E} \cdot d\boldsymbol{\ell} \ [\mathrm{J}] \tag{5-49}$$

이고 정전장 내에서 에너지보존법칙이 성립한다. 점전하 $Q_1, Q_2, \cdots Q_n$를 각각 점 P_1, P_2, $\cdots$ P_n으로 움직이는데 필요한 일(에너지)은 다음과 같다.

① 최초로 Q_1을 무한 원점에서 점 P_1으로 가져오는데 전장이 없으므로 해야 할 일 $W_1 = Q_1 V = 0$이다.

② 그림 5.21과 같이 Q_1이 있는 상태에서 Q_2를 무한 원점으로부터 점 P_2로 가져오는데 해야 할 일 $W_2 = Q_2 V_{21} = Q_2 \dfrac{Q_1}{4\pi\epsilon_0 R_{21}}$이며, 이때 V_{ij}는 Q_j에 의한 Q_i가 있는 위치의 전위이고, R_{ij}는 Q_j에 의한 Q_i가 있는 전하까지 거리이므로 $R_{ij} = R_{ji}$이다.

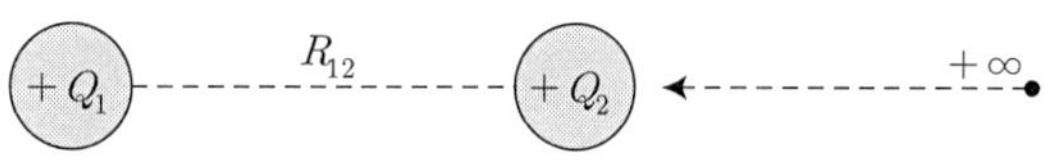

그림 5.21 Q_1이 있는 상태에서 Q_2를 무한 원점에서 점 P_2로 가져오는 상태

③ Q_1, Q_2가 있는 상태에서 Q_3를 무한 원점에서 점 P_3로 가져오는데 해야 할 일 $W_3 = Q_3 V_{31} + Q_3 V_{32}$이다. 세 개의 전하를 모으는데 요구되는 전체 에너지는 $W_{e3} = W_2 + W_3 = Q_2 V_{21} + Q_3(V_{31} + V_{32})$이다.

④ 같은 방법으로 i-번째 점전하 Q_i를 무한 원점에서 $i-1$ 점전하계로 점 P_i에 가져오는데 해야 할 일 $W_i = Q_i \sum_{j=1}^{i-1} V_{ij}$이다. n-개의 개별 점전하 $Q_1, Q_2, \cdots Q_n$ 순으로 각각 무한 원점에서 각 점으로 가져오는데 해야 할 전체 일은

$$W_{en} = W_2 + W_3 + \cdots + W_n = \sum_{i=2}^{n} W_i = Q_2 V_{21} + Q_3(V_{31} + V_{32})$$

$$+ Q_4(V_{41} + V_{42} + V_{43}) + \cdots = \sum_{i=2}^{n} Q_i \sum_{j=1}^{i-1} V_{ij} = \sum_{i=2}^{n} \sum_{j=1}^{i-1} Q_i V_{ij}$$ 이다.

$Q_i V_{ij} = Q_i \dfrac{Q_j}{4\pi\epsilon_0 r_{ij}} = Q_j \dfrac{Q_i}{4\pi\epsilon_0 r_{ji}} = Q_j V_{ji}$으로 두 전하에 관련된 부분 에너지는 전하를 움직이는 순서와 관계없이 같다.

$n-$개 전하를 모으는 총 에너지는 $W_{en} = \sum_{i=2}^{n} \sum_{j=1}^{i-1} Q_i V_{ij} = \dfrac{1}{2} \sum_{i=2}^{n} \sum_{j=1}^{i-1} (Q_i V_{ij} + Q_j V_{ji})$이다.

⑤ n개의 개별 점전하를 Q_n, Q_{n-1}, Q_{n-2}, $\cdots$ Q_1 순으로 무한 원점에서 각 점으로 가져오는데 해야 할 전체 일은 다음과 같다.

$$W'_{en} = W_{en} = W_n + W_{n-1} + \cdots + W_1 \tag{5-50}$$

$$= Q_1(V_{12} + V_{13} + \cdots) + Q_2(V_{21} + V_{31} + \cdots) + Q_3(V_{31} + V_{32} + V_{34}) + \cdots$$

⑥ 옮기는 두 순서의 전체 일을 합하면 다음과 같다.

$$W_{en} + W'_{en} = 2W_e = Q_1(V_{12} + V_{13} + V_{14} + \cdots) + Q_2(V_{21} + V_{23} + V_{24} + \cdots) + \cdots$$

$$= Q_1 V_1 + Q_2 V_2 + \cdots \tag{5-51}$$

$$W_e = \frac{1}{2}(Q_1 V_1 + Q_2 V_2 + \cdots) = \frac{1}{2} \sum_{i=1}^{n} Q_i V_i \ [\mathrm{J}] \tag{5-52}$$

여기서 $V_i = \sum_{j=1,\, j \neq i}^{n} V_{ij} = \dfrac{1}{4\pi\epsilon_0} \sum_{j=1,\, j \neq i}^{n} \dfrac{Q_j}{R_{ij}}$ [V]는 i번째 전하를 제외한 $(n-1)$개 각 전하가 전하 Q_i에 위치한 점에서의 전위이다.

전하 q[C]인 커패시터 → dq[C]만큼 증가시키기 위해 필요한 전기적인 일, $dW = Vdq = \dfrac{q}{C}dq$ → q를 0에서 Q[C]으로 적분하면 충전된 전기에너지 $\mathcal{E}_e = \int_0^Q dW = \int_0^Q \dfrac{q}{C}dq = \dfrac{1}{2}\dfrac{Q^2}{C}$ [J] → 일정한 전위로 대전된 대전체에 일정한 전하량을 저장할 때 필요한 일 = 대전체에 축적된 에너지 $\mathcal{E}_e = \dfrac{1}{2}\dfrac{Q^2}{C} = \dfrac{1}{2}CV^2 = \dfrac{1}{2}VQ = \dfrac{1}{2}VIt$ [J]

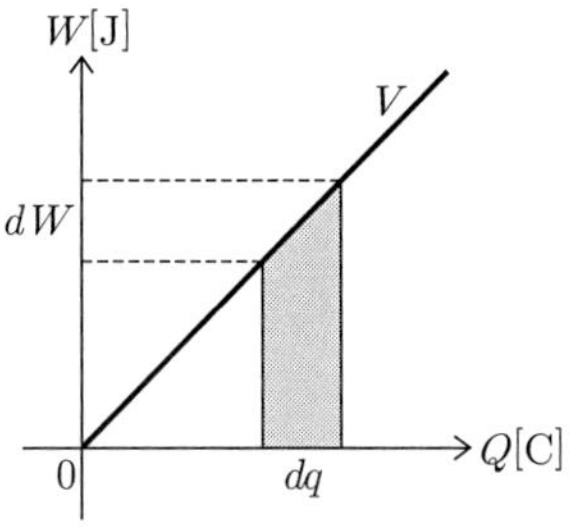

Q[C]으로 충전된 커패시터에 외부전하 dq[C]을 (−)단자에서 (+)단자로 이동 시 전기적인 일 증가분 $dW = Vdq$ → 단자전압 상승 $V_0 + dV = (Q + dq)/C$ → 0[V]에서 시작하여 Q[C]을 이동시키는 전체 일, $W = \frac{1}{2}QV$[J] → 커패시터에 저장된 전체 에너지는 $\mathcal{E}_e = \frac{1}{2}CV^2$[J]

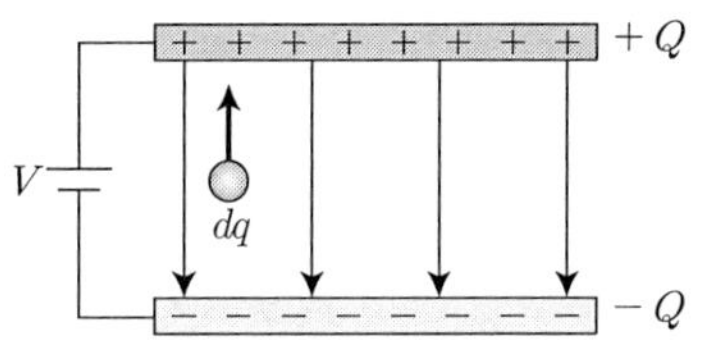

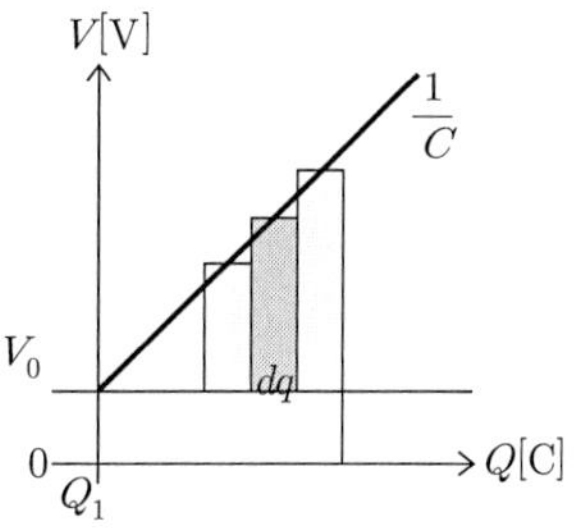

$$1[\mathrm{J}] = 1[\mathrm{C}] \times 1[\mathrm{V}], \quad 1[\mathrm{eV}] = 1.6 \times 10^{-19}[\mathrm{C}] \times 1[\mathrm{V}] = 1.6 \times 10^{-19}[\mathrm{J}]$$

연속적인 전하분포에서 정전에너지 $\mathcal{E}_e = \frac{1}{2}\int_v \rho_v V dv = \frac{1}{2}\int V dQ$

예제 5.11 균일한 전장에서 1[C]의 전하를 전장의 반대방향으로 이동시키는데 1[J]의 일이 필요하다. 두 지점 사이의 전위차를 구하여라.

풀이 $W = QV$[J]에서 $V = \frac{W}{Q} = \frac{1\mathrm{J}}{1\mathrm{C}} = [1\mathrm{V}]$ ■

예제 5.12 전하가 $\pm Q$[C]로 대전된 내경이 a[m], 외경이 b[m]인 동축선 사이 전장이 $\boldsymbol{E}(\rho) = \hat{a}_\rho \frac{\rho_\ell}{2\pi\epsilon_0\rho}$이다. 여기서 ρ_ℓ[C/m]은 선전하밀도이다. 전기에너지를 구하여라.

풀이 ① 원통좌표계를 사용하여

$$\mathcal{E}_e = \frac{1}{2}\int_v \epsilon_0 E^2 dv = \frac{1}{2}\int_0^\ell \int_0^{2\pi} \int_a^b \epsilon_0 \left(\frac{\rho_\ell}{2\pi\epsilon_0\rho}\right)^2 \rho \, d\rho \, d\phi \, dz = \int_a^b \frac{\rho_\ell^2 \ell}{4\pi\epsilon_0\rho} d\rho$$

$$= \frac{\rho_\ell^2 \ell}{4\pi\epsilon_0}\left(\ln\frac{b}{a}\right) = \frac{Q^2}{4\pi\ell\epsilon_0}\left(\ln\frac{b}{a}\right) \quad [\mathrm{J}]$$

② $$C = \frac{Q}{V_{21}} = \frac{\rho_\ell \ell}{-\int_b^a E_\rho d\rho} = \frac{\rho_\ell \ell}{\frac{\rho_\ell}{2\pi\epsilon_0}\ln\left(\frac{b}{a}\right)} = \frac{2\pi\epsilon_0 \ell}{\ln\left(\frac{b}{a}\right)} \quad [\mathrm{F}]$$

$$\mathscr{E}_e = \frac{1}{2}CV_{21}^2 = \frac{1}{2}\frac{2\pi\epsilon_0\ell}{\ln\left(\frac{b}{a}\right)}\left\{\frac{\rho_l}{2\pi\epsilon_0}\ln\left(\frac{b}{a}\right)\right\}^2 = \frac{Q^2}{4\pi\ell\epsilon_0}\ln\left(\frac{\mathrm{b}}{\mathrm{a}}\right) \quad [\mathrm{J}]$$

③ 두께 t인 도체에 전하가 분포하면 체적전하밀도는 $\rho_v = \rho_s/t$, 전위차는 $V_{21} = -\int_b^a E_\rho d\rho = \frac{\rho_\ell}{2\pi\epsilon_0}\ln\left(\frac{b}{a}\right)$, 전하 $Q = 2\pi a\ell\rho_s$ 이므로

$$\mathscr{E}_e = \frac{1}{2}\int_v \rho_v V_{12} dv = \frac{1}{2}\int_0^\ell \int_0^{2\pi} \int_{a-t/2}^{a+t/2} \frac{\rho_s}{t}\frac{\rho_\ell}{2\pi\epsilon_0}\ln\left(\frac{b}{a}\right)\rho\, d\rho\, d\phi\, dz$$
$$= \frac{Q^2}{4\pi\ell\epsilon_0}\ln\left(\frac{\mathrm{b}}{\mathrm{a}}\right)[\mathrm{J}] \quad ■$$

예제 5.13 체적전하밀도가 $\rho_v[\mathrm{C/m^3}]$이고 반경이 $a[\mathrm{m}]$인 균일 구전하를 모으기 위한 에너지를 구하여라.

풀이 반경 r에서 전위 V_r과 전하량 Q_r은 $V_r = \frac{Q_r}{4\pi\epsilon_0 r}[\mathrm{V}]$, $Q_r = \frac{4}{3}\pi r^3 \rho_v[\mathrm{C}]$이다.

미소전하량 $dQ_r = 4\pi r^2 \rho_v dr$, dQ_r을 가져오는데 필요한 미소 일은

$d\mathscr{E}_e = V_r dQ_r = \frac{4\pi}{3\epsilon_0}\rho_v^2 r^4 dr$이고, 반경이 $0 \sim a$까지 모으는 전체 일은

$$\mathscr{E}_e = \int d\mathscr{E}_e = \frac{4\pi}{3\epsilon_0}\rho^2 \int_0^a r^4 dr = \frac{4\pi\rho^2 a^5}{15\epsilon_0}[\mathrm{J}] \quad ■$$

연속적인 전하분포를 갖는 공간에 저장되는 에너지는

$$\mathscr{E}_e = \frac{1}{2}\int_v \rho_v(\boldsymbol{r})V(\boldsymbol{r})dv = \frac{1}{2}\int_v V(\nabla \cdot \boldsymbol{D})dv \tag{5-53}$$

이고, 여기서 $\rho_v = \nabla \cdot \boldsymbol{D}$ 이다. 벡터 항등식 $\nabla \cdot (V\boldsymbol{D}) = (\nabla V)\cdot \boldsymbol{D} + (\nabla \cdot \boldsymbol{D})V$을 이용하면

$$\mathscr{E}_e = \frac{1}{2}\int_v [\nabla \cdot (V\boldsymbol{D}) - (\nabla V)\cdot \boldsymbol{D}]\,dv \tag{5-54}$$

이 되고 발산정리와 $\boldsymbol{E} = -\nabla V$를 적용하면

$$\mathscr{E}_e = \frac{1}{2}\oint_s (V\boldsymbol{D})\cdot d\boldsymbol{s} + \frac{1}{2}\int_v (-\nabla V)\cdot \boldsymbol{D}\,dv = \frac{1}{2}\int_v \boldsymbol{E}\cdot\boldsymbol{D}\,dv \tag{5-55}$$

이다. 여기서 체적 v는 모든 공간이라고 하면 폐곡면 s는 무한 반경의 구이고($s\to\infty$), 유한 공간의 모든 원천은 점전하로 보이므로 $\lim_{r\to\infty}\oint_s (V\boldsymbol{D})\cdot d\boldsymbol{s} \propto \lim_{r\to\infty}\left(\frac{1}{r}\right)\left(\frac{1}{r^2}\right)(r^2)\to 0$ 이다. 그래서 정전에너지 $\mathscr{E}_e$와 정전에너지밀도 w_e의 관계는 다음과 같다.

$$\mathscr{E}_e = \int_v w_e\, dv = \frac{1}{2}\int_v \rho_v V dv = \frac{1}{2}\int_v \boldsymbol{E}\cdot\boldsymbol{D}\, dv\ [\mathrm{J}] \tag{5-56}$$

$$w_e = \frac{1}{2}\boldsymbol{E}\cdot\boldsymbol{D} = \frac{1}{2}\epsilon E^2 = \frac{1}{2}\frac{D^2}{\epsilon}\quad [\mathrm{J/m^3}] \tag{5-57}$$

유전체 내에서 $\boldsymbol{D} = \epsilon_0\boldsymbol{E} + \boldsymbol{P}$를 대입하면

$$\mathscr{E}_e = \frac{1}{2}\int_v \boldsymbol{E}\cdot\boldsymbol{D}\, dv = \frac{1}{2}\int_v \epsilon_0 E^2\, dv + \frac{1}{2}\int_v \boldsymbol{P}\cdot\boldsymbol{E}\, dv\quad [\mathrm{J}] \tag{5-58}$$

이므로 $\frac{1}{2}\int_v \epsilon_0 E^2\, dv$는 자유공간에서 전장을 유지시키는 에너지이고, $\frac{1}{2}\int_v \boldsymbol{P}\cdot\boldsymbol{E}\, dv$는 유전체를 분극시키는 에너지이다.

5.9 커패시터의 전기에너지 및 전기력

(1) 전기에너지와 전기에너지밀도

커패시터의 종류는 마일러, 세라믹, 전해, 탄탈룸, 폴리에스터 등이 있고 커패시터에 에너지를 저장하는 양은 커패시터를 충전시킨 일과 같다. 충전과정 동안 외부전원이 전극판에서 전하를 제거하거나 축적시키는 일을 한다.

만약 그림 5.22와 같이 전극-1의 전위가 $V_1[\mathrm{V}]$, 전하가 $-Q[\mathrm{C}]$이고, 전극-2의 전위가 $V_2[\mathrm{V}]$, 전하가 $+Q[\mathrm{C}]$인 경우 두 전극 사이 공간에 저장되는 에너지는

$$\begin{aligned}\mathscr{E}_e &= \int_v \rho_s(\boldsymbol{r})V(\boldsymbol{r})ds = \frac{1}{2}V_1\int_{s_1}\rho_{s1}(\boldsymbol{r})ds + \frac{1}{2}V_2\int_{s_2}\rho_{s2}(\boldsymbol{r})ds = \frac{1}{2}Q(V_2 - V_1)\\ &= \frac{1}{2}QV_{21}[\mathrm{J}]\end{aligned}$$

$$\mathscr{E}_e = \frac{1}{2}QV_{21} = \frac{1}{2}\frac{Q^2}{C} = \frac{1}{2}CV_{21}^2\ [\mathrm{J}] \tag{5-59}$$

이고 전기용량은 다음과 같다.

$$C = \frac{Q^2}{\int_v \boldsymbol{D}\cdot\boldsymbol{E}\, dv}[\mathrm{F}] \tag{5-60}$$

전위에너지(전기 위치에너지, electrical potential energy)

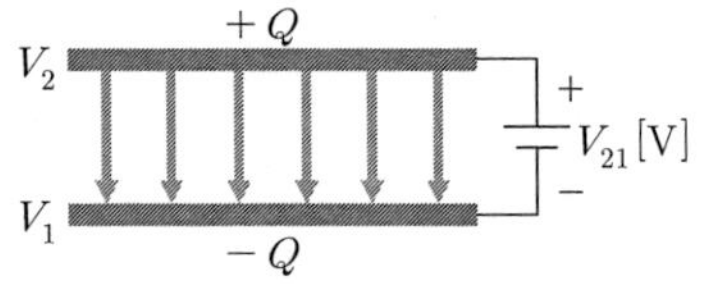

그림 5.22 커패시터의 정전에너지

커패시터에 저장하는 에너지는 전장으로 저장된다. 간격이 d[m]이고, 전장이 E[V/m]인 평행판 커패시터 경우 전기용량은 $C=\epsilon_0 A/d$[F]이고, 전위차는 $V_{21}=Ed$[V]이므로 전기에너지는

$$\mathcal{E}_e=\frac{1}{2}CV_{21}^2=\frac{1}{2}QV_{21}=\frac{1}{2}\frac{\epsilon_0 A}{d}(Ed)^2=\frac{1}{2}\epsilon_0 E^2(Ad)=\frac{1}{2}\int_v \epsilon_0 E^2 dv \text{ [J]} \tag{5-61}$$

이며, Ad는 전극 사이 체적이므로 전기에너지밀도는

$$w_e=\frac{\mathcal{E}_e}{Ad}=\frac{1}{2}\epsilon_0 E^2 \quad [\text{J/m}^3] \tag{5-62}$$

이고 전장의 제곱에 비례한다. 표 5.3은 평행판 커패시터의 재료와 구조변수 증가에 의한 물리량의 증감을 비교하였다.

표 5.3 평행판 커패시터의 변수 증가에 의한 증감 비교

구분		C[F]	V[V], Q[C]	E[V/m]	$\mathcal{E}_e$[J]	w_e[J/m^3]
Q= 일정	ϵ_r 증가	증가	감소	감소	감소	감소
	S 증가	증가	감소	감소	감소	매우 감소
	d 증가	감소	증가	−	증가	−
V= 일정	ϵ_r 증가	증가	증가	−	증가	증가
	S 증가	증가	증가	−	증가	−
	d 증가	감소	감소	감소	감소	매우 감소

$$E=\frac{V}{d}[\text{V/m}],\ C=\frac{Q}{V}=\frac{S\epsilon_r\epsilon_0}{d}[\text{F}],\ \mathcal{E}_e=\frac{1}{2}QV=\frac{1}{2}CV^2=\frac{1}{2}\frac{Q^2}{C}[\text{J}],$$
$$w_e=\frac{\mathcal{E}_e}{\text{체적}}=\frac{1}{2}\epsilon_r\epsilon_0 E^2[\text{J/m}^3,\ \text{N/m}^2]$$

(2) 정전기력

정전기력은 정전기에너지의 기울기, $\boldsymbol{F}_e=\pm\nabla\mathcal{E}_e=\pm\nabla(CV^2/2)=\pm(D\cdot E\cdot\boldsymbol{S})/2$로서 계산한다. 여기서 +는 고정된 전위, −는 고정된 전하일 때이다. 단위면적당 정전기력

은 $f_n = -\frac{1}{2}D \cdot E$[N/m^2]이고, f_n의 크기는 그 위치의 정전기 에너지밀도와 같다. 여기서 −는 평행판 커패시터의 극판거리 d의 감소를 의미한다.

표 5.4와 같이 Q=일정할 때 전기에너지 $\mathcal{E}_Q$와 V=일정할 때 전기에너지 $\mathcal{E}_V$가 같으면 정전기력은 다음과 같고

$$F_x = -\frac{\partial \mathcal{E}_Q}{\partial x} = \frac{\partial \mathcal{E}_V}{\partial x} = -\frac{1}{2}D \cdot ES\,[\mathrm{N}] \tag{5-63}$$

① Q=일정인 경우 힘에 의해 일한 만큼 $\mathcal{E}_Q$가 감소한다.

② V=일정인 경우 힘에 의해 일한 만큼 $\mathcal{E}_V$가 증가한다.

즉, 처음에 그 계가 보유하고 있는 정전기에너지가 같으면 전극에 작용하는 힘은 같다. 단위면적당 힘 혹은 도체 표면에 작용하는 힘은 다음과 같다.

$$f_n = \frac{1}{2}D \cdot E = \frac{1}{2}\epsilon E^2 = \frac{1}{2}\frac{D^2}{\epsilon} = \frac{1}{2}\frac{\rho_S^2}{\epsilon}\ [\mathrm{N/m^2}] \tag{5-64}$$

표 5.4 정전기에너지와 정전기력

조건	정전기에너지	정전기력
Q= 일정	$\mathcal{E}_Q = \frac{1}{2}\frac{Q^2}{C}$	$F_x = -\frac{\partial \mathcal{E}_Q}{\partial x}$
V= 일정	$\mathcal{E}_V = \frac{1}{2}CV^2$	$F_x = +\frac{\partial \mathcal{E}_V}{\partial x}$

예제 5.14 전기용량이 1[μF]인 커패시터에 0.02[J]의 에너지를 저장하기 위한 충전전압을 구하여라.

풀이 $\mathcal{E}_e = \frac{1}{2}QV = \frac{1}{2}CV^2 = \frac{1}{2}\frac{Q^2}{C}$[J]에서

$V = \sqrt{\frac{2\mathcal{E}_e}{C}} = \sqrt{\frac{2(0.02)}{1\times10^{-6}}} = 200$[V] ■

예제 5.15 평행판 커패시터에서 (a) 전하=일정 (b) 전압=일정인 경우 두 평판은 어떤 전기력이 작용하는지 설명하여라.

풀이 전기력은 $\boldsymbol{F_e} = -\nabla\mathcal{E}_e = -d\mathcal{E}_e/dx$이므로 전위에너지를 낮추는 방향으로 힘이 작용한다. (a) 전하량=일정인 경우 $\mathcal{E}_e = \frac{1}{2}\frac{Q^2}{C}$에서 Q=일정하므로 $C=\epsilon S/d$가 증가하는 방향→전극 사이 거리(d)를 줄이는 힘→인력이 작용한다. (b) 전압=일정인 경우 $\mathcal{E}_e = \frac{1}{2}CV^2$에서 V=일정하므로 $C=\epsilon S/d$가 감소하는 방향 → 전극 사이 거리(d)를 키우는 힘→척력이 작용한다. ■

5.10 유전체에서 작용하는 힘

전장 내에 존재하는 유전체 경계면에는 분극전하의 차이에 의해 상호 간에 힘이 작용하고 이를 맥스웰 응력이라 한다.

(1) 전장이 유전체 경계면에서 수직인 경우 작용하는 힘

그림 5.23에서 보는 것과 같이 극판의 전하밀도가 각각 $\rho_s[\mathrm{C/m^2}]$, $-\rho_s[\mathrm{C/m^2}]$이고, 유전율이 $\epsilon_1[\mathrm{F/m}]$, $\epsilon_2[\mathrm{F/m}]$인 두 유전체가 극판과 평행하게 놓여 있다. 이때 전장이 유전체 경계면에 수직으로 입사하고 유전체 경계면에 표면전하가 없다면 두 유전체에서 전속밀도는 연속($D_1 = D_2 = D$)이다. 그래서 전장성분은 각각 다음과 같다.

$$E_1 = D/\epsilon_1, \quad E_2 = D/\epsilon_2 \tag{5-65}$$

따라서 수직 입사한 전장으로 유전체 경계면이 $\Delta x[\mathrm{m}]$만큼 아래로 변위가 생기면 변위된 부분의 에너지밀도는 처음의 $w_{e2}[\mathrm{J/m^3}]$에서 $w_{e1}[\mathrm{J/m^3}]$으로 바뀐다. 따라서 경계면에서 단위 면적($1\mathrm{m^2}$)당 에너지변화량은 $(w_{e1} - w_{e2}) \cdot 1 \cdot \Delta x[\mathrm{J}]$이 되고, 경계면의 단위면적당 서로 끌어당기는 힘 f_n은 힘과 일의 관계에서 $f_n \cdot 1 \cdot \Delta x = -(w_{e1} - w_{e2}) \cdot 1 \cdot \Delta x[\mathrm{J}]$이므로

$$\boldsymbol{f_n} = \boldsymbol{f_2} - \boldsymbol{f_1} = w_{e2} - w_{e1} = \frac{1}{2}(\boldsymbol{E_2} \cdot \boldsymbol{D} - \boldsymbol{E_1} \cdot \boldsymbol{D}) = \frac{1}{2}\left(\frac{1}{\epsilon_2} - \frac{1}{\epsilon_1}\right)\boldsymbol{D}^2 \ [\mathrm{N/m^2}] \tag{5-66}$$

의 인장응력(tensile stress)이 생긴다. 유전율이 $\epsilon_1 > \epsilon_2$이면 $f_n > 0$이므로 유전율이 큰 쪽에서 작은 쪽으로 힘을 받는다. 두 극판이 서로 양과 음의 표면전하를 가지므로 유전체 물질은 서로 극성을 줄이려고 한다. 그러므로 경계면에서 분극된 전하분포 때문에 표면에 압력이 생기고, 주어진 전장에서 유전율이 다르기 때문에 극판 안의 물질에 따라 상대적인 압력이 나타난다. 따라서 그림 5.23의 경우 $\epsilon_1 > \epsilon_2$이면 압력은 아래쪽 방향으로 작용하고, $\epsilon_1 < \epsilon_2$이면 압력은 위쪽 방향으로 작용한다.

> 전장이 유전체 경계면에서 수직인 경우 유전율이 큰 쪽에서 작은 쪽으로 힘이 작용한다.
>
> $$\boldsymbol{f_n} = \frac{1}{2}\left(\frac{1}{\epsilon_2} - \frac{1}{\epsilon_1}\right)\boldsymbol{D}^2 \ [\mathrm{N/m^2}]$$

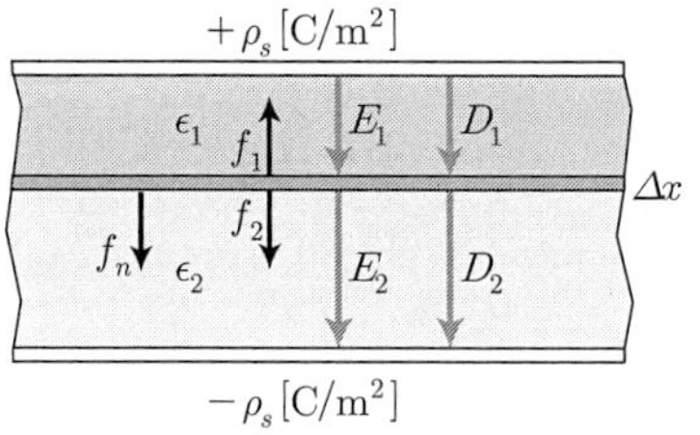

그림 5.23 유전체 경계에서의 인장응력

(2) 전장이 유전체 경계면에서 평행하게 진행하는 경우 작용하는 힘

그림 5.24와 같이 두 극판 간격이 $d[\mathrm{m}]$이고 유전율이 $\epsilon_1[\mathrm{F/m}]$와 $\epsilon_2[\mathrm{F/m}]$로 채워졌으며 외부 전압이 $V[\mathrm{V}]$ 인가하면 극판 사이 전장은 $E_1 = E_2 = V/d = E[\mathrm{V/m}]$이고 전속밀도는 $D_1 = \epsilon_1 E_1 = \rho_{s1}[\mathrm{C/m^2}]$, $D_2 = \epsilon_2 E_2 = \rho_{s2}[\mathrm{C/m^2}]$이다. 그리고 두 유전체가 극판과 수직하게 놓여 있다면 전장과 전속밀도 성분은 유전체의 경계면에 평행하게 나타난다.

지면에 수직한 단위 길이(1m)의 경계면을 $\triangle x[\mathrm{m}]$만큼 변위가 생기면 에너지변화량은 $\triangle \mathcal{E} = (w_{e1} - w_{e2}) \cdot d \cdot \triangle x \cdot 1[\mathrm{J}]$이다. 그런데 경계면의 변위가 생기면 극판 전하밀도는 $\rho_{s2}[\mathrm{C/m^2}]$에서 $\rho_{s1}[\mathrm{C/m^2}]$으로 변하므로 전장에너지 변화는

$$\begin{aligned}\triangle \mathcal{E}' &= V \cdot \triangle Q = V \cdot (\rho_{s1} - \rho_{s2}) \cdot \triangle x \cdot 1 \\ &= V(D_1 - D_2)\triangle x = E(D_1 - D_2)d\triangle x[\mathrm{J}]\end{aligned} \tag{5-67}$$

만큼 발생한다. 따라서 변위에 따른 위치에너지의 변화는

$$\triangle \mathcal{E}_p = \triangle \mathcal{E} - \triangle \mathcal{E}' = [(w_{e1} - w_{e2}) - E(D_1 - D_2)]d \cdot \triangle x\ [\mathrm{J}] \tag{5-68}$$

이고, 경계면의 단위 면적에 작용하는 힘은 힘과 에너지의 관계로부터 다음과 같다.

$$\begin{aligned}\boldsymbol{f_n} &= -\frac{\triangle \mathcal{E}_p}{\triangle x}\frac{1}{d \cdot 1} = E(D_1 - D_2) - (w_{e1} - w_{e2}) \\ &= \boldsymbol{f_1} - \boldsymbol{f_2} = \frac{\boldsymbol{E} \cdot \boldsymbol{D_1} - \boldsymbol{E} \cdot \boldsymbol{D_2}}{2} = \frac{1}{2}(\epsilon_1 - \epsilon_2)\boldsymbol{E}^2 = \frac{1}{2}(\epsilon_1 - \epsilon_2)\left(\frac{V}{d}\right)^2\ [\mathrm{N/m^2}]\end{aligned} \tag{5-69}$$

유전체 경계면에서는 면에 수직하게 서로 밀어내는 압축응력(compressive stress)이 작용한다. $\epsilon_1 > \epsilon_2$이면 $D_1 > D_2$이고 $f_n > 0$이므로 유전율이 큰 쪽에서 유전율이 작은 쪽으로 전장과 수직방향으로 압축응력이 생긴다.

> 전장이 유전체 경계면에서 평행하게 진행하는 경우 유전율이 작은 쪽으로 전장과 수직방향으로 압축응력이 생긴다. $\boldsymbol{f_n} = \frac{1}{2}(\epsilon_1 - \epsilon_2)\boldsymbol{E}^2\ [\mathrm{N/m^2}]$

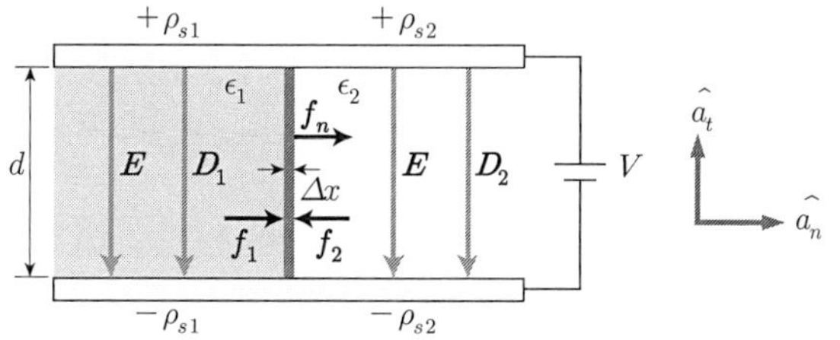

그림 5.24 유전체 경계에서의 압축응력

예제 5.16 간격이 1mm, 면적이 10cm^2인 공기 커패시터에 100V의 전압을 인가할 때 두 전극판 사이에 작용하는 힘을 구하여라.

풀이 전극 도체에 작용하는 단위면적당의 정전력 $f = \frac{1}{2}\epsilon_0 E^2 = \frac{1}{2}\epsilon_0\left(\frac{V}{d}\right)^2 [\text{N/m}^2]$,

두 전극 사이에 작용하는 흡인력은

$$\begin{aligned} F = fS &= \frac{1}{2}\epsilon_0\left(\frac{V}{d}\right)^2 S = \frac{1}{2}(8.85\times 10^{-12})\left(\frac{100}{10^{-3}}\right)^2(10\times 10^{-4}) \\ &= 4.425\times 10^{-5}[\text{N}] \end{aligned}$$

이다. ■

| 연 | 습 | 문 | 제 |

5.1 전기감수율이 0.12, 균일전속밀도가 $D=1.5[n\text{C/m}^2]$인 유전체에서 전장, 분극벡터를 구하고 쌍극자밀도가 10^{19}[개/m^3]일 때 평균 쌍극자모멘트를 구하여라.

5.2 내경이 $r_i[\text{m}]$, 외경이 $r_o[\text{m}]$인 유전체(유전상수 ϵ_r) 구 껍데기의 중심에 양의 점전하 $Q[\text{C}]$가 있다. 반경 거리 r의 함수로 전장, 전위, 전속밀도, 분극벡터를 그림으로 나타내어라.

5.3 비등방성 매질에서 $\begin{pmatrix} D_x \\ D_y \\ D_z \end{pmatrix} = \epsilon_o \begin{pmatrix} 3 & 1 & 1 \\ 1 & 3 & 1 \\ 1 & 1 & 3 \end{pmatrix} \begin{pmatrix} E_x \\ E_y \\ E_z \end{pmatrix}$이고, 전장이 $\boldsymbol{E}=5\widehat{a_x}+10\widehat{a_x}-15\widehat{a_x}[\text{V/m}]$ 일 때 전속밀도 $\boldsymbol{D}$를 구하여라.

5.4 균일한 유전체 내에 분극벡터가 $\boldsymbol{P}=\dfrac{1}{36\pi}(6\widehat{a_x}-8\widehat{a_y}+4\widehat{a_z})[n\text{C/m}^2]$이고 전장의 z-방향성분이 $2[\text{V/m}]$일 때 다음을 구하여라.

(a) 전기감수율 χ_e (b) 전장 (c) 비유전율 (d) 전속밀도

5.5 평행판 커패시터에 삽입한 유전체의 비유전율을 구하여라.

(a) 전기용량$=30n\text{F}$, 거리$=0.1\text{mm}$, 면적$=0.1[\text{m}^2]$

(b) 표면전하밀도 $\rho_s=5\mu[\text{C/m}^2]$, 거리 0.1mm, 전장의 세기 $=100[k\text{V/m}]$

5.6 평행판 사이 거리가 $1[\text{mm}]$인 커패시터 사이에 비유전율이 3인 유전체로 채워졌고 전장의 세기는 $20[k\text{V/m}]$이다. 다음을 구하여라.

(a) 전속밀도 $\boldsymbol{D}$ (b) 분극벡터 $\boldsymbol{P}$ (c) 자유전하의 표면전하밀도 ρ_s

(d) 분극 구속전하의 표면밀도 ρ_{ps} (e) 분극 구속전하의 체적밀도 ρ_{pv}

(f) 평행판 사이 전위차

5.7 (a) 내부가 공기로 채워진 커패시터에 전하 $Q[\text{C}]$를 대전시킨 후, 커패시터의 내부에 유전율 ϵ_r의 유전체를 채울 때, 커패시터 내부에서 $\boldsymbol{E}, \boldsymbol{D}, \boldsymbol{P}$의 증감에 대해 설명하고, 커패시터의 전위차는 어떻게 변하는지 설명하여라. (b) 커패시터의 전위를 일정하게 유지한 채로 내부를 유전체로 채웠다. 커패시터의 전하량, $\boldsymbol{E}, \boldsymbol{D}, \boldsymbol{P}$의 증감에 대해 각각 설명하여라.

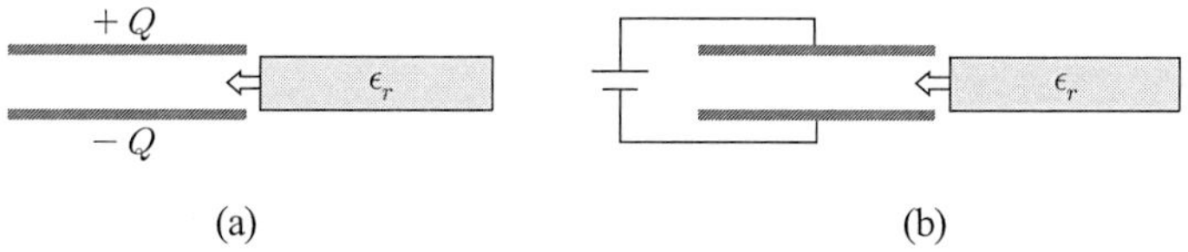

(a) (b)

5.8 유전체에 4,000[V/m]의 전장에서 분극의 세기가 6×10^{-8}[C/m^2]이다. 비유전율을 구하여라.

5.9 3[kV]에서 50[μC]의 전하를 추적하기 위한 평행판 커패시터를 만들려고 한다. 유전체 두께는 0.01[cm]이고, 종류는 진공, $BaTiO_3$(비유전율=3,000), 그리고 마이카(비유전율=6)일 때 커패시터의 판의 면적을 계산하여라.

5.10 $\epsilon_{r1}=3$, $\epsilon_{r2}=2$인 등방성 유전체가 그림과 같이 놓여 있다.
$\boldsymbol{E}_1=\hat{a}_x-4\hat{a}_y-3\hat{a}_z$[V/m]이면 $\boldsymbol{E}_2$, $\boldsymbol{D}_2$, θ_1, θ_2를 구하여라.

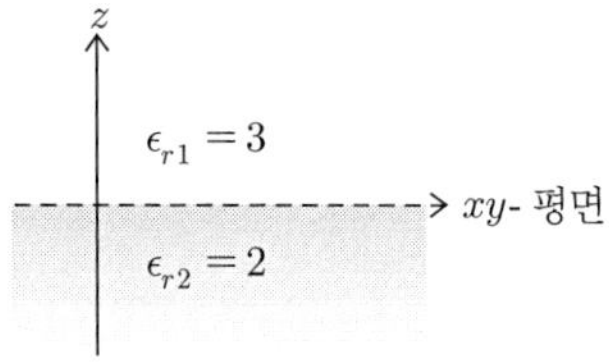

5.11 자유공간과 유전상수가 20인 유전체 사이의 경계는 전하가 없고 xy-평면에 놓여 있다. 자유공간에서 계면에 인접한 전장은 $\boldsymbol{E}_1=5\hat{a}_x+10\hat{a}_y+25\hat{a}_z$[V/m]이면 계면 반대쪽 유전체에서 전장과 각 θ_1, θ_2를 구하여라.

5.12 반지름이 5[cm]인 금속구가 공기 속에 있다. 이 볼의 전기용량을 구하여라.

5.13 반지름이 a[m]인 두 개의 무한 직선도체가 d[m]만큼 떨어져 평행하게 놓여 있다. $a \ll d$인 경우 단위길이당 전기용량이 $C=\pi\epsilon_0/\ln\left(\frac{d-a}{a}\right)$임을 나타내어라.

5.14 반경 $0<a<r<b$에 유전율이 ϵ인 물질로 채워진 도체 동심구에서 (1) 동심구 사이 전장 $\boldsymbol{E}=\frac{Q}{4\pi\epsilon r^2}\hat{a}_r$ (2) 전위차 $\frac{Q}{4\pi\epsilon}\left(\frac{1}{a}-\frac{1}{b}\right)$ (3) 전기용량 $(4\pi\epsilon)/\left(\frac{1}{a}-\frac{1}{b}\right)$임을 나타내어라.

5.15 그림처럼 두께가 d인 평행판에서 면적이 A_1인 곳에 유전율 ϵ_1, A_2에 유전율 ϵ_2를 채우고, 양극판에 전압 V_a를 인가했다. 가장자리 효과를 무시할 경우 전체 전기용량을 구하여라.

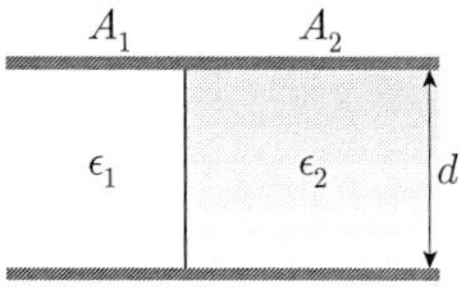

5.16 그림과 같이 $3d$ 만큼 떨어진 무한히 큰 두 대전판 사이에 두께 d의 도체판을 삽입하였다. 다음을 구하여라.

(a) 도체를 삽입하기 전 B-영역에서 전장과 두 대전판 사이의 전위차

(b) 삽입한 도체에 유도되는 표면전하

(c) 도체를 삽입한 후 A, B, C의 각 위치에서의 전장과 두 대전판 사이의 전위차

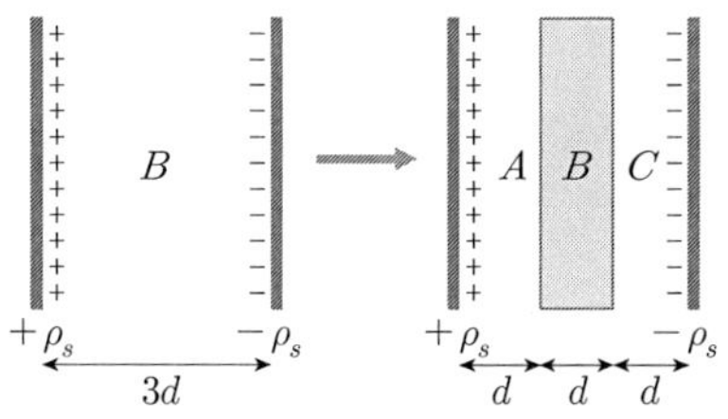

5.17 아래와 위에 유전율이 ϵ_1인 유전체판 사이에 도체판이 끼워져 있고 수직으로 전장 E_0가 인가한다. 이때 도체판에서 유도전장과 전체전장을 구하고, 아래와 위 유전체판-도체판 경계에서 표면전하밀도를 구하여라.

5.18 반경이 r_1과 r_2(단, $r_1 < r_2$)이고, 길이가 ℓ(단, $\ell \gg r_2$)인 두 개의 동심 원통으로 구성된 커패시터가 있다. r_1과 $r_3 = \sqrt{r_1 r_2}$의 사이에는 길이가 ℓ이고 비유전율이 ϵ_r인 유전체가 원통을 가득 채우고 있고, 그 외에는 공기로 채워져 있다(2010년 변리사 2차 문제).

(1) 전기용량을 구하여라.

(2) 유전체 중($r_1 < r < r_3$)에서, 반경 r인 점에서의 전장세기 E, 분극세기 P, 전속밀도 D의 값을 구하여라(단, 여기서 r_1과 r_2간의 전위차는 V로 한다).

(3) r_1과 r_2간의 전위차를 일정하게 유지하면서 원통 속의 유전체를 인출하기 위해 필요한 역학적 일을 구하여라.

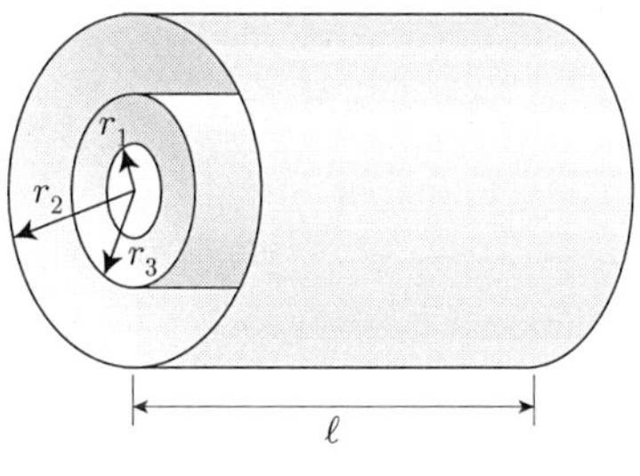

5.19 체적전하밀도 $\rho[\mathrm{C/m^3}]$으로 전하가 균일하게 채워진 반경 $R[\mathrm{m}]$인 구의 내부와 외부의 전위, 에너지밀도 및 전 공간에서의 정전에너지를 구하여라(2009년 변리사 2차 시험).

Chapter 06

도체와 전류

Contents

233 도체와 전류의 소개
234 전도전류
235 전류밀도와 비례상수
237 전류연속방정식
238 이완시간
239 전기저항과 전기용량의 곱
241 옴의 법칙과 저항값 구하기
246 저항연결
246 기전력
249 키르히호프 전압법칙
250 정전기 상태의 도체
257 패러데이 우리와 정전기 보호
258 도체의 경계조건
261 줄의 법칙
263 도체계

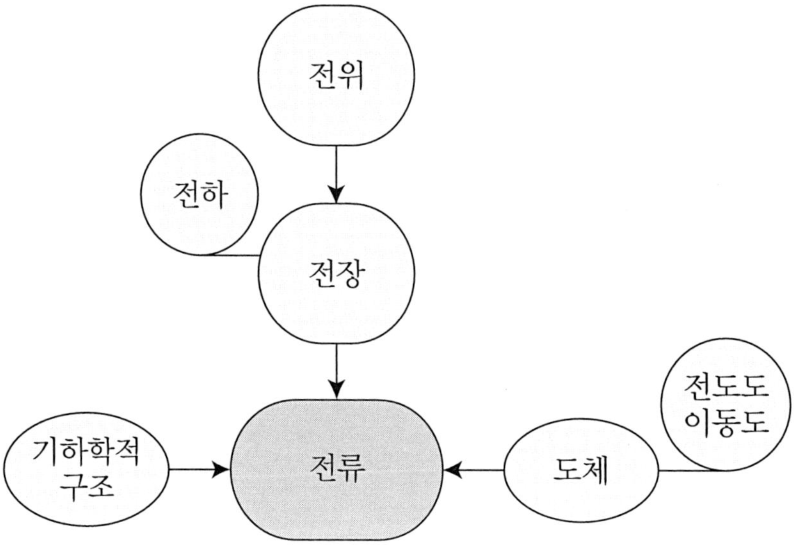
전위
전하
전장
전도도
이동도
기하학적
구조
전류
도체

6.1 도체와 전류의 소개

원자는 양전하를 띤 핵과 핵 주위를 선회하는 음전하의 궤도전자로 구성되고, 도체원자의 최외각 궤도에 있는 전자는 느슨하게 결합되어 다른 원자로 쉽게 이동한다. 그래서 양도체는 도체 내에서 쉽게 이동하는 자유전자가 많은 매질이고, 도체는 전도대와 가전대가 겹친 에너지밴드 구조를 가지고 있어 부분적으로 자유전자로 채워진 전도대를 갖고 있다.

전류는 금속에서 전류의 흐름을 방해하는 전기저항으로 발열작용이 있고, 전자석과 같은 자기작용이 있으며, 배터리와 같이 물질 속에 전류가 흐름으로써 화학반응이나 전기분해를 하는 화학작용이 있다.

전류는 전위차(V_{12})에 의해 전장($\boldsymbol{E}=-\nabla V_{12}$)이 발생하고 그래서 전자에 전기력($\boldsymbol{F}=Q\boldsymbol{E}$)이 작용하여 이동한다($I=dQ/dt$). 실제로 전류는 음전기를 띤 전자가 흐르지만 프랭클린(Benjamin Franklin, 1706~1790)은 양전기가 흐르는 것으로 알았다.

전류의 종류

① 전도전류(conduction current): 전도 매질(도체, 반도체)에 전장이 존재하여 전자와 정공의 이동속도에 의해 발생하는 전류, $I=dQ/dt=\sigma ES$이다. 여기서 σ는 전도도이다.

② 변위전류: 닫힌 회로에 커패시터와 같은 유전체가 존재하고 유전체를 통해 전속 변화율이 있으면 닫힌 경로에서 전하를 이동하는 힘이 작용하여 시변유도전류가 발생한다. 변위전류밀도, $\boldsymbol{J_d}=\partial \boldsymbol{D}/\partial t\,[\mathrm{A/m^2}]$이다.

③ 대류전류(convection current): 가스와 진공에서 대전된 입자의 분포로 움직임이 생겨 나타나는 전류이며 흔히 전자가 실제로 이동해서 흐르는 전류이다. 공기가 있는 곳에서 전자는 공기분자와 충돌하여 이동이 힘들므로 대류전류는 진공 속을 흐르는 경우가 많다. TV 브라운관이나 진공관 속을 흐르는 전류는 대류전류이다. 대류전류밀도 $\boldsymbol{J_{cv}}=\rho_v \boldsymbol{v}$이고 여기서 ρ_v는 체적전하밀도이며 v는 전하의 이동속도이다. 옴의 법칙을 만족하지 않는다 (Child–Langmuir 법칙: $J=\dfrac{4\epsilon_0}{9}\sqrt{\dfrac{2e}{m}}\dfrac{V_0^{3/2}}{d^2}$).

④ 분극전류(polarization current): 유전체의 분극작용으로 전하의 미소한 변위에 의해 발생하는 전류이다. 분극전류밀도는 분극도, $\boldsymbol{P}\,[\mathrm{C/m^2}]$의 시간적 변화율인 $\boldsymbol{J_p}=\partial \boldsymbol{P}/\partial t\,[\mathrm{A/m^2}]$이다.

⑤ 이온화전류(ionic current): 희석된 소금용액에서 이온의 이동으로 생긴 전류이다.

6.2 전도전류

그림 6.1과 같이 0K 이상인 금속과 같은 도체에서 전도대에 있는 자유전자가 전장에 의해 흐르는 전도전류는

$$J_c = nqv_d \quad [\mathrm{A/m^2}] \tag{6-1}$$

이고, 여기서 $n[1/\mathrm{m}^3]$은 전하밀도, $q[\mathrm{C}]$는 전자전하량, $v_d[\mathrm{m/s}]$는 인가전장에 따른 이동속도이다. 전하의 흐름으로 인해 전류가 생기고 자계와 열이 발생한다.

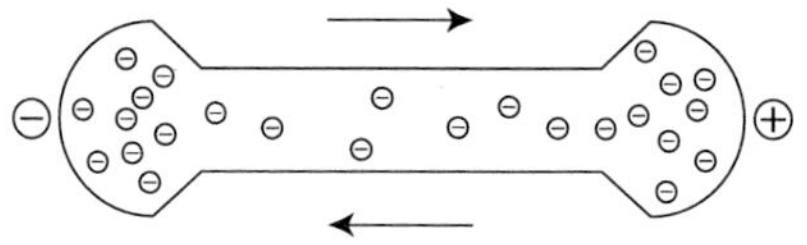

그림 6.1 전류의 정의

그림 6.2(a)와 같이 전장이 없으면 도체 내에서 자유전자는 격자원자, 불순물, 다른 자유전자, 결함 때문에 무질서한 브라운운동을 하여 전류는 흐르지 않는다. 그러나 전장을 인가하면 그림 6.2(b)와 같이 전장의 반대방향으로 자유전자가 이동하고 전자의 평균속도는

$$v_d = \mu E \tag{6-2}$$

이며, 여기서 μ는 도체의 이동도(mobility)이다.

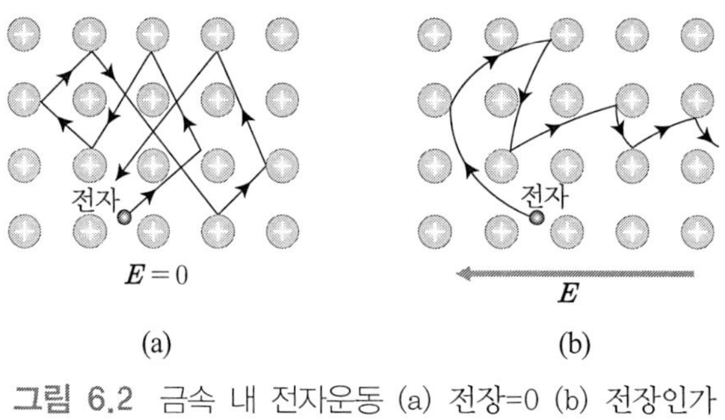

그림 6.2 금속 내 전자운동 (a) 전장=0 (b) 전장인가

도체 내에서 전위의 기울기인 전장이 크면 전자의 평균속도가 빨라진다. 단위체적당 자유전자 농도가 $n[1/\mathrm{m}^3]$이고, 단면적이 $A[\mathrm{m}^2]$, 길이가 $\ell[\mathrm{m}]$인 도체에서 자유전자 수는 $nA\ell$[개]이고 전하량은 $nqA\ell[\mathrm{C}]$이다. 그래서 전류는

$$I = \frac{dQ}{dt} = nqA\frac{d\ell}{dt} = nqAv_d = nqA\mu E \ [\mathrm{A}] \tag{6-3}$$

이고, 전류밀도는

$$\boldsymbol{J} = \frac{\boldsymbol{I}}{A} = nq\mu\boldsymbol{E} = \sigma\boldsymbol{E}\ [\mathrm{A/m^2}] \qquad (6\text{-}4)$$

이며 여기서 σ는 도체의 전도도이다.

● 전자의 이동속도

도체 안의 전자가 받는 전기력 $\boldsymbol{F_e} = -q\boldsymbol{E}$ ⇒ 가속도 $\boldsymbol{a} = \frac{\boldsymbol{F_e}}{m_e} = -\frac{q\boldsymbol{E}}{m_e}$ ⇒ 충돌 후의 전자의 초기속도 $\boldsymbol{v_i}$와 시간 t초 후 충돌 직전의 속도 $\boldsymbol{v_f} = \boldsymbol{v_i} + \boldsymbol{a}t = \boldsymbol{v_i} - \frac{q\boldsymbol{E}}{m_e}t$ ⇒ 모든 시간 간격에 평균속도 $<\boldsymbol{v_f}> = <\boldsymbol{v_i}> - \frac{q\boldsymbol{E}}{m_e}<t>$ ⇒전장이 없을 때 전자속도는 무작위적이므로 $<\boldsymbol{v_i}> = 0$, $<t> = \tau$, 평균자유시간 ⇒ 이동속도 $\boldsymbol{v_d} = <\boldsymbol{v_f}> = -\frac{q\boldsymbol{E}}{m_e}\tau$

전력이란 전기에너지가 다른 형태의 에너지로 변환되어 일할 때 단위 시간당 일하는 능력[J/s] 혹은 에너지의 흐름(전달)율은

$$P = \frac{dW}{dt} = \frac{dW}{dq}\frac{dq}{dt} = VI = \int_v \boldsymbol{E} \cdot \boldsymbol{J}\, dv\ [\mathrm{W}] \qquad (6\text{-}5)$$

이고, 에너지는 사용한 시간에 전력을 적분한 것이다.

$$\mathcal{E} = \int_{t_i}^{t_f} P\, dt\ [\mathrm{J}] \qquad (6\text{-}6)$$

6.3 전류밀도와 비례상수

자유전자가 많은 도체에서 일정한 속도로 움직이는 전자에 의해 직류인 정상전류(steady state current)가 흐른다. 그림 6.3과 같이 균일한 체적전하밀도 ρ_v인 물체에서 전하들이 미소 체적 ΔS를 통해 Δt 동안 x-방향으로 $\Delta \ell$ 만큼 v_x 속력으로 이동하면 미소 전류는

$$\Delta I = \frac{\Delta Q}{\Delta t} = \frac{\rho_v \Delta S \Delta \ell}{\Delta t} = \rho_v \Delta S\, v_x\ [\mathrm{A}] \qquad (6\text{-}7)$$

이고, 여기서 $\Delta S \Delta \ell$은 무한 체적소이다. 그래서 전류밀도는

$$J_x = \frac{\Delta I}{\Delta S} = \rho_v\ v_x\ [\mathrm{A/m^2}] \qquad (6\text{-}8)$$

이고, 모든 방향에서 전류밀도는

$$\boldsymbol{J} = \rho_v \boldsymbol{v_d}\ [\mathrm{A/m^2}] \qquad (6\text{-}9)$$

이다. 여기서 $\boldsymbol{v_d}$는 전하의 이동속도이며, 전하의 이동은 대류전류를 발생시킨다.

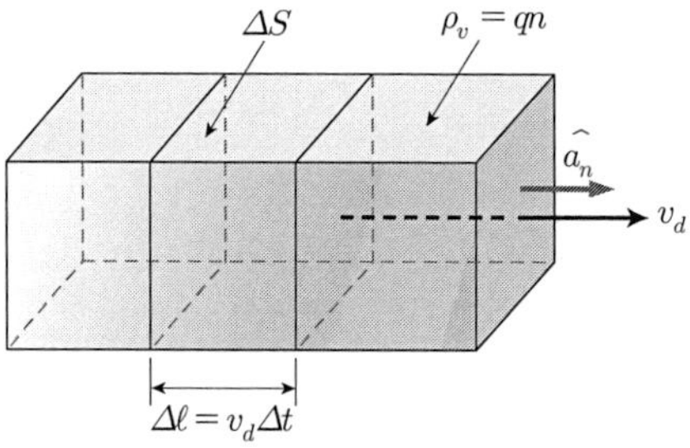

그림 6.3 균일한 체적전하밀도를 가지는 재료가 Δt동안 $\Delta \ell$만큼 이동하는 전류

전장을 인가하면 자유전자는 전장의 반대방향으로 이동하고 다른 캐리어와 격자에 충돌하면서 이동하는 평균 이동속도는 $\boldsymbol{v_d} = -\mu_n \boldsymbol{E}$이며, 전장세기에 비례하고 비례상수는 전자 이동도 $\mu_n[\mathrm{m}^2/(\mathrm{V}\cdot\mathrm{s})]$이다. 그래서 체적 자유전자밀도가 n인 도체의 경우 전하밀도 $\rho_v = -qn$이므로 전도전류밀도는

$$\boldsymbol{J} = nq\mu_n \boldsymbol{E} = \sigma \boldsymbol{E}\ [\mathrm{A/m^2}] \tag{6-10}$$

이다. 여기서 q는 전자의 전하량$(1.6\times10^{-19}[\mathrm{C}])$이고, $\sigma(=nq\mu_n)$는 도체의 전도도이며 전장과 전도전류밀도 사이 비례상수이고, 전기를 흘리는 척도인 물질상수이다.

반도체는 전자와 정공의 캐리어를 가지고 있는 물질이므로 전도도는

$$\sigma = q(n\mu_n + p\mu_p) \tag{6-11}$$

이고, 여기서 n은 전자의 체적전하밀도, p는 정공의 체적전하밀도이다.

> 저항률, $\rho = 1/\sigma = \rho_0[1+\alpha(T-T_0)]$ 여기서 α는 저항률의 온도계수, ρ_0는 온도 $T_0[\mathrm{K}]$에서 저항률, ρ는 온도 $T[\mathrm{K}]$에서 저항률

횡단면 s를 통해 흐르는 전체 전류는 $I = \int_s \boldsymbol{J}\cdot \boldsymbol{ds}$이므로 단면적이 $S\hat{a_n}$이고 균일한 도선인 경우 전체 전류 $I = \boldsymbol{J}\cdot S\hat{a_n}$이다. 만약 그림 6.4와 같이 단면적이 다른 도선인 경우 일정한 전장과 정상전류를 유지하기 위해 전장과 전류밀도가 도체 가장자리와 평행이 되어야 하고 전체 전류량은 단면적에 관계없이 일정함으로 단면적이 작은 곳의 전류밀도가 높다.

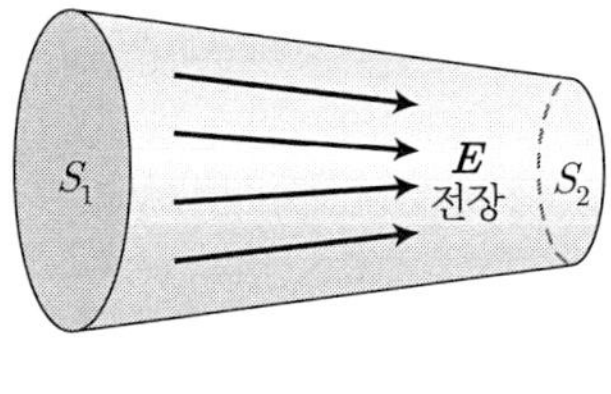

그림 6.4 단면적에 따른 전류밀도

6.4 전류 연속방정식

전하의 보존법칙에 의해 양전하와 음전하가 동시에 분리되어 같은 양이 발생하고, 재결합에 의해 소멸하지만 전하는 새로 생기지도 소멸하지도 않는다. 그래서 전류는 전하의 흐름이고 전하가 보존되어야 한다. 그림 6.5와 같이 단위시간 동안 체적 v의 닫힌 표면 s를 통해 빠져나가는 전하량만큼 그 속에 있는 전하가 줄어든다. 즉, 닫힌 표면 s를 통해 전류가 흐르면 어떤 전하가 들어오고 어떤 전하는 나간다.

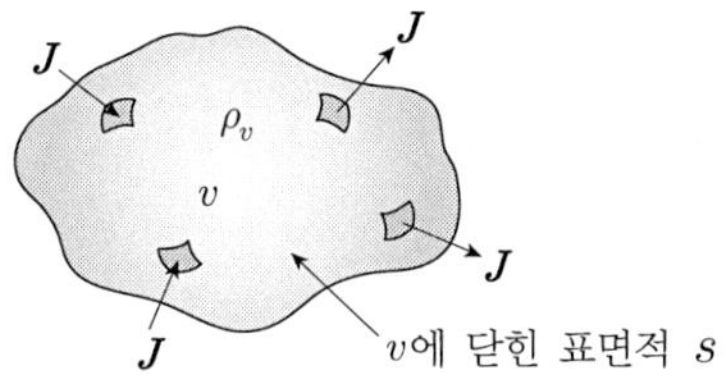

그림 6.5 체적 v, 표면적 s, 유전율 ϵ, 전도도 σ인 균질한 매질에 포함된 전하밀도 ρ_v

닫힌 표면 내 전하가 Q_n이면

$$\oint_s \boldsymbol{J} \cdot d\boldsymbol{s} = -\frac{dQ_n}{dt} \tag{6-12}$$

이고, $d\boldsymbol{s}$는 표면 바깥을 향하는 미소 면적소이며, 음의 부호는 바깥으로 흐르는 전류를 나타낸다. 체적전하에서 $Q_n = \int_v \rho_v(t,\boldsymbol{r})\,dv$와 발산정리를 이용하면

$$\int_v (\nabla \cdot \boldsymbol{J})\, dv = -\int_v \left[\frac{\partial \rho_v(t,\boldsymbol{r})}{\partial t}\right] dv \tag{6-13}$$

이다. 이 식은 어떤 영역에서도 만족하므로 체적적분기호를 없애면

$$\nabla \cdot \boldsymbol{J} + \frac{\partial \rho_v(t,\boldsymbol{r})}{\partial t} = 0 \tag{6-14}$$

이고, 이 식을 전류 연속방정식(continuity equation)이라 한다. 이는 한 점에서의 전류밀도의 발산은 체적전하밀도의 감소율과 같음을 의미한다. 정상전류(직류)에서는 표면 내부에 전하가 축적되지 않기 때문에 $\partial \rho_v / \partial t = 0$이므로

$$\nabla \cdot \boldsymbol{J} = 0 \tag{6-15}$$

이 되고 $\boldsymbol{J}$는 회전벡터장이다. 도체에서 옴법칙은 $\boldsymbol{J} = \sigma \boldsymbol{E}$이고 균질 매질이면 $\nabla \cdot \boldsymbol{J} = \sigma \nabla \cdot \boldsymbol{E} = 0$이므로 $\nabla \cdot \boldsymbol{E} = 0$이다. 따라서 균질한 도체에서 가우스법칙을 적용하면 체적전하밀도는 "0"인 상태이다. 정상전류 혹은 파장보다 작은 크기의 교류회로에서

$$\oint_s \boldsymbol{J} \cdot d\boldsymbol{s} = \sum_k \boldsymbol{J_k} \cdot \triangle \boldsymbol{s_k} = \sum_k I_k = 0 \tag{6-16}$$

이므로 회로의 노드 근처에서 $\sum_k I_k = 0$을 키르히호프의 전류법칙이라 한다. 즉, 그림 6.6과 같이 회로의 노드에 흘러들어온 전류량은 흘러 나가는 전류량과 같다는 것이다.

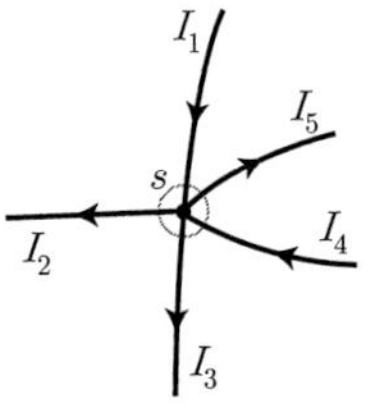

그림 6.6 $\sum_n I_n = 0$인 키르히호프의 전류법칙

예제 6.1 전류밀도 $\boldsymbol{J}(r) = \frac{2}{r}e^{-2t}\hat{a_r}[\mathrm{A/m^2}]$일 때 $t = 2$초, 구의 반지름 $r = 2[\mathrm{m}]$에서

(a) 전류, (b) 체적전하밀도, (c) 전하의 이동속도를 구하여라.

풀이 (a) 전류, $I = JS = e^{-4}(4\pi \times 2^2) = 0.92[\mathrm{A}]$

(b) 연속방정식에서

$$-\frac{\partial \rho_v(t,r)}{\partial t} = \nabla \cdot \boldsymbol{J} = \nabla \cdot \left(\frac{2}{r}e^{-2t}\hat{a_r}\right) = \frac{1}{r^2}\frac{\partial}{\partial r}\left(r^2\frac{2}{r}e^{-2t}\right) = \frac{2}{r^2}e^{-2t}$$

체적전하밀도, $\rho_v(t,r) = -\int \frac{2}{r^2}e^{-2t}dt + C(r) = \frac{1}{r^2}e^{-2t} + C(r)$,

$t = \infty$일 때 $\rho_v \to 0$이므로 $C(r) = 0$이다. 그래서

$\rho_v(t,r) = \frac{1}{r^2}e^{-2t}[\mathrm{C/m^3}]$

(c) 이동속도 $v_d = \frac{J}{\rho_v} = \frac{2e^{-2t}/r}{e^{-2t}/r^2} = 2r[\mathrm{m/s}]$로 위치에 따라 변하고,

$v_d(r = 2) = 4[\mathrm{m/s}]$ ■

6.5 이완시간

전하의 재분포를 설명하는 미분방정식은 연속방정식, 옴의 법칙, 그리고 미분형가우스 법칙을 사용하여 유도한다. 전장의 가우스법칙을 이용한 전류밀도의 발산은

$$\nabla \cdot \boldsymbol{J} = \nabla \cdot \sigma\boldsymbol{E} = \nabla \cdot \frac{\sigma}{\epsilon}\boldsymbol{D} = \frac{\sigma}{\epsilon}\nabla \cdot \boldsymbol{D} = \frac{\sigma}{\epsilon}\rho_v \tag{6-17}$$

이며, 이 식을 전류의 연속방정식에 대입하면

$$\frac{\partial \rho_v(t,\boldsymbol{r})}{\partial t} + \frac{\sigma}{\epsilon}\rho_v(t,\boldsymbol{r}) = 0 \tag{6-18}$$

이고, 1계 미분방정식은 주어진 위치에서 전하밀도의 시간에 따른 변화를 설명해주고, 해는

$$\rho_v(t,\boldsymbol{r}) = \rho_0(\boldsymbol{r})e^{-t/\tau_r}\ [\mathrm{C/m^3}] \tag{6-19}$$

이다. 여기서 $\rho_0(\boldsymbol{r})$은 $t=0$에서 초기 전하분포이며(그림 6.7), $\tau_r = \epsilon/\sigma\,[\mathrm{s}]$는 시상수(시정수)인 이완시간(relaxation time)이고 전기회로에서 시상수와 유사한 특성을 가진다. 도체 내에서 초기 전하분포는 시상수 τ_r에 따라 지수함수적으로 감소한다.

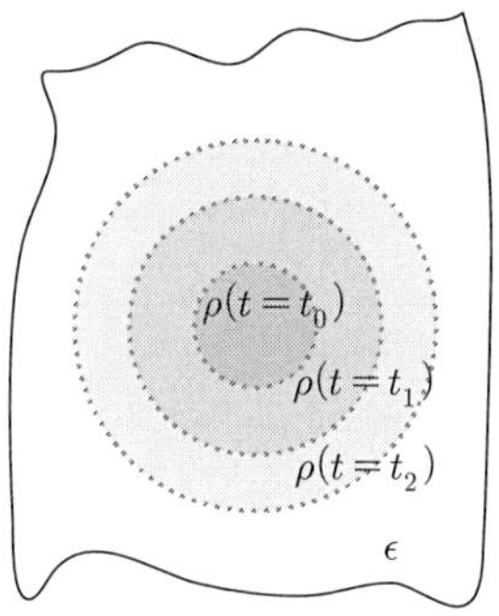

그림 6.7 초기 전하분포 $\rho_0(\boldsymbol{r})$에서 시간에 따른 전하분포($t_0 < t_1 < t_2$)

이완시간은 도체에 주입된 전하가 빠르게 도체 표면으로 이동하여 체적전하밀도가 없어지는 시간이며 전도도가 큰 양도체일수록 이완시간이 작아진다. 재료 중 이완시간은 대략 구리가 $1.5\times10^{-19}[\mathrm{s}]$, 물은 $10^{-5}[\mathrm{s}]$, 운모는 $10\sim20$[시간], 수정은 50[일]이다. 이완시간은 주어진 주파수에서 도체 혹은 절연체의 전기적인 성질을 결정하는데 사용된다. 양도체는 체적 내 자유전하가 축적되면 표면으로 이동하는 이완시간이 신호의 주기보다 짧은 물질이다. 즉, 양도체는 $\tau_r \ll T = 1/f$이므로 $\tau_r f \ll 1$ 혹은 $1 \ll \sigma/f\epsilon$이고, 양절연체는 $\tau_r \gg T = 1/f$ 이므로 $\tau_r f \gg 1$ 혹은 $1 \gg \sigma/f\epsilon$이다.

복소 유전율에서 매질의 전력손실 척도인 손실 탄젠트, $\tan\delta_c = \dfrac{\sigma}{w\epsilon} = \dfrac{1}{2\pi f\tau_r}$

6.6 전기저항과 전기용량의 곱

저항성 매질에서 전류밀도는 $\boldsymbol{J} = \sigma\boldsymbol{E}$이고, 균질, 등방성 그리고 선형 매질에서 전속밀도는 $\boldsymbol{D} = \epsilon\boldsymbol{E}$이다. 그림 6.8과 같이 양도체 전극 사이 절연성과 도전성을 띤 매질로 채워

진 소자에 전지를 이용하여 전위차를 만들면 불균일한 전장 $\boldsymbol{E}$가 생겨 정상전류가 흐른다. 그래서 이 구조의 저항성분은

$$R = \frac{V_{21}}{I} = \frac{\int_1^2 \boldsymbol{E} \cdot d\ell}{\oint_s \boldsymbol{J} \cdot ds} = \frac{\int_1^2 \boldsymbol{E} \cdot d\ell}{\sigma \oint_s \boldsymbol{E} \cdot ds} \ [\Omega] \tag{6-20}$$

이고, 전기용량은 다음과 같다.

$$C = \frac{Q}{V_{21}} = \frac{\oint_s \boldsymbol{D} \cdot ds}{\int_1^2 \boldsymbol{E} \cdot dl} = \frac{\epsilon \oint_s \boldsymbol{E} \cdot ds}{\int_1^2 \boldsymbol{E} \cdot dl} \ [\mathrm{F}] \tag{6-21}$$

그래서 시간에 따른 변화가 적은 신호인 직류에서 매질의 전기저항과 전기용량의 곱은 $RC = \epsilon/\sigma$이다. 손실이 있는 커패시터의 시상수, $RC = \epsilon/\sigma = \tau_r$는 지연시간과 같고 그림 6.9와 같이 등가 회로로 나타낼 수 있다.

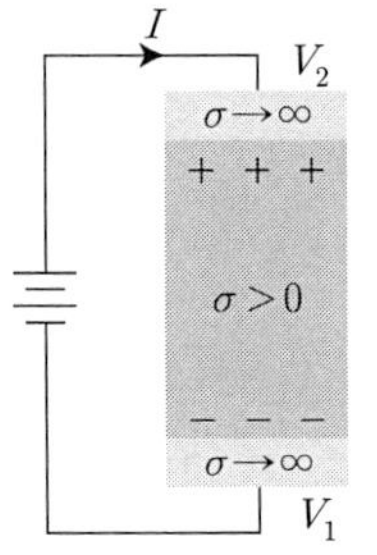

그림 6.8 양도체 전극 사이 유전성과 도전성을 띤 매질 구조

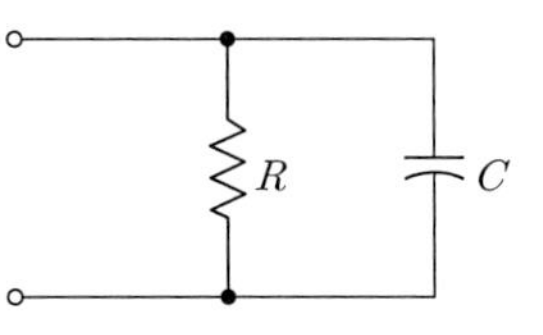

그림 6.9 손실이 있는 커패시터 등가 회로

$$RC = \frac{C}{G} = \frac{Q}{I} = \frac{\epsilon}{\sigma} = \tau_r \, [\mathrm{s}]$$

예제 6.2 구리, 석영유리의 이완시간을 계산하여라(단, 구리의 전도도는 $\sigma = 5.8 \times 10^7 [\mathrm{S/m}]$, 유전율은 $\epsilon \approx \epsilon_0 = 8.85 \times 10^{-12} [\mathrm{F/m}]$이고, 석영유리의 전도도는 $\sigma = 10^{-17} [\mathrm{S/m}]$, 비유전율은 $\epsilon_r = 5.0$이다).

풀이 구리의 이완시간 $\tau_{Cu} = \frac{\epsilon}{\sigma} = \frac{8.85 \times 10^{-12} [\mathrm{F/m}]}{5.8 \times 10^7 [\mathrm{S/m}]} = 1.53 \times 10^{-19} [\mathrm{s}]$

석영유리의 이완시간 $\tau_q = \frac{\epsilon}{\sigma} = \frac{5 \times 8.85 \times 10^{-12} [\mathrm{F/m}]}{10^{-17} [\mathrm{S/m}]} = 51.2 [\mathrm{days}]$ ■

예제 6.3 그림과 같은 유전율 ϵ 안에 있는 반구형 도체의 전기용량과 접지저항을 구하여라.

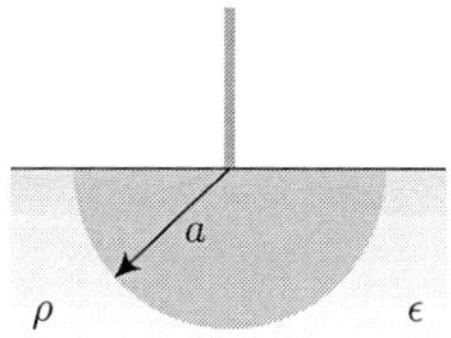

풀이 반구형 도체의 전기용량, $C = 4\pi\epsilon(a/2) = 2\pi\epsilon a[\mathrm{F}]$, 반구형 도체의 접지저항,
$R = \rho\dfrac{\epsilon}{C} = \rho\dfrac{\epsilon}{2\pi\epsilon a} = \rho\dfrac{1}{2\pi a}[\Omega]$ ■

6.7 옴의 법칙과 저항값 구하기

횡단면이 균일한 도선에서 옴의 법칙을 유도하기 위해 회로의 변수인 전압과 전류를 장의 변수인 전장과 전류밀도와 관계시켜야 한다. 그림 6.10과 같이 같은 단면 구조에서 단면적 $S[\mathrm{m}^2]$, 길이가 $\ell[\mathrm{m}]$이고 구간 전위차가 $V_a[\mathrm{V}]$일 때 물질 내 전장은

$$E = \frac{V_{12}}{\ell} = \frac{V_1 - V_2}{\ell} = \frac{V_a}{\ell} \tag{6-22}$$

이고, 전류밀도는 $J = I/S = \sigma E$이므로

$$\frac{\ell}{\sigma S} = \frac{V_a}{I} \equiv R \tag{6-23}$$

저항값 R이 유도된다. 즉, x-방향으로 균일한 전장세기에서 저항은 다음과 같다.

$$R = \frac{V_{12}}{I} = \frac{\int_2^1 \boldsymbol{E} \cdot d\boldsymbol{l}}{\oint_s \sigma \boldsymbol{E} \cdot \boldsymbol{ds}} = \frac{E_x \ell}{\sigma E_x S} = \frac{\ell}{\sigma S}[\Omega] \tag{6-24}$$

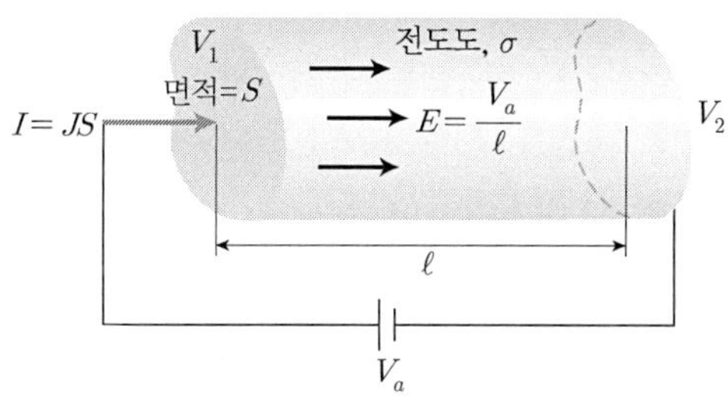

그림 6.10 일정한 단면을 가진 균질의 도체

한 점에서 옴의 법칙 $\boldsymbol{J}=\sigma\boldsymbol{E}\,[\mathrm{A/m^2}]$이고, 전도도가 무한대인 완전도체에서 전류밀도가 유한하면 전장 $\boldsymbol{E}=\boldsymbol{J}/\sigma \propto \frac{1}{\infty}=0$이다.

예제 6.4 AWG-12(외경$=2.05\mathrm{mm}$, 단면적$=3.31\mathrm{mm^2}$)의 길이가 $100\mathrm{m}$인 구리전선($\sigma_{Cu}=5.8\times 10^7[\mathrm{S/m}]$, $\rho_v=-1.4\times 10^{10}[\mathrm{C/m^3}]$)에 전류가 $1m\mathrm{A}$가 흐른다. 저항, 전류밀도, 도선 내 전장 그리고 전자의 이동속도를 구하여라.

풀이 ① $R=\frac{\ell}{\sigma S}=\frac{100}{(5.8\times 10^7)(3.31\times 10^{-6})}=0.52[\Omega]$

② $J=\frac{I}{S}=\frac{10^{-3}}{3.31\times 10^{-6}}=302[\mathrm{A/m^2}]$

③ $E=\frac{J}{\sigma}=\frac{302}{5.8\times 10^7}=5.2[\mu\mathrm{V/m}]$

④ $v_d=\frac{J}{\rho_v}=\frac{302}{-1.4\times 10^{10}}=21.6[n\mathrm{m/s}]$ ■

전송선 도체에 의한 전체 손실은

$$R=\frac{V_{21}}{I}=\frac{-\int_2^1 \boldsymbol{E}\cdot d\boldsymbol{\ell}}{\oint_s \sigma\boldsymbol{E}\cdot d\boldsymbol{s}}\ [\Omega] \tag{6-25}$$

이고, 전송선의 금속에서 전도 손실저항은 직교좌표계의 u_1-축 방향으로 길이가 ℓ 인 임의의 형태를 가진 구조의 저항은

$$R=\int_0^{\ell}\frac{du_1}{\int_s \frac{\sigma h_2 h_3}{h_1}\,du_2\,du_3}\ [\Omega] \tag{6-26}$$

이며, u_1, u_2, u_3는 직교좌표이고, h_1, h_2, h_3은 각 좌표의 스칼라인자이다.

(1) 속이 빈 원통의 저항

그림 6.11과 같이 내경이 $a[\mathrm{m}]$, 외경이 $b[\mathrm{m}]$이고 길이가 $\ell[\mathrm{m}]$인 속이 빈 원통에서 도체의 전도도가 σ일 때 저항은 다음과 같다.

① 원통의 양 끝의 저항: 단면적, $S=\pi(b^2-a^2)[\mathrm{m^2}]$, $R=\frac{\ell}{\sigma S}=\frac{\ell}{\sigma\pi(b^2-a^2)}[\Omega]$

② 내부표면과 외부표면 사이의 저항: 방사방향으로 $\rho\sim\rho+d\rho$ 사이 미소저항 $dR=\frac{d\ell}{\sigma S}=\frac{d\rho}{\sigma(2\pi\rho\ell)}$이므로 전체 저항 $R=\int_a^b\frac{d\rho}{\sigma(2\pi\rho\ell)}=\frac{1}{2\pi\sigma\ell}\ln\left(\frac{b}{a}\right)[\Omega]$이다.

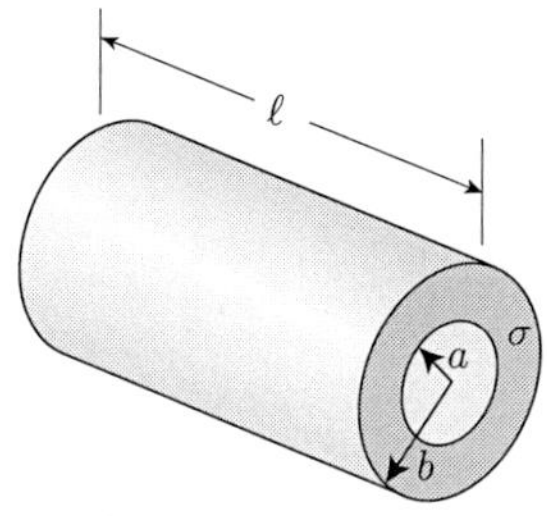

그림 6.11 속이 빈 원통

예제 6.5 그림과 같이 동축선의 내외반지름이 각각 $a[\mathrm{m}]$, $b[\mathrm{m}]$이고 길이가 $\ell[\mathrm{m}]$인 동축선이 누설전도도가 σ_1, 유전체가 ϵ_1인 유전체로 채워졌다. 누설저항을 계산하여라.

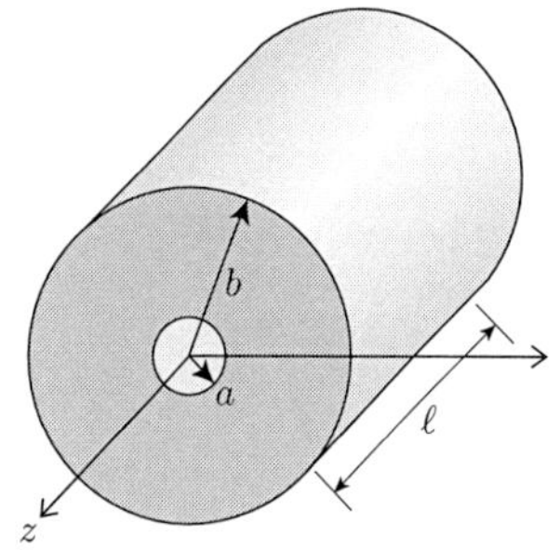

풀이 원통좌표를 선택하면 인자 $h_1 = 1$, $h_2 = r$, $h_3 = 1$이므로 저항은 다음과 같다.

$$R' = \int_{r=a}^{b} \frac{dr}{\int_{z=0}^{\ell}\int_{0}^{2\pi} \sigma_1 r \, d\phi \, dz} = \frac{1}{2\pi\sigma_1\ell}\ln\left(\frac{b}{a}\right) \ [\Omega] \ ■$$

(2) 잘린 원뿔모양 저항

그림 6.12(a)와 같이 높이가 $h[\mathrm{m}]$, 오른쪽과 왼쪽 반경이 $a[\mathrm{m}]$, $b[\mathrm{m}]$인 잘린 원뿔의 전도도가 σ이다. 원뿔을 통해 전류가 균일하게 분포한다고 가정하면 두 끝 사이 저항을 구해보자.

① 왼쪽 끝에서부터 거리 $x[\mathrm{m}]$의 반지름이 $r[\mathrm{m}]$일 때 그림 6.12(b)에서 닮음비를 이용하여 다음의 관계식을 얻는다. $\frac{b-r}{x} = \frac{b-a}{h}$, $\quad r = (a-b)\frac{x}{h} + b$

② 두께 dx인 원반의 미소저항은 $dR = \frac{dx}{\sigma\pi r^2} = \frac{dx}{\sigma\pi[b+(a-b)x/h]^2}$

③ 저항은 $R = \int_0^h \frac{dx}{\sigma\pi[b+(a-b)x/h]^2} = \frac{h}{\pi\sigma ab}[\Omega]$이다. $a=b$이면 $R = \frac{h}{\sigma(\pi a^2)}[\Omega]$이다. $\Leftarrow \int \frac{dx}{(cx+d)^2} = -\frac{1}{c(cx+d)}$

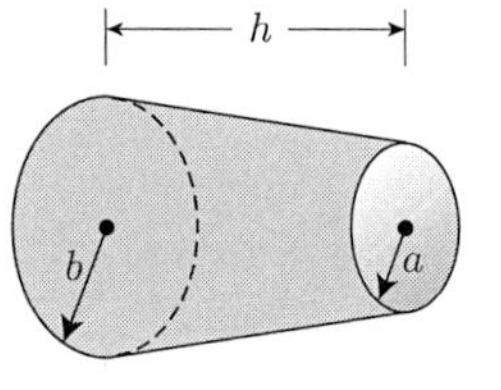

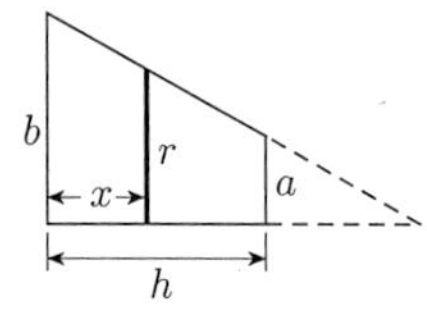

그림 6.12 잘린 원뿔 (a) 모양 (b) 측면도

예제 6.6 그림과 같이 전도도가 σ_1인 원추형 도체에서 면 A와 B 사이의 저항을 계산하여라. 그리고 반지름 $b[\mathrm{m}]$인 도체구에 반지름 $a[\mathrm{m}]$인 동심구를 오려낸 구 껍질 도체의 내면과 외면 사이 저항을 구하여라.

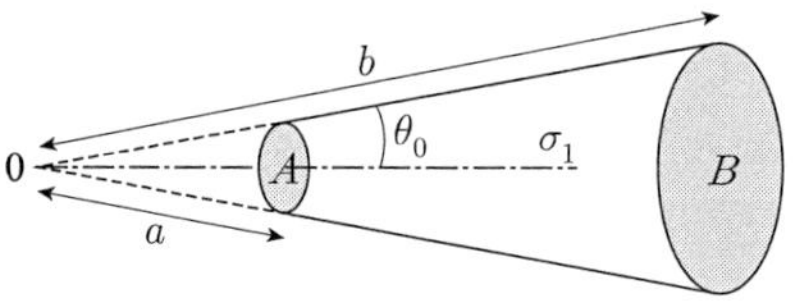

풀이 구좌표를 선택하면 인자 $h_1 = 1,\ h_2 = r,\ h_3 = r\sin\theta$이므로 저항은

$$R' = \int_{r=a}^{b} \frac{dr}{\int_{\phi=0}^{2\pi}\int_{0}^{\theta_0} \sigma_1 r^2 \sin\theta\, d\theta\, d\phi} = \frac{b-a}{2\pi ab\sigma_1(1-\cos\theta_0)}\ [\Omega]$$

이고, 구 껍질 도체의 내면과 외면 사이 저항은 $R = \dfrac{b-a}{4\pi\sigma_1 ab}\ [\Omega]$이다. ■

■ **옴의 법칙으로 저항값을 구하는 과정**

① 도체 구조에 적절한 좌표계를 선택하고, 도체 단자 사이의 전위차를 V_a라 한다.

② 단자 사이에 전장의 세기를 구한다.

③ 전체 전류를 구한다. $I = \int_s \boldsymbol{J}\cdot d\boldsymbol{s} = \int_s \sigma\boldsymbol{E}\cdot d\boldsymbol{s}\ [\mathrm{A}]$

④ 저항값을 V_a/I 비로 구한다.

■ **지연시간으로 저항값을 구하는 과정**

① 일정한 단면을 가진 도체 구조의 전기용량을 C라 한다.

② 지연시간 $RC = \epsilon/\sigma$을 이용하여 저항값 $R = \epsilon/(\sigma C)$으로 구한다.

표 6.1은 다양한 구조의 전기용량과 누설저항을 요약하였다.

표 6.1 다양한 구조의 전기용량과 누설저항

이름	구조	전기용량	누설저항
완전구	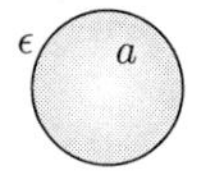	$C=4\pi\epsilon a[\mathrm{F}]$	$R=\frac{\rho\epsilon}{C}=\frac{\rho\epsilon}{4\pi\epsilon a}=\frac{1}{4\pi\sigma a}[\Omega]$
두 개 구	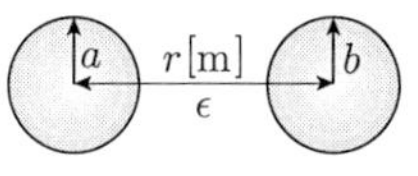	$C=\frac{4\pi\epsilon}{1/a+1/b}[\mathrm{F}]$	$R=\frac{\rho\epsilon}{C}=\frac{\rho\epsilon}{4\pi\epsilon}\left(\frac{1}{a}+\frac{1}{b}\right)=\frac{1}{4\pi\sigma}\left(\frac{1}{a}+\frac{1}{b}\right)[\Omega]$
반구	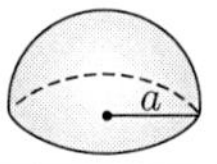	$C=2\pi\epsilon a[\mathrm{F}]$	$R=\frac{\rho}{2\pi a}[\Omega]$
동심구	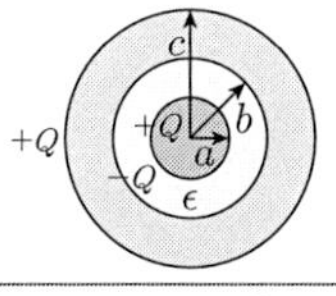	$C=\frac{4\pi\epsilon}{1/a-1/b}[\mathrm{F}]$	$R=\frac{1}{4\pi\sigma}\left(\frac{1}{a}-\frac{1}{b}\right)[\Omega]$
원통형 도체	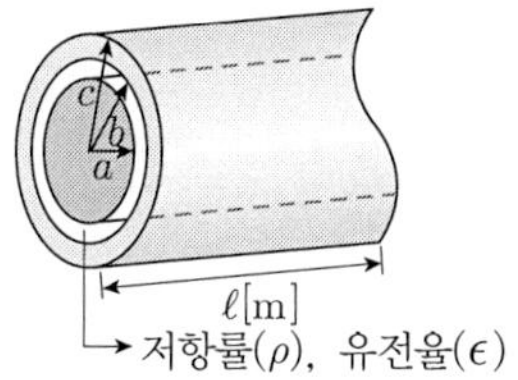	$C=\frac{2\pi\epsilon\ell}{\ln b/a}[\mathrm{F}]$	$R=\frac{\rho\epsilon}{C}=\frac{1}{2\pi\sigma\ell}\ln\frac{b}{a}[\Omega]$

예제 6.7 중심도체의 반경이 $a[\mathrm{m}]$이고, 외부도체의 내부 반경이 $b[\mathrm{m}]$인 동축선 구조에서 누설저항을 구하여라.

풀이 동축선의 단위길이당 전기용량은 $C=\frac{2\pi\epsilon}{\ln(b/a)}[\mathrm{F/m}]$이므로 저항값은

$R=\frac{1}{C}\frac{\epsilon}{\sigma}=\frac{1}{2\pi\sigma}\ln\left(\frac{\mathrm{b}}{\mathrm{a}}\right)[\Omega\cdot\mathrm{m}]$이다. ■

예제 6.8 반지름이 $a[\mathrm{m}]$인 두 개의 무한 직선도선이 $D[\mathrm{m}]$의 간격으로 평행하게 놓여 있는 두 가닥 선로 구조의 누설저항을 구하여라.

풀이 단위길이당 전기용량은 $C=\frac{\pi\epsilon}{\cosh^{-1}(D/2a)}[\mathrm{F/m}]$이므로 저항값은

$R=\frac{1}{C}\frac{\epsilon}{\sigma}=\frac{1}{\pi\sigma}\cosh^{-1}(D/2a)=\frac{1}{\pi\sigma}\ln\left(\frac{D}{2a}+\sqrt{\frac{D}{2a}-1}\right)[\Omega\cdot\mathrm{m}]$이다. ■

6.8 저항연결

(1) 직렬연결

그림 6.13(a)와 같이 저항을 직렬연결한 경우 각 저항에 흐르는 전류는 같으며 저항값은 길이에 비례하고 면적에 반비례한다. 종류와 면적이 같은 저항을 직렬로 연결할 경우 합성 저항의 길이는 각 저항의 길이의 합으로 길어지는 효과가 나타나므로 저항값은 증가한다. 그래서 합성저항값은 직렬로 연결된 각 저항값의 대수적인 합과 같다.

$$R_{st} = \sum_{i=1}^{n} R_i \quad [\Omega] \tag{6-27}$$

(2) 병렬연결

그림 6.13(b)와 같이 저항을 병렬연결한 경우 각 저항에 인가되는 전압은 같다. 종류와 길이가 같은 저항을 병렬로 연결할 경우 합성저항의 면적은 각 저항의 면적 합으로 커지는 효과가 나타나 저항이 줄어든다. 합성저항값은 병렬연결한 각 저항값보다 작다.

$$\frac{1}{R_p} = \sum_{i=1}^{n} \frac{1}{R_i} \quad [\mho \text{ 혹은 } S] \tag{6-28}$$

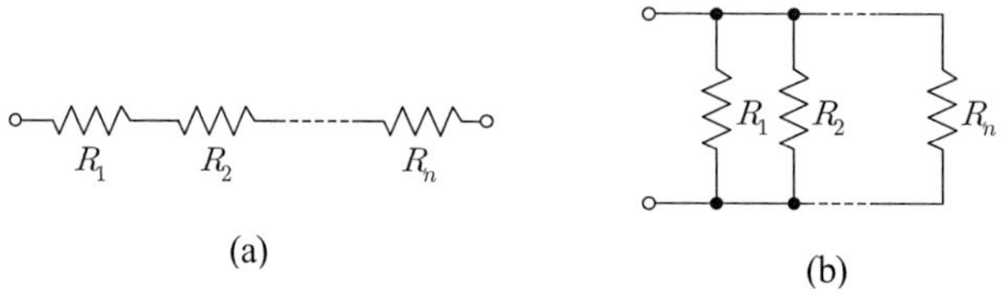

그림 6.13 저항연결 (a) 직렬연결 (b) 병렬연결

6.9 기전력

기전력(Electro-Motive Force : EMF)원은 전위차를 발생시켜 전하를 이동하여 전류를 흐르게 하는 전기에너지 변환기이다. 전지(건전지, 축전지, 충전기, 연료전지 등)는 화학에너지, 태양전지(photovoltaic cell)는 빛에너지, 열전지(thermocouples)는 열에너지, 직류전원장치(power supply)는 전기에너지, 발전기(generator)는 역학에너지를 전기에너지로 변환시킨다. 그리고 기전력원의 전위차는 물탱크의 수압과 유사하다.

그림 6.14와 같이 전지에서 음극단자는 전자가 풍부하고, 양극단자는 전자가 부족하다. 그래서 전자를 움직이는 정전력은 반발력 때문이므로 내부 에너지원이 없는 수동소자에서 전자의 흐름방향은 전자의 과잉영역에서 전자의 결핍영역이다.

전압의 종류

마찰전기, 압전(piezoelectricity)소자, 열전(thermoelectricity)소자, 광전(photoelectricity) 소자, 화학반응(건전지), 자장에 의한 기전력(도체가 자장 내에 움직이거나 자장이 도체를 통해 움직여 자력선을 자름)

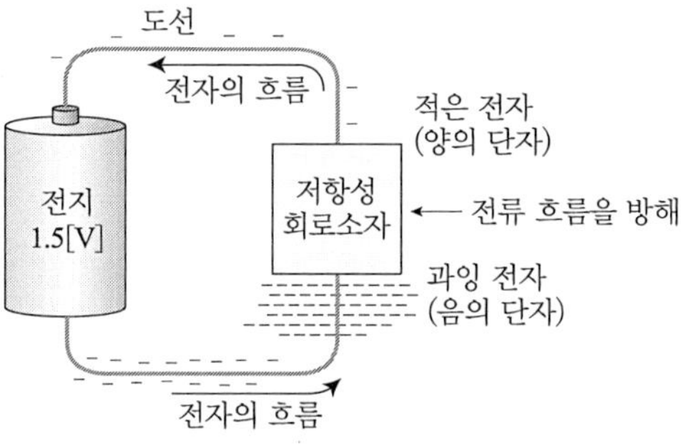

그림 6.14 전지와 저항성 소자에서 전자의 흐름

① 정상전류

만약 기전력이 없이 개방된 경로인 도체 내부에 전장 $\boldsymbol{E}_i$가 발생되었다면 그림 6.15(a)처럼 전류가 흐른다. 그 후 그림 6.15(b)와 같이 전류에 의해 도체 양 끝에 정전하가 축적되고 $\boldsymbol{E}_i$와 방향이 반대인 유도전류 $\boldsymbol{E}$가 만들어져 전체 전장 $\boldsymbol{E}_t$가 감소하여 전류가 감소한다. 매우 짧은 시간 후 그림 6.15(c)와 같이 $\boldsymbol{E}$의 크기가 $\boldsymbol{E}_i$ 크기와 같아지고 전체 전장 $\boldsymbol{E}_t = 0$이 되어 전류는 흐르지 않는다.

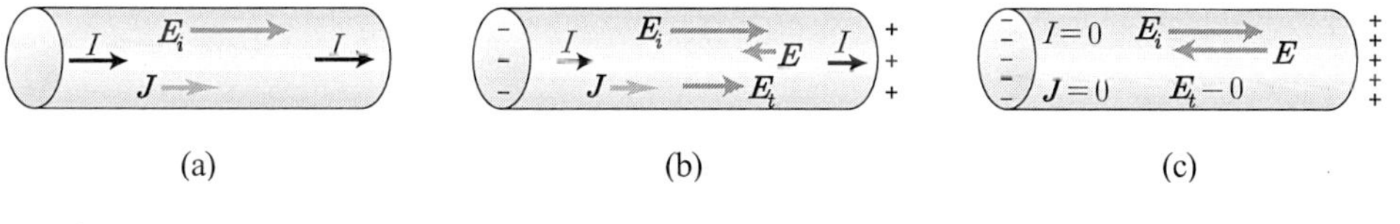

그림 6.15 개방된 경로 (a) 도체 내부에 전장 $\boldsymbol{E}_i$ 발생, 전류 흐름 (b) 양 끝의 전하 축적, 유도전장 $\boldsymbol{E}$ 발생, 전류 감소 (c) 짧은 시간 후 $|\boldsymbol{E}_i| = |\boldsymbol{E}|$로 $\boldsymbol{E}_t = 0$, 전류$=0$

그래서 정상전류를 흘리기 위해 닫힌 경로가 만들어져야 하고, 기전력에 의한 비보존장은 인가전압장 $\boldsymbol{E}_i$가 있어야 한다.

정전하에 의한 정전장은 보존장이므로 $\oint_c \boldsymbol{E} \cdot d\boldsymbol{\ell} = 0$이고 전류밀도-전장 관계식 $\boldsymbol{J} = \sigma \boldsymbol{E}$를 대입하면

$$\oint_c \frac{\boldsymbol{J}}{\sigma} \cdot d\boldsymbol{\ell} = 0 \tag{6-29}$$

이다.

② **기전력 V의 정의**

기전력 V는 음의 단자-2에서 양의 단자-1까지 $\boldsymbol{E}_i$의 선적분으로 정의한다.

$$V = \int_2^1 \boldsymbol{E}_i \cdot d\boldsymbol{\ell} \quad [\mathrm{V}] \tag{6-30}$$

(증명) 회로에 전류 $\boldsymbol{J}$가 흐를 때 전체 전장세기는 전하 축적에 의한 정전장 $\boldsymbol{E}$와 전지의 화학반응에 의한 인가전압장 $\boldsymbol{E}_i$를 이용하여 옴의 법칙으로 나타내면

$$\boldsymbol{J} = \sigma(\boldsymbol{E}_i + \boldsymbol{E}) \tag{6-31}$$

이다. 보존장 $\boldsymbol{E}$는 전지 안과 전지 바깥의 도선을 따라 존재하고 인가전압장 $\boldsymbol{E}_i$는 전지 안에서만 존재한다. 그래서 닫힌 회로에서 선적분을 하면

$$\oint_c \frac{1}{\sigma}\boldsymbol{J} \cdot d\boldsymbol{\ell} = \oint_c (\boldsymbol{E}_i + \boldsymbol{E}) \cdot d\boldsymbol{\ell} \tag{6-32}$$

이 된다. $\boldsymbol{E}$는 보존장이므로 $\oint_c \boldsymbol{E} \cdot d\boldsymbol{\ell} = 0$이고, $\boldsymbol{E}_i$는 전지 바깥에서 "0"이므로 기전력은 다음과 같다.

$$\oint_c \frac{1}{\sigma}\boldsymbol{J} \cdot d\boldsymbol{\ell} = \int_2^1 \boldsymbol{E}_i \cdot d\boldsymbol{\ell} = V \tag{6-33}$$

③ **개방회로 전지**

그림 6.16과 같이 양의 단자-1, 음의 단자-2로 구성된 전지에서 화학작용으로 양의 전하와 음의 전하가 각각 전극-1, 전극-2에 축적된다. 이들 전하는 전지 안과 바깥에서 전장 $\boldsymbol{E}$를 발생시키고, 화학작용으로 비보존전장 $\boldsymbol{E}_i$를 만들어낸다. 개방회로 전지는 전류가 흐르지 않으므로 도체 내부에서 전장 $\boldsymbol{E}$는 비보존전장 $\boldsymbol{E}_i$와 크기는 같고 방향은 반대이므로 캐리어전하에 작용하는 전체 힘은 "0"이다. 즉 $\boldsymbol{E} = -\boldsymbol{E}_i$이므로 기전력은

$$V = \int_2^1 \boldsymbol{E}_i \cdot d\boldsymbol{\ell} = -\int_2^1 \boldsymbol{E} \cdot d\boldsymbol{\ell} \tag{6-34}$$

이고, 두 단자 사이 정전위차는 $-\int_2^1 \boldsymbol{E} \cdot d\boldsymbol{\ell} = V_{12} = V_1 - V_2$이며, 외부회로에 전류를 흐르게 하는 원동력이다.

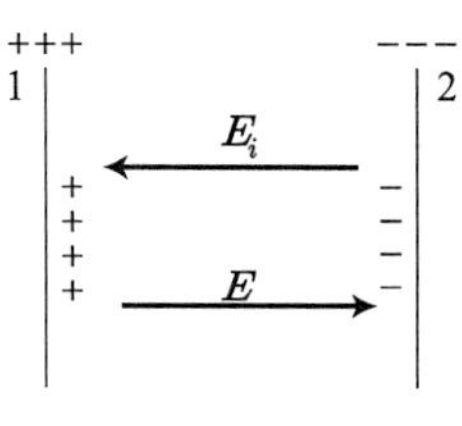

그림 6.16 전지의 개방회로

④ **닫힌 회로 전지**

전지를 닫힌 회로로 전류가 흐르게 하면 보존장인 정전장 $\boldsymbol{E}$의 선적분은 "0"이므로

$$\oint_c \boldsymbol{E}\cdot d\boldsymbol{\ell} = \int_1^2 \boldsymbol{E}\cdot d\boldsymbol{\ell} + \int_2^1 \boldsymbol{E}\cdot d\boldsymbol{\ell} = \text{전지 외부성분} + \text{전지 내부성분} = 0 \quad (6\text{-}35)$$

$$\int_1^2 \boldsymbol{E}\cdot d\boldsymbol{\ell} = -\int_2^1 \boldsymbol{E}\cdot d\boldsymbol{\ell} = V = V_{12} = V_1 - V_2 \quad [\text{V}] \quad (6\text{-}36)$$

이 되고, 전지의 단자전압 V_{12}는 기전력 V와 같다.

기전력 V는 비보존장 $\boldsymbol{E}_i$에 의한 전지의 원천이고, 전위차 V_{12}는 전지 외부회로에 전장 $\boldsymbol{E}$를 발생시켜 전류가 흐르게 하는 의미를 가지지만 수치적으로 같다.

⑤ **전지의 내부저항**

낮은 전위에서 높은 전위로 전류를 흐르게 하는 기전력은 힘은 아니고 전위와 같이 단위 전하당 에너지이며 단위는 볼트(V)이다. 실제 회로에서 기전력원의 전위차 V_{ab}는 이상적인 기전력 V와 다른데 이는 내부저항 r을 가지고 있기 때문이다. 그림 6.17과 같이 전류 I가 흐르는 닫힌 경로 안에서 기전력원의 전위차 V_{ab}는 이상적인 기전력 V의 관계식으로부터 다음과 같다.

$$V_{ab} = V - I \times r \quad (6\text{-}37)$$

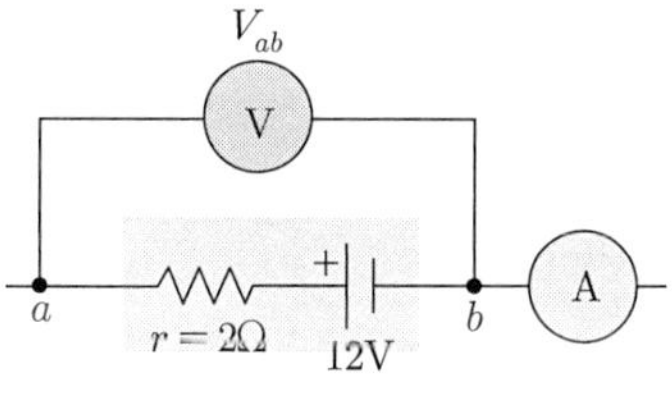

그림 6.17 기전력=12V, 내부저항 $r = 2\Omega$, 단자전압 V_{ab}, 전압계 V, 전류계 A 인 전원의 개방회로

6.10 키르히호프 전압법칙

그림 6.18과 같이 길이가 ℓ[m], 단면적이 S[m^2], 전도도 σ인 균일한 도선에 전지를 연결하여 닫힌 회로를 만들었다. 이때 전류밀도 $\boldsymbol{J}$가 흐르는 경우 식 (6-33)은

$$V = V_{12} = \oint_c \frac{1}{\sigma}\boldsymbol{J}\cdot d\boldsymbol{\ell} = \frac{\ell}{\sigma S} I = RI \quad (6\text{-}38)$$

이 되고, 여기서 R은 도선의 저항이다.

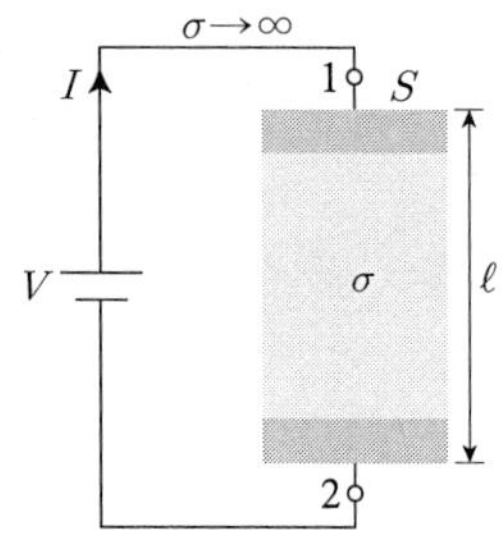

그림 6.18 닫힌 회로

닫힌 회로에 많은 전압원과 저항을 포함한다면

$$\sum_j V_j = I\sum_i R_i \tag{6-39}$$

이 되고, 이것을 키르히호프 전압법칙(Kirchhoff's Voltage Law : KVL)이라 한다. 이것은 "닫힌 회로 내 기전력의 대수적인 합은 회로 내 저항들의 전압강하의 대수적인 합과 같다"는 것이며, 직류와 파장보다 매우 작은 크기의 교류회로에서 적용한다.

키르히호프 전압법칙

정전장은 보존장이므로 선적분 $\int_a^b \boldsymbol{E} \cdot d\boldsymbol{\ell}$ 값은 경로에 상관없이 끝점에 의존하고, 임의의 닫힌 경로에서 선적분 $\oint_c \boldsymbol{E} \cdot d\boldsymbol{\ell} = \int_a^b \boldsymbol{E} \cdot d\boldsymbol{\ell} - \int_a^b \boldsymbol{E} \cdot d\boldsymbol{\ell} = 0$이다. 즉, 닫힌 경로 주위에서 전장세기의 스칼라 선적분(전압강하)은 "0"이다. 스토크스정리로 $\int_s (\nabla \times \boldsymbol{E}) \cdot d\boldsymbol{a} = 0$이므로 $\nabla \times \boldsymbol{E} = 0$이다.

6.11 정전기 상태의 도체

(1) 완전도체

완전도체는 전도도가 무한히 큰 물질이며, 완전도체의 정전기 특징은 전장이 가해지면 자유전자가 자유롭게 이동하므로 정상상태에서는 전하의 이동이 없다. 그리고 표면에서 전장의 접선성분이 없고, 수직성분만 존재하며 도체 표면은 등전위이다. 그래서 도체 내부의 전하밀도와 전장의 세기는 "0"이며, 전하는 완전도체 표면에 존재한다. 그림 6.19(a)와 같이 일정한 전장 안에 있는 완전도체가 정상상태인 경우 도체 내부에서 인가전장과 방향이 반대이고 크기가 같은 유도전장이 생겨 그림 6.19(b)와 같이 도체 내부전장과 전하가 "0"이 된다.

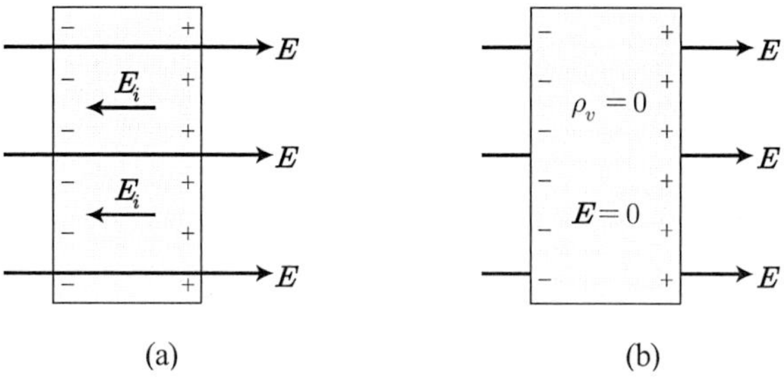

그림 6.19 도체와 전장 (a) 인가전장 속의 고립된 도체 (b) 정상상태에서 도체

그림 6.20과 같이 완전도체로 둘러싸인 외부에 전장이 있다면 도체 표면에 전장은 직각으로 존재하고 내부에는 전장이 "0"이므로 전장 차폐효과가 있다. 또한, 도체 상자 내부에 전하가 존재해도 상자 외부에 전장을 만들 수 없다.

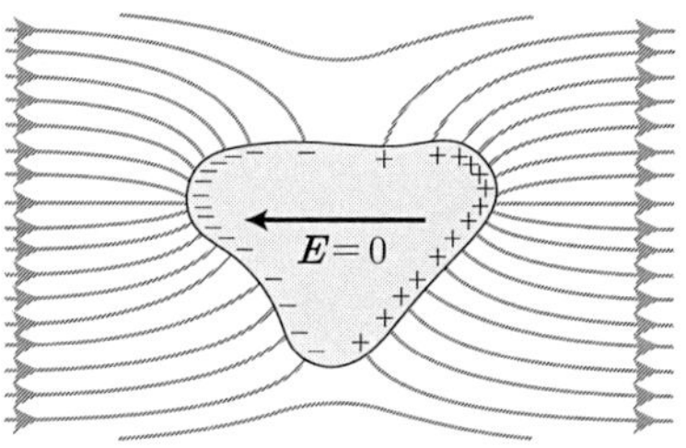

그림 6.20 도체 내부전장 = 0, 표면전하 형성, 전장의 접선성분 $E_t = 0$

그림 6.21과 같이 반경이 b[m]이고 균일하게 대전된 도체 구 껍질 내부의 전장을 구해보자. 균일한 표면전하밀도는 $\rho_s = Q/4\pi b^2$[C/m^2]이고, 점 P에서 마주보는 껍질의 표면전하에 의한 미소 전장의 세기는

$$dE = \frac{\rho_s}{4\pi\epsilon_0}\left(\frac{ds_1}{r_1^2} - \frac{ds_2}{r_2^2}\right) \tag{6-40}$$

이고, 입체각은 $d\Omega = ds_1 \cos\alpha / r_1^2 = ds_2 \cos\alpha / r_2^2$이므로 미소 전장의 세기는

$$dE = \frac{\rho_s}{4\pi\epsilon_0}\left(\frac{d\Omega}{\cos\alpha} - \frac{d\Omega}{\cos\alpha}\right) = 0 \tag{6-41}$$

이다. 따라서 점 P에서 마주보는 모든 표면전하에 의한 전장의 세기는 "0"이다.

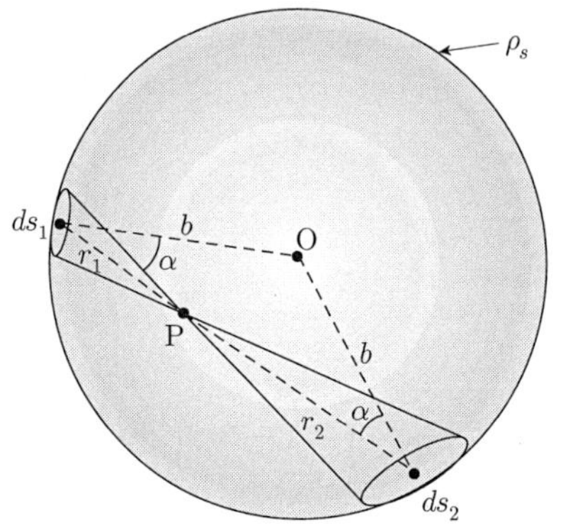

그림 6.21 균일하게 대전된 껍질

(2) 정전기 평형 상태에서 도체

정전기 평형 상태(equilibrium)란 전하 흐름의 합 혹은 전류가 없는 상태이다. 도체의 내부에 전하가 유입되면 불평형 상태가 되고 전하들은 서로 척력이 작용하여 전하들은 도체의 표면으로 이동한다. 시간이 지나 평형 상태(전하들의 이동이 멈춘 상태)에 도달하면 전장은 표면에서 수직방향성분만 존재하고 도체 표면이 등전위면이 된다. 그리고 도체 내부에 임의의 가우스표면을 설정하면 내부에 전하가 존재하지 않아 전장이 없다. 정전기 평형 상태에서 특성을 살펴보자.

① 도체 내부에 전장이 없다.

도체 내부에 전장이 있으면 자유전하가 움직이게 되어 정전기 평형 상태가 되지 않는다. 그래서 정전기 평형 상태에서 도체 내부에는 전장이 존재하지 않는다. 전장이 있는 곳에 고립된 도체를 두면 처음에 균일하게 분포한 전하가 외부 전장의 영향 때문에 순간적으로(10^{-16}초 이하) 전하가 외부 전장을 제거시키는 방향으로 이동한다.

만약 전원에 연결된 비고립도체는 도체 내부에 전장이 존재하여 계속적으로 전류를 흘리는 정상상태를 유지한다.

② 고립도체의 전하는 표면에 존재한다.

도체의 내부에 전하가 유입되면 그 전하들은 서로 반발력이 작용하여 그 전하들은 도체의 표면으로 이동한다. 그림 6.22와 같이 도체 내부에는 전장이 없으므로 전하가 존재하지 않는다. 즉 임의의 가우스표면 내부에 전하가 없기 때문이다. 그러나 도체에 분명히 전하를 대전시킬 수 있으므로 도체에 대전된 전하는 모두 표면에만 존재한다.

③ 도체 표면에서 전장의 접선성분은 "0"이다.

그림 6.23과 같이 보존장이면 전장의 닫힌 경로적분은 없어지므로

$$\Delta V = \oint_{abcda} E\,d\ell = 0 \qquad (6-42)$$

$$\oint_{abcda} E\, d\ell = E_t(\triangle \ell) - E_n(\triangle h') + 0(\triangle \ell') + E_n(\triangle h) = 0$$

여기서 E_t는 전장의 접선성분이고, E_n은 전장의 법선성분이다. $c-d$ 경로에는 전장이 "0"이고, 높이인 $\triangle h$, $\triangle h' \rightarrow 0$이면 $E_t \triangle \ell = 0$이 된다. 그래서 $\triangle \ell$이 유한한 길이이므로 도체 표면에서 접선성분 $E_t = 0$이다. 만일 도체 표면에서 전장 접선성분이 존재한다면 도체의 극히 짧은 이완시간 이내에 평형을 되찾아 그 접선성분은 "0"이 된다.

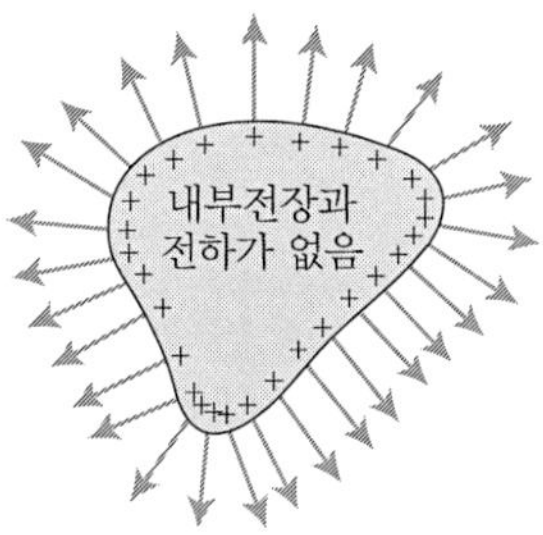

그림 6.22 도체에서 전장

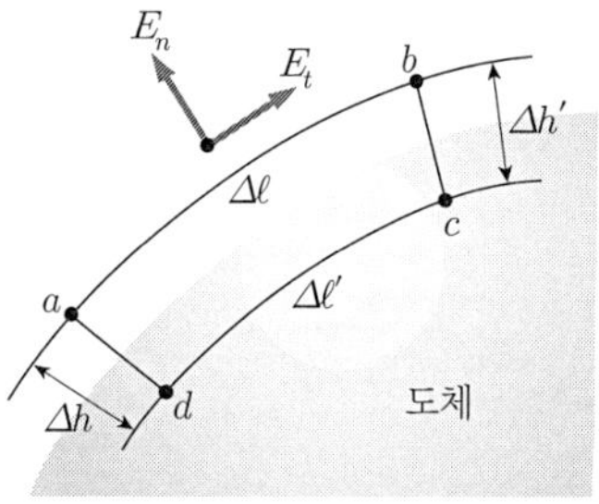

그림 6.23 도체 바깥에서 전장의 접선과 법선성분

④ **도체 표면은 등전위이다.**

전장의 접선성분이 "0"이고 전장 $\boldsymbol{E}$와 미소 길이 $d\boldsymbol{\ell}$이 직교하므로 전위차는

$$\triangle V = V_b - V_a = -\oint_a^b \boldsymbol{E} \cdot d\boldsymbol{\ell} = 0 \tag{6-43}$$

이며 점 a와 b은 전위는 같다. 그래서 도체 표면은 등전위이다.

⑤ **고립 도체 바깥에서 전장은 표면에 수직이고, 국부적인 표면전하밀도가 ρ_s이면 표면전속밀도는 $D_s = \rho_s[\mathrm{C/m^2}]$이고, 전장 크기는 $\rho_s/\epsilon_0[\mathrm{V/m}]$이다.**

만약 수평방향성분이 있으면 자유전하의 이동이 있어 평형 상태가 되지 않는다. 그래서 도체 표면에서 수직성분만 가진다. 그림 6.24와 같이 표면에 수직이고 표면 면적이 s이며 표면에서 높이가 $\pm \triangle h$인 원통을 가우스표면으로 한다. 가우스법칙으로 전장을 구하면 도체 원통부분은 전장이 없고, 도체 표면을 포함한 바깥 원통부분에서 $E_n s = (\rho_s s)/\epsilon_0$이므로 전장은 ρ_s/ϵ_0이다. 만약 도체 표면이 구와 같이 충분한 대칭을 가진 구조인 경우 표면전하밀도는 균일하여 전장은 일정하다.

⑥ **불규칙한 구조의 도체에서 표면전하밀도 ρ_s와 전장은 곡률반지름이 작은(곡률이 큰) 곳이 크다.**

도체 표면에 전하가 분포하는 모양은 도체의 모양에 따라 달라진다. 곡률(그림 6.25) 반경이 더 작은 쪽이 표면전하밀도가 더 높게 되어 더 강한 전장을 형성한다. 이것이 피뢰침의 원리이다.

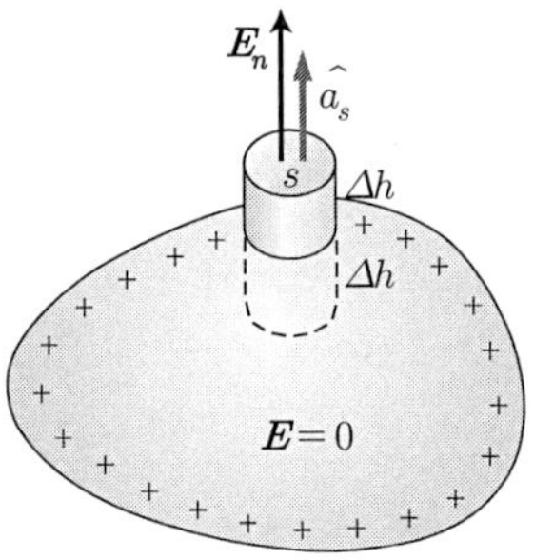

그림 6.24 도체 바깥에서 전장

그림 6.25 표면 곡률

뾰족한 끝보다 곡률이 없는 평평한 표면은 상대적으로 전장이 약하다. 그러나 구의 표면에서 전장의 세기는 같다. 그림 6.26과 같이 평평한 표면(A와 B)에서는 전하-전하 반발력이 표면에 평행한 방향으로 작용한다. 그러나 뾰족한 끝(C와 D)의 전하는 전하-전하 연결선에 반발력이 작용함으로 표면에 평행한 방향으로 힘의 세기가 약하다. 그래서 같은 거리에 있는 전하인 경우 뾰족한 끝의 표면에 평행한 방향의 힘이 약해 많은 전자가 모여 전장의 세기가 강하다.

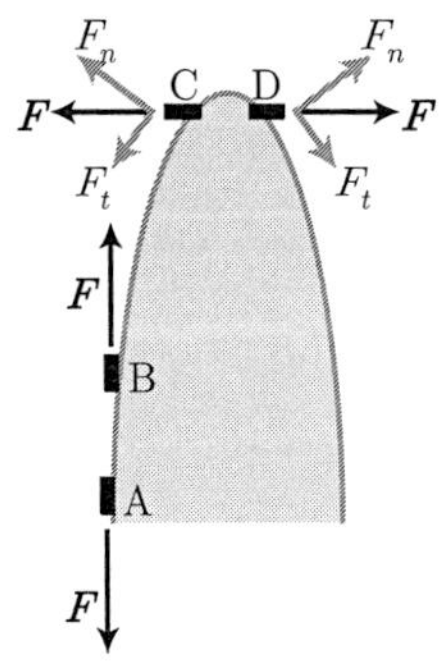

그림 6.26 곡률 큰 표면의 위치에 따른 힘의 세기

그림 6.27(a)와 같이 원형 도체에 분포하는 전하는 양쪽의 전하가 같으므로 동일한 간격으로 균형적인 힘이 작용한다. 그러나 그림 6.27(b)와 같이 직선도체에 분포하는 전하는 양쪽의 전하가 다르므로 다른 간격으로 전하가 분포한다. 예로 왼쪽에서 두 번째 전하인 경우 오른쪽 전하가 많아 척력이 강해 왼쪽으로 움직인다.

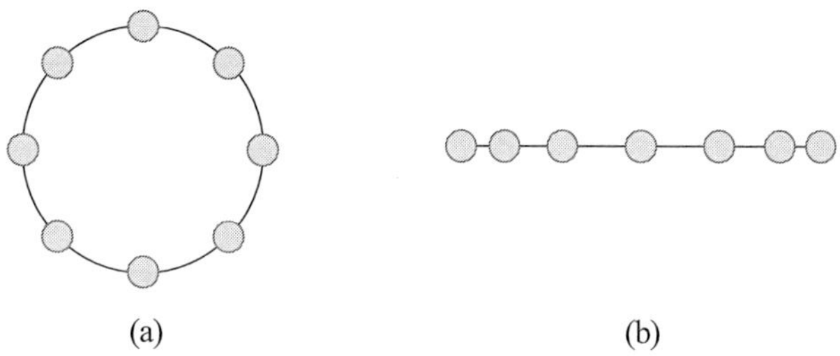

그림 6.27 전하분포 (a) 동일한 간격으로 균형 힘이 작용 (b) 다른 간격으로 균형 힘이 작용

정전장에서 도체문제를 풀 때는 위와 같은 정전장 내에서 도체의 성질을 이용하여 전위, 전장 그리고 전하분포 순으로 구한다. 전하분포가 주어지면 쿨롱의 법칙을 사용하여 전장과 전위를 구하지만, 실제적인 대부분의 문제는 라플라스방정식을 이용하여 먼저 전위를 구한다.

그림 6.28(b)와 같이 전체 전하 $Q[\mathrm{C}]$으로 대전된 구의 외부 전장은 그림 6.28(a)와 같이 중심에 점전하 $Q[\mathrm{C}]$이 있는 것과 같으므로 점전하 경우와 같은 전장의 세기가 된다.

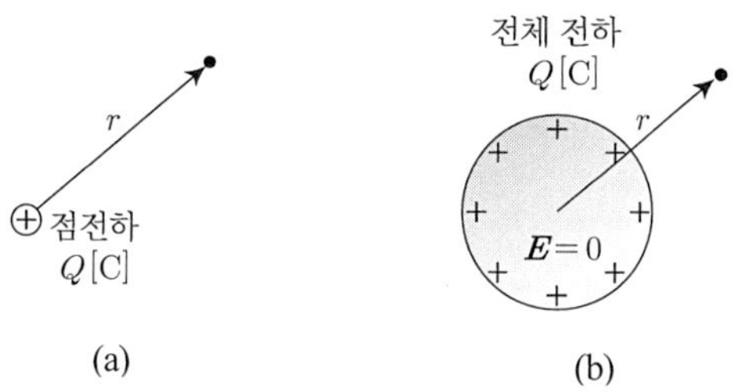

그림 6.28 전장의 세기 (a) 점전하 Q (b) 전체 전하 Q로 대전된 구

예제 6.9 반지름이 r_1, r_2 $(r_1 > r_2)$인 두 도체구를 도선으로 연결하고 한 도체구에 전하 $Q[\mathrm{C}]$를 대전시키면 두 도체구의 전위가 같을 때까지 전하가 재분배된다. 반지름과 전장, 반지름과 표면전하밀도의 관계식을 유도하여라.

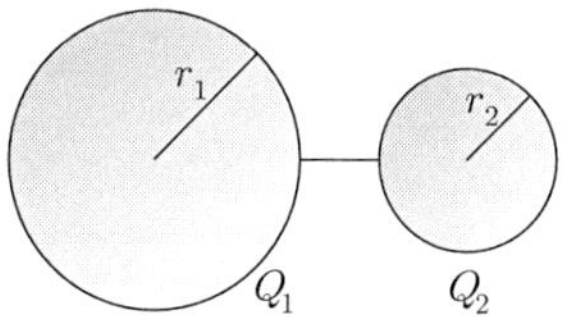

도선으로 연결된 두 도체구

풀이 각 도체구에 분배된 전하량을 Q_1, Q_2라 하면 $V_1 = \dfrac{Q_1}{4\pi\epsilon_0 r_1}$, $V_2 = \dfrac{Q_2}{4\pi\epsilon_0 r_2}$ 이고 $V_1 = V_2$이다. 각 도체구 표면에서 전장은 $E_{n1} = \dfrac{Q_1}{4\pi\epsilon_0 r_1^2} = \dfrac{V_1}{r_1} = \dfrac{\rho_{s1}}{\epsilon_0}$,

$E_{n2} = \frac{Q_2}{4\pi\epsilon_0 r_2^2} = \frac{V_2}{r_2} = \rho_{s2}$ 이므로 $\frac{E_{n1}}{E_{n2}} = \frac{r_2}{r_1}$ 혹은 $\frac{\rho_{s1}}{\rho_{s2}} = \frac{r_2}{r_1}$ 이고 여기서 ρ_s 는 표면전하밀도이다. 따라서 전장은 곡률 $1/r$ 이 클수록 커진다. ■

예제 6.10 두 개의 금속 구에 각각 $+4[\mu C]$, $-10[\mu C]$ 전하로 대전시켰다. 그리고 두 개의 구를 접촉시킨 후 충분한 시간 후 분리하면 각 구의 새 전하량을 다음 조건에서 구하여라.

(a) 구의 크기가 같은 경우 (b) 양전하로 대전한 구가 음전하로 대전한 구 반지름의 두 배인 경우

풀이 (a) 구의 크기가 같은 경우, 접촉시키면 전체 전하는 $Q_n = (+4\mu) + (-10\mu) = -6[\mu C]$ 이고, 전체 음의 전하는 서로 척력이 작용하여 최대로 분리하면 각 구로 반반씩 나누어진다. $Q_1 = Q_2 = -6\mu/2 = -3[\mu C]$

(b) 양전하로 대전한 구가 음전하로 대전한 구의 반지름의 2배인 경우 물의 높이가 다른 두 수조의 연결 밸브를 열면 낮은 수조로 물이 흘러들어와 높이가 같아지는 것과 같이 크기가 다른 두 금속 구를 접촉시키면 전하가 교환되어 같은 전위에 도달한다($V_1 = V_2$). 도체의 등전위에 의한 $q_1/\{4\pi(2r)\} = q_2/\{4\pi(r)\} \to q_1/2r = q_2/r$ 식과 전하보존법칙에 의한 $q_1 + q_2 = -6[\mu C]$ 식을 연립하여 풀면 $q_1 = -4[\mu C]$, $q_2 = -2[\mu C]$ 이 되고 반지름이 2배인 큰 구가 전하도 2배가 됨을 알 수 있다. ■

평형(중화) 현상

대전된 두 도체를 가는 선으로 연결한 경우 도체에는 전하량이 많은 쪽에서 적은 쪽으로 이동하여 도체는 서로 등전위를 이룬다.

① 도체의 크기(반경)가 같은 경우 전하가 똑같이 분배된다. $Q_1' = Q_2' = Q/2[C]$

② 도체 크기(반경)가 다른 경우 반지름에 비례하여 분배된다.

$$Q_1' = \frac{r_1 Q}{r_1 + r_2}[C], \quad Q_2' = \frac{r_2 Q}{r_1 + r_2}[C]$$

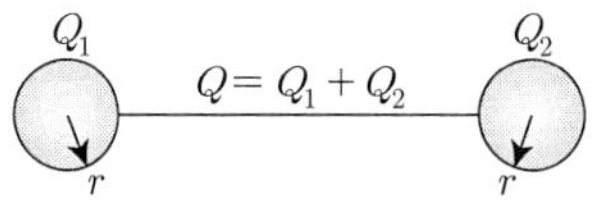

(a) 같은 크기

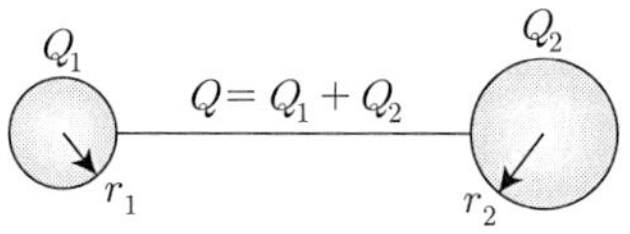

(b) 다른 크기

⑦ 전장 내에 도체가 놓이면 도체 내부의 전장이 "0"이 되도록 정전유도가 일어난다.

그림 6.29와 같이 일정한 전장 속에 도체를 놓으면 도체 안의 전하가 표면으로 이동하

고 표면에 면전하가 형성한다. 이 전하에 의해 그림 6.29(a)와 같이 유도전장이 생성되고 유도전장은 외부 전장방향의 반대이며 크기는 같으므로 도체 속에서 전장의 합은 그림 6.29(b)와 같이 "0"이 된다. 그래서 그림 6.29(c)와 같이 속이 빈 도체와 같게 되어 도체 내부는 외부 전장에 의해 차폐된다.

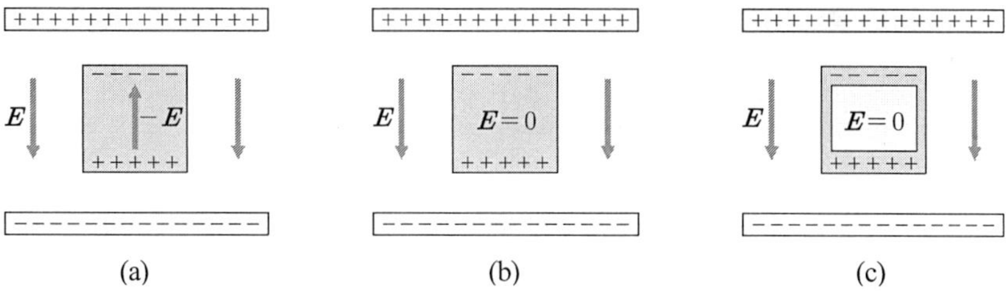

그림 6.29 도체 내부의 전장이 존재하지 않는 이유 설명 (a) 전하이동에 의한 도체 내부전장 발생 (b) 도체 내부전장의 합=0 (c) 도체 내부는 외부 전장으로부터 차폐된 공동도체와 같음

예제 6.11 그림과 같이 속이 빈 고체구(空洞球)에서 중심에 점전하 $3[\mu C]$가 있고 공동구의 총 전하량은 $-2[\mu C]$이다. 공동과 구 외부의 전장을 구하여라.

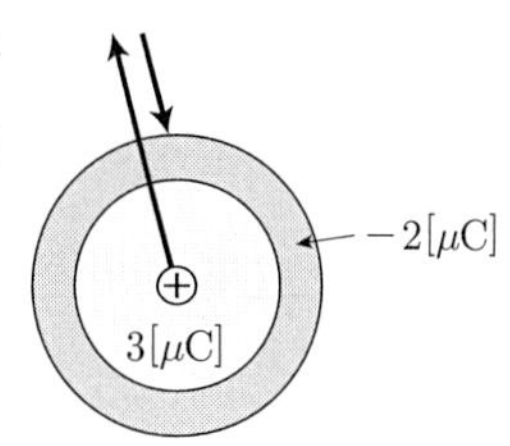

풀이 공동에서는 $\boldsymbol{E_i} = \hat{a_r}\dfrac{3\mu}{4\pi\epsilon_0 r^2}[\mathrm{V/m}]$, 구 외부 전장은 $\boldsymbol{E_o} = \hat{a_r}\dfrac{1\mu}{4\pi\epsilon_0 r^2}[\mathrm{V/m}]$이다. ■

6.12 패러데이 우리와 정전기 보호

패러데이 우리(Faraday cage)란 전장이나 무선 주파수가 침투하지 못하도록 금속성의 그물이나 박막을 입힌 금속상자이다. 전자레인지에서는 바깥으로 전장이나 무선 주파수가 나오지 못하게 한다. 자동차의 차체는 금속이므로 일종의 패러데이 우리와 같은 역할을 한다. 그래서 전파는 자동차 밖의 안테나에 모여야만 한다.

프라이버시 보호가 가능한 RFID(Radio Frequency Identification) 인증시스템 중에 패러데이 우리를 이용하는 방식이 있다. 이 방식은 태그(tag)를 패러데이 우리 안에 넣어 태그와 리더(reader) 간의 통신이 불가능하게 함으로써 사용자의 프라이버시를 보호하는 방식이다.

정전기차폐(electrostatic shielding)는 공간의 일부를 전기적으로 분리하는 것으로 물체를 금박처럼 얇은 것이나 가는 철사로 엮은 금속으로 에워싸고 접지시킨다. 전하는 뾰족한 끝에 모여 그림 6.30과 같이 코로나방전(Corona discharge)을 일으킨다. 코로나방전은 비행기(그림 6.31)나 변전소 등에서 전하를 수동적으로 제거하는 방법이다.

그림 6.30 도선에서 코로나방전 사진

그림 6.31 비행기 날개 피뢰침

라틴어로 Corona는 왕관(crown)에서 유래한다. 공기는 보통 절연물이지만 표준상태(20℃, 760mmHg) 공기에서 직류는 약 30[kV/cm], 교류는 약 21[kV/cm]의 실효값 전위경도를 가하면 절연이 파괴되는데 이것을 파열 극한 전위경도라 한다.
공기 중에서 대전체 간의 전장이 현저하게 불균일할 때 전기력선 밀도가 파열 극한 전위경도값 이상이 되면 대전체 표면의 공기가 이온화되어 일어나는 방전현상이다.

6.13 도체의 경계조건

서로 다른 물질로 이루어진 계면 사이 정상전류의 흐름상태는 경계조건에 의해 좌우된다. 그리고 전류 흐름에 대한 경계조건은 전류 기본식의 적분형으로 구한다. 단위 법선벡터 $\hat{a_n}$은 매질-1에서 매질-2의 방향으로 경계면에 있다. 그림 6.32와 같이 두 전도성 매질이 접해있는 경우 도체에서 정상전류(직류)는 $\oint_s \boldsymbol{J} \cdot \boldsymbol{ds} = 0$이므로

$$J_{1n} = J_{2n} \ \ (\sigma_1 E_{1n} = \sigma_2 E_{2n}) \quad [\mathrm{A/m^2}] \tag{6-44}$$

이다. 그래서 회전벡터장인 전류밀도의 법선성분은 물질의 경계면에서 연속이다.

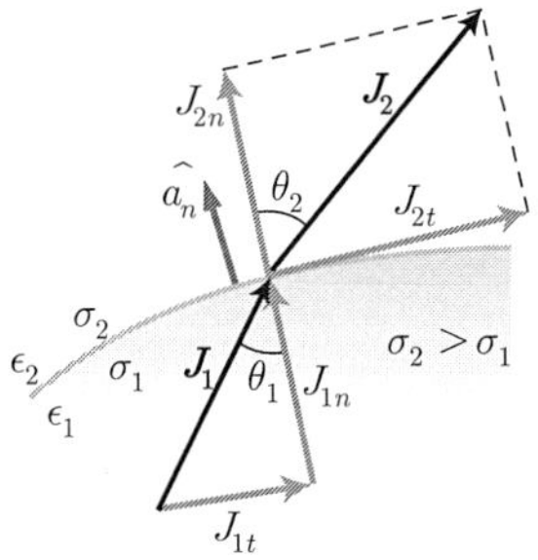

그림 6.32 두 도체 사이 경계조건

$\boldsymbol{J} = \sigma \boldsymbol{E}$에서 전장방향과 전류밀도방향은 평행하다.
정상전류에서 $\nabla \cdot \boldsymbol{J} = 0$, $\nabla \cdot \boldsymbol{E} = 0$이다.

또한, 정상상태에서 $\oint_c \boldsymbol{E} \cdot d\boldsymbol{\ell} = 0$ 혹은 $\oint_c \frac{\boldsymbol{J}}{\sigma} \cdot d\boldsymbol{\ell} = 0$이므로

$$E_{1t} = E_{2t} \tag{6-45}$$

이고, 보존벡터장인 전장의 접선성분은 물질의 경계면에서 연속이다. 그리고 $J_{t1} = \sigma_1 E_{t1}$, $J_{t2} = \sigma_2 E_{t2}$의 관계로부터 전류밀도의 접선성분비는

$$\frac{J_{1t}}{J_{2t}} = \frac{\sigma_1}{\sigma_2} \tag{6-46}$$

이므로 전류밀도의 접선성분은 불연속이다. 즉 경계면에서 전류밀도의 접선성분은 전도도가 큰 물질 쪽이 크다. 전장이 보존되는 영역($\nabla \times \boldsymbol{E} = 0$)에서 도전성 매질과 절연성 매질에서 전류밀도 $\boldsymbol{J}$와 전속밀도 $\boldsymbol{D}$의 쌍대성은 표 6.2와 같다.

표 6.2 $\boldsymbol{J}$와 $\boldsymbol{D}$는 쌍대성

도전성 매질	절연성 매질
$\boldsymbol{J} = \sigma \boldsymbol{E}$	$\boldsymbol{D} = \epsilon \boldsymbol{E}$
$\boldsymbol{J} = -\sigma \nabla V$	$\boldsymbol{D} = -\epsilon \nabla V$
$\nabla \cdot \boldsymbol{J} = 0$	$\nabla \cdot \boldsymbol{D} = 0$
$J_{1n} = J_{2n}$	$D_{1n} = D_{2n}$
$\frac{J_{1t}}{\sigma_1} = \frac{J_{2t}}{\sigma_2}$	$\frac{D_{1t}}{\epsilon_1} = \frac{D_{2t}}{\epsilon_2}$

그래서 그림 6.33과 같이 도체와 절연체의 경계면에서 절연체는 $\sigma_1 = 0$이므로 절연체 경계면에서 전류가 흐르지 않고 도체의 경계면에서 접선으로 전류가 흐른다. 그러나 전장의 접선성분은 경계면에서 연속이다. 전장의 법선성분은 도체 경계면에서 "0"이지만 절연체에는 존재함으로 표면전하를 생성한다.

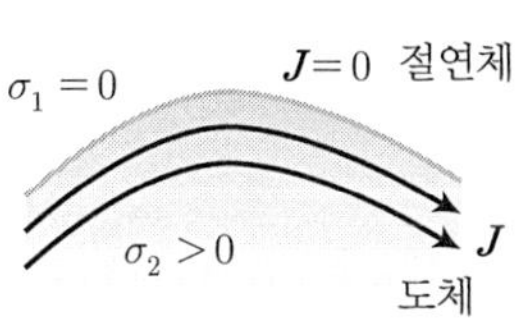

그림 6.33 도체와 절연체 경계면

전류 접선성분의 경계조건에서 $\tan\theta_1 / \tan\theta_2 = \sigma_1 / \sigma_2$이 유도되고 매질-2의 각 θ_2는

$$\theta_2 = \tan^{-1}\left(\frac{\sigma_2}{\sigma_1} \tan\theta_1\right) \tag{6-47}$$

이므로, 전도도가 큰 물질 쪽으로 각도가 더 크므로 두 도체 사이 경계면에 전류가 흐르면 경계면에서 굴절한다. 매질-1이 양도체이고 매질-2가 양절연체인 경우 전도도가 $\sigma_1 \gg \sigma_2$ 이므로 $\theta_2 = 0^o$이고 매질-2에 전류가 거의 수직으로 경계면에 들어온다. 이것은 유전체 전장의 접선성분이 거의 없는 것과 일치한다.

매질-2에서 전류밀도는 경계조건과 $J_2 = \sqrt{J_{2t}^2 + J_{2n}^2} = \sqrt{J_2^2(\cos^2\theta_2 + \sin^2\theta_2)}$ 을 이용하면 다음과 같다.

$$J_2 = \sqrt{J_1^2\cos^2\theta_1 + J_{2t}^2} = \sqrt{J_1^2\cos^2\theta_1 + J_{2t}^2} = \sqrt{J_1^2\cos^2\theta_1 + \left(J_{1t}\frac{\sigma_2}{\sigma_1}\right)^2} \quad (6-48)$$
$$= J_1\sqrt{\left(\frac{\sigma_2}{\sigma_1}\sin\theta_1\right)^2 + \cos^2\theta_1}$$

두 유전체 경계조건 $E_2 = E_1\sqrt{\sin^2\theta_1 + \left(\frac{\epsilon_1}{\epsilon_2}\right)^2\cos^2\theta_1}$

손실이 있는 두 다른 유전체 사이에 정상전류가 흐를 때 표면전하가 형성되며 이것을 가우스법칙과 경계조건 $J_{1n} = J_{2n}$ $(\sigma_1 E_{1n} = \sigma_2 E_{2n})$를 이용하면

$$\widehat{a_n} \cdot (D_2 - D_1) = \rho_s \Leftrightarrow \epsilon_2|E_{2n}| - \epsilon_1|E_{1n}| = \rho_s \quad (6-49)$$
$$\rho_s = |E_{2n}|\left(\epsilon_2 - \epsilon_1\frac{\sigma_2}{\sigma_1}\right) = |E_{1n}|\left(\epsilon_2\frac{\sigma_1}{\sigma_2} - \epsilon_1\right) = |J_n|\left(\frac{\epsilon_2}{\sigma_2} - \frac{\epsilon_1}{\sigma_1}\right) = |J_n|(\tau_{r2} - \tau_{r1})[\mathrm{C/m^2}]$$

이고, 경계면에 표면전하가 형성되지 않는 $(\rho_s = 0)$ 조건은 ① 같은 지연시간 τ_r ② $\sigma_1/\sigma_2 = \epsilon_1/\epsilon_2$(드물게 일어남) ③ $\sigma_1 = \sigma_2 = 0$(무손실)이다.

$\widehat{a_n} \cdot (D_2 - D_1) = \rho_s \Leftrightarrow \epsilon_2|E_{2n}| - \epsilon_1|E_{1n}| = \rho_s$ 여기서 $\widehat{a_n}$은 경계면으로부터 매질-1에서 매질-2 방향의 법선방향이고, 전장의 입사방향이 매질-1에서 매질-2 방향이다.

그림 6.34와 같이 전도도가 $\sigma_1 > \sigma_2$인 두 매질을 접합시키고, 전류 I[A]가 흐를 때 전도도가 낮은 접합의 매질-2에 전하가 축적되고 그 전하의 양은 $\epsilon_0 J(1/\sigma_2 - 1/\sigma_1)[\mathrm{C/m^2}]$이다.

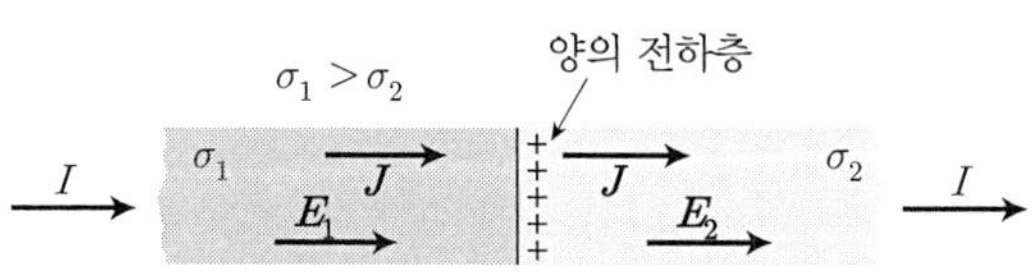

그림 6.34 접합의 전하

예제 6.12 그림 같은 구조로 손실이 있는 유전체$(\epsilon_1, \sigma_1/\epsilon_2, \sigma_2)$를 적층했을 때 정전자장이

발생한다. 전류밀도 $\boldsymbol{J}$, 전장 $\boldsymbol{E}$, 표면전하밀도 ρ_s를 구하고 정전자장임을 설명하여라.

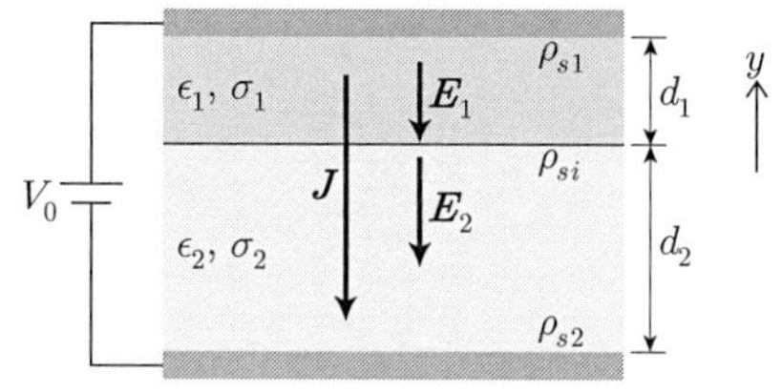

풀이 전류밀도를 $\boldsymbol{J} = -\hat{a}_y J$이라 하고 평면대칭으로 $J_{1n} = J_{2n} = J$이다. $\boldsymbol{J} = \sigma \boldsymbol{E}$를 이용하면 $\boldsymbol{E}_i = \boldsymbol{J}/\sigma_i = -\hat{a}_y J/\sigma_i$이고, $V_0 = E_1 d_1 + E_2 d_2 = J\left(\frac{d_1}{\sigma_1} + \frac{d_2}{\sigma_2}\right)$이므로 $V_0 = E_1 d_1 + E_2 d_2$이다.

① $\boldsymbol{J} = -\hat{a}_y \dfrac{V_0}{(d_1/\sigma_1 + d_2/\sigma_2)} [\text{A/m}^2]$

② $\boldsymbol{E}_1 = \dfrac{\boldsymbol{J}}{\sigma_1} = -\hat{a}_y \dfrac{\sigma_2 V_0}{(\sigma_2 d_1 + \sigma_1 d_2)} [\text{V/m}]$, $\boldsymbol{E}_2 = \dfrac{\boldsymbol{J}}{\sigma_2} = -\hat{a}_y \dfrac{\sigma_1 V_0}{(\sigma_2 d_1 + \sigma_1 d_2)} [\text{V/m}]$

③ $\rho_{s1} = D_1 = \epsilon_1 E_1 = \dfrac{\epsilon_1 \sigma_2 V_0}{(\sigma_2 d_1 + \sigma_1 d_2)} [\text{C/m}^2]$,

$\rho_{s2} = -D_2 = -\epsilon_2 E_2 = \dfrac{-\epsilon_2 \sigma_1 V_0}{(\sigma_2 d_1 + \sigma_1 d_2)} [\text{C/m}^2]$,

$$\rho_{si} = |E_{2n}|\left(\epsilon_2 - \epsilon_1 \frac{\sigma_2}{\sigma_1}\right) = \frac{\sigma_1 V_0}{(\sigma_2 d_1 + \sigma_1 d_2)}\left(\epsilon_2 - \epsilon_1 \frac{\sigma_2}{\sigma_1}\right)$$
$$= \frac{V_0(\epsilon_2 \sigma_1 - \epsilon_1 \sigma_2)}{(\sigma_2 d_1 + \sigma_1 d_2)} [\text{C/m}^2]$$

④ 전장의 가우스법칙에 의해 커패시터 바깥에는 전장이 없으므로 $|\rho_{s1}| \neq |\rho_{s2}|$이고 $\rho_{s1} + \rho_{s2} + \rho_{si} = 0$이다. 정전하와 정상전류(정자장)가 공존하므로 정전자장이다. ■

6.14 줄의 법칙

줄(Joule)의 법칙은 매질에 정상전류가 흐를 때 이동전하(도체에는 전자, 반도체는 전자와 정공)의 전기에너지가 이동전하끼리 혹은 격자와 충돌을 통해 매질에 열에너지로 전환되어 전력이 소모되는 것이다. 만약 전장 $\boldsymbol{E}$가 존재하고 전하밀도가 $\rho_v [\text{C/m}^3]$인 매질에서 전하 $Q = \rho_v dv$가 $d\ell$만큼 움직이면서 한 일은 힘 $\boldsymbol{F}$와 거리의 내적인

$$dW = \boldsymbol{F} \cdot d\boldsymbol{\ell} = Q\boldsymbol{E} \cdot d\boldsymbol{\ell} = \rho_v dv \boldsymbol{E} \cdot d\boldsymbol{l} \quad (6\text{-}50)$$

이다. 여기서 $\rho_v = nq$이며 n[개/m^3]은 단위체적당 전하의 수이고 $q = 1.6 \times 10^{-19}$[C]이다. 그래서 전력 증분은 단위 시간당 한 일의 증분이므로

$$dP = \frac{dW}{dt} = \rho_v dv \frac{\boldsymbol{E} \cdot \boldsymbol{dl}}{dt} = \rho_v dv\, \boldsymbol{v_d} \cdot \boldsymbol{E} = \boldsymbol{E} \cdot \boldsymbol{J} dv \tag{6-51}$$

이고 열로 소비하는 전력밀도는

$$\frac{dP}{dv} = \boldsymbol{E} \cdot \boldsymbol{J} = \frac{1}{\sigma} J^2 = \sigma E^2 \quad [\mathrm{W/m^3}] \tag{6-52}$$

이다. 도체의 전체 체적에서 소비되는 총 전력은

$$P = \int_v \boldsymbol{E} \cdot \boldsymbol{J} dv \quad [\mathrm{W}] \tag{6-53}$$

이고, 이것이 줄의 법칙의 관계식이다. 균일한 단면적 $dv = ds d\ell$을 가진 도체에서 전장 $\boldsymbol{E}$가 일정하게 인가된 경우 회로이론에서 줄의 법칙은

$$P = \int_\ell \boldsymbol{E} \cdot \boldsymbol{d\ell} \int_s \boldsymbol{J} \cdot \boldsymbol{ds} = VI = I^2 R \quad [\mathrm{W}] \tag{6-54}$$

이다. 전기력에 의한 전자의 충돌로 한 일은 도체에서 열로 변환한다. 이것은 전자기학의 특수한 경우 회로이론이 유도되는 경우이다.

전기적인 일, 전력, 전력량

힘을 받는 물체가 한 지점에서 다른 지점으로 움직이면 일(work done)을 한다. 움직이는 전하는 회로에 열이 발생하거나, 전동기를 회전시키는 등의 전기적인 일을 한다. 역학에서 일은 에너지가 전환된 크기를 나타내며 일을 하는 주체는 에너지가 줄어들고 객체는 에너지가 커진다. 전하 Q[C]이 전위차가 V_1[V]인 두 지점을 이동하는데 필요한 일은 $W = QV_1$[J]이다. 전력은 일률, 혹은 에너지가 한 형태에서 다른 형태로 바뀌는 비율 $P = \text{일}/\text{시간} = QV/t = IV$ [W, J/s]이다. 전력량 1[kWh]$= 3.6 \times 10^6$[J]인 에너지이며 단위는 크기를 줄이기 위해 줄(J) 대신에 kWh을 사용한다.

도체의 저항이 $R[\Omega]$이고 정상전류 I[A]가 시간 t[s] 동안 흐를 때, 저항에서 소비하는 전력량은

$$W = VIt = I^2 Rt \ [\mathrm{J}] \tag{6-55}$$

이다. 전기에너지는 전부 열에너지로 바뀐다고 가정하면 이때 발생하는 줄열은

$$H = \frac{I^2 Rt}{4.18605} \simeq 0.24 I^2 Rt \ [\mathrm{cal}] \tag{6-56}$$

이고, 단위는 대개 칼로리(calorie, [cal])를 사용한다.

1 칼로리(cal)란?

순수한 물 1g을 1°C 올리는데 필요한 열량 $(1[\text{cal}] = 4.18605[\text{J}])$

6.15 도체계

지금까지 진공 중에 분포된 전하분포에 의한 전장과 전위에 대해 고려하였다. 도체에 전하를 주면 전하는 도체 표면에 분포하고 어떤 전위를 가진다. 그러나 여러 개 도체가 인접하게 구성한 도체계에서 각 도체에 주어진 전하에 의해 전장은 서로 간에 영향을 주므로 각 도체의 전하 및 전위는 도체계를 동시에 고려해야 한다. 임의 구조와 유전체 안에 존재하는 도체계에서 두 평행도체 사이 전기용량과 도체와 접지 평면 사이 전기용량으로 구성된다. 도체계의 성질은 다음과 같다.

① 도체계의 각 도체 전하가 주어지면 각 도체의 전위도 정해진다.
② 도체계의 각 도체 전위가 주어지면 각 도체의 전하도 정해진다.
③ 도체계에서 중첩의 원리를 적용한다.

6.15.1 용량계수와 유도계수

(1) 한 개 도체계

그림 6.35와 같이 반지름이 $a[\text{m}]$인 구 도체에 전기용량을 일반화한 등식은

$$Q_1 = c_{11} V_1 \tag{6-57}$$

이고, $c_{11} = 4\pi\epsilon_0 a$이다.

(2) 두 개 도체계

그림 6.36과 같이 반지름이 $R_1[\text{m}]$, $R_2[\text{m}]$인 구 도체가 $r[\text{m}]$만큼 떨어져 있는 두 개의 도체계에 전기용량을 일반화한 등식은

$$\begin{aligned} Q_1 &= c_{11} V_1 + c_{12} V_2 \\ Q_2 &= c_{21} V_1 + c_{22} V_2 \end{aligned} \tag{6-58}$$

이고, $c_{11} = 4\pi\epsilon_0 R_1$, $c_{12} = 4\pi\epsilon_0 r$, $c_{21} = 4\pi\epsilon_0 r$ 그리고 $c_{22} = 4\pi\epsilon_0 R_2$이다.

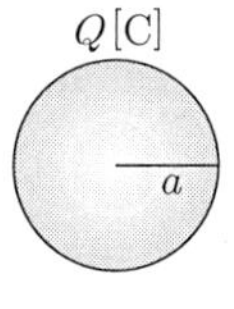

그림 6.35 한 개의 도체

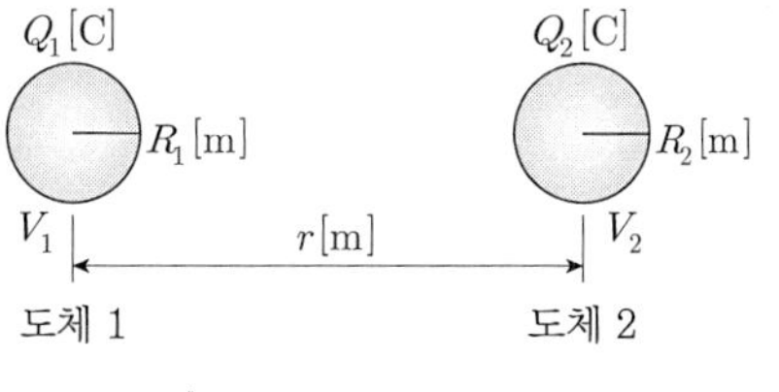

그림 6.36 두 개의 도체

첨자가 같은 c_{11}, c_{22}는 용량계수[F]이고, 첨자가 다른 c_{12}, c_{21}은 유도계수[F]이다.

(3) 세 개 도체계

세 개 도체계에 정전용량을 일반화한 등식과 행렬은

$$\begin{aligned} Q_1 &= c_{11}V_1 + c_{12}V_2 + c_{13}V_3 \\ Q_2 &= c_{21}V_1 + c_{22}V_2 + c_{23}V_3 \\ Q_3 &= c_{31}V_1 + c_{32}V_2 + c_{33}V_3 \end{aligned} \qquad (6-59)$$

$$\begin{bmatrix} Q_1 \\ Q_2 \\ Q_3 \end{bmatrix} = \begin{pmatrix} c_{11} & c_{12} & c_{13} \\ c_{21} & c_{22} & c_{23} \\ c_{31} & c_{32} & c_{33} \end{pmatrix} \begin{bmatrix} V_1 \\ V_2 \\ V_3 \end{bmatrix}$$

이다. 그림 6.37과 같이 진공 중에 세 개의 도체가 있고 도체-1을 제외하고 모두 접지하면 ($V_1 = 1[\mathrm{V}]$, $V_i(i \neq 1) = 0$), $Q_1 = c_{11}$, $Q_2 = c_{21}$, $Q_3 = c_{31}$이다. c_{11}은 도체-1에 대전된 전하이고, 이 전하에 의해 도체-1 주위에 전장이 발생하고 정전유도가 생겨, 도체-2에 유도된 전하는 c_{21}, 도체-3의 유도전하는 c_{31}이다. 이때 전지와 접지용 도선에 의한 전장의 영향은 무시했다. 그래서 $Q_1 > 0$이면 $Q_i(i \neq 1) \leq 0$이므로 $c_{ii} > 0$, $c_{ij} \leq 0$ 관계가 있다. 도체-1의 전기력선의 일부가 다른 도체에 종단되므로 $Q_1 \geq -\sum_{i=2}^{3} Q_i$이고 그래서 $\sum_{j=1}^{n} c_{ji} \geq 0$, 그린 상반정리에 의해 $c_{ij} = c_{ji}$이다.

● 그린 상반정리(Green's reciprocity theorem)

$$\sum_{i=1}^{N} Q_i V_i' = \sum_{i=1}^{N} Q_i' V_i$$

여기서 점전하 Q_1, Q_2, Q_3에서 전위가 V_1, V_2, V_3이고, 같은 위치에 점전하 Q_1', Q_2', Q_3'에서 전위가 V_1', V_2', V_3'이다.

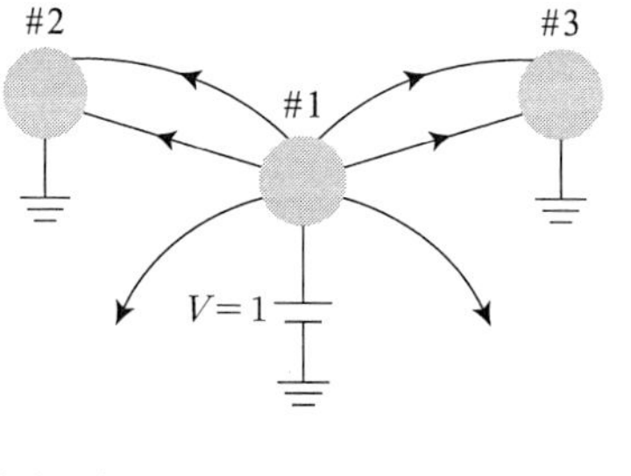

그림 6.37 도체-1에 단위 전위, 다른 도체는 접지시킨 세 개 도체 간의 전기력선($c_{11} > 0$)

그림 6.38에서, $C_{i0}(i=1,2,3)$는 자기전기용량, $C_{ij}(i \neq j,\ i$ 혹은 $j=1,2,3)$ 결합전기용량으로 구성된 회로에서

$$\begin{aligned} Q_1 &= C_{10}V_1 + C_{12}(V_1 - V_2) + C_{13}(V_1 - V_3) \\ Q_2 &= C_{20}V_2 + C_{12}(V_2 - V_1) + C_{23}(V_2 - V_3) \\ Q_3 &= C_{30}V_3 + C_{13}(V_3 - V_1) + C_{23}(V_3 - V_2) \end{aligned} \tag{6-60}$$

이므로 정리하면

$$\begin{aligned} Q_1 &= (C_{10} + C_{12} + C_{13})V_1 - C_{12}V_2 - C_{13}V_3 \\ Q_2 &= - C_{12}V_1 + (C_{20} + C_{12} + C_{23})V_2 - C_{23}V_3 \\ Q_3 &= - C_{13}V_1 - C_{32}V_2 + (C_{30} + C_{13} + C_{23})V_3 \end{aligned} \tag{6-61}$$

이다. 따라서 $c_{11} = C_{10} + C_{12} + C_{13}$, $c_{22} = C_{20} + C_{12} + C_{23}$, $c_{33} = C_{30} + C_{13} + C_{32}$, $c_{ij}|_{(i \neq j)} = - C_{ij} = - C_{ji}$이므로 전기용량 행렬은 대칭 행렬이다. 논리적으로 $c_{ij} \leq 0$이여야 하므로 양의 전압을 단자-j에 놓으면 단자-i에 전하가 유도되고 이것은 음이 되어야 한다. $c_{ij} = 0$은 도체-i와 도체-j의 거리가 무한이 떨어져 있거나 그림 6.39와 같이 다른 도체에 의해 차단되어 있는 경우 전기력선이 서로 연결되지 않는다. 따라서 세 개 도체계의 전하에 따라 각 도체의 전위의 변화를 결정한다.

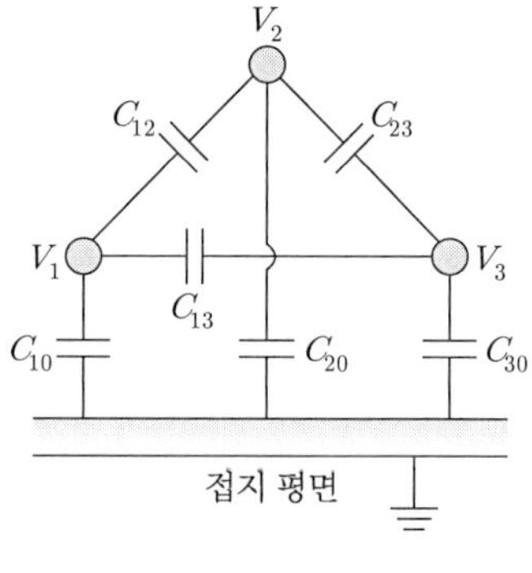

그림 6.38 세 개의 도체와 한 개의 접지 도체계

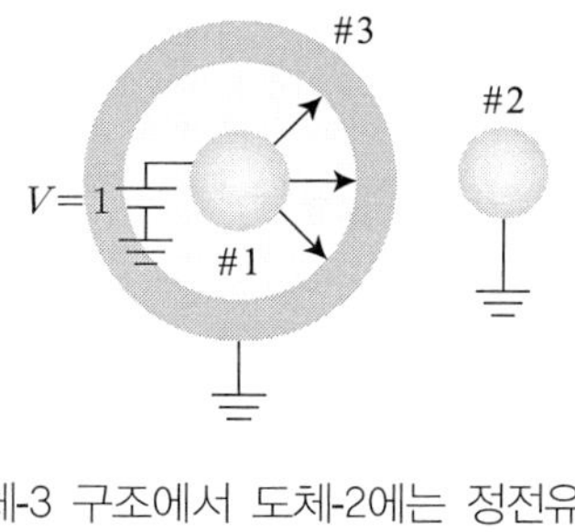

그림 6.39 도체-1을 에워싼 도체-3 구조에서 도체-2에는 정전유도가 일어나지 않는다.$(c_{21} = 0)$

도체-1과 도체-2 사이에 존재하는 결합유도용량은 $-C_{21}=\partial Q_2/\partial V_1$ 이고 도체-2의 전하밀도는 표면의 전속밀도의 함수이다. 차폐 전위 V_3가 일정하게 유지되면 유일성정리에 의해 차폐 내부의 전속밀도는 차폐 외부의 전하와 전위에 영향을 받지 않아 $C_{21}=0$ 이다. 그래서 등가 회로는 그림 6.40(a)와 같다. 그러나 차폐 전위 V_3가 고정되지 않으면(부동차폐) $C_{21}=0$ 이 된다고 해도, 차폐의 외부와 내부 상호 전기용량인 C_{13}, C_{23}을 통해 V_2는 V_1에 의해 영향을 받는다. 그래서 차폐가 부동(float)되면 차폐 외부의 전위변화를 격리시킬 수 없다. 차폐도체를 접지시키면 등가 회로는 그림 6.40(b)와 같고, 차폐 내부의 전위분포는 차폐외부의 전위와 전하에 상관없어 저잡음회로 및 시스템설계 시 외부와 고립시킨다.

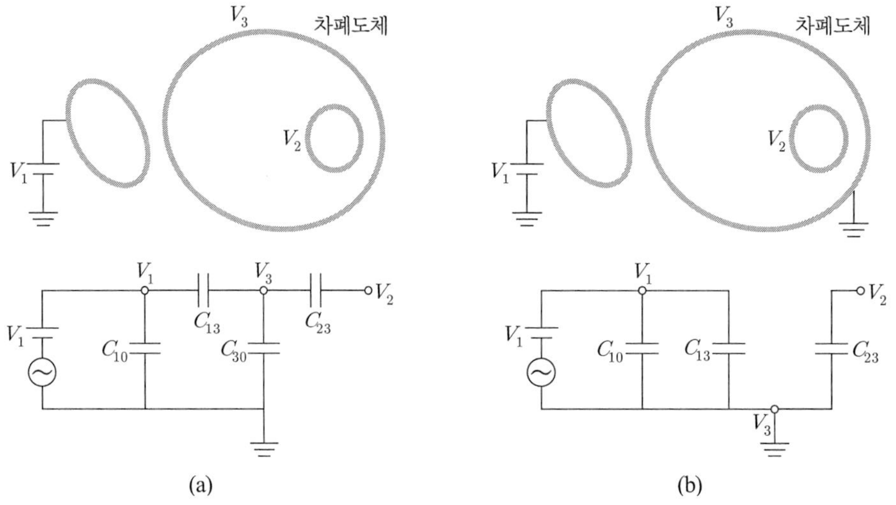

그림 6.40 전기적인 차폐 (a) 비접지 차폐 구조 및 등가 회로 (b) 접지 차폐 구조 및 등가 회로

(4) n-개 도체계

도체 상에 전하가 분포하거나, 정전장 내에 도체가 존재할 때에는 진공에서 정전장과 상태가 다르다. n-개 도체계의 전기용량을 일반화한 등식과 행렬은

$$\begin{aligned} Q_1 &= c_{11}V_1+c_{12}V_2+c_{13}V_3+\cdots+c_{1n}V_n \\ Q_2 &= c_{21}V_1+c_{22}V_2+c_{23}V_3+\cdots+c_{2n}V_n \\ &\vdots \\ Q_n &= c_{n1}V_1+c_{n2}V_2+c_{n3}V_3+\cdots+c_{nn}V_n \end{aligned} \tag{6-62}$$

$$\begin{bmatrix} Q_1 \\ Q_2 \\ Q_3 \\ \vdots \\ Q_n \end{bmatrix} = \begin{pmatrix} c_{11} & c_{12} & c_{13} & \cdots & c_{1n} \\ c_{21} & c_{22} & c_{23} & \cdots & c_{2n} \\ c_{31} & c_{32} & c_{33} & \cdots & c_{3n} \\ \vdots & \vdots & \vdots & \vdots & \vdots \\ c_{n1} & c_{n2} & c_{n3} & \cdots & c_{nn} \end{pmatrix} \begin{bmatrix} V_1 \\ V_2 \\ V_3 \\ \vdots \\ V_n \end{bmatrix} \tag{6-63}$$

$$[Q]=[c][V] \tag{6-64}$$

이다. 여기서 계수 c_{ii}는 정전용량계수(coefficient of capacity) 혹은 용량계수라 하고 도체-i에 전압 $V_i = 1\text{V}$를 인가하고 다른 모든 도체를 접지하여 계산하며 c_{ii}는 도체-i의 총 전하이다. 마찬가지로 계수 c_{ij}는 정전유도계수(coefficient of induction) 혹은 유도계수라 하고 도체-j에 전압 $V_j = 1\text{V}$를 인가하고 다른 모든 도체를 접지하여 계산하면 c_{ij}는 도체-i에 유도되는 총 전하이다. 도체-i에 양의 전하 Q_i가 있으면 전압 V_i는 양이지만 도체-j에 유도된 전하 Q_j는 전하 Q_i에 의해 음이 되어 c_{ii}가 양이면 c_{ij}는 음이다. 그래서 계수의 성질은 다음과 같다.

① 용량계수(자기전기용량) $c_{ii} > 0$이다.

② 유도계수(결합전기용량) $c_{ij} = \left.\dfrac{Q_i}{V_j}\right|_{V_k=0,\ k\neq j}$ $(i \neq j)$이고, $c_{ij} \leq 0$이다.

③ $c_{ij} = c_{ji}$이다.

④ $c_{11} \geq -(c_{21} + c_{31} + \cdots + c_{n1})$, 즉 $c_{11} + c_{21} + c_{31} + \cdots + c_{n1} \geq 0$이다. $c_{ii} \geqq c_{ij}$이고, 등호는 i-도체가 j-도체에 포함된 경우이다.

⑤ 단위는 $[\text{C/V}] = [\text{F}]$이고, 주위 공간의 매질, 도체의 크기, 모양 상호 간의 배치상태에 의해서 결정되는 상수이다.

> 접지(ground)란 무한대의 전기용량인 큰 도체 덩어리에 연결하여 전위 변화가 없이 전하를 자유롭게 제거하거나 보탤 수 있다. $V = \dfrac{Q}{C}$

6.15.2 전위계수

(1) 한 개 도체계

전하 $Q[\text{C}]$가 대진된 빈지름 $a[\text{m}]$인 구 도체 표면의 전위는 $V = Q/4\pi\epsilon_0 a = pQ\,[\text{V}]$이다. p는 전하 Q에서 전위 V를 구할 때 도체의 기하학적 구조에 따라 변하는 비례상수이며 전위계수(coefficient of potential)라고 한다.

(2) 두 개 도체계

공간에 $Q_1[\text{C}]$만 있을 때 전장과 $Q_2[\text{C}]$와 함께 존재할 때 전장은 다르다. 그러므로 도체-1의 전위 V_1은 Q_1과 Q_2의 영향을 받는다. 거리 $r[\text{m}]$만큼 떨어져 있는 도체-1과 도체-2의 반경이 각각 $R_1[\text{m}]$, $R_2[\text{m}]$이고 각 도체에 대전된 전하가 Q_1, Q_2이며, 전위는 V_1, V_2라 하면 중첩의 원리에 따라 각 도체의 전위는

$$V_1 = V_{11} + V_{12} = \frac{Q_1}{4\pi\epsilon_0 R_1} + \frac{Q_2}{4\pi\epsilon_0 r} = p_{11}Q_1 + p_{12}Q_2 \tag{6-65}$$

$$V_2 = V_{21} + V_{22} = \frac{Q_1}{4\pi\epsilon_0 r} + \frac{Q_2}{4\pi\epsilon_0 R_2} = p_{21}Q_1 + p_{22}Q_2 \tag{6-66}$$

이다. 여기서 V_{n1}, V_{n2}는 Q_1, Q_2만에 의한 도체-n(n은 1 혹은 2)의 전위이다. p_{ij}(i와 j = 1 혹은 2)는 도체들의 기하학적 구조에 의한 전위계수이다.

그림 6-41과 같이 도체-1, 도체-2로 이루어지는 2-도체계에서 각 도체의 전위가 각 도체의 전하에 따라 어떻게 표시되는지 알아보자.

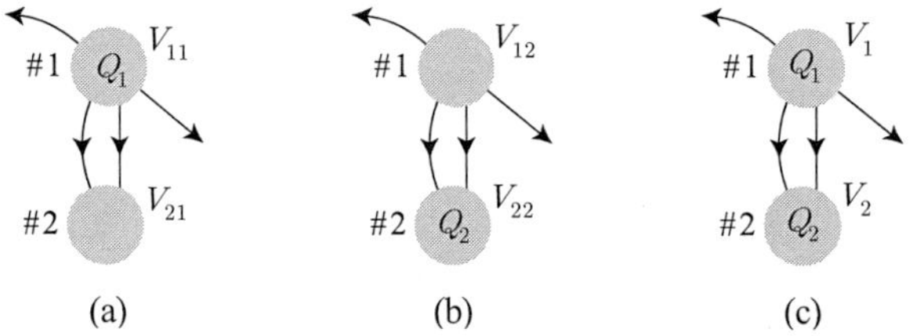

그림 6.41 두 개 도체계 (a) 도체-1에만 전하대전 (b) 도체-2에만 전하대전 (c) 두 도체에 전하대전

그림 6.41(a)와 같이 도체-1에만 전하 Q_1을 주면 이 전하에 의해서 도체-1은 어떤 전위 V_{11}을 가지게 되며, 도체-1의 전하에 의한 전장의 영향으로 도체-2에서도 전위 V_{21}을 발생하게 된다. 이때 전위는 전하에 비례함으로, 비례계수를 이용하면 각 도체의 전위는

$$V_{11} = p_{11}Q_1,\ V_{21} = p_{21}Q_1 \tag{6-67}$$

이다. 여기서 비례계수 p_{ij}는 전하 Q에 의해서 전위 V가 어느 정도 주어지는가를 나타내는 계수로서 이 p_{ij}를 전위계수라 한다. p_{ii}(또는 V_{11})의 첨자 11은 도체-1의 전하에 의해 도체-1이 받는 영향(도체-1의 전하에 의해서 도체-1이 가지는 전위)을 나타내고, p_{21}(또는 V_{21})의 첨자 21은 도체-1의 전하에 의해서 도체-2가 받는 영향(도체-1의 전하에 의해서 도체-2가 가지는 전위) 등과 같은 첨자 순서 의미를 가진다. 즉, 첨자-1은 원인이 되는 곳의 도체이고, 첨자-2는 결과를 주는 곳의 도체를 표시한다.

그림 6.41(b)와 같이 도체-2에만 전하 Q_2를 대전하면, 도체-1이 나타나는 전위를 V_{12}이고, 도체-2가 가지는 전위를 V_{22}라 하면 다음과 같다.

$$V_{22} = p_{22}Q_2, \qquad V_{12} = p_{12}Q_2 \tag{6-68}$$

그림 6.41(c)와 같이, 도체-1과 도체-2에 동시에 각각 전하 Q_1 및 Q_2를 대전하면, 각각의 전위 V_1과 V_2는 중첩의 원리에 의해 다음과 같다.

$$\begin{aligned} V_1 &= V_{11} + V_{12} = p_{11}Q_1 + p_{12}Q_2 \\ V_2 &= V_{21} + V_{22} = p_{21}Q_1 + p_{22}Q_2 \end{aligned} \tag{6-69}$$

(3) 세 개의 도체계

도체-1, 도체-2 그리고 도체-3의 반경이 각각 R_1[m], R_2[m], R_3[m]이고 도체-1과 도체-2까지 거리가 r_1[m], 도체-1과 도체-3까지 거리가 r_2[m], 도체-2와 도체-3까지 거리가

r_3[m] 만큼 떨어져 있다. 각 도체에 대전된 전하가 Q_1, Q_2, Q_3이고, 각 도체 전위는 V_1, V_2, V_3라 하면 중첩의 원리에 따라 각 도체의 전위는

$$V_1 = V_{11} + V_{12} + V_{13} = \frac{Q_1}{4\pi\epsilon_0 R_1} + \frac{Q_2}{4\pi\epsilon_0 r_1} + \frac{Q_3}{4\pi\epsilon_0 r_2} = p_{11}Q_1 + p_{12}Q_2 + p_{13}Q_3 \quad (6\text{–}70)$$

$$V_2 = V_{21} + V_{22} + V_{23} = \frac{Q_1}{4\pi\epsilon_0 r_1} + \frac{Q_2}{4\pi\epsilon_0 R_2} + \frac{Q_3}{4\pi\epsilon_0 r_3} = p_{21}Q_1 + p_{22}Q_2 + p_{23}Q_3 \quad (6\text{–}71)$$

$$V_3 = V_{31} + V_{32} + V_{33} = \frac{Q_1}{4\pi\epsilon_0 r_2} + \frac{Q_2}{4\pi\epsilon_0 r_3} + \frac{Q_3}{4\pi\epsilon_0 R_3} = p_{31}Q_1 + p_{32}Q_2 + p_{33}Q_3 \quad (6\text{–}72)$$

이다. 여기서 V_{n1}, V_{n2}, V_{n3}는 Q_1, Q_2, Q_3만에 의한 도체-n(n은 1 혹은 2 혹은 3)의 전위이다. p_{ij}(i와 j는 1 혹은 2 혹은 3)는 도체들의 기하학적 구조에 의한 전위계수이고, 그림 6.42, 그림 6.43 그리고 그림 6.44는 다양한 전위계수를 나타낸다.

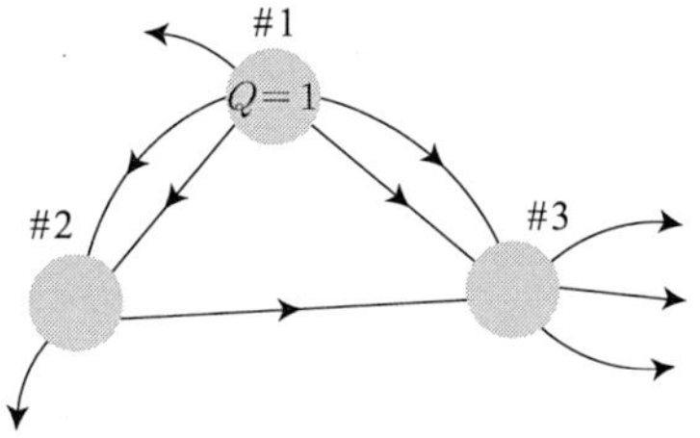

그림 6.42 전위계수, $p_{11} > 0$, $p_{11} > p_{21}$

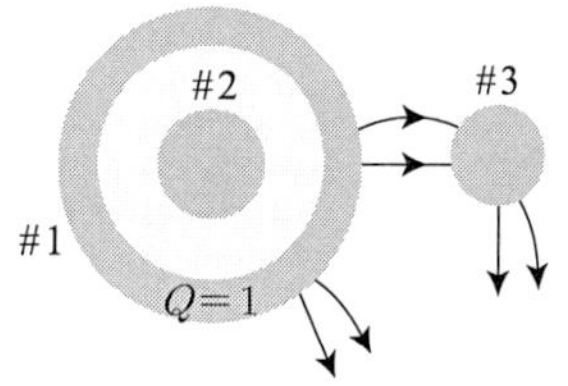

그림 6.43 전위계수, $p_{11} = p_{21}$

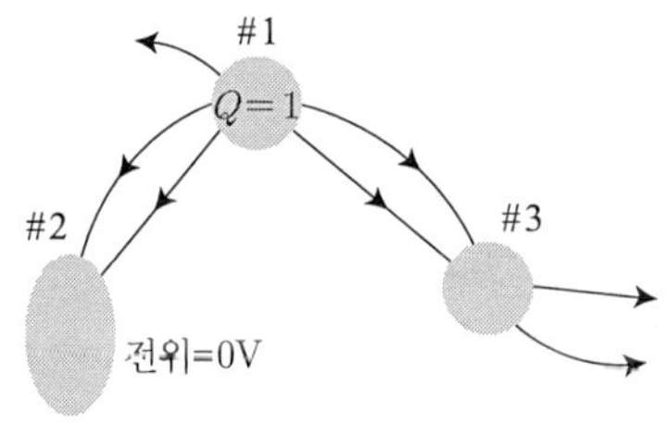

그림 6.44 전위계수, $p_{31} \geqq 0$

(4) n-개 도체계

공간의 n개 도체는 각각 $Q_1, Q_2, \cdots Q_n$의 전하를 가지고 이 전하에 의해 각각 전위차가 $V_1, V_2, \cdots V_n$으로 생성되면

$$\begin{aligned} V_1 &= p_{11}Q_1 + p_{12}Q_2 + p_{13}Q_3 + \cdots + p_{1n}Q_n \\ V_2 &= p_{21}Q_1 + p_{22}Q_2 + p_{23}Q_3 + \cdots + p_{2n}Q_n \\ &\vdots \qquad\qquad\qquad\qquad \vdots \\ V_n &= p_{n1}Q_1 + p_{n2}Q_2 + p_{n3}Q_3 + \cdots + p_{nn}Q_n \end{aligned} \quad (6\text{–}73)$$

$$\begin{bmatrix} V_1 \\ V_2 \\ V_3 \\ \vdots \\ V_n \end{bmatrix} = \begin{pmatrix} p_{11}\, p_{12}\, p_{13} \cdots p_{1n} \\ p_{21}\, p_{22}\, p_{23} \cdots p_{2n} \\ p_{31}\, p_{32}\, p_{33} \cdots p_{3n} \\ \vdots \quad \vdots \quad \vdots \quad \vdots \quad \vdots \\ p_{n1}\, p_{n2}\, p_{n3} \cdots p_{nn} \end{pmatrix} \begin{bmatrix} Q_1 \\ Q_2 \\ Q_3 \\ \vdots \\ Q_n \end{bmatrix} \tag{6-74}$$

$$[V] = [p]\,[Q] \tag{6-75}$$

이고, $[p]$가 역행렬이 존재하는 비특이(non-singular)행렬이면 $[p]$의 역행렬 $[p]^{-1}$이 존재하여 $[Q] = [p]^{-1}[V]$가 된다. 여기서 전위계수 p_{ij}는 도체-j에 전하 1C를 인가하고 다른 모든 도체는 중성으로 하여 계산하면 도체-i에 유도되는 전위이다.

도체-1에 단위 정전하로 대전된 경우 도체-1에서 전기력선이 나가고 전위가 양이다. 도체-1은 최고 전위를 유지하고 무한 원점인 경우 최저전위인 0V이므로 $p_{11} > 0$이다. 도체-1에서 전장이 발생하므로 도체-1의 전위는 도체-2의 전위보다 높으며 $p_{11} > p_{21}$이다(그림 6.42). 그러나 전위가 같은 경우 즉 도체-1이 도체-2를 에워싼 구조인 경우 $p_{11} = p_{21}$이다(그림 6.43). 무한 원점이 최저 전위인 0V이므로 $p_{31} > 0$이고 무한 원점에 연결되거나 접지된 경우 $p_{21} = 0$이다(그림 6.44).

전위계수의 일반적인 성질은 다음과 같다.

① 전위계수 $p_{ii} > 0$이다.

② 전위계수 $p_{ij} = \left.\dfrac{V_i}{Q_j}\right|_{Q_k = 0,\ k \neq j}$ $p_{ij} \geq 0$이다.

③ 전위계수 $p_{ii} \geq p_{ij}$이다. $p_{ii} = p_{ij}$는 도체-j가 도체-i를 에워싸서 정전차폐가 일어날 때이다.

④ 전위계수 $p_{ij} = p_{ji}$이다.

⑤ 단위는 [V/C] = [1/F]이고, 대전량과 전위와 관계없이 도체의 크기, 모양, 결합상태에 의해 결정된다.

n개의 점전하계와 n개의 도체계의 전위차이점

n개의 점전하가 공간에 분포된 경우 i-번째 점전하 q_i가 놓인 위치의 전위는 $V_i = \sum_{k=1, k \neq i}^{n} \dfrac{1}{4\pi\epsilon_0} \dfrac{q_k}{r_{ik}}$로 점전하 q_i를 제외한 $(n-1)$개의 점전하가 쿨롱의 법칙과 중첩의 원리에 의해 전위를 구한다. q_i에 의한 전위는 $r_{ii} \simeq 0$이므로 구할 수 없다.

그러나 n개의 도체계에서 도체-j에 대전된 전하가 Q_j라 하고 도체-i의 전위는 $V_i = \sum_{k=1}^{n} p_{ik} Q_k$라 하면 $p_{ik} = \dfrac{1}{4\pi\epsilon_0 r_{ik}}$는 도체들의 기하적 구조에 따라 변하고 도체-k에 단위전하를 대전시킬 때 도체-i의 전위값이다.

전하분포 혹은 대전된 도체들의 모임에 저장된 전기에너지는 $\mathcal{E}_e = \frac{1}{2}\sum_{i=1}^{m} Q_i V_i$이고, $V_i = \sum_{k=1}^{n} p_{ik} Q_k$를 대입하면 $\mathcal{E}_e = \frac{1}{2}\sum_{i=1}^{m}\sum_{k=1}^{m} p_{ik} Q_i Q_k$이므로 대전된 도체계 Q_i의 2차 함수이다.

예제 6.13 그림과 같이 반경 $a[\mathrm{m}]$의 접지된 도체구와 점전하 $Q[\mathrm{C}]$이 구의 중심으로부터 거리 $d[\mathrm{m}]$에 있을 때 도체구에 유도되는 전하를 전위계수를 이용하여 영상전하의 위치와 크기를 구하여라.

풀이 ① 유도전하 크기 :

- 도체구에 유도되는 전하를 Q'라 하면 구의 전위 V_1에 관한 전위식은 $V_1 = 0 = p_{11}Q' + p_{12}Q$로 표현한다. 여기서, p_{11}은 도체구에 $1[\mathrm{C}]$, 점 P에 $0[\mathrm{C}]$을 주었을 때, 구의 전위 V_1'과 같으므로 $V_1' = p_{11} = 1/(4\pi\epsilon_0 a)$이고, p_{12}는 점 P에 $1[\mathrm{C}]$, 도체구에 $0[\mathrm{C}]$의 전하를 주었을 때 구의 전위 V_1''와 같으므로 $V_1'' = p_{12} = 1/(4\pi\epsilon_0 d)$이다.
- $p_{11}Q' + p_{12}Q = 0$으로부터 $Q' = -\frac{p_{12}}{p_{11}}Q = -\frac{a}{d}Q$이 된다. 즉, 점전하 $Q[\mathrm{C}]$에 의하여 접지된 도체구 표면에 유도되는 총 전하는 $-aQ/d\,[\mathrm{C}]$이다.
- 도체구 표면의 전하분포는 균일하다고 생각할 수 없으며 평면도체와 점전하의 경우와 같이 $+Q[\mathrm{C}]$에 가까운 표면에 많은 전하가 모이므로 전하의 분포를 정확하게 파악하지 않으면 주위 공간의 전장을 계산하기 어렵다. 구에 유도된 전하 Q를 점전하로 대체할 수 있는 영상점을 구하면 Q와 Q'에 의한 문제로 바꿀 수 있어 쉽게 전장을 구한다.

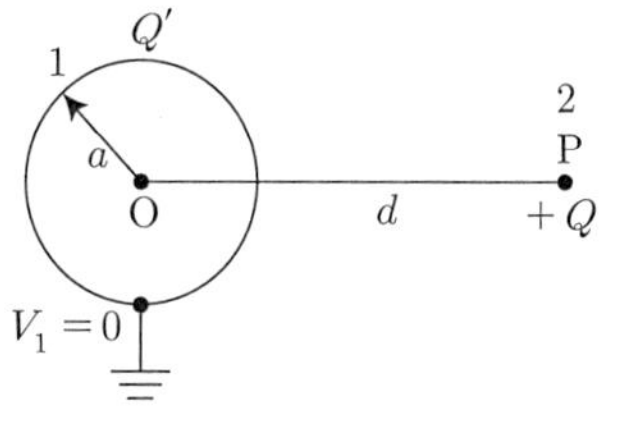

② 접지 도체구에 유도된 전하의 영상점 :

- 유도된 전하 Q'가 도체 표면에서 점전하 Q에 가까운 쪽으로 많이 분포될 것이므로, 그림의 P'점에 집중된 점전하로 대체하고 이 점전하와 P점의 점전하에 의해서 도체구 표면의 전위$=0\mathrm{V}$로 유지하면 구 바깥의 전장분포는 영향을 받지 않는다.
- 구의 중심으로부터 P'까지의 거리를 r이라 하면 도체구 표면의 전위

$V_1 = 0$이므로 구 표면 위의 A점에서 전위 $V_A = 0$이고 이 전위는 Q와 Q'에 의한 전위의 합이 된다.

$V_A = 0 = Q/[4\pi\epsilon_0(d-a)] + Q'/[4\pi\epsilon_0(a-r)]$이고, $Q' = -aQ/d$를 대입하면 $r = a^2/d$이 된다.

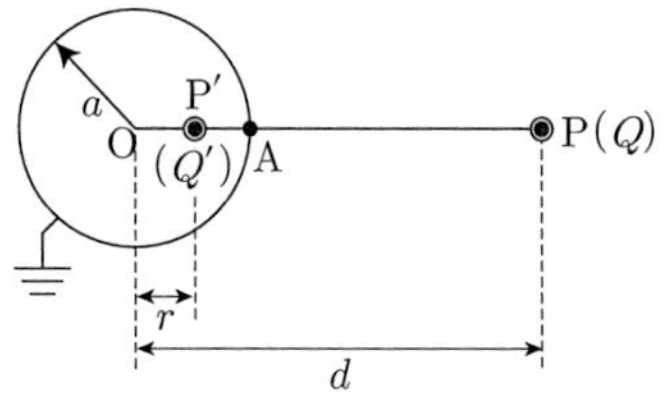

■

| 연 | 습 | 문 | 제 |

6.1 도체에 전장이 인가한 경우 전자의 운동이 가속도운동이 아니라 일정한 이동속도를 사용하는 이유를 설명하려라.

6.2 10m 길이 도선 양 끝에 전압을 100V 인가했다. 이때 전류밀도 $J = 2[\mathrm{A/cm^2}]$가 흐를 때 도선 재료의 전도도를 계산하여라.

6.3 내부도체 반경이 $a[\mathrm{m}]$, 외부도체까지 반경이 $b[\mathrm{m}]$, 길이가 $\ell[\mathrm{m}]$(a,b보다 큼)인 동축 원통을 바다 속 깊이에 따른 저항을 측정하기 위해 바다 속에 완전히 잠근다. 내부도체와 외부도체에 전위를 $V_1[\mathrm{V}]$를 인가하면 바깥 축 방향으로 전류가 $I_1[\mathrm{A}]$ 만큼 흐른다면 바닷물의 전도도를 구하여라.

6.4 단면적이 $4\mathrm{cm}^2$, 길이가 20cm, 저항이 $1k\Omega$인 사각형 블록의 전자밀도가 $6 \times 10^{22}[1/\mathrm{m}^3]$ 이고 양단의 전위차가 40V이다.

(a) 전류, 균일한 전류밀도 (b) 전도전자의 이동속도 (c) 전장을 구하여라.

6.5 길이와 저항값이 같은 Fe-도선과 Cu-도선에서 Cu-도선의 반경이 1.5mm일 때 Fe-도선의 반경을 구하여라.

6.6 가상적인 전자소자의 전압-전류 특성식이 $v = 4 \times 10^5 \times i^2[\mathrm{V}]$이다.

(a) 전류가 $3m\mathrm{A}$일 때 직류저항값과 교류저항값

(b) 직류저항이 20Ω일 때 전류값을 구하여라.

6.7 그림과 같은 내경이 $a[\mathrm{m}]$, 외경이 $b[\mathrm{m}]$인 중심이 빈 원통에서 전류, $I[\mathrm{A}]$가 흐를 때 전류는 도체의 단면에 불균일하게 분포한다. 전류밀도는 바깥도체에서 지수함수적으로 감소하는 $J_0 e^{(r^2-b^2)/\delta^2}$이고 여기서 δ는 원통두께 $(b-a)$보다 훨씬 작은 표피 두께라 한다. 이때 J_0를 구하여라.

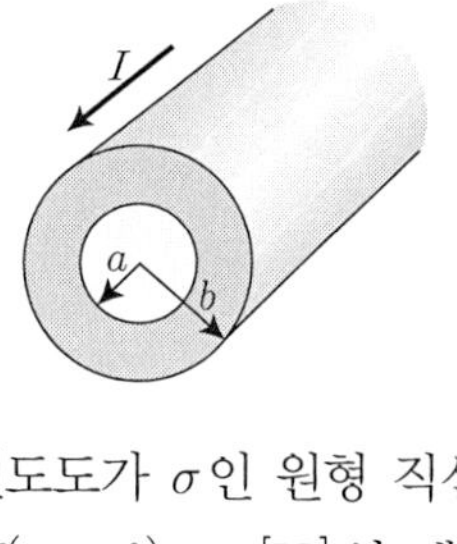

6.8 길이가 $\ell[\mathrm{m}]$, 반경이 $a[\mathrm{m}]$, 전도도가 σ인 원형 직선도선이 $x-$축으로 놓여 있다. 전위가 $V(x=0) = V_1[\mathrm{V}]$, $V(x=\ell) = 0[\mathrm{V}]$일 때 물리적인 상수로 다음을 구하여라.

(a) 도선의 전장과 저항 (b) 도선의 전류 및 전류밀도

6.9 어떤 매질의 한 점에서 전류밀도의 방향은 원통 축의 방사(ρ) 방향이고, ϕ, z-방향으로 무관하다. $0 \leq \rho \leq r$[m]에서 매질의 전하밀도는 $\rho_v = \rho_0 \, \rho \cos wt [\mathrm{C/m^3}]$일 때 전류밀도를 구하여라.

6.10 두 개의 금속 구에 각각 $+4[\mu\mathrm{C}]$, $+10[\mu\mathrm{C}]$ 전하로 대전시켰다. 그리고 두 개의 구를 접촉시켜 충분한 시간 경과 후 분리할 때 각 구의 전하량을 다음 조건에서 구하여라.

(a) 구의 크기가 같은 경우 (b) $+10[\mu\mathrm{C}]$ 대전한 구의 반지름이 2배인 경우

6.11 내외반지름이 a, c이고 긴 동축선 사이에 반지름 $b(a < b < c)$인 경계에 2층 동축 원형유전체로 채워져 있다. 반지름 $a \sim b$ 영역과 $b \sim c$ 영역의 유전율과 누설전도도가 ϵ_1, σ_1 및 ϵ_2, σ_2인 유전체로 각각 채워져 있다. 안쪽 유전체 누설저항과 바깥 유전체의 누설저항을 구하고 전 누설저항을 계산하여라.

6.12 유전체-도체 경계면에 표면전하밀도 $\rho_s = 10^{-9}[\mathrm{C/m^2}]$이고, $\boldsymbol{E}_1 = -3\hat{a}_x + 5\hat{a}_y + 7\hat{a}_z$ [V/m]일 때 $\boldsymbol{E}_2$를 구하여라.

6.13 전도도가 다른 알루미늄과 흑연으로 접합한 도선에 전류 $1[m\mathrm{A}]$가 흐를 때 흑연에 축적되는 전하량을 구하여라.

6.14 반경 0.5cm의 접지된 도체구와 구의 중심으로부터 거리 6cm에 점전하 $1[\mu\mathrm{C}]$이 있을 때 도체구에 유도되는 전하를 전위계수를 이용하여 영상전하의 위치와 크기를 구하여라.

Chapter 07

정자장

Contents

277 정자장의 개요
278 자석의 정자장
281 비오-사바르의 법칙
283 암페어 주회전법칙
291 자장의 가우스법칙
292 지기벡터 전위
304 자장과 자기력
314 비틀림 모멘트
316 전류고리의 축 회전력
319 자기 쌍극자의 자장세기
321 자기 이중층
322 정자장 응용

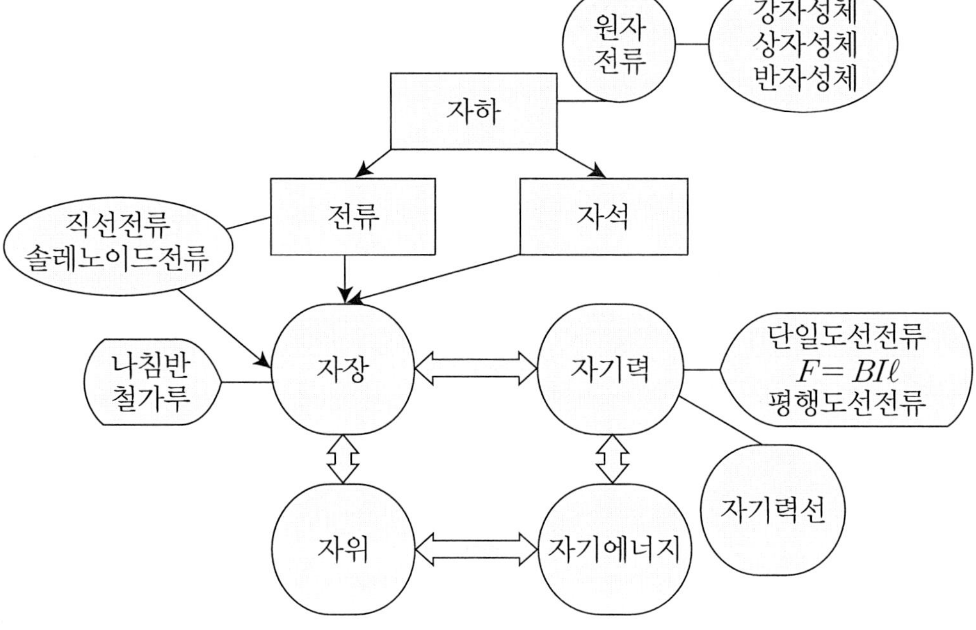
원자 전류
강자성체
상자성체
반자성체
자하
전류
자석
직선전류
솔레노이드전류
나침반
철가루
자장
자기력
단일도선전류
$F = BI\ell$
평행도선전류
자기력선
자위
자기에너지

7.1 정자장의 개요

그리스의 마그네시아(Magnesia) 지방의 돌이라는 자철광(磁鐵鑛, Magnetite, lodestone, $FeO \cdot Fe_2O_3$)은 그림 7.1과 같이 불투명하고 검은 세라믹 결정의 산화철이다. 자철광이나 자철광으로 문질러서 자화가 된 철 조각으로 오래전부터 나침반의 자침으로 사용하여 항상 북극성을 향하는 나침반을 만들어 항해에 사용했다.

그림 7.1 자철광

1600년경 길버트가 "자석"에 관한 책을 통해 자기에 대해 체계화하였고, 길버트는 자철광이나 자화된 철자석을 이용하여 지구자기의 존재를 증명했었다. 1920년에 외르스테드가 전류는 자장을 발생시킨다는 사실을 발견한 후 1825년 처음으로 자철광보다 큰 자장을 생성하는 전자석을 만들어 자기연구에 큰 공헌을 하였다. 1785년에는 쿨롱에 의해 자기현상을 자극 사이의 힘으로 설명해 모든 자기현상을 설명할 때 전류와 자극의 개념을 사용하고 있다. 1852년에는 웨버에 의해 물질의 분자는 하나의 조그마한 자석이라고 제안했다.

움직이는 전하와 자성체에 자장이 형성되어 N극과 S극의 자극(자석의 끝 부분)이 존재하지만 단일 극이 존재하지 않고, 자장의 방향은 전장의 양전하/음전하와 유사하다. 같은 극끼리 반발력이 작용하고 다른 극끼리 인력이 작용한다. 정자(기)장은 정상전류(직류)에 의해 만들어지고 정자장은 회로 사이 유도성결합이 없고 전장과 자장 사이 결합도 없다.

정상자장의 원천은 영구자석, 정상전류, 그리고 선형으로 변화하는 전장에 의해 만들어진다.

정자(기)학(magnetostatics)

주어진 단면적에 관통하는 전하는 시간 변화가 없어 전류밀도, 자장, 자속밀도가 일정하다.

7.2 자석의 정자장

(1) 자기력선의 성질

자석이 끌어당기는 성질을 자성, 이 작용을 자기(magnetism)라 하고, 자성을 가진 물체를 자석(magnet)이라 한다. 자석의 자극은 주위의 물질에 대해 자기력이 작용하고 자기력이 미치는 공간을 자장(자계), 자장의 가상의 선을 자기력선이라 한다. 그림 7.2는 여러 종류의 자기력선의 모양은 나타내고 자기력선의 성질은 다음과 같다.

① 자기력선은 그림 7.2와 같이 N극에서 나와 S극으로 향한다.
② 자기력선 위의 어느 한 점에서 그은 접선의 방향이 그 곳에서의 자장의 방향이다.
③ 자기력선의 밀도(자속밀도)는 자장의 세기에 비례한다.
④ 자기력선은 상호 간에 만나거나 교차하지 않는다.
⑤ 자기력선은 유리, 혹은 종이 등의 비자성체를 통과한다.

자극의 세기가 m[Wb]의 자극에서 자속 수는 m[Wb]이고 나오는 자기력선 수는 m/μ_0개, 자극면적이 $A[\mathrm{m}^2]$이면 자속밀도는 $m/A[\mathrm{Wb/m}^2]$이다.

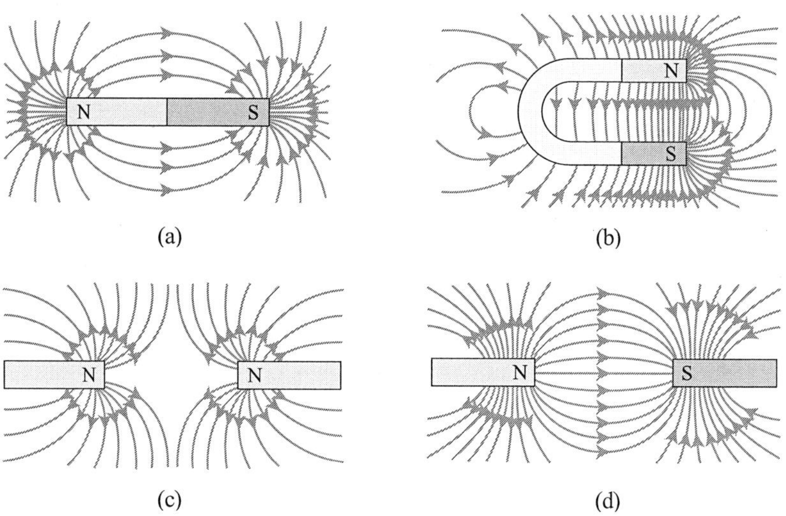

그림 7.2 여러 자석 구성에 따른 자기력선의 방향과 모양 (a) 막대자석 (b) 말굽자석 (c) N극-N극 (d) N극-S극

(2) 자하의 쿨롱의 법칙

그림 7.3과 같이 자극의 세기가 m_1[Wb], m_2[Wb]인 두 개의 자극이 r[m] 만큼 떨어져 있을 때 자극 간에 작용하는 힘은

$$F_m = \frac{1}{4\pi\mu_0}\frac{m_1 \cdot m_2}{r^2} = 6.33 \times 10^4 \frac{m_1 \cdot m_2}{r^2} \ [\mathrm{N}] \tag{7-1}$$

이고, 여기서 μ_0는 진공의 투자율, $4\pi\times10^{-7}$[H/m]이다. 그림 7.3과 같이 부호가 서로 다른 1Wb의 두 자극이 진공 중에 1m 거리에서 작용하는 인력은 -6.33×10^4[N]이다.

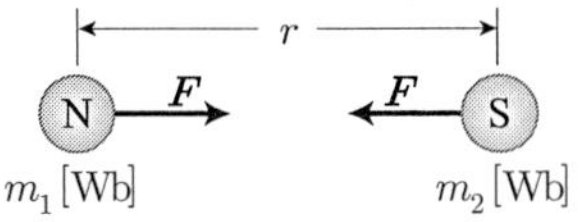

그림 7.3 자극 사이에 작용하는 인력

예제 7.1 진공 중에서 3×10^{-4}[Wb]의 N극과 -2×10^{-3}[Wb]의 S극 사이에 0.1m 떨어져 있을 때 두 자극 사이에 작용하는 힘은 얼마인가?

풀이 $F_m = 6.66\times10^4\dfrac{m_1m_2}{r^2} = -6.66\times10^4\dfrac{3\times10^{-4}\times2\times10^{-3}}{0.1^2} \simeq -4.0$ [N] ■

(3) 자석의 자장

자기력이 미치는 공간에 단위 점자하, +1[Wb]를 놓았을 때 작용하는 힘이 그 점에서의 자장이다. 자극의 세기 m[Wb]가 r[m] 만큼 떨어져 있을 때 자장은

$$H = \frac{1}{4\pi\mu_0\mu_r}\frac{m}{r^2} = 6.33\times10^4\frac{m}{r^2}\ [\text{A/m}]\ 혹은\ [\text{N/Wb}] \tag{7-2}$$

이며, 여기서 μ_r은 비투자율이다. 그림 7.4와 같이 실제로 자극은 항상 쌍으로만 존재함으로 길이가 ℓ[m]인 막대자석에 의한 자장의 세기는 N극에 의한 자장 H_N과 S극에 의한 자장 H_S의 합인

$$H = H_N + H_S = \frac{m}{4\pi\mu_0\mu_r(r-\ell/2)^2} + \frac{-m}{4\pi\mu_0\mu_r(r+\ell/2)^2}\ [\text{N/Wb}] \tag{7-3}$$

으로 구한다. 표 7.1은 자하에 의한 자장과 전장을 비교하였다.

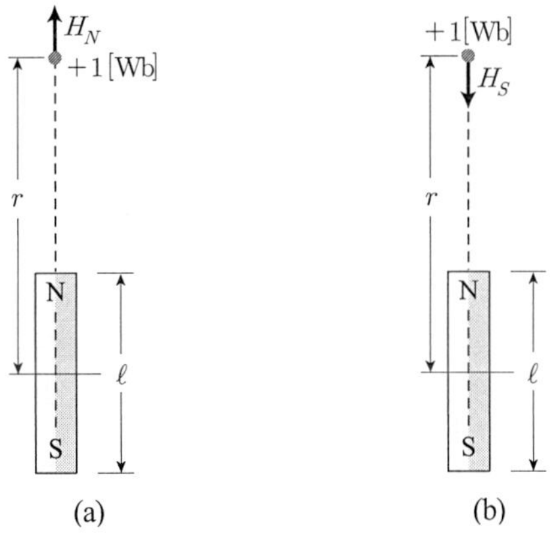

그림 7.4 막대자석에 의한 자장의 세기 (a) N극 (b) S극

자장방향의 수직 단면을 지나는 자기선속(자속, magnetic flux)의 단위는 자극의 자기량 단위인 Wb(웨버)를 사용한다. 1[Wb]의 자극에서 가상의 선이 한 개 나온다고 가정한 것이 자속이다. 자극에서 나오는 전체의 자기력선의 수, $N = m/\mu_0$개이고 자속밀도는 자속의 방향에 수직인 단위 면적 1m^2을 통과하는 자속 수, $B = \mu H\,[\text{Wb/m}^2]$이다.

표 7.1 자하에 의한 자장과 전장의 비교

	자 장	전 장
쿨롱의 법칙	자기력, $F_m = \dfrac{m_1 m_2}{4\pi\mu_0 r^2} = 6.33\times 10^4 \dfrac{m_1 m_2}{r^2}$ [N]	전기력, $F_e = \dfrac{Q_1 Q_2}{4\pi\epsilon_0 r^2} = 9\times 10^9 \dfrac{Q_1 Q_2}{r^2}$ [N]
장의 세기	$H = \dfrac{F_m}{m_2} = \dfrac{m_1}{4\pi\mu_0 r^2}$ [N/Wb, A·t/m]	$E = \dfrac{F_e}{Q_2} = \dfrac{Q_1}{4\pi\epsilon_0 r^2}$ [N/C, V/m]
전위 및 자위	$U = -\int \boldsymbol{H}\cdot d\boldsymbol{\ell}$ [A · t] $U_A = -\int_\infty^A \boldsymbol{H}\cdot d\boldsymbol{\ell}$ $U_{AB} = -\int_A^B \boldsymbol{H}\cdot d\boldsymbol{\ell} = U_A - U_B$	$V = -\int \boldsymbol{E}\cdot d\boldsymbol{\ell}$ [V], $V_A = -\int_\infty^A \boldsymbol{E}\cdot d\boldsymbol{\ell}$ $V_{AB} = -\int_A^B \boldsymbol{E}\cdot d\boldsymbol{\ell} = V_A - V_B$
전(자)기 력선밀도	자기력선밀도, $H = \dfrac{\text{자기력선 수}(N)}{\text{단위면적}(S)}$ $= \int H\cdot \hat{a}_n ds / S$	전기력선밀도, $E = \dfrac{\text{전기력선 수}(N)}{\text{단위면적}(S)}$ $= \int E\cdot \hat{a}_n ds / S$
가우스의 법칙	자기력선, $N = \int \boldsymbol{H}\cdot\hat{a}_n ds = \int \boldsymbol{B}/\mu_0 \cdot \hat{a}_n ds = \sum \dfrac{m}{\mu_0}$ $B = \mu_0 H$ [Wb/m²]	전기력선, $N = \int \boldsymbol{E}\cdot\hat{a}_n ds = \int \boldsymbol{D}/\epsilon_0 \cdot \hat{a}_n ds = \sum \dfrac{Q}{\epsilon_0}$ $D = \epsilon_0 E$ [C/m²]
쌍극자 (소자석)	자위, $U = \dfrac{M\cos\theta}{4\pi\mu_0 r^2}$ [AT] 모멘트, $M = m \cdot \ell$ [Wb · m] 자장, $H = \dfrac{M}{4\pi\epsilon_0 r^3}\sqrt{1+3\cos^2\theta}$ [A·t/m] ($\theta = 0°$일 때 최대, $\theta = 90°$일 때 최소)	전위, $V = \dfrac{p\cos\theta}{4\pi\epsilon_0 r^2}$ [V] 모멘트, $p = Qd$ [C · m] 전장, $\lvert\boldsymbol{E}\rvert = \dfrac{p}{4\pi\epsilon_0 r^3}\sqrt{1+3\cos^2\theta}$ [V/m] ($\theta = 0°$일 때 최대, $\theta = 90°$일 때 최소)
스칼라 전위	$\boldsymbol{H} = -\nabla U$	$\boldsymbol{E} = -\nabla V$
전위 (자위)	$U = \dfrac{m}{4\pi\mu_0 r}$ [A] 자위(차) = 전류 = 기자력	$V = \dfrac{Q}{4\pi\epsilon_0 r}$ [V] 전위(차) = 전압 = 기전력

예제 7.2 진공($\mu_r = 1$) 중에서 자극의 세기 $m = 10^{-2}$[Wb], 막대자석의 길이가 0.2m, 막대자석 중심에서 0.3m 떨어진 거리의 자장의 세기를 구하여라.

풀이 $H = \dfrac{10^{-2}}{4\pi \times 4\pi \times 10^{-7}(0.3-0.2/2)^2} + \dfrac{-10^{-2}}{4\pi \times 4\pi \times 10^{-7}(0.3-0.2/2)^2}$

$= 11.868k[\mathrm{N/Wb}]$ ■

7.3 비오-사바르의 법칙

정자장의 기본적인 법칙인 비오(Biot)-사바르(Savart)의 법칙은 비오와 사바르가 실험에 의해 유도한 식이다. 그림 7.5와 같이 일정한 세기로 닫힌 회로에 흐르는 전류 I[A]가 곡선도선의 미소 길이 $\boldsymbol{d\ell}$에 의한 임의의 점 P에서 자장의 세기 $\boldsymbol{dH}$를 구하면

$$\boldsymbol{dH}(\boldsymbol{r}) = \frac{I\boldsymbol{d\ell} \times \widehat{a_R}}{4\pi R^2} \quad [\mathrm{A/m}] \tag{7-4}$$

$$|\boldsymbol{dH}(\boldsymbol{r})| = \frac{I\,d\ell \sin\theta}{4\pi R^2} \quad [\mathrm{A/m}] \tag{7-5}$$

$$\boldsymbol{H}(\boldsymbol{r}) = \frac{I}{4\pi}\int_{c'} \frac{\boldsymbol{d\ell}' \times \widehat{a_R}}{R^2} \quad [\mathrm{A/m}] \tag{7-6}$$

이고, 여기서 R[m]은 $\boldsymbol{d\ell}$에서 점 P까지 거리이며, $\boldsymbol{r}-\boldsymbol{r}' = |\boldsymbol{r}-\boldsymbol{r}'|\left(\dfrac{\boldsymbol{r}-\boldsymbol{r}'}{|\boldsymbol{r}-\boldsymbol{r}'|}\right) = R\widehat{a_R}$, θ는 전류방향과 $\boldsymbol{r}-\boldsymbol{r}'$이 이루는 각도이다. 전류소는 $Id\ell$이고, 표면전류밀도인 경우 $J_s ds$, 체적전류밀도인 경우 Jdv이며 단위는 A · m이고, 전류밀도 종류는 그림 7.6과 같다.

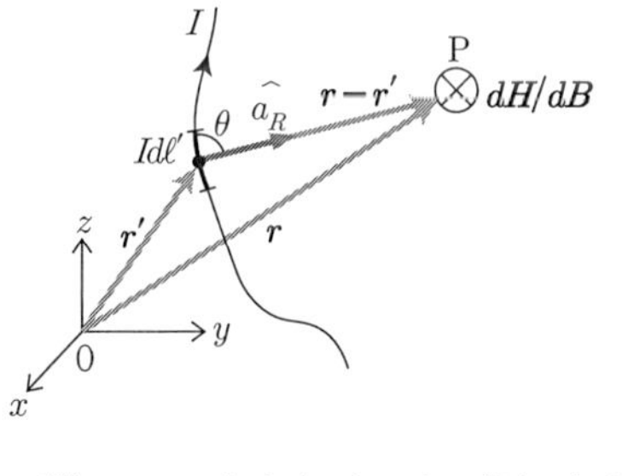

그림 7.5 임의의 전류에 의한 자장

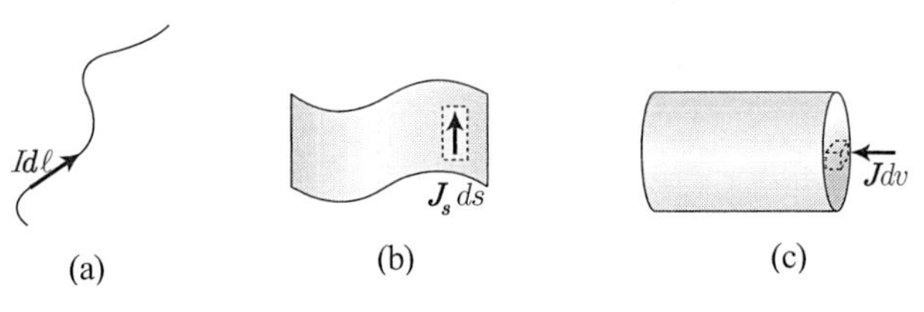

그림 7.6 전류밀도 종류 (a) 선전류 $\boldsymbol{I}$[A] (b) 표면전류밀도 $\boldsymbol{J_s}$[A/m] (c) 전류밀도 $\boldsymbol{J}$[A/m^2]

면전류밀도를 계산하는 예는 다음과 같다. ① 그림 7.7(a)와 같이 yz-평면에 많은 평행 도선으로 면 전류가 흐른다. $-y$ 방향으로 전류 I가 흐르고 z-방향으로 단위길이당 도선 수가 n개일 때 단위길이당 면전류밀도는 nI[A/m]이다. ② 그림 7.7(b)와 같이 전류가 흐르는 방향에 수직인 표면 길이 b[m]와 전체전류 I[A]를 알면 면전류밀도는 $J_s = I/b$[A/m]이다. ③ 그림 7.7(c)와 같이 면전하밀도 ρ_s가 한 방향속도 v로 이동하면 면전류밀도 $\boldsymbol{J_s} = \rho_s \boldsymbol{v}$[A/m]이다.

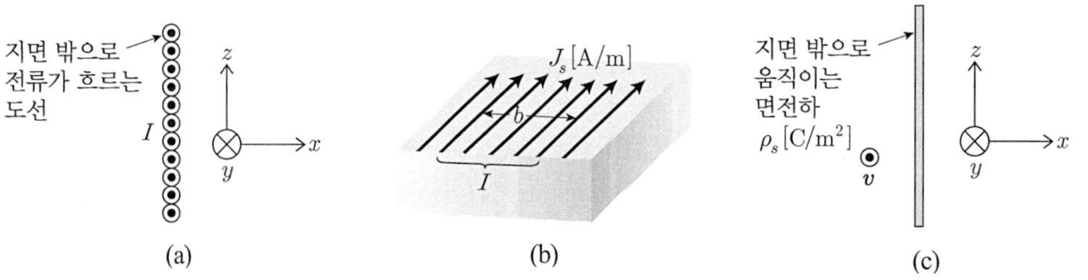

그림 7.7 표면전류밀도의 종류 (a) 단위길이당 전류도선 수 (b) 표면 길이와 전체 전류 (c) 면전하밀도와 속도

선전류, $\boldsymbol{I}$[A]인 경우 $\boldsymbol{H}(\boldsymbol{r}) = \dfrac{1}{4\pi}\displaystyle\int_{c'} \dfrac{\boldsymbol{I}dl' \times \widehat{a_R}}{R^2}$ [A/m]

표면전류밀도, $\boldsymbol{J_s}$[A/m]인 경우 $\boldsymbol{H}(\boldsymbol{r}) = \dfrac{1}{4\pi}\displaystyle\int_{s'} \dfrac{\boldsymbol{J_s}ds' \times \widehat{a_R}}{R^2}$ [A/m]

(체적)전류밀도 $\boldsymbol{J}$[A/m²]인 경우 $\boldsymbol{H}(\boldsymbol{r}) = \dfrac{1}{4\pi}\displaystyle\int_{v'} \dfrac{\boldsymbol{J}dv' \times \widehat{a_R}}{R^2}$ [A/m]

예제 7.3 $(1,-2,2)$에 $\boldsymbol{Idl} = Idx(\widehat{a_x} + \widehat{a_y})$이 있다. $(2,-1,3)$에서 자속밀도를 구하여라.

풀이

$$\boldsymbol{H} = \frac{\boldsymbol{Idl} \times \widehat{a_R}}{4\pi R^2} = \frac{\boldsymbol{Idl} \times \boldsymbol{R}}{4\pi R^3},$$

$$\boldsymbol{R} = (2-1)\widehat{a_x} + (-1+2)\widehat{a_y} + (3-2)\widehat{a_z} = \widehat{a_x} + \widehat{a_y} + \widehat{a_z},$$

$$\boldsymbol{B} = \frac{\mu_0 Idx(\widehat{a_x} + \widehat{a_y}) \times (\widehat{a_x} + \widehat{a_y} + \widehat{a_z})}{4\pi(\sqrt{3})^3} = \frac{\mu_0 Idx}{12\sqrt{3}\,\pi}(\widehat{a_x} - \widehat{a_y})$$ ■

예제 7.4 반지름이 a[m]인 원형도선에 전류, I[A]가 흐를 때 중심에서 자장의 세기를 구하여라.

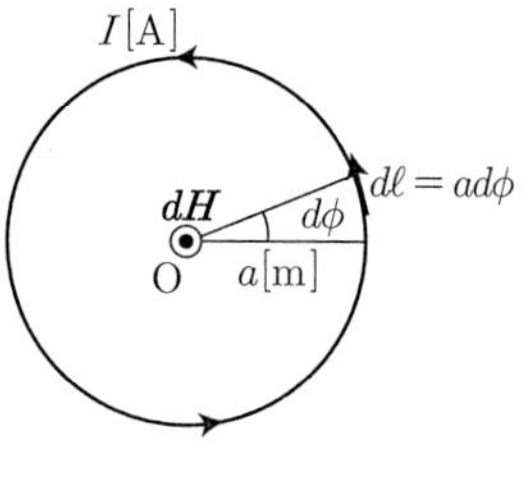

풀이 미소 길이 $\boldsymbol{d\ell} = ad\phi\widehat{a_\phi}$,

미소 자장 $\boldsymbol{dH} = \dfrac{Iad\phi\widehat{a_\phi} \times (-\widehat{a_\rho})}{4\pi a^2} = \dfrac{I\widehat{a_z}}{4\pi a}d\phi$

$$\boldsymbol{H} = \int_0^{2\pi} d\boldsymbol{H} = \frac{I\hat{a_z}}{4\pi a}\int_0^{2\pi} d\phi = \frac{I\hat{a_z}}{4\pi a}2\pi = \frac{I}{2a}\hat{a_z}\,[\mathrm{A/m}]$$ ■

예제 7.5 면전류밀도 $\boldsymbol{J_s} = 8\hat{a_x}\,[\mathrm{A/m}]$가 $z = 0$인 평면에 $-2 < y < 2$ 영역에 흐른다. $\mathrm{P}(0, 0, 3)$에서 자장의 세기를 구하여라.

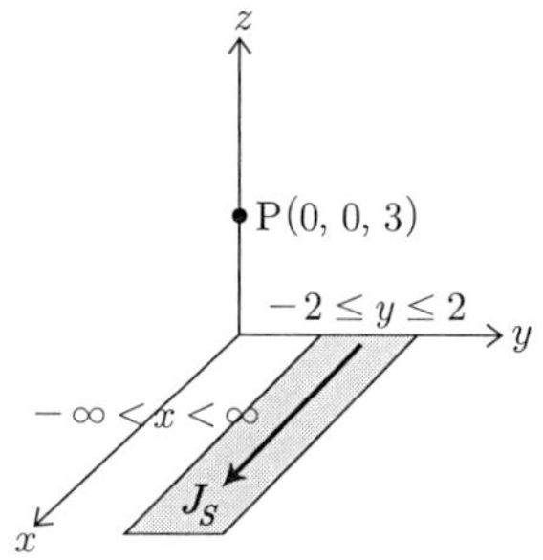

풀이 비오-사바르법칙을 이용하고,

$\boldsymbol{R} = \overline{OP} - \boldsymbol{r} = (0,0,3) - (x,y,0) = -x\hat{a_x} - y\hat{a_y} + 3\hat{a_z}$ 이므로

$$\boldsymbol{H}(\boldsymbol{r}) = \frac{1}{4\pi}\int\int_c \frac{\boldsymbol{J_s}\times\hat{a_R}}{R^2}dxdy = \int_{-2}^{2}\int_{-\infty}^{\infty}\frac{8\hat{a_x}\times(-x\hat{a_x} - y\hat{a_y} + 3\hat{a_z})}{4\pi(x^2+y^2+9)^{3/2}}dxdy,$$

외적 계산을 하면 $\boldsymbol{H}(\boldsymbol{r}) = \int_{-2}^{2}\int_{-\infty}^{\infty}\frac{8(-y\hat{a_z} - 3\hat{a_y})}{4\pi(x^2+y^2+9)^{3/2}}dxdy$ z-성분은 원점에 대해 기함수이므로 적분하면 "0"이 된다.

적분표를 $\int\frac{dx}{(x^2+a^2)^{3/2}} = \frac{x}{a^2\sqrt{x^2+a^2}} + C$, $\int\frac{dx}{x^2+a^2} = \frac{1}{a}\tan^{-1}\frac{x}{a} + C$를 이용하면

$$\boldsymbol{H}(\boldsymbol{r}) = \int_{-2}^{2}\int_{-\infty}^{\infty}\frac{-24\hat{a_y}dxdy}{4\pi(x^2+y^2+9)^{3/2}}$$

$$= -\frac{6}{\pi}\hat{a_y}\int_{-2}^{2}\frac{x}{(y^2+9)\sqrt{x^2+y^2+9}}\Bigg|_{-\infty}^{\infty}dy - \frac{6}{\pi}\hat{a_y}\int_{-2}^{2}\frac{2}{y^2+9}dy$$

$$= -\frac{12}{\pi}\hat{a_y}\frac{1}{3}\tan^{-1}\left(\frac{y}{3}\right)\Bigg|_{-2}^{2} = -\frac{4}{\pi}(2)(0.59)\hat{a_y} = -1.5\hat{a_y}\,[\mathrm{A/m}]$$ ■

7.4 암페어 주회전법칙

암페어 주회전법칙(Ampere's circuital law)은 비자성체에서 임의의 닫힌 경로(암페어 고리, Amperian path) c를 따라 자장을 순환하는 경로로 둘러싸인 표면 s을 통해 출입하는 총 전류($\sum_i I_i$)와 같다는 것이다. 이를 적분형과 미분형으로 나타내면

$$\oint_c \boldsymbol{H} \cdot d\boldsymbol{\ell} = \sum_i I_i = \int_s \boldsymbol{J} \cdot d\boldsymbol{s} \text{ (적분형)} \tag{7-7}$$

$$\nabla \times \boldsymbol{H} = \boldsymbol{J} \text{ (미분형)} \tag{7-8}$$

이고, 여기서 $\boldsymbol{J}$는 전류밀도이다. 만약 자기장 $\boldsymbol{H}$의 폐곡선 c가 전류와 결합(link)이 없으면 다음과 같이 자장은 보존장이 된다.

$$\oint_c \boldsymbol{H} \cdot d\boldsymbol{\ell} = 0 \text{ 혹은 } \nabla \times \boldsymbol{H} = 0 \tag{7-9}$$

그림 7.8과 같이 전류방향에 의한 자장방향은 오른손법칙에 따라 정해지고 그림 7.9와 같은 암페어 고리 a, b는 동일한 전류가 출입하므로 자장은 같다.

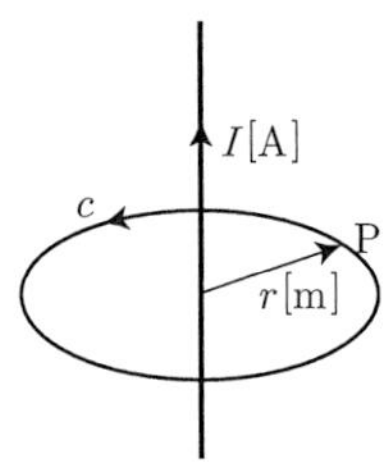

그림 7.8 전류에 의한 자장방향

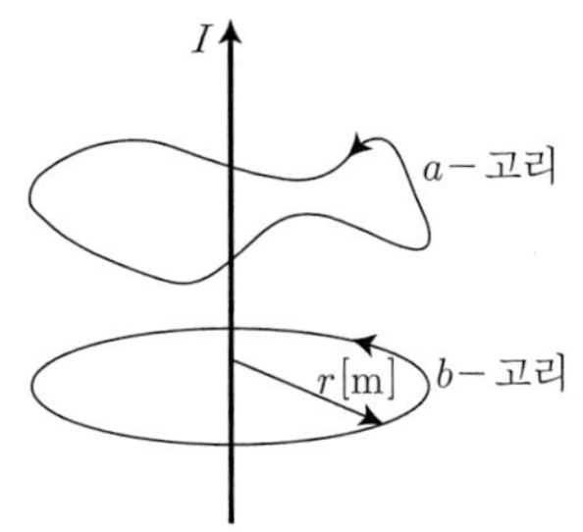

그림 7.9 두 종류의 암페어 고리

따라서 전장의 가우스법칙은 대칭적인 전하분포로부터 정전장을 유도하고, 암페어법칙은 대칭적인 전류분포로부터 정자장을 유도한다.

정전자장(electromagnetostatic)

도전 매질에서 정전장과 정자장이 존재할 수 있고, 옴의 법칙($\boldsymbol{J} = \sigma \boldsymbol{E}$)으로 연결된다. 그러나 전장은 정전하에 의해 자장은 전류에 의해 완전히 결정된다. 즉 전장을 계산하는데 자장이 들어가지 않고 반대도 마찬가지다. 손실 있는 유전체가 좋은 예이다.

$$\nabla \times \boldsymbol{H} = \lim_{\Delta s \to 0} \frac{\oint_c \boldsymbol{H} \cdot d\boldsymbol{\ell}}{\Delta s} = \boldsymbol{J}$$

: 면적이 영으로 축소되면 단위면적당 자장의 회전이 최대가 된다.

암페어의 오른나사법칙

전류에 의한 자장의 방향에 관한 법칙으로 오른손의 엄지손가락을 세웠을 때, 엄지손가락의 방향으로 전류(자력선)가 흐르면 다른 네 개의 손가락이 도는 방향으로 자력선(전류)이 생긴다는 법칙이다. 전류를 흘리는 코일은 봉자석과 같은 작용을 하지만 전류를 흘리는 양단의 극성은 권선 방법 및 전류방향에 의해 달라진다.

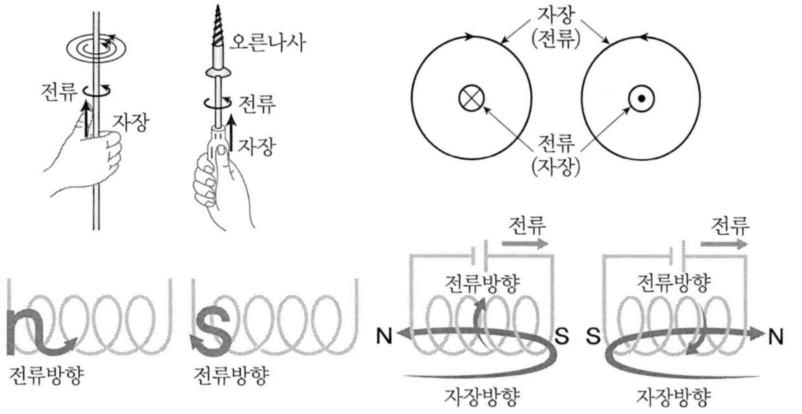

암페어는 전류가 만드는 자장을 수식으로 표현하였고, 전기역학이라는 새로운 학문을 만들었다.

(1) 무한 직선도선의 자장

그림 7.10(a)와 같이 반경 $R\,[\mathrm{m}]$의 원형 단면을 갖는 무한히 긴 비자성 직선도체에 정상전류 $I\,[\mathrm{A}]$가 흐르고 전류밀도는 균일하다고 가정한다.

① 도선 바깥 $(r \geq R)$: 닫힌 고리의 전류는 $I_c = I$이고, 자속밀도와 미소 길이는

$$\boldsymbol{B} = \widehat{a_\phi} B_\phi, \quad \boldsymbol{d\ell} = \widehat{a_\phi} r d\phi \tag{7-10}$$

이므로 암페어법칙에 의해

$$\oint_c \boldsymbol{B} \cdot \boldsymbol{d\ell} = 2\pi r B_\phi = \mu_0 I \tag{7-11}$$

이 되고, 도체 외부 자속밀도는 다음과 같다.

$$\boldsymbol{B} = \widehat{a_\phi} B_\phi = \widehat{a_\phi} \frac{\mu_0 I}{2\pi r}\ [\mathrm{T}],\ r \geq a \tag{7-12}$$

② 도선 안쪽 $(r < R)$: 반지름 r인 내부도체에 흐르는 전류는

$$I_c = \left(\frac{\pi r^2}{\pi R^2} I\right) = \frac{r^2 I}{R^2} \tag{7-13}$$

이므로 자속밀도는 다음과 같고, 위치에 따른 자속밀도는 그림 7.10(b)와 같다.

$$\oint_c \boldsymbol{B} \cdot \boldsymbol{d\ell} = 2\pi r B_\phi = \mu_0 I_c = \mu_0 \left(\frac{r^2}{R^2} I\right) \rightarrow B_\phi = \frac{\mu_0 I}{2\pi R^2} r\ [\mathrm{T}] \tag{7-14}$$

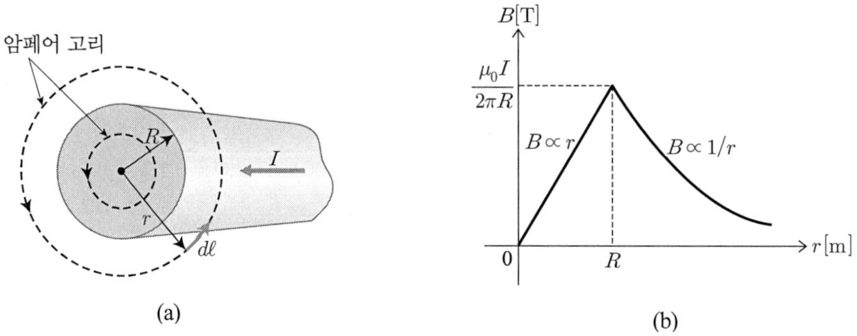

그림 7.10 반지름 R인 무한 직선도선 (a) 구조 (b) 중심에서 떨어진 거리 r에 따른 자속밀도

자속밀도

CGS계의 Gauss(G)와 SI계의 Tesla(T)는 자속밀도(자기선속밀도)를 나타내는 단위이며, $1[\mathrm{T}] = 1[\mathrm{Wb/m^2}] = 10^4[\mathrm{G}]$이다. 자속밀도의 단위 $\frac{\mathrm{N}}{\mathrm{C \cdot m/s}} = \frac{\mathrm{N}}{\mathrm{C/s \cdot m}} = \frac{\mathrm{N}}{\mathrm{A \cdot m}} = \mathrm{Tesla(T)} = \mathrm{Wb/m^2}$. (예) 초전도 자석$= 30[\mathrm{T}]$, MRI 자석$= 1.5[\mathrm{T}]$, 막대자석 $= 10^{-2}[\mathrm{T}]$, 지표면 $= 0.5 \times 10^{-4}[\mathrm{T}]$, 인간두뇌 $= 10^{-13}[\mathrm{T}]$

$1[\mathrm{C}]$의 전하가 $1[\mathrm{m/s}]$의 속력으로 $1[\mathrm{T}]$의 자기장에 수직으로 통과할 때 받는 힘은 $1[\mathrm{N}]$이다.

정상자장 : 직류 전류에 의한 자장

예제 7.6 $5\mathrm{mm} \times 10\mathrm{mm}$의 단면적을 가진 사각형 철심의 자속이 $5\mathrm{mWb}$이다. 자속밀도를 구하여라.

풀이 $B = \frac{\Phi_M}{A} = \frac{5 \times 10^{-3}\mathrm{Wb}}{(5 \times 10^{-3}\mathrm{m})(10 \times 10^{-3}\mathrm{m})} = 100[\mathrm{Wb/m^2}] = 100[\mathrm{T}]$ ■

예제 7.7 $300k\mathrm{V}$ 고압선에 $2{,}000\mathrm{A}$가 흐르고 선의 높이가 $10\mathrm{m}$이다. 지표면에서 자속밀도를 구하여라.

풀이 $B_\phi = \frac{\mu_0 I}{2\pi\rho} = \frac{4\pi \times 10^{-7} \times 2000}{2\pi \times 10} = 40[\mu\mathrm{T}]$ ■

지구자장의 크기는 $20 \sim 80\mu\mathrm{T}$ 범위이고 우리나라는 $50\mu\mathrm{T}$ 정도이다. 자장은 근원에서 멀어질수록 약해지지만 무한하게 뻗어나간다. 지구의 자장은 수만 $k\mathrm{m}$ 정도 퍼져 있어 자기권이라 부른다. 우리나라 여름에는 $100n\mathrm{T}$ 정도이다.

(2) 동축선로의 자장

그림 7.11과 같이 반경이 a[m]인 내부도체에 I[A]의 전류가 흐르고, 반경이 b[m]이고 두께가 t[m]인 외부도체에 $-I$[A]의 반대 전류가 흐르는 z-방향으로 무한히 긴 동축선의 자장을 구해보자. 전류분포가 균일하고 대칭이므로 네 개의 암페어 고리에서 암페어법칙 식을 적용한다.

① $0 \leqq \rho \leqq a$: 고리 c_1,

$$I_{enc} = \int \boldsymbol{J} \cdot d\boldsymbol{s} = \int \left(\frac{I}{\pi a^2} \widehat{a_z} \right) \cdot (\widehat{a_z}\, \rho\, d\phi\, d\rho) = \frac{I}{\pi a^2} \int_0^{2\pi} \int_0^{\rho} \rho d\phi d\rho = \frac{I}{\pi a^2} \pi \rho^2 = \frac{I\rho^2}{a^2}$$

$$\oint_{c_1} \boldsymbol{H} \cdot d\boldsymbol{\ell} = H_\phi \int d\ell = H_\phi 2\pi\rho = \frac{I\rho^2}{a^2},\ H_\phi = \frac{I\rho}{2\pi a^2} [\mathrm{A/m}]$$

② $a \leqq \rho \leqq b$: 고리 c_2, $\oint_{c_2} \boldsymbol{H} \cdot d\boldsymbol{\ell} = I,\ H_\phi = \frac{I}{2\pi\rho} [\mathrm{A/m}]$

③ $b \leqq \rho \leqq b+t$: 고리 c_3, $\oint_{c_3} \boldsymbol{H} \cdot d\boldsymbol{\ell} = H_\phi 2\pi\rho = I + \int \boldsymbol{J} \cdot d\boldsymbol{s}$,

$$\int \boldsymbol{J} \cdot d\boldsymbol{s} = \int_0^{2\pi} \int_b^{\rho} \frac{-I\widehat{a_z}}{\pi[(b+t)^2 - b^2]} \cdot (\widehat{a_z} \rho\, d\rho\, d\phi) = -I \frac{(\rho^2 - b^2)}{t^2 + 2bt},$$

$$H_\phi = \frac{I}{2\pi\rho} \left[1 - \frac{\rho^2 - b^2}{t^2 + 2bt} \right] [\mathrm{A/m}]$$

④ $\rho \geqq b+t$: 고리 c_4, $\oint_{c_4} \boldsymbol{H} \cdot d\boldsymbol{\ell} = I - I = 0,\ H_\phi = 0$

위치에 따른 자장의 세기는 그림 7.11(b)와 같다.

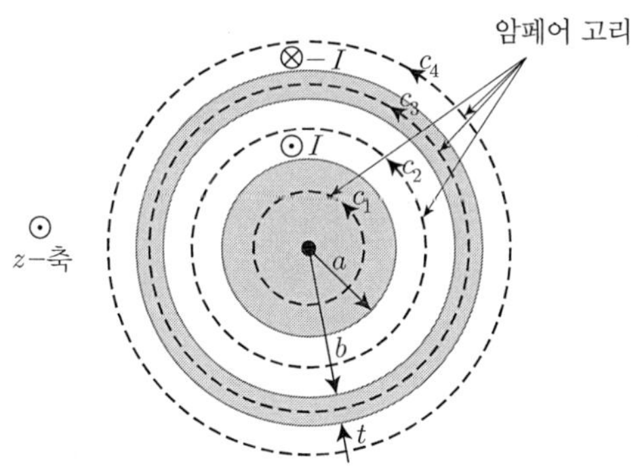

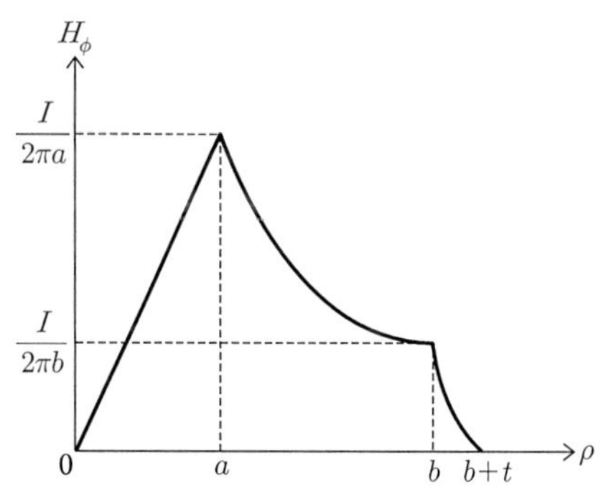

그림 7.11 동축선 (a) 구조 (b) 중심에서 떨어진 거리 ρ에 따른 자장의 세기

(3) 전류판에 의한 자장

그림 7.12(a)와 같이 xy-평면에 두께는 b[m]인 무한이 큰 얇은 판에 균일한 전류밀도 $\boldsymbol{J} = J_0 \widehat{a_x}$ [A/m²]이 흐를 때 자장을 구해보자. 그림 7.12(b)와 같이 전류판을 $+x$ 방향으

로 전류가 흐르는 많은 평행도선의 조합으로 생각할 수 있다. 평면 위 점 P에서 자장은 $-y$ 방향을 가리키고 z-방향 성분은 모든 도선의 성분을 더할 경우 사라진다. 그리고 평면 아래 점 P에서 자장은 $+y$ 방향을 가리킨다.

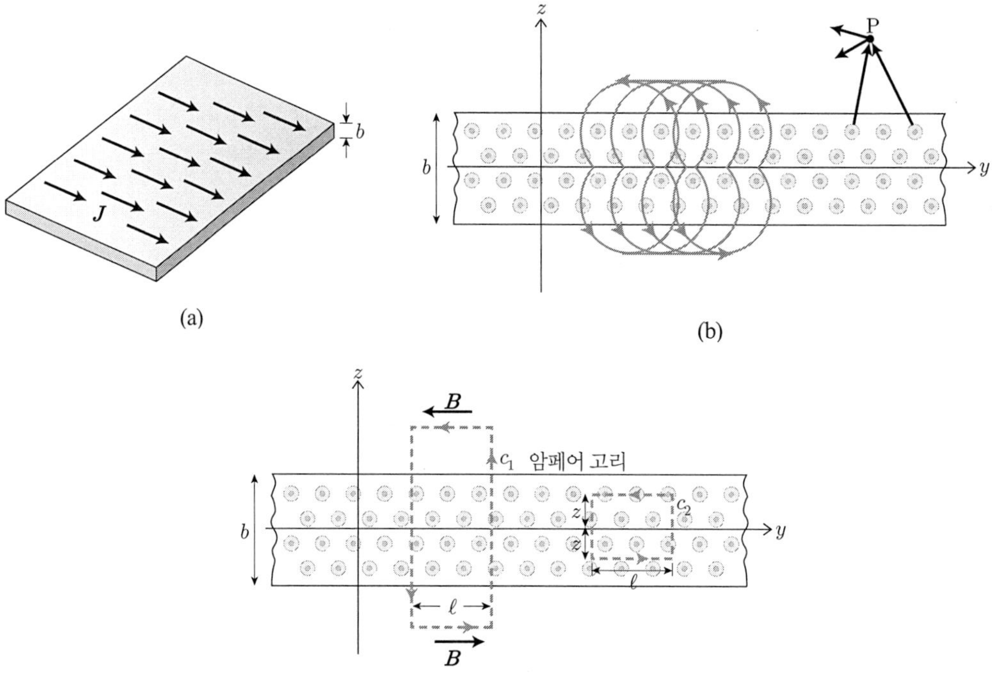

그림 7.12 전류밀도, $J_0\widehat{a_x}$인 무한 얇은 판 (a) 구조 (b) 전류판에서 자장 (c) 전류판의 닫힌 경로

전류판에 의한 자장은 암페어법칙을 적용하면 다음과 같다.

① c_1 경로: 경로 내 전류 $I_t = \int \boldsymbol{J} \cdot \boldsymbol{ds} = J_0(b\ell)$이며, 암페어법칙을 적용하면

$$\oint \boldsymbol{B} \cdot \boldsymbol{d\ell} = B\oint d\ell = B(2\ell) = \mu_0 I_t = \mu_0(J_0 b\ell) \tag{7-15}$$

$$B = \frac{\mu_0 J_0 b}{2} \text{ [T]}$$

이고, 전류판 바깥의 자장은 판에서 거리와 상관없이 일정하다.

② c_2 경로: 경로 내 전류 $I_t = \int \boldsymbol{J} \cdot \boldsymbol{ds} = J_0(2|z|\ell)$이고, 암페어법칙을 적용하면

$$\oint \boldsymbol{B} \cdot \boldsymbol{d\ell} = B\oint d\ell = B(2\ell) = \mu_0 I_t = \mu_0 J_0(2|z|\ell) \tag{7-16}$$

$$B = \mu_0 J_0 |z| \text{ [T]}$$

이고, $z=0$에서 대칭성에 의해 자장은 사라진다.

그래서 단위벡터를 사용하여 자장을 나타내면

$$\begin{aligned} \boldsymbol{B} &= -\frac{\mu_0 J_0\, b}{2}\hat{a_y}, \quad z > b/2 \\ &= -\mu_0 J_0\, z\hat{a_y}, \quad -b/2 < z < b/2 \\ &= \frac{\mu_0 J_0\, b}{2}\hat{a_y}, \quad z > -b/2 \end{aligned} \tag{7-17}$$

이다. 무한히 얇은 판인 경우($b\to 0$) 표면전류 $\boldsymbol{J_s}= J_0 b\hat{a_x}= K\hat{a_x}$ [A/m]이고 자장은

$$\begin{aligned} \boldsymbol{B} &= -\frac{\mu_0 K}{2}\hat{a_y}, \quad z > 0 \\ &= \frac{\mu_0 K}{2}\hat{a_y}, \quad z < 0 \end{aligned} \tag{7-18}$$

이다. 일반적으로 $\boldsymbol{B} = \frac{\mu_0}{2}\boldsymbol{J_s} \times \hat{a_n}$ [T]이고, 여기서 $\hat{a_n}$은 전류판에 법선방향의 단위 벡터이다.

예제 7.8 그림과 같이 반경이 R[m]이고 매우 긴 비도체 원통 원주에 N개의 도선을 촘촘하고 축에 평행하게 배치한다. 각 도선은 전류 I[A]가 흐를 때 원통 내부와 외부에 자속밀도를 구하여라.

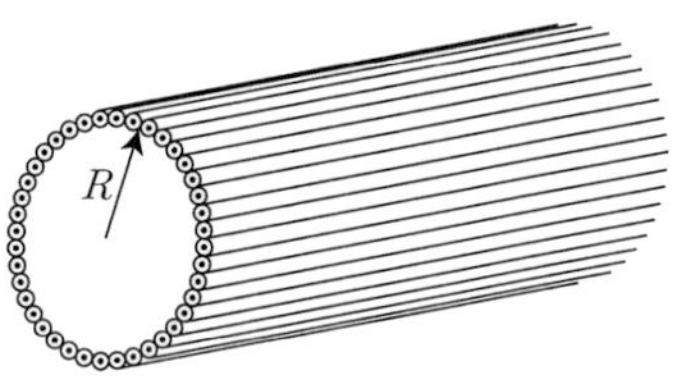

풀이 ① $r < R$에서 $B=0$, ② $r > R$에서 $B=\mu_0 \frac{NI}{2\pi r}$이다. ■

(4) 솔레노이드

솔레노이드는 긴 코일이 나선형으로 촘촘히 감겨 있고 솔레노이드의 반경보다 길이가 크다. 그래서 정상전류를 흘리면 솔레노이드 내부의 자장이 매우 균일해진다. 그림 7.13과 같이 이상적인 솔레노이드는 촘촘히 감은 길이가 무한하고 솔레노이드 내부의 자장은 축과 평행, 균일하며, 솔레노이드 외부는 자장이 없다.

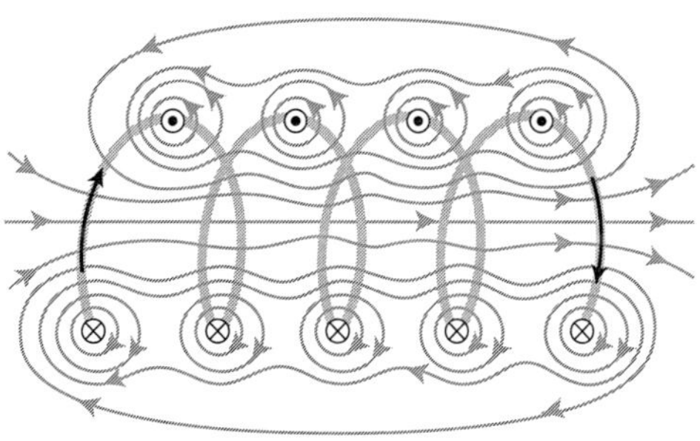

그림 7.13 솔레노이드의 자기력선

그림 7.14와 같은 이상적인 솔레노이드에서 암페어법칙에 따라 자장의 세기를 계산해보자. 1-2-3-4 반시계방향인 직사각형 경로를 따라 자속밀도를 선적분하면

$$\oint_c \boldsymbol{B} \cdot d\boldsymbol{\ell} = \int_1 \boldsymbol{B} \cdot d\boldsymbol{\ell} + \int_2 \boldsymbol{B} \cdot d\boldsymbol{\ell} + \int_3 \boldsymbol{B} \cdot d\boldsymbol{\ell} + \int_4 \boldsymbol{B} \cdot d\boldsymbol{\ell} \tag{7-19}$$
$$= 0 + 0 + B\ell + 0 = B\ell$$

이다. 자장은 솔레노이드 내부에만 존재하므로 경로-1은 자장 $\boldsymbol{B}$가 "0"이고, 경로-2와 4는 자장 $\boldsymbol{B}$와 $d\boldsymbol{\ell}$이 수직이므로 적분값이 "0"이다. 닫힌 경로에 따른 감은 수가 N이면 암페어법칙에 의해 자장은

$$\oint \boldsymbol{B} \cdot d\boldsymbol{\ell} = B\ell = \mu_0 NI \tag{7-20}$$

$$B = \frac{\mu_0 NI}{\ell} = \mu_0 nI\ [\mathrm{T}] \tag{7-21}$$

이고, 여기서 n은 단위길이당 감은 수이다.

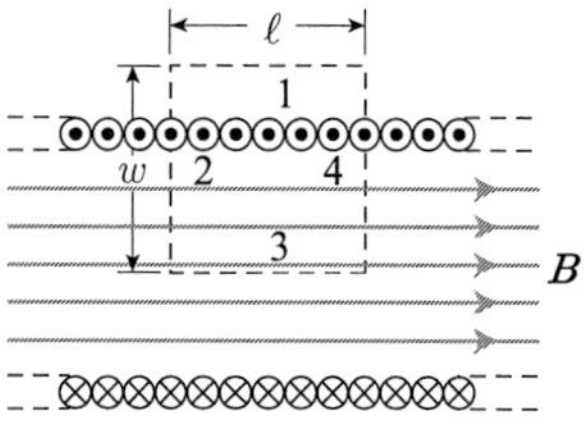

그림 7.14 이상적인 솔레노이드의 자기력선 계산

> 코일을 감아서 자장을 증폭시키는 직선형 코일인 솔레노이드, 도너츠형 코일인 토로이드가 있다.
> 솔레노이드의 자속 $\Phi = BS = S\mu NI/\ell\,[\mathrm{Wb}] = \dfrac{NI}{\ell / \mu S} = \dfrac{V_m}{\mathcal{R}} = \dfrac{\text{기자력}}{\text{자기저항}}$

(5) 토로이드

그림 7.15(a)와 같이 N-번 감긴 토로이드에서 토로이드 내부의 자장을 구해보자. 토로이드는 솔레노이드의 양 끝을 붙인 구조이므로 자장은 토로이드 내부에 완전히 구속되고 자장의 방향은 방위각 방향이다. 그림 7.15(b)에서 전류방향에 의해 자장의 방향은 반시계방향이다. 원점에서 토로이드 중심까지 반경이 $b[\mathrm{m}]$이고 토로이드 반경이 $a[\mathrm{m}]$일 때 암페어법칙을 이용하여 토로이드 내부의 $(b-a) < r < (b+a)$에서 자장을 구하면

$$\oint \boldsymbol{B} \cdot d\boldsymbol{\ell} = \oint B\, d\ell = B \oint d\ell = B(2\pi r) = \mu_0 NI \tag{7-22}$$
$$\boldsymbol{B} = \hat{a}_\phi \frac{\mu_0 NI}{2\pi r}\ [\mathrm{T}]$$

이고, 토로이드 내부의 자장은 그림 7.15(c)와 같이 불균일하고 $1/r$로 감소한다. 토로이드

외부인 $r<(b-a)$ 혹은 $r>(b+a)$인 경우 $\boldsymbol{B}=0$이다.

표 7.2는 지금까지 유도한 일반적인 구조에 따른 자장의 세기를 정리하였다.

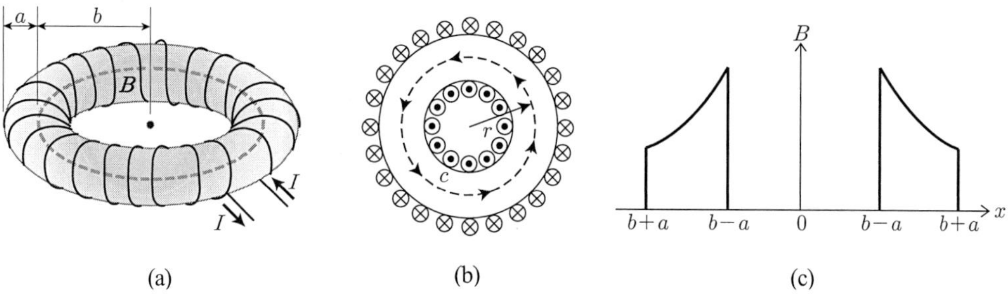

그림 7.15 토로이드 (a) 구조 (b) 내부 암페어 고리 (c) 단면의 자속밀도

표 7.2 일반적인 구조에 따른 자장의 세기

종 류	자장의 세기[A/m]
긴 도선 주위의 자장	$\boldsymbol{H}=\dfrac{I}{2\pi r}$
솔레노이드	$\boldsymbol{H}=nI$
토로이드	$\boldsymbol{H}=\dfrac{NI}{2\pi r}$

예제 7.9 평균반지름이 10cm, 감은 수가 200회, 전류가 0.5A 흐르는 토로이드의 내부 자장을 구하여라.

풀이 $\boldsymbol{H}=\dfrac{NI}{2\pi a}=\dfrac{(200)0.5}{2\pi\times 0.1}=159.2[\mathrm{A/m}]$ ■

7.5 자장의 가우스법칙

그림 7.16처럼 자석은 전하와 같이 독립적으로 단일 극이 존재하지 않으므로 닫혀진 표면을 통해 자속은 항상 "0"이다. 즉 자속은 외부로 빠져 나간 양만큼 다시 닫힌 공간으로 되돌아오므로 닫힌 표면에 대해 보존적이다.

$$\oint_s \boldsymbol{B}\cdot d\boldsymbol{s}=0,\quad \nabla\cdot\boldsymbol{B}=0 \tag{7-23}$$

자장의 가우스법칙에서 물리적인 의미는 자장이 있는 곳에 임의의 닫힌 곡면을 정해 자장을 면적분하면 자장에 대한 선속이 되고 그 결과는 "0"이라는 것이다. 자장을 만드는 자석은 항상 N극과 S극이 함께 있으므로 닫힌 곡면 내에 포함된 총 자하는 "0"이어야만 한다. 즉 자석은 N극이나 S극이 홀로 존재할 수 없다.

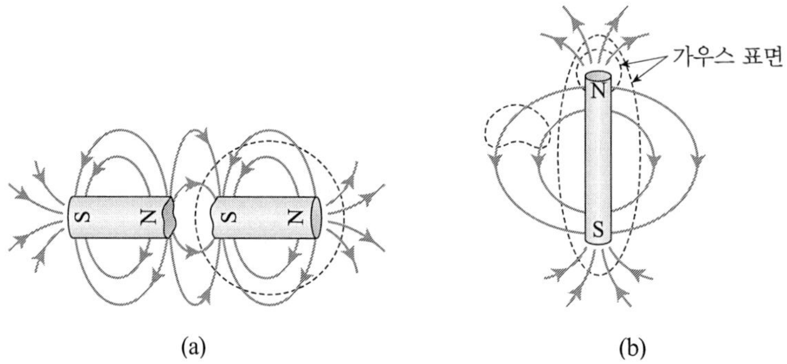

그림 7.16 자석 (a) 자기 쌍극자 (b) 가우스표면에 따른 자속

자기 흐름의 원천은 존재하지 않고, 고립된 자하는 없다. 그래서 그림 7.17(a)와 같이 자기 흐름은 항상 연속적이고 닫힌 고리가 되어 솔레노이드(solenoid) 모양을 한다. 그림 7.17(b)는 Y-자 자성체관에서 자장이 균일하고 단면적 S_1, S_2, S_3인 일정한 관에 갇혀 있다면 $B_1S_1 + B_2S_2 = B_3S_3$인 관계를 가진다.

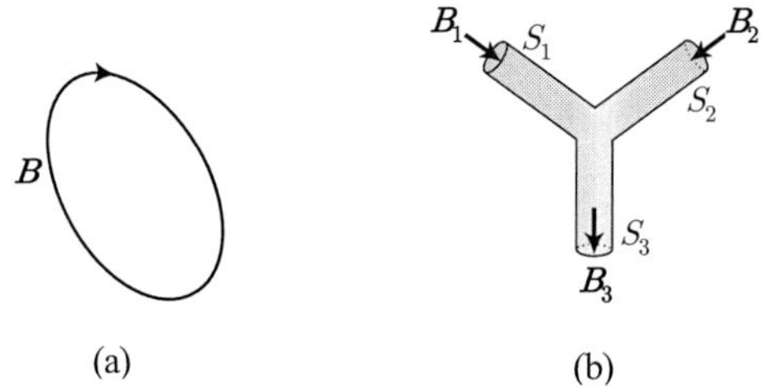

그림 7.17 가우스법칙 (a) 자속밀도의 연속 (b) 닫힌 곡면에 자속의 합은 "0"

7.6 자기벡터 전위

자속밀도의 솔레노이드 성질 때문에 $\nabla \cdot \boldsymbol{B} = 0$이므로 자속밀도는 영항등식에 의해 $\boldsymbol{B} = \nabla \times \boldsymbol{A}$로 정의된다. 여기서 $\boldsymbol{A}$는 자기벡터 전위(magnetic vector potential)라 하며 단위는 Wb/m 혹은 T·m이고, 안테나와 도파관의 자장을 구하기 위해 유용하다.

(1) 암페어법칙으로 자기벡터 전위 구하기

전류밀도가 $\boldsymbol{J}[\mathrm{A/m^2}]$인 미분형 암페어법칙은

$$\nabla \times \boldsymbol{H} = \boldsymbol{J} \quad [\mathrm{A/m^2}], \quad \nabla \times \boldsymbol{B} = \mu_0 \boldsymbol{J} \tag{7-24}$$

이고, 자기벡터 전위를 대입하면

$$\nabla \times \nabla \times \boldsymbol{A} = \mu_0 \boldsymbol{J}, \quad \nabla(\nabla \cdot \boldsymbol{A}) - \nabla^2 \boldsymbol{A} = \mu_0 \boldsymbol{J} \tag{7-25}$$

이다. 쿨롱게이지 조건($\nabla \cdot \boldsymbol{A} = 0$)을 대입하면 벡터 포아송방정식은

$$\nabla^2 \boldsymbol{A} = -\mu_0 \boldsymbol{J} \tag{7-26}$$

이고 직각좌표계에서

$$\nabla^2 A_x = -\mu_0 J_x, \quad \nabla^2 A_y = -\mu_0 J_y, \ \nabla^2 A_z = -\mu_0 J_z \tag{7-27}$$

이므로 해는

$$\begin{aligned} \boldsymbol{A}(x,y,z) &= \widehat{a_x} A_x + \widehat{a_y} A_y + \widehat{a_z} A_z \\ &= \frac{\mu_0}{4\pi}\left(\int_{v'} \widehat{a_x}\frac{J_x dv'}{R} + \int_{v'} \widehat{a_y}\frac{J_y dv'}{R} + \int_{v'} \widehat{a_z}\frac{J_z dv'}{R}\right) \end{aligned} \tag{7-28}$$

이며 여기서 $\boldsymbol{R}$은 거리벡터이다.

전장의 포아송방정식 해를 구하는 과정과 같이 자기벡터 전위(자위)의 포아송방정식 해는

$$\boldsymbol{A}(\boldsymbol{r}) = \frac{\mu_0}{4\pi}\int_{v'} \frac{\boldsymbol{J}(\boldsymbol{r}')\,dv'}{R} \ [\mathrm{T \cdot m}] \tag{7-29}$$

이며, 자위는 도체 내에 흐르는 전류방향과 같다. 그리고 $\boldsymbol{J}dv' = JA\,d\boldsymbol{\ell}' = I d\boldsymbol{\ell}'$에 의해 자위는 다음과 같다.

$$\boldsymbol{A}(\boldsymbol{r}) = \frac{\mu_0 I}{4\pi}\oint_{c'} \frac{d\boldsymbol{\ell}'}{R} \ [\mathrm{T \cdot m} \text{ 혹은 } \mathrm{Wb/m}] \tag{7-30}$$

선전류인 경우 $\boldsymbol{B} = \nabla \times \boldsymbol{A}$를 대입하여 자속밀도를 구하면 다음과 같다.

$$\begin{aligned} \boldsymbol{B}(\boldsymbol{r}) &= \nabla \times \left(\frac{\mu_0 I}{4\pi}\oint_{c'} \frac{d\boldsymbol{\ell}'}{R}\right) = \frac{\mu_0 I}{4\pi}\oint_{c'}\left(\nabla \times \frac{d\boldsymbol{\ell}'}{R}\right) \\ &= \frac{\mu_0 I}{4\pi}\int_{c'} \frac{d\boldsymbol{\ell}' \times \widehat{a_R}}{R^2} = \oint_{c'} d\boldsymbol{B} \ \ [\mathrm{T}] \end{aligned} \tag{7-31}$$

> $\nabla \times (f\boldsymbol{A}) = f\nabla \times \boldsymbol{A} + \nabla f \times \boldsymbol{A}$를 이용하고 $f = \frac{1}{R}$, $\boldsymbol{A} = d\boldsymbol{\ell}'$라 하면
>
> $$\nabla \times \frac{d\boldsymbol{\ell}'}{R} = \frac{1}{R}\nabla \times d\boldsymbol{\ell}' + \left(\nabla \frac{1}{R}\right) \times d\boldsymbol{\ell}' = \left(-\widehat{a_R}\frac{1}{R^2}\right) \times d\boldsymbol{\ell}' = d\boldsymbol{\ell}' \times \left(\frac{\widehat{a_R}}{R^2}\right)$$
>
> 서로 독립된 좌표계이므로
>
> $$\nabla \times d\boldsymbol{\ell}' = 0,\ \boldsymbol{r} - \boldsymbol{r}' = R\widehat{a_R},\ \frac{1}{R} = \left[(x-x')^2 + (y-y')^2 + (z-z')^2\right]^{-1/2}$$
>
> $$\nabla\left(\frac{1}{R}\right) = \widehat{a_x}\frac{\partial}{\partial x}\left(\frac{1}{R}\right) + \widehat{a_y}\frac{\partial}{\partial y}\left(\frac{1}{R}\right) + \widehat{a_z}\frac{\partial}{\partial z}\left(\frac{1}{R}\right) = -\frac{R\widehat{a_R}}{R^3} = -\widehat{a_R}\frac{1}{R^2},$$
>
> $\widehat{a_R}$은 원천에서 관측점으로 향하는 단위벡터이다.

(2) 비오-사바르법칙으로 자기벡터 전위 구하기

그림 7.18과 같이 점 P에서 전속밀도를 비오-사바르법칙을 이용하면

$$
\begin{aligned}
\boldsymbol{B}(\boldsymbol{r}) &= \frac{\mu_0}{4\pi}\oint_{v'} \frac{\boldsymbol{J}(\boldsymbol{r}')\times(\boldsymbol{r}-\boldsymbol{r}')}{|\boldsymbol{r}-\boldsymbol{r}'|^3}dv' = \frac{\mu_0}{4\pi}\oint_{v'} -\boldsymbol{J}(\boldsymbol{r}')\times\nabla\left(\frac{1}{|\boldsymbol{r}-\boldsymbol{r}'|}\right)dv' \\
&= \frac{\mu_0}{4\pi}\oint_{v'}\nabla\left(\frac{1}{|\boldsymbol{r}-\boldsymbol{r}'|}\right)\times\boldsymbol{J}(\boldsymbol{r}')dv' = \frac{\mu_0}{4\pi}\oint_{v'}\nabla\times\left(\frac{\boldsymbol{J}(\boldsymbol{r}')}{|\boldsymbol{r}-\boldsymbol{r}'|}\right)dv' \\
&= \oint_{v'}\nabla\times\left(\frac{\mu_0}{4\pi}\frac{\boldsymbol{J}(\boldsymbol{r}')}{|\boldsymbol{r}-\boldsymbol{r}'|}\right)dv' \ [\mathrm{T}]
\end{aligned}
\tag{7-32}
$$

이므로 $\boldsymbol{B}=\nabla\times\boldsymbol{A}$에서 자기벡터 전위는 다음과 같다.

$$
\boldsymbol{A}(\boldsymbol{r}) = \frac{\mu_0}{4\pi}\int_{v'}\frac{\boldsymbol{J}(\boldsymbol{r}')\,dv'}{|\boldsymbol{r}-\boldsymbol{r}'|} \quad [\mathrm{Wb/m}] \tag{7-33}
$$

체적전하밀도 ρ_v인 전위의 포아송방정식의 해 : $\nabla^2 V = -\dfrac{\rho_v}{\epsilon_0} \rightarrow V = \dfrac{1}{4\pi\epsilon_0}\displaystyle\int_{v'}\frac{\rho_v dv'}{|\boldsymbol{r}-\boldsymbol{r}'|}$

전류밀도 $\boldsymbol{J}$인 자위의 포아송방정식의 해 :

$$\nabla^2\boldsymbol{A} = -\mu_0\boldsymbol{J} \rightarrow \boldsymbol{A} = \frac{\mu_0}{4\pi}\int_{v'}\frac{\boldsymbol{J}(\boldsymbol{r}')\,dv'}{|\boldsymbol{r}-\boldsymbol{r}'|} = \frac{\mu_0 I}{4\pi}\int_{c'}\frac{d\boldsymbol{\ell}'}{|\boldsymbol{r}-\boldsymbol{r}'|}$$

자속, $\Phi_M = \displaystyle\int_s \boldsymbol{B}\cdot d\boldsymbol{s} = \int_s(\nabla\times\boldsymbol{A})\cdot d\boldsymbol{s} = \oint_c \boldsymbol{A}\cdot d\boldsymbol{\ell}$ [Wb]

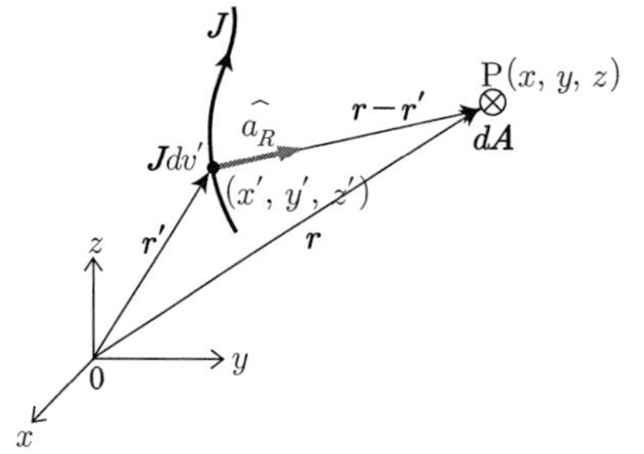

그림 7.18 임의의 전류밀도에 의한 자장

그림 7.19는 전류밀도, 자속밀도, 그리고 벡터 전위의 관계를 나타내고, 자속밀도는 닫힌 경로를 이루는 벡터장(솔레노이드)이고 자속의 원천이 없다.

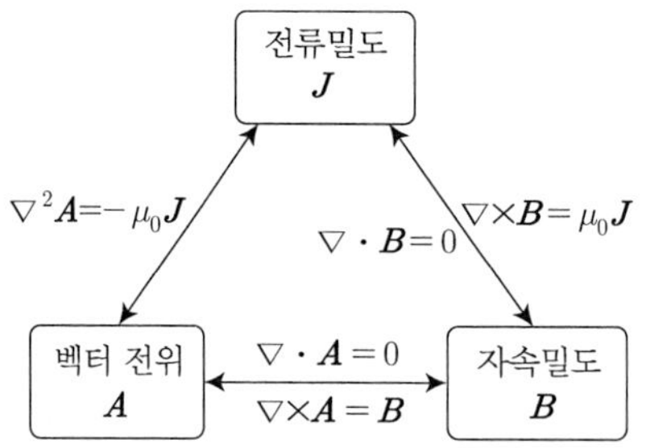

그림 7.19 전류밀도, 자속밀도, 벡터 전위의 관계

예제 7.10 벡터 자위가 $\boldsymbol{A}=\hat{a_z}(x^3-y^2)$ $[\mu\text{Wb/m}]$일 때 점$(2,-1,1)$에서 자속밀도와 전류밀도를 구하여라.

풀이 ① 벡터 자위로부터 자속밀도를 구하면

$$\boldsymbol{B}=\nabla\times\boldsymbol{A}=\left[\frac{\partial A_z}{\partial y}\hat{a_x}-\frac{\partial A_z}{\partial x}\hat{a_y}\right]$$

$$=\left[\frac{\partial}{\partial y}(x^3-y^2)\hat{a_x}-\frac{\partial}{\partial x}(x^3-y^2)\hat{a_y}\right]=-2y\hat{a_x}-3x^2\hat{a_y}\ [\mu\text{Wb/m}^2]\text{ 이다.}$$

$$\boldsymbol{B}(2,-1,1)=2\hat{a_x}-12\hat{a_y}\ [\mu\text{Wb/m}^2]$$

② 전류밀도를 구하면

$$\boldsymbol{J}(x,y,z)=\nabla\times\boldsymbol{H}=\frac{1}{\mu_0}\nabla\times\boldsymbol{B}$$

$$=\frac{1}{\mu_0}\left[-\frac{\partial A_y}{\partial z}\hat{a_x}+\frac{\partial A_x}{\partial z}\hat{a_y}+\left(\frac{\partial A_y}{\partial x}-\frac{\partial A_x}{\partial y}\right)\hat{a_z}\right]$$

$$=\frac{1}{4\pi\times10^{-7}}\left[\frac{\partial}{\partial x}(-3x^2)-\frac{\partial}{\partial y}(-2y)\hat{\boldsymbol{z}}\right]\times10^{-6}$$

$$=\frac{5}{\pi}(-3x+1)\hat{a_z}\ [\text{A/m}^2]\text{ 이다.}$$

따라서 점$(2,-1,1)$에서의 전류밀도는 $\boldsymbol{J}(2,-1,2)=-\frac{25}{\pi}\hat{a_z}$ $[\text{A/m}^2]$이다. ■

예제 7.11 자유공간에서 자위가 $\boldsymbol{A}=10\rho^{1.5}\hat{a_z}\,[\text{Wb/m}]$일 때 자장세기 $\boldsymbol{H}$와 전류밀도 $\boldsymbol{J}$를 구하여라.

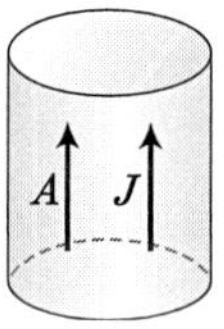

풀이 $$\boldsymbol{H}=\frac{\boldsymbol{B}}{\mu_0}=\frac{1}{\mu_0}(\nabla\times\boldsymbol{A})=\frac{1}{\mu_o}\left(\frac{\partial A_\rho}{\partial z}-\frac{\partial A_z}{\partial\rho}\right)\hat{a_\phi}$$

$$=-\frac{1}{\mu_0}\left(\frac{\partial(10\rho^{1.5})}{\partial\rho}\right)\hat{a_\phi}=-\frac{15}{\mu_0}\rho^{0.5}\hat{a_\phi}\ [\text{A/m}]$$

$$\boldsymbol{J}=\nabla\times\boldsymbol{H}=\frac{1}{\rho}\frac{\partial(\rho H_\phi)}{\partial\rho}\hat{a_z}=\frac{1}{\rho}\frac{\partial}{\partial\rho}\left(-\frac{15\rho}{\mu_0}\rho^{0.5}\right)\hat{a_z}=-\frac{15}{\mu_o}\frac{1}{\rho}\frac{d}{d\rho}(\rho^{1.5})\hat{a_z}$$

$$=-\frac{15}{\mu_0}1.5\frac{\rho^{0.5}}{\rho}=-\frac{22.5}{\mu_0}\frac{1}{\sqrt{\rho}}\hat{a_z}\ [\text{A/m}^2]$$ ■

(3) 무한 직선도선에 의한 자장

그림 7.20과 같이 전류 $I[\text{A}]$가 흐르는 유한한 길이 $2L[\text{m}]$의 직선도선에서 점 P의 자장을 구해보자.

① 자기 전위벡터 $\boldsymbol{A}$를 이용하여 $\boldsymbol{B}=\nabla\times\boldsymbol{A}$를 구하는 방법

미소 길이벡터 $\boldsymbol{d\ell}=\boldsymbol{dz}'$, 거리 $R=\sqrt{z'^2+r^2}$이므로

$$\boldsymbol{A} = \frac{\mu_0 I}{4\pi}\int_{\ell'}\frac{d\boldsymbol{\ell}'}{R} = \hat{a}_z\frac{\mu_0 I}{4\pi}\int_{-L}^{L}\frac{dz'}{\sqrt{z'^2+r^2}} = \hat{a}_z\frac{\mu_0 I}{4\pi}\left[\ln\left(z' + \sqrt{z'^2+r^2}\right)\right]_{-L}^{L}$$

$$= \hat{a}_z\frac{\mu_0 I}{4\pi}\ln\frac{\sqrt{L^2+r^2}+L}{\sqrt{L^2+r^2}-L} = \hat{a}_z A_z\,[\mathrm{Wb/m}] \qquad (7\text{-}34)$$

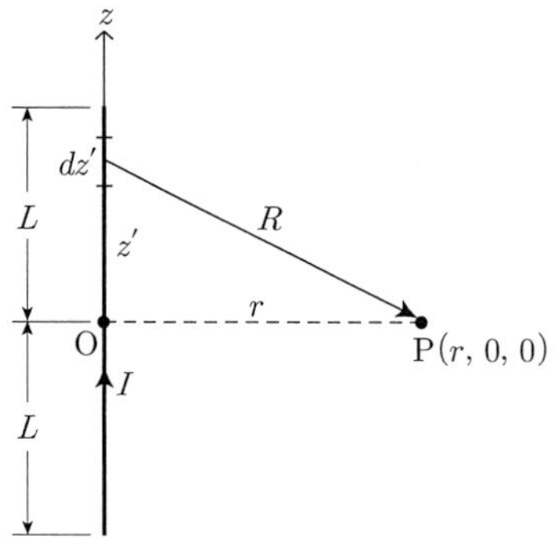

그림 7.20 무한 직선도선

$$\boldsymbol{B} = \nabla\times\boldsymbol{A} = \nabla\times(\hat{a}_z A_z) = \hat{a}_r\frac{1}{r}\frac{\partial A_z}{\partial\phi} - \hat{a}_\phi\frac{\partial A_z}{\partial r} = -\hat{a}_\phi\frac{\partial A_z}{\partial r} = \hat{a}_\phi\frac{\mu_0 IL}{2\pi r\sqrt{L^2+r^2}} \qquad (7\text{-}35)$$

그래서 $r \ll L$이면 $\boldsymbol{B} = \hat{a}_\phi\frac{\mu_0 I}{2\pi r}$이므로 암페어법칙으로 구한 것과 같다.

② 비오-사바르법칙

$$d\boldsymbol{\ell}' = \hat{a}_z dz',\ \boldsymbol{R} = \hat{a}_r r - \hat{a}_z z',\ d\boldsymbol{\ell}'\times\boldsymbol{R} = \hat{a}_z dz'\times(\hat{a}_r r - \hat{a}_z z') = \hat{a}_\phi r dz',$$

$$d\boldsymbol{B} = \frac{\mu_0 I}{4\pi}\left(\frac{d\boldsymbol{\ell}'\times\boldsymbol{R}}{R^3}\right)$$

$$\boldsymbol{B} = \int d\boldsymbol{B} = \hat{a}_\phi\frac{\mu_0 I}{4\pi}\int_{-L}^{L}\frac{r dz'}{(z'^2+r^2)^{3/2}} = \hat{a}_\phi\frac{\mu_0 IL}{2\pi r\sqrt{L^2+r^2}} \qquad (7\text{-}36)$$

$$\int\frac{dz}{(z^2+a^2)^{3/2}} = \frac{1}{a^2}\frac{z}{(z^2+a^2)^{1/2}}$$

③ 무한 직선도선인 경우 $L=\infty$이므로 $\boldsymbol{B} = \hat{a}_\phi\frac{\mu_0 I}{2\pi r}$이다.

그림 7.21과 같이 전류가 흐르는 정방형 닫힌 도체고리의 중심에서 자장의 세기는 길이 L[m]인 단일도선에 의한 자장의 4배와 같다.

$$\boldsymbol{H}_1 = \hat{a}_z\left.\frac{IL}{2\pi r\sqrt{L^2+r^2}}\right|_{r=L} = \hat{a}_z\frac{I}{2\sqrt{2}\pi L},\ \boldsymbol{H} = 4\boldsymbol{H}_1 = \hat{a}_z\frac{2I}{\sqrt{2}\pi L}[\mathrm{A/m}] \qquad (7\text{-}37)$$

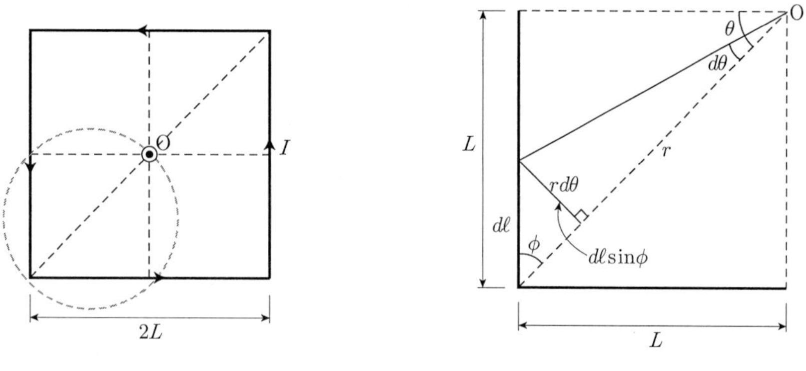

(a) (b)

그림 7.21 정방형 닫힌 도체고리 중심에서 자장의 세기 (a) 정방형 회로 (b) 1/4 정방형 회로

(별해) 비오-사바르법칙에 따라 길이 L[m]인 단일도선에 의한 미소 자장은

$dH_1 = \dfrac{Id\ell\sin\phi}{4\pi r^2} = \dfrac{Id\theta}{4\pi r}$ 이다. 그림 7.21(b)에 의해 $d\ell\sin\phi = rd\theta$ 이다. $r\cos\theta = L$ 에서 $r = \dfrac{L}{\cos\theta}$ 이므로 $dH_1 = \dfrac{Id\theta}{4\pi r} = \dfrac{I\cos\theta d\theta}{4\pi L}$ 이고 자장의 세기는

$$H_1 = \frac{I}{4\pi L}\int_{-45^o}^{45^o}\cos\theta\, d\theta = \frac{I}{4\pi L}\sin\theta\Big|_{-45^o}^{45^o} = \frac{I}{4\pi L}\left(\frac{2}{\sqrt{2}}\right) = \frac{I}{2\sqrt{2}\,\pi L}[\mathrm{A/m}] \quad (7\text{–}38)$$

이다. 따라서 정방형 닫힌 회로의 중심에서 자장은 $\boldsymbol{H_1} = \hat{a_z}\dfrac{2I}{\sqrt{2}\,\pi L}[\mathrm{A/m}]$ 이다.

표 7.3은 직선도선에 관련된 구조의 자장을 요약하였다.

표 7.3 직선도선에 관련 자장

유한 직선 전류에 의한 자장	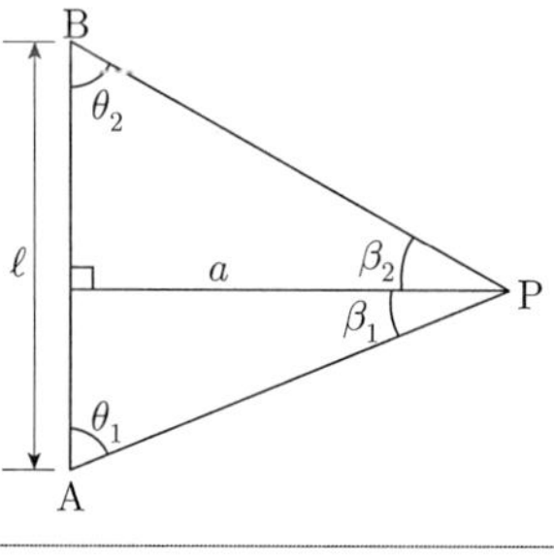	$H = \dfrac{I}{4\pi a}(\cos\theta_1 + \cos\theta_2)[\mathrm{A/m}]$ $H = \dfrac{I}{4\pi a}(\sin\beta_1 + \sin\beta_2)[\mathrm{A/m}]$
정삼각형 중심 자장	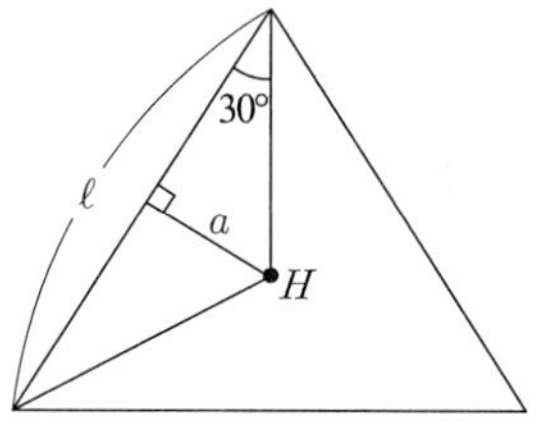	$\tan 30^o = 1/\sqrt{3} = \dfrac{a}{\ell/2}$, $a = \dfrac{\ell}{2}\dfrac{1}{\sqrt{3}}$, $H = \dfrac{I}{4\pi\dfrac{\ell}{2}\dfrac{1}{\sqrt{3}}}\left(\dfrac{\sqrt{3}}{2}\times 2\right)\times 3$, $H = \dfrac{9I}{2\pi\ell}[\mathrm{A/m}]$

<table>
<tr><td>정사각형
중심 자장</td><td>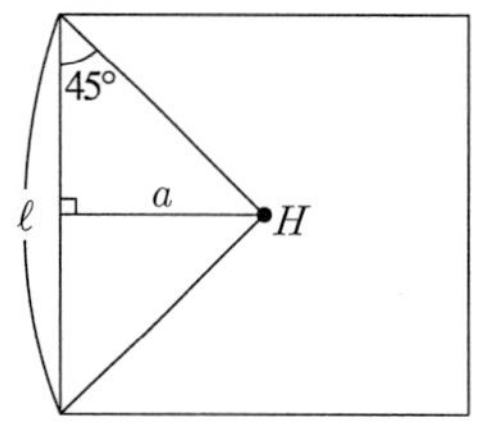</td><td>$\tan 45^o = 1 = \dfrac{a}{\ell/2}$, $a = \ell/2$
$H = \dfrac{2\sqrt{2}\,I}{\pi\ell}[\mathrm{A/m}]$</td></tr>
<tr><td>정육각형
중심 자장</td><td>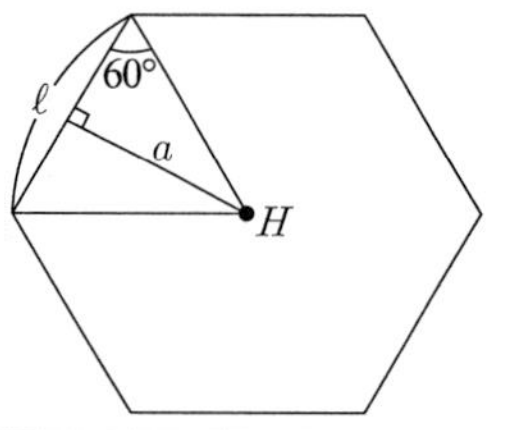</td><td>$\tan 60^o = \sqrt{3} = \dfrac{a}{\ell/2}$, $a = \ell\sqrt{3}/2$
$H = \dfrac{\sqrt{3}\,I}{\pi\ell}[\mathrm{A/m}]$</td></tr>
<tr><td>원에 내접하는
정n각형
중심 자장</td><td>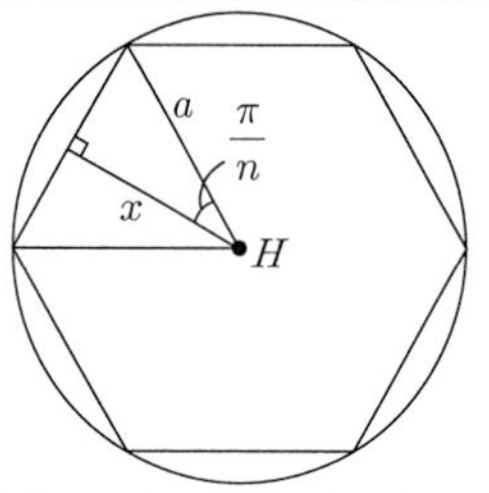</td><td>$\cos\dfrac{\pi}{n} = \dfrac{x}{a}$, $x = a\cos(\pi/n)$
$H = \dfrac{I}{4\pi a\cos(\pi/n)}\left(\sin\dfrac{\pi}{n} + \sin\dfrac{\pi}{n}\right)\cdot n\ [\mathrm{A/m}]$
$= \dfrac{nI}{2\pi a}\tan\dfrac{\pi}{n}\ [\mathrm{A/m}]$</td></tr>
</table>

예제 7.12 그림과 같이 반지름이 $a[\mathrm{m}]$인 3/4 원과 무한히 긴 도선에 전류가 $I[\mathrm{A}]$ 흐를 때 원의 중심 O에서 자장을 구하여라.

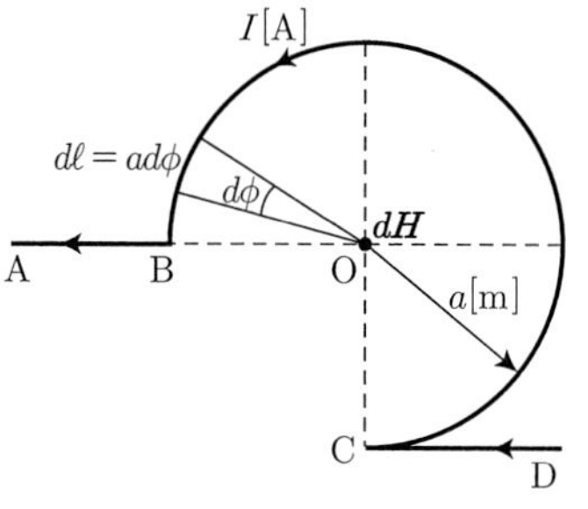

풀이 중점에서 자장의 세기는 $H = H_{CB} + H_{DC}$이다. 원의 중심에서 자장은 $\boldsymbol{H} = \dfrac{I}{2a}\hat{a}_z[\mathrm{A/m}]$이므로 호 CB에 의한 자장은 $\boldsymbol{H_{CB}} = \dfrac{3I}{8a}\hat{a}_z[\mathrm{A/m}]$이고 선분 DC에 의한 전장은 무한 도선에 의한 자장의 반이므로 $\boldsymbol{H_{DC}} = -\dfrac{I}{4\pi a}\hat{a}_z[\mathrm{A/m}]$이다. 따라서 중점에서 자장은 $\boldsymbol{H} = \boldsymbol{H_{CB}} + \boldsymbol{H_{DC}} = \left(\dfrac{3I}{8a} - \dfrac{I}{4\pi a}\right)\hat{a}_z = \hat{a}_z\dfrac{(3\pi - 2)I}{8\pi a}$ $[\mathrm{A/m}]$이다. ■

(4) 원형 닫힌 고리의 전류에 의한 자장

그림 7.22(a)와 같이 구형 닫힌 고리에 전류가 흐르는 경우, 미소 길이 및 거리벡터에 관련된 수식은

$$\boldsymbol{d\ell}' = \hat{a}_\phi b\,d\phi',\ \boldsymbol{R} = \hat{a}_z z - \hat{a}_\rho b,\ R = \sqrt{z^2+b^2},\ \text{단위벡터}\ \hat{a}_R = \frac{\hat{a}_z z - \hat{a}_\rho b}{\sqrt{z^2+b^2}} \quad (7\text{-}39)$$

$$\begin{aligned}\boldsymbol{d\ell}' \times \boldsymbol{R} &= \hat{a}_\phi b\,d\phi' \times (\hat{a}_z z - \hat{a}_\rho b) = \hat{a}_\rho bz\,d\phi' + \hat{a}_z b^2\,d\phi' \\ &= \hat{a}_x bz\,d\phi' \cos\phi' + \hat{a}_y bz\,d\phi' \sin\phi' + \hat{a}_z b^2\,d\phi'\end{aligned}$$

이고, 그림 7.22(b)의 이유로 자장의 x와 y-성분은 "0"이다. 즉, 코사인과 사인의 완전 원(한 주기)의 적분은 "0"이기 때문이다. 이 구조는 원통대칭을 가지므로 ρ-성분은 상쇄되고 단지 z-성분만 고려하면 된다.

$$\boldsymbol{B} = \frac{\mu_0 I}{4\pi}\int_{c'} \frac{\boldsymbol{d\ell}' \times \boldsymbol{R}}{|\boldsymbol{R}|^3} = \hat{a}_z \frac{\mu_0 I}{4\pi}\int_0^{2\pi} \frac{b^2\,d\phi'}{(z^2+b^2)^{3/2}} = \hat{a}_z \frac{\mu_0 I b^2}{2(z^2+b^2)^{3/2}}\,[\mathrm{T}] \quad (7\text{-}40)$$

장점 P가 멀리 있다면(큰 z값) 자장은 z^{-3}으로 감쇠한다. 관찰지점이 멀면 전류고리가 마치 가까이 있고 전류가 반대방향으로 흐르는 전류쌍으로 구성된 것처럼 보인다. 그 결과 자장분포는 서로 상쇄되는 효과가 있다. 이것은 그림 7.22(c)와 같이 전기 쌍극자가 반대 전하가 가까이 있는 전장의 분포와 같다.

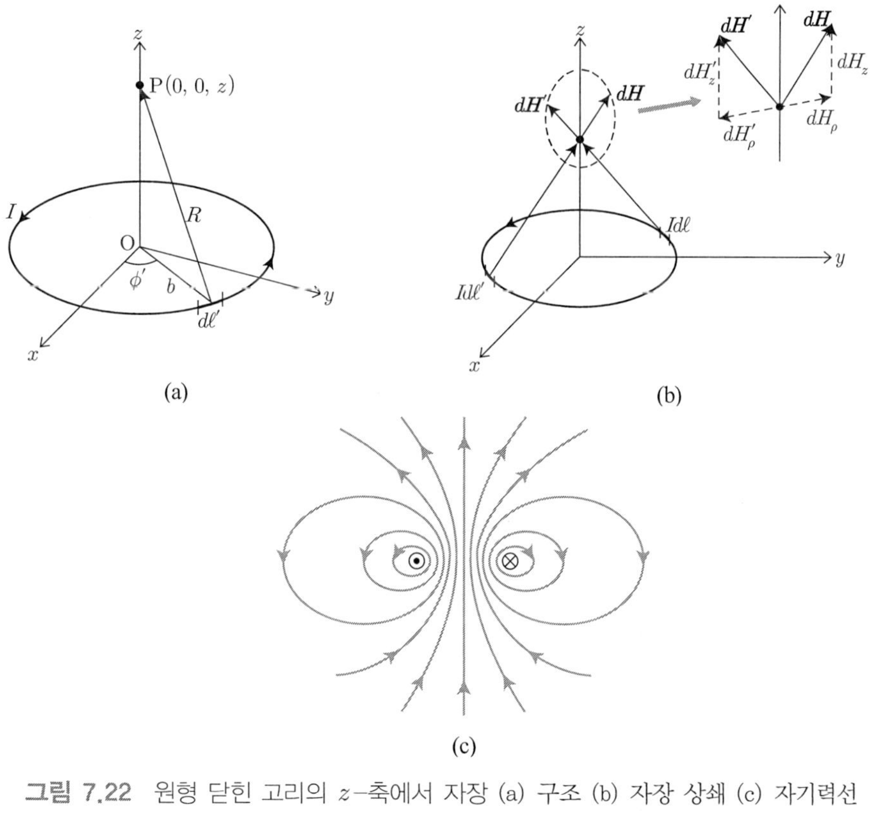

그림 7.22 원형 닫힌 고리의 z-축에서 자장 (a) 구조 (b) 자장 상쇄 (c) 자기력선

z-축으로 놓인 무한 도선의 자장 $\boldsymbol{H} = \widehat{a_\phi}\dfrac{I}{2\pi\rho}[\mathrm{A/m}]$

xy-평면에 놓인 원형고리와 z-축에서 자장 $\boldsymbol{H} = \widehat{a_z}\dfrac{Ib^2}{2(z^2+b^2)^{3/2}}[\mathrm{A/m}]$

xy-평면에 놓인 정방고리와 중심에서 자장 $\boldsymbol{H} = \widehat{a_z}\dfrac{2I}{\sqrt{2}\,\pi\ell}[\mathrm{A/m}]$

구좌표를 이용하여 그림 7.23과 같이 원형 닫힌 고리의 자기 전위벡터를 구하면

$$\boldsymbol{A} = \frac{\mu_0 I}{4\pi}\int_{\ell'}\frac{1}{|\boldsymbol{r}_1|}d\boldsymbol{\ell}' \tag{7-41}$$

이고, 자기 전위벡터의 피적분함수의 항은

$$d\boldsymbol{\ell}' = b\,d\phi'\,\widehat{a_\phi} = \left(-\widehat{a_x}\sin\phi' + \widehat{a_y}\cos\phi'\right)b\,d\phi' \tag{7-42}$$

$$\boldsymbol{r} = r\widehat{a_r} = x\widehat{a_x} + y\widehat{a_y} + z\widehat{a_z}$$

$$\boldsymbol{r}' = b\widehat{a_\rho} = \widehat{a_x}b\cos\phi' + \widehat{a_y}b\sin\phi'$$

$$\boldsymbol{r}_1 = \boldsymbol{r} - \boldsymbol{r}' = \widehat{a_x}(x - b\cos\phi') + \widehat{a_y}(y - b\sin\phi') + z\widehat{a_z}$$

$$\begin{aligned}\frac{1}{|\boldsymbol{r}_1|} &= \left[(x-b\cos\phi')^2 + (y-b\sin\phi')^2 + z^2\right]^{-1/2} \\ &= \left[r^2 + b^2 - 2b(x\cos\phi' + y\sin\phi')\right]^{-1/2}\end{aligned} \tag{7-43}$$

이다. 테일러 급수를 사용하면 $f(0) = 1/r$, $f'(0) = (x\cos\phi' + y\sin\phi')/r^3$이므로 먼 거리($r \gg b$)에서 테일러 급수의 앞의 두 항만 사용하면 다음과 같다.

$$\frac{1}{|\boldsymbol{r}_1|} \simeq \frac{1}{r} + \frac{b(x\cos\phi' + y\sin\phi')}{r^3} \tag{7-44}$$

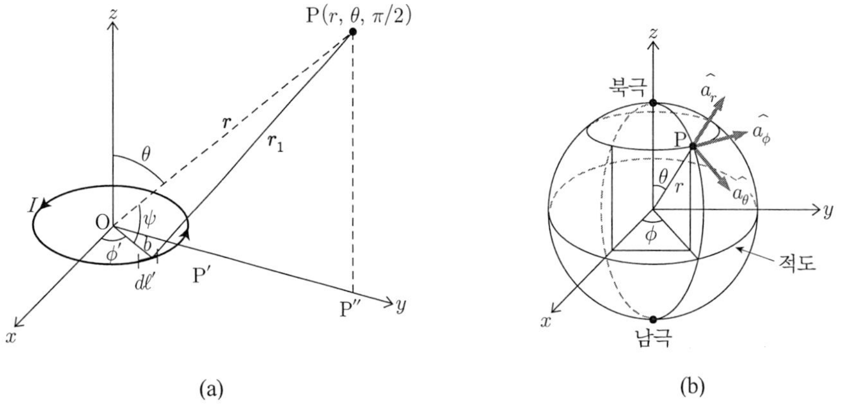

그림 7.23 원형 닫힌 고리의 임의 점에서 자장 (a) 구조 (b) 구좌표 축

$$b=0\text{에서 테일러 급수 : } f(b)=f(0)+bf'(0)+\frac{1}{2!}b^2f''(0)+\cdots$$

식 (7-42)와 식 (7-44)를 식 (7-41)에 대입하면

$$\boldsymbol{A}=\frac{\mu_0 I}{4\pi}\oint_c \frac{1}{|\boldsymbol{r}_1|}d\boldsymbol{\ell}'=\frac{\mu_0 I}{4\pi}\int_0^{2\pi}\left[\frac{1}{r}+\frac{b(x\cos\phi'+y\sin\phi')}{r^3}\right](-\hat{a}_x\sin\phi'+\hat{a}_y\cos\phi')b\,d\phi'$$

$$=\frac{\mu_0 I\pi b^2}{4\pi r^3}(-y\hat{a}_x+x\hat{a}_y) \tag{7-45}$$

이다. 고리의 면적 $S=\pi b^2$이고 $-y\hat{a}_x+x\hat{a}_y=\hat{a}_\phi r\sin\theta$이므로

$$\boldsymbol{A}=\hat{a}_\phi\frac{\mu_0 IS\sin\theta}{4\pi r^2}=\hat{a}_\phi A_\phi \qquad r\gg a \tag{7-46}$$

이고, $\boldsymbol{B}=\nabla\times\boldsymbol{A}$을 이용하여 자속밀도를 구하면 다음과 같다.

$$\boldsymbol{B}=\nabla\times\boldsymbol{A}=\frac{1}{r^2\sin\theta}\begin{vmatrix}\hat{a}_r & r\hat{a}_\theta & r\sin\theta\hat{a}_\phi\\ \frac{\partial}{\partial r} & \frac{\partial}{\partial\theta} & \frac{\partial}{\partial\phi}\\ 0 & 0 & r\sin\theta A_\phi\end{vmatrix} \tag{7-47}$$

$$=\hat{a}_r\frac{1}{r\sin\theta}\frac{\partial}{\partial\theta}(A_\phi\sin\theta)-\hat{a}_\theta\frac{\partial}{\partial r}(rA_\phi)$$

$$\boldsymbol{B}=\frac{\mu_0 SI}{4\pi r^3}(\hat{a}_r 2\cos\theta+\hat{a}_\theta\sin\theta)\,[\mathrm{Wb/m^2}] \quad r\gg b \tag{7-48}$$

참고로 전기 쌍극자의 전장은

$$\boldsymbol{E}=\frac{Qd}{4\pi\epsilon_0 r^3}(\hat{a}_r 2\cos\theta+\hat{a}_\theta\sin\theta)\,[\mathrm{V/m}] \quad r\gg d \tag{7-49}$$

이므로 그림 7.24와 같이 원거리 장 영역에서 전류고리의 자속선은 전기 쌍극자의 전기력선과 똑같고 전류고리 근처에서 자속선은 연속이다. 그러나 원천 가까운 위치에서 전류고리의 자속선은 전류고리를 관통하고 전기 쌍극자의 전기력선은 전하에 종단하므로 장의 흐름선이 다르다. 따라서 표 7.4와 같이 유전체와 전기 쌍극자의 관계는 자성체와 작은 전류고리의 자기 쌍극자가 유사성을 가진다.

자기 쌍극자모멘트는

$$\boldsymbol{m}=\hat{a}_z I\pi b^2=\hat{a}_z IS=\hat{a}_z m\,[\mathrm{A\cdot m^2}] \tag{7-50}$$

이고, 자위벡터는

$$\boldsymbol{A}=\hat{a}_\phi\frac{\mu_0 IS\sin\theta}{4\pi r^2}=\frac{\mu_0(\boldsymbol{m}\times\hat{a}_r)}{4\pi r^2}\,[\mathrm{Wb/m}] \quad r\gg a \tag{7-51}$$

이다. 참고로 전기 쌍극자모멘트를 이용한 스칼라 전위는 다음과 같다.

$$V = \frac{\boldsymbol{p} \cdot \hat{a_r}}{4\pi\epsilon_0 r^2} \text{[V]} \quad r \gg a \tag{7-52}$$

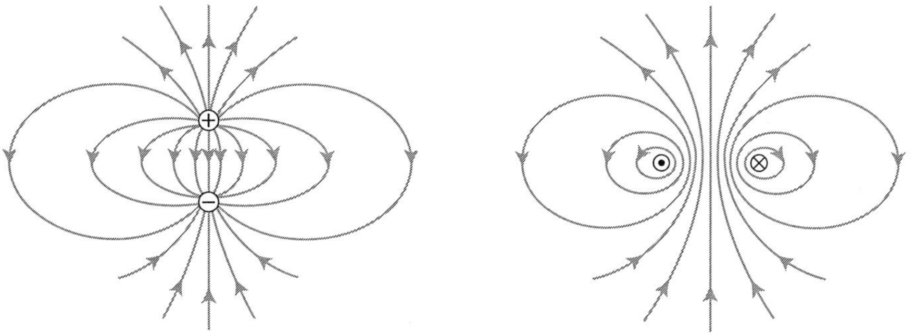

(a) (b)

그림 7.24 쌍극자의 흐름선 (a) 전기 쌍극자의 전기력선 (b) 자기 쌍극자의 자속선

표 7.4 쌍극자 요약

변수 \ 종류	전기 쌍극자	자기 쌍극자
쌍극자모멘트	$\boldsymbol{p} = q\boldsymbol{d}$ [C · m]	$\boldsymbol{m} = I\boldsymbol{S}$ [A · m²]
스칼라 전위/벡터 전위	$V = \frac{\boldsymbol{p} \cdot \hat{a_r}}{4\pi\epsilon_0 r^2}$ [V]	$\boldsymbol{A} = \hat{a_\phi}\frac{\mu_0 IS\sin\theta}{4\pi r^2} = \frac{\mu_0(\boldsymbol{m}\times\hat{a_r})}{4\pi r^2}$ [Wb/m]
전장/자속밀도	$\boldsymbol{E} = \frac{qd}{4\pi\epsilon_0 r^3}(\hat{a_r}2\cos\theta + \hat{a_\theta}\sin\theta)$ [V/m]	$\boldsymbol{B} = \frac{\mu_0 SI}{4\pi r^3}(\hat{a_r}2\cos\theta + \hat{a_\theta}\sin\theta)$ [Wb/m²]

원거리장 영역(far field)

전자기장 발생원에서의 거리가 멀어서 전자기장 강도가 발생원으로부터의 거리에 근사적으로 반비례하게 되는 영역

- 비오-사바르법칙 → $\boldsymbol{H}(\boldsymbol{r}) = \frac{I}{4\pi}\int_{\ell'} \frac{d\boldsymbol{\ell}' \times \hat{a_r}}{r^2}$ [A/m] → 일반적인 전류원(유한 도선)
- 암페어법칙 → $\oint_c \boldsymbol{H} \cdot d\boldsymbol{\ell} = \sum_i I_i$ [A] → 대칭성을 가진 전류원(무한 도선)

정전장과 정자장

정전장(static electric field)은 시간에 따른 변화가 없는 공간($\frac{d}{dt} = 0$)에서 전하분포에 따른 힘의 특성을 다루는 분야이다. 따라서 정전자장은 시변장의 특수 경우이고, 정전자장에서 $\boldsymbol{E}(\boldsymbol{D})$는 $\boldsymbol{H}(\boldsymbol{B})$와 관계가 없다.

정지한 전하에 관한 정전장의 관계식은 $\nabla \times \boldsymbol{E} = 0$, $\nabla \cdot \boldsymbol{D} = \rho_v$이고, 정상상태 전류에 관한 정자장(static magnetic field)의 관계식은 $\nabla \times \boldsymbol{B} = \mu_0 \boldsymbol{J}$, $\nabla \cdot \boldsymbol{B} = 0$이다.

(5) 헬름홀츠 코일

그림 7.25(a)와 같이 헬름홀츠 코일(Helmholtz coil)은 한 쌍의 동일한 평행 원형 코일을 반경만큼 떨어져 있고 같은 방향으로 전류가 흐르도록 감겨 있다. 이와 같이 감은 코일 사이에 두 코일의 축에 평행한 성분은 더해지고, 축에 수직인 성분은 감해져서 균일한 자장이 된다. 코일 축에서 균질의 자장은 코일 감은 수와 인가전류에 비례한다. 그래서 이 소자는 전자장비의 감응성시험(susceptibility testing)을 위한 균일 저주파자장 공급용으로 사용한다.

① 1회 감은 코일의 중심축 상에서 자장은 $\boldsymbol{B} = \dfrac{\mu_0 I}{4\pi}\displaystyle\int_{c'} \dfrac{d\boldsymbol{\ell}' \times \boldsymbol{R}}{|\boldsymbol{R}|^3} = \hat{a}_z \dfrac{\mu_0 I b^2}{2(z^2+b^2)^{3/2}}$ [T]이다.

② 그림 7.25(b)와 같이 N번 감은 단일 코일의 중심축 상에서 자장은

$\boldsymbol{B} = \hat{a}_z \dfrac{\mu_0 N I b^2}{2(z^2+b^2)^{3/2}}$ [T]이고, $z = b/2$에서의 자장은

$\boldsymbol{B}_0 = \dfrac{\mu_0 N I b^2}{2[b^2+(b/2)^2]^{3/2}} \hat{a}_z = 0.358 \dfrac{\mu_0 N I}{b} \hat{a}_z$이다.

③ 그림 7.25(c)와 같이 N번 감은 한 쌍의 코일 중심축 상에서 자장은

$$\boldsymbol{B} = \hat{a}_z \frac{\mu_0 N I b^2}{2}\left[\frac{1}{(z^2+b^2)^{3/2}} + \frac{1}{((z-d)^2+b^2)^{3/2}}\right] [\mathrm{T}] \qquad (7\text{-}53)$$

이고, 두 코일 정 중앙에서 자장의 변화는 $\left.\dfrac{dB}{dz}\right|_{z=\frac{d}{2}} = 0$이다. 코일 간 거리가 코일의 반지름과 같은, $d = b$인 경우 헬름홀츠 코일이라 하고, $d = b$일 때 자장은

$\boldsymbol{B} = \hat{a}_z \dfrac{\mu_0 N I b^2}{2}\left[\dfrac{1}{(z^2+b^2)^{3/2}} + \dfrac{1}{((z-b)^2+b^2)^{3/2}}\right]$ [T]이고, 자장의 1차 및 2차 미분값 $\left.\dfrac{dB}{dz}\right|_{z=\frac{b}{2}} = 0$, $\left.\dfrac{d^2B}{dz^2}\right|_{z=\frac{b}{2}} = 0$이므로 매우 균일한 자장분포임을 알 수 있다. 헬름홀츠 코일의 중심에서의 자장은

$$\boldsymbol{B}|_{z=b/2} = 2\boldsymbol{B}_0 = \frac{2\mu_0 N I b^2}{2[b^2+(b/2)^2]^{3/2}} \hat{a}_z = \left(\frac{4}{5}\right)^{3/2} \frac{\mu_0 N I}{b} = 0.716 \frac{\mu_0 N I}{b} \qquad (7\text{-}54)$$

이고, 여기서 N은 코일당 감은 수, I는 코일전류, b은 코일 반경이다.

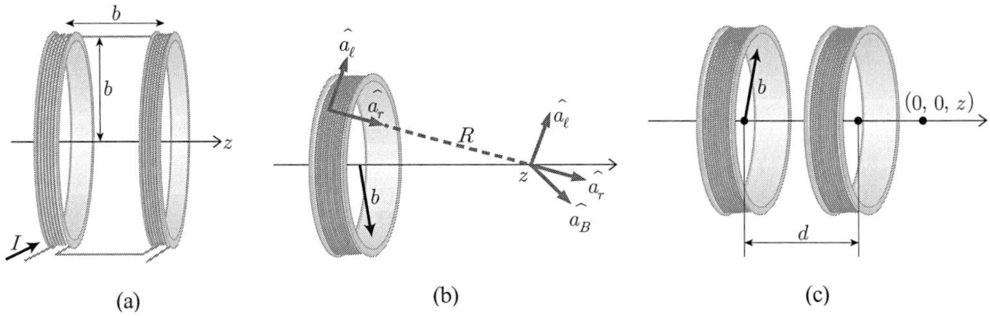

그림 7.25 헬름홀츠 코일 (a) 모양 (b) N번 감은 단일 코일 (c) N번 감은 한 쌍의 코일

7.7 자장과 자기력

직류 모터, 전압계, 전류계 등은 정자장에 의한 힘과 회전력을 기본으로 한다. 전장은 단위전하에 대한 전기력으로 정의($\boldsymbol{E} = \boldsymbol{F}_e/q$[V/m])하지만 자석은 단일 극이 존재할 수 없으므로 다르게 자장을 정의한다. 하전입자 q가 자장 $\boldsymbol{B}$ 안에서 $\boldsymbol{v}$의 속도로 움직이면 자기력은 다음과 같은 실험적인 결과가 나타난다.

① 일정한 속도 $\boldsymbol{v}$로 운동하는 하전입자에 작용하는 자기력, $\boldsymbol{F}_m$의 크기는 속도 v와 q에 비례한다.
② 자기력의 방향과 크기는 속도 $\boldsymbol{v}$와 자속밀도 $\boldsymbol{B}$에 의존한다.
③ 자기력의 방향은 속도 $\boldsymbol{v}$와 자속밀도 $\boldsymbol{B}$에 직교하고 $\boldsymbol{v}\times\boldsymbol{B}$이다. 즉 입자의 속도 $\boldsymbol{v}$와 자장 $\boldsymbol{B}$ 사이 각이 θ라 하면, 자기력은 $\sin\theta$에 비례한다. 따라서 $\boldsymbol{v}$와 $\boldsymbol{B}$가 평행이면 자기력은 "0"이다.
④ 하전입자의 부호가 양에서 음(혹은 음에서 양)으로 바뀌면 자기력의 방향은 반전된다.
⑤ 하전입자의 속도(운동에너지)는 변화시킬 수 없지만 방향은 바꿀 수 있다. 즉, 하전입자의 일은

$$dW = \boldsymbol{F}_m \cdot d\boldsymbol{\ell} = q(\boldsymbol{v}\times\boldsymbol{B}) \cdot \boldsymbol{v}\, dt = 0 \tag{7-56}$$

이며, 항상 "0"이다. 자기력은 그림 7.26과 같이 입자의 속도와 자장에 모두 수직이므로 자기력이 하전입자에 해주는 일은 없다. 즉, 자기력은 전하의 움직이는 방향과 항상 수직이다. 따라서 자기력은 입자에 일을 하지 않으며 입자의 운동에너지를 변화시킬 수 없다.

그래서 자기력의 방향은 오른손법칙에 의해

$$\boldsymbol{F}_m = q\boldsymbol{v}\times\boldsymbol{B} \tag{7-57}$$

이며, 자기력의 크기는

$$F_m = |q|\, v\, B \sin\theta \tag{7-58}$$

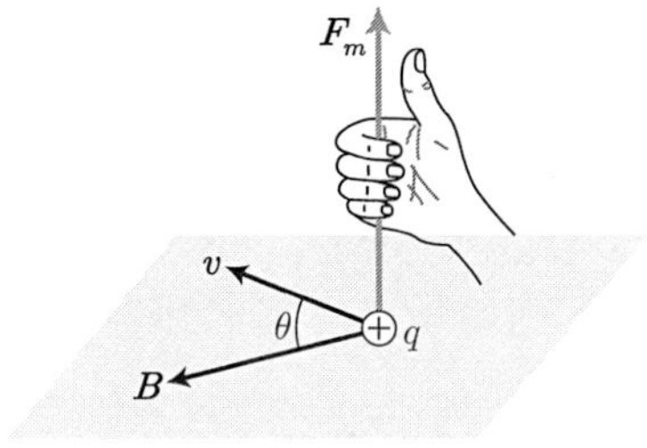

그림 7.26 자기력의 방향

이다. 자장의 단위는 테슬러(T)와 가우스(G)이며,

$$[\text{tesla}] = \frac{[\text{Newton}]}{[\text{Coulomb}][\text{meter/second}]} = \frac{\text{N}}{\text{C} \cdot \text{m/s}} = \frac{\text{N}}{\text{A} \cdot \text{m}} \tag{7-59}$$

$$1\text{T} = \frac{\text{Weber}}{\text{meter} \cdot \text{meter}} = 10^4 [\text{gauss}]$$

이다.

전장 $\boldsymbol{E}$와 자장 $\boldsymbol{B}$가 존재하는 공간에서 속도 $\boldsymbol{v}$로 운동하는 전하 q에 가해지는 로렌츠 힘(Lorentz force)은 정전기력 $\boldsymbol{F}_e$과 정자기력 $\boldsymbol{F}_m$은

$$\boldsymbol{F} = \boldsymbol{F}_e + \boldsymbol{F}_m = q(\boldsymbol{E} + \boldsymbol{v} \times \boldsymbol{B}) \tag{7-60}$$

이고, 이 힘은 CRT(Cathode Ray Tubes), 사이크로트론, 초고주파 클라이스트론과 마그네트론 등에 응용된다. 자기현상은 전하의 움직임과 관련되어 있어 도체 내에 흐르는 전류, 공간을 이동하는 전하입자, 그리고 원자궤도를 회전하는 전자에 의해서 발생한다. 자기력은 전하가 움직이면 자장에 의해 받는 힘이다. 표 7.5는 하전입자에 작용하는 힘을 설명하고 있다.

표 7.5 하전입자에 작용하는 힘

입자 상태	전기력	자기력	합성력
정지	$q\boldsymbol{E}$	0	$q\boldsymbol{E}$
이동	$q\boldsymbol{E}$	$qv \times \boldsymbol{B}$	$q(\boldsymbol{E}+v \times \boldsymbol{B})$

전기력과 자기력

- 전기력은 전장과 같은 방향이고, 자기력은 자장에 수직이다.
- 자기력은 전하가 움직일 때만 발생한다.
- 전기력은 전하를 가속시키지만, 자기력은 전하의 운동방향과 항상 수직이므로 전하의 운동에너지를 바꿀 수 없지만 운동방향은 바꿀 수 있다.

자장방향 표시는 그림 7.27과 같이 지면으로 들어가는 자장은 ×로 표시하고 지면에서 나오는 자장은 • 으로 표시한다.

그림 7.28과 같이 부분적인 자장 속에 휘기 쉬운 도선이 있고 도선에 전류가 없으면 수직으로 위치한다. 그러나 전류의 방향이 아래로 흐르면 왼쪽으로 도선이 휘고 위로 흐르면 오른쪽으로 휜다. 따라서 전류의 방향에 따라 휘는 방향은 왼손법칙에 따른 힘의 방향이다.

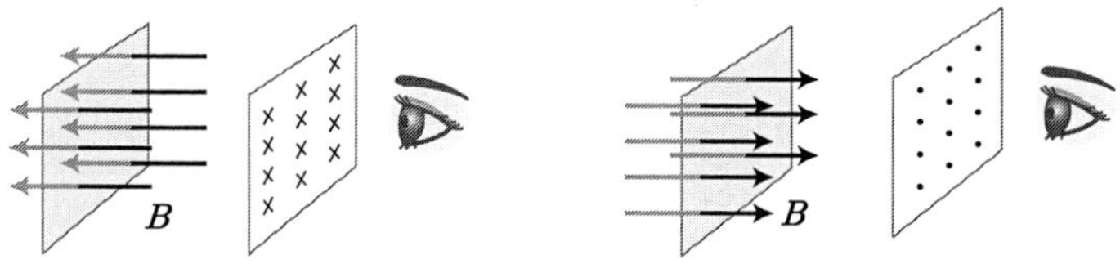

그림 7.27 자장방향에 따른 표시

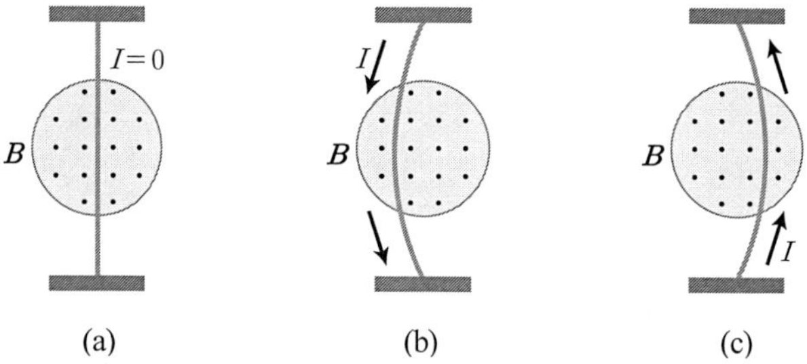

그림 7.28 부분적으로 자장 속에 있는 도선이 전류방향에 따른 편향 (a) 전류=0
(b) 전류는 아래 방향 (c) 전류는 위 방향

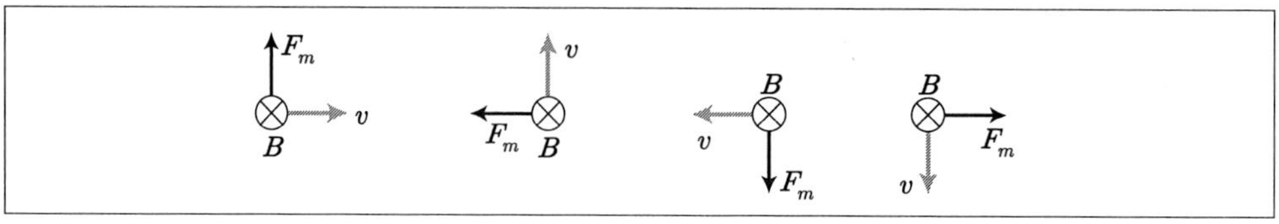

그림 7.29(a)와 같이 자석의 균일자장에 수직으로 도선전류가 흐를 때 그림 7.29(b)와 같이 윗부분에서 자장이 중첩되어 자속밀도가 증가하고 아래는 상쇄되어 아래 방향으로 힘을 받는다.

그림 7.30(a)와 같이 두 평행도선이 같은 방향으로 전류가 흐를 때 도선 사이에서 자기력선이 서로 상쇄되고, 바깥에서는 양 도선을 회전한다. 그래서 두 도선 사이에는 인력이 작용한다. 그러나 평행도선이 반대방향으로 전류가 흐를 때 도선 사이에서 자력선은 같은 방향이라 자기력선이 서로 중첩된다. 그래서 두 도선 사이에는 척력이 작용한다(그림 7.30(b)).

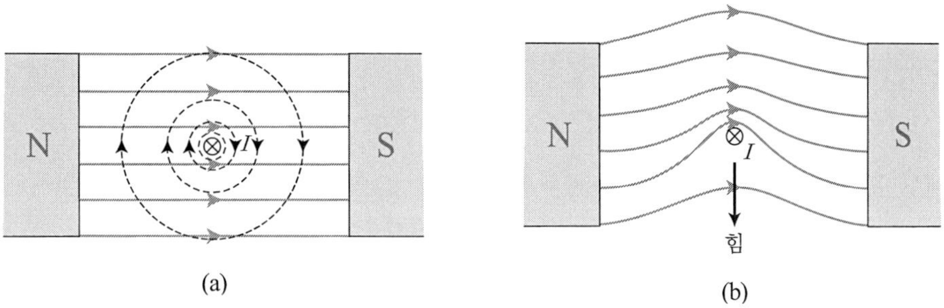

그림 7.29 자석 내 도체전류 (a) 자석의 자장과 도체전류에 의한 자장 (b) 합성자장이 도체를 아래로 힘 작용

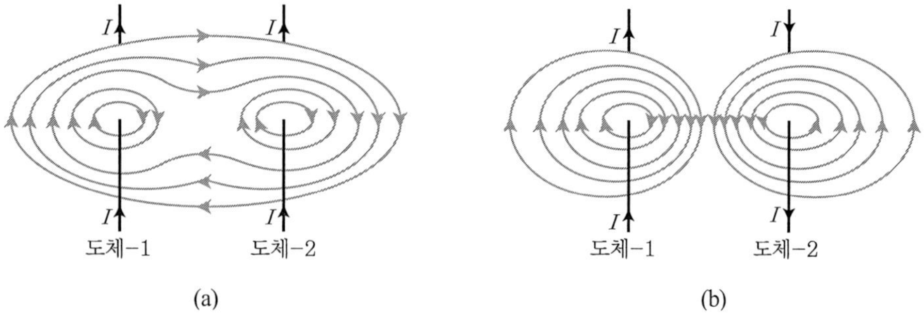

그림 7.30 평행도선전류 (a) 같은 방향 (b) 반대방향

(1) 직선도선에 작용하는 자기력

도선에 전류가 흐르게 되면 도선 내의 전하들은 도선 양단에 걸린 전장에 비례하는 이동속도 $\boldsymbol{v}_d$로 움직이게 되고, 이때 이 도선이 자장 내에 놓이게 되면 자기력을 받는다. 그림 7.31과 같이 길이 $\ell[\mathrm{m}]$, 단면적 $S[\mathrm{m}^2]$, 전하밀도 $n[1/\mathrm{m}^3]$, 단위전하의 전하량이 q인 도선에서 총 전하는 $qn\ell S[\mathrm{C}]$이 되고, 각각의 전하들은 이동속도 $\boldsymbol{v}_d[\mathrm{m/s}]$로 운동하게 된다. 이때 전류는 $I = nqSv_d[\mathrm{A}]$, 자기력의 크기는 $|\boldsymbol{F}_m| = (qn\ell S)v_d B[\mathrm{N}]$이므로 자기력은

$$\boldsymbol{F}_m = Q(\boldsymbol{v}_d \times \boldsymbol{B}) = qnS\ell(\boldsymbol{v}_d \times \boldsymbol{B}) = I(\boldsymbol{\ell} \times \boldsymbol{B})\ [\mathrm{N}] \tag{7-65}$$

이다. 여기서 $\boldsymbol{\ell}$은 전하의 이동속도 $\boldsymbol{v}_d$의 방향(전류방향)과 같은 길이벡터이다.

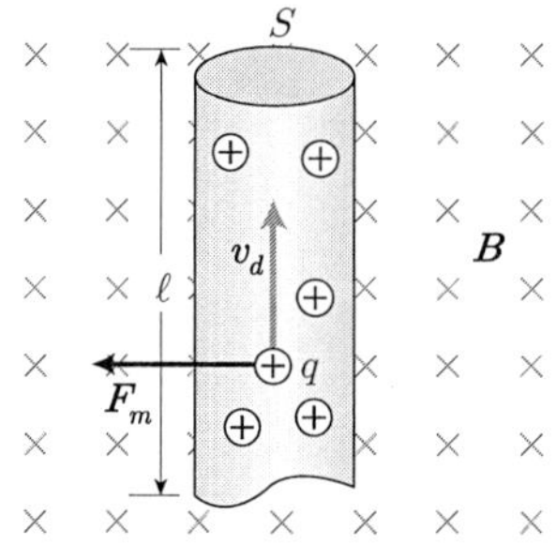

그림 7.31 도선에 작용하는 자기력

임의 모양의 도선에 작용하는 자기력을 살펴보자. 직선도선이 아닌 경우에는 $\boldsymbol{\ell}$[m]의 각 부분마다 $\boldsymbol{B}$[T]와 이루는 각이 달라지므로, 도선의 작은 길이요소 $d\boldsymbol{\ell}$에 작용하는 힘은

$$d\boldsymbol{F}_m = I\,d\boldsymbol{\ell} \times \boldsymbol{B} \qquad (7\text{-}66)$$

이고, 끝점이 p_1, p_2인 도선 전체가 받는 힘은 다음과 같다.

$$\boldsymbol{F}_m = \int_{p_1}^{p_2} d\boldsymbol{F}_m = I\int_{p_1}^{p_2} d\boldsymbol{\ell} \times \boldsymbol{B} \qquad (7\text{-}67)$$

그림 7.32와 같은 균일자장인 경우 자기력은

$$\boldsymbol{F}_m = I\int_{p_1}^{p_2} d\boldsymbol{\ell} \times \boldsymbol{B} = I\boldsymbol{\ell} \times \boldsymbol{B} \qquad (7\text{-}68)$$

이고 그림 7.33과 같이 균일자장 내에 임의의 모양으로 닫힌 고리인 경우 자기력은

$$\boldsymbol{F}_m = I\left(\oint d\boldsymbol{\ell}\right) \times \boldsymbol{B} = 0 \qquad (7\text{-}69)$$

이다. 왜냐하면 미소 길이벡터의 적분에서 시작점과 끝점이 같으므로 $\oint d\boldsymbol{\ell} = 0$이기 때문이다. 자장이 균일하지 않으면 전체 힘은 "0"이 아니다.

도체에 가해지는 자기력은 도체 내 각 전자에 가해지는 자기력의 중첩으로 구한다.

$$\begin{aligned}\boldsymbol{F}_m &= q_1\boldsymbol{v}_1 \times \boldsymbol{B} + q_2\boldsymbol{v}_2 \times \boldsymbol{B} + \cdots + q_n\boldsymbol{v}_n \\ &= (q_1 + q_2 + \cdots + q_n)(\boldsymbol{v}_d \times \boldsymbol{B}) \\ &= Q(\boldsymbol{v}_d \times \boldsymbol{B})\ [\mathrm{N}]\end{aligned}$$

선형도체 : $\boldsymbol{F}_m = I\int_\ell d\boldsymbol{\ell} \times \boldsymbol{B}\ [\mathrm{N}]$

평면도체 : $\boldsymbol{F}_m = \int_s (\boldsymbol{J}_s \times \boldsymbol{B})\, ds\ [\mathrm{N}]$

체적도체 : $\boldsymbol{F}_m = \int_v (\boldsymbol{J} \times \boldsymbol{B})\, dv\ [\mathrm{N}]$

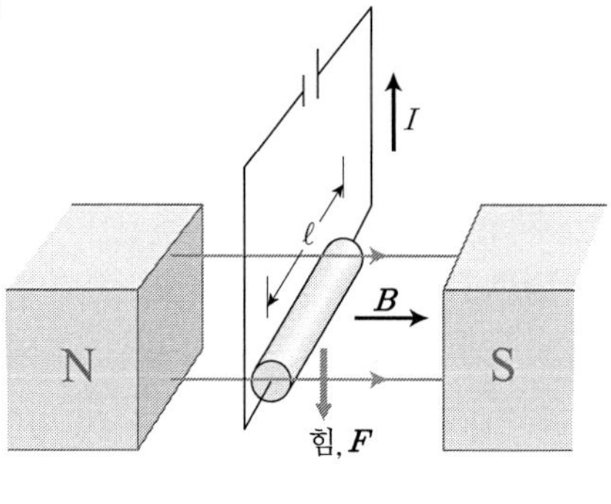

전동기에 사용하는 $F_m = B\ell I$

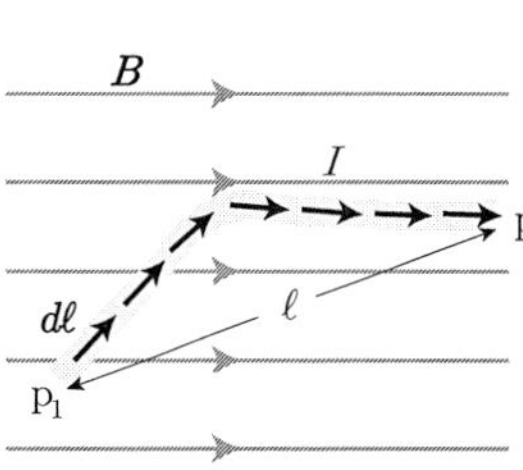

그림 7.32 균일자장에 전류 I가 흐르는 곡선도선

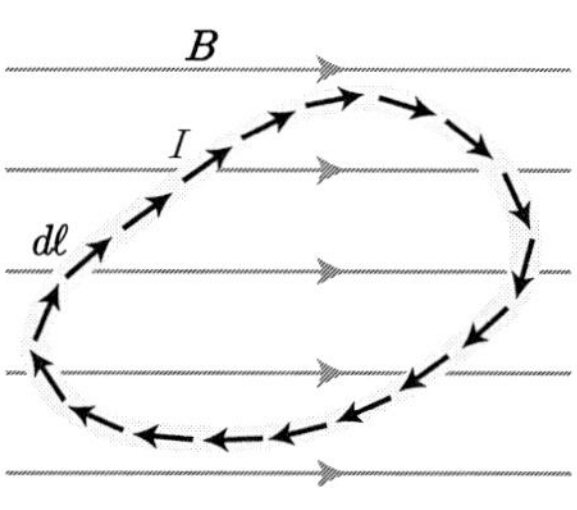

그림 7.33 균일자장에 전류 I가 흐르는 닫힌 경로

예제 7.13 $1.0[\mathrm{Wb/m^2}]$의 균일자장 내에서 도선의 길이 $1\mathrm{m}$를 자장과 $60°$로 놓고 전류가 $2\mathrm{A}$ 흐를 때 도선에 받는 자기력을 구하여라.

풀이 $|\boldsymbol{F}_m| = |I\boldsymbol{\ell}\times\boldsymbol{B}| = I\ell B\sin\theta = 2[\mathrm{A}]1[\mathrm{m}]1[\mathrm{Wb/m^2}]\sin 60° = \sqrt{3}[\mathrm{N}]$ ■

예제 7.14 균일자장이 y-방향으로 인가된 xy-평면의 닫힌 반원(반지름$=R$) 고리에 전류 I가 반시계방향으로 흐른다. 직선 부분과 반원 호에 작용하는 자기력을 구하여라.

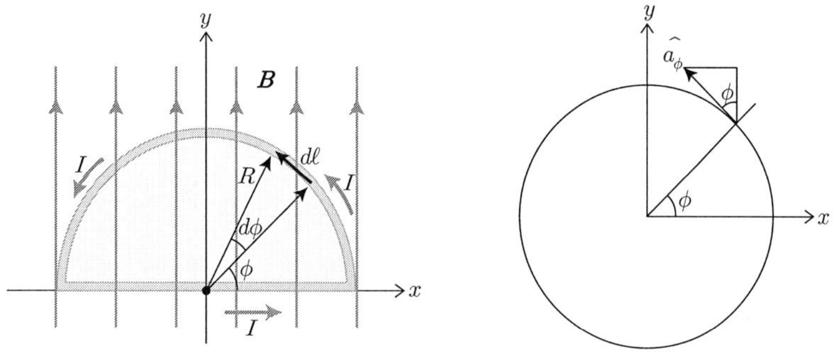

풀이 직선 부분에 작용하는 자기력은 $\boldsymbol{F}_{m1}$, 반원 호에 작용하는 자기력은 $\boldsymbol{F}_{m2}$이라고 하고, 자장은 $\boldsymbol{B} = \hat{a}_y K$이다. 직선선분 길이가 $2R$로 직선선분에 작용하는 자기력은 다음과 같다.

$$\boldsymbol{F}_{m1} = I\boldsymbol{\ell}\times\boldsymbol{B} = I(2R\hat{a}_x)\times(K\hat{a}_y) = 2IRK\hat{a}_z$$

반원 호에서 미소 길이벡터 $d\boldsymbol{\ell} = d\ell\hat{a}_\phi = R\,d\phi(-\hat{a}_x\sin\phi + \hat{a}_y\cos\phi)$에 작용하는 자기력은

$$d\boldsymbol{F}_{m2} = I\,d\boldsymbol{\ell}\times\boldsymbol{B} = IR\,d\phi(-\hat{a}_x\sin\phi + \hat{a}_y\cos\phi)\times(K\hat{a}_y) = -IRK\,d\phi\sin\phi\,\hat{a}_z$$

이고, 전체 반원 호에 작용하는 힘은 다음과 같다.

$$\boldsymbol{F}_{m2} = \int_o^\pi d\boldsymbol{F}_{m2} = -\hat{a}_z IRK\int_o^\pi \sin\phi\,d\phi = -2IRK\hat{a}_z$$

그래서 반원도선에 작용하는 전체 자기력은 $\boldsymbol{F}_m = \boldsymbol{F}_{m1} + \boldsymbol{F}_{m2} = 0$이다. 그래서 자장 내에서 전류가 흐르는 폐 경로도선에 작용하는 자기력은 "0"임을 확인할 수 있다. ■

예제 7.15 $-y$ 축선 상에 무한 선전류가 $15\mathrm{A}$ 흐르고 정방형 고리에 $2m\mathrm{A}$ 전류가 흐를 때, 정방형 고리에 작용하는 힘을 구하여라.

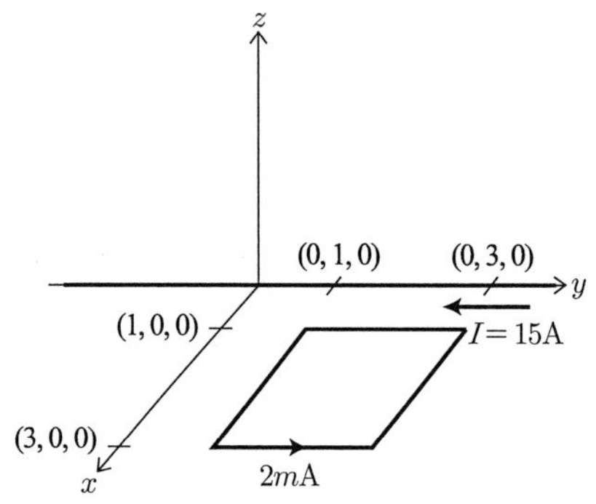

풀이 무한 직선도체에 의해서 정방형 고리에 작용하는 자장의 세기, 자속밀도, 자기력

$$\boldsymbol{H} = \frac{I}{2\pi x}\hat{a_z} = \frac{15}{2\pi x}\hat{a_z}\,[\text{A/m}]$$

$$\boldsymbol{B} = \mu_0 \boldsymbol{H} = 4\pi \times 10^{-7}\frac{15}{2\pi x}\hat{a_z} = \frac{3\times 10^{-6}}{x}\hat{a_z}\,[\text{T}]$$

$$\boldsymbol{F} = -I\oint \boldsymbol{B}\times d\boldsymbol{\ell} = (-2\times 10^{-3})(3\times 10^{-6})\left[\int_{x=1}^{x=3}\frac{\hat{a_z}}{x}\times dx\,\hat{a_x}\bigg|_{y=1} + \int_{y=1}^{y=3}\frac{\hat{a_z}}{x}\times dy\hat{a_y}\bigg|_{x=3} + \int_{x=3}^{x=1}\frac{\hat{a_z}}{x}\times dx\hat{a_x}\bigg|_{y=3} + \int_{y=3}^{y=1}\frac{\hat{a_z}}{x}\times dy\hat{a_y}\bigg|_{x=1}\right]$$

$$= (-6\times 10^{-9})\left[\ln x\Big|_1^3\hat{a_y} + \frac{y}{3}\Big|_1^3(-\hat{a_x}) + \ln x\Big|_3^1\hat{a_y} + y\Big|_3^1(-\hat{a_x})\right]$$

$$= -8\times 10^{-9}\hat{a_x}\,[\text{N}]$$ ■

(2) 움직이는 두 전하에 작용하는 힘

전류가 자장을 만들므로 하나의 전하 q가 움직일 때 주위에 만드는 자장을 구해보자. 먼저 움직이는 전하가 만드는 자장은

$$Id\boldsymbol{\ell} = dq\frac{d\boldsymbol{\ell}}{dt} = dq\boldsymbol{v} \tag{7-73}$$

$$d\boldsymbol{B} = \frac{\mu_0}{4\pi}\frac{Id\boldsymbol{\ell}\times\hat{a_r}}{r^2} = \frac{\mu_0}{4\pi}\frac{dq\,\boldsymbol{v}\times\hat{a_r}}{r^2}$$

$$\boldsymbol{B} = \frac{\mu_0}{4\pi}\frac{q\boldsymbol{v}\times\hat{a_r}}{r^2}\,[\text{T}]$$

이고 서로 평행하게 운동하는 두 전하($q_1, q_2 = q$) 사이의 힘은 전기력과 자기력으로 구성된다. 전기력은

$$\boldsymbol{F_e} = \frac{1}{4\pi\epsilon_0}\frac{q_1 q_2}{r^2}\widehat{a_r} \tag{7-74}$$

이고, 자기력은

$$\boldsymbol{F_m} = q_1\boldsymbol{v_1}\times\boldsymbol{B_{21}} = \frac{\mu_0}{4\pi}q_1\boldsymbol{v_1}\times\frac{q_2\boldsymbol{v_2}\times\widehat{a_{r12}}}{r^2} = -\frac{\mu_0 q^2 v^2}{4\pi r^2}\widehat{a_{r12}} \tag{7-75}$$

이므로 전체 힘은 다음과 같다.

$$\boldsymbol{F} = \boldsymbol{F_e} + \boldsymbol{F_m} = \left(1-\epsilon_0\mu_0 v^2\right)\frac{q^2\,\widehat{a_{r12}}}{4\pi\epsilon_0 r^2}\ [\mathrm{N}] \tag{7-76}$$

전기력과 자기력

- 전기력은 전장과 같은 방향이고, 전하의 운동과 관계가 없으며 전하를 가속한다(힘과 움직이는 거리 방향이 같음).
- 자기력은 자장에 수직한 방향이고, 전하가 움직일 때 작용하며, 전하의 운동방향은 바꿀 수 있지만 가속할 수 없다(힘과 움직이는 거리 방향이 수직이므로 일= 0). 즉 속도의 크기가 변하지 않아 운동하는 전하에 에너지를 전달하지 못한다.

(3) 두 평행도선에 작용하는 자기력

그림 7.34와 같이 거리가 d[m]만큼 떨어진 두 평행도선 사이에 전류 I[A]가 반대방향으로 흐른다. 도선 사이에 작용하는 힘을 구하기 위해 자장을 구한 후 미소 전류소와 외적 연산을 수행한다.

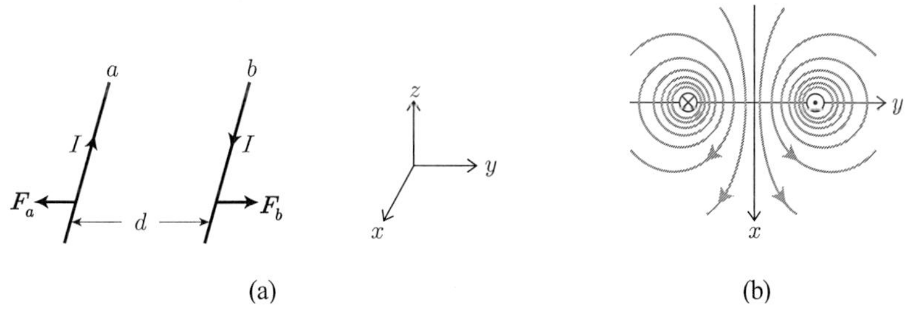

그림 7.34 두 평행도선 (a) 두 평행도선 방향 (b) 평행도선전류가 $+I\widehat{a_z}$와 $-I\widehat{a_z}$인 경우 자기력선

① $\boldsymbol{F_b}$ 구하기

그림 7.34(a)에서 도선-a 전류에 의한 도선-b에서의 자장은

$$\boldsymbol{H_{ba}} = \frac{I}{2\pi d}(-\widehat{a_x}),\ \boldsymbol{B_{ba}} = \mu_0\boldsymbol{H_{ba}} = -\frac{\mu_0 I}{2\pi d}\widehat{a_x} \tag{7-77}$$

이고, 도선-b에서 받는 미소 힘은

$$dF_b = Id\ell_b \times B_{ba} = I(-dz\hat{a}_z) \times B_{ba} = -Idz\hat{a}_z \times \frac{-\mu_0 I}{2\pi d}\hat{a}_x = \frac{\mu_0 I^2 dz}{2\pi d}\hat{a}_y \quad (7-78)$$

이며, 단위길이당 작용하는 힘은

$$\frac{F_b}{dz} = \frac{\mu_o I^2}{2\pi d}\hat{a}_y \ [\mathrm{N/m}] \quad (7-79)$$

이므로, 길이 $\ell[\mathrm{m}]$에 받는 힘은 다음과 같다.

$$F_b = \int_0^{\ell} \frac{\mu_0 I^2}{2\pi d} dz\hat{a}_y = \frac{\mu_0 I^2 \ell}{2\pi d}\hat{a}_y \ [\mathrm{N}] \quad (7-80)$$

② F_a 구하기

도선-b 전류에 의한 도선-a에 작용하는 자장은

$$H_{ab} = \frac{I}{2\pi d}(-\hat{a}_x), \ B_{ab} = \mu_0 H_{ab} = -\frac{\mu_0 I}{2\pi d}\hat{a}_x \quad (7-81)$$

이고, 도선-a에 작용하는 미소 힘은

$$\begin{aligned} dF_a &= Id\ell_a \times B_{ab} = I(dz\hat{a}_z) \times B_{ab} \quad (7-82) \\ &= Idz\hat{a}_z \times \frac{-\mu_0 I}{2\pi d}\hat{a}_x = \frac{-\mu_0 I^2 dz}{2\pi d}\hat{a}_y \end{aligned}$$

이며, 단위길이당 작용하는 힘은

$$\frac{F_a}{dz} = \frac{-\mu_0 I^2}{2\pi d}\hat{a}_y \ [\mathrm{N/m}] \quad (7-83)$$

이므로, 길이 $\ell[\mathrm{m}]$에 받는 힘은 다음과 같다.

$$F_a = \int_0^{\ell} \frac{-\mu_0 I^2}{2\pi d} dz\hat{a}_y = -\frac{\mu_0 I^2 \ell}{2\pi d}\hat{a}_y \ [\mathrm{N}] \quad (7-84)$$

③ 힘의 합

계산된 각 힘에서 $F_a = -F_b$이므로 크기는 같고 방향은 반대로 힘이 작용한다. 그래서 두 도선에 작용하는 힘의 합은

$$F_a + F_b = 0 \quad (7-85)$$

이다. 따라서 전류가 흐르는 두 도선 사이에 작용하는 힘의 크기는 전류의 크기에 비례하고, 거리에 관계된다. 전류방향이 같으면 인력, 반대이면 척력이 작용한다.

> 힘 $F \propto \mu I^2$이므로 투자율의 단위 $[\mu] = \mathrm{N \cdot A^{-2} = H \cdot m^{-1}}$
> 자속밀도의 단위 $[B] = [\mu][\mathrm{A \cdot m^{-1}}] = \mathrm{H \cdot A \cdot m^{-2}}$

(4) 두 회로에 작용하는 자기력

정상전류에 의한 정자장에서 회로들끼리 유도결합도 없고 전장과 자장의 결합도 없다. 그러나 그림 7.35와 같이 닫힌 회로들에 흐르는 전류 사이에는 자기력이 작용한다. 이를 힘의 암페어법칙(Ampere's law of force)이라 한다. 이 힘은 아래와 같은 경험적인 사실을 수식으로 나타낸 자장의 기본법칙으로 정전장에서 쿨롱의 법칙과 유사하다.

① 자기력은 두 도선의 전류 곱에 비례하고 두 도선의 거리 제곱에 반비례한다.
② 같은 방향으로 전류가 흐르는 평행한 두 도선에는 인력이 작용하고, 반대방향으로 흐르는 두 도선 사이에는 척력이 작용한다.
③ 긴 전류도선에 수직방향의 짧은 도선전류에는 자기력이 작용하지 않는다.

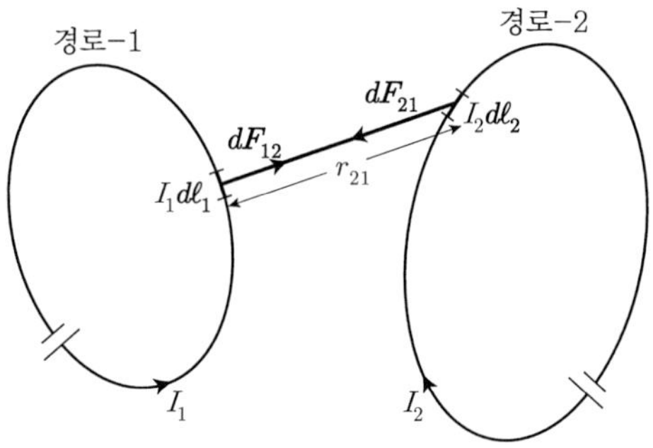

그림 7.35 두 회로에 작용하는 자기력

닫힌 경로-1에서 전류 I_1, 닫힌 경로-2에서 전류 I_2가 흐를 때 두 도선 사이에 자기력이 작용한다. 닫힌 경로-1의 전류소 $I_1 \boldsymbol{d\ell_1}$에 의한 닫힌 경로-2의 전류소 $I_2 \boldsymbol{d\ell_2}$에 작용하는 미소 힘은

$$\boldsymbol{dF_{21}} = \frac{\mu_0}{4\pi} \frac{I_2 \boldsymbol{d\ell_2} \times \left(I_1 \boldsymbol{d\ell_1} \times \widehat{a_{r_{21}}}\right)}{r_{21}^2} \tag{7-86}$$

이고, 전류 I_1이 흐르는 닫힌 경로-1에 의한 전류 I_2가 흐르는 닫힌 경로-2에 작용하는 전체 자기력은

$$\begin{aligned}\boldsymbol{F_{21}} &= \frac{\mu_0 I_1 I_2}{4\pi} \oint_{c_1} \oint_{c_2} \frac{\boldsymbol{d\ell_2} \times \left(\boldsymbol{d\ell_1} \times \widehat{a_{r_{21}}}\right)}{r_{21}^2} = \oint_{c_2} I_2 \boldsymbol{d\ell_2} \times \frac{\mu_0}{4\pi} \oint_{c_1} \frac{\left(I_1 \boldsymbol{d\ell_1} \times \widehat{a_{r_{21}}}\right)}{r_{21}^2} \\ &= \oint_{c_2} I_2 \boldsymbol{d\ell_2} \times \boldsymbol{B_{21}} \ [\mathrm{N}]\end{aligned} \tag{7-87}$$

이며, 여기서 닫힌 경로-1의 전류 I_1에 의한 닫힌 경로-2의 미소 길이 $\boldsymbol{d\ell_2}$에서 자속밀도는 $\boldsymbol{B_{21}} = \frac{\mu_0}{4\pi} \oint_{c_1} \frac{\left(I_1 \boldsymbol{d\ell_1} \times \widehat{a_{r_{21}}}\right)}{r_{21}^2}$이다. 전류 I_1이 흐르는 닫힌 경로-1에 의한 전류 I_2가 흐르는 닫힌 경로-2에 작용하는 자기력 $\boldsymbol{F_{21}}$은 전류 I_2가 흐르는 닫힌 경로-2에 의한 전류 I_1이 흐

르는 닫힌 경로-1에 작용하는 자기력 $\boldsymbol{F}_{12}$와 크기는 같고 방향은 반대이다. 즉 $\boldsymbol{F}_{12}=-\boldsymbol{F}_{21}$이다. 따라서 일반적인 자기력 경험식으로 정자장의 기본식인 자속밀도와 로렌츠 힘을 설명한다.

예제 7.16 그림과 같이 y-축으로 -10A가 무한 길이도선에 흐르고 xy-평면에 길이가 1m인 정사각형 고리에 전류가 $3m\text{A}$ 흐를 때 고리가 받는 힘을 구하여라.

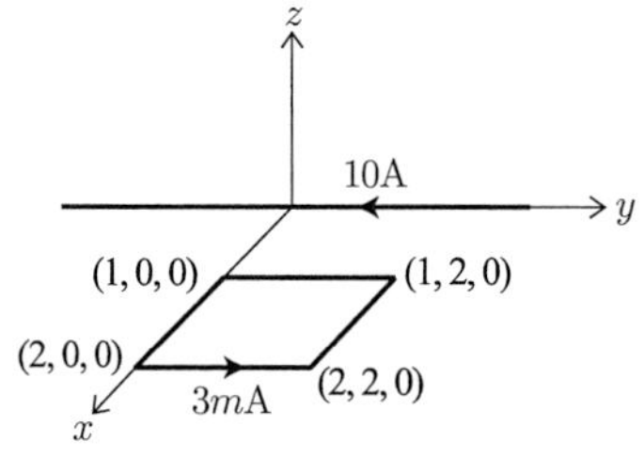

풀이 직선전류소에 의해 $z=0$면에서 자계는 $\boldsymbol{H}=\dfrac{I}{2\pi x}\hat{a}_z[\text{A/m}]$이고 자속밀도는 $\boldsymbol{B}=\mu\boldsymbol{H}=\dfrac{2\times10^{-6}}{x}\hat{a}_z$, 힘은 $\boldsymbol{F}_{21}=\oint_{c_2} I_2 d\boldsymbol{\ell}_2\times\boldsymbol{B}_{21}$을 이용하여

$$\boldsymbol{F}_{21}=(-3\cdot10^{-3})(2\cdot10^{-6})\left(\int_1^2\frac{\hat{a}_z}{x}\times dx\hat{a}_x+\int_0^2\frac{\hat{a}_z}{2}\times dy\hat{a}_y+\int_2^1\frac{\hat{a}_z}{x}\times dx\hat{a}_x\right.$$

$$\left.+\int_2^0\frac{\hat{a}_z}{x}\times dy\hat{a}_y\right)=(-6\cdot10^{-9})\left(\int_1^2\frac{\hat{a}_y}{x}dx+\int_0^2\frac{-\hat{a}_x}{2}dy+\int_2^1\frac{\hat{a}_y}{x}dx\right.$$

$$\left.+\int_2^0\frac{-\hat{a}_x}{1}dy\right)=(-6\cdot10^{-9})\left(\hat{a}_y\ln2-\hat{a}_x-\hat{a}_y\ln2+2\hat{a}_x\right)$$

$$=-6\times10^{-9}\hat{a}_x[\text{N}]$$ ■

7.8 비틀림 모멘트

회전문을 열거나 나사를 돌릴 때(그림 7.36) 손잡이에 힘을 주면 손잡이는 회전문 혹은 나사의 중심점(축)을 중심으로 회전한다. 이처럼 물체가 회전하는 작용, 힘이 물체의 회전을 일으키는 효과를 힘의 모멘트(moment of force), 비틀림 모멘트(torsional moment), 혹은 토크(torque)라 한다. 일반적으로 어느 한 점(축)에서 일정거리를 두고 힘을 작용하면 그 점(축)에 대하여 모멘트가 발생하여 물체가 회전하거나, 비틀림이 일어난다.

그림 7.37과 같이 점 O에서 작용선 $\boldsymbol{r}$만큼 떨어져 있는 점 A에 작용선 방향에서 α만큼 기울인 방향으로 힘, $\boldsymbol{F}$가 작용한다. 이때 힘 $\boldsymbol{F}$에 의해 점 O에 작용하는 모멘트는 $\boldsymbol{F}$와 점 O와 힘의 작용선 사이를 수직으로 잇는 가장 짧은 거리의 곱이다.

즉, 토크는

$$\tau=\boldsymbol{r}\times\boldsymbol{F}=\hat{a}_{\perp}F(r\sin\alpha)\ [\text{N}\cdot\text{m}] \tag{7-88}$$

이고, 여기서 $\widehat{a_{\perp}}$ 은 오른손법칙에 의한 방향으로 $\boldsymbol{r}$과 $\boldsymbol{F}$에 수직인 단위벡터이고, $r\sin\theta = d$는 모멘트 팔(moment arm or lever arm)이라고 한다. 그림 7.38은 작용선과 힘의 방향에 따른 모멘트 팔을 나타낸다.

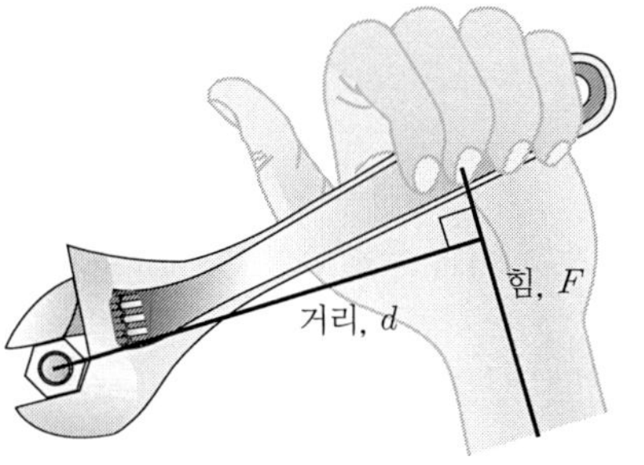

그림 7.36 나사의 비틀림 모멘트($\tau = Fd$)

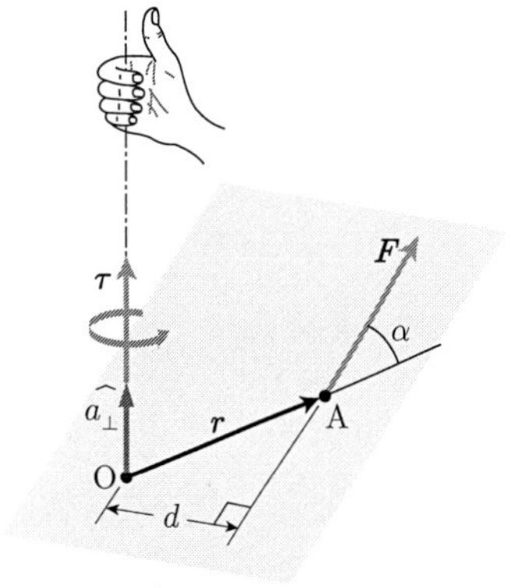

그림 7.37 토크($\boldsymbol{\tau} = \boldsymbol{r} \times \boldsymbol{F}$)

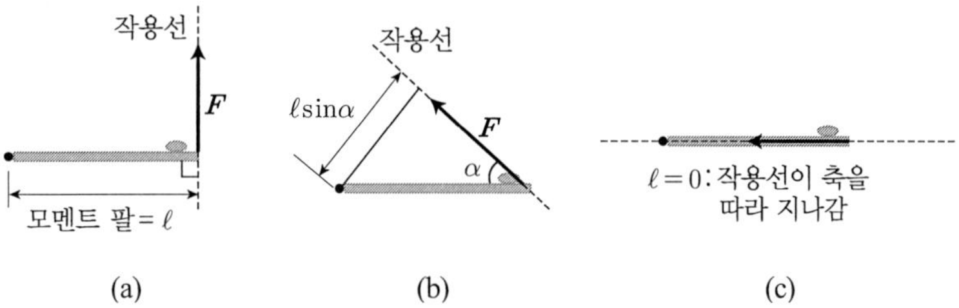

그림 7.38 모멘트 팔 길이 (a) $d = \ell$ (b) $d = \ell\sin\alpha$ (c) $d = 0$

$$\sum_i F_i = 0 : \text{이동하지 않음}, \quad \sum_i \tau_i = 0 : \text{회전하지 않음}$$

그림 7.39와 같이 힘의 합은

$$\sum_i \boldsymbol{F_i} = \boldsymbol{F} + (-\boldsymbol{F}) = 0 \tag{7-89}$$

"0"이므로 병진운동은 없지만 점 P에 대한 토크는

$$\sum_i \tau_i = \boldsymbol{r} \times \boldsymbol{F} + (0) \times (-\boldsymbol{F}) = \boldsymbol{r} \times \boldsymbol{F} \neq 0 \tag{7-90}$$

이므로 이 힘을 짝힘(couple)이라고 한다.

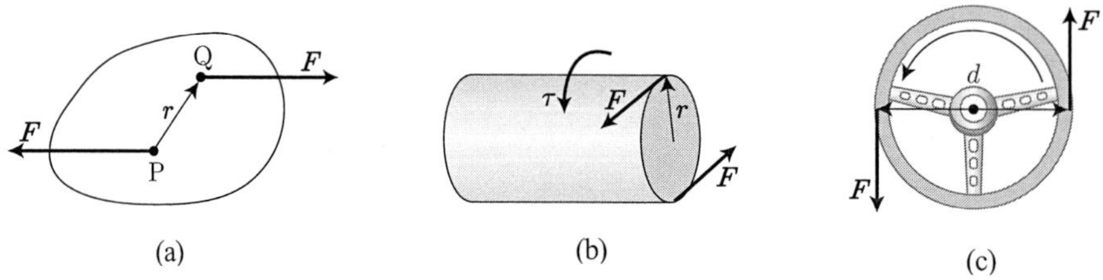

그림 7.39 짝힘의 예 (a) 강체 (b) 원통 (c) 핸들

뉴턴의 운동방정식은 $dp/dt = \boldsymbol{F}$이고 양변에 $\boldsymbol{r}$과 외적을 하고 정리하면 토크, $\tau = \boldsymbol{r} \times \boldsymbol{F}$ $[\mathrm{N \cdot m}]$와 각운동량(angular momentum), $\boldsymbol{L} = \boldsymbol{r} \times \boldsymbol{p}$ 관계는

$$\boldsymbol{r} \times \frac{d\boldsymbol{p}}{dt} = \boldsymbol{r} \times \boldsymbol{F} \rightarrow \frac{d(\boldsymbol{r} \times \boldsymbol{p})}{dt} - \frac{d\boldsymbol{r}}{dt} \times \boldsymbol{p} = \boldsymbol{r} \times \boldsymbol{F} \rightarrow \frac{d(\boldsymbol{r} \times \boldsymbol{p})}{dt} = \boldsymbol{r} \times \boldsymbol{F} \rightarrow \frac{d\boldsymbol{L}}{dt} = \tau$$

이며, 이때 $\frac{d\boldsymbol{r}}{dt} \times \boldsymbol{p} = \boldsymbol{v} \times \boldsymbol{p} = 0$이다.

7.9 전류고리의 축 회전력

어떤 닫힌 경로의 전류고리는 그림 7.40과 같이 무수히 많은 직사각형 고리로 만들어져 있는 것으로 생각할 수 있다.

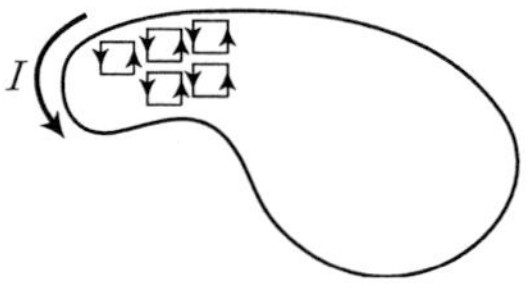

그림 7.40 임의의 닫힌 경로 전류고리

그림 7.41과 같이 전류 I가 흐르는 xy-평면의 직사각형 고리에 균일자장 $\boldsymbol{B} = \hat{a}_x B$이 평행하게 인가되었다. 측면 1과 3은 길이벡터가 자장과 평행이므로 자기력은 없고(벡터적이 "0"), 측면 2와 4의 자기력은

$$\boldsymbol{F}_{m2} = I(-a\,\hat{a}_y) \times B\hat{a}_x = IaB\hat{a}_z \ [\mathrm{N}] \tag{7-91}$$

$$\boldsymbol{F}_{m4} = I(a\,\hat{a}_y) \times B\hat{a}_x = -IaB\hat{a}_z \ [\mathrm{N}]$$

이고 전체 직사각형 고리에 받는 힘은

$$\boldsymbol{F}_{mt} = \boldsymbol{F}_{m1} + \boldsymbol{F}_{m2} + \boldsymbol{F}_{m3} + \boldsymbol{F}_{m4} = 0 \tag{7-92}$$

이다. 그러나 힘 $\boldsymbol{F}_{m2}$, $\boldsymbol{F}_{m3}$에 의해 고리는 y-축에 대해 회전하는 축의 회전력이 생긴다.

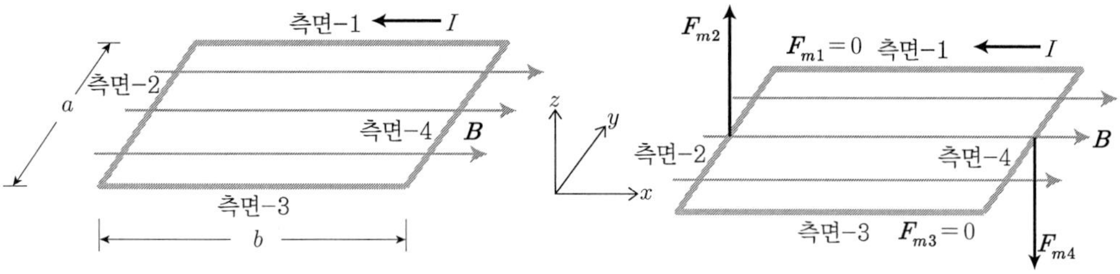

(a) (b)

그림 7.41 균일자장에 놓인 직사각형 전류고리 (a) 구조 (b) 2와 4 측면에 작용하는 자기력

고리의 중심에 대해 토크는

$$\begin{aligned}\tau &= \left(-\frac{b}{2}\hat{a}_x\right)\times \boldsymbol{F}_{m2}+\left(\frac{b}{2}\hat{a}_x\right)\times \boldsymbol{F}_{m4} \\ &= \left(-\frac{b}{2}\hat{a}_x\right)\times\left(IaB\hat{a}_z\right)+\left(\frac{b}{2}\hat{a}_x\right)\times\left(-IaB\hat{a}_z\right) = IabB\,\hat{a}_y = ISB\hat{a}_y \ [\mathrm{N\cdot m}]\end{aligned} \tag{7-93}$$

이고, 여기서 $S=ab$는 고리의 면적이고 양의 부호는 y-축에 대해 시계방향으로 회전하는 것을 의미한다. 고리의 평면에 수직방향으로 단위벡터가 $\hat{a}_n$이라 하고 고리 면적벡터 $\boldsymbol{S}=ab\hat{a}_n$이라고 하면 축의 회전력은

$$\tau = I(S\hat{a}_z)\times B\hat{a}_x = I\boldsymbol{S}\times\boldsymbol{B} \ [\mathrm{N\cdot m}] \tag{7-94}$$

으로 표현하고, 여기서 단위벡터는 $\hat{a}_n=\hat{a}_z$이다. 그래서 축의 회전력이 고리 면적벡터와 자장의 방향이 수직일 때 최대가 된다.

고리 면적벡터가 자장에 대해 그림 7.42와 같이 θ의 각을 이룬다면 측면 1과 3의 자기력은 서로 상쇄되고 모멘트 팔의 벡터는

$$\boldsymbol{r}_2 = \frac{b}{2}\left(-\hat{a}_x\sin\theta+\hat{a}_z\cos\theta\right) = -\boldsymbol{r}_4 \tag{7-95}$$

이다. 전체 축의 회전력은

$$\begin{aligned}\tau &= \boldsymbol{r}_2\times\boldsymbol{F}_{m2}+\boldsymbol{r}_4\times\boldsymbol{F}_{m4} = 2\cdot\frac{b}{2}\left(-\hat{a}_x\sin\theta+\hat{a}_z\cos\theta\right)\left(IaB\hat{a}_z\right) \\ &= IabB\sin\theta\,\hat{a}_y = I\boldsymbol{S}\times\boldsymbol{B} \ [\mathrm{N\cdot m}]\end{aligned} \tag{7-96}$$

이고 N번 감긴 고리인 경우 축의 회전력은

$$\tau = (NI\boldsymbol{S})\times\boldsymbol{B} \ [\mathrm{N\cdot m}] \tag{7-97}$$

이며, 자기 쌍극자모멘트 $\boldsymbol{m}=NI\boldsymbol{S}\,[\mathrm{A\cdot m^2}]$라고 하며 축의 회전력은 다음과 같다.

$$\tau = \boldsymbol{m}\times\boldsymbol{B} \ [\mathrm{N\cdot m}] \tag{7-98}$$

자기 쌍극자모멘트는 오른손법칙에 의해 방향을 결정하고 면적벡터 $\boldsymbol{S}\,[\mathrm{m^2}]$와 같다.

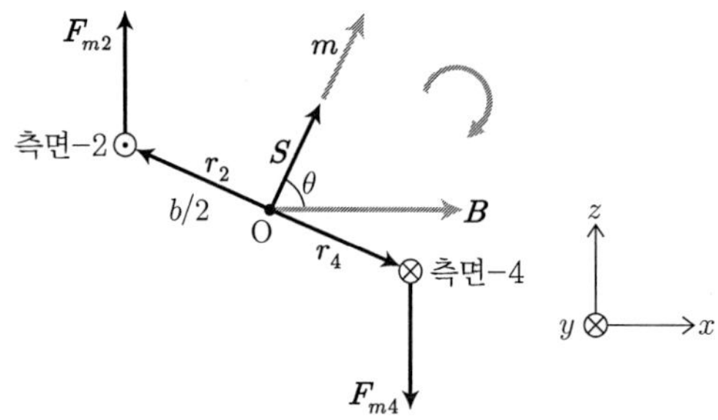

그림 7.42 전류고리의 회전

> 전기장 $\boldsymbol{E}$ 속에서 전기 쌍극자모멘트 $\boldsymbol{p}=q\boldsymbol{d}$에 의한 축의 회전력은 $\boldsymbol{\tau}=\boldsymbol{p}\times\boldsymbol{E}$ $[\mathrm{N\cdot m}]$

자기 쌍극자를 $\theta_0=\pi/2$에서 θ로 회전하는 외부 힘에 의한 일은

$$W=\int_{\pi/2}^{\theta}\tau\,d\theta'=\int_{\pi/2}^{\theta}|\boldsymbol{m}\times\boldsymbol{B}|\,d\theta'=\int_{\pi/2}^{\theta}(mB\sin\theta)\,d\theta' \tag{7-99}$$

$$=mB(-\cos\theta+\cos\theta_0)=\mathcal{E}_U-\mathcal{E}_0=\Delta\mathcal{E}_U\ [\mathrm{J}]$$

으로 나타내고 $\theta_0=\pi/2$일 때 $\mathcal{E}_0=0$이므로 자장에 의한 쌍극자의 위치에너지는 다음과 같다.

$$\mathcal{E}_U=-mB\cos\theta=-\boldsymbol{m}\cdot\boldsymbol{B}\ [\mathrm{J}] \tag{7-100}$$

그림 7.43과 같이 자기 쌍극자모멘트 $\boldsymbol{m}$ $[\mathrm{A\cdot m^2}]$과 자장 $\boldsymbol{B}$가 평행하게 정렬되면 위치에너지가 최소($\mathcal{E}_{Umin}=-mB$)가 되어 안정된 평형이 되고, 역평행이 되면 위치에너지가 최대($\mathcal{E}_{Umax}=+mB$)가 되어 시스템이 불안정해진다.

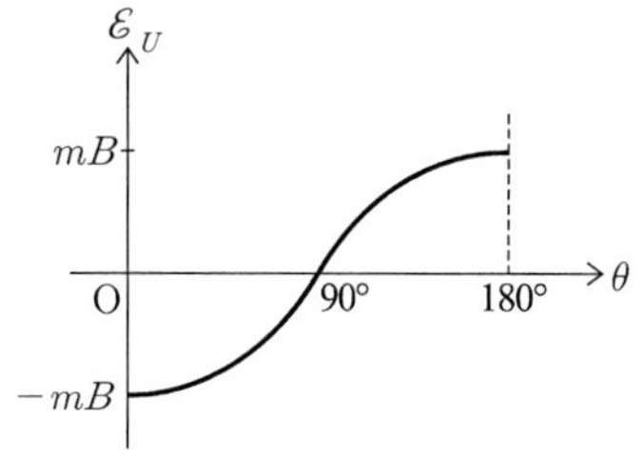

그림 7.43 회전각 θ에 대한 쌍극자의 위치에너지

> 전장 $\boldsymbol{E}$ $[\mathrm{V/m}]$ 속에서 전기 쌍극자모멘트 $\boldsymbol{p}=q\boldsymbol{d}$ $[\mathrm{C\cdot m}]$에 의한 전기 쌍극자의 위치에너지 $\mathcal{E}_U=-\boldsymbol{p}\cdot\boldsymbol{E}$ $[\mathrm{J}]$

예제 7.17 균일한 자속밀도 $\boldsymbol{B} = -0.3\hat{a_y} + 0.4\hat{a_z}$ [T] 내에 z-방향으로 $2\text{m} \times 2\text{m}$ 인 사각형 고리에 전류 $2m\text{A}$ 가 흐르고 있다. 이 고리의 회전력을 구하여라.

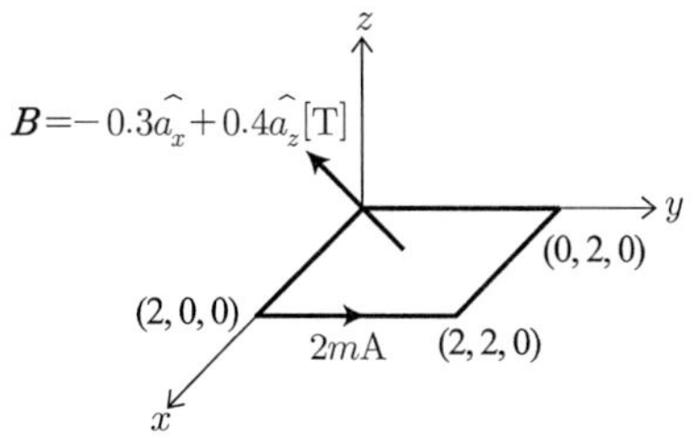

풀이 ① 직접적인 방법:

$$\tau = IS \times B = m \times B = (2 \times 10^{-3})(4\hat{a_z}) \times (-0.3\hat{a_y} + 0.4\hat{a_z})$$
$$= 2.4 \cdot 10^{-3}\hat{a_x} \; [\text{N} \cdot \text{m}]$$

② 거리벡터×힘:

원점에서 $(2,0,0)$까지 변이 받는 힘

$$F_{m1} = I\ell_1 \times B = (2 \cdot 10^{-3})(2\hat{a_x}) \times \left(-0.3\hat{a_y} + 0.4\hat{a_z}\right)$$
$$= \left(-1.2\hat{a_z} - 1.6\hat{a_y}\right)10^{-3} \; [\text{N}]$$

$(2,2,0)$에서 $(0,2,0)$까지 변이 받는 힘

$$F_{m3} = -F_{m1} = \left(1.2\hat{a_z} + 1.6\hat{a_y}\right)10^{-3} \; [\text{N}]$$

$(2,0,0)$에서 $(2,2,0)$까지 변이 받는 힘

$$F_{m2} = I\ell_2 \times B = (2 \cdot 10^{-3})(2\hat{a_y}) \times \left(-0.3\hat{a_y} + 0.4\hat{a_z}\right) = \left(1.6\hat{a_x}\right)10^{-3} \; [\text{N}]$$

$(0,2,0)$에서 원점까지 변이 받는 힘

$$F_{m4} = -F_{m2} = \left(-1.6\hat{a_x}\right)10^{-3} \; [\text{N}]$$

전체 회전력

$$\tau = \tau_1 + \tau_2 + \tau_3 + \tau_4 = r_1 \times F_{m1} + r_2 \times F_{m2} + r_3 \times F_{m3} + r_4 \times F_{m4}$$
$$= \left[(-\hat{a_y}) \times \left(-1.2\hat{a_z} - 1.6\hat{a_y}\right) + (\hat{a_x}) \times \left(1.6\hat{a_x}\right) + (\hat{a_y}) \times \left(1.2\hat{a_z} + 1.6\hat{a_y}\right) + (-\hat{a_x}) \times \left(-1.6\hat{a_x}\right)\right]10^{-3} \; [\text{N}]$$
$$= \left[(1.2\hat{a_x}) + 0 + \left(1.2\hat{a_x}\right) + 0\right]10^{-3} = 2.4 \cdot 10^{-3}\hat{a_x} [\text{N} \cdot \text{m}] \quad ■$$

7.10 자기 쌍극자의 자장세기

그림 7.44와 같이 길이 δ[m]인 미소 막대자석(자석입자)의 양단의 자하가 $\pm m$[Wb]일 때 임의점 A에서 자위, 자장의 세기를 구해보자. $\delta \ll r$ 조건에서 자하 $\pm m$[Wb]에 의한 점 A에서 자위는

$$V_{mA} = V_{m1} - V_{m2} = \frac{m}{4\pi\mu_0}\left(\frac{1}{r_1} - \frac{1}{r_2}\right) = \frac{m}{4\pi\mu_0}\left(\frac{1}{r - \frac{\delta}{2}\cos\theta} - \frac{1}{r + \frac{\delta}{2}\cos\theta}\right) \quad (7\text{-}101)$$

$$= \frac{m}{4\pi\mu_0}\left(\frac{r + \frac{\delta}{2}\cos\theta - r + \frac{\delta}{2}\cos\theta}{r^2 - \frac{\delta^2}{4}\cos^2\theta}\right) \simeq \frac{m\delta}{4\pi\mu_0 r^2}\cos\theta = \frac{M\cos\theta}{4\pi\mu_0 r^2}[\mathrm{A}]$$

이고, 여기서 $M = m\delta[\mathrm{Wb \cdot m}]$는 자기 쌍극자모멘트이다. 자위는 r^2에 반비례하고, $\theta = 0^o$에서 자위가 최대이고 $\theta = 90^o$일 때 자위가 최소인 "0"이다.

점 A에서 자장은 구좌표 대칭에 의해 r과 θ성분만 있으며 구좌표의 미분식, $H_A = -\nabla V_{mA}$를 이용한다. 자장의 성분인 H_r, H_θ, 합성자장인 H_A를 구하면

$$H_r = -\frac{\partial V_{mA}}{\partial r} = -\frac{M}{4\pi\mu_0}\left(\frac{\partial}{\partial r}\frac{1}{r^2}\right) = \frac{2M\cos\theta}{4\pi\mu_0 r^3}[\mathrm{A/m}] \quad (7\text{-}102)$$

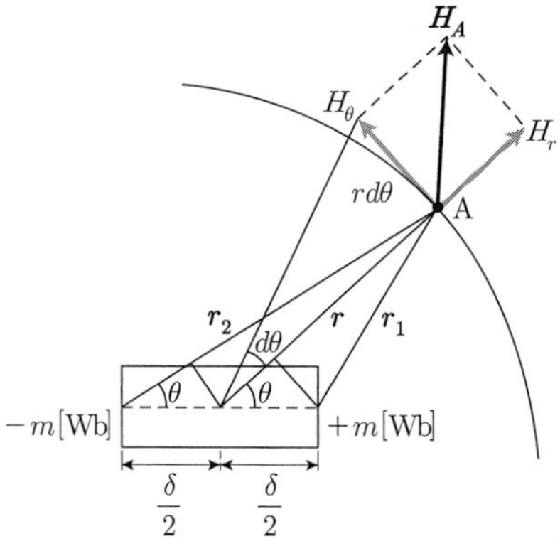

그림 7.44 미소자석의 자기 쌍극자

$$H_\theta = -\partial\frac{V_{mA}}{r\partial\theta} = -\frac{1}{r}\frac{M}{4\pi\mu_0 r^2}\frac{\partial}{\partial\theta}\cos\theta = \frac{M\sin\theta}{4\pi\mu_0 r^3}[\mathrm{A/m}] \quad (7\text{-}103)$$

$$H_A = \sqrt{H_r^2 + H_\theta^2} = \frac{M}{4\pi\mu_0 r^3}\sqrt{4\cos^2\theta + \sin^2\theta} = \frac{M}{4\pi\mu_0 r^3}\sqrt{1 + 3\cos^2\theta}\,[\mathrm{A/m}] \quad (7\text{-}104)$$

이고, 자기 쌍극자에 의한 자장의 세기는 r^3에 반비례한다.

7.11 자기 이중층

자기 이중층(magnetic double layer, 판자석)은 N극과 S극이 얇은 판의 겉면과 뒷면에 분포되어 있고, 실제보다 이론상으로 검토한다. 전류가 흐르는 회로 주위에 전류에 비례하는 자장이 생기고, 이 자장은 회로와 주위의 모양이 같은 자기 이중층이 만드는 자장과 같다. 단, 자기 이중층의 단위면적당 자석으로서의 세기는 전류와 같아야 한다. 이 관계를 이용하여 하나의 자장을 만들고 있는 회로를 자석으로, 또한 자석을 회로로 바꾸어 생각한다.

그림 7.45와 같이 자기 이중층의 두께를 δ[m], 표면자하밀도를 $\pm\sigma_m$[Wb/m^2]라 하면 미소 면적 ds의 자하량 $m=\sigma_m ds$ [Wb]이다. 그래서 자기 쌍극자모멘트 $M=m\delta=\sigma_m ds\,\delta$ [Wb · m]이므로 점 A의 자위, dV_{mA}는

$$dV_{mA} \simeq \frac{\sigma_m ds\,\delta\cos\theta}{4\pi\mu r^2} = \frac{\sigma_m\delta}{4\pi\mu}\frac{ds\,\cos\theta}{r^2} = \frac{\sigma_m\delta}{4\pi\mu}d\Omega \quad [\mathrm{A}] \quad r \gg \delta \tag{7-105}$$

이고, $L_m=\sigma_m\delta$[Wb/m]는 자기 이중층 세기, $d\Omega = ds\,\cos\theta/r^2$는 점 A에서 ds를 바라본 입체각이다. 점 A에서 N극의 자기 이중층을 보는 입체각이 Ω_A라 하면 점 A에서 자위, V_{mA}는

$$V_{mA} = \frac{\sigma_m\delta}{4\pi\mu}\Omega_A = \frac{L_m}{4\pi\mu}\Omega_A \ [\mathrm{A}] \quad r \gg \delta \tag{7-106}$$

이고, 같은 방법으로 점 B에서 음자하의 자기 이중층을 보는 입체각이 Ω_B라 하면 점 B에서 자위, U_B는 다음과 같다.

$$V_{mB} = -\frac{\sigma_m\delta}{4\pi\mu}\Omega_B = -\frac{L_m}{4\pi\mu}\Omega_B \ [\mathrm{A}] \quad r \gg \delta \tag{7-107}$$

점 A와 점 B의 자위차는

$$\begin{aligned} V_{mAB} &= V_{mA} - V_{mB} = \frac{L_m}{4\pi\mu}\Omega_A - \left(\frac{-L_m}{4\pi\mu}\Omega_B\right) = \frac{L_m}{4\pi\mu}(\Omega_A + \Omega_B) \\ &= \frac{L_m}{4\pi\mu}\Omega \ [\mathrm{A}] \quad r \gg \delta \end{aligned} \tag{7-108}$$

이고, 만약 자기 이중층이 무한 평면이면 각각의 입체각이 2π[sr]이고, 전체 입체각 $\Omega=4\pi$ (두 점을 무한히 자기 이중층에 접근시킬 경우)이므로 자위차는 $V_{mAB}=L_m/\mu$ [A]이다.

무한 평면 혹은 두 점을 무한히 자기 이중층에 접근시킬 경우 자기 이중층 세기(등가 판자석의 세기)는 $L_m=\sigma_m\delta=\mu I$[Wb/m], 자위차 $V_{mAB}=I$[A]이다.

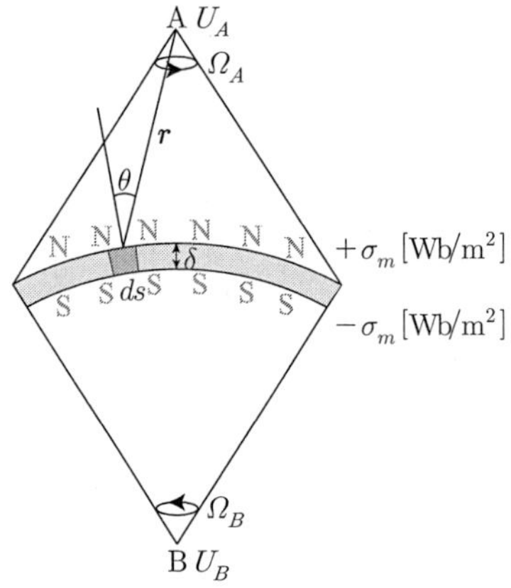

그림 7.45 자기 이중층

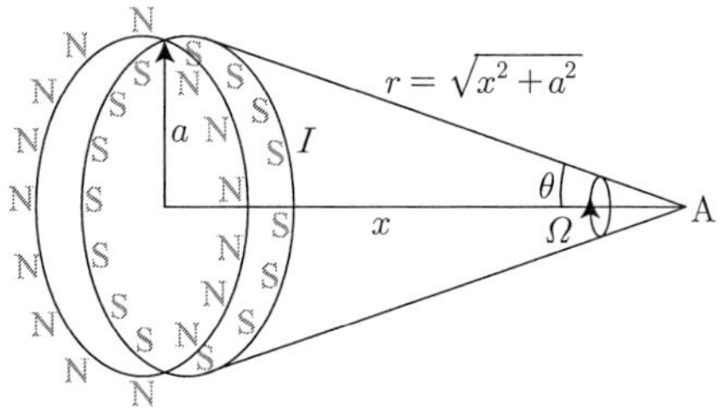

예제 7.18 그림처럼 반지름 r[m]인 구의 표면적이 $S[\mathrm{m}^2]$인 원뿔형 자기 이중층에서 A 점의 자위와 자장의 세기를 구하여라.

풀이 $\cos\theta = x/\sqrt{x^2+a^2}$ 를 이용한 입체각은

$$\Omega = \frac{S\cos\theta}{r^2} = 2\pi(1-\cos\theta) = 2\pi\left(1-\frac{x}{\sqrt{x^2+a^2}}\right)[\mathrm{sr}]$$

이다. 자기 이중층 세기가 $L_m = \mu I[\mathrm{Wb/m}]$이면 자위의 크기는

$$V_{mA} = \frac{\mu I}{4\pi\mu}\Omega_A = \frac{I}{4\pi}\times 2\pi\left(1-\frac{x}{\sqrt{x^2+a^2}}\right) = \frac{I}{2}\left(1-\frac{x}{\sqrt{x^2+a^2}}\right)$$

이고, 자장의 세기,

$$H_A = -\frac{\partial V_{mA}}{\partial x} = -\frac{\partial}{\partial x}\left\{\frac{I}{2}\left(1-\frac{x}{\sqrt{x^2+a^2}}\right)\right\} = \frac{a^2 I}{2(x^2+a^2)^{\frac{3}{2}}}[\mathrm{A/m}]$$ ■

7.12 정자장 응용

(1) 음극선관

그림 7.46과 같이 진공관에서 가열된 음극에서 방사된 전자는 양극과 음극 사이에 인가된 전압 V에 의한 전장 $\boldsymbol{E}$로 속도 $\boldsymbol{v}$를 가지고 양극으로 가속된다. 자기적인 편향 전자빔을 사용하는 경우 전자에 의한 자기 로렌츠힘은 다음과 같다.

$$\boldsymbol{F}_m = -q\boldsymbol{v}\times\boldsymbol{B}\ [\mathrm{N}] \tag{7-109}$$

질량이 9.1×10^{-31}[kg]인 전자의 에너지 관계에 의해 속도는

$$eV=\frac{1}{2}mv^2 \rightarrow v=\sqrt{\frac{2eV}{m}}\,[\text{m/s}] \tag{7-110}$$

이다. 자장이 지면에서 나오는 방향이고 전자가 오른쪽으로 움직이면 전자는 위쪽으로 편향되고 전자의 힘의 세기는 evB[N]이다.

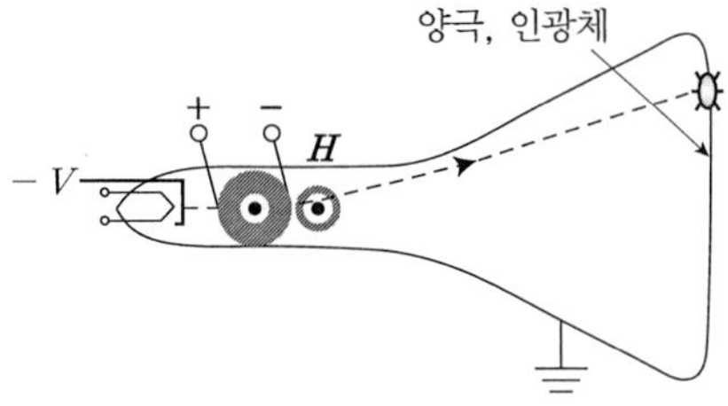

그림 7.46 자기 편향을 이용한 음극선관

(2) 사이클로트론

그림 7.47과 같이 속도가 균일한 양전하가 균일한 자장과 수직으로 움직일 때 그 입자는 자장 $\boldsymbol{B}$에 수직인 평면에서 원운동을 한다. 입자에 작용하는 자기력, $F_c=qvB$는 구심력으로 항상 원의 중심으로 향하고, 원심력, $F_o=mv^2/r$은 자기력의 방향과 반대이고 크기는 같다. 그래서 원의 반경은

$$qvB=\frac{mv^2}{r} \rightarrow r=\frac{mv}{qB}[\text{m}] \tag{7-111}$$

이고, 회전하는 대전입자의 운동주기와 각 주파수는

$$T=\frac{2\pi r}{v}=\frac{2\pi m}{qB}\,[\text{s}],\;\; w=2\pi f=\frac{qB}{m}\,[\text{rad/s}] \tag{7-112}$$

이며, 각 주파수는 원의 반경과 무관하다. 즉, 자장으로 입사되는 입자의 속도가 빨라지면 원의 반경은 커지지만 각속도는 같아서 한 바퀴 도는 시간은 같다.

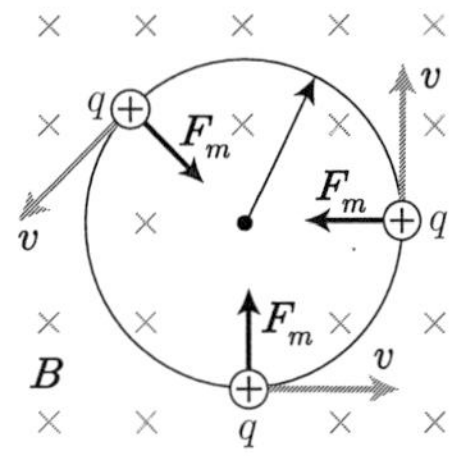

그림 7.47 자장 속 양자의 움직임

사이클로트론(Cyclotron)은 1929년 미국의 물리학자 로렌스(E. O. Lawrence, 1901~1958)에 의해 개발되었고 하전입자 가속장치로써 주로 수소의 양성자를 가속하는데 이용하였다. 처음에 그림 7.48과 같이 양성자는 D(디, dee)라고 불리는 두 개의 금속껍질 안에 있고, 이 반원형의 금속껍질에는 높은 주파수의 교류가 인가된다.

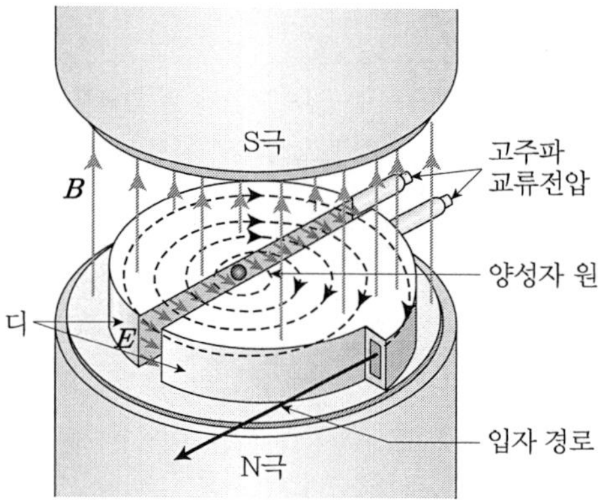

그림 7.48 사이클로트론 개념도

① 두 개 D의 좁은 틈에 위치한 양성자는 인가된 교류 전기장에 의해 (+) D쪽에서 (-) D쪽으로 속도를 가지고 움직인다.

② D-내부는 전기장이 없으므로 D안에 들어온 양성자는 자기장에 의해 로렌츠힘을 구심력으로 하는 원운동을 한다. 양성자가 한 쪽 D에서 반원을 그리며 다시 다른 D로 들어가기 위해 D의 좁은 틈으로 돌아온 순간 D에 걸린 극성이 바뀐다.

③ 양성자는 다시 가속되어 반대편 D로 들어가게 된다. 이 틈에서 전장에 잠깐 노출되는 동안 잠깐 가속되었으므로($a = q\boldsymbol{E}/m$) 이 양성자는 속도가 조금 더 빨라져 더 큰 반지름을 그리면서 D를 돈다. 그래서 양성자를 가속시키기 위해 자장의 크기만 결정되면 인가할 교류주파수($f = qB/2\pi m$)가 결정된다.

④ 반복해서 D의 좁은 틈을 지날 때마다 속도가 조금씩 빨라지고 반지름도 조금씩 증가하며 D 안에서 나선운동을 한다. 반지름이 거의 D 크기만큼 커지면 높은 에너지를 가진 양성자가 빠른 속도로 밖으로 튀어 나온다.

사이클로트론은 가속된 양성자를 원소에 충돌시킨 후 양전자 단층촬영(Positron Emission Tomography : PET)에 쓰이는 의료용 동위원소를 만들거나, 암세포에 가속된 양성자를 쬐는 암 치료에 활용한다.

(3) 핀치효과

그림 7.49와 같이 변형 가능한 도체에 전류가 흐르면 도체 주위에 전류방향과 수직방향으로 원형자장이 발생한다. 그래서 도체 중심 방향으로 전자력이 작용하여 저항성분이 증가하고 전류 흐름이 감소한다. 전류의 감소로 도체 중심 방향으로 전자력이 줄어들어 수축된 도체 단면이 원상태로 돌아온다. 다시 전류 흐름이 증가하면 전자력이 발생하여 수축하고 이런 현상이 반복된다. 이를 핀치효과(pinch effect)라 한다.

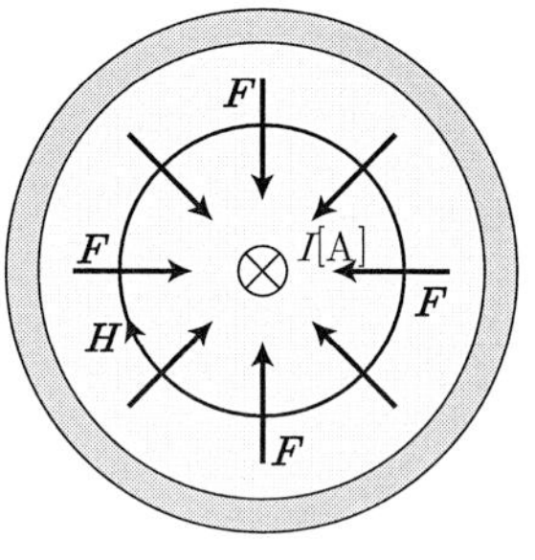

그림 7.49 변형 가능한 도체전류 흐름

(4) 홀효과 센서

홀효과(Hall effect)는 1879년 홀(Edwin Hall, 1855~1938)에 의해 박사논문에서 발표되었다. 1950년대에 반도체 물질이 출현하면서 응용되기 시작하여 1965년 저가의 고체상태 센서에 본격적으로 이용되었다.

그림 7.50과 같이 길이가 ℓ[m], 두께가 d[m], 폭이 W[m]인 p-형 소재판에 전류 I_x와 전류의 수직방향으로 자속밀도 B_z가 통과할 때 qv_xB_z의 힘이 y-방향으로 작용하여 정공의 경로는 편향되고 폭 방향으로 전장이 유도된다. 그래서 단일정공에 작용하는 로렌츠힘은 $\boldsymbol{F}=q(\boldsymbol{E}+\boldsymbol{v}\times\boldsymbol{B})$로부터

$$F_y = q(E_y - v_xB_z) \tag{7-113}$$

이다. 길이방향으로 정공의 흐름이 정상상태를 유지하기 위해 전장이

$$E_y = v_xB_z \tag{7-114}$$

으로 구축되는 것을 홀효과라 하고, 유도된 전압 $V_H = E_yW$를 홀전압이라 한다.

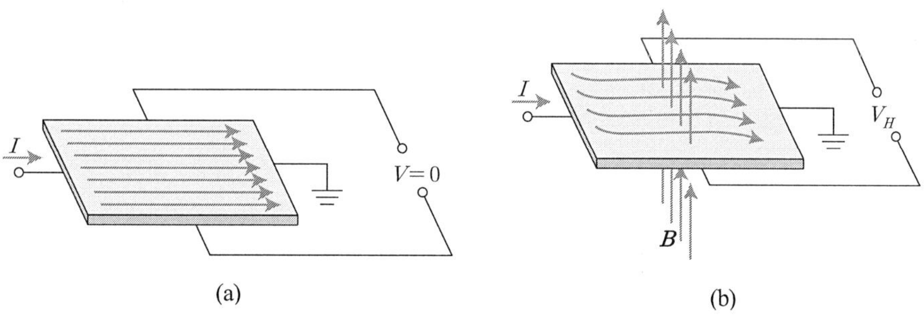

그림 7.50 자장의 존재 유무에 따른 캐리어 경로 및 홀전압 (a) $\boldsymbol{B}=0$인 경우 (b) $\boldsymbol{B}\neq0$인 경우

자속밀도 B_z에 수직한 방향으로 전류 I_x가 흐를 때 발생하는 홀전압은

$$V_H = \left(\frac{1}{qp_0}\right)\frac{I_xB_z}{d} = R_H\frac{I_xB_z}{d} \text{ [V]} \tag{7-115}$$

이고, 여기서 p_0은 정공밀도, q는 전하량(1.6×10^{-19}[C]), R_H는 홀계수이다. 홀전압을 측정하면 정공의 농도 p_0, 저항률 ρ, 그리고 이동도 μ 등을 구하고, 이를 이용한 홀효과 센서의 구조는 그림 7.51과 같다.

$$p_0 = \frac{1}{qR_H} = \frac{I_x B_z}{qV_H d}\ [\mathrm{cm}^{-3}],\quad \rho = R_{CD}\frac{Wd}{\ell} = \frac{V_{CD}/I_x}{\ell/Wd}\ [\Omega\cdot\mathrm{cm}] \tag{7-116}$$

$$\mu_p = \frac{\sigma}{qp_0} = \frac{1}{qp_0\rho}\ [\mathrm{cm^2/V\cdot s}] \tag{7-117}$$

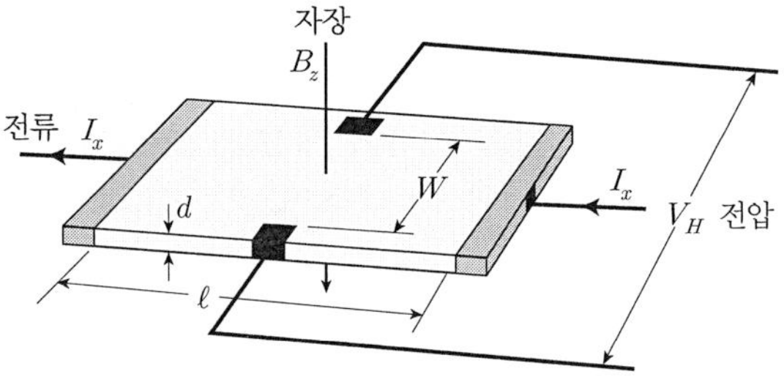

그림 7.51 홀효과 센서의 구조

예제 7.19 두께가 $10\mu\mathrm{m}$이고 농도가 $10^{16}/\mathrm{cm}^3$인 p-형 실리콘반도체 시편에 $I_x = 1m\mathrm{A}$, $B_z = 1{,}000[\mathrm{G}]$ 인가 시 홀전압을 구하여라.

풀이 $B_z = 1{,}000[\mathrm{G}] = 1{,}000\cdot10^{-8} = 10^{-5}\ [\mathrm{Wb/cm^2}]$,

홀계수, $R_H = \dfrac{1}{qp_0} = \dfrac{1}{1.6\cdot10^{-19}\cdot10^{16}} = 625[\mathrm{cm^3/C}]$

홀전압, $V_H = R_H\dfrac{I_x B_z}{d} = \dfrac{625\cdot10^{-3}\cdot10^{-5}}{10\cdot10^{-6}\cdot100} = 6.25[m\mathrm{V}]$ ■

(5) 질량분석계

그림 7.52와 같이 질량분석계(mass spectrometer)는 이온화 영역, 가속화 영역, 속도 선택기 그리고 분석 영역으로 구성되며, 움직이는 대전입자의 자기력을 이용하여 원자와 분자의 질량과 상대적인 농도를 측정한다. 대전된 입자가 전장과 자장에 수직으로 움직이면 굽지 않는 특정속도는

$$q\boldsymbol{E_s} + q\,v\times\boldsymbol{B_s} = 0 \ \rightarrow\ v = \frac{E_s}{B_s}\ [\mathrm{m/s}] \tag{7-118}$$

이고, 이 속도를 선택기가 선택한다. 두 번째 자장 영역에 도달하는 모든 원자는 같은 속도를 가지고, 질량에 따라 곡선의 반경이 변한다. 구심력 $F_c = (mv^2)/r$과 자기력 $F_m = QvB$이 같을 경우 반경은 다음과 같다.

$$r = \frac{mv^2}{qvB} = \frac{mv}{qB} = \frac{m}{qB}\left(\frac{E_s}{B_s}\right)\ [\mathrm{m}] \tag{7-119}$$

가속전압 V에 의한 전하의 속도와 반경은 다음과 같다.

$$\frac{1}{2}mv^2 = qV \rightarrow v = \sqrt{\frac{2qV}{m}}\ [\mathrm{m/s}],\ r = \frac{mv}{qB} = \frac{1}{B}\sqrt{\frac{2mV}{q}}\ [\mathrm{m}] \tag{7-120}$$

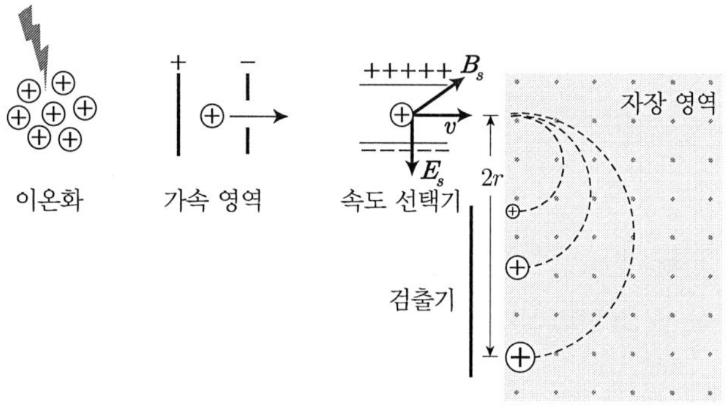

그림 7.52 질량분석계

| 연 | 습 | 문 | 제 |

7.1 xy-평면 위에 반지름이 1m인 원형 도체 회로에 10 mA 전류가 흐른다. $(0, 0, 1)$m 에서 자장을 구하여라.

7.2 한 변의 길이가 ℓ[m]인 정사각형 도체 회로에 전류 I[A]가 흐를 때 회로의 중심에서 자장의 세기를 구하여라.

7.3 xy-평면에 무한 전류 $\boldsymbol{J} = J_s\hat{a_x}$[A/m]가 흐른다. 그때 자장은 $z > 0$에서 $\boldsymbol{H} = -H_0\hat{a_y}$이고, $z < 0$에서 $\boldsymbol{H} = H_0\hat{a_y}$임을 설명하고, $H_0 = J_s/2$임을 나타내어라.

7.4 그림과 같이 반지름이 a[m]인 반원과 무한히 긴 도선에 전류 I[A]가 흐를 때 반원의 중심에서 자장의 세기가 $I/4a$[A/m]임을 나타내어라.

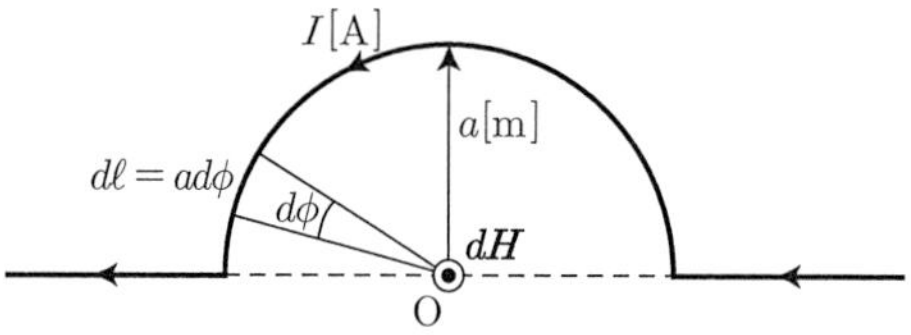

7.5 반경이 R[m]인 무한 길이의 원통형 도체에 불균일한 전류밀도 $J = 4r^2$[A/m^2]인 전류가 흐른다. 이때 모든 영역에서 자장을 구하고 r의 함수로 크기를 그림으로 나타내어라. 여기서 r은 원통 중심에서 거리이다.

7.6 그림과 같이 도선과 고리에 전류 I가 흐를 때 점 P에서 자장을 구하여라(단, 지면으로 나오는 방향을 $+z$ 방향으로 한다).

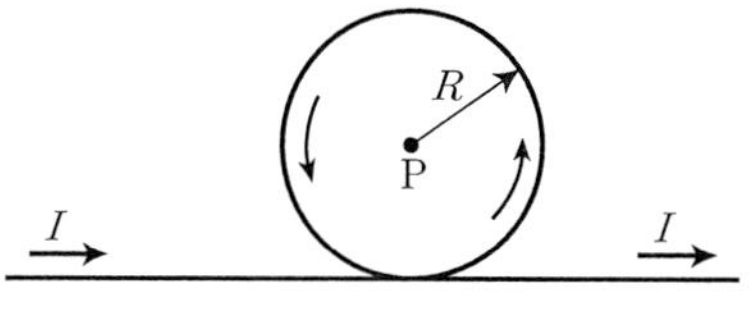

7.7 반경 a의 속이 채워진 z-방향으로 무한히 긴 곧은 도선에 직선전류 I가 균일하게 흐르고 있다(2009년 변리사 2차 시험).

(1) 도체 내부와 외부 한 점에서의 자속밀도를 구하여라.

(2) 도체의 전기전도도가 σ일 때 전장의 세기를 구하여라.

7.8 코일에 흐르는 전류에 의한 자장을 그려보아라.

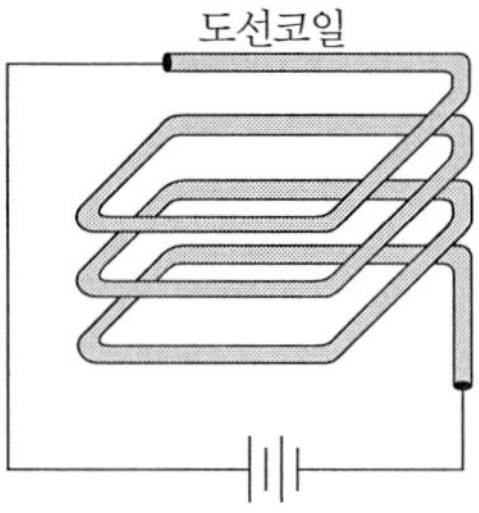

7.9 외부도체와 내부도체 사이가 빈 구조에서 내부도체의 반경이 a[m], 외부도체 내부 반경 b[m] 외부도체 외부 반경이 c[m]이다. 내부도체에 I[A] 전류가 외부도체에 $-I$[A] 전류가 흐른다. 반지름이 아래와 같은 영역에서 자장을 구하여라.

① $\rho < a$ ② $a < \rho < b$ ③ $b < \rho < c$ ④ $\rho > c$

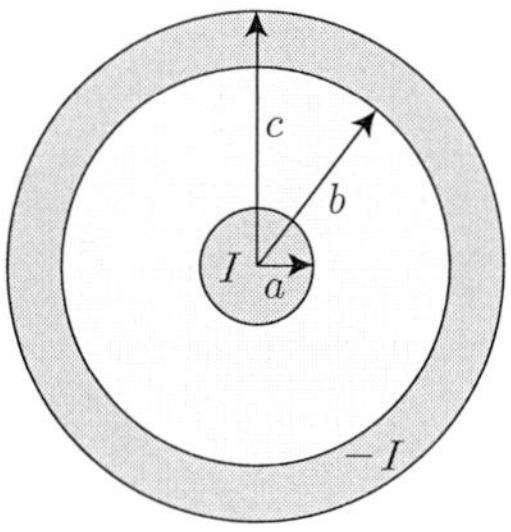

7.10 자유공간에서 $\boldsymbol{A} = 7\rho^2 \hat{a_z}$ [Wb/m]일 때 (a) $\boldsymbol{H}$ (b) $\boldsymbol{J}$를 구하여라.

7.11 정자장에서 $\nabla \cdot \boldsymbol{J} = 0$을 나타내고 의미를 설명하여라.

7.12 아래 그림과 같이 막대자석 위에 원형 전선고리가 있다. 전선에 전류 I가 흐를 때, 전선이 받는 힘에 관해 설명하여라.

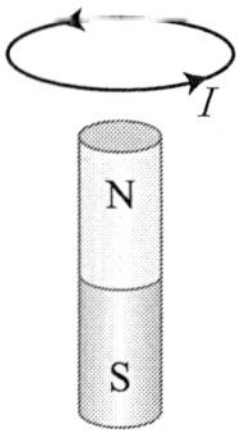

7.13 아래 그림과 같은 핵융합에서 대전입자를 가두는 자기항아리의 원리를 설명하여라.

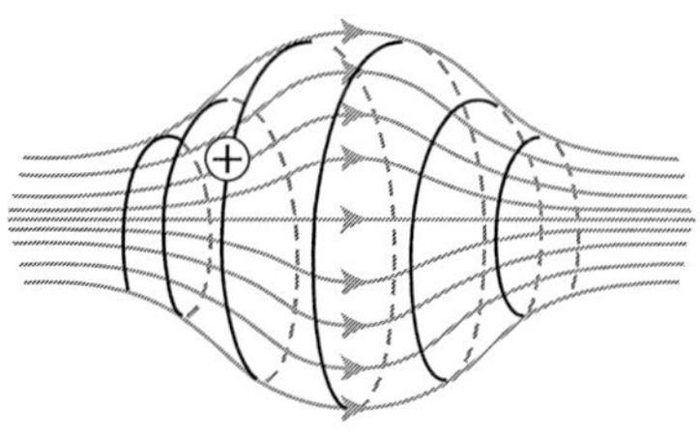

7.14 아래 그림처럼 자장이 $\boldsymbol{B} = K\widehat{a_z}$[T]이고, 직사각형 고리가 xz-평면에서 θ만큼 기울러진 경우 축의 회전력이 $\boldsymbol{\tau} = Iab K \sin\theta \widehat{a_x}$ 임을 나타내어라.

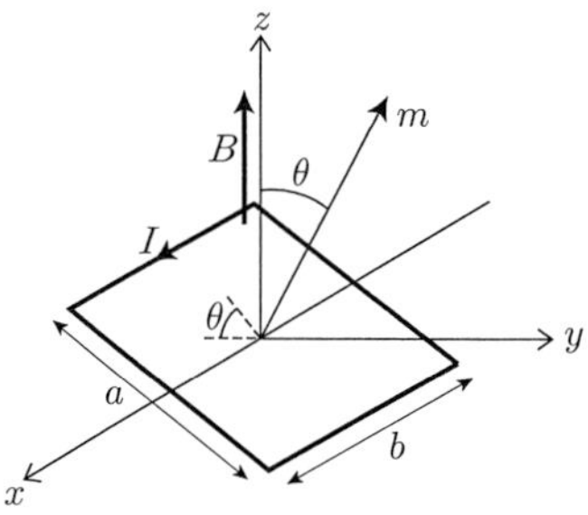

7.15 자속밀도 $\boldsymbol{B} = 10^{-3}(\widehat{a_x} + \widehat{a_y})$[T] 안에 길이가 10cm 인 선형도선에 z-방향으로 1A 가 흐른다. 도선에 가해지는 자기력을 구하여라.

7.16 자속밀도가 $\boldsymbol{B_0} = 0.06\widehat{a_x} + 0.05\widehat{a_y}$ [T] 내에서 x-방향으로 1cm × 2cm 인 사각 고리에 전류 4A 가 흐를 때 고리의 회전력을 구하여라.

7.17 두께가 2mm, 폭이 1.5mm 인 구리판을 $B_y = 0.4$T 크기의 균일자장 안에 놓았다. 그리고 x-방향으로 전류를 75A 흘렸더니 판의 아랫부분이 윗부분보다 0.81μV 높게 나타났다. 이것으로 구리의 전자농도를 구하여라.

7.18 그림과 같이 자속밀도 $B = 80m$T, 가속전압이 1,000V, 이온의 전하 $q = 1.6 \times 10^{-19}$[C], 표적위치 $x = 1.625$m 일 때 이온의 질량을 구하여라.

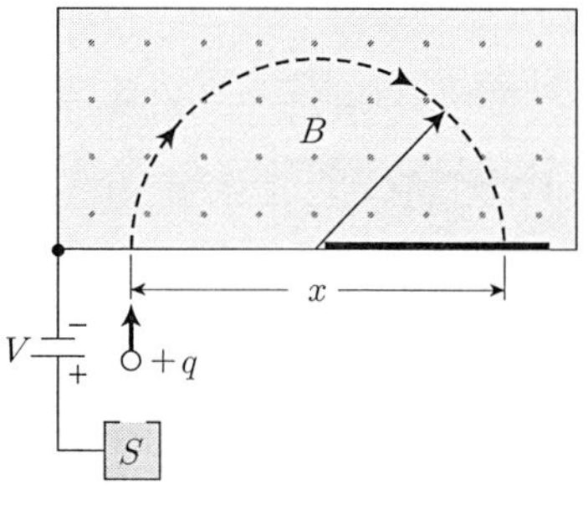

7.19 마이크로웨이브 오븐에서 전자파를 방출하는 부품은 마그네트론이다. 중심부를 (-)극에 연결하고 이를 둘러싼 원형 도체를 (+)극에 연결하면 (-)극에서 방출된 전자가 $\boldsymbol{B} = 0$과 $\boldsymbol{B} > 0$인 경우 전기력선을 그려보아라.

7.20 지면 뒤쪽을 향하고 있는 균일한 자장에 대전입자를 수직하게 입사시켰다. 대전입자가 시계방향으로 궤도 반지름이 감소하는 나선운동을 하고 있을 때 전자의 운동에 대해 설명하여라.

7.21 전하 q가 균일한 자장 속에 수직인 방향으로 속력 v로 움직일 때, 전하에 작용하는 힘은 전하의 운동방향에 수직이므로 전하의 속력은 변하지 않고 방향만 변하는 등속 원운동을 한다. 이 원운동의 반지름 r과 주기 T를 구하여라.

Chapter 08

자성체와 유도용량

Contents

333 자성체와 유도용량의 개요

334 자장의 세기와 자속밀도

339 자기차폐

340 정자장의 경계조건

342 기전력 발생

345 자기인덕턴스

350 상호인덕턴스

355 인덕터의 연결

357 자기에너지

360 자기회로

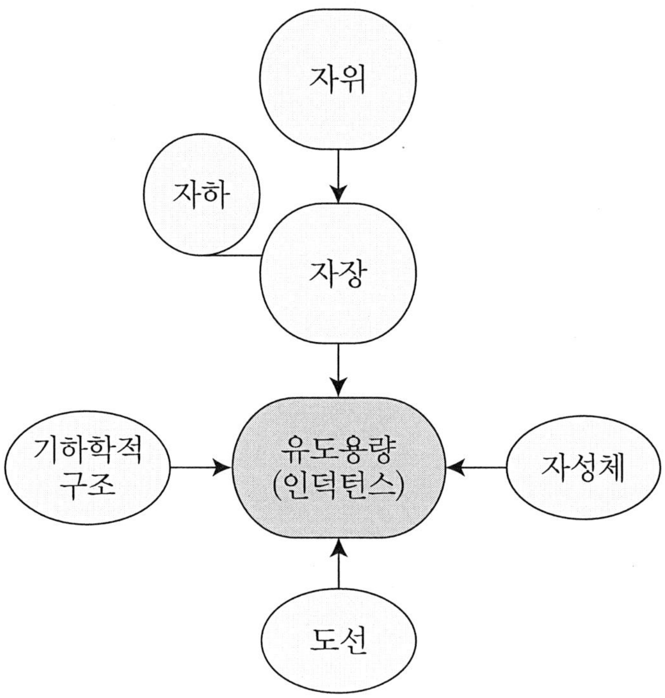
자위
자하
자장
기하학적
구조
유도용량
(인덕턴스)
자성체
도선

8.1 자성체와 유도용량의 개요

자성체는 자유전류의 같은 양에서 자장을 줄어들거나(반자성체), 조금 증가하든지(상자성체) 많이 증가한다(강자성체).

자성체는 영구 혹은 유도자기 쌍극자로 이루어지고 모두 정렬된 많은 자기 쌍극자로 만들어지는 평균 자장은 자성체를 이해하는 중요한 개념이다. 비자성체인 공기와 달리 자성체는 비투자율이 상수가 아니고 자속밀도($B = \mu_0 \mu_r H$)에 따라 비선형으로 변하는 변수이다.

자기력은 물리적인 접촉이 없이 자장이 존재하는 공간에서 물체에 작용한다. 도선의 모양에 따른 자기력선의 형태는 다음과 같다.

① 그림 8.1(a)와 같이 직선도선에 전류가 흐르면 도선 주위에 동심원 모양으로 자장이 유도되고, 전류가 증가하면 자속도 증가한다.

② 그림 8.1(b)와 같이 전류가 흐르는 도선을 고리 모양으로 만들면 유도자속선은 오른손법칙으로 고리 평면 안으로 통과한다.

③ 그림 8.1(c)와 같이 고리를 N번 감은 코일(혹은 솔레노이드)은 각 고리에서 유도자속선이 같은 방향으로 만들어져 작은 면적에서 자장의 세기가 강해지고 집중된다. 절연된 도선을 원통 모양으로 코일의 직경보다 코일의 길이가 길게 감으면 자장은 코일의 중심에서 균일하고, 코일 축과 평행해진다.

④ 그림 8.1(d)와 같이 코일 내부를 자성체(철 코아)로 채우면 코일의 중심에서 자장의 세기가 더욱 강해지고, N-극과 S-극을 가진 전자석을 만든다. 자속의 방향은 오른손

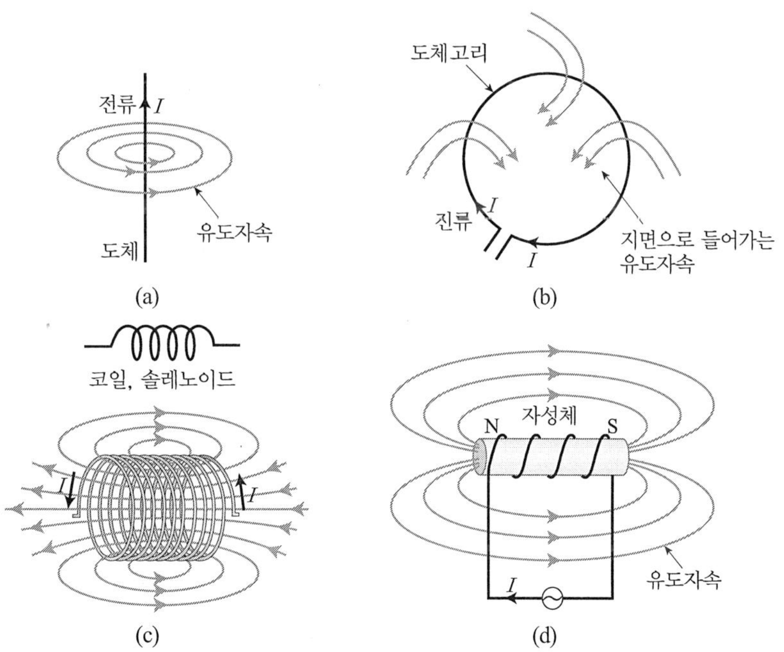

그림 8.1 도선의 전류와 자기력선 (a) 직선도체 (b) 원형도선 (c) 공기 솔레노이드 (d) 자성체 솔레노이드

법칙에 따르고 중심에서 자장의 세기는 전류의 세기와 감은 수에 비례한다. 그리고 솔레노이드의 외부 자장은 막대자석의 자장과 비슷하다.

코일의 코아는 비자성체인 공기, 자성체인 철, 강철, 페라이트 등을 사용한다. 코일에 전류가 변화하면 코일 주위에 자속이 변화하고, 변화를 줄이기 위해 도선에 역기전력이 발생한다(패러데이법칙과 렌츠법칙). 그래서 코일이 전류를 흘려 변화를 방해하고, 이와 같이 코일 자체의 전자기유도 현상을 (자기)인덕턴스(inductance)라 한다. 전류가 변화할 때 도체 자신이 전압을 유도하는 능력인 인덕턴스는 도선에 흐르는 전류의 변화를 방해하는 정도를 나타내는 인덕터의 특성을 나타낸다.

8.2 자장의 세기와 자속밀도

그림 8.2와 같이 원통의 체적 내에 균일하게 분포된 자기 쌍극자모멘트 $m[\mathrm{A \cdot m^2}]$인 N개의 자기 쌍극자가 단면적 $S[\mathrm{m^2}]$, 높이가 $\ell[\mathrm{m}]$인 긴 원통에 있는 것을 생각해보자. 자기 쌍극자모멘트 m은 원통 축으로 배열되었다고 가정한다. 각 자기 쌍극자는 자기 쌍극자모멘트에 의해 자신의 자장을 가진다. 자화(magnetization)벡터 $\boldsymbol{M}$은 단위체적당 전체 자기 쌍극자모멘트로 정의하며

$$\boldsymbol{M} = \lim_{\Delta v \to 0} \frac{1}{\Delta v} \sum_{i=1}^{N} \boldsymbol{m}_i \ [\mathrm{A/m}] \tag{8-1}$$

이고, 여기서 Δv는 미소 체적이다. 모든 쌍극자가 정렬된 원통에서 자화벡터 $\boldsymbol{M}$의 크기는 $M = Nm/S\ell$이다. 모든 쌍극자에 의한 평균자장은 얼마일까?

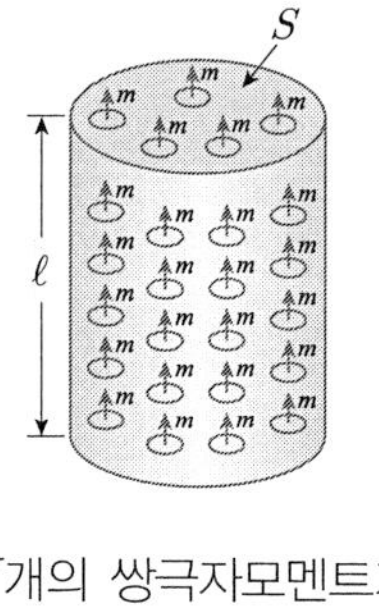

그림 8.2 N개의 쌍극자모멘트가 있는 원통

그림 8.3(a)는 자기 쌍극자에 관계된 작은 전류고리와 전류방향을 나타냈다. 원통 내부 전류고리는 인접한 고리의 전류가 서로 반대방향이므로 그림 8.3(b)와 같이 상쇄되고 원통의 가장자리만 남는다. 그래서 원통 측면의 등가전류는 I_{eq}이다. 그래서 I_{eq}에 의한 자기 쌍극자모멘트는 원통 전체 자기 쌍극자모멘트와 같으므로 $I_{eq}S = Nm$, $I_{eq} = Nm/S$이다. 원통 측면에 흐르는 I_{eq}는 솔레노이드에 흐르는 표면전류 $J_{sm}[\mathrm{A/m}]$와 같은 구조이다. 그래서

$$J_{sm} = \frac{I_{eq}}{\ell} = \frac{Nm}{S\ell} = M\,[\mathrm{A/m}] \tag{8-2}$$

이므로 표면전류는 단위체적당 평균 자기 쌍극자모멘트인 M과 같다. 평균 자속밀도는

$$B_m = \mu_0 J_{sm} = \mu_0 M \tag{8-3}$$

이고, 자장의 방향은 $\boldsymbol{M}$과 같으므로 벡터 표현식은 $\boldsymbol{B_m} = \mu_0 \boldsymbol{M}$이다. 평균 자장은 자기 쌍극자벡터와 같은 방향이다.

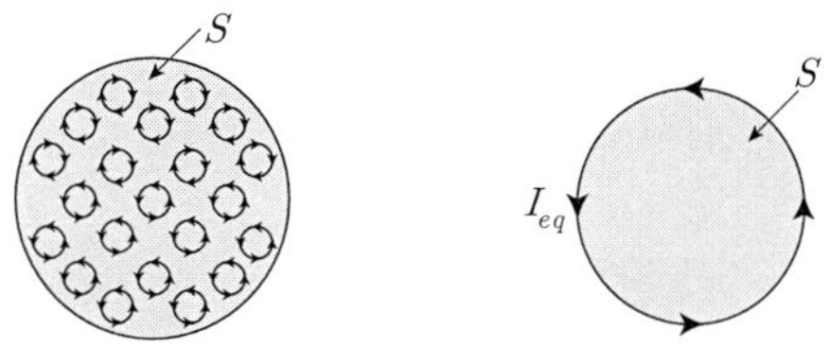

그림 8.3 자기 쌍극자모멘트 (a) 원통의 상부 단면도 (b) 등가전류

상자성체인 자기매질에 자장 $\boldsymbol{B_0}$를 가하면 자기 쌍극자가 토크 $\boldsymbol{\tau} = \boldsymbol{m} \times \boldsymbol{B_0}$를 받아 자장 $\boldsymbol{B_0}$ 방향으로 자기 쌍극자가 정렬하여 자기 쌍극자모멘트가 유도된다. 그림 8.4와 같이 각 자기 쌍극자모멘트는 $\boldsymbol{m} = \hat{a}_z I\,ds\,[\mathrm{A \cdot m^2}]$이며, 여기서 I는 전자전류이고 ds는 전자궤적의 면적이다. 자성체 내부에서 모든 원자의 전체 자기 쌍극자모멘트는

$$\boldsymbol{m_t} = \sum_{i=1}^{n\Delta v} \boldsymbol{m_i}\,[\mathrm{A \cdot m^2}] \tag{8-4}$$

이고, 여기서 n은 단위체적당 자기 쌍극자의 수이다.

> 균일한 전장 $\boldsymbol{E}$에 놓인 전기 쌍극자가 받는 토크, $\tau = q\boldsymbol{d} \times \boldsymbol{E} = \boldsymbol{p} \times \boldsymbol{E}$

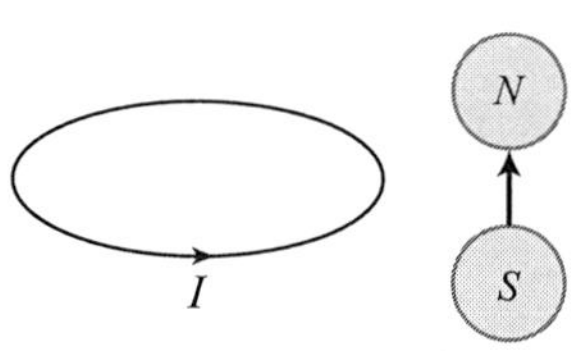

그림 8.4 자기 쌍극자 (a) 미소 전류고리 (b) 미소 자석

단위체적당 총 자기 쌍극자모멘트 또는 유도된 자화(magnetization)벡터 $\boldsymbol{M}$은

$$\boldsymbol{M} = \lim_{\Delta v \to 0} \frac{1}{\Delta v} \sum_{i=1}^{n\Delta v} \boldsymbol{m_i} = \lim_{\Delta v \to 0} \frac{\boldsymbol{m_t}}{\Delta v}\ [\mathrm{A/m}] \tag{8-5}$$

이고, 자기매질이 선형, 등방성 매질이면 자화벡터 $\boldsymbol{M}$은 외부에서 가하는 자계 $\boldsymbol{B}_0$와 선형 관계이므로

$$\boldsymbol{M} = n\boldsymbol{m}_a = \chi_m \frac{\boldsymbol{B}_0}{\mu_0} \ [\mathrm{A/m}] \tag{8-6}$$

이며, 여기서, $n\,[1/\mathrm{m}^3]$은 단위체적당 자기 쌍극자 수, $\boldsymbol{m}_a\,[\mathrm{A\cdot m^2}]$은 평균 자기 쌍극자 모멘트, 그리고 χ_m은 무차원인 복소 자기감수율(complex magnetic susceptibility)이다. 상자성체에서 자화벡터 $\boldsymbol{M}$은 인가자계 $\boldsymbol{B}_0$에 선형적으로 비례하고, 같은 방향을 가진다.

자화벡터 $\boldsymbol{M}$은 자성체 내부에서 유도되는 자장의 세기 $\boldsymbol{H}$
미소 면적 ds를 둘러싸인 닫힌 경로 주위에 흐르는 속박전류 I_b에 의한 자기 쌍극자모멘트, $\boldsymbol{m}_i = I_b\boldsymbol{ds}\,[\mathrm{A\cdot m^2}]$ 체적 $\triangle v$ 내에서 전체 자기 쌍극자모멘트, $\boldsymbol{m}_t = \sum_{i=1}^{n\triangle v}\boldsymbol{m}_i\,[\mathrm{A\cdot m^2}]$ 단위체적당 자기 쌍극자모멘트, $\boldsymbol{M} = \lim_{\triangle v\to 0}\left(\frac{\boldsymbol{m}_t}{\triangle v}\right)[\mathrm{A/m}]$

예제 8.1 $\mu_r = 30$인 페라이트에서 $m_i = 5\times 10^{-25}\,[\mathrm{A\cdot m^2/atom}]$인 자성체에 $n = 9\times 10^{26}\,[\mathrm{atoms/m^3}]$일 때 자화벡터, $\boldsymbol{M}$을 구하여라.

풀이 $M = nm_i = (9\times 10^{26})(5\times 10^{-25}) = 450\,[\mathrm{A/m}]$ ■

따라서 자속밀도 $\boldsymbol{B}$와 자장의 세기 $\boldsymbol{H}$의 관계는

$$\boldsymbol{B} = \boldsymbol{B}_0 + \boldsymbol{B}_m = \boldsymbol{B}_0 + \mu_0\boldsymbol{M} = (1+\chi_m)\boldsymbol{B}_0 = \mu_0(\boldsymbol{H}_0 + \boldsymbol{M}) = \mu_0(1+\chi_m)\boldsymbol{H}_0 \tag{8-7}$$
$$= \mu\boldsymbol{H}_0 \ [\mathrm{Wb/m^2}]$$
$$\mu = \mu_0\mu_r = \mu_0(1+\chi_m) = \frac{\boldsymbol{B}}{\boldsymbol{H}_0} \quad [\mathrm{H/m}]$$

이고, 여기서 $\boldsymbol{B}_0$는 자유공간에서 인가장이고, $\boldsymbol{B}_m$은 유도자기 쌍극자에 의한 장이며, μ_0와 μ는 각각 자유공간에서 투자율, 자성물질의 투자율(permeability)이다.

그림 8.5(a)는 자성체의 자속을 나타내고, 그림 8.5(b)는 공기 솔레노이드의 자속 그리고 그림 8.5(c)는 인가자장 H_{in}과 유도된 자화벡터 $\boldsymbol{M}$을 나타내고, 코어가 공기인 경우 $B_0 = \mu_0 H_0$이다.

물질의 자기적 특성상수인 비투자율(relative permeability) μ_r은

$$\mu_r = \frac{\mu}{\mu_0} = 1+\chi_m \tag{8-8}$$

이고, 투자율 μ가 선형, 균질, 등방성인 단순매질인 경우 μ_r, χ_m이 상수이다. 대부분 재료

의 비투자율은 거의 1이지만, 강자성체는 50～5,000으로 매우 크다. 표 8.1은 전장과 자장의 분극(자하) 세기를 비교하였다.

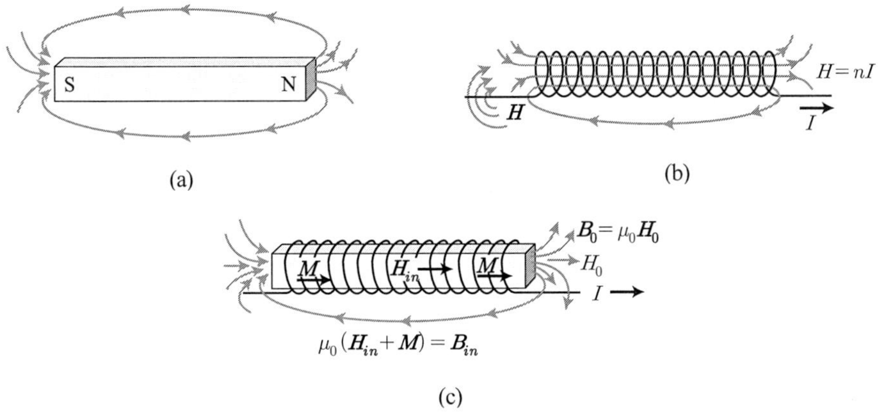

그림 8.5 자성체 내에서 자속밀도 (a) 자성체 (b) 솔레노이드 (c) 자성체+솔레노이드

닫힌 경로에서 미소 자기 쌍극자 정렬과 수에 따른 구속전류 $I_b = \int \boldsymbol{M} \cdot d\boldsymbol{\ell}[\mathrm{A}]$,

자유전류 $I = \int \boldsymbol{H} \cdot d\boldsymbol{\ell}[\mathrm{A}]$ → 전체전류 $I_t = I_b + I = \int (\boldsymbol{B}/\mu_0) \cdot d\boldsymbol{\ell}$

$\rightarrow I = I_t - I_b = \int (\boldsymbol{B}/\mu_0) \cdot d\boldsymbol{\ell} - \int \boldsymbol{M} \cdot d\boldsymbol{\ell} = \int (\boldsymbol{B}/\mu_0 - \boldsymbol{M}) \cdot d\boldsymbol{\ell}$

$\rightarrow \boldsymbol{H}_0 = \boldsymbol{B}/\mu_0 - \boldsymbol{M}[\mathrm{A/m}]$

자화에 의한 전류밀도, $\boldsymbol{J}_m = \nabla \times \boldsymbol{M}\ [\mathrm{A/m^2}]$, 자기표면 전류밀도, $\boldsymbol{J}_{sm} = \boldsymbol{M} \times \widehat{a_n}\ [\mathrm{A/m}]$
인가전류밀도 $\boldsymbol{J}$, 자화에 의한 전류밀도 $\boldsymbol{J}_m$이라 하면 자성체에서 자속밀도는 다음과 같다.

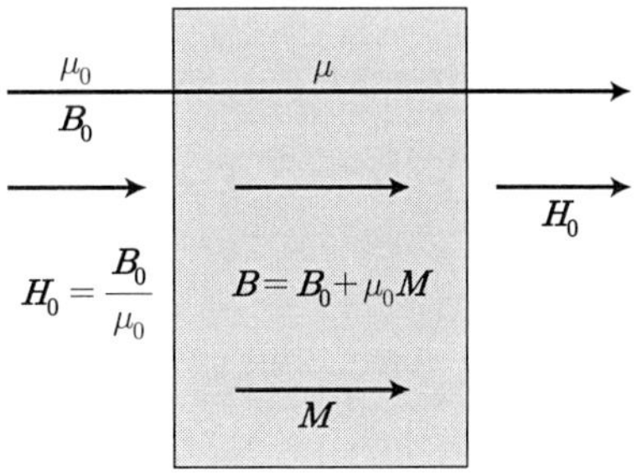

$$\nabla \times \boldsymbol{B} = \mu_0(\boldsymbol{J} + \boldsymbol{J}_m) = \mu_0 \boldsymbol{J} + \mu_0 \nabla \times \boldsymbol{M}$$

$$\nabla \times \left(\frac{\boldsymbol{B}}{\mu_0} - \boldsymbol{M}\right) = \boldsymbol{J} = \nabla \times \boldsymbol{H}_0\ [\mathrm{A/m^2}] \rightarrow \boldsymbol{H}_0 = \frac{\boldsymbol{B}}{\mu_0} - \boldsymbol{M}\ [\mathrm{A/m}]$$

진공 내에서의 자속밀도 : $\boldsymbol{B}_0 = \mu_0 \boldsymbol{H}_0$

자성체 내에서의 자속밀도 : $\boldsymbol{B} = \mu \boldsymbol{H}_0 = \mu_r \mu_0 \boldsymbol{H}_0 = \mu_0 \boldsymbol{H}_0 + \mu_0 \boldsymbol{M} = \mu_0(\boldsymbol{H}_0 + \boldsymbol{M})$

유전체의 체적분극 전하밀도 $\rho_{pv} = -\nabla \cdot \boldsymbol{P}\,[\mathrm{C/m^3}]$
표면분극 전하밀도 $\rho_{ps} = \boldsymbol{P} \cdot \hat{a_n}[\mathrm{C/m^2}]$

표 8.1 전장과 자장의 분극(자하)의 세기 비교

자 장	전 장
$B = \mu_0(H+M) = \mu_0 H + \mu_0 \chi_m H$ $= \mu_0(1+\chi_m)H = \mu_0\mu_r H\ [\mathrm{Wb/m^2} = \mathrm{T}]$	$D = \epsilon_0 E + P = \epsilon_0 E + \epsilon_0 \chi_e E$ $= \epsilon_0(1+\chi_e)E = \epsilon_0\epsilon_r E\ [\mathrm{C/m^2}]$

예제 8.2 $\mu_r = 30$인 페라이트에서 선형 영역인 $B = 0.1[\mathrm{T}]$에서 자화벡터, $\boldsymbol{M}$을 구하여라.

풀이 자기감수율 $\chi_m = \mu_r - 1 = 29$

자장의 세기 $H = \dfrac{B}{\mu_0\mu_r} = \dfrac{0.1}{30 \times 4\pi \times 10^{-7}} = 2{,}652[\mathrm{A/m}]$

자화벡터 $M = \chi_m H = 29(2{,}652) = 76{,}908[\mathrm{A/m}]$ ■

예제 8.3 $\mu = 2 \times 10^{-5}[\mathrm{H/m}]$이고 자장의 세기가 $H = 100[\mathrm{A/m}]$인 자성체의 자화벡터, $\boldsymbol{M}$을 구하여라.

풀이 $\mu_r = \dfrac{\mu}{\mu_0} = \dfrac{2 \times 10^{-5}}{4\pi \times 10^{-7}} = 15.9,$

$M = \chi_m H = (\mu_r - 1)H = (14.9)(100) = 1{,}490[\mathrm{A/m}]$ ■

자성체에서 자위는 내부를 통하는 자화에 의한 구속전류밀도, $\boldsymbol{J_m} = \nabla \times \boldsymbol{M}\ [\mathrm{A/m^2}]$와, 자성체 표면에 흐르는 구속 면전류밀도, $\boldsymbol{J_{sm}} = \boldsymbol{M} \times \hat{a_n}\ [\mathrm{A/m}]$의 두 원천에 의해 발생하고, 한 점에서 자화된 자성체에서 자위는 다음과 같다.

$$\begin{aligned} \boldsymbol{A} &= \frac{\mu_0}{4\pi}\int_v \frac{\nabla' \times \boldsymbol{M}}{R} dv' + \frac{\mu_0}{4\pi}\int_s \frac{\boldsymbol{M} \times \hat{a_n}}{R} ds' \\ &= \frac{\mu_0}{4\pi}\int_v \frac{\boldsymbol{J_m}}{R} dv' + \frac{\mu_0}{4\pi}\int_s \frac{\boldsymbol{J_{sm}}}{R} ds'\ [\mathrm{Wb/m}] \end{aligned} \tag{8-9}$$

정전장과 정자장에서 대응되는 부호는 전장의 세기와 자속밀도($\boldsymbol{E} \leftrightarrow \boldsymbol{B}$), 전속밀도와 자장의 세기($\boldsymbol{D} \leftrightarrow \boldsymbol{H}$), 유전율과 투자율 ($\epsilon \leftrightarrow 1/\mu$), 분극벡터와 자화벡터($\boldsymbol{P} \leftrightarrow -\boldsymbol{M}$), 전하밀도와 전류밀도($\rho \leftrightarrow \boldsymbol{J}$), 스칼라 전위와 벡터 자위($V \leftrightarrow \boldsymbol{A}$), 내적과 외적($\cdot \leftrightarrow \times$) 등이고, 표 8.2는 정전장과 정자장의 관계식에서 대응되는 부호를 알 수 있다.

전체 전류, $I[\mathrm{A}]$ → 자장의 세기와 자화 $\boldsymbol{H}, \boldsymbol{M}\ [\mathrm{A/m}]$ → 자속밀도 $\boldsymbol{B}\,[\mathrm{Wb/m^2}]$

표 8.2 정전장과 정자장의 관계식에서 유사관계

정전장	정자장
$\boldsymbol{D}=\epsilon_0\boldsymbol{E}+\boldsymbol{P}$ [C/m^2]	$\boldsymbol{B}=\mu_0(\boldsymbol{H}+\boldsymbol{M})$ [Wb/m^2]
$V=\dfrac{1}{4\pi\epsilon_0}\oint_s \dfrac{\rho_{ps}}{R}ds'+\dfrac{1}{4\pi\epsilon_0}\int_v \dfrac{\rho_{pv}}{R}dv'$	$\boldsymbol{A}=\dfrac{\mu_0}{4\pi}\int_v \dfrac{\nabla'\times\boldsymbol{M}}{R}dv'+\dfrac{\mu_0}{4\pi}\int_s \dfrac{\boldsymbol{M}\times\hat{a}_n}{R}ds'$
$V(\boldsymbol{r})=\dfrac{1}{4\pi\epsilon_0}\int_{v'} \dfrac{\rho_v(\boldsymbol{r}')}{\lvert\boldsymbol{r}-\boldsymbol{r}'\rvert}dv'$ [V]	$\boldsymbol{A}(\boldsymbol{r})=\dfrac{\mu_0}{4\pi}\int_{v'} \dfrac{\boldsymbol{J}(\boldsymbol{r}')\,dv'}{\lvert\boldsymbol{r}-\boldsymbol{r}'\rvert}$ [Wb/m]
$\boldsymbol{E}(\boldsymbol{r})=\dfrac{1}{4\pi\epsilon}\int_{v'} \dfrac{\rho_v(\boldsymbol{r}')\,(\boldsymbol{r}-\boldsymbol{r}')}{\lvert\boldsymbol{r}-\boldsymbol{r}'\rvert^3}dv'$ [V/m]	$\boldsymbol{B}(\boldsymbol{r})=\dfrac{\mu_0 I}{4\pi}\int_{c'} \dfrac{d\boldsymbol{\ell}'\times(\boldsymbol{r}-\boldsymbol{r}')}{\lvert\boldsymbol{r}-\boldsymbol{r}'\rvert^3}$ [Wb/m^2]
$\nabla\cdot\boldsymbol{D}=\rho_v$[C/m^3]	$\nabla\times\boldsymbol{H}=\boldsymbol{J}$[A/m^2]
$\nabla\times\boldsymbol{E}=0$	$\nabla\cdot\boldsymbol{B}=0$

8.3 자기차폐

전기회로에서 좋은 절연체인 유리는 비자성체이므로 자속을 관통하고, 음파와 무선파는 차폐물질을 이용하여 흡수와 반사로 차폐를 할 수 있다. 그러나 자속에 대해 절연체가 아직까지 없으므로 그림 8.6(a)와 같이 자기차폐(magnetic shield)를 위해 자속선을 우회시켜 차폐한다.

투자율은 매질 내를 자화시켜 자속의 통과 용이성을 나타내는 물질의 양이다. 그래서 자기잡음으로부터 소자를 보호하기 위해 니켈과 철의 이원합금으로 만든 고투자율인 퍼멀로이(Permalloy)로 차폐공간을 만든다. 그래서 모든 자속선은 퍼멀로이를 통해 지나가도록 한다.

그림 8.6(b)와 같이 자장에 예민한 계측기를 연질 철 상자 속에 두면 계측기 주위 자속의 방향이 바뀌어 공기를 통하는 경로보다 길지만 장비를 차폐할 수 있다.

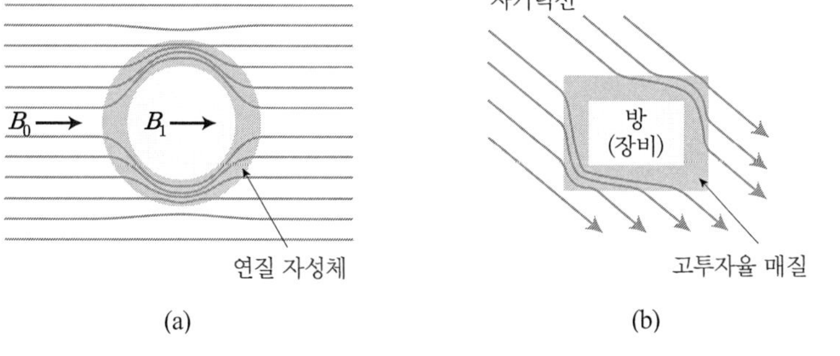

그림 8.6 고투자율 매질에 의한 자력선의 흐름 (a) 자기차폐 (b) 장비 자기차폐

8.4 정자장의 경계조건

기본 정자장법칙의 적분형은 다음과 같다.

$$\oint_c \boldsymbol{H} \cdot d\boldsymbol{\ell} = \int_s \boldsymbol{J_s} \cdot d\boldsymbol{s} \text{ (암페어법칙)} \tag{8-9}$$

$$\oint_s \boldsymbol{B} \cdot d\boldsymbol{s} = 0 \text{ (자장의 가우스법칙)} \tag{8-10}$$

자장과 자속밀도가 균질 매질 내에서 급격히 변하지 않고 두 다른 매질 경계면에서 급격히 변한다. 그림 8.7과 같이 높이 Δh가 거의 "0"이고, 폭이 $\triangle w$인 직사각형을 적분 경로로 택하여 암페어법칙을 적용하면

$$\begin{aligned}\oint_c \boldsymbol{H} \cdot d\boldsymbol{\ell} &= \boldsymbol{H_1} \cdot (\hat{a_t} \triangle w) + \boldsymbol{H_2} \cdot (-\hat{a_t} \triangle w) \\ &= (H_{1t} - H_{2t})\triangle w = \int_s \boldsymbol{J} \cdot d\boldsymbol{s} = I = J_s \triangle w\end{aligned} \tag{8-11}$$

이고, 여기서 J_s는 표면전류밀도[A/m]이다. 그래서 자장의 접선 경계조건은

$$H_{1t} - H_{2t} = J_s \text{ 혹은 } (\boldsymbol{H_1} - \boldsymbol{H_2}) \times \hat{a_n} = \boldsymbol{J_s} \text{ 혹은 } \boldsymbol{H_{1t}} - \boldsymbol{H_{2t}} = \hat{a_n} \times \boldsymbol{J_s} \text{ [A/m]} \tag{8-12}$$

이며, 여기서 $\hat{a_n}$은 매질-1에서 매질-2의 방향으로 경계면의 단위 법선벡터이다. 보존벡터장의 접선성분은 경계면에서 연속이고, 매질의 경계면에서 표면전류 $\boldsymbol{J_s} = 0$이면 자장의 접선성분은 연속이다($H_{1t} = H_{2t}$).

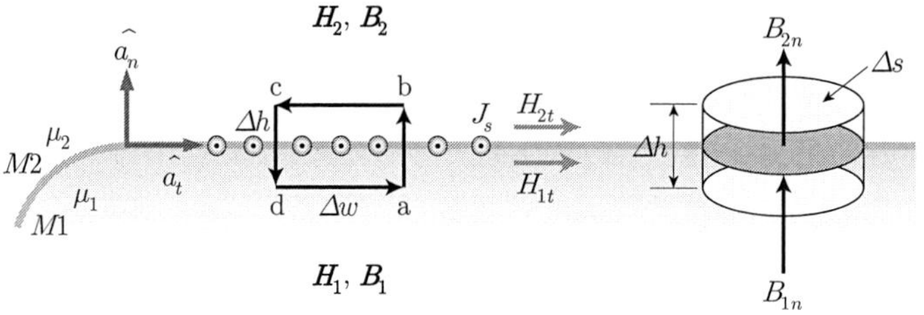

그림 8.7 두 매질 사이 정자장 경계조건

$$H_{1t} - H_{2t} = J_s, \quad \frac{B_{1t}}{\mu_1} - \frac{B_{2t}}{\mu_2} = J_s \rightarrow \frac{M_{1t}}{\chi_{m1}} - \frac{M_{2t}}{\chi_{m2}} = J_s \rightarrow M_{2t} = \frac{\chi_{m2}}{\chi_{m1}} M_{1t} - \chi_{m2} J_s$$

경계면 양측 면적이 ds이고, 높이가 $\triangle h$인 경우 $\triangle h$가 거의 "0"인 원통면을 닫힌 곡면으로 하여 자장의 가우스법칙을 적용하면

$$\oint_s \boldsymbol{B} \cdot d\boldsymbol{s} = \boldsymbol{B_1} \cdot (-\hat{a_n} ds) + \boldsymbol{B_2} \cdot (\hat{a_n} ds) = (-B_{1n} + B_{2n}) ds = 0 \qquad (8\text{-}13)$$

$$B_{1n} = B_{2n} \text{ 혹은 } \hat{a_n} \cdot (\boldsymbol{B_2} - \boldsymbol{B_1}) = 0 \quad [\mathrm{T}]$$

이고, 솔레노이드 벡터장의 법선성분은 매질의 경계면에서 연속이다.

$$B_{1n} = B_{2n}, \ M = \chi_m H \rightarrow H_{2n} = \frac{\mu_1}{\mu_2} H_{1n} \rightarrow M_{2n} = \chi_{m2} \frac{\mu_1}{\mu_2} H_{1n} = \frac{\chi_{m2}\,\mu_1}{\chi_{m1}\,\mu_2} H_{1n}$$

두 자기매질이 그림 8.8처럼 xy-평면에 경계면을 만들고 매질-1에서 자장의 세기가 H_1이며 z-방향에서 θ_1 각도가 되었다. 이때 매질-2의 자장의 세기와 각도를 구하면 다음과 같다. 법선의 경계조건은

$$B_{1n} = B_{2n} \text{ 혹은 } \mu_1 H_{1n} = \mu_2 H_{2n} \text{ 혹은 } \mu_1 |H_1| \cos\theta_1 = \mu_2 |H_2| \cos\theta_2 \qquad (8\text{-}14)$$

이고, 경계면에 전류가 없는 경우 접선의 경계조건은

$$H_{1t} = H_{2t} \quad \text{혹은} \quad |H_1| \sin\theta_1 = |H_2| \sin\theta_2 \qquad (8\text{-}15)$$

이므로 두 식을 나누면 매질-2의 각도는

$$\mu_2 \tan\theta_1 = \mu_1 \tan\theta_2, \ \theta_2 = \tan^{-1}\left(\frac{\mu_2}{\mu_1} \tan\theta_1\right) \qquad (8\text{-}16)$$

이고, $\mu_1 < \mu_2$이면 $\theta_1 < \theta_2$이다.

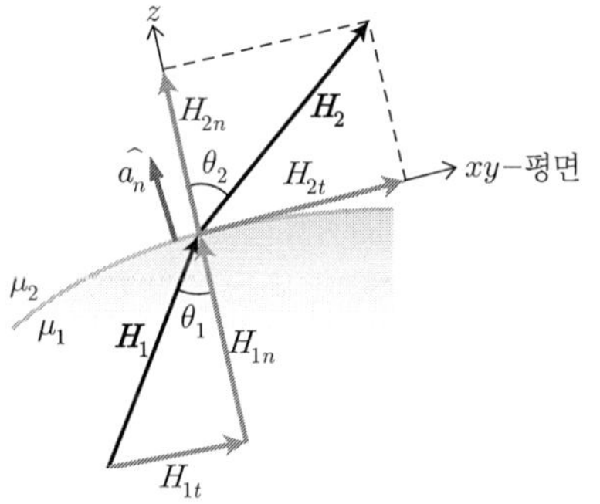

그림 8.8 정자장의 경계조건

매질-2의 자장을 구하기 위해 $|H_2|^2 = |H_2|^2(\sin^2\theta_2 + \cos^2\theta_2)$과 경계조건 $\mu_1|H_1|\cos\theta_1 = \mu_2|H_2|\cos\theta_2$과 $|H_1|\sin\theta_1 = |H_2|\sin\theta_2$를 이용하면

$$|H_2| = |H_1| \left[\sin^2\theta_1 + \left(\frac{\mu_1}{\mu_2}\cos\theta_1\right)^2\right]^{1/2} \qquad (8\text{-}17)$$

이다. 그림 8.9는 소한 매질과 밀한 매질의 접합에서 입사각을 나타내고, 표 8.3은 전장과 자장의 경계조건을 비교하였다.

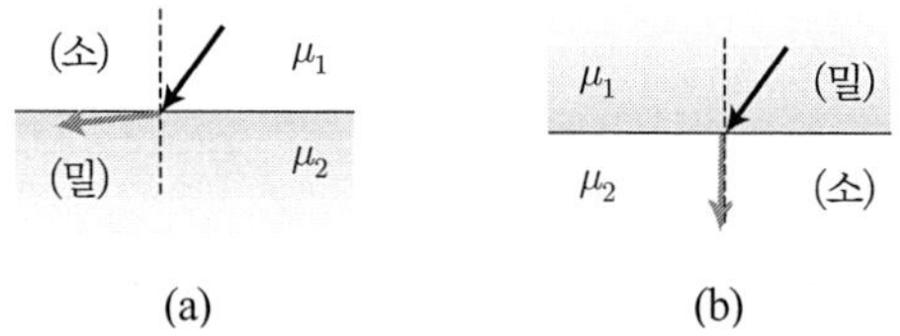

그림 8.9 소(疏)한 매질–밀(密)한 매질 접합 (a) $\mu_2 \gg \mu_1$ 인 경우 (b) $\mu_2 \ll \mu_1$ 인 경우

표 8.3 전장과 자장의 경계조건 비교

	자 장	전 장
법선성분	$B_1\cos\theta_1 = B_2\cos\theta_2$	$D_1\cos\theta_1 = D_2\cos\theta_2$
접선성분	$H_1\sin\theta_1 = H_2\sin\theta_2$	$E_1\sin\theta_1 = E_2\sin\theta_2$
굴절각의 비	$\dfrac{\tan\theta_1}{\tan\theta_2} = \dfrac{\mu_1}{\mu_2}$	$\dfrac{\tan\theta_1}{\tan\theta_2} = \dfrac{\epsilon_1}{\epsilon_2}$

예제 8.4 그림 8.7과 같이 영역–1($z > 0$)의 매질 $\mu_1 = 1\mu[\text{H/m}]$이고, 영역–2($z < 0$)의 매질 $\mu_2 = 4\mu[\text{H/m}]$이다. $z = 0$ 경계에서 전류밀도가 $J_s = 50\widehat{a_x}[\text{A/m}]$이고, 영역–1의 자속밀도는 $\boldsymbol{B_1} = \widehat{a_x} + 2\widehat{a_y} + \widehat{a_z}\,[m\text{T}]$일 때 $\boldsymbol{B_2}$를 구하여라.

풀이 법선벡터, $\widehat{a_n} = -\widehat{a_z}$는 영역-1에서 영역-2를 향하는 경계면에 있다고 한다.

$$\boldsymbol{B_{1n}} = (\boldsymbol{B_1} \cdot \widehat{a_n})\widehat{a_n} = \left[(\widehat{a_x} + 2\widehat{a_y} + \widehat{a_z}) \cdot (-\widehat{a_z})\right](-\widehat{a_z}) = \widehat{a_z}[m\text{T}]$$

$$\boldsymbol{B_{2n}} = \boldsymbol{B_{1n}} = \widehat{a_z}[m\text{T}]$$

$$\boldsymbol{B_{1t}} = \boldsymbol{B_1} - \boldsymbol{B_{1n}} = \widehat{a_x} + 2\widehat{a_y}[m\text{T}]$$

$$\boldsymbol{H_{1t}} = \frac{\boldsymbol{B_{1t}}}{\mu_1} = \frac{(\widehat{a_x} + 2\widehat{a_y})10^{-3}}{1 \times 10^{-6}} = 1{,}000\widehat{a_x} + 2{,}000\widehat{a_y}[\text{A/m}]$$

$$\boldsymbol{H_{2t}} = \boldsymbol{H_{1t}} - \boldsymbol{J_s} \times \widehat{a_n} = 1{,}000\widehat{a_x} + 2{,}000\widehat{a_y} - 50\widehat{a_x} \times (-\widehat{a_z})$$
$$= 1{,}000\widehat{a_x} + 1{,}950\widehat{a_y}[\text{A/m}]$$

$$\boldsymbol{B_{2t}} = \mu_2 \boldsymbol{H_{2t}} = 4 \times 10^{-6}(1{,}000\widehat{a_x} + 1{,}950\widehat{a_y}) = 4\widehat{a_x} + 7.8\widehat{a_y}[m\text{T}]$$

$$\boldsymbol{B_2} = \boldsymbol{B_{2n}} + \boldsymbol{B_{2t}} = 4\widehat{a_x} + 7.8\widehat{a_y} + \widehat{a_z}\,[m\text{T}]$$ ■

8.5 기전력 발생

(1) 도체 기전력 발생원리

도체와 자장의 상대적인 이동으로 기전력이 발생하고 그 원리를 순차적으로 설명하면 다음과 같다.

① 그림 8.10(a)와 같이 자장이 고정된 도체를 통해 움직일 때 전자는 자신의 원자에서 떨어져 나와 전자는 자속의 움직임에 의한 방향으로 움직인다.
② 그림 8.10(b)와 같이 전자는 도체의 한 영역에서 다른 영역으로 이동한다. 전자가 이동된 영역에는 전자가 적어 양전하가 되고 전자가 움직인 영역에는 전자가 많아 음전하를 띈다.
③ 도체의 두 영역에서 전하의 차는 전위차($Q/C=V$)에 비례하고, 자장의 움직임에 의한 이 전압을 기전력이라 한다. 즉, 도체가 자장을 자를 때 도체에 기전력이 발생한다.

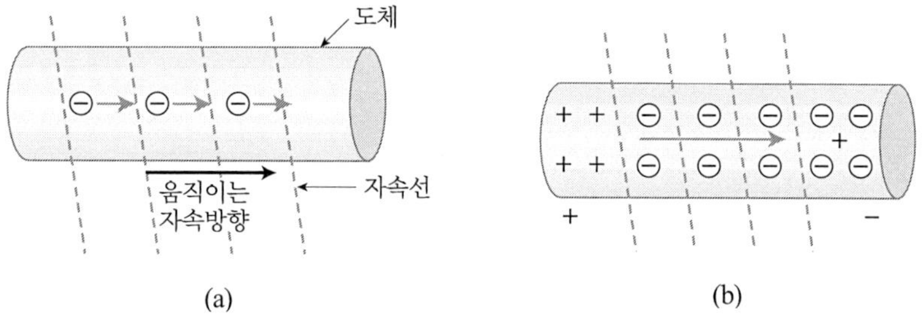

그림 8.10 움직이는 자장 속 도체의 기전력 발생 (a) 전자이동 (b) 영역별 대전

(2) 인접 도선의 기전력 발생

도체의 전자와 자장 사이 동작이 발전기와 인덕터처럼 기전력이 발생한다. 그림 8.11과 같이 두 도선에서 1-차측에 전류가 흐르면 2-차측에 기전력이 발생하며 그 과정은 다음과 같다.

① 1-차측 회로에 스위치가 닫혀 1-차측 도선에 전류가 흐른다.
② 1-차측 도선에 자장이 발생한다.
③ 2-차측 도선에 자장이 연결된다.
④ 기전력이 발생한다.

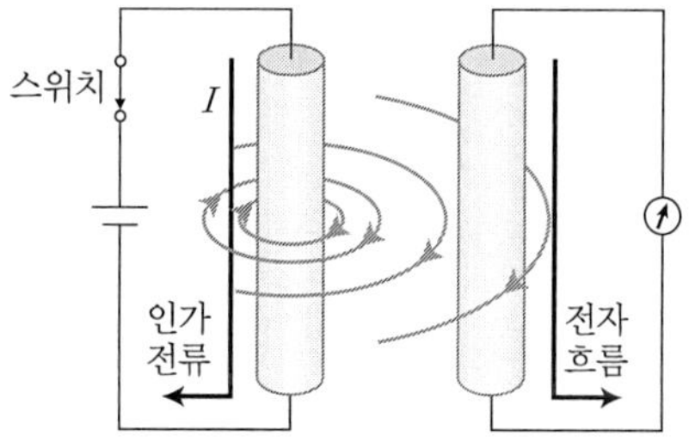

그림 8.11 인접 도선의 기전력 발생

(3) 패러데이 디스크발전기

패러데이 디스크발전기(Faraday's disk generator)는 1831년 패러데이에 의해 개발된 발전기의 효시인 단극발전기(homopole generator)이다. 그림 8.12(a)와 같이 균일정자장에 수직으로 회전하는 도체원반으로 구성되었으며 원반의 중심에서 가장자리 사이에 전위차가 발생하고, 극성은 회전방향과 자장의 방향에 따라 결정되는 직류발전기이다. 즉, 자장 안에서 도체원반을 회전시켜 역학적 에너지를 전기에너지로 변환하여 전류를 발생한다.

현재 발전기의 원리는 같고 원반이 전기 코일로 대체되었고 자장은 솔레노이드로 공급한다.

그림 8.12(b)와 같이 두 개의 자석 사이에 구리원반이 있고 균일자속밀도 B[T], 반지름 a[m], 원반각속도 w[rad/s], 원반속도 v[m/s]일 때 유도되는 기전력과 저항에 흐르는 전류는

$$V_e = \oint_c (\boldsymbol{v} \times \boldsymbol{B}) \cdot d\boldsymbol{\ell} = \oint wrBdr = wB\int_0^a rdr = \frac{1}{2}wBa^2 \text{ [V]}$$

$$I = \frac{V_e}{R} = \frac{wBa^2}{2R} \text{ [A]} \tag{8-18}$$

이고, 미소 힘과 회전력은 다음과 같다.

$$\boldsymbol{dF} = \boldsymbol{B} \times I\boldsymbol{dr} \text{ [N]}, \quad \tau = \int_0^a \boldsymbol{r} \times \boldsymbol{dF} = \hat{a}_z BI\int_0^a rdr = \hat{a}_z \frac{wB^2a^4}{4R} \text{ [N} \cdot \text{m]} \tag{8-19}$$

그리고 소비전력과 기계적인 입력은

$$P_e = V_e I = I^2 R = \frac{w^2B^2a^4}{4R} \text{ [W]}, \ P_M = \tau \cdot w = \frac{w^2B^2a^4}{4R} \text{ [W]} \tag{8-20}$$

이고, 실제 마찰손실로 $P_M \geq P_e$이다.

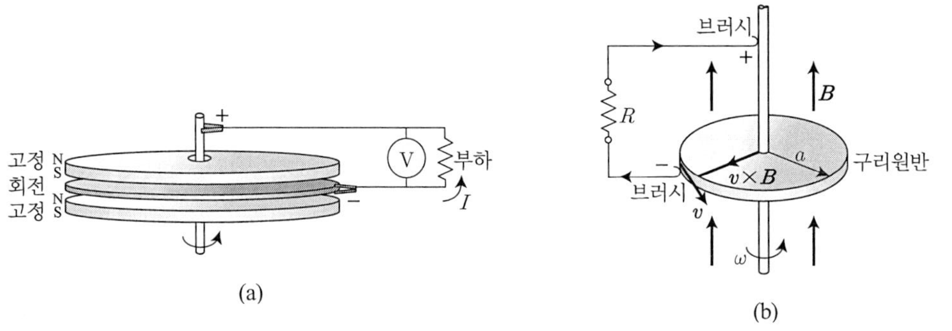

그림 8.12 패러데이 디스크발전기 (a) 구조 (b) 동작원리

예제 8.5 두 개의 자석 사이에 구리원반이 있고 균일 자속밀도 1.0T, 반지름 10cm, 원반각속도 1,000rpm일 때 유도되는 기전력을 구하여라.

풀이 1,000 rpm = 1,000 revolution per minute = $1{,}000 \times 2\pi$ rad/60s
= 104.72[rad/s]

$$V_e = \frac{1}{2}wBa^2 = \frac{1}{2}(104.72)(1.0)(0.1)^2 = 0.52\ [\mathrm{V}]$$ ■

8.6 자기인덕턴스

변화하는 전류는 코일 주위의 자장을 변화시키고 코일이 하나만 있는 경우 자신이 발생하는 자속의 변화가 자신에게 영향을 준다. 그래서 전류의 변화로 인해 자장이 팽창하거나 축소될 때, 도체 내에 유도전압이 발생하는 것을 자기유도작용이라고 하며, 그 정도를 자기인덕턴스(self inductance) 간단히 인덕턴스라고 한다.

그림 8.13과 같이 단일고리 전류에 의한 자속을 ϕ라 하고, 그림 8.14와 같이 N-번 감긴 코일에 반시계방향으로 전류 I가 흐른다면 총 자속은 $N\phi = \Phi_M$이다.

인덕턴스

① 인덕턴스는 전류가 흐르기 시작하거나 차단 혹은 변화를 방해하는 전기회로의 특성이다.

② 인덕턴스는 전류의 변화를 방해하는 도체의 특성이다.

③ 초당 1A 전류변화율에서 인덕터에 1V가 유도되는 인덕턴스는 1H이다.

④ 관성(inertia)은 속도변화를 방해하는 질량의 특성이고, 인덕턴스는 전기회로의 전류와 같은 효과이다. 전류를 계속 흐르게 하는 것보다 전류를 차단 혹은 시작하는데 더 많은 에너지가 요구된다.

인덕턴스는 회로전류의 변화를 방해하고, 인덕터는 전류의 변화를 방해하는 것이 목적이다.

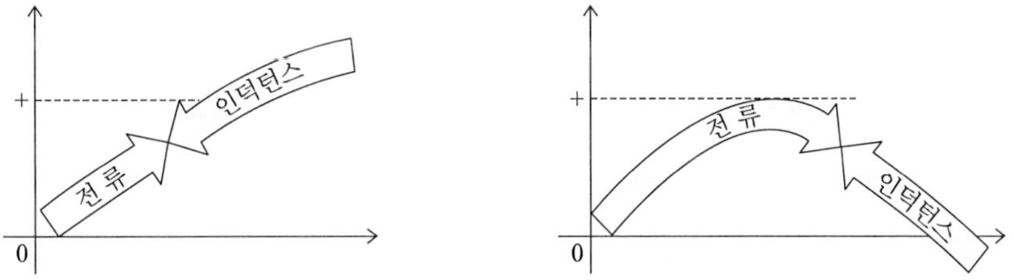

전류가 증가하면 인덕턴스는 낮추려고 한다. 전류가 감소하면 인덕턴스는 높이려고 한다.

인덕턴스는 자속÷전류로 정의하고, 코일의 자기인덕턴스 L은

$$L = N\frac{\Phi_M}{I} = N^2\frac{\phi}{I}\ [\mathrm{H}] \tag{8-21}$$

이다. 즉, 회로에 인가하는 전류와 발생하는 자속의 비이고, 회로 권수 N과 결합하면 자기인덕턴스는 단위 전류당 결합자속 수로 표현된다.

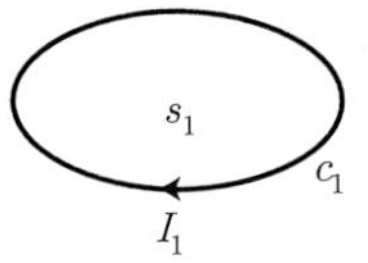

그림 8.13 단일고리

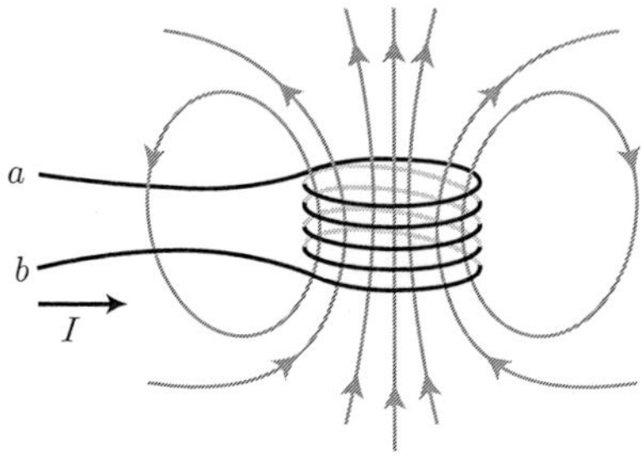

그림 8.14 N-번 감긴 전류고리에 관통하는 자속

SI 단위로 인덕턴스의 단위는 다음과 같다.

$$1[\text{henry}] = 1[\text{H}] = 1[\text{T} \cdot \text{m}^2/\text{A}] = 1[\text{Wb}/\text{A}] \tag{8-22}$$

열린 표면의 자속과 자기 전위벡터 관계(단일고리자속 ϕ, N-번 감긴 회로 총 자속 Φ)

$$\Phi_M = N\phi = \int_s \boldsymbol{B} \cdot \boldsymbol{ds} = \int_s (\nabla \times \boldsymbol{A}) \cdot \boldsymbol{ds} = \oint_c \boldsymbol{A} \cdot \boldsymbol{d\ell}$$

예제 8.6 100번을 감은 코일에 2A의 전류가 흐른다. 코일의 자속이 5Wb일 때 인덕턴스를 구하여라.

풀이 코일자속은 $\Phi_M = 5\text{Wb}$이고, 인덕턴스, $L = N\dfrac{\Phi_M}{I} = 100\dfrac{5}{2} = 250\ [\text{Wb/A}]$ ■

■ **코일의 자기인덕턴스 구하는 과정**

① 좌표계를 정하고 도선에 전류 I가 흐른다고 가정한다.

② 비오-사바르법칙으로 자장세기 $\boldsymbol{H}$ 혹은 자속밀도 $\boldsymbol{B}$를 구한다. 대칭성이 있으면 암페어법칙을 사용한다.

③ 면적이 s인 각 고리의 자속 수 $\phi = \int_s \boldsymbol{B} \cdot \boldsymbol{ds}$이고, 모든 고리의 전체 자속 수 $\Phi = N\phi$를 구한다.

④ 인덕턴스 $L = \dfrac{N\Phi_M}{I}$이다.

일반적으로 도체에 흐르는 전류가 I_0, 총 자속 수 Φ이면 인덕턴스는

$$L = \frac{\Phi_M}{I_0} = \frac{\int_s \boldsymbol{B} \cdot \boldsymbol{ds}}{\oint_c \boldsymbol{H} \cdot \boldsymbol{d\ell}}\ [\text{H}] \tag{8-23}$$

이고, 단위 길이당 유도용량과 단위 길이당 전기용량 사이 관계는 $L'C' = \mu\epsilon$이다.

$$L'C' = \mu\epsilon$$

(1) 마이크로스트립선

마이크로스트립선은 신호도체와 접지도체 사이에 두께가 $h[\mathrm{m}]$인 유전체로 채워졌고, 폭/두께 비가 $w/h \gg 1$일 때 가장자리 효과를 무시한다. 그림 8.15는 마이크로스트립선의 구조 및 전자장을 나타낸다.

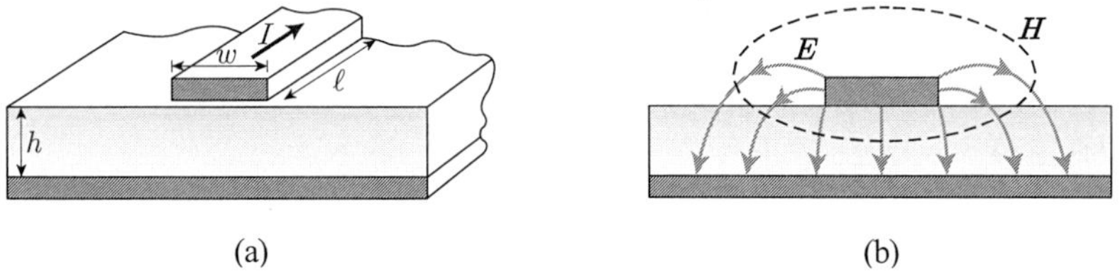

그림 8.15 마이크로스트립선 (a) 구조 (b) 전자장

암페어법칙을 이용하여 유도용량을 구하면 다음과 같다.

$$L = \frac{\Phi_M}{I} = \frac{1}{I}\int_s \boldsymbol{B}\cdot \boldsymbol{a}_n ds = \frac{1}{I}\left(\frac{\mu_0 I}{w}\right)(h\ell) = \frac{\mu_0 h\ell}{w}\ \ [\mathrm{H}] \tag{8-24}$$

(2) 동축선로

내부도체의 반경이 $a[\mathrm{m}]$이고 매우 얇은 외부도체(차폐도체 망)의 내부 반경은 $b[\mathrm{m}]$인 동축선로의 모양과 전자장을 그림 8.16에 나타냈다. 만약 내부도체에 전류 $I[\mathrm{A}]$가 흐르고 외부도체에 반대방향으로 흘러나온다면 자장은 원통대칭을 가지므로 ϕ-성분만 가진다.

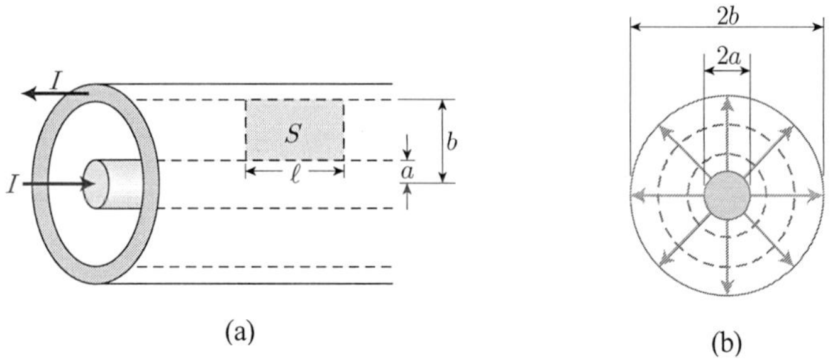

그림 8.16 동축선로 (a) 구조 (b) 전자장

내부도체와 외부도체 사이 $a \le \rho \le b$에서 암페어법칙 $\oint \boldsymbol{H}\cdot d\boldsymbol{l} = H_\phi 2\pi\rho = I$을 이용하면 자장은

$$\boldsymbol{H} = \hat{a_\phi}\frac{I}{2\pi\rho}\ \ [\mathrm{A/m}]\ \ (a \le \rho \le b) \tag{8-25}$$

이다. 결합되는 자속을 이용하여 유도용량을 구하면

$$L=\frac{\Phi_M}{I}=\frac{1}{I}\int_s \boldsymbol{B}\cdot \boldsymbol{ds}=\frac{1}{I}\int_s(\mu_0 H_\phi)ds=\frac{1}{I}\int_a^b \mu_0\frac{I}{2\pi\rho}\ell\, d\rho \tag{8-26}$$
$$=\frac{\mu_o \ell}{2\pi}\ \ln\left(\frac{b}{a}\right)\ [\mathrm{H}]$$

이다. 단위길이당 인덕턴스는 다음과 같다.

$$L'=\frac{\mu_o}{2\pi}\ \ln\left(\frac{b}{a}\right)\ [\mathrm{H/m}] \tag{8-27}$$

(3) 평행도선

그림 8.17(a)와 같이 반경이 $a[\mathrm{m}]$인 두 개의 긴 평행도선에서 전류가 서로 반대방향으로 흐르고, 도선 중심거리가 $d[\mathrm{m}]$만큼 떨어져 있다. 거리 $d \gg a$이며, 도선 내부인덕턴스를 무시한다고 가정한다. 그림 8.17(b)와 같이 한 도선의 중심으로부터 $x[\mathrm{m}]$만큼 떨어진 곳에서 각 도선의 전류에 의한 자속밀도는

$$\boldsymbol{B}_1=\hat{a}_y\frac{\mu_0 I}{2\pi x},\ \boldsymbol{B}_2=\hat{a}_y\frac{\mu_0 I}{2\pi(d-x)} \tag{8-28}$$

이고, 총 자속은

$$\Phi_M=\int_a^{d-a}(B_1+B_2)\ell dx=\int_a^{d-a}\frac{\mu_0 I\ell}{2\pi}\left[\frac{1}{x}+\frac{1}{d-x}\right]dx \tag{8-29}$$
$$=\frac{\mu_0 I\ell}{2\pi}[\ln x-\ln(d-x)]\Big|_a^{d-a}=\frac{\mu_0 I\ell}{\pi}\ln\left(\frac{d-a}{a}\right)\quad[\mathrm{Wb}]$$

이므로 인덕턴스는 다음과 같다.

$$L=\frac{\Phi_M}{I}=\frac{\mu_0\ell}{\pi}\ln\left(\frac{d-a}{a}\right)\simeq\frac{\mu_0\ell}{\pi}\ln\left(\frac{d}{a}\right)[\mathrm{H}] \tag{8-30}$$

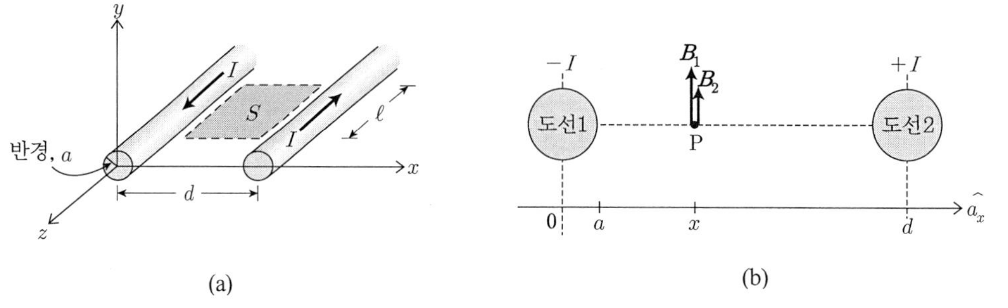

그림 8.17 평행도선 (a) 구조 (b) 계산

(4) 솔레노이드

그림 8.18과 같이 반경이 $R[\mathrm{m}]$, 길이가 $\ell[\mathrm{m}]$, N-번 감긴 솔레노이드(solenoid)에 전류 $I[\mathrm{A}]$가 흐르는 경우 자기인덕턴스를 구해보자(단, 가장자리효과를 무시한다).

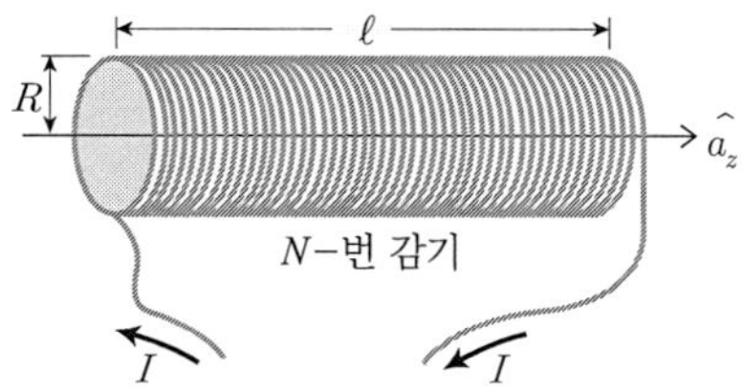

그림 8.18 솔레노이드 코일

암페어법칙을 적용하면 솔레노이드 내부의 자장은

$$\boldsymbol{B} = \frac{\mu_0 NI}{\ell}\hat{a_z} = \mu_0 nI\hat{a_z}\ [\mathrm{Wb/m^2}] \tag{8-31}$$

이고, $n = N/\ell$은 단위길이당 감긴 횟수이다. 각 고리를 결합하는 자속은

$$\Phi_M = BS = \mu_0 nI(\pi R^2) = \mu_0 nI\pi R^2\ [\mathrm{Wb}] \tag{8-32}$$

이며, S는 솔레노이드의 단면적이다. 그래서 자기인덕턴스는

$$L = \frac{N\Phi_M}{I} = \mu_0 n^2 \ell \pi R^2\ [\mathrm{H}] \tag{8-33}$$

이고, 전류에는 무관하며 기하학적 요소인 단위길이당 감긴 수, 반경, 길이에 따라 정해진다.

(별해) 자속밀도 $B = \mu\frac{N}{\ell}I$

기전력 $V_L = -N\frac{d\Phi_M}{dt} = -NS\frac{dB}{dt} = -\mu\frac{SN^2}{\ell}\frac{dI}{dt} = -L\frac{dI}{dt}$ [V] 에서

$L = \frac{\mu N^2 S}{\ell} = \mu n^2 \ell \pi R^2$ [H] 이다.

> 인덕턴스를 증가시키기 위해 많은 전류 도선고리를 가지는 코일로 만든다.
> • 코일형 인덕턴스를 키우는 방법
> ① 감은 수를 늘린다. ② 코일의 단면적을 늘린다. ③ 단위길이당 감은 수를 늘린다.
> ④ 유전율이 높은 코어물질을 사용한다. ⑤ 여러 겹의 코일을 감는다.

(5) 토로이드

그림 8.19(a)와 같이 내경이 a[m], 외경이 b[m], 높이가 h[m]인 단면적이 정사각형이고 N-번 감긴 토로이드(toroid)의 자기인덕턴스를 구해보자.

암페어법칙을 적용하면 토로이드 내부의 자장은

$$\oint \boldsymbol{B} \cdot \boldsymbol{d\ell} = B(2\pi r) = \mu_0 NI \ \rightarrow\ \boldsymbol{B} = \frac{\mu_0 NI}{2\pi r}\hat{a_\phi} \tag{8-34}$$

이고, 미소 면적소가 $\boldsymbol{ds} = hdr\hat{a_\phi}$인 정사각형 단면을 적분하여 토로이드 각 고리를 결합하는 자속은

$$\Phi_M = \int \boldsymbol{B} \cdot d\boldsymbol{s} = \int_a^b \left(\frac{\mu_0 NI}{2\pi r}\right) h dr = \frac{\mu_0 NIh}{2\pi} \ln\left(\frac{b}{a}\right) \text{ [Wb]} \tag{8-35}$$

이다. 그래서 자기인덕턴스는

$$L = \frac{N\Phi}{I} = \frac{\mu_0 N^2 h}{2\pi} \ln\left(\frac{b}{a}\right) \text{ [H]} \tag{8-36}$$

이고 전류에는 무관하며 기하학적 요소(N, a, b, h)에 따라 정해진다. $a \gg b-a$인 조건에서

$$\ln\left(\frac{b}{a}\right) = \ln\left(1 + \frac{b-a}{a}\right) \simeq \frac{b-a}{a} \tag{8-37}$$

이므로 자기인덕턴스는

$$L = \frac{\mu_0 N^2 h}{2\pi} \frac{b-a}{a} = \frac{\mu_0 N^2 S}{2\pi a} = \frac{\mu_0 N^2 S}{\ell} \text{ [H]} \tag{8-38}$$

이고, 여기서 $S = h(b-a)$는 단면적, 안쪽 원주 길이 $\ell = 2\pi a$이다. 그래서 한계조건에서 솔레노이드와 토로이드의 자기인덕턴스는 같다. 그림 8.19(b)와 같이 단면적이 원인 토로이드의 단면적은 $S = \pi(b-a)^2/4$이다.

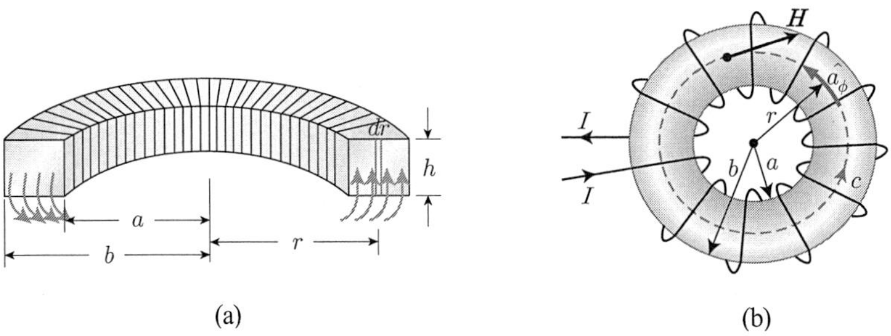

그림 8.19 토로이드 (a) 사각형 토로이드를 반으로 자른 단면 (b) 원형 토로이드

> 솔레노이드 코일은 내부에 균일한 자장을 형성하지만 외부로 누설되는 표류자장이 크고, 토로이드 코일은 표류자장의 크기를 줄일 수 있지만 구조가 복잡하다.

8.7 상호인덕턴스

두 개의 코일이 인접해 있을 때 한 코일에 흐르는 전류가 변화하면 다른 코일에 결합되는 자기력선 수가 변화하여 유도전류가 생기는 것을 상호유도작용이라 하고 이 작용의 정도를 상호인덕턴스(mutual inductance)라고 한다.

고리-1 전류 I_1에 의한 고리-2의 결합자속은 ϕ_{21}이고, 코일-2 전류 I_2에 의한 고리-1의 결합자속은 ϕ_{12}이라 하자. 그림 8.20(a)와 같이 두 코일이 가까이 놓여 있을 때 N_1번 감긴

코일-1에 전류 I_1을 흘리면 자장 $\boldsymbol{B}_1$이 발생하고 코일-1의 자장이 코일-2에 통과한다. 이때 코일-1의 전류에 의해 코일-2의 모든 고리에 결합하는 자속은 $\Phi_{21} = N_2\phi_{21}$이고, 코일-2의 전류에 의해 코일-1의 모든 고리에 결합하는 자속은 그림 8.20(b)와 같이 $\Phi_{12} = N_1\phi_{12}$이다(그림 8.21).

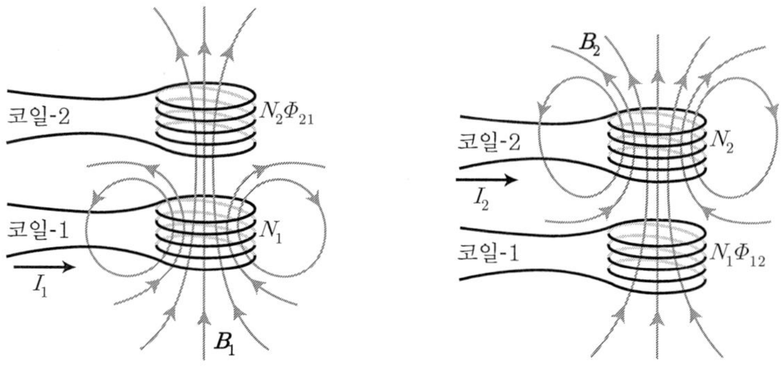

(a) (b)

그림 8.20 상호인덕턴스 (a) 코일-1에 전류변화 코일-2에 자속변화
(b) 코일-2에 전류변화 코일-1에 자속변화

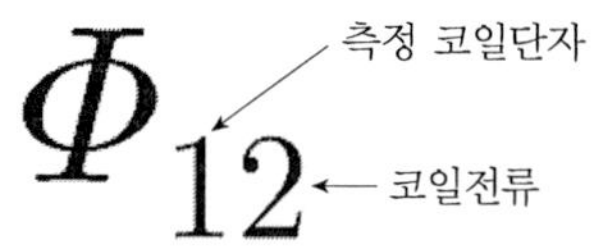

그림 8.21 결합자속

인접해서 여러 코일이 존재하면 코일 사이에 전류-자속 관계식은

$$N_1\Phi_1 = N_1(\Phi_{11} + \Phi_{12}) = L_{11}I_1 + L_{12}I_2,\ \ N_2\Phi_2 = N_2(\Phi_{21} + \Phi_{22}) = L_{21}I_1 + L_{22}I_2 \quad (8\text{–}39)$$

이다. 여기서 L_{11}, L_{22}는 자기인덕턴스이고, 이상적인 경우 L_{12}, L_{21}은 상호인덕턴스(mutual inductance)이다.

일반 코일결합 관계식($N\Phi = Li$)에서 양변을 미분하면

$$N\frac{d\Phi}{dt} = L\frac{di}{dt} + \frac{dL}{dt}I = L\frac{di}{dt} = V_L[\mathrm{V}] \quad (8\text{–}40)$$

이고, 보통 $dL/dt = 0$이다.

식 (8-39)를 미분하면 전류-전압 관계식은 다음과 같고, 관계도는 그림 8.22와 같다.

$$V_{L1} = L_{11}\frac{dI_1}{dt} + L_{12}\frac{dI_2}{dt},\ \ V_{L2} = L_{21}\frac{dI_1}{dt} + L_{22}\frac{dI_2}{dt} \quad (8\text{–}41)$$

자기유도전압의 관계식(패러데이 전자유도법칙)

$$V_L = -N\frac{d\Phi_M}{dt} = -N\frac{d}{dt}\int_s \boldsymbol{B}\cdot d\boldsymbol{s},\ \ V_L = -L\frac{dI}{dt}\ [\mathrm{V}]$$

실험적으로 확인된 유도전압에 대한 사항

① 전류가 증가하면 총 자속은 증가하고, 자속의 변화율은 전류의 변화율에 비례한다.

② 변하는 자속에 의해 코일에 역기전압이 유도된다 : $V_L = -N\frac{d\Phi_M}{dt}$(패러데이법칙, 렌츠의 법칙).

③ 유도전압은 전류의 변화에 비례하고 비례상수는 인덕턴스 L이다; $V_L = L\frac{dI}{dt}$(인덕터 옴의 법칙).

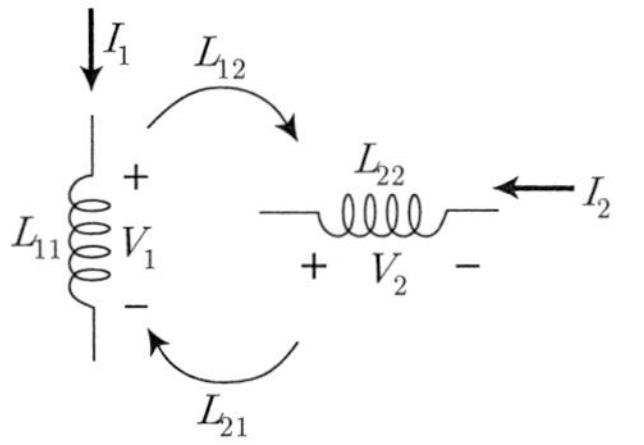

그림 8.22 두 코일에서 전류–전압관계

시변전류 I_1에 의해 코일-2에 변하는 자속으로 발생하는 유도기전력은

$$V_{L21} = -N_2\frac{d\Phi_{21}}{dt} = \frac{d}{dt}\int_{s_2}\boldsymbol{B}_1\cdot d\boldsymbol{s}_2 \tag{8-41}$$

이고, 코일-2의 자속 Φ_{21}의 시간변화율은 코일-1의 전류 시간변화율에 비례하므로

$$N_2\frac{d\Phi_{21}}{dt} = \mathscr{M}_{21}\frac{dI_1}{dt} \tag{8-42}$$

이며, 비례상수 $\mathscr{M}_{21}$을 코일-1에 의한 코일-2의 상호인덕턴스라 한다. 이것은 두 코일의 기하학적 요소에 따라 변한다.

$$\mathscr{M}_{21} = \frac{N_2\,\Phi_{21}}{I_1} = \frac{N_1N_2\,\phi_{21}}{I_1} = \frac{N_1N_2}{I_1}\int_{s_2}\boldsymbol{B}_1\cdot d\boldsymbol{s}_2 = \frac{N_1N_2}{I_1}\oint_{c_2}\boldsymbol{A}_1\cdot d\boldsymbol{\ell}_2 \tag{8-43}$$

$\boldsymbol{A}_1 = \frac{\mu_0 I_1}{4\pi}\oint_{c_1}\frac{d\boldsymbol{\ell}_1}{r_{12}}$ 이므로 $\mathscr{M}_{21} = \frac{\mu_0 N_1 N_2}{4\pi}\oint_{c_1}\oint_{c_2}\frac{d\boldsymbol{\ell}_1\cdot d\boldsymbol{\ell}_2}{r_{12}}$ 이다.

어떤 코일에 전류변화율이 1A/s 일 때, 다른 쪽의 코일에 1V 의 기전력을 유도하는 두 코일 간의 상호인덕턴스를 1H 라 한다.

비슷한 방법으로 코일-2에 I_2가 흐르면 코일-1의 유도기전력은

$$V_{L12} = -N_1 \frac{d\Phi_{12}}{dt} = \frac{d}{dt} \int_{c_1} \boldsymbol{B}_2 \cdot d\boldsymbol{s}_1 \tag{8-44}$$

이고 코일-1에 전류가 유도된다. 코일-1의 자속 ϕ_{12}의 시간변화율은 코일-2의 전류시간변화율에 비례하므로

$$N_1 \frac{d\Phi_{12}}{dt} = \mathcal{M}_{12} \frac{dI_2}{dt} \tag{8-45}$$

이며, 비례상수 $\mathcal{M}_{12}$는 코일-2에 의한 코일-1의 상호인덕턴스이다.

$$\mathcal{M}_{12} = \frac{N_1 \Phi_{12}}{I_2} = \frac{N_1 N_2 \phi_{12}}{I_2} = \frac{N_1 N_2}{I_2} \int_{s_1} \boldsymbol{B}_2 \cdot d\boldsymbol{s}_1 = \frac{N_1 N_2}{I_2} \oint_{c_1} \boldsymbol{A}_2 \cdot d\boldsymbol{\ell}_1 \tag{8-46}$$

$\boldsymbol{A}_2 = \dfrac{\mu_0 I_2}{4\pi} \displaystyle\oint_{c_2} \frac{d\boldsymbol{\ell}_2}{\boldsymbol{r}_{21}}$ 이므로 $\mathcal{M}_{12} = \dfrac{\mu_0 N_1 N_2}{4\pi} \displaystyle\oint_{c_1} \oint_{c_2} \frac{d\boldsymbol{\ell}_1 \cdot d\boldsymbol{\ell}_2}{r_{21}}$ 이다.

두 코일의 감은 수와 반경이 같으면 가역정리(reciprocity theorem)에 의해 상호인덕턴스는 같고, 표 8.4는 다양한 고리의 자기인덕턴스와 상호인덕턴스를 요약하였다.

$$\mathcal{M}_{12} = \mathcal{M}_{21} = \mathcal{M} \tag{8-47}$$

표 8.4 다양한 고리의 자기인덕턴스와 상호인덕턴스

구분	그림	자기인덕턴스	상호인덕턴스
결합이 없는 독립된 고리 한 개의 쌍	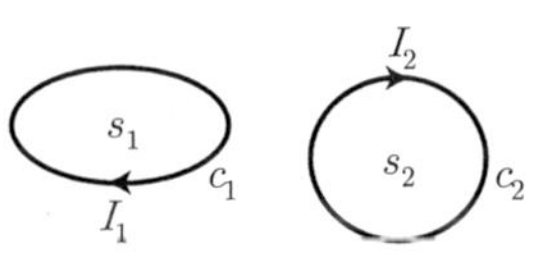	$L_1 = \frac{\phi_1}{I_1}$ $L_2 = \frac{\phi_2}{I_2}$	0
결합이 있는 고리 한 개의 쌍	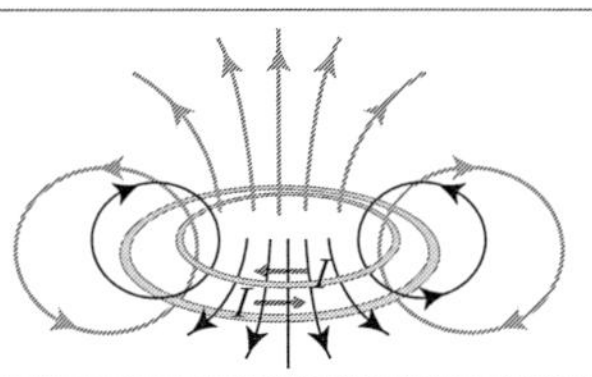	$L_{11} = \frac{\phi_{11}}{I_1}$ $L_{22} = \frac{\phi_{22}}{I_2}$	$L_{21} = \frac{\phi_{21}}{I_1} = \mathcal{M}_{21}$ $L_{12} = \frac{\phi_{12}}{I_2} = \mathcal{M}_{12}$
결합이 있고 N_1, N_2 감은 코일의 쌍	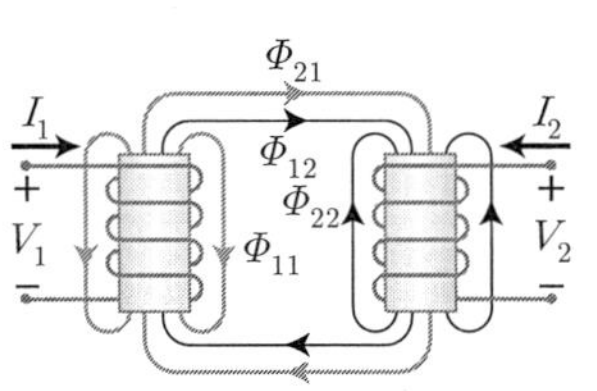	$L_{11} = N_1 \frac{\Phi_{11}}{I_1}$ $L_{22} = N_2 \frac{\Phi_{22}}{I_2}$	$L_{21} = N_2 \frac{\Phi_{21}}{I_1} = \mathcal{M}_{21}$ $L_{12} = N_1 \frac{\Phi_{12}}{I_2} = \mathcal{M}_{12}$

인덕터 축이 수직이면 상호인덕턴스가 "0"

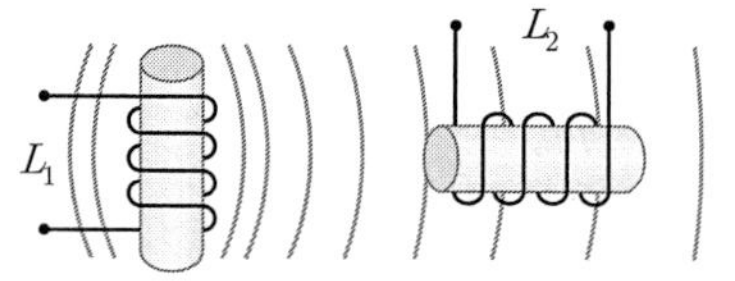

예제 8.7 길이가 $\ell[\mathrm{m}]$이고 단면적이 $S[\mathrm{m}^2]$인 긴 솔레노이드가 N_1번 도선에 감겨 있다. 이것 주위에 절연된 코일을 N_2번 감았을 때 상호인덕턴스를 구하고, 상호인덕턴스와 자기인덕턴스의 관계식을 구하여라. 이때 솔레노이드 자속이 바깥 코일에 완전히 결합한다고 가정한다.

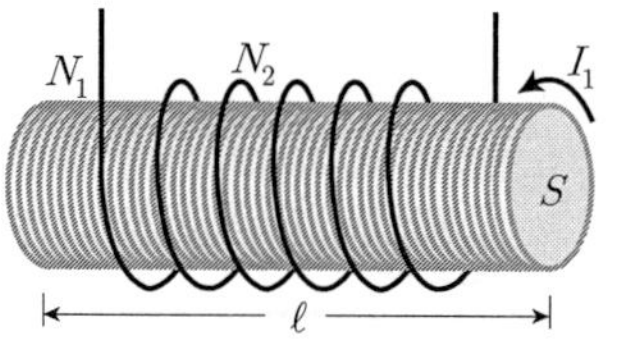

풀이 솔레노이드 전류에 의해 발생하는 자속이 바깥 코일의 각 고리를 통하는 자속과 상호인덕턴스는

$$\Phi_{21} = BS = \frac{\mu_0 N_1 I_1}{\ell} S, \quad \mathcal{M}_{21} = \frac{N_2 \Phi_{21}}{I_1} = \frac{\mu_0 N_1 N_2 S}{\ell}$$

이고, 솔레노이드의 자기인덕턴스는

$$L_1 = \frac{N_1 \Phi_{11}}{I_1} = \frac{\mu_0 N_1^2 S}{\ell}$$

이며, 여기서 Φ_{11}은 전류 I_1에 의해 발생되는 자장이 솔레노이드의 한 고리를 통과하는 자속이다. 바깥 코일의 자기인덕턴스는 같은 방법으로 구하면

$$L_2 = \frac{N_2 \Phi_{22}}{I_2} = \frac{\mu_0 N_2^2 S}{\ell}$$

이고 자기인덕턴스와 상호인덕턴스와의 관계는 $\mathcal{M} = \sqrt{L_1 L_2}$ 이다. 그러나 일반적인 수식은 $\mathcal{M} = k\sqrt{L_1 L_2}$, $(0 \le k \le 1)$이고, 여기서 k는 결합계수라 하며 이상적인 경우 $k = 1$이다. ■

예제 8.8 두 개의 5H 인덕터가 직렬로 연결하고 서로 인접해 있다. 결합계수가 0.7일 때 상호인덕턴스를 구하여라.

풀이 $\mathcal{M} = k\sqrt{L_1 L_2} = 0.7\sqrt{5\mathrm{H} \times 5\mathrm{H}} = 3.5\mathrm{H}$ ■

8.8 인덕터의 연결

그림 8.23(a)와 같이 직렬연결한 인덕터에서 각 인덕터의 전압은 키르히호프 전압법칙을 이용하면 $v = v_1 + v_2 + v_3$이고, 회로에서 전류는 di/dt로 변한다면

$$v = L_1 \frac{di}{dt} + L_2 \frac{di}{dt} + L_3 \frac{di}{dt} = (L_1 + L_2 + L_3)\frac{di}{dt} = L_{s(eq)} \frac{di}{dt} \tag{8-48}$$

이다. 여기서 $L_{s(eq)}$는 세 개의 직렬인덕터를 단일 등가인덕터로 대체한 경우 이 인덕터에 유도되는 전압은 같다. 따라서 직렬연결한 인덕터의 합성 유도용량은 각 인덕터의 유도용량을 더하고, 합성 유도용량의 일반식은 직렬 합성저항을 구하는 방법과 같다.

$$v = \sum_{k=1}^{n} v_k = \left(\sum_{k=1}^{n} L_k\right)\frac{di}{dt} = L_{s(eq)}\frac{di}{dt}, \quad L_{s(eq)} = \sum_{k=1}^{n} L_k \tag{8-49}$$

그림 8.23(b)와 같이 병렬연결한 인덕터에서 각 인덕터의 전류는 키르히호프 전류법칙을 이용하면 $i = i_1 + i_2 + i_3$이고, $di/dt = di_1/dt + di_2/dt + di_3/dt$이다. 각 인덕터에 인가된 전압이 같기 때문에

$$v = L_1 \frac{di_1}{dt} = L_2 \frac{di_2}{dt} = L_3 \frac{di_3}{dt} = L_{p(eq)} \frac{di}{dt} \tag{8-50}$$

$$\frac{v}{L_1} = \frac{di_1}{dt}, \quad \frac{v}{L_2} = \frac{di_2}{dt}, \quad \frac{v}{L_3} = \frac{di_3}{dt}, \quad \frac{v}{L_{p(eq)}} = \frac{di}{dt}$$

$$\frac{di}{dt} = \frac{di_1}{dt} + \frac{di_2}{dt} + \frac{di_3}{dt} \rightarrow \frac{v}{L_{p(eq)}} = \frac{v}{L_1} + \frac{v}{L_2} + \frac{v}{L_3} \tag{8-51}$$

$$\rightarrow \frac{1}{L_{p(eq)}} = \frac{1}{L_1} + \frac{1}{L_2} + \frac{1}{L_3}$$

이다. 여기서 $L_{p(eq)}$은 세 개의 병렬인덕터를 단일 등가인덕터로 대체한 경우 이 인덕터에 흐르는 전류와 같다. 따라서 합성 유도용량의 일반식은 병렬 합성저항을 구하는 방법과 같다.

$$i = \sum_{k=1}^{n} i_k = \left(\sum_{k=1}^{n} \frac{1}{L_k}\right)\int_{-\infty}^{t} v\,d\tau = \frac{1}{L_{p(eq)}}\int_{-\infty}^{t} v\,d\tau, \quad \frac{1}{L_{p(eq)}} = \sum_{k=1}^{n}\frac{1}{L_k} \tag{8-52}$$

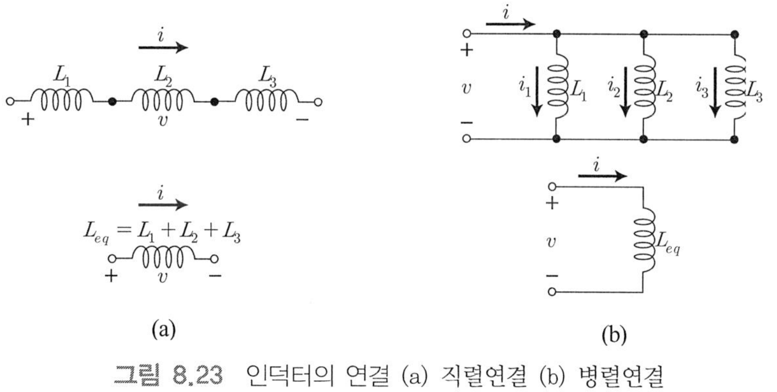

그림 8.23 인덕터의 연결 (a) 직렬연결 (b) 병렬연결

인덕터는 주파수와 인덕터 값이 높을 수록 리액턴스는 증가하여 전류 흐름을 줄이는 소자로서 유사어는 코일(coil), 초크(choke), 리액터(reactor) 등이 있다. 코일은 광범위하게 공진회로나 필터 등에서, 초크는 전원 등에서, 리액터는 전력용 변압기 및 배전용 변압기 등에서 많이 불리고 있다.

표 8.5는 결합 종류에 따른 코일의 심벌과 등가인덕턴스를 나타냈다. 결합은 도트 규정(dot convention)으로 표시하고 도트 규정에 따라 전류가 코일의 도트단자로 들어오면 다른 코일에 유도되는 전압의 극성은 도트가 있는 곳이 양이다.

표 8.5 등가인덕터

구분	심벌	등가인덕턴스
결합이 없는 코일	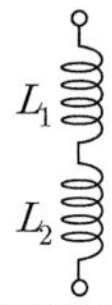	$L_s = L_1 + L_2$
가동으로 결합하는 코일	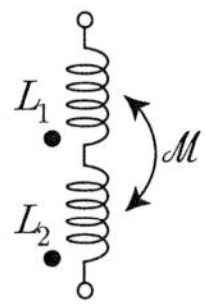	$L_{eq} = L_1 + L_2 + 2\mathcal{M}$
차동으로 결합하는 코일	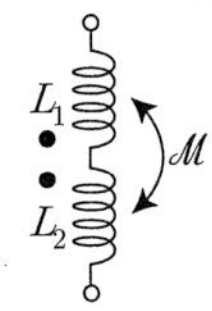	$L_{eq} = L_1 + L_2 - 2\mathcal{M}$

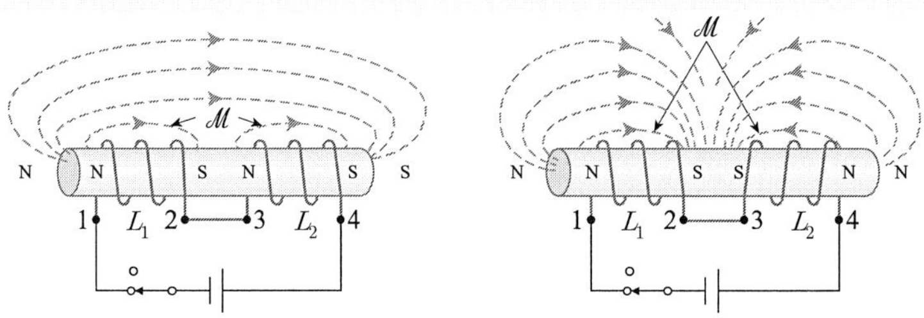

가동결합　　　　차동결합

● **고리(loop) 인덕턴스,** $L_{eq} = L_t + L_b - 2\mathcal{M}$

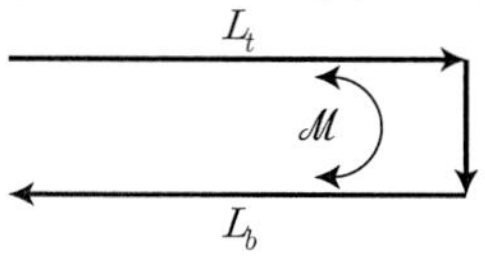

예제 8.9 그림과 같은 회로를 이용하여 V_0를 구하여라.

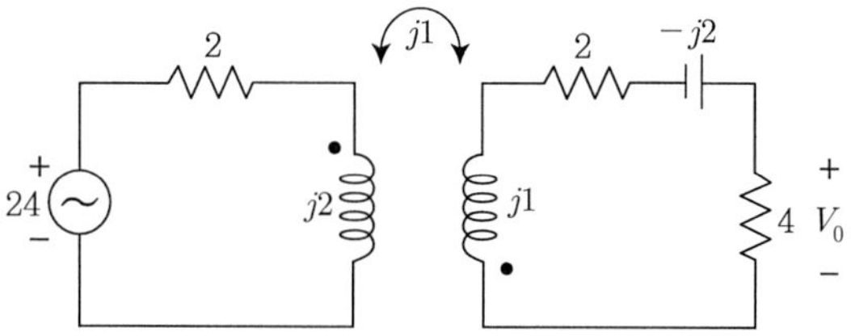

풀이 $24 = (2+j2)I_1 + (j)I_2$, $0 = (j)I_1 + (j+2-j2+4)I_2$

$$V_0 = \frac{\begin{pmatrix} 2+j2 & 24 \\ j & 0 \end{pmatrix}}{\begin{pmatrix} 2+j2 & j \\ j & j+2-j2+4 \end{pmatrix}} = \frac{-j96}{15+j10} = 5.33\angle -123.7^o$$ ■

8.9 자기에너지

회로에 있는 인덕터를 통해 전류의 변화를 억제하기 때문에 인덕터에 전류를 흐르게 하기 위해서는 외부전원으로 일을 해야 한다. 즉, 일-에너지정리에 의해 인덕터에 에너지를 저장한다. 외부기전력 V_{ext}는 자기유도기전력 V_L을 극복하여 인덕터에 전류 I가 흐르게 하는 일률 혹은 전력은

$$P_L = \frac{dW_{ext}}{dt} = I\,V_{ext}\ [\mathrm{W}] \tag{8-53}$$

이다. 외부기전력과 인덕터만 있다면 $V_{ext} = -V_L$이므로

$$P_L = \frac{dW_{ext}}{dt} = -I\,V_L = IL\frac{dI}{dt} \tag{8-54}$$

① 전류가 증가($dI/dt > 0$) → 전력은 증가($P_L > 0$) → 외부 전원이 인덕터에 에너지를 전달하기 위해 양의 일을 한다. → 인덕터의 내부에너지 $\mathcal{E}_U$는 증가한다.

② 전류가 감소($dI/dt < 0$) → 전력은 감소($P_L < 0$) → 외부 전원이 인덕터에 에너지를 유출시키기 위해 음의 일을 한다. → 인덕터의 내부에너지 $\mathcal{E}_U$는 감소한다.

외부 전원에서 전류를 "0"에서 I로 증가시키기 위한 전체 일은

$$W_{ext} = \int dW_{ext} = \int IL\,dI = \frac{1}{2}LI^2 \qquad (8-55)$$

이므로 인덕터에 저장된 자기에너지는 다음과 같다.

$$\mathcal{E}_B = \frac{1}{2}LI^2 \quad [\mathrm{J}] \qquad (8-56)$$

일-에너지정리

일-에너지정리(work-energy theorem)는 어떤 물체에 작용하는 외부의 힘이 한 일은 물체의 운동에너지의 변화량과 같다는 것이다. 질량 m인 물체가 외부 힘 $\boldsymbol{F}$에 의해 일 W_{net}을 받아서 속력이 처음에 v_0에서 v_f로 바뀌었다고 가정하면

$$\frac{d}{dt}\left(\frac{1}{2}mv^2\right) = m\boldsymbol{v}\cdot\frac{d\boldsymbol{v}}{dt} = m\boldsymbol{v}\cdot\frac{\boldsymbol{F}}{m} = \frac{d\boldsymbol{r}\cdot\boldsymbol{F}}{dt} \rightarrow d\left(\frac{1}{2}mv^2\right) = d\boldsymbol{r}\cdot\boldsymbol{F}$$

$$\rightarrow \int_0^f d\left(\frac{1}{2}mv^2\right) = \int_{r_o}^{r_f}\boldsymbol{F}\cdot d\boldsymbol{r} \rightarrow \Delta KE = KE_f - KE_o = \int_{r_o}^{r_f}\boldsymbol{F}\cdot d\boldsymbol{r}$$

$$\frac{1}{2}mv_f^2 - \frac{1}{2}mv_0^2 = \int_{r_0}^{r_f}\boldsymbol{F}\cdot d\boldsymbol{r} = W_{net}$$

이고, 일과 에너지와의 관계는 다음과 같다.

① 속도 $v_f > v_0$ →운동에너지 $KE_f > KE_0$ →일, $W_{net} > 0$

② 속도 $v_f < v_0$ →운동에너지 $KE_f < KE_0$ →일, $W_{net} < 0$

자장의 에너지밀도를 구하기 위해 먼저 자속은

$$LI = \Phi = \int_s \boldsymbol{B}\cdot d\boldsymbol{s} = \int_s (\nabla\times\boldsymbol{A})\cdot d\boldsymbol{s} = \oint \boldsymbol{A}\cdot d\boldsymbol{\ell} \qquad (8-57)$$

이고 일은

$$\mathcal{E}_B = \frac{1}{2}ILI = \frac{1}{2}I\oint \boldsymbol{A}\cdot d\boldsymbol{\ell} = \frac{1}{2}\oint(\boldsymbol{A}\cdot\boldsymbol{I})d\ell = \frac{1}{2}\int_v(\boldsymbol{A}\cdot\boldsymbol{J})dv \qquad (8-58)$$

$$= \frac{1}{2\mu_0}\int_v \boldsymbol{A}\cdot(\nabla\times\boldsymbol{B})\,dv$$

이며, $\nabla\cdot(\boldsymbol{A}\times\boldsymbol{B}) = \boldsymbol{B}\cdot(\nabla\times\boldsymbol{A}) - \boldsymbol{A}\cdot(\nabla\times\boldsymbol{B}) = \boldsymbol{B}\cdot\boldsymbol{B} - \boldsymbol{A}\cdot(\nabla\times\boldsymbol{B})$를 이용하면

$$\mathcal{E}_B = \frac{1}{2\mu_0}\left[\int_v B^2dv - \int_v \nabla\cdot(\boldsymbol{A}\times\boldsymbol{B})dv\right] = \frac{1}{2\mu_0}\left[\int_v B^2dv - \oint_s(\boldsymbol{A}\times\boldsymbol{B})\cdot d\boldsymbol{s}\right] \quad (8-59)$$

이다. 따라서 자장 속의 모든 공간에서 에너지는

$$\mathcal{E}_B = \frac{1}{2\mu_0}\int_v B^2\,dv = \frac{1}{2}\int_v BH\,dv \quad [\mathrm{J}] \qquad (8-60)$$

이므로 자기에너지밀도는 $\dfrac{B^2}{2\mu_0}[\mathrm{J/m^3}]$이다.

인덕턴스가 $L[\mathrm{H}]$인 인덕터에 전류가 "0"에서 $I[\mathrm{A}]$로 증가할 때 자장에너지가 저장된다. 이 때 특정시간 t에 인덕터에 걸리는 전압은 $v = L\dfrac{di}{dt}$이고, 특정시간 t와 $t+dt$ 사이에 저장되는 에너지는 $\int dP = \int vi\,dt$이다. 전류 $I[\mathrm{A}]$가 도달할 때 저장되는 에너지는 $\mathcal{E}_L = \int dP = \int vi\,dt = L\int_0^I i di = \dfrac{1}{2}LI^2[\mathrm{J}]$이며, 자장이 존재하는 영역에 저장되는 자장에너지는 $\mathcal{E}_B = \dfrac{1}{2}\int_v \boldsymbol{B}\cdot\boldsymbol{H}\,dv = \dfrac{1}{2}\int_v \dfrac{B^2}{\mu}dv = \dfrac{1}{2}\int_v \mu H^2 dv[\mathrm{J}]$이다. 저장되는 에너지밀도는 다음과 같다. $w_m = \dfrac{1}{2}\boldsymbol{B}\cdot\boldsymbol{H} = \dfrac{1}{2}\dfrac{B^2}{\mu} = \dfrac{1}{2}\mu H^2[\mathrm{J/m^3}]$

예제 8.10 반경이 $R[\mathrm{m}]$, 길이가 $\ell[\mathrm{m}]$, N-번 감긴 긴 솔레노이드에 전류 $I[\mathrm{A}]$가 흐른다면 솔레노이드에 저장된 자기에너지와 단위체적당 솔레노이드에 저장되는 에너지를 구하여라.

풀이 ① 자기인덕턴스는 $L = \dfrac{N\Phi}{I} = \mu_0 n^2 \ell\pi R^2\,[\mathrm{H}]$이므로 솔레노이드에 저장된 자기에너지는

$$\mathcal{E}_B = \frac{1}{2}LI^2 = \frac{1}{2}\mu_0 n^2\ell\pi R^2 I^2 = \frac{1}{2\mu_0}(\mu_0 nI)^2(\pi R^2\ell) = \frac{B^2}{2\mu_0}(\pi R^2\ell)[\mathrm{J}]$$

이며, 여기서 $B = \mu_0 nI$이고, $\pi R^2\ell$은 솔레노이드 체적이다.

② 자장에너지밀도는 다음과 같이 자장세기의 제곱에 비례한다.

$$w_m = \frac{B^2}{2\mu_0} = \frac{1}{2}\mu_0 H^2[\mathrm{J/m^3}]$$ ■

그림 8.24와 같이 도체는 에너지를 저장하는 능력이 없고, 커패시터는 전기에너지를 인덕터는 자기에너지를 저장한다.

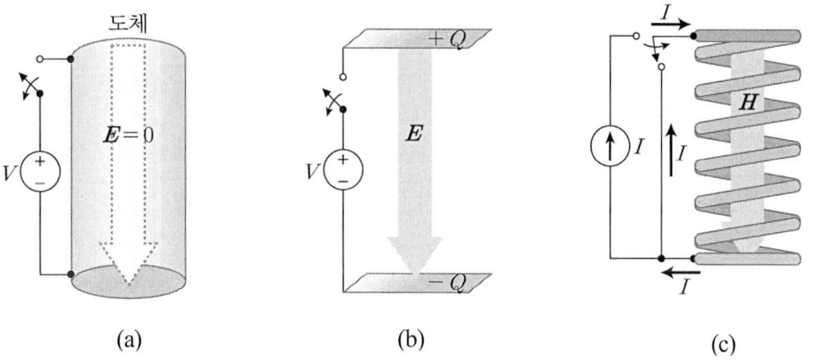

그림 8.24 에너지 저장 (a) 도체 (b) 커패시터 (c) 인덕터

8.10 자기회로

전기기기는 자기에너지를 매개로 전기에너지와 기계에너지를 상호 변환시키며, 자성체를 이용한 전기기기에서, 자성체 각 부분의 자속을 구하는 방법으로 전기회로에서 전류를 구하는 방법과 유사하게 자기회로를 사용한다. 자기회로 방법은 공극이 있거나 다중의 경로를 가진 자기회로에 유용하다.

그림 8.25와 같이 자기코어의 투자율이 μ_c, 단면적이 $S_c[\mathrm{m}^2]$, 자장의 평균 경로길이가 $\ell_c[\mathrm{m}]$, 권선수가 N인 권선에 전류 $I[\mathrm{A}]$가 흐르는 구조이다. 투자율은 매우 커서 자속이 코어에 제한된다고 가정한다. 암페어법칙에 의해 자성체 내 자장의 세기는

$$\int \boldsymbol{H} \cdot d\boldsymbol{\ell} = H_c \ell_c = \frac{B_c}{\mu_c} \ell_c = NI = V_m \tag{8-61}$$

이며, 여기서 자장의 세기와 자속밀도의 관계는 $B_c = \mu_c H_c$이고, V_m은 자속을 발생시키는 힘인 기자력(Magneto-Motive Force : MMF)이며 실제 물리적인 힘은 아니다. 철심에 200번 감고 전류가 2A가 흐를 때 기자력은 400[A · t]이다. 따라서 자장의 세기[A · t/m]는 H_c = 기자력[A · t] / 경로의 평균길이[m] = $V_m / \ell_c = NI / \ell_c$이다.

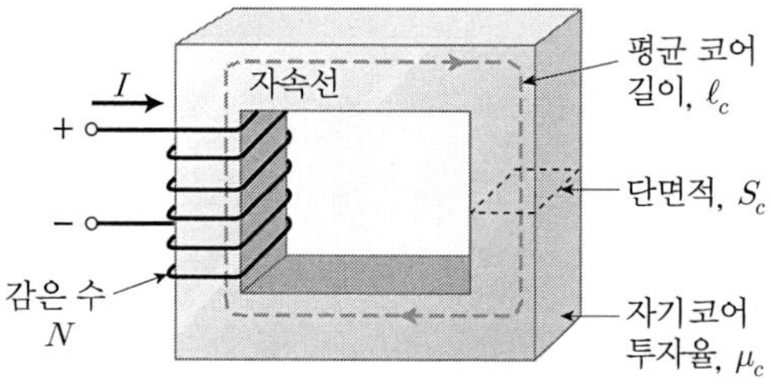

그림 8.25 자성체 철심을 이용한 간단한 자기회로

단면적에 대해 자속밀도가 균일하다고 가정하면 자속은

$$\Phi_c = B_c S_c = \mu_c H_c S_c = \frac{\mu_c S_c}{\ell_c}(NI) = \frac{NI}{\ell_c / \mu_c S_c} = \frac{V_m}{\mathcal{R}} \tag{8-62}$$

이고, 여기서 $\mathcal{R} = l_c / \mu S_c$ [A · t/Wb]은 자기저항(reluctance)이며 자기회로에서 자장이 형성되는 것을 방해하는 척도이다. 자기저항은 전기회로에서 전기저항 $R = \ell / \sigma S\,[\Omega]$ 관계식과 유사하고, 자기회로에서 $\Phi = V_m / \mathcal{R}$은 전기회로에서 $I = V/R$의 옴의 법칙 관계식과 유사하다.

그림 8.26과 같이 자속과 전류, 기자력과 기전력, 투자율과 도전율 등을 대응시키면 자기저항은 전기저항과 완전 등가로 고려할 수 있다. 표 8.6에 나타낸 바와 같이 전기회로와 자기회로의 유사성을 이용하여 자기회로를 전기회로와 같은 방법으로 취급한다.

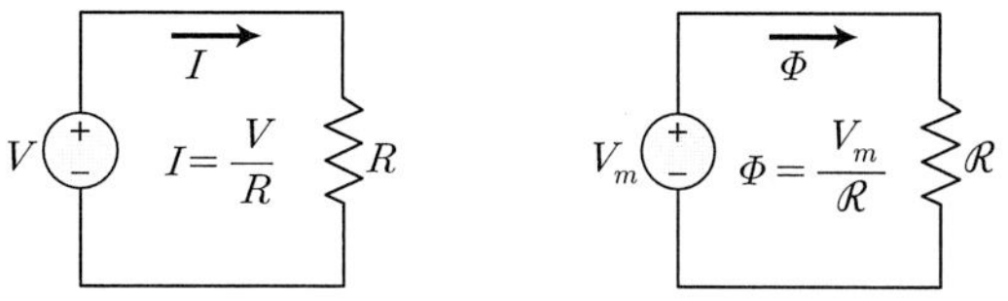

(a) (b)

그림 8.26 등가 회로 (a) 전기회로 (b) 자기회로

표 8.6 자기회로와 전기회로의 비교

자기회로			전기회로		
이름	기호	단위	이름	기호	단위
투자율	μ	$\mathrm{H/m=T{\cdot}m/A{\cdot}t}$	전도율	σ	$\mathrm{S/m}$
기자력(MMF=NI)	V_m	$\mathrm{A(A{\cdot}t)}$	기전력(EMF)	V_e	V
자속	Φ	Wb	전류	I	A
자속밀도	B	$\mathrm{Wb/m^2}$=T	전류밀도	J	$\mathrm{A/m^2}$
자기저항$(=\ell/\mu S)$	$\mathcal{R}$	$\mathrm{A{\cdot}t/Wb}$	전기저항$(=\ell/\sigma S)$	R	Ω
자장의 세기(B/μ)	H	$\mathrm{A{\cdot}t/m}$	전장의 세기(J/σ)	E	$\mathrm{V/m}$
옴의 법칙	$\Phi=\dfrac{NI}{\mathcal{R}}$		옴의 법칙	$I=\dfrac{V}{R}$	
KCL	$\sum_j \Phi_j=0$		KCL	$\sum_j I_j=0$	
KVL	$\sum_i V_{mi}=\sum_i \mathcal{R}_i\Phi_i$		KVL	$\sum_i V_i=\sum_i R_iI_i$	

그림 8.27과 같은 공극(air gap)의 길이가 ℓ_g에서 프린징효과(fringing effect)는 유효 단면적을 증가시킨다. 암페어법칙을 이용하면

$$V_m = NI = H_c\ell_c + H_g\ell_g \tag{8-63}$$

$$H_c\ell_c = \frac{B_c}{\mu_c}\ell_c = \frac{\Phi_c}{\mu_c S_c}\ell_c = \Phi_c\mathcal{R}_c$$

$$H_g\ell_g = \frac{B_g}{\mu_0}\ell_g = \frac{\Phi_g}{\mu_0 S_g}\ell_g = \Phi_g\mathcal{R}_g$$

이고, 가우스법칙에 의해 $\Phi_c=\Phi_g=\Phi$이므로 $V_m=(\mathcal{R}_c+\mathcal{R}_g)\Phi$이다. 따라서 그림 8.28의 직렬 전기회로와 같이 등가 자기회로를 그릴 수 있다. 그리고 전기회로의 키르히호프 전압법칙(KVL)과 같이 $\sum_k \mathcal{R}_k\Phi_k=\sum_m V_m$으로 나타낼 수 있다.

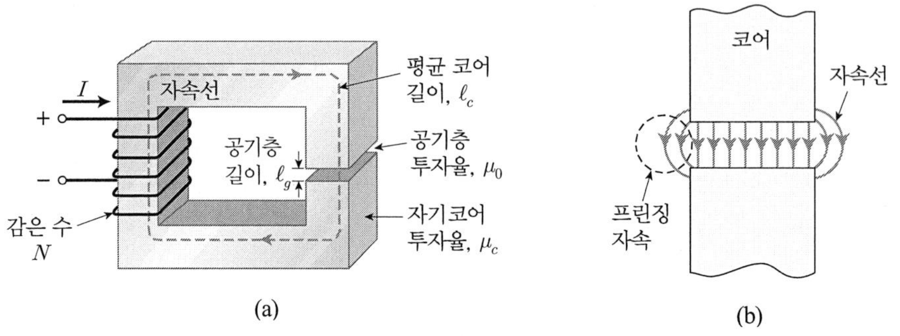

그림 8.27 공극을 가진 자기회로 (a) 구조 (b) 공극

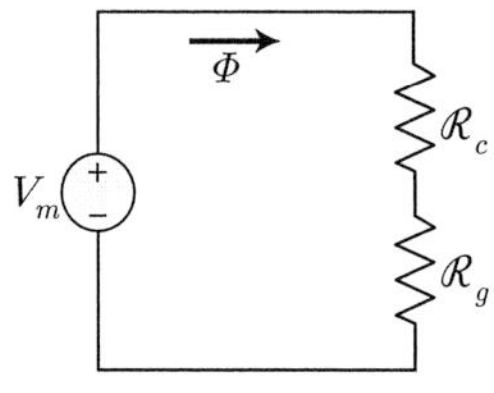

그림 8.28 등가직렬 자기회로

그림 8.29와 같이 티(tee) 접합이 있는 회로에서 $\sum_{k=1}^{3}\Phi_k = 0$이고, 일반적으로 $\sum_{k=1}^{n}\Phi_k = 0$이므로 전기회로의 키르히호프 전류법칙(KCL)과 같다. 복잡한 자기회로에서 옴의 법칙, KCL 그리고 KVL을 이용하여 자기회로를 분석한다.

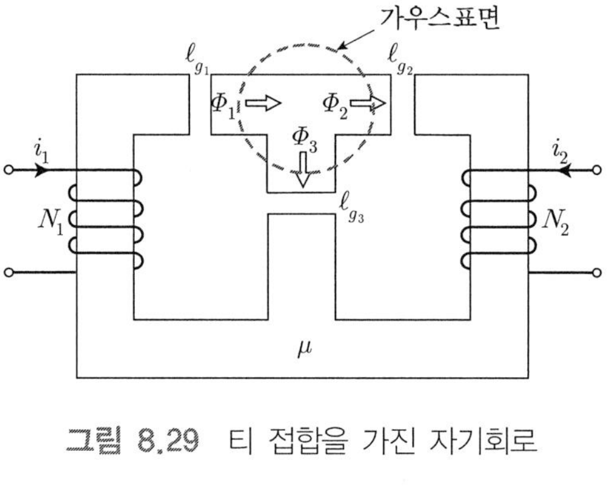

그림 8.29 티 접합을 가진 자기회로

전기회로 $\nabla \cdot \boldsymbol{J} = 0 \leftrightarrow \sum_{j=1}^{n} I_j = 0$, 자기회로 $\nabla \cdot \boldsymbol{B} = 0 \leftrightarrow \sum_{j=1}^{n}\Phi_j = 0$

전기회로 $\nabla \times \boldsymbol{E} = 0 \leftrightarrow \sum_{j=1}^{n} V_j = 0$, 자기회로 $\nabla \times \boldsymbol{H} = 0 \leftrightarrow \sum_{j=1}^{n} N_j I_j = \sum_{j=1}^{n}\mathcal{R}_j \Phi_j = 0$

- 투자율이 높은 재료일수록 재료에 자속이 잘 흐른다.
- 전기저항을 통한 전류 흐름은 에너지를 소모하고, 자기저항을 통한 자속의 흐름은 에너지를 저장한다.

자기회로에서 철심의 자속은 항상 근사적이다. 전기저항과 달리 자기저항의 부정확성은 다음과 같다.

① 투자율은 자성체의 자속량에 따라 변한다. 자성체의 포화특성으로 비선형성을 가지고 자기저항은 비선형 특성을 나타난다(전도도의 선형성으로 전기저항은 선형이다). 그림 8.30과 같이 외부자장 H를 점점 증가시키면 자속밀도 B도 증가한다. 그런데 어느 지점에 이르면 포화상태에 도달하여 자화의 세기가 증가하지 않는 곡선이 된다.

② 전기회로는 공기와 전도 혹은 저항체의 전도도 비($\sigma_{저항체} / \sigma_{공기} \approx 10^{15}$)가 아주 크기 때문에 가장자리 전속이나 누설전속을 무시한다. 그러나 자기회로에서는 철심과 공기의 비투자율의 비($\mu_{r(철심)} / \sigma_{r(공기)} \approx$ 수 10^{3})가 작아 자기회로에서 자성체를 통과하는 자속에서 누설자속(leakage flux)이 발생하고, 자성체 내의 자장 경로에 공극이 존재하면 공극의 프린징효과(fringing effect)로 유효 단면적이 크게 된다. 그러나 보통 공극길이가 단면적보다 작아 누설자속이 없고, 프린징효과(그림 8.31)가 없다고 가정한다.

③ 자기저항 계산에서 철심의 평균 경로길이와 단면적을 가정함으로써 오차가 발생한다. 자장의 방향, 자속의 길이, 그리고 단면적을 통하는 자속이 일정하다고 가정하고 코어의 투자율이 주변 공기의 투자율에 비해 매우 크다고 가정하면, 자장은 공극을 제외하고 코어에 갇힌다.

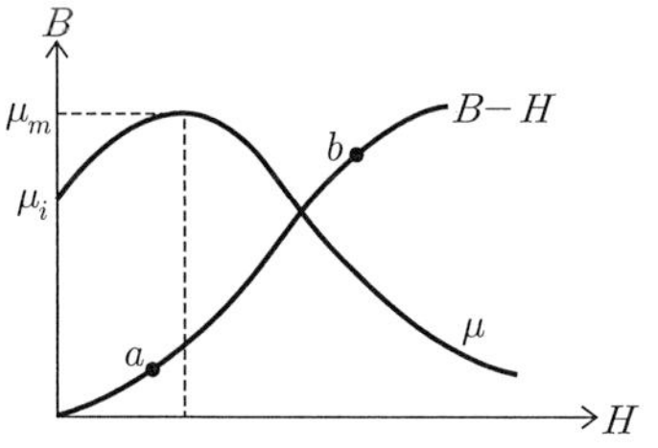

그림 8.30 $B-H$ 곡선

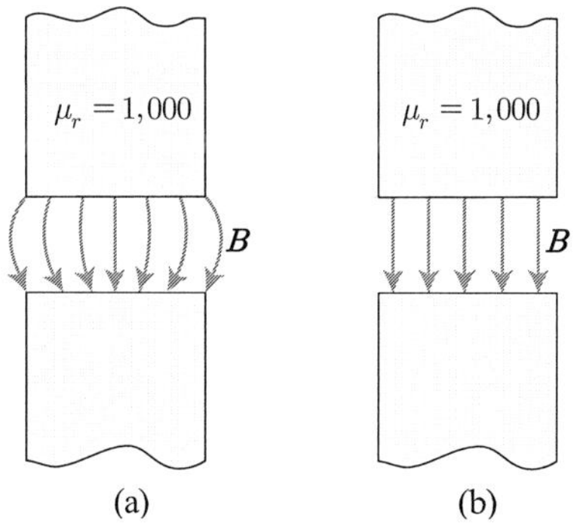

그림 8.31 프린징효과 (a) 자속의 프린징 (b) 이상적인 자속

변압기는 패러데이법칙을 응용한 교류전류소자로 전류, 전압 그리고 임피던스를 변환할 수 있다. 1-차측 권선비, 전류, 그리고 전압이 N_1, i_1, v_1이고 2-차측 권선비, 전류, 그리고 전압이 N_2, i_2, v_2인 변압기는 2-차 회로의 유도기전력 $N_2 i_2$는 1-차 회로의 유도기전력 $N_1 i_1$에 의한 자속 Φ의 흐름을 방해한다. 이를 자기회로 방정식으로 나타내면

$$N_1 i_1 - N_2 i_2 = \mathcal{R}\Phi = (\ell/\mu A)\Phi \qquad (8\text{-}64)$$

이고 이상적인 변압기의 투자율은 $\mu \to \infty$ 이므로 $N_1 i_1 - N_2 i_2 = 0$에서 $\dfrac{i_2}{i_1} = \dfrac{N_1}{N_2}$ 이다. 그리고 1-차측 전압은 $v_1 = -N_1 \dfrac{d\Phi}{dt}$, 2-차측 전압은 $v_2 = -N_2 \dfrac{d\Phi}{dt}$ 이므로 $\dfrac{v_2}{v_1} = \dfrac{N_2}{N_1}$ 이다.

예제 8.11 그림과 같이 철심에 200번 감고 전류가 2A 흐를 때 자장의 세기를 구하여라.

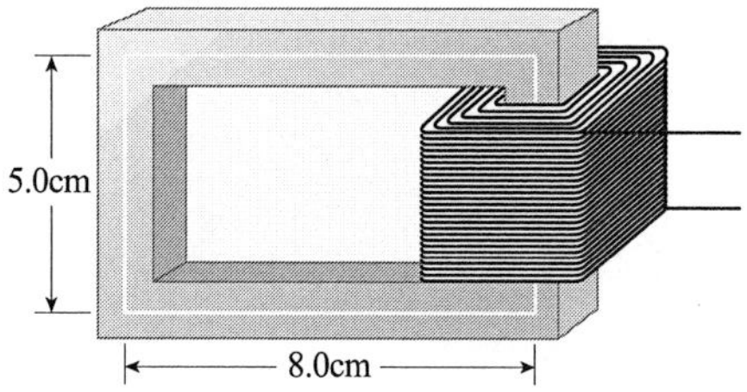

풀이 기자력 $V_m = 200 \times 2 = 400[\mathrm{A \cdot t}]$

경로의 평균길이 $\ell = 2 \times 8\mathrm{cm} + 2 \times 5\mathrm{cm} = 26\mathrm{cm} = 0.26\mathrm{m}$

자장의 세기 $H = \dfrac{V_m}{\ell} = \dfrac{400\mathrm{A \cdot t}}{0.26\mathrm{m}} = 1.54 \times 10^3 [\mathrm{A \cdot t/m}]$ ■

그림 8.32와 같이 유전율이 μ인 강자성체를 토로이드 자심으로 사용하고 N-번 도선을 감았다. 토로이드의 평균반경은 $r_0[\mathrm{m}]$이고 토로이드의 원형 단면적의 반경은 $a[\mathrm{m}]$ $(a \ll r_0)$이며, 좁은 공극길이가 $l_g[\mathrm{m}]$이고 도선전류는 $I_0[\mathrm{A}]$이다.

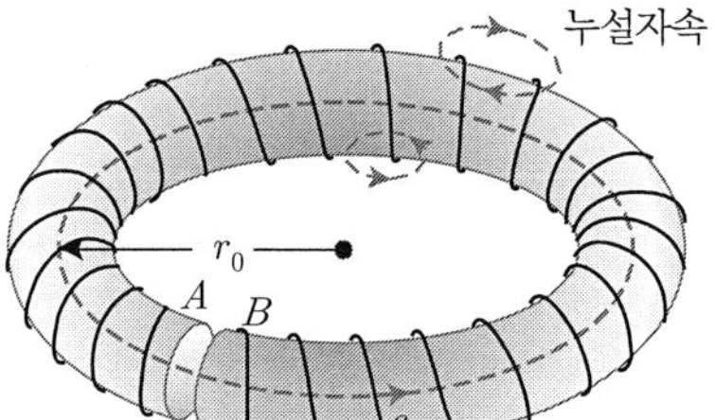

그림 8.32 공극을 가진 강자성체에 코일을 감은 토로이드

평균반경 r_0인 원형 궤적 c를 따라 암페어법칙을 적용하면 $\oint_c \boldsymbol{H} \cdot d\boldsymbol{\ell} = NI$이고, 누설자속을 무시하면 강자성체 중심과 공극영역에서 전체 자속이 같고 단면적은 $S[\mathrm{m}^2]$이다. 그래서 자속밀도는 $\boldsymbol{B_f} = \boldsymbol{B_g} = \widehat{a_\phi} B_f$이고 여기서 첨자 f는 강자성체, g는 공극을 나타낸다. 즉 $\mu \boldsymbol{H_f} = \mu_0 \boldsymbol{H_g} = \widehat{a_\phi} B_f$ 이므로 강자성체에서 자장은 $\boldsymbol{H_f} = \widehat{a_\phi} B_f / \mu$이고, 공극영역에서 자장은 $\boldsymbol{H_g} = \widehat{a_\phi} B_f / \mu_0$이다.

① 닫힌 경로에 따라 암페어법칙

$$\oint_c \boldsymbol{H} \cdot d\boldsymbol{\ell} = \int_A^B \boldsymbol{H_f} \cdot d\boldsymbol{\ell} + \int_B^A \boldsymbol{H_g} \cdot d\boldsymbol{\ell} = NI_0$$

을 사용하여 자속밀도를 구하면

$$\frac{B_f}{\mu}(2\pi r_0 - \ell_g) + \frac{B_f}{\mu_0}\ell_g = NI_0 \rightarrow B_f = \widehat{a_\phi}\frac{\mu_0 \mu NI_0}{\mu_0(2\pi r_0 - \ell_g) + \mu\ell_g}$$

이다.

② 총 자속은 $\Phi = BS$에서

$$\Phi = \widehat{a_\phi}\frac{NI_0}{\dfrac{(2\pi r_0 - \ell_g)}{\mu S} + \dfrac{\ell_g}{\mu_0 S}} = \frac{V_m}{\mathcal{R}_f + \mathcal{R}_g}$$

이며, 여기서 $\mathcal{R}_f = (2\pi r_0 - \ell_g)/\mu S\,[1/\mathrm{H}]$, $\mathcal{R}_g = \ell_g/\mu_0 S\,[1/\mathrm{H}]$는 강자성체 자심영역과 공극영역으로 된 자기저항이다.

예제 8.12 도선을 200번 감고, 단면적이 $10\mathrm{cm}^2$, 평균반경이 $10\mathrm{cm}$, 그리고 전류가 5A 흐르는 공심 토로이드에서 자장과 자기저항을 구하여라. 이때 토로이드 내 자장이 균일하다고 가정한다.

풀이 ① $V_m = NI = 200 \cdot 5 = 1{,}000\,[\mathrm{A \cdot t}]$,

$$\mathcal{R} = \frac{\ell}{\mu S} = \frac{2\pi(0.1)}{(4\pi \times 10^{-7})10^{-3}} = 5 \times 10^8 \quad [\mathrm{A \cdot t/Wb}]$$

$$\Phi = \frac{V_m}{\mathcal{R}} = \frac{NI}{\mathcal{R}} = \frac{1{,}000}{5 \times 10^8} = 2 \times 10^{-6}\,[\mathrm{Wb}]$$

$$B = \frac{\Phi}{S} = \frac{2 \times 10^{-6}}{10^{-3}} = 2 \times 10^{-3}\,[\mathrm{Wb/m^2}]$$

$$H = \frac{B}{\mu} = \frac{2 \times 10^{-3}}{4\pi \times 10^{-7}} = 1591.5\,[\mathrm{A \cdot t/m}]$$

② $H_\phi 2\pi r = NI$에서 $H_\phi = \dfrac{NI}{2\pi r} = \dfrac{1{,}000}{2\pi \times 0.1} = 1591.5\,[\mathrm{A \cdot t/m}]$ ■

예제 8.13 200번 감긴 코일에 $10m\mathrm{A}$ 전류가 흐르는 철심의 자속을 구하여라(단, 철심의 자기저항이 $10^6\,[\mathrm{A \cdot t/Wb}]$이다).

풀이 $\Phi = \dfrac{V_m}{\mathcal{R}} = \dfrac{NI}{\mathcal{R}} = \dfrac{200[\mathrm{t}] \cdot 10 \cdot 10^{-3}[\mathrm{A}]}{10^6[\mathrm{A \cdot t/Wb}]} = 2 \cdot 10^{-6}\,[\mathrm{Wb}]$ ■

예제 8.14 도선을 200번 감고, 단면적이 $10\,\mathrm{cm}^2$, 공극이 $1\mathrm{mm}$인 토로이드에 자속밀도가 $B = 2\,[\mathrm{T}]$일 때 공극의 기자력을 구하여라. 이때 토로이드 내 자장이 균일하다고 가정한다.

풀이 공극에서 자기저항 $\mathcal{R} = \dfrac{\ell_g}{\mu S} = \dfrac{10^{-3}}{(4\pi \times 10^{-7})10^{-3}} = 7.96 \times 10^5$ [A · t/Wb]

$\Phi = BS = 2(10^{-3}) = 2 \times 10^{-3}$[Wb]

공극의 기자력 $V_m = \Phi \mathcal{R} = (2 \times 10^{-3})(7.96 \times 10^5) = 1.59 \times 10^3$[A·t] ■

예제 8.15 그림과 같이 철심 단면적 $10\,\text{cm}^2$, 철심투자율 2×10^{-5}[Wb/A · t · m], 200번 감긴 철심의 자기저항을 구하여라.

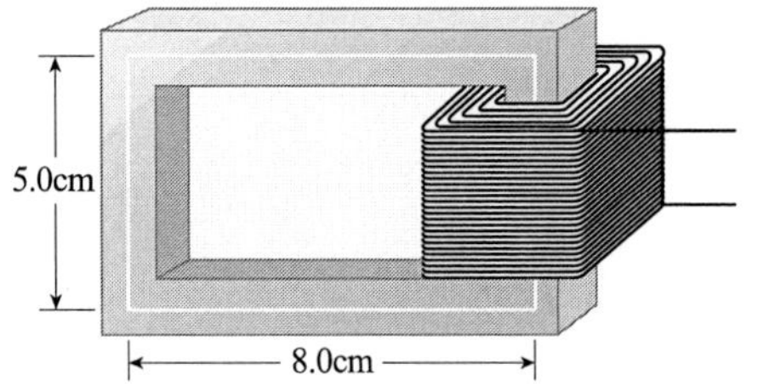

풀이 $\ell = 2 \times 8\text{cm} + 2 \times 5\text{cm} = 26\text{cm} = 0.26\text{m}$,

$\mathcal{R} = \dfrac{\ell}{\mu S} = \dfrac{0.26}{(2 \cdot 10^{-5})10^{-3}} = 13$ [A · t/Wb] ■

투자율 단위 : $\dfrac{\text{Wb}}{\text{A} \cdot \text{t} \cdot \text{m}}$

$$LI = N\phi \rightarrow L = \frac{N}{I}\frac{V_m}{\mathcal{R}} = \frac{N^2}{\mathcal{R}}[\text{H}],\ \mathcal{R} = \frac{N_1^2}{L_1} = \frac{N_2^2}{L_2} \rightarrow L = \frac{N}{I}\frac{NI}{\ell/\mu S} = \frac{N^2 \mu S}{\ell}[\text{H}]$$

| 연 | 습 | 문 | 제 |

8.1 자기감수율 $\chi_m = 9$인 자성체에 자속밀도 $B = 200\mu\text{T}$를 인가했을 때 자화벡터, $\boldsymbol{M}$을 구하여라.

8.2 투자율이 $\mu = 2\times10^{-5}[\text{H/m}]$인 자성체에 자장 $H = 100[\text{A/m}]$을 인가했을 때 자화벡터, $\boldsymbol{M}$을 구하여라.

8.3 비접지회로 차단기(Ground Fault Circuit Interrupter : GFCI)의 원리를 설명하여라.

8.4 다음 물질의 자화벡터 $\boldsymbol{M}$을 구하여라.

(a) $\boldsymbol{B} = 5\times10^{-3}\hat{a_z}[\text{T}]$, $\chi_m = 0.5$ (b) $\mu_r = 6$, $\boldsymbol{H} = 150\hat{a_y}[\text{A/m}]$

(c) $\mu_r = 3$, 쌍극자모멘트, $\boldsymbol{m} = 5\times10^{-25}[\text{A}\cdot\text{m}^2]$, 단위체적당 쌍극자 수, $N = 5\times10^{30}[\text{개}/\text{m}^3]$

8.5 길이 1mm마다 10회 감은 무한 길이 솔레노이드에 전류 $5m\text{A}$가 흐를 때 솔레노이드 내부의 자장을 구하여라.

8.6 자기인덕턴스가 2H인 코일에 전류가 1초 동안 2A 증가하였다. 이 코일에 유도되는 기전력은 얼마인가?

8.7 투자율이 다른 두 매질의 경계면이 $3x - 4y + 12 = 0[\text{m}]$으로 정의된다. 원점을 포함하지 않는 영역의 투자율은 $\mu_1 = \mu_0[\text{H/m}]$($\mu_0$는 진공에서의 투자율)이고, 자장세기는 $\boldsymbol{H}_1 = \hat{a_x} + 2\hat{a_y} + \hat{a_z}[\text{H/m}]$이다. 원점을 포함하는 영역의 투자율은 $\mu_2 = 2\mu_0[\text{H/m}]$이고, 경계면에서의 면전류 밀도는 $\boldsymbol{K} = -\hat{a_z}[\text{A/m}]$이다(2010년 변리사 2차 시험).

(1) 두 매질의 경계면에서 자장에 관한 경계조건을 설명하여라.

(2) 원점을 포함하는 영역의 자장세기($\boldsymbol{H}_2$)를 구하여라.

(3) 원점을 포함하는 영역의 자화벡터($\boldsymbol{M}_2$)를 구하여라.

8.8 두 개의 자석 사이에 구리원반이 있고 균일자속밀도 0.2T, 반지름 10cm, 원반각속도가 2,000rpm일 때 유도되는 기전력을 구하여라.

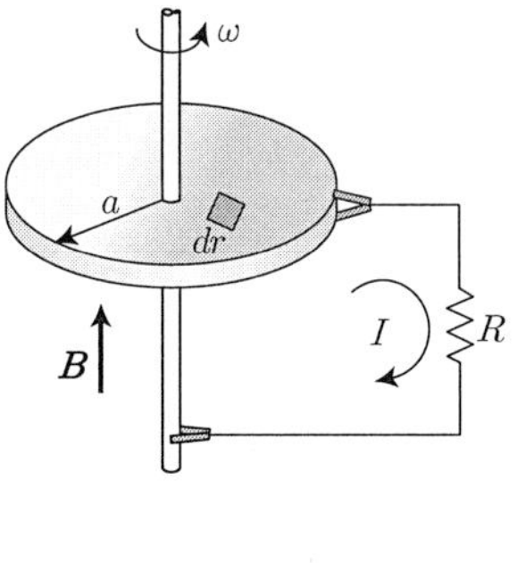

8.9 $2\text{cm} < \rho < 3\text{cm}$, $4\text{cm} < z < 4.5\text{cm}$인 직사각형 단면적의 토로이드에서 코어의 비유전율은 80이고 감은 수는 8,000회이다. 자기인덕턴스를 구하여라.

8.10 그림처럼 길이가 $\ell[\text{m}]$, 폭이 $w[\text{m}]$인 직사각형 고리가 긴 직선도선에서 $a[\text{m}]$의 거리에 놓여 있다. 이 구조에서 상호인덕턴스를 구하여라.

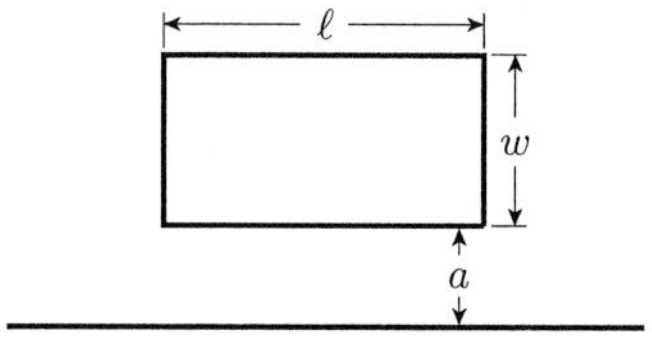

8.11 자기유도용량이 L_1, L_2이고, 상호유도용량이 $\mathscr{M}$인 회로가 그림과 같이 연결되어 있다. 이때 회로 전체 유도용량이 $L_{eq} = L_1 + L_2 + 2\mathscr{M}$임을 보여라.

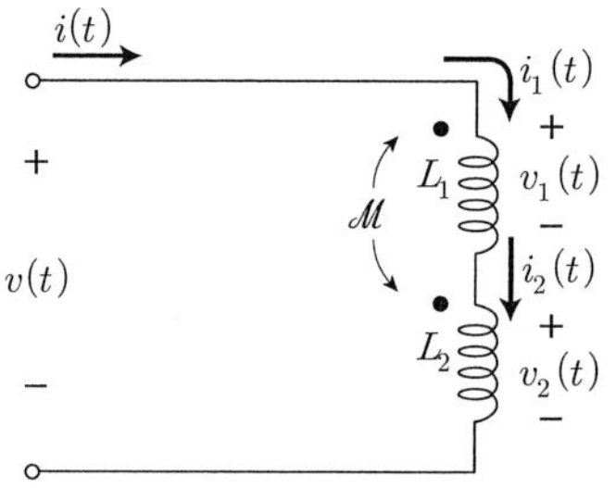

8.12 반경이 $a[\text{m}]$인 무한히 긴 직선도체(동선)에 $I[\text{A}]$의 전류가 흐를 때 도체 내부에 축적되는 1m당의 자기에너지와 내부인덕턴스는 얼마인가?(2009년 변리사 2차 시험)

8.13 공기 중에서 반경이 a이고 거리가 d만큼 떨어진 두 개의 코일이 그림과 같이 z축 상에 있다. 같은 방향의 전류 I가 각 코일에 흐르고, d는 a보다 매우 크다(2008년 변리사 2차 시험).

(a) 하단 코일에 의해서 상단 코일의 한 점에 발생한 자기벡터 포텐셜을 구하여라.

(b) 두 코일의 상호인덕턴스를 구하여라.

(c) 두 코일 사이에 작용하는 힘의 크기와 방향을 구하여라.

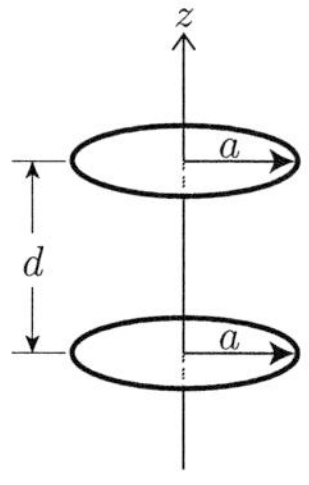

8.14 그림과 같은 자기회로에서 코일의 권선수는 1,000회이고 철심의 비투자율 $\mu_r = 4,000$ 이다. 코일의 전류는 $20mA$, 공기의 투자율은 $4\pi\times10^{-7}[H/m]$, 중심각(center leg)의 단면적은 $2.5cm^2$ 이고, 나머지의 단면적은 $1.6cm^2$ 이다(2008년 변리사 2차 시험).

(1) 공극이 없는 경우에 중앙각에서 자속밀도를 구하여라.

(2) 공극의 길이가 $0.3mm$ 인 경우에 중앙각에서 자속밀도를 구하여라(단, 자속 퍼짐은 무시한다).

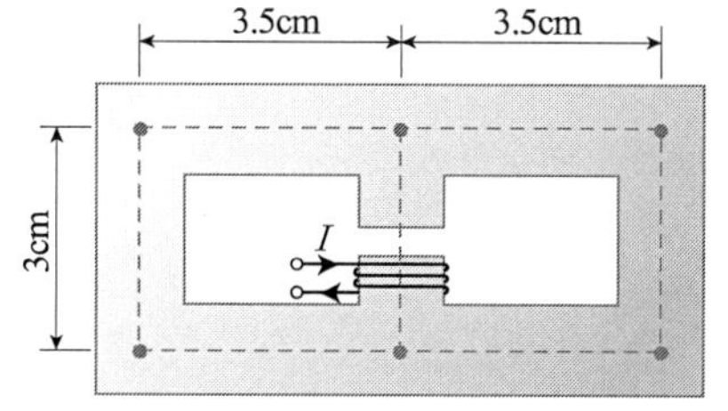

8.15 아래 그림과 같이 사각형 단면적은 $10^{-6}m^2$, $\mu_r = 2000$ 인 코아, $\ell_1 = 1cm$, $\ell_3 = 3cm$, $\ell_4 = 2cm$ 이다. 공기 틈을 통한 자속을 구하여라(단, 자속의 프린징효과와 자속누설을 무시한다).

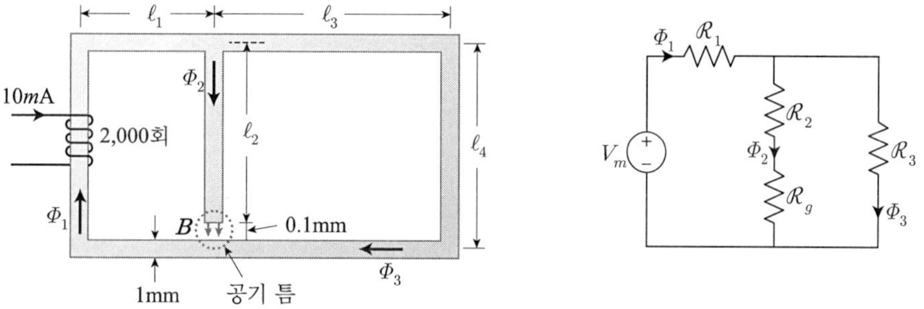

Chapter 09

시변전자장 및 전자기시스템

Contents

373 시변전자장 및 전자기시스템의 개요

373 암페어-맥스웰법칙

378 패러데이법칙

390 변압기

393 맴돌이전류

396 시변전자장 응용

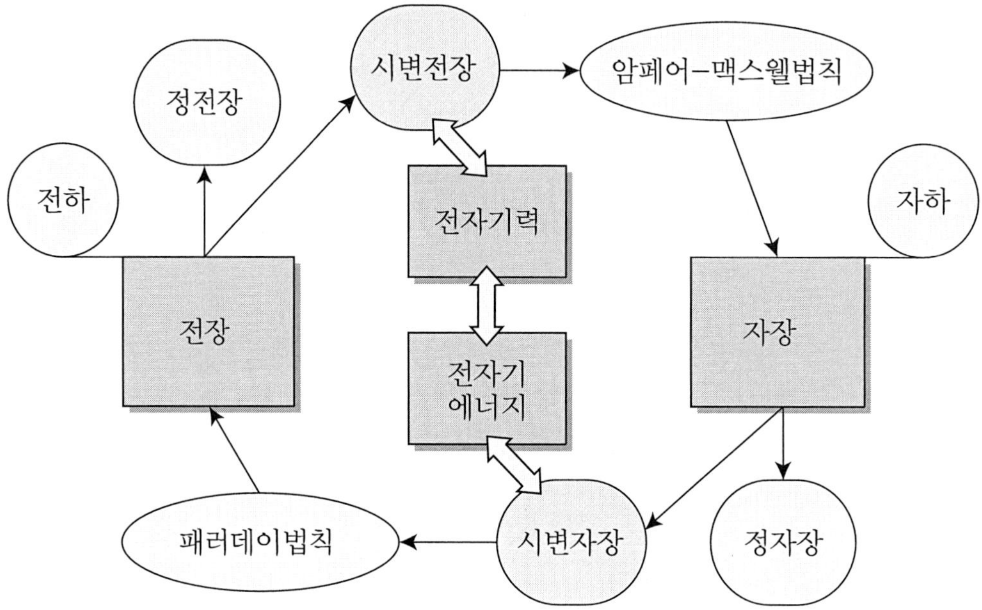

시변전장
암페어-맥스웰법칙
정전장
전하
전자기력
자하
전장
자장
전자기
에너지
패러데이법칙
시변자장
정자장

9.1 시변전자장 및 전자기시스템의 개요

정전하 혹은 전위분포로 정전장이 완전히 결정되고 옴의 법칙($J = \sigma E$)으로 정상전류가 흘러 정자장을 만든다. 정전장과 정자장은 독립적으로 분리된 방정식으로 설명되어 정전장과 정자장은 에너지를 전파하는 파를 만들지 못한다. 그러나 전하와 전류원이 시간에 따라 변하면 장도 시간에 따라 변한다. 시간에 따라 변하는 자장은 전장을 유기하고(패러데이법칙), 반대도 성립하여(암페어-맥스웰법칙) 전장과 자장이 서로 연결되고 결합되어 전자파가 만들어져 자유공간이나 매질을 통해 움직인다.

정전장 : $\nabla \times \boldsymbol{E} = 0$, $\nabla \cdot \boldsymbol{D} = \rho_v$
정자장 : $\nabla \times \boldsymbol{H} = \boldsymbol{J}$, $\nabla \cdot \boldsymbol{B} = 0$
구성 관계식 : $\boldsymbol{D} = \epsilon \boldsymbol{E}$, $\boldsymbol{B} = \mu \boldsymbol{H}$
정전장과 정자장에서 $\boldsymbol{E}$, $\boldsymbol{D}$장은 $\boldsymbol{B}$, $\boldsymbol{H}$장과 독립이다.

전자기유도를 응용하는 것은 전력 발생, 전력전송, 맴돌이전류, 발전기, 전동기, 자기용량, 그리고 변압기 등이 있다. 이처럼 시변전자장을 이용하여 실제 전자기시스템에 많이 응용되고 있다.

9.2 암페어-맥스웰법칙

(1) 변위전류

그림 9.1과 같이 암페어법칙을 유지하기 위하여 평판 사이에 전장이 변하면 자장이 발생해야 한다. 이 유도자장은 평판 사이에 지나는 전류처럼 보여 변위전류(displacement current)라 불렀다. 1861년 맥스웰은 전도전류가 없는 경우에도 진징이 변화하면 자징이 발생해야 한다고 예언했는데 그 이론은 후에 실험으로 증명되었다.

교류회로에서 충전과 방전을 되풀이하는 커패시터 양극판 사이 변위전류의 크기는 커패시터의 양극판으로 들어가고 나오는 전도전류의 크기와 같다. 그리고 변위전류는 빛이나 무선전파와 같은 전자기복사를 공간을 통해 전달하는데 중요한 역할을 한다.

① 양극판 사이에는 서로 연결되어 있지 않아 전도전류가 흐를 수 없다. 그래서 커패시터에는 전도전류에 의해 자장이 생기지 않는다.
② 도선에 전도전류가 흘러 자장이 생긴다. 커패시터에 저장되는 전하량이 증가하거나 감소하면 전장이 변화하고 자장이 만들어진다.
③ 자장을 만들 수 있는 전장의 변화를 전류로 보고 이 전류를 변위전류라 한다. 커패시터 주변에 생긴 자장과 똑같은 크기와 방향으로 도선 주변에도 생긴다. 전장이 증가할 때는 전장의 방향으로 전류가 흐르고, 전장이 감소한다면 전장의 반대방향으로

전류가 흐르며 직선전류에 대한 암페어의 오른손법칙을 적용한다.

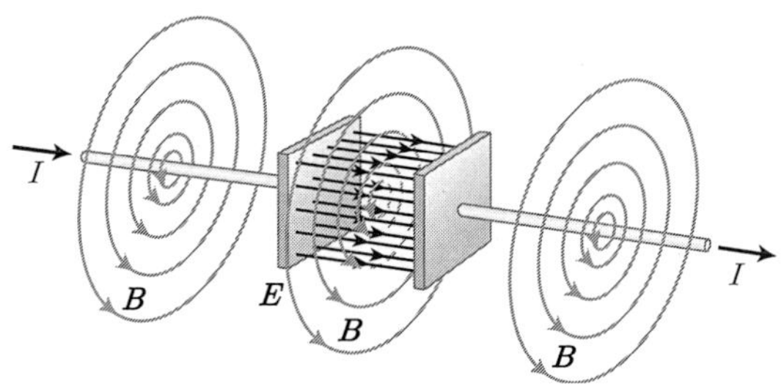

그림 9.1 커패시터에서 자장

(2) 암페어법칙과 변위전류

암페어법칙은 시불변장인 경우 만족하며 정상전류가 자장을 발생시킨다.

$$\oint_c \boldsymbol{H} \cdot d\ell = \sum_i I_i \text{ (적분형)} \tag{9-1}$$

$$\nabla \times \boldsymbol{H} = \boldsymbol{J} \text{ (미분형)} \tag{9-2}$$

그러나 시변장인 경우 성립하지 않는다. 즉, 식 (9-1)의 양변에 발산을 취하면 $\nabla \cdot J = 0$ 인 보존장이 되어 전하보존법칙 $\nabla \cdot \boldsymbol{J} = -\dfrac{\partial \rho_v}{\partial t}$ 과 일치되지 않는다.

암페어법칙의 미분형인 $\nabla \times \boldsymbol{H} = \boldsymbol{J}$의 양변에 발산연산자를 적용하면

$$\nabla \cdot (\nabla \times \boldsymbol{H}) = 0 \tag{9-3}$$

이고, $\nabla \cdot \boldsymbol{J} = -\dfrac{\partial \rho_v}{\partial t}$ 를 이용하여 수정하면 암페어-맥스웰(Ampere-Maxwell) 법칙은 다음과 같다.

$$\nabla \cdot (\nabla \times \boldsymbol{H}) = \nabla \cdot \boldsymbol{J} + \frac{\partial \rho_v}{\partial t} = \nabla \cdot \boldsymbol{J} + \frac{\partial (\nabla \cdot \boldsymbol{D})}{\partial t} = \nabla \cdot \left(\boldsymbol{J} + \frac{\partial \boldsymbol{D}}{\partial t} \right) \tag{9-4}$$

$$\nabla \times \boldsymbol{H} = \boldsymbol{J} + \frac{\partial \boldsymbol{D}}{\partial t} \tag{9-5}$$

다른 방법으로 시변장인 경우 맥스웰의 유도법칙을 이용하여 전장의 시간적 변화는 자장을 발생시킨다는 것을 수식으로 표현하면

$$\oint_c \boldsymbol{H} \cdot d\ell = \epsilon \frac{d\Psi_E}{dt} = \oint_s \frac{\partial \boldsymbol{D}}{\partial t} \cdot \boldsymbol{ds}$$

$$\nabla \times \boldsymbol{H} = \frac{\partial \boldsymbol{D}}{\partial t} \tag{9-6}$$

이고, 여기서 Ψ_E는 전속이며 c는 열린 표면 s의 윤곽선이다. 도선을 흐르는 전류는 평행판에서 종단되며 두 평행판 사이에서는 변위전류가 대신한다. 그래서 시변장인 경우 암페어-맥스웰법칙을 이용하고 전장의 시간적 변화가 자장을 생성한다.

$$\oint_c \boldsymbol{H} \cdot d\boldsymbol{\ell} = \oint_s \boldsymbol{J} \cdot d\boldsymbol{s} + \oint_s \frac{\partial \boldsymbol{D}}{\partial t} \cdot d\boldsymbol{s}$$

$$\nabla \times \boldsymbol{H} = \boldsymbol{J} + \frac{\partial \boldsymbol{D}}{\partial t} \tag{9-7}$$

$I_w = \dfrac{dQ_c}{dt} \rightarrow E = \dfrac{Q_c/S}{\epsilon}$에서 $Q_c = \epsilon ES = \epsilon \Psi_E \rightarrow I_w = \dfrac{dQ_c}{dt} = \epsilon \dfrac{d\Psi_E}{dt}$

s가 시불변인 경우 $\oint_c \boldsymbol{H} \cdot d\boldsymbol{\ell} = \oint_s \boldsymbol{J} \cdot d\boldsymbol{s} + \dfrac{\partial}{\partial t} \oint_s \boldsymbol{D} \cdot d\boldsymbol{s}$이고 $\dfrac{\partial}{\partial t} \oint_s \boldsymbol{D} \cdot d\boldsymbol{s}$는 s를 통해 흐르는 변위전류이고, 자유전류밀도, $\boldsymbol{J} = \boldsymbol{J_T} - \boldsymbol{J_m} - \boldsymbol{J_p} = \boldsymbol{J_T} - \dfrac{\partial \boldsymbol{P}}{\partial t} - \nabla \times \boldsymbol{M}$이며, 여기서 $\boldsymbol{J_T}$는 한 점에서 대전된 입자의 전체 흐름, $\boldsymbol{J_m}$은 자화전류, $\boldsymbol{J_p}$는 분극전류이다.

그림 9.2는 커패시터를 이용하여 변위전류의 역할을 설명한다. 경로 c로 둘러싸인 열린 두 곡면에서 도선을 교차하는 작은 원반 s_1과 커패시터평판 사이를 지나는 곡면 s_2가 있다.

① 경로 c를 s_1의 경계일 때 도선이 완전도체이면 도체 가까이 $\boldsymbol{D}$의 접선성분은 무시할 정도이므로 s_1의 모든 곳에서 $\boldsymbol{D} \cdot d\boldsymbol{s} \simeq 0$이다. s_1을 통해 흐르는 변위 전류는 없고, 전도전류에 의해 암페어법칙이 성립한다$\left(\oint_c \boldsymbol{H} \cdot d\boldsymbol{\ell} = I\right)$.

② 경로 c를 s_2의 경계일 때 s_2는 커패시터평판 사이를 지나므로 표면을 통해 전도전류가 없다. 그러나 s_2를 통해 변위전류가 흐르므로 $\boldsymbol{D} \cdot d\boldsymbol{s} \neq 0$이다. 암페어법칙의 적분결과가 "0"이 되어 맥스웰은 이 문제를 암페어법칙에 변위전류라는 항을 포함하여 해결하였다. 표면에서 암페어법칙은 $\oint_c \boldsymbol{H} \cdot d\boldsymbol{\ell} = \dfrac{\partial}{\partial t} \int_{s_2} \boldsymbol{D} \cdot d\boldsymbol{s}$이다.

따라서 닫힌 면으로부터 방출되는 변위전류는 닫힌 면으로 들어오는 자유전하전류와 같다$\left(\dfrac{d}{dt} \oint_s \boldsymbol{D} \cdot d\boldsymbol{s} = -\oint_s \boldsymbol{J} \cdot d\boldsymbol{s}\right)$.

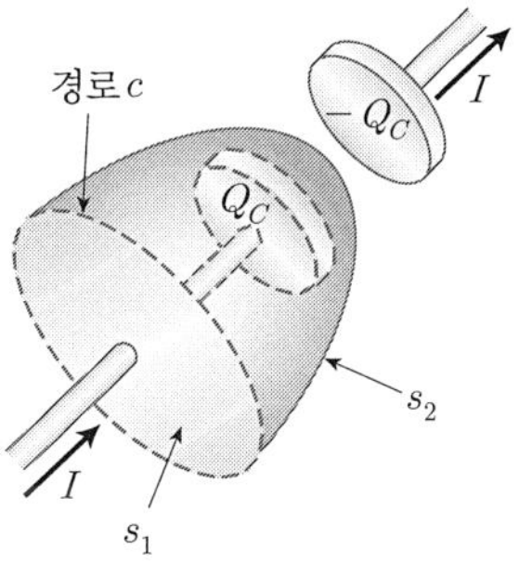

그림 9.2 커패시터 주위에서 전도전류와 변위전류

전도전류 대 변위전류 비

- 전도전류밀도$=\sigma E$, 변위전류밀도$=\dfrac{\partial \boldsymbol{D}}{\partial t}=\epsilon\dfrac{\partial \boldsymbol{E}}{\partial t}=jw\epsilon E \rightarrow \left|\dfrac{\text{전도전류}}{\text{변위전류}}\right|=\dfrac{\sigma}{w\epsilon}$
- 주어진 주파수에서 매질의 특성을 나타낸다.
- 도체에서 값이 크고 광 주파수 이하에서 변위전류를 무시한다.
- 자유공간(완전유전체)에서 값이 작으며 전도전류는 없고 변위전류만 존재한다.

예제 9.1 구리에서 변위전류와 전도전류가 같아지는 주파수를 구하여라.

풀이 위상자형 암페어-맥스웰방정식에서 변위전류와 전도전류가 같을 조건은 $\sigma E=jw\epsilon E$이므로 주파수 $f=\dfrac{\sigma}{2\pi\epsilon_0}=\dfrac{5.8\times10^7}{2\pi\times(10^{-9}/36\pi)}\approx 1.04\times10^{18}[\mathrm{Hz}]$ 이다. 따라서 구리와 같은 양도체는 아주 높은 주파수에서 절연체로 작용한다. ■

(3) 암페어-맥스웰법칙 물리적 의미

자장이 존재하는 곳에 임의로 닫힌 곡선에 따라 자장을 선적분하면 닫힌 곡선을 통과하는 전류의 합과 같다는 것이다.

$$\oint_c \boldsymbol{H}\cdot d\boldsymbol{\ell}=\oint_s \boldsymbol{J}\cdot \boldsymbol{ds}+\oint_s \frac{\partial \boldsymbol{D}}{\partial t}\cdot \boldsymbol{ds}$$

$$\nabla\times\boldsymbol{H}=\boldsymbol{J}+\frac{\partial \boldsymbol{D}}{\partial t} \tag{9-8}$$

그림 9.3과 같이 전도전류와 변위전류가 존재하는 공간상의 임의의 한 점에서 그 점의 전도전류밀도와 변위전류밀도의 합성벡터에 직각인 평면 내에 그 점을 중심으로 자장와류가 발생한다. 자장의 방향은 합성전류밀도에 의해 정해지고 이는 오른나사법칙에 따른다. 그러므로 전류와 시변전장이 자장의 원천임을 나타낸다.

그림 9.4는 평행판 커패시터에서 두 도체판에 $\pm q$[C]의 전하가 시변할 때 윗면이 $+q$[C]으로 충전된 경우 전장과 자장을 나타내고, 시변전장인 경우 자유전류 흐름이 없어도 자장이 발생함을 의미한다.

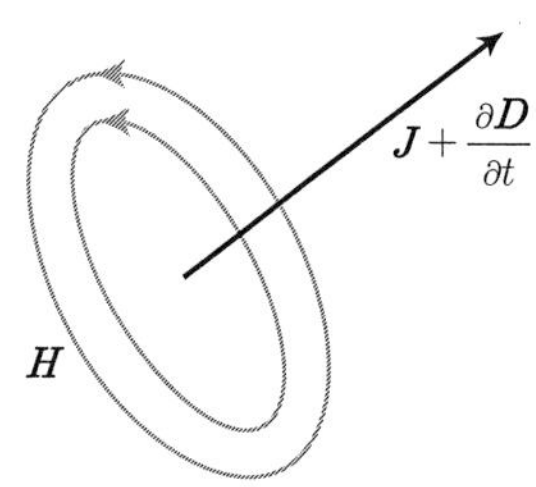

그림 9.3 전류밀도와 자장의 발생

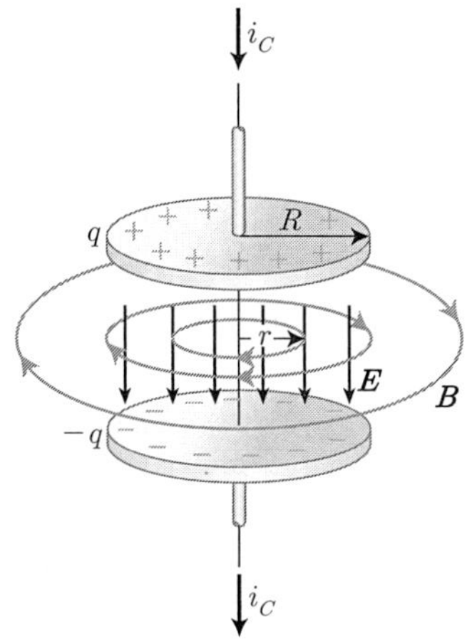

그림 9.4 평행판 커패시터의 전장과 자장

- 암페어법칙 식에서 전하보존법칙을 만족하기 위해 변위전류밀도($\partial \boldsymbol{D}/\partial t\,[\mathrm{A/m^2}]$)가 필요하다.
- 자유전류밀도인 $\boldsymbol{J}$는 전도전류밀도($\sigma \boldsymbol{E}$)와 대류전류밀도($\rho \boldsymbol{v}$)를 포함한다.

자유전류식

단면적=$S\,[\mathrm{cm^2}]$, 단위 부피당 전하 개수$=n\,[\#/\mathrm{cm^3}]$, 전자의 평균 이동속도$=v\,[\mathrm{cm/s}]$라고 하면 단위 시간당 부피$=vS\,[\mathrm{cm^3/s}]$ → 단위 시간당 전하 개수 $=nvS\,[\#/\mathrm{s}]$ → 단위 시간당 전기량$=qnvS\,[\mathrm{C/s}]=$전류량 $I\,[\mathrm{A}]$

예제 9.2 면적이 $S[\mathrm{m^2}]$, 거리가 $d[\mathrm{m}]$만큼 떨어진 평행판 커패시터에 손실 있는 유전체(유전율 ϵ, 전도도 σ)로 채워졌다.

커패시터에 시변진압원 $v(t)=5\cos(2\pi\times 10^3 t)[\mathrm{V}]$이 인가되어 있을 때 다음을 구하여라.

(a) 커패시터 내부에 흐르는 전도전류 (b) 커패시터 내부에 흐르는 변위전류

(c) 커패시터의 등가 회로

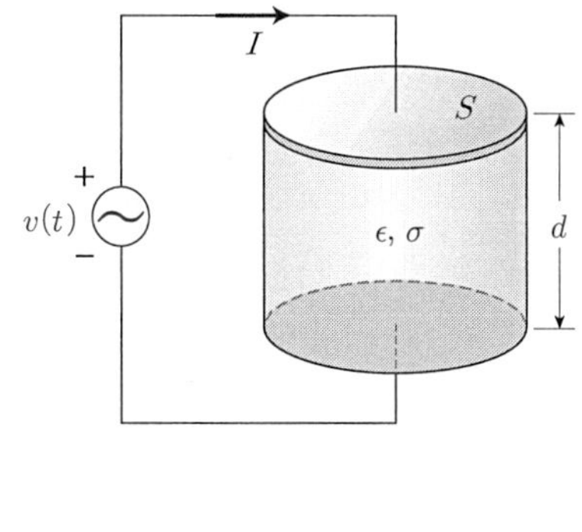

풀이 (a) 평행판 사이의 저항 $R=\dfrac{d}{\sigma S}$이고, 전도전류

$$I_c=\frac{v(t)}{R}=\frac{\sigma S\,5\cos(2\pi\times10^3 t)}{d}\,[\mathrm{A}]$$ 이다.

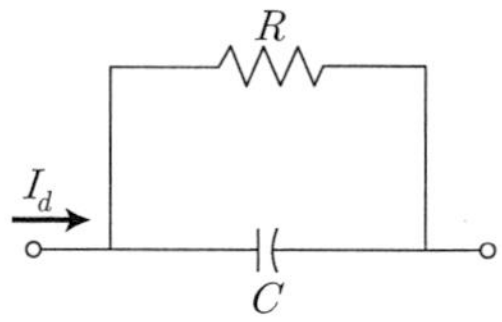

(b) 전장 $E=\dfrac{v}{d}$이고 전속밀도 $D=\epsilon E=\dfrac{\epsilon v(t)}{d}$

이므로 변위전류는

$$I_d=\frac{\partial D}{\partial t}S=\epsilon S\frac{\partial E}{\partial t}=\frac{\epsilon S}{d}\frac{\partial v}{\partial t}=-\frac{\epsilon S}{d}\frac{5\sin(2\pi\times10^3 t)}{2\pi\times10^3}\,[\mathrm{A}]$$

(c) $I_d=C\dfrac{dv}{dt}$이므로 저항성분 $R=\dfrac{d}{\sigma S}$이고, 전기용량성분 $C=\dfrac{\epsilon S}{d}$이다. ■

9.3 패러데이법칙

1831년 패러데이(Michael Faraday)는 변하는 자속이 기전력을 유도한다는 사실을 실험으로 확인하였다. 그림 9.5(a)의 실험에서 발견한 사항은 다음과 같다. ① 고리와 자석 사이 상대적인 움직임으로 전류가 흐름 ② 빠른 움직임으로 많은 전류가 흐름 ③ 움직이는 방향에 따라 전류방향이 바뀐다. 이 전자기유도법칙은 그림 9.5와 같이 닫힌 회로를 관통하는 자기력선속(磁氣力線束)이 시간에 따라 변하면 자기력선속의 변화를 방해하는 방향으로, 그 변화율에 비례한 기전력이 생긴다는 것이다. 단일고리 c에 의해 제한된 임의 표면적 s인 경우 패러데이법칙의 적분형은 다음과 같다.

$$\text{기전력(Electro-Motive Force : EMF)},\ V_e=-\frac{d\Phi_B}{dt}\,[\mathrm{V}] \tag{9-9}$$

$$\oint_c \boldsymbol{E}\cdot d\boldsymbol{\ell}=-\frac{d}{dt}\int_s \boldsymbol{B}\cdot d\boldsymbol{s}\ [\mathrm{V}],\ \Phi_B=\int_s \boldsymbol{B}\cdot d\boldsymbol{s}\ [\mathrm{Wb}] \tag{9-10}$$

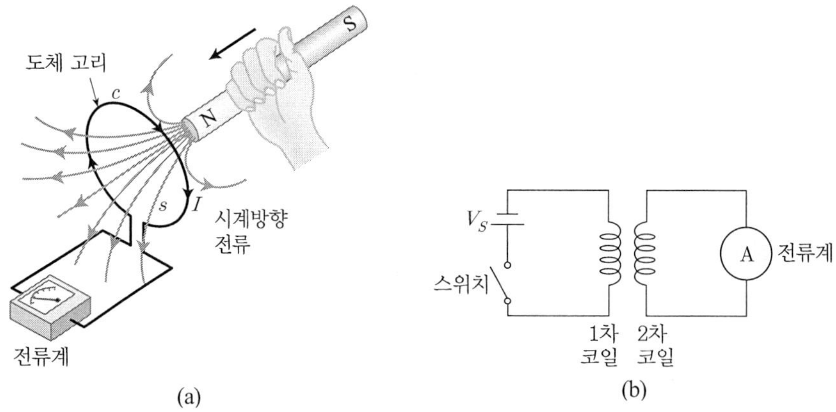

그림 9.5 전자기유도를 위한 패러데이의 실험 (a) 도체고리와 자석 (b) 전자석과 코일

여기서 (-) 부호는 렌츠의 법칙(Lenz's law)에 의해 변하는 자장을 방해하는 방향으로 자장이 형성되도록 유도전류가 흐른다.

렌츠의 법칙

시변자속에 의한 기전력은 원래 자장의 변화를 방해하는 자장을 만들도록 전류를 흘리는 에너지보존법칙의 일환이다. 그림과 같이 도선에 자장을 가하면 도선에 전류를 생성한다.

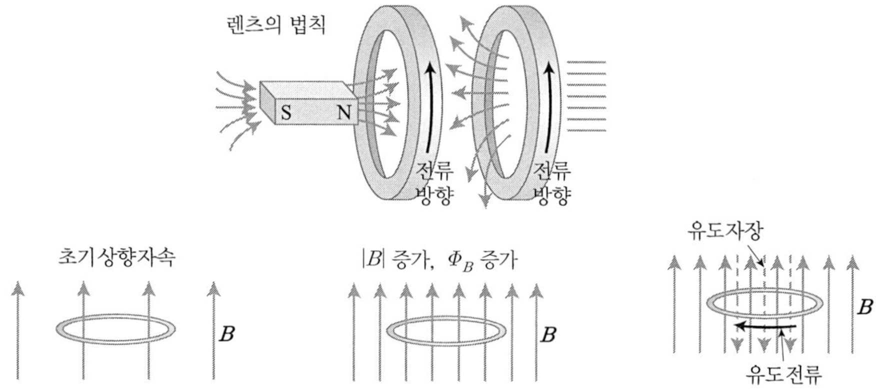

닫힌 회로에서 관통하는 자속을 변화시키는 방법에는

① 시변자장 $\boldsymbol{B}(t)$, 정지회로 : 변압기 기전력(예: 변압기)

② 정자장, 이동회로 $\boldsymbol{ds}(t)$: 운동 기전력(예: 직류발전기)

③ 시변자장 $\boldsymbol{B}(t)$, 이동회로 $\boldsymbol{ds}(t)$: 변압기 기전력+운동 기전력이 있다(표 9.1).

닫힌 회로의 닫힌 경로는 도체, 커패시터, 인덕터 등으로 구성한다.

표 9.1 자속을 변화시키는 방법

구분	높은 자속	낮은 자속
시변자장	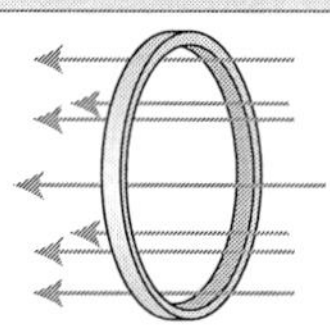	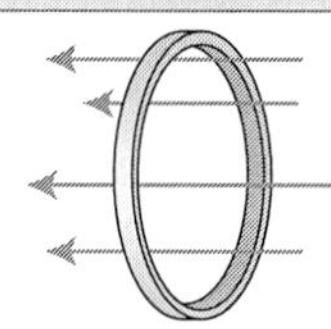
코일의 면적	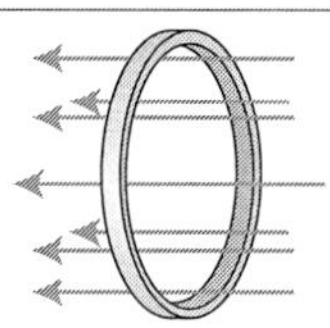	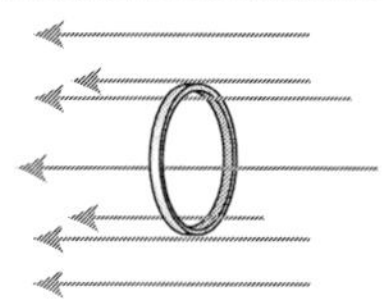
면적벡터의 방향	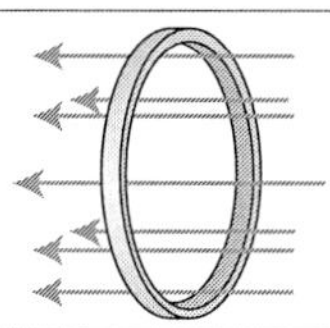	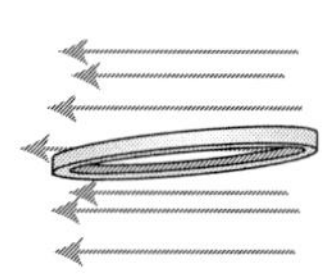

기전력(electromotive force : emf), $V_e = -N\frac{d\Phi_B}{dt}$ [V]

N–번 감은 코일인 경우 모든 감은 선에 유도기전력이 나타나고 이들 기전력은 합해야 한다. 코일이 조밀하게 감겨 있고 감은 선들이 같은 공간 영역을 차지하고 있으면 각 감은 선을 지나는 자속은 같다.

예제 9.3 일정한 자장 B_0[T] 안에서 길이가 ℓ[m], 폭이 W[m]인 사각형 고리가 각속도 w[rad/s]로 회전한다. 이때 발생하는 기전력을 구하여라.

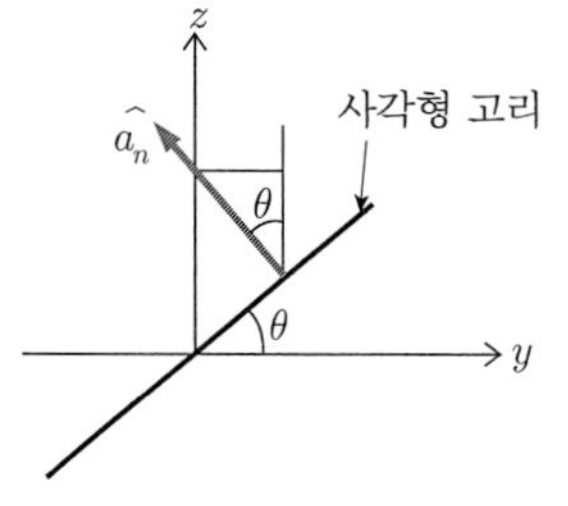

풀이 자장은 $\boldsymbol{B} = \hat{a}_z B_0$이고 고리를 통과하는 자속은

$$\Phi = \int_s \boldsymbol{B} \cdot \boldsymbol{ds} = \int_s \hat{a}_z B_0 \cdot \hat{a}_n ds = \int_s \hat{a}_z B_0 \cdot [\hat{a}_z \cos(wt) + \hat{a}_y \sin(wt)]\, ds$$

$$= \int_0^{\ell} \int_0^{W} B_0 \cdot \cos(wt) ds = B_0 W \ell \cos(wt)$$

이며 기전력은 $\oint_c \boldsymbol{E} \cdot \boldsymbol{d\ell} = -\frac{d\Phi}{dt} = B_0 W \ell w \sin(wt)$ [V]이다. ■

예제 9.4 $20\text{cm} \times 40\text{cm}$ 직사각형 모양으로 100번 코일을 감았다. 코일의 면적에 수직으로 유도되는 자장은 0.5Wb/m^2이고 자장은 균일자장으로 0.2s 마다 영(0)으로 감소한다. 코일에 유도되는 역기전력을 구하여라.

풀이 자속 $\Phi = BA = 0.5[\text{Wb/m}^2] \times 0.08[\text{m}^2] = 0.04[\text{Wb}]$

자속변화율 $\frac{d\Phi}{dt} = \frac{0.04\text{Wb}}{0.2\text{s}} = 0.2[\text{Wb/s}]$, 역기전력 $V_m = 100 \times 0.2 = 20[\text{V}]$ ■

예제 9.5 한 변의 길이가 2cm인 정사각형 모양의 닫힌 회로가 놓여 있는 곳에 회로의 면에 수직한 방향으로 형성된 균일한 자장의 세기가 0.1s 동안에 5T로부터 −5T까지 일정한 비율로 변했다고 하자. 이 회로의 저항이 10Ω이라고 할 때 회로에 유도된 유도기전력과 유도전류의 크기를 구하여라.

풀이 패러데이법칙에 의해 회로에 유도되는 유도기전력 크기는

$|V_e| = \frac{|\phi_B|}{\Delta t} = \frac{|S(B_2 - B_1)|}{\Delta t} = \frac{|(0.02\text{m})^2(5+5)\text{T}|}{0.1\text{초}} = 40[mV]$이고, 닫힌 회로 유도전류의 크기는 다음과 같다. $|I| = \frac{|V_e|}{R} = \frac{40\text{mV}}{10\Omega} = 4[mA]$ ■

(1) 정지된 회로에서 시변자장

정지된 도선고리에 자속밀도 $\boldsymbol{B}$가 변화할 때 시변전류에 의한 유도기전력은

$$V_e = \oint_c \boldsymbol{E} \cdot d\boldsymbol{\ell} = -\int_s \frac{\partial \boldsymbol{B}}{\partial t} \cdot d\boldsymbol{s} \text{ (적분형)} \tag{9-11}$$

이고, 변압기동작 때문에 전력분석에서 변압기 기전력이라 한다. 스토크스의 정리와 고정된 단면적(정지된 닫힌 경로)으로 가정하여 정리하면 패러데이법칙의 미분형은

$$\int_s (\nabla \times \boldsymbol{E}) \cdot d\boldsymbol{s} = -\int_s \frac{\partial \boldsymbol{B}}{\partial t} \cdot d\boldsymbol{s} \tag{9-12}$$

$$\nabla \times \boldsymbol{E} = -\frac{\partial \boldsymbol{B}}{\partial t} \text{ (미분형)} \tag{9-13}$$

이다. 미분형은 한 점에서만 유용하고, 적분형은 공간의 영역에 대해 적용하므로 적분형이 더 일반적이다. 패러데이법칙은 변화하는 자장이 전장을 유도시킨다는 것이고 시변유도전장은 비보존적($\nabla \times \boldsymbol{E} \neq 0$)이다.

- 시변자속 영역에서 전장의 세기는 비보존적이고, 전위의 기울기로 나타낼 수 없다.
- 고정 닫힌 회로에 유도되는 기전력은 회로에 결합되는 자속의 감소율과 같다.

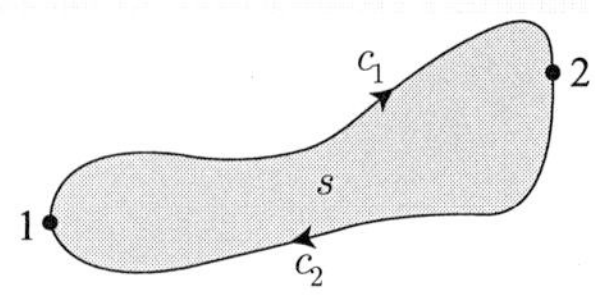

$$\oint_c \boldsymbol{E} \cdot d\boldsymbol{\ell} = \int_{c1} \boldsymbol{E} \cdot d\boldsymbol{\ell} + \int_{c2} \boldsymbol{E} \cdot d\boldsymbol{\ell} = -\frac{d}{dt}\int_s \boldsymbol{B} \cdot d\boldsymbol{s} \neq 0$$

$V_e = -\dfrac{d\Phi_M}{dt} = -jw\Phi_M$에서 기전력은 자속보다 90° 늦고, 기전력은 주파수에 비례한다. N-번 감긴 전류고리에서 기전력은 $V_e = -jwN\phi = -jwNBS$이다.

자속결합(flux linking)방정식(변압기에 유용) :

$V_e = \dfrac{2\pi}{\sqrt{2}} fNB_0S = 4.44fNB_0S$, 여기서 B_0는 코일에 결합하는 최대 자속밀도, S은 코일의 단면적, N은 감은 수, f는 주파수[Hz]이다.

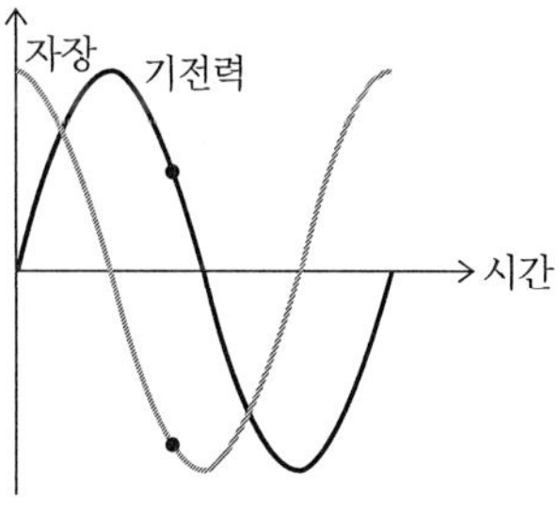

예제 9.6 원통 영역 내에서 자속밀도가 $\boldsymbol{B} = 5e^{3t}\hat{a}_z$라면 전장을 구하여라.

풀이 암페어법칙에 의해 자속이 z-방향임으로 전류는 ϕ-방향으로 흐른다.

① 미분형 $\nabla \times \boldsymbol{E} = -\dfrac{\partial \boldsymbol{B}}{\partial t}$에서 $(\nabla \times \boldsymbol{E})_z = \dfrac{1}{\rho}\dfrac{\partial(\rho E_\phi)}{\partial \rho} = -\dfrac{\partial \boldsymbol{B}}{\partial t} = -15e^{-3t}$

$\rho E_\phi = -\int 15\rho e^{-3t} d\rho = -7.5\rho^2 e^{-3t}$ 이므로 $\boldsymbol{E} = -7.5\rho e^{3t}\hat{a_\phi}$[V/m]이다.

② 적분형 $V_e = \oint_c \boldsymbol{E} \cdot d\boldsymbol{\ell} = -\int_s \frac{\partial \boldsymbol{B}}{\partial t} \cdot d\boldsymbol{s}$ 에서 $\oint_c \boldsymbol{E} \cdot d\boldsymbol{\ell} = 2\pi\rho E_\phi$,

$-\int_s \frac{\partial \boldsymbol{B}}{\partial t} \cdot d\boldsymbol{s} = -(15e^{3t}\hat{a_z})(\pi\rho^2\hat{a_z}) = -15\pi\rho^2 e^{3t}$.

따라서 전장은 $\boldsymbol{E} = -7.5\rho e^{3t}\hat{a_\phi}$[V/m]이다. ■

예제 9.7 그림과 같이 $a = 1$[m], $b = 2$[m], $R_1 = 10$[Ω], $R_2 = 30$[Ω]이고, 자장 $\boldsymbol{B}(t) = \hat{a_z}0.5t$[T]이다. 물음에 답하여라(단, 저항의 크기는 고리의 각 변보다 매우 작고, 전압계는 이상적인 것으로 가정한다).

(a) 고리에 유도되는 기전력과 등가 회로 (b) 전압계의 전압

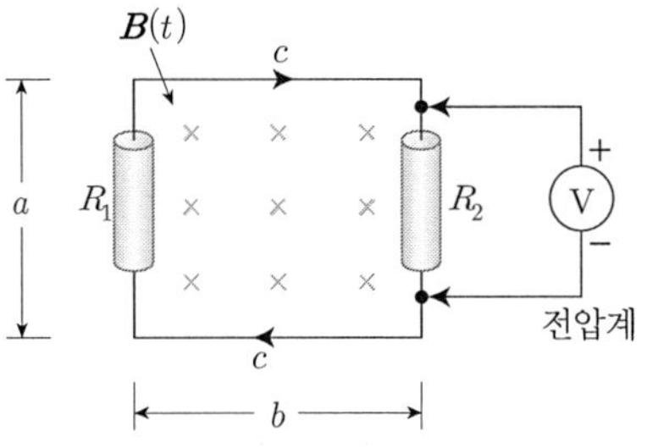

(a) 구성

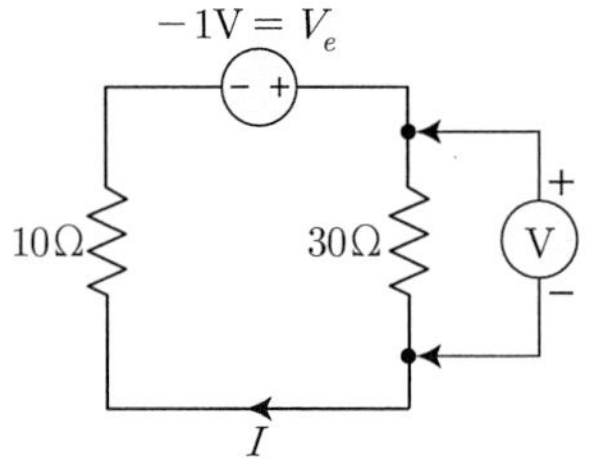

(b) 등가 회로

풀이 (a) c의 방향으로 고리에 유도되는 기전력

$$V_e = -\frac{d\Phi_M}{dt} = -\frac{d}{dt}(S\hat{a_z} \cdot 0.5t\hat{a_z}) = -1[\text{V}]$$

(b) $V_{전압계} = V_{R2} = \frac{30}{10+30}(-1\text{V}) = -\frac{3}{4} = -0.75[\text{V}]$ ■

예제 9.8 그림과 같이 $a = 1$[m], $b = 2$[m], $R_1 = 10$[Ω], $R_2 = 30$[Ω]이고, 자장 $\boldsymbol{B}(t) = a_z 0.5t$[T]인 회로에서 저항의 전압을 측정하는 도선의 그림이다. 물음에 답하여라(단, 저항의 크기는 고리의 각 변보다 매우 작다고 가정한다).

(a) 전압계 측정 고리에 유도되는 기전력과 등가 회로 (b) 전압계의 전압

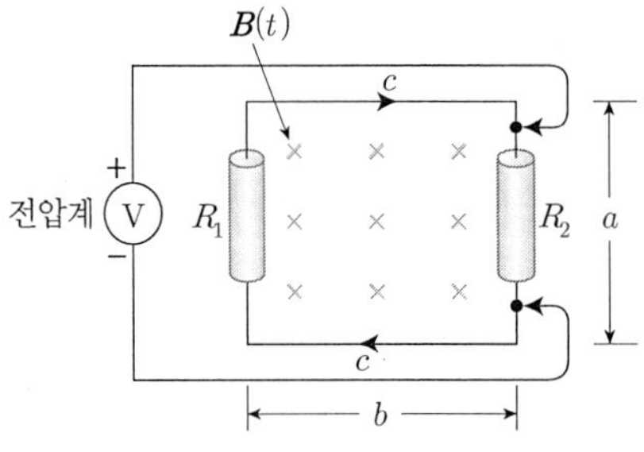

(a) 구성

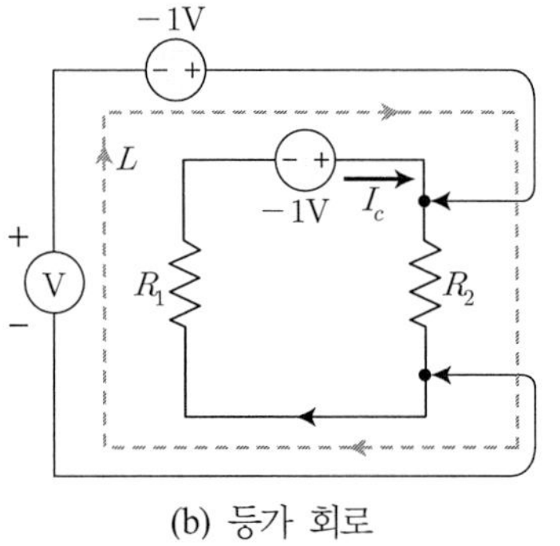

(b) 등가 회로

풀이 전압계에 연결된 도선에 의한 고리와 원래 회로의 유도기전력은 같다. L－루프에 대해 KVL을 적용하여 구한다.

$$V_{전압계} = 1 + R_2 I_c = 1 + 30 \times \frac{-1}{40} = \frac{10}{40} = 0.25[\mathrm{V}]$$ ■

(2) 일정한 자장에서 움직이는 도선

정자장에서 도체고리가 일정한 속도 $\boldsymbol{v}$로 움직이면 도선에 있는 자유전자도 같은 속도로 움직이고 한 전하 q에 작용하는 자기력 $\boldsymbol{F}_m = q\boldsymbol{v} \times \boldsymbol{B}$은 식 (9-14)의 전장 $\boldsymbol{E}_m$이 전하 q에 작용하는 전기력과 등가이다.

$$\boldsymbol{E}_m = \frac{\boldsymbol{F}_m}{q} = \boldsymbol{v} \times \boldsymbol{B} \tag{9-14}$$

여기서 전장 $\boldsymbol{E}_m$은 전하입자의 이동으로 발생하여 운동의 전장이라 하고 방향은 자장과 속도 평면에 직각이다. 그림 9.6과 같이 유도기전력은 전장과 같이 도선에 전하를 움직이게 한다. 그리고 등가 회로는 그림 9.7과 같고 이때 Z_c는 도선고리에 의한 임피던스이다.

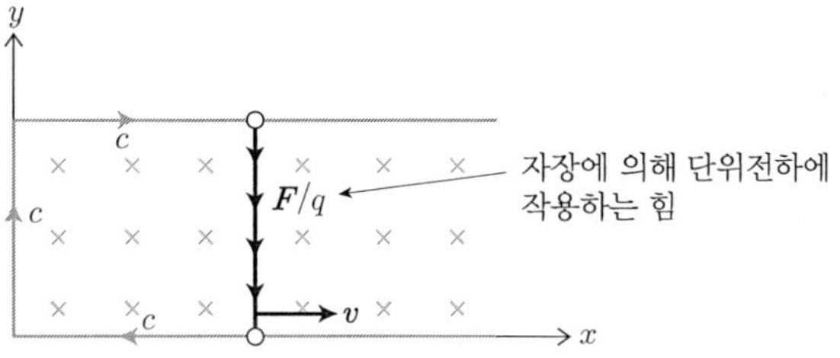

그림 9.6 움직이는 도선에 있는 전하가 받는 힘

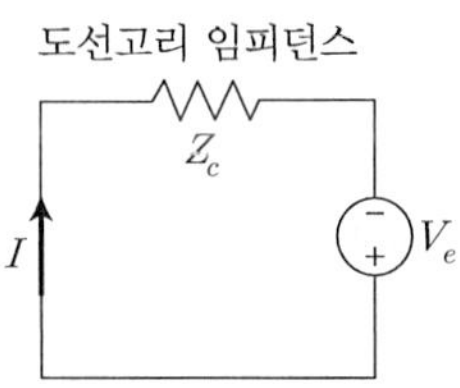

그림 9.7 일정한 자장에서 움직이는 도선의 등가 회로

그래서 많은 자유전자가 균일속도로 움직이는 단일고리에서 유도기전력은

$$V_e = \oint_c \boldsymbol{E} \cdot d\boldsymbol{\ell} = \oint_c \frac{\boldsymbol{F}}{q} \cdot d\boldsymbol{\ell} = \oint_c \frac{\boldsymbol{F}_m}{q} \cdot d\boldsymbol{\ell} = \oint_c (\boldsymbol{v} \times \boldsymbol{B}) \cdot d\boldsymbol{\ell} \ (\text{적분형}) \tag{9-15}$$

이고, $\boldsymbol{v}$, $\boldsymbol{B}$, $d\boldsymbol{\ell}$의 방향이 서로 수직이며, 이것을 운동 기전력, 혹은 자속을 자른 기전력이라 부른다. 이런 기전력은 전동기, 발전기, 교류발전기 등의 전기기계에 사용한다. 스토크스의 정리를 적용하면

$$\int_s (\nabla\times\boldsymbol{E})\cdot\boldsymbol{ds} = \int_s \nabla\times(\boldsymbol{v}\times\boldsymbol{B})\cdot\boldsymbol{ds} \tag{9-16}$$

$$\nabla\times\boldsymbol{E} = \nabla\times(\boldsymbol{v}\times\boldsymbol{B})\ (\text{미분형}) \tag{9-17}$$

이고, $\boldsymbol{d\ell}$은 자속을 자르는 길이이다.

> 전기모터와 발전기에 이용되는 자속절단(flux cutting)방정식
> $V_e = B\ell v$
> v은 움직이는 도체속도, ℓ은 자장 속에서 자장을 자르는 도체길이

① 그림 9.8과 같이 균일한 자장에서 면적이 S인 회로가 움직이는 도선의 속도에 의해 변할 때 유도기전력은 $V_e = -\dfrac{d\Phi_B}{dt} = -\dfrac{d}{dt}\displaystyle\int_s \boldsymbol{B}\cdot\boldsymbol{ds} = -B\dfrac{d}{dt}\displaystyle\int_s -\hat{a}_z\cdot\hat{a}_z S = B\dfrac{dS}{dt}$ $= B\dfrac{dx}{dt}\ell = Bv\ell[\mathrm{V}]$이다.

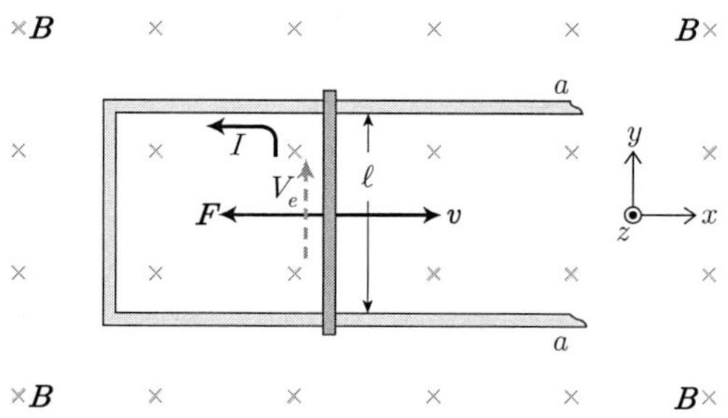

그림 9.8 균일한 자장과 도선의 직선운동으로 면적이 변하는 닫힌 고리

② 그림 9.9와 같이 균일한 자장에서 길이가 ℓ인 도선이 직선운동을 할 때 유도기전력은 $V_e = \displaystyle\oint_c (\boldsymbol{v}\times\boldsymbol{B})\cdot\boldsymbol{d\ell} = \oint_c \left[v\hat{a}_x\times(-B\hat{a}_z)\right]\cdot d\ell\hat{a}_y = \int_0^\ell vB\,dy = Bv\ell[\mathrm{V}]$이다. 즉 왼손법칙으로 도선의 전자는 자기력을 받아 아래로 움직여서 도선의 윗부분이 양의 전위를 띈다.

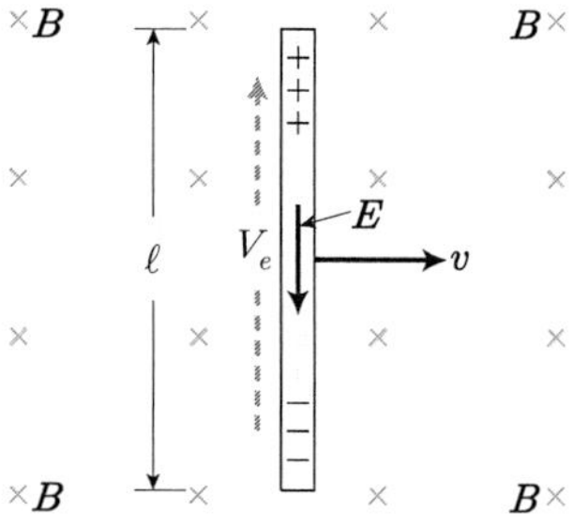

그림 9.9 균일한 자장과 직선운동하는 도선

③ 그림 9.10과 같이 코일이 감싼 단면적이 $S\hat{a_n}$ 이고 자장의 방향과 이 면적의 단위벡터의 방향과의 각을 θ 라 하면, 코일을 통과하는 자속 Φ_M은

$$\Phi_M = \boldsymbol{B} \cdot \hat{a_n} S = BS\cos\theta = BS\cos wt\,[\mathrm{T}] \tag{9-18}$$

이고, 균일한 각속도 $w(=d\theta/dt)$로 회전하는 코일에 유도되는 기전력은,

$$V_e = -\frac{d\Phi_M}{dt} = BSw\sin wt = V_0 \sin wt\,[\mathrm{V}] \tag{9-19}$$

이며, 기전력은 시간에 따라 정현적으로 변하고 코일에 교류전류를 흐르게 한다.

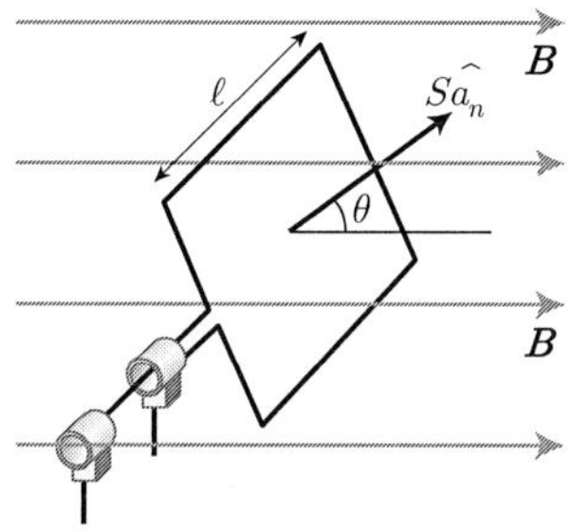

그림 9.10 균일한 자장과 회전 운동하는 닫힌 고리

그림 9.11과 같이 자속이 최대일 때 자속의 변화율이 "0"이므로 기전력은 최소(0V)이고, 자속이 최소일 때 자속의 변화율이 최대이므로 기전력은 최대이다.

균일자속 B_0을 자르는 길이 ℓ, 반경 r, 각속도 w, 감은 횟수 N인 코일이 회전할 때 유효면적이 $\ell(2r)(\sin wt)$이고, 유도기전력은 $V_e = -\frac{d\Phi_B}{dt} = -NB_0\frac{dS}{dt} = 2r\ell w B_0 N\cos wt\,[\mathrm{V}]$이다.

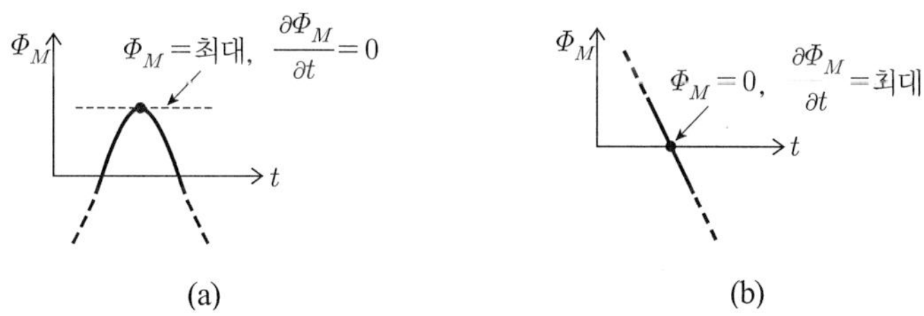

그림 9.11 기전력과 자속 (a) 자속 최대, 기전력 최소 (b) 자속 최소, 기전력 최대

자속과 자속밀도(자기력선속밀도)

CGS계의 Maxwell(Mx)과 SI계의 Weber(Wb)는 자속을 나타내는 단위이며, $1[\mathrm{Mx}] = 10^{-8}[\mathrm{Wb}]$이다.

CGS계의 Gauss(G)와 SI계의 Tesla(T)는 자속밀도(자기선속밀도)를 나타내는 단위이며, $1[\mathrm{G}] = 10^{-4}[\mathrm{T}] = 10^{-8}[\mathrm{Wb/cm^2}]$이다. 10G는 $1\,\mathrm{cm}^2$ 면적을 통과하는 자기선속이 열

개라는 의미이다. $G = Mx/cm^2$, $T = Wb/m^2$

1Wb : 자기력선속밀도가 10^4G 인 균일한 자기장에 수직한 넓이 $1m^2$의 평면을 통과하는 자기력선속

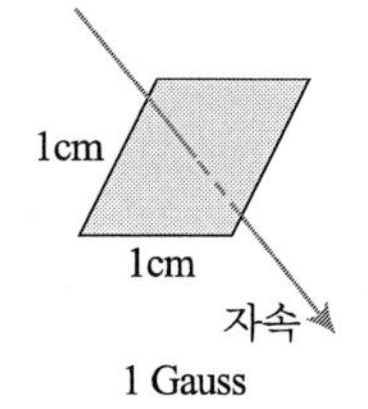

예제 9.9 그림과 같이 균일 전속밀도 $\boldsymbol{B} = b\hat{a}_z$에 있는 한 쌍의 도체궤도에 도체막대가 일정한 속도 $\boldsymbol{v}$로 움직인다. 단자 1–2에 인가되는 개방회로전압을 구하고, 단자 1–2에 저항 R을 연결하면 저항에 소비하는 전력을 구하여라.

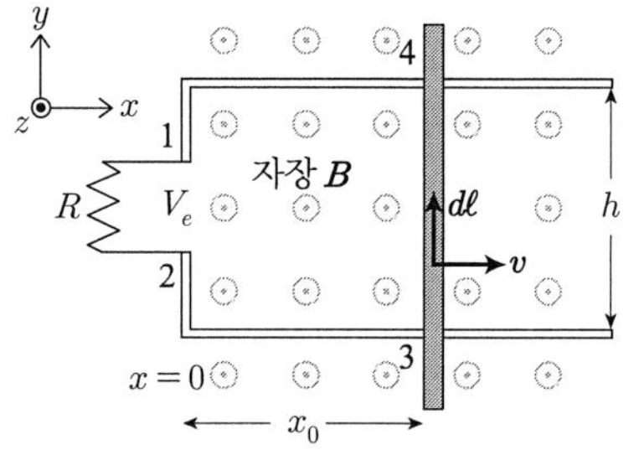

풀이 (a) ① $V_e = \oint_c (\boldsymbol{v}\times\boldsymbol{B}) \cdot \boldsymbol{d\ell}$ 에서

$$V_{12} = V_1 - V_2 = \oint_c (\boldsymbol{v}\times\boldsymbol{B}) \cdot \boldsymbol{d\ell} = \int_3^4 \left(v\hat{a}_x \times b\hat{a}_z\right) \cdot \hat{a}_y dy$$

$$= -bhv[\mathrm{V}] \Leftarrow \mathrm{Blu}$$

② $$V_e = -\frac{d\Phi_B}{dt} = -\frac{d}{dt}\int_s \boldsymbol{B} \cdot \boldsymbol{ds} = -\frac{d}{dt}\int_s (b\hat{a}_z) \cdot \hat{a}_z dxdy$$

$$= -b\frac{d}{dt}\int_0^h \int_0^{x_0} dxdy = -bh\frac{dx_0}{dt} = -bhv[\mathrm{V}]$$

(b) 저항에 흐르는 전류 $I = \dfrac{bhv}{R}[\mathrm{A}]$ 이므로 전력은 $P_e = I^2R = \dfrac{(bhv)^2}{R}[\mathrm{W}]$ 이다. ■

예제 9.10 균일한 1T 자장 안에서 10cm 길이의 도선막대가 움직일 때 유도기전력이 200mV 발생하였다. 막대의 속도와 막대의 전장을 구하여라.

풀이 유도기전력 $V_e = B\ell v$ 에서 $v = \dfrac{V_e}{B\ell} = \dfrac{0.2\mathrm{V}}{(1\mathrm{T})(0.1\mathrm{m})} = 2[\mathrm{m/s}]$

전장 $E = \dfrac{V_e}{\ell} = \dfrac{0.2\mathrm{V}}{0.1\mathrm{m}} = 2[\mathrm{V/m}]$ ■

예제 9.11 그림과 같이 자장이 $\boldsymbol{B}=5\widehat{a_y}[\mathrm{T}]$에 고리가 회전할 경우 고리에 유도되는 전압에 의해 저항의 전압을 구하고 이 전압과 자속과의 관계를 설명하여라.

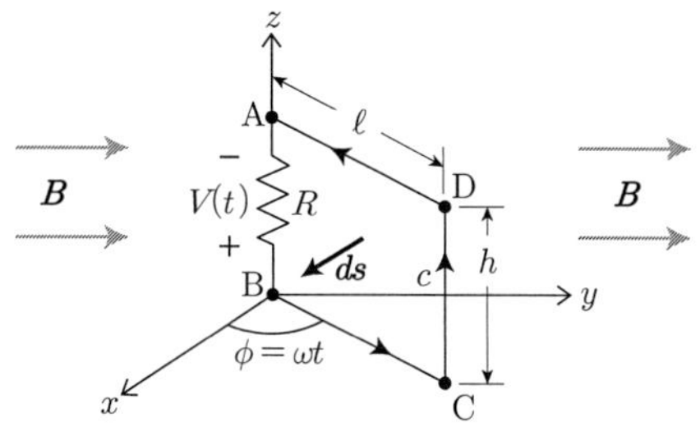

풀이 ① 자장이 시간의 함수가 아니므로 $V_e=\oint_c(\boldsymbol{v}\times\boldsymbol{B})\cdot d\boldsymbol{\ell}$에서 고리 둘레 c를 나누어서 생각하면 $\overline{AB}$는 $\boldsymbol{v}=0$, $\overline{BC}$와 $\overline{DA}$는 $(\boldsymbol{v}\times\boldsymbol{B})\perp d\boldsymbol{\ell}$이므로 $(\boldsymbol{v}\times\boldsymbol{B})\cdot d\boldsymbol{\ell}=0$이다. $\overline{CD}$는 $\boldsymbol{v}=\widehat{a_\phi}\ell w$이므로 $\boldsymbol{v}\times\boldsymbol{B}=(\widehat{a_\phi}\ell w)\times(5\widehat{a_y})=(\widehat{a_\phi}\times\widehat{a_y})5\ell w$

$=(-\sin(wt)\widehat{a_x}\times\widehat{a_y})5\ell w=-\widehat{a_z}5\ell w\sin(wt)$이다.

$$V_e=\oint_c(\boldsymbol{v}\times\boldsymbol{B})\cdot d\boldsymbol{\ell}=\int_0^h\left[-\widehat{a_z}5\ell w\sin(wt)\right]\cdot\widehat{a_z}dz,$$
$$=-5h\ell w\sin(wt)[\mathrm{V}]$$
$$V(t)=-V_e=5h\ell w\sin(wt)[\mathrm{V}],$$
$$\Phi_B=\int_0^h\int_0^\ell(5\widehat{a_y})\cdot(-\widehat{a_\phi}drdz)=-\int_0^h\int_0^\ell(5\widehat{a_y})\cdot\widehat{a_y}\cos(wt)drdz$$
$$=-5h\ell\cos(wt)$$

자속이 최대일 때 자속의 변화율이 "0"이므로 전압은 최소(0 V)이고, 자속이 최소일 때 자속의 변화율이 최대이므로 전압은 최대이다.

> $\overline{BC}$와 $\overline{DA}$는 움직이지만 자속과 항상 평행하여 자속선을 자르지 못하므로 기전력이 발생하지 않는다. 반면에 $\overline{CD}$는 회전하면서 사속선을 자르므로 기전력이 발생하지만, $\phi=0°$, $180°$에서 자속선을 자르지 못하므로 기전력은 "0"이다.

② $$V_e=\oint_c\boldsymbol{E}\cdot d\boldsymbol{\ell}=-\frac{d}{dt}\int_s\boldsymbol{B}\cdot d\boldsymbol{s}=\frac{d}{dt}[5h\ell\cos(wt)]$$
$$=-5h\ell w\sin(wt)[\mathrm{V}]$$
$$V(t)=-V_e=5h\ell w\sin(wt)[\mathrm{V}]$$ ■

(3) 시변자장에 움직이는 고리

시변자장에서 움직이는 도체고리의 일반적인 경우 기전력은 자속의 변화항(변압기 기전력)과 회로의 이동항(운동 기전력)으로 나타낼 수 있고, 이것이 패러데이법칙의 일반형이다.

$$V_e=\oint_c\boldsymbol{E}\cdot d\boldsymbol{\ell}=-\int_s\frac{\partial\boldsymbol{B}}{\partial t}\cdot d\boldsymbol{s}+\oint_c(\boldsymbol{v}\times\boldsymbol{B})\cdot d\boldsymbol{\ell}\ (\text{적분형})\qquad(9\text{–}20)$$

$$\nabla \times \boldsymbol{E} = -\frac{\partial \boldsymbol{B}}{\partial t} + \nabla \times (\boldsymbol{v} \times \boldsymbol{B}) \text{ (미분형)} \tag{9-21}$$

시변자장 영역에서 전장 $\boldsymbol{E}$는 보존계가 아니므로 $\boldsymbol{E} \neq -\nabla V$이다. 따라서 벡터 자위 $\boldsymbol{A}$를 이용하면 $\boldsymbol{E} = -\nabla V - \frac{\partial \boldsymbol{A}}{\partial t}$이다. $-\int_s \frac{\partial \boldsymbol{B}}{\partial t} \cdot d\boldsymbol{s}$는 변압기 기전력이며 이 항에는 운동관련 사항은 없고, $\oint_c (\boldsymbol{v} \times \boldsymbol{B}) \cdot d\boldsymbol{\ell}$은 운동 기전력이며, 회로 c는 자기력선을 자르고 자장은 일정할 수도 있고 시간에 따라 변하지만 회로의 모양이 시간에 따라 변하지 않는다.

전자기유도를 응용하는 것은 전력 발생, 전력전송, 맴돌이전류, 발전기, 전동기, 자기용량 그리고 변압기 등이 있다.

예제 9.12 그림과 같이 자속이 $\boldsymbol{B} = -\hat{a}_z B_0 \cos wt$이고, 도체 막대가 $v_0 \hat{a}_x$로 움직일 때 기전력을 구하여라.

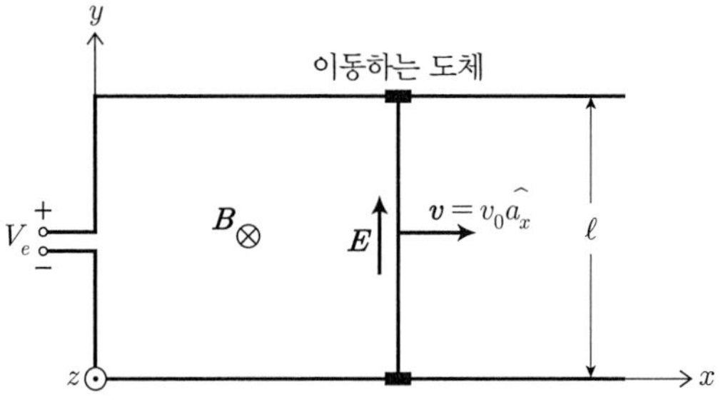

풀이 움직이는 막대에서 반시계방향으로 $d\boldsymbol{\ell} = dy\hat{a}_y$, $d\boldsymbol{s} = dxdy\hat{a}_z$이고, 유도기전력 일반형 공식 $V_e = \oint_c \boldsymbol{E} \cdot d\boldsymbol{\ell} = -\int_s \frac{\partial \boldsymbol{B}}{\partial t} \cdot d\boldsymbol{s} + \oint_c (\boldsymbol{v} \times \boldsymbol{B}) \cdot d\boldsymbol{\ell}$을 이용한다.

$\frac{\partial \boldsymbol{B}}{\partial t} = \hat{a}_z w B_0 \sin wt$, $\boldsymbol{v} \times \boldsymbol{B} = (v_0 \hat{a}_x) \times (-\hat{a}_z B_0 \cos wt) = \hat{a}_y v_0 B_0 \cos wt$이므로 대입하면 $V_e = -\int_0^x \int_0^\ell (\hat{a}_z w B_0 \sin wt) \cdot (dx\,dy\hat{a}_z) + \int_0^\ell (\hat{a}_y v_0 B_0 \cos wt) \cdot (\hat{a}_y dy)$
$= -wx\ell B_0 \sin wt + v_0 \ell B_0 \cos wt$이므로 $t = 0$에서 $x = 0$이고 $x = v_0 t$라 하면 $V_e = v_0 \ell B_0 (\cos wt - wt \sin wt)$[V]이다. ■

(4) 코일 내의 전류변화와 유도기전력

그림 9.12와 같이 전류가 정상전류이면 고리를 통한 자속은 일정하여 기전력은 그림 9.12(a)와 같이 유도되지 않는다. 그러나 전류 I가 시간에 따라 변하면 패러데이법칙에 따라 변화를 방해하는 유도기전력이 발생한다. $dI/dt > 0$이면 유도전류가 시계방향으로 흐르고, 유도기전력은 그림 9.12(b)와 같고, $dI/dt < 0$이면 유도전류가 반시계방향으로 흐르고 유도기전력은 그림 9.12(c)와 같다. 전류가 흐르는 모든 고리는 전류의 변화를 자신의 자속으로 저항하는 성질을 가지고 이를 자기인덕턴스라 한다. 이때 유도기전력을 자기유도기전력 혹은 역기전력이라 한다. 인덕터는 큰 자기인덕턴스를 가진 회로소자이다.

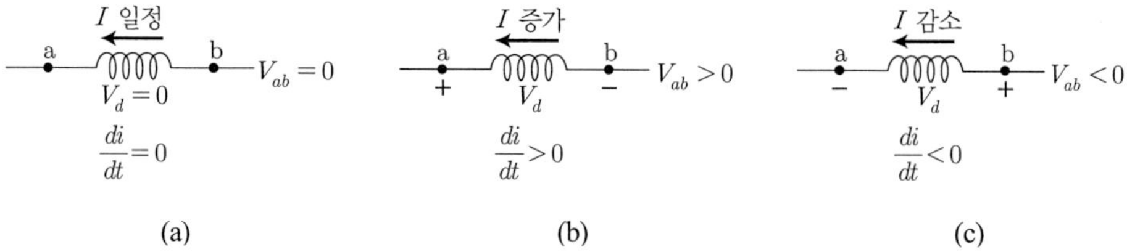

그림 9.12 코일 내의 전류변화와 유도기전력 (a) 정상전류 (b) 전류 증가 (c) 전류 감소

(5) 패러데이 전자기유도법칙의 물리적 의미

전장을 임의의 닫힌 곡선에 따라 선적분하면 그 닫힌 곡선으로 둘러싸인 면적을 통과하는 자장의 선속이 시간에 따라 변하는 비율과 같다는 것이다.

$$\oint \boldsymbol{E}\cdot d\boldsymbol{\ell} = -\frac{d}{dt}\int \boldsymbol{B}\cdot d\boldsymbol{s}$$

$$\nabla\times\boldsymbol{E} = -\frac{\partial \boldsymbol{B}}{\partial t} \tag{9-22}$$

공간상의 임의의 한 점에서 그 점의 자속밀도가 시간적으로 변화하면 그 점을 중심으로 자속밀도와 직각인 평면 내에 전장의 와류가 발생한다는 것이며, 전장의 방향은 자속밀도 변화가 증가할 때에는 그림 9.13(a), 감소할 때에는 그림 9.13(b)가 된다. 이것은 시변자장이 전장의 원천임을 나타낸다.

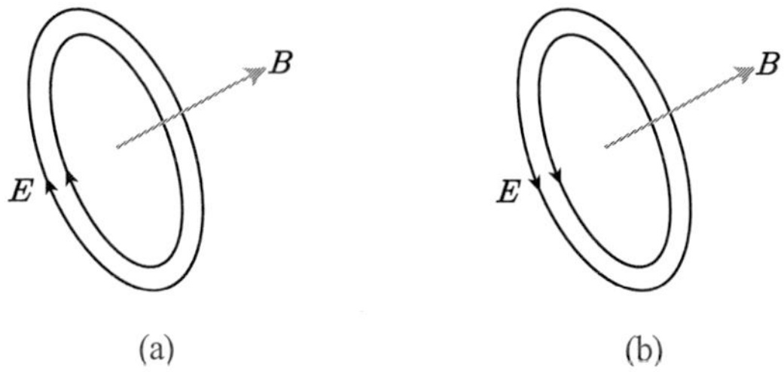

그림 9.13 자속밀도의 변화와 전장의 발생 (a) $\partial \boldsymbol{B}/\partial t > 0$인 경우 (b) $\partial \boldsymbol{B}/\partial t < 0$인 경우

예제 9.13 그림과 같이 정사각형 고리와 전류 $i(t) = 5\cos(5\pi\times10^3 t)[\text{A}]$가 흐르는 긴 직선 도선이 같은 평면에 존재할 때 고리의 작은 간극에 유도되는 기전력을 구하여라.

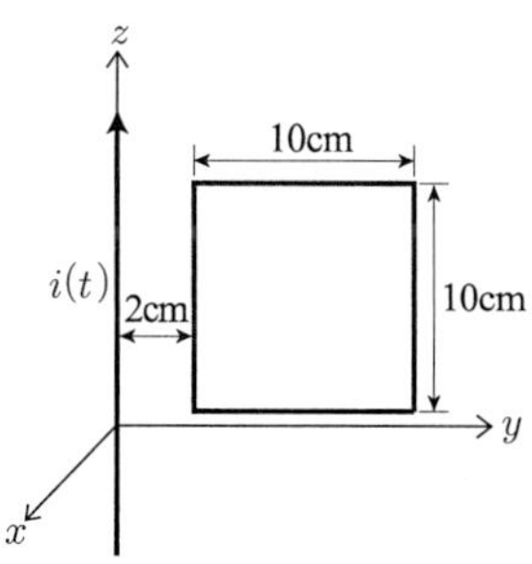

풀이 긴 직선도선에 의한 자속밀도는 $\boldsymbol{B} = \widehat{a_\phi}\dfrac{\mu_0 i}{2\pi r}$ 이고, 고리 평면에서 $\widehat{a_\phi} = -\widehat{a_x}$ 이고 $r = y$이다. 고리를 관통하는 자속은 $\Phi_B = \displaystyle\int_s \boldsymbol{B}\cdot\boldsymbol{ds} = \int_{2\text{cm}}^{12\text{cm}}\left(-\widehat{a_x}\dfrac{\mu_0 i}{2\pi y}\right)$

$\cdot\left[-\widehat{a_x}(10\text{cm})\right]dy = \dfrac{\mu_0 i\times 0.1}{2\pi}\ln\dfrac{12}{2} = \dfrac{\mu_0\times 0.1}{2\pi}(\ln 6)5\cos(5\pi\times 10^3 t)$

$= 1.79\times 10^{-7}\cos(5\pi\times 10^3 t)[\text{Wb}]$ 이고,

유도기전력은 $V_e = \dfrac{d\Phi_B}{dt} = 1.79\times 10^{-7}(5\pi\times 10^3)\sin(5\pi\times 10^3 t)$

$= 2.81\times 10^{-3}\sin(5\pi\times 10^3 t)[\text{V}]$ 이다. 그리고 유도전류는 반시계방향이다. ■

9.4 변압기

(1) 토로이드 코어 변압기

그림 9.14와 같이 투자율이 무한대이고 누설자속이 없는 변압기에서 1-차측에 시변전압을 인가하면 시변자속이 2-차측 코일을 통과한다. 그래서 패러데이 전자유도법칙에 의해 자기적으로 결합된 2-차측 코일에 기전력이 유도되고 1-차측과 2-차측에 전류가 흐르면 코어에 만들어지는 자속은 중첩되어

$$\boldsymbol{B} = \boldsymbol{B}_1 + \boldsymbol{B}_2,\ \boldsymbol{B}_1 = \frac{\mu N_1 I_1}{\ell}(-\widehat{a_\phi}),\ \boldsymbol{B}_2 = \frac{\mu N_2 I_2}{\ell}(-\widehat{a_\phi}) \tag{9-23}$$

이고, 여기서 $\boldsymbol{B}_1$은 1-차측 전류에 의한 자속, $\boldsymbol{B}_2$는 2-차측 전류에 의한 자속이다.

토로이드 단면적에 대한 표면 적분을 하는 1-차측 전압은

$$V_{L1}(t) = -N_1\frac{d\Phi_1}{dt} = -N_1\frac{d}{dt}\int_s \boldsymbol{B}\cdot\boldsymbol{ds} = -N_1\int_s\frac{\partial\boldsymbol{B}}{\partial t}\cdot\boldsymbol{ds} \tag{9-24}$$

이며, $\boldsymbol{ds} = ds\widehat{a_\phi}$ 이고, 편미분 항은 위치에 독립이므로

$$V_{L1}(t) = N_1\int_s\frac{\partial\boldsymbol{B}}{\partial t}\cdot\boldsymbol{ds} = N_1\int_s\left[\frac{\partial B_1}{\partial t} + \frac{\partial B_2}{\partial t}\right]ds = N_1\left[\frac{\partial B_1}{\partial t} + \frac{\partial B_2}{\partial t}\right]S \tag{9-25}$$

$$V_{L1}(t) = N_1\left[\frac{\partial B_1}{\partial t} + \frac{\partial B_2}{\partial t}\right]S = N_1\left[\frac{\mu N_1}{\ell}\frac{dI_1(t)}{dt} + \frac{\mu N_2}{\ell}\frac{dI_2(t)}{dt}\right]S \tag{9-26}$$
$$= L_{11}\frac{dI_1}{dt} + \mathcal{M}_{12}\frac{dI_2}{dt}$$

이다. 1-차측과 2-차측의 자속결합 때문에 1-차 전압은 1-차와 2-차 전류의 함수이고 1-차 자기인덕턴스는 1-차 전압과 1-차 전류에 관계되고 상호인덕턴스는 1-차 전압과 2-차 전류에 관계된다.

같은 방법으로 2-차측 전압은 다음과 같고 상호인덕턴스 $\mathcal{M}_{12} = \mathcal{M}_{21} = \mathcal{M}$ 인 변압기의 등가 회로는 그림 9.15와 같다.

$$V_{L2}(t)=N_2\left[\frac{\partial B_1}{\partial t}+\frac{\partial B_2}{\partial t}\right]S=N_2\left[\frac{\mu N_1}{\ell}\frac{dI_1(t)}{dt}+\frac{\mu N_2}{\ell}\frac{dI_2(t)}{dt}\right]S \qquad (9-27)$$
$$=\mathscr{M}_{21}\frac{dI_1}{dt}+L_{22}\frac{dI_2}{dt}$$

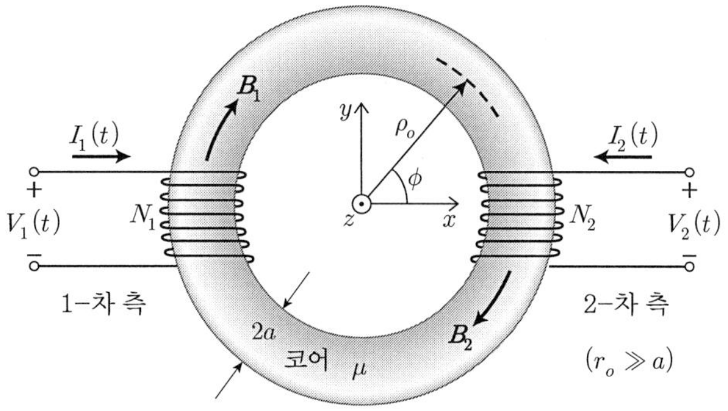

그림 9.14 균일한 단면적 $S=\pi a^2$, 평균길이 $2\pi r_0$인 토로이드 변압기

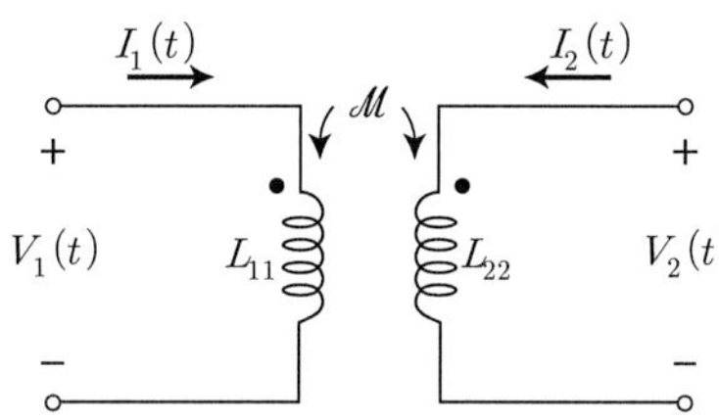

그림 9.15 $\mathscr{M}_{12}=\mathscr{M}_{21}=\mathscr{M}$인 변압기의 등가 회로

(1) 이상적인 변압기

변압기는 철심과 같은 강자성체를 이용하여 큰 전력손실 없이 효과적으로 교류전압을 높이거나 줄이지만 주파수는 같다. 그래서 먼 거리에 전력을 송출할 때 발전소에서 교류로 진동하는 전압을 변압기를 이용하여 매우 큰 값으로 올리지만 전력은 에너지보존법칙에 의해 항상 일정하다. 그리고 많은 부하에 전력을 공급하기 위해 2-차측 코일은 여러 개 있을 수 있지만 출력전력은 입력전력에서 손실을 뺀 전력과 같다. 손실은 코일의 도체손실, 코어의 히스테리시스에 의한 손실, 그리고 와전류 등에 기인한다.

변압기는 송전계통에서 승압(step up)과 강압(step down), 교류전동기의 저전압 기동, 낮은 전압을 얻기 위한 조작전원, 직류회로에 교류성분의 중첩, 그리고 전기회로의 절연 등에 사용된다.

철심은 상온 근처에서 압연 가공한 철에 규소를 첨가한 낮은 전도도와 고투자율의 규소강판을 사용하여 히스테리시스 손실을 줄이고, 성층으로 구성한 각 층을 바니시(Varnish) 혹은 산화물 코팅으로 절연하면 와전류에 의한 손실을 줄인다. 코일과 같은 도체 재료는 절연된 알루미늄이나 구리를 사용한다.

이상적 변압기는 누설자속이 없고 철심 손실도 없으며 철심의 투자율이 무한히 커서 자속을 유지하기 위한 여자전류도 필요 없고 권선의 저항은 "0"인 변압기이다.

① **전기에너지가 자기에너지로 변환**: 1-차측 코일에 변하는 전압을 인가한다. 패러데이 전자유도법칙에 의해 1-차측 코일에 역기전력이 발생한다. 역기전력은 렌츠의 법칙에 의해 각 코일에 발생되는 전압이며 그 발생 원인을 방해하는 방향으로 유기되고, 1-차측 코일에 전류가 자장을 만든다.

$$V_1 = \mathrm{EMF} = -N_1 S \frac{dB}{dt} \; [\mathrm{V}] \tag{9-28}$$

② **전달**: 가장자리 자장에 의한 손실이 있다고 해도 자장은 거의 철심 안에 있고 2-차측 코일을 통해 결합한다.

결합계수

한쪽 코일에 의해 형성된 자속이 상대 코일로의 결합(link) 정도를 나타내는 척도이고, $k=1$은 코일 간 100% 결합하는 완전결합상태이고, $k=0$는 전혀 결합이 없는 상태이다.

③ **자기에너지가 전기에너지로 변환**: 2-차측 코일의 유도전압은 패러데이 전자유도법칙에 따라

$$V_2 = -N_2 S \frac{dB}{dt} \tag{9-29}$$

이고, 자속의 변화율은 1-차측 코일과 같으며 2-차측 전압은 2-차측 감은 수에 의해 비례한다. 즉, 양쪽 코일에는 같은 자속이 지나므로 코일의 권선수당 기전력은 두 코일에서 같아

$$\frac{V_1}{N_1} = \frac{V_2}{N_2} \tag{9-30}$$

이고, 저항이 없는 코일인 이상적인 변압기의 전압비는 권선비 n과 같으며, 인덕턴스는 $L = \mu N^2 S/\ell\,[\mathrm{H}]$이므로 다음과 같은 관계가 있다.

$$\frac{V_2}{V_1} = \frac{N_2}{N_1} = \sqrt{\frac{L_2}{L_1}} = n \tag{9-31}$$

변압기 1-차 코일에 직류전류를 인가하면 2-차 회로에 전력이 전달되지 않는 이유

1-차 코일에 직류전류가 흐를 때 철심 주위로 일정한 자장이 만들어진다. 자장이 변하지 않으므로 전장을 만들지 못하고 2-차측 코일에 유도기전력과 2-차측 전류가 유도되지 않는다.

이상적인 변압기에서 1-차측 전력과 2-차측 전력은 같으므로

$$P_1 = V_1 I_1 = V_2 I_2 = P_2 \tag{9-32}$$

이고, 그래서 전류비는 권선비의 역수이다.

$$\frac{I_2}{I_1} = \frac{N_1}{N_2} = \frac{1}{n} \tag{9-33}$$

전원이 부하로 공급할 수 있는 전력은 부하 크기에 의존한다. 부하저항과 전원 내부저항이 같을 때 최대 전력이 전달된다. 부하가 미리 정해져 있다면 변압기를 이용하여 부하 변환효과를 만든다.

그림 9.16과 같이 부하저항 R_2에 의한 1-차측의 실효저항은

$$R_1 = \frac{V_1}{I_1} = \frac{\frac{N_1}{N_2}V_2}{\frac{N_2}{N_1}I_2} = \left(\frac{N_1}{N_2}\right)^2 R_2 = \left(\frac{1}{n}\right)^2 R_2 \tag{9-34}$$

이므로 권선비 n을 적절히 조절하여 전압원 내부 임피던스가 실효저항과 같을 때 최대 전력이 전달되는 정합변압기가 된다.

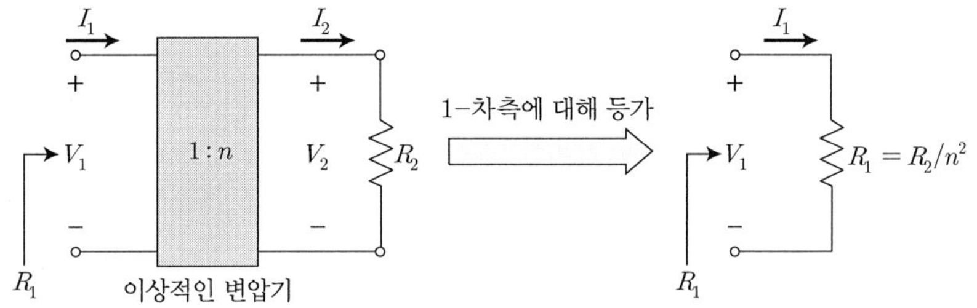

그림 9.16 임피던스 변환기

9.5 맴돌이전류

회로를 관통하는 자력선이 변하면, 그 회로에 유도전류를 흐르게 하려는 유도기전력이 생겨 전자기유도 현상이 발생하고 발전기나 변압기 등의 많은 전기기기의 기술적 원리가 된다. 그러나 변하는 자장 내의 물체가 회로의 형태가 아닌 도체판인 경우에도 그림 9.17과 같이 전자기유도가 생긴다. 이 경우 유도전류는 자력선에 수직인 도체 면에 자력선의 변화를 방해하는 방향이고 소용돌이 모양으로 흐른다.

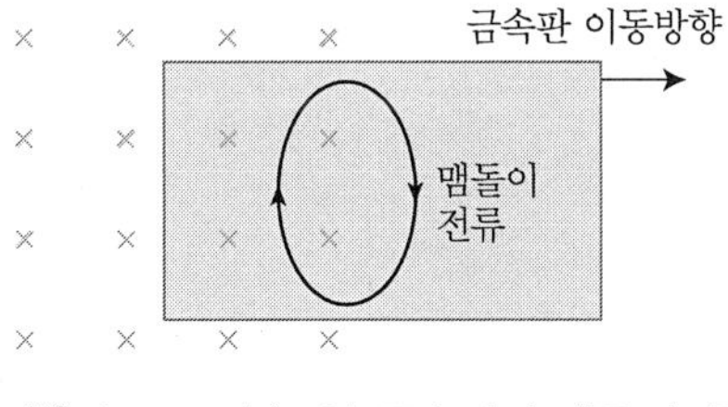

그림 9.17 자속 안 금속판의 맴돌이전류

대부분 반자성체는 전도도가 높은 금속이고 상대적으로 쉽게 와전류가 생긴다. 도체판을 자장 속으로 움직이거나 자장 속의 도체판에 가한 자장이 변화하면 도체판에 도체 일부분에 소용돌이 모양으로 닫힌 여러 개 고리전류가 흐르는데, 이것을 맴돌이전류(eddy current), 와전류(渦電流) 또는 발견자의 이름을 따서 푸코(Foucault, 1819~1868))전류라 한다.

맴돌이전류는 도체판이 자장의 변화에 저항하는 렌츠의 법칙에 의해 나타나며 이때 전류의 방향은 도체에 가해진 자장의 변화에 저항하는 자장을 생성하는 방향으로 결정된다. 또한, 자석을 도체판 위에서 이동시키면 자기력선속이 변하면서 맴돌이전류가 생기고, 맴돌이전류의 자장은 자석의 이동을 방해한다.

그림 9.18은 자기조리기인 전기밥솥에서 자력 발생 코일에 전류를 흘려 맴돌이전류를 일으켜 열을 발생시킨다. 그리고 초전도체의 반발력을 이용한 자기부상열차, 맴돌이전류가 움직임을 억제하는 것을 이용하여 기존 마찰 제동기보다 마모와 소음이 적은 전자기 제동기, 금속 검출기, 근접센서, 코인을 이용한 자동판매기, 박막두께 측정기 등과 같이 다양하게 응용된다. 그림 9.19와 같이 유도전류에 의한 자장은 검출기로 쉽게 감지할 수 있다.

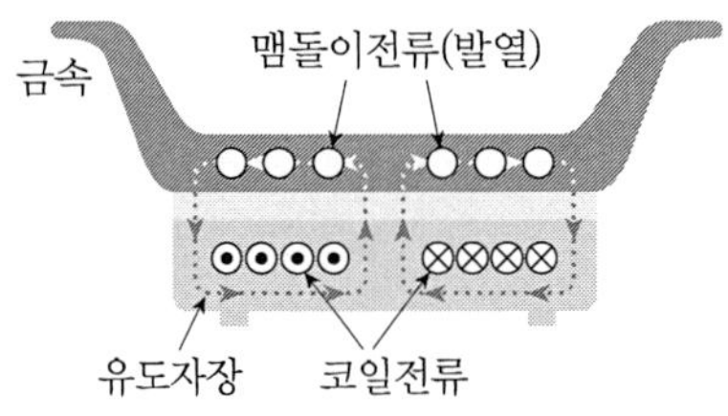

그림 9.18 유도가열기(자기조리기, 유도가열밥솥)

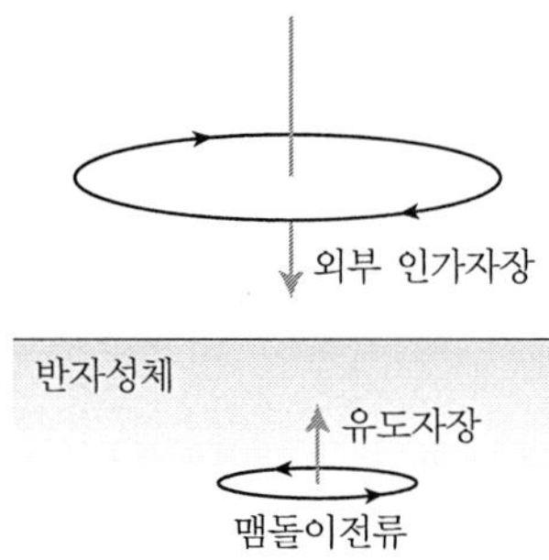

그림 9.19 금속탐지기 원리

변압기나 전동기의 철심에는 맴돌이전류가 흘러 전자기에너지의 일부가 열에너지로 소실됨으로 맴돌이전류를 줄이기 위해 약한 자석, 낮은 속도로 변화, 얇은 물질, 고저항인 부도체물질, 전류가 돌지 못하게 가늘고 길거나 박막과 같은 물질을 사용한다. 그림 9.20처럼 변압기와 같은 전기기계 내에 자속이 관통하는 철심에는 서로 절연된 얇은 판을 자력선에 대하여 평행하게 포갠 구조를 이용하여 맴돌이전류의 통로를 짧아지게 함으로써 저항을 감소시켜 전력손실을 줄인다. 전도도가 $\sigma_0[\mho/m]$인 금속의 와전류손은 $P_e \propto \sigma_0 f^2 B_m^2\,[\mathrm{W/m^3}]$이고 여기서 $f[\mathrm{Hz}]$는 주파수, $B_m[\mathrm{Wb/m^2}]$은 최대 자속밀도이다.

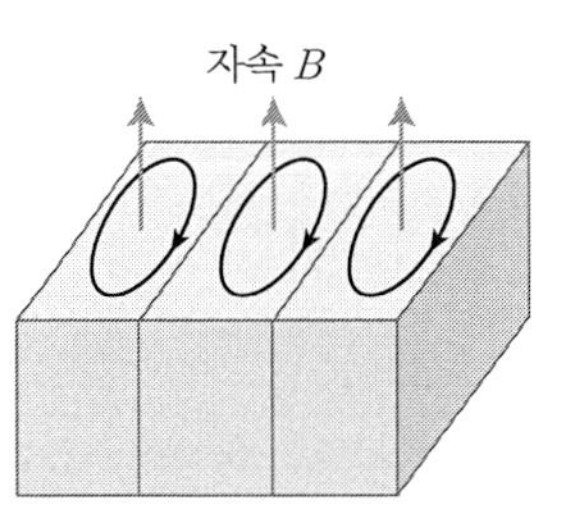

그림 9.20 맴돌이전류를 줄이는 적층형 규소강판 구조

(1) 아라고의 원판

그림 9.21과 같이 구리 혹은 알루미늄으로 만든 원판 위에 작은 자석을 회전시키면 구리판이 이에 따라 회전하고, 반대로 원판을 회전시키면 자석이 그것에 따라서 회전하는 것을 아라고의 원판(Arago's disc)이라 한다. 이 현상은 자석을 회전시키면 자석의 두 극에서 발생하는 자기력선 중 원반을 통과하는 자기력선이 부분적으로 변화한다. 전자유도작용에 의해 자기력선의 변화를 방해하기 위한 맴돌이전류가 발생하고, 맴돌이전류와 자기력선 사이에 플레밍의 왼손법칙에 따른 힘이 작용하여 구리판이 자석을 따라 회전하게 된다. 이는 프랑스의 물리학자 아라고(Arago, 1786~1853)가 1824년 처음 실험하였고 31년후 푸코가 와전류 때문임을 설명하였으며, 1831년 영국의 과학자 패러데이가 전자기유도법칙을 발견하는 계기가 되었다. 전자식 전력량계 도입 이전에 아고라 원반을 사용하였고 이 원리는 유도전동기를 이용한다.

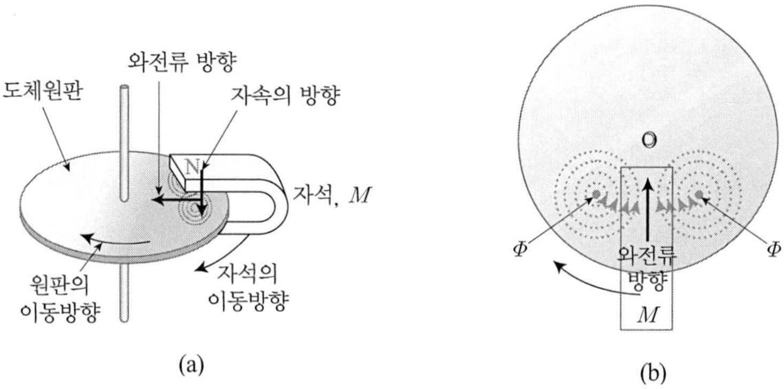

그림 9.21 아라고의 원판 (a) 구조 (b) 원리

(2) 표면저항

도체에 교류전류가 흐르면 중심부로 갈수록 결합자속이 증가하여 중심부에 역기전력이 발생하고 공급기전력과 방향은 반대이다. 그래서 중심부에 전류의 흐름이 방해받고 표면으로 전류가 집중해서 흐른다. 그림 9.22와 같이 원형 도체 선에 전류가 흐르면 직류저항과 교류저항의 단면적이 다르다. 도전성물질의 두께가 도체의 표피 두께 $\delta = 1/\sqrt{\pi f \mu \sigma}$ 이라고 하고 여기서 표피 두께는 주파수 $f[\mathrm{Hz}]$, 도체의 전도도 $\sigma[\mho/\mathrm{m}]$ 및 투자율 $\mu[\mathrm{H/m}]$에 반비례한다.

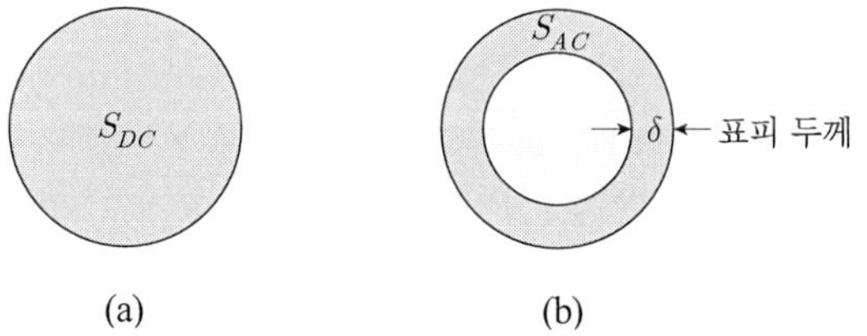

그림 9.22 도체의 단면적 (a) 직류전류 (b) 교류전류

예제 9.14 주파수가 1GHz인 원형 구리선의 표피 두께를 구하여라.

(단, $\sigma = 5.81 \times 10^7$ [S/m], $\mu_0 = 1.257 \times 10^{-6}$ [H/m]이다.)

풀이 $\delta = \dfrac{1}{\sqrt{\pi f \mu \sigma}} = \dfrac{1}{\sqrt{\pi (10^9)(1.257 \times 10^{-6})(5.81 \times 10^7)}} = 2.1 \times 10^{-3}$ [mm]

구리선인 경우 ($\mu_r \approx 1$) $\delta = \dfrac{0.0661}{\sqrt{f}}$[m]이다. ■

9.6 시변전자장 응용

(1) 전동기

패러데이 전동기는 외르스테드가 전류-나침반 움직이는 원리를 발견한 때부터 1년 2개월 후인 1821년 발표하였다. 전동기(motor)는 전기에너지를 역학적 에너지로 바꾸기 위해 자석에 의한 강한 자장 속에 전류가 흐르는 도선고리의 축 회전력을 이용한 것이다. 그림 9.23과 같이 전류가 코일을 통해 지날 때 토크가 영이 되는 위치로 회전한다. 관성 때문에 이것은 전류의 변화 없이 이 점을 계속해서 지나가고 반대방향으로 회전력이 작용하며 평형 위치로 다시 돌아온다. 그런데 코일에 연결한 전원 극성을 바꾸면 평형점을 지나 코일의 전류방향이 반대가 되고 회전력은 계속해서 원래 방향으로 작용한다. 이런 조건에서 코일은 계속적으로 회전한다.

전동기는 전기로 힘을 발생하여 일을 하는 장치로서 전자석의 원리를 이용한다. 전동기의 회전축에 전자석을 고정하고, 또 다른 전자석에 전기를 흐르게 하면, 회전자의 전자석과 밖의 고정된 전자석의 극이 항상 잡아당기도록 만든다. 사용하는 전원에 따라 직류전동기와 교류전동기가 있고 동작원리는 같다.

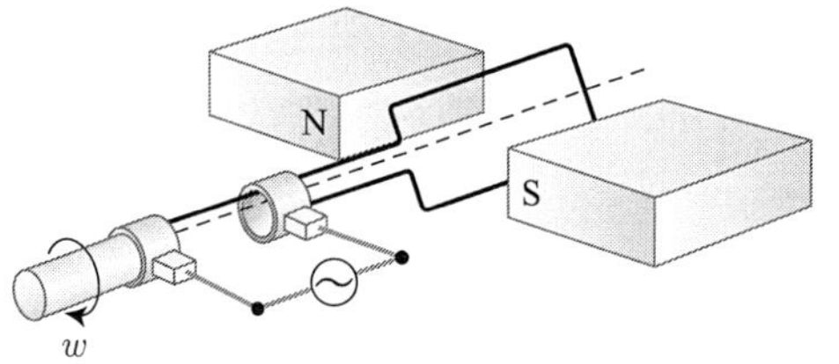

그림 9.23 전동기

(2) 발전기

1931년 패러데이 원반 발전기인 최초의 발전기를 발표하였다. 발전기는 그림 9.24와 같이 전동기와 비슷한 구성을 갖지만 화력, 풍력, 수력, 그리고 조력 등에 의한 회전력을 전자유도 방식을 사용하여 전기에너지로 변환시키는 장치이다. 유도기전력의 방향은 플레밍의 오른손법칙에 따르고 순차적으로 변화하는 자장은 도선고리의 평면을 통해 만들어져 전류를 발생한다. 역학에너지와 회전에너지는 전기에너지로 바꾸고 고리가 한 바퀴 회전함으로써 전류의 방향이 바뀌는 교류전류가 만들며 한국과 미국은 60Hz, 일본과 유럽은 50Hz 교류를 사용한다.

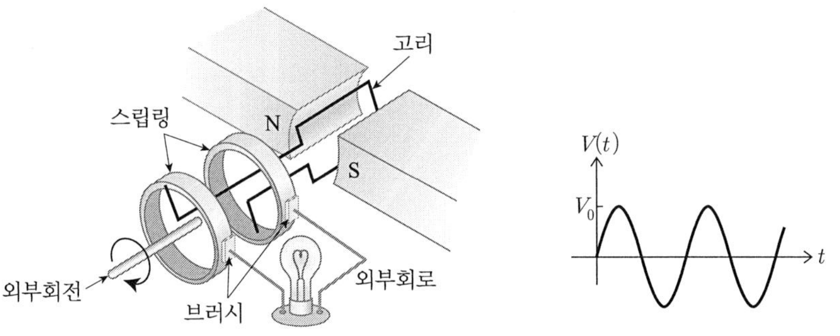

(a) (b)

그림 9.24 발전기원리 (a) 구조 (b) 출력 파형

구조는 자석을 이용해 자장을 만들고, 자장 안에 회전하는 방향으로 코일을 놓는다. 발전기의 동작원리는 다음과 같다. N회 감은 코일의 닫힌 면적을 $S\hat{a}_n$라 하고 자장의 방향과 이 면적의 단위벡터 방향 사잇각이 θ라 하면 코일을 통과하는 자속은

$$\Phi_M = NBS\cos\theta = NBS\cos wt\,[\mathrm{Wb}] \tag{9-35}$$

이고, 코일에 유도되는 기전력은 다음과 같다.

$$V_e = -\frac{d\Phi_M}{dt} = NBSw\sin wt\,[\mathrm{V}] \tag{9-36}$$

- 발전기(오른손법칙, Blu법칙)
  기계적인 힘이 자장에 의해 전기력, $f_e = q\boldsymbol{u_m}\times\boldsymbol{B} \rightarrow E = \dfrac{f_e}{q} = Bv \rightarrow$ 유도기전력은 $V_e = E\ell = B\ell v$이다.
- 전동기(왼손법칙, Bli법칙)
  전기력이 자장에 의해 기계적인 힘, $f_m = i\boldsymbol{l}\times\boldsymbol{B}$을 발생하고 전류에 비례한다.

예제 9.15 균일한 자장 $B = 0.5\mathrm{T}$에서 한 변의 길이가 10cm이고 감은 횟수가 500번인 정사각형 고리로 된 발전기에서 최댓값이 100V인 경우 각 주파수를 구하여라.

풀이 $V_p = NBSw$에서 $100[\mathrm{V}] = (500)(0.5\mathrm{T})(0.1\mathrm{m})^2 w$이고 $w = 40[\mathrm{rad/s}]$이므로 $f = w/2\pi = 6.4[\mathrm{Hz}]$ ■

(3) 3-상 발전기

일정한 자장에서 코일을 회전시키는 방법보다 고정된 코일과 코일 주위에서 영구자석의

회전으로 전자기유도를 이용한다. 이것은 수력 발전에서 떨어지는 물의 에너지가 영구자석을 고정된 코일 주위로 회전하게 하여 교류 전력을 발생시킨다. 그림 9.25와 같이 코일에 유도되는 전류는 코일에서 자석의 한 극이 접근하다가 멀어짐으로 증가하다가 감소하는 교류이며 서로 다른 위상을 가진다.

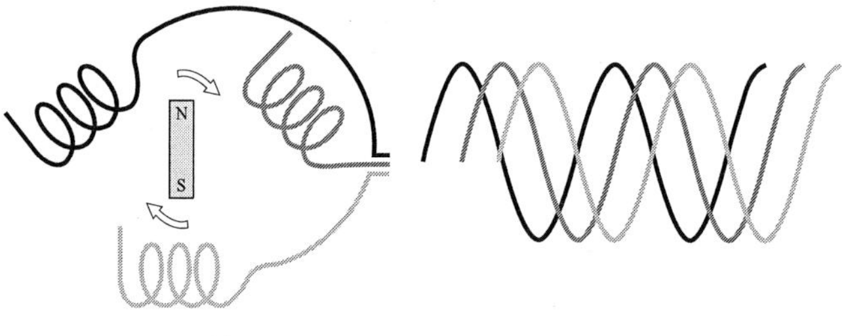

(a) (b)

그림 9.25 3-상 발전기 구조 (a) 구성 (b) 출력 파형

전동기와 발전기의 핵심원리는 자장의 변화와 도선코일의 움직임이다. 자장 내에서 도선고리가 회전할 때 전압이 유도되며 도선의 감은 수가 많고 빠른 속도로 운동할수록 큰 전압을 유도된다.

(4) 확성기와 마이크

확성기(loudspeaker)는 전기신호를 음파로 바꾸는 장치이고 마이크는 음파를 전기신호로 바꾸는 장치이다. 확성기는 도선에 흐르는 전류에 자기력을 이용하고 마이크는 자속을 변화시켜 전류를 유기한다. 그림 9.26은 기본적인 확성기와 마이크의 동작원리를 나타내고, 움직이는 코일과 고정된 영구자석으로 된 음성코일을 사용한다.

확성기는 플레밍의 왼손법칙을 따르고 자석이 전류가 흐르는 도선에 힘을 가하는 원리를 사용한다. 교류전류 형태의 전기신호는 자장 속에 있는 코일에 보내지고 코일은 자기력을 받아 코일에 부착된 확성기의 얇은 진동판에 전달된다. 전류가 변하면 확성기 얇은 진동판은 진동하고 이 진동으로 공기분자가 진동하여 음파를 발생시키고 소리로써 우리의 귀에 감지된다. 그리고 전류의 크기와 주파수의 변조에 의해 확성기 얇은 막의 진동크기와 주파수를 변화시켜, 최종소리의 음량(진폭이 넓고 좁음에 따른 소리의 크고 작음)과 소리의 높이에 대응하는 변화를 일으킨다.

마이크(microphone, mike)는 그림 9.26(b)와 같이 플레밍의 오른손법칙을 따르고, 음파는 진동판에 연결된 코일이 음성에 의해 공기압력이 변화한다. 이 압력변화가 영구자석

음성코일은 코일에 전류가 흘러 만들어진 자장과 영구자석에서 발생한 자장의 상호작용을 이용한 구동소자이며, 음성 확성기에 처음 사용한 선형 보이스코일은 발생하는 힘이 인가전류에 비례한다. 움직이는 방식에 따라 선형과 회전형으로 나누고 응용분야는 로봇, 드라이브 헤드, 의료, 산업 분야 등이다. 확성기의 보이스코일에 교류신호를 인가하면 보이스코일에 자장

이 발생하고 이 자장의 극성과 영구자석 극성끼리 인력/척력으로 콘을 당기거나 밀어, 진동판에 진동의 전달로 확성기에서 소리가 난다.

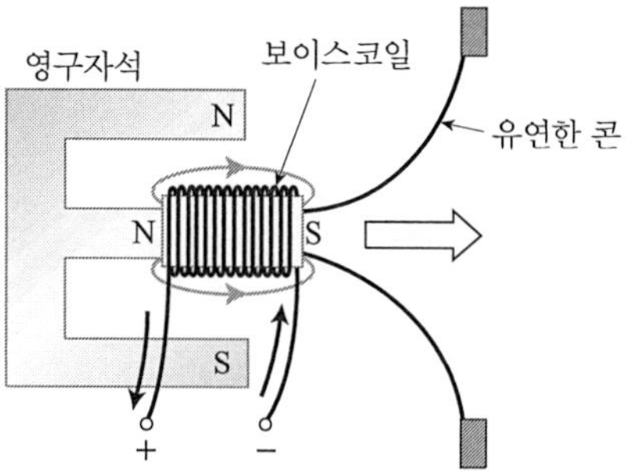

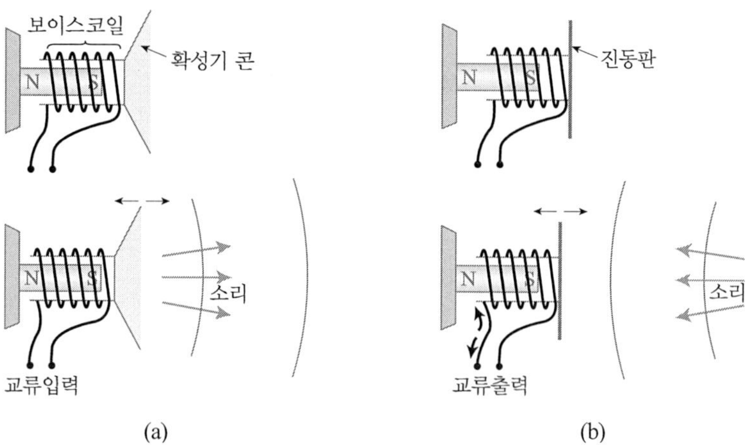

그림 9.26 확성기와 마이크 동작원리 (a) 확성기 (b) 마이크

의 자장 속에서 코일을 발진시켜 코일 단면을 통한 자장이 변화하여 코일에 전류가 유기된다. 이런 방법으로 소리의 파동에너지는 전기에너지로 바뀐다.

(5) 자성체 정보 기록 및 읽기

자성체로 된 테이프와 디스켓에 정보를 기록하거나 정보를 읽을 수 있다. 테이프 녹음기는 그림 9.27과 같이 자기 테이프에 기록용 전류를 흘리면 자기헤드가 만드는 자장은 자성막 안의 자성체를 자화시킨다. 자성막은 분극시키는데 에너지 손실이 적은 연질자석을 사용하고 읽고 기록하는 헤드는 경질자석 혹은 전자석이다. 자기기록 소자로 사용하기 위한 재료에 요구되는 특성은 첫째, 낮은 포화자장 H_s로 쉽게 자화되고, 둘째, 높은 잔류자속밀도 B_r로 외부자장을 제거한 후에도 대부분의 자화가 유지된다. 자기소자에 기록된 정보를 깨끗이 지우기 위해 보자력 $-H_c$의 자장을 반대방향으로 가해준다.

자성체 테이프리더는 자기 테이프에서 정보를 가져와서 전기신호로 바꾼다. 기본테이프리더의 구조는 그림 9.28과 같으며 테이프 녹음기와 유사하다. 자기테이프는 기록된 정보가 자성막 위에 미소한 자석이 연속적으로 정렬한 상태로서 특정 자장방향으로 부호화되어 있어 리더가 자성테이프 위로 지나면 코일의 평면을 통해 자장이 유기된다. 그리고 코일의 자장 변화는 순차적으로 전류가 유도되고 헤드에서 생긴 재생전압으로 판독한다.

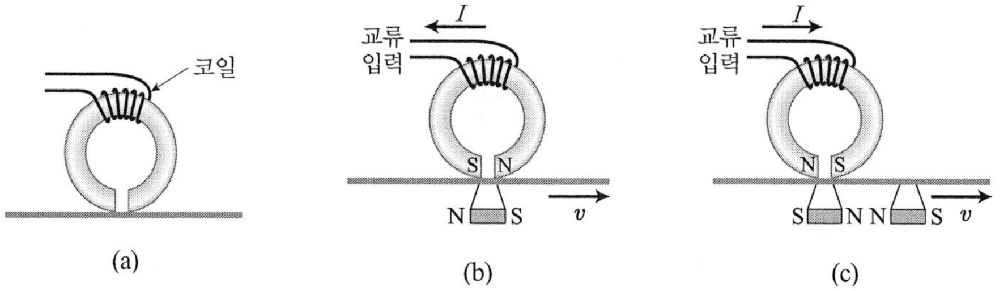

그림 9.27 자성체 정보 기록 (a) 구조 (b) 상태-1 (c) 상태-2

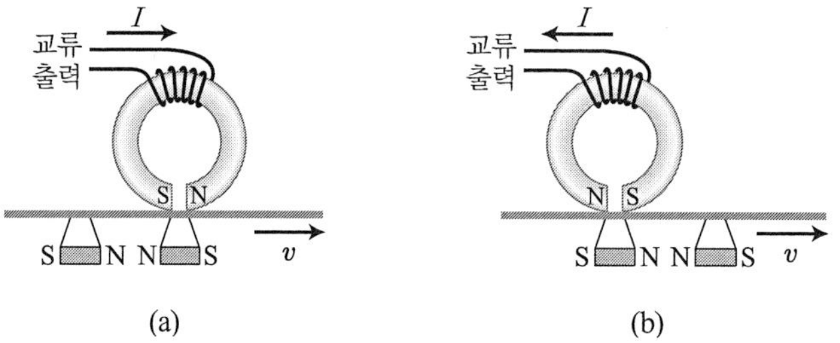

그림 9.28 자성체 정보 읽기 (a) 상태-1 (b) 상태-2

● 신용카드와 버스카드

신용카드에 있는 검은색의 띠는 일종의 자석으로 자화가 어떤 방향으로 이루어졌는가를 접촉식으로 읽어들여 정보를 확인한다. 버스카드는 무접촉식으로 신분증 등에도 이용하여 출·퇴근의 관리, 그리고 출입이 통제된 건물에 들어가기 위하여 사용되기도 한다. 버스에 설치된 단말기에는 코일-1이 있어서 계속 변화하는 자장이 발생한다. 그리고 버스카드에는 카드의 주위를 돌린 코일-2가 있어서 단말기 가까이 다가가면 코일에 전기가 유도된다. 이때 발생되는 전기는 아주 미약하지만 반도체 칩을 동작시킨다.

(6) 계전기

계전기(繼電器, relay)는 그림 9.29와 같이 전자석, 스프링, 단자 등으로 구성되고 스프링과 전자석 원리를 이용하여 기계적으로 전기접점을 여닫는 전기소자이다.

계전기 조절 경로의 코일에 전류를 흘리면 코일은 전자석이 되어 철판을 끌어당긴다. 그래서 그 철판에 붙어 있는 부하경로의 스위치 접점을 닫거나 연다.

계전기는 안전에 중요한 논리함수 구현, 전기접촉을 열거나 닫는 시간지연함수 구현, 저전압(전류)신호로 고전압(전류)을 조절, 전송이나 수신 시 모든 결함을 감지하고 격리시키는 보호기능 등을 수행한다.

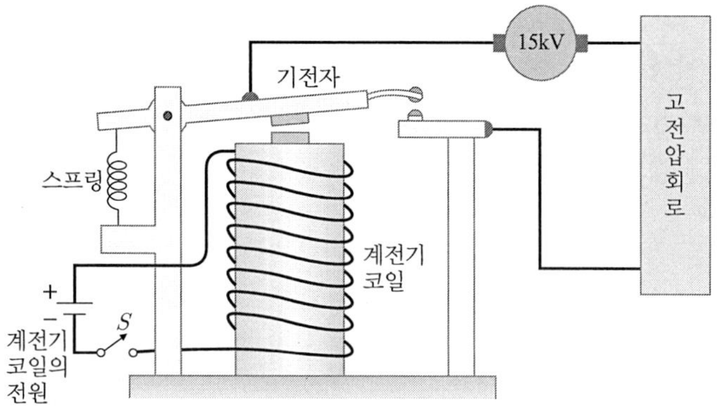

그림 9.29 계전기 구조

(7) 검류계

그림 9.30과 같이 영구자석의 극 사이에 면적이 $S[\mathrm{m}^2]$인 직사각형 코일을 회전축 베어링에 장착한다. 원통형 연철심과 곡선 극면자장을 만들기 위해 마주보게 하면 자속 B는 균일하고 방사상으로 향하게 되고 코일의 회전력 τ는 $ISB\sin\theta\,[\mathrm{N \cdot m}]$이다.

전류가 코일을 흐를 때 코일을 회전하는 회전력이 작용하고 코일은 전류와 자장의 상호작용에 의한 회전력이 복원스프링에 의한 반대 회전력과 균형이 될 때까지 회전한다. 스프링의 편향각은 후크의 법칙에 의해 회전력에 비례하기 때문에 코일에 접착된 지침의 편향각은 코일전류의 척도이다.

지침의 편향각은 자장 $\boldsymbol{B}$와 닫힌 고리의 면적 S가 일정할 때, 흐르는 전류에 비례한다. 이것이 바로 검류계(galvanometer)의 원리이고, 이 검류계는 전류계와 전압계의 기본 측정소자로 사용한다.

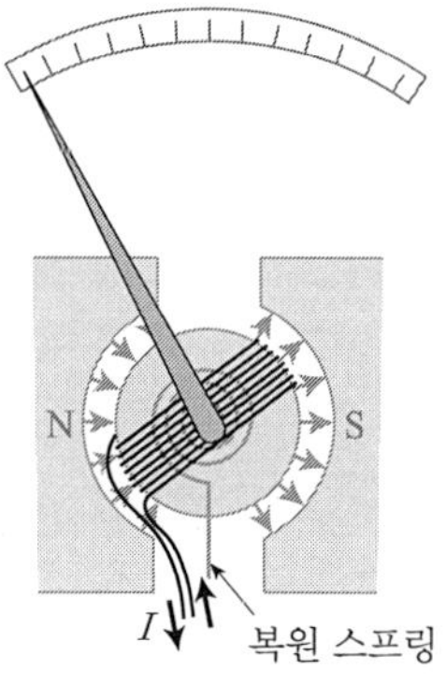

그림 9.30 검류계의 내부 구조

(8) 전자기펄스탄

E-폭탄이라 불리는 전자기펄스(Electromagnetic Pulse : EMP)탄은 강력한 전자기파가 지구 성층권이나 대기 중의 분자들을 분리시킨 뒤 한 방향으로 흐르게 해 엄청난 수의 전하

들이 지표면으로 내려오는 현상이다. EMP탄의 구성도는 그림 9.31과 같고 강력한 전자기파를 방출해 적의 전자기기를 무력화시키는 미래형 무기이다. 원리는 1925년 물리학자 콤프턴이 고 에너지상태의 빛(광자)을 원자번호가 낮은 원자에 쏘면 전자를 방출한다는 것을 발견했으며 이를 "콤프턴효과"이다. 나아가 그 전자가 잇따라 충돌하는 원자로부터 새로운 이온화전자를 방출하여 폭발 중심에서부터 방사상으로 퍼지고 직교하는 전장과 자장을 발생시킨다. 이는 강력한 태양 폭풍이 발생하거나 핵폭탄이 터질 경우에 발생한다. 이론적으로는 EMP의 피해를 막기 위해 "패러데이 상자"를 통해 낙뢰 같은 큰 전류가 순식간에 흐를 때도 패러데이 상자 안에는 전자파에 대한 피해를 입지 않는다. 그 이유는 큰 전류가 금속상자의 표면에 흐른다고 해도 내부는 등전위로 유지되기 때문이다.

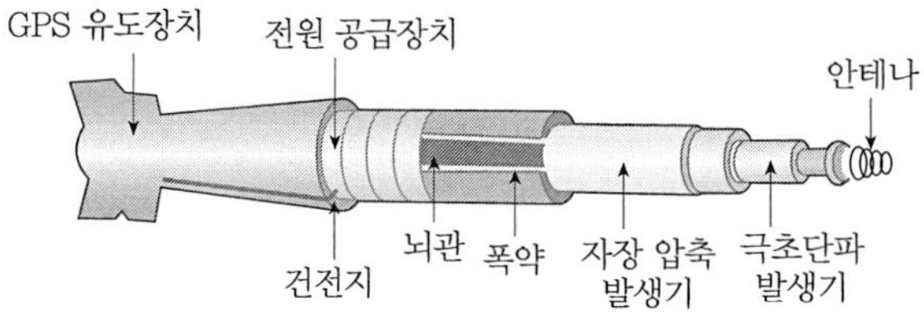

그림 9.31 EMP탄 구성도

패러데이 상자(Faraday cage)

(a) 전장이 없을 때 도체 벽의 전자가 균일하게 분포한다.
(b) 도체 벽의 전자는 외부 전장에 반응하여 이동한다.
(c) 도체 벽에 대전된 전하에 의해 상자 안에 외부 전장의 방향과 반대인 유도전장이 발생하여 상자 안의 전장을 상쇄시킨다.

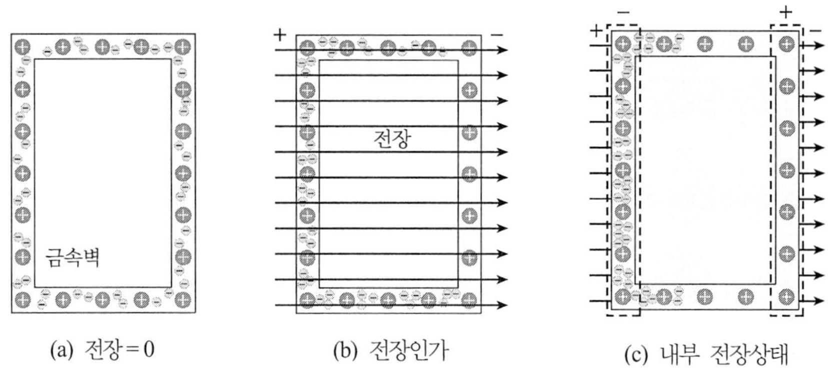

(a) 전장 = 0 (b) 전장인가 (c) 내부 전장상태

(9) 무선전력전송

무선전력전송(Wireless Power Transfer : WPT)은 모바일기기, 전자기기 등을 무선으로 충전하기 위한 방법이다. 전자기유도와 자기공진 기술은 IT 및 차량전장에 적용이 가능함으로 스마트그리드 기술에 유용한 기술이다.

① 고주파 전자파를 이용한 전기에너지 전송은 1893년 미국의 과학자 테슬라(Nikola Tesla, 1856~1943)에 의해서 처음 시도되었다. 이 방법은 전기로 고주파를 만들어 보낸 다음 수신기에서 다시 받아 전기로 바꾸는 방식이다. 그러나 이 방법은 인체에 해로운 고출력전파를 이용하기 때문에 실제 사용하기는 어렵다. 미래에 우주공간의 태양광 발전소에서 전기를 지상으로 보낼 때 이 기술을 사용할 수 있다.

② 패러데이의 전자기유도는 1-차 코일의 전기에 의한 자장을 변화시켰을 때 2-차 코일에 전압이 유도돼 전기가 발생하는 방식이다. 전자기유도는 이처럼 표면 충전을 통해 전력이 전송되기 때문에 충전기와 기기 거리가 수 ㎝ 범위 내에서만 이용할 수 있다. 전동칫솔에서 처음 적용되었고 최근 휴대전화 등의 가전기기 등에 응용되고 있다.

③ 자기공진 기술은 그림 9.32와 같이 특정주파수에서 LC 공진이 발생하는 공진코일을 추가하면 에너지가 같은 공진주파수의 다른 공진코일로 이동하여 전력을 발생시키는 원리다. 외부에서 발생한 주파수가 다른 회로가 갖고 있는 고유의 주파수와 같아지면 에너지가 갑자기 커지는 것이 전기공진이다. 이처럼 자기공진 기술은 수 m 내에서 비방사공진을 통해 전력을 전송하기 때문에, 자장은 거리가 멀어지면 약해지지만 이 공진원리를 이용하면 멀리 있는 충전 제품에도 강한 자장을 일으켜 충전이 가능하다.

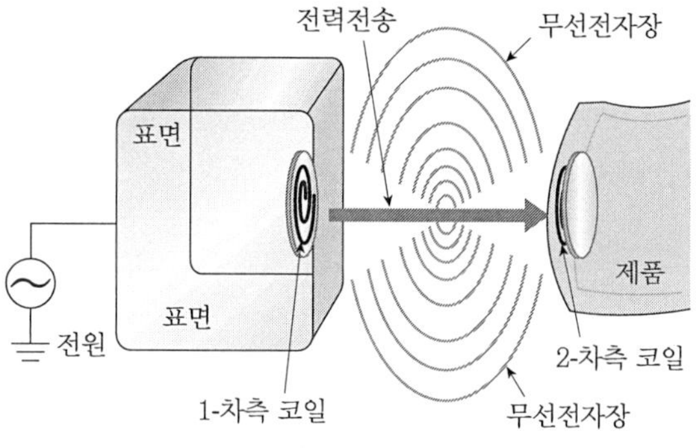

그림 9.32 자기공진형 무선전력전송 구조

| 연 | 습 | 문 | 제 |

9.1 한 변의 길이가 1mm 인 정사각형 탄소강도선($\sigma = 5 \times 10^6$)에 전도전류 $I_c(t) = 5\sin(2\pi \times 10^9 t)$[A]가 z-방향으로 흐르고, 비유전율이 $\epsilon_r = 9$으로 채워진 커패시터가 직렬로 연결되어 있다. 시간 $t = 0$에서 커패시터의 변위전류밀도를 구하여라.

9.2 평행판 사이 거리가 1μm, 비유전율이 $\epsilon_r = 11.8$인 유전체로 채워진 두 평행판 사이에 전압 $0.1\cos(10\pi \times 10^8)$[V]을 인가했을 때 변위전류를 구하여라.

9.3 바다물($\sigma = 5$, $\epsilon_r = 81$) 속의 전장을 $\boldsymbol{E} = \boldsymbol{E}_0 e^{j\omega t}$라고 할 경우 변위전류밀도 $\boldsymbol{J}_d$와 전도전류밀도 $\boldsymbol{J}_c$가 $|\boldsymbol{J}_d| = 5|\boldsymbol{J}_c|$이 되는 주파수를 구하여라.

9.4 구리 파이프를 수직하게 세우고 그 속에 자석을 떨어뜨리면 아크릴 파이프에서 보다 훨씬 천천히 떨어진다. 전자기의 기본법칙을 써서 정성적으로 설명하여라(2009년 변리사 2차 시험).

9.5 그림과 같이 투자율이 $\mu = \mu_0$[H/m](μ_0는 진공에서의 투자율)인 매질에 무한 길이의 직선도선이 놓여 있다(단, 도체 두께는 무시). 도선에는 전류 I[A]가 $+z$ 방향으로 흐르고, 한 변의 길이가 a[m]인 정삼각형 루프에서 발생하는 유도기전력(V_e)을 구하여라(2010년도 변리사 2차 시험).

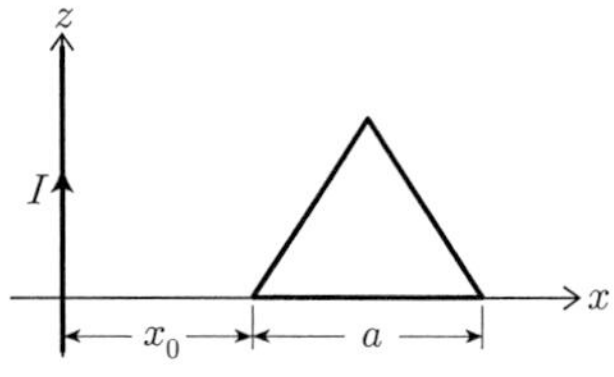

9.6 패러데이법칙으로부터 유도기전력에 관한 식을 유도하고, 이의 물리적 의미를 설명하여라(2010년도 변리사 2차 시험).

9.7 반경이 1cm인 원형 고리 형태로 10번 감긴 인덕터의 중심이 원점이고 xy-평면에 놓여 있으며 저항 1[kΩ]을 연결하였다. 자속밀도는 $\boldsymbol{B} = (0.1\hat{a}_y + 0.5\hat{a}_z)\sin(10^3 t)$[T]이다.

(a) 단일 권선인덕터의 결합자속 수 (b) 유도기전력 (c) 전류를 구하여라.

9.8 균일한 자장이 0.9T 안에서 도선막대 길이가 13.2cm가 움직일 때 유도기전력이 100mV가 발생하였다. 막대의 속도와 막대의 전장을 구하여라.

9.9 코일의 감은 횟수가 50회, 0.1초 동안 자속이 8Wb에서 6Wb로 감소했다. 코일에 유도되는 유도기전력을 구하여라.

9.10 그림과 같이 $a=0.5[\text{m}]$, $b=1[\text{m}]$, $R_1=200[\Omega]$, $R_2=300[\Omega]$이고, 자장 $\boldsymbol{B}(t)=\hat{a}_z 10t[\text{T}]$이다. 단 저항의 크기는 고리의 각 변보다 매우 작다고 가정한다.
(a) 고리에 유도되는 기전력과 등가 회로 (b) R_2의 전압, 고리전류를 구하여라.

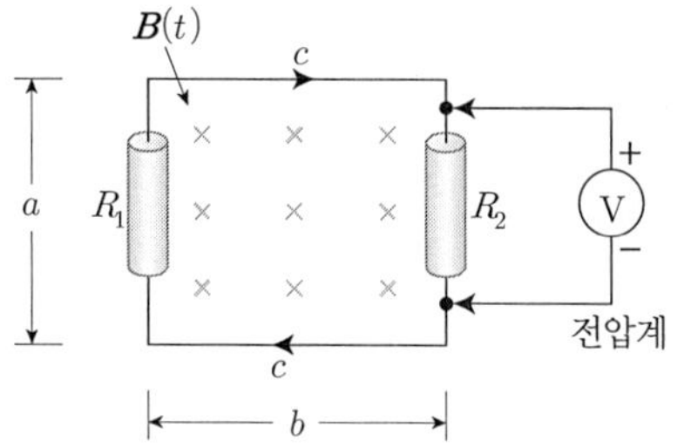

9.11 그림처럼 길이가 $\ell[\text{m}]$인 도선막대의 한쪽 끝을 중심으로 일정한 각속도 $w[\text{rad/m}]$로 회전하고, 균일한 자장은 회전 평면에 수직으로 향한다. 막대 양 끝에 유도되는 기전력을 구하여라.

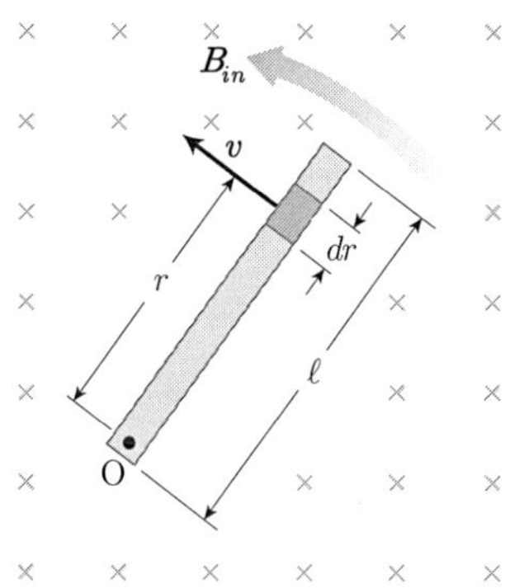

9.12 220V, 60Hz 전력선을 이용하여 22V 모터를 작동시키려고 한다. 1-차측 권선수가 200회일 때 필요한 2-차측 권선수를 구하여라.

9.13 균일한 자장 $B=0.65[\text{T}]$에서 한 변의 길이가 21cm이고 감은 횟수가 720번인 정사각형 고리로 된 발전기에서 최댓값이 120V인 경우 각 주파수를 구하여라.

9.14 무선 ID의 작동원리는 카드와 안테나 사이의 쌍방향 무선통신이다. 전원이 없는 교통카드가 어떻게 무선통신을 하는지 설명하여라.

Chapter 10

맥스웰방정식과 전파

Contents

409 맥스웰방정식

412 전하보존법칙

412 맥스웰방정식과 전기회로

414 전자기 경계조건

420 파동방정식

424 포인팅정리와 전력

434 파동과 전파

437 전장을 이용한 전자파의 설명

440 마이크로 오븐

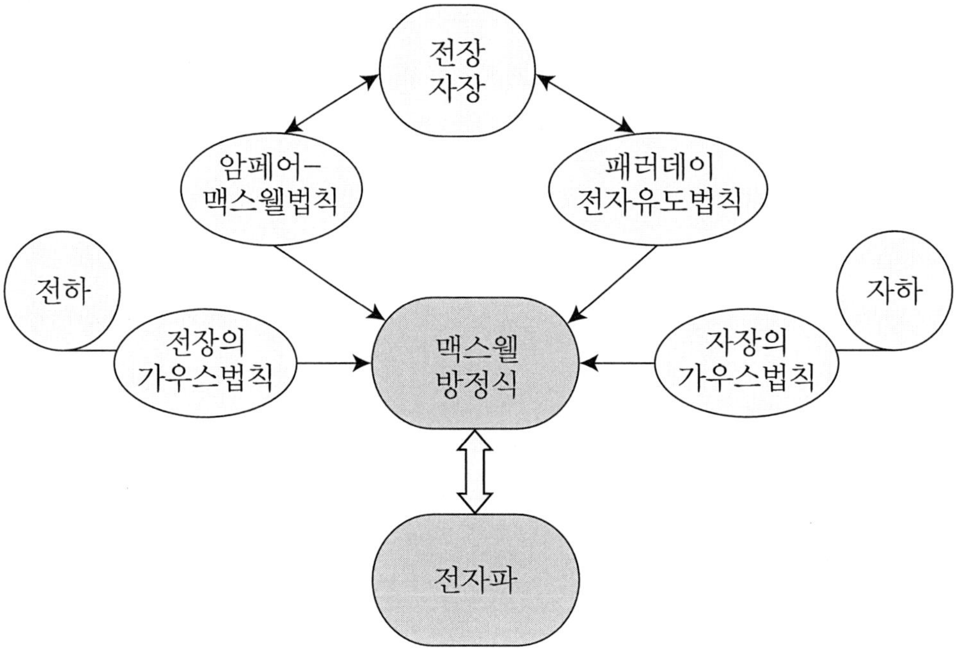

전장
자장
암페어–
맥스웰법칙
패러데이
전자유도법칙
전하
전장의
가우스법칙
맥스웰
방정식
자장의
가우스법칙
자하
전자파

10.1 맥스웰방정식

고전 전자기학의 아버지로 불리는 맥스웰은 쿨롱의 법칙, 패러데이법칙, 그리고 변형된 암페어법칙 등을 조합하여 맥스웰방정식을 만들었다. 맥스웰방정식은 전자파를 해석함에 있어 가장 기본이 되는 방정식이고 적분형과 미분형이 있다. 적분형은 거시적이고, 임의의 체적과 표면에서 물리적인 의미를 이해할 수 있다. 미분이라는 것은 항상 연속되는 함수에만 적용할 수 있어 경계조건과 같이 불연속 부분을 포함하는 함수의 해석을 위해 적분형이 필요하다.

$$\oint_c \boldsymbol{E} \cdot d\boldsymbol{\ell} = -\int_s \frac{\partial \boldsymbol{B}}{\partial t} \cdot d\boldsymbol{s} \tag{10-1}$$

$$\oint_c \boldsymbol{H} \cdot d\boldsymbol{\ell} = \int_s \left(\boldsymbol{J} + \frac{\partial \boldsymbol{D}}{\partial t}\right) \cdot d\boldsymbol{s} \tag{10-2}$$

$$\oint_s \boldsymbol{D} \cdot d\boldsymbol{s} = \int_v \rho_v \, d\boldsymbol{v} \tag{10-3}$$

$$\oint_s \boldsymbol{B} \cdot d\boldsymbol{s} = 0 \tag{10-4}$$

여기서 E는 전장세기[V/m], D는 전속밀도[C/m^2], J는 전류밀도[A/m^2], ρ_v는 체적전하밀도[C/m^3], H은 자장세기[A/m], 그리고 B는 자속밀도[Wb/m^2]이다.

미분형은 미시적이고, 공간 중에 임의의 점으로 정의되며, 수학적인 미분의 근원을 가지고 파동방정식을 유도한다. 적분형에서 미분형으로 변환할 때는 발산의 정리와 스토크스 정리를 이용한다. 우측 항은 현상이 발생하는 원인이고, 좌측 항은 그에 따른 결과 현상이며, 표 10.1은 미분형 맥스웰방정식을 유도하는 과정을 정리하였다.

$$\nabla \times \boldsymbol{E} = -\frac{\partial \boldsymbol{B}}{\partial t} \tag{10-5}$$

$$\nabla \times \boldsymbol{H} - \boldsymbol{J} + \frac{\partial \boldsymbol{D}}{\partial t} \tag{10-6}$$

$$\nabla \cdot \boldsymbol{D} = \rho_v \tag{10-7}$$

$$\nabla \cdot \boldsymbol{B} = 0 \tag{10-8}$$

두 회전방정식에서 두 발산방정식이 유도된다.

$$\nabla \times \boldsymbol{E} = -\frac{\partial \boldsymbol{B}}{\partial t} \rightarrow \nabla \cdot (\nabla \times \boldsymbol{E}) = \nabla \cdot \left(-\frac{\partial \boldsymbol{B}}{\partial t}\right) \rightarrow \nabla \cdot \left(-\frac{\partial \boldsymbol{B}}{\partial t}\right) = 0 \rightarrow \nabla \cdot \boldsymbol{B} = 0$$

$$\nabla \times \boldsymbol{H} = \boldsymbol{J} + \frac{\partial \boldsymbol{D}}{\partial t} \rightarrow \nabla \cdot (\nabla \times \boldsymbol{H}) = \nabla \cdot \left(\boldsymbol{J} + \frac{\partial \boldsymbol{D}}{\partial t}\right) \rightarrow \nabla \cdot \left(\boldsymbol{J} + \frac{\partial \boldsymbol{D}}{\partial t}\right) = 0$$

$$\rightarrow \nabla \cdot \boldsymbol{J} = -\frac{\partial \rho_v}{\partial t} \rightarrow \nabla \cdot \boldsymbol{D} = \rho_v$$

표 10.1 미분형 맥스웰방정식 유도과정

법칙	적분형	정리	변환	미분형
암페어 -맥스웰 법칙 (전장의 변화가 자장 발생)	$\oint H \cdot d\ell = I$ 암페어 주회전법칙	스토크스 정리 $\oint H \cdot d\ell = \int_s (\nabla \times H) \cdot ds$	$I = \int_s J \cdot ds = \int_s \left(J_c + \frac{\partial D}{\partial t}\right) \cdot ds$ 전도전류 변위전류	$\nabla \times H = J_c + \frac{\partial D}{\partial t}$ 암페어-맥스웰법칙 미분형
패러데이 전자유도 법칙 (자장의 변화가 전장 발생)	렌츠법칙(-) $V_e = -\frac{d\Phi}{dt}$ 패러데이 전자유도법칙	스토크스 정리 $V_e = \oint E \cdot d\ell = \int_s (\nabla \times E) \cdot ds$	$-\frac{d\Phi}{dt} = -\frac{d}{dt}\int_s B \cdot ds = -\int_s \left(\frac{\partial B}{\partial t}\right) \cdot ds$ 자속	$\nabla \times E = -\frac{\partial B}{\partial t}$ 패러데이 전자유도법칙 미분형
전장의 가우스법칙 (전하는 전장을 만듦)	$\oint D \cdot ds = Q$ 전장의 가우스법칙	발산정리 $\oint D \cdot ds = \int_v (\nabla \cdot D) \cdot dv$	$Q = -\int_v \rho_v \, dv$ 체적전하밀도	$\nabla \cdot D = \rho_v$ 전장의 가우스법칙 미분형
자장의 가우스법칙 (자장은 닫힌 고리)	$\oint_s B \cdot ds = 0$ 자장의 가우스법칙	발산정리 $\oint_s B \cdot ds = \int_v (\nabla \cdot B) \cdot dv$	0 고립된 자하=0	$\nabla \cdot B = 0$ 자장의 가우스법칙 미분형

위상자를 이용한($d/dt \rightarrow jw$) 맥스웰방정식은 다음과 같다.

$$\nabla \times \boldsymbol{E} = -jw\mu \boldsymbol{H} \quad (10-9)$$

$$\nabla \times \boldsymbol{H} = (\sigma + jw\epsilon)\boldsymbol{E} \quad (10-10)$$

$$\nabla \cdot \boldsymbol{D} = \rho_v \quad (10-11)$$

$$\nabla \cdot \boldsymbol{B} = 0 \quad (10-12)$$

그림 10.1(a)와 같이 자장의 회전 원천은 시변전속이고 그림 10.1(b)는 전장의 회전 원천은 시변자속임을 나타낸다. 그림 10.2(a)는 전하 $Q[\mathrm{C}]$에서 발산하는 전속을 나타낸 전장의 가우스법칙이고, 그림 10.2(b)는 고립된 자하가 없는 원천에서 발산하는 자속을 나타낸 자장의 가우스법칙을 설명한다.

● **위상자와 파수벡터 k로 나타낸 맥스웰방정식**

$\nabla \cdot \boldsymbol{E}=0 \Rightarrow \boldsymbol{k} \cdot \boldsymbol{E}=0$, $\nabla \times \boldsymbol{E}=-jw\mu H \Rightarrow \boldsymbol{k} \times \boldsymbol{E}=\omega\mu\boldsymbol{H}$,

$\nabla \cdot \boldsymbol{H}=0 \Rightarrow \boldsymbol{k} \cdot \boldsymbol{H}=0$, $\nabla \times \boldsymbol{H}=jw\epsilon\boldsymbol{E} \Rightarrow \boldsymbol{k} \times \boldsymbol{H}=-\omega\epsilon\boldsymbol{E}$,

파방정식$\left(\Psi=\Psi_0 e^{-j(\boldsymbol{k}\cdot\boldsymbol{r}-\omega t)}=\Psi_0 e^{-j(k_x x+k_y y+k_z z-\omega t)}\right)$

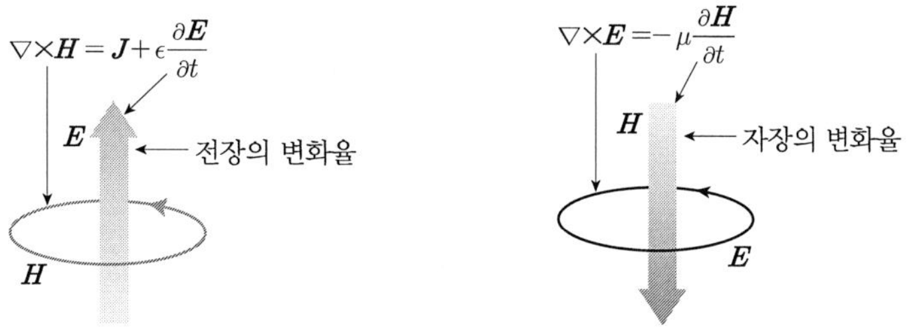

(a) (b)

그림 10.1 시변전장과 자장 (a) 암페어법칙 (b) 패러데이법칙

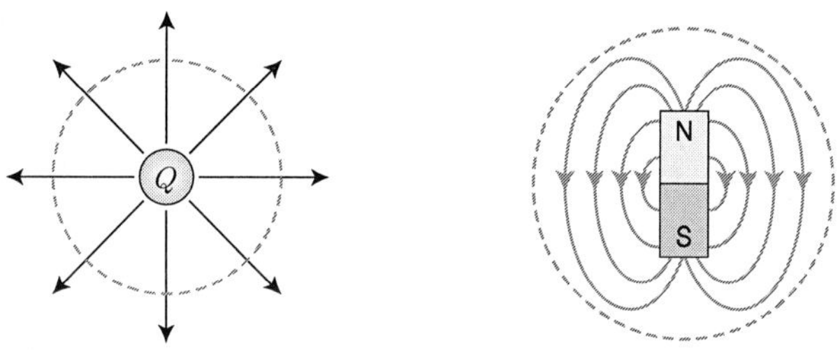

(a) (b)

그림 10.2 가우스법칙 (a) 전장의 가우스법칙 (b) 자장의 가우스법칙

예제 10.1 자유공간에서 전장 $\boldsymbol{E}(x,t)=\hat{a}_z 5\cos(wt+\beta x)[\mathrm{V/m}]$일 때 맥스웰방정식을 이용하여 자장 $\boldsymbol{H}(t)$를 구하여라.

풀이 패러데이법칙 $\nabla\times\boldsymbol{E}=-\frac{\partial\boldsymbol{B}}{\partial t}$을 이용하여 $\begin{pmatrix}\hat{a}_x & \hat{a}_y & \hat{a}_z \\ \frac{\partial}{\partial x} & 0 & 0 \\ 0 & 0 & E_z\end{pmatrix}=-\hat{a}_y\frac{\partial E_z}{\partial x}=-\frac{\partial\boldsymbol{B}}{\partial t}$

$\frac{\partial B_y}{\partial t}=\frac{\partial E_z}{\partial x}=\frac{\partial}{\partial x}[5\cos(wt+\beta x)]=-5\beta\sin(wt+\beta x) \rightarrow$

$B_y=\frac{\beta}{w}5\cos(wt+\beta x)+C$, 일정한 자장에서 원천이 없으면 $C=0$, 그래서

$\boldsymbol{H}=\hat{a}_y\frac{5\beta}{w\mu_0}\cos(wt+\beta x)[\mathrm{A/m}]$ ■

10.2 전하보존법칙

전하보존법칙을 설명하는 연속방정식은 바로 전자파 현상의 신호원인 전류와 전하에 관한 수식이다. 연속방정식을 유도하기 위해 먼저 암페어-맥스웰법칙의 미분형인

$$\nabla \times \boldsymbol{H} = \boldsymbol{J} + \epsilon_0 \frac{\partial \boldsymbol{E}}{\partial t}$$

에 발산을 취하면

$$0 = \nabla \cdot \boldsymbol{J} + \epsilon_0 \frac{\partial \nabla \cdot \boldsymbol{E}}{\partial t} \tag{10-13}$$

이고, 전장의 가우스법칙 미분형 $\nabla \cdot \boldsymbol{E} = \dfrac{\rho_v}{\epsilon_0}$을 대입하면 전하보존법칙의 미분형

$$\nabla \cdot \boldsymbol{J} + \frac{\partial \rho_v}{\partial t} = 0 \;\rightarrow\; \nabla \cdot \boldsymbol{J} = -\frac{\partial \rho_v}{\partial t} \tag{10-14}$$

이 유도된다. 여기서 $\boldsymbol{J}[\mathrm{A/m^2}]$는 체적전류밀도, $\rho_v[\mathrm{C/m^3}]$는 체적전하밀도이다. 따라서 전하보존법칙은 독립된 법칙이 아니라 맥스웰방정식으로 유도된다. $\nabla \cdot \boldsymbol{J}$는 닫힌 공간에서 외부로 빠져나가는 전류량이고, $-\partial \rho_v / \partial t$는 시간이 흐를수록 전하밀도의 양이 줄어들고 있다는 것이다. 따라서 연속방정식은 체적전하밀도가 시간에 따라 줄어드는 전하의 양과 외부로 빠져나가는 전류의 양이 같다는 의미이고, 이는 에너지보존법칙과도 같은 의미를 갖는다.

전하보존법칙의 적분형을 구하기 위해 식 (10-14)의 양변을 부피 적분하고, 전류밀도의 발산정리를 이용하면

$$\int_v \nabla \cdot \boldsymbol{J}\, dv + \int_v \frac{\partial \rho_v}{\partial t} dv = 0,\quad \oint_s \boldsymbol{J} \cdot d\boldsymbol{s} + \frac{d}{dt}\int_v \rho_v\, dv = 0 \tag{10-15}$$

이고, 정리하면 전하보존법칙의 적분형은 다음과 같다.

$$-\oint_s \boldsymbol{J} \cdot d\boldsymbol{s} = \frac{dQ_{in}}{dt} \tag{10-16}$$

10.3 맥스웰방정식과 전기회로

그림 10.3과 같이 닫힌 고리 c에 대해 패러데이법칙식 $\oint_c \boldsymbol{E} \cdot d\boldsymbol{\ell} = -\dfrac{d}{dt}\int_s \boldsymbol{B} \cdot d\boldsymbol{s}$와 전위식 $V_{ba} = -\int_a^b \boldsymbol{E} \cdot d\boldsymbol{\ell}$을 이용하고 소자를 연결한 도선의 효과를 무시하며, 부품 네 개로 나누어서 정리하면 다음과 같다.

$$-\oint_c \boldsymbol{E}\cdot d\boldsymbol{\ell} = -\int_1^2 \boldsymbol{E}\cdot d\boldsymbol{\ell} - \int_2^3 \boldsymbol{E}\cdot d\boldsymbol{\ell} - \int_3^4 \boldsymbol{E}\cdot d\boldsymbol{\ell} - \int_4^1 \boldsymbol{E}\cdot d\boldsymbol{\ell} \qquad (10\text{-}17)$$
$$= V_{21} + V_{32} + V_{43} + V_{14} = \frac{d}{dt}\int_s \boldsymbol{B}\cdot d\boldsymbol{s}$$

① V_{21}은 전원전압 $-\int_1^2 \boldsymbol{E}\cdot d\boldsymbol{\ell} = V_s(t)$이다.

② V_{32}는 저항전압이다. 정현파 정상상태에서 소자가 파장보다 작다면, 옴의 법칙에 의해 $-\int_2^3 \boldsymbol{E}\cdot d\boldsymbol{\ell} = V_{32}(t) = -\int_2^3 \frac{\boldsymbol{J}}{\sigma}\cdot d\boldsymbol{\ell} = -\int_2^3 \frac{I(t)}{\sigma S}d\ell = -I(t)R$이고, 여기서 저항은 $R = \int_2^3 \frac{1}{\sigma S}d\ell$이다. 이때 낮은 주파수에서 전류밀도는 단면적에 균일하다고 가정한다. 부호가 음인 것은 극성 때문이다.

③ V_{43}는 커패시터전압, $-\int_3^4 \boldsymbol{E}\cdot d\boldsymbol{\ell} = V_{43}(t)$이다. 준 정적인(quasi-static)상태에서 $Q(t) \approx CV(t)$이고 양변을 시간에 대해 미분하면 $\frac{dQ(t)}{dt} = I(t) = C\frac{dV(t)}{dt}$이므로 $V(t) = \frac{1}{C}\int_{-\infty}^{t} I(t')dt' = V_{34}$이다. 따라서 $V_{43}(t) = -V_{34}(t) = -\frac{1}{C}\int_{-\infty}^{t} I(t')dt'$ 이고 커패시터의 회로 동작은 변위전류로 기인한다.

④ V_{14}는 인덕터전압, $-\int_4^1 \boldsymbol{E}\cdot d\boldsymbol{\ell} = V_{14}(t)$이다. 인덕터의 닫힌 고리를 적용하고 인덕터의 도선저항이 없다면 준식은 다음과 같다.

$$\int_1^4 \boldsymbol{E}\cdot d\boldsymbol{\ell} + \int_{coil} \boldsymbol{E}\cdot d\boldsymbol{\ell} = \int_1^4 \boldsymbol{E}\cdot d\boldsymbol{\ell} = -\frac{d}{dt}\int_{coil} \boldsymbol{B}\cdot d\boldsymbol{s} = -\frac{dN\phi_m}{dt} \qquad (10\text{-}18)$$

정자장에서 $\Phi = LI$이므로 저주파수의 준 정적인(quasi-static) 상태에서 $\frac{d\Phi}{dt} = \frac{d}{dt}(LI) = L\frac{dI(t)}{dt} + I(t)\frac{dL}{dt} = L\frac{dI(t)}{dt} = V_{41}, V_{14} = -V_{41} = -\int_4^1 \boldsymbol{E}\cdot d\boldsymbol{\ell} = -L\frac{dI(t)}{dt}$이고, 인덕터의 기본동작은 페러데이법칙에서 기인한다.

⑤ 맥스웰방정식에 모두 대입한 식은

$$V_{21} + V_{32} + V_{43} + V_{14} = V_s(t) - I(t)R - \frac{1}{C}\int_{-\infty}^{t} I(t')dt' - L\frac{dI(t)}{dt} \qquad (10\text{-}19)$$
$$= \frac{d}{dt}\int_{s'} \boldsymbol{B}\cdot d\boldsymbol{s}$$

이다. 여기서 표면 s'은 닫힌 경계 c로 제한된 열린 표면에서 인덕터로 제한된 표면을 뺀 것이며, 인덕터 표면에 의한 자속효과는 인덕터 항에 포함되어 있기 때문이다.

저주파수에서 $\frac{d}{dt}\int_{s'} \boldsymbol{B}\cdot d\boldsymbol{s} \simeq 0$이므로 그림 10.3(b)와 같이 회로이론의 KVL을 만족하지만, 고주파에서는 무시할 수 없다.

전원 : $V_{21} = V_s(t)$, 저항 : $V_{32}(t) = -I(t)R$, 커패시터 : $V_{43}(t) = -\dfrac{1}{C}\displaystyle\int_{-\infty}^{t} I(t')dt'$,

인덕터 : $V_{14} = -\displaystyle\int_4^1 \boldsymbol{E}\cdot d\boldsymbol{\ell} = -L\dfrac{dI(t)}{dt}$ ⇒ 수동소자의 극성은 전원의 반대이다.

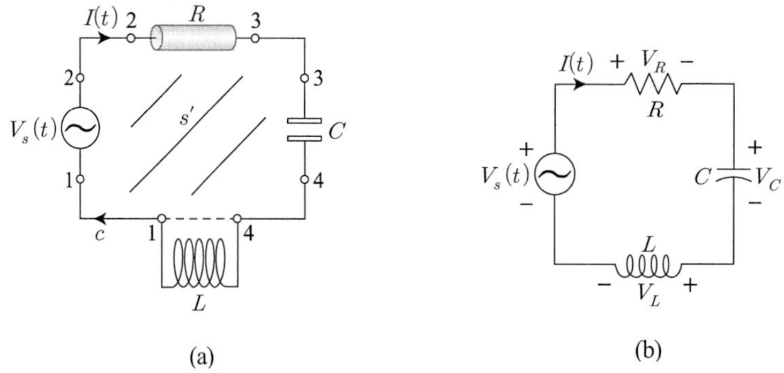

그림 10.3 맥스웰방정식과 전기회로 (a) 크기가 있는 전기회로 (b) 집중소자를 이용한 회로

10.4 전자기 경계조건

매질이 공간 전체에서 균일한 경우에 매질의 경계면은 무한원으로 본다. 그러나 서로 다른 두 개 이상의 물질이 존재할 때에는 유한 영역에 경계면이 생겨 매질의 전자기적 장 벡터가 불연속이 되는 경계조건(boundary condition)이 존재한다. 경계조건은 미분방정식의 해를 구할 때 매우 중요하다.

특정 방향으로 진행하던 전자파가 어떤 경계면을 만났을 때, 그 경계에 입사하는 전자파의 전장과 자장은 경계면에 대해 수직성분과 수평성분으로 나누어 반사 혹은 투과된 양을 결정한다.

(1) 시변장 접선의 경계조건

서로 접촉하는 두 개의 매질에서 회전방정식의 적분형을 경계가 포함하는 닫힌 경로에 적용하여 접선성분의 경계조건을 구한다.

$$\oint_c \boldsymbol{E}\cdot d\boldsymbol{\ell} = -\int_s \frac{\partial \boldsymbol{B}}{\partial t}\cdot d\boldsymbol{s},\quad \oint_c \boldsymbol{H}\cdot d\boldsymbol{\ell} = \int_s \left(\boldsymbol{J} + \frac{\partial \boldsymbol{D}}{\partial t}\right)\cdot d\boldsymbol{s}$$

① 그림 10.4와 같이 높이 $\triangle h$가 거의 "0"이고, 폭이 $\triangle w$인 직사각형을 적분 경로로 선택하여 패러데이 전자유도법칙을 적용하면

$$\begin{aligned}\oint \boldsymbol{E}\cdot d\boldsymbol{\ell} &= \boldsymbol{E}_1\cdot(\hat{a}_t\triangle w) + \boldsymbol{E}_2\cdot(-\hat{a}_t\triangle w) \\ &= (E_{t1} - E_{t2})\triangle w = -\int_s \frac{\partial \boldsymbol{B}}{\partial t}\cdot d\boldsymbol{s} = 0\end{aligned} \tag{10-20}$$

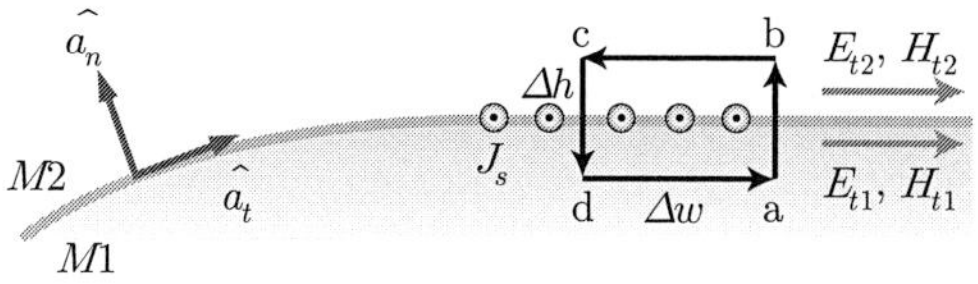

그림 10.4 시변장 접선의 경계

이다. 자속밀도 $\boldsymbol{B}$는 유한한 크기를 가지지만 $\Delta h \to 0$이면 $ds = \Delta h \cdot \Delta w \to 0$이기 때문에 우변은 "0"이다. 그래서 전장의 접선 경계조건은 다음과 같다.

$$E_{t1} = E_{t2} \tag{10-21}$$

② 높이 Δh가 거의 "0"이고, 폭이 Δw인 직사각형을 적분 경로로 택하여 암페어-맥스웰법칙을 적용하면

$$\oint \boldsymbol{H} \cdot d\boldsymbol{\ell} = \boldsymbol{H_1} \cdot (\hat{a_t}\, \Delta w) + \boldsymbol{H_2} \cdot (-\,\hat{a_t}\, \Delta w) \tag{10-22}$$
$$= (H_{t1} - H_{t2})\Delta w = \int_s \left(\boldsymbol{J} + \frac{\partial \boldsymbol{D}}{\partial t}\right) \cdot \boldsymbol{ds} = I = J_s \Delta w$$

이고, 여기서 J_s는 표면전류밀도[A/m]이다. 전속밀도 $\boldsymbol{D}$는 유한한 크기를 가지지만 $h \to 0$이면 $ds = \Delta h \cdot \Delta w \to 0$이기 때문에 변위전류밀도 항은 "0"이다. 그래서 자장의 접선 경계조건은 다음과 같다.

$$H_{t1} - H_{t2} = J_s \tag{10-23}$$

$$(\boldsymbol{E_1} - \boldsymbol{E_2}) \times \hat{a_n} = 0\ [\mathrm{V/m}],\ (\boldsymbol{H_1} - \boldsymbol{H_2}) \times \hat{a_n} = \boldsymbol{J_s} \times \hat{a_n} [\mathrm{A/m}]$$

시변항이 있어도 정전장과 정자장의 경계조건이 같다.

(2) 시변장 법선의 경계조건

서로 접촉하는 두 개의 매질을 포함하는 얇은 원통 모양에 발산방정식의 적분형을 윗면과 아랫면이 포함되는 경계에 적용하여 법선성분의 경계조건을 구한다.

$$\oint_s \boldsymbol{D} \cdot \boldsymbol{ds} = \int_v \rho_v\, dv,\ \oint_s \boldsymbol{B} \cdot \boldsymbol{ds} = 0$$

① 그림 10.5와 같이 경계면 양측 면적이 ds이고, 높이 Δh가 거의 "0"인 원통면을 닫힌 곡면으로 하여 전장의 가우스법칙을 적용한다. 여기서 단위 법선벡터는 매질-1 경계에서 바깥을 향하는 수직벡터이다.

$$\oint_s \boldsymbol{D} \cdot \boldsymbol{ds} = \boldsymbol{D_1} \cdot (-\,\hat{a_n} ds) + \boldsymbol{D_2} \cdot (\hat{a_n} ds) = (-\,D_{n1} + D_{n2})ds = \int_s \rho_s\, ds = Q$$

$$D_{n2} - D_{n1} = \frac{Q}{ds} = \rho_s \tag{10-24}$$

여기서 ρ_s는 경계면에서 표면전하밀도이다.

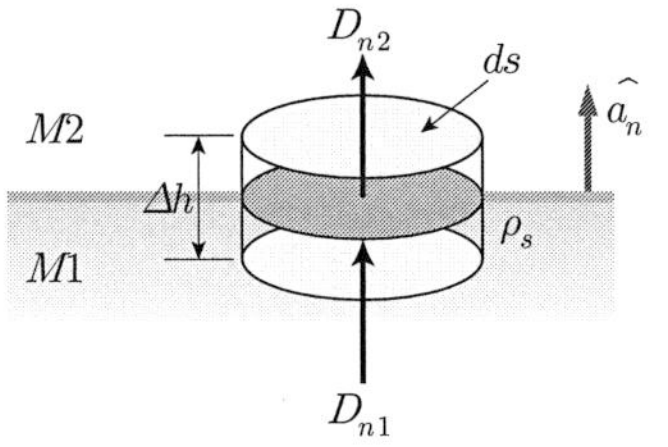

그림 10.5 시변장 법선의 경계조건

② 경계면 양측 면적이 ds이고, 높이 $\triangle h$가 거의 "0"인 원통면을 닫힌 곡면으로 하여 자장의 가우스법칙을 적용한다.

$$\oint_s \boldsymbol{B} \cdot \boldsymbol{ds} = \boldsymbol{B_1} \cdot (-\hat{a_n}ds) + \boldsymbol{B_2} \cdot (\hat{a_n}ds) = (-B_{1n} + B_{2n})ds = 0$$

$$B_{n1} = B_{n2} \tag{10-25}$$

> $\hat{a_n} \cdot (\boldsymbol{D_2} - \boldsymbol{D_1}) = \rho_s\,[\mathrm{C/m^2}]$, $\hat{a_n} \cdot (\boldsymbol{B_2} - \boldsymbol{B_1}) = 0\,[\mathrm{T}]$
> 정전장과 전자장의 발산 식이 같기 때문에 경계조건이 같다.

(3) 경계조건의 다른 실례

① 두 개의 무손실 완전유전체 매질

그림 10.6과 같이 완전유전체 경계면에서 $\rho_s = 0$, $\boldsymbol{J_s} = 0$이면 접선성분은

$$E_{t1} = E_{t2},\ H_{t1} = H_{t2} \tag{10-26}$$

이고, 법선성분은 다음과 같다.

$$D_{n1} = D_{n2},\ B_{n1} = B_{n2} \tag{10-27}$$

완전유전체 경계조건을 이용한 굴절각을 계산해보자. $D_{n1} = D_{n2}$ 연속성에서

$$D_1 \cos\theta_1 = D_2 \cos\theta_2 \tag{10-28}$$

이고 $E_{t1} = E_{t2}$ 연속성에서

$$E_1 \sin\theta_1 = E_2 \sin\theta_2 \quad \text{혹은} \quad \frac{D_1 \sin\theta_1}{\epsilon_1} = \frac{D_2 \sin\theta_2}{\epsilon_2} \tag{10-29}$$

이므로 식 (10-28)과 식 (10-29)의 양변을 나누어 굴절각을 구하면 다음과 같다.

$$\frac{\tan\theta_1}{\epsilon_1} = \frac{\tan\theta_2}{\epsilon_2} \text{ 혹은 } \frac{\tan\theta_1}{\tan\theta_2} = \frac{\epsilon_1}{\epsilon_2} \tag{10-30}$$

$$\theta_1 = \tan^{-1}\left(\frac{\epsilon_1}{\epsilon_2}\tan\theta_2\right), \quad \theta_2 = \tan^{-1}\left(\frac{\epsilon_2}{\epsilon_1}\tan\theta_1\right)$$

식 (10-28)과 식 (10-29)를 이용하여 $\sin^2\theta + \cos^2\theta = 1$ 관계를 사용하면

$$D_1 = D_2\sqrt{\cos^2\theta_2 + \left(\frac{\epsilon_1}{\epsilon_2}\right)^2 \sin^2\theta_2}, \; D_2 = D_1\sqrt{\cos^2\theta_1 + \left(\frac{\epsilon_2}{\epsilon_1}\right)^2 \sin^2\theta_1} \tag{10-31}$$

$$E_1 = E_2\sqrt{\sin^2\theta_2 + \left(\frac{\epsilon_2}{\epsilon_1}\right)^2 \cos^2\theta_2}, \; E_2 = E_1\sqrt{\sin^2\theta_1 + \left(\frac{\epsilon_1}{\epsilon_2}\right)^2 \cos^2\theta_1} \tag{10-32}$$

이 유도된다. 자장도 같은 방법으로 유도된다.

유전율 혹은 투자율이 큰 곳이 전속(자속)밀도는 크고, 전장(자장)은 작다. 그래서 유전율(투자율)이 큰 매질로 전속(자속)이 집속하는 성질을 이용하여 정전차폐에 이용한다.

$$\frac{E_1}{E_2} = \frac{\sin\theta_2}{\sin\theta_1}, \; \frac{D_1}{D_2} = \frac{\cos\theta_2}{\cos\theta_1}, \; \frac{\tan\theta_1}{\tan\theta_2} = \frac{\epsilon_1}{\epsilon_2}$$

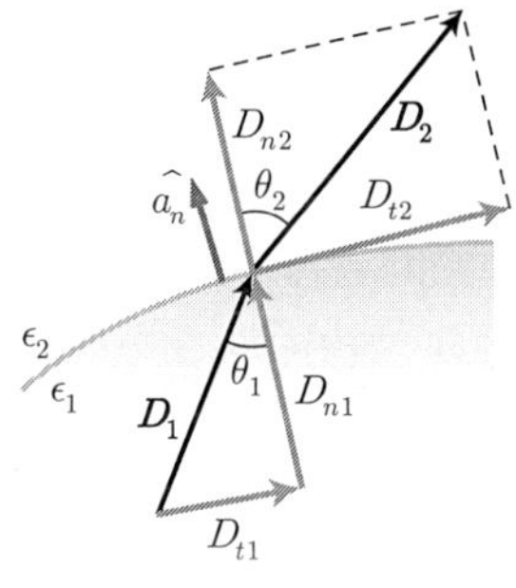

그림 10.6 완전유전체 경계조건

작은 유전율(투자율) 매질에서 큰 유전율(투자율) 매질로 입사할 경우($\epsilon_1 < \epsilon_2$, $\mu_1 < \mu_2$)

- $\epsilon_1 < \epsilon_2$, $\mu_1 < \mu_2 \rightarrow \tan\theta_1 < \tan\theta_2 \rightarrow \theta_1 < \theta_2$(입사각보다 굴절각은 증가한다.)
- $\theta_1 < \theta_2 \rightarrow \sin\theta_1 < \sin\theta_2 \rightarrow E_1 > E_2$, $H_1 > H_2$(입사장보다 굴절장이 감소한다.)
- $\theta_1 < \theta_2 \rightarrow \cos\theta_1 > \cos\theta_2 \rightarrow D_1 < D_2$, $B_1 < B_2$(입사 전속(자속)밀도보다 굴절전속(자속)밀도가 증가한다.)

전장이 경계면에 수직으로 입사하는 경우($\theta_1 = 0$)

- $\theta_2 = 0$(전기력선과 전속은 굴절되지 않는다.)

- $D_1 = D_2$(전속밀도는 연속이므로 유전율과 무관하다.)
- $\epsilon_1 E_1 = \epsilon_2 E_2$(전장은 불연속이므로 전장은 유전율과 관계가 있다.)

② **완전도체(매질-1)과 완전유전체(매질-2)**

완전유전체는 전하가 없어 $\sigma_d = 0$이고, 완전도체는 $\sigma_c = \infty \rightarrow E = J/\sigma = 0$이다. 시변장에서 도체 안에는 전장이 없고(그렇지 않으면 무한대의 전류밀도), 시변장에서는 전장과 자장이 연결되어 있어 전장이 없으면 자장도 없다. 따라서 매질-1에는 $\boldsymbol{E}_1 = 0$, $\boldsymbol{D}_1 = 0$, $\boldsymbol{H}_1 = 0$, $\boldsymbol{B}_1 = 0$이다. E_t와 B_n은 연속이고, D_n과 H_t는 표면전하 $\rho_s[\mathrm{C/m^2}]$와 표면전류 $J_s[\mathrm{C/m^2}]$만큼 불연속이다. 따라서 접선성분은

$$E_{t1} = 0,\ \ H_{t1} = 0,\ E_{t2} = 0,\ \boldsymbol{H}_{t2} \times \widehat{a_{n1}} = J_s[\mathrm{A/m}] \tag{10-33}$$

이고, 법선성분은 다음과 같다. 이때 단위 법선벡터는 매질-1(도체) 경계에서 바깥을 향하는 수직벡터이다.

$$D_{n1} = 0,\ B_{n1} = 0,\ D_{n2} = \rho_s[\mathrm{C/m^2}],\ B_{n2} = 0 \tag{10-34}$$

그러나 정적인 장에서 전장과 자장은 독립적인 관계로부터 전장$=0$는 자장에 영향을 미치지 않는다. 그래서 경계조건은 $\boldsymbol{E}_1$, $\boldsymbol{D}_1$만 "0"이므로 다음과 같다.

$$E_{t1} = 0,\ E_{t2} = 0,\ H_{t2} - H_{t1} = J_s \tag{10-35}$$

$$D_{n1} = 0,\ D_{n2} = \rho_s,\ B_{n1} = B_{n2} \tag{10-36}$$

예제 10.2 영역-1($z \leq 0$)에는 도체, 영역-2($z > 0$)에는 비유전율 $\epsilon_r = 4$ 인 유전체가 있고, 완전도체 경계면인 $z = 0$에 면전하밀도 $\rho_s = 0.1\,n\mathrm{C/m^2}$가 있다. $(-5, 2, 3)$에서 전장을 구하여라.

풀이 $z = 0$에 있는 도체 경계면에서의 경계조건 :

① $E_{t1} = E_{t2} = 0$이므로 $E_{x2} = E_{y2} = 0$이다.

② 경계면에서 법선방향은 $\widehat{a_n} = \widehat{a_z}$이고, $D_{n2} = \rho_s$이므로 $D_{z2} = \epsilon E_{z2} = \epsilon_r \epsilon_0 E_{z2} = \rho_s$이다.

③ 측정점 $(-5, 2, 3)$은 $z = 3 > 0$이므로 전장은 다음과 같다.

$$\boldsymbol{E}(-5,2,3) = E_{x2}\widehat{a_x} + E_{y2}\widehat{a_y} + E_{z2}\widehat{a_z} = \frac{\rho_s}{\epsilon_r \epsilon_0}(\widehat{a_z}) = \frac{0.1 \times 10^{-9}}{4 \cdot \left(\dfrac{1}{36\pi} \times 10^{-9}\right)}\widehat{a_z}$$

$$= 2.8\widehat{a_z}\ \ [\mathrm{V/m}]\ ■$$

(4) 맥스웰방정식 및 경계조건 요약

서로 다른 물질 변수(ϵ, μ, σ)를 갖는 연속된 영역에서 전자기장 문제를 풀기 위해 경계면에서 전장($\boldsymbol{E}$, $\boldsymbol{D}$)과 자장($\boldsymbol{H}$, $\boldsymbol{B}$)이 만족하는 경계조건을 알아야 한다. 시변장에서 경계조건도 정전장과 정자장에 대한 경계조건과 비슷하게 두 영역의 경계면에서 맥스웰방정식 적분형 방정식을 적용하여 유도할 수 있다. 표 10.2와 표 10.3은 맥스웰방정식 및 경계조건 요약표이다.

표 10.2 맥스웰방정식 및 경계조건 요약 $\left(\boldsymbol{D}=\epsilon\boldsymbol{E}, \boldsymbol{B}=\mu\boldsymbol{H}, \boldsymbol{J}=\sigma\boldsymbol{E}, \triangle\cdot\boldsymbol{J}+\dfrac{\partial\rho}{\partial t}=0\right)$

적분형	미분형	경계조건
$\oint_c \boldsymbol{E}\cdot d\boldsymbol{\ell}=-\int_s \dfrac{\partial \boldsymbol{B}}{\partial t}\cdot d\boldsymbol{s}$	$\nabla\times\boldsymbol{E}=-\dfrac{\partial\boldsymbol{B}}{\partial t}$	$(\boldsymbol{E}_1-\boldsymbol{E}_2)\times\hat{a}_n=0$ [V/m]
$\oint_c \boldsymbol{H}\cdot d\boldsymbol{\ell}=\int_s\left(\boldsymbol{J}+\dfrac{\partial\boldsymbol{D}}{\partial t}\right)\cdot d\boldsymbol{s}$	$\nabla\times\boldsymbol{H}=\boldsymbol{J}+\dfrac{\partial\boldsymbol{D}}{\partial t}$	$(\boldsymbol{H}_1-\boldsymbol{H}_2)\times\hat{a}_n=\boldsymbol{J}_s$ [A/m] 유한한 σ_1, σ_2: $H_{t1}=H_{t2}$ / 무한대 σ_1: $H_{t2}=J_s$
$\oint_s \boldsymbol{D}\cdot d\boldsymbol{s}=\int_v \rho_v dv$	$\nabla\cdot\boldsymbol{D}=\rho_v$	$\hat{a}_n\cdot(\boldsymbol{D}_2-\boldsymbol{D}_1)=\rho_s$ [C/m^2] $\sigma_1=\sigma_2\approx 0$: $D_{n1}=D_{n2}$ / 무한대 σ_1: $D_{n2}=\rho_s$
$\oint_s \boldsymbol{B}\cdot d\boldsymbol{s}=0$	$\nabla\cdot\boldsymbol{B}=0$	$\hat{a}_n\cdot(\boldsymbol{B}_2-\boldsymbol{B}_1)=0$ [T]

표 10.3 조건에 따른 맥스웰방정식
[자유공간조건($\boldsymbol{J}=0$, $\rho_v=0$), 정현파조건($\boldsymbol{E}=E_0e^{jwt}$, $\boldsymbol{H}=H_0e^{jwt}$)]

일반식	정전계, 정자계	자유공간 상태	정현파 상태
$\nabla\times\boldsymbol{E}=-\dfrac{\partial\boldsymbol{B}}{\partial t}$	$\nabla\times\boldsymbol{E}=0$	$\nabla\times\boldsymbol{E}=-\dfrac{\partial\boldsymbol{B}}{\partial t}$	$\nabla\times\boldsymbol{E}=-jw\mu\boldsymbol{H}$
$\nabla\times\boldsymbol{H}=\boldsymbol{J}+\dfrac{\partial\boldsymbol{D}}{\partial t}$	$\nabla\times\boldsymbol{H}=\boldsymbol{J}$	$\nabla\times\boldsymbol{H}=\dfrac{\partial\boldsymbol{D}}{\partial t}$	$\nabla\times\boldsymbol{H}=(\sigma+jw\epsilon)\boldsymbol{E}$
$\nabla\cdot\boldsymbol{D}=\rho_v$	$\nabla\cdot\boldsymbol{D}=\rho_v$	$\nabla\cdot\boldsymbol{D}=0$	$\nabla\cdot\boldsymbol{D}=\rho_v$
$\nabla\cdot\boldsymbol{B}=0$	$\nabla\cdot\boldsymbol{B}=0$	$\nabla\cdot\boldsymbol{B}=0$	$\nabla\cdot\boldsymbol{B}=0$

● 대칭 맥스웰방정식

$$\nabla\times\boldsymbol{E}=-jw\boldsymbol{B}-\boldsymbol{M},\ \nabla\times\boldsymbol{H}=\boldsymbol{J}+jw\boldsymbol{D},\ \nabla\cdot\boldsymbol{D}=\rho_v,\ \nabla\cdot\boldsymbol{B}=\rho_m$$

$\boldsymbol{M}$, 자기전류밀도[$\mathrm{V/m^2}$]와 ρ_m, 자하밀도[$\mathrm{Wb/m^3}$]는 물리적이지 않고 수학적으로 도입한 양이다.

10.5 파동방정식

(1) 시변장 전위파동방정식

자속밀도의 솔레노이드 성질 때문에 $\nabla \cdot \boldsymbol{B}=0$이다. 그래서 자속밀도는 영항등식에 의해 $\boldsymbol{B}=\nabla\times\boldsymbol{A}$으로 정의한다. 그래서 패러데이법칙의 방정식은 $\nabla\times\boldsymbol{E}=-\dfrac{\partial \boldsymbol{B}}{\partial t}=-\dfrac{\partial(\nabla\times\boldsymbol{A})}{\partial t}$가 되고 정리하면

$$\nabla\times\left(\boldsymbol{E}+\frac{\partial \boldsymbol{A}}{\partial t}\right)=0 \Rightarrow \boldsymbol{E}+\frac{\partial \boldsymbol{A}}{\partial t}=-\nabla V \Rightarrow \boldsymbol{E}=-\nabla V-\frac{\partial \boldsymbol{A}}{\partial t}[\mathrm{V/m}] \tag{10-37}$$

이 된다. 첫째 항 $-\nabla V$는 전하 축적으로 발생하는 전위에 의한 것이고, 둘째 항 $-\partial \boldsymbol{A}/\partial t$는 시변자장에 의한 것이다.

정전장과 정자장

전장 $\boldsymbol{E}=-\nabla V$, 전하밀도에서 스칼라 전위 $V=\dfrac{1}{4\pi\epsilon}\displaystyle\int_v \frac{\rho_v}{r}dv$

전류밀도에서 벡터 자위 $\boldsymbol{A}=\dfrac{\mu_0}{4\pi}\displaystyle\int_v \frac{\boldsymbol{J}}{r}dv$

표 10.4 정상태 및 시변상태

정(靜)상태	$\boldsymbol{E}=-\nabla V$	$\boldsymbol{B}=\nabla\times\boldsymbol{A}$
시변상태	$\boldsymbol{E}=-\nabla V-\dfrac{\partial \boldsymbol{A}}{\partial t}$	$\boldsymbol{B}=\nabla\times\boldsymbol{A}$

미분형 암페어법칙, $\nabla\times\boldsymbol{H}=\boldsymbol{J}+\dfrac{\partial \boldsymbol{D}}{\partial t}$ $[\mathrm{A/m^2}]$에 시변전장을 대입하면

$$\nabla\times\boldsymbol{B}=\mu\left(\boldsymbol{J}+\frac{\partial \boldsymbol{D}}{\partial t}\right)=\mu\boldsymbol{J}+\mu\epsilon\frac{\partial \boldsymbol{E}}{\partial t}=\mu\boldsymbol{J}+\mu\epsilon\frac{\partial}{\partial t}\left(-\nabla V-\frac{\partial \boldsymbol{A}}{\partial t}\right) \tag{10-38}$$

이고, 자위를 대입하면

$$\nabla\times\nabla\times\boldsymbol{A}=\mu\boldsymbol{J}+\mu\epsilon\frac{\partial}{\partial t}\left(-\nabla V-\frac{\partial \boldsymbol{A}}{\partial t}\right) \tag{10-39}$$

$$\nabla(\nabla\cdot\boldsymbol{A})-\nabla^2\boldsymbol{A}=\mu\boldsymbol{J}-\nabla\left(\mu\epsilon\frac{\partial V}{\partial t}\right)-\mu\epsilon\frac{\partial^2 \boldsymbol{A}}{\partial t^2} \tag{10-40}$$

$$\nabla^2\boldsymbol{A}-\mu\epsilon\frac{\partial^2 \boldsymbol{A}}{\partial t^2}=-\mu\boldsymbol{J}+\nabla\left(\nabla\cdot\boldsymbol{A}+\mu\epsilon\frac{\partial V}{\partial t}\right) \tag{10-41}$$

이다. 로렌츠 게이지(Lorentz gauge)조건$\left(\nabla\cdot\boldsymbol{A}+\mu\epsilon\dfrac{\partial V}{\partial t}=0\right)$을 대입하면

$$\nabla^2 \boldsymbol{A} - \mu\epsilon \frac{\partial^2 \boldsymbol{A}}{\partial t^2} = -\mu \boldsymbol{J} \tag{10-42}$$

이고, 이것을 비동차 자위 파동방정식이라 한다. 로렌츠 게이지조건은 전위 V와 자위 $\boldsymbol{A}$를 광속도로 전파하도록 한다.

미분형전장의 가우스법칙, $\nabla \cdot \boldsymbol{E} = \frac{\rho_v}{\epsilon}$ $[\mathrm{V/m^2}]$에 시변전장을 대입하면

$$\nabla \cdot \boldsymbol{E} = \frac{\rho_v}{\epsilon} = \nabla \cdot \left(-\nabla V - \frac{\partial \boldsymbol{A}}{\partial t}\right) = -\nabla^2 V - \frac{\partial}{\partial t}(\nabla \cdot \boldsymbol{A}) \tag{10-43}$$

이며, 로렌츠 게이지조건$\left(\nabla \cdot \boldsymbol{A} + \mu\epsilon \frac{\partial V}{\partial t} = 0\right)$을 대입하면

$$\nabla^2 V - \mu\epsilon \frac{\partial^2 V}{\partial t^2} = -\frac{\rho_v}{\epsilon} \tag{10-44}$$

이며, 이것을 비동차 전위의 파동방정식이라 한다.

위상자형을 이용하여 비동차 헬름홀츠방정식으로 바꾸면 $\nabla^2 \boldsymbol{A} + w^2 \mu\epsilon \boldsymbol{A} = -\mu \boldsymbol{J}$, $\nabla^2 V + w^2 \mu\epsilon V = -\frac{\rho_v}{\epsilon}$이 되고, $k^2 = w^2 \mu\epsilon$에서 파수, $k = w\sqrt{\mu\epsilon} = \frac{w}{c} = \frac{2\pi}{\lambda}$으로 정의한다.

그래서 비동차 헬름홀츠의 해인 지연 전위와 지연 자위는

$$V(r) = \frac{1}{4\pi\epsilon} \int_v \frac{\rho_v e^{-jkr}}{r} dv \ [\mathrm{V}] \tag{10-45}$$

$$\boldsymbol{A}(r) = \frac{\mu_0}{4\pi} \int_v \frac{\boldsymbol{J} e^{-jkr}}{r} dv \ [\mathrm{Wb/m}] \tag{10-46}$$

이고, 여기서 r은 미소전하와 전위를 구하고자 하는 점과의 거리이며, $e^{-jkr} = 1 - jkr + \frac{k^2 r^2}{2} + \cdots + \frac{(-jkr)^n}{n!} + \cdots$이고, 파수는 $k = \frac{2\pi}{\lambda}$, λ는 파장, r은 스칼라함수이다. 참고로 $kr = 2\pi \frac{r}{\lambda} \ll 1$이면 $e^{-jkr} \simeq 1$이 되어 집중소자를 이용한 회로이론으로 가정한다.

시변장

전장 $\boldsymbol{E} = -\nabla V - \frac{\partial \boldsymbol{A}}{\partial t}$, 매질의 파속도 $v_p = \frac{1}{\sqrt{\mu\epsilon}}[\mathrm{m/s}]$

지연 전위(retarded electric potential : $V(r,t) = \frac{1}{4\pi\epsilon} \int_{v'} \frac{\rho_v (t - r/v_p) e^{-jkr}}{r} dv' \ [\mathrm{V}]$

⇒ 원점으로부터 거리 r에서 전위는 시간 전의 전하밀도에 의해 나타난다.

지연 자위(retarded magnetic potential) : $\boldsymbol{A}(r,t) = \frac{\mu_0}{4\pi} \int_{v'} \frac{\boldsymbol{J}(t - r/v_p) e^{-jkr}}{r} dv' \ [\mathrm{Wb/m}]$

⇒ 원점으로부터 거리 r에서 자위는 $t - r/v_p$시간 전의 전류밀도에 의해 나타난다.

전장과 자장을 구하는 순서는 다음과 같다.

① 위상자로 스칼라 전위 $V(r)$과 벡터 전위 $\boldsymbol{A}(r)$을 구한 후 전장 $\boldsymbol{E}=-\nabla V-jw\boldsymbol{A}$, 자속밀도 $\boldsymbol{B}=\nabla\times\boldsymbol{A}$를 구하거나 벡터 전위 $\boldsymbol{A}(r)$을 구한 후 자장 $\boldsymbol{H}(r)=\dfrac{1}{\mu}\nabla\times\boldsymbol{A}$와 전장 $\boldsymbol{E}(r)=\dfrac{1}{jw\epsilon}(\nabla\times\boldsymbol{H}-\boldsymbol{J})$를 구한다.

② 순간 전장 $\boldsymbol{E}(r,t)=\Re e\left[\boldsymbol{E}(r)e^{jwt}\right]$, 순간 자속밀도 $\boldsymbol{B}(r,t)=\Re e\left[\boldsymbol{B}(r)e^{jwt}\right]$를 구한다.

(2) 전장과 자장의 파동방정식

미분형 맥스웰방정식은 $\nabla\times\boldsymbol{H}=\boldsymbol{J}+\dfrac{\partial\boldsymbol{D}}{\partial t}$, $\nabla\times\boldsymbol{E}=-\dfrac{\partial\boldsymbol{B}}{\partial t}$, $\nabla\cdot\boldsymbol{D}=\rho_v$, $\nabla\cdot\boldsymbol{B}=0$이다. 이 방정식을 이용하여 자유공간 혹은 원천이 없는 영역($\rho_v=0$, $\boldsymbol{J}=0$이고 $\epsilon=\epsilon_0$, $\mu=\mu_0$)에서 파동방정식을 유도하기 위해 패러데이법칙 식으로 좌우변 회전을 취하고 벡터항등식을 사용하면

$$\nabla\times\nabla\times\boldsymbol{E}=\nabla(\nabla\cdot\boldsymbol{E})-\nabla^2\boldsymbol{E}=-\nabla\times\frac{\partial\boldsymbol{B}}{\partial t}\qquad(10\text{–}47)$$

이고, $\nabla\cdot\boldsymbol{E}=0$과 $\nabla\times\boldsymbol{B}=\mu_0\epsilon_0\dfrac{\partial\boldsymbol{E}}{\partial t}$를 이용하여 $\nabla\cdot\boldsymbol{E}=0$인 자유공간에서 전장의 벡터 파동방정식은

$$\nabla^2\boldsymbol{E}=\mu_0\epsilon_0\frac{\partial^2\boldsymbol{E}}{\partial t^2}=\frac{1}{v_p^2}\frac{\partial^2\boldsymbol{E}}{\partial t^2}\qquad(10\text{–}48)$$

이 된다. 여기서 $v_p=c_0=1/\sqrt{\epsilon_0\mu_0}\,[\mathrm{m/s}]$는 전자기파의 속도이다.

같은 방법으로 $\nabla\cdot\boldsymbol{H}=0$인 자유공간에서 자장의 벡터 파동방정식은

$$\nabla^2\boldsymbol{H}=\frac{1}{v_p^2}\frac{\partial^2\boldsymbol{H}}{\partial t^2}\qquad(10\text{–}49)$$

이다.

> **손실이 있는 매질에서 파동방정식**
>
> $$\nabla^2\boldsymbol{E}-\mu\epsilon\frac{\partial^2\boldsymbol{E}}{\partial t^2}-\mu\sigma\frac{\partial\boldsymbol{E}}{\partial t}=0,\quad \nabla^2\boldsymbol{H}-\mu\epsilon\frac{\partial^2\boldsymbol{H}}{\partial t^2}-\mu\sigma\frac{\partial\boldsymbol{H}}{\partial t}=0$$

전장과 자장의 벡터 파동방정식은 각각 세 개의 스칼라 등식(E_x, E_y, E_z, H_x, H_y, H_z)으로 나타내고,

① 자유공간에서 전장의 벡터 파동방정식의 조건은 $\nabla\cdot\boldsymbol{E}=0$이므로 $\boldsymbol{E}=\widehat{a_x}E_x(z,t)$ 혹은 $\boldsymbol{E}=\widehat{a_y}E_y(z,t)$이다. E_z는 z에 의존함으로 $E_z(z,t)=0$이다.

② $\boldsymbol{E}=\widehat{a_x}E_x(z,t)$를 선택하면 다음과 같다.

$$\nabla^2 \boldsymbol{E} = \hat{a_x}\left(\frac{\partial^2}{\partial x^2} + \frac{\partial^2}{\partial y^2} + \frac{\partial^2}{\partial z^2}\right) E_x(z,t) = a_x \frac{\partial^2}{\partial z^2} E_x \quad (10\text{-}50)$$

③ 전장의 벡터 파동방정식은 다음과 같이 1차원 스칼라 파동방정식이 된다.

$$\frac{\partial^2}{\partial z^2} E_x(z,t) - \frac{1}{v_p^2} \frac{\partial^2 E_x}{\partial t^2} = 0 \quad (10\text{-}51)$$

④ 같은 방법으로 $\boldsymbol{H} = \hat{a_y} H_y(z,t)$이면 1차원 스칼라 파동방정식은 다음과 같다.

$$\frac{\partial^2}{\partial z^2} H_y(z,t) - \frac{1}{v_p^2} \frac{\partial^2 H_y}{\partial t^2} = 0 \quad (10\text{-}52)$$

⑤ 전장 파동방정식 일반해는

$$E_x(z,t) = f_1(z - v_p t) + f_2(z + v_p t) \quad (10\text{-}53)$$

이고, f_1, f_2는 임의의 모양함수이며 $f_1(z - v_p t)$는 $+z$ 방향으로 진행하는 파이고 $f_2(z + v_p t)$는 $-z$ 방향으로 진행하는 반사파이다. 이 해는 함수의 인수가 일정하면 파의 표면이 평면이 되기 때문에 평면파로 불린다. 즉 $z - v_p t =$ 상수 이다. 그림 10.7은 파의 속도 $v_p = 1[\text{m/s}]$이고, $z - t = 0$에서 파형 $f_1(z-t)$의 변화를 나타내었다.

⑥ 자장의 파동방정식의 일반해는

$$H_y(z,t) = \frac{1}{\eta_0}[f_1(z - v_p t) + f_2(z + v_p t)] \quad (10\text{-}54)$$

이고, 여기서 $\eta_0 = \sqrt{\mu_0/\epsilon_0} \approx 120\pi = 377[\Omega]$은 자유공간에서 고유 임피던스이다.

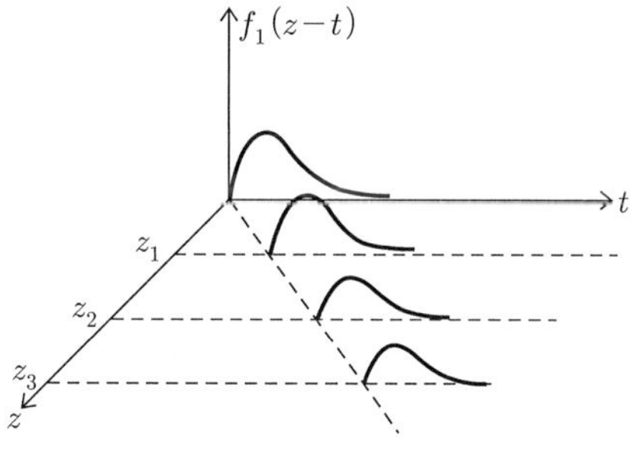

그림 10.7 $v_p = 1[\text{m/s}]$인 경우 $f_1(z-t)$ 그림

$$f_1(z - v_p t) = V_1 \cos\left[\frac{w}{v_p}(z - v_p t)\right] = V_1 \cos(wt - \beta z),$$

$$f_2(z + v_p t) = V_2 \cos\left[\frac{w}{v_p}(z + v_p t)\right] = V_2 \cos(wt + \beta z)$$

여기서 위상상수 $\beta = w/v_p[\mathrm{rad/m}]$이다.

전진파와 반사파의 위상은 공간변수 z와 시간 t에 의존한다.

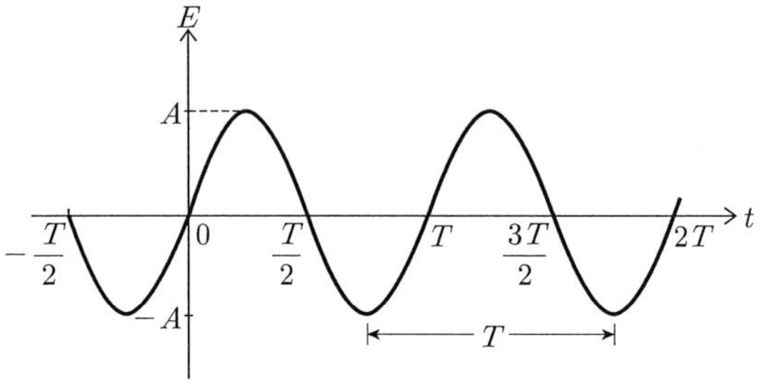

시간에 따른 파(주기, T)

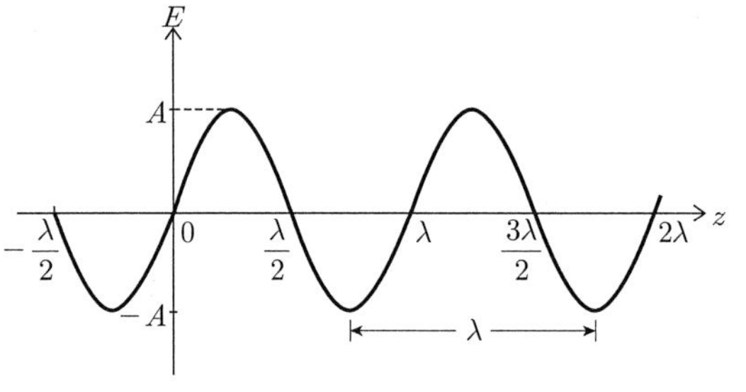

거리에 따른 파(파장, λ)

예제 10.3 방송신호 $\boldsymbol{H}(y) = -0.00292(\hat{a_x} - j\,\hat{a_z})e^{-j0.68\pi y}[\mathrm{A/m}]$이다.

(a) 주파수와 파장 (b) 전장을 구하여라.

풀이 (a) $\beta = w\sqrt{\mu\epsilon} = 0.68\pi\ [\mathrm{rad/m}]$이므로 $f = \dfrac{\beta/\sqrt{\mu\epsilon}}{2\pi} = 102\ [\mathrm{MHz}]$이고, 파장은 $\lambda = \dfrac{2\pi}{\beta} = 2.94[\mathrm{m}]$이다.

(b) $\nabla \times \boldsymbol{H} = jw\epsilon_0 \boldsymbol{E}$를 이용하여 $\hat{a_x}\dfrac{\partial H_z}{\partial y} - \hat{a_z}\dfrac{\partial H_x}{\partial y} = jw\epsilon_0\boldsymbol{E}$에 대입하여 풀면 $\boldsymbol{E}(y) \approx [-j\hat{a_x} - \hat{a_z}]e^{-j0.68\pi y}$이다. ■

10.6 포인팅정리와 전력

전자파는 공간을 통해 에너지(일을 할 수 있는 능력)를 나르고 무선통신에서 신호를 수신할 경우 에너지를 가진 전자파가 수신안테나의 금속에 있는 전자를 발진시켜 전기신호로 변환한다. 이와 같이 전자파를 에너지 흐름의 변화율(전력 흐름)로 설명하고 전력이 흐르는 방향을 결정하기 위해 수학적으로 정의하는 것이 포인팅의 정리(Poynting's theorem)이다. 포인팅정리는 영국의 물리학자 존 포인팅(John H. Poynting)에 의해 전자장 내의 전력에 대해 설명한 이론이다.

먼저 자장회전 맥스웰방정식 $\nabla\times\boldsymbol{H}=\boldsymbol{J}+\dfrac{\partial\boldsymbol{D}}{\partial t}$를 양변에 전계 $\boldsymbol{E}$와 내적을 하면

$$\boldsymbol{E}\cdot\nabla\times\boldsymbol{H}=\boldsymbol{E}\cdot\boldsymbol{J}+\boldsymbol{E}\cdot\frac{\partial\boldsymbol{D}}{\partial t} \tag{10-55}$$

가 되고, 벡터등식 $\nabla\cdot(\boldsymbol{E}\times\boldsymbol{H})=\boldsymbol{H}\cdot(\nabla\times\boldsymbol{E})-\boldsymbol{E}\cdot(\nabla\times\boldsymbol{H})$과 전장회전 맥스웰방정식 $\nabla\times\boldsymbol{E}=-\dfrac{\partial\boldsymbol{B}}{\partial t}$를 사용하면

$$\nabla\cdot(\boldsymbol{E}\times\boldsymbol{H})=-\boldsymbol{H}\cdot\frac{\partial\boldsymbol{B}}{\partial t}-\boldsymbol{E}\cdot\frac{\partial\boldsymbol{D}}{\partial t}-\boldsymbol{E}\cdot\boldsymbol{J} \tag{10-56}$$

이 된다. 여기서 ϵ, μ, σ가 시간에 따라 변하지 않는 단순매질 상수이면

$$\boldsymbol{H}\cdot\frac{\partial\boldsymbol{B}}{\partial t}=\boldsymbol{H}\cdot\frac{\partial(\mu\boldsymbol{H})}{\partial t}=\frac{1}{2}\frac{\partial(\mu\boldsymbol{H}\cdot\boldsymbol{H})}{\partial t}=\frac{\partial}{\partial t}\left(\frac{1}{2}\mu H^2\right) \tag{10-57}$$

$$\boldsymbol{E}\cdot\frac{\partial\boldsymbol{D}}{\partial t}=\boldsymbol{E}\cdot\frac{\partial(\epsilon\boldsymbol{E})}{\partial t}=\frac{1}{2}\frac{\partial(\epsilon\boldsymbol{E}\cdot\boldsymbol{E})}{\partial t}=\frac{\partial}{\partial t}\left(\frac{1}{2}\epsilon E^2\right) \tag{10-58}$$

이 되고, 다시 정리하면 점함수 포인팅정리 관계식이 된다.

$$\nabla\cdot(\boldsymbol{E}\times\boldsymbol{H})=-\frac{\partial}{\partial t}\left(\frac{1}{2}\epsilon E^2+\frac{1}{2}\mu H^2\right)-\boldsymbol{J}\cdot\boldsymbol{E} \tag{10-59}$$

닫힌 표면 s로 제한된 체적 v에 대해 양변 체적적분을 하고, 좌변에 발산정리를 적용하며, 체적 v가 시간의 함수가 아닌 것으로 가정하면 적분형 포인팅정리식이 유도되고 전자기적인 에너지보존법칙을 나타내는 식이 된다.

$$\oint_s(\boldsymbol{E}\times\boldsymbol{H})\cdot d\boldsymbol{s}=-\frac{\partial}{\partial t}\int_v\left(\frac{1}{2}\epsilon E^2+\frac{1}{2}\mu H^2\right)dv-\int_v\boldsymbol{J}\cdot\boldsymbol{E}\,dv\,[\mathrm{W}] \tag{10-60}$$

우변 첫째 항과 둘째 항은 각각 체적 v내에서 전장에너지 합과 자장에너지 합의 시간당 감소량으로, 감소율만큼 전자기 힘인 전력을 생산한다. 마지막 항은 체적 내 전도도에 의해 소모되는 저항성 전력손실 혹은 체적 내 원천에 의해 발생한 전력을 나타내고 전력손실을 나타내는 경우 $\boldsymbol{J}\cdot\boldsymbol{E}$는 $\boldsymbol{J}\cdot\boldsymbol{E}=\sigma\boldsymbol{E}\cdot\boldsymbol{E}=\sigma E^2\,[\mathrm{W/m^3}]$으로 나타낸다. 그래서 우변은 체적 내 전자기에너지로 만든 전력 중에서 저항으로 인한 소비전력을 뺀 전력을 나타낸다. 당연히 좌변의 전체 적분값은 체적 내에서 빠져나가는 총 전력을 나타낸다.

포인팅벡터(Poynting Vector)

순시값: $\mathbb{P}(x,y,z,t)=\boldsymbol{E}(x,y,z,t)\times\boldsymbol{H}(x,y,z,t)$

$$=\Re e[\boldsymbol{E}(x,y,z)e^{jwt}]\times\Re e[\boldsymbol{H}(x,y,z)e^{jwt}]\ [\mathrm{W/m^2}]$$

일반적으로 전파방향이 z이면 $\mathbb{P}(z,t)=\Re e[\boldsymbol{E}(z)e^{jwt}]\times\Re e[\boldsymbol{H}(z)e^{jwt}]$이다.

포인팅벡터는 단위면적당 전력인 순시전력밀도벡터[W/m^2] 혹은 에너지 흐름벡터 [J/m^2 · sec]이며, 방향은 평면파전력이 전달되는 방향으로 전장과 자장벡터에 수직이다.

일반적으로 전자파에서 포인팅정리는 닫힌 표면에 대해 포인팅벡터 $\mathbb{P}$를 표면 적분한 값은 닫힌 체적을 통해 빠져나가는 전력과 같다는 것(들어오는 전력=0인 경우)으로 그림 10.8에서 전력의 흐름도로 설명하고 있다. 전자기학적 에너지보존법칙인 포인팅정리는

$$\begin{aligned} P_{out} - P_{in} &= \oint_s \mathbb{P} \cdot \boldsymbol{ds} = -\frac{\partial}{\partial t}\int_v (w_e + w_m)dv - \int_v p_c\, dv \\ &= -\frac{\partial}{\partial t}(\mathcal{E}_e + \mathcal{E}_m) - P_c \end{aligned} \tag{10-61}$$

이고, 여기서 전기에너지밀도는 $w_e = \frac{1}{2}\boldsymbol{D} \cdot \boldsymbol{E} = \frac{1}{2}\epsilon E^2\,[\mathrm{J/m^3}]$, 자기에너지밀도는 $w_m = \frac{1}{2}\boldsymbol{B} \cdot \boldsymbol{H} = \frac{1}{2}\mu H^2\,[\mathrm{J/m^3}]$, 그리고 저항성 전력밀도 혹은 체적 내 원천에 의해 발생한 전력은 $p_c = \boldsymbol{E} \cdot \boldsymbol{J} = \sigma E^2\,[\mathrm{W/m^3}]$이다.

전장과 자장이 시간에 따라 정현파로 변할 경우 시간평균 포인팅벡터는

$$\mathbb{P}_{av} = \frac{1}{T}\int_0^T \mathbb{P}(x,y,z,t)dt = \frac{1}{2}\Re e[\boldsymbol{E}(x,y,z,t) \times \boldsymbol{H}^*(x,y,z,t)]\ [\mathrm{W/m^2}] \tag{10-62}$$

이고, 단면적 s를 통한 전체 시간평균전력은 다음과 같다.

$$P_{av} = \int_s \mathbb{P}_{av} \cdot \boldsymbol{ds}\ [\mathrm{W}] \tag{10-63}$$

커패시터(면적이 $S[\mathrm{m^2}]$, 간격이 $d[\mathrm{m}]$, 인가전압 $V[\mathrm{V}]$)에 저장되는 전기에너지

$$\mathcal{E}_e = \int_v \frac{1}{\epsilon}E^2 dv \approx \frac{1}{2}\epsilon\left(\frac{V}{d}\right)^2(Sd) = \frac{1}{2}\frac{\epsilon S}{d}V^2 \approx \frac{1}{2}CV^2[\mathrm{J}]$$

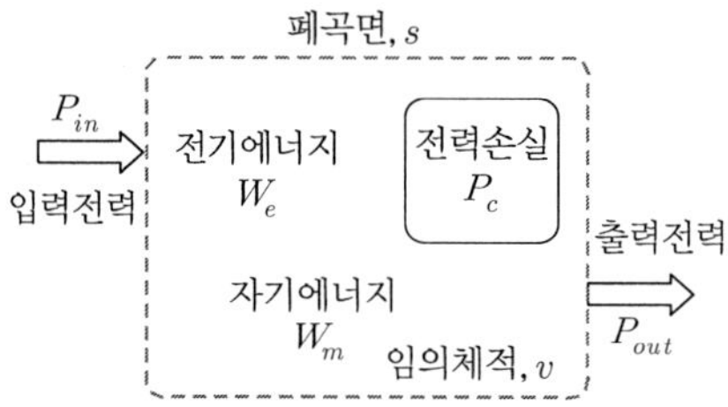

그림 10.8 전력의 흐름도

미분형 포인팅정리 식, $\nabla \cdot \mathbb{P} + \frac{\partial w}{\partial t} = -p_c,\ w = w_e + w_m$

위상자형 포인팅정리식

$$\oint_s (E(r) \times H^*(r)) \cdot ds = -j\omega \int_v (\mu H^2 + \epsilon E^2) dv - \int_v \sigma E^2 dv$$

- $\oint_s (E(r)\times H^*(r))\cdot ds$: 체적에서 방사되는 전체전력
- $-j\omega$: 무효전력을 표시
- $\int_v (\mu H^2 + \epsilon E^2) dv$: 체적 내 저장된 에너지
- $\int_v \sigma E^2 dv$: 체적 내 소모되는 전력

전기전자회로 전력식(저주파이므로 방사되지 않는다고 가정, $P_{out} = 0$): $P_{in} = P_c + \dfrac{d}{dt}(\mathcal{E})$

입력전력 $P_{in}(t) = v(t)\,i(t)\,[\mathrm{W}]$, 소모전력 $P_c(t) = i(t)^2 R\,[\mathrm{W}]$,

축적에너지 $\mathcal{E} = \dfrac{1}{2}CV^2 + \dfrac{1}{2}LI^2\,[\mathrm{J}]$

전자장과 관련된 전력량

시간 영역 순간 포인팅벡터: $\mathbb{P}(r,t) = \boldsymbol{E} \times \boldsymbol{H}\,[\mathrm{W/m^2}]$

시조화장 시간평균 포인팅벡터: $\mathbb{P}_{av}(r,t) = \dfrac{1}{T}\displaystyle\int_0^T \mathbb{P}\,dt\,[\mathrm{W/m^2}]$

주파수 영역 복소수 포인팅벡터: $\mathbb{P}(r,t) = \boldsymbol{E} \times \boldsymbol{H}^*\,[\mathrm{W/m^2}]$

복소수 포인팅벡터 시간평균 전력: $\mathbb{P}_{av}(r,t) = \dfrac{1}{2}\Re e\left[\boldsymbol{E} \times \boldsymbol{H}^*\right][\mathrm{W/m^2}]$

에너지의 연속성

시간의 함수인 에너지가 불연속 특성을 가지면 그 순간의 미분인 전력($P = d\mathcal{E}/dt$)이 무한대가 된다. 따라서 커패시터의 전압, 인덕터의 전류, 질량의 속도, 용수철의 변위 등의 모든 에너지가 시간에 따라 모두 연속적으로 변해야 한다. 용량성소자는 전압의 변화가 유도성소자는 선류의 변화에 대해 연속적이어야 한다.

종류	수식 [J]	변수
운동에너지	$\mathcal{E}_m = \dfrac{1}{2}mu^2$	m(질량), u(속도)
탄성에너지	$\mathcal{E}_K = \dfrac{1}{2}Kx^2$	k(탄성계수), x(변위)
전기에너지	$\mathcal{E}_e = \dfrac{1}{2}Cv^2$	C(전기용량), v(전압)
자기에너지	$\mathcal{E}_B = \dfrac{1}{2}Li^2$	L(유도용량), i(전류)

(1) LC 발진자

LC 발진자에서 커패시터의 전기에너지, $\mathcal{E}_e$와 인덕터의 자기에너지, $\mathcal{E}_B$의 합인 전체 에

너지는 $\mathcal{E} = Li^2/2 + Q^2/2C$이고, LC 회로의 운동방정식 $d\mathcal{E}/dt = 0$에서 $L(d^2Q/dt^2) + Q/C = 0$이므로 일반해는 $Q(t) = Q_0 \cos(wt + \phi)$이고, 여기서 $w = 1/\sqrt{LC}$이다. 전자기에너지의 시간에 대한 변화는 다음과 같고 파형은 그림 10.9에 나타낸다.

① $\mathcal{E}_e = \dfrac{1}{2}\dfrac{Q^2}{C} = \dfrac{Q_0^2}{2C}\cos^2(wt + \phi)$

② $\mathcal{E}_B = \dfrac{1}{2}Li^2 = \dfrac{1}{2}Lw^2 Q_0^2 \sin^2(wt + \phi) = \dfrac{Q_0^2}{2C}\sin^2(wt + \phi)$

저항 성분 R이 포함된 RLC-회로인 경우 저항에 의한 열손실을 고려한 운동방정식은 $d\mathcal{E}/dt = -i^2R$이므로 $L(d^2Q/dt^2) + R(dQ/dt) + Q/C = 0$이 된다. 그래서 일반해는 $Q(t) = Q_0 e^{-Rt/2L}\cos(w't + \phi)$이고, 여기서 $w' = \sqrt{(1/LC) - (R/2L)^2}$ 인 고유진동수에서 전자기에너지는 $\dfrac{Q_0^2}{2C}e^{-Rt/L}$인 지수함수적으로 감소한다. 저항이 클수록 감쇠가 빠르게 일어나고 임계감쇠가 일어나는 저항은 $R_c = \sqrt{4L/C}$이다.

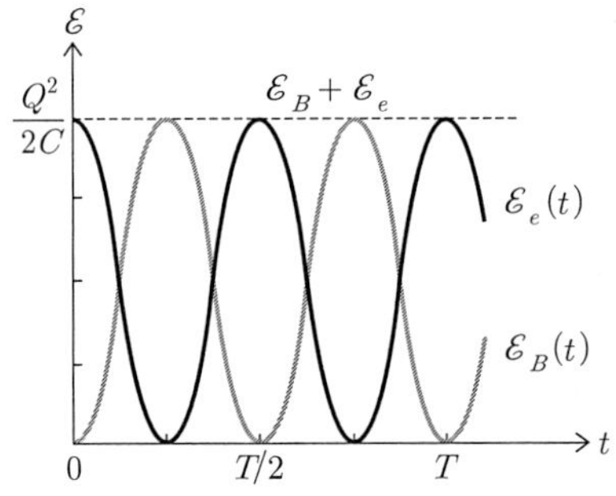

그림 10.9 LC 발진기의 전자기에너지

(2) 손실 매질에서 감쇠상수

감쇠상수 α의 원인은 전자파의 열에너지로 변환에 의한 흡수와 전송에 의한 계속적인 반사에 기인한다. 이것은 포인팅정리를 사용하여 구한다.

$$\frac{\partial}{\partial t}\int_v \left(\frac{1}{2}\epsilon E^2 + \frac{1}{2}\mu H^2\right)dv = -\oint_s (\boldsymbol{E}\times\boldsymbol{H})\cdot \boldsymbol{ds} - \int_v \boldsymbol{J}\cdot\boldsymbol{E}\,dv \quad [\mathrm{W}] \quad (10\text{-}64)$$

단위로 보면 $\left[\frac{\mathrm{J}}{\mathrm{s}}\right] = \int_s \left[\frac{\mathrm{J}}{\mathrm{m}^2\cdot\mathrm{s}}\right]\mathrm{m}^2 - \int_v \left[\frac{\mathrm{W}}{\mathrm{m}^3}\right]\mathrm{m}^3$이므로 (체적 내 저장된 전자파에너지의 변화율)=(표면을 통한 에너지 흐름률)−(전도전류에 의한 저항성분의 에너지 손실률)이다.

손실이 있는 시변 균일 평면파에서 전장이 $\boldsymbol{E}(z,t) = \hat{a}_x E_0 e^{-\alpha z}\cos(wt - \beta z)$이면 자장은 $\boldsymbol{H}(z,t) = \hat{a}_y \dfrac{E_0}{|\eta|}e^{-\alpha z}\cos(wt - \beta z - \theta)$이고, 여기서 η는 파 임피던스(wave impedance)이면 포인팅벡터는

$$\mathbb{P}(z,t) = \boldsymbol{E} \times \boldsymbol{H} = \frac{E_0^2}{|\eta|} e^{-2\alpha z} \cos(wt - \beta z) \cos(wt - \beta z - \theta) \qquad (10-65)$$

$$= \frac{E_0^2}{2|\eta|} e^{-2\alpha z} [\cos\theta + \cos(2wt - 2\beta z - \theta)] \ [\mathrm{W/m^2}]$$

이고, 시간평균값은 다음과 같으며, 양인 감쇠상수 α 때문에 전파가 진행하면서 크기가 줄어든다.

$$\mathbb{P}(z,t)|_{av} = \frac{1}{T}\int_0^T \mathbb{P}(z,t)dt = \frac{1}{2}\Re e[\boldsymbol{E}(z) \times \boldsymbol{H}^*(z)] \qquad (10-66)$$

$$= \hat{a}_z \frac{E_0^2}{2|\eta|} e^{-2\alpha z} \cos\theta \ [\mathrm{W/m^2}]$$

$\boldsymbol{E} \times \boldsymbol{H} = \mathbb{P}(r,t) \rightarrow \hat{a}_E \times \hat{a}_H = \hat{a}_k$(파의 전송방향)

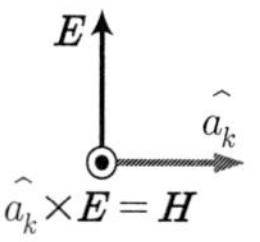

$\boldsymbol{H} = \hat{a}_k \times \boldsymbol{E}/\eta \rightarrow \mathbb{P}(r,t) = \boldsymbol{E} \times \boldsymbol{H}^* = \frac{1}{\eta^*}\boldsymbol{E} \times (\hat{a}_k \times \boldsymbol{E})^* = \frac{1}{\eta^*}|\boldsymbol{E}|^2 \hat{a}_k$

$\rightarrow \mathbb{P}_{av}(r,t) = \frac{1}{2}\Re e[\boldsymbol{E} \times \boldsymbol{H}^*] = \frac{|\boldsymbol{E}|^2}{2}\Re e\left[\frac{1}{\eta^*}\right]\hat{a}_k [\mathrm{W/m^2}]$

$\rightarrow$ 무손실 매질, $\mathbb{P}_{av}(r,t) = \frac{|\boldsymbol{E}|^2}{2\eta}\hat{a}_k [\mathrm{W/m^2}]$ 전력 흐름은 파의 전송방향 $\hat{a}_k$와 같고 계수는 V^2/R과 유사하다.

예제 10.4 자유공간의 전장은 $\boldsymbol{E}(z,t) = \hat{a}_x 5\cos(wt + 5z)[\mathrm{V/m}]$이고 주파수가 $1G\mathrm{Hz}$일 때 시간평균 포인팅벡터를 구하여라.

풀이 $\boldsymbol{H} = \hat{a}_k \times \boldsymbol{E}/\eta$에서 $\boldsymbol{H} = \hat{a}_z \times \boldsymbol{E}/120\pi$이므로 위상자로 전장과 자장을 나타내면

$\boldsymbol{E}(z) = \hat{a}_x 5e^{j5z}[\mathrm{V/m}]$, $\boldsymbol{H}(z) = \hat{a}_y \frac{5}{120\pi} e^{j5z}[\mathrm{A/m}]$이고,

$\mathbb{P}_{av}(r,t) = \frac{1}{2}\Re e[\boldsymbol{E} \times \boldsymbol{H}^*] = \hat{a}_z \frac{5^2}{2 \times 120\pi} = 33\hat{a}_z [m\mathrm{W/m^2}]$ ■

예제 10.5 태양에 의해 지표면에서 시간평균 전력인 포인팅벡터가 $\mathbb{P}_{av}(r,t) = 1k\mathrm{W/m^2}$이다. 물음에 답하여라. 지구의 반경은 $6{,}380km$, 태양과 지구의 거리는 $10^8 km$이고, 태양 방사는 단일주파수로 되어 있다고 한다.

(a) 태양에서 방사하는 총 전력 (b) 지구에 방사되는 총 전력

(c) 지구에서 전장의 세기

풀이 (a) $P_{sun} = \mathbb{P}_{av}(4\pi R_s^2) = 10^3 \times 4\pi \times (10^{11})^2 = 1.3 \times 10^{26}[\mathrm{W}]$

(b) 지구의 단면은 πR_e^2이므로 $P_{earth} = \mathbb{P}_{av}(\pi R_e^2) = 10^3 \times \pi \times (6{,}380 \times 10^3)^2$

$= 1.3 \times 10^{17}[\mathrm{W}]$

(c) $\mathbb{P}_{av} = \dfrac{|E_0|^2}{2\eta_0}$, $|E_0| = \sqrt{2\eta_0 \mathbb{P}_{av}} = \sqrt{2 \times 377 \times 10^3} = 868.3[\mathrm{V/m}]$ ■

$$\mathbb{P}(r,t) = \boldsymbol{E}(r,t) \times \boldsymbol{H}(r,t) = \Re e\left[\boldsymbol{E}(r)e^{jwt}\right] \times \Re e\left[\boldsymbol{H}(r)e^{jwt}\right] \rightarrow \Re e[\boldsymbol{A}] = \frac{1}{2}(\boldsymbol{A} + \boldsymbol{A}^*)$$

$$\rightarrow \mathbb{P}(r,t) = \frac{1}{2}\left[\boldsymbol{E}(r)e^{jwt} + \boldsymbol{E}(r)^* e^{-jwt}\right] \times \frac{1}{2}\left[\boldsymbol{H}(r)e^{jwt} + \boldsymbol{H}(r)^* e^{-jwt}\right]$$

$$\rightarrow \mathbb{P}(r,t) = \frac{1}{4}\left[\boldsymbol{E}\times\boldsymbol{H}^* + \boldsymbol{E}\times\boldsymbol{H}e^{j2wt} + \left(\boldsymbol{E}\times\boldsymbol{H}^* + \boldsymbol{E}\times\boldsymbol{H}e^{j2wt}\right)^*\right]$$

$$= \frac{1}{2}\Re e\left[\boldsymbol{E}\times\boldsymbol{H}^* + \boldsymbol{E}\times\boldsymbol{H}e^{j2wt}\right] \rightarrow \text{시평균}$$

$$\rightarrow \mathbb{P}_{av}(r,t) = \frac{1}{2}\Re e\left[\boldsymbol{E}\times\boldsymbol{H}^*\right][\mathrm{W/m^2}]$$

$$\rightarrow \mathbb{P}_{av}(r,t) = \frac{1}{2}\Re e\left[(E_r + jE_i)\hat{a}_x \times (H_r - jH_i)\hat{a}_y\right] = \frac{1}{2}(E_r H_r + E_i H_i)\hat{a}_z[\mathrm{W/m^2}]$$

$$E = 377H[\mathrm{V/m}],\ H = (1/377)E[\mathrm{A/m}]$$
$$\mathbb{P} = EH = 377H^2 = E^2/377 = P/S[\mathrm{W/m^2}]$$

손실 매질의 두 지점에서 시변 균일 평면파의 전력세기 비는

$$10\log_{10}\frac{p_2(z_0+\ell)|_{av}}{p_1(z_0)|_{av}} = 10\log_{10}e^{-2\alpha\ell} = 20\log_{10}e^{-\alpha\ell} \tag{10-67}$$

$$\rightarrow 20\log_{10}\left|\frac{E_x(z_0+\ell)}{E_x(z_0)}\right| = 20\alpha\ell\log_{10}e \approx 8.68\alpha\ell\ [\mathrm{dB}]$$

이므로 $\alpha = \left(\dfrac{1}{8.68\ell}\right)\dfrac{p_2}{p_1}\Big|_{\mathrm{dB}}[\mathrm{dB/m}] = \dfrac{1}{8.68}\left(\dfrac{1}{8.68\ell}\right)\dfrac{p_2}{p_1}\Big|_{\mathrm{dB}}[\mathrm{Np/m}]$이다.

$$A_v[\mathrm{neper}] = \ln\left(\frac{|V_o|}{|V_i|}\right)[\mathrm{neper}],\ A_v[\mathrm{dB}] = 20\log\left(\frac{|V_o|}{|V_i|}\right)[\mathrm{dB}],\ 1[\mathrm{neper}] = 8.68[\mathrm{dB}]$$

예제 10.6 그림과 같이 균일 평면파의 전장은 $\boldsymbol{E}(z,t) = -\hat{a}_y 30\cos(3\pi\times10^8 t - 20z)[\mathrm{V/m}]$, 자장은 $\boldsymbol{H}(z,t) = \hat{a}_x 0.2\cos(3\pi\times10^8 t - 20z)[\mathrm{A/m}]$이다.

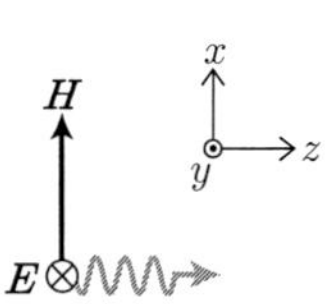

물음에 답하여라.

(a) 위상자로 전장과 자장 (b) 파 임피던스

(c) 평균 전력밀도$[\mathrm{W/m^2}]$와 에너지 전송방향

풀이 (a) 위상자 $\boldsymbol{E}(z) = -\hat{a}_y 30e^{-j20z}[\mathrm{V/m}]$, $\boldsymbol{H}(z) = \hat{a}_x 0.2e^{-j20z}[\mathrm{A/m}]$

(b) 특성 임피던스 $\eta = \dfrac{|\boldsymbol{E}|}{|\boldsymbol{H}|} = \dfrac{30}{0.2} = 150[\Omega]$

(c) $\mathbb{P}_{av}(z,t)=\frac{1}{2}\Re e\left[(\hat{a}_y 30e^{-j20z})\times(\hat{a}_x 0.2e^{-j20z})^*\right]=\frac{1}{2}\Re e\left[\hat{a}_z 6\right]$ 혹은

$=3\hat{a}_z[\mathrm{W/m^2}]$

$$\mathbb{P}_{av}(z,t)=\frac{1}{T}\int_0^T \mathbb{P}(z,t)dt=\frac{1}{T}\int_0^T \boldsymbol{E}(z,t)\times\boldsymbol{H}(z,t)dt$$

$$=\frac{1}{T}\int_0^T \hat{a}_z 6\cos^2(3\pi\times10^8 t-20z)dt=3\hat{a}_z\,[\mathrm{W/m^2}]$$

z-방향으로 에너지가 전달된다. ■

(3) 커패시터회로에서 에너지 흐름

그림 10.10과 같은 평행판 커패시터는 반지름이 R[m]인 두 개의 원판이 d[m]만큼 떨어져 있고, 정상전류가 위 원판에서 아래 원판으로 흐르고 있다. 커패시터 원판 가장자리에서 표면적을 통해 흐르는 전력을 구해보자. 이때 도선의 저항손실을 무시하고, $R\gg d$라고 가정한다.

① **평판 사이 전장:** 가장자리효과를 무시하여 균일전장이라고 가정한다. 가우스법칙을 사용하여, 평행판 사이에만 구속된 전장이 존재하다고 한다. 이때 가우스 원통을 위 평판만을 포함하도록 하면 전장은

$$\oint_s \boldsymbol{E}\cdot d\boldsymbol{s}=\frac{Q}{\epsilon_0}\rightarrow\boldsymbol{E}=-\hat{a}_z\frac{Q}{\pi R^2\epsilon_0}=-\hat{a}_z\frac{\rho_s}{\epsilon_0}\,[\mathrm{V/m}] \qquad (10\text{-}68)$$

이고, 여기서 위 평판에 표면전하밀도는 $\rho_s=Q/\pi R^2$이다.

② **커패시터에 저장된 전기에너지:** 전장에 저장된 에너지 식과 전장을 대입하면 다음과 같다.

$$\mathcal{E}_e=\frac{1}{2}\epsilon_0\int_v E^2 dv=\frac{1}{2}\epsilon_0 E^2\pi R^2 d=\frac{1}{2}\epsilon_0\left(\frac{Q}{\pi R^2\epsilon_0}\right)^2\pi R^2 d=\frac{1}{2}\frac{Q^2 d}{\pi R^2\epsilon_0}\,[\mathrm{J}] \quad (10\text{-}69)$$

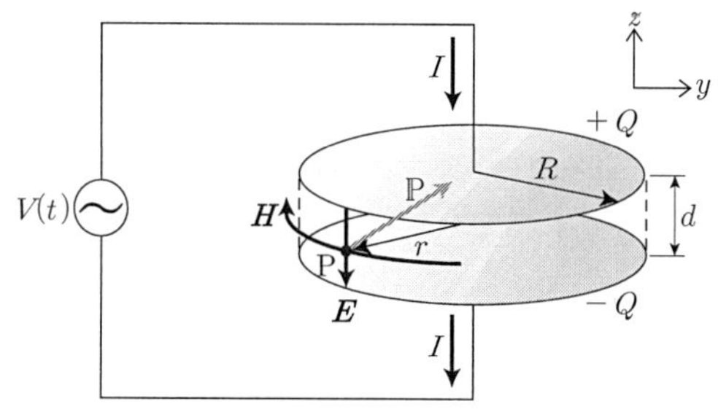

그림 10.10 커패시터 전기에너지

③ 전기에너지의 변화율은 전기에너지를 시간에 대해 미분을 하면

$$\frac{d\mathcal{E}_e}{dt}=\frac{d}{dt}\left[\frac{1}{2}\frac{Q^2 d}{\pi R^2\epsilon_0}\right]=\frac{Qd}{\pi R^2\epsilon_0}\frac{dQ}{dt}=\frac{QdI}{\pi R^2\epsilon_0} \qquad (10\text{-}70)$$

이고, 여기서 $I=dQ/dt$는 평판까지 흐르는 전류이다.

④ 반경이 $r<R$이고 평판 사이 점 P에서 자속밀도 $\boldsymbol{B}$, 전장과 자장

암페어법칙을 이용하여 점 P를 지나가는 반경이 $r<R$인 원을 암페어 고리로 한 열린 표면의 원판을 정의한다. 위에서 본 닫힌 고리에서 시계방향으로 돌면 z-방향이 음의 방향이 된다. 그리고 원판을 통해 흐르는 전도전류는 "0"이고 전속이 원판을 통과한다.

$$\oint_c \boldsymbol{H}\cdot d\boldsymbol{\ell}=\int \boldsymbol{J}\cdot \boldsymbol{ds}+\epsilon_0\frac{d}{dt}\int \boldsymbol{E}\cdot \boldsymbol{ds} \rightarrow 2\pi rH=\epsilon_0\frac{dE}{dt}\pi r^2=\epsilon_0\frac{d}{dt}\left(\frac{Q}{\pi R^2\epsilon_0}\right)\pi r^2$$

$$=\frac{Ir^2}{R^2}\rightarrow H=\frac{Ir}{2\pi R^2}\rightarrow \boldsymbol{B}=-\hat{a_\phi}\frac{\mu_0 Ir}{2\pi R^2}\ [\mathrm{Wb/m^2}],\ \ 0<\mathrm{r}<\mathrm{R} \qquad (10-71)$$

⑤ 커패시터 중심에서 $r=R$만큼 떨어진 거리의 포인팅벡터는

$$\mathbb{P}_{r=R}=\boldsymbol{E}\times\boldsymbol{H}\Big|_{r=R}=\left(-\hat{a_z}\frac{Q}{\pi R^2\epsilon_0}\right)\times\left(-\hat{a_\phi}\frac{Ir}{2\pi R^2}\right)\Bigg|_{r=R} \qquad (10-72)$$

$$=-\hat{a_r}\left(\frac{Q}{\pi R^2\epsilon_0}\right)\left(\frac{I}{2\pi R}\right)[\mathrm{W/m^2}]$$

이고, 안쪽으로 포인팅벡터가 향한다. 커패시터에 흐르는 전력은 닫힌 표면 적분을 통해 구하면

$$P=\int_c \mathbb{P}_{r=R}\cdot \boldsymbol{ds}=\int_c -\hat{a_r}\left(\frac{Q}{\pi R^2\epsilon_0}\right)\left(\frac{I}{2\pi R}\right)\cdot \hat{a_r}ds \qquad (10-73)$$

$$=-\left(\frac{Q}{\pi R^2\epsilon_0}\right)\left(\frac{I}{2\pi R}\right)2\pi Rd=-\frac{QId}{\pi R^2\epsilon_0}[\mathrm{W}]$$

이고, 부호는 전력이 흐름을 나타낸다. 이는 과정 ③에서 구한 결과와 같으며, 전력의 흐름은 전장에 저장된 에너지인 전기에너지의 변화율과 같다.

(4) 저항회로에서 에너지 흐름

그림 10.11과 같은 저항회로에서 저항에 열로 소모하는 전력을 계산하기 위해 저항 내에 구속된 자장은 무시하고 표면에서 자장의 값으로 계산한다. 그리고 저항의 양면은 등전위면이고 저항의 반경은 길이보다 작다고 가정한다.

① 전장은 $\boldsymbol{E}=(-\hat{a_z})V_0/\ell$이고, 전류밀도는 $\boldsymbol{J}=(-\hat{a_z})I/\pi a^2$이다.

② 저항의 바깥 표면에서 자장은 $\boldsymbol{H}=-I/(2\pi a)\hat{a_\phi}$이다.

③ 포인팅정리 식에 대입하면

$$-\frac{V_0}{\ell}\left(\frac{I}{2\pi a}\right)(2\pi a\ell)=-\frac{d}{dt}\int_v(0+0)dv-\frac{I}{\pi a^2}\left(\frac{V_0}{\ell}\right)(\pi a^2\ell) \qquad (10-74)$$

$$\rightarrow -V_0I=-V_0I$$

이고, 전지의 전자파에너지가 완전히 열의 형태로 저항에 흡수된다.

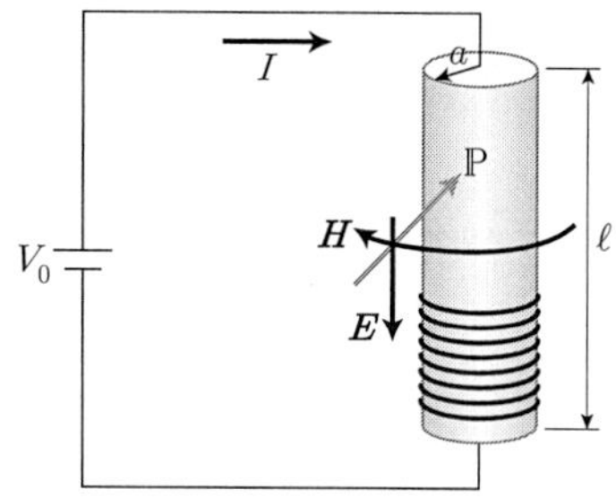

그림 10.11 전지와 저항회로

예제 10.7 그림과 같이 저항을 무시할 수 있는 동축선에서 내부 반경이 $a[\mathrm{m}]$, 외부 반경이 $b[\mathrm{m}]$, 길이가 $\ell[\mathrm{m}]\,(\ell \gg b)$이다. 동축선은 직류전원 $V[\mathrm{V}]$에서 부하 $R[\Omega]$으로 전류 $I[\mathrm{A}]$가 흘러 전력을 공급하고, 전지는 내부도체에 $-Q[\mathrm{C}]$을 바깥도체는 $+Q[\mathrm{C}]$으로 충전된다. 동축선으로 흐르는 전력을 구하여라.

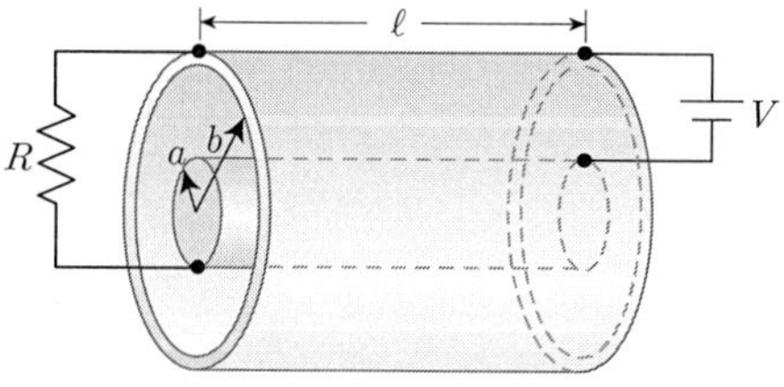

풀이 ① $a<r<b$에서 전장의 가우스법칙을 이용하여 $\Psi=\int \boldsymbol{E}\cdot \boldsymbol{ds}=E(2\pi r\ell)$
$=\dfrac{Q_{enc}}{\epsilon_0}\rightarrow \boldsymbol{E}=-\dfrac{Q}{2\pi\epsilon_0 r\ell}\widehat{a_\rho}$, $r<a$, $r>b$에서 $\boldsymbol{E}=0$이다.

② $a<r<b$에서 암페어법칙을 이용하여

$$\int \boldsymbol{H}\cdot \boldsymbol{d\ell}=I=H(2\pi r)\rightarrow \boldsymbol{H}=-\frac{I}{2\pi r}\widehat{a_\phi}$$ (왼쪽 면에서 시계방향임)

③ $a<r<b$에서 포인팅벡터 $\mathbb{P}=\boldsymbol{E}\times\boldsymbol{H}=\left(-\dfrac{Q}{2\pi\epsilon_0 r\ell}\widehat{a_\rho}\right)\times\left(-\dfrac{I}{2\pi r}\widehat{a_\phi}\right)$
$=\left(\dfrac{QI}{4\pi^2\epsilon_0 r^2\ell}\right)\widehat{a_z}[\mathrm{W/m^2}]$(오른쪽에서 왼쪽 방향임), $r<a$, $r>b$에서 $\mathbb{P}=0$

④ 미소 면적은 $\boldsymbol{ds}=(2\pi r dr)\widehat{a_z}$,

전력은 $P=\int \mathbb{P}\cdot \boldsymbol{ds}=\left(\dfrac{QI}{4\pi^2\epsilon_0\ell}\right)\displaystyle\int_a^b \frac{1}{r^2}(2\pi r dr)=\frac{QI}{2\pi\epsilon_0\ell}\ln\left(\frac{b}{a}\right)[\mathrm{W}]$이다.

⑤ 인가전압 $V=-\displaystyle\int_a^b \boldsymbol{E}\cdot \boldsymbol{d\ell}=\int_a^b\left(\frac{Q}{2\pi\epsilon_0 r\ell}\right)dr=\frac{Q}{2\pi\epsilon_0\ell}\ln\left(\frac{b}{a}\right)=IR$이고 저항 R에 관계된 전하 $Q=\dfrac{2\pi\epsilon_0\ell IR}{\ln(b/a)}$이므로 저항 R에서 에너지 소비율인 전력 $P=\left(\dfrac{2\pi\epsilon_0\ell IR}{\ln(b/a)}\right)\dfrac{I}{2\pi\epsilon_0\ell}\ln\left(\dfrac{b}{a}\right)=I^2R\,[\mathrm{W}]$이다. ■

10.7 파동과 전파

역학적인 파에는 공기를 매개로 전달되는 인간의 목소리나 음향과 같은 음파와 같이 파동의 진행 방향과 입자의 진동방향이 같은 종파(longitudinal wave)와 연못의 파동과 같이 파동의 진행 방향과 입자의 진동방향이 서로 수직을 이루는 횡파(transverse wave)가 있다. 그림 10.12와 같이 전자파인 횡파는 공기가 없는 우주공간 속에서도 전달이 가능하다.

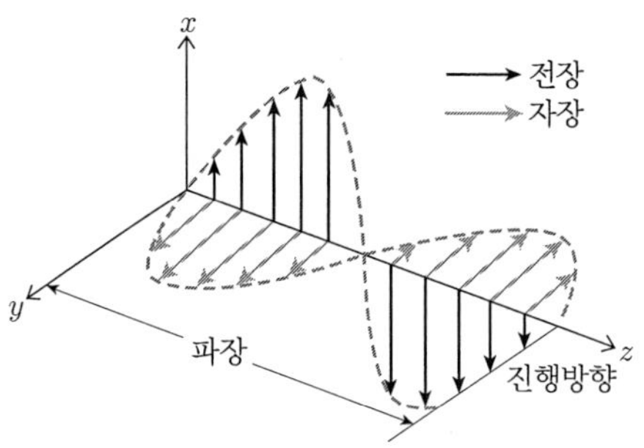

그림 10.12 전자파와 같은 횡파

파동이 되는 물리량

공간적으로 서로 영향을 주고받을 수 있는 유기적인 연결 또한 평형 상태로 되돌아가려고 하는 탄성으로 구성한다.

파동의 종류

역학적인 파동 : 줄의 파동, 음파, 막의 파동, 수면파

전자기적인 파동 : 초고주파, 빛, x-선, 감마선 등

종파와 횡파

종파 : 파의 진행 방향과 진동방향이 나란한 파 (예) 음파, 지진파 P파

횡파 : 두 방향이 수직인 파 (예) 수면파, 지진파 S파, 빛

전파는 지나다니는 통로에 따라 지상파(지표파, 직접파, 반사파, 회절파 등)와 공간파(전리층파, 대류권파 등)로 나뉜다. 그림 10.13과 같이 주파수에 따라 반사파를 이용하는 전리층(하전입자가 모여 있음)이 다르고, 전파전송에서 극초단파나 초단파는 전리층을 관통하는 직접파를 이용한다. 36,000km 적도 상공의 정지궤도 위성을 사용하면 대형 파라볼릭 안테나가 필요하다.

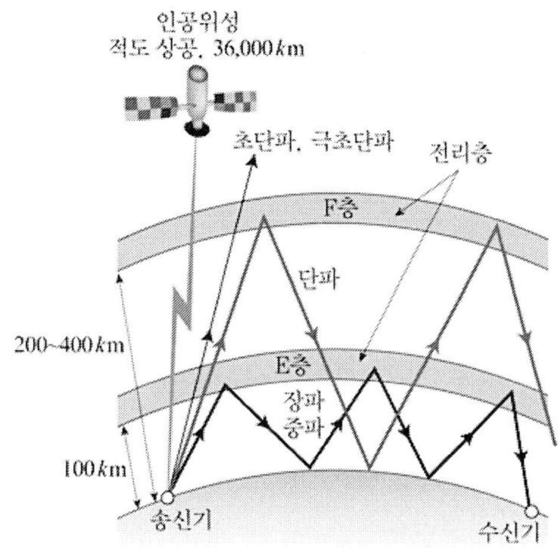

그림 10.13 전파의 직접파와 반사파

- 역학(力學, mechanics): 자연을 이해하기 위한 가장 기본적인 역할을 하는 학문으로 운동의 원인으로서의 힘과 그 힘에 의한 운동에 관한 법칙을 밝히려는 학문이다.
- 상대성이론: 광속도에 가까운 속도로 운동하는 물체
- 양자역학: 분자, 원자, 소립자와 같은 미시적 입자를 연구하는 분야
- 뉴턴역학: 상대성이론과 양자역학을 포함하지 않는 역학으로 강체(剛體)·탄성체(彈性體)·유체(流體) 등에 대한 역학분야
- 고전역학(古典力學): 뉴턴역학 + 상대성이론
- 통계역학: 입자의 집합체로 구성된 계를 통계적으로 그 집합체의 전체적인 성질을 설명하는 분야

전파는 전자파 그리고 전자기파의 약어로 사용하며, 영어로는 electromagnetic wave 혹은 radio wave로 명명된다. 전파는 그림 10.14와 같이 일반적으로 시간에 따라 전장과 자장이 상호작용에 의해 고리 모양으로 빛의 속도로 퍼져나가는 파동에너지이며, 주파수 대역에 따라 용도와 이름이 다르다. 전자파는 공간으로 직진, 반사, 회절 등을 통해 진공에서 1s 에 30만km 의 광속도로 전파(propagation)되어 나간다. 우리가 사용하고 있는 휴대폰도 이 전파를 이용하여 통화하고 있다.

전자기파 → 전자파 → 전파
전파 = 전기파 + 자기파

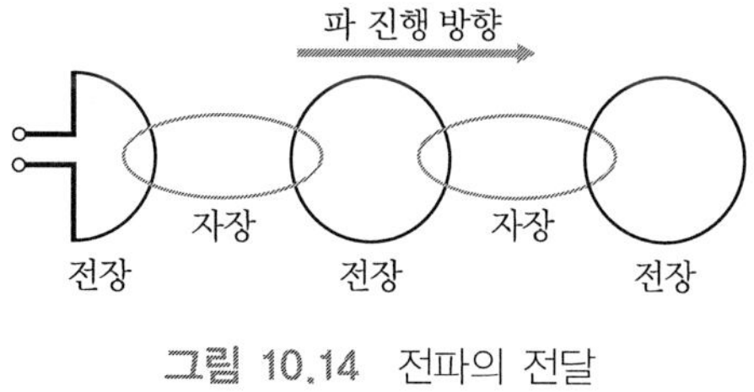

그림 10.14 전파의 전달

전파의 발생과 전파(傳播)

도선에 변하는 전류가 흐르면, 자장이 발생 → 변하는 자장을 중심으로 전장이 형성 → 형성된 전장은 시간에 따라 변하기 때문에, 전장을 중심으로 다시 자장이 발생한다.

전하의 움직임과 관련되는 전파는 파동이며, 아마추어 무선통신에 사용하는 장파로부터 초신성이 폭발할 때 방사되는 감마선까지 다양하다. 그림 10.15(a)와 같이 두 개의 극인 쌍극자를 의미하는 다이폴안테나는 교류전원에 연결되어 있다. 안테나의 양 끝은 크기가 같고 부호가 반대인 전하가 충전되고 교류주파수에 따라 전하의 극성이 주기적으로 바뀐다. 발전소 터빈의 등속원운동은 주기성을 가지고 크기가 사인함수인 교류전류를 발생시키므로 전하를 진동시키는 다이폴안테나는 전자파를 발생한다.

그림 10.15(b)와 같은 LC-회로는 전하진동을 통해 전자파를 발생시키며 그 주파수는 $f = 1/2\pi\sqrt{LC}$ [Hz]이다. 전기적 전하를 진동시키는 LC-회로에서 코일은 진동을 일으키는 교류전원에 해당되고, 커패시터는 전하의 공급원인 안테나에 해당된다.

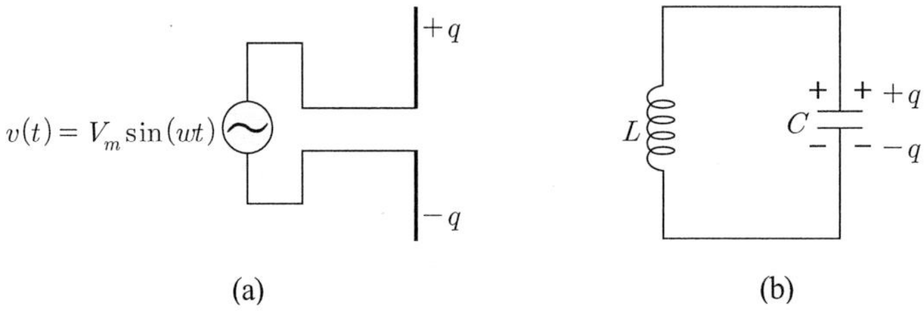

그림 10.15 전자파 발생원리 (a) 다이폴안테나 (b) LC 공진회로

xy-평면상에서 전하의 등속 원운동을 하면 위치는 $(x,\ y) = (\cos\theta,\ \sin\theta) = (\cos wt,\ \sin wt)$이다. 전하의 등속 직선운동이 전장을 일정하게 변화시키는 데 반해 등속 원운동에서는 전장이 사인함수로 나타나므로 그 변화율인 자장도 사인파이다. 전하의 가속도운동인 등속 원운동과 전하의 진동운동은 같은 운동이며 같은 전자파를 방출한다. 다이폴 안테나와 LC-회로, 쌍극자운동은 전자파를 방출할 수 있지만 전자파의 주파수가 다르다.

그림 10.16과 같이 전하가 있으면 쿨롱의 법칙에 의해 주위에 전장이 생겨 퍼져나가고, 세기는 거리의 제곱에 반비례한다$(1/r^2)$. 그리고 전하가 등속도로 움직이면 주변에 자장이 생겨 퍼져나가고, 세기는 거리의 제곱에 반비례한다$(1/r^2)$. 또한, 전하가 가속도 운동을 하면 전장과 자장이 동시에 생기며 또한 각각의 세기는 거리에 반비례한다$(1/r)$.

전파를 생성하기 위해 그림 10.17과 같이 전자회로를 이용하여 전하를 가속시키는 방법과, 그림 10.18과 같은 정전장과 정자장을 이용하여 가속시키는 방법이 있다.

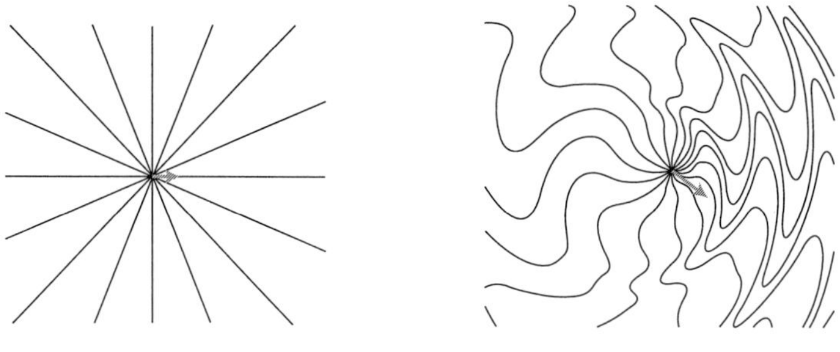
(a) (b)

그림 10.16 움직이는 전하의 방사 (a) 등속운동하는 전하 주위의 전장
(b) 가속도운동하는 전하 주위의 전장

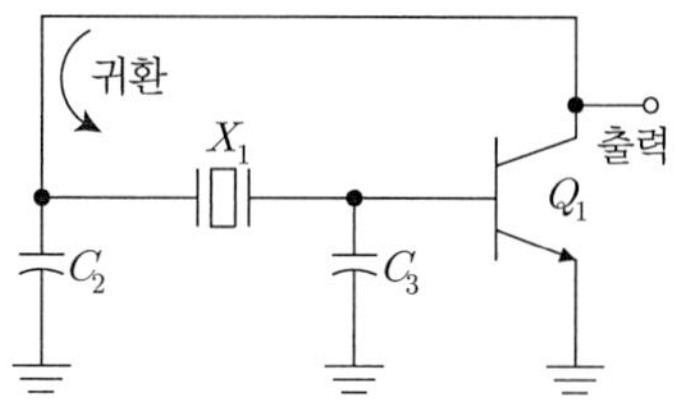

그림 10.17 피어스 수정 발진기

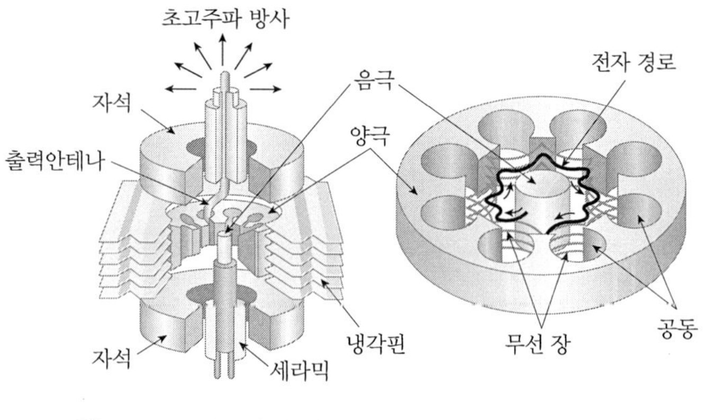

그림 10.18 영구자석 및 직류전원을 이용한 마그네트론

10.8 전장을 이용한 전자파의 설명

정전하의 움직이는 상황을 전장과 자장이 존재하는 상황으로 만들 수 있다. 전기 쌍극자의 진동이 시변전장을 만들 수 있고 전하는 시간에 따라 사인파 모양으로 변하여 상대적인 전기 쌍극자 위치가 상하로 변한다. 전하가 진동하면 전류가 발생하고 모든 전류는 자장을 발생한다. 자장은 암페어법칙에 따라 전류를 가진 평면에 수직이다. 여기서 전장을 고려해보자.

그림 10.19(a)와 (b)는 어떤 주어진 시간에서 전기 쌍극자의 정적인 그림이다. 전기 쌍극자에서 양전하의 위치가 반대가 되면 두 상태의 전장 모양이 중간 모양을 가진다. 새로운 쌍극자 위치가 되면 순간적으로 전장의 변화가 전달될 수 없기 때문에 그림 10.19(c)와 같이 검은 점선 영역은 중간과정을 가진다. 전기력선은 교차할 수 없고 전하에 끝나는 것을 제외하고 연속이다. 전장과 자장은 서로 직교하고 발진하는 쌍극자에서 전자장의 전파방향은 공간에서 전파가 향하는 방향에 직교한다. 쌍극자에서 충분히 멀리 떨어진 곳의 전장은 전하에 연결되지 않는 닫힌 고리로 나타내고 자장도 물론 전하에 독립적으로 전달된다.

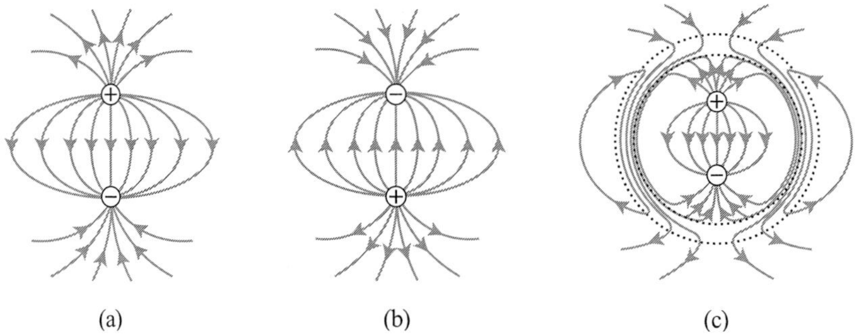

그림 10.19 발진하는 전기 쌍극자 (a) 양전하가 위인 전기 쌍극자에서 전장, (b) 음전하가 위인 전기 쌍극자에서 전장, (c) 과도상태에서 전장

그래서 발진하는 전기 쌍극자안테나에서 근거리장(near field) 영역과 원거리장(far field) 영역의 전장은 그림 10.20과 같다. 그리고 그림 10.21은 발진하는 전기 쌍극자안테나의 전장과 자장을 나타낸다.

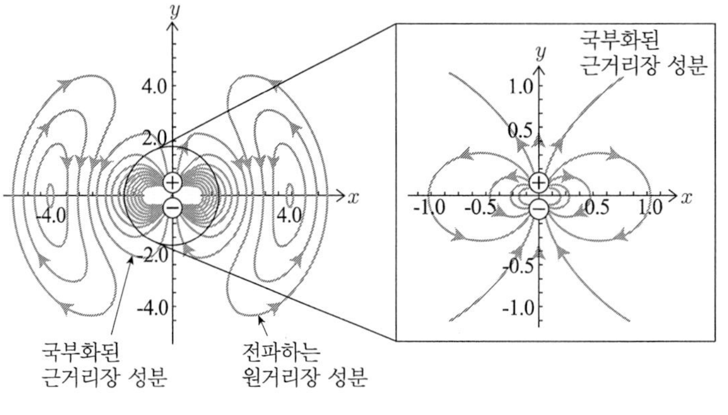

그림 10.20 발진하는 전기 쌍극자안테나의 전장

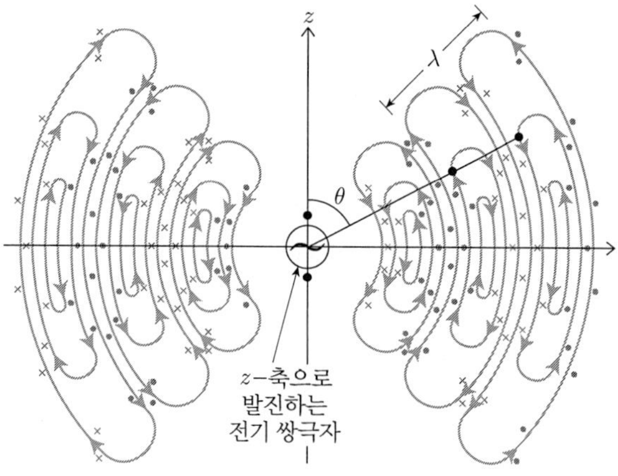

그림 10.21 발진하는 전기 쌍극자안테나의 전장(선)과 자장(점과 x점)

실제로 발진하는 전기 쌍극자는 안테나 중심에 교류전류원을 가진 반파장안테나이다. 반파장안테나는 반파장의 배수 길이를 가지는 선형안테나이고 z-방향을 향하는 안테나인 경우 $z=0$에 안테나 중심이 있다. 그림 10.22와 같이 중심에 흐르는 전류는 $i(t)=I_0\sin(wt)$이고 끝에는 전류가 없으므로 일반적인 안테나전류 식은 $i(z,t)=I_0\cos(kz)\sin(wt)$이며 여기서 $k=\pi/\ell$이고 $z=\ell/2$에서 전류 $I=0$이다. 그림과 같이 z-축으로 향하고 발진하는 전기 쌍극자의 포인팅벡터의 방향은 오른손법칙에 따른다.

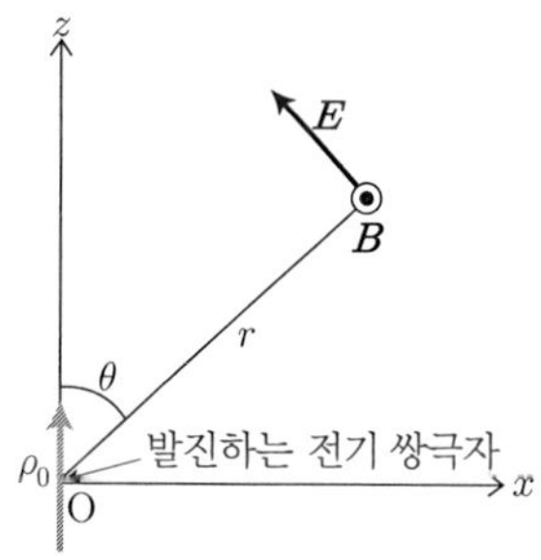

그림 10.22 발진하는 전기 쌍극자의 좌표

전자파 방사를 위해 점전하 진동과 같이 시간에 따라 사인파로 진동하는 전하 및 전류분포를 사용하는 소자는 안테나(antenna)이다. 안테나의 간단한 형태는 같은 크기와 반대부호를 가진 한 쌍의 전하가 시간에 따라 사인파로 변하게 발진하는 전기 쌍극자형이며 한 전하는 $Q\sin(wt)$이고 다른 전하는 $-Q\sin(wt)$이다. 무선주파수에서 잘 동작하는 안테나 구성은 교류전원의 단자가 직선도체에 연결되어 있고 전압이 진동하면 두 도체에서 전하는 역시 진동한다. 그림 10.23은 한 주기 동안 전자파 발생을 설명하기 위한 전장 모양을 나타낸다.

근거리장 영역: 안테나로부터 보통 수 파장 이내 떨어진 거리에서의 방사패턴
원거리장 영역: 안테나로부터 보통 수 파장 이상 멀리 떨어진 거리에서의 방사패턴

자기 쌍극자의 진동으로 역시 방사전원으로 작동되며 사인파 전류를 사용한 원고리안테나가 한 예이다. 충분히 높은 주파수에서 자기 쌍극자안테나는 같은 크기의 전기 쌍극자안테나보다 효율적인 에너지 방사를 만든다.

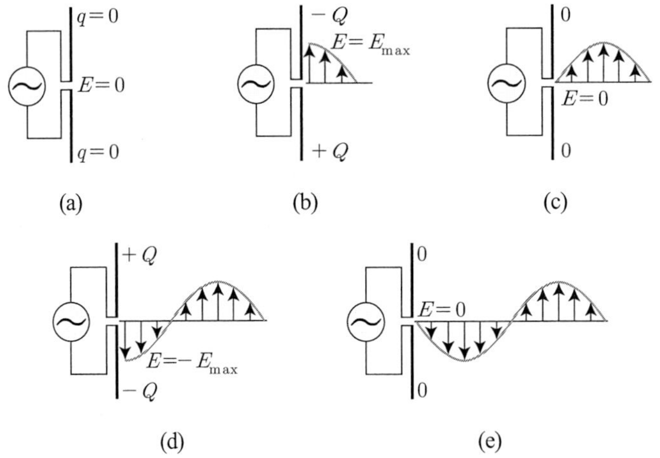

그림 10.23 한 주기 동안 전자파 발생을 설명하기 위한 전장
(a) $t=0$ (b) $t=T/4$ (c) $t=T/2$ (d) $t=3T/4$ (e) $t=T$

10.9 마이크로 오븐

물의 쌍극자는 전자파 방사 속에서 계속해서 새로운 방향으로 움직이려고 한다. 주파수에 따라 쌍극자는 전장과 같거나 지연되어 움직이거나 제자리에 있을 수 있다. 쌍극자 사이에 작용하는 분극은 전장에 지연되고, 위상차에 의해 열로써 에너지 손실이 발생한다.

움직임은 점성과 이동도에 의존하고 물에서는 수소결합 세기에 의존한다. 그래서 자유로운 액체인 물은 GHz 주파수 대역에서 움직임이 일어나고, 보다 구속된 물은 MHz 주파수 대역에서 그리고 얼음은 kHz 에서 움직임이 일어난다.

전자파를 발생시키기 위해 인가한 전장의 전압파는

$$v(t)=V_0\cos(wt)\ [\text{V}] \tag{10-75}$$

이고, 여기서 V_0은 전압파의 진폭이며, w는 각 주파수[rad/s]이다.

그림 10.24와 같이 분극이 전압파와 위상 θ[rad]만큼 지연되면 유도분극 P_e는

$$P_e=P_0\cos(wt-\theta)\ [\text{C}] \tag{10-76}$$

이고, P_0는 분극의 최댓값이다. 그래서 유도분극전류는 다음과 같다.

$$i(t) = \frac{dP_e}{dt} = -wP_0 V_0 \sin(wt - \theta) \ [\mathrm{A}] \tag{10-77}$$

열로써 나타나는 전력 $P(t)$는 인가전압파와 유도분극전류의 평균인

$$P(t) = \frac{1}{T}\int v(t) \cdot i(t)\, dt = \frac{1}{2} P_0 V_0^2 w \sin(\theta) \tag{10-78}$$

이고, 지연이 없으면($\theta = 0$) 전력은 "0"이다.

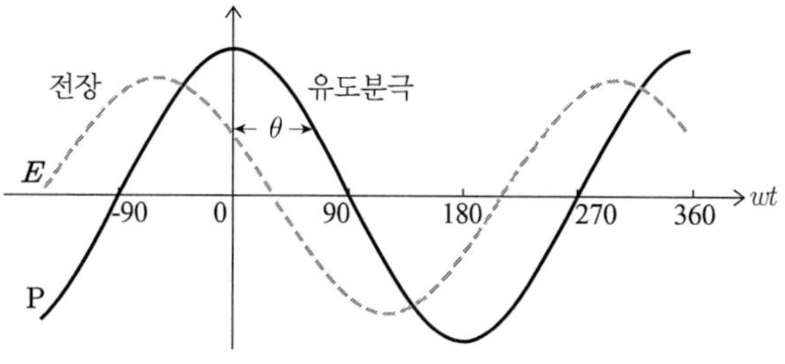

그림 10.24 인가전장과 유도분극

그래서 마이크로 오븐은 약 $2.5[G\mathrm{Hz}]$의 전자파방사가 일어난다. 이 에너지는 물(H_2O) 분자의 방위 유전상수를 크게 변화시키며 방위를 발진하기에 적당하다. 그러나 방위가 발진하기 위해서는 $5 \sim 100[G\mathrm{Hz}]$ 주파수가 이상적이지만 에너지가 음식의 표피만 흡수하므로 음식요리에는 부적당하다. 얼음($\epsilon_r = 3.0$)은 물($\epsilon_r = 81.1$)보다 낮은 유전상수를 가지므로 많은 에너지 흡수가 안된다.

| 연 | 습 | 문 | 제 |

10.1 정전장, 정자장에 관한 맥스웰방정식을 쓰고 각 방정식의 의미를 설명하여라.

10.2 자유공간에서 전장이 $\boldsymbol{E}(x,t) = \hat{a_z} E_0 \cos(wt + \beta x)$[V/m] 일 때 자장 $\boldsymbol{H}(t)$과 β를 구하여라.

10.3 문제 10.1에서 전장의 가우스법칙 식과 자장의 가우스법칙 식이 만족함을 나타내어라.

10.4 파동방정식 $\dfrac{\partial^2 y}{\partial x^2} = \dfrac{1}{v_p^2} \dfrac{\partial^2 y}{\partial t^2}$ 에서 v_p는 전파속도이다. $y = f(x \mp v_p t)$가 파동방정식을 만족시킨다는 것을 증명하여라.

10.5 $z = 0$인 경계면 상(경계면 상의 법선방향은 $\hat{a_z}$)에서 $\boldsymbol{H}_1 = -\hat{a_y} 3\cos(3\pi \times 10^7 t - 9z)$, $\boldsymbol{H}_2 = -\hat{a_y} 6\cos(3\pi \times 10^7 t + 5z)$ 일 때 면전류밀도 $\boldsymbol{J_s}$ 를 구하여라.

10.6 $z = 0$ 을 경계로 공기($\epsilon_{r1} = 1$)-유전체($\epsilon_{r2} = 3$)를 구성하고 경계면 상의 법선방향을 $-\hat{a_z}$ 라고 한다. 인가전장은 $\boldsymbol{E} = (3\hat{a_y} - 5\hat{a_z})\cos(5 \times 10^8 t + 10z)$이다. 면전하밀도 ρ_s 를 구하여라.

10.7 자유공간에서 $\boldsymbol{E} = E_o \hat{a_x} \sin(wt - kz)$일 때 $\boldsymbol{D}$, $\boldsymbol{E}$, $\boldsymbol{H}$ 그리고 포인팅벡터 $\mathbb{P}$를 구하여라.

10.8 비자성 매질에서 전장 $\boldsymbol{E} = \hat{a_x} 4\sin(2\pi \times 10^7 t - 0.8x)$[V/m]이다. 다음 물음에 답하여라.

(a) 비유전율 (b) 고유 임피던스 $\eta = \sqrt{\mu/\epsilon}$ (c) 자장과 평균전력

(d) 평면 $y + 2z = 5$에서 10cm^2 단면의 총 전력

10.9 자유공간에서 벡터장 $\boldsymbol{E} = 100\cos\left(wt + \dfrac{4\pi}{3}x\right)\hat{a_z}$ [V/m], $\boldsymbol{H} = \dfrac{100}{120\pi}\cos\left(wt + \dfrac{4\pi}{3}x\right)\hat{a_y}$ [A/m] 일 때 주파수 $f = w/2\pi = 200M\text{Hz}$ 일 때 포인팅벡터를 위상자로 구하고 yz-평면의 4m^2 지역을 관통하는 평균전력을 구하여라.

10.10 균일 평면파의 전장은 $\boldsymbol{E}(z,t) = \hat{a_x} 40\cos(2\pi \times 10^8 t - 10z)$[V/m], 자장은 $\boldsymbol{H}(z,t) = \hat{a_x} 0.5\cos(2\pi \times 10^8 t - 10z)$[A/m]이다. 물음에 답하여라.

(a) 위상자로 전장과 자장 (b) 파 임피던스

(c) 평균 전력밀도[W/m^2]와 에너지 전송방향

10.11 자장이 $\boldsymbol{H}(y) = (-\hat{a_x} + j\,\hat{a_z}) 3 \times 10^{-4} e^{-j0.5\pi y}$[A/m]인 방송신호가 있다.

(a) 주파수와 파장 (b) 전장을 구하여라.

Chapter 11

평면전자파

Contents

445 평면파 소개
446 위상속도
447 손실 매질에서 평면파
453 자유공간에서 평면파
458 복소 유전율 및 손실 탄젠트
464 수직 입사 평면파의 반사와 투과
473 경계면에서 평면파의 경사 입사
481 평면파 요약

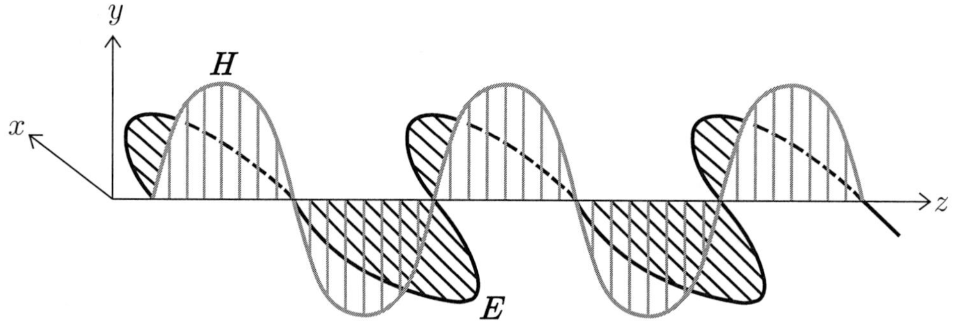
y
x
H
z
E

11.1 평면파 소개

균일 평면파(uniform plane wave)는 진행 방향에 수직인 평면에 대해 파동의 변수들(밀도, 압력 등)이 같은 위상과 크기를 갖는 파를 말한다. 그림 11.1과 같이 균일 평면파는 이상적으로 전자장이 무한 평면상의 모든 점에서 균일한 특성(xy-평면이 변화가 없는 평면이면 $\partial \boldsymbol{E}/\partial x = 0$, $\partial \boldsymbol{E}/\partial y = 0$, $\partial \boldsymbol{H}/\partial x = 0$, $\partial \boldsymbol{H}/\partial y = 0$)을 가지며, 평면파는 진행 방향으로 전장과 자장성분이 없다. 즉, 진행 방향이 z이면 $E_z = 0$, $H_z = 0$이다. 여기서 E_x라는 것은 x방향의 전장성분이고 $\partial E_x/\partial x = 0$는 E_x가 x의 함수가 아닌 것이다. 사실 E_x는 z의 함수 즉 $\boldsymbol{E_x}(z) = \hat{a}_x E_0 \cos(wt - kz + \phi_0)$이고, 그림 11.2에서 문자 표기를 설명한다.

> 전파가 z-방향으로 전달되면 균일 평면파는 z, t만의 함수이다.
> $\boldsymbol{E}(x,y,z,t) = \boldsymbol{E}(z,t)$, $\boldsymbol{H}(x,y,z,t) = \boldsymbol{H}(z,t)$

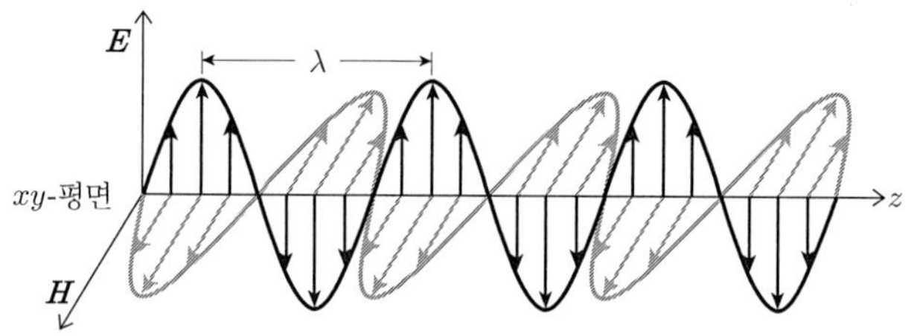

그림 11.1 파장이 λ인 균일 평면파

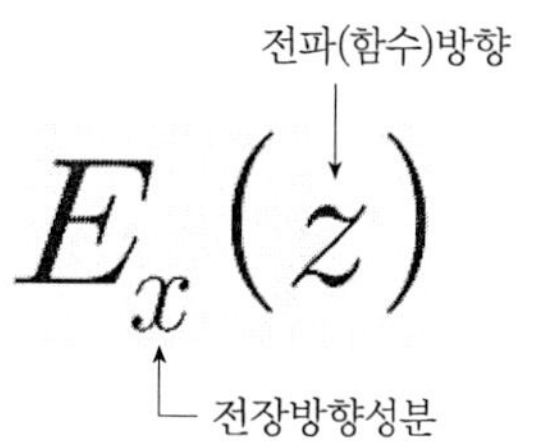

그림 11.2 문자 표기 설명

평면파는 거리가 멀어짐에 따라 전자기파의 세기가 감소하므로, 거리가 멀어져도 세기가 감소하지 않는 균일 평면파가 존재할 수 없다. 그러나 파원에서 멀리 떨어진 곳의 파면은 근사적으로 평면파이고, 이를 국부적인 평면파라 부르며 작은 범위에서 동위상면인 평면을 가진 파가 전자파이다. 전파가 z-방향으로 진행하면 전장과 자장은 (E_x, H_y) 혹은 (E_y, H_x) 두 쌍이 만들어진다. 그림 11.3은 (E_x, H_y) 평면파가 z-방향으로 진행하는데 진행 방향은 오른손 좌표계를 이용하여 구한다.

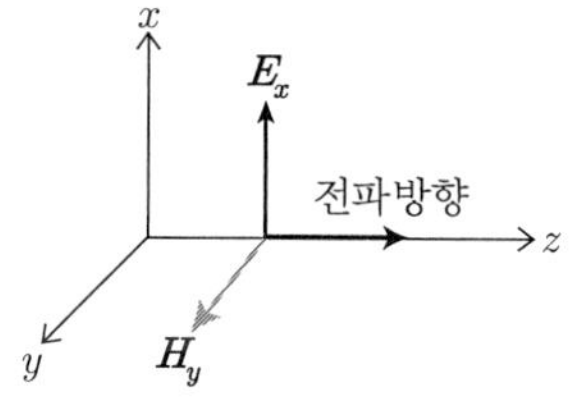

그림 11.3 좌표를 이용한 평면파 설명

- 평면파 : 전장과 자장의 방향은 서로 직교하고, 전파방향은 전장과 자장방향에 직교하는 포인팅벡터 $\boldsymbol{E} \times \boldsymbol{H}$의 방향이다. 즉, 파의 동위상면이 평면 구조인 전파이다.
- 균일 평면파 : 전파 진행 방향에 수직인 무한 평면상에서 모든 점들이 같은 방향, 같은 크기와 같은 위상을 갖는 파이다. 맥스웰방정식의 특수해이며 항상 원천이 유한함으로 실제 존재하지 않는다.
- 횡파(transverse wave) : 진동방향과 진행 방향이 수직인 파(피아노소리, 기타소리 등)
- 공간파(space wave) : 유도 구조가 없이 공간으로 전자파가 전송(무선통신, 레이더)

평면파는 TEM파(Transverse Electro-Magnetic Wave)의 한 형태이며 TEM파 ⊃ 평면파(= TEM+ 동위상)의 관계가 있다. 즉, TEM파는 동위상일 필요가 없으므로 더 큰 집합이다. 그림 11.4와 같이 구형파로 출발한 전파도 거리가 멀리 떨어진 지점에서는 평면파로 보인다.

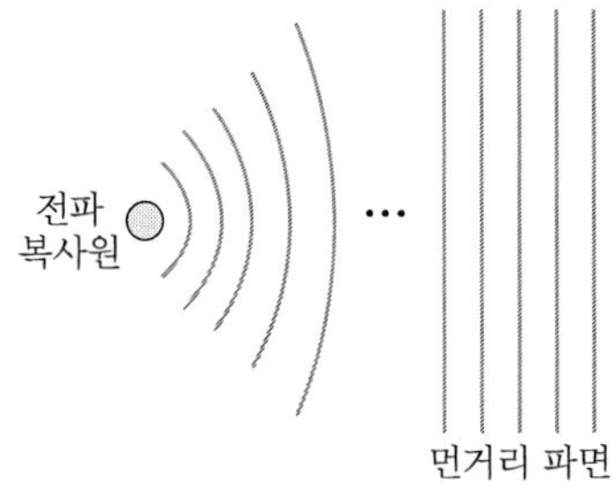

그림 11.4 구형파가 먼 거리에서 평면파

TEM파를 횡파라 하고 대부분 z-방향으로 진행하는 파이다. 그래서 그림 11.5와 같이 xyz-좌표계에서 x-방향과 y-방향을 횡(transverse, 橫, 가로의)방향이라 하고 z-방향을 종(longitudinal, 縱, 세로의)방향이라 한다. 그래서 TEM파는 x-방향과 y-방향의 성분만 가지므로 횡파라 한다.

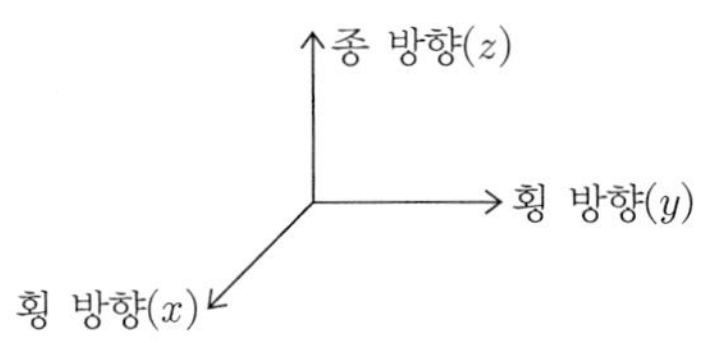

그림 11.5 횡(transverse, 橫, 가로의)방향과 종(longitudinal, 縱, 세로의)방향

11.2 위상속도

전자파 전송에 관련된 속도는 매질 내 광속도($1/\sqrt{\mu_0\epsilon_0}$)와 위상속도가 있다. 매질 내 광속도는 매질 내 평면파가 전송되는 속도이고, 위상속도는 동일위상점이 이동하는 속도

($v_p = w/\beta$)이다. TEM파에서는 두 속도가 같다. 손실 유전체를 가진 전송선이나 도파관에서 위상상수 β는 주파수의 선형함수가 아니므로 다른 주파수는 다른 위상속도를 가진다.

위상(phase)

$V_m \cos(wt+\theta)$는 $V_m \cos(wt)$보다 θ만큼 앞선다(lead). 즉, $V_m \cos(wt)$는 $V_m \cos(wt+\theta)$보다 θ만큼 뒤진다(lag). (예) in phase(동상), out of phase (위상이 다름)

x-방향으로 진동하는 평면파 전장

$$\boldsymbol{E}(z,t) = \hat{a}_x \Re e\left[E_0 e^{j(wt-kz+\phi)}\right] = \hat{a}_x E_0 \cos(wt-kz+\phi)[\mathrm{V/m}]$$

- 각 주파수, $w = 2\pi/T$: 단위 시간 동안 진동수에 2π를 곱한 것이며, $d\phi/dt = w$처럼 시간 변화에 대한 위상변화의 빠르기임.
- 파수(각파동수), $k = 2\pi/\lambda$: 단위 길이에 포함된 파동수에 2π를 곱한 것이며, $d\phi/dz = -k$ 처럼 공간변화에 대한 위상변화의 빠르기이고, 위상상수 β는 부도체 매질의 파수와 같음.
- 위상, ϕ : 균일 평면파에서 일정하고, 보통 간단하게 하기 위해 "0"으로 둔다.

위상속도와 군속도

- 위상속도(phase velocity) : 단일 정현파 전자장의 전파속도 혹은 포락선 내 파의 속도 혹은 동위상면의 전파속도, $v_p = w/\beta$
- 군속도(group velocity) : 초고주파 신호를 전송하기 위해 반송파로 변조된 피변조파(평면파에 담겨 있는 정보)의 전파속도 혹은 에너지의 이동속도 혹은 파 다발 포락선의 전파속도, $v_g = dw/d\beta$

11.3 손실 매질에서 평면파

맥스웰방정식을 이용하여 $\nabla \times \boldsymbol{E} = -jw\mu \boldsymbol{H}$에 회전을 취하고, 벡터삼중적을 이용한 후 $\nabla \times \boldsymbol{H} = (\sigma + jw\epsilon)\boldsymbol{E}$를 대입하면 전장의 헬름홀츠(Helmholtz)방정식(혹은 파동방정식)이

$$\nabla \times \nabla \times \boldsymbol{E} = -jw\mu(\sigma + jw\epsilon)\boldsymbol{E} \tag{11-1}$$

$$\nabla \times \nabla \times \boldsymbol{E} = \nabla(\nabla \cdot \boldsymbol{E}) - \nabla^2 \boldsymbol{E} = -\nabla^2 \boldsymbol{E} \tag{11-2}$$

$$\nabla^2 \boldsymbol{E} = jw\mu(\sigma + jw\epsilon)\boldsymbol{E},\ \nabla^2 \boldsymbol{E} = \gamma^2 \boldsymbol{E}$$

이고, 여기서 $\gamma = \sqrt{jw\mu(\sigma + jw\epsilon)}$이다. 같은 방법으로 자장의 헬름홀츠 파동방정식을 구하면

$$\nabla^2 \boldsymbol{H} = \gamma^2 \boldsymbol{H} \tag{11-3}$$

이며, 전장과 자장의 헬름홀츠 파동방정식은 다음과 같다.

$$(\nabla^2 - \gamma^2)\begin{pmatrix}\boldsymbol{E}\\ \boldsymbol{H}\end{pmatrix} = 0 \tag{11-4}$$

이때 손실이 있는 단순매질 내의 전파상수는

$$\gamma = \sqrt{jw\mu(\sigma + jw\epsilon)} = \sqrt{-w^2\mu\epsilon(1 + \frac{\sigma}{jw\epsilon})} = jw\sqrt{\mu\epsilon}\sqrt{1 + \frac{\sigma}{jw\epsilon}} = \alpha + j\beta \tag{11-5}$$

이고, 여기서 $\alpha\,[\mathrm{Np/m}]$는 감쇠상수(attenuation constant)이고, $\beta\,[\mathrm{rad/m}]$는 위상상수(phase constant)이다. α, β는 각각 양의 실수라 가정하고 식 (11-5) 양변을 제곱하면

$$\alpha^2 - \beta^2 + j2\alpha\beta = -\omega^2\mu\epsilon + j\omega\mu\sigma \tag{11-6}$$

이고, 항등식에 의해 실수부와 허수부를 같게 놓으면 다음과 같다.

$$\alpha^2 - \beta^2 = -\omega^2\mu\epsilon \tag{11-7}$$

$$2\alpha\beta = \omega\mu\sigma \tag{11-8}$$

식 (11-7)과 식 (11-8)을 제곱해서 더하고 정리하면

$$(\alpha^2 - \beta^2)^2 + (2\alpha\beta)^2 = (\omega^2\mu\epsilon)^2 + (\omega\mu\sigma)^2 \tag{11-9}$$

$$\alpha^4 + \beta^4 + 2\alpha^2\beta^2 = \omega^4\mu^2\epsilon^2 + \omega^2\mu^2\sigma^2,\ (\alpha^2 + \beta^2)^2 = \omega^4\mu^2\epsilon^2\left[1 + \left(\frac{\sigma}{w\varepsilon}\right)^2\right]$$

$$(\alpha^2 + \beta^2) = \omega^2\mu\epsilon\sqrt{1 + \left(\frac{\sigma}{w\varepsilon}\right)^2} \tag{11-10}$$

이고, 식 (11-7)과 식 (11-10)을 더하여 정리하면 감쇠상수 α은

$$2\alpha^2 = \omega^2\mu\epsilon\sqrt{1 + \left(\frac{\sigma}{w\varepsilon}\right)^2} - \omega^2\mu\epsilon \tag{11-11}$$

$$\alpha = \omega\sqrt{\frac{\mu\epsilon}{2}}\left[\sqrt{1 + \left(\frac{\sigma}{\omega\epsilon}\right)^2} - 1\right]^{1/2} \tag{11-12}$$

이다. 양도체인 경우 $\sigma/w\epsilon \gg 1$이므로 $\alpha \simeq \sqrt{\pi\mu f\sigma}$이고 재질 내에서 거리에 따라 급격히 감소한다. 식 (11-7)과 식 (11-10)을 빼고 정리하면

$$2\beta^2 = \omega^2\mu\epsilon\sqrt{1 + \left(\frac{\sigma}{w\varepsilon}\right)^2} + \omega^2\mu\epsilon \tag{11-13}$$

$$\beta = \omega\sqrt{\frac{\mu\epsilon}{2}}\left[\sqrt{1 + \left(\frac{\sigma}{\omega\epsilon}\right)^2} + 1\right]^{1/2} \tag{11-14}$$

이고, 감쇠상수와 위상속도는 주파수의 함수가 된다.

네퍼(Neper : Np)

이득, 손실, 상대값과 같이 비율을 표시하는 dB는 단위가 없다. 입력전력이 P_1, 출력전력이 P_2라면 네퍼와 데시벨은 다음으로 표현한다.

$$\frac{1}{2}\ln(P_1/P_2)\,[\mathrm{Np}],\ 10\log\frac{P_1}{P_2}\,[\mathrm{dB}]$$

감쇠상수 $\alpha = 1\,[\mathrm{Np/m}]$는 진폭이 1인 전자파($E_1 = e^{-\alpha z}$)가 1m 진행 시 크기가 $e^{-1}(=0.368)$로 감소한다. 이를 데시벨로 나타내면 1Np는 8.686dB과 같다.

$$1\,[\mathrm{Np}] = 10\log_{10}(1/e^{-1})^2 = 20\log_{10}e = 8.686\,[\mathrm{dB}]$$

매질이 무한하고 무손실일 때 β 대신에 흔히 k를 사용한다.

손실의 원천

- 저항손실: 도체 자유전자와 충돌로 발생하고 유한한 전도도로 설명 (완전전기 도체에 $\boldsymbol{E} = \boldsymbol{J}/\sigma = 0$)
- 유전손실: 외부 전장에 의한 분자분극으로 발생하고 유전율의 허수성분으로 설명

균일한 전류밀도 $J_s\,[\mathrm{A/m}]$가 $\hat{a}_x$ 방향으로 흐르면 전장도 같은 방향으로 발생한다. z-방향으로 전파가 진행할 때 전장의 파동방정식 해는 다음과 같다.

$$E_x(z) = E_0^+ e^{-\gamma z} + E_0^- e^{\gamma z} = E_0^+ e^{-\alpha z} e^{-j\beta z} + E_0^- e^{\alpha z} e^{j\beta z}\ [\mathrm{V/m}] \qquad (11\text{–}15)$$

여기서 지수가 음수인 성분은 전진파(forward wave)이고, 양수인 성분은 후진파(backward wave)이다.

자장은 패러데이법칙과 식 (11-15)를 이용하면

$$\boldsymbol{H} = -\frac{1}{jw\mu}\nabla\times\boldsymbol{E} = -\frac{1}{jw\mu}\begin{pmatrix}\hat{a}_x & \hat{a}_y & \hat{a}_z\\ 0 & 0 & d/dz\\ E_x & 0 & 0\end{pmatrix} = -\hat{a}_y\frac{1}{jw\mu}\frac{dE_x}{dz}$$

$$H_y(z) = \frac{\gamma}{jw\mu}\left(E_0^+ e^{-\gamma z} - E_0^- e^{\gamma z}\right) = \frac{1}{\eta}\left(E_0^+ e^{-\gamma z} - E_0^- e^{\gamma z}\right) \qquad (11\text{–}16)$$

$$= H_0^+ e^{-\gamma z} - H_0^- e^{\gamma z}\ [\mathrm{A/m}]$$

이고, 여기서 $\eta = jw\mu/\gamma = E_x^+/H_y^+ = -E_x^-/H_y^-$ 이며 손실 있는 공간의 복소 진성 임피던스이다. 그래서 전파방향에 수직인 평면에서 전장과 자장이 위치에 따라 변하지 않으므로 손실이 있는 공간에서도 여전히 균일 평면파이다.

그림 11.6과 같이 무한 평면에서 위상자로 표현되는 표면전류밀도 $\boldsymbol{J_s} = -J_0\hat{a}_x$인 면(sheet)전류가 흐를 때 균일 평면파가 특정 구조 없이도 만들어진다. 원천이 없는($\rho = 0$) 단순매질(선형, 균일, 등방성) ϵ, μ, σ에서 위상자를 이용하여 평면파를 구해보자.

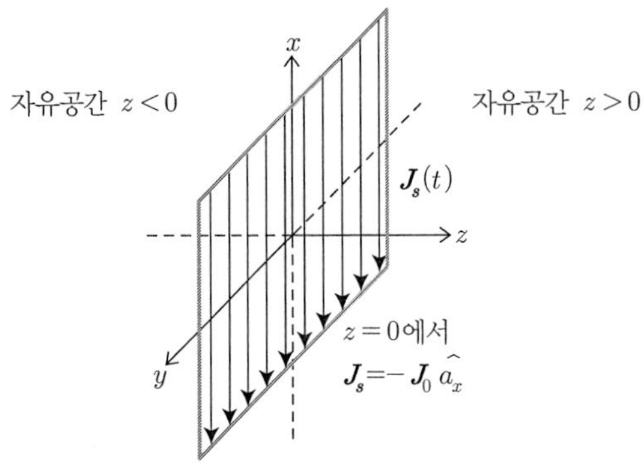

그림 11.6 $z=0$에서 위상자 면전류 $\boldsymbol{J}_s = -J_0\,\hat{a}_x$

① 그림 11.7과 같이 xy-평면이 무한 면 도체평면이고, 면전류가 x-방향 혹은 y-방향으로 공간적인 변화가 없으면 전장과 자장은 x-방향 혹은 y-방향으로 공간적인 변화가 없으므로 $\dfrac{\partial}{\partial x} \approx 0$, $\dfrac{\partial}{\partial y} \approx 0$이고, 파의 진행 방향이 z-방향이다. 파는 진행 방향으로 전장과 자장성분이 없다($E_z = 0$, $H_z = 0$).

(설명) $\nabla \times \boldsymbol{E} = -jw\mu \boldsymbol{H}$와 $\nabla \times \boldsymbol{H} = (\sigma + jw\epsilon)\boldsymbol{E}$을 이용하면

$$\left(\frac{\partial E_y}{\partial x} - \frac{\partial E_x}{\partial y}\right)\hat{a}_z = -jw\mu H_z \hat{a}_z,\ \left(\frac{\partial H_y}{\partial x} - \frac{\partial H_x}{\partial y}\right)\hat{a}_z = (\sigma + jw\epsilon)E_z \hat{a}_z \qquad (11\text{–}17)$$

이고 $\dfrac{\partial E_y}{\partial x} = \dfrac{\partial E_x}{\partial y} = \dfrac{\partial H_y}{\partial x} = \dfrac{\partial H_x}{\partial y} = 0$이므로 $E_z = 0$, $H_z = 0$이다.

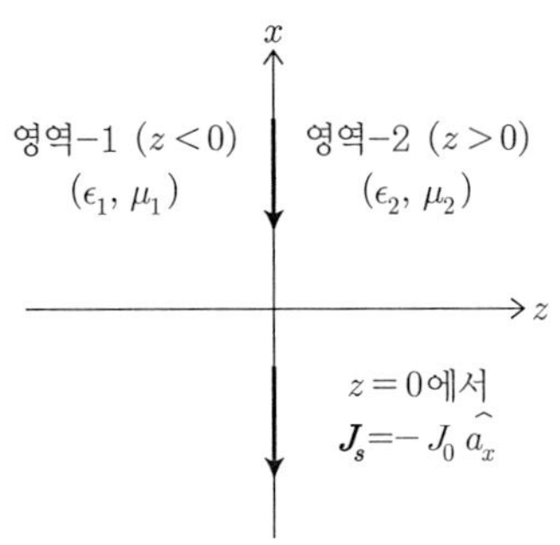

그림 11.7 면전류

② $\boldsymbol{J} = (\sigma + jw\mu)\boldsymbol{E}$에 의해 전류방향과 전장의 방향은 같으므로 면전류 $\boldsymbol{J}_s = -\hat{a}_x J_0$가 x-방향을 향하면 전장의 방향도 x-방향성분 E_x만 존재한다. 전장은 면전류 평면에서 바깥으로 전파됨으로 자유공간의 영역별 전장은 다음과 같다.

$$E_{x1} = A_1 e^{+\gamma z}\ (z \le 0),\ E_{x1} = A_2 e^{-\gamma z}\ (z \ge 0) \qquad (11\text{–}18)$$

③ 전장은 E_x만 존재함으로 $\nabla\times\boldsymbol{E}=-jw\mu\boldsymbol{H}$에서 자장은 H_y만 존재한다.

$$H_y=\frac{1}{-jw\mu}\frac{\partial E_x}{\partial z} \tag{11-19}$$

영역별 자장은 다음과 같다.

$$H_{y1}=\frac{A_1\gamma}{-jw\mu}e^{+\gamma z}\ (z\le 0),\ H_{y2}=\frac{A_2\gamma}{jw\mu}e^{-\gamma z}\ (z\ge 0) \tag{11-20}$$

④ $z=0$에서 전자기 경계조건

$$\hat{a_n}\times(\boldsymbol{H_1}-\boldsymbol{H_2})=\boldsymbol{J_s}[\mathrm{A/m}],\quad \hat{a_n}\times(\boldsymbol{E_1}-\boldsymbol{E_2})=0[\mathrm{V/m}] \tag{11-21}$$

을 이용하고 여기서 $\hat{a_n}=\hat{a_z}$이다.

$$\frac{A_1\gamma}{-jw\mu}-\frac{A_2\gamma}{jw\mu}=-J_0,\ A_1=A_2,\quad A_1=A_2=\frac{jJ_0w\mu}{2\gamma} \tag{11-22}$$

⑤ 전장은 영역별로

$$\boldsymbol{E_1}(z)=\hat{a_x}\frac{jJ_0w\mu}{2\gamma}e^{+\gamma z}\ (z\le 0),\ \boldsymbol{E_2}(z)=\hat{a_x}\frac{jJ_0w\mu}{2\gamma}e^{-\gamma z}\ (z\ge 0) \tag{11-23}$$

이고, 자장은 다음과 같다.

$$\boldsymbol{H_1}(z)=-\hat{a_y}\frac{J_0}{2}e^{+\gamma z}\ (z\le 0),\ \boldsymbol{H_2}(z)=\hat{a_y}\frac{J_0}{2}e^{-\gamma z}\ (z\ge 0) \tag{11-24}$$

⑥ 복소수 고유 임피던스(intrinsic impedance)는

$$\eta=\frac{E_n(z)}{H_n(z)}=\frac{jw\mu}{\gamma}=\frac{jw\mu}{\sqrt{jw\mu(\sigma+jw\epsilon)}}=\sqrt{\frac{jw\mu}{\sigma+jw\epsilon}}[\Omega] \tag{11-25}$$

$$=\sqrt{\frac{jw\mu}{jw\epsilon(1+\frac{\sigma}{jw\epsilon})}}=\frac{\sqrt{\mu/\epsilon}}{\sqrt{\left(1+\frac{\sigma}{jw\epsilon}\right)}}=\frac{\sqrt{\mu/\epsilon}}{\sqrt{\left[1+\left(\frac{\sigma}{w\epsilon}\right)^2\right]^{1/2}e^{-j\tan^{-1}(\sigma/w\epsilon)}}}[\Omega]$$

$$=\frac{\sqrt{\mu/\epsilon}}{\left[1+\left(\frac{\sigma}{w\epsilon}\right)^2\right]^{1/4}}e^{j\frac{1}{2}\tan^{-1}(\sigma/w\epsilon)}=|\eta|e^{j\theta}[\Omega]$$

이고, 무손실인 경우($\sigma=0$) 고유 임피던스는 $\eta=Z_0$이므로 무손실 전송선의 특성 임피던스와 같다. 그리고 $\tan 2\theta=\dfrac{\sigma}{w\epsilon}$이므로 $0\leqq\theta\leqq 45^o$이다.

특성 임피던스와 고유 임피던스

비슷한 개념이지만 약간 차이가 있다.

- 특성 임피던스 : 전송선로 상에서 단일방향의 전압과 전류의 비
- 고유(혹은 파동) 임피던스 : 공간상에서 3-방향성분의 전장과 자장의 비

⑦ $z>0$, $z<0$ 영역의 자유공간에서 전장과 자장은

$$\boldsymbol{E}(z,t)=\hat{a_x}\frac{\eta_0 J_0}{2}\cos(wt\mp\beta z),\ \boldsymbol{H}(z,t)=\pm\hat{a_y}\frac{J_0}{2}\cos(wt\mp\beta z) \qquad (11\text{–}26)$$

이고, 전장과 자장이 동위상(in phase)이다.

⑧ $z>0$, $z<0$ 영역의 손실 매질에서 고유 임피던스, 전장과 자장은

$$\eta=\frac{|\boldsymbol{E}|}{|\boldsymbol{H}|}=|\eta|e^{j\theta} \qquad (11\text{–}27)$$

$$\boldsymbol{E}(z,t)=\hat{a_x}\frac{|\eta|\ J_0}{2}e^{\mp\alpha z}\cos(wt\mp\beta z+\theta),\ \boldsymbol{H}(z,t)=\pm\hat{a_y}\frac{J_0}{2}e^{\mp\alpha z}\cos(wt\mp\beta z) \qquad (11\text{–}28)$$

이고, 장의 세기는 감쇠상수에 따라 그림 11.8과 같이 지수함수적으로 감소하며, 전장과 자장은 복소 임피던스의 위상으로 다른 위상(out of phase)이 나타난다.

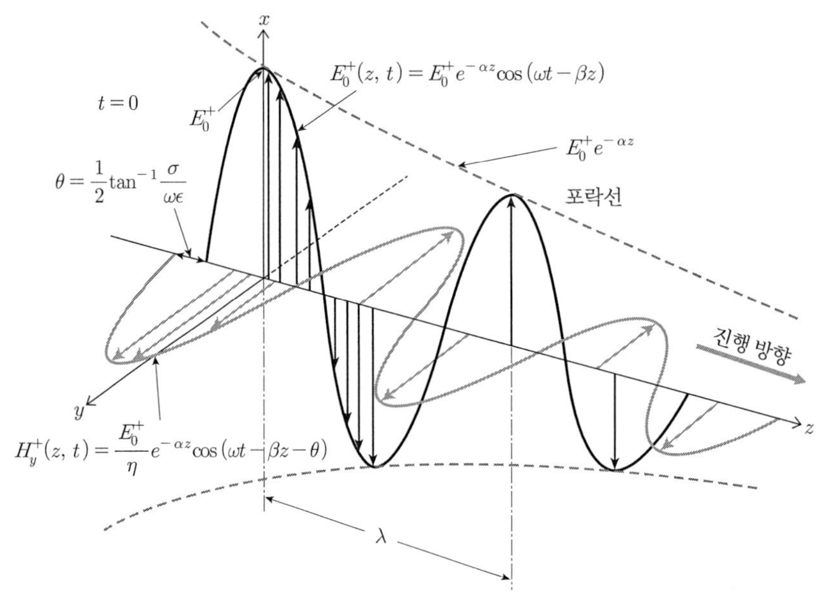

그림 11.8 감쇠가 있는 평면파

감쇠가 있는 평면파와 무손실 평면파의 같은 특징은 같은 주파수와 전장과 자장, 포인팅 벡터는 각각 직교한다. 즉, 방향은 $\boldsymbol{E}\perp\boldsymbol{H}\perp\boldsymbol{p}(=\boldsymbol{E}\times\boldsymbol{H})$이다. 다른 특징은 다음과 같다.

① **위상**: 전장과 자장은 복소 임피던스의 위상으로 θ만큼 다른 위상(out of phase)이 나타난다.

② **복소 임피던스**: $\eta=\frac{|\boldsymbol{E}|}{|\boldsymbol{H}|}=|\eta|e^{j\theta}$, $\eta\neq\eta_0$, 손실 탄젠트 $\tan\delta=\tan2\theta=\frac{\sigma}{w\epsilon'}=\frac{\epsilon''}{\epsilon'}$

③ **전파상수**: $+z$로 진행하면 장의 세기는 $e^{-\alpha z}$의 지수함수적으로 감소한다.

④ 전송속도 : $v_p = \dfrac{w}{\beta} = \dfrac{c}{\sqrt{\mu_r \epsilon_r}}$ 이고, β에 물질의 성질이 나타난다.

11.4 자유공간에서 평면파

자유공간($\sigma = 0$)에서 $+z$ 방향으로 진행하는 균일 평면파의 전장 및 자장을 생각해 보자. 균일 평면파의 전장은 x-방향성분만, 자계는 y-방향성분만 가지고 z-방향으로 진행한다고 가정한다. 만약 균일 평면파의 전장이 x-방향으로 편파된 파가

$$\boldsymbol{E}(z) = \hat{a_x}\, E_{x0} e^{-j\beta z} \tag{11-29}$$

이고, 맥스웰방정식 $\nabla \times \boldsymbol{E} = -jw\mu \boldsymbol{H}$를 이용하면 다음과 같다.

$$-j\omega\mu H_y = \frac{dE_x}{dz} = -j\beta E_{x0} e^{-j\beta z} \tag{11-30}$$

그래서 균일 평면파의 자장은

$$H_y = \frac{\beta}{\omega\mu} E_{x0} e^{-j\beta z} = \frac{1}{\eta} E_{x0} e^{-j\beta z}$$

$$\boldsymbol{H}(z) = \hat{a_y} \frac{1}{\eta} E_{x0} e^{-j\beta z} \tag{11-31}$$

이고, 여기서 위상정수는 $\beta = \omega\sqrt{\mu_0 \epsilon_0}$ 이며, 자유공간의 고유 임피던스는

$$\eta = \eta_0 = \frac{E_x}{H_y} = \frac{\omega\mu}{\beta} = \sqrt{\frac{\mu_0}{\epsilon_0}} \approx 120\pi\ [\Omega] \approx 377\ [\Omega] \tag{11-32}$$

이다. 자유공간에서 감쇠상수는 $\alpha = 0$이므로 전파상수 $\gamma = j\beta = j\omega\sqrt{\mu_0 \epsilon_0}$ 이고 위상속도는

$$v_p = \frac{w}{\beta} = c_0 = \frac{1}{\sqrt{\mu_0 \epsilon_0}} \approx 3 \times 10^8\ [\mathrm{m/s}] \tag{11-33}$$

이므로 주파수와 진행 방향에 무관하다. 그러나 손실 유전체, 손실 전송선과 도파관인 경우 β는 w의 선형이 아니고, v_p는 주파수에 따라 변한다.

그림 11.9는 평면파의 매개변수는 물질의 상수로부터 구할 수 있음을 나타낸다.

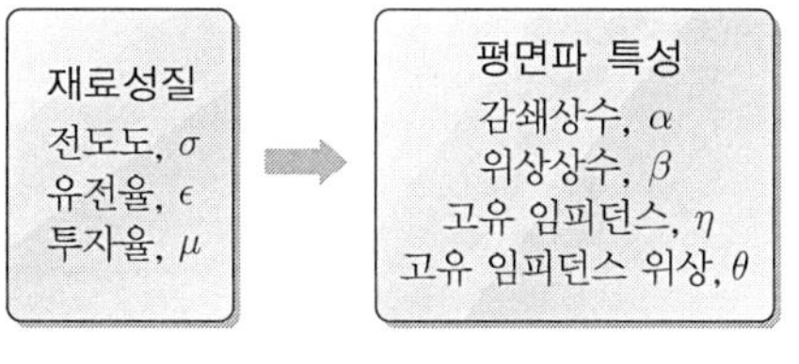

그림 11.9 평면파 매개변수

$+z$ 방향으로 진행하는 전자파의 순시전장과 순시자장은 다음과 같다.

$$\boldsymbol{E}(z,t) = \Re e\left\{\hat{a_x}\, E_{x0}e^{-j\beta z}e^{j\omega t}\right\} = \hat{a_x}\, E_{x0}\cos(\omega t - \beta z) \tag{11-34}$$

$$\boldsymbol{H}(z,t) = \Re e\left\{\hat{a_y}\frac{1}{\eta_0}E_{x0}e^{-j\beta z}e^{j\omega t}\right\} = \hat{a_y}\frac{1}{\eta_0}E_{x0}\cos(\omega t - \beta z) \tag{11-35}$$

여기서 전장과 자장은 동일위상이 되기 위해 위상, $wt-\beta z$이 상수가 되어야 한다. 시간 t가 증가하면 위치 z도 증가해야 위상이 일정하게 유지되므로 그림 11.10과 같이 $+z$ 방향으로 진행하는 전진파임을 말해준다. 반대로 $\boldsymbol{E}(z,t)=\hat{a_x}\,E_{x0}\cos(\omega t+\beta z)$인 경우 시간 t가 증가하면 위치 z가 감소해야 위상이 일정하게 유지되므로 $-z$방향으로 진행하는 후진파라 한다. 그래서 전장과 자장은 임의의 위치 z에서 동일한 위상을 갖는다.

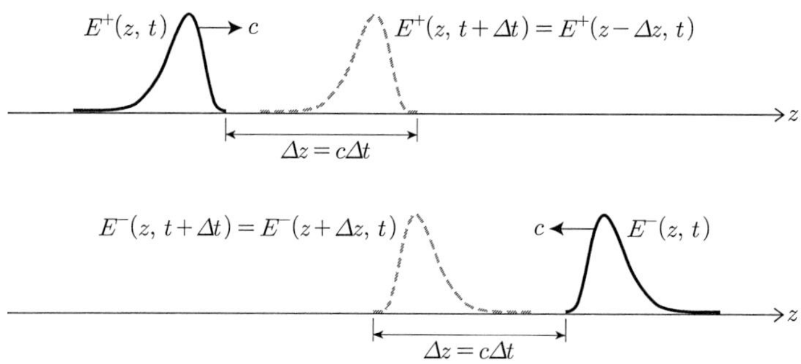

그림 11.10 전진파와 후진파

> 양의 z-방향으로 움직이는 전송파의 방향
> $E(z,t)=E_0\cos(\omega t-\beta z+\phi_0) \Rightarrow z$-항의 음의 부호를 주목하다.

자유공간에서 평면파의 요약

① 위상: 전장 E_x와 자장 H_y은 동위상

② 고유 임피던스: $\eta_0 = \dfrac{|\boldsymbol{E}|}{|\boldsymbol{H}|} = \dfrac{\omega\mu}{\beta} = \sqrt{\dfrac{\mu_0}{\epsilon_0}} \approx 120\pi\,[\Omega] \approx 377\,[\Omega]$

③ 전파상수: $\alpha = 0$(감쇠가 없다), $\beta = \omega\sqrt{\mu_0\epsilon_0}$

④ 전송속도: $v_p = \dfrac{w}{\beta} = c_0 = \dfrac{1}{\sqrt{\mu_0\epsilon_0}} \approx 3\times10^8\,[\mathrm{m/s}]$

⑤ 방향: $\boldsymbol{E}\perp\boldsymbol{H}\perp\boldsymbol{p}\,(=\boldsymbol{E}\times\boldsymbol{H})$

(1) 전장과 자장의 관계

임의의 방향으로 진행하는 파수벡터 $\boldsymbol{k}=k\hat{a_k}=k_x\hat{a_x}+k_y\hat{a_y}+k_z\hat{a_z}$이고, 거리벡터가

$\boldsymbol{r} = x\hat{a}_x + y\hat{a}_y + z\hat{a}_z$ 인 평면파의 일반 형태는

$$\Psi = \Psi_0 e^{-j(\boldsymbol{k} \cdot \boldsymbol{r} - \omega t)} = \Psi_0 e^{-j(k_x x + k_y y + k_z z - \omega t)} \tag{11-36}$$

이고, 평면파인 전장과 자장은 다음과 같이 나타낼 수 있다.

$$\boldsymbol{E} = \boldsymbol{E}_0 e^{-j(\boldsymbol{k} \cdot \boldsymbol{r} - \omega t)} \tag{11-37}$$

$$\boldsymbol{B} = \boldsymbol{B}_0 e^{-j(\boldsymbol{k} \cdot \boldsymbol{r} - \omega t)} \tag{11-38}$$

여기서 $\boldsymbol{E}_0$, $\boldsymbol{B}_0$는 복소수 벡터상수이며 파수벡터 크기는

$$k = |\boldsymbol{k}| = \sqrt{k_x^2 + k_y^2 + k_z^2} \tag{11-39}$$

이고, $\dfrac{\partial \Psi}{\partial x} = -jk_x\Psi$, $\dfrac{\partial \Psi}{\partial y} = -jk_y\Psi$, $\dfrac{\partial \Psi}{\partial z} = -jk_z\Psi$ 그리고 $\dfrac{\partial \Psi}{\partial t} = j\omega\Psi$ 관계로부터 $\nabla = -j\boldsymbol{k} = -jk\hat{a}_k$이다. 따라서 평면파를 위한 맥스웰방정식은 다음과 같다.

$$\nabla \cdot \boldsymbol{E} = 0 \Rightarrow \boldsymbol{k} \cdot \boldsymbol{E} = 0 \tag{11-40}$$

$$\nabla \times \boldsymbol{E} = -\frac{\partial \boldsymbol{B}}{\partial t} \Rightarrow \boldsymbol{k} \times \boldsymbol{E} = \omega \boldsymbol{B} \tag{11-41}$$

$$\nabla \cdot \boldsymbol{B} = 0 \Rightarrow \boldsymbol{k} \cdot \boldsymbol{B} = 0 \tag{11-42}$$

$$\nabla \times \boldsymbol{B} = \mu\sigma\boldsymbol{E} + \mu\epsilon\frac{\partial \boldsymbol{E}}{\partial t} \Rightarrow \boldsymbol{k} \times \boldsymbol{B} = (-\mu\epsilon\omega + j\mu\sigma)\boldsymbol{E} \tag{11-43}$$

여기서 $k^2 = -\omega^2\mu\epsilon + j\omega\mu\sigma$이다. $\boldsymbol{k} \cdot \boldsymbol{E} = 0$와 $\boldsymbol{k} \cdot \boldsymbol{B} = 0$에서 전장과 자장이 진행 방향 $\hat{a}_k$에 대해 직교하고, $\hat{a}_k$는 포인팅벡터 $\boldsymbol{E} \times \boldsymbol{H}$의 방향이다. $\boldsymbol{k} \times \boldsymbol{E} = \omega\boldsymbol{B}$를 이용하면

$$\boldsymbol{H} = \frac{k}{\mu\omega}\hat{a}_k \times \boldsymbol{E} = \frac{1}{\eta}\hat{a}_k \times \boldsymbol{E} \tag{11-44}$$

이고, 주어진 전장에서 자장을 구할 수 있다. 여기서 매질의 진성 파동 임피던스 $\eta = |\boldsymbol{E}|/|\boldsymbol{H}| = w\mu/k = \sqrt{\mu/\epsilon}\,[\Omega]$ 이고 자유공간에서 $\eta_0 = \sqrt{\mu_0/\epsilon_0} \simeq 120\pi = 377[\Omega]$ 이다.

$$\nabla \times \boldsymbol{E} = -\frac{\partial \boldsymbol{B}}{\partial t} \rightarrow \frac{\partial}{\partial t} = jw,\ \nabla = -j\boldsymbol{k} \rightarrow -j\boldsymbol{k} \times \boldsymbol{E} = -j\omega\boldsymbol{B}$$

$$\rightarrow \boldsymbol{H} = \frac{k}{w\mu}\hat{a}_k \times \boldsymbol{E} = \frac{1}{\eta}(\hat{a}_k \times \boldsymbol{E}_0)e^{-jk\hat{a}_k \cdot \boldsymbol{r}}$$

자유공간에서 $\hat{a}_k$ 방향으로 전파되는 평면파의 전장과 자장의 일반관계

$$\hat{a}_E \times \hat{a}_H = \hat{a}_k,\quad \boldsymbol{E} = -\eta\hat{a}_k \times \boldsymbol{H},\ \boldsymbol{H} = \frac{1}{\eta}\hat{a}_k \times \boldsymbol{E}$$

원천이 없는 영역에서 파동방정식은 $(\nabla^2 + w^2\mu\epsilon)\boldsymbol{E} = (\nabla^2 + k^2)\boldsymbol{E} = 0$이며, 여기서 $k = 2\pi/\lambda = w/c$는 파수이고 위상 앞면(phase fronts) 사이의 거리는 그림 11.11과 같이 파장 λ이다.

z-방향의 파는 $\boldsymbol{E} = \boldsymbol{E}_0 e^{-jkz}$ 으로 나타내고, 그림 11.12와 같이 3차원 평면파는 $\boldsymbol{E} = \boldsymbol{E}_0 e^{-j\boldsymbol{k}\cdot\boldsymbol{r}}$ 으로 나타낸다.

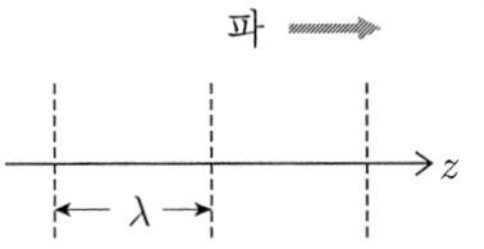

그림 11.11 z-방향의 파

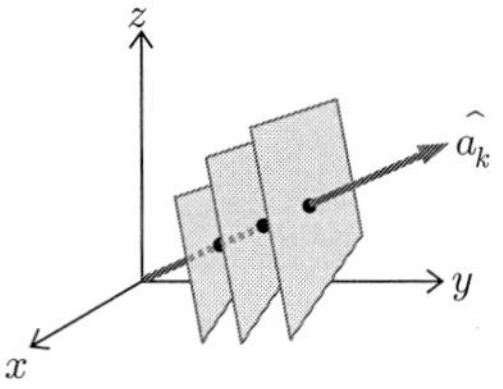

그림 11.12 3차원 평면파

- 비동차 전위 및 자위의 파동방정식(포텐셜 로렌츠조건: $\nabla \cdot \boldsymbol{A} = -jw\mu\epsilon V$):

  $\nabla^2 V + k^2 V = -\dfrac{\rho_v}{\epsilon}$, $\nabla^2 \boldsymbol{A} + k^2 \boldsymbol{A} = -\mu \boldsymbol{J}$
- 원점에 점 원천이 있고 자유공간에서 해:

  $V(R) = \dfrac{1}{4\pi\epsilon}\displaystyle\int_{v'} \dfrac{\rho_v e^{-jkR}}{R} dv'$, $\boldsymbol{A}(R) = \dfrac{\mu}{4\pi}\displaystyle\int_{v'} \dfrac{\boldsymbol{J} e^{-jkR}}{R} dv'$
- 전장과 자장의 세기: $\boldsymbol{E} = -\nabla V - jw\boldsymbol{A}$, $\boldsymbol{H} = (\nabla \times \boldsymbol{A})/\mu$
- 동차 벡터 파동방정식(ϵ, μ가 실수이고 양수일 때 파수 $k = w\sqrt{\mu\epsilon} = w/v_p$):

  $\nabla^2 \boldsymbol{E} + k^2 \boldsymbol{E} = 0$, $\nabla^2 \boldsymbol{H} + k^2 \boldsymbol{H} = 0$

예제 11.1 $\mu = \mu_0$인 매질을 통해 TEM파의 자장 $\boldsymbol{H} = \hat{a}_z 20\cos(10^8 t - 2y)[\mathrm{mA}]$이다. 다음을 구하여라.

(a) 전파방향 (b) 위상속도 (c) 파장 (d) 비유전율 (e) 진성 임피던스 (f) 전장

풀이 (a) 전파방향은 양의 y-방향, $\hat{a}_k = \hat{a}_y$

(b) 각 주파수 $w = 10^8[\mathrm{rad/m}]$, 위상상수 $k = 2[\mathrm{rad/m}]$,

위상상수 $v_p = \dfrac{w}{k} = \dfrac{10^8}{2} = 5 \times 10^7[\mathrm{m/s}]$

(c) 파장 $\lambda = \dfrac{2\pi}{k} = \dfrac{2\pi}{2} = 3.14[\mathrm{m}]$

(d) 비유전율 $\epsilon_r = \left(\dfrac{c_0}{v_p}\right)^2 = \left(\dfrac{3 \times 10^8}{5 \times 10^7}\right)^2 = 36$

(e) 진성 임피던스 $\eta = \sqrt{\dfrac{\mu}{\epsilon}} = \sqrt{\dfrac{\mu_0}{\epsilon_0 \epsilon_r}} = \eta_0 \dfrac{1}{\sqrt{\epsilon_r}} = \dfrac{120\pi}{\sqrt{36}} = 62.8[\Omega]$

(f) 위상자 자장은 $\boldsymbol{H} = \hat{a}_z 20 \times 10^{-3} e^{-j2y}[\mathrm{A/m}]$이므로 위상자 전장은

$\boldsymbol{E} = -\eta \hat{a}_k \times \boldsymbol{H} = -\hat{a}_x 62.8 \cdot 20 \times 10^{-3} e^{-j2y} = -\hat{a}_x 1.256 e^{-j2y}[\mathrm{V/m}]$,

$\boldsymbol{E} = -1.256 \hat{a}_x \cos(10^8 t - 2y)[\mathrm{V/m}]$ ■

(2) 동위상 평면

만약 $+x$와 $+z$ 방향으로 진행하고 y-방향성분만을 갖는 전파의 전장은

$$\boldsymbol{E}(x,z)=\hat{a}_y E_0 e^{-j\boldsymbol{k}\cdot\boldsymbol{r}} \tag{11-45}$$

이고, xz-평면상으로 진행하는 경우 파수벡터, $\boldsymbol{k}$는 x 방향성분과 z-방향성분을 갖고, 전장 및 자장은 x 및 z 의 함수이다. 따라서 파수벡터 $\boldsymbol{k}$와 위치벡터 $\boldsymbol{r}$은

$$\boldsymbol{k}=k_x\hat{a}_x+k_z\hat{a}_z,\ \boldsymbol{r}=x\hat{a}_x+y\hat{a}_y+z\hat{a}_z \tag{11-46}$$

이고 내적은

$$\boldsymbol{k}\cdot\boldsymbol{r}=(k_x\hat{a}_x+k_z\hat{a}_z)\cdot(x\hat{a}_x+y\hat{a}_y+z\hat{a}_z)=k_x x+k_z z \tag{11-47}$$

이다. 그림 11.13과 같이 전장의 진행 방향에 수직인 동위상면, $\boldsymbol{k}\cdot\boldsymbol{r}=$상수에서 전장과 자장은 다음과 같다.

$$\boldsymbol{E}(x,z)=\hat{a}_y E_0 e^{-jk_x x-jk_z z},\ \boldsymbol{H}(x,z)=\frac{E_0}{\omega\mu}(-k_z\hat{a}_x+k_x\hat{a}_z)e^{-jk_x x-jk_z z} \tag{11-48}$$

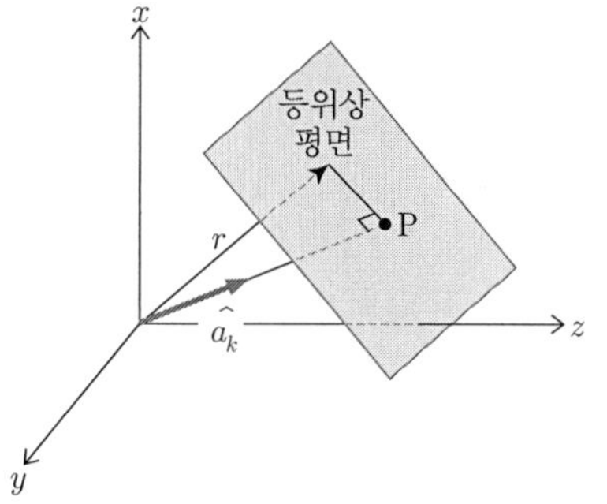

그림 11.13 위상$=\boldsymbol{k}\cdot\boldsymbol{r}=$상수를 만족하는 $\boldsymbol{r}$ 집합의 평면(평면$\perp\boldsymbol{k}$)

평면의 방정식

평면상의 두 점 $\boldsymbol{r}_{\mathrm{P}}=(x_1,y_1,z_1)$, $\boldsymbol{r}=(x,y,z)$, 평면에 수직인 법선벡터 $\hat{a}_n=(a,b,c)$

① 벡터방정식: $\hat{a}_n\cdot(\boldsymbol{r}-\boldsymbol{r}_{\mathrm{P}})=0$

② 좌표공간에서의 방정식 : $a(x-x_1)+b(y-y_1)+c(z-z_1)=0$

③ 공간좌표 (x,y,z)의 1차방정식 $ax+by+cz+d=0$

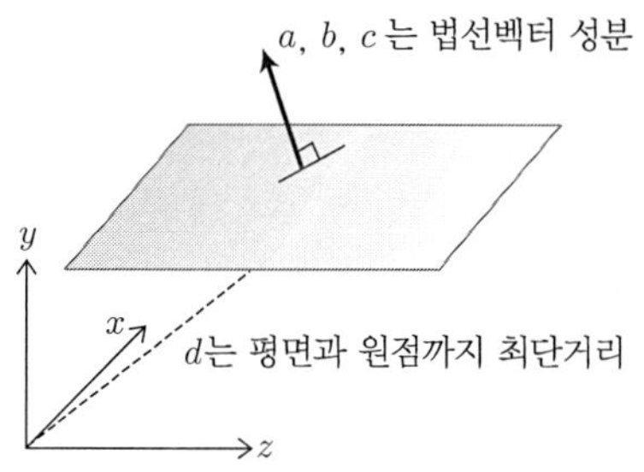

11.5 복소 유전율 및 손실 탄젠트

양절연체($\sigma \neq 0$)는 보통 전도전류를 무시하지만 고주파에서 빠르게 변하는 전장이 구속전자들을 번갈아 분극화시키는데 분자 힘에 대항하는 일을 해야 한다. 그 결과 분극도 $\boldsymbol{P}$는 전장 $\boldsymbol{E}$와 동위상이 아니므로 전기감수율 χ_e과 유전상수 ϵ_r이 복소수이다.

암페어법칙에서 자장의 회전은

$$\nabla \times \boldsymbol{H} = (\sigma + jw\epsilon)\boldsymbol{E} = jw\left(\epsilon + \frac{\sigma}{jw}\right)\boldsymbol{E} = jw\epsilon_c \boldsymbol{E} \quad (11\text{–}49)$$

이고, 우변은 그림 11.14와 같이 전도전류와 변위전류로 구성되어 있다.

복소 유전율(complex permittivity)은 $\epsilon_c = \epsilon - j\sigma/w = \epsilon' - j\epsilon''$ [F/m]이고, 여기서 ϵ', ϵ''는 주파수의 함수이며 ϵ''는 분극입자의 관성에 의한 마찰 감쇠손실과 저항성손실효과를 포함하고 있다. 복소 유전율을 위상자 미분형의 암페어법칙에 대입하면

$$\nabla \times \boldsymbol{H} = jw\epsilon_c \boldsymbol{E} = jw(\epsilon' - j\epsilon'')\boldsymbol{E} = w\epsilon'' \boldsymbol{E} + jw\epsilon' \boldsymbol{E} \quad (11\text{–}50)$$

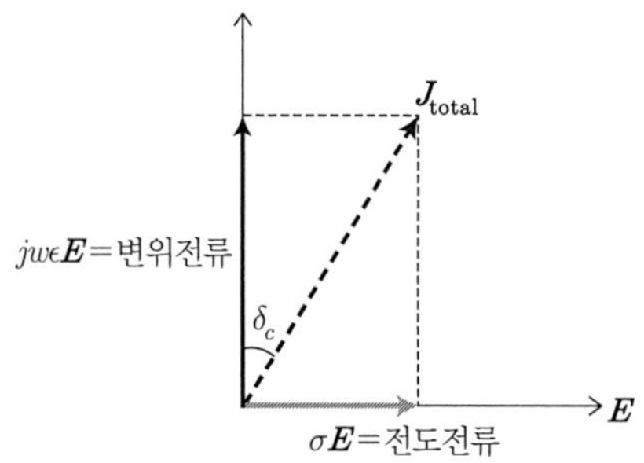

그림 11.14 전도전류와 변위전류

이고, $w\epsilon''\boldsymbol{E}$항은 $\sigma\boldsymbol{E}$이므로 유전물질의 초고주파가열에 관련된다. 교류방향으로 쌍극자는 움직이지 못하므로 인접 쌍극자와의 마찰로 열이 발생하여 유전손실을 일으킨다. 유전체 내 분자마찰에 의한 손실의 크기는 손실 탄젠트(loss tangent)라 하고 수식은

$$\tan\delta_c = \frac{\epsilon''}{\epsilon'} = \frac{\sigma}{w\epsilon'} \quad (11\text{–}51)$$

이며, 매질의 전력손실에 관련된다. 여기서 δ_c는 손실각(loss angle)이며 $\sigma \gg w\epsilon$ 경우 양도체, $\sigma \ll w\epsilon$ 경우 양절연체이다. 손실 탄젠트는 주파수, 온도 및 재료의 원자 구조에 의존하는 함수이다. 열로 발생되는 전력손실밀도 $p_t \simeq \pi\epsilon f E^2 \tan\delta_c$[W/m^3]이고 여기서 f는 주파수, E는 전장의 세기이며 손실 탄젠트에 비례한다. 그림 11.15는 비유전율이 30, 전도도가 10^{-2}[S/m]인 편성토양(humid soil)의 손실 탄젠트를 나타낸다.

전자레인지(microwave oven)는 2.45 GHz의 전파를 사용하여 영구 쌍극자인 물분자의 유전손실로 열을 발생하여 음식을 조리한다.

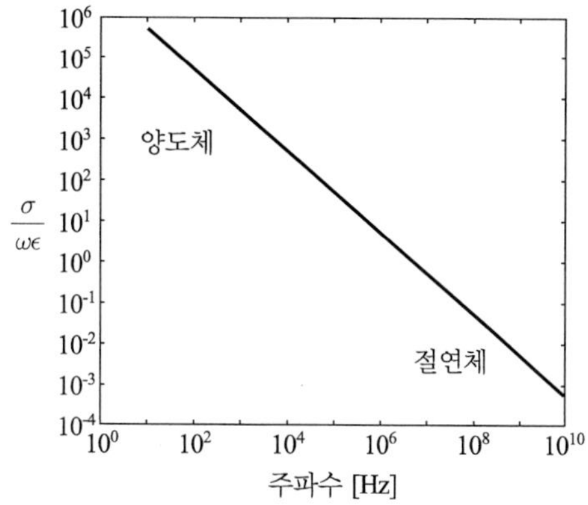

그림 11.15 $\epsilon_r = 30,\ \sigma = 10^{-2}[\mathrm{S/m}]$인 편성토양의 손실 탄젠트

예제 11.2 습기가 있는 땅의 비유전율은 $\epsilon_r = 10$이고, 전도도는 $\sigma = 10^{-2}[\mathrm{S/m}]$이다. $1k\mathrm{Hz}$와 $10G\mathrm{Hz}$에서 손실 탄젠트를 구하여라.

풀이 $\dfrac{\sigma}{w\epsilon}(1k\mathrm{Hz}) = 1.8\times 10^4,\ \dfrac{\sigma}{w\epsilon}(10G\mathrm{Hz}) = 1.8\times 10^{-3}$은 절연체와 같다. ■

(1) 유전체

완전유전체인 경우 전도도가 $\sigma = 0$이므로 전파상수는 $\gamma = jw\sqrt{\mu\epsilon}$이다. 그래서 감쇠상수는 $\alpha = 0$, 위상상수는 $\beta = jw\sqrt{\mu\epsilon}$이므로 위상속도는

$$v_p = \frac{w}{\beta} = \frac{1}{\sqrt{\mu\epsilon}} = \frac{c_0}{\sqrt{\mu_r\epsilon_r}}[\mathrm{m/s}] \tag{11-52}$$

이므로 광속도 c_0보다 작다. 고유 임피던스는

$$\eta = \sqrt{\frac{jw\mu}{\sigma + jw\epsilon}} \approx \sqrt{\frac{\mu}{\epsilon}} = \eta_0\sqrt{\frac{\mu_r}{\epsilon_r}}\,[\Omega] \tag{11-53}$$

인 실수이고, 전장과 자장의 위상차가 $\theta = 0°$이므로 동위상이다. 물질에 따라 자유공간의 고유 임피던스 크기보다 클 수도 작을 수도 있다.

저손실 유전체(불완전유전체)인 경우 $\epsilon' \gg \epsilon''$ 혹은 $\dfrac{\sigma}{w\epsilon} \ll 1$이므로 전파상수는

$$\gamma = jw\sqrt{\mu\epsilon}\left(1 + \frac{\sigma}{jw\epsilon}\right)^{\frac{1}{2}} = \alpha + j\beta = jw\sqrt{\mu\epsilon'}\left(1 - j\frac{\epsilon''}{\epsilon'}\right)^{\frac{1}{2}}$$

$$\gamma \approx jw\sqrt{\mu\epsilon'}\left[1 - j\frac{\epsilon''}{2\epsilon'} + \frac{1}{8}\left(\frac{\epsilon''}{\epsilon'}\right)^2\right] \tag{11-54}$$

이고, 그래서 감쇠상수와 위상상수 그리고 위상속도는

$$\alpha \approx \frac{w\epsilon''}{2}\sqrt{\frac{\mu}{\epsilon'}} = \frac{\sigma}{2}\sqrt{\frac{\mu}{\epsilon}}\,[\mathrm{Np/m}],\quad \beta = w\sqrt{\mu\epsilon}\left[1 + \frac{1}{8}\left(\frac{\sigma}{w\epsilon}\right)^2\right][\mathrm{rad/m}] \tag{11-55}$$

$$v_p = \frac{w}{\beta} = \frac{1}{\sqrt{\mu\epsilon}}\left[1 - \frac{1}{8}\left(\frac{\sigma}{w\epsilon}\right)^2\right][\mathrm{m/s}] \qquad (11\text{-}56)$$

이다. 감쇠상수의 역수인 표피 두께는 주파수와 무관하고, 위상상수는 무손실 유전체와 다르고 위상속도는 무손실 유전체보다 작다. 그래서 주파수가 $100MHz \sim 1GHz$ 범위의 전자기파를 이용하여 지반 구조물을 비파괴 검사하는 기술인 지표레이더(Ground Penetrating Radar : GPR) 탐사에 이용한다.

그러나 손실 탄젠트가 $\frac{\sigma}{w\epsilon} < 0.1$이면 위상속도는 $v_p = \frac{w}{\beta} = \frac{1}{\sqrt{\mu\epsilon}}[\mathrm{m/s}]$로 근사시킬 수 있어 완전유전체와 같고, 고유 임피던스는 다음과 같이 표현된다.

$$\eta = \sqrt{\frac{jw\mu}{\sigma + jw\epsilon}} = \left(\frac{\mu/\varepsilon}{1 + \frac{\sigma}{jw\epsilon}}\right)^{1/2} = \sqrt{\frac{\mu}{\varepsilon}}\left(1 + \frac{\sigma}{jw\epsilon}\right)^{-1/2} \qquad (11\text{-}57)$$

$$\approx \sqrt{\frac{\mu}{\varepsilon}}\left(1 + j\frac{\sigma}{2w\epsilon}\right)[\Omega]$$

> $\alpha = \Re e[\gamma] =$ 감쇠상수 $[\mathrm{Np/m}]$, $\beta = \mathrm{Im}[\gamma] =$ 위상상수$[\mathrm{rad/m}]$

(2) 양도체

양도체 조건은 손실 탄젠트가 $\sigma/w\epsilon \gg 1$이고, 전파상수에서 감쇠상수, 위상상수, 위상속도, 그리고 표피 두께를 구하면 다음과 같다.

$$\gamma \cong jw\sqrt{\mu\epsilon}\sqrt{\frac{\sigma}{jw\epsilon}} = \sqrt{j}\sqrt{w\mu\sigma} = \frac{1+j1}{\sqrt{2}}\sqrt{w\mu\sigma} = (1+j)\sqrt{\pi f\mu\sigma} \qquad (11\text{-}58)$$

$$\alpha = \beta = \sqrt{\pi f \mu\sigma} \qquad (11\text{-}59)$$

$$v_p = \frac{w}{\beta} = \frac{w}{\sqrt{\pi f\mu\sigma}} = \sqrt{\frac{2w}{\mu\sigma}},\ \delta = \frac{1}{\alpha} = \frac{1}{\sqrt{\pi f\mu\sigma}} \qquad (11\text{-}60)$$

양도체 내에서 평면파가 진행하면 진폭이 급격히 감쇠($\alpha \sim \sqrt{\sigma}$)하여, 단위길이당 위상천이가 크고($\beta \sim \sqrt{\sigma}$), 위상속도가 주파수에 선형이 아니므로 분산(dispersion)을 수반한다.

고유 임피던스는

$$\eta = \sqrt{\frac{jw\mu}{\sigma + jw\epsilon}} \approx \sqrt{\frac{jw\mu}{\sigma}} = (1+j)\sqrt{\frac{w\mu}{2\sigma}} = (1+j)\frac{\alpha}{\sigma}[\Omega]$$

$$\eta = \sqrt{\frac{w\mu}{\sigma}} \angle 45°[\Omega] \qquad (11\text{-}61)$$

이므로 전장이 자장보다 위상이 45° 앞서고, 손실 탄젠트가 $\sigma/w\epsilon \gg 1$인 경우 고유 임피던스가 작아 양도체가 인덕터와 같이 표현된다.

예제 11.3 양도체 안에서 전자파의 군속도와 위상속도의 비를 구하여라(단, 전도도는 주파수에 따라 변하지 않는다고 가정한다).

풀이 양도체에서 위상상수는 $\beta = \sqrt{\pi f \mu\sigma} = \sqrt{\frac{w\mu\sigma}{2}}$ 이므로 위상속도는

$v_p = \frac{w}{\beta} = \frac{w}{\sqrt{\pi f\mu\sigma}} = \sqrt{\frac{2w}{\mu\sigma}}$ [m/s] 이고, 군속도는

$v_g = \frac{dw}{d\beta} = \left(\frac{d\beta}{dw}\right)^{-1} = \left[\frac{1}{2}\left(\frac{w\mu\sigma}{2}\right)^{-1/2}\frac{\mu\sigma}{2}\right]^{-1} = 2\sqrt{\frac{2w}{\mu\sigma}}$ [m/s] 이다. $\frac{v_g}{v_p} = 2$ ■

(3) 양도체 내의 표피효과

그림 11.16처럼 $z \geqq 0$인 영역은 도체이고, $z < 0$인 영역은 자유공간인 구조에서 자장의 세기가 $\boldsymbol{H} = \hat{a}_y H_0 e^{-\gamma z}$일 때, 도체 내에서 전장과 고유 임피던스와 표피 두께를 구해보자.

도체 영역인 $z \geqq 0$에서 $\sigma \gg w\epsilon$이므로 전파상수는

$$\gamma = \sqrt{jw\mu(\sigma + jw\epsilon)} \simeq \sqrt{jw\mu\sigma} = \frac{\sqrt{w\mu\sigma}}{\sqrt{2}}(1+j) \qquad (11-62)$$

이고, 자장은 $\boldsymbol{H}(z) = \hat{a}_y H_0 e^{-\gamma z}$이므로 암페어법칙 방정식을 이용하여 전장을 구하면

$$\boldsymbol{E}(z) = \frac{\nabla\times\boldsymbol{H}}{\sigma + jw\epsilon} \simeq \frac{1}{\sigma}\nabla\times\boldsymbol{H} = \frac{1}{\sigma}(\hat{a}_z\frac{\partial}{\partial z}\times\hat{a}_y H_0 e^{-\gamma z}) = \hat{a}_x\frac{\gamma}{\sigma}H_0 e^{-\gamma z} \qquad (11-63)$$

이며, 금속에서 고유 임피던스는 다음과 같다.

$$\eta_m \equiv \left.\frac{E_x}{H_y}\right|_{\text{도체 내부}} = \frac{\gamma}{\sigma} = \frac{1}{\sigma}\sqrt{\frac{w\mu\sigma}{2}}(1+j) = \sqrt{\frac{w\mu}{2\sigma}}(1+j)\ [\Omega] \qquad (11-64)$$

전파상수인 $\gamma = \sqrt{\frac{w\mu\sigma}{2}}(1+j) = \alpha + j\beta$를 전장과 자장에 대입하면

$$\boldsymbol{E}(z) = \hat{a}_x E_0 e^{-\alpha z}\cdot e^{-j\beta z} \qquad (11-65)$$

$$\boldsymbol{H}(z) = \hat{a}_y H_0 e^{-\alpha z}\cdot e^{-j\beta z} \qquad (11-66)$$

이고, 감쇠상수와 위상상수는 $\alpha = \beta = \sqrt{\frac{w\mu\sigma}{2}}$ 이다. 표피 두께 δ는 전장과 전류밀도 ($\boldsymbol{J} = \sigma\boldsymbol{E}$)의 세기가 e^{-1}로 감쇠되는 거리, 즉 $\alpha\delta = 1$에서 전장이므로

$$|E_x| = |E_0|e^{-\alpha\delta}\Big|_{z=\delta} \qquad (11-67)$$

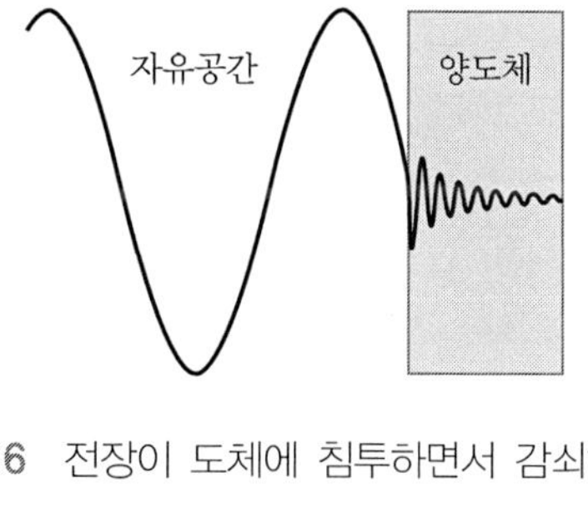

그림 11.16 전장이 도체에 침투하면서 감쇠하는 현상

에서 표피 두께는 $\delta = \dfrac{1}{\alpha} = \sqrt{\dfrac{2}{\pi f \mu \sigma}}$ 이다. 표피 두께는 전파가 매질 안으로 침투하는 정도를 나타내며, 주파수가 올라갈수록 작아지고 자성체는 신호전송을 위해 적합하지 않다.

완전도체에서 전도도 $\sigma = \infty$ 이므로 감쇠상수는

$$\alpha = \omega \sqrt{\frac{\mu \epsilon}{2}} \left[\sqrt{1 + \left(\frac{\sigma}{\omega \epsilon} \right)^2} - 1 \right]^{1/2} \tag{11-68}$$

에서 $\alpha = \infty$ 이므로 표피 두께 $\delta = 1/\alpha = 0$ 이다. 이것은 전장과 자장이 완전도체 안으로 통과할 수 없고 정전자장은 완전도체에 존재할 수 없다. 그래서 그림 11.7과 같이 양도체에서 전류는 표면에 집중되고 무한의 얇은 표면전류로 근사시킬 수 있다.

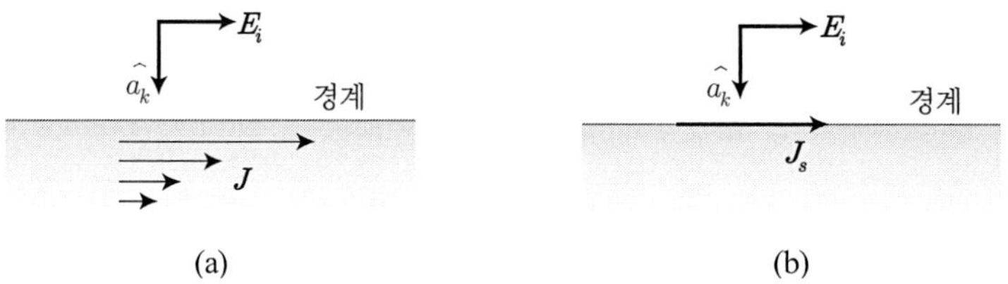

그림 11.17 양도체 표면전류 근사화 (a) 양도체전류 (b) 표면전류 근사화

도선방향으로 진행하는 전자파는 도선뿐만 아니라 도선 주위공간에도 존재한다. 주파수가 증가할수록 도선의 표피효과에 의해 도선 주위공간에 존재하는 에너지양이 증가한다. 그림 11.18은 대표적인 금속에서 주파수에 따른 표피 두께를 나타낸다. 참고로 1MHz 에서 표피 두께가 민물에서는 7.1m, 바닷물은 25cm 이므로 바닷물의 표피 두께가 작아서 잠수함은 전자파를 사용할 수 없고 대신 음파(종파)를 사용한다.

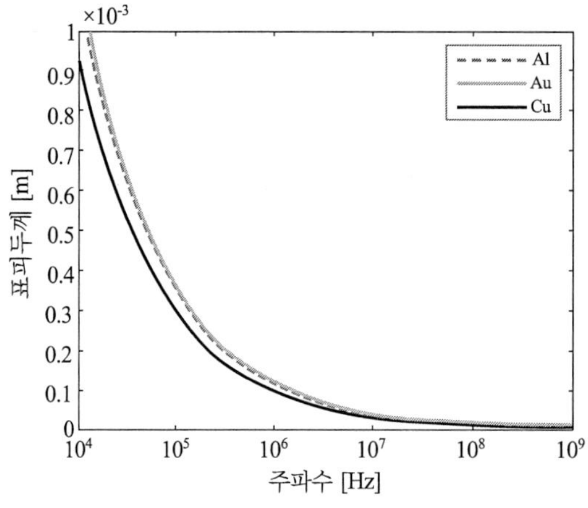

그림 11.18 주파수에 따른 표피 두께

표피효과와 표피 두께

전자기성분이 $A_x = A_{x0} e^{-\alpha z} e^{-j\beta z}$ 로 표현된다. 주파수가 높아지면 도체의 표면에서 내부로 갈수록 지수함수적으로 급격히 전자기장이 감쇠하는 효과를 표피효과(skin effect)라 한다. 전자기장이 표면에서의 값에서 약 37%로 감쇠하는 깊이를 표피 두께(skin depth)라 한다.

$$\frac{|A_x(z=1/\alpha)|}{|A_x(z=0)|} = e^{-1} = 0.37$$

손실 탄젠트, $\left(\tan\delta = \dfrac{\sigma}{w\epsilon} = \dfrac{\sigma E}{w\epsilon E} = \dfrac{\text{전도전류}}{\text{변위전류}}\right)$

- 유전체에서 전파전달 시 손실의 척도
- 전도전류와 변위전류의 상대적인 크기를 나타내며, 전도전류에 기인한 에너지 손실을 나타내는 지표
- 유전체($\tan\delta < 0.01$), 도체($\tan\delta > 0.01$), 준도체($0.01 < \tan\delta < 100$), 양도체($\tan\delta > 100$)

예제 11.4 자장이 $\boldsymbol{H} = \hat{a}_y H_0 e^{-\gamma z}$ 일 때 전장과 고유 임피던스를 구하여라.

풀이 $\nabla \times \boldsymbol{H} = (\sigma + jw\epsilon)\boldsymbol{E}$로부터 전장은 $\boldsymbol{E} = \dfrac{\nabla \times \boldsymbol{H}}{\sigma + jw\epsilon} = \dfrac{1}{\sigma + jw\epsilon} \nabla \times (\hat{a}_y H_0 e^{-\gamma z})$ $= \hat{a}_x \dfrac{\gamma}{\sigma + jw\epsilon} H_0 e^{-\gamma z}$ 이고, 포인팅벡터 $\boldsymbol{E} \times \boldsymbol{H}$는 $+z$ 방향으로 전파가 진행함을 나타낸다.

고유 임피던스는 $\dfrac{E_x}{H_y} = \dfrac{\gamma}{\sigma + jw\epsilon}$ 이므로 $\eta \equiv \dfrac{\gamma}{\sigma + jw\epsilon} = \dfrac{\sqrt{jw\mu(\sigma + jw\epsilon)}}{\sigma + jw\epsilon}$ $= \sqrt{\dfrac{jw\mu}{\sigma + jw\epsilon}}$ $[\Omega]$ 이다.

만약 $\sigma = 0$ 이고 $\epsilon = \epsilon_0 = \dfrac{1}{36\pi} \times 10^{-9}[\mathrm{F/m}]$, $\mu = \mu_0 - 4\pi \times 10^{-7}[\mathrm{H/m}]$ 를 대입하면 고유 임피던스는 $\eta = \sqrt{\dfrac{\mu}{\epsilon}} = 120\pi \simeq 377$ $[\Omega]$(자유공간 전파 임피던스)이다. ■

예제 11.5 $+z$ 방향으로 바닷물 속을 진행하는 균일 평면파에서 전장이 $z=0$에서 $\boldsymbol{E} = \hat{a}_x 100\cos(10^7 \pi t)$ 이다. 바닷물 물질상수는 $\epsilon_r = 72$, $\mu_r = 1$, $\sigma = 4[\mathrm{S/m}]$ 일 때 (a) 감쇠상수 α, 고유 임피던스 η, 위상속도 v_p, 파장 λ, 표면깊이 δ (b) $z=0$ 값의 1% 의 크기가 되는 거리를 구하여라.

풀이 $\mu_0 = 4\pi \times 10^{-7}\mathrm{H/m}$, $\epsilon_0 \simeq \dfrac{1}{36\pi} \times 10^{-9}\mathrm{F/m}$

주파수 $f = \dfrac{w}{2\pi} = 5 \times 10^6[\mathrm{Hz}]$, 손실 탄젠트 $\dfrac{\sigma}{w\epsilon} = 200 \gg 1$ 이므로 바닷물은

양도체이다.

(a) 감쇠상수 $\alpha = \sqrt{\frac{w\mu\sigma}{2}} = 8.9[\mathrm{Np/m}]$, $\alpha = \beta$,

고유 임피던스 $\eta = \sqrt{\frac{w\mu}{2\sigma}}(1+j) = \pi e^{j\frac{\pi}{4}}[\Omega]$,

위상속도 $v_p = \frac{w}{\beta} = 3.5 \times 10^6[\mathrm{m/s}]$,

파장 $\lambda = \frac{2\pi}{\beta} = 0.7[\mathrm{m}]$, $\delta = \frac{1}{\alpha} = 0.11[\mathrm{m}]$

(b) $e^{-\alpha z} = 0.01$, $z = \frac{1}{\alpha}\ln 100 = 0.52[\mathrm{m}]$ ■

11.6 수직 입사 평면파의 반사와 투과

균일 평면파가 진행하면서 하나의 매질에서 다른 매질을 만날 경우 임피던스의 변화로 인해서 일부는 반사하고 일부는 투과하게 된다. 이런 경계값 문제(boundary value problem)는 기본 개념을 주는 가장 간단한 예이며, 도체인 경우, 임의의 매질인 경우, 손실이 있는 매질의 경우, 그리고 비스듬하게 입사하는 경우 등 개념을 확장하여 적용해 볼 수가 있다.

(1) 수직으로 입사하는 평면파

그림 11.19와 같이 무손실 매질-1($z < 0$)은 μ_1, ϵ_1의 균일 매질이고, 매질-2($z > 0$)는 μ_2, ϵ_2인 무손실 균일 매질로 구성되어 있다고 한다. 두 매질에 평면파가 평면 경계면에 수직으로 입사하고(half space), E_x, H_y 성분만 존재하며 $+z$ 방향으로 진행파가 전파한다고 하자. 전장(자장)의 입사파, 반사파, 그리고 투과파를 각각 $\boldsymbol{E}_i(\boldsymbol{H}_i)$, $\boldsymbol{E}_r(\boldsymbol{H}_r)$, $\boldsymbol{E}_t(\boldsymbol{H}_t)$라 하고, 매질-1에서 $+\hat{a}_z$ 방향으로 진행하는 입사파는

$$\boldsymbol{E}_i(z) = \hat{a}_x E_0 e^{-j\beta_1 z}, \ \boldsymbol{H}_i(z) = \hat{a}_y \frac{E_0}{\eta_1} e^{-j\beta_1 z} \tag{11-69}$$

이고, 여기서 반사계수, 투과계수는 각각 Γ, T이며 매질-1에서 $-\hat{a}_z$방향으로 진행하는 반사파는

$$\boldsymbol{E}_r(z) = \hat{a}_x \Gamma E_0 e^{+j\beta_1 z}, \ \boldsymbol{H}_r(z) = -\hat{a}_y \frac{\Gamma E_0}{\eta_1} e^{+j\beta_1 z} \tag{11-70}$$

이며, 매질-2에서 $+\hat{a}_z$ 방향으로 진행하는 투과파는

$$\boldsymbol{E}_t(z) = \hat{a}_x T E_0 e^{-j\beta_2 z}, \ \boldsymbol{H}_t(z) = \hat{a}_y \frac{T E_0}{\eta_2} e^{-j\beta_2 z} \tag{11-71}$$

이다. 여기서 β_1, β_2, η_1, η_2는 각각 매질-1과 매질-2에서의 위상상수와 고유 임피던스이다.

$\boldsymbol{E}_r$과 $\boldsymbol{E}_t$는 $\boldsymbol{E}_i$와 같은 방향이고 자장의 방향은 오른손법칙으로 결정한다.

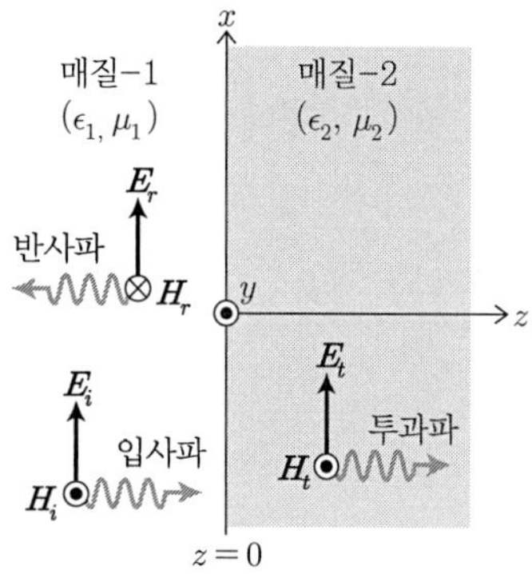

그림 11.19 서로 다른 두 매질의 경계면에 평면파의 수직 입사

매질-1과 매질-2의 경계($z=0$)에서 전장과 자장의 접선성분이 연속($E_{1t}=E_{2t}$, $H_{1t}=H_{2t}$)이여야 함으로 $E_i(0)+E_r(0)=E_t(0)$, $H_i(0)+H_r(0)=H_t(0)$이다. 즉,

$$1+\Gamma=T, \qquad \frac{1}{\eta_1}(1-\Gamma)=\frac{1}{\eta_2}T \tag{11-72}$$

이며, 두 방정식을 풀면 반사계수 Γ와 투과계수 T는

$$\Gamma=\frac{E_r}{E_i}=-\frac{H_r}{H_i}=\frac{\eta_2-\eta_1}{\eta_2+\eta_1} \tag{11-73}$$

$$T=1+\Gamma=\frac{E_t}{E_i}=\frac{\eta_2}{\eta_1}\frac{H_t}{H_i}=\frac{2\eta_2}{\eta_2+\eta_1} \tag{11-74}$$

이고, ① $\eta_1=\eta_2$이면 $\Gamma=0$, $T=1$(반사가 없는 완전투과조건) ② $\eta_2=0$이면 $\Gamma=-1$, $T=0$(완전반사조건) ③ $\eta_1<\eta_2$이면 $0<\Gamma<1$, $1<T<2$이고 $\eta_1>\eta_2$이면 $-1<\Gamma<0$, $0<T<1$이다.

반사계수와 투과계수 사이에는 $1+\Gamma=T$의 관계가 성립하고, Γ와 T는 무차원 복소수 값이며, 반사계수 크기는 $0\leq|\Gamma|\leq 1$이다.

> 특성 임피던스가 Z_0인 전송선에서 부하 임피던스 Z_L로 종단한 경우 반사계수는 $\Gamma=\dfrac{Z_L-Z_0}{Z_L+Z_0}$이다.

매질-1이 있는 영역-1($z\leq 0$)에서의 전체 전장, 자장을 각각 $\boldsymbol{E}_1(z)$, $\boldsymbol{H}_1(z)$라고 하면

$$\boldsymbol{E}_1(z)=\hat{a}_x E_0\left(e^{-j\beta_1 z}+\Gamma(z)e^{j\beta_1 z}\right)=\hat{a}_x E_0 e^{-j\beta_1 z}\left(1+\Gamma(z)e^{j2\beta_1 z}\right)[\mathrm{V/m}] \tag{11-75}$$

$$\boldsymbol{H}_1(z)=\hat{a}_y \frac{E_0}{\eta_1}\left(e^{-j\beta_1 z}-\Gamma(z)e^{j\beta_1 z}\right)=\hat{a}_y \frac{E_0}{\eta_1}e^{-j\beta_1 z}\left(1-\Gamma(z)e^{j2\beta_1 z}\right)[\mathrm{A/m}]$$

이 된다. 경계면에서 일어나는 반사파는 입사파와 함께 정재파를 형성하고, 영역-1에서 전장의 크기는

$$|\boldsymbol{E}_1(z)| = |E_0||1+\Gamma(z)e^{j2\beta_1 z}| = |E_0||1\angle 0^o + \Gamma\angle 2\beta_1 z| \tag{11-76}$$

이고, 그림 11.20과 같이 이것을 복소 평면에서 나타낼 수 있으며 이를 크랭크 그림(crank diagram)이라고 한다. 원점에서 원의 각 점까지 거리는 $1+\Gamma e^{j2\beta_1 z}$의 크기를 나타낸다.

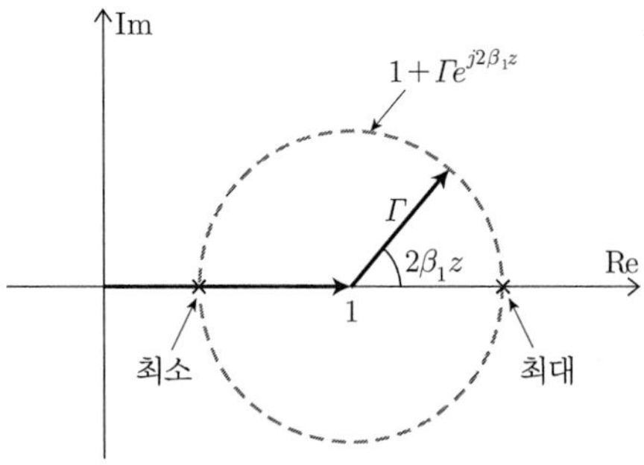

그림 11.20 크랭크 그림

$\eta_2 > \eta_1$(반사계수는 양수)일 때 그림 11.20처럼 ① 최댓값은 $|1+\Gamma e^{j2\beta_1 z}|_{\max} = 1+|\Gamma|$이며, 조건은 $2\beta_1(-z) = n(2\pi)$이므로 위치는 $z = -\dfrac{n\pi}{\beta_1} = -\dfrac{n\pi}{2\pi/\lambda_1} = -n\dfrac{\lambda_1}{2}$이고, ② 최솟값은 $|1+\Gamma e^{j2\beta_1 z}|_{\min} = 1-|\Gamma|$이며, 조건은 $2\beta_1(-z) = (2n+1)\pi$이므로 위치는 $z = -\dfrac{(2n+1)\pi}{2(2\pi/\lambda_1)} = -(2n+1)\dfrac{\lambda_1}{4}$이다. 여기서 $n = 0,\ 1,\ 2, \cdots$이다. 그래서 전장의 최댓값은 $|\boldsymbol{E}_1|_{\max} = |E_0|(1+|\Gamma|)$, 최솟값은 $|\boldsymbol{E}_1|_{\min} = |E_0|(1-|\Gamma|)$이다.

$\eta_1 > \eta_2$(반사계수는 음수)일 때 최댓값과 최솟값의 위치는 반대가 되지만 $|\Gamma|$이 들어가는 전장의 최댓값과 최솟값의 크기 방정식은 같다.

최댓값과 최솟값의 비인 정재파비(Standing Wave Ratio : SWR)는

$$\text{SWR} = s = \frac{|\boldsymbol{E}_1(z)|_{\max}}{|\boldsymbol{E}_1(z)|_{\min}} = \frac{1+|\Gamma|}{1-|\Gamma|} = \frac{1+\left|\dfrac{\eta_2-\eta_1}{\eta_2+\eta_1}\right|}{1-\left|\dfrac{\eta_2-\eta_1}{\eta_2+\eta_1}\right|} \tag{11-77}$$

$$|\Gamma| = \frac{\text{SWR}-1}{\text{SWR}+1} \tag{11-78}$$

이다. 즉, 반사파가 없으면 정재파는 없고 정재파비는 1이고, $|\Gamma| \leqq 1$이므로 $1 \leqq \text{SWR} \leqq \infty$이며 $s_{dB} = 20\log_{10}s$ [dB]이다. 그림 11.21은 전장의 정재파를 보여준다.

매질-2가 있는 영역-2($z \geq 0$)에서의 전장과 자장은 다음과 같다.

$$\boldsymbol{E}_2(z) = \boldsymbol{E}_t(z) = \hat{a}_x TE_0\, e^{-j\beta_2 z},\ \boldsymbol{H}_2(z) = \boldsymbol{H}_t(z) = \hat{a}_y \frac{TE_0}{\eta_2} e^{-j\beta_2 z} \tag{11-79}$$

매질-1은 $\mu_1, \epsilon_1, \sigma_1$, 매질-2는 $\mu_2, \epsilon_2, \sigma_2$일 때 $\boldsymbol{E}_1(z) = \hat{a}_x E_0\left(e^{-\gamma_1 z} + \Gamma(z)e^{\gamma_1 z}\right)[\mathrm{V/m}]$, $\boldsymbol{H}_1(z) = \hat{a}_y \dfrac{E_0}{\eta_1}\left(e^{-\gamma_1 z} - \Gamma(z)e^{\gamma_1 z}\right)[\mathrm{A/m}]$, $\boldsymbol{E}_2(z) = \boldsymbol{E}_t(z) = \hat{a}_x TE_0 e^{-\gamma_2 z}$
$\boldsymbol{H}_2(z) = \boldsymbol{H}_t(z) = \hat{a}_y \dfrac{TE_0}{\eta_2} e^{-\gamma_2 z}$

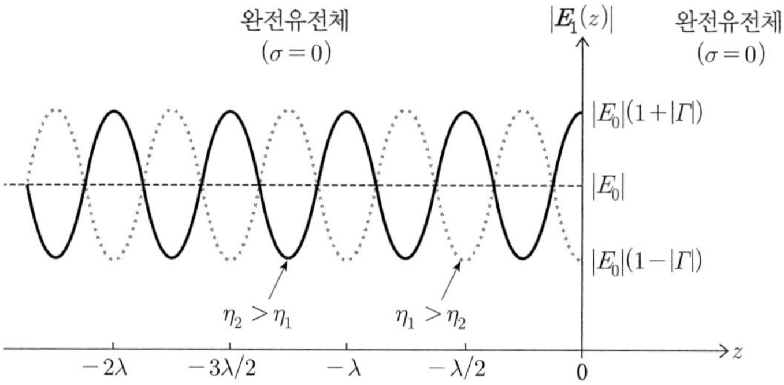

그림 11.21 전장의 정재파

예제 11.6 자유공간($z < 0$)의 균일 평면파가 $z > 0$인 무한 무손실 유전물질($\epsilon = 3\epsilon_0$, $\mu = \mu_0$)로 수직하게 입사한다. 입사파전장은 $\boldsymbol{E}_i(z, t) = \hat{a}_y 10\cos(wt - z)[\mathrm{V/m}]$일 때 다음을 구하여라.

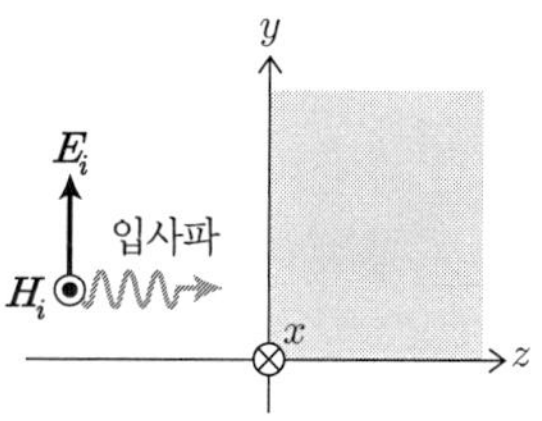

(a) 두 영역 파장과 주파수 (b) $\boldsymbol{H}_i(z, t)$ (c) 반사계수, 투과계수 (d) 두 영역에서 전체 전장 (e) 두 영역에서 시평균 전력밀도

풀이 ① 자유공간: $\alpha_1 = 0$, $\beta_1 = w\sqrt{\mu_0\epsilon_0}$, $\gamma_1 = j\beta_1$, $\eta_1 = \sqrt{\dfrac{\mu_0}{\epsilon_0}} = \eta_0$, $v_1 = c_0$

② 유전체: $\alpha_2 = 0$, $\beta_2 = w\sqrt{3\mu_0\epsilon_0}$, $\gamma_2 = j\beta_2$, $\eta_2 = \sqrt{\dfrac{\mu_0}{3\epsilon_0}} = \dfrac{\eta_0}{\sqrt{3}}$,
$v_2 = \dfrac{c_0}{\sqrt{3}}$

(a) $\boldsymbol{E}_i(z) = \hat{a}_y 10e^{-jz} = \hat{a}_y E_0 e^{-j\beta_1 z}$에서 $\beta_1 = \dfrac{2\pi}{\lambda_1} = 1[\mathrm{rad/m}]$, $\lambda_1 = 2\pi = 6.28[\mathrm{m}]$이고, $\beta_2 = \dfrac{2\pi}{\lambda_2} = \sqrt{3}\beta_1[\mathrm{rad/m}]$, $\lambda_2 = \dfrac{2\pi}{\beta_2} = \dfrac{2\pi}{\sqrt{3}} = 3.63[\mathrm{m}]$이다. 각 주파수 $w = \beta_1 v_1 = \beta_2 v_2 = 3 \times 10^8[\mathrm{rad/s}]$, 주파수 $f = 47.8[M\mathrm{Hz}]$이다.

(b) $\boldsymbol{H}_i(z) = -\hat{a}_x \dfrac{E_0}{\eta_0} e^{-j\beta_1 z} = -\hat{a}_x \dfrac{10}{377} e^{-jz} = -\hat{a}_x 0.027e^{-jz}$,

$$\boldsymbol{H}_i(z,t) = \Re e\left[-\hat{a}_x 0.027 e^{-jz} e^{jwt}\right] = -\hat{a}_x 0.027\cos(wt - z)[\text{A/m}]$$

(c) $\Gamma = \dfrac{\eta_2 - \eta_1}{\eta_2 + \eta_1} = \dfrac{\eta_0/\sqrt{3} - \eta_0}{\eta_0/\sqrt{3} + \eta_0} = -0.27$, $T = 1 + \Gamma = 0.73$

(d) $\boldsymbol{E}_1(z) = \hat{a}_y E_0\left(e^{-j\beta_1 z} + \Gamma e^{j\beta_1 z}\right) = \hat{a}_y\left(10e^{-jz} - 2.68e^{jz}\right)$,

$$\boldsymbol{E}_2(z) = \hat{a}_y T E_0 e^{-j\beta_2 z} = \hat{a}_y 7.32 e^{-j\sqrt{3}z},$$

$$\boldsymbol{E}_1(z,t) = \hat{a}_y \Re e\left[\left(10e^{-jz} - 2.68e^{jz}\right)e^{jwt}\right]$$
$$= \hat{a}_y\left[10\cos(wt - z) - 2.68\cos(wt + z)\right][\text{V/m}]$$

$$\boldsymbol{E}_2(z,t) = \hat{a}_y \Re e\left[7.32 e^{-j\sqrt{3}z} e^{jwt}\right] = \hat{a}_y\left[7.32\cos(wt - \sqrt{3}z)\right][\text{V/m}]$$

(e) 입사파와 투과파는 $+z$ 방향으로 반사파는 $-z$ 방향으로 진행하므로 전력밀도는 다음과 같다.

$$\mathbb{P}_{av1} = \frac{|\boldsymbol{E}_i|^2}{2\eta_1}\hat{a}_z + \frac{|\boldsymbol{E}_r|^2}{2\eta_1}(-\hat{a}_z) = \hat{a}_z\frac{10^2 - 2.68^2}{2(377)} = 123\hat{a}_z[m\text{W/m}^2],$$

$$\mathbb{P}_{av2} = \frac{|\boldsymbol{E}_t|^2}{2\eta_2}\hat{a}_z = \hat{a}_z\frac{7.32^2}{2(377/\sqrt{3})} = 123\hat{a}_z[m\text{W/m}^2]$$ ■

예제 11.7 공기 중에 균일 평면파 $\boldsymbol{E}_1(z) = \hat{a}_x E_0\cos(10^{10}t - \beta_1 z)[\text{V/m}]$을 구리 표면 $(z=0)$에 법선방향으로 입사하였다. 반사계수를 구하고 입사전력의 몇 퍼센트가 구리로 전달되는지 구하여라.

풀이 양도체인 구리의 진성 임피던스 $\eta_c = (1+j)\sqrt{\dfrac{w\mu}{2\sigma}} = (1+j)\sqrt{\dfrac{10^{10}(4\pi\times10^7)}{2(5.8\times10^7)}}$
$= (1+j)(0.0104)$, $\eta_0 = 376.7288[\Omega]$,

반사계수 $\Gamma = \dfrac{\eta_c - \eta_0}{\eta_c + \eta_0} = -0.9999 + j0.0001$, $|\Gamma|^2 = 0.9999$, 전송전력비 $1 - |\Gamma|^2 = 0.0001$, 즉 0.01%가 전달된다. ■

예제 11.8 그림과 같이 반공간에 균일 평면파를 입사한다. 이때 $\boldsymbol{E}_i = \hat{a}_z 2e^{-j\beta_1 y}[\text{V/m}]$, $\boldsymbol{E}_t = \hat{a}_z\dfrac{3}{2}e^{-j\beta_2 y}[\text{V/m}]$일 때 다음을 구하여라.

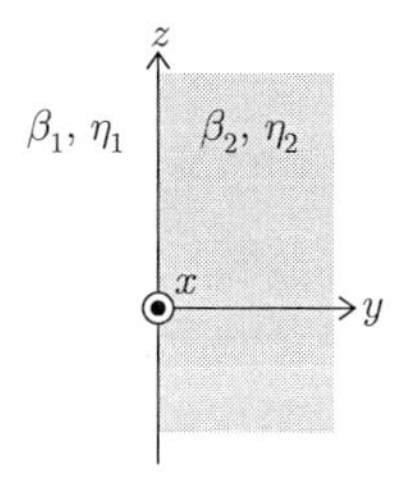

(a) 경계면 $y=0$에서 전장의 반사계수와 투과계수

(b) 각 영역에서 전체 자장

풀이 (a) $T = \dfrac{E_2^+}{E_1^+} = \dfrac{1}{2}\dfrac{3}{2} = \dfrac{3}{4}$, $\Gamma = T - 1 = -\dfrac{1}{4}$

(b) $\boldsymbol{H}_i = \hat{a}_x\dfrac{2}{\eta_1}e^{-j\beta_1 y}[\text{A/m}]$, $\boldsymbol{E}_r = \hat{a}_z 2\Gamma e^{+j\beta_1 y} = \hat{a}_z\left(-\dfrac{1}{2}\right)e^{+j\beta_1 y}[\text{V/m}]$,

$\boldsymbol{H}_r = \hat{a}_x\dfrac{1}{\eta_1}e^{j\beta_1 y}[\text{A/m}]$

$$\text{영역-1 자장: } \boldsymbol{H}_1 = \boldsymbol{H}_i + \boldsymbol{H}_r = \hat{a_x}\frac{2}{\eta_1}\left(e^{-j\beta_1 y} + \frac{1}{2}e^{j\beta_1 y}\right)[\text{A/m}],$$

$$\text{영역-2 자장: } \boldsymbol{H}_2 = \boldsymbol{H}_t = \hat{a_x}\frac{3}{2}\frac{1}{\eta_2}e^{-j\beta_2 y}[\text{A/m}]$$ ■

● 진행파(traveling wave)와 정재파(standing wave)

진행파는 반사파 없이 한 쪽으로만 진행하는 파, 무한히 긴 선로에 고주파 전원을 연결하면 전류, 전압 파형이 한 쪽으로만 진행한다. 유한한 선로에 그 선로의 특성 임피던스와 같은 부하 임피던스를 연결하면 같은 효과를 얻는다. 이때 도선 사이에는 변위전류가 흐르므로 전파가 복사된다.

정재파는 유한한 선로에 그 선로의 특성 임피던스와 다른 부하를 종단에 접속하면 송신 측에서 공급한 에너지의 일부가 종단에서 반사된다. 반사파와 진행파가 합성되면 도선 상에 $\lambda/2$ 마다 최솟점, 최댓점을 갖는 전류, 전압분포가 발생한다. 이와 같은 파를 외형상 정지해 있는 것처럼 보인다고 하여 정재파라고 한다.

(2) 유전체-도체 수직 입사

매질-1인 완전유전체($\epsilon_1, \mu_1, \sigma_1 = 0$)에서 매질-2인 도체($\epsilon_2, \mu_2, \sigma_2$)로 균일 평면파가 경계면에 수직으로 입사하는 경우를 살펴보자. 일반적인 고유 임피던스는

$$\eta = \frac{E_x}{H_y} = \frac{j\omega\mu}{\gamma} = \frac{j\omega\mu}{\sqrt{j\omega\mu(\sigma + j\omega\epsilon)}} = \sqrt{\frac{j\omega\mu}{\sigma + j\omega\epsilon}} \tag{11-80}$$

이고, 유전체($\sigma_1 = 0$)와 도체($\sigma_2 \gg \omega\epsilon_2$)의 각각 고유 임피던스는 다음과 같다.

$$\eta_1 = \sqrt{\frac{\mu_1}{\epsilon_1}},\quad \eta_2 = \sqrt{\frac{j\omega\mu_2}{\sigma_2 + j\omega\epsilon_2}} \approx \sqrt{\frac{j\omega\mu_2}{\sigma_2}} \tag{11-81}$$

그래서 양도체($\sigma/\omega\epsilon > 100$) 경계면에 입사하는 균일 평면파의 반사계수와 투과계수는

$$\Gamma = \frac{\eta_2 - \eta_1}{\eta_2 + \eta_1} = \frac{\sqrt{\dfrac{j\omega\mu_2}{\sigma_2}} - \sqrt{\dfrac{\mu_1}{\epsilon_1}}}{\sqrt{\dfrac{j\omega\mu_2}{\sigma_2}} + \sqrt{\dfrac{\mu_1}{\epsilon_1}}} \approx \frac{\dfrac{j}{100} - 1}{\dfrac{j}{100} + 1} \approx -1 \tag{11-82}$$

$$T = \frac{2\eta_2}{\eta_2 + \eta_1} \approx \frac{2\eta_2}{\eta_1} \tag{11-83}$$

이고, 특성 임피던스 크기는 $\eta_1 \gg \eta_2$이다. 매질-2가 완전도체($\eta_2 = 0$)라면 균일 평면파의 반사계수와 투과계수는

$$\Gamma = -1,\quad T = 0 \tag{11-84}$$

이고, 입사된 전장과 자장은 경계면에서 완전히 반사된다.

그림 11.22와 같이 완전유전체($\sigma = 0$) − 완전도체($\sigma = \infty$)로 된 구조에서 완전유전체 내의 전장 및 자장을 구하고 정재파임을 살펴보자.

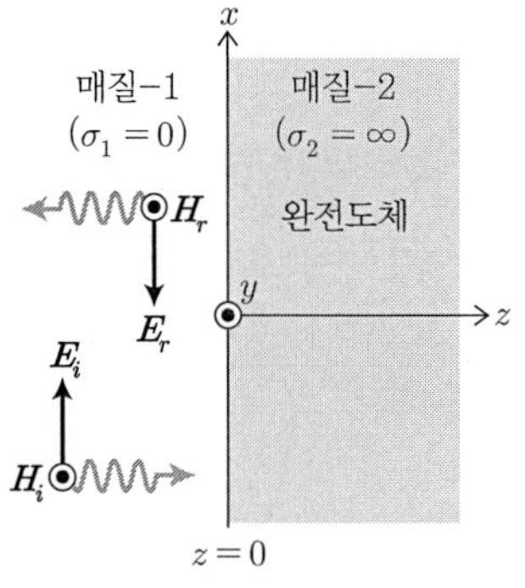

그림 11.22 완전유전체-완전도체

완전도체인 매질-2의 표면에서 완전반사되고, 완전유전체인 매질-1의 내부에서 특성변수는 $\alpha_1 = 0$, $\beta_1 = \omega\sqrt{\mu_1 \epsilon_1}$, $\eta_1 = \sqrt{\mu_1/\epsilon_1}$ 이므로 매질-1에서 전장은

$$E_{1x}(z) = E_i + E_r = E_0\left(e^{-j\beta_1 z} - e^{+j\beta_1 z}\right) \tag{11-85}$$

$$= E_0[(\cos\beta_1 z - j\sin\beta_1 z) - (\cos\beta_1 z + j\sin\beta_1 z)] = -2jE_0 \sin\beta_1 z$$

이고, 자장은

$$H_{1y}(z) = H_i + H_r = \frac{E_0}{\eta_1}\left(e^{-j\beta_1 z} + e^{+j\beta_1 z}\right) = 2\frac{E_0}{\eta_1}\cos\beta_1 z \tag{11-86}$$

이다. 이때 전장과 자장은 90° 위상차가 있고, 시간의 함수로 전장과 자장을 나타내면 다음과 같다.

$$\boldsymbol{E}_1(z,t) = \hat{a}_x \mathrm{Re}\left[-2jE_0 \sin\beta_1 z\, e^{j\omega t}\right] = \hat{a}_x\, 2E_0 \sin\beta_1 z\ \sin\omega t\ [\mathrm{V/m}] \tag{11-87}$$

$$\boldsymbol{H}_1(z,t) = \hat{a}_y \mathrm{Re}\left[\frac{2E_0}{\eta_1}\cos\beta_1 z\ e^{j\omega t}\right] = \hat{a}_y \frac{2E_0}{\eta_1}\cos\beta_1 z\ \cos\omega t\ [\mathrm{A/m}] \tag{11-88}$$

① 전장의 최솟점, 자장의 최댓점은 $\beta_1(-z) = n\pi$ 이므로 위치는 $z = -\frac{n\pi}{\beta_1} = -\frac{n\pi}{2\pi/\lambda_1} = -n\frac{\lambda_1}{2}$ 이다.

② 전장의 최댓점, 자장의 최솟점은 $\beta_1(-z) = (2n+1)\frac{\pi}{2}$ 이므로 위치는 $z = -\frac{(2n+1)\pi}{2(2\pi/\lambda_1)} = -(2n+1)\frac{\lambda_1}{4}$ 이다. 여기서 $n = 0, 1, 2, \cdots$ 이고, 따라서 전장과 자장은 정재파이며 그림 11.23과 같은 모양을 나타낸다.

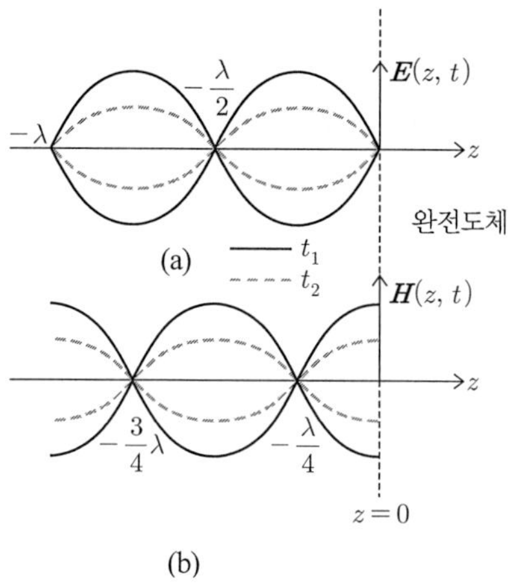

그림 11.23 정재파 (a) $\boldsymbol{E}(z,t)=\hat{a}_x E(z,t)$ (b) $\boldsymbol{H}(z,t)=\hat{a}_y H(z,t)$

예제 11.9 자유공간에서 $+x$ 방향으로 진행하는 $1G\mathrm{Hz}$ 평면파가 $x=0$에서 완전도체평면을 수직으로 만난다. 입사전압 크기가 $10m\mathrm{V/m}$일 때 자유공간에서 (a) 각 주파수, 위상상수, 고유 임피던스 (b) 위상자로 표시된 전체 전장과 자장 (c) 순시 전체 전장과 자장 (d) 전장이 "0"이 되는 도체 면에서 가장 가까운 위치를 구하여라.

풀이 (a) 각 주파수 $w=2\pi f=2\pi\times10^9[\mathrm{rad/s}]$,

위상상수 $\beta_1=\dfrac{w}{c_0}=\dfrac{2\pi\times10^9}{3\times10^8}=\dfrac{20\pi}{3}[\mathrm{rad/m}]$,

고유 임피던스 $\eta_1=\sqrt{\dfrac{\mu_0}{\varepsilon_0}}=120\pi[\Omega]$

(b) 진행입사파 : $\boldsymbol{E_i}(x)=\hat{a}_y 10^{-2}e^{-j\frac{20\pi}{3}x}[\mathrm{V/m}]$,

$$\boldsymbol{H_i}(x)=\frac{1}{\eta_1}\hat{a}_x\times\boldsymbol{E_i}(x)-\hat{a}_z\frac{10^{-2}}{120\pi}c^{-j\frac{20\pi}{3}x}[\mathrm{A/m}]$$

진행반사파 : $\boldsymbol{E_r}(x)=-\hat{a}_y 10^{-2}e^{j\frac{20\pi}{3}x}[\mathrm{V/m}]$,

$$\boldsymbol{H_r}(x)=\frac{1}{\eta_1}(-\hat{a}_x)\times\boldsymbol{E_r}(x)=\hat{a}_z\frac{10^{-2}}{120\pi}e^{j\frac{20\pi}{3}x}[\mathrm{A/m}]$$

정재파 : $\boldsymbol{E_1}(x)=\boldsymbol{E_i}(x)+\boldsymbol{E_r}(x)=\hat{a}_y 10^{-2}\left(e^{-j\frac{20\pi}{3}x}-e^{j\frac{20\pi}{3}x}\right)$

$$=-j0.02\hat{a}_y\sin\left(\frac{20\pi}{3}x\right)[\mathrm{V/m}]$$

$$\boldsymbol{H_1}(x)=\boldsymbol{H_i}(x)+\boldsymbol{H_r}(x)=\hat{a}_z\frac{10^{-2}}{120\pi}\left(e^{-j\frac{20\pi}{3}x}+e^{j\frac{20\pi}{3}x}\right)$$

$$=\hat{a}_z\frac{10^{-2}}{60\pi}\cos\left(\frac{20\pi}{3}x\right)[\mathrm{A/m}]$$

(c) $\boldsymbol{E}_1(x,t) = Re\left[\boldsymbol{E}_1(x)e^{jwt}\right] = 0.02\hat{a_y}\sin\left(\frac{20\pi}{3}x\right)\sin(2\pi\times 10^9 t)[\mathrm{V/m}]$,

$\boldsymbol{H}_1(x,t) = Re\left[\boldsymbol{H}_1(x)e^{jwt}\right] = \hat{a_z}\frac{10^{-2}}{60\pi}\cos\left(\frac{20\pi}{3}x\right)\cos(2\pi\times 10^9 t)[\mathrm{A/m}]$

(d) 도체 표면인 $x=0$에서 전장이 "0"이다. 매질-1에서 최소점은 $x=0$에서부터 반파장 거리이므로 $x=-\lambda_1/2=-\pi/\beta_1=-\frac{3}{20}\mathrm{m}=-15\mathrm{cm}$이다. ■

(3) 다른 두 유전체의 수직 입사

그림 11.24와 같이 완전유전체(ϵ_1, μ_1, $\sigma_1=0$)인 매질-1에서 손실 유전체(ϵ_2, μ_2, $\sigma_2\neq 0$)인 매질-2로 균일 평면파가 경계면에 수직으로 입사하는 경우 감쇠상수, 위상상수, 전파상수, 그리고 고유 임피던스는

$$\alpha_1 = 0, \quad \beta_1 = \omega\sqrt{\mu_1\epsilon_1}, \quad \gamma_1 = j\beta_1, \quad \eta_1 = \sqrt{\mu_1/\epsilon_1} \tag{11-89}$$

$$\alpha_2 = \omega\sqrt{\frac{\mu_2\epsilon_2}{2}}\left[\sqrt{1+(\frac{\sigma_2}{\omega\epsilon_2})^2}-1\right]^{1/2} \tag{11-90}$$

$$\beta_2 = \omega\sqrt{\frac{\mu_2\epsilon_2}{2}}\left[\sqrt{1+(\frac{\sigma_2}{\omega\epsilon_2})^2}+1\right]^{1/2}$$

$$\gamma_2 = \alpha_2 + j\beta_2, \ \eta_2 = \frac{j\omega\mu_2}{\gamma_2} \tag{11-91}$$

이고, 여기서 매질-2의 고유 임피던스 η_2는 복소수이다. 반사계수와 투과계수는

$$\Gamma = \frac{\eta_2-\eta_1}{\eta_2+\eta_1}, \ T = 1+\Gamma = \frac{2\eta_2}{\eta_1+\eta_2} \tag{11-92}$$

이고, 손실 매질에서는 반사계수와 투과계수는 복소수이며, 이는 경계면에서 위상변화를 초래한다.

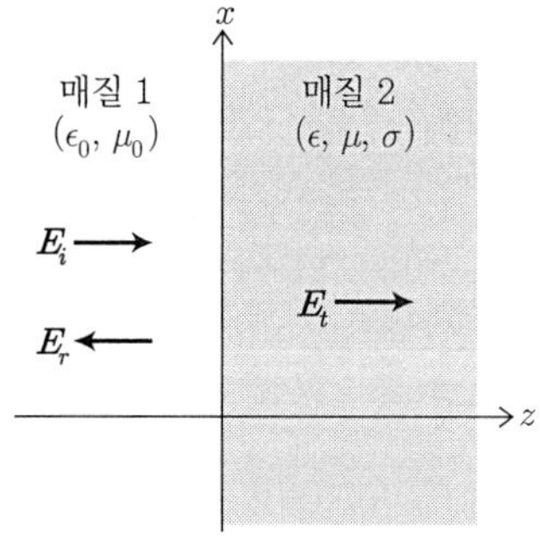

그림 11.24 손실 있는 매체에 수직 입사한 평면파

예제 11.10 자유공간에서 평면파 $\boldsymbol{E}(z)=\hat{a_y}10e^{-j\beta_1 z}$가 $z=0$에서 $\mu_{r2}=1$, $\epsilon_{r2}=4$인 무손실 유전체로 수직으로 입사한다.

(a) 고유 임피던스 (b) 반사계수, 투과계수 (c) 반사파, 투과파 (d) 각 영역에서 시간평균 단위면적당 투과전력을 구하여라.

풀이 (a) $\eta_1 = \sqrt{\dfrac{\mu_0}{\epsilon_0}} = \sqrt{\dfrac{4\pi\times10^{-7}}{10^{-9}/36\pi}} = 120\pi[\Omega]$

$\eta_2 = \sqrt{\dfrac{\mu_2}{\epsilon_2}} = \sqrt{\dfrac{4\pi\times10^{-7}}{4\times10^{-9}/36\pi}} = 60\pi[\Omega]$

(b) 반사계수 $\Gamma = \dfrac{\eta_2-\eta_1}{\eta_2+\eta_1} = \dfrac{60\pi-120\pi}{60\pi+120\pi} = -\dfrac{1}{3}$

투과계수 $T = \dfrac{2\eta_2}{\eta_1+\eta_2} = \dfrac{120\pi}{60\pi+120\pi} = \dfrac{2}{3}$

(c) 반사파, 투과파

진행반사파 : $\boldsymbol{E}_r(z) = -\hat{a}_y\dfrac{10}{3}e^{j\beta_1 z}[\mathrm{V/m}]$

$\boldsymbol{H}_r(z) = \dfrac{1}{\eta_1}(-\hat{a}_z)\times\boldsymbol{E}_r(z) = -\hat{a}_x\dfrac{1}{36\pi}e^{j\beta_1 z}[\mathrm{A/m}]$

진행투과파 : $\boldsymbol{E}_t(z) = \hat{a}_y\dfrac{20}{3}e^{-j\beta_2 z}[\mathrm{V/m}]$

$\boldsymbol{H}_t(z) = \dfrac{1}{\eta_2}(\hat{a}_z)\times\boldsymbol{E}_t(z) = -\hat{a}_x\dfrac{1}{9\pi}e^{-j\beta_2 z}[\mathrm{A/m}]$

(d) 자유공간 시간평균 단위면적당 입사전력

$= \dfrac{1}{2}\Re e\left[\boldsymbol{E}_i(z)\times\boldsymbol{H}_i^*(z)\right] = \dfrac{1}{2}\left[(10)\left(\dfrac{10}{120\pi}\right)\right]\hat{a}_z = \hat{a}_z\dfrac{5}{12\pi}[\mathrm{W/m^2}]$

자유공간 시간평균 단위면적당 반사전력

$= \dfrac{1}{2}\Re e\left[\boldsymbol{E}_r(z)\times\boldsymbol{H}_r^*(z)\right] = \dfrac{1}{2}\left[\dfrac{10}{3}\left(\dfrac{1}{36\pi}\right)\right](-\hat{a}_z) = -\hat{a}_z\dfrac{5}{108\pi}[\mathrm{W/m^2}]$

자유공간 시간평균 단위면적당 전달전력$= \hat{a}_z\left(\dfrac{5}{12\pi}-\dfrac{5}{108\pi}\right)[\mathrm{W/m^2}]$

유전체 시간평균 단위면적당 입사전력

$= \dfrac{1}{2}\Re e\left[\boldsymbol{E}_t(z)\times\boldsymbol{H}_t^*(z)\right] = \dfrac{1}{2}\left[\dfrac{20}{3}\left(\dfrac{1}{9\pi}\right)\right]\hat{a}_z = \hat{a}_z\dfrac{5}{9\pi}[\mathrm{W/m^2}]$ ■

11.7 경계면에서 평면파의 경사 입사

그림 11.25와 같이 $z<0$인 영역(영역-1)에는 ϵ_1, μ_1인 무손실 균일 매질이 있고, $z>0$인 영역(영역-2)에는 ϵ_2, μ_2인 무손실 균일 매질이 있다고 한다. $z<0$인 영역에서 평면파가 $z=0$ 경계면에 비스듬히 입사할 때 일반적인 전장의 표현식은

$$\boldsymbol{E}(r,t) = \boldsymbol{E}_0\cos(\boldsymbol{k}\cdot\boldsymbol{r}-wt) = \Re e\left[\boldsymbol{E}_0 e^{-j(\boldsymbol{k}\cdot\boldsymbol{r}-wt)}\right] \qquad (11\text{–}93)$$

이고 여기서 거리벡터 $\boldsymbol{r} = x\hat{a_x} + y\hat{a_y} + z\hat{a_z}$, 파수벡터(전파벡터) $\boldsymbol{k} = k_x\hat{a_x} + k_y\hat{a_y} + k_z\hat{a_z}$이며, $k^2 = k_x^2 + k_y^2 + k_z^2$, $\boldsymbol{k} \cdot \boldsymbol{r} = k_x x + k_y y + k_z z$이다. 그리고 전장과 자장은 서로 직교하고 위상자형으로 바꾸면 다음과 같다.

$$\boldsymbol{E}(\boldsymbol{r}) = \boldsymbol{E}_0\, e^{-j\boldsymbol{k}\cdot\boldsymbol{r}} = e^{-j\boldsymbol{k}\cdot\boldsymbol{r}}\left(E_x\hat{a_x} + E_y\hat{a_y} + E_z\hat{a_z}\right) \tag{11-94}$$

$$\boldsymbol{H}(\boldsymbol{r}) = \frac{1}{\eta}\hat{a_k} \times \boldsymbol{E}(\boldsymbol{r}) = e^{-j\boldsymbol{k}\cdot\boldsymbol{r}}\left(H_x\hat{a_x} + H_y\hat{a_y} + H_z\hat{a_z}\right) \tag{11-95}$$

$$\nabla \times \boldsymbol{E} = -\frac{\partial \boldsymbol{B}}{\partial t} \rightarrow \frac{\partial}{\partial t} = jw,\ \nabla = -j\boldsymbol{k} \rightarrow -j\boldsymbol{k} \times \boldsymbol{E} = -j\omega\boldsymbol{B}$$

$$\rightarrow \boldsymbol{H} = \frac{k}{w\mu}\hat{a_k} \times \boldsymbol{E} = \frac{1}{\eta}(\hat{a_k} \times \boldsymbol{E}_0)e^{-jk\hat{a_k}\cdot\boldsymbol{r}}$$

전장의 입사파, 반사파, 그리고 투과파는

$$\begin{aligned} \boldsymbol{E}_i &= \Re e\left[\boldsymbol{E}_{i0}e^{-j(k_{ix}x + k_{iy}y + k_{iz}z - w_i t)}\right] \\ \boldsymbol{E}_r &= \Re e\left[\boldsymbol{E}_{r0}e^{-j(k_{rx}x + k_{ry}y + k_{rz}z - w_r t)}\right] \\ \boldsymbol{E}_t &= \Re e\left[\boldsymbol{E}_{t0}e^{-j(k_{tx}x + k_{ty}y + k_{tz}z - w_t t)}\right] \end{aligned} \tag{11-96}$$

이고, 여기서 k_i, k_r, k_t는 법선성분과 접선성분을 가지고 있다.

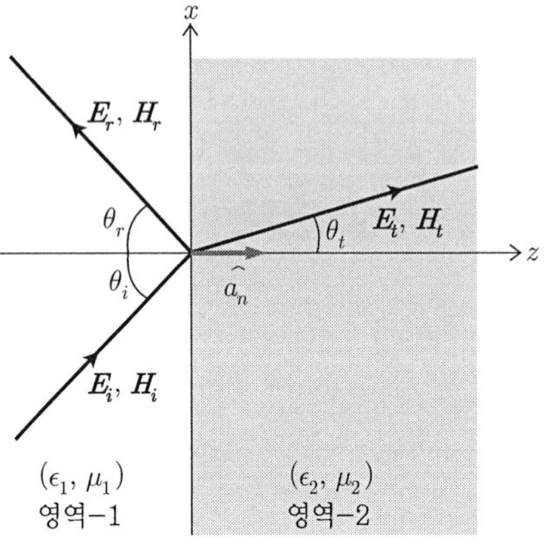

그림 11.25 경사 입사

- 평행편파(parallel polarization) : 전장 $\boldsymbol{E}$가 입사면과 평행, 자장 $\boldsymbol{H}$가 입사면과 수직(z-방향의 횡방향인 y-방향), TM, p-편파, π-편파
- 수직편파(perpendicular polarization) : 전장 $\boldsymbol{E}$가 입사면과 수직(z-방향의 횡방향인 y-방향), 자장 $\boldsymbol{H}$가 입사면과 평행, TE, s-편파(독일어로 수직 senkrecht), σ-편파
- 입사면(plane of incidence) : 매질 경계면에 비스듬히 입사하는 파의 입사각, 반사각, 그리고 투과각을 규정할 수 있는 평면 즉, 입사파, 반사파, 투과파를 포함하는 평면 또는, 매질 경계면과의 법선 및 입사파를 포함하는 평면

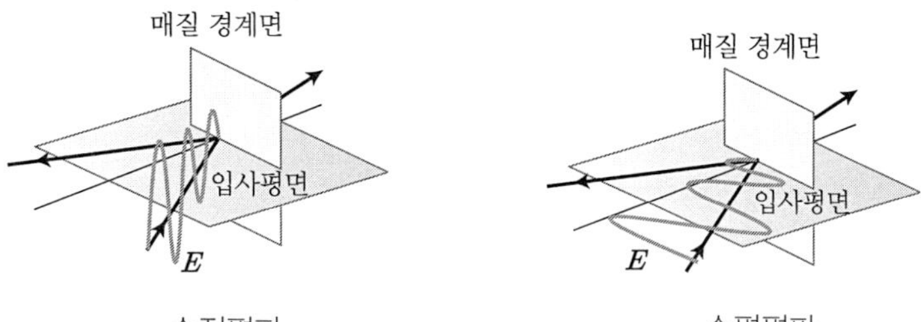

수직편파　　　　수평편파

전장 $\boldsymbol{E}$의 경계조건 $E_{t1}=E_{t2}$로부터 접선성분이 $z=0$ 경계에서 연속이므로 $\boldsymbol{E}_i(z=0)+\boldsymbol{E}_r(z=0)=\boldsymbol{E}_t(z=0)$이고 모든 x, y에서 경계조건을 만족하기 위해 다음을 만족해야 한다.

① 주파수가 일정: $w_i=w_r=w_t=w$

② 파수벡터의 접선성분 연속: $k_{ix}=k_{rx}=k_{tx}=k_x$, $k_{iy}=k_{ry}=k_{ty}=k_y$

파수벡터가 입사면에 존재하므로 $k_i\sin\theta_i=k_r\sin\theta_r$, $k_i\sin\theta_i=k_t\sin\theta_t$이고, θ_i는 입사각, θ_r은 반사각, θ_t는 투과각이다. 무손실 매질이므로 $k_i=k_r=k_1=w\sqrt{\mu_1\epsilon_1}$, $k_t=k_2=w\sqrt{\mu_2\epsilon_2}$이고 매질-1에서 $\theta_r=\theta_i$이다. 입사파와 투과파 사이 관계는

$$\frac{\sin\theta_t}{\sin\theta_i}=\frac{k_i}{k_t}=\frac{v_{p2}}{v_{p1}}=\sqrt{\frac{\mu_1\epsilon_1}{\mu_2\epsilon_2}}=\frac{\mathrm{n}_1}{\mathrm{n}_2} \tag{11-97}$$

이며, 여기서 위상속도 $v_p=w/k$, 매질-1의 굴절률 $\mathrm{n}_1=c_0\sqrt{\mu_1\epsilon_1}=c_0/v_{p1}$, 매질-2의 굴절률 $\mathrm{n}_2=c_0\sqrt{\mu_2\epsilon_2}=c_0/v_{p2}$이다. 그래서 두 매질을 접합시킬 때 굴절률이 큰 매질은 저속 매질이고 작은 쪽이 고속 매질이다. 식 (11-97)은 광학에서 잘 알려진 스넬(Willebrord Snel, 1580～1626)의 법칙이다.

스넬법칙

$\mathrm{n}_1\sin\theta_i=\mathrm{n}_2\sin\theta_t$, 무손실 비자성체인 경우 굴절률 $\mathrm{n}=\sqrt{\epsilon_r}$이고, 단위체적당 원자의 수가 많으면 조밀한 매질이므로 비유전율이 크고 굴절률이 크며 전파의 속도가 작아진다.

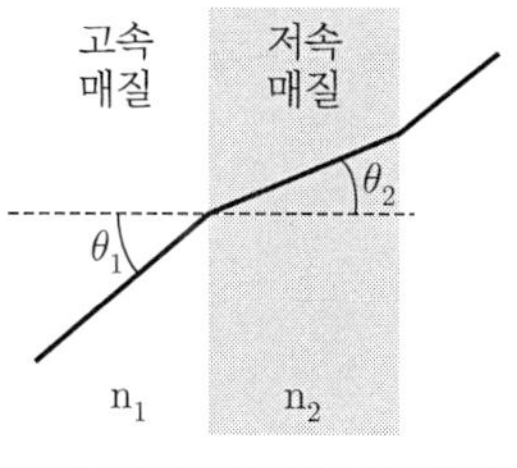

굴절

파면의 연속성 때문에 속도가 변하는 매질을 들어갈 때 굽는다. 굴절률이 작은 매질에서 높은 매질로 들어갈 때 전파는 법선으로 굴절되고 반대이면 법선 바깥으로 굴절된다. 고 굴절률인 저속 매질($v = c_0/\mathrm{n}$)에서 전파속도는 광속도보다 작아진다. 즉, 주파수는 변하지 않고 파장이 줄어든다($v = \lambda f$).

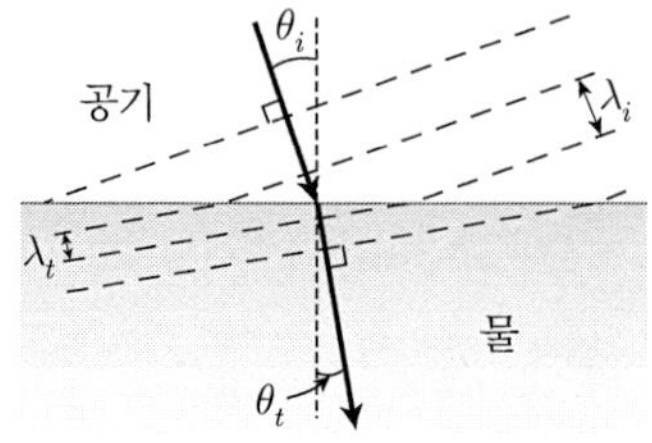

θ_i를 증가하면 굴절파는 없어지고 모두 반사하는 전반사의 경계값은 $\theta_t = \pi/2$가 되는 입사각을 임계각(critical angle) $\theta_c = \sin^{-1}\sqrt{\epsilon_2/\epsilon_1} = \sin^{-1}(\mathrm{n_t}/\mathrm{n_i})$, $\mu_1 = \mu_2$이다.

$\theta_i > \theta_c$이면 입사파가 모두 반사하므로 이 원리는 광섬유(코어($\mathrm{n}_1 = 1.52$), 피복($\mathrm{n}_2 = 1.49$))에 응용된다.

$(\mathrm{n_i}\sin\theta_c = \mathrm{n_t}\sin 90^o)$

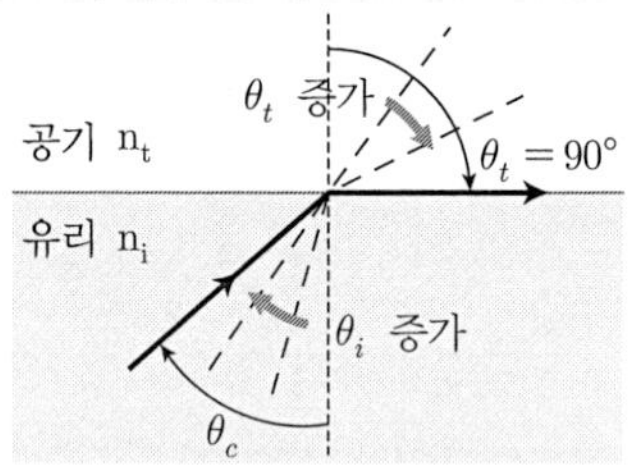

무손실, 무한 매체에서 파수와 위상상수가 같다($k = \beta$).

경사로 입사된 파의 종류는 ① 입사면에 전장이 수직인 수직편파 ② 입사면에 전장이 평행한 경우 수평편파 ③ 일반적인 수직편파와 수평편파의 선형적인 조합으로 된 파 등으로 이루어졌다.

(1) 수직편파

그림 11.26과 같이 $z < 0$인 영역에 파수벡터 $\boldsymbol{k_i} = k_{xi}\hat{a_x} + k_{zi}\hat{a_z}$인 평면파가 $z = 0$ 경계면에 비스듬히 입사할 때 매질 경계면의 법선벡터는 $\hat{a_z}$이고, 평면파의 전파방향은 $\boldsymbol{k_n} = k_1\hat{a_x} + k_2\hat{a_z}$이며, 입사평면은 $x - z$면이다. 입사 파수벡터 $\boldsymbol{k_i}$와 단위 법선벡터 $\hat{a_n}$ 사이 각 θ_i를 입사각, 경계면에서 법선벡터 $\hat{a_n}$과 파수벡터 $\boldsymbol{k}$로 이루어지는 평면을 입사면이라 한다. 일반적인 전장과 자장은 서로 직교하고 위상자형은

$$\boldsymbol{E}(\boldsymbol{r}) = \boldsymbol{E}_0\, e^{-j\boldsymbol{k}\cdot\boldsymbol{r}} = e^{-j(k_x x + k_z z)}\left(E_x\hat{a_x} + E_y\hat{a_y} + E_z\hat{a_z}\right) \tag{11-98}$$

$$\boldsymbol{H}(\boldsymbol{r}) = \frac{1}{\eta}\hat{a_k}\times\boldsymbol{E}(\boldsymbol{r}) = e^{-j(k_x x + k_z z)}\left(H_x\hat{a_x} + H_y\hat{a_y} + H_z\hat{a_z}\right) \tag{11-99}$$

이고, 여기서 매질의 특성 임피던스는 $\eta = \dfrac{w\mu}{k} = \sqrt{\dfrac{\mu}{\epsilon}}\,[\Omega]$이며, 입사 파수벡터는 $\boldsymbol{k_i} = \hat{a_x}k_{xi} + \hat{a_z}k_{zi} = w\sqrt{\mu_1\epsilon_1}\left(\hat{a_x}\sin\theta_i + \hat{a_z}\cos\theta_i\right)$이고, $k_{xi}^2 + k_{zi}^2 = w^2\mu_1\epsilon_1$이다.

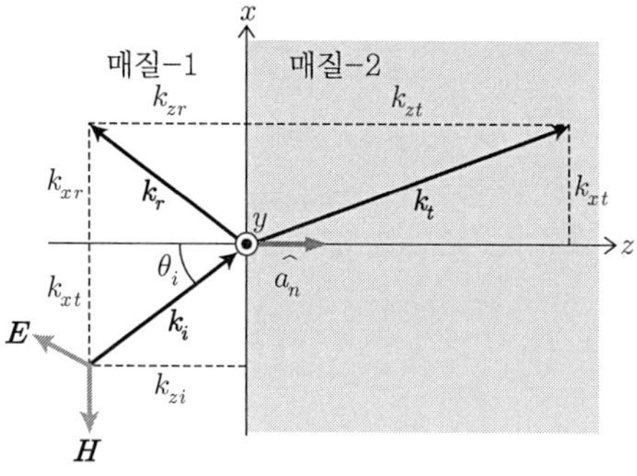

그림 11.26 입사파, 반사파, 투과파의 파수벡터

그림 11.27(a)와 같이 전장이 입사면에 수직이고 y-방향으로 편파된 위상자형 입사전장과 입사자장은

$$\boldsymbol{E_i}(x,z) = \hat{a}_y E_{i0} e^{-jk_1(x\sin\theta_i + z\cos\theta_i)} \tag{11-100}$$

$$\boldsymbol{H_i}(x,z) = \frac{1}{\eta_1}\hat{a}_{ki} \times \boldsymbol{E_i} = \frac{E_{i0}}{\eta_1}\left(-\cos\theta_i \hat{a}_x + \sin\theta_i \hat{a}_z\right) e^{-jk_1(x\sin\theta_i + z\cos\theta_i)} \tag{11-101}$$

이며, 여기서 단위입사 파수벡터는 $\hat{a}_{ki} = \hat{a}_x \sin\theta_i + \hat{a}_z \cos\theta_i$이다. 그리고 위상자형 반사파, 투과파는 다음과 같고 단위반사 파수벡터는 $\hat{a}_{kr} = \hat{a}_x \sin\theta_r - \hat{a}_z \cos\theta_r$이며, 단위투과 파수벡터는 $\hat{a}_{kt} = \hat{a}_x \sin\theta_t + \hat{a}_z \cos\theta_t$이다.

$$\boldsymbol{E_r}(x,z) = \hat{a}_y \Gamma_{\perp} E_{i0} e^{-jk_1(x\sin\theta_r - z\cos\theta_r)} \tag{11-102}$$

$$\boldsymbol{H_r}(x,z) = \frac{1}{\eta_1}\hat{a}_{kr} \times \boldsymbol{E_r} = \Gamma_{\perp}\frac{E_{i0}}{\eta_1}\left(\cos\theta_r \hat{a}_x + \sin\theta_r \hat{a}_z\right) e^{-jk_1(x\sin\theta_r - z\cos\theta_r)} \tag{11-103}$$

$$\boldsymbol{E_t}(x,z) = \hat{a}_y T_{\perp} E_{i0} e^{-jk_2(x\sin\theta_t + z\cos\theta_t)} \tag{11-104}$$

$$\boldsymbol{H_t}(x,z) = \frac{1}{\eta_2}\hat{a}_{kt} \times \boldsymbol{E_t} = T_{\perp}\frac{E_{i0}}{\eta_2}\left(-\cos\theta_t \hat{a}_x + \sin\theta_t \hat{a}_z\right) e^{-jk_2(x\sin\theta_t + z\cos\theta_t)} \tag{11-105}$$

여기서 첨자 r은 반사파, t는 투과파를 나타내고, $\Gamma_{\perp}$는 수직편파의 반사계수(reflection coefficient), $T_{\perp}$는 수직편파의 투과계수(transmission coefficient)를 나타낸다. 각 영역에서 맥스웰방정식과 전장과 자장의 경계조건을 만족해야 한다.

매질-1에서 전체 전장은 입사파와 반사파의 합이고, $z=0$에서 전장의 접선성분 경계조건, $E_{iy}(x,0) + E_{ry}(x,0) = E_{ty}(x,0)$은 다음과 같다.

$$E_{i0} e^{-jk_1(x\sin\theta_i)} + \Gamma_{\perp} E_{i0} e^{-jk_1(x\sin\theta_r)} = T_{\perp} E_{i0} e^{-jk_2(x\sin\theta_t)} \tag{11-106}$$

자장의 접선성분은 x-성분이고, $z=0$에서 경계조건, $H_{ix}(x,0) + H_{rx}(x,0) = H_{tx}(x,0)$은 다음과 같다.

$$\frac{E_{i0}}{\eta_1}(-\cos\theta_i)e^{-jk_1(x\sin\theta_i)} + \Gamma_\perp \frac{E_{i0}}{\eta_1}(\cos\theta_r)e^{-jk_1(x\sin\theta_r)} \tag{11-107}$$
$$= T_\perp \frac{E_{i0}}{\eta_2}(-\cos\theta_t)e^{-jk_2(x\sin\theta_t)}$$

스넬법칙($\theta_r = \theta_i$, $k_1\sin\theta_i = k_1\sin\theta_r = k_2\sin\theta_t$)을 대입하면

$$1 + \Gamma_\perp = T_\perp, \quad 1 - \Gamma_\perp = T_\perp \frac{\eta_1}{\eta_2}\frac{\cos\theta_t}{\cos\theta_i} \tag{11-108}$$

이고, $\Gamma_\perp$과 $T_\perp$을 정리하면 다음과 같다.

$$\Gamma_\perp = \frac{E_{r0}}{E_{i0}} = \frac{\eta_2\cos\theta_i - \eta_1\cos\theta_t}{\eta_2\cos\theta_i + \eta_1\cos\theta_t} \tag{11-109}$$

$$T_\perp = \frac{E_{t0}}{E_{i0}} = \frac{2\eta_2\cos\theta_i}{\eta_2\cos\theta_i + \eta_1\cos\theta_t} \tag{11-110}$$

만약 $\theta_i = 0$이면 $\theta_r = \theta_t = 0$이 되어 $1 + \Gamma_\perp = T_\perp$이므로 직각 입사와 같다. 그리고 매질-2가 완전도체이면 $\eta_2 = 0$이 되어 $\Gamma_\perp = -1$, $T_\perp = 0$이므로 완전도체에 에너지가 전달되지 않는다.

예제 11.11 수직 평면파가 입사각도 60^0로 자유공간에서 무손실 유전체($\epsilon = 2\epsilon_0$, $\mu = \mu_0$)로 입사된다. 투과각, 반사계수, 그리고 투과계수를 구하여라.

풀이 ① 투과각 $\theta_t = \sin^{-1}\left(\frac{k_1\sin\theta_i}{k_2}\right) = \sin^{-1}\left(\frac{n_1\sin\theta_i}{n_2}\right) = \sin^{-1}\left(\frac{\sin60^o}{\sqrt{2}}\right) = 37.8°$

② 두 매질의 진성 임피던스 $\eta_1 = \sqrt{\frac{\mu_0}{\epsilon_0}} = 377[\Omega]$, $\eta_2 = \sqrt{\frac{\mu_0}{2\epsilon_0}} = 266.6[\Omega]$

③ $\Gamma_\perp = \frac{\eta_2\cos\theta_i - \eta_1\cos\theta_t}{\eta_2\cos\theta_i + \eta_1\cos\theta_t} = \frac{266.6\cos(60°) - 377\cos(37.8°)}{266.6\cos(60°) + 377\cos(37.8°)} = -0.38$

④ $T_\perp = \frac{2\eta_2\cos\theta_i}{\eta_2\cos\theta_i + \eta_1\cos\theta_t} = \frac{2\times266.6\cos(60°)}{266.6\cos(60°) + 377\cos(37.8°)} = 0.62$ ■

(2) 평행편파

그림 11.27(b)와 같이 입사전장이 입사면에 있고(평행하게 편파), 균일 평면파가 경계평면으로 경사각을 갖고 입사하면 매질-1에서 입사전장과 자장의 위상자 표현식은

$$\boldsymbol{E_i}(x,z) = E_{i0}(\hat{a_x}\cos\theta_i - \hat{a_z}\sin\theta_i)e^{-jk_1(x\sin\theta_i + z\cos\theta_i)} \tag{11-111}$$

$$\boldsymbol{H_i}(x,z) = \frac{1}{\eta_1}\hat{a_k}\times\boldsymbol{E} = \frac{E_{i0}}{\eta_1}\hat{a_y}e^{-jk_1(x\sin\theta_i + z\cos\theta_i)} \tag{11-112}$$

이고, 매질-1에서 반사파와 매질-2에서 투과파의 위상자 표현식은 다음과 같다.

$$\boldsymbol{E_r}(x,z) = \Gamma_\parallel E_{i0}(\hat{a_x}\cos\theta_r + \hat{a_z}\sin\theta_r)e^{-jk_1(x\sin\theta_r - z\cos\theta_r)} \tag{11-113}$$

$$\boldsymbol{H_r}(x,z) = -\Gamma_{\parallel}\frac{E_{i0}}{\eta_1}\widehat{a_y}e^{-jk_1(x\sin\theta_r - z\cos\theta_r)} \tag{11–114}$$

$$\boldsymbol{E_t}(x,z) = T_{\parallel}E_{i0}\left(\cos\theta_t\widehat{a_x} - \sin\theta_t\widehat{a_z}\right)e^{-jk_2(x\sin\theta_t + z\cos\theta_t)} \tag{11–115}$$

$$\boldsymbol{H_t}(x,z) = T_{\parallel}\frac{E_{i0}}{\eta_2}\widehat{a_y}e^{-jk_2(x\sin\theta_t + z\cos\theta_t)} \tag{11–116}$$

여기서 $\Gamma_{\parallel}$ 는 평행편파의 반사계수, $T_{\parallel}$ 는 평행편파의 투과계수를 나타낸다.

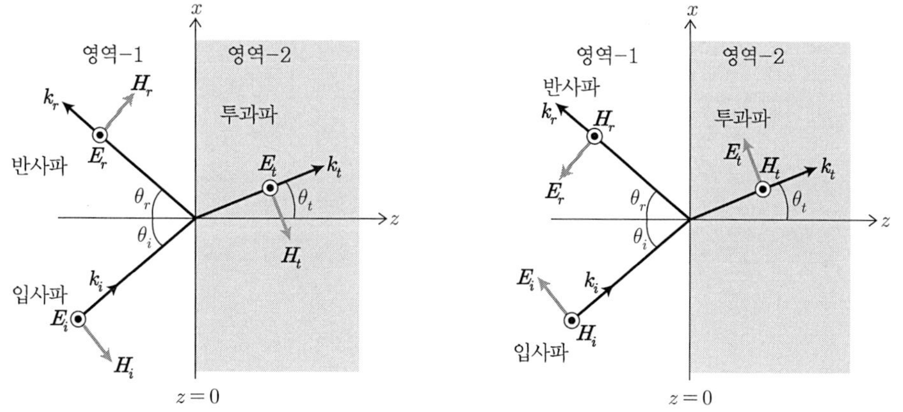

(a) (b)

그림 11.27 편파 종류 (a) 수직편파 (b) 평행편파

매질-1에서 전체 장은 입사파와 반사파의 합이고, $z=0$에서 전체 전장과 자장의 합의 접선성분 경계조건은

$$E_{i0}\cos\theta_i e^{-jk_1x\sin\theta_i} + \Gamma_{\parallel}E_{i0}\cos\theta_r e^{-jk_1x\sin\theta_r} = T_{\parallel}E_{i0}\cos\theta_t e^{-jk_2x\sin\theta_t} \tag{11–117}$$

$$\frac{E_{i0}}{\eta_1}e^{-jk_1x\sin\theta_i} - \Gamma_{\parallel}\frac{E_{i0}}{\eta_1}e^{-jk_1x\sin\theta_r} = T_{\parallel}\frac{E_{i0}}{\eta_2}c^{-jk_2x\sin\theta_t} \tag{11–118}$$

이고, 스넬법칙($\theta_r = \theta_i,\ k_1\sin\theta_i = k_1\sin\theta_r = k_2\sin\theta_t$)을 대입하면

$$1+\Gamma_{\parallel} = T_{\parallel}\frac{\cos\theta_t}{\cos\theta_i},\quad 1-\Gamma_{\parallel} = T_{\parallel}\frac{\eta_1}{\eta_2} \tag{11–119}$$

이다. $\Gamma_{\parallel}$ 과 $T_{\parallel}$ 을 정리하면

$$\Gamma_{\parallel} = \frac{E_{r0}}{E_{i0}} = \frac{\eta_2\cos\theta_t - \eta_1\cos\theta_i}{\eta_2\cos\theta_t + \eta_1\cos\theta_i} \tag{11–120}$$

$$T_{\parallel} = \frac{E_{t0}}{E_{i0}} = \frac{2\eta_2\cos\theta_i}{\eta_2\cos\theta_t + \eta_1\cos\theta_i} \tag{11–121}$$

이고, 표현식은 직각편파의 경우와 비슷하다. 만약 $\theta_i = 0$이면 $\theta_r = \theta_t = 0$이 되어 $1+\Gamma_{\parallel} = T_{\parallel}$ 이므로 직각편파와 같다. 그리고 매질-2가 완전도체이면 $\eta_2 = 0$이 되어 $\Gamma_{\parallel} = -1,\ T_{\parallel} = 0$이므로 완전도체에 에너지가 전달되지 않는다.

(3) 브루스터각

그림 11.28은 자유공간에서 유전율이 $2.25\epsilon_0$, 투자율이 μ_0인 비자성체 매질로 파를 입사시킬 때 입사각 θ_i에 따른 $\Gamma_\perp$과 $\Gamma_\parallel$의 값을 나타내었다.

① $\theta_i = 0$일 때 $\Gamma_\perp = \Gamma_\parallel$

② $\theta_i = 90^o$로 가까워지면 $\Gamma_\perp$는 -1로 $\Gamma_\parallel$는 1로 접근한다.

③ $\Gamma_\perp$는 결코 "0"이 되지 않는다. $\Gamma_\parallel$은 한 입사각에서 "0"이 되고, 이 경우 $\theta_i = 56.3°$이다. $\Gamma_\parallel = 0$인 입사각을 브루스터각(Brewster angle), θ_B 혹은 편광각(polarizing angle)이라 한다. 이 각도에서 반사파는 입사면에 수직한 전장을 가진 선형편파이기 때문이다.

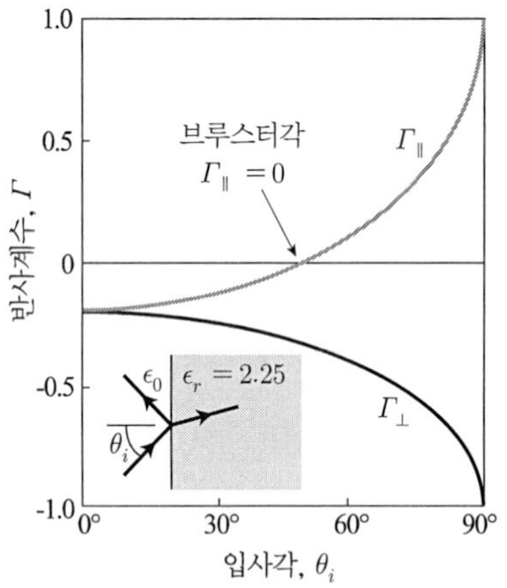

그림 11.28 공기-유리로 입사한 수직편파와 수평편파의 반사계수

브루스터각을 구하기 위해 $\Gamma_\parallel = 0$로 하면

$$\Gamma_\parallel = \frac{\eta_2\cos\theta_t - \eta_1\cos\theta_i}{\eta_2\cos\theta_t + \eta_1\cos\theta_i} = 0,\ \eta_2\cos\theta_t - \eta_1\cos\theta_i = 0,\ \eta_2\cos\theta_t = \eta_1\cos\theta_i \quad (11\text{-}122)$$

이고 비자성체($\mu_1 = \mu_2 = \mu_0$)인 경우

$$\eta_2\cos\theta_t = \eta_1\cos\theta_i,\ \frac{1}{\sqrt{\epsilon_2}}\cos\theta_t = \frac{1}{\sqrt{\epsilon_1}}\cos\theta_i \quad (11\text{-}123)$$

$$\epsilon_1(1-\sin^2\theta_t) = \epsilon_2(1-\sin^2\theta_i)$$

이다. 스넬법칙 $\sin^2\theta_t = (\epsilon_1/\epsilon_2)\sin^2\theta_i$를 대입하면

$$\sin\theta_i = \sqrt{\frac{1-\epsilon_1/\epsilon_2}{1-(\epsilon_1/\epsilon_2)^2}} = \frac{1}{\sqrt{1+(\epsilon_1/\epsilon_2)}} \quad (11\text{-}124)$$

이고, $\Gamma_\parallel = 0$인 $\theta_i = \theta_B$는 다음과 같다.

$$\theta_B = \sin^{-1}\left[\frac{1}{\sqrt{1+(\epsilon_1/\epsilon_2)}}\right] = \tan^{-1}\left(\sqrt{\frac{\epsilon_2}{\epsilon_1}}\right) \tag{11-125}$$

예제 11.12 자유공간과 물($\epsilon_r = 81$)이 접해 있을 때 자유공간에서 물로 들어갈 때와 물에서 자유공간으로 들어갈 때의 브루스터각을 구하여라.

풀이 자유공간에서 물로 들어갈 때 $\theta_B = \tan^{-1}(\sqrt{\epsilon_2/\epsilon_1}) = \tan^{-1}(\sqrt{81/1}) = 83.7°$

물에서 자유공간으로 들어갈 때 $\theta_B = \tan^{-1}(\sqrt{\epsilon_2/\epsilon_1}) = \tan^{-1}(\sqrt{1/81}) = 6.34°$ ■

11.8 평면파 요약

표 11.1은 평면파가 전파되는 매질에 대한 물질 변수를 나타내고 표 11.2와 표 11.3은 평면파 해석에 중요한 변수의 일반식과 무손실 매질, 손실 매질, 그리고 양도체에서 평면파의 특성변수를 요약하였다.

그림 11.29와 같이 평면파에서 전장 $\boldsymbol{E}$, 자장 $\boldsymbol{H}$, 전파방향의 단위벡터를 각각 $\hat{a}_E$, $\hat{a}_H$, $\hat{a}_k$이라 하면 $\hat{a}_k \times \hat{a}_E = \hat{a}_H$, $\hat{a}_k \times \hat{a}_H = -\hat{a}_E$, $\hat{a}_E \times \hat{a}_H = \hat{a}_k$이다.

자유공간과 유전매질에서 평면파의 특징은 다음과 같다. ① 전장, 자장 그리고 전파방향이 서로 직교하고 ② 전파방향에 전장과 자장의 성분이 없는 파를 TEM(Transverse Magnetic Wave)라 부르며 ③ 전파방향에 직교하는 횡단면에 전장성분과 자장성분의 크기 같은 파는 균일 평면파이고 ④ 전장의 방향은 TEM파의 편파를 정의한다.

표 11.4는 수직 입사와 경사 입사인 경우 반사계수, 투과계수, 그리고 반사율을 정리하였다.

표 11.1 전파매질

매질	전도도	유전율	투자율	비고
자유공간	$\sigma = 0$	$\epsilon = \epsilon_0$	$\mu = \mu_0$	–
무손실 유전체	$\sigma = 0$	$\epsilon = \epsilon_r\epsilon_0$	$\mu = \mu_r\mu_0$	$\sigma \ll w\epsilon$
손실 유전체	$\sigma \neq 0$	$\epsilon = \epsilon_r\epsilon_0$	$\mu = \mu_r\mu_0$	–
양도체	$\sigma = \infty$	$\epsilon = \epsilon_0$	$\mu = \mu_r\mu_0$	$\sigma \gg w\epsilon$

표 11.2 특성상수 일반식

복소 전파상수	$\gamma = \sqrt{jw\mu(\sigma + jw\epsilon)} = \sqrt{-w^2\mu\epsilon(1+\frac{\sigma}{jw\epsilon})} = jw\sqrt{\mu\epsilon}\sqrt{1+\frac{\sigma}{jw\epsilon}}$ [1/m]
위상상수	$\beta = \omega\sqrt{\frac{\mu\epsilon}{2}}\left[\sqrt{1+\left(\frac{\sigma}{\omega\epsilon}\right)^2}+1\right]^{1/2}$ [rad/m]
감쇠상수	$\alpha = \omega\sqrt{\frac{\mu\epsilon}{2}}\left[\sqrt{1+\left(\frac{\sigma}{\omega\epsilon}\right)^2}-1\right]^{1/2}$ [Np/m]
파동 임피던스	$\eta = \frac{E_n(z)}{H_n(z)} = \frac{jw\mu}{\gamma} = \frac{jw\mu}{\sqrt{jw\mu(\sigma+jw\epsilon)}} = \sqrt{\frac{jw\mu}{\sigma+jw\epsilon}}$ [Ω]

표 11.3 매질에 따른 특성상수

변수 \ 종류	무손실 ($\epsilon'' = \sigma = 0$)	자유공간	손실 매질	양도체 $\epsilon'' \gg \epsilon$ 혹은 $\sigma \gg w\epsilon'$
복소 전파 상수	$\gamma = jw\sqrt{\mu\epsilon}$	$\gamma = jw\sqrt{\mu_0\epsilon_0}$	$\gamma = \sqrt{jw\mu(\sigma + jw\epsilon)}$ $= jw\sqrt{\mu\epsilon'}\sqrt{1 - j\sigma/w\epsilon'}$	$\gamma = (1+j)\sqrt{\pi f\mu\sigma}$
위상상수	$\beta = k = w\sqrt{\mu\epsilon}$	$\beta = w\sqrt{\mu_0\epsilon_0}$	$\beta = \mathrm{Im}(\gamma)$	$\beta = \mathrm{Im}(\gamma) = \sqrt{\pi f\mu\sigma}$
감쇠상수	$\alpha = 0$	$\alpha = 0$	$\alpha = \Re e(\gamma)$	$\alpha = \Re e(\gamma) = \sqrt{\pi f\mu\sigma}$
파동 임피던스	$\eta = \sqrt{\mu/\epsilon} = w\mu/k$	$\eta_0 = \sqrt{\mu_0/\epsilon_0}$	$\eta = jw\mu/\gamma$	$\eta = (1+j)\sqrt{w\mu/2\sigma}$
표피 두께	$\delta = \infty$	$\theta = 0$	$\delta = 1/\alpha$	$\delta = \sqrt{2/w\mu\sigma}$
파장	$\lambda = 2\pi/\beta$			
위상속도/군속도	$v_p = w/\beta,\ v_g = dw/d\beta$			

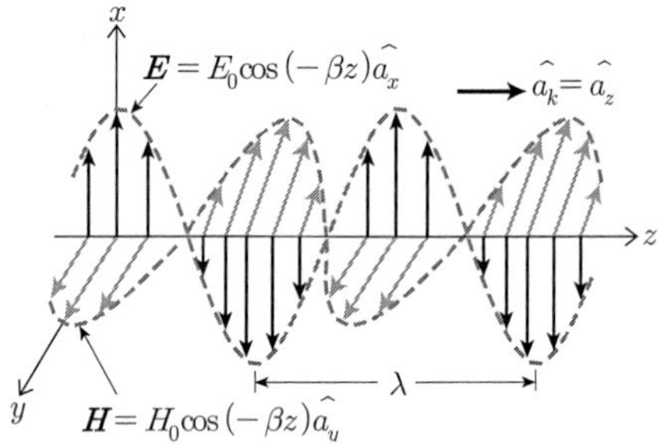

그림 11.29 평면파

표 11.4 반사계수, 투과계수 그리고 반사율

변수 \ 종류	수직 입사	경사 입사	
		수직편파	평행편파
반사계수	$\Gamma = \dfrac{\eta_2 - \eta_1}{\eta_2 + \eta_1}$	$\Gamma_\perp = \dfrac{\eta_2\cos\theta_i - \eta_1\cos\theta_t}{\eta_2\cos\theta_i + \eta_1\cos\theta_t}$	$\Gamma_\parallel = \dfrac{\eta_2\cos\theta_t - \eta_1\cos\theta_i}{\eta_2\cos\theta_t + \eta_1\cos\theta_i}$
투과계수	$T = \dfrac{2\eta_2}{\eta_2 + \eta_1}$	$T_\perp = \dfrac{2\eta_2\cos\theta_i}{\eta_2\cos\theta_i + \eta_1\cos\theta_t}$	$T_\parallel = \dfrac{2\eta_2\cos\theta_i}{\eta_2\cos\theta_t + \eta_1\cos\theta_i}$
Γ와 T의 관계	$T = 1 + \Gamma$	$T_\perp = 1 + \Gamma_\perp$	$T_\parallel = (1 + \Gamma_\parallel)\dfrac{\cos\theta_i}{\cos\theta_t}$
반사율	$R = \vert\Gamma\vert^2$	$R_\perp = \vert\Gamma_\perp\vert^2$	$R_\parallel = \vert\Gamma_\parallel\vert^2$

스넬법칙: $\sin\theta_t = \dfrac{n_1}{n_2}\sin\theta_i$, 여기서 $n_2 = \sqrt{\mu_{r2}\epsilon_{r2}}$

| 연 | 습 | 문 | 제 |

11.1 60Hz 주파수에서 구리($\sigma = 5.8 \times 10^7$[S/m]) 도체의 표피깊이, 파장, 위상속도를 구하여라.

11.2 균일 평면파의 위상속도 $v_p = \frac{\omega}{k} = \frac{1}{\sqrt{\mu\epsilon}}$ 이고, 파장은 $\lambda = \frac{2\pi}{k} = \frac{2\pi v_p}{\omega} = \frac{v_p}{f}$ 임을 나타내어라.

11.3 손실이 있는 매질에서 $+z$ 방향으로 진행하는 평면파, $\Re e\{e^{-\alpha z}e^{-j\beta z}e^{j\omega t}\} = e^{-\alpha z}\cos(\omega t - \beta z)$에서 감쇠지수의 물리적 의미를 설명하여라.

11.4 자장이 $\boldsymbol{H}(y) = (-\hat{a_x} + j\hat{a_z})3 \times 10^{-4}e^{-j0.5\pi y}$[A/m]인 방송신호가 있다.

(a) 주파수와 파장 (b) 전장을 구하여라.

11.5 2.45GHz 평면파가 $\epsilon_r = 12$, $\sigma = 20m$S/m인 물질에서 $z-$방향으로 전송되고 있다. 전장은 x-축에 평행한 방향으로 진행하고, 크기는 $z = 0$에서 10V/m이다. 다음을 구하여라.

(a) 손실 탄젠트, $\tan\delta = \sigma/w\epsilon$
(b) 전파상수 $\gamma = \sqrt{jw\mu(\sigma + jw\varepsilon)}$
(c) 표피 두께 $\delta = 1/\alpha$
(d) 고유 임피던스 $\eta = \sqrt{jw\mu/(\sigma + jw\epsilon)}$
(e) 전기장을 벡터 위상자로 표현
(f) 자기장을 벡터 위상자로 표현
(g) 전기장과 자기장 벡터를 시간의 함수로 표현
(h) $z = 3$m에서 전기장의 크기
(i) $z = 3$m에서 전력밀도

11.6 균일 평면파가 $\epsilon_r = 2$, $\mu_r = 3$인 물질로 전파하고 있다.
자장은 $\boldsymbol{H}(z,t) = \hat{a_x}0.5\cos(4\pi \times 10^9 t - 12.45z)$ [A/m]일 때 (a) 주파수 (b) 파수 (c) 전파방향 (d) 시간 영역전장 $\boldsymbol{E}(z,t)$을 구하여라.

11.7 평면파에서 전장은 $E_x = 0$, $E_y = 0$, $E_z = E_0\sin[\beta(x - ct)]$이다.
여기서 $E_0 = 2.1 \times 10^{-4}$[V/m], $\beta = 9.5 \times 10^6$[m^{-1}]이고 x 방향으로 전파된다.

(a) 파의 자장성분을 구하라. (b) 파의 파장을 구하여라.

11.8 어떤 평면파의 최대 전장세기가 320[V/m]이면 최대 자장의 세기를 구하여라.

11.9 균일 평면파가 $y < 0$ 영역에서 입사된다. 입사 전장 $\boldsymbol{E_i} = \hat{a_z}3e^{-j\beta_1 y}$ [V/m], 투과 전장 $\boldsymbol{E_t} = \hat{a_z}2e^{-j\beta_2 y}$ [V/m]일 때

(a) 각 영역 전체 자장 (b) 반사계수 (c) 투과계수 (d) 정재파비를 구하여라.

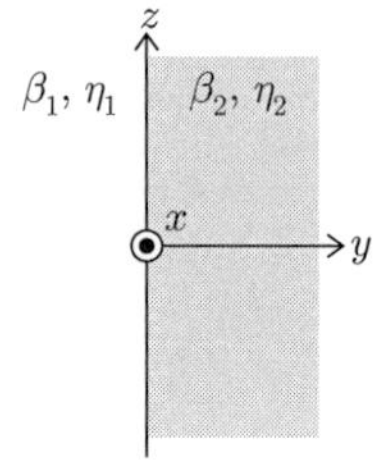

11.10 비자성($\mu=\mu_0$) 무손실 매질 속에서 $\boldsymbol{E}=\hat{a}_z 2\sin(2\pi\times10^{7t}-0.4x)[\mathrm{V/m}]$라 할 때 (1) 매질의 비유전율 ϵ_r과 특성 임피던스 η를 구하여라. (2) 전자기파에 의해 전달되는 단위면적당 평균전력과 전달방향을 구하여라. (3) 평면 $2x+y=5$ 위에서 면적 $50\mathrm{cm}^2$을 갖는 면을 통과하는 전자기파의 총 평균전력을 구하여라(2010년 변리사 2차 문제).

11.11 균일 평면파가 수면 아래로 전파될 때 전장의 위상자는 $\boldsymbol{E}=\hat{a}_x 2e^{-(0.2+j0.2)z}[\mathrm{V/m}]$이다. $z=0$가 수면이고 $\hat{a}_z$가 수중 방향이며 전도도가 $\sigma=4[\mathrm{S/m}]$일 때 아래 물음에 답하여라.

(a) 평균 전력밀도 (b) 감쇄율[dB] (c) 전력밀도가 40dB로 감소되는 깊이

11.12 전자파가 $z=0$와 $z=d$에 있는 도체판 사이에 전파된다. 전장은 $\boldsymbol{E}=\hat{a}_y E_0\sin(\pi z/d)\cos(wt-k_x x)$이고 k_x는 상수일 때 다음을 구하여라.

(a) 자장 $\boldsymbol{H}$ (b) 두 도체판의 표면전류, J_s

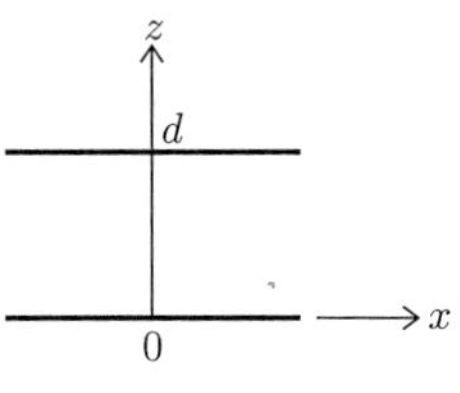

11.13 진성 임피던스 $\eta=100\Omega$인 매질에 평면파가 전송되는 자장의 위상자는 $\boldsymbol{H}=\left(5\hat{a}_y+10\hat{a}_z\right)e^{-j4x}[m\mathrm{A/m}]$이다. 관련된 전장 위상자를 구하여라.

11.14 공기 중에서 $+y$ 방향으로 전파하는 균일 평면파의 자장의 세기는 $\boldsymbol{H}=\hat{a}_z 10^{-5}\cos(10^7\pi t-k_0 y+\pi/4)[\mathrm{A/m}]$이다. 물음에 답하여라.

(a) 파수 k_0, 진성 파 임피던스 η_0 (b) 시간함수의 전장

11.15 진성 임피던스가 200Ω인 무손실 매질에 평면파가 전달되고 전장의 위상자는 $\boldsymbol{E}(y)=\hat{a}_z 10^{-2}e^{-j4\pi y}[\mathrm{V/m}]$이다. 다음을 구하여라.

(a) 위상자 형태의 자장 (b) 비자성체에서 전장, $\boldsymbol{E}(y,t)$

11.16 그림과 같이 자유공간에서 유리($\epsilon_r = 4,\ \mu_r = 1$)로 된 반공간으로 균일 평면파가 입사하였다. 입사 전장은 $\boldsymbol{E_i} = \widehat{a_x} e^{-j\beta_1 z}$ [V/m] 이고 주파수 $f = 100M\text{Hz}$ 일 때 물음에 답하여라.

(a) 시간차원으로 입사 $\boldsymbol{E}, \boldsymbol{H}$ (b) 시간차원으로 반사 $\boldsymbol{E}, \boldsymbol{H}$

(c) 시간차원으로 투과 $\boldsymbol{E}, \boldsymbol{H}$ (d) 10mm^2 유리 표면에 전달되는 시평균 전력

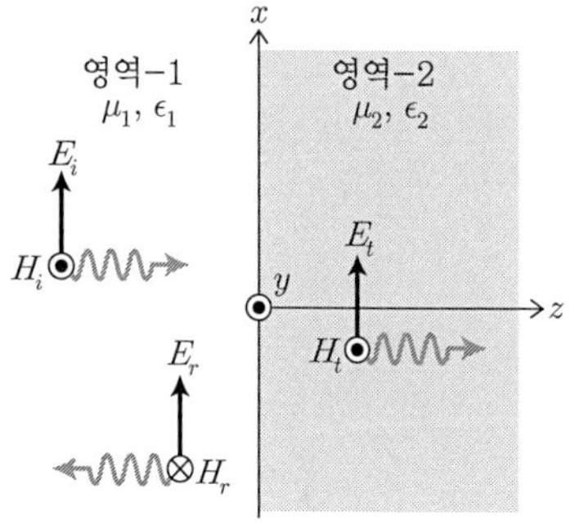

11.17 자유공간에서 비자성 매질($\epsilon_r = 4$)로 평면파가 $\theta_i = 60°$로 입사했을 때 수직편파와 평행편파에서 반사계수, 투과계수, 그리고 브루스터각을 구하여라.

11.18 수직 평면파가 입사각도 $30°$로 자유공간에서 무손실 유전체($\epsilon = 4\epsilon_0,\ \mu = \mu_0$)로 입사된다. 투과각, 반사계수 그리고 투과계수를 구하여라.

Chapter 12

전파의 편파와 안테나

Contents

489 전파편파와 안테나의 개요

491 선형편파

493 원형편파

495 타원편파

497 타원 및 원형편파의 방향성

499 편파의 요약

500 편파의 응용

502 안테나에서 전자파의 방사 원천장

504 헤르츠 전기 쌍극자안테나

514 교류전력선

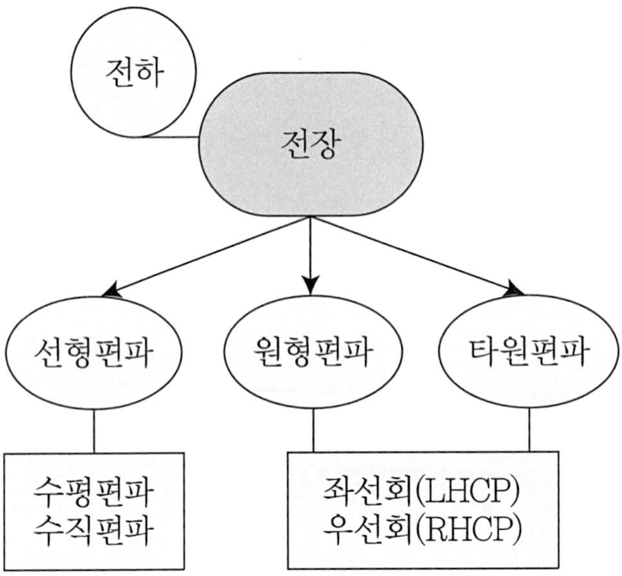
전하
전장
선형편파
원형편파
타원편파
수평편파
수직편파
좌선회(LHCP)
우선회(RHCP)

12.1 전파편파와 안테나의 개요

편파란 파가 전송되는 방향에 수직한 고정된 공간에서 전장벡터의 끝이 시간에 따른 전장의 방향과 모양의 변화 유형이다. 편파의 종류에는 타원편파(좌선회 편파, 우선회 편파), 선형편파(수직편파, 수평편파) 그리고 원형편파(좌선회 편파, 우선회 편파) 등이 있다. 광파처럼 편파되지 않는 파는 불규칙편파라 한다. 원형편파는 진행 방향 정면에서 보았을 때 전장이 원형으로 회전하는 모양이고, 타원편파는 진행 방향 정면에서 보았을 때 전장이 타원형으로 회전하는 모양이다. 타원편파는 일반적인 편파 형태이고, 직선편파와 원형편파는 특별한 경우이다.

전장방향의 특성은 파의 편파특성으로 설명한다.

그림 12.1과 같이 수직편파는 진행 방향 정면에서 보았을 때 전장이 지면에 수직모양이고, 수평편파는 진행 방향 정면에서 보았을 때 전장이 지면에 수평모양이다. 고리안테나가 수직으로 향하면 방사는 수직편파가 되고 수평이면 수평편파가 된다(그림 12.2).

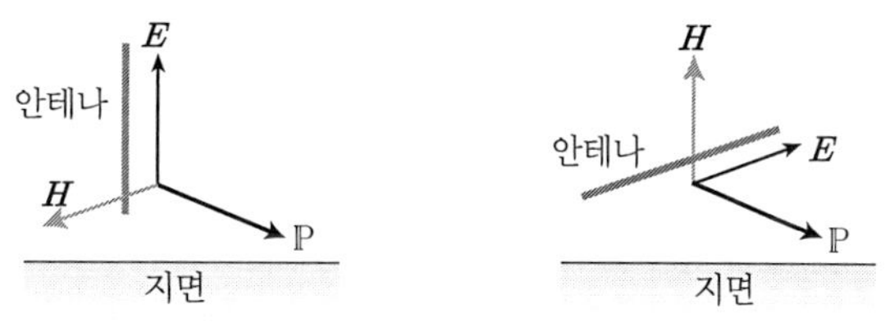

(a) (b)

그림 12.1 편파의 종류 (a) 수직편파 (b) 수평편파

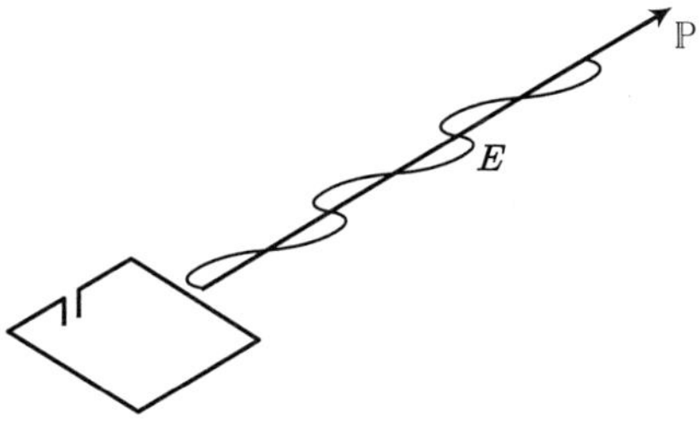

그림 12.2 수평편파된 무선신호를 방사하는 작은 수평고리

균일 평면파의 전장 $\boldsymbol{E}$의 방향을 x-축으로 향하는 선형편파이지만, 전장 $\boldsymbol{E}$의 방향이 xy-평면에서 임의의 방향을 향하도록 하면서 직선편파가 된다. 양의 z-축 방향을 향해 전파되는 전장에서 x-축과 y-축 두 개의 성분을 수학적으로 나타내면

$$\boldsymbol{E}(z,t) = \Re e\left[\left(E_{x0}e^{j\phi_x}\widehat{a_x} + E_{y0}e^{j\phi_y}\widehat{a_y}\right)e^{jwt}e^{-j\beta z}\right] \tag{12-1}$$

이고, 고정점 $z=0$에서 전장은

$$\boldsymbol{E}(0,t)=\Re e\left[\left(E_{x0}e^{j\phi_x}\hat{a}_x+E_{y0}e^{j\phi_y}\hat{a}_y\right)e^{jwt}\right] \tag{12-2}$$
$$=\hat{a}_xE_{x0}\cos(wt+\phi_x)+\hat{a}_yE_{y0}\cos(wt+\phi_y)=\hat{a}_xE_x(0,t)+\hat{a}_yE_y(0,t)$$

이다. 각 주파수 w에 따라 xy-평면에서 회전하고 전장의 끝 자취는 일반적으로 타원이다. 이것을 나타내기 위해 삼각항등식을 이용하여 식 (12-2)를 전개하면

$$E_x(0,t)=E_{x0}\left[\cos wt\cos\phi_x-\sin wt\sin\phi_x\right] \tag{12-3}$$
$$E_y(0,t)=E_{y0}\left[\cos wt\cos\phi_y-\sin wt\sin\phi_y\right] \tag{12-4}$$

이다. 식 (12-3)× $\sin\phi_y$과 식 (12-2)× $\sin\phi_x$의 차를 이용하고, 식 (12-3)× $\cos\phi_y$과 식 (12-2)× $\cos\phi_x$의 차를 이용하여 $\sin wt$와 $\cos wt$를 $E_x(0,t)$와 $E_y(0,t)$의 항으로 풀면

$$\cos wt\sin\delta=\frac{E_y(0,t)}{E_{y0}}\sin\phi_x-\frac{E_x(0,t)}{E_{x0}}\sin\phi_y \tag{12-5}$$
$$\sin wt\sin\delta=\frac{E_y(0,t)}{E_{y0}}\cos\phi_x-\frac{E_x(0,t)}{E_{x0}}\cos\phi_y \tag{12-6}$$

이고, 여기서 위상차 $\delta=\phi_x-\phi_y$이다. 두 항을 제곱해서 합하고 $\sin^2wt+\cos^2wt=1$을 이용하면

$$\left[\frac{E_y(0,t)}{E_{y0}}\sin\phi_x-\frac{E_x(0,t)}{E_{x0}}\sin\phi_y\right]^2+\left[\frac{E_y(0,t)}{E_{y0}}\cos\phi_x-\frac{E_x(0,t)}{E_{x0}}\cos\phi_y\right]^2 \tag{12-7}$$
$$=\sin^2\delta$$

E_x와 E_y의 2차 방정식이 되고 전개하면

$$\frac{E_x^2(0,t)}{E_{x0}^2}+\frac{E_y^2(0,t)}{E_{y0}^2}-2\cos\delta\frac{E_x(0,t)E_y(0,t)}{E_{x0}E_{y0}}=\sin^2\delta \tag{12-8}$$

이고, E_x-E_y 평면에 타원편파를 나타낸다. 두 축에서 위상차(δ)와 진폭(E_{x0}, E_{y0})에 따라 타원편파는 그림 12.3과 같이 직선, 원 그리고 타원의 여러 모양이 된다.

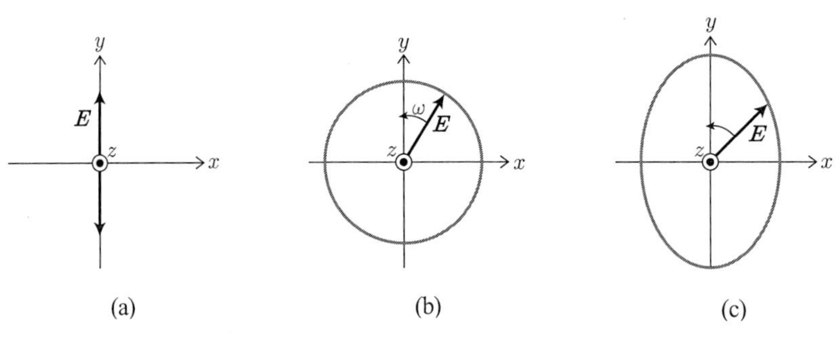

그림 12.3 고정된 위치에서 시간의 함수로 전장의 자취 (a) 선형편파 (b) 원형편파 (c) 타원편파

중심이 $(0,0)$, 초점이 $(-c,0)$과 $(c,0)$인 타원 $\frac{x^2}{a^2}+\frac{y^2}{b^2}=1$, 두 초점에서 거리 $2a>0$, $b^2=a^2-c^2$

태양과 전구에서 방출하는 빛은 편파 되지 않았다(unpolarized 혹은 polarized randomly).

12.2 선형편파

선형편파(Linearly Polarization : LP)는 위상차 $\delta=0$(동상) 혹은 $\pm\pi$(역상)이고(예로 $\phi_x=\phi_y=0$ 혹은 $\phi_x=0$, $\phi_y=-\pi$), x-방향과 y-방향의 전장 크기에 따라 여러 선형편파로 나눈다. 식 (12-8)은 단순하게

$$\left(\frac{E_x(0,t)}{E_{x0}}\mp\frac{E_y(0,t)}{E_{y0}}\right)^2=0 \tag{12-9}$$

이 되어 직선 $E_y(0,t)=\pm\frac{E_{y0}}{E_{x0}}E_x(0,t)$로 나타낸다. 선형편파를 위상자로 나타낸 $z=0$에서 전파는

$$\boldsymbol{E}(0,t)=\hat{a_x}E_{x0}\cos wt+\hat{a_y}E_{y0}\cos wt=\left[\hat{a_x}E_{x0}+\hat{a_y}E_{y0}\right]\cos wt\ \ (\text{동상},\ \delta=0) \tag{12-10}$$

$$\boldsymbol{E}(0,t)=\hat{a_x}E_{x0}\cos wt-\hat{a_y}E_{y0}\cos wt=\left[\hat{a_x}E_{x0}-\hat{a_y}E_{y0}\right]\cos wt\ \ (\text{역상},\ \delta=\pm\pi) \tag{12-11}$$

이고, 여기서 기울림각 $\psi=\tan^{-1}\left(\pm\frac{E_{y0}}{E_{x0}}\right)$이며 크기는 $|\boldsymbol{E}(0,t)|=\sqrt{E_{x0}^2+E_{y0}^2}$ 이다. 기울림각은 z와 t에 무관하고, $\boldsymbol{E}(z,t)$는 x-축과 ψ 위상을 가지면서 선을 따라 방향을 유지한다. $t=0$에서 동상인 경우 두 선형편파는 최댓값 $\boldsymbol{E}(0,0)=\hat{a_x}E_{x0}+\hat{a_y}E_{y0}$이고, 한 주기가 T인 경우 $\boldsymbol{E}(0,T/4)=0$을 가진다.

① $E_{x0}\neq 0, E_{y0}=0$ 인 경우 x-방향으로 움직이는 선형편파이다(그림 12.4).

② $E_{x0}=0, E_{y0}\neq 0$ 인 경우 y-방향으로 움직이는 선형편파이다.

③ $E_{x0}\neq 0, E_{y0}\neq 0$ 인 경우 x-축에 대해 각도 ψ인 방향으로 움직이는 선형편파(그림 12.5)이며, 이 값은 실수이고 z, t에 관계없이 같다.

④ $E_{x0}=E_{y0}=E_0$ 인 경우 x-축에 대해 $45°$ 방향으로 움직이는 선형편파이다.

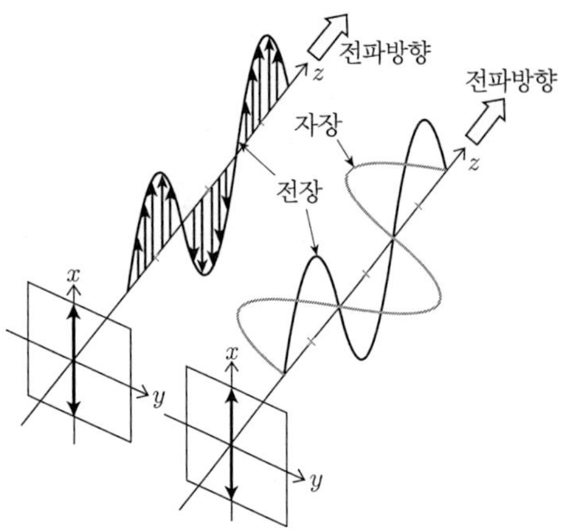

그림 12.4 x-방향으로 움직이는 선형편파

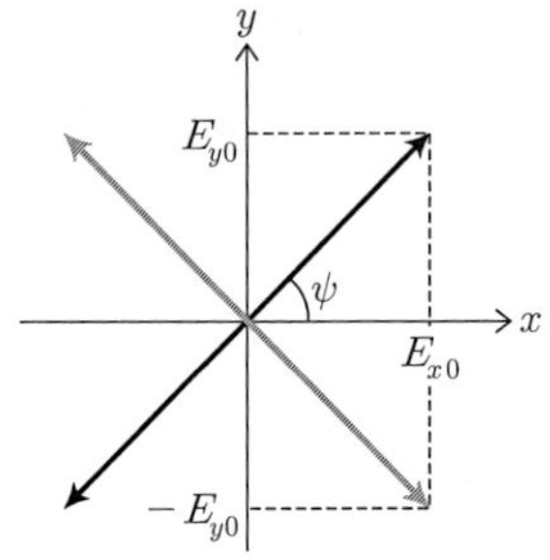

그림 12.5 $\psi > 0$과 $\psi < 0$인 선형편파

예제 12.1 E_{x1}, E_{y1}이 복소수이고, 전장이 $\boldsymbol{E}(z)=(\hat{a_x}E_{x1}+\hat{a_y}E_{y2})e^{-j\beta z}$이면 선형편파가 될 조건을 구하여라.

풀이 전장은 $\boldsymbol{E}(z)=(\hat{a_x}E_{x1}+\hat{a_y}E_{y2})e^{-j\beta z}=E_{x1}\left(\hat{a_x}+\hat{a_y}\dfrac{E_{y2}}{E_{x1}}\right)e^{-j\beta z}$
$=E_{x1}\left(\hat{a_x}+\hat{a_y}\gamma\right)e^{-j\beta z}$이고, 여기서 위상이 같은 복소수 $E_{x1}=|E_{x1}|e^{-j\phi_x}$, $E_{y1}=\gamma|E_{x1}|e^{-j\phi_x}$이면, $\dfrac{E_{y1}}{E_{x1}}=\gamma$이 실수이다. 위상자를 사용한 전장은
$\boldsymbol{E}(z,t)=|E_{x1}|\left[\hat{a_x}\cos(wt-\beta z+\phi_x)+\hat{a_y}\gamma\cos(wt-\beta z+\phi_x)\right]$
$=|E_{x1}|\left(\hat{a_x}+\hat{a_y}\gamma\right)\cos(wt-\beta z+\phi_x)$이고, 임의의 한 점 $z=0$에서 전장은 $\boldsymbol{E}(0,t)=|E_{x1}|\left(\hat{a_x}+\hat{a_y}\gamma\right)\cos(wt+\phi_x)$이다. 시간의 변화에 따라 벡터의 움직임은 항상 같은 방향으로 향한다.

x-축에서 이루는 각은 $\psi=\tan^{-1}\gamma=\tan^{-1}\left(\dfrac{E_{y1}}{E_{x1}}\right)$인 선형편파이다. E_{x1}, E_{y1}이 복소수라 하더라도 비는 반드시 실수여야 한다. ■

예제 12.2 $+z$방향으로 자유공간에서 평면파가 전파되고, 전장이 $\boldsymbol{E}(z)=\left(\hat{a_x}2+\hat{a_y}\right)e^{-jkz}$일 때 전장 $\boldsymbol{E}(0,t)$, 자장 $\boldsymbol{H}(0,t)$를 구하고 편파 종류를 설명하여라.

풀이 $\boldsymbol{E}(z,t)=\Re e\left[\boldsymbol{E}(z)e^{jwt}\right]=\hat{a_x}2\cos(wt-kz)+\hat{a_y}\cos(wt-kz)$,
위상차 $\delta=0$, $\boldsymbol{E}(0,t)=\hat{a_x}2\cos(wt)+\hat{a_y}\cos(wt)$,
$\boldsymbol{H}(0,t)=\dfrac{1}{\eta_0}[\hat{a_z}\times\boldsymbol{E}]=\dfrac{1}{\eta_0}[\hat{a_y}2\cos(wt)-\hat{a_x}\cos(wt)]$, 선형편파로서 x-축에서 이루는 각은 $\psi=\tan^{-1}\left(\dfrac{E_{y0}}{E_{x0}}\right)=\tan^{-1}\left(\dfrac{1}{2}\right)=26.57°$이다. ■

12.3 원형편파

원형편파(Circularly Polarization : CP)는 위상차가 $\delta=\pm\frac{\pi}{2}$ 이고, 크기가 같은 ($E_{x0}=E_{y0}=E_0$) 두 선형편파를 중첩하여 얻는다. 이 경우에 식 (12-8)은 원의 방정식이 된다.

$$\frac{E_x^2(0,t)}{E_0^2}+\frac{E_y^2(0,t)}{E_0^2}=1 \tag{12-12}$$

원형편파를 위상자로 나타낸 전장은

$$\boldsymbol{E}=E_0(\hat{a}_x\pm j\hat{a}_y)e^{-j\beta z}=E_0(\hat{a}_x+\hat{a}_y e^{\pm j\frac{\pi}{2}})e^{-j\beta z} \tag{12-13}$$

$$\begin{aligned}\boldsymbol{E}(z,t)&=E_0[\hat{a}_x\cos(\omega t-\beta z)+\hat{a}_y\cos(\omega t\pm\frac{\pi}{2}-\beta z)] \\ &=E_0[\hat{a}_x\cos(\omega t-\beta z)\mp\hat{a}_y\sin(\omega t-\beta z)]\end{aligned} \tag{12-14}$$

이고, 전파 진행 방향($+z$)에서 바라볼 때 전장벡터가 회전하는 방향에 따라 좌선회 원형편파/우선회 원형편파로 구분하고 j의 부호에 따라 결정된다.

(1) 위상차가 $\delta=-\frac{\pi}{2}$ ($\phi_x=0$, $\phi_y=\pi/2$)인 경우 임의 한 점 $z=0$에서 전장은

$$\boldsymbol{E}(0,t)=E_0[\hat{a}_x\cos(\omega t)-\hat{a}_y\sin(\omega t)]=\Re e[E_0(\hat{a}_x+j\hat{a}_y)e^{jwt}] \tag{12-15}$$

이고, 전장의 위상자는 $E_0(\hat{a}_x+j\hat{a}_y)$이다. 전장의 크기제곱은

$$|\boldsymbol{E}(0,t)|^2=[E_x(z=0,t)]^2+[E_y(z=0,t)]^2=E_0^2 \tag{12-16}$$

이므로, 전체 전장의 진폭은 일정하고 이는 원의 방정식이 된다. x-축에 대한 경사각은

$$\psi=\tan^{-1}\left[\frac{E_y(0,t)}{E_x(0,t)}\right]=\tan^{-1}\left[-\frac{\sin(wt)}{\cos(wt)}\right]=-wt \tag{12-17}$$

이고, 경사각은 선형으로 감소하며 이 전장벡터는 일정한 각속도를 가지고 시계방향으로 회전한다. 그림 12.6(a)와 같이 엄지를 진행 방향으로 하고 다른 손가락을 전장의 회전방향으로 할 때 왼쪽 손이 대응되면 좌선회 원형편파(LHCP)라 한다.

(2) 위상차가 $\delta=+\frac{\pi}{2}$ ($\phi_x=0$, $\phi_y=-\pi/2$)인 경우 임의 한 점 $z=0$에서 전장은

$$\boldsymbol{E}(0,t)=E_0[\hat{a}_x\cos(\omega t)+\hat{a}_y\sin(\omega t)]=\Re e[E_0(\hat{a}_x-j\hat{a}_y)e^{jwt}] \tag{12-18}$$

이고, 전장의 위상자는 $E_0(\hat{a}_x-j\hat{a}_y)$이다. 전장의 크기 제곱은

$$|\boldsymbol{E}(0,t)|^2=[E_x(z=0,t)]^2+[E_y(z=0,t)]^2=E_0^2 \tag{12-19}$$

이므로, 전체 전장의 진폭은 일정하고 이는 원의 방정식이 된다. x-축에 대한 경사각은

$$\psi = \tan^{-1}\left[\frac{E_y(0,t)}{E_x(0,t)}\right] = \tan^{-1}\left[\frac{\sin(wt)}{\cos(wt)}\right] = wt \tag{12-20}$$

이고, 경사각은 선형적으로 증가한다. 그림 12.6(b)와 같이 입사하는 전자파를 마주보면 전장은 오른쪽 손을 따라 움직이므로 우선회 원형편파(RHCP) 자취를 그리며 진행한다.

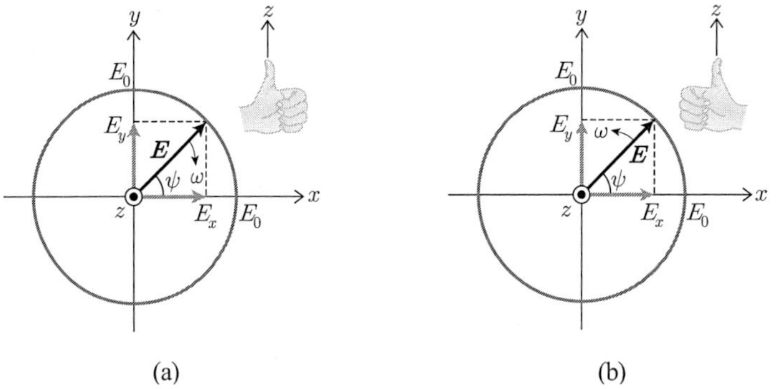

그림 12.6 원형편파 (a) 좌선회 (b) 우선회

입사파가 반시계방향으로 움직여서 우선회 편파이면 반사파인 경우 엄지손가락 방향이 반대가 되므로 좌선회 편파가 된다. 그림 12.7은 입사파와 반사파인 경우 좌선회 편파 및 우선회 편파의 네 가지 종류를 나타낸다. 원형편파의 평면파 전장은 위상자 형태로 나타내면 다음과 같이 요약된다.

$$\boldsymbol{E}(z) = E_0(\hat{a_x} - j\hat{a_y})e^{-jkz},\ \delta = \pi/2,\ (\text{우선회 입사파}) \tag{12-21}$$

$$\boldsymbol{E}(z) = E_0(\hat{a_x} + j\hat{a_y})e^{-jkz},\ \delta = -\pi/2,\ (\text{좌선회 입사파}) \tag{12-22}$$

$$\boldsymbol{E}(z) = E_0(\hat{a_x} - j\hat{a_y})e^{jkz},\ \delta = \pi/2,\ (\text{좌선회 반사파}) \tag{12-23}$$

$$\boldsymbol{E}(z) = E_0(\hat{a_x} + j\hat{a_y})e^{jkz},\ \delta = -\pi/2,\ (\text{우선회 반사파}) \tag{12-24}$$

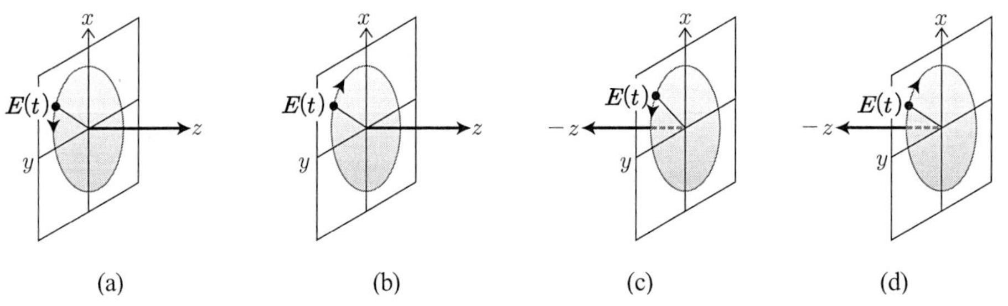

그림 12.7 회전 및 진행 방향 (a) 우선회 입사파 (b) 좌선회 입사파 (c) 좌선회 반사파 (d) 우선회 반사파

우선회 원형편파인 경우 위상차가 −부호, 전파가 화면으로 들어가는 경우 시계방향, 전파가 화면으로 나오는 경우 반시계방향으로 움직인다. 편파벡터를 두 성분(일례로 x-방향 성분과 y-축 방향 성분)으로 분해하였을 때 위상이 빠른 쪽에서 느린 쪽으로 회전한다. 그림 12.8은 두 방향 전장을 합친 자취가 우선회 원형편파임을 나타낸다.

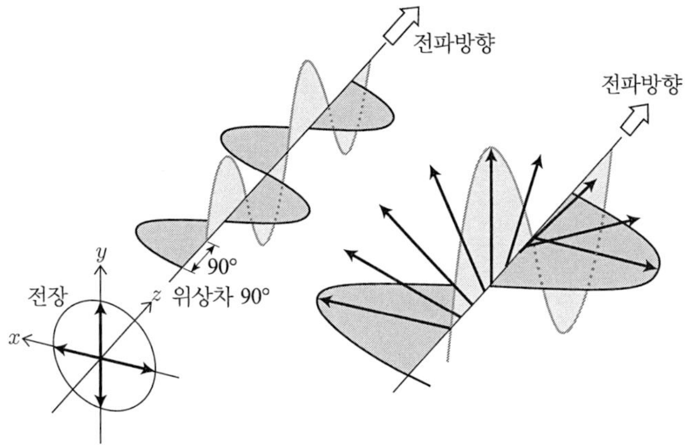

그림 12.8 z-축에서 볼 때 반시계방향으로 움직이는 우선회 원형편파

예제 12.3 우선회 원형편파, $\boldsymbol{E_i}(z) = \hat{a}_x E_0 e^{-j\beta z} - j\hat{a}_y E_0 e^{-j\beta z}$가 완전도체 표면에서 수직으로 입사했을 때 반사파를 구하고 좌선회가 됨을 설명하여라.

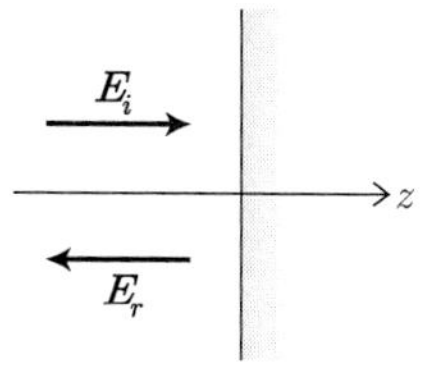

풀이 반사파를 $\boldsymbol{E_r}(z) = \hat{a}_x E_{rx} e^{j\beta z} + \hat{a}_y E_{ry} e^{j\beta z}$이라고 하면 경계면($z=0$)에서 접선성분은 "0"이 되여야 함으로

$\boldsymbol{E_i}(z) + \boldsymbol{E_r}(z) = \hat{a}_x (E_0 + E_{rx}) + \hat{a}_y (E_{ry} - jE_0) = 0$

이다. 각 방향성분이 "0"이 되어야 함으로 $E_{rx} = -E_0$, $E_{ry} = jE_0$이다. 그래서 반사파는 $\boldsymbol{E_r}(z) = -\hat{a}_x E_0 e^{j\beta z} + j\hat{a}_y E_0 e^{j\beta z}$이므로 좌선회이다. ■

12.4 타원편파

타원편파(Elliptically Polarization : EP)는 위상차 $\delta \neq 0$, $\delta \neq \pm\pi$이고, x-방향과 y-방향의 전장 크기는 서로 다른($E_{x0} \neq E_{y0}$) 가장 일반적인 경우이다. 타원편파를 위상자로 나타낸 전파는 다음과 같다.

$$\begin{aligned} \boldsymbol{E}(z,t) &= \Re e\left[\boldsymbol{E}(z)e^{jwt}\right] = \hat{a}_x E_{x0}\cos(wt - \beta z + \delta) + \hat{a}_y E_{y0}\cos(wt - \beta z) \\ &= \hat{a}_x E_x + \hat{a}_y E_y \end{aligned} \quad (12\text{–}25)$$

① $\delta < 0$인 경우 좌선회 타원편파(Left Hand Elliptically Polarization : LHEP)이다.

② $\delta > 0$인 경우 우선회 타원편파(Right Hand Elliptically Polarization : RHEP)이다. 그림 12.9는 우선회 타원편파의 자취를 나타내고 있다.

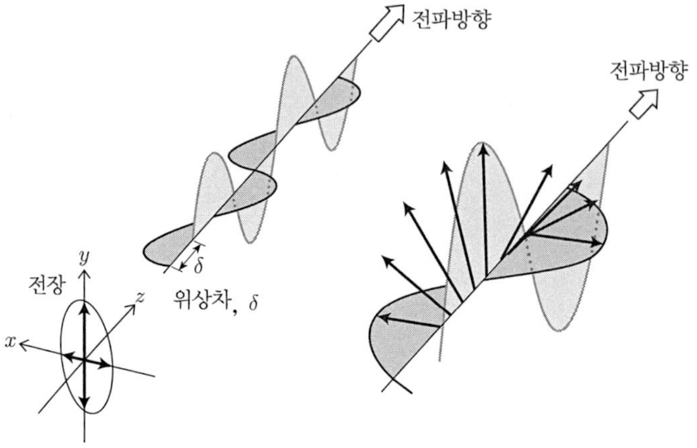

그림 12.9 z-축에서 볼 때 반시계방향으로 움직이는 우선회 타원편파

그림 12.10과 같이 타원의 장축과 단축이 좌표축인 x-축과 y-축에 겹칠 필요가 없고, 길이의 비인 축비(軸比)는 다음과 같이 정의한다.

$$\text{축비}\,(\text{Axial Ratio}) = \frac{\text{장축 길이}}{\text{단축 길이}} = \frac{a_\xi}{a_\eta} \tag{12-26}$$

여기서 장축은 ξ-방향이고, 단축은 η-방향이며, 장축과 단축의 길이는 각각 a_ξ, a_η이다. 축비 값은 $1 \le AR \le \infty$ 범위에 있고 축비가 무한대이면 선형편파이고 축비가 1이면 원형편파이다.

회전각(tilt angle) θ는 x-축과 장축사이 각도이며, 범위는 $-\pi/2 \le \theta \le \pi/2$이다. 타원각과 축비와의 관계는

$$\tan\chi = \pm\frac{\text{단축길이}}{\text{장축길이}} = \pm\frac{a_\eta}{a_\xi} = \pm\frac{1}{AR} \tag{12-27}$$

이고, +는 우선회를 −는 좌선회를 나타내며, $|\tan\chi| \leqq 1$이므로 타원각의 범위는 $-\pi/4 \leqq \chi \leqq \pi/4$이고, 축비가 크면 타원각은 작아진다.

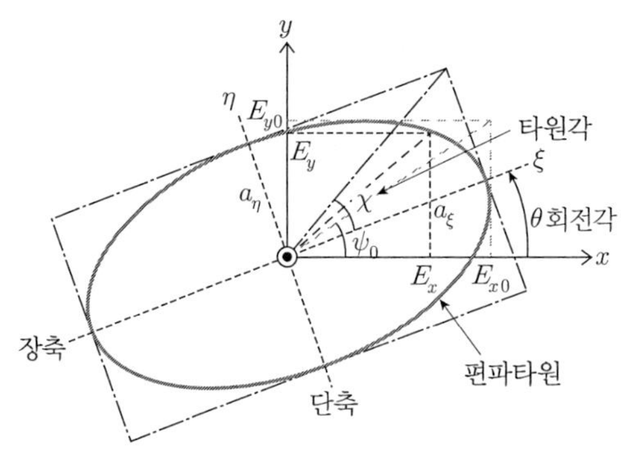

그림 12.10 타원편파 정의

$$\tan 2\theta = \frac{2E_{x0}E_{y0}}{E_{x0}^2 + E_{y0}^2}\cos\delta,$$

$$a_\xi = \sqrt{\frac{1}{2}(E_{x0}^2 + E_{y0}^2) + \frac{s}{2}\sqrt{(E_{x0}^2 - E_{y0}^2)^2 + 4E_{x0}^2 E_{y0}^2 \cos^2\delta}},$$

$$a_\eta = \sqrt{\frac{1}{2}(E_{x0}^2 + E_{y0}^2) - \frac{s}{2}\sqrt{(E_{x0}^2 - E_{y0}^2)^2 + 4E_{x0}^2 E_{y0}^2 \cos^2\delta}},\ s = \mathrm{sign}(E_{x0}^2 - E_{y0}^2),$$

$$E_\xi = E_x\cos\theta + E_y\sin\theta,\ E_\eta = E_y\cos\theta - E_x\sin\theta,\ \sin 2\chi = \frac{2E_{x0}E_{y0}}{E_{x0}^2 + E_{y0}^2}|\sin\delta|,$$

$$-\frac{\pi}{4} \leqq \chi \leqq \frac{\pi}{4}$$

예제 12.4 $\boldsymbol{E}(z=0,t)$에서 $\delta = -\dfrac{\pi}{2}$일 때 타원편파임을 식으로 나타내어라.

풀이 전장은 $\boldsymbol{E}(z=0,t) = \hat{a}_x E_{x0}\cos(wt) + \hat{a}_y E_{y0}\cos(wt - \pi/2)$

$$= \hat{a}_x E_{x0}\cos(wt) + \hat{a}_y E_{y0}\sin(wt)$$

$$= \hat{a}_x E_x(z=0,t) + \hat{a}_y E_y(z=0,t)$$

이고 항등관계를 이용하면 $E_{x0}\cos(wt) = E_x(z=0,t)$, $E_{y0}\sin(wt) = E_y(z=0,t)$가 되어 정리하면

$$\left[\frac{E_x(z=0,t)}{E_{x0}}\right]^2 + \left[\frac{E_y(z=0,t)}{E_{y0}}\right]^2 = 1$$

으로 타원의 식이 된다. wt가 0에서 증가하여 $\pi/2$를 거쳐 π, $3\pi/2$, 그리고 2π까지 한 주기를 주회함으로 벡더 $\boldsymbol{E}(z=0,t)$의 끝은 그림과 같이 타원형 자취를 그리며 진행한다.

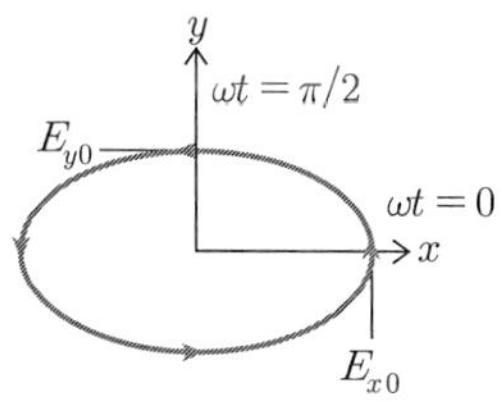

■

12.5 타원 및 원형편파의 방향성

① 좌선회 타원 및 원형편파

왼손의 엄지손가락이 전파방향을 가리키고 왼손의 나머지 손가락들이 시간에 따른 전장의 회전방향으로 향한다.

② 우선회 타원 및 원형편파

오른손의 엄지손가락이 전파방향을 가리키고 오른손의 나머지 손가락들이 시간에 따른

전장의 회전방향으로 향한다.

타원의 모양과 회전방향(좌선회 또는 우선회)은 E_{y0}/E_{x0}의 비와 전장의 위상차에 의해 결정된다. 그림 12.11은 전장의 위상차와 E_{y0}/E_{x0}비에 따른 다양한 편파의 종류를 나타낸다. 위상차가 $\pi/2$이고, $E_{y0}/E_{x0}=1$일 때 우선회 원형(Right-Hand Circular : RHC)편파이고, 위상차가 $-\pi/2$이며, $E_{y0}/E_{x0}=1$일 때 좌선회 원형(Left-Hand Circular : LHC)편파이다.

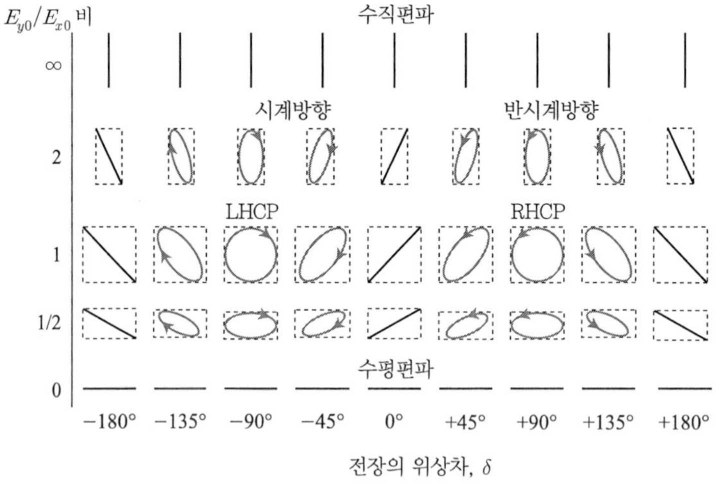

그림 12.11 전장의 위상차와 E_{y0}/E_{x0}비에 따른 편파

그림 12.12는 위도와 경도를 이용한 편파의 상태를 나타내는 포잉카레 구(Poincare sphere)를 나타내고 그 특징은 다음과 같다.

① 적도는 선형 편파를 나타낸다.
② 위쪽 반구는 좌선회 타원편파를 아래쪽 반구는 우선회 타원편파를 나타낸다.
③ 극은 원형편파를 나타내고 북극은 좌선회 원형편파, 남극은 우선회 원형편파를 나타낸다.
④ 경도는 회전각 θ를 나타내고, 위도는 타원각 χ(혹은 축비 AR)를 나타낸다.

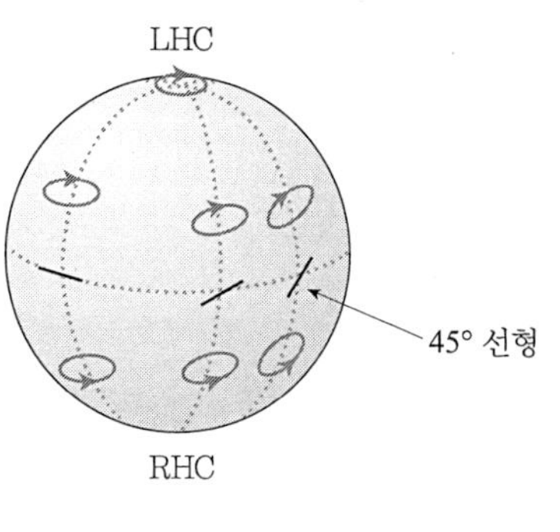

그림 12.12 포잉카레 구

예제 12.5 전장은 RHCP이면, 자장도 RHCP인 것을 나타내어라.

전장은 $\boldsymbol{E} = E_0(\widehat{a_x} - j\widehat{a_y})e^{-j\beta z}$ (전파의 진행 방향 $\boldsymbol{k} = k\widehat{a_z}$),

자장은 $\boldsymbol{H} = \dfrac{k}{\omega\mu}\widehat{a_k} \times \boldsymbol{E} = \dfrac{1}{\eta}\widehat{a_k} \times \boldsymbol{E}$를 이용한다.

풀이 $\boldsymbol{H} = \dfrac{E_0}{\eta}\widehat{a_z} \times (\widehat{a_x} - j\widehat{a_y})e^{-j\beta z} = \dfrac{E_0}{\eta}(j\widehat{a_x} + \widehat{a_y})e^{-j\beta z} = j\dfrac{E_0}{\eta}(\widehat{a_x} - j\widehat{a_y})e^{-j\beta z}$

에서 괄호 안은 전장과 같다. 그래서 전장과 자장의 편파는 같다. ■

예제 12.6 $+z$ 방향으로 자유공간에서 평면파가 전파되고 전장이 $\boldsymbol{E}(z) = \left(\widehat{a_x}2 + \widehat{a_y}2e^{j90°}\right)e^{-jkz}$ 일 때 전장 $\boldsymbol{E}(0,t)$, 자장 $\boldsymbol{H}(0,t)$를 구하여라.

풀이 $\boldsymbol{E}(z,t) = \Re e\left[\boldsymbol{E}(z)e^{jwt}\right] = \widehat{a_x}2\cos(wt - kz) + \widehat{a_y}2\cos(wt - kz + 90°)$,

$\delta = -\pi/2$

$\boldsymbol{E}(0,t) = \widehat{a_x}2\cos(wt) + \widehat{a_y}2\cos(wt + 90^o) = \widehat{a_x}2\cos(wt) - \widehat{a_y}2\sin(wt)$

$\boldsymbol{H}(0,t) = \dfrac{1}{\eta_0}[\widehat{a_z} \times \boldsymbol{E}] = \dfrac{1}{\eta_0}[\widehat{a_y}2\cos(wt) + \widehat{a_x}2\sin(wt)]$ ■

12.6 편파의 요약

편파를 결정하는 변수는 $\{E_{x0}, E_{y0}, \delta\}$이고, 여기서 $\delta = \phi_x - \phi_y$는 위상차이며, E_{x0}, E_{y0}는 각 방향별 최댓값이다. 회전각 θ는 x-축과 장축 사이의 각도이고, 장축과 단축 길이는 각각 a_ξ, a_η이다. 표 12.1은 편파변수로 각 편파를 구별하는 조건을 나타내고, 표 12.2는 파가 진행하는 방향이 지면으로 들어가는 방향으로 할 때 조건에 따른 다양한 편파 종류이다. 표 12.3은 위상자로 나타낸 전장을 편파 분석한 예이고, e^{-jkz}는 $+z$방향으로 진행하는 입사파이며, e^{jkz}는 $-z$방향으로 진행하는 반사파이다.

표 12.1 편파 종류별 조건

종류	위상차, δ	크기	설명
선형	$\delta = 0$(동상), $\pm\pi$(역상)	$E_{x0} \neq 0, E_{y0} = 0$ $E_{x0} = 0, E_{y0} \neq 0$ $E_{x0} \neq 0, E_{y0} \neq 0$	x-방향 선형편파 y-방향 선형편파 x-축에 ψ 기운 선형편파
원	$\delta = \pm\dfrac{\pi}{2}$	$E_{x0} = E_{y0} = E_0$	−
타원	$\delta \neq 0$, $\delta \neq \pm\pi$	−	−

표 12.2 편파 종류(파가 진행하는 방향은 지면으로 들어가는 방향)

E_{x0}	0	1	1	1	1	1	1
E_{y0}	1	1	1	1	2	2	2
E_{y0}/E_{x0}	∞	1	1	1	2	2	2
ϕ	0	0	$-\pi/2$	$\pi/2$	0	$-\pi/4$	$-\pi/2$
편파종류	수직선형	선형	원형	원형	선형	타원	타원
회전방향	–	–	좌	우	–	좌	좌
E_x	0	$\cos wt$	$\cos wt$	$\cos wt$	$\cos wt$	$\cos wt$	$\cos wt$
E_y	$\cos wt$	$\cos wt$	$-\sin wt$	$\sin wt$	$2\cos wt$	$2\cos\left(wt+\frac{\pi}{4}\right)$	$-2\sin wt$
	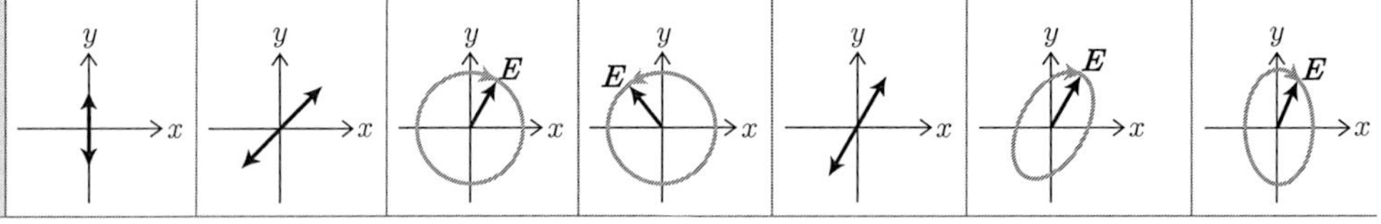						

표 12.3 편파 분석

위상형 전장	$E_x(t, z=0)$	$E_y(t, z=0)$	δ	a_ξ	a_η	θ	편파
$-3j\hat{a}_x e^{-jkz}$	$3\cos(wt-\pi/2)$	0	$-90°$	3	0	$0°$	선형/입사
$(3\hat{a}_x+4\hat{a}_y)e^{jkz}$	$3\cos(wt)$	$4\cos(wt)$	$0°$	0	5	$-36.9°$	선형/반사
$(-4\hat{a}_x+3\hat{a}_y)e^{-jkz}$	$4\cos(wt+\pi)$	$3\cos(wt)$	$180°$	5	0	$-36.9°$	선형/입사
$(3\hat{a}_x+3e^{-j\pi/2}\hat{a}_y)e^{jkz}$	$3\cos(wt)$	$3\sin(wt)$	$90°$	3	3	$0°$	원/좌/반사
$(3e^{j\pi/3}\hat{a}_x+3\hat{a}_y)e^{jkz}$	$3\cos(wt+\pi/3)$	$3\cos(wt)$	$60°$	3.67	2.12	$45°$	타원/좌/반사
$(4\hat{a}_x+3e^{-j\pi/4}\hat{a}_y)e^{-jkz}$	$4\cos(wt)$	$3\cos(wt-\pi/4)$	$45°$	4.66	1.82	$33.8°$	타원/우/입사
$(3e^{-j\pi/8}\hat{a}_x+4e^{j\pi/8}\hat{a}_y)e^{jkz}$	$3\cos(wt-\pi/8)$	$4\cos(wt+\pi/8)$	$-45°$	1.82	4.66	$-33.8°$	타원/우/반사

12.7 편파의 응용

전하를 진동시키는 것은 자장이 아닌 전장이기 때문에 수신안테나는 전파의 진행 방향과 맞추어야 한다. 실외 TV안테나에서 급전선(feed line)이 달린 가름대(driven element)만 안테나 역할을 하고 앞부분 짧은 가름대는 입사에너지를 높이는 도파기(director)이고 뒤쪽 긴 가름대는 안테나를 통과한 전파를 다시 되돌리는 반사기(reflector) 역할을 한다.

편파면은 전장의 진동하는 면이며 안테나가 놓인 방향과 관계가 있다. 그래서 직선편파인 수직편파는 대지에 대해 수직으로 놓인 안테나에서 복사하는 전파이고, 수평편파는 대지에 대해 수평으로 놓인 안테나에서 복사하는 전파이다. 원형편파는 전파의 진행 방향으로 전장이 원 모양을 그리며 나아가는 전파이고, 타원편파는 전파의 진행 방향으로 전장이 타원 모양을 그리며 나가는 전파이다.

통신에서 편파를 효율적으로 이용하면 전파자원을 절약하게 되고 통신 중의 잡음과 간섭 등을 억제하게 되어 양질의 통신을 할 수 있다. 일례로 편파성 페이딩을 방지하기 위해, 송신안테나를 수직안테나와 수평안테나로 조합하여 합성된 전파를 송신하거나, 위성통신에서 상향링크(up-link)와 하향링크(down-link) 사이의 상호 간섭을 방지하기 위해 서로 다른 편파를 적용한다.

그리고 전리층에 반사되는 단파대의 전파는 지구자장의 영향으로 타원편파가 되므로, 수신 측에서 서로 직교하는 수신안테나를 이용하여 신호를 합성하는 편파 다이버시티(diversity)를 이용하지만 높은 편파분리 기술이 요구된다. 일상에 응용되는 편파(광)는 사진이나 어떤 종류의 색안경에 사용하는 편광필터, 디지털시계 그리고 휴대용 컴퓨터 등에 많이 사용한다.

선형편파는 AM 라디오와 텔레비전 방송국에서 사용한다. AM 방송($300[kHz] \sim 3[MHz]$) 안테나는 최상의 방사와 전파(propagation)효율을 위해 접지에 수직한 전장이 발생한다. AM 수신기는 전장을 검출하기 위해 접지에 수직한 도선안테나를 이용하고 자장을 검출하기 위해 접지와 수평인 페라이트 막대안테나를 사용한다. 그림 12.13과 같이 TV 방송파($54[MHz] \sim 890[MHz]$)에서 전장 검출을 위해 지붕 위 수평형 야기(yagi)안테나 혹은 텔레비전의 수직형 토끼귀(rabbit ear)안테나를 사용한다. 자장 검출을 위해 텔레비전에 고리도선 혹은 나비리본(bowtie)안테나를 사용한다.

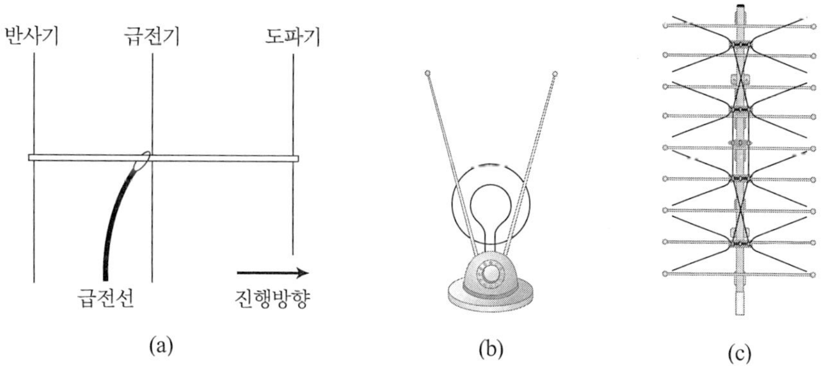

그림 12.13 안테나의 종류 (a) 야기안테나 (b) 실내 텔레비전안테나 (c) 나비리본안테나

원형편파는 FM방송, 레이더 그리고 휴대폰에 이용한다. FM 방송 $88[MHz] \sim 107[MHz]$은 원형편파를 사용함으로써 수신안테나는 중요하지 않다. 레이더 $1[GHz] \sim 10[GHz]$는 금속 혹은 유전체 목표물에 반사되는 원형편파를 이용하고, 휴대폰 $0.8[GHz] \sim 3.0[GHz]$은 송신과 수신에서 원형편파를 사용함으로써 안테나방향에 무관하다.

이중 편파안테나(dual polarized antenna)

같은 주파수, 같은 통신로를 이용해서 서로 직교편파에 각기 다른 정보를 전송함으로써 통신 용량을 두 배로 증가시키는 안테나

12.8 안테나에서 전자파의 방사 원천장

균일 평면파를 위해 무한 면전류가 필요하지만 일반적인 전자파를 발생시키기 위해 간단한 안테나로 가능하다. 안테나는 전자파를 발생하고 받는 유한한 크기의 소자이고 안테나의 기능은 전자파와 전기회로 사이 변환기이다. 송신기안테나는 전기회로에서 전자파로 에너지를 바꾸고, 수신안테나는 전자파를 전기회로에 발진하는 전류로 바꾼다. 휴대폰은 내장형안테나를 사용하고 위성 TV는 파라볼릭 접시안테나를 사용한다.

무한 면전류에 의한 균일 평면파에서 전자장을 구하는 것보다 실제 안테나에서 방사되는 전장과 자장의 계산은 훨씬 어렵다. 그래서 그림 12.14와 같이 공간의 전류분포로부터 방사전장과 방사자장을 원천장(source field)으로 구한다.

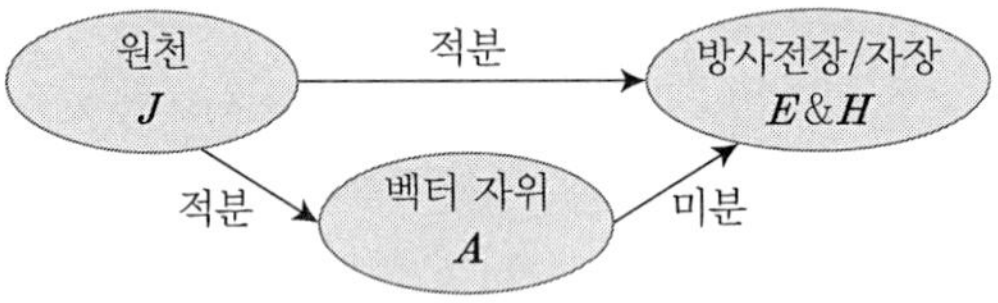

그림 12.14 방사전장과 방사자장을 구하는 과정

안테나전류와 전하관계(연속방정식) : $\nabla \cdot \boldsymbol{J} = -\dfrac{\partial \rho_v}{\partial t}$

정전장 : $\nabla \times \boldsymbol{E} = 0 \rightarrow \boldsymbol{E} = -\nabla V \rightarrow \nabla^2 V = -\dfrac{\rho_v}{\epsilon} \rightarrow V(\boldsymbol{r}) = \dfrac{1}{4\pi\epsilon}\displaystyle\int_{c'} \dfrac{\rho_\ell(\boldsymbol{r}')}{|\boldsymbol{r}-\boldsymbol{r}'|} d\ell' \text{ [V]}$

정자장 : $\nabla \cdot \boldsymbol{B} = 0 \rightarrow \boldsymbol{B} = \nabla \times \boldsymbol{A} \rightarrow \nabla^2 \boldsymbol{A} = -\mu \boldsymbol{J}$

$\rightarrow \boldsymbol{A}(\boldsymbol{r}) = \dfrac{\mu}{4\pi}\displaystyle\oint_{c'} \dfrac{\boldsymbol{I}(\boldsymbol{r}')}{|\boldsymbol{r}-\boldsymbol{r}'|} d\ell' \text{ [Wb/m]}$

전자장 : $\boldsymbol{B} = \nabla \times \boldsymbol{A},\ \boldsymbol{E} = -\nabla V - \dfrac{\partial \boldsymbol{A}}{\partial t} \rightarrow \nabla^2 V + k^2 V = -\dfrac{\rho_v}{\epsilon},$

$\nabla^2 \boldsymbol{A} + k^2 \boldsymbol{A} = -\mu \boldsymbol{J} \rightarrow V(\boldsymbol{r}) = \dfrac{1}{4\pi\epsilon}\displaystyle\int_{c'} \dfrac{\rho_\ell(\boldsymbol{r}')}{|\boldsymbol{r}-\boldsymbol{r}'|} e^{-jk|\boldsymbol{r}-\boldsymbol{r}'|} d\ell' \text{ [V]},$

$\boldsymbol{A}(\boldsymbol{r}) = \dfrac{\mu}{4\pi}\displaystyle\oint_{c'} \dfrac{\boldsymbol{I}(\boldsymbol{r}')}{|\boldsymbol{r}-\boldsymbol{r}'|} e^{-jk|\boldsymbol{r}-\boldsymbol{r}'|} d\ell' \text{ [Wb/m]}$

(1) 선전하에 의한 스칼라 전위

그림 12.15과 같이 선전하밀도 $\rho_\ell(\boldsymbol{r}')$에 의한 위치 $\boldsymbol{r}$에서 정전위 $V(\boldsymbol{r})$은

$$V(\boldsymbol{r}) = \int_{c'} \frac{\rho_\ell(\boldsymbol{r}')}{4\pi\epsilon|\boldsymbol{r}-\boldsymbol{r}'|} d\ell' = \int_{c'} \frac{\rho_\ell(\boldsymbol{r}')}{4\pi\epsilon R} d\ell' \ [\mathrm{V}] \qquad (12\text{-}28)$$

이며, 여기서 원천점과 관측점 사이 거리는 $R = |\boldsymbol{r}-\boldsymbol{r}'|$이고 $V(\boldsymbol{r})$은 전위가 "0"인 무한대에 대한 점 $\boldsymbol{r}$에서 정전위이다. 자취 c'를 미소 길이 $d\ell'$로 나누고 무한소 점전하 $\rho_\ell(\boldsymbol{r}')d\ell'$에 의한 점 $\boldsymbol{r}$의 미소 정전장을 모두 합하면 전체 정전장이 구해진다.

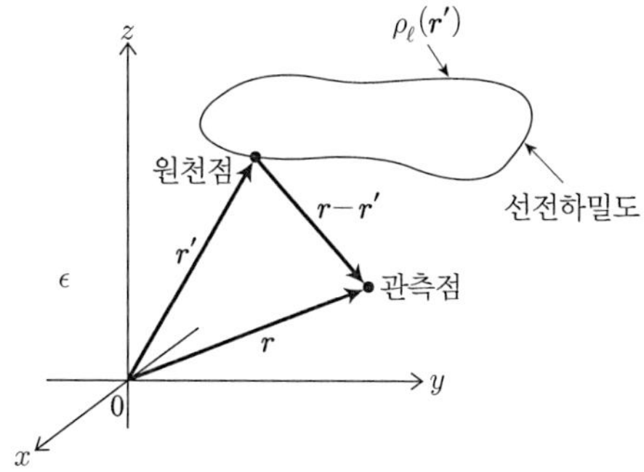

그림 12.15 선전하에 의한 스칼라 전위

(2) 선전류에 의한 자장

벡터 원천에 대한 벡터장은 스칼라 원천에 의한 스칼라장을 구하는 것보다 다소 복잡하다. 그림 12.16과 같이 닫힌 고리인 전류 $\boldsymbol{I}$에 의해 만들어지는 관측점 $\boldsymbol{r}$에서 정자장은 비오-사바르법칙을 이용하면

$$\boldsymbol{B}(r) = \frac{\mu}{4\pi} \oint_{c'} \frac{\boldsymbol{I}(\boldsymbol{r}')d\boldsymbol{\ell}' \times (\boldsymbol{r}-\boldsymbol{r}')}{|\boldsymbol{r}-\boldsymbol{r}'|^3} = \frac{\mu}{4\pi} \int_{c'} \frac{\boldsymbol{I}(\boldsymbol{r}')d\boldsymbol{\ell}' \times \boldsymbol{R}}{R^3} \ [\mathrm{T}] \qquad (12\text{-}29)$$

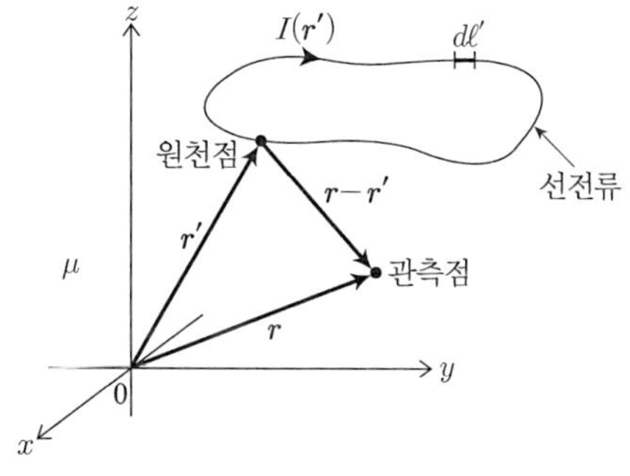

그림 12.16 선전류에 의한 자장

이고, $\boldsymbol{B}(\boldsymbol{r}) = \nabla\times\boldsymbol{A}(\boldsymbol{r})$로부터 벡터 자위 $\boldsymbol{A}$를 나타내면 다음과 같다.

$$\boldsymbol{A}(\boldsymbol{r}) = \oint_{c'} \frac{\mu \boldsymbol{I}(\boldsymbol{r}')}{4\pi|\boldsymbol{r}-\boldsymbol{r}'|} d\ell' = \int_{c'} \frac{\mu \boldsymbol{I}(\boldsymbol{r}')}{4\pi R} d\ell' \ [\mathrm{Wb/m}] \qquad (12\text{-}30)$$

위의 사실에서 전류를 알면 벡터 자위를 구하고 벡터 자위로 자속밀도를 구할 수 있다.

(3) 시변전류에 의한 자장

위상자 전류 $\boldsymbol{I}(\boldsymbol{r}')$에서 위상자 자위는

$$\boldsymbol{A}(\boldsymbol{r}) = \int_{c'} \frac{\mu \boldsymbol{I}(\boldsymbol{r}') e^{-jkR}}{4\pi R} d\ell' \ [\mathrm{Wb/m}] \qquad (12\text{-}31)$$

이고, 여기서 e^{-jkR}은 위상지연 요소이며 이것이 정자장과 시변자장과의 차이점이다. 그리고 정상전류에서 적분 경로는 닫혀야 하지만 시변전류인 경우 적분 자취가 닫힌 경로일 필요가 없다. $\boldsymbol{B}(\boldsymbol{r}) = \nabla\times\boldsymbol{A}(\boldsymbol{r})$의 관계로 자장의 세기는 $\boldsymbol{H}(\boldsymbol{r}) = [\nabla\times\boldsymbol{A}(\boldsymbol{r})]/\mu$ [A/m]이고, 위상자 전장은 암페어법칙에 의해 $\boldsymbol{E}(\boldsymbol{r}) = [\nabla\times\boldsymbol{H}(\boldsymbol{r})]/(jw\epsilon)$ [V/m]이다.

전자장 $\boldsymbol{E} = -\nabla V - \dfrac{\partial \boldsymbol{A}}{\partial t}$, 로렌츠 게이지 $\nabla\cdot\boldsymbol{A} = -\mu\epsilon\dfrac{\partial V}{\partial t}$

→ 정현장의 위상자 $\boldsymbol{E} = -\nabla V - jw\boldsymbol{A}$, $\nabla\cdot\boldsymbol{A} = -jw\mu\epsilon V$

→ 전위 $V = \dfrac{j}{w\mu\epsilon}\nabla\cdot\boldsymbol{A}$, 전장 $\boldsymbol{E} = -jw\left(\dfrac{1}{k^2}\nabla\nabla\cdot\boldsymbol{A} - jw\boldsymbol{A}\right)$, $k = w\sqrt{\mu\epsilon}$

전장 구하는 방법

① $\boldsymbol{E} = -\nabla V - jw\boldsymbol{A}$ ② $\boldsymbol{E} = -jw\left(\dfrac{1}{k^2}\nabla\nabla\cdot\boldsymbol{A} - jw\boldsymbol{A}\right)$ ③ $\boldsymbol{E} = (\nabla\times\boldsymbol{H})/(jw\epsilon)$

12.9 헤르츠 전기 쌍극자안테나

정현파이고 정상 선전류에서 전장과 자장을 구하는 순서는 다음과 같다.

① 전류분포 $\boldsymbol{I}(\boldsymbol{r}')$을 결정한다.

② 위상자 자위는 $\boldsymbol{A}(\boldsymbol{r}) = \displaystyle\int_{c'} \frac{\mu \boldsymbol{I}(\boldsymbol{r}') e^{-jkR}}{4\pi R} d\ell'$ [Wb/m]를 이용하여 구한다.

③ 위상자 자장은 $\boldsymbol{H}(\boldsymbol{r}) = [\nabla\times\boldsymbol{A}(\boldsymbol{r})]/\mu$으로 구한다.

④ 암페어법칙으로 위상자 전장은 $\boldsymbol{E}(\boldsymbol{r}) = [\nabla\times\boldsymbol{H}(\boldsymbol{r})]/jw\epsilon$를 이용하여 구한다.

가는 도선 전기 쌍극자안테나는 두 개의 도선 혹은 두 개의 극이 있다. 그림 12.17(a)와 같이 도선의 전류를 정확하게 근사화하기 위해 안테나 길이는 도선의 반경보다 크고 한 파장보다 작아야 한다($a \ll d \ll 1\lambda$). 그래서 그림 12.17(b)와 같이 가장 간단한 점 전기 쌍극자(point dipole)안테나인 헤르츠 전기 쌍극자(Hertzian dipole)안테나를 살펴보자.

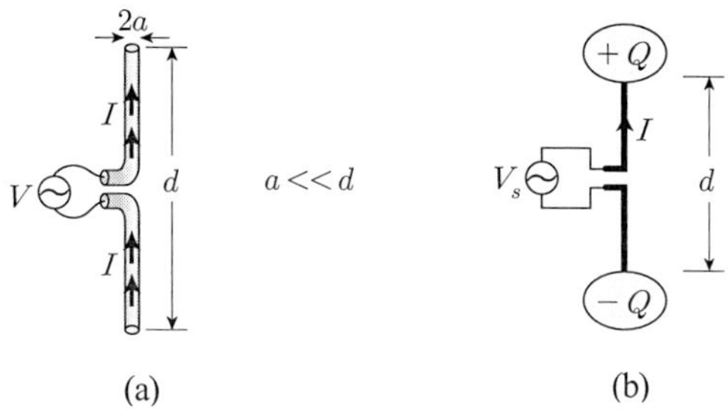

그림 12.17 헤르츠 전기 쌍극자안테나 (a) 구조 (b) 모델

무한소 길이에서 전류분포는 균일하므로 $i(t) = dQ(t)/dt$이고, 정현적인 정상상태에서 $I = jwQ$이다.

짧은 안테나의 끝을 작은 금속구 혹은 디스크로 용량성 부하를 만들면 그림 12.18(a)와 같이 균일한 전류로 근사화할 수 있다. 용량성 부하가 없으면 그림 12.18(b)와 같이 전류는 중심에서 최댓값이 되고 양 끝에서 "0"이 되며 선형적으로 감소하는 삼각형 모양으로 근사화된다. 그림 12.18(c)는 실제 안테나에서 삼각형 전류분포를 균일분포로 모형화하여 계산할 수 있다.

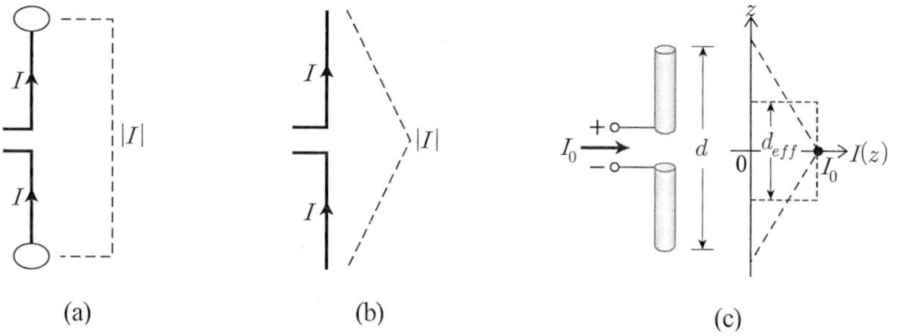

그림 12.18 소형 전기 쌍극자안테나 전류 분포 (a) 엔드로닝(end loading) (b) 일반 (c) 실제 모형화

(1) 헤르츠 전기 쌍극자안테나의 자위벡터

그림 12.19와 같이 전류 $I = I_o \cos(\omega t)$가 흐르는 안테나로부터 원점에서 거리 r[m] 지점의 자위는

$$\boldsymbol{A} = \int_v \frac{\mu \boldsymbol{J}}{4\pi r} dv = \int_\ell \frac{\mu I' \, d\boldsymbol{\ell}}{4\pi r} = A_z \hat{a_z} = A_r \hat{a_r} + A_\theta \hat{a_\theta} + A_\phi \hat{a_\phi} \tag{12-32}$$

이고, 여기서 $\boldsymbol{J}dv = I d\boldsymbol{\ell}$이며 $I'(t,r) = I_o \cos[\omega(t - r/v)]$이다. 위상자로 표현하면 $I'(r) = I_o e^{-jkr}$이고, $k = \omega/v = w\sqrt{\mu\epsilon}$이다. I'가 $\hat{a_z}$ 방향으로만 흐르므로 $\boldsymbol{A}$의 성분은 z성분만 존재하고, 이것을 그림 12.20과 같이 구좌표 성분으로 나타내면 다음과 같다. 이때 안테나가 무한소로 짧아져 $d \ll r$이고 $d \ll \lambda$이며 그래서 적분 구간에서 r은 일정하다고 가정한다.

$$A_z = \frac{\mu I_o d}{4\pi r} e^{-jkr} \tag{12-33}$$

$$A_r = A_z \cos\theta = \frac{\mu I_o d}{4\pi r} \cos\theta \, e^{-jkr}, \tag{12-34}$$

$$A_\theta = -A_z \sin\theta = -\frac{\mu I_o d}{4\pi r} \sin\theta \, e^{-jkr}, \; A_\phi = 0$$

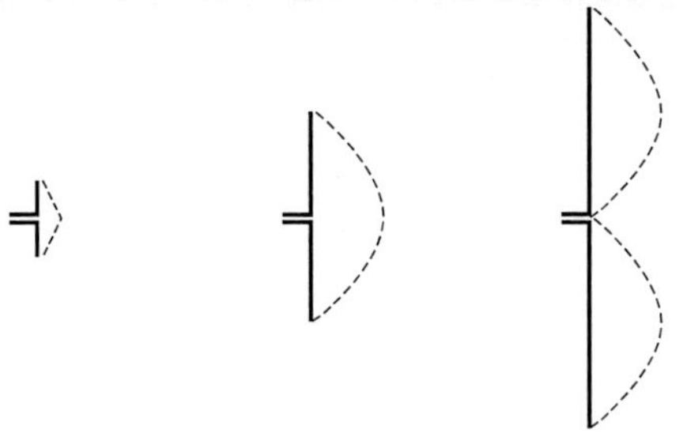

(a) (b) (c)

(a) 짧은 쌍극자($d \ll \lambda$) (b) 반파 쌍극자($d = \lambda/2$)

(c) 전파 쌍극자($d = \lambda$), 쌍극자가 $z = 0$에서 $I(z) = I_0 \sin[k(d/2 - |z|)]$

$$\boldsymbol{d\ell} = dz\,\hat{a}_z, \; \boldsymbol{dA} = \frac{\mu_0 I \boldsymbol{d\ell}}{4\pi R} = \frac{\mu_0 I dz\,\hat{a}_z}{4\pi\sqrt{\rho^2 + z^2}},$$

$$\boldsymbol{dH} = \frac{1}{\mu_0} \nabla \times \boldsymbol{dA} = \frac{1}{\mu_0}\left(-\frac{\partial dA_z}{\partial \rho}\right)\hat{a}_\phi = \frac{Idz}{4\pi} \frac{\rho}{(\rho^2 + z^2)^{3/2}} \hat{a}_\phi = \frac{Idz}{4\pi} \frac{\sin\theta}{R^2} \hat{a}_\phi$$

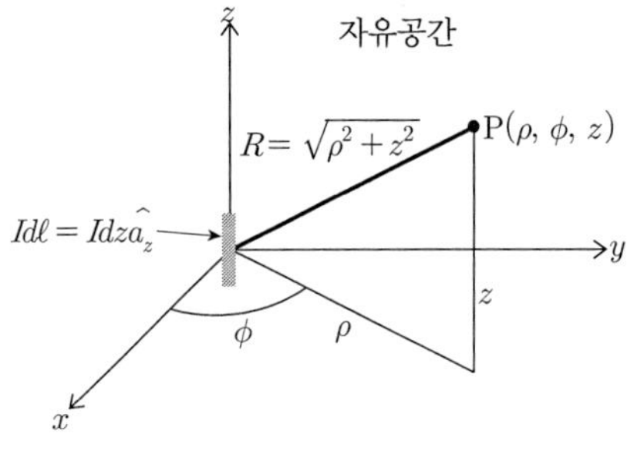

구 중심에 안테나 정상 교류전류원 $\boldsymbol{I}(\boldsymbol{r})$이 위치하고, 균일전류라고 한다.

$$\boldsymbol{A}(r) = \int_{c'} \frac{\mu \boldsymbol{I}(\boldsymbol{r}') e^{-jkR}}{4\pi R} d\ell' = \int_{-d/2}^{d/2} \hat{a}_z \frac{\mu I_0 e^{-jkR}}{4\pi R} dz' = \hat{a}_z \frac{\mu I_0}{4\pi} \int_{-d/2}^{d/2} \frac{e^{-jkR}}{R} dz'$$

$$= \hat{a}_z \frac{\mu I_0 d}{4\pi} \frac{e^{-jkr}}{r} \to \hat{a}_z = \hat{a}_r \cos\theta - \hat{a}_\theta \sin\theta, \; \phi\text{–구 대칭} \to \boldsymbol{A}(\boldsymbol{r}) = \hat{a}_r A_r - \hat{a}_\theta A_\theta$$

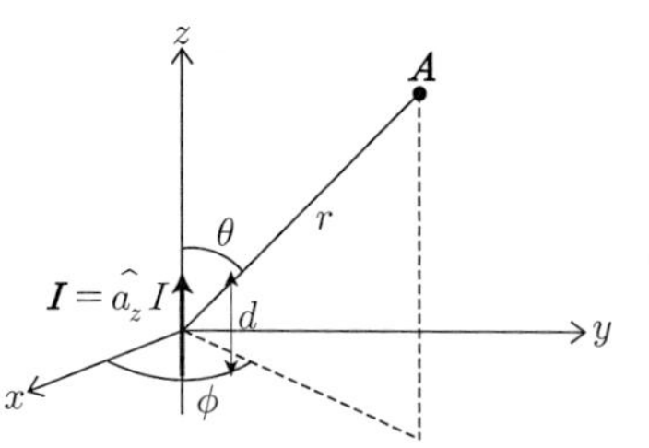

그림 12.19 헤르츠 전기쌍극 안테나 해석

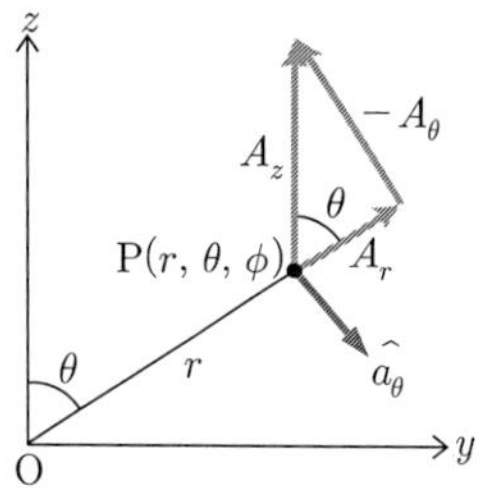

그림 12.20 구좌표 성분으로 분해

(2) 헤르츠 전기 쌍극자안테나의 자장

결정된 $\boldsymbol{A}$를 사용하여 자장을 구하기 위해 $\boldsymbol{B} = \mu \boldsymbol{H} = \nabla \times \boldsymbol{A}$를 이용한다. ϕ-대칭으로부터 $\dfrac{\partial}{\partial \phi} = 0$이며, 구좌표로 행렬식 형태로 나타내면

$$\boldsymbol{H}(\boldsymbol{r}) = \frac{1}{\mu r^2 \sin\theta}\begin{pmatrix} \hat{a}_r & \hat{a}_\theta r & \hat{a}_\phi r\sin\theta \\ \dfrac{\partial}{\partial r} & \dfrac{\partial}{\partial \theta} & 0 \\ A_r & rA_\theta & 0 \end{pmatrix} = \frac{1}{\mu r^2 \sin\theta}\left\{\hat{a}_\phi r\sin\theta\left[\frac{\partial(rA_\theta)}{\partial r} - \frac{\partial A_r}{\partial \theta}\right]\right\} \quad (12\text{–}35)$$

$$\boldsymbol{H}(\boldsymbol{r}) = \hat{a}_\phi \frac{1}{\mu r}\left(\frac{\partial(rA_\theta)}{\partial r} - \frac{\partial A_r}{\partial \theta}\right) = \hat{a}_\phi \frac{1}{\mu r}\left(\frac{jk\mu I_0 d}{4\pi}\sin\theta + \frac{\mu I_0 d}{4\pi}\frac{1}{r}\sin\theta\right)e^{-jkr} \quad (12\text{–}36)$$

$$\boldsymbol{H}(\boldsymbol{r}) = \hat{a}_\phi \frac{I_o d}{4\pi}\sin\theta\left[j\frac{k}{r} + \frac{1}{r^2}\right]e^{-jkr}\ [\mathrm{A/m}] \quad (12\text{–}37)$$

이고, $\nabla \times \boldsymbol{A} = \mu H_\phi \hat{a}_\phi$는 $\hat{a}_\phi$성분만 존재한다. $(jk)^2 = -k^2$를 이용하여 뽑아내면 헤르츠 전기 쌍극자안테나에서 방사되는 자장은 다음과 같다.

$$\boldsymbol{H}(\boldsymbol{r}) = -\hat{a}_\phi \frac{I_o d}{4\pi}k^2\sin\theta\left[\frac{1}{jkr} + \frac{1}{(jkr)^2}\right]e^{-jkr}\ [\mathrm{A/m}] \quad (12\text{–}38)$$

(3) 헤르츠 전기 쌍극자안테나의 전장

결정된 자장 $\boldsymbol{H}$를 사용하여 r 지점에 유도되는 전장을 구하려면 암페어법칙 $\nabla \times \boldsymbol{H} = \boldsymbol{J_d} = \dfrac{\partial \boldsymbol{D}}{\partial t} = \epsilon\dfrac{\partial \boldsymbol{E}}{\partial t}$를 이용하고, 위상자로 표현하면 $\nabla \times \boldsymbol{H} = jw\epsilon \boldsymbol{E}$이다. 구좌표로 회전의 행렬식 형태로 구하면 $\boldsymbol{E} = (\nabla \times \boldsymbol{H})/jw\epsilon = E_r\hat{a}_r + E_\theta\hat{a}_\theta + E_\phi\hat{a}_\phi$이므로

$$\boldsymbol{E}(\boldsymbol{r}) = \frac{1}{jw\epsilon}\nabla \times \boldsymbol{H} = \frac{1}{jw\epsilon}\frac{1}{r^2\sin\theta}\begin{pmatrix} \hat{a}_r & \hat{a}_\theta r & \hat{a}_\phi r\sin\theta \\ \dfrac{\partial}{\partial r} & \dfrac{\partial}{\partial \theta} & \\ 0 & 0 & r\sin\theta H_\phi \end{pmatrix}$$

$$E_r = \frac{1}{jw\epsilon}\frac{1}{r\sin\theta}\left[\frac{\partial}{\partial \theta}(H_\phi \sin\theta)\right] = \frac{I_o d}{2\pi}\eta\cos\theta\left(\frac{1}{r^2} - \frac{j}{kr^3}\right)e^{-jkr} \quad (12\text{–}39)$$

$$E_\theta = \frac{1}{jw\epsilon}\frac{1}{r}\left[-\frac{\partial}{\partial r}(rH_\phi)\right] = \frac{I_0 d}{4\pi}\frac{k}{w\epsilon}\sin\theta e^{-jkr}\left(\frac{jk}{r} + \frac{1}{r^2} + \frac{1}{jkr^3}\right) \quad (12\text{–}40)$$

$$= \frac{I_0 d}{4\pi}\eta \sin\theta\left(\frac{jk}{r} + \frac{1}{r^2} - \frac{j}{kr^3}\right)e^{-jkr},\ E_\phi = 0$$

이다. $(jk)^2 = -k^2$를 이용하여 뽑아내면 헤르츠 전기 쌍극자안테나에서 방사되는 전장은

$$E_r = -\frac{I_o d}{4\pi}\eta k^2 2\cos\theta\left(\frac{1}{(jkr)^2} - \frac{j}{(jkr)^3}\right)e^{-jkr} \tag{12-41}$$

$$E_\theta = -\frac{I_0 d}{4\pi}\eta k^2 \sin\theta\left(\frac{1}{jkr} + \frac{1}{(jkr)^2} + \frac{1}{(jkr)^3}\right)e^{-jkr},\ E_\phi = 0 \tag{12-42}$$

이고, 여기서 $w = 2\pi f$, $v = f\lambda$, $v = 1/\sqrt{\epsilon\mu}$, $\eta = \sqrt{\mu/\epsilon}$, $k = \omega/v = w\sqrt{\mu\epsilon} = 2\pi/\lambda$로 바꾸면 자장과 전장은 다음과 같다.

$$H_\phi = \frac{I_o d}{4\pi}\sin\theta\left(j\frac{2\pi}{\lambda r} + \frac{1}{r^2}\right)e^{-j2\pi r/\lambda} \tag{12-43}$$

$$E_r = \frac{I_o d}{2\pi}\eta\cos\theta\left(\frac{1}{r^2} + \frac{\lambda}{j2\pi r^3}\right)e^{-j2\pi r/\lambda} \tag{12-44}$$

$$E_\theta = \frac{I_o d}{4\pi}\eta\sin\theta\left(\frac{j2\pi}{\lambda r} + \frac{1}{r^2} - \frac{j\lambda}{2\pi r^3}\right)e^{-j2\pi r/\lambda} \tag{12-45}$$

전장과 자장은 $1/r$, $1/r^2$, 그리고 $1/r^3$에 따라 변한다. $1/r^3$항은 전기 쌍극자에 의한 장과 일치하므로 정전기장이라 부르고, $1/r^2$항은 유도성 장이라 하며, 비오-사바르법칙이 연상되고, $1/r^3$항과 $1/r^2$항은 거리가 멀어지면 무시된다. $1/r$항은 전류로부터 멀리 떨어진 점 즉 원거리에서도 존재하는 항이므로 원거리장(far field) 또는 복사장(radiation field)이라 한다.

① 근거리장 영역(near field region) : $kr \ll 1$일 때 $1/r^3$이 우세한 영역이다.

$$\boldsymbol{E} \approx \frac{-jI_o d}{4\pi r^3}\frac{\eta}{k}\left(2\cos\theta\,\hat{a_r} + \sin\theta\,\hat{a_\theta}\right)[\text{V/m}],\ E_\phi = 0\ (kr \ll 1) \tag{12-46}$$

$$\boldsymbol{H} = \frac{I_o d}{4\pi r^2}\sin\theta\,[\text{A/m}],\ (kr \ll 1) \tag{12-47}$$

전류가 균일하고 점전하 $\pm Q_0$가 양 끝에 각각 모인다면 안테나전류 $I_0 = \partial Q_0/\partial t$이므로 주파수 차원으로 $I_0 = jwQ_0$이다. 식 (12-46)에 대입하면

$$\boldsymbol{E} \approx \frac{Q_0 d}{4\pi\epsilon r^3}\left(2\cos\theta\,\hat{a_r} + \sin\theta\,\hat{a_\theta}\right)(kr \ll 1) \tag{12-48}$$

이고, $\eta/k = 1/(w\epsilon)$이며 정지된 전기 쌍극자에 의해 발생하는 전장과 시간에 따라 크기가 정현적으로 변하는 것을 제외하고 같다. 그리고 자장은 비오-사바르법칙에 의해 미소 전류소 $I_0 d$에 의한 정자장과 같아서 헤르츠안테나의 근거리장은 준정적(quasi-static)이라 한다.

② 원거리장 영역(far field region) : $r > 10\lambda$인 복사전자장으로 $kr \gg 1$ 혹은 $2\pi r \gg \lambda$ 영역이다.

$$\boldsymbol{E} \approx \frac{jkI_o d}{4\pi r}\eta \sin\theta\, e^{-jkr}\hat{a_\theta},\ \boldsymbol{H} \approx \frac{jkI_o d}{4\pi r}\sin\theta\, e^{-jkr}\hat{a_\phi}\ (kr \gg 1) \qquad (12\text{-}49)$$

$$H_r = H_\theta = E_r = E_\phi = 0 \qquad (12\text{-}50)$$

식 (12-49)에서 $E_\theta = \eta H_\phi$이며, 원거리전장과 자장은 직교하고 $\hat{a_r}$방향($\boldsymbol{E}\times\boldsymbol{H} = E_\theta \hat{a_\theta} \times H_\phi \hat{a_\phi}$)으로 구면파가 진행하는 것은 균일 평면파와 같은 특성을 나타내지만 헤르츠안테나는 크기가 $1/r$로 감소하는 것이 다르다. 균일 평면파는 비현실적으로 무한 면전류에 의해 발생한다.

(4) 헤르츠 전기 쌍극자안테나의 복사전력

그림 12.21과 같이 복사패턴은 안테나에서 거리 r이 일정하고 위상각(θ, ϕ) 방향에 따른 먼 거리 정규화 전장의 크기를 나타낸 각 분포 그림이다. 위상자 전장의 크기는

$$|E_\theta| \approx \frac{kI_o d}{4\pi r}\eta \sin\theta\ (kr \gg 1) \qquad (12\text{-}51)$$

이고, 정규화한 크기는 $\sin\theta$이다. 복사패턴의 특징은 다음과 같다.

① 안테나 양 끝인 $\theta = 0$와 $\theta = \pi$에서 복사가 없다($E_\theta = 0$).

② 안테나 축에 수직인 방향 $\theta = \pi/2$에서 $E_\theta =$ 최대이므로 옆으로(broadside) 방사라 한다.

③ 전장은 ϕ의 변화에 무관하고, 자장은 전류소를 중심으로 원이 된다.

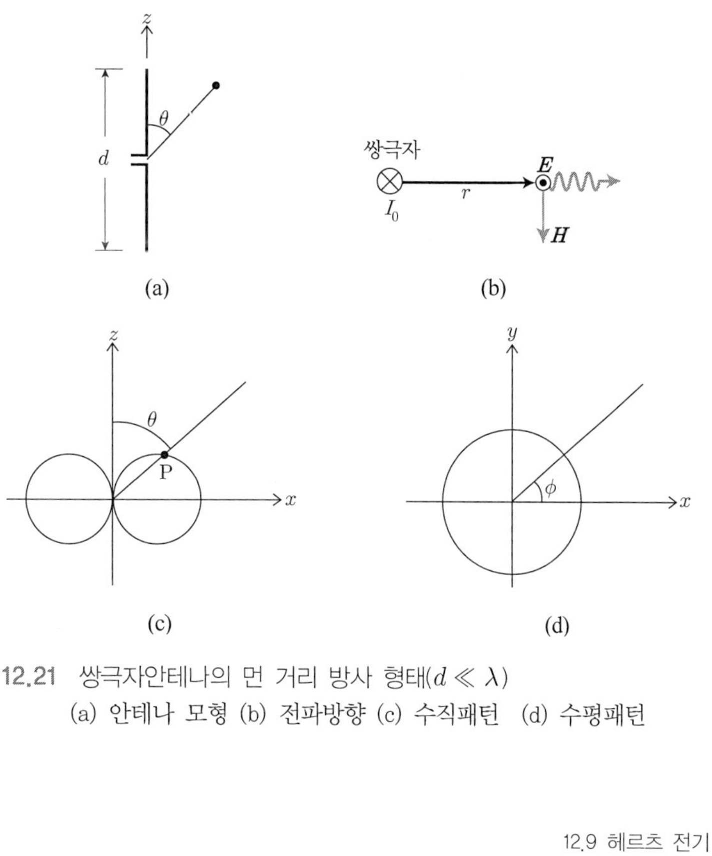

12.21 쌍극자안테나의 먼 거리 방사 형태($d \ll \lambda$)
(a) 안테나 모형 (b) 전파방향 (c) 수직패턴 (d) 수평패턴

그림 12.22는 길이에 따른 안테나의 방사패턴(pattern)을 로브(lobe)로 설명하고 있다. 최댓값으로 나타나는 방향의 로브를 주 로브(main lobe)라 하고 다른 로브는 사이드 로브(side lobe)라 하며, 두 로브 사이에 나타나는 최솟값을 널(null)이라 하고 모든 널은 π의 위상천이가 있다. 그림 12.22(a)와 같이 안테나 길이가 반파장인 경우 주 로브는 $\pi/2$와 $3\pi/2$에 있고 널은 0과 π에 있다.

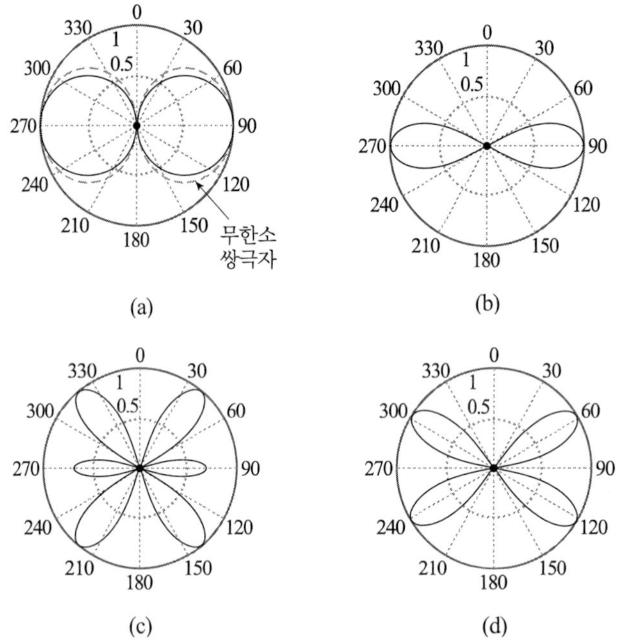

그림 12.22 길이에 따른 전기 쌍극자안테나의 전장–평면 방사패턴
(a) $d = \lambda/2$ (b) $d = \lambda$ (c) $d = 3\lambda/2$ (d) $d = 2\lambda$

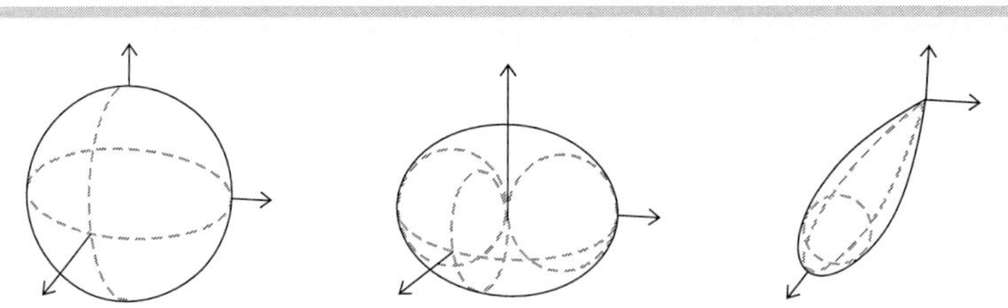

(a) 등방성 방사패턴 (b) 전방향 방사패턴 (c) 지향성 방사패턴

(a) 등방성(isotropic) 방사패턴 : 모든 방향으로 똑같은 방사를 갖는 안테나, 이상적인 점 방사기로 안테나 변수에 사용한다.

(b) 전방향(omnidirectional) 방사패턴 : 직교하는 평면에 지향성을 가지고 어떤 평면으로 지향성 패턴이 없는 수직 쌍극자안테나의 방사패턴이다.

(c) 지향성(directional) 방사패턴 : 다른 방향보다 어떤 방향으로 더 효과적으로 방사하는 안테나 혹은 레이더 접시안테나의 방사패턴이고 이 용어는 반파장 쌍극자보다 지향성을 가진 안테나에 사용한다.

예제 12.7 반경이 1mm, 길이가 1cm인 의료용 헤르츠안테나는 최대 전류가 $10\mu A$이고, $1GHz$ 신호를 인체로 전송한다. 인체의 유전상수는 80이라 하고 전도도는 무시할 때 안테나에서 50cm 떨어진 몸의 표면에 최대 전장을 구하고, 신호가 3dB로 감쇠되는 거리를 구하여라.

풀이 ① 체내 파장은 $\lambda = \dfrac{c_0}{f\sqrt{\epsilon_r}} = \dfrac{3\times 10^8}{10^9\sqrt{80}} = 3.3\text{cm}$,

체내 특성저항 $Z_b = \dfrac{Z_0}{\sqrt{\epsilon_r}} = \dfrac{377}{\sqrt{80}} \approx 42\Omega$, $kr = \dfrac{2\pi}{0.033}\times 0.5 = 95.2 \gg 1$,

$\lambda = 3.3\text{cm} > d = 1\text{cm}$이므로 원거리 전장으로 근사화하고, $\theta = 90°$에서 최대 전장이므로 $|E_\theta| \approx \dfrac{kI_o d}{4\pi r}\eta = \dfrac{2\pi}{0.033}\dfrac{10^{-5}\cdot 10^{-2}}{4\pi\cdot 0.2}\cdot 42 = 320\,\mu\text{V/m}$

② 3dB 전력감쇠는 전력이 1/2로 감소하거나 전장이 $1/\sqrt{2}$배로 감소하는 것을 의미한다. $r_1 = \sqrt{2}\,r = 1.41\cdot 0.5 = 0.7\text{m}$ ■

포인팅벡터를 이용하여 평균 복사전력을 구하면

$$\mathbb{P}_{av} = \frac{1}{2}\Re e[\boldsymbol{E}\times\boldsymbol{H}^*] = \frac{1}{2}\Re e(E_\theta H_\phi^* \hat{a}_r) = \frac{1}{2}\eta|H_\phi|^2\hat{a}_r = \frac{1}{2\eta}|E_\theta|^2\hat{a}_r\ [\text{W/m}^2] \quad (12\text{-}52)$$

이고, 안테나가 무손실 무한공간에 방사하여 η가 실수라고 가정한다. 미소 면적은 $ds = (r\sin\theta\, d\phi)(rd\theta)$이고 식 (12-52)을 대입하면 평균 복사전력은

$$P_{rad} = P_{av} = \int \mathbb{P}_{av}\cdot \boldsymbol{ds} = \int_0^{2\pi}\int_0^{\pi}\frac{1}{2}\eta\left(\frac{I_o d}{2\lambda r}\right)^2(\sin^2\theta)(r^2\sin\theta\, d\theta\, d\phi) \quad (12\text{-}53)$$
$$= \left(\frac{I_0 d}{\lambda}\right)^2\eta\,\frac{\pi}{3} = 40\pi^2\left(\frac{I_0 d}{\lambda}\right)^2\ [\text{W}] \qquad kr \gg 1$$

이고, 여기서 자유공간에서 $\eta = 120\pi$이다.

$$\int_0^{\pi}\sin^3\theta\, d\theta = -\frac{1}{3}\cos\theta(\sin^2\theta+2)\Big|_0^{\pi} = \frac{1}{3}(2) - \left(-\frac{1}{3}\right)(2) = \frac{4}{3}$$

안테나 지향성(directivity)은 전방향 구면파에 비교한 최대 방사방향, 즉 평균 복사강도에 대한 최대 복사강도인 이득은

$$\text{DIR} = \frac{\mathbb{P}_{av}|_{max}}{P_{av}/4\pi r^2} = \frac{\frac{1}{2}\Re e[\boldsymbol{E}\times\boldsymbol{H}^*]\Big|_{max}}{\left(\int \mathbb{P}_{av} \cdot d\boldsymbol{s}\right)/4\pi r^2} \qquad (12\text{-}54)$$

이며, 단위는 없고 보통 10log(DIR)[dB]으로 나타낸다. 등방성안테나인 경우 DIR = 1 (0dB)이고, 헤르츠안테나인 경우 $\mathbb{P}_{av}|_{max} = \frac{1}{2}\eta\left(\frac{I_o d}{2\lambda r}\right)^2$, $P_{av}/4\pi r^2 = 40\pi^2\left(\frac{I_0 d}{\lambda}\right)^2 \frac{1}{4\pi r^2}$ 이므로 DIR = 1.5(1.76dB)이다. 참고로 반파 쌍극자안테나는 DIR = 1.64이고, 혼안테나는 DIR ~ 200 정도로 크다.

그림 12.23과 같이 안테나는 전자파를 통해 전력을 전달하므로 저항으로 등가화할 수 있다. 가상적인 집중소자인 저항으로 안테나의 방사저항 R_r를 정의하면 시평균전력 $P_{av} = \frac{1}{2}\Re e[VI^*] = \frac{1}{2}I_0^2 R_r$이므로, 식 (12-54)와 등식을 놓으면 안테나 복사저항은 다음과 같다.

$$R_r = \frac{2P_{av}}{I_0^2} = \frac{2\pi}{3}\eta\left(\frac{d}{\lambda}\right)^2 = 80\pi^2\left(\frac{d}{\lambda}\right)^2 \ [\Omega] \qquad (12\text{-}55)$$

많은 전력을 방사하기 위해서 큰 복사저항이 필요하다. 헤르츠 쌍극자의 길이는 매우 작아서($kd \ll 1$), $d = \lambda/10$라 가정하면 복사저항은

$$R_r = 80\pi^2\left(\frac{1}{10}\right)^2 \fallingdotseq 7.9\Omega \qquad (12\text{-}56)$$

이다. 저항값이 매우 작으므로 방사되는 전력도 작고, 또한 전송선과 정합시키기도 어렵다. 그러므로 안테나의 길이는 방사파장에 근접하는 길이가 좋다.

손실안테나 입력저항은 방사저항 R_r과 안테나 금속도체의 저항 R_c로 구성하고, 안테나의 총 입력전력은

$$P_{in} = P_{rad} + P_c = \frac{1}{2}I_0^2 R_r + \frac{1}{2}I_0^2 R_c = \frac{1}{2}I_0^2(R_r + R_c) \qquad (12\text{-}57)$$

이고, 여기서 P_{rad}은 방사된 전력이며 P_c는 도체에서 소비하는 전력이다.

안테나의 효율(efficiency)은

$$\xi = \frac{P_{rad}}{P_{in}} = \frac{R_r}{R_r + R_c} \qquad (12\text{-}58)$$

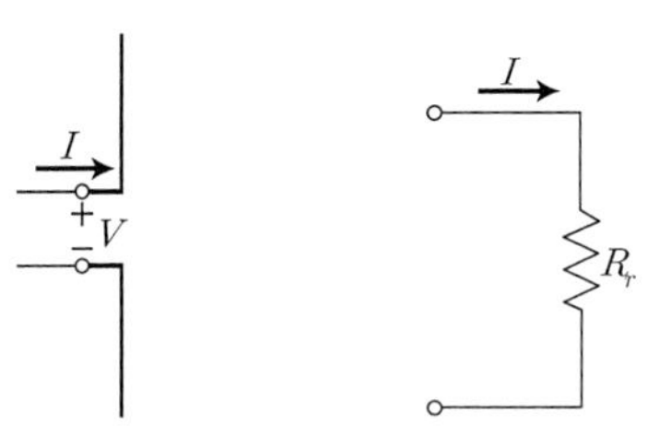

그림 12.23 안테나와 복사저항 (a) 방사안테나 (b) 복사저항

이며, 이상적인 무손실안테나는 $\xi = 1$ 이다.

안테나의 이득은 안테나 효율과 지향성으로 나타낼 수 있고, dB 단위로 나타내면 $10\log_{10} G$ [dB] 이다.

$$G(\theta,\phi) = \eta_r \cdot \text{DIR} = \left(\frac{P_{rad}}{P_{in}}\right)\frac{\mathbb{P}_{av}\big|_{\max}}{P_{rad}/4\pi r^2} = \frac{(4\pi r^2)\mathbb{P}_{av}\big|_{\max}}{P_{in}} \qquad (12\text{-}59)$$

예제 12.8 강철로 된 균일전류 쌍극자안테나의 길이가 10cm 이고 반경이 10^{-5}m 이다. 주파수가 100MHz 이고, 공기 중에서 방사저항과 저항성 저항, 그리고 방사 효율을 구하여라.

풀이 ① $\lambda = \dfrac{c_0}{f} = \dfrac{3\times 10^8}{10^8} = 300\text{cm} \gg d = 10\text{cm}$,

$$R_r = 80\pi^2\left(\frac{d}{\lambda}\right)^2 = 80\pi^2\left(\frac{10}{300}\right)^2 = 0.88\ [\Omega]$$

② 길이가 ℓ 이고, 반경이 a 인 도선에서 표피효과에 의한 표면저항은

$R_s \equiv \sqrt{\dfrac{\pi f \mu}{\sigma}}$ $[\Omega/sq]$ 이고, 손실저항은 $R_c = R_s\left(\dfrac{\ell}{2\pi a}\right)[\Omega]$ 이다.

여기서 $\sigma = 2\times 10^6$ [S/m], $\mu = \mu_0$ 이다.

$$R_s = \sqrt{\frac{\pi f \mu}{\sigma}} = \sqrt{\frac{\pi\cdot 10^8\cdot 4\pi\times 10^{-7}}{2\times 10^6}} = 0.014[\Omega/sq],$$

$$R_c = R_s\left(\frac{\ell}{2\pi a}\right) = 0.014\left(\frac{0.1}{2\pi(10^{-5})}\right) = 22.3[\Omega]$$

③ 방사효율 $\xi \equiv \dfrac{R_r}{R_r + R_c} = \dfrac{0.08}{0.08 + 22.3} = 0.36\%$ 으로 매우 낮다. ■

(5) 방사안테나의 전력밀도

등방성안테나는 모든 방향으로 균일한 전력을 방사하는 이상적인 방사 원천이다. 원천으로부터 거리 r[m] 에서 전력밀도는

$$\mathbb{P} = \frac{P_t}{4\pi r^2}\ [\text{W/m}^2] \qquad (12\text{-}60)$$

이고 P_t 는 원천에서 방사되는 전력이고, $4\pi r^2$ 은 구각의 표면적이다. 에너지를 특정 방향으로 집중시킬 때 등방성 전파복사기(radiator)에 비해 전력밀도가 증가한다. 전력밀도 증가의 측도가 되는 변수는 안테나의 이득이고, 등방성 전파복사기보다 증가한 전력밀도의 인자로 정의한다. 위치 (r,θ,ϕ) 에서 전력밀도는

$$\mathbb{P} = G(\theta,\phi)\frac{P_t}{4\pi r^2}\ [\text{W/m}^2] \qquad (12\text{-}61)$$

으로 정의하면, $G(\theta,\phi)$ 는 위상각의 함수인 안테나 이득이다.

예제 12.9 등방성안테나와 피크 이득이 10인 혼안테나는 50W 전력을 방사한다. 안테나에서 100m 떨어진 거리에서 전장과 자장의 세기를 계산하여라(단, 국부적인 근사로 평면파이며 선형편파라고 가정한다).

풀이 ① 등방성복사기 전력밀도 $\mathbb{P} = \dfrac{50}{(4\pi)(100)^2} = 4\times 10^{-4}[\mathrm{W/m^2}]$, 평면파의 전력밀도 $\mathbb{P} = \dfrac{1}{2}\dfrac{E^2}{\eta}$에서 $E = \sqrt{2\eta\mathbb{P}} = \sqrt{2(377)(4\times 10^{-4})} = 0.55[\mathrm{V/m}]$,
$H = \dfrac{E}{\eta} = \dfrac{0.55}{377} = 1.46\times 10^{-3}[\mathrm{A/m}]$

② 이득이 10인 혼안테나 $\mathbb{P} = 10\times \dfrac{50}{(4\pi)(100)^2} = 4\times 10^{-3}[\mathrm{W/m^2}]$
$E = \sqrt{2\eta\mathbb{P}} = \sqrt{2(377)(4\times 10^{-3})} = 1.74[\mathrm{V/m}]$,
$H = \dfrac{E}{\eta} = \dfrac{1.74}{377} = 4.6\times 10^{-3}[\mathrm{A/m}]$ ■

12.10 교류전력선

먼 거리인 발전소에서 가정까지 전자파전력을 보내기 위해 이중도선을 사용한다. 전력선 주파수 60Hz의 파장은 $\lambda = c_0/f = 3\times 10^8/60 = 5{,}000km$이므로 집중소자모델의 회로이론이 전력전송을 설명하는데 적용할 수 있다. 그림 12.24와 같은 이중도선에서 왼쪽 도선은 부하방향(지면 안쪽 방향)으로 전류 I가 흐르고 오른쪽 도선은 귀환전류(지면 바깥 방향)가 흐른다. 전력이 흐르는 포인팅벡터($\mathbb{P} = \boldsymbol{E}\times\boldsymbol{H}$)는 부하방향인 지면 속을 향하고 이는 교류로 전류방향이 바뀌어도 전력이 흐르는 방향은 바뀌지 않는다.

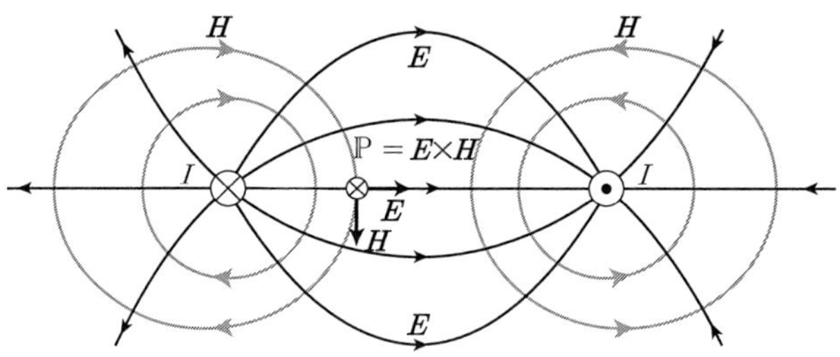

그림 12.24 전력선의 전력전송

| 연 | 습 | 문 | 제 |

12.1 z-방향으로 전송되는 파, Ψ의 x-성분은 $\Psi_x = C_x \cos(wt + \phi_x)$이고, y-성분이 $\Psi_y = C_y \cos(wt + \phi_y)$이다. 크기가 $C_x = 2C_y$이고 위상차가 (a) $\phi_x - \phi_y = 0$ (b) $\phi_x - \phi_y = \pi/4$ (c) $\phi_x - \phi_y = \pi/2$ (d) $\phi_x - \phi_y = \pi$인 경우 xy-평면에 시간의 함수로 Ψ를 그리고 궤적(타원, 원)과 회전방향(시계방향, 반시계방향)을 구별하여라.

12.2 z-방향으로 이동하는 원형편파에서 전장은 $\boldsymbol{E}(z,t) = 3\hat{a_x}\cos(\beta z - wt) + 3\hat{a_y}\sin(\beta z - wt)$이다. 여기서 $k = 2\pi/\lambda$, $w = 2\pi/T$이고 λ은 파장, T는 주기이다.

(a) 시간 $t = 0$에서 위치 $z = 0,\ \lambda/4,\ \lambda/2$일 때 xy-평면에서 전장을 z-방향으로 나타내어라.

(b) 원형편파임을 설명하여라.

(c) (a)의 모든 조건에서 xy-평면에서 자장을 나타내어라.

12.3 전장이 $\boldsymbol{E}(z) = \left\{\hat{a_x}(2 + j2) + \hat{a_y}(-5 - j5)\right\} e^{-j\beta z}$이면 선형편파임을 설명하고 x-축과 이루는 각을 구하여라.

12.4 아래 전장이 원형편파임을 설명하고 반지름과 회전방향 그리고 $z = 0,\ t = 0$에서 각도를 구하여라.

(a) $\boldsymbol{E}(z) = \left\{\hat{a_x}(2 + j2) + \hat{a_y}(2 - j2)\right\} e^{-j\beta z}$

(b) $\boldsymbol{E}(z) = \left\{\hat{a_x}(2 - j2) + \hat{a_y}(2 + j2)\right\} e^{-j\beta z}$

12.5 아래 평면파의 전장에서 편파의 종류를 설명하여라.

$$\boldsymbol{E}(z,t) = 3\hat{a_x}\cos\left(\beta z - wt - \frac{\pi}{6}\right) + 4\hat{a_y}\sin\left(\beta z - wt - \frac{\pi}{4}\right)$$

12.6 자유공간에서 평면파의 전장이 $\boldsymbol{E}(y) = 50\left(\hat{a_z} + j\hat{a_x}\right\} e^{-j20y}$이다.

(a) 자장 (b) 포인팅벡터 (c) 편파 종류를 구하여라.

12.7 아래 조건에서 $\boldsymbol{E} = E_1\,\hat{a_x}\,e^{i(kz - wt)} + E_2\,\hat{a_y}\,e^{i(kz - wt + \phi)}$의 편파 종류(선형, 원형, 타원 등)를 설명하여라.

(a) $E_1 = E_2,\ \phi = \pi/2$ (b) $E_1 = E_2,\ \phi = \pi/4$ (c) $E_1 = E_2,\ \phi =$ 임의적

(d) $E_1 \neq E_2,\ \phi = 0$ (e) $E_1 \neq E_2,\ \phi = \pi/2$

12.8 z-방향으로 이동하는 원형편파에서 전장은 $\boldsymbol{E}(z,t) = E_0\cos(\beta z - wt)\widehat{a_x}$ $+ E_0\sin(\beta z - wt)\widehat{a_y}$이다. 여기서 $k = 2\pi/\lambda$, $w = 2\pi/T$이고 λ은 파장, T는 주기이다.

(a) 시간 $t = 0$에서 위치 $z = 0,\ \lambda/4,\ \lambda/2$일 때 xy-평면에서 전장을 z-방향으로 나타내어라.

(b) 원형편파임을 설명하여라.

(c) (a)의 모든 조건에서 xy-평면에서 자장을 나타내어라.

12.9 아래 전장이 원형편파임을 설명하고 반지름과 회전방향 그리고 $z = 0,\ t = 0$에서 각도를 구하여라.

(a) $\boldsymbol{E}(z) = \left\{\widehat{a_x}\,(2 + j2) + \widehat{a_y}\,(2 - j2)\right\} e^{-j\beta z}$

(b) $\boldsymbol{E}(z) = \left\{\widehat{a_x}\,(2 - j2) + \widehat{a_y}\,(2 + j2)\right\} e^{-j\beta z}$

12.10 길이가 $d = 0.6\text{mm}$인 헤르츠 쌍극자안테나가 공기 중에서 $10G\text{Hz}$인 전류 $\boldsymbol{I}_0 = \widehat{a_z}\,10m\text{A}$가 흐르고 안테나는 좌표의 원점에 위치한다. 다음을 구하여라.

(a) 안테나의 전기적인 길이

(b) 점 $\text{P}(r = 20\lambda,\ \theta = \pi/2,\ \phi = \pi/2)$에서 원거리 위상자 전장과 자장

(c) 점 P에서 시평균 전력밀도 벡터

(d) 안테나에서 방사되는 총 전력

(e) 안테나의 방사저항

12.11 길이가 $d = 30\text{cm}$, 반경이 $a = 1\text{mm}$인 구리 도선 쌍극자가 $10M\text{Hz}$에서 동작하고 0.5W를 방사한다. 다음을 구하여라.

(a) 안테나에서 전류의 최댓값

(b) 안테나에서 소비되는 전력량

(c) 최대 방사되는 방향에서 20m 거리의 전력밀도

(d) 방사 효율

■ 참고문헌 ■

■ 수학 관련 참고문헌

1. 공업수학(Advanced Engineering Mathematics), Kreyszig, Wiley, 1996.
2. 수학기술, 오카베, 츠네하루, 중앙M&B, 2004.
3. 고교 수학이란 무엇인가(쉽게 풀이한 고교수학의 원리), 한병호, 진리세계사, 2003.
4. (수학의 황제)가우스, 홀 토드, 경문사, 1997.

■ 물리 관련 참고문헌

1. 맥스웰이 들려주는 전기자기 이야기, 정완상, 자음과 모음, 2005.
2. 파인만의 물리학 강의(Feynman lectures on physics), 파인만, 리처드, 1918-1988.
3. (속보이는 물리)전기와 자기 밀고 당기기, 한국물리학회, 동아사이언스, 2006.
4. 전자기, 맥스웰의 스파크, 백종민, 성우, 2002.
5. 물리수학의 직관적 방법, 쉰이취로, 나가누마, 청음사, 1994.
6. 카오스와 비선형동역학, 문희태, 서울대학교출판부, 2002.

■ 전자기학 관련 참고문헌

1. 전자기학(Fundamentals of Engineering Electromagnetics), Cheng, David K, Pearson Education, 2005.
2. 전자기학(Engineering Electromagnetics), William H. Hayt Jr, McGraw-Hill, 2005.
3. Electromagnetics, John D. Kraus, McGraw-Hill, 1988.
4. Electromagnetic Fields and Waves, P. Lorrain, D. R. Corson, F. Lorrain, Freeman, 1988.
5. Electromagnetic Waves, C. G. Someda, Chapman & Hall, 1998.
6. Engineering Electromagnetics, Kenneth R. Demarest, Prentice Hall, 1998.
7. Handbook of Electromagnetic Materials: Monolithic and Composite Versions and Their Applications, Perambur S. Neelakanta, CRC Press, 1995.
8. Electromagnetics for High Speed Communication Circuits, A. M. Niknejad, 2005.
9. Understanding Microwaves, Scott, Wiley, 1993.
10. Field and Wave Electromagnetics, David K. Cheng, Addison-Wesley, 1989.
11. Engineering Electromagnetics, Hayt, William Hart, Buck, John A. McGraw-Hill, 2005.
12. 진자기학, 김세윤, 사이텍미디어, 2001.

■ 인터넷 관련 참고사이트

-www.rfdh.com, www.amanogawa.com

-hyperphysics.phy-astr.gsu.edu/hbase/hframe.html

-www.phy.ntnu.edu.tw/java/emWave/emWave.html

-vorlon.case.edu/~flm

부록 1. 물리상수

· Boltzmann상수 (k) :

1.380662×10^{-23}[J/K] $= 1.38048\times10^{-16}$[erg/K] $= 8.61727\times10^{-5}$[eV/K]

· Planck상수 (h) : 6.6256×10^{-34}[J · s]

· Avogadro상수(N_A): 6.023×10^{23}[mole^{-1}]

· 상온에서 kT : 0.0259 [eV]

· 자유공간의 유전율 (ϵ_0) : 8.854×10^{-12}[F/m] $\simeq \frac{1}{36\pi}\times10^{-9}$[F/m]

· 자유공간의 투자율 (μ_0) : $4\pi\times10^{-7}$[H/m]

· 자유공간 빛의 속도 (c_0) : 2.997924590×10^{8}[m/s]

· 자유공간의 고유 임피던스 ($\eta_0 = \sqrt{\mu_0/\varepsilon_0}$) : 376.7[Ω] $\simeq$ 120π[Ω]

· 전자의 정지질량 (m_0) : 9.1095×10^{-31}[kg]

· 전자의 전하량 (e) : -1.60210×10^{-19}[C]

· 양자의 정지질량 (M) : 1.673×10^{-27}[kg]

· 전자의 전하량 대 질량비 (e/m_0) : -1.758×10^{11}[C/kg]

· 전자볼트 (eV) : 1.60218×10^{-19}[J]

· 인치 (″) : 2.54[cm], 1피트(ft) : 30.48[cm]

· 밀 (mil) : 1/1,000인치

· 옹그스트롬 (Å, angstrom) : 10^{-10}[m]

· 원의 원주 대 직경의 비 (π) : 3.14159265358879

부록 2. 그리스 문자

대문자	소문자	명 칭		명칭 사용 예
A	α	알파	alpha	각도, 면적, 계수, 감쇠상수, 흡수율, CB 전류 이득
B	β	베타	beta	각도, 플럭스밀도, 위상상수, CE 전류 이득
Γ	γ	감마	gamma	각도, 전파상수, 도전율, 비중
Δ	δ	델타	delta	밀도, 각도, 미소량
E	ϵ	엡실론	epsilon	전계강도
Z	ζ	제타	zeta	임피던스(대문자),계수
H	η	에타	eta	히스테리시스계수, 표면전하밀도
Θ	θ	시타, 테타	theta	온도, 위상각, 시상수
I	ι	이오타, 아이오타	iota	단위벡터
K	κ	카파	kappa	유전계수, 감수율
Λ	λ	람다	lambda	파장, 감쇠상수
M	μ	뮤	mu	10^{-6}, 증폭률, 투자율
N	ν	뉴	nu	자기저항률(reluctivity, $1/\mu$), 주파수
Ξ	ξ	크시, 크사이	xi	좌표
O	o	오미크론	omicron	거의 사용 안함
Π	π	파이, 피	pi	원주율(3.1416)
P	ρ	로	rho	저항률, 좌표
Σ	σ	시그마	sigma	대수합(대문자), 전기전도율, 표면전하밀도, 복소수전파(電播)상수
T	τ	타우	tau	시상수, 시간, 위상변위밀도, 전송률
Y	υ	입실론	upsilon	입실론 입자
Φ	ϕ	파이, 피	phi	각도, 자속, 스칼라 전위(대문자)
X	χ	카이	chi	각도, 전기감수율
Ψ	ψ	프시, 사이	psi	유전속, 위상차, 좌표, 각도
Ω	ω	오메가	omega	각속도, 저항(대문자), 입체각(대문자)

부록 3. 곡선좌표계(Curvilnear Coordinate System)

부록 표 3.1 3차원 곡선좌표, 직각좌표, 원통좌표, 구좌표의 대응관계

곡선좌표		직각좌표	원통좌표	구좌표
좌표	u_1 u_2 u_3	x y z	ρ ϕ z	r θ ϕ
스칼라인자	h_1 h_2 h_3	1 1 1	1 ρ 1	1 r $r\sin\theta$
단위벡터	$\widehat{a_{u_1}}$ $\widehat{a_{u_2}}$ $\widehat{a_{u_3}}$	$\widehat{a_x}$ $\widehat{a_y}$ $\widehat{a_z}$	$\widehat{a_\rho}$ $\widehat{a_\phi}$ $\widehat{a_z}$	$\widehat{a_r}$ $\widehat{a_\theta}$ $\widehat{a_\phi}$

부록 표 3.2 3차원 곡선좌표, 직각좌표, 원통좌표, 구좌표에서 미소 길이, 미소 면적, 미소 체적

곡선좌표			직각좌표	원통좌표	구좌표
미소 길이	$d\boldsymbol{\ell}_1$ $d\boldsymbol{\ell}_2$ $d\boldsymbol{\ell}_3$	$\widehat{a_{u1}}h_1du_1$ $\widehat{a_{u2}}h_2du_2$ $\widehat{a_{u3}}h_3du_3$	$\widehat{a_x}dx$ $\widehat{a_y}dy$ $\widehat{a_z}dz$	$\widehat{a_\rho}d\rho$ $\widehat{a_\phi}\rho d\phi$ $\widehat{a_z}dz$	$\widehat{a_r}dr$ $\widehat{a_\theta}rd\theta$ $\widehat{a_\phi}r\sin\theta d\phi$
미소 면적	$d\boldsymbol{s}_1$ $d\boldsymbol{s}_2$ $d\boldsymbol{s}_3$	$\widehat{a_{u1}}h_2h_3du_2du_3$ $\widehat{a_{u2}}h_3h_1du_3du_1$ $\widehat{a_{u3}}h_1h_2du_1du_2$	$\widehat{a_x}dydz$ $\widehat{a_y}dzdx$ $\widehat{a_z}dxdy$	$\widehat{a_\rho}\rho d\phi dz$ $\widehat{a_\phi}d\rho dz$ $\widehat{a_z}\rho d\rho d\phi$	$\widehat{a_r}r^2\sin\theta d\theta d\phi$ $\widehat{a_\theta}r\sin\theta drd\phi$ $\widehat{a_\phi}rdrd\theta$
미소 체적	dv	$h_1h_2h_3du_1du_2du_3$	$dxdydz$	$\rho d\rho d\phi dz$	$r^2\sin\theta drd\theta d\phi$

부록 표 3.3 단위벡터 내적

좌표 \ 단위벡터		직각좌표			원통좌표			구좌표		
		$\hat{a}_x$	$\hat{a}_y$	$\hat{a}_z$	$\hat{a}_\rho$	$\hat{a}_\phi$	$\hat{a}_z$	$\hat{a}_r$	$\hat{a}_\theta$	$\hat{a}_\phi$
직각	$\hat{a}_x$	1	0	0	$\cos\phi$	$-\sin\phi$	0	$\sin\theta\cos\phi$	$\cos\theta\cos\phi$	$-\sin\phi$
	$\hat{a}_y$	0	1	0	$\sin\phi$	$\cos\phi$	0	$\sin\theta\sin\phi$	$\cos\theta\sin\phi$	$\cos\phi$
	$\hat{a}_z$	0	0	1	0	0	1	$\cos\theta$	$-\sin\theta$	0
원통	$\hat{a}_\rho$	$\cos\phi$	$\sin\phi$	0	1	0	0	$\sin\theta$	$\cos\theta$	0
	$\hat{a}_\phi$	$-\sin\phi$	$\cos\phi$	0	0	1	0	0	0	1
	$\hat{a}_z$	0	0	1	0	0	1	$\cos\theta$	$-\sin\theta$	1
구	$\hat{a}_r$	$\sin\theta\cos\phi$	$\sin\theta\sin\phi$	$\cos\theta$	$\sin\theta$	0	$\cos\theta$	1	0	0
	$\hat{a}_\theta$	$\cos\theta\cos\phi$	$\cos\theta\sin\phi$	$-\sin\theta$	$\cos\theta$	0	$-\sin\theta$	0	1	0
	$\hat{a}_\phi$	$-\sin\phi$	$\cos\phi$	0	0	1	0	0	0	1

부록 표 3.4 직각좌표에서 단위벡터 내적

좌표 \ 단위벡터		직각좌표		
		$\hat{a}_x$	$\hat{a}_y$	$\hat{a}_z$
원통	$\hat{a}_\rho$	$\frac{x}{\sqrt{x^2+y^2}}$	$\frac{y}{\sqrt{x^2+y^2}}$	0
	$\hat{a}_\phi$	$\frac{-y}{\sqrt{x^2+y^2}}i$	$\frac{x}{\sqrt{x^2+y^2}}$	0
	$\hat{a}_z$	0	0	1
구	$\hat{a}_r$	$\frac{x}{\sqrt{x^2+y^2+z^2}}$	$\frac{y}{\sqrt{x^2+y^2+z^2}}$	$\frac{z}{\sqrt{x^2+y^2+z^2}}$
	$\hat{a}_\theta$	$\frac{xz}{\sqrt{x^2+y^2}\sqrt{x^2+y^2+z^2}}$	$\frac{yz}{\sqrt{x^2+y^2}\sqrt{x^2+y^2+z^2}}$	$-\frac{\sqrt{x^2+y^2}}{\sqrt{x^2+y^2+z^2}}$
	$\hat{a}_\phi$	$\frac{-y}{\sqrt{x^2+y^2}}$	$\frac{x}{\sqrt{x^2+y^2}}$	0

부록 표 3.5 직각좌표를 원통 혹은 구좌표 변환

직각좌표를 원통좌표로 변환
$$A_\rho = A_x\cos\phi + A_y\sin\phi = A_x\frac{x}{\sqrt{x^2+y^2}} + A_y\frac{y}{\sqrt{x^2+y^2}}$$ $$A_\phi = -A_x\sin\phi + A_y\cos\phi = -A_x\frac{y}{\sqrt{x^2+y^2}} + A_y\frac{x}{\sqrt{x^2+y^2}}$$ $$A_z = A_z$$
직각좌표를 구좌표로 변환
$$A_r = A_x\sin\theta\cos\phi + A_y\sin\theta\sin\phi + A_z\cos\theta = A_x\frac{x}{\sqrt{x^2+y^2+z^2}} + A_y\frac{y}{\sqrt{x^2+y^2+z^2}} + A_z\frac{z}{\sqrt{x^2+y^2+z^2}}$$ $$A_\theta = A_x\frac{xz}{\sqrt{x^2+y^2}\sqrt{x^2+y^2+z^2}} + A_y\frac{yz}{\sqrt{x^2+y^2}\sqrt{x^2+y^2+z^2}} - A_z\frac{\sqrt{x^2+y^2}}{\sqrt{x^2+y^2+z^2}}$$ $$A_\phi = -A_x\sin\phi + A_y\cos\phi = -A_x\frac{y}{\sqrt{x^2+y^2}} + A_y\frac{x}{\sqrt{x^2+y^2}}$$

부록 표 3.6 좌표 변환

좌표 변환	좌표축 변수	단위벡터	벡터성분
직각에서 원통	$\rho = \sqrt{x^2+y^2}$ $\phi = \tan^{-1}\frac{y}{x}$ $z = z$	$\hat{a}_\rho = \hat{a}_x \cos\phi + \hat{a}_y \sin\phi$ $\hat{a}_\phi = -\hat{a}_x \sin\phi + \hat{a}_y \cos\phi$ $\hat{a}_z = \hat{a}_z$	$A_\rho = A_x \cos\phi + A_y \sin\phi$ $A_\phi = -A_x \sin\phi + A_y \cos\phi$ $A_z = A_z$
직각에서 구	$r = \sqrt{x^2+y^2+z^2}$ $\theta = \tan^{-1}\frac{\sqrt{x^2+y^2}}{z}$ $\phi = \tan^{-1}\frac{y}{x}$	$\hat{a}_r = \hat{a}_x \sin\theta\cos\phi$ $+\hat{a}_y \sin\theta\sin\phi + \hat{a}_z \cos\theta$ $\hat{a}_\theta = \hat{a}_x \cos\theta\cos\phi$ $+\hat{a}_y \cos\theta\sin\phi - \hat{a}_z \sin\theta$ $\hat{a}_\phi = -\hat{a}_x \sin\phi + \hat{a}_y \cos\phi$	$A_r = A_x \sin\theta\cos\phi$ $+A_y \sin\theta\sin\phi + A_z \cos\theta$ $A_\theta = A_x \cos\theta\cos\phi$ $+A_y \cos\theta\sin\phi - A_z \sin\theta$ $A_\phi = -A_x \sin\phi + A_y \cos\phi$
원통에서 직각	$x = \rho\cos\phi$ $y = \rho\sin\phi$ $z = z$	$\hat{a}_x = \hat{a}_\rho \cos\phi - \hat{a}_\phi \sin\phi$ $\hat{a}_y = \hat{a}_\rho \sin\phi + \hat{a}_\phi \cos\phi$ $\hat{a}_z = \hat{a}_z$	$A_x = A_\rho \cos\phi - A_\phi \sin\phi$ $A_y = A_\rho \sin\phi + A_\phi \cos\phi$ $A_z = A_z$
원통에서 구	$r = \sqrt{r^2+z^2}$ $\theta = \tan^{-1}\frac{r}{z}$ $\phi = \phi$	$\hat{a}_r = \hat{a}_r \sin\theta + \hat{a}_z \cos\theta$ $\hat{a}_\theta = \hat{a}_r \cos\theta - \hat{a}_z \sin\theta$ $\hat{a}_\phi = \hat{a}_\phi$	$A_r = A_r \sin\theta + A_z \cos\theta$ $A_\theta = A_r \cos\theta - A_z \sin\theta$ $A_\phi = A_\phi$
구에서 직각	$x = r\sin\theta\cos\phi$ $y = r\sin\theta\sin\phi$ $z = r\cos\theta$	$\hat{a}_x = \hat{a}_r \sin\theta\cos\phi$ $+\hat{a}_\theta \cos\theta\cos\phi - \hat{a}_\phi \sin\phi$ $\hat{a}_y = \hat{a}_\rho \sin\theta\sin\phi$ $+\hat{a}_\theta \cos\theta\sin\phi + \hat{a}_\phi \cos\phi$ $\hat{a}_z = \hat{a}_r \cos\theta - \hat{a}_\theta \sin\theta$	$A_x = A_r \sin\theta\cos\phi$ $+A_\theta \cos\theta\cos\phi - A_\phi \sin\phi$ $A_y = A_r \sin\theta\sin\phi$ $+A_\theta \cos\theta\sin\phi + A_\phi \cos\phi$ $A_z = A_r \cos\theta - A_\theta \sin\theta$
구에서 원통	$r = r\sin\theta$ $\phi = \phi$ $z = r\cos\theta$	$\hat{a}_\rho = \hat{a}_r \sin\theta + \hat{a}_\theta \cos\theta$ $\hat{a}_\phi = \hat{a}_\phi$ $\hat{a}_z = \hat{a}_r \cos\theta - \hat{a}_\theta \sin\theta$	$A_\rho = A_r \sin\theta + A_\theta \cos\theta$ $A_\phi = A_\phi$ $A_z = A_r \cos\theta - A_\theta \sin\theta$

■ **기울기**

$$\nabla f = \frac{1}{h_1}\frac{\partial f}{\partial u_1}\hat{a}_{u_1} + \frac{1}{h_2}\frac{\partial f}{\partial u_2}\hat{a}_{u_2} + \frac{1}{h_3}\frac{\partial f}{\partial u_3}\hat{a}_{u_3}$$

직각좌표	$\nabla f = \frac{\partial f}{\partial x}\hat{a}_x + \frac{\partial f}{\partial y}\hat{a}_y + \frac{\partial f}{\partial z}\hat{a}_z$
원통좌표	$\nabla f = \frac{\partial f}{\partial \rho}\hat{a}_\rho + \frac{1}{\rho}\frac{\partial f}{\partial \phi}\hat{a}_\phi + \frac{\partial f}{\partial z}\hat{a}_z$
구좌표	$\nabla f = \frac{\partial f}{\partial r}\hat{a}_r + \frac{1}{r}\frac{\partial f}{\partial \theta}\hat{a}_\theta + \frac{1}{r\sin\theta}\frac{\partial f}{\partial \phi}\hat{a}_\phi$

■ 발산

$$\nabla \cdot \boldsymbol{A} = \frac{1}{h_1h_2h_3}\left(\frac{\partial}{\partial u_1}(A_1h_2h_3) + \frac{\partial}{\partial u_2}(A_2h_3h_1) + \frac{\partial}{\partial u_3}(A_3h_1h_2)\right)$$

직각좌표	$\nabla \cdot \boldsymbol{A} = \frac{\partial A_x}{\partial x} + \frac{\partial A_y}{\partial y} + \frac{\partial A_z}{\partial z}$
원통좌표	$\nabla \cdot \boldsymbol{A} = \frac{1}{\rho}\frac{\partial}{\partial \rho}(\rho A_\rho) + \frac{1}{\rho}\frac{\partial A_\phi}{\partial \phi} + \frac{\partial A_z}{\partial z}$
구좌표	$\nabla \cdot \boldsymbol{A} = \frac{1}{r^2}\frac{\partial}{\partial r}(r^2 A_r) + \frac{1}{r\sin\theta}\frac{\partial}{\partial \theta}(\sin\theta A_\theta) + \frac{1}{r\sin\theta}\frac{\partial A_\phi}{\partial \phi}$

■ 회전

$$\nabla \times \boldsymbol{A} = \frac{1}{h_1h_2h_3}\begin{vmatrix} h_1\hat{a}_{u_1} & h_2\hat{a}_{u_2} & h_3\hat{a}_{u_3} \\ \frac{\partial}{\partial u_1} & \frac{\partial}{\partial u_2} & \frac{\partial}{\partial u_3} \\ h_1A_1 & h_2A_2 & h_3A_3 \end{vmatrix}$$

직각좌표	$\nabla \times \boldsymbol{A} = \begin{vmatrix} \hat{a}_x & \hat{a}_y & \hat{a}_z \\ \frac{\partial}{\partial x} & \frac{\partial}{\partial y} & \frac{\partial}{\partial z} \\ A_x & A_y & A_z \end{vmatrix}$
원통좌표	$\nabla \times \boldsymbol{A} = \frac{1}{\rho}\begin{vmatrix} \hat{a}_\rho & \rho\hat{a}_\phi & \hat{a}_z \\ \frac{\partial}{\partial \rho} & \frac{\partial}{\partial \phi} & \frac{\partial}{\partial z} \\ A_\rho & \rho A_\phi & A_z \end{vmatrix}$
구좌표	$\nabla \times \boldsymbol{A} = \frac{1}{r^2\sin\theta}\begin{vmatrix} \hat{a}_r & r\hat{a}_\theta & r\sin\theta\hat{a}_\phi \\ \frac{\partial}{\partial r} & \frac{\partial}{\partial \theta} & \frac{\partial}{\partial \phi} \\ A_r & rA_\theta & r\sin\theta A_\phi \end{vmatrix}$
직각좌표	$\nabla \times \boldsymbol{A} = \left(\frac{\partial A_z}{\partial y} - \frac{\partial A_y}{\partial z}\right)\hat{a}_x + \left(\frac{\partial A_x}{\partial z} - \frac{\partial A_z}{\partial x}\right)\hat{a}_y + \left(\frac{\partial A_y}{\partial x} - \frac{\partial A_x}{\partial y}\right)\hat{a}_z$
원통좌표	$\nabla \times \boldsymbol{A} = \left(\frac{1}{\rho}\frac{\partial A_z}{\partial \phi} - \frac{\partial A_\phi}{\partial z}\right)\hat{a}_\rho + \left(\frac{\partial A_\rho}{\partial z} - \frac{\partial A_z}{\partial \rho}\right)\hat{a}_\phi + \frac{1}{\rho}\left(\frac{\partial(\rho A_\phi)}{\partial \rho} - \frac{\partial A_\rho}{\partial \phi}\right)\hat{a}_z$
구좌표	$\nabla \times \boldsymbol{A} = \frac{1}{r\sin\theta}\left(\frac{\partial(\sin\theta A_\phi)}{\partial \theta} - \frac{\partial A_\theta}{\partial \phi}\right)\hat{a}_r + \frac{1}{r}\left(\frac{1}{\sin\theta}\frac{\partial A_r}{\partial \phi} - \frac{\partial(rA_\phi)}{\partial r}\right)\hat{a}_\theta + \frac{1}{r}\left(\frac{\partial(rA_\theta)}{\partial r} - \frac{\partial A_r}{\partial \theta}\right)\hat{a}_\phi$

■ 라플라시안

$$\nabla^2 f = \frac{1}{h_1h_2h_3}\left[\frac{\partial}{\partial u_1}\left(\frac{h_2h_3}{h_1}\frac{\partial f}{\partial u_1}\right)+\frac{\partial}{\partial u_2}\left(\frac{h_3h_1}{h_2}\frac{\partial f}{\partial u_2}\right)+\frac{\partial}{\partial u_3}\left(\frac{h_1h_2}{h_3}\frac{\partial f}{\partial u_3}\right)\right]$$

직각좌표	$\nabla^2 f = \frac{\partial^2 f}{\partial x^2}+\frac{\partial^2 f}{\partial y^2}+\frac{\partial^2 f}{\partial z^2}$
원통좌표	$\nabla^2 f = \frac{1}{\rho}\frac{\partial}{\partial \rho}\left(\rho\frac{\partial f}{\partial \rho}\right)+\frac{1}{\rho^2}\frac{\partial^2 f}{\partial \phi^2}+\frac{\partial^2 f}{\partial z^2}$
구좌표	$\nabla^2 f = \frac{1}{r^2}\frac{\partial}{\partial r}\left(r^2\frac{\partial f}{\partial r}\right)+\frac{1}{r^2\sin\theta}\frac{\partial}{\partial \theta}\left(\sin\theta\frac{\partial f}{\partial \theta}\right)+\frac{1}{r^2\sin^2\theta}\frac{\partial^2 f}{\partial \phi^2}$

■ 벡터연산

(1) 대수

$\boldsymbol{A}\cdot\boldsymbol{B}=\boldsymbol{B}\cdot\boldsymbol{A},\ \boldsymbol{A}\times\boldsymbol{B}=-\boldsymbol{B}\times\boldsymbol{A},\ \boldsymbol{A}\cdot(\boldsymbol{B}+\boldsymbol{C})=\boldsymbol{A}\cdot\boldsymbol{B}+\boldsymbol{A}\cdot\boldsymbol{C}$

$\boldsymbol{A}\times(\boldsymbol{B}+\boldsymbol{C})=\boldsymbol{A}\times\boldsymbol{B}+\boldsymbol{A}\times\boldsymbol{C},\ \boldsymbol{A}\times(\boldsymbol{B}\times\boldsymbol{C})=\boldsymbol{B}(\boldsymbol{C}\cdot\boldsymbol{A})+\boldsymbol{C}(\boldsymbol{A}\cdot\boldsymbol{B})$

$\boldsymbol{A}\cdot(\boldsymbol{B}\times\boldsymbol{C})=\boldsymbol{B}\cdot(\boldsymbol{C}\times\boldsymbol{A})+\boldsymbol{C}\cdot(\boldsymbol{A}\times\boldsymbol{B})$

(2) 적분

$\oint_s \boldsymbol{A}\cdot d\boldsymbol{s}=\int_v \nabla\cdot\boldsymbol{A}\,dv,\ \oint_\ell \boldsymbol{A}\cdot d\boldsymbol{\ell}=\int_s(\nabla\times\boldsymbol{A})\cdot d\boldsymbol{s}$

$\oint_s f(\nabla g)\cdot d\boldsymbol{s}=\int_v\left[f\nabla^2 g+(\nabla f)\cdot(\nabla g)\right]dv,$

$\oint_s[f\nabla g-g\nabla f]\cdot d\boldsymbol{s}=\int_v\left[f\nabla^2 g+g\nabla^2 f\right]dv$

(3) 미분

$\nabla(fg)=(\nabla f)g+f(\nabla g),\ \nabla(f+g)=\nabla f+\nabla g,\quad \nabla\times(f\nabla g)=\nabla f\times\nabla g$

$\nabla\cdot(\boldsymbol{A}+\boldsymbol{B})=\nabla\cdot\boldsymbol{A}+\nabla\cdot\boldsymbol{B}\ ,\ \nabla\times(\boldsymbol{A}+\boldsymbol{B})=\nabla\times\boldsymbol{A}+\nabla\times\boldsymbol{B}$

$\nabla\cdot(f\boldsymbol{A})=\boldsymbol{A}\cdot\nabla f+f(\nabla\cdot\boldsymbol{A}),\ \nabla\cdot(\boldsymbol{A}\times\boldsymbol{B})=\boldsymbol{B}\cdot(\nabla\times\boldsymbol{A})-\boldsymbol{A}\cdot(\nabla\times\boldsymbol{B})$

$\nabla\times(f\boldsymbol{A})=(\nabla f)\times\boldsymbol{A}+f(\nabla\times\boldsymbol{A}),\ \nabla\times(\nabla\times\boldsymbol{A})=\nabla(\nabla\cdot\boldsymbol{A})-\nabla^2\boldsymbol{A}$

부록 4. 수학공식

1. 로그의 성질

$a>0, x>0, y>0, a\neq 1$일 때

① $e=2.71828$, $\log_a a=1$, $\log_a 1=0$

② 상용대수는 $\log_{10}x=\log x$, 자연대수는 $\log_e x=\ln x$이면, $\log x=0.4343\ln x$

$$e=1+\frac{1}{1!}+\frac{1}{2!}+\frac{1}{3!}+\cdots+\frac{1}{n!}=2.71828\cdots$$

③ $\log xy=\log x+\log y$, $\log\frac{x}{y}=\log x-\log y$, $\log x^n=n\log x$, $\log \sqrt[m]{x}=\frac{1}{m}\log x$

$$\log_a x=\frac{\log x}{\log a},\ \log_{a^m} x^n=\frac{n}{m}\log_a x$$

2. 지수법칙

$a>0, b>0$ 이고 m, n이 양의 정수일 때

① $a^0=1$, $a^{-n}=\frac{1}{a^n}$, $\sqrt[n]{a}\,\sqrt[n]{b}=\sqrt[n]{ab}$, $\frac{\sqrt[n]{a}}{\sqrt[n]{b}}=\sqrt[n]{\frac{a}{b}}$

② $(\sqrt[n]{a})^m=\sqrt[n]{a^m}=\sqrt[pn]{a^{pm}}$, ($p$는 양의 정수) $\sqrt[m]{\sqrt[n]{a}}=\sqrt[mn]{a}$

③ $a^m a^n=a^{n+m}$, $\frac{a^m}{a^n}=a^{m-n}$, $(a^m)^n=a^{mn}$

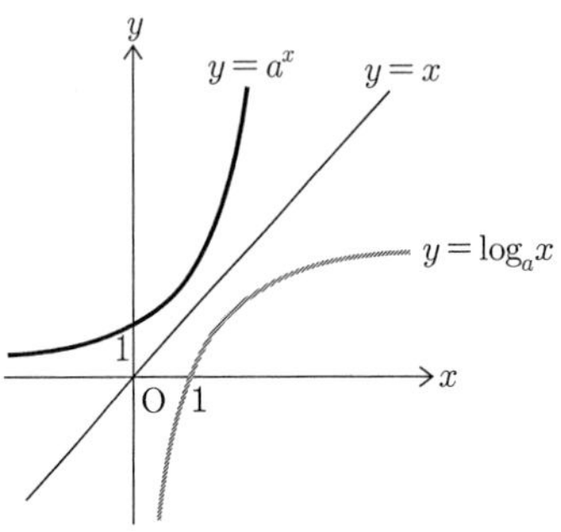

부록 그림 4.1 $a>1$ 로그함수

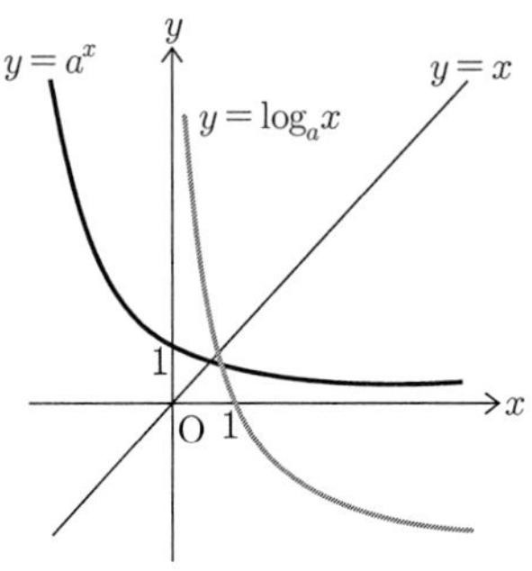

부록 그림 4.2 $0<a<1$ 로그함수

3. 근삿값

$x\ll 1$일 때

① $(1\pm x)^2\approx 1\pm 2x$, $(1\pm x)^n\approx 1\pm nx$, $\sqrt{1+x}\approx 1+\frac{1}{2}x$, $\frac{1}{\sqrt{1+x}}\approx 1-\frac{1}{2}x$

② $e^x\approx 1+x$, $\ln(1+x)\approx x$

③ $\sin(x)\approx x$, $\cos(x)\approx 1$, $\tan(x)\approx x$, $\tanh(x)\approx 1$

4. 급수 전개

① 이항전개 $(x+y)^n = x^n + nx^{n-1}y + \frac{1}{2!}n(n-1)x^{n-2}y^2 + \frac{1}{3!}n(n-1)(n-2)x^{n-3}y^3 + \cdots$

② Maclaurin 급수 $f(x) = f(0) + f'(0)x + \frac{1}{2!}f''(0)x^2 + \frac{1}{3!}f'''(0)x^3 + \cdots$

③ Taylor 급수 $f(x+y) = f(x) + f'(x)y + \frac{1}{2!}f''(x)y^2 + \frac{1}{3!}f'''(x)y^3 + \cdots$

$$(1+x)^n = 1 + nx + \frac{1}{2!}n(n-1)x^2 + \frac{1}{3!}n(n-1)(n-2)x^3 + \cdots,\ (|x| < 1)$$

$$(1-x)^n = 1 - nx + \frac{1}{2!}n(n-1)x^2 - \frac{1}{3!}n(n-1)(n-2)x^3 + \cdots,\ (|x| < 1)$$

$$1 + \frac{1}{2} + \frac{1}{3} + \frac{1}{4} + \cdots = \infty,\ 1 - \frac{1}{2} + \frac{1}{3} - \frac{1}{4} + \cdots = \ln 2,\ \ln(1+x) = \sum_{n=1}^{\infty}(-1)^{n+1}\frac{x^n}{n} \quad \text{모든 } x$$

$$e^x = 1 + x + \frac{1}{2!}x^2 + \frac{1}{3!}x^3 + \frac{1}{5!}x^5 + \cdots \qquad \sin(x) = x - \frac{1}{3!}x^3 + \frac{1}{5!}x^5 - \frac{1}{7!}x^7 + \cdots$$

$$\cos(x) = 1 - \frac{1}{2!}x^2 + \frac{1}{4!}x^4 - \frac{1}{6!}x^6 + \cdots \quad \tan(x) = x + \frac{1}{3}x^3 + \frac{2}{15}x^5 + \frac{7}{315}x^7 + \cdots$$

$$\sinh(x) = x + \frac{1}{3!}x^3 + \frac{1}{5!}x^5 + \frac{1}{7!}x^7 + \cdots \qquad \cosh(x) = 1 + \frac{1}{2!}x^2 + \frac{1}{4!}x^4 + \frac{1}{6!}x^6 + \cdots$$

5. 삼각함수

각 변이 a, b, c 맞각이 A, B, C 일 때 $s = \frac{1}{2}(a+b+c)$, 외접원의 반경 R, 내접원의 반경 r

① 사인의 법칙 $\frac{a}{\sin A} = \frac{b}{\sin B} = \frac{c}{\sin C} = 2R$

② 코사인의 법칙 $a^2 = b^2 + c^2 - 2bc\cos A$

③ $r = \sqrt{\frac{(s-a)(s-b)(s-c)}{s}}$

④ 면적 $= \frac{1}{2}ab\sin C = \frac{a^2\sin B\sin C}{2\sin(B+C)} = \sqrt{s(s-a)(s-b)(s-c)}$

⑤ $a\cos\theta + b\sin\theta = \sqrt{a^2+b^2}\cos(\theta-\alpha),\ \alpha = \tan^{-1}\frac{b}{a}$

⑥ 기타 $y = |a|$: $a \geq 0$ 이면 $y = a$, $a < 0$ 이면 $y = -a$, $y = \sqrt{a^2} = |a|$

6. 미분방정식

① 2계 상(상수계수) 선형 동차 미분방정식 $a\frac{d^2y}{dx^2} + b\frac{dy}{dx} + cy = 0$의 보조방정식은 $ap^2 + bp + c = 0$이고,

(a) $b^2 - 4ac > 0$일 때 실근 $\alpha, \beta(\alpha \neq \beta)$를 가지고, 해는 $y = C_1e^{\alpha x} + C_2e^{\beta x}$이고,

(b) $b^2 - 4ac = 0$일 때 실근(중근) α를 가지고, 해는 $y = (C_1 + C_2x)e^{\alpha x}$이며,

(c) $b^2 - 4ac < 0$일 때 허근 $\lambda \pm iw$를 가질 경우, 해는 $y = e^{\lambda x}(C_1\cos wx + C_2\sin wx)$이다.

② $\frac{dy}{dx} + P(x)y = Q(x)$이면 $y = e^{-\int P(x)dx}\left(\int Q(x)e^{\int P(x)dx}dx + C\right)$

③ $\frac{dy}{dx} = \frac{f(x)}{g(y)}$이면 $\int g(y)dy = \int f(x)dx + C$

7. 주요 도함수 공식

$\frac{da}{dx}=0$ $\frac{dx^n}{dx}=nx^{n-1}$ $\frac{de^x}{dx}=e^x$ $\frac{d\ln\|x\|}{dx}=\frac{1}{x}$ $\frac{da^x}{dx}=a^x\ln a$ $\frac{d\sin x}{dx}=\cos x$ $\frac{d\cos x}{dx}=-\sin x$ $\frac{d\tan x}{dx}=\sec^2 x$ $\frac{d\cot x}{dx}=-\csc^2 x$	$\frac{d(\sec x)}{dx}=\tan x\sec x$ $\frac{d(\csc x)}{dx}=-\cot x\csc x$ $\frac{d(a\sin x)}{dx}=\frac{1}{\sqrt{1-x^2}}$ $\frac{d(a\cos x)}{dx}=\frac{-1}{\sqrt{1-x^2}}$ $\frac{d(a\tan x)}{dx}=\frac{1}{1+x^2}$ $\frac{d(a\cot x)}{dx}=\frac{-1}{1+x^2}$ $\frac{d(\cosh x)}{dx}=\sinh x$ $\frac{d(\sinh x)}{dx}=\cosh x$ $\frac{d(\tanh x)}{dx}=\text{sech}^2 x$	$\frac{d}{dx}(u\pm v)=\frac{du}{dx}\pm\frac{dv}{dx}$ $\frac{d}{dx}(uv)=v\frac{du}{dx}+u\frac{dv}{dx}$ $\frac{d}{dx}\left(\frac{u}{v}\right)=\frac{1}{v^2}\left(v\frac{du}{dx}-u\frac{dv}{dx}\right)$

8. 부정적분의 주요 공식

① $\frac{d}{dx}\int f(x)dx = f(x)$

② $F'(x)=f(x)$이면 $\int f(x)dx = F(x)+C$

③ $\int\left\{\frac{d}{dx}f(x)\right\}dx = f(x)+C$

④ $\int af(x)dx = a\int f(x)dx$

⑤ $\int f(x)\pm g(x)dx = \int f(x)dx \pm \int g(x)dx$

⑥ $\int\frac{f'(x)}{f(x)}dx = \ln[f(x)]+C$

⑦ 부분 적분법 $\int f(x)\cdot g'(x)dx = f(x)\cdot g(x) - \int f'(x)\cdot g(x)dx$

9. 부정적분의 주요 공식

$$\int a dx = ax + C$$

$$\int e^x dx = e^x + C$$

$$\int a^x dx = \frac{a^x}{\ln a} + C \ (a > 0, a \neq 1)$$

$$\int \frac{dx}{x} = \ln|x| + C$$

$$\int x^n dx = x^{n+1}/(n+1) + C \ (n \neq -1)$$

$$\int \sin x dx = -\cos x + C$$

$$\int \cos x dx = \sin x + C$$

$$\int \tan x dx = \ln|\sec x| + C$$

$$\int \cos ax dx = (\sin ax)/a + C$$

$$\int \cos^2 ax dx = x/2 + (\sin 2ax)/4a + C$$

$$\int \cos^3 ax dx = (\sin ax)/a - (\sin^3 ax)/3a + C$$

$$\int \sec x dx = \ln|\sec x + \tan x| + C$$

$$\int \csc x dx = \ln|\csc x - \cot x| + C$$

$$\int \sec^2 x dx = \tan x + C$$

$$\int \csc^2 x dx = -\cot x + C$$

$$\int \sec x \tan x dx = \sec x + C$$

$$\int \csc x \cot x dx = -\csc x + C$$

$$\int x e^{ax} dx = \frac{e^{ax}}{a^2}(ax - 1) + C$$

$$\int x^2 e^{ax} dx = \frac{e^{ax}}{a^3}(a^2x^2 - 2ax - 2) + C$$

$$\int \ln x dx = x \ln x - x + C$$

$$\int \frac{dx}{x^2 + a^2} = \frac{1}{a}\tan^{-1}\frac{x}{a} + C$$

$$\int \frac{x dx}{x^2 + a^2} = \frac{1}{2}\ln(x^2 + a^2) + C$$

$$\int \frac{x^2 dx}{x^2 + a^2} = x - a\tan^{-1}\frac{x}{a} + C$$

$$\int \frac{dx}{1 + x^2} = \tan^{-1}x + C$$

$$\int \frac{dx}{\sqrt{a^2 - x^2}} = \sin^{-1}\frac{x}{a} + C$$

$$\int \frac{dx}{\sqrt{x^2 \pm a^2}} = \ln\left|x + \sqrt{x^2 \pm a^2}\right| + C \quad (a \neq 0)$$

$$\int \frac{x dx}{\sqrt{x^2 + a^2}} = \sqrt{x^2 + a^2} + C$$

$$\int \frac{dx}{(x^2 + a^2)^{3/2}} = \frac{x}{a^2\sqrt{x^2 + a^2}} + C$$

$$\int \frac{x dx}{(x^2 + a^2)^{3/2}} = \frac{-1}{\sqrt{x^2 + a^2}} + C$$

$$\int \sqrt{1 - x^2}\, dx = \frac{1}{2}\left(x\sqrt{1 - x^2} + \sin^{-1}x\right)$$

부록 5. 삼각함수 및 쌍곡선함수 연산

1. 삼각항등식

① $\sin\theta = \cos(\pi/2 - \theta) = 1/\csc\theta,\ \cos\theta = \sin(\pi/2 - \theta) = 1/\sec\theta,$

$\tan\theta = \dfrac{\sin\theta}{\cos\theta} = \cot(\pi/2 - \theta) = 1/\cot\theta$

② $\sin^2\theta + \cos^2\theta = 1,\ \tan^2\theta + 1 = \sec^2\theta = \dfrac{1}{\cos^2\theta},\ \cot^2\theta + 1 = \csc^2\theta = \dfrac{1}{\sin^2\theta}$

③ $e^{\pm j\theta} = \cos\theta \pm j\sin\theta = 1\angle \pm\theta,\ \cos(\theta) = \left(e^{j\theta} + e^{-j\theta}\right)/2,\ \sin(\theta) = \left(e^{j\theta} - e^{-j\theta}\right)/2j$

$\tan\beta\ell = \dfrac{\sin\beta\ell}{\cos\beta\ell} = \dfrac{(e^{j\beta\ell} - e^{-j\beta\ell})/2j}{(e^{j\beta\ell} + e^{-j\beta\ell})/2} = \dfrac{e^{j\beta\ell} - e^{-j\beta\ell}}{j(e^{j\beta\ell} + e^{-j\beta\ell})}$

④ $\cos(\theta_1 \pm \theta_2) = \cos(\theta_1)\cos(\theta_2) \mp \sin(\theta_1)\sin(\theta_2)$

$\sin(\theta_1 \pm \theta_2) = \sin(\theta_1)\cos(\theta_2) \pm \cos(\theta_1)\sin(\theta_2)$

⑤ $\cos(\theta_1 + \theta_2) + \cos(\theta_1 - \theta_2) = 2\cos(\theta_1)\cos(\theta_2)$

$\cos(\theta_1 + \theta_2) - \cos(\theta_1 - \theta_2) = -2\sin(\theta_1)\sin(\theta_2)$

$\sin(\theta_1 + \theta_2) + \sin(\theta_1 - \theta_2) = 2\sin(\theta_1)\cos(\theta_2)$

$\sin(\theta_1 + \theta_2) - \sin(\theta_1 - \theta_2) = 2\cos(\theta_1)\sin(\theta_2)$

⑥ $\cos(\theta_1)\cos(\theta_2) = \dfrac{1}{2}\cos(\theta_1 + \theta_2) + \dfrac{1}{2}\cos(\theta_1 - \theta_2)$

$\sin(\theta_1)\sin(\theta_2) = -\dfrac{1}{2}\cos(\theta_1 + \theta_2) + \dfrac{1}{2}\cos(\theta_1 - \theta_2)$

$\sin(\theta_1)\cos(\theta_2) = \dfrac{1}{2}\sin(\theta_1 + \theta_2) + \dfrac{1}{2}\sin(\theta_1 - \theta_2),$

$\cos(\theta_1)\sin(\theta_2) = \dfrac{1}{2}\sin(\theta_1 + \theta_2) - \dfrac{1}{2}\sin(\theta_1 - \theta_2)$

⑦ $\cos^2(\theta) = [1 + \cos(2\theta)]/2,\ \sin^2(\theta) = [1 - \cos(2\theta)]/2$

⑧ $\tan(\theta_1 \pm \theta_2) = \dfrac{\tan\theta_1 \pm \tan\theta_2}{1 \mp \tan\theta_1\tan\theta_2}$

2. 쌍곡선함수와 호의 함수

① $e^{\pm\theta} = \cosh(\theta) \pm \sinh(\theta)$

② $\sinh(\theta) = \dfrac{e^{\theta} - e^{-\theta}}{2} = -j\sin(j\theta),\quad \cosh(\theta) = \dfrac{e^{\theta} + e^{-\theta}}{2} = \cos(j\theta)$

$\cosh^2\theta - \sinh^2\theta = 1,\ \cosh(j\theta) = \cos\theta,\ \sinh(j\theta) = j\sin\theta$

$\tanh(\theta) = \dfrac{\sinh(\theta)}{\cosh(\theta)} = \dfrac{e^{\theta} - e^{-\theta}}{e^{\theta} + e^{-\theta}} = -j\tan(j\theta),\ \coth(\theta) = \dfrac{\cosh(\theta)}{\sinh(\theta)} = \dfrac{e^{\theta} + e^{-\theta}}{e^{\theta} - e^{-\theta}}$

$$\cosh(j\theta) = \frac{e^{j\theta}+e^{-j\theta}}{2} = \cos(\theta),\ \tanh j\theta = j\tan\theta,\ \sinh(j\theta) = \frac{e^{j\theta}-e^{-j\theta}}{2} = j\sin(\theta)$$

③ $\sinh(\theta_1 \pm j\theta_2) = \sinh(\theta_1)\cos(\theta_2) \pm j\cosh(\theta_1)\sin(\theta_2)$,

$\cosh(\theta_1 \pm j\theta_2) = \cosh(\theta_1)\cos(\theta_2) \pm j\sinh(\theta_1)\sin(\theta_2)$

$\sinh(\theta_1 \pm \theta_2) = \sinh(\theta_1)\cosh(\theta_2) \pm \cosh(\theta_1)\sinh(\theta_2)$,

$\cosh(\theta_1 \pm \theta_2) = \cosh(\theta_1)\cosh(\theta_2) \pm \sinh(\theta_1)\sinh(\theta_2)$

$\sin(\theta_1 \pm j\theta_2) = \sin(\theta_1)\cosh(\theta_2) \pm j\cos(\theta_1)\sinh(\theta_2)$,

$\cos(\theta_1 \pm j\theta_2) = \cos(\theta_1)\cosh(\theta_2) \mp j\sin(\theta_1)\sinh(\theta_2)$

④ $a\sinh(\theta) = \ln\left(\theta + \sqrt{\theta^2+1}\right) = a\cosh(\sqrt{1+\theta^2})$

$a\cosh(\theta) = \ln\left(\theta + \sqrt{\theta^2-1}\right) = a\sinh(\sqrt{\theta^2-1})\quad (\theta > 1),\ a\tanh(\theta) = \frac{1}{2}\ln\left(\frac{1+\theta}{1-\theta}\right)$

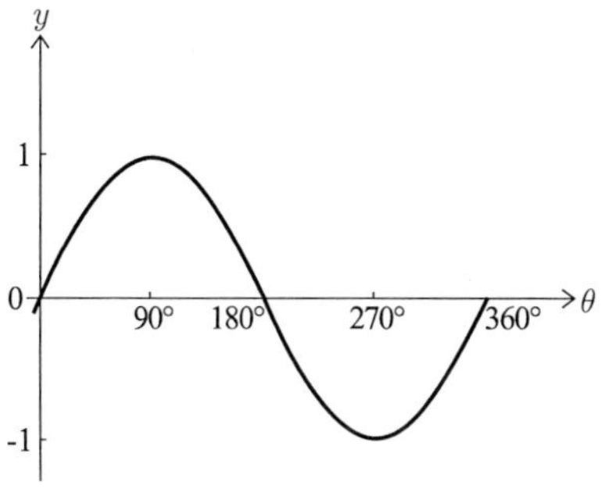

부록 그림 5.1 sine함수($y = \sin\theta$)

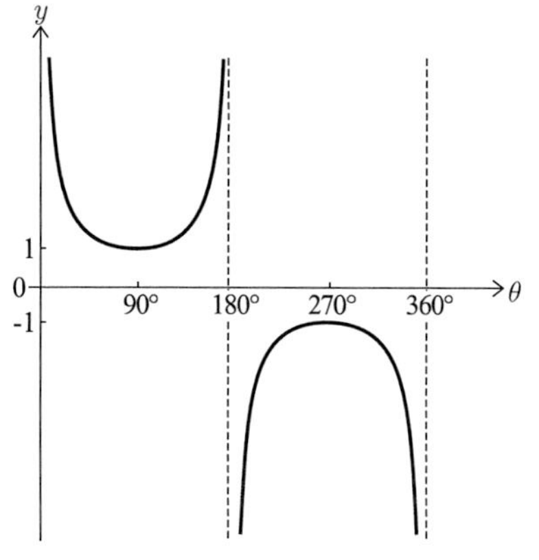

부록 그림 5.2 cosecant함수($y = \csc\theta$)

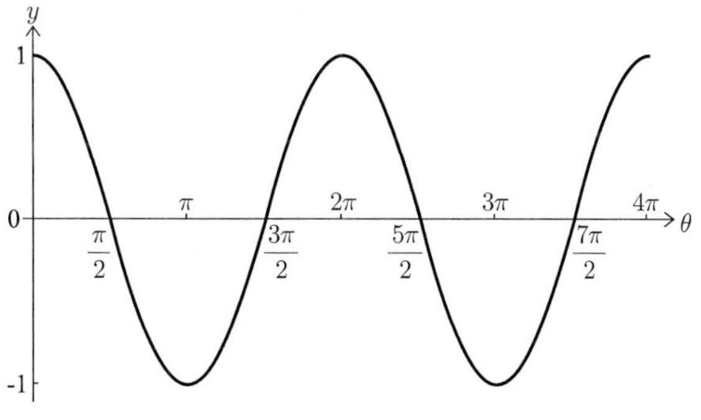

부록 그림 5.3 cosine함수($y = \cos\theta$)

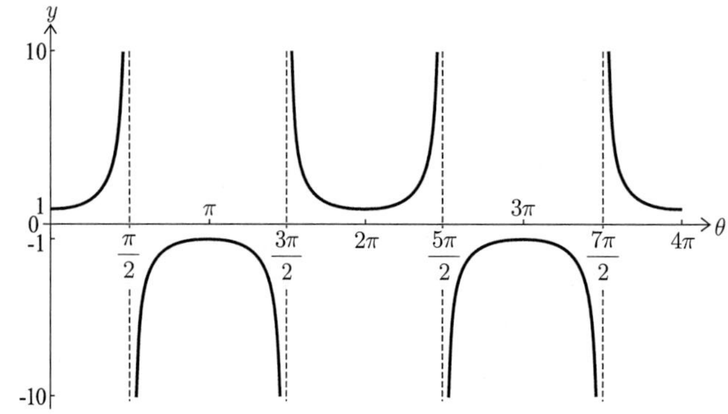

부록 그림 5.4 secant함수($y = \sec\theta$)

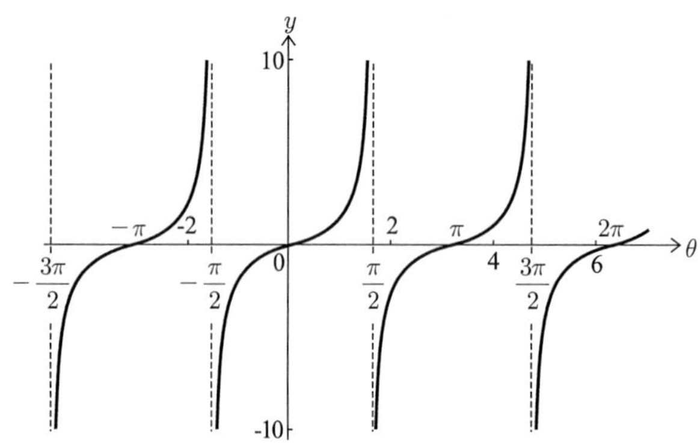

부록 그림 5.5 tangent함수($y = \tan\theta$)

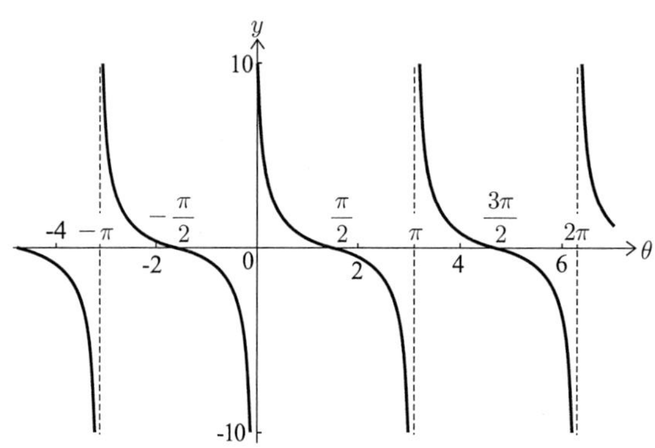

부록 그림 5.6 cotangent함수($y = \cot\theta$)

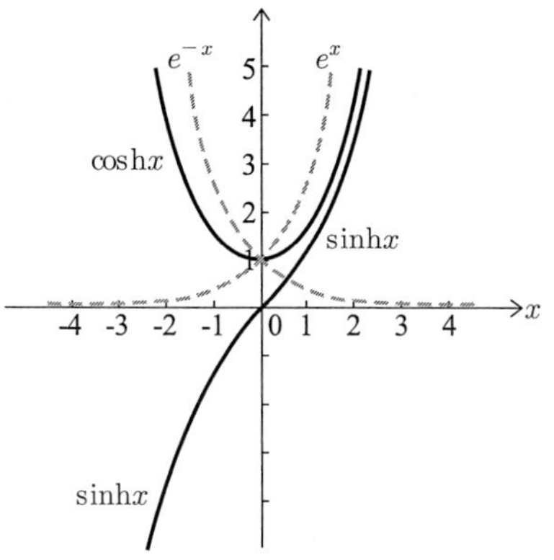

부록 그림 5.7 지수함수와 쌍곡선함수

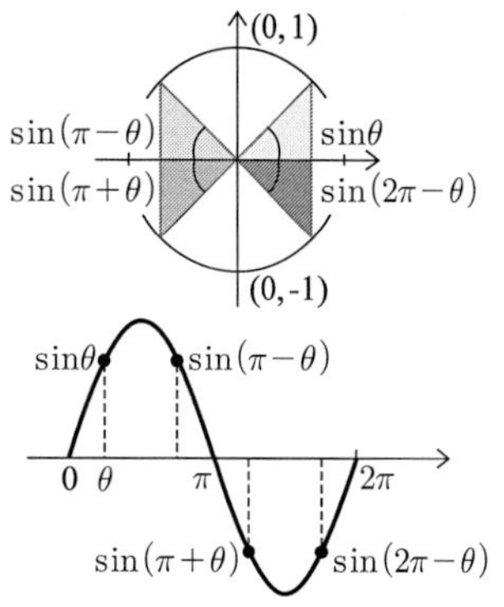

부록 그림 5.8 사분면과 사인함수

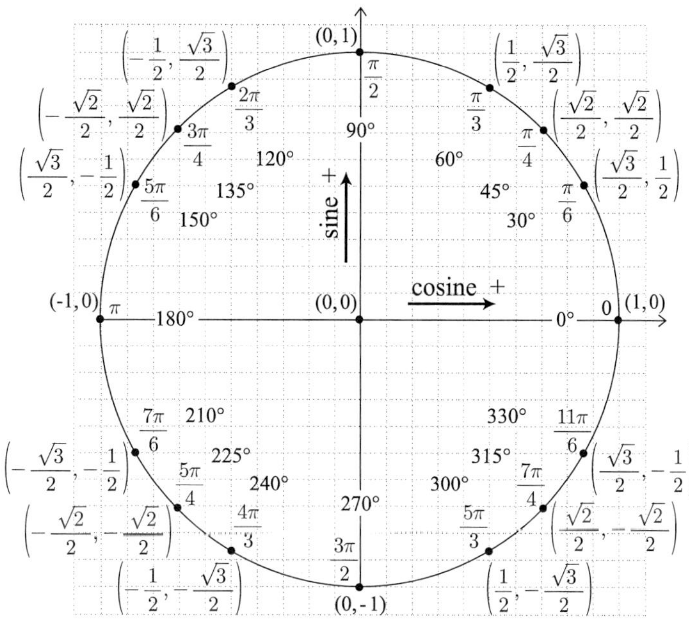

부록 그림 5.9 단위원에서 삼각함수

부록 6. 재료상수

1. 저항률

부록 표 6.1 20°C에서 저항률과 저항률의 온도계수

물질명	기호	저항률[Ω·m]	온도계수, α [(℃)$^{-1}$]
은	Ag	1.59×10^{-8}	3.8×10^{-3}
구리	Cu	1.7×10^{-8}	3.9×10^{-3}
금	Au	2.44×10^{-8}	3.4×10^{-3}
알루미늄	Al	2.82×10^{-8}	3.9×10^{-3}
텅스텐	W	5.6×10^{-8}	4.5×10^{-3}
철	Fe	1.0×10^{-7}	5.0×10^{-3}
백금	Pt	1.1×10^{-7}	3.92×10^{-3}
납	Pb	2.2×10^{-7}	3.9×10^{-3}
니크롬	Ni–Cr–Fe	1.5×10^{-6}	0.4×10^{-3}
탄소	C	3.5×10^{-5}	-0.5×10^{-3}
게르마늄	Ge	0.46	-4.8×10^{-2}
실리콘	Si	640	-7.5×10^{-2}
유리	SiO_2	$10^{10}\sim10^{14}$	–
황	S	10^{15}	–
석영(용융)	–	75×10^{16}	–

2. 유전율

부록 표 6.2 직류 유전상수

물질명	비유전율	물질명	비유전율
Potassium Tantalate Niobate (PTN)	6000	실리콘	11.8
Barium Titanate ($BaTiO_3$)	4000	GaAs	10.9
Potassium Niobate ($KNbO_3$)	700	대리석	8.5
로셀염 ($NaKC_4H_4O_6-4H_2O$)	170	자기	6.0
물	81.1	PVC	3.5
아세톤	20	다이아몬드	5.5~6.6
Al_2O_3	~9.0	SiO_2	3.7~3.8
MgO	9.6	NaCl	5.9
공기	1.0	에폭시	4.0
폴리에티렌	2.3	파라핀	2.0

3. 투자율

부록 표 6.3 상온에서 자성체의 비투자율

종류	물질명	기호	비투자율(μ_r)
강자성체	니켈	Ni	250
	코발트	Co	600
	낮은 탄소강	Fe	5000
	규소강(3%규소)	Fe-Si	4×10^4
	슈퍼멀로이	Ni-Fe-Mo	10^6
상자성체	알루미늄	Al	1.000021
	마그네슘	Mg	1.000012
	팔라듐	Pd	1.00082
	티탄늄	Ti	1.00018
	백금	Pt	1.00026
	텅스텐	W	1.00008
	공기	–	1.00000004
반자성체	비스무스	Bi	0.99983
	금	Au	0.99996
	은	Ag	0.99998
	구리	Cu	0.99999
	실리콘	Si	0.99999
	게르마늄	Ge	0.99999
	물	–	0.99999
	주석	–	0.999983
–	진공	–	1

부록 7. 원소주기율표

원소주기율표

번호 기호
원자량 영문이름

1 A	2 A	3 A	4 A	5 A	6 A	7 A	8	8	8	1 B	2 B	3 B	4 B	5 B	6 B	7 B	8 B
1 H 1.008 hydrogen																	2 He 4.003 helium
3 Li 6.941 lithium	4 Be 9.012 beryllium											5 B 10.81 boron	6 C 12.01 carbon	7 N 14.01 nitrogen	8 O 16.00 oxygen	9 F 19.00 fluorine	10 Ne 20.18 neon
11 Na 22.99 sodium	12 Mg 24.31 magnesium											13 Al 26.98 aluminum	14 Si 28.09 silicon	15 P 30.97 phosphorus	16 S 32.06 sulfur	17 Cl 35.45 chlorine	18 Ar 39.95 argon
19 K 39.10 potassium	20 Ca 40.08 calcium	21 Sc 44.96 scandium	22 Ti 47.90 titanium	23 V 50.94 vanadium	24 Cr 52.00 chromium	25 Mn 54.94 manganese	26 Fe 55.85 iron	27 Co 58.93 cobalt	28 Ni 58.70 nickel	29 Cu 63.55 copper	30 Zn 65.38 zine	31 *Ga* 69.72 gallium	32 Ge 72.59 germanium	33 As 74.92 arsenic	34 Se 78.96 selenium	35 *Br* 79.90 bromine	36 Kr 83.80 krypton
37 Rb 85.47 rubidium	38 Sr 87.62 strontium	39 Y 88.91 yttrium	40 Zr 91.22 zirconium	41 Nb 92.91 niobium	42 Mo 95.94 molybdenum	43 Tc (98) technetium	44 Ru 101.1 ruthenium	45 Rh 102.9 rhodium	46 Pd 106.4 palladium	47 Ag 107.9 silver	48 Cd 112.4 cadmium	49 In 114.8 indium	50 Sn 118.7 tin	51 Sb 121.8 antimony	52 Te 127.6 tellurium	53 I 126.9 iodine	54 Xe 131.3 xenon
55 *Cs* 132.9 cesium	56 Ba 137.3 barium	57 La 138.9 lanthanum	72 Hf 178.5 hafnium	73 Ta 180.9 tantalum	74 W 183.9 tungsten	75 Re 186.2 rhenium	76 Os 190.2 osmium	77 Ir 192.2 iridium	78 Pt 195.1 platinum	79 Au 197.0 gold	80 *Hg* 200.6 mercury	81 Ti 204.4 thallium	82 Pb 207.2 lead	83 Bi 209.0 bismuth	84 Po (209) polonium	85 At (210) astatine	86 Rn (222) radon
87 *Fr* (223) francium	88 Ra 226.0 radium	89 Ac 227.0 actinium															

A : 고체원소 A : 기체원소 *A* : 액체원소 A : 합성원소

란탄 계열	58 Ce 140.1 cerium	59 Pr 140.9 praseodymium	60 Nd 144.2 neodymium	61 Pm (145) promethium	62 Sm 150.4 samarium	63 Eu 152.0 europium	64 Gd 157.3 gadolinium	65 Tb 158.9 terbium	66 Dy 162.5 dysprosium	67 Ho 164.9 holomium	68 Er 167.3 erbium	69 Tm 168.9 thulium	70 Yb 173.0 ytterbium	71 Lu 175.0 lutetium
악티늄 계열	90 Th 232.0 thorium	91 Pa 231.0 protactinium	92 U 238.0 uranium	93 Np 237.0 neptunium	94 Pu (244) plutonium	95 Am (243) americium	96 Cm (247) curium	97 Bk (247) berkelium	98 Cf (251) califonium	99 Es (252) einsteinium	100 Fm (257) fermium	101 Md (268) mendelevium	102 No (259) nobelium	103 Lw (260) lawrencium

찾아보기

(기타)

3-상 발전기 397
3차원 평면파 456
boundary value problem 464
LC 발진자 427
n-형 반도체 113
p-형 반도체 113
SI 유도 단위 22
SWR : standing wave ratio 466
xy-평면 146

(가)

가우스법칙 151, 411
가우스표면 211
감쇠상수 428
강유전성 104
강유전체 103, 105
강자성 108
개방회로 248
검류계 401
결합 93
결합자속 351
경계값문제 464
경계조건(boundary condition) 204, 414
경사 입사 473, 474
경질자석 111
계전기 400
고유 임피던스 453
곡선좌표계 520
공간분포전하 126
공기 솔레노이드 333
공유결합 93, 94, 112
교류전력선 514
구전하 154
구좌표 43
구좌표계 44, 45, 48
균일 선전하 143
균일 평면파(uniform plane wave) 445
균일자장 308
그리스 문자 519
금속결합 94
기울기 61
기전력 136, 246, 248, 342
기타 연산 77

(나)

내부전장 199
내적 38
누설저항 245

(다)

다결정 93
단결정 93
단위 19
단위 접두사 23
단위벡터 33
단위수직벡터 71
단일고리 346
닫힌 경로 71
닫힌 곡면 76, 151, 292
닫힌 회로 250
도전성 매질 259
도체 92, 95, 233
도체계 263
노제고리 378
도체의 경계조건 258
도체전류 307
동심 도체구 211
동심구 전기용량 210
동위상 평면 457
동축선 158, 287
동축선 전하 158
동축선로 212, 287, 347
동축선로 구조 165
두 가닥 무한 선로 213
두 가닥 평행도선 213
등가 회로 240, 361
등가인덕터 356

등가전류 335
등고선 149
등전위면 149

(라)

라플라스방정식 162, 163
라플라시안 연산자 77
레이저 프린트 184
렌츠효과 96

(마)

마그네트론 437
마이스너효과 99
마이크로 오븐 440
마이크로스트립선 347
맥스웰방정식 409, 412
맴돌이전류 393
면적분 57
면전류 450
면전하 127
면전하밀도 23
무선전력전송 402, 403
무손실 완전 유전체 매질 416
무한 θ-면 구조 166
무한 길이 직선전하 155
무한 직선도선 285, 296
무한 평면도체 175
무한 표면전하 156
물리상수 518
미소 길이 53
미소 길이벡터 51
미소 면적 53
미소 전류고리 335
미소 체적 53
미소 변화량 51
미소 자석 335
밀(密)한 매질 342

(바)

반강자성체 108
반데르발스결합 95
반도체 92, 112
반사계수 464
반사파 435, 464
반자성 106
발산 68
발산정리 69
발전기 396
방사 원천장 502
방사안테나 512, 513
방향각 36
방향코사인 36
벡터 위상자 81
벡터계 64
벡터장 14
벡터장의 회전성 78
벡터해석 33
변압기 390
변위전류 373, 374, 375
병렬연결 214, 246
보편 전자기학 상수 12
복사기 183
복사저항 512
복사전력 509
복소 유전율 458
분극전장 199
분자 101
분자분극 103
브루스터각(Brewster angle) 480
비결정 93
비극성분자 195
비도체 133
비례상수 235
비오-사바르의 법칙 281
비접지 도체구 179
비틀림 모멘트 314, 315

(사)

사이클로트론 323, 324
삼각함수 530
삼중적 78
상유전체 105
상자성 107
상호인덕턴스 350, 351, 353
선적분 56
선전류 281, 503
선전하 127, 129, 503
선전하막대 131
선전하밀도 23, 155

선형편파 490, 491
소(疏)한 매질 342
손실 매질 428, 447
손실 탄젠트 458
솔레노이드 15, 289, 348
솔레노이드 코일 349
수직 입사 평면파 464
수직편파 475, 476, 479, 489
수평고리 489
수평편파 475, 489
수학공식 526
스칼라 위상자 80
스칼라 전위 161, 503
스칼라계의 기울기 59
스토크스의 정리 75
시변자장 381
시변장 접선 414, 415
시변전류 504
시변전자장 373, 396
시험전하 11
실리콘 원자 91
쌍곡선함수 연산 530
쌍극자 302
쌍극자모멘트 196

(아)

아라고의 원판 395
안테나 489
안티몬-비스무스 제벡효과 97
암페어 주회전법칙 283
암페어-맥스웰법칙 373
암페어고리 284
암페어법칙 292, 411
압전기효과 105
압전성 104
압축응력 225
양도체 460
양도체 전극 240
양도체 표면전류 462
양전하 15, 101
에너지 대역 91
에너지 저장 359
에너지 흐름 431
에너지계 18
에너지밴드갭 92
연질자석 111
오로라 26
오른나사 40
오른방향법칙 40
오실로스코프 184
옴의 법칙 241
완전도체 250, 418
완전유전체 418
외적 40
용량계수 263
우선회 반사파 494
우선회 입사파 494
우선회 타원편파 496
원고리전하 132
원소주기율표 536
원자의 구조 89
원통 평행도체 179, 180
원통좌표 43, 47
원통좌표계 44, 45, 46
원형 고리전하 143
원형도선 333
원형편파 490, 493, 494, 495
위상상수 464
위상속도 446
위상자법 79
위치벡터 36
유도가열기 394
유도계수 263
유도기전력 388
유도분극 441
유도용량 333
유전강도 216, 217
유전체 100, 101, 193, 459
유전체 구 207
유전체 구 껍질 203
유전체 전기분극 101
음극선 184
음극선관 185, 322, 323
음전하 15, 101
이온결합 94
이온분극 102
이완시간 238

인가전장 199, 441
인덕터 355
인력 279
인장응력 224
임피던스 변환기 393
임피던스의 변화 464
입체각 20
잉크젯 프린트 183

(자)

자기 쌍극자 319
자기 쌍극자모멘트 335
자기 이중층 321
자기궤도모멘트 106
자기력 304, 311, 313
자기력선 278, 299
자기벡터 전위 292
자기스핀모멘트 106
자기에너지 357
자기이력곡선 110
자기인덕턴스 345, 353
자기차폐 339
자기학 단위 109
자기회로 360
자석 15
자석의 정자장 278
자성체 106, 333
자성체 솔레노이드 333
자성체 정보 399
자속밀도 286, 334
자위벡터 505
자유공간 유전율 13
자유공간 투과율 13
자장 15, 304
자장 상쇄 299
자장 파동방정식 423
자장의 가우스법칙 291
자장의 종류 15
자철광 277
자화(magnetization)벡터 334
잘린 원뿔 244
잘린 원뿔모양 저항 243
장비 자기차폐 339
장의 선 14
재료상수 534
저항값 99, 241
저항연결 246
적분연산 56
전기 쌍극자 169, 171, 172, 438
전기 쌍극자안테나 438, 439
전기 영상법 174
전기 이중층 173
전기 커패시터 마이크 204
전기력 221
전기력선 149
전기력선 수 151
전기력선의 방정식 146
전기에너지밀도 221
전기에너지와 221
전기용량 193, 208, 239
전기저항 239
전기전도도 92
전기회로 412
전도도 91
전도전류 234, 375
전동기 396
전류 233
전류 연속방정식 237
전류고리 15, 316
전류밀도 23, 235, 236, 281
전속 149
전속밀도 149, 160, 161, 194
전위 135
전위경도 139, 140
전위계수 267, 269
전위에너지 135
전자궤도운동 106
전자기 재료 89
전자기력 17
전자기시스템 373
전자기연산자 55
전자기용 재료 89
전자기파 스펙트럼 26
전자기펄스탄 401
전자기학 3
전자분극 102
전자운동 234

전자파 발생원리 436
전자파속도 12
전장 15
전장 가우스법칙 159
전장 파동방정식 423
전장의 세기 176, 194
전장의 크기 125
전장인가 194
전진파 454
전파매질 481
전파편파 489
전하 11
전하밀도 161
전하보존법칙 412
전하분포 239, 255
전하의 전장 15
절연성 매질 259
절연체 92
점전하 23, 121, 127, 141, 175
접지된 도체구 177, 178
접촉전기 현상(볼타효과) 105
정상전류 247
정자장 277, 322
정자장법칙 340
정재파(standing wave) 465, 467, 469
정재파비 466
정전기 보호 257
정전기력 222
정전기에너지 223
정전기장 183
정전에너지 217
정전용량(capacitance), 208
정전장 119
제벡효과 96, 97
종파(longitudinal wave) 434
좌선회 반사파 494
좌신회 입사봐 494
주파수 24
주파수 대역 25
줄의 법칙 261
중력장 16
지구자장 15
직각좌표 43, 47
직각좌표계 44, 45, 49
직교 도체평면 181
직교좌표계 42
직렬연결 214, 246
직선도체 333
직선전하 143, 179
직접파 435
진행파(traveling wave) 469
질량분석계 326, 327
짝힘(couple) 315

(차)

체적분극 전하밀도 198
체적적분 58
체적전하 127
체적전하밀도 23
초전기효과 105
초전도체 99
초전성 104
축 회전력 316

(카)

커패시터 165
커패시터 구조 164
커패시터의 221
코로나 방전 258
쿨롱의 법칙 119
크랭크 그림 466
키르히호프 전압법칙 249
키르히호프의 전류법칙 238

(타)

타원편파 490, 495, 496, 497
토로이드 290, 349
토로이드 변압기 391
토로이드 코어 변압기 390
토크 315
톰슨효과 98
투과 464
투과계수 464
투과파 464
특성 임피던스 464, 465
티 접합 362

(파)

파동 24, 25, 434

파동방정식 420
파동변수 24
패러데이 디스크발전기 344
패러데이 우리 257
패러데이 전자기유도법칙 389
패러데이법칙 378, 411
페리자성체 108
펠티어효과 97
편파 499
평균 굴절률 13
평면각 20
평면파 445, 446, 453, 481
평면파 매개변수 453
평행도선 311, 348
평행도선전류 307
평행판 커패시터 213, 377
평행판 커패시터 전하 157
평행편파 478, 479
포아송방정식 162, 163
포인팅정리 424
포잉카레 구 498
표면 254
표면 곡률 254
표면분극 전하밀도 198
표면저항 395
표면전류밀도 281
표피두께 462
표피효과 461
프린징 효과 363
피어스 수정 발진기 437
핀치효과 324

(하)

하전입자 305
헤르츠 전기 쌍극자안테나 504, 505
헬름홀츠 코일 303
헬름홀츠(Helmholtz)층 173
헬름홀츠정리 79
홀전압 325
홀효과 325
확성기 398
회전 74
회전벡터 74
회전벡터장 74
횡파(transverse wave) 434
후진파 454
히스테리시스 110
힘 18
힘의 모멘트 314
힘의 장 13

정가 27,000원

전자기학

2012년 2월 23일 초판 인쇄
2012년 2월 28일 초판 발행
2017년 2월 28일 수정판 발행

저 자 : 정 동 호
발행자 : 우 명 찬 · 송 준
발행처 : 홍릉과학출판사
주 소 : ㊔ 142-885 서울시 강북구 인수동 455-60
등 록 : 1976년 10월 21일 제5-66호
전 화 : 999-2274~5, 903-7037
팩 스 : 905-6729
ISBN : 978-89-97570-11-9

hongpub@hongpub.co.kr
www.hongpub.co.kr

저자와의 협의하에 인지생략

※ 낙장 및 파본은 본사나 구입처에서 교환하여 드립니다.
※ 판권 소유에 위배되는 사항(인쇄, 복제, 제본)은 법에 저촉됩니다.

심벌	이름	영문 이름	단위
σ	전도도	conductivity	siemens/meter(S/m)
R	전기저항	resistance	ohm(Ω)
G	컨덕턴스	conductance	siemen(S)
J_s	표면전류밀도	surface current density	ampere/meter(A/m)
μ_0, μ	투자율	permeability	henry/meter(H/m)
m	자하	magnetic charge	weber(Wb)
U, V_m	자기스칼라전위(자위)	magnetic scalar potential	ampere(A)
A	벡터자기전위	vector magnetic potential	weber/meter(Wb/m)
H	자장세기	magnetic field intensity	ampere/meter(A/m)
B	자속밀도	magnetic flux density	tesla(T) 혹은 weber/meter^2(Wb/m^2)
Φ, ϕ	자속	magnetic flux	weber(Wb)
L	유도용량	inductance	henry(H)
σ_m	표면자하밀도	surface magnetic charge density	weber/meter^2(Wb/m^2)
m	자기쌍극자모멘트	magnetic dipole moment	ampere-meter^2(A·m^2)
M	자화도	magnetization	ampere/meter(A/m)
$\mathcal{R}$	자기저항	(magnetic) reluctance	ampere-turn/weber(A·t/Wb)
$\mathcal{M}$	상호인덕턴스	mutual inductance	henry(H)
P	전력	power	watt(W)
p	전력밀도	power desity	watt/meter^3(W/m^3)
$\mathbb{P}$	포인팅벡터	Poynting vector	watt/meter^2(W/m^2)
f	주파수	frequency	Hertz(Hz)
w	각주파수	angular frequency	radian/second(rad/s)
c	광속도	velocity of light	meter/second(m/s)
λ	파장	wavelength	meter(m)
η	고유임피던스	intrinsic impedance	ohm(Ω)
k	파수	wave number	1/meter(1/m)
γ	전파상수	propagation constant	1/meter(1/m)
α	감쇠상수	attenuation constant	neper/meter(Np/m)
β	위상상수	phase constant	radian/meter(rad/m)
δ	표피깊이	skin depth	meter(m)
Γ	반사계수	reflection coefficient	
Z	임피던스	impedance	ohm(Ω)
Y	어드미턴스	admittance	siemen(S)